Excel VBA
2016/2013/2010/2007 対応

国本温子・緑川吉行&できるシリーズ編集部

できる大事典

インプレス

できるシリーズはますます進化中！

2大特典のご案内

©インプレス

内容を「検索できる！」
無料電子版付き

本書の購入特典として、気軽に持ち歩ける電子書籍版（PDF）を提供しています。PDF閲覧ソフトを使えば、キーワードから知りたい情報をすぐに探せます。

詳しくは**下記のページを**
チェック！
http://book.impress.co.jp/books/1116101083

すぐに「試せる！」
練習用ファイル

本書で解説している操作をすぐに試せる練習用ファイルを用意しています。好きな項目から繰り返し学べ、学習効果がアップします。

詳しくは……
941ページをチェック！

まえがき

Excelは資料作成やデータ管理など、さまざまな業務で使用されている大変便利なアプリケーションソフトです。しかし、毎日あるいは、毎月行う定型業務のなかで、「単純な処理だけどデータ量が多いため作業に時間がかかってしまう」とか、「担当者がいないために処理手順がわからず作業が進まない」といった声を耳にします。このような問題を解決し、業務をより効率的に行いたいときに便利なのが、Excelの処理を自動化できるマクロ記録機能やVBAによるプログラミングです。そこで、マクロ記録の操作方法や、VBAで柔軟なプログラムを作成するために必要な知識などを体系的に整理し、わかりやすくて引きやすい、便利な大事典を執筆いたしました。本書は、次のように構成しています。

第1章〜第3章ではチュートリアル形式を採用し、VBAを使用するときの基礎知識となるExcelのマクロ記録機能やプログラミングの基礎知識、VBAを使用したコードの記述方法までを手順を追っていねいにわかりやすく解説しています。

第4章〜第16章では、やりたいことから逆引きで調べることができるリファレンス形式を採用し、VBAのプロパティやメソッドについてくわしく解説しています。項目ごとに実用的な使用例を紹介し、すべてのコードの1行1行について、内容をわかりやすい文章で解説しているので、コードの意味や処理内容を確実に理解できます。また、ADOを使用したデータベース操作やWord VBAとの連携テクニック、XMLファイルの操作方法などについてもページの許す限り紹介し、応用的な使用例についてもHINTの形で多数紹介しているので、中級ユーザーにも満足できる充実した内容となっています。

また、本書はExcel 2016 ／ 2013 ／ 2010 ／ 2007に対応しており、使用例やHINTに対するサンプルファイルも用意しています。そのため、すぐに動作確認しVBAの学習に役立てていただけます。

本書がより多くの皆様のお役に立ち、ご活用いただけることを心から願っています。

末筆になりますが、編集作業でご尽力くださいました株式会社トップスタジオの大戸様、相原様、株式会社インプレスの安福様、制作に関わってくださいましたすべての方々に心より感謝申し上げます。

2017年2月　著者一同

本書の構成

本書では、Excel VBAについて大・中項目に分類しています。それぞれの項目タイトルを見て、自分の知りたいVBAのプログラムを探すことができます。また、VBAの構文を設定項目と具体的な使用例でていねいに解説しています。

紙面の各要素

大項目タイトル
ここで紹介しているVBAの機能を総称したものです。

概要
大項目で紹介している内容を、わかりやすくまとめて解説しています。

中項目タイトル
ここで紹介しているVBAの利用方法や機能を示しています。

構文
紹介している機能をVBAで使用する際の、プログラムの構文を紹介しています。

VBAの解説
紹介している機能の特徴や使い方について、解説しています。

設定する項目
オブジェクトや引数など、[構文] で紹介している各要素について解説しています。

使用例も分かりやすく解説

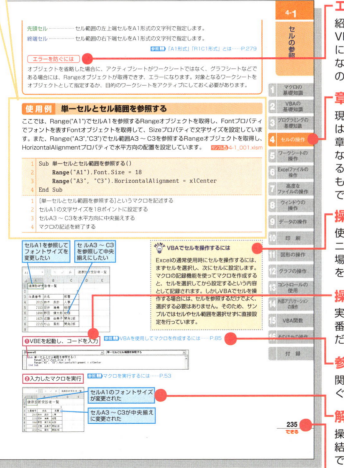

※紙面はイメージです。実際の内容とは異なります。

本書の使い方

本書に掲載されている機能や操作内容は、目次、章インデックス、章の扉、索引など、さまざまな場所から引くことができます。自分が一番引きやすいと思う方法を見つけてください。

目次から引く

自分の知りたい情報を目次（10ページ〜）から探して、そのページ番号を元に引く方法です。目次はそれぞれ紙面の項目に対応しています。確実に引きたい、というときに便利です。

❶章タイトル　❷大項目タイトル　❸中項目タイトル　❸使用例タイトル　❺ページ

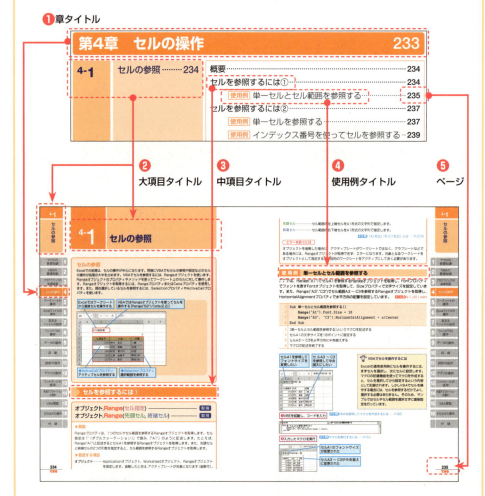

※紙面はイメージです。本書の内容とは異なります。

章インデックスから引く

ページの両端にある章インデックスを使うと、目的の章にすばやくたどり着くことができます。各章の扉には大項目の目次が付いているので、そこから調べることもできます。少しでも早く引きたい、というときに便利です。

●章インデックスから知りたい情報を探す

●章の扉で知りたい大項目タイトルを探す

●調べたい章を開き、大項目タイトルで探す

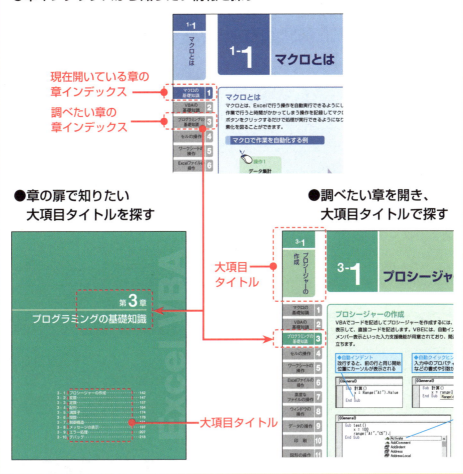

章の内容から引く

「各章の内容」(8ページ～) で自分の知りたい情報が含まれていそうな章を見つけ、その章の目次から実際に知りたいことを探していく方法です。知りたい情報がはっきり絞り込めていない、というときに便利です。

●「各章の内容」(8ページ～)から、知りたい情報を探す

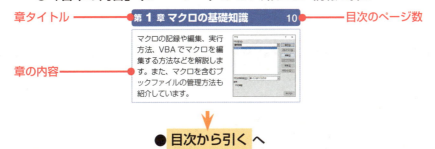

各章の内容

本書は、Excel VBAの機能を16章に分類して紹介しています。各章でどういった機能が紹介されているかをここで確認してください。

第 1 章 マクロの基礎知識　10

マクロの記録や編集、実行方法、VBAでマクロを編集する方法などを解説します。また、マクロを含むブックファイルの管理方法も紹介しています。

第 6 章 Excel ファイルの操作　21

ブックの参照方法や、作成と表示、保存とExcelの終了方法を解説します。ブックにマクロが含まれているか確認する方法も紹介します。

第 2 章 VBAの基礎知識　11

VBAを利用するメリットやコードの記述方法、VBAの構成要素について解説します。Visual Basic Editorの構成やモジュールの役割も紹介します。

第 7 章 高度なファイルの操作　23

さまざまな形式のテキストデータを入出力する方法をはじめ、フォルダにあるファイル名や更新日時、ファイルサイズを取得する方法を具体的に解説します。

第 3 章 プログラミングの基礎知識　13

変数やデータ型、配列、演算子について解説します。くり返しや条件分岐処理をはじめ、メッセージの表示、デバッグやエラーへの対処方法を紹介しています。

第 8 章 ウィンドウの操作　24

ウィンドウの整列やコピー、分割、ウィンドウ枠の固定、サイズや表示位置の変更など、ウィンドウに関するさまざまな操作についてくわしく解説しています。

第 4 章 セルの操作　16

セルの参照や選択方法などをはじめ、セルの値を取得して設定する方法をくわしく解説します。セルの書式やスタイル、文字飾りの設定方法も紹介しています。

第 9 章 データの操作　25

データの検索や置換、並べ替え、抽出を行うメソッドの使い方を紹介します。セルや文字の色、アイコンで並べ替える方法も解説します。

第 5 章 ワークシートの操作　20

ワークシートの参照方法やコピー、移動、削除、保護などの方法を解説します。RGB値を指定してシート見出しの色を設定するテクニックも紹介しています。

第10章 印　刷　26

印刷範囲や印刷部数、印刷範囲、用紙サイズなどを設定する方法を解説します。シートを横1ページに収まるように印刷するテクニックも紹介しています。

知りたい章が見つかったら…

目次のページ番号 ──
第 1 章 マクロの基礎知識   10

各章のタイトルの横にある数字は、その章の目次が掲載されているページ番号です。自分の知りたい情報が載っていそうだと思ったら、その章の目次を見て内容を確認し、知りたい情報を探してみましょう。

第11章 図形の操作　　27

画像やクリップアートをはじめ、図形、SmartArt、埋め込みグラフ、ワードアートなど、図形の作成や書式を設定する方法をくわしく解説しています。

第16章 そのほかの操作　　35

リボンにオリジナルメニューを追加する方法やXMLファイルの読み込みと出力、画面更新を抑制してスピードアップを図る方法などについて解説します。

第12章 グラフの操作　　28

グラフの作成と種類の変更、タイトルや凡例の要素を設定する方法を解説します。スタイルやレイアウトを変更する方法も紹介しています。

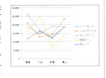

付　録　　36

「アドイン」と呼ばれる拡張機能の利用方法と配布用マクロの作成方法などを解説します。本書サンプルファイルのダウンロード方法も紹介しています。

第13章 コントロールの使用　　29

ユーザーフォームを追加し、コントロールの配置、処理内容を記述する方法など、オリジナルのダイアログボックスを作成する方法を順を追って解説します。

第14章 外部アプリケーションの操作　　32

Accessなどのデータベースファイルへの接続方法をはじめ、Wordやマクロに対応していないほかのアプリケーションを操作する方法を紹介しています。

第15章 VBA関数　　32

日付や時刻データ、文字列の情報を取り出す関数をはじめ、乱数や配列を扱う関数、ユーザー定義関数の作成方法と使用方法をくわしく解説しています。

目次

まえがき……………………3	各章の内容………………8
本書の構成…………………4	目次………………………10
本書の使い方………………6	

第1章　マクロの基礎知識　　　　37

1-1	マクロとは………38	概要…………………………………………………38
		マクロの作成方法…………………………………38
		マクロでできること………………………………39
		[開発]タブを表示するには………………………40

1-2	マクロの記録……41	概要…………………………………………………41
		マクロの記録機能でマクロを作成するには……42
		マクロの記録を開始する………………………42
		マクロに記録する操作を実行する……………44
		記録を終了する…………………………………45
		相対参照と絶対参照を切り替えるには…………45
		相対参照でマクロを記録する…………………46

1-3	マクロの編集……47	概要…………………………………………………47
		マクロを編集するには……………………………47
		VBEを起動する…………………………………48
		マクロの内容を変更する………………………49
		Excelの画面に切り替える……………………50
		マクロを削除するには……………………………51

1-4	マクロの実行……52	概要…………………………………………………52
		マクロを実行するには……………………………53
		[マクロ]ダイアログボックスから実行する…………53
		VBEから実行する………………………………54
		マクロをショートカットキーに登録するには……………56
		マクロをクイックアクセスツールバーのボタンに登録するには…57
		マクロをクイックアクセスツールバーのボタンに登録する…57
		ボタンのイメージを変更する…………………59
		マクロをワークシートに配置されたボタンに登録するには…60

1-5	個人用マクロブック………63	概要…………………………………………………63
		個人用マクロブックにマクロを保存するには………63
		個人用マクロブックのマクロを編集するには………65
		VBEを起動して編集する………………………65

1-6	マクロを含む ブックの管理 …… 67	概要 …………………………………………………………… 67
		マクロを含むブックを保存するには ……………………… 68
		開いたブックのマクロを有効にするには ……………… 70
		マクロのセキュリティを設定するには ……………………… 72
		[セキュリティセンター]ダイアログボックスを表示する… 72
		[信頼できる発行元]の設定画面 ………………………… 73
		[信頼できる場所]の設定画面 …………………………… 74
		[信頼済みドキュメント]の設定画面 …………………… 75
		[アドイン]の設定画面 …………………………………… 76
		[ActiveXの設定]の設定画面 …………………………… 76
		[マクロの設定]の設定画面 ……………………………… 77
		[メッセージバー]の設定画面 …………………………… 78
		[外部コンテンツ]の設定画面 …………………………… 78
		信頼できる場所を追加するには ……………………………… 79

第2章　VBAの基礎知識　81

2-1	VBAの概要 ……… 82	概要 …………………………………………………………… 82
		マクロの記録機能の限界 ……………………………………… 83
		不要なコードが記述される ……………………………… 83
		くり返し処理や条件分岐ができない …………………… 84
		ユーザーと対話ができない ……………………………… 84
		汎用性に欠ける…………………………………………… 84
		VBAを使用してマクロを作成するには …………………… 85
		オブジェクトとコレクション ……………………………… 88
		オブジェクト ……………………………………………… 88
		オブジェクトの階層構造 ………………………………… 89
		コレクションとメンバー ………………………………… 90
		VBAの基本構文 ……………………………………………… 91
		プロパティ ………………………………………………… 91
		メソッド…………………………………………………… 92
2-2	プロシージャー…… 93	概要 …………………………………………………………… 93
		プロシージャーの構成要素 ………………………………… 94
		ステートメントを記述するには …………………………… 94
		1ステートメントを複数行に分割する ………………… 95
		1行に複数のステートメントを記述する ……………… 96
		コメントを設定するには …………………………………… 96
		ツールバーを使用してコメント行を設定する ……… 97

2-2 プロシージャー…93

SubプロシージャーとFunctionプロシージャーとは……98
Subプロシージャーの構成………………………………98
Functionプロシージャーの構成…………………………98

プロシージャーを連携させるメリットとは……………99
すべての処理を1つのプロシージャーに記述した場合…99
プロシージャーを連携させた場合………………………99
親プロシージャーとサブルーチン………………………100
ほかのブックのプロシージャーを呼び出す………101

参照渡しと値渡し………………………………………103
参照渡し………………………………………………104
値渡し…………………………………………………105

2-3 イベントプロシージャー…………106

概要………………………………………………………106
イベントプロシージャーを作成するには………………107
イベントプロシージャーの構造…………………………107
イベントプロシージャーの作成手順……………………108
ワークシートのイベントの種類…………………………110
シートがアクティブになったときに処理を実行する…110
ブックのイベントの種類…………………………………111
ブックを開いたときに処理を実行する……………112
コラム 自動実行マクロ……………………………………113
ブックにシートを追加したときに処理を実行する…114
イベントプロシージャーの引数の使い方……………115
ワークシート内のセルの内容が変更されたときに処理を実行する…115
ブックを閉じる前に処理を実行する……………………115
イベントを発生させなくするには……………………116
シート上の[印刷]ボタンをクリックしたときだけ印刷を実行する…116

2-4 Visual Basic Editor の基礎……………118

概要………………………………………………………118
VBEを起動するには……………………………………118
VBEの画面構成…………………………………………119
プロジェクトエクスプローラー…………………………120
プロパティウィンドウ……………………………………121
コードウィンドウ…………………………………………122
コラム コードウィンドウで使用できるショートカットキー…122
ウィンドウサイズを変更するには………………………123
ウィンドウの境界を変更する…………………………123
ウィンドウの幅を変更する……………………………123
ウィンドウの表示と非表示を切り替えるには……………124
ウィンドウを非表示にする……………………………124
ウィンドウを表示する…………………………………124

2-4	Visual Basic Editor の基礎……………118	ウィンドウの表示を切り替えるには……………………………125
		ウィンドウのドッキングを解除する………………125
		ウィンドウをドッキングする…………………………125
		コードウィンドウを分割して表示するには…………………127
		コードウィンドウを分割する……………………………127
		コードウィンドウの分割を解除する……………………127
		VBEの作業環境をカスタマイズするには………………………128
		[編集]タブの設定………………………………………129
		[エディターの設定]タブの設定………………………129
		[全般]タブの設定………………………………………129
		[ドッキング]タブの設定………………………………129
		VBEを終了するには………………………………………………130
		ヘルプを利用するには……………………………………………131
		ヘルプ画面を表示する(Excel 2016／2013)…131
		ヘルプ画面を表示する(Excel 2010／2007)…132
		入力しているコードからヘルプを表示する………133
2-5	モジュール………134	概要……………………………………………………………………134
		モジュールの種類……………………………………………………135
		モジュールを追加または削除するには…………………………135
		モジュールを追加する……………………………………135
		モジュールを削除する……………………………………136
		モジュールをエクスポートまたはインポートするには…137
		モジュールをエクスポートする…………………………137
		モジュールをインポートする……………………………138
		コードを印刷するには………………………………………………139

第3章　プログラミングの基礎知識　　141

3-1	プロシージャーの作成 ……………………142	概要……………………………………………………………………142
		VBEでプロシージャーを作成するには…………………………142
		コラム プロシージャーの適用範囲………………………143
		入力を補助する機能を使うには…………………………………144
		自動インデント……………………………………………144
		自動クイックヒント………………………………………144
		自動メンバー表示…………………………………………145
3-2	変数……………147	概要……………………………………………………………………147
		変数を使うには………………………………………………………147
		変数を宣言する……………………………………………147

3-2	変数……………147	変数の宣言を強制する ……………………………148
		名前付け規則 ……………………………………150
		変数のデータ型を指定するには ……………………150
		よく使うデータ型の一覧 …………………………151
		文字列型、数値データ型の変数を使用する ………152
		日付型の変数を使用する …………………………152
		バリアント型の変数を使用する……………………153
		オブジェクト型の変数を使用する ………………154
		変数の適用範囲 ……………………………………155
3-3	定数……………157	**概要**………………………………………………157
		ユーザー定義の定数を宣言するには………………158
		モジュールレベルのユーザー定義定数を宣言する …158
		組み込み定数を使用するには ……………………159
		オブジェクトブラウザーを表示する ……………160
		組み込み定数を調べる ……………………………162
		コラム オブジェクトのメンバーであるプロパティや
		オメソッドの一覧を表示する ………………163
3-4	配列……………164	**概要**………………………………………………164
		配列変数を使うには………………………………164
		配列変数の宣言と要素の格納 ……………………164
		配列のインデックス番号の下限値を変更する ……165
		配列変数のインデックス番号の下限値と上限値を指定する …166
		Array関数で配列変数に値を格納する ……………166
		動的配列を使うには………………………………167
		動的配列を定義する………………………………167
		配列の下限値と上限値を調べる……………………168
		配列の値を残したまま要素数を変更する …………170
		2次元配列を宣言するには ………………………171
		配列を初期化するには……………………………173
3-5	演算子…………174	**概要**………………………………………………174
		算術演算子 …………………………………………174
		比較演算子 …………………………………………175
		文字列連結演算子 …………………………………176
		論理演算子 …………………………………………176
		代入演算子 …………………………………………177
3-6	関数……………178	**概要**………………………………………………178
		VBA関数とワークシート関数 ……………………178
		ワークシート関数をVBAで使うには………………179

3-7	制御構造………181	概要……………………………………………………………181
		条件によって処理を振り分けるには………………………182
		1つの条件を満たしたときだけ処理を実行する……182
		1つの条件を満たしたときと満たさなかったときで処理を振り分ける…182
		複数の条件で処理を振り分ける……………………184
		1つの対象に対して複数の条件で処理を振り分ける…185
		処理をくり返し実行するには………………………………187
		条件を満たす間処理をくり返す……………………187
		条件を満たさない間処理をくり返す………………188
		少なくとも1回は処理を実行する…………………189
		指定した回数だけ同じ処理をくり返す……………190
		くり返し処理をネストする…………………………191
		同じ種類のオブジェクトすべてに同じ処理を実行する…192
		処理の途中でくり返し処理やマクロを終了するには……194
		オブジェクト名の記述を省略するには……………………195
3-8	メッセージの表示 ……………197	概要……………………………………………………………197
		MsgBox関数でメッセージを表示するには………………198
		メッセージだけを表示する…………………………200
		クリックしたボタンで処理を振り分ける…………200
		InputBox関数でメッセージを表示するには……………202
		InputBoxメソッドでメッセージを表示するには………203
3-9	エラー処理………207	概要……………………………………………………………207
		エラーの種類…………………………………………………208
		コンパイルエラー……………………………………208
		実行時エラー…………………………………………210
		論理エラー……………………………………………210
		エラー処理コードを記述するには…………………………211
		On Error GoToステートメント……………………211
		On Error Resume Nextステートメント…………213
		On Error GoTo 0ステートメント…………………213
		ResumeステートメントとResume Nextステートメント…215
		エラー番号とエラー内容……………………………………216
		エラー番号とエラー内容を表示して処理を終了する…216
		エラーの種類で処理を振り分ける…………………217
3-10	デバッグ…………218	概要……………………………………………………………218
		中断モードでエラーを探すには……………………………218
		ブレークポイントを設定する………………………219
		ステップモードでマクロを実行するには…………………220
		ステップイン…………………………………………221

3-10	デバッグ…………218	ステップオーバー………………………………222
		ステップアウト…………………………………224
		カーソル行の前まで実行………………………225
		ウォッチウィンドウ………………………………………226
		ローカルウィンドウ………………………………………228
		イミディエイトウィンドウ…………………………………230
		変数の値の変化をイミディエイトウィンドウに書き出す…230
		VBAのステートメントを実行する………………………231
		イミディエイトウィンドウに計算結果を表示する…232

第4章　セルの操作　　233

4-1	セルの参照………234	概要……………………………………………………234
		セルを参照するには①………………………………234
		使用例 単一セルとセル範囲を参照する………………235
		セルを参照するには②………………………………237
		使用例 単一セルを参照する…………………………237
		使用例 インデックス番号を使ってセルを参照する…239
		選択しているセルを参照するには…………………240
		使用例 選択した範囲とアクティブセルを参照する…240
4-2	セルの選択………242	概要……………………………………………………242
		セルを選択するには…………………………………243
		使用例 ワークシートを指定してセルを選択する…243
		指定したセルにジャンプするには…………………244
		使用例 指定したワークシートのセルを選択する…245
4-3	いろいろなセルの参照…………………246	概要……………………………………………………246
		表全体を選択するには………………………………247
		使用例 表全体を選択する……………………………247
		相対的にセルを参照するには………………………248
		使用例 表にデータを追加する………………………248
		データが入力されている終端セルを参照するには………250
		使用例 新規入力行を選択する………………………250
		セル範囲のサイズを変更するには…………………252
		使用例 表のデータ部分を選択する…………………252
		結合しているセルを参照するには…………………254
		使用例 結合セルに連番を入力する…………………254
		複数のセル範囲をまとめるには……………………256
		使用例 複数のセル範囲にまとめて罫線を設定する…256

4-3	いろいろなセルの参照……………246	セル範囲のアドレスを取得するには……………………257
		使用例 目的のセルのアドレスを取得する…………258
		特定のセルを参照するには …………………………259
		使用例 空白セルに0をまとめて入力する…………260

4-4	行と列の参照……262	概要………………………………………………262
		行番号や列番号を取得するには …………………………263
		使用例 表の最後のセルの行番号と列番号を取得する…263
		行または列を参照するには …………………………264
		使用例 表の行列見出しと合計列に色を設定する…265
		指定したセル範囲の行全体または列全体を参照するには…266
		使用例 指定したセルを含む行および列全体を操作する…267

4-5	名前の定義と削除……………………268	概要………………………………………………268
		セル範囲に名前を定義するには …………………………268
		使用例 セル範囲に名前を付ける…………269
		セル範囲に付いている名前を参照するには …………270
		使用例 セル範囲に付いている名前の編集と削除…271

4-6	セルの値の取得と設定………273	概要………………………………………………273
		セルの値を取得および設定するには……………………274
		使用例 セルの値の取得と設定…………………………274
		セルの数式を取得または設定するには…………………276
		使用例 A1形式で数式を入力する…………………277
		使用例 R1C1形式で数式を入力する……………278
		セルに連続データを入力するには………………………279
		使用例 連続データを入力する……………………280

4-7	セルの編集………282	概要………………………………………………282
		セルを挿入するには……………………………………283
		セルを削除するには……………………………………284
		使用例 セルの挿入と削除…………………284
		セルの書式やデータを消去するには……………………285
		使用例 セルの書式やデータを消去する……………286
		セルを移動するには……………………………………287
		使用例 表全体を移動する…………………287
		セルをコピーするには…………………………………288
		使用例 表全体をコピーする……………………289
		クリップボードのデータを貼り付けるには …………290
		使用例 コピーしたクリップボードのデータを貼り付ける…290
		貼り付ける内容を指定して貼り付けるには …………292
		使用例 表に設定されている書式だけを貼り付ける…293

4-7	セルの編集 ……… 282	セルを結合するには …………………………………… 294
		使用例 セルを結合する ………………………………… 295
		使用例 同じ内容のセルを結合する ………………… 296
		セルにコメントを挿入するには …………………… 298
		使用例 セルにコメントを挿入する ………………… 298

4-8	行や列の編集 …… 301	概要 ……………………………………………………… 301
		行や列の表示と非表示を切り替えるには ………… 302
		使用例 行列の表示と非表示の切り替え …………… 302
		行の高さを取得または設定するには ……………… 303
		列の幅を取得または設定するには ………………… 304
		使用例 行の高さと列の幅を変更する …………… 304
		行の高さや列の幅を自動調整するには …………… 305
		使用例 行の高さと列の幅を自動調整する ……… 306
		セル範囲の高さと幅を取得するには ……………… 307
		使用例 セル範囲の高さと幅を取得する ………… 307

4-9	セルの表示形式 … 309	概要 ……………………………………………………… 309
		セルの表示形式を設定するには …………………… 310
		使用例 セルの表示形式を変更する ……………… 310
		主な書式記号の一覧 ………………………………… 312
		数値の書式記号 …………………………………… 312
		日付の書式記号 …………………………………… 312
		時刻の書式記号 …………………………………… 313
		文字、そのほかの書式記号 ……………………… 313

4-10	セルの文字の配置 ……………………… 314	概要 ……………………………………………………… 314
		セル内の文字の横位置と縦位置を指定するには ………… 314
		使用例 文字の横方向と縦方向の配置を変更する … 316
		セルの結合と結合解除を行うには ………………… 317
		使用例 セル範囲の結合と結合解除をする ………… 317
		セル内の文字列の角度を変更するには …………… 318
		使用例 表の見出しの角度を変更する …………… 319
		セル内の配置を設定するそのほかのプロパティ ………… 320
		使用例 表の各列の文字列の配置を変更する ……… 320

4-11	セルの書式設定 … 322	概要 ……………………………………………………… 322
		文字のフォントを設定するには …………………… 322
		使用例 データの表示フォントを変更する ………… 323
		テーマのフォントを設定するには ………………… 324
		使用例 データの表示フォントをテーマに合わせる … 324
		文字のフォントサイズを設定するには …………… 325
		使用例 データのフォントサイズを変更する ……… 326

4-11	セルの書式設定…322	文字に太字、斜体、下線を設定するには …………………327
		使用例 文字に太字と斜体を設定して下線を付ける…327
		セルの文字色をRGB値で設定するには…………………328
		RGB関数でRGB値を取得するには …………………………329
		使用例 文字色をRGB値で設定する …………………329
		セルの文字色をインデックス番号で設定するには………331
		使用例 文字色をインデックス番号で設定する……331
		文字飾りを設定するには …………………………………333
		使用例 文字に上付き文字、下付き文字、取り消し線を設定する…333
4-12	セルの罫線の設定 …………………335	概要………………………………………………………335
		セルの罫線を参照するには …………………………………335
		使用例 格子の罫線と斜線を引く …………………336
		罫線の線種、太さ、色をまとめて設定するには …………337
		使用例 セル範囲の周囲に書式を指定して罫線を引く…338
		罫線の種類を指定するには …………………………………338
		罫線の太さを設定するには …………………………………339
		使用例 線種と太さを指定して表の罫線を引く……340
4-13	セルの背景色の設定 …………………341	概要………………………………………………………341
		セルの背景色をRGB値で設定するには…………………341
		セルの背景色をインデックス番号で設定するには………342
		使用例 RGB値と色のインデックス番号でセルの背景色を設定する…342
		色に濃淡を付けるには ……………………………………343
		使用例 セルの背景色に濃淡を付ける …………………344
		セルにテーマの色を設定するには…………………………345
		使用例 表にテーマの色を設定する …………………346
		セルに網かけを設定するには ……………………………348
		使用例 セルに網かけを設定する …………………349
		使用例 セルにグラデーションを設定する…………350
4-14	セルのスタイルの 設定………………352	概要………………………………………………………352
		セルにスタイルを設定するには …………………………352
		使用例 セルにスタイルを設定して書式を一度に設定する…353
		ユーザー定義のスタイルを追加するには …………………354
		使用例 現在のブックにユーザー定義のスタイルを登録する…354
4-15	ふりがなの設定…356	概要………………………………………………………356
		ふりがな候補を取得するには ……………………………357
		使用例 セルのデータのふりがなを取得する………357
		ふりがなを設定するには …………………………………358
		使用例 ふりがなを設定し表示する ……………………359

1
2
3
4
5
6
7
8
9
10
11
12
13
14
15
16
付録

4-16	ハイパーリンクの設定 ······360	概要 ······360
		ハイパーリンクを設定するには ······360
		使用例 ブック内の各シートにリンクしたハイパーリンクを設定する···361
		ハイパーリンクを実行するには ······363
		使用例 ハイパーリンクを実行する ······363

4-17	条件付き書式の設定 ······365	概要 ······365
		条件付き書式を設定するには ······365
		使用例 セルの値が100%よりも大きいときにセルに書式を設定する··367
		使用例 指定した文字列を含む場合に書式を設定する··369
		使用例 指定した期間の場合に書式を設定する ······370
		上位／下位ルールで条件付き書式を設定するには ······371
		使用例 セル範囲で上位3位までに書式を設定する ···371
		平均以上／以下のルールで条件付き書式を設定するには···372
		使用例 セル範囲で平均値以上の場合に書式を設定する···373
		データバーを表示する条件付き書式を設定するには ······374
		使用例 セル範囲にデータバーを表示する ······374
		カラースケールを表示する条件付き書式を設定するには···375
		使用例 セル範囲に2色のカラースケールを表示する ···376
		アイコンセットを表示する条件付き書式を設定するには···378
		使用例 セル範囲にアイコンセットを表示する ······378

4-18	スパークライン···381	概要 ······381
		スパークラインを設定するには ······381
		使用例 折れ線スパークラインを設定する ······382
		スパークラインの色を設定するには ······383
		スパークラインのデータの各ポイントに対して設定するには···384
		使用例 色を指定して縦棒スパークラインを設定する ···384
		使用例 マーカーを表示し色を指定して折れ線スパークラインを表示する ······385
		使用例 負のポイントを表示し、色を指定して勝敗スパークラインを設定する ······387

第5章　ワークシートの操作　　　389

5-1	ワークシートの参照 ······390	概要 ······390
		ワークシートを参照するには ······390
		作業中のシートを参照するには ······391
		使用例 ワークシートを参照する ······391
		ワークシートを選択するには ······392

5-1	**ワークシートの参照**·············390	ワークシートをアクティブにするには·····························393
		使用例 ワークシートを選択する ·······························393
		選択されているシートを参照するには··························394
		使用例 選択されている複数のシートを削除する···395
5-2	**ワークシートの編集**·············396	概要···396
		ワークシートを追加するには ································397
		使用例 ブックの末尾に新しいワークシートを3枚追加する···397
		ワークシートを削除するには ································398
		使用例 指定したワークシートを削除する············399
		ワークシートを移動またはコピーするには ··················400
		使用例 ワークシートを別ブックに移動する·········400
		使用例 ワークシートをコピーする ·····················402
		ワークシート名を変更するには ····························403
		使用例 ワークシート名を変更する ·····················403
		シート見出しの色を変更するには······························405
		使用例 今日の日付を過ぎたシート見出しの色を変更する···405
		ワークシートの数を数えるには ····························406
		使用例 ワークシートの枚数を数える ·················407
5-3	**ワークシートの保護**·············408	概要···408
		ワークシートの表示と非表示を切り替えるには ···········409
		使用例 ワークシートの表示と非表示を切り替える···410
		シートを保護するには··411
		使用例 一部のセルへの入力を可能にしてワークシートを保護する···412
		ワークシートの保護を解除するには··························414
		使用例 パスワードを入力してシートの保護を解除する···414
		スクロールできる範囲を限定するには·······················415
		使用例 表以外の部分へのスクロールを制限する···416

第6章　Excelファイルの操作　　　417

6-1	**ブックの参照**·····418	概要···418
		ブックを参照するには··418
		アクティブブックを参照するには·····························419
		使用例 ブックを開いて参照する ·····················419
		ブックをアクティブにするには ····························420
		使用例 指定したブックをアクティブにする·········421

6-2	**ブックの作成と表示**............422	概要..422
		新規ブックを作成するには.......................423
		使用例 5枚のシートを持つ新規ブックを作成する...423
		保存してあるブックを開くには.................424
		使用例 カレントフォルダーにあるブックを開く...425
		[ファイルを開く]ダイアログボックスを表示するには...427
		使用例 [ファイルを開く]ダイアログボックスを表示してファイルを開く.......................427
		FileDialogオブジェクトのプロパティとメソッド...429
6-3	**ブックの保存と終了**............430	概要..430
		ブックを上書き保存するには.......................431
		使用例 ブックを開いて上書き保存する............431
		名前を付けてブックを保存するには.................432
		使用例 新規ブックに名前を付けて保存する........433
		使用例 同名ブックの存在を確認してから保存する...435
		ブックにマクロが含まれているかどうか確認するには...437
		使用例 マクロの有無を調べてからブックを保存する...437
		変更が保存されているかどうか確認するには.............439
		使用例 ブックが変更されているかどうか確認する...440
		[名前を付けて保存]ダイアログボックスを表示するには...441
		使用例 [名前を付けて保存]ダイアログボックスを表示してブックを保存する.......................441
		ブックを閉じるには.................................443
		使用例 変更を保存してブックを閉じる............444
		Excelを終了するには.................................444
		使用例 ブックを保存しないでExcelを終了する...445
6-4	**ブックの操作**....446	概要..446
		ブックのコピーを保存するには.......................447
		使用例 開いたブックのバックアップを作成する...447
		ブック名を調べるには.................................448
		使用例 指定したブックが開いているか調べる......449
		ブックの保存場所を調べるには.......................450
		使用例 ブックの保存先を調べ、同じ場所に新規ブックを保存する...451
		ブックを保護するには.................................452
		使用例 ブックを保護する............................453
		ブックのプロパティを取得するには.................454
		使用例 ブックのプロパティを取得、設定する......454
		ブックをPDF形式で保存する.......................456
		使用例 ブックをPDF形式で保存する.................457

第7章　高度なファイルの操作　459

7-1　テキストファイルの操作………460

概要……………………………………………………………460
テキストファイルを開くには …………………………………461
　使用例 新しいブックでテキストファイルを開いて
　　　　列単位でデータ形式を変換する……………463
テキストファイルをパソコン内部で開くには ………………465
カンマ区切り単位でテキストファイルを読み込むには…466
パソコン内部に開いたテキストファイルを閉じるには…466
　使用例 新しいブックを開かずにテキストファイルの
　　　　内容を読み込む………………………………467
カンマ区切りでテキストファイルに書き込むには………469
　使用例 ワークシートの内容をテキストファイルに書き込む …470

7-2　ファイル／フォルダー／ドライブの操作……472

概要……………………………………………………………472
ファイルをコピーするには ……………………………………473
　使用例 ファイル名を変更して別のフォルダーにコピーする …473
ファイル名やフォルダー名を変更するには ………………474
　使用例 ファイル名を変更して別フォルダーへ移動する …475
ファイルを削除するには ………………………………………476
　使用例 フォルダー内のファイルをまとめて削除する …476
新規フォルダーを作成するには ……………………………477
　使用例 Cドライブに新規フォルダーを作成する …477
フォルダーを削除するには …………………………………479
　使用例 ファイルが保存されているフォルダーを削除する …479
ファイルやフォルダーを検索するには ……………………480
　使用例 ファイル名を検索する ……………………………481
ファイルサイズを調べるには ………………………………482
　使用例 ファイルサイズを調べる …………………………483
ファイルの作成日時または更新日時を調べるには………483
　使用例 ファイルの更新日時を調べる ……………………484
ファイルやフォルダーの属性を調べるには …………………485
　使用例 ファイルの属性を調べる …………………………485
ファイルやフォルダーの属性を設定するには ……………487
　使用例 ファイルの属性を設定する ………………………487
ドライブのカレントフォルダーのパスを取得するには…489
　使用例 Cドライブのカレントフォルダーを調べる …489
カレントフォルダーを変更するには…………………………490
　使用例 カレントフォルダーを[データ]フォルダーに変更する …490
カレントドライブを変更するには……………………………491
　使用例 カレントドライブをDドライブに変更する…492

7-3	ファイルシステム オブジェクト ····493	概要 ································493
		ファイルシステムオブジェクトを使用するには ··········494
		ファイルシステムオブジェクトを使用する準備をする ···494
		ファイルシステムオブジェクトの構成 ············495
		ファイルシステムオブジェクトの使用方法 ·········496
		下位オブジェクトの使用方法 ···········496
		FileSystemObjectオブジェクトのインスタンスを生成するには ··497
		ファイルを取得するには ····················497
		使用例 FSOでファイルを削除する ·········498
		フォルダー内のすべてのファイルを取得するには········500
		使用例 フォルダー内のすべてのファイルの情報一覧を作成する ···500
		フォルダーを取得するには ················503
		使用例 FSOでフォルダーをコピーする·········503
		すべてのフォルダーを取得するには··············506
		使用例 フォルダー内のすべてのフォルダーの情報一覧を作成する ··506
		ドライブを取得するには··················508
		使用例 ドライブの使用容量を調べる ·············508

第8章　ウィンドウの操作　　　　511

8-1	ウィンドウの操作 ················512	概要 ································512
		ウィンドウを参照するには ················513
		ウィンドウをアクティブにするには ···············513
		使用例 指定したウィンドウをアクティブにする ···514
		アクティブウィンドウを参照するには ·············516
		使用例 アクティブウィンドウを参照する·········517
		ウィンドウを整列するには ················518
		使用例 ウィンドウを並べて表示する ·········519
		ウィンドウのコピーを開くには ················520
		使用例 ウィンドウのコピーを開いてスクロールを同期させる ···520
		ウィンドウを分割するには ················522
		使用例 ウィンドウを分割する ·········522
		ウィンドウ枠を固定するには ··············524
		使用例 ウィンドウ枠を固定する ·············524
8-2	ウィンドウ表示の 設定················526	概要 ································526
		ウィンドウの表示を最大化または最小化するには········527
		使用例 アクティブウィンドウの表示を最小化する···527
		ウィンドウのタイトルを設定するには ·················529
		使用例 ウィンドウのタイトルを設定する············530

8-2	ウィンドウ表示の設定……………526	枠線の表示を設定するには …………………………531
		使用例 枠線を非表示に設定する …………………532
		ウィンドウの表示倍率を変更するには …………………533
		使用例 選択範囲に合わせて拡大表示する…………533
		改ページプレビューに切り替えるには …………………535
		使用例 改ページプレビューに切り替える…………535
		ウィンドウの画面表示を設定するプロパティ …………537

第9章　データの操作　　　　　　　　539

9-1	データの操作 ‥‥540	概要………………………………………………………540
		データを検索するには ……………………………………541
		使用例 データを検索する…………………………542
		同じ検索条件で続けて検索するには ……………………543
		使用例 同じ検索条件で続けて検索する…………544
		データを置換するには ……………………………………546
		使用例 データを置換する…………………………547
		データを並べ替えるには① ………………………………548
		使用例 Sortメソッドを使ってデータを並べ替える…550
		データを並べ替えるには② ………………………………551
		並べ替えフィールドを追加するには……………………552
		使用例 Sortオブジェクトを使ってデータを並べ替える…553
		オートフィルタを操作するには …………………………555
		使用例 オートフィルタで抽出する ………………556
		さまざまな条件でデータを抽出するには ………………558
		使用例 ワークシート上の抽出条件を使用してデータを抽出する…558
9-2	テーブルを使ったデータの操作 ‥‥560	概要………………………………………………………560
		テーブルを作成するには …………………………………561
		使用例 表をテーブルに変換する …………………562
		集計行を表示するには ……………………………………564
		集計方法を設定するには …………………………………564
		使用例 テーブルに抽出、並べ替え、集計を設定する…565
		テーブルスタイルを設定するには………………………567
		使用例 テーブルスタイルを変更する ……………568
9-3	アウトラインの操作………………569	概要………………………………………………………569
		アウトラインを作成するには……………………………570
		使用例 アウトラインを作成しグループ化する……571

9-3	アウトラインの操作 ……………569	アウトラインの折りたたみと展開を行うには …………572
		使用例 アウトラインの折りたたみと展開をする …573
		アウトラインを自動作成するには…………………574
		使用例 アウトラインを自動作成する …………574
		表をグループ化して集計を実行するには ……………575
		使用例 アウトラインを作成しグループごとに集計する…576
9-4	ピボットテーブルの操作…………578	概要………………………………………578
		ピボットテーブルキャッシュを作成するには …………579
		ピボットテーブルを作成するには…………………580
		フィールドを追加、変更するには…………………580
		集計方法を指定するには …………………………581
		使用例 ピボットテーブルを作成する …………582
		使用例 ピボットテーブルのフィールドを変更する…585
		ピボットテーブルを更新するには…………………586
		使用例 ピボットテーブルを更新する …………587
		ピボットテーブルを月単位でグループ化するには………588
		使用例 ピボットテーブルを月単位でグループ化する…589

第10章　印刷　　591

10-1	ワークシートの印刷 ……………592	概要…………………………………………592
		印刷を実行するには …………………………593
		使用例 ページを指定してブックの内容を2部ずつ印刷する…594
		印刷プレビューを表示するには ……………………595
		使用例 印刷プレビューを表示する ……………595
		水平な改ページを設定するには …………………597
		使用例 水平な改ページを設定する ……………597
10-2	印刷の設定 ………599	概要…………………………………………599
		ページ数に合わせて印刷するには…………………600
		使用例 指定ページ数に収めて印刷する……………600
		そのほかのページの設定項目について …………………602
		上下の余白を設定するには …………………………603
		使用例 ページの余白をセンチメートル単位で設定する…603
		そのほかの余白の設定項目について …………………605
		左右のヘッダーを設定するには …………………606
		使用例 ヘッダーおよびフッターを設定する………606
		偶数ページに別のヘッダーおよびフッターを設定するには…608
		使用例 偶数ページに別のヘッダーとフッターを設定する…608

10-2	印刷の設定 ········599	ヘッダーに画像を設定するには ····································611
		使用例 ヘッダーに画像を設定する ·······················611
		そのほかのヘッダーおよびフッターの設定項目について···613
		印刷範囲を設定するには ··615
		使用例 印刷範囲を設定する································615
		タイトル行を設定するには ···617
		使用例 タイトル行を設定する···························618
		そのほかのシートの設定項目について ·······················620
		印刷される総ページ数を調べるには····························621
		使用例 印刷される総ページ数を調べる···············621

第11章　図形の操作　　　　　623

11-1	図形の参照 ········624	概要··624
		図形を参照するには ··625
		使用例 ワークシート上のすべての図形を削除する···625
		使用例 特定の図形の参照と選択 ·······················626
		図形を参照するには ··627
		使用例 複数の図形の枠と塗りつぶしの色を変更する···628
		図形に名前を付けるには ···629
		使用例 図形の名前を設定する···························630
		コラム 図形作成時に付けられる既定の名前について···630
11-2	図形の作成 ········631	概要··631
		直線を作成するには ··631
		使用例 直線を引く ····································632
		テキストボックスを作成するには······························633
		使用例 指定範囲にテキストボックスを作成する···634
		図形を作成するには ··636
		使用例 指定範囲に図形を作成する···················636
11-3	図形の書式設定···638	概要··638
		線の書式を設定するには ···639
		使用例 枠線の書式を設定する···························639
		使用例 指定した範囲に矢印を作成する···············640
		塗りつぶしの設定をするには ·····································642
		使用例 図形に塗りつぶしの色を設定する···········642
		グラデーションで塗りつぶすには······························643
		使用例 グラデーションで塗りつぶす ·················644

11-3	図形の書式設定…638	テクスチャで塗りつぶすには …………………………647
		使用例 テクスチャで塗りつぶす …………………………647
		塗りつぶしに画像を使うには …………………………648
		使用例 画像で塗りつぶす …………………………649
		コラム 図形に効果を設定するには …………………651
		図形にスタイルを設定するには ………………………652
		使用例 図形にスタイルを設定する ………………652
11-4	図形の操作………655	概要…………………………………………………655
		図形を移動するには ……………………………………656
		使用例 セルに合わせて図形を移動する…………………656
		図形の大きさを変更するには …………………………658
		使用例 図形の大きさを変更する …………………658
		図形をグループ化するには ……………………………659
		使用例 図形をグループ化する …………………660
		図形を削除するには ……………………………………661
		使用例 特定の種類の図形を削除する …………………661

第12章　グラフの操作　663

12-1	グラフの作成…664	概要…………………………………………………664
		グラフシートを追加するには …………………………665
		使用例 グラフシートを挿入する …………………………665
		グラフのデータ範囲を指定するには…………………667
		使用例 グラフのデータ範囲を指定する……………667
		埋め込みグラフを作成するには ………………………669
		使用例 セル範囲に合わせて埋め込みグラフを作成する…669
12-2	グラフの編集…672	概要…………………………………………………672
		グラフの種類を変更するには …………………………673
		使用例 グラフの種類を折れ線グラフに変更する…673
		使用例 特定のデータ系列だけ折れ線グラフに変更する…674
		グラフのタイトルを設定するには……………………676
		使用例 グラフにタイトルを設定する ………………676
		グラフの軸を設定するには ……………………………678
		使用例 グラフの軸ラベルを追加する ………………679
		グラフの凡例を設定するには …………………………680
		使用例 グラフに凡例を表示する ……………………681
		グラフのスタイルを設定するには……………………682
		使用例 グラフにスタイルを設定する ………………683

| 12-2 | グラフの編集 ····672 | グラフのレイアウトを設定するには ································684 |
| | | 使用例 グラフのレイアウトを設定する ················685 |

第13章　コントロールの使用　　　689

13-1	ユーザーフォームの 作成 ················690	概要 ··690
		ユーザーフォームを作成するには ································691
		ユーザーフォームを追加する ································691
		コントロールを配置する ································692
		コントロールを操作するには ································693
		コントロールを選択する ································693
		コントロールを削除する ································694
		コントロールをコピーする ································694
		プロパティを設定するには ································695
		[プロパティウィンドウ]で設定する ················695
		ユーザーフォーム上で設定する ················696
		コントロールの大きさを変更する ················697
		コントロールを移動する ································698
		タブオーダーを設定する ································699
		実行したい処理を記述するには ································700
		イベントプロシージャーを作成する ················700
		イベント発生時に実行させる処理を記述する ······701
		ユーザーフォームを実行するには ································702
13-2	ユーザーフォームの 操作 ················704	概要 ··704
		タイトルを設定するには ································705
		表示位置を設定するには ································706
		モーダルまたはモードレスに設定するには ················707
		ユーザーフォームを表示するには ································708
		使用例 ユーザーフォームを表示する ················709
		ユーザーフォームを閉じるには ································710
		使用例 ユーザーフォームを閉じる ················710
		ユーザーフォームを表示する直前の動作を設定するには···712
		使用例 ユーザーフォームを表示する直前に初期状態に設定する···712
13-3	コマンドボタン···714	概要 ··714
		Enter キーや Esc キーで実行できるようにするには······714
		コマンドボタンの有効と無効を切り替えるには ················716
		使用例 無効のコマンドボタンを有効にする·········716

13-4	テキストボックス...........................718	概要...........................718 日本語入力モードを設定するには...........................718 複数行を入力できるようにするには...........................720 テキストボックスの文字列を取得または設定するには...722 セルのデータをテキストボックスに表示するには........722 キーを押したときの動作を設定するには...........................725 使用例 数字だけが入力可能なテキストボックスを作成する...725
13-5	ラベル..............727	概要...........................727 ラベルのフォントを設定するには...........................727
13-6	イメージ............729	概要...........................729 表示する画像を設定するには...........................729 画像の表示方法を設定するには...........................731
13-7	チェックボックス...........................733	概要...........................733 チェックボックスの状態を取得または設定するには......733 使用例 チェックボックスの状態を取得する.........734 値が変更されたときに処理を実行するには...........................736 使用例 チェックボックスの状態に応じて 表示と非表示を切り替える...........................736
13-8	オプションボタン...........................738	概要...........................738 オプションボタンの状態を取得または設定するには......738 使用例 オプションボタンの状態を取得する.........739
13-9	フレーム............741	概要...........................741 フレーム内にオプションボタンを配置するには............741 フレームに配置されたすべてのコントロールを参照するには...743 使用例 フレーム内で選択されたオプションボタンを取得する...744
13-10	リストボックス...746	概要...........................746 リストに表示するセル範囲を設定するには...........................746 リストボックスに複数列表示するには...........................748 選択されている行位置を取得するには...........................749 リストボックスの項目の値を取得するには...........................750 使用例 選択されている項目の内容を表示する......750 複数行を選択できるようにするには...........................752 複数行を選択できるリストで選択状態を調べるには.....753 使用例 複数選択された行の値を取得する............753 リストボックスに項目を追加するには...........................755 リストボックスの項目を削除するには...........................755 使用例 2つのリストボックス間で項目をやりとりする...756

13-11	コンボボックス…758	概要 ……………………………………………………758
		コンボボックスに直接入力できないようにするには……758
13-12	タブストリップ…760	概要 ……………………………………………………760
		タブを追加するには …………………………………760
		タブのインデックス番号を取得するには ………………762
		使用例 タブを切り替えるごとに表示する値を変える …762
13-13	マルチページ ……764	概要 ……………………………………………………764
		マルチページを操作するには …………………………764
		各ページにコントロールを配置するには ………………765
13-14	スクロールバー…766	概要 ……………………………………………………766
		スクロールバーの最大値と最小値を設定するには………766
		スクロールバーの向きを設定するには …………………767
		スクロールバーの値を取得するには……………………768
		使用例 スクロールバーの値とラベルの表示を連動させる …769
13-15	スピンボタン ……771	概要 ……………………………………………………771
		スピンボタンの値を取得するには………………………771
		使用例 スピンボタンの値とテキストボックスの値を連動させる …772
13-16	RefEdit…………773	概要 ……………………………………………………773
		RefEditの値を取得するには …………………………773
		使用例 RefEditで取得したセル範囲の書式を変更する …774
13-17	InkEdit…………776	概要 ……………………………………………………776
		InkEditコントロールをツールボックスに追加する……776
		手書き入力した内容の認識開始までの時間を設定する…777
		マウスによる入力を可能にする ………………………778
		手書き入力して変換された文字列を取得するには………779
		使用例 手書きで入力して変換された文字列をセルに表示する …779
13-18	ワークシートでの 利用………………781	概要 ……………………………………………………781
		ワークシート上でコントロールを使用するには …………781
		ワークシートにコントロールを配置する …………781
		コントロールのプロパティを設定する ………………783
		イベントプロシージャーを作成する ………………783
		イベントプロシージャーを実行する ………………784

第14章 外部アプリケーションの操作 787

14-1 データベースの操作 ……………788

概要……………………………………………788
ADOを使用する準備 …………………………788
ADOを使用するには …………………………789
　ADOを構成する主なオブジェクト …………789
　ADOの使用方法 ………………………………790
ADOを使用して外部データベースに接続するには ……791
　使用例 Accessで作成されたデータベースファイルに接続する …792
ADOを使用して外部データベースのレコードを参照するには…793
　使用例 テーブルのすべてのレコードをワークシートに読み込む…794
特定のフィールドのデータを取得または設定するには…796
ADOを使用して特定の条件を満たすレコードを検索するには…796
　使用例 特定の条件を満たすレコードのデータを
　　　　ワークシートに読み込む …………………797
　使用例 Accessのテーブルのレコードを更新する …800
　使用例 Accessのテーブルのデータを追加する …802
ADOを使用してSQL文を実行するには………………804
　使用例 SELECT文を実行してテーブルからデータを取得する…805
　コラム SQL文の書き方…………………………808

14-2 Wordの操作……809

概要……………………………………………809
Wordを操作する準備 …………………………810
Wordを操作するには …………………………810
　Wordの主なオブジェクトの階層構造 …………810
　Wordの操作方法 ………………………………811
Word 文書を開くには …………………………812
Word文書の段落の先頭位置に文字列を挿入するには…812
　使用例 ExcelのデータをWord文書に挿入する …813

第15章 VBA関数 815

15-1 日付／時刻関数…816

概要……………………………………………816
現在の日付／時刻を取得するには………………817
　使用例 現在の日付と時刻を表示する ……………817
年／月／日を部分的に取得するには……………819
　使用例 日付データを年／月／日に分けて表示する…819
時／分／秒を部分的に取得するには……………821
　使用例 時刻データを時／分／秒に分けて表示する…821
曜日を表す整数値を取得するには………………822

15-1	日付／時刻関数…816	曜日の整数値を曜日名に変換するには …………………………823
		使用例 今日の曜日名を表示する …………………………823
		年／月／日から日付データを求めるには ……………………824
		使用例 今月末の日付データを求める ………………824
		時／分／秒から時刻データを求めるには ……………………825
		使用例 現在の時刻から1分後にメッセージを表示する…825
		日付や時間の間隔を計算するには……………………………826
		使用例 日付の間隔を計算する ………………………827
		時間を加算または減算した日付や時刻を取得するには…828
		使用例 時間を加算した日付を取得する………………829
		経過した秒数を取得するには ………………………………829
		使用例 経過した秒数を取得する ……………………830

15-2	文字列関数 ………831	概要…………………………………………………………831
		文字列の左端または右端から一部を取り出すには………832
		文字列の指定した一部を取り出すには ……………………832
		使用例 文字列の一部を表示する ……………………833
		文字列の長さを調べるには …………………………………834
		文字列のバイト数を調べるには ……………………………834
		使用例 文字列の長さを表示する ……………………834
		ASCIIコードに対応する文字を取得するには ………………836
		使用例 改行文字を使用する…………………………836
		文字に対応するASCIIコードを取得するには ……………837
		使用例 ASCIIコードを表示する ……………………837
		文字の種類を変換するには …………………………………839
		使用例 文字の種類を変換する ………………………840
		データの表示書式を変換するには…………………………842
		使用例 データの表示書式に変換する ………………842
		アルファベットの大文字と小文字を変換するには………843
		使用例 アルファベットの大文字と小文字を変換する…844
		文字列内のスペースを削除するには………………………845
		使用例 文字列の先頭と末尾にあるスペースを削除する…845
		文字列を別の文字列に置換するには………………………846
		使用例 文字列内のスペースを削除する………………847
		指定した数だけスペースを追加するには …………………848
		使用例 固定長フィールド形式のファイルを作成する…848
		文字を指定した数だけ並べて表示するには ………………851
		使用例 簡易横棒グラフを作成する …………………851
		2つの文字列を比較するには ………………………………852
		使用例 2つの文字列を比較する ……………………853
		文字を文字列の先頭から検索するには……………………854

1
2
3
4
5
6
7
8
9
10
11
12
13
14
15
16
付　録

33

15-2	文字列関数 ········831	文字を文字列の末尾から検索するには ····························855
		使用例 文字列を検索する ···························856
15-3	データ型を操作する関数 ·······················857	概要 ··857
		データ型を長整数型に変換するには ···························858
		使用例 文字列を長整数型のデータに変換する ·······858
		データ型を日付型に変換するには ···························860
		使用例 文字列を日付型のデータに変換する ··········860
		小数点以下を切り捨てるには ····························862
		使用例 小数点以下を切り捨てる ·················862
		数値を16進数に変換するには ·····························864
		使用例 数値を16進数に変換する ················864
		数値として扱えるかどうかを調べるには ······················865
		使用例 数値として扱えるかどうかを調べる ··········865
		日付や時刻として扱えるかどうかを調べるには ··········866
		使用例 日付や時刻として扱えるかどうかを調べる ···867
		配列かどうかを調べるには ····························868
		使用例 配列かどうかを調べる ·················868
		オブジェクトや変数の種類を調べるには ······················870
		使用例 オブジェクトや変数の種類を調べる ··········870
15-4	乱数や配列を扱う関数 ·······················873	概要 ··873
		乱数を発生させるには ·······························874
		乱数系列を初期化するには ····························874
		使用例 乱数を発生させる ·················875
		文字列を区切り文字で分割して配列に格納するには ·····876
		使用例 文字列を区切り文字位置で分割する ··········876
		配列の要素を結合するには ·····························878
		使用例 配列の要素を結合する ·················878
		配列から特定の文字列を含む要素を取得するには ········879
		使用例 配列から特定の文字を含む要素を取得する ···879
15-5	ユーザー定義関数 ·······················881	概要 ··881
		ユーザー定義関数を作成するには ···························882
		使用例 成績を判定するユーザー定義関数を作成する ···882
		ユーザー定義関数を使用するには ···························884
		省略可能な引数を設定するには ·····························885
		使用例 文字列を取り出すユーザー定義関数を作成する···886
		データ個数が不定の引数を設定するには ······················887
		使用例 複数のセルの値を結合するユーザー定義関数を作成する···887
		定義済み書式と表示書式指定文字列····························889

第16章　そのほかの操作　893

16-1	ツールバーの作成 ……894	概要 …………………………………………894
		コマンドバーを作成するには …………………894
		コラム コマンドバーとは ………………………895
		コマンドバーコントロールを作成するには ………896
		使用例 ツールバーを作成する ……………………897
		コラム コマンドバーコントロールとは …………899
		ショートカットメニューを表示するには ……………900
		使用例 ショートカットメニューを作成する………900

16-2	XML形式のファイル操作 ……905	概要 …………………………………………905
		ブックにXMLスキーマを追加するには……………905
		セルや列にXMLデータの要素を対応付けるには ………906
		使用例 セルやテーブルの列にXMLデータの要素を対応付ける …907
		コラム XMLとは …………………………………909
		コラム XMLデータの書き方…………………………910
		コラム 簡単なXMLスキーマの書き方 ……………911
		XML形式でデータを出力するには ………………912
		使用例 XML形式でデータを出力する ……………912
		XML形式のファイルを読み込むには ………………915
		使用例 XML形式のファイルを読み込む ……………916

16-3	そのほかの機能…919	概要 …………………………………………919
		画面表示の更新を抑止して処理速度を上げるには………919
		使用例 画面表示の更新を抑止して処理速度を上げる …920
		注意や警告のメッセージを非表示にするには ……………921
		使用例 注意メッセージを非表示にする……………922
		ステータスバーに文字列を表示するには ………………923
		使用例 ステータスバーにメッセージを表示する …923
		実行中のマクロを一時停止するには…………………925
		使用例 実行中のマクロを一時停止する……………925
		実行時刻を指定してマクロを実行するには ………………927
		使用例 実行時刻を指定してマクロを実行する ……928
		使用例 一定時間おきにマクロを実行する…………929

付録 931

付録-1	アドインの利用…932	概要 …………………………………………932
		アドインを作成するには ……………………933
		配布するマクロを作成する ………………933
		メニューを作成するマクロを作成する ……933
		メニューを削除するマクロを作成する ……935
		ブックをアドイン形式で保存する …………936
		アドインを組み込むには ……………………938
		アドインを解除するには ……………………939
		コラム メニューからアドインを解除できるようにするには …940

| 付録-2 | サンプルファイルのダウンロード……………………………………………941 |

索引 …………………………………944
読者アンケートのお願い ……………958

●本書の前提

　本書では、2017年2月の情報をもとに「Microsoft Excel 2016/2013/2010/2007」のVBAの使い方について解説しています。また、「Windows 10」と「Office Professional 2016」がインストールされているパソコンでインターネットに常時接続されている環境を前提に画面を再現しています。

「できる」「できるシリーズ」は、株式会社インプレスの登録商標です。
Microsoft、Windows 10 は、米国 Microsoft Corporation の米国およびその他の国における登録商標または商標です。
その他、本書に記載されている会社名、製品名、サービス名は、一般に各開発メーカーおよびサービス提供元の登録商標または商標です。
なお、本文中には ™ および ® マークは明記していません。

第**1**章

マクロの基礎知識

1-1．マクロとは・・・・・・・・・・・・・・・・・・・・・・・・・・・38
1-2．マクロの記録・・・・・・・・・・・・・・・・・・・・・・・・・41
1-3．マクロの編集・・・・・・・・・・・・・・・・・・・・・・・・・47
1-4．マクロの実行・・・・・・・・・・・・・・・・・・・・・・・・・52
1-5．個人用マクロブック・・・・・・・・・・・・・・・・・・・63
1-6．マクロを含むブックの管理・・・・・・・・・・・・・67

1-1 マクロとは

マクロとは

マクロとは、Excelで行う操作を自動実行できるようにしたものです。毎月行う定型業務や、手作業で行うと時間がかかってしまう操作を記録してマクロを作成し、ボタンなどに登録すれば、ボタンをクリックするだけで処理が実行できるようになります。これにより、作業の効率化や簡素化を図ることができます。

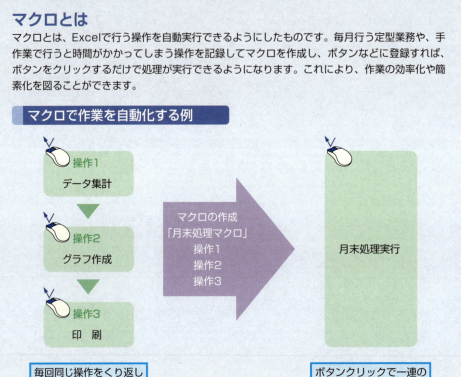

マクロで作業を自動化する例

マクロの作成方法

マクロを作成するには、マクロの記録機能を使用する方法と、VBAを使ってプログラミングする方法があります。マクロの記録機能とは、Excelで実際に行った操作を記録してマクロを作成する機能です。一方、VBAによるプログラミングとは、Visual Basic for Applicationsというプログラミング言語を使い、コードを記述してマクロを作成することです。

マクロの記録機能で作成

マクロの記録機能は、Excelで実際に操作した内容をVBAのコードに変換し、マクロを作成します。実行できる処理に制限がありますが、簡単な処理であればプログラミングの知識がなくてもマクロを作成することができます。

VBAにより作成

VBAというプログラミング言語を使ってコードを記述することでマクロを作成します。マクロの記録機能だけでは不可能な、複雑な処理も実行できるようになりますが、プログラミングの知識が必要になります。

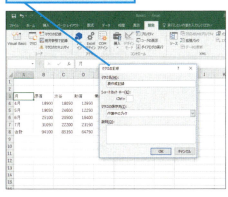

マクロの記録機能を使ってマクロを作成する

VBAでコードを記述してマクロを作成する

マクロでできること

マクロを使うと、操作を自動化することに加えて、いろいろな処理ができるようになります。マクロでできることには、主に以下のようなものがあります。

マクロでできること	内容
Excelの自動操作	Excelで行う定型作業などの操作を自動化する　参照▶マクロの記録……P.41
条件によって異なる処理の実行	達成率が100%を超えた場合にセルの色を変更するなど、条件によって異なる処理を実行できる　参照▶条件によって処理を振り分けるには……P.182
くり返し処理の実行	A列に値が入力されている間に罫線を引くなど、同じ処理をくり返し実行することができる　参照▶処理をくり返し実行するには……P.187
ユーザーフォームの作成	データを入力するための画面や、検索条件を入力するための入力用画面など独自の画面を作成できる　参照▶ユーザーフォームの作成……P.690
オリジナル関数の作成	Excelのワークシート関数では簡単に結果が出せないような計算でも、マクロで独自の関数を作成し、必要な値を指定するだけで簡単に計算できる　参照▶ユーザー定義関数……P.881
ファイル操作	ファイルのコピー、削除などパソコンに保存されているファイルの操作ができる　参照▶高度なファイルの操作……P.459
Officeアプリケーションの連携	WordやPowerPointなどOffice間で連携処理ができる　参照▶外部アプリケーションの操作……P.787
データベース操作	Accessなど外部データベースに接続して操作できる　参照▶データベースの操作……P.788
Windowsの機能の利用	Windows API関数を使用してWindowsの機能が利用できる。ただし、Windows API関数を使用するには、Windowsについての高度な知識が必要となる。なお、本書では、API関数については解説していない

[開発]タブを表示するには

マクロに関連するコマンドは[開発]タブにまとめられていますが、[開発]タブは既定では表示されていません。[開発]タブを表示しておくとマクロに関するさまざまな処理が実行しやすくなります。ここでは、[開発]タブの表示方法を確認します。

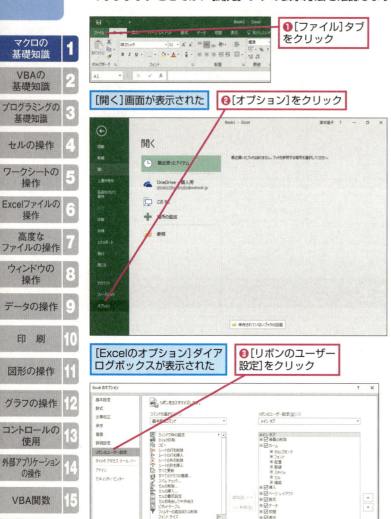

❶[ファイル]タブをクリック

[開く]画面が表示された

❷[オプション]をクリック

[Excelのオプション]ダイアログボックスが表示された

❸[リボンのユーザー設定]をクリック

❹[開発]をクリック

❺[OK]をクリック

[開発]タブが表示された

マクロに関するコマンドがまとめて表示されている

HINT [表示]タブにもマクロのコマンドがある

[表示]タブの[マクロ]グループにもマクロのコマンドが用意されていますが、使用できるコマンドは[マクロの表示]、[マクロの記録]、[相対参照で記録]の3つに限られています。

HINT Excel 2007で[開発]タブを表示するには

Excel 2007の場合は、[Officeボタン]をクリックし、[Excelのオプション]をクリックして[Excelのオプション]ダイアログボックスを表示します。[基本設定]をクリックし、[[開発]タブをリボンに表示する]をクリックしてチェックマークを付けて[OK]ボタンをクリックします。

[Excelのオプション]ダイアログボックスを表示しておく

❶[基本設定]をクリック

❷[[開発]タブをリボンに表示する]をクリックしてチェックマークを付ける

❸[OK]をクリック

1-2 マクロの記録

マクロの記録の流れ

マクロの記録機能は、Excelで実際に操作した内容をVBAのコードに変換して記録する機能です。マクロの記録機能には、VBAによるプログラミングの知識がなくてもマクロを作成できる、単純な処理を自動化したいときに手軽にマクロが作成できる、といったメリットがあります。

マクロの記録機能を使ったマクロ作成手順

❶記録の開始（マクロに変換する操作をこれから開始することをExcelに伝える）

❷操作の実行（マクロ化する処理を実際にExcelで操作する）

❸記録の終了（マクロに変換する操作が完了したことをExcelに伝える）

記録の開始

マクロ記録の開始前に、[マクロの記録] ダイアログボックスで、マクロ名、ショートカットキー、マクロの保存先、説明を指定しておきます。

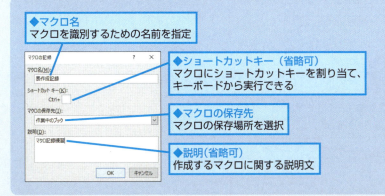

◆マクロ名
マクロを識別するための名前を指定

◆ショートカットキー（省略可）
マクロにショートカットキーを割り当て、キーボードから実行できる

◆マクロの保存先
マクロの保存場所を選択

◆説明(省略可)
作成するマクロに関する説明文

マクロの保存先	内容
個人用マクロブック	Excel 使用時に常に実行したいマクロを作成する場合に、個人用マクロブックにマクロを保存します　参照▶個人用マクロブックにマクロを保存するには……P.63
新しいブック	新しくブックを作成し、そこにマクロを保存します
作業中のブック	現在作業中のブックにマクロを保存します

1-2 マクロの記録

操作の実行
自動実行したい処理を、実際に操作します。Excelで実行した操作内容が自動的にVBAのプログラムコードに変換され、指定したブックにマクロとして作成されます。

記録の終了
マクロとして記録し、自動実行したい操作が完了したら、[開発] タブの [コード] グループにある [記録終了]（ ■記録終了 ）ボタンをクリックして記録を終了します。作成したマクロは、VBE（Visual Basic Editor）で確認や編集が可能です。

参照▶マクロの編集……P.47

▶マクロの記録機能でマクロを作成するには

マクロの記録機能を使うと、Excelで実際に行った操作を記録し、マクロを作成することができます。ここでは、マクロの記録機能を使ってマクロを作成する手順を確認しましょう。

● マクロの記録を開始する

マクロの記録機能では、[マクロの記録] ダイアログボックスで、作成するマクロのマクロ名や保存先などをあらかじめ設定しておいてから、記録を開始します。

サンプル▶1-2_001.xlsm

❶[開発] タブ-［コード] グループ-
［マクロの記録]をクリック

参照▶[開発] タブを表示するには……P.40

[マクロの記録] ダイアログボックスを表示するほかの方法

[マクロの記録] ダイアログボックスは、ステータスバーの左下に表示されているアイコン（ ）をクリックしても表示されます。このアイコンを使用すれば、マクロ記録をすばやく開始できます。あるいは、[表示] タブの [マクロ] グループにある [マクロの記録] をクリックしても表示することができます。

[マクロの記録] ダイアログボックスが表示された

マクロの名前と保存先、説明を入力する

ここでは「書式削除」という名前を付ける

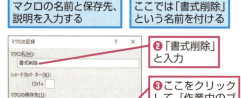

❷「書式削除」と入力

❸ここをクリックして [作業中のブック]を選択

❹ここに「マクロ練習」と入力

❺[OK]をクリック

マクロの記録が開始される

ショートカットキーを割り当てる

[ショートカットキー] では、作成するマクロにショートカットキーを割り当て、キーボードからマクロを実行する場合に指定します。マクロ作成前に割り当てなくても、マクロ作成後に割り当てることもできます。

参照▶マクロをショートカットキーに
　　　登録するには……P.56

 説明を入力する

[マクロの記録] ダイアログボックスの [説明] には、作成するマクロについての説明事項を記入できます。マクロの使用目的や注意事項、作成者の名前などを入力しておくと、編集時や実行時に役立てることができます。不要であれば設定する必要はありません。なお、ここに入力した内容は、マクロのコメントに設定されます。

 既存のマクロと同じマクロ名を指定した場合

マクロの保存先で指定したブックに同じ名前のマクロがすでに作成されていた場合、次のようなメッセージが表示されます。[はい]ボタンをクリックすると既存のマクロが上書きされます。[いいえ] ボタンをクリックすると [マクロの記録] ダイアログボックスが再表示され、マクロ名を設定し直すことができます。[キャンセル] ボタンをクリックすると、マクロの記録が取り消されます。

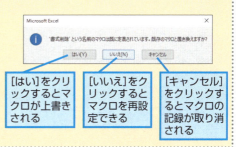

[はい]をクリックするとマクロが上書きされる

[いいえ]をクリックするとマクロを再設定できる

[キャンセル]をクリックするとマクロの記録が取り消される

 マクロ名の命名規則

マクロ名は、アルファベットだけでなく、漢字、ひらがな、カタカナなどの日本語やアンダースコア（_）で指定することができますが、先頭文字に数字は使えません。また、記号（@　？　！　＃　＄　＆　．）やスペースは使えません。大文字、小文字は区別されないため、「TEST」「test」は同じマクロ名と見なされます。加えてVBAですでに用途が決められている単語（キーワード）と同じ単語は使えません。これらの命名規則に反する名前を指定しようとするとエラーメッセージが表示されるので再度マクロ名を入力し直します。

 マクロ名に「Auto_Open」と名前を付けるとブックを開くときにマクロが自動実行される

マクロ名に「Auto_Open」というマクロ名を付けると、ブックを開くと同時にAuto_Openマクロが自動実行されます。これは、下位バージョン（Excel 97／5.5）の互換性を保つために用意されているものですが、Excel 2007以降でも利用が可能です。このマクロは手動でブックを開いたときに自動実行されます。なお「Auto_Close」マクロは手動でブックを閉じるときに自動実行されます。Excel 2007以降では、ブックを開くときに自動実行するには「Workbook_Open」というマクロが使用できます。

参照▶自動実行マクロ……P.113

● マクロに記録する操作を実行する

マクロ記録中は、ステータスバーの左下にアイコン（■）が表示されます。このアイコンが表示されている間は、Excelで行った操作を記録することができます。

マクロの記録開始の準備を済ませておく

参照▶マクロの記録を開始する……P.42

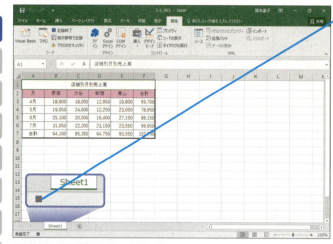

ステータスバーにアイコンが表示されていることを確認する

ここでは、表のセルA2〜F7の書式を削除するマクロを記録する

❶ セルA2〜F7を選択

❷ [ホーム] タブ-[編集]グループ-[クリア]をクリック

❸ [書式のクリア]をクリック

HINT 操作する手順を確認しておく

マクロの記録中は、Excelで行った操作のほとんどが記録されます。間違った操作も記録されてしまうので、マクロの記録を実行する前にあらかじめ操作手順を確認しておきましょう。

HINT 記録できない操作もある

マクロ記録機能ですべての操作を記録できるわけではありません。例えば、Excel 2007では、図形関連の操作は記録することができません。操作がマクロ記録できたかどうかを確認するには、マクロの記録終了後、VBEを起動してマクロの内容を確認します。
参照▶VBEを起動する……P.48

HINT 操作を間違った場合には

マクロの記録中に操作を間違えた場合は、[元に戻す] ボタンをクリックしてください。元に戻した操作は取り消され、記録もされません。

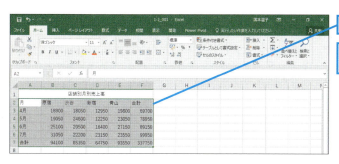

● 記録を終了する

記録したい操作が終了したら、マクロの記録を終了します。マクロの記録を終了し忘れると、操作が記録され続け、不要な操作までマクロとして保存されるので気をつけましょう。

マクロに記録する操作が済んだら記録を終了する

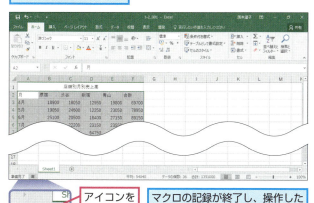

[開発] タブの [記録終了] を使って終了する

[開発] タブの [コード] グループにある [記録終了] ボタンをクリックしても、マクロの記録を終了することができます。

アイコンをクリック

マクロの記録が終了し、操作した内容がマクロとして登録された

相対参照と絶対参照を切り替えるには

マクロ記録では、初期設定でセルは絶対参照で記録されます。絶対参照でマクロを記録すると、セルA1とかセル範囲B2～C5のように、いつも同じセルを対象にすることができます。これに対して、相対参照では、アクティブセルの2つ下のセルというように、セルの相対的な位置を対象にすることができます。

セルA2をアクティブにした状態でマクロの記録を開始し、セルB2～C2の値を消去

◆「絶対参照」で記録した場合
マクロ実行前に選択されていたセルに関係なく、常にセル範囲B2～C2の値が消去される

◆「相対参照」で記録した場合
マクロ実行前に選択されていたセルの1つ右と2つ右のセルの値が消去される

1-2 マクロの記録

1 マクロの基礎知識
2 VBAの基礎知識
3 プログラミングの基礎知識
4 セルの操作
5 ワークシートの操作
6 Excelファイルの操作
7 高度なファイルの操作
8 ウィンドウの操作
9 データの操作
10 印刷
11 図形の操作
12 グラフの操作
13 コントロールの使用
14 外部アプリケーションの操作
15 VBA関数
16 そのほかの操作
付録

45

1-2 マクロの記録

● 相対参照でマクロを記録する

相対参照でマクロを記録するには、[開発]タブの[コード]グループにある[相対参照で記録]をオンにします。[相対参照で記録]がオンの状態では、アクティブセルの位置を基準とした相対参照でマクロが記録されます。マクロ記録の途中で相対参照と絶対参照を切り替えることも可能です。ここでは、セルA2をアクティブにした状態で、相対参照でマクロ記録を開始し、セルA4～F4の色を水色にします。

サンプル 1_2_002.xlsm

セルA2をアクティブにしておく　　[マクロの記録]ダイアログボックスを表示して、マクロの記録を開始する　　マクロの記録を相対参照に切り替える

❶[開発]タブ-[コード]グループ-[相対参照で記録]をクリック

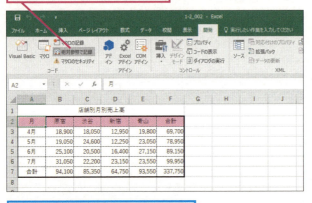

[相対参照で記録]がオンになり、以降の操作内容が相対参照で記録される

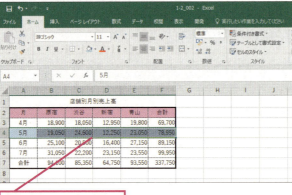

❷セルA4～F4のセルの色を水色に設定する

相対参照であるため、アクティブセルの2行下のA列～F列のセルの色を水色に変更すると記録される

[記録終了]をクリックしてマクロの記録を終了しておく

HINT 絶対参照に切り替えるには

絶対参照に切り替えるには、[開発]タブの[コード]グループにある[相対参照で記録]ボタンをクリックしてオフにします。マクロ記録を終了しても、[相対参照で記録]は自動的にオフに戻りません。相対参照を絶対参照に戻して記録したい場合には、自分でオフに戻す必要があります。

HINT 絶対参照と相対参照を切り替えて記録できる

マクロの記録中に[相対参照で記録]のオンとオフを切り替えることができます。1つのマクロのなかで絶対参照と相対参照の両方を含めたマクロを作成することが可能です。

1-3 マクロの編集

作成したマクロを編集する

マクロの記録機能を使って作成されたマクロは、実際にはVBAというプログラミング言語のコードとして記録されています。そのため、作成したマクロの内容を確認、編集するにはVBE（Visual Basic Editor）というマクロを編集するアプリケーションを使用します。

マクロを編集するには、VBAの知識が必要となります。詳細は、第2章以降を参照してください。ここでは、VBEを起動してマクロの内容を確認し、簡単な編集を行う方法を説明します。

参照 VBAの基礎知識……P.81

マクロ記録されたマクロの内容

「Sub 書式削除()」から「End Sub」までが「書式削除」という1つのマクロ ◆マクロ名

```
(General)                                          ▼   書式削除

  Sub 書式削除()
  '
  '   書式削除 Macro
  '   マクロ練習
  '
  '
      Range("A2:F7").Select
      Selection.ClearFormats
  End Sub
```

◆コメント（説明文）
[マクロの記録] ダイアログボックスで設定したマクロ名と [説明] ボックスで入力された内容が表示される

◆マクロ記録でVBAに変換されたプログラム（コード）

コードの意味

マクロ記録で操作した内容は、VBAのプログラミング言語で2行のコードに変換されて記録されています。意味は次のようになります。

コード	意味
Range("A2:F7").Select	セル範囲 A2 から F7 [Range("A2:F7")] を選択する [Select]
Selection.ClearFormats	選択範囲 [Selection] の書式を削除する [ClearFormats]

マクロを編集するには

マクロの記録機能で作成したマクロを編集するには、VBE（Visual Basic Editor）を使用します。ここでは、VBEを起動して、作成したマクロを表示、編集し、VBEからExcelに戻る方法を確認しましょう。

---

1 マクロの基礎知識
2 VBAの基礎知識
3 プログラミングの基礎知識
4 セルの操作
5 ワークシートの操作
6 Excelファイルの操作
7 高度なファイルの操作
8 ウィンドウの操作
9 データの操作
10 印刷
11 図形の操作
12 グラフの操作
13 コントロールの使用
14 外部アプリケーションの操作
15 VBA関数
16 そのほかの操作
付録

47
できる

1-3 マクロの編集

● VBEを起動する

マクロを編集するためにVBEを起動するには、[マクロ] ダイアログボックスを表示して、編集したいマクロを選択し、[編集] ボタンをクリックします。VBEが自動で起動し、選択したマクロの内容が表示されます。

サンプル 1-3_001.xlsm

マクロを登録したブックを開き、マクロを有効にしておく

参照▶マクロを含むブックの管理……P.67

❶ [開発] タブ-[コード] グループ-[マクロ]をクリック

[マクロ] ダイアログボックスが表示された

❷編集したいマクロを選択

❸ [編集] をクリック

> **HINT ショートカットキーで [マクロ] ダイアログボックスを表示する**
>
> キーボードから Alt + F8 キーを押しても、[マクロ] ダイアログボックスを表示することができます。キー操作に慣れている場合は、すばやく表示できて便利です。

> **HINT [開発] タブの [Visual Basic] からVBEを起動する**
>
> [開発] タブの [コード] グループにある [Visual Basic] ボタンをクリックしてもVBEを起動することができます。この場合、編集したいマクロが表示されない状態でVBEが起動することもありますので、別途編集したいマクロモジュールを表示する操作が必要となります。
>
> 参照▶モジュール……P.134

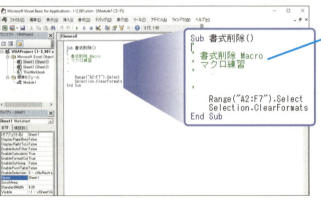

VBEが起動し、選択したマクロの内容が表示された

> **HINT 1つのブックにあるマクロだけを表示するには**
>
> [マクロ] ダイアログボックスの [マクロの保存先] は、既定では「開いているすべてのブック」となっており、開いているすべてのブックのマクロが一覧で表示されます。アクティブでないブックのマクロは「ブック名!マクロ名」の形式で表示されます。一覧に表示するマクロを、特定のブックのマクロだけに限定したい場合には、[マクロの保存先] でブック名を指定します。

ほかのブックのマクロは「ブック名!マクロ名」と表示される

ブックを指定して、一覧に表示するマクロを限定することができる

● マクロの内容を変更する

マクロは、「Sub」の行から、「End Sub」の行までが1つの単位となります。「Sub」のうしろにマクロ名が表示されます。[マクロの記録]ダイアログボックスの[説明]で入力した内容は、緑色のコメント文字として表示され、記録した操作内容はコードに変換されて表示されます。マクロの内容を変更するには、記述された内容を直接書き換えます。

内容を変更するマクロをVBEで表示しておく

ここでは、マクロ名と、書式削除の対象となるセル範囲を変更する

マクロ名を「書式削除」から「書式消去」に変更する

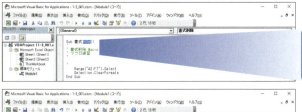

❶[削除]の部分をドラッグして選択

❷「消去」と入力

書式を削除するセル範囲をセルA1〜F7に変更する

❸「A2」の部分を選択

❹「A1」と入力

修正内容を間違えた場合は

マクロ編集時に操作を間違えた場合には、[標準]ツールバーの[元に戻す]ボタンをクリックして、修正した内容を元に戻すことができます。

編集した内容を保存するには

マクロの内容は、Excelブックを保存するときに同時に保存されます。VBEの[標準]ツールバーの[(ファイル名)の上書き保存]ボタンをクリックすると、Excelブックが保存され、マクロを保存することができます。なお、すでにExcelブックがマクロ無効のファイル形式で保存されている場合は、マクロを含むブックの保存に関するメッセージが表示されます。その場合には、マクロ有効のファイル形式で保存する必要があります。

参照 マクロを含むブックの管理……P.67

[(ファイル名)の上書き保存]をクリックして、マクロの修正を保存する

1-3 マクロの編集

● Excelの画面に切り替える

VBEを起動したままExcelに切り替えることができます。セルやワークシートを確認しながらマクロを編集したい場合に便利です。［標準］ツールバーの［表示 Microsoft Excel］ボタンをクリックします。

［表示 Microsoft Excel］をクリック

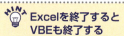

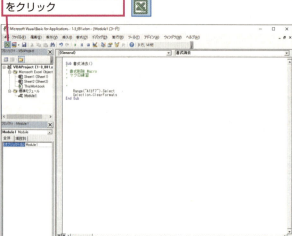

HINT VBEを終了してExcelに切り替えるには

VBEを終了してExcelに切り替えるには、［ファイル］メニューの［終了してMicrosoft Excelへ戻る］をクリックします。

参照▶VBEを終了するには……P.130

VBEからExcelの画面に切り替わった

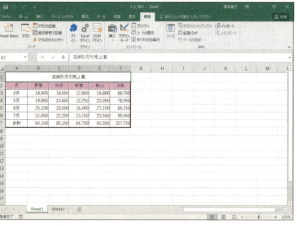

HINT Excelを終了するとVBEも終了する

VBEはExcelに付属しているアプリケーションです。そのため、VBEを起動したままExcelに切り替えて、Excelを終了すると、VBEも同時に終了します。

HINT ショートカットキーでExcelに切り替える

キーボードから [Alt] + [F11] キーを押してもExcelに切り替えることができます。

HINT タスクバーのボタンを使って切り替える

タスクバーのボタンをクリックして切り替えることもできます。ボタンがグループ化されている場合は、［Microsoft Office Excel］をクリックして、切り替えたいブック名をクリックします。

❶タスクバー上の［Microsoft Office Excel］ボタンをクリック

❷切り替えたいブック名をクリック

マクロを削除するには

不要になったマクロを削除するには、[マクロ] ダイアログボックスを表示し、削除したいマクロを選択して [削除] ボタンをクリックします。

サンプル 1-3_002.xlsm

[マクロ]ダイアログボックスを表示する

❶ [開発] タブ - [コード] グループ - [マクロ]をクリック

❷ 削除するマクロをクリック　❸ [削除] をクリック

削除を確認するメッセージが表示された

❹ [はい] をクリック　　選択したマクロが削除される

ショートカットキーで[マクロ]ダイアログボックスを表示する

キーボードの Alt + F8 キーを押しても、[マクロ]ダイアログボックスを表示することができます。

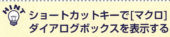

VBEでマクロを削除するには

VBEでマクロを削除するには、削除したいマクロをVBEで表示し、「Sub マクロ名()」の行から「End Sub」の行までをドラッグして選択し、Delete キーを押します。

マクロをVBEで表示しておく

❶ ここをクリック

❷ ここまでドラッグ　❸ Delete キーを押す

1-3 マクロの編集

1-4 マクロの実行

マクロの実行

作成したマクロを実行する方法には、[マクロ]ダイアログボックスから実行する方法と、VBEから実行する方法があります。また、作成したマクロにショートカットキーを割り当てるほか、ワークシートに配置したボタンや図形に登録したり、マクロをクイックアクセスツールバーに登録したりして実行することができます。

マクロの実行

Excelから実行する

VBEから実行する

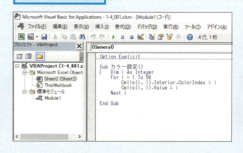

マクロの登録

◆ショートカットキー
ショートカットキーにマクロを登録できる

◆クイックアクセスツールバー
クイックアクセスツールバーのボタンにマクロを登録できる

◆ボタン(フォームコントロール)
ワークシートのボタンにマクロを登録できる

◆図形
ワークシートの図形、画像、SmartArt、埋め込みグラフにマクロを登録できる

マクロを実行するには

マクロを作成したら、そのマクロの動作確認のために実行してみましょう。作成したマクロを直接実行するには、[マクロ] ダイアログボックスから実行する方法と、VBEから実行する方法があります。

●[マクロ] ダイアログボックスから実行する

作成したマクロをExcelから実行するには、[マクロ] ダイアログボックスを表示します。[マクロ] ダイアログボックスで、実行したいマクロを選択し、[実行] ボタンをクリックします。ここでは、例としてセルA1 ～ A56まで、セルにカラーインデックス番号に対応した色を設定する「カラー設定」マクロを実行します。

サンプル 1-4_001.xlsm

[マクロ]ダイアログボックスを表示する

❶[開発] タブ- [コード] グループ- [マクロ]をクリック

❷実行したいマクロをクリック

❸[実行]をクリック

HINT マクロにより実行された処理は取り消せない

マクロにより実行された処理は、[元に戻す] ボタンで取り消すことができません。マクロを実行する前に、元の状態に戻せるようにあらかじめブックを保存しておくか、またはテスト用のデータを使って、元に戻せるようにしておきましょう。なお、マクロ処理のなかにブックを保存する操作などが含まれていなければ、マクロ実行後にブックを保存せずに閉じることで、ブックをマクロ実行前の状態に戻すこともできます。

マクロが実行された

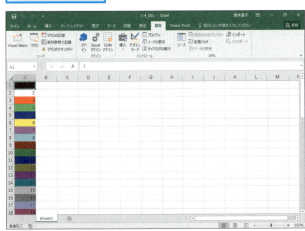

HINT カラーインデックス番号

カラーインデックス番号とはセルや文字の色などに設定することができる色番号です。1 ～ 56まであり、ColorIndexプロパティで取得、設定することができます。

参照 セルの文字色をインデックス番号で設定するには……P.331

セルA1 ～ A56のセルにカラーインデックス番号に対応した色が設定された

1-4 マクロの実行

● VBEから実行する

VBEからマクロを実行するには、実行したいマクロの行にカーソルを移動し、[標準]ツールバーの[Sub/ユーザーフォームの実行]ボタン（▶）をクリックします。マクロを編集しながら動作確認する場合に便利です。ExcelとVBEのウィンドウを並べて表示しておくと、マクロの実行結果をすぐに確認できます。

サンプル 1-4_001.xlsm

VBEを起動し、実行するマクロを表示しておく

VBAウィンドウが最大化されている場合には、実行結果が確認できるようにVBEのウィンドウを小さくする

❶[元に戻す]をクリック

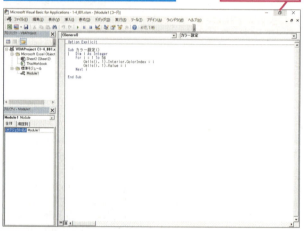

HINT　VBEから実行するときはExcelの画面も表示しておく

VBEからマクロを実行する場合、VBEのウィンドウが最大化された状態では、マクロの処理結果をすぐに確認できません。そのため、VBEのウィンドウを少し小さくして、Excelのワークシートが見えるようにしておくと便利です。タスクバーを右クリックして［左右に並べて表示］をクリックし、VBEとExcelのウィンドウを並べて表示するのもいいでしょう。

Excelのワークシートと VBEの両方の画面が表示された

マクロを実行する

❷VBEのウィンドウで実行したいマクロ内の行をクリック

❸[Sub/ユーザーフォームの実行]をクリック

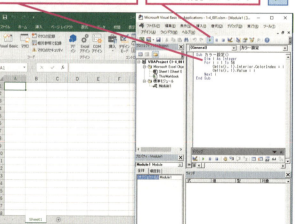

HINT　クリックする位置は「Sub」と「End Sub」の間

VBEからマクロを実行する場合、VBEのコードウィンドウでクリックしてカーソルを表示しておく位置は、実行したいマクロの「Sub」から「End Sub」の間であればどこでもかまいません。

参照 コードウィンドウ……P.122

HINT　ショートカットキーを使ってマクロを実行する

VBEからマクロを実行する場合は、実行したいマクロの行内にカーソルがある状態で、F5キーを押しても、そのマクロを実行することができます。

54

選択したマクロが
実行された

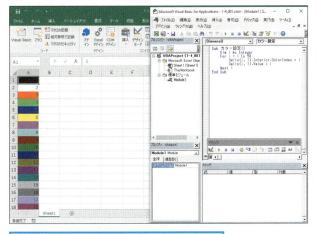

セルA1～A56のセルにカラーインデックス
番号に対応した色が設定された

HINT マクロ実行中のマウスポインターの形状

マクロの実行中は、マウスポインターの形状
が変わります。この状態のときは、別の操作
をすることができません。なお、一瞬で処理
が終了するようなマクロの場合は、マウスポ
インターの形状は変わりません。

○ マクロ実行中のマウスポインター

HINT 実行中のマクロを中断するには

実行中のマクロを途中で中断するには、
[Ctrl]＋[Break]キーまたは、[Esc]キーを押します。
マクロを中断すると下の図のようなメッセー
ジが表示されます。[継続] ボタンをクリック
すると、マクロの実行を再開し、[終了] ボ
タンをクリックするとマクロの実行を終了しま
す。[デバッグ] ボタンをクリックすると、マ
クロが中断モードとなり、修正できる状態で
VBEが表示されます。なお、マクロを中断し
ても実行済みの処理内容は取り消すことがで
きません。

マクロを実行しておく

[Ctrl]＋[Break]キー マクロの実行が
を押す   中断された

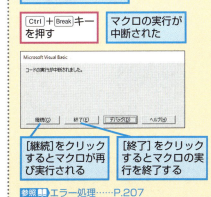

[継続]をクリック   [終了]をクリック
するとマクロが再   するとマクロの実
び実行される   行を終了する

参照 エラー処理……P.207

1-4 マクロの実行

1 マクロの基礎知識
2 VBAの基礎知識
3 プログラミングの基礎知識
4 セルの操作
5 ワークシートの操作
6 Excelファイルの操作
7 高度なファイルの操作
8 ウィンドウの操作
9 データの操作
10 印刷
11 図形の操作
12 グラフの操作
13 コントロールの使用
14 外部アプリケーションの操作
15 VBA関数
16 そのほかの操作
付録

マクロをショートカットキーに登録するには

作成したマクロをショートカットキーに割り当てておくと、マクロの実行をすばやく行うことができます。マクロをショートカットキーに割り当てるには、[マクロ]ダイアログボックスの[オプション]ボタンをクリックし、表示される[マクロオプション]ダイアログボックスで指定します。

サンプル 1-4_002.xlsm

[マクロ]ダイアログボックスを表示する

❶[開発]タブ-[コード]グループ-[マクロ]をクリック

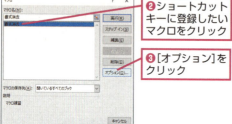

❷ショートカットキーに登録したいマクロをクリック

❸[オプション]をクリック

[マクロオプション]ダイアログボックスが表示された

ショートカットキーを指定する

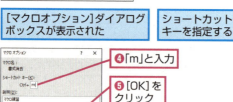

❹「m」と入力

❺[OK]をクリック

❻[マクロ]ダイアログボックスの[閉じる]をクリック

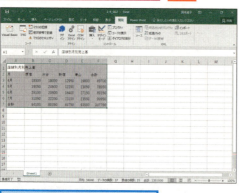

マクロに登録したショートカットキー（ここでは Ctrl + M キー）を押すと、マクロが実行される

HINT 新しくマクロを作成するときにショートカットキーを登録するには

マクロの自動記録で新しくマクロを作成するときにショートカットキーを登録するには、[マクロの記録]ダイアログボックスでショートカットキーを指定します。

参照 マクロの記録……P.41

HINT マクロにショートカットキーを登録する場合の注意点

マクロに登録したショートカットキーは、Excelの既定で割り当てられているショートカットキーよりも優先されます。そのため、たとえばコピーを実行する Ctrl + C キーと同じショートカットキーをマクロに登録すると、マクロを含むブックを開いているときはショートカットキーによるコピー操作は行えなくなります。

HINT ショートカットキーで使用できるキーの組み合わせ

マクロのショートカットキーで使用できるキーの組み合わせは、Ctrl キー + A から Z までの文字キー、または、Ctrl キー + Shift キー + A から Z までの文字キーの組み合わせになります。Ctrl キーと Shift キー +任意の文字キーの組み合わせで登録するには、Shift キーを押しながら半角アルファベットキーを押します。

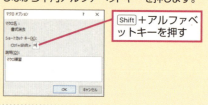

Shift +アルファベットキーを押す

マクロをクイックアクセスツールバーのボタンに登録するには

Excelでは、クイックアクセスツールバーにマクロを登録したボタンを追加することができます。ブックを開いているときは、クリック1つで登録したマクロを実行できます。ボタンをブックに添付すると、ブックが開いているときだけボタンが表示されます。また、ボタンのイメージを変更することも可能です。

● マクロをクイックアクセスツールバーのボタンに登録する

作成したマクロをクイックアクセスツールバーのボタンに登録するには、[Excelのオプション]ダイアログボックスの[クイックアクセスツールバー]でマクロのボタンを追加します。ここでは、ブックが開いているときに、クイックアクセスツールバーにマクロを登録したボタンが表示されるように設定します。

サンプル 1-4_003.xlsm

マクロをクイックアクセスツールバーに登録する

❶[クイックアクセスツールバーのユーザー設定]をクリック

❷[その他のコマンド]をクリック

[Excelのオプション]ダイアログボックスが表示された

❸[クイックアクセスツールバー]をクリック

❹ここをクリックして[マクロ]を選択

開いているブックに含まれるマクロが表示された

> **HINT** [Excelのオプション]ダイアログボックスの[クイックアクセスツールバーのユーザー設定]を表示する別の方法
>
> クイックアクセスツールバーのボタンを右クリックし、ショートカットメニューの[クイックアクセスツールバーのユーザー設定]をクリックしても、[Excelのオプション]ダイアログボックスの[クイックアクセスツールバー]を表示することができます。なお、Excel 2007では、ショートカットメニューの[クイックアクセスツールバーのカスタマイズ]をクリックして、[Excelのオプション]ダイアログボックスの[ユーザー設定]を表示します。
>
> ❶ここを右クリック
>
>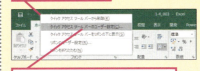
>
> ❷[クイックアクセスツールバーのユーザー設定]をクリック

> **HINT** Excel 2007では
>
> Excel 2007では、[クイックアクセスツールバーのカスタマイズ]をクリックし、[その他のコマンド]をクリックして[Excelのオプション]ダイアログボックスを表示します。[Excelのオプション]ダイアログボックスで[ユーザー設定]をクリックしたら手順4に進みます。

1-4 マクロの実行

1 マクロの基礎知識
2 VBAの基礎知識
3 プログラミングの基礎知識
4 セルの操作
5 ワークシートの操作
6 Excelファイルの操作
7 高度なファイルの操作
8 ウィンドウの操作
9 データの操作
10 印刷
11 図形の操作
12 グラフの操作
13 コントロールの使用
14 外部アプリケーションの操作
15 VBA関数
16 そのほかの操作
付録

57

1-4 マクロの実行

ボタンをブックに添付する

❺ここをクリックして［(ボタンを添付するブック名)に適用］を選択

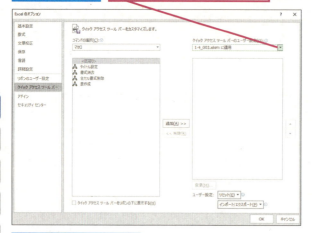

クイックアクセスツールバーを既定の状態に戻すには

クイックアクセスツールバーに表示されるボタンを既定の状態に戻すには、［Excelのオプション］ダイアログボックスの［クイックアクセスツールバー］（Excel 2007では［ユーザー設定］）をクリックし、右側の［クイックアクセスツールバーのユーザー設定］（Excel 2007では［クイックアクセスツールバーのカスタマイズ］）で既定の状態に戻したい対象を選択し、［リセット］ボタンをクリックします。

ボタンを添付するブックが指定できた

❻ボタンに登録するマクロをクリック

❼追加をクリック

ブックにマクロが追加された

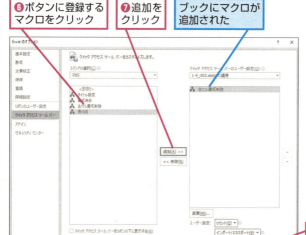

❽［OK］をクリック

すべてのドキュメントを対象としてクイックアクセスツールバーにボタンを追加する際の注意点

［クイックアクセスツールバーのカスタマイズ］の既定値は、［すべてのドキュメントに適用（既定）］になっています。この状態でボタンを追加すると、そのボタンはExcelが起動しているときに常に表示されます。マクロを登録したボタンをクイックアクセスツールバーに追加した場合は、そのマクロを含むブックが開いていないと、ボタンをクリックした際にブックが開きマクロが実行されます。誤ってボタンをクリックし、マクロが実行されないようにするには、ボタンをブックに添付しブックが開いている場合にのみボタンが表示されるように設定するといいでしょう。

マクロを登録したボタンが表示された

マウスポインターを合わせると登録したマクロ名が表示される

HINT 追加したボタンを削除するには

クイックアクセスツールバーに追加したボタンを削除するには、ボタンを右クリックして、ショートカットメニューの［クイックアクセスツールバーから削除］をクリックします。

❶追加したボタンを右クリック

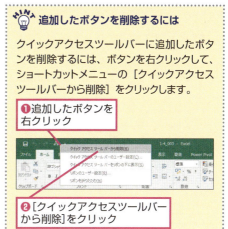

❷［クイックアクセスツールバーから削除］をクリック

● ボタンのイメージを変更する

クイックアクセスツールバーに登録したマクロボタンのイメージを変更することができます。あらかじめ用意されているイメージのなかで任意のイメージが選択できます。

サンプル 1-4_004.xlsm

［Excelのオプション］ダイアログボックスの［クイックアクセスツールバー］を表示しておく

参照▶マクロをクイックアクセスツールバーのボタンに登録する……P.57

❶［(変更したいボタンが含まれているブック名) に適用］、または［すべてのドキュメントに適用(既定)］を選択

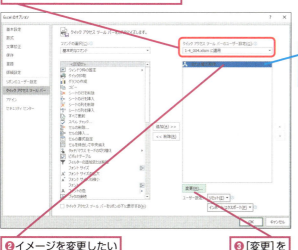

イメージを変更したいボタンが表示された

❷イメージを変更したいボタンをクリック

❸［変更］をクリック

1-4 マクロの実行

1 マクロの基礎知識
2 VBAの基礎知識
3 プログラミングの基礎知識
4 セルの操作
5 ワークシートの操作
6 Excelファイルの操作
7 高度なファイルの操作
8 ウィンドウの操作
9 データの操作
10 印刷
11 図形の操作
12 グラフの操作
13 コントロールの使用
14 外部アプリケーションの操作
15 VBA関数
16 そのほかの操作
付録

1-4 マクロの実行

[ボタンの変更]ダイアログボックスが表示された

❹ここをドラッグして下にスクロール

登録したマクロ名が[表示名]に表示される

❺使用するアイコンをクリック

❻[OK]をクリック

❼[Excelのオプション]ダイアログボックスで[OK]をクリック

ボタンのイメージが変更された

HINT ボタンをポイントしたときに表示される文字列を変更する

[ボタンの変更]ダイアログボックスの[表示名]に表示された文字列は、クイックアクセスツールバーに表示されたボタンにマウスポインターを合わせたときに表示されます。既定ではマクロ名が表示されますが、任意の文字列に変更することができます。

クイックアクセスツールバーに登録したマクロのボタンにマウスカーソルを合わせると表示される文字列を変更できる

マクロをワークシートに配置されたボタンに登録するには

ワークシートにボタンを配置し、そのボタンにマクロを登録することができます。ボタンを配置するには、フォームコントロールの[ボタン]を追加します。　サンプル 1-4_005.xlsm

フォームコントロールを使ってマクロを登録するボタンを作成する

❶[開発]タブ-[コントロール]グループ-[挿入]ボタンをクリック

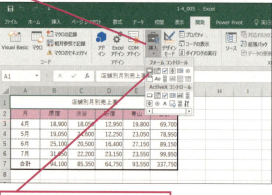

❷[ボタン(フォームコントロール)]をクリック

HINT フォームコントロールとActiveXコントロール

ワークシートに配置できるボタンには、フォームコントロールとActiveXコントロールの2種類があります。フォームコントロールのボタンを追加すると、自動的に[マクロの登録]ダイアログボックスが表示され、作成済みのマクロをボタンに登録することができます。一方、ActiveXコントロールのボタンを追加した場合は、ボタンをクリックしたときに実行する処理をコードで直接記述する必要があります。

参照▶ワークシートでの利用……P.781

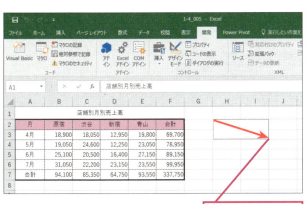

❸作成するボタンの範囲をドラッグ

ボタンが作成され、[マクロの登録]ダイアログボックスが表示された

作成したボタンにマクロを登録する　❹ボタンに登録するマクロをクリック

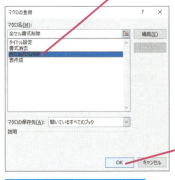

❺[OK]をクリック

[ボタン(数字)]という名前のボタンが配置された

ボタンに表示する文字列を変更する　❻ボタンの文字をドラッグして選択

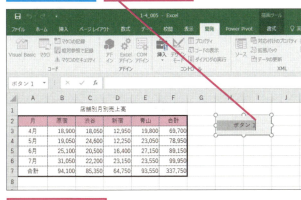

❼ボタンに表示する文字を入力

HINT マクロを図形に登録するには

ワークシートに追加した図形にマクロを登録することができます。マクロを追加したい図形を右クリックし、ショートカットメニューの[マクロの登録]をクリックすると[マクロの登録]ダイアログボックスが表示され、登録したいマクロが選択できます。
なお、図形のほかに、図形、画像、SmartArtにも同様にマクロを登録することができます。

サンプル 1-4_006.xlsm

❶図形を右クリック

❷[マクロの登録]をクリック

HINT ボタンをすぐに編集できる状態にするには

ボタンの移動やサイズ変更、文字修正などですぐにボタンを編集状態にするには、[Ctrl]キーを押しながらボタンをクリックします。また、ボタンを右クリックし、ショートカットメニューから[テキストの編集]をクリックし、カーソルを表示しても編集状態にすることができます。

1-4 マクロの実行

1 マクロの基礎知識
2 VBAの基礎知識
3 プログラミングの基礎知識
4 セルの操作
5 ワークシートの操作
6 Excelファイルの操作
7 高度なファイルの操作
8 ウィンドウの操作
9 データの操作
10 印刷
11 図形の操作
12 グラフの操作
13 コントロールの使用
14 外部アプリケーションの操作
15 VBA関数
16 そのほかの操作
付録

❽ワークシートの
セルをクリック

ボタンの文字が
確定した

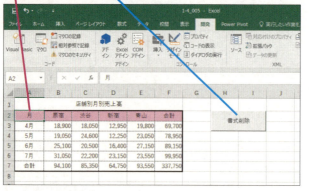

ボタンにマクロの
登録ができた

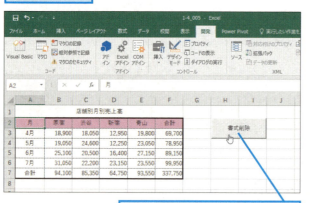

ボタンにマウスポインターを合わせる
と形が変わり、クリックすると登録し
たマクロが実行される

> **HINT**
>
> **登録したマクロを削除するには**
>
> ボタンに登録したマクロを削除するには、ボタンを右クリックして、ショートカットメニューの[マクロの登録]をクリックし、表示された[マクロの登録]ダイアログボックスの[マクロ名]に入力されているマクロ名を削除して、[OK]ボタンをクリックします。

1-5 個人用マクロブック

個人用マクロブックとは

マクロを実行するには、そのマクロを含むブックを開いておく必要がありますが、よく利用する汎用的なマクロは「個人用マクロブック」に保存して管理すると便利です。個人用マクロブックとは「PERSONAL.XLSB」というファイルで、［マクロの記録］ダイアログボックスの［マクロの保存先］で［個人用マクロブック］を選択すると自動で作成されます。個人用マクロブックは、Excelを起動すると自動的に、マクロを有効にして非表示の状態で開かれます。個人用マクロブックはユーザー単位で利用でき、ユーザーは個人用マクロブックに保存したマクロをExcelの起動中にいつでも使用することが可能です。なお、マクロウイルスから守るためにもウイルス対策ソフトは必ず使用するようにしてください。

マクロを個人用マクロブックに保存しておくと、常にマクロが実行できるようになる

Visual Basic Editor（VBE）を利用すれば個人用マクロブックを編集できる

個人用マクロブックにマクロを保存するには

個人用マクロブックにマクロを保存するには、［マクロの記録］ダイアログボックスの［マクロの保存先］で［個人用マクロブック］を選択します。個人用マクロブックである「PERSONAL.XLSB」ファイルが自動作成され、そこにマクロが保存されます。

［マクロの記録］ダイアログボックスを表示して、新しく記録するマクロを個人用マクロブックに保存する

❶［開発］タブ-［コード］グループ-［マクロの記録］をクリック

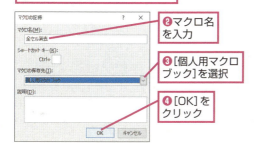

❷マクロ名を入力

❸［個人用マクロブック］を選択

❹［OK］をクリック

HINT ［マクロの保存先］の注意点

［マクロの記録］ダイアログボックスで［マクロの保存先］を［個人用マクロブック］に変更すると、次に［マクロの記録］ダイアログボックスを表示したときの保存先は［個人用マクロブック］のままになります。マクロ記録を開始する前に、マクロの保存先が適切かどうか必ず確認するようにしましょう。

1-5 個人用マクロブック

マクロの自動記録が開始される

❺マクロに記録する操作を実行

参照▶マクロに記録する操作を実行する……P.44

記録する操作が終わったら記録を終了する

❻[開発]タブ-[コード]グループ-[記録終了]をクリック

マクロが個人用マクロブックに記録された

HINT ステータスバーのアイコンを使って終了する

ステータスバーの左にあるアイコン をクリックしても記録を終了することができます。

 個人用マクロブックの保存と削除

個人用マクロブックにマクロを保存した場合は、Excelを終了するときに変更の保存を確認するメッセージが表示されます。[保存]ボタン(Excel 2007では[はい]ボタン)をクリックすると個人用マクロブックの変更を保存してExcelを終了し、[保存しない]ボタン(Excel 2007では[いいえ]ボタン)をクリックすると個人用マクロブックの変更を保存せずにExcelを終了します。[キャンセル]ボタンをクリックすると、Excelの終了を取り消します。

個人用マクロブックは、「C:¥Users¥ユーザー名¥AppData¥Roaming¥Microsoft¥Excel¥XLSTART」フォルダーに「PERSONAL.XLSB」というファイル名で保存されます。また、個人用マクロブックを削除するには、Excelを終了してから、XLSTARTフォルダーを開き、「PERSONAL.XLSB」ファイルを削除します。

参照▶信頼できる場所を追加するには……P.79

個人用マクロブックにマクロを保存すると、終了時に確認のメッセージが表示される

[保存]をクリック

PERSONALファイルがユーザーのXLSTARTフォルダーに作成された

HINT マクロをすべてのユーザーで有効にするには

個人用マクロブックは、作成したユーザーの[XLSTART]フォルダーに保存されるため、ユーザー単位で有効になります。コンピュータを使うすべてのユーザーが共通して使用できるようにするには、下表の[XLSTART]フォルダーにブックを保存します。ただし、このフォルダーはユーザーにアクセス許可がないと保存することができず、ブックは読み取り専用で開きます。そのため、ここに配置されたブックは非表示に設定しておくといいでしょう。なお、Officeのインストール場所や、64ビットか32ビットかによって保存先が異なる場合があります。また、既定で信頼できる場所に設定されており、マクロは常に有効な状態でブックが開きます。

バージョン	場所
Excel 2016	C:¥Program Files ¥Microsoft Office ¥root ¥Office16 ¥XLSTART
Excel 2013	C:¥Program Files ¥Microsoft Office ¥root ¥Office15 ¥XLSTART
Excel 2010	C:¥Program Files ¥Microsoft Office ¥Office14 ¥XLSTART
Excel 2007	C:¥Program Files ¥Microsoft Office ¥Office12 ¥XLSTART

参照▶[信頼できる場所]の設定画面……P.74

個人用マクロブックのマクロを編集するには

個人用マクロブックは、非表示のブックです。[マクロ]ダイアログボックスには個人用マクロブックのマクロは表示されますが、ブックを表示しないと[編集]ボタンや[削除]ボタンを使用することができません。個人用マクロブックにあるブックを編集する場合は、VBEを使用します。

マクロを記録してあらかじめ個人用マクロブックを保存しておく

参照▶個人用マクロブックにマクロを保存するには……P.63

[マクロ]ダイアログボックスでは個人用マクロブックは、「PERSONAL.XLSB!マクロ名」と表示される

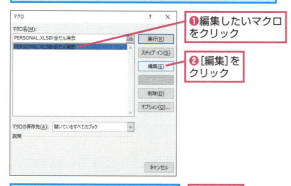

❶編集したいマクロをクリック
❷[編集]をクリック

個人用マクロブックは非表示であるため、マクロを編集できない

❸[OK]をクリック

[マクロ]ダイアログボックスの[キャンセル]をクリックしておく

● VBEを起動して編集する

個人用マクロブックを非表示にしたまま編集するには、VBEを起動してVBEから編集します。VBEを起動するには、[開発]タブの[コード]グループにある[Visual Basic]ボタンをクリックします。

❶[開発]タブ-[コード]グループ-[Visual Basic]をクリック

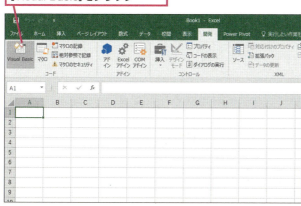

> **HINT ショートカットキーでVBEを起動する**
>
> Alt + F11 キーを押してもVBEを起動することができます。

1-5 個人用マクロブック

VBEが起動した

❷ [VBAProject（PERSONAL.XLSB）] - [標準モジュール] を展開

❸ [Module（番号）] をダブルクリック

参照▶マクロを編集するには……P.47

モジュールに含まれるマクロが表示された

マクロを編集し、VBEを閉じる

HINT 個人用マクロブックを表示してマクロを編集するには

個人用マクロブックを表示すると、[マクロ] ダイアログボックスの [編集] ボタンをクリックしてVBEを起動し、マクロを編集することができます。個人用マクロブックを表示するには、[表示] タブの [ウィンドウ] グループにある [ウィンドウの再表示] をクリックして [ウィンドウの再表示] ダイアログボックスを開き、[PERSONAL.XLSB] をクリックして [OK] ボタンをクリックします。個人用マクロブックを表示した場合は、編集後は必ず [表示] タブの [ウィンドウ] グループにある [ウィンドウを表示しない] をクリックして非表示に戻しておいてください。

❶ [表示] タブ-[ウィンドウ] グループ-[再表示] をクリック

[ウィンドウの再表示] ダイアログボックスが表示された

❷ [PERSONAL] をクリック

❸ [OK] をクリック

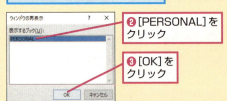

[PERSONAL.XLSB] の編集を終えたら、ウィンドウを非表示に設定する

❹ [表示しない] をクリック

1-6 マクロを含むブックの管理

マクロを含むブックの管理

Excelでは、マクロウイルスの感染を防ぐためにマクロを含むブックに対するセキュリティが設定されています。マクロを含むブックは「Excelマクロ有効ブック」として保存し、通常のブックと区別されています。ここでは、マクロを含むブックの管理方法について説明します。

マクロを含むブックの保存

マクロを含むブックは「マクロ有効ブック」として保存します。

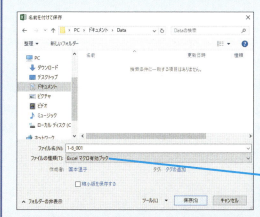

マクロを含むブックを保存するには、[ファイルの種類]を[Excelマクロ有効ブック]にする

Excelで扱うブックの種類とマクロ保存の可否

Excelブックのファイル形式で、マクロを有効にして保存できるブックと保存できないブックは次表のようになります。

ブックの種類	拡張子	マクロ保存の可否
Excel ブック	.xlsx	×
Excel マクロ有効ブック	.xlsm	○
Excel バイナリブック	.xlsb	○
Excel テンプレート	.xltx	×
Excel マクロ有効テンプレート	.xltm	○
Excel アドイン	.xlam	○
Excel 97-2003 ブック	.xls	○
Excel 97-2003 アドイン	.xla	○
Excel 97-2003 テンプレート	.xlt	○

1-6 マクロを含むブックの管理

[セキュリティの警告] の表示

マクロを含むブックを開くと [セキュリティの警告] メッセージバーが表示されます。[セキュリティの警告] メッセージバーの [コンテンツの有効化] をクリックするとマクロが有効になります。Excel 2007の場合は、[オプション] をクリックし、表示された [Microsoft Officeセキュリティオプション] ダイアログボックスでマクロを有効することができます。

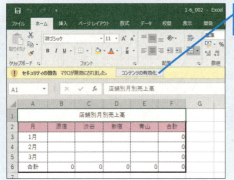

ここをクリックしてマクロを有効にする

マクロを含むブックを保存するには

Excelでは、マクロを含むブックはファイルの種類を「Excelマクロ有効ブック」として保存します。ここでは、マクロを含むブックとして保存する方法を確認します。　サンプル 1-6_001.xlsx

❶ [ファイル] タブ – [名前を付けて保存] をクリック
❷ [参照] をクリック

> **HINT Excel 2007の場合**
>
> Excel 2007では、[Officeボタン] - [名前を付けて保存] - [Excel マクロ有効ブック] をクリックして [名前を付けて保存] ダイアログボックスを表示します。

> **HINT Excel 2003以前のExcelブックはそのままマクロが保存できる**
>
> Excel 2007以降では、Excel 2003以前のバージョンのExcelブック (.xls) でブックを保存することができます。この形式の場合はそのままマクロを保存することができます。ただし、Excel 2007の新機能など、以前のバージョンでサポートされていない機能を使ったマクロは、Excel 2003以前のExcelでは動作しません。なお、Excel 2003以前のバージョンはマイクロソフト社のサポートが終了しているため、新しい形式のブックに移行した方がいいでしょう。

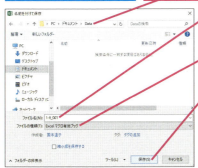

- ❶ [名前を付けて保存]ダイアログボックスが表示された
- ❸ 保存場所を指定
- ❹ ファイル名を入力
- ❺ [ファイルの種類]が[Excelマクロ有効ブック]となっていることを確認
- ❻ [保存]をクリック
- マクロを含むブックとして保存された

HINT 通常のExcelブックとして保存しようとした場合

マクロが含まれるブックを、通常のExcelブックとして保存しようとした場合には、次のようなメッセージが表示されます。[はい]ボタンをクリックすると、マクロを含まない通常のExcelブックとして保存され、ブックを閉じるとマクロは削除されます。[いいえ]ボタンをクリックすると、[名前を付けて保存]ダイアログボックスが再表示されるので、[ファイルの種類]を[マクロ有効ブック]に変更してマクロを含むブックとして保存できます。なお、すでにブックがマクロ有効ブックとして保存されている場合は、メッセージは表示されずそのまま上書き保存されます。

- Excelブック(.xlsx)で保存しようとするとエラーメッセージが表示される
- [はい]をクリックするとマクロを削除し、通常のブックとして保存する
- [いいえ]をクリックすると[名前を付けて保存]ダイアログボックスが表示され、ファイルの種類を[Excelマクロ有効ブック]に変更して保存する

HINT ファイルの種類が異なれば同じ場所に同じブック名で保存できる

ブックを保存するときに、ファイルの種類が異なれば同じ場所に同じブック名で保存することができます。通常のExcelブックの拡張子は「.xlsx」、マクロを含むExcelブックの拡張子は「.xlsm」です。フォルダーなどで2つのファイルを表示すると、同じファイル名が表示されますが、それぞれアイコンの形の違いで区別できます。

- マクロ有効Excelブック
- 通常のExcelブック

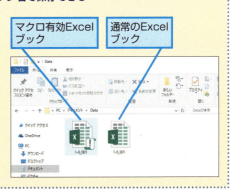

1-6 マクロを含むブックの管理

開いたブックのマクロを有効にするには

マクロを含むブックを開くと、既定ではマクロは無効になり［セキュリティの警告］メッセージバーが表示されます。［セキュリティの警告］メッセージバーの［コンテンツの有効化］をクリックしてマクロを有効にすることができます。以降、マクロを常に有効にしてブックが開かれるようになります。なお、マクロを有効にする前に、含まれるマクロが安全かどうかを確認するようにしましょう。

サンプル 1-6_002.xlsm

マクロを含むブックを開く

［セキュリティの警告］メッセージバーが表示され、マクロが無効になっていることが確認できる

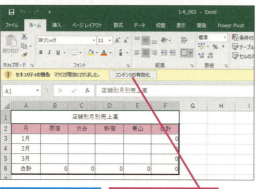

マクロが実行できるようにする

［コンテンツの有効化］をクリック

マクロが有効になり、［セキュリティの警告］メッセージバーが閉じた

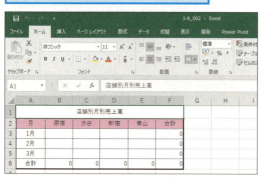

> **HINT マクロを無効のままメッセージバーを閉じるには**
>
> マクロを無効のままでメッセージバーを閉じるには、メッセージバーの右端にある［閉じる］ボタンをクリックします。このようにして非表示にしたメッセージバーは、［表示］タブの［表示/非表示］グループにある［メッセージバー］にチェックマークを付けると再表示することができます。

> **HINT メッセージバーが表示されないこともある**
>
> マクロを含むブックを開いた場合、常にマクロが無効になってメッセージバーが表示されるわけではありません。マクロの設定によってマクロの無効、有効の区別なくメッセージバーが非表示になることがあります。
>
> 参照 マクロのセキュリティを設定するには……P.72

Excel 2007の場合

Excel 2007のでは、[セキュリティの警告] メッセージバーの [オプション] をクリックして、表示される [Microsoft Officeセキュリティオプション] ダイアログボックスで、[このコンテンツを有効にする] をクリックして選択し、[OK] ボタンをクリックします。Excel 2007の場合、マクロを含むブックを開くたびにこの操作が必要になります。ただし、信頼できる場所にブックを保存すれば、常にマクロを有効にしてブックを開くことができるようになります。

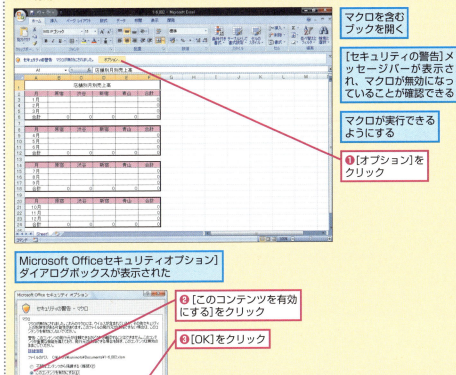

マクロを含むブックを開く

[セキュリティの警告] メッセージバーが表示され、マクロが無効になっていることが確認できる

マクロが実行できるようにする

❶[オプション]をクリック

[Microsoft Officeセキュリティオプション] ダイアログボックスが表示された

❷[このコンテンツを有効にする]をクリック

❸[OK]をクリック

参照 信頼できる場所を追加するには……P.79

[Microsoft Office Excelのセキュリティに関する通知] ダイアログボックスが表示される場合

VBEが起動しているときにマクロを含むブックを開くと、[Microsoft Office Excelのセキュリティに関する通知] ダイアログボックスが表示されます。マクロを有効にするには、[マクロを有効にする] ボタンをクリックします。

VBEの起動中にマクロを含むブックを開いておく

[Microsoft Office Excelのセキュリティに関する通知]ダイアログボックスが表示された

[マクロを有効にする]をクリック

マクロのセキュリティを設定するには

マクロのセキュリティの設定は［セキュリティセンター］ダイアログボックスで管理します。［セキュリティセンター］ダイアログボックスでは、ブックやコンピュータを安全に使用するためのさまざまな設定ができるようになっており、設定内容に従って、マクロを有効にするか無効にするかが決められます。

●［セキュリティセンター］ダイアログボックスを表示する

［セキュリティセンター］ダイアログボックスを表示するには、［開発］タブの［コード］グループにある［マクロのセキュリティ］ボタンをクリックします。

［開発］タブ-［コード］グループ-［マクロのセキュリティ］をクリック

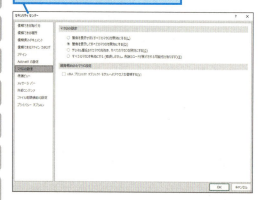

［セキュリティセンター］ダイアログボックスが表示された

HINT ［Excelのオプション］ダイアログボックスから表示するには

［Excelのオプション］ダイアログボックスの［セキュリティセンター］で、［セキュリティセンターの設定］ボタンをクリックしても［セキュリティセンター］ダイアログボックスを表示することができます。

［Excelのオプション］ダイアログボックスを表示しておく

［セキュリティセンター］をクリック

［セキュリティセンターの設定］をクリックすると［セキュリティセンター］ダイアログボックスが表示できる

● ［信頼できる発行元］の設定画面

マクロやActiveXコントロール、アドインなどの発行元について、その発行元を信頼できると指定すると、その発行元は［信頼できる発行元］に表示されます。［信頼できる発行元］では、追加された発行元の確認や削除が行えます。

参照▶［セキュリティセンター］ダイアログボックスを表示する……P.72
参照▶信頼できる発行元に追加するには……P.73

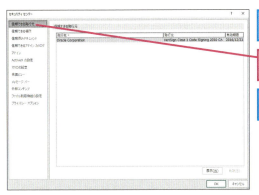

［セキュリティセンター］ダイアログボックスを表示しておく

［信頼できる発行元］をクリック

発行元を信頼すると一覧に表示される

HINT 信頼できる発行元に追加するには

VBAプロジェクトに有効なデジタル署名が追加されているブックを開き、［セキュリティの警告］メッセージバーが表示された場合に、［ファイル］タブの［情報］にある［セキュリティの警告］で［コンテンツの有効化］をクリックし、［詳細オプション］をクリックすると、［Microsoft Officeセキュリティオプション］ダイアログボックスが表示されます。ここで、［この発行者のドキュメントをすべて信頼する］をクリックすると、発行者が信頼できる発行元に追加されます。なお、Excel 2007の場合は、［セキュリティの警告］メッセージバーで［オプション］をクリックして［Microsoft Officeセキュリティオプション］ダイアログボックスを表示します。

デジタル署名を追加したブックを開いておく

❶［セキュリティの警告］が表示されている状態で［ファイル］タブをクリック

［Microsoft Office セキュリティオプション］ダイアログボックスが表示された

❷［セキュリティの警告］で［コンテンツの有効化］をクリック

❸［詳細オプション］をクリック

❹［この発行者のドキュメントをすべて信頼する］をクリック

❺［OK］をクリック

［セキュリティセンター］ダイアログボックスの［信頼できる発行元］をクリックすると、発行者が追加されたことを確認できる

デジタル署名とは

デジタル署名とは、ブックやマクロの出所や安全を保証するためのしくみです。マクロにデジタル署名を行うと、そのマクロは作成者以外によって改ざんされていないことが証明されます。デジタル署名を行うには、開発者の証明書が必要となります。証明書とはデジタル証明書のことで、証明機関（CA）によって発行されます。マクロの使用目的に合わせて適切な証明機関から証明書を入手する必要があります。ただ、個人使用のための証明書であれば、Officeに付属されている「SELFCERT.EXE」ファイルをダブルクリックして［デジタル証明書の作成］ダイアログボックスを表示し、自己署名のデジタル証明書を発行することができます。Excel 2010／2007の場合は、Microsoft Officeツールの［VBAプロジェクトのデジタル証明書］を使って発行します。これにより発行した証明書を使うと、VBEの［ツール］メニューの［デジタル署名］をクリックして、マクロにデジタル署名を追加することが可能になります。デジタル署名を追加したあとにマクロを変更すると、デジタル署名は破棄されます。なお、自己署名のデジタル証明書によって追加されたデジタル署名は、証明書を作成したパソコンのみで有効となります。また、「SELFCERT.EXE」ファイルは、Excel 2016では「C:¥Program Files¥Microsoft Office¥root¥Office16」、Excel 2013では「C:¥Program Files¥Microsoft Office¥root¥Office15」にあります。

● ［信頼できる場所］の設定画面

［信頼できる場所］に指定されたフォルダーにマクロを含むブックを保存すると、セキュリティに関する制限を受けずに、マクロが有効な状態でブックを開けるようになります。あらかじめ、いくつかのフォルダーが信頼できる場所として登録されていますが、ハードディスクのフォルダーやネットワーク上の共有フォルダーを追加することもできます。

参照▶［セキュリティセンター］ダイアログ
　　　ボックスを表示する……P.72
参照▶信頼できる場所を追加するには……P.79

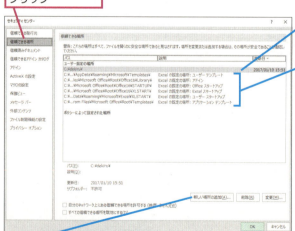

●［信頼済みドキュメント］の設定画面

Excel 2016／2013／2010では、［セキュリティの警告］メッセージバーで［コンテンツの有効化］をクリックすると、ブックが信頼済みドキュメントとされ、以降、セキュリティの確認メッセージが表示されず、マクロを有効にしてブックが開きます。［信頼済みドキュメント］では、信頼済みドキュメントの設定を解除して、信頼されていない状態に戻すことができます。なお、Excel 2007には、この設定画面はありません。　　参照▶［セキュリティセンター］ダイアログ
　　　　　　　　　　　　　　　　　　　　　　　　　　　　　　　　ボックスを表示する……P.72

［セキュリティセンター］ダイアログ
ボックスを表示しておく

［信頼済みドキュメント］
をクリック

信頼済みドキュメントに
ついての設定を行う

HINT Excel 2007の場合

Excel 2007の場合は、［セキュリティの警告］メッセージバーの［オプション］をクリックして、表示される［Microsoft Officeセキュリティオプション］ダイアログボックスで、［このコンテンツを有効にする］をクリックして選択し、［OK］ボタンをクリックします。Excel 2007では、マクロを含むブックを開くたびにこの操作が必要になります。ただし、信頼できる場所に保存すれば、常にマクロを有効にしてブックを開くことができるようになります。

マクロを含むブックを開く

［セキュリティの警告］メッセージ
バーが表示され、マクロが無効に
なっていることが確認できる

マクロが実行できる
ようにする

❶［オプション］を
クリック

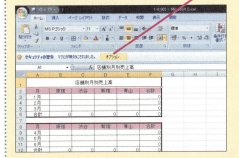

［Microsoft Officeセキュリティオプション］ダイアログボックスが表示された

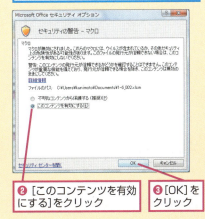

❷［このコンテンツを有効
にする］をクリック

❸［OK］を
クリック

参照▶［信頼できる場所］の設定画面……P.74

● ［アドイン］の設定画面

アドインとは、Microsoft Officeシステムを拡張するためのプログラムで、作成したマクロを配布して複数で使用したいときに作成します。［アドイン］では、パソコンに組み込まれたアドインファイルを管理します。

参照▶［セキュリティセンター］ダイアログボックスを表示する……P.72

参照▶アドインの利用……P.932

［セキュリティセンター］ダイアログボックスを表示しておく

［アドイン］をクリック

アドインについての設定を行う

● ［ActiveXの設定］の設定画面

［ActiveXの設定］では、ブック内で使用されているユーザーフォームなどのActiveXコントロールの有効や無効などの設定を行います。

参照▶［セキュリティセンター］ダイアログボックスを表示する……P.72

参照▶コントロールの使用……P.689

［セキュリティセンター］ダイアログボックスを表示しておく

［ActiveXの設定］をクリック

ActiveXについての設定を行う

● [マクロの設定] の設定画面

[マクロの設定] では、マクロを含むブックが信頼できる場所に保存されていない場合に、このブックを開くときのマクロの有効または無効の設定をします。既定では、[警告を表示してすべてのマクロを無効にする] が選択されています。安全であることが確認できていないマクロが実行されないようにするためには、既定の状態にしておくといいでしょう。また、[VBAプロジェクトオブジェクトモデルへのアクセスを信頼する] では、マクロによるVisual Basicプロジェクトへのアクセスを制限するかどうかを設定します。

参照▶ [セキュリティセンター] ダイアログボックスを表示する……P.72

[セキュリティセンター] ダイアログボックスを表示しておく

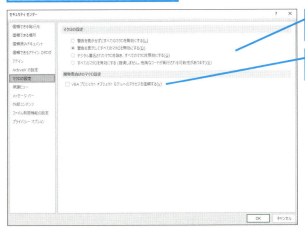

マクロを含むブックを有効または無効に設定できる

マクロによるVisual Basicへのアクセスを制限できる

項目	説明
警告を表示せずにすべてのマクロを無効にする	信頼できる場所にあるブックを除いて、すべてのブック内のマクロが無効になる
警告を表示してすべてのマクロを無効にする	信頼できる場所以外の場所にある、マクロを含むブックは、マクロを無効にしてブックを開き、[セキュリティの警告] メッセージバーを表示する。ユーザーがマクロを有効にするか、無効にするかを選択できる（既定値）
デジタル署名されたマクロを除き、すべてのマクロを無効にする	マクロの発行元が信頼できる発行元で、デジタル署名が有効な場合は、マクロを有効にする。デジタル署名されていても、信頼できる発行元でない場合は [セキュリティの警告] メッセージバーが表示され、マクロを有効にするか無効にするかを選択できる。デジタル署名されていないマクロは、すべて無効になる
すべてのマクロを有効にする	すべてのマクロを有効にする。安全でないコードも確認なしで実行されるため、推奨されない

HINT [VBAプロジェクトへのアクセスを信頼する] にチェックマークを付ける場合

マクロを使ってVisual Basicプロジェクトを操作する必要がある場合には、[VBAプロジェクトへのアクセスを信頼する] をクリックしてチェックマークを付けます。たとえば、マクロを使ってVBEでシートのオブジェクト名を変更したり、モジュールのインポートやエクスポートを行ったりするなど、VBE内で使用するオブジェクトを操作する場合が挙げられます。チェックマークを付けておくと、Visual Basicプロジェクトにアクセスできてしまうため、コードの改ざんなど、悪意のあるコードが実行されてしまう可能性が高くなります。必要な場合を除いては、チェックマークをはずしておくほうがいいでしょう。

●［メッセージバー］の設定画面

［メッセージバー］では、既定で［ActiveXコントロールやマクロなどのアクティブコンテンツがブロックされた場合、すべてのアプリケーションにメッセージバーを表示する］が選択されており、マクロや外部データへの接続などをブロックした場合にメッセージバーが表示されます。［ブロックされた内容に関する情報を表示しない］を選択すると、コンテンツがブロックされたかされないかにかかわらず、メッセージバーは表示されなくなります。

参照▶［セキュリティセンター］ダイアログボックスを表示する……P.72

［セキュリティセンター］ダイアログボックスを表示しておく

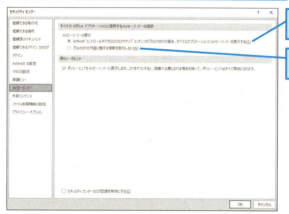

マクロなどをブロックしたときにメッセージバーが表示される

マクロなどのブロックの有無にかかわらず、メッセージバーが表示されない

HINT Excel 2007の場合

Excel 2007では、既定で［すべてのアプリケーションで、コンテンツがブロックされたときにメッセージバーを表示する］が選択されています。

HINT メッセージバーの設定はできるだけ既定のままにしておく

メッセージバーの表示設定は、できるだけ既定の［ActiveXコントロールやマクロなどのアクティブコンテンツがブロックされた場合、すべてのアプリケーションにメッセージバーを表示する］に設定しておきます。この設定により、メッセージバーが表示されたときに、メッセージバーのボタンをクリックして、ブロックされたマクロを有効にするか、無効のままにするかといった設定をユーザーが明示的に行えるため、セキュリティ上の安全性が高まります。

●［外部コンテンツ］の設定画面

［外部コンテンツ］では、データ接続とブックリンクに関するセキュリティの設定を行えます。

参照▶［セキュリティセンター］ダイアログボックスを表示する……P.72

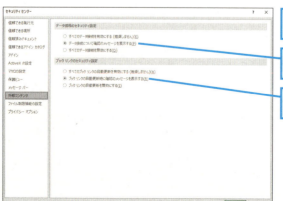

［セキュリティセンター］ダイアログボックスを表示しておく

外部接続に関するセキュリティを設定できる

ブックリンクに関するセキュリティを設定できる

信頼できる場所を追加するには

使用するマクロが安全なものであるとわかっている場合は、常にマクロを有効にして開けるようにしておくと便利です。安全なマクロブックが保存されるフォルダーを、信頼できる場所として追加しておけば、そこに保存されるブックのマクロは常に有効になります。ここでは、任意のフォルダーを信頼できる場所に追加する方法を説明します。

参照▶［セキュリティセンター］ダイアログボックスを表示する……P.72

信頼できる場所に追加するフォルダーを作成しておく

ここでは、Cドライブのdekiruフォルダーを信頼できる場所に追加する

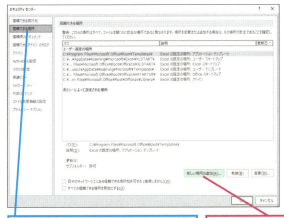

［セキュリティセンター］ダイアログボックスの［信頼できる場所］を表示しておく

❶［新しい場所の追加］をクリック

HINT 指定したフォルダー内にあるサブフォルダーも含めて追加したい場合

信頼する場所に追加するフォルダー内にある、サブフォルダーを信頼する場所としたい場合は、［Microsoft Offceの信頼できる場所］ダイアログボックスの［この場所のサブフォルダーも信頼する］をクリックしてチェックマークを付けます。

［Microsoft Officeの信頼できる場所］ダイアログボックスを表示しておく

❶［この場所のサブフォルダーも信頼する］をクリックしてチェックマークを付ける

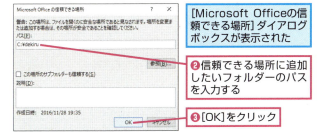

［Microsoft Officeの信頼できる場所］ダイアログボックスが表示された

❷信頼できる場所に追加したいフォルダーのパスを入力する

❸［OK］をクリック

❷［OK］をクリック

信頼できる場所にフォルダーが追加された

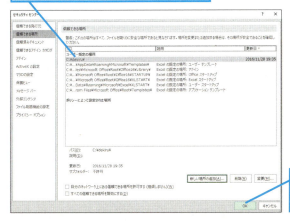

［OK］をクリックして［セキュリティセンター］ダイアログボックスを閉じておく

1-6 マクロを含むブックの管理

1 マクロの基礎知識
2 VBAの基礎知識
3 プログラミングの基礎知識
4 セルの操作
5 ワークシートの操作
6 Excelファイルの操作
7 高度なファイルの操作
8 ウィンドウの操作
9 データの操作
10 印刷
11 図形の操作
12 グラフの操作
13 コントロールの使用
14 外部アプリケーションの操作
15 VBA関数
16 そのほかの操作
付録

79

1-6 マクロを含むブックの管理

HINT [参照]ボタンをクリックしてフォルダーの場所を指定できる

[パス]に信頼できるフォルダーのパスを入力する際、[参照]ボタンをクリックすると、[参照]ダイアログボックスが表示されます。このダイアログボックスで、信頼できる場所に追加したいフォルダーを選択して指定することができます。フォルダーのパスを入力する手間がはぶけて便利です。

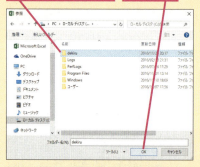

[参照]ダイアログボックスを表示しておく

❶ここをクリックしてフォルダーを選択

❷[OK]をクリック

[Microsoft Officeの信頼できる場所]ダイアログボックスで[OK]をクリックして閉じる

HINT 信頼できる場所を削除、変更するには

信頼できる場所に追加したフォルダーを削除、変更するには、[セキュリティセンター]ダイアログボックスの[信頼できる場所]をクリックし、表示された一覧から削除または変更したいパスをクリックして選択し、[削除]ボタンまたは[変更]ボタンをクリックします。

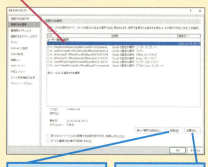

[セキュリティセンター]ダイアログボックスの[信頼できる場所]を表示しておく

設定する場所をクリック

[削除]をクリックすると信頼できる場所がすぐに削除される

[変更]をクリックすると信頼できる場所を変更できる

HINT そのほかの設定画面

[セキュリティセンター]ダイアログボックスには、ほかに下表のような設定画面が用意されています。

設定画面	内容
信頼できるアドイン カタログ	Web アドイン カタログに関する管理を行う（Excel 2016／2013 のみ）
保護ビュー	インターネットから取得したファイルなど、危険性のあるファイルを制限モードで開くかどうかの設定を行う（Excel 2016／2013／2010 のみ）
ファイル制限機能の設定	Excel のファイルの種類ごとに開いたり、保存したりできるかどうかを設定する（Excel 2016／2013／2010 のみ）
プライバシーオプション	プロパティの内容など個人情報の取り扱いや翻訳、リサーチに関する設定をする

第2章
VBAの基礎知識

2-1．VBAの概要 ・・・・・・・・・・・・・・・・・・・・・・・・・・・・・・・82
2-2．プロシージャー ・・・・・・・・・・・・・・・・・・・・・・・・・・・・93
2-3．イベントプロシージャー ・・・・・・・・・・・・・・・・106
2-4．Visual Basic Editorの基礎 ・・・・・・・・・・・118
2-5．モジュール ・・・・・・・・・・・・・・・・・・・・・・・・・・・・・134

2-1 VBAの概要

VBAの概要

VBAとは「Visual Basic for Applications」の略で、マイクロソフトのOfficeアプリケーションで自動処理を実行するためのプログラミング言語です。Visual Basicを土台としており、プログラミングの初心者でもコードの構造がシンプルでわかりやすいという特徴があります。VBAを使ってプログラミングすれば、マクロの記録機能では実現できない複雑な処理が可能となります。
ここでは、VBAのメリットやコードを記述するうえで基礎的な用語であるオブジェクト、プロパティ、メソッド、コレクション、オブジェクトの階層構造を確認し、基本的なコードの記述方法やVBAの構成要素について説明します。

マクロの記録機能の限界

マクロの記録機能のマクロ

- 余分なコードが記述され、わかりづらい
- 条件分岐やくり返しなどができない
- ユーザーとの対話ができない
- 使用範囲が限定され汎用性がない

VBA

- VBAによるプログラミングで開発できる

VBAを利用したマクロの作成

VBAで記述したコード

```
Sub 表作成()
    Range("B2").CurrentRegion.Borders.LineStyle = xlContinuous
End Sub
```

マクロとして実行できる

オブジェクトの階層構造

Application → Workbook → Worksheet → Range

処理対象となるオブジェクトは階層構造になっている

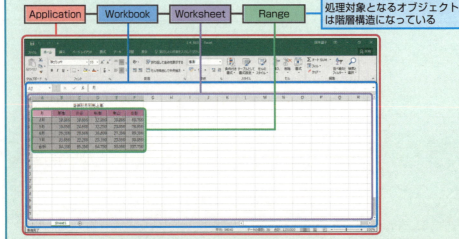

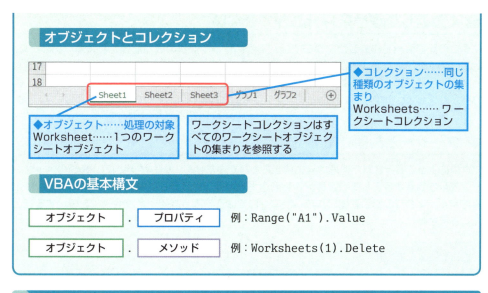

マクロの記録機能の限界

マクロの記録機能は、Excelで行った操作をそのまま記録し、マクロを自動で作成する機能です。プログラミングの知識が不要で、手軽にマクロを作成できますが、より実務的な処理をするには限界があります。ここでは、マクロ記録機能の限界を理解し、VBAの必要性を確認しましょう。

● 不要なコードが記述される

マクロの記録機能で「セルB2～E5に格子の罫線を引く」という操作をすると、左図のようなコードが作成されます。これでも問題なく動作しますが、不要なコードが記録され、長くてわかりづらくなっています。同じ処理を実行するのに、VBAで記述すると右のように1行で記述することができます。

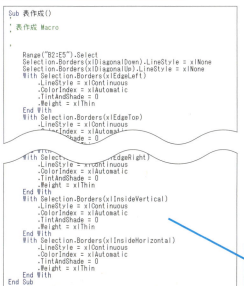

● くり返し処理や条件分岐ができない

マクロの記録機能で作成したマクロでは、実際に行った操作のみが記録されます。このため、セルにデータがある間は同じ処理をくり返す、現在の時刻によって異なるメッセージを表示する、というような、条件によって異なる処理をすることができません。VBAを使用すると、これらが可能になります。

参照▶条件によって処理を振り分けるには……P.182
参照▶処理をくり返し実行するには……P.187

● ユーザーと対話ができない

マクロによって実行された処理は元に戻すことができません。VBAを用いて、確認のメッセージを表示させるようにしておけば、もし間違えて実行しようとした場合に、事前に処理を停止できます。マクロの記録機能で作成したマクロではこのような確認メッセージを表示することはできません。

参照▶メッセージの表示……P.197

◆VBAを使った場合

メッセージを表示させることができる

処理を実行する前に、実行するかどうかをユーザーが選択できる

● 汎用性に欠ける

マクロ記録では、ダイアログボックスを表示して、処理の対象となるブックを選択する処理を記録することができません。VBAを使用すると、そのような柔軟な処理が可能になるため、汎用的なマクロが作成できます。

参照▶[ファイルを開く]ダイアログボックスを表示するには……P.427

◆VBAを使った場合

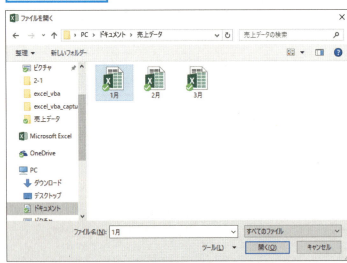

マクロの実行中に[ファイルを開く]ダイアログボックスを表示して、ブックを選択できる

汎用性のあるマクロが作成できる

VBAを使用してマクロを作成するには

VBAを使ってマクロを作成するには、VBEで直接コードを記述します。ここでは、コードを記述してマクロを作成するひととおりの手順を確認しましょう。

サンプル 2-1_001.xlsx

参照 Visual Basic Editorの基礎……P.118

マクロを保存したい ブックを開いておく	セルB1を含む表全体に、格子の 罫線を設定するマクロを作成する

VBEを起動して マクロを作成する	❶［開発］タブ-［コード］グループ- ［Visual Basic］をクリック

参照 ［開発］タブを表示するには……P.40

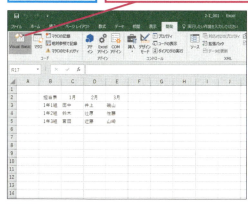

HINT ショートカットキーでVBEを起動する

Alt + F11 キーを押してもVBEを起動することができます。

VBE（Visual Basic Editor） が起動した

マクロの処理内容を記述する 標準モジュールを追加する

❷［挿入］を クリック	❸［標準モジュール］ をクリック

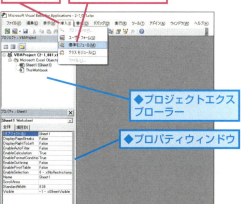

◆プロジェクトエクスプローラー

◆プロパティウィンドウ

HINT ツールバーのボタンから標準モジュールを追加する

［標準］ツールバーの［ユーザーフォームの挿入］ボタン（ ）の▼をクリックし、一覧から［標準モジュール］をクリックしても標準モジュールを追加できます。

❶ここを クリック	❷［標準モジュール］ をクリック

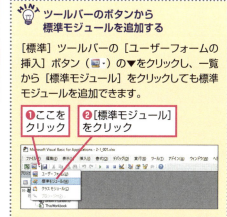

HINT 複数のブックが開いている場合に標準モジュールを追加するには

複数のブックが開いている場合に、マクロを保存するブックを指定するには、プロジェクトエクスプローラーでマクロを保存するブックをクリックして選択したのちに、標準モジュールを追加します。

マクロを保存したいブックを選択して から標準モジュールを追加する

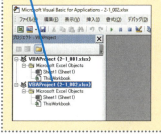

2-1 VBAの概要

1 マクロの基礎知識
2 VBAの基礎知識
3 プログラミングの基礎知識
4 セルの操作
5 ワークシートの操作
6 Excelファイルの操作
7 高度なファイルの操作
8 ウィンドウの操作
9 データの操作
10 印刷
11 図形の操作
12 グラフの操作
13 コントロールの使用
14 外部アプリケーションの操作
15 VBA関数
16 そのほかの操作
付録

85
できる

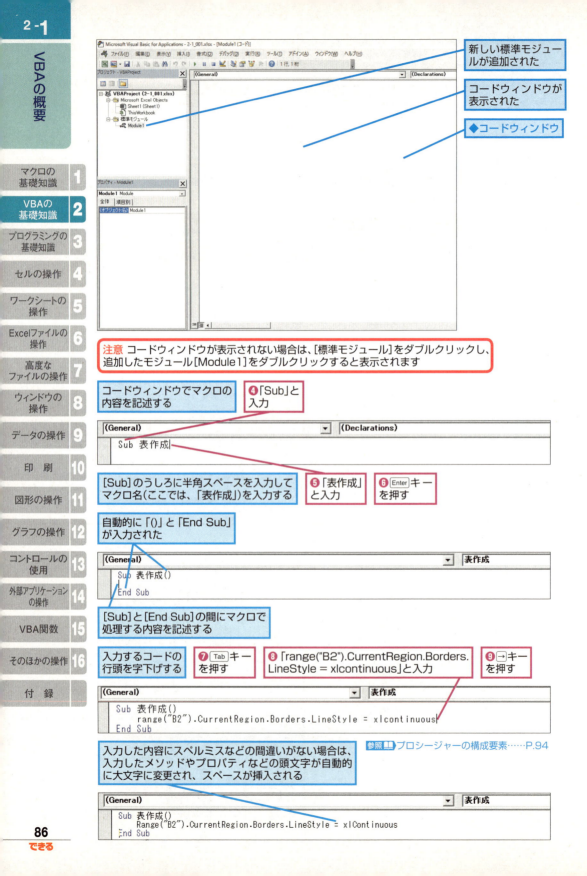

```
1  Sub 表作成()
2      Range("B2").CurrentRegion.Borders.LineStyle = xlContinuous
3  End Sub
```

1 「表作成」というマクロを記述する
2 セルB2を含む表全体に細実線で格子の罫線を設定する
3 マクロの記述を終了する

マクロが入力できたら、
Excelに切り替える

❿[表示 Microsoft Excel]を
クリック

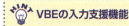

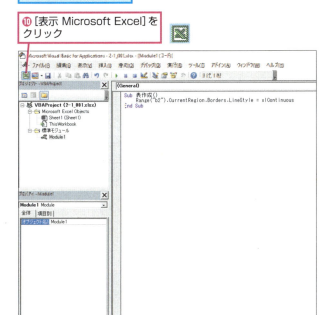

VBEの入力支援機能

VBEには、文法のチェックや、入力候補となるプロパティやメソッドなどを一覧表示して選択できるようにした入力支援機能が用意されています。入力を間違いなく効率的に行える機能です。

参照▶入力を補助する機能を使うには……P.144

ショートカットキーでExcelに切り替える

[Alt]+[F11]キーを押してもExcelに切り替えることができます。

Excelの画面に切り替わった

[マクロ] ダイアログボックスを表示して、作成したマクロを実行する

VBEで作成したマクロの保存

VBEで作成したマクロはブックの保存と同時に保存されます。なお、ブックを保存する場合はファイルの種類を「Excelマクロ有効ブック」に変更する必要があります。

参照▶マクロを含むブックの管理……P.67

⓫[開発]タブ-[コード]グループ-[マクロの表示]をクリック

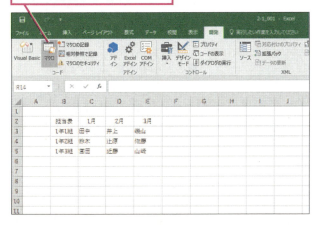

2-1 VBAの概要

1 マクロの基礎知識
2 VBAの基礎知識
3 プログラミングの基礎知識
4 セルの操作
5 ワークシートの操作
6 Excelファイルの操作
7 高度なファイルの操作
8 ウィンドウの操作
9 データの操作
10 印刷
11 図形の操作
12 グラフの操作
13 コントロールの使用
14 外部アプリケーションの操作
15 VBA関数
16 そのほかの操作
付録

87
できる

[マクロ]ダイアログボックスが表示された

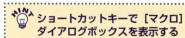

VBEで作成したマクロが表示された

> **HINT ショートカットキーで[マクロ]ダイアログボックスを表示する**
>
> Alt + F8 キーを押しても[マクロ]ダイアログボックスを表示することができます。キー操作に慣れている場合は、すばやくダイアログボックスが表示できます。

⓬実行するマクロをクリック

⓭[実行]をクリック

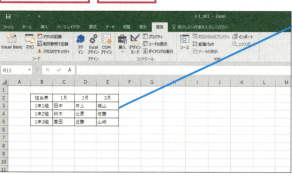

マクロが実行され、セルB2を含む表全体に格子の罫線が設定された

表のサイズが変更されても、このマクロを実行すれば、表全体に格子の罫線が設定できる

オブジェクトとコレクション

VBAでは、処理の対象となるものを指定します。この処理の対象のことを「オブジェクト」といいます。そして同じ種類のオブジェクトの集まりを「コレクション」といいます。

● オブジェクト

VBAでは、Excelを構成する主な要素を「オブジェクト」として扱います。VBAでは「なにをどうする」、「なにがどんな状態だ」というように記述します。ここで、「なにが」にあたる部分が「オブジェクト」です。Excelの主な構成要素と対応するオブジェクト名は次のようになります。

Excel の主な構成要素	オブジェクト名
アプリケーション	Application
ブック	Workbook
ワークシート	Worksheet
グラフシート	Chart
ウィンドウ	Window
セル	Range

> **HINT 親オブジェクトをコンテナと呼ぶ**
>
> あるオブジェクトからみて1つ上位の階層のオブジェクト（親オブジェクト）のことを「コンテナ」と呼びます。たとえば、RangeオブジェクトのコンテナはWorksheetオブジェクトとなり、WorksheetオブジェクトのコンテナはWorkbookとなります。

● オブジェクトの階層構造

Excelで頻繁に使用されるオブジェクトにはブック、ワークシート、セルなどがあります。Excelのオブジェクトは階層構造で管理されています。VBAでコードを記述するときに、処理対象となるワークシートやセルなどを正しく指定するために、階層構造を理解することが重要です。

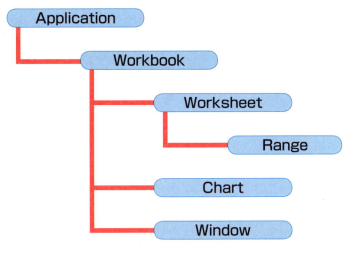

オブジェクトを参照するには、階層構造に従ってそのオブジェクトを指定します。通常「Application」は省略することができます。たとえば、「売上」ブックの「渋谷店」シートにあるセル範囲「A1からC5」を参照したいときは、次のように記述します。

Workbooks("売上.xlsx") . Worksheets("渋谷店") . Range("A1:C5")
[売上]ブック　　　の　[渋谷店]シート　の　セル範囲A1：C5

参照▶コレクションとメンバー……P.90

 親オブジェクトを省略した場合

コードを記述するときに「Range("A1:C5")」のように親オブジェクトであるブックやシートを省略することができます。この場合は、「アクティブブックのアクティブシートのセル範囲A1からC5」であるとみなされます。

 そのほかのオブジェクト

Excel VBAでは、ブックやワークシート、セル、ウィンドウのほかに、罫線を意味するBorderオブジェクト、印刷設定を意味するPageSetupオブジェクト、並べ替えを意味するSortオブジェクトなど、Excelで書式を設定したり、機能を実行するためのさまざまなオブジェクトが用意されています。

参照▶セルの罫線を参照するには……P.335
参照▶印刷の設定……P.599
参照▶データの操作……P.540

● コレクションとメンバー

「コレクション」とは、同じ種類のオブジェクトの集まりのことをいいます。また、コレクションに含まれる1つひとつのオブジェクトを「メンバー」といいます。Workbookオブジェクトの集まりはWorkbooksコレクション、Worksheetオブジェクトの集まりはWorksheetsコレクションというように、コレクションはオブジェクトを複数形で記述したキーワードで指定されます。コレクション内のメンバーを参照するにはWorkbooks("売上.xlsx")、Worksheets(1)のように指定します。

参照▶ワークシートを参照するには……P.390
参照▶ブックを参照するには……P.418

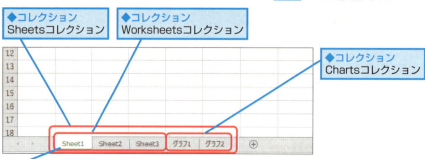

主なコレクション

コレクション名	内容
Workbooks コレクション	開いているすべてのブック
Sheets コレクション	ブック内のすべてのシート
Worksheets コレクション	ブック内のすべてのワークシート。Worksheets コレクションは、ワークシート全体を参照するがグラフシートは含まない
Charts コレクション	ブック内のすべてのグラフシート

> **HINT コレクションも1つのオブジェクトとして扱える**
>
> コレクションは、同じ種類のオブジェクトをまとめて参照する1つのオブジェクトとして扱うことができます。たとえば、ブック内にあるシート数を数えたい場合は、Worksheetsコレクションをオブジェクトとして次のように記述できます。
> Worksheets.Count
> 意味：ブック内にあるすべてのワークシートの数を取得する

VBAの基本構文

VBAの基本的な構文は、オブジェクトやプロパティ、メソッドを使用して記述します。ここでは、これらを使った基本構文について説明します。

● プロパティ

「プロパティ」は、オブジェクトの特性や属性を表します。たとえば、「1つめのワークシートの名前を取得する」とか、「セル範囲A1～C5のセルの色を赤色に設定する」のように、オブジェクトの状態を取得したり、設定したりするときにプロパティを使用します。

▶基本構文

取得　オブジェクト.プロパティ

　例　Worksheets(1).Name

　意味　1つめのワークシートのシート名を取得する

設定　オブジェクト.プロパティ＝値

　例　Worksheets(1).Name="1月"

　意味　1つめのワークシートのシート名を「1月」に設定する

 値を設定できないプロパティがある

プロパティのなかには、取得のみ可能で設定できないものがあります。たとえば、WorkbookオブジェクトのPathプロパティはファイルの保存場所を取得します。このプロパティは取得のみで設定できません。

参照▶ブックの保存場所を調べるには……P.450

 取得したプロパティの値を使用して設定する

取得したプロパティの値は、変数への代入やほかのプロパティの値に設定するなどして使用します。たとえば、アクティブブックのブック名を変数myNameに代入する場合は、「myName=ActiveWorkbook.Name」となり、セルA1の文字サイズをセルC3に設定する場合は、「Range("C3").Font.Size=Range("A1").Font.Size」のようになります。

参照▶変数……P.147

プロパティを使ってオブジェクトを参照する

コレクション内のメンバーであるオブジェクトを参照するには、Workbooks("売上.xlsx")やWorksheets(1)のように記述します。ここで使用しているWorksheetsやWorkbooksはコレクション名と同じですが、これはプロパティです。WorkbooksプロパティやWorksheetsプロパティに続けて()内に引数としてブック名やシート名、インデックス番号を指定して、個々のオブジェクトを参照します。インデックス番号は、コレクションの要素に付けられる番号です。たとえば、ブックの場合は開いた順に1から番号が割り当てられ、ワークシートの場合はシート見出しの左から順番に1から番号が割り当てられます。

● メソッド

「メソッド」は、オブジェクトに対して、削除やコピー、移動、保存などの操作を行います。たとえば、「1つめのシートを削除する」という処理に使用します。構文は次のようになります。

▶基本構文

オブジェクト.メソッド

例 Worksheets(1).Delete

意味 1つめのワークシートを削除する

引数を使って詳細を指定する

メソッドには、どのように操作を実行するか詳細を設定できる「引数」を持つものがあります。引数を指定する場合は、メソッドのうしろに半角のスペースを入力し、「引数名:=値」のように記述します。これを「名前付き引数」といいます。たとえば、Worksheetオブジェクトの Add メソッドには、指定できる引数が4つあります。引数には省略できるものがあり、引数を省略すると既定値が設定されます。

◆引数の指定方法　　オブジェクト.メソッド 引数名:=引数1, 引数名:=引数2…

◆Addメソッドの引数　　Add [Before] , [After] , [Count] , [Type]　　[]で囲まれた引数は省略することができる

例 Worksheets.Add Before:=Worksheets(1), Count:=3

意味 ワークシートを1つめのシートの前に3枚 追加する

引数名を省略する

引数名は省略して記述できますが、その場合は引数を区切るカンマ (,) を省略できません。たとえば、1番めと3番めの引数を設定する場合は、1番めの引数のうしろにカンマを2つ入力し、3番めであることがわかるようにします。3番め以降の引数を省略する場合は、カンマを入力する必要はありません。

例 Worksheets.Add Worksheets(1),,2

意味 ワークシートを1つめのシートの前に2枚 追加する

HINT 戻り値が返るメソッドもある

メソッドのなかには、戻り値を返すものがあります。たとえば、Addメソッドは追加したオブジェクトを戻り値として返します。戻り値を使用してプロパティの設定をする場合には、引数を()で囲みます。たとえば、「Worksheets. Add(Before:=Worksheets(1)).Name= "1月"」のように記述すると、「1つめのシートの前にシートを追加し、そのシートのシート名を『1月』にする」となります。

HINT 基本構文以外の命令文

VBAでは上記のような基本構文のほかに、関数やステートメント名を使って命令を記述することもあります。たとえば「x=Month(Date)」（今日の日付から月を取り出して変数xに代入する）や、「Kill "C:¥dekiru¥売上.xlsx"」（Cドライブのdekiruフォルダーにある売上.xlsxを削除する）といった命令文を使用することもあります。

2-2 プロシージャー

プロシージャー

Excelでいうマクロは、VBAではプロシージャーと呼びます。プロシージャーとはひとまとまりの処理単位のことをいい、プロシージャーにはSubプロシージャー、Functionプロシージャー、Propertyプロシージャーの3種類があります。Excelのマクロ記録で作成されるのは、Subプロシージャーです。また、プロシージャーからほかのプロシージャーを呼び出して実行することも可能です。頻繁に利用する汎用的なプロシージャーを独立させて、複数のプロシージャーから呼び出して利用することができます。

マクロとプロシージャー

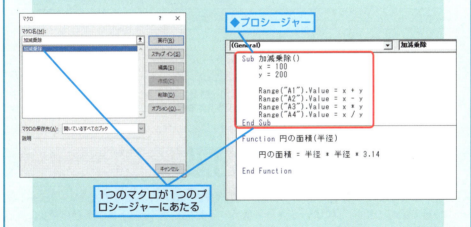

1つのマクロが1つのプロシージャーにあたる

プロシージャーの連携

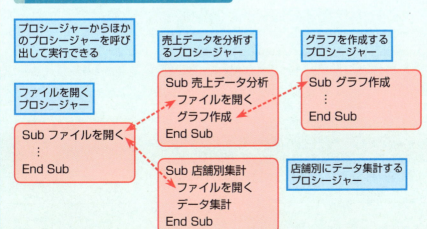

2-2 プロシージャ

プロシージャの構成要素

プロシージャはひとまとまりの処理単位です。プロシージャはいくつかの要素で構成されています。それぞれの構成要素とその意味は次のようになります。

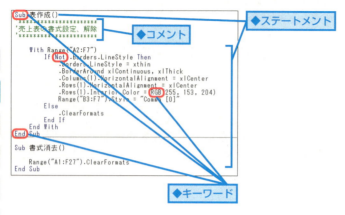

構成要素	意味
ステートメント	命令文。通常は1行で1ステートメント
コメント	行頭に「'」が入力されている文で、説明文として使用できる
キーワード	プログラミング言語として特別な意味があらかじめ割り当てられている文字列や記号。キーワードには、ステートメント名（Sub、With、Endなど）や関数名（RGBなど）、演算子（Notなど）などがある。キーワードと同じ文字列を変数名やプロシージャ名に使用することはできない

ステートメントを記述するには

ステートメントとは、プロシージャのなかで処理を実行する最小単位で、通常1ステートメントは1行で記述します。プロシージャを実行すると、上のステートメントから順番に実行されます。

```
1  Sub 表作成()
2      Range("A2:F7").Borders.LineStyle = xlContinuous
3      Range("A2:F7").BorderAround xlContinuous, xlThick
4      Range("A2:A7").HorizontalAlignment = xlCenter
5      Range("A2:F2").Interior.Color = RGB(255, 153, 204)
6  End Sub
```

1 「表作成」というマクロを記述する
2 セル範囲A2～F7に細実線で格子の罫線を引く
3 セル範囲A2～F7の外枠に太線の罫線を引く
4 セル範囲A2～A7を水平方向に中央揃えにする
5 セル範囲A2～F2のセルの色をピンク色にする
6 マクロの記述を終了する

● 1ステートメントを複数行に分割する

通常、1ステートメントは1行で記述しますが、読みやすくするために途中で改行して複数行に分割することができます。改行したい位置で、「半角スペース」と「_（半角アンダースコア）」を入力します。これを行継続文字といいます。行継続文字を入力したら、改行を行い、次の行にステートメントの続きを記述することができます。

サンプル 2-2_001.xlsm
参照 VBAを使用してマクロを作成するには……P.85

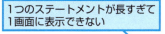
マクロを含んだブックを開いてマクロをVBEで表示しておく

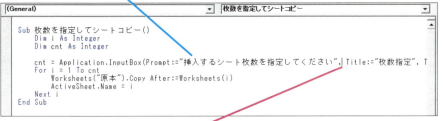

❶分割する位置にカーソルを移動
❷「（半角スペース）」と「_（半角アンダースコア）」を入力
❸ Enter キーを押す
行が2行に分割された
◆行継続文字

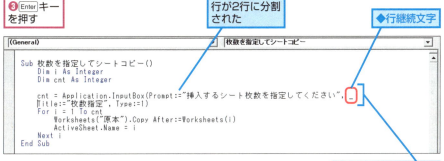

この2行はひと続きの行として扱われる

HINT アンダースコアを入力するには
アンダースコアを入力するには、英数半角モードで Shift + ろ キーを押します。

HINT 行継続文字を入力する位置
行継続文字を入力する位置は、カンマの前後やピリオドの前後など、区切りのよい場所にします。プロパティやメソッドなどの単語や、文字列の途中で改行することはできません。

● 1行に複数のステートメントを記述する

ステートメントのうしろに「:（半角コロン）」を入力すると、続けて次のステートメントを記述することができ、1行に複数のステートメントが記述できます。複数の短いステートメントをまとめて記述したり、行数を減らしたりするときに使用できます。 サンプル 2-2_002.xlsm

2行のステートメントを
1行にまとめたい

❶1行めのステートメントのうしろに
「:（半角コロン）」を入力

```
(General)
Sub 加減乗除()
    x = 100
    y = 200

    Range("A1").Value = x + y
    Range("A2").Value = x - y
    Range("A3").Value = x * y
    Range("A4").Value = x / y
End Sub

Function 円の面積(半径)

    円の面積 = 半径 * 半径 * 3.14

End Function
```

❷「:」に続けて次のステートメントを入力

2行のステートメントが
1行にまとめられた

```
(General)
Sub 加減乗除()
    x = 100: y = 200

    Range("A1").Value = x + y
    Range("A2").Value = x - y
    Range("A3").Value = x * y
    Range("A4").Value = x / y
End Sub

Function 円の面積(半径)

    円の面積 = 半径 * 半径 * 3.14
```

コメントを設定するには

コメントとは、先頭に「'（シングルクォーテーション）」が入力されている文字列で、緑色の文字で表示されます。コメントに設定されている部分は、コード実行時に無視されます。そのため、プロシージャーのなかに説明文を入れたり、一時的に実行したくないステートメントをコメントにしたりして利用できます。なお、行の途中に「'」を入力すれば、以降の文字列をコメントにすることができます。

コメントの文字は緑色
で表示される

コメントを作成するにはコメント
にする部分の先頭に「'」を入力する

説明文をコメントにする

行の途中からコメント
にする

一時的に実行しない行を
コメントにする

```
(General)                          表作成
Sub 表作成()

    '**********************
    '売上表の書式設定、解除
    '**********************

    With Range("A2:F7")
        If Not .Borders.LineStyle Then
            .Borders.LineStyle = xthin    '罫線が設定されていない場合
            .BorderAround xlContinuous, xlThick
    '       .Columns(1).HorizontalAlignment = xlCenter
            .Rows(1).HorizontalAlignment = xlCenter
            .Rows(1).Interior.Color = RGB(255, 153, 204)
            Range("B3:F7").Style = "Comma [0]"
        Else
            .ClearFormats               '罫線が設定されていた場合
        End If
    End With
End Sub
```

● **ツールバーを使用してコメント行を設定する**

［編集］ツールバーの［コメントブロック］ボタン（ ）を使用すると、1行または複数行を簡単にコメントにすることができます。また、［非コメントブロック］ボタン（ ）をクリックしてコメント行を解除することができます。

サンプル 2-2_002.xlsm
参照 VBAを使用してマクロを作成するには……P.85

マクロを含んだブックを開いてマクロをVBEで表示しておく

［編集］ツールバーを表示する

❶［表示］をクリック
❷［ツールバー］に合わせる
❸［編集］をクリック

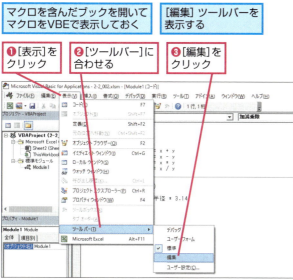

ショートカットメニューで［編集］ツールバーを表示する

ツールバー上で右クリックし、表示されるショートカットメニューの［編集］をクリックしても［編集］ツールバーを表示することができます。

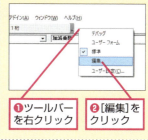

❶ツールバーを右クリック
❷［編集］をクリック

［編集］ツールバーが表示された

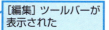

❹コメント行にしたい行を選択

❺［コメントブロック］をクリック

選択した行がコメント行に変わった

2-2 SubプロシージャーとFunctionプロシージャーとは

VBAでは、SubプロシージャーとFunctionプロシージャーを頻繁に使用します。Subプロシージャーは処理を実行するプロシージャーで、Functionプロシージャーは、処理をしたあとの結果の値を返すプロシージャーです。マクロの記録機能で作成されるプロシージャーはSubプロシージャーです。

参照▶ユーザー定義関数……P.881

● Subプロシージャーの構成

Subプロシージャーは、「Subステートメント」ではじめ、「End Subステートメント」で終了します。先頭のSubに続けて半角のスペースを入力し、「プロシージャー名()」を入力します。Subとプロシージャー名の間に半角のスペースが挿入されていないとプロシージャーとして認識されないため、注意が必要です。

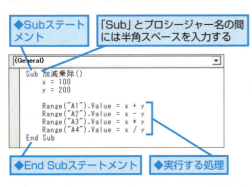

プロシージャー名のうしろの()

Subステートメントのプロシージャー名のうしろにある()は、引数を指定するためのものです。引数を必要としないプロシージャーの場合でも省略することはできません。なお、入力時に「Sub プロシージャー名」と()の入力を省略しても、Enterキーで改行したときに自動的に()が挿入され、カーソルの次の行には「End Sub」が挿入されます。

● Functionプロシージャーの構成

Functionプロシージャーは、「Functionステートメント」ではじめ、「End Functionステートメント」で終了します。Functionプロシージャーは戻り値を返します。戻り値として返す値は、プロシージャー内でプロシージャー名を変数として扱い、「プロシージャー名=戻り値」と記述します。Functionプロシージャーは戻り値を返すため、ユーザー定義関数を作成するときによく使用されます。

参照▶変数……P.147
参照▶ユーザー定義関数……P.881

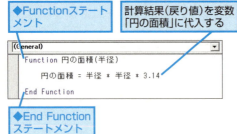
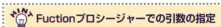

Fuctionプロシージャーでの引数の指定

使用例の「円の面積」プロシージャーは、結果を求めるのに必要な情報として引数「半径」を指定しています。このように、()内に使用する引数を指定します。なお、実際に作成する場合は、「Function 円の面積(半径 As Double) As Double」のように、戻り値や引数にデータ型を指定して記述します。データ型を指定することで値の範囲や精度を指定することができ、正確な処理が実行できます。

参照▶変数のデータ型を指定するには……P.150

プロシージャーを連携させるメリットとは

プロシージャーは単体で実行するだけでなく、ほかのプロシージャーから呼び出して実行することができます。いくつもの処理を含む1つの大きいプロシージャーを作成するより、処理ごとに1つの小さなプロシージャーを作成しておき、呼び出して実行するようにすれば、それぞれのプロシージャーが簡潔になり、メンテナンスも容易になります。また、汎用的な処理をプロシージャーとして作成すれば、複数のプロシージャーから呼び出して使用することも可能です。ここでは、Subプロシージャー間の連携を例に説明します。 **参照**■ユーザー定義関数……P.881

● すべての処理を1つのプロシージャーに記述した場合

すべての処理を1つのプロシージャーにまとめると、コードが長くなり、コードの修正作業に手間がかかることがあります。

◆実行するプロシージャー

```
Sub 売上報告書()
  ブックを選択する
  選択したブックを開く
  データ範囲を選択する
  選択範囲を元にグラフを作成する
  シートを選択する
  印刷する
End Sub
```

● プロシージャーを連携させた場合

プロシージャー内のいくつかの処理を別のプロシージャーとして独立させて、プロシージャーを呼び出して実行するようにすると、コードが短くなり、コードを修正しやすくなります。

◆実行するプロシージャー

```
Sub 売上報告書2()
  「ブックを開く」プロシージャーを呼び出す
  データ範囲を選択する
  選択範囲を元にグラフを作成する
  「印刷」プロシージャーを呼び出す
End Sub
```

◆ほかのプロシージャーから呼び出されるプロシージャー

```
Sub ブックを開く()
  ブックを選択する
  選択したブックを開く
End Sub
```

```
Sub 印刷()
  シートを選択する
  印刷する
End Sub
```

◆ほかのプロシージャーから呼び出されるプロシージャー

2-2

プロシージャー

1 マクロの基礎知識

2 VBAの基礎知識

3 プログラミングの基礎知識

4 セルの操作

5 ワークシートの操作

6 Excelファイルの操作

7 高度なファイルの操作

8 ウィンドウの操作

9 データの操作

10 印刷

11 図形の操作

12 グラフの操作

13 コントロールの使用

14 外部アプリケーションの操作

15 VBA関数

16 そのほかの操作

付録

● 親プロシージャーとサブルーチン

親プロシージャーは呼び出し元となるプロシージャーです。サブルーチンとは、親プロシージャーから呼び出されて実行されるプロシージャーで、子プロシージャーやサブプロシージャーなどと呼ばれることもあります。親プロシージャーからサブルーチンを呼び出すには、サブルーチンのプロシージャー名を記述します。サブルーチンを実行するのに引数が必要な場合は、「プロシージャー名 引数の値」と記述します。

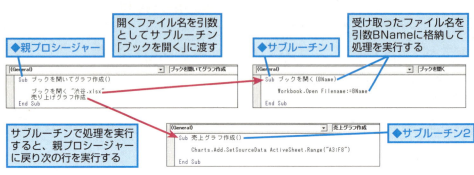

 引数を使用するときの注意

サブルーチンに引数を渡す場合、サブルーチン名のうしろに半角のスペースを入力して引数を指定してください。複数の引数を渡す場合は、引数の数を一致させてください。サブルーチンで設定している引数の数や順序が異なるとエラーになります。なお、省略可能な引数を設定することもできます。

参照▶省略可能な引数を設定するには……P.885

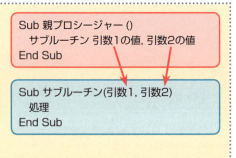

 名前付き引数で引数の値を指定する

複数の引数を指定してサブルーチンを呼び出す場合、順番どおりに引数を指定しないとエラーになりますが、サブルーチンの引数名を指定する「名前付き引数」として指定すると、順番が入れ替わってもエラーになりません。

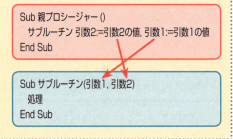

 Callステートメントを使ってサブルーチンを明示的に呼び出す

サブルーチンの呼び出しは、サブルーチン名を記述するだけでできますが、Callステートメントを使用して「Call サブルーチン名」と記述すると明示的にサブルーチンを呼び出すことができます。なお、Callステートメントを使用する場合は、「Call サブルーチン名(引数1, 引数2)」のように引数を（）で囲みます。

参照▶ほかのブックのプロシージャーを呼び出す……P.101

● ほかのブックのプロシージャーを呼び出す

ほかのブックに保存されているプロシージャーを呼び出して連携させるには、「参照設定」を行います。参照設定ではあらかじめ、呼び出したいプロシージャーがあるブック（参照先のブック）でプロジェクト名を設定し、そのプロジェクト名を呼び出す側のブック（参照元のブック）で指定します。　　　　サンプル🗎店舗別売上表.xlsm　　サンプル🗎汎用Macroブック.xlsm

プロジェクト名を設定する

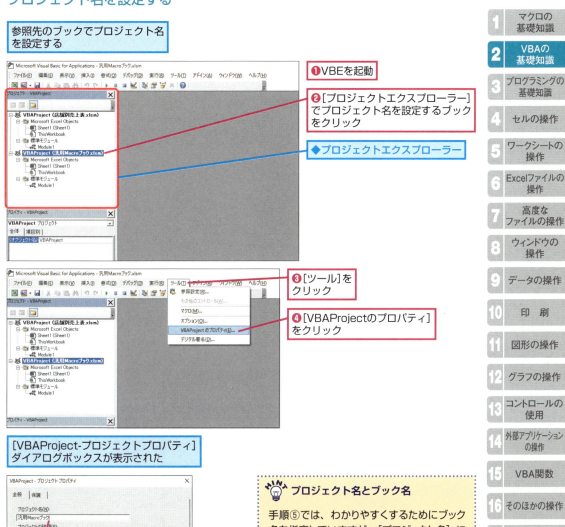

プロジェクト名とブック名

手順⑤では、わかりやすくするためにブック名を指定していますが、[プロジェクト名]にはブック名以外の名前を設定することもできます。

2-2 プロシージャー

参照設定を行う

ほかのブックにあるプロシージャーを呼び出すため、参照設定をする

プロジェクト名を設定した参照先のブック

❶[プロジェクトエクスプローラー]で参照元のブックをクリック

> **HINT 参照先ブックの保存場所は変更しない**
>
> 参照設定を行うと、参照元ブックを開くと同時に参照先ブックも開かれます。このため、参照設定を行ったあとは呼び出し先ブックを別の場所に移動しないでください。別の場所に移動すると参照先ブックを開くことができなくなり、プロシージャーを呼び出せなくなります。なお、参照元ブックが開いている間は参照先ブックを閉じることができません。

❷[ツール]をクリック

❸[参照設定]をクリック

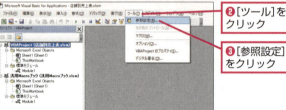

[参照設定-VBAProject]ダイアログボックスが表示された

参照先のブックに設定したプロジェクト名が一覧のなかに表示される

❹参照先のブックのプロジェクト名にチェックマークを付ける

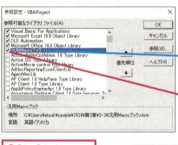

❺[OK]をクリック

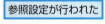

参照設定が行われた

参照先に、呼び出したいプロシージャーのあるブックが表示された

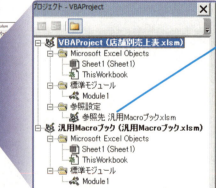

参照設定により、参照先のブックにあるプロシージャーを呼び出せる

同じブックにあるプロシージャーと同様に、「Call」ステートメントを使う

❻「Call」のうしろに半角スペースを空けて、プロシージャー名を入力

HINT Callステートメントは省略しないほうがよい

参照設定がされている場合は、プロシージャー名を記述するだけで、ほかのブックにあるプロシージャーを呼び出すことができます。しかし、Callステートメントを使用すれば、プロシージャーの呼び出しであることが明確になります。コードをわかりやすくするために、Callステートメントは省略しないほうがいいでしょう。

HINT 参照設定をしないでほかのブックのプロシージャーを呼び出すには（Runメソッド）

Runメソッドを使用すると、参照設定をしないでほかのブックのプロシージャーを呼び出すことができます。たとえば、Cドライブの［dekiru］フォルダーにある、ブック［MBook］の［Test］プロシージャーを呼び出すには右の図のように記述します。ドライブ名から指定すると、ブックが閉じている場合は自動的に開いて実行します。ブックが開いているか、カレントフォルダー（実行対象となる、現在選択されているフォルダー）に保存されている場合は、ファイル名以降を指定するだけでよく、ドライブ名から指定する必要はありません。

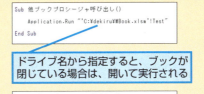

ドライブ名から指定すると、ブックが閉じている場合は、開いて実行される

ブックが開いているか、ブックがカレントフォルダーにある場合は、パスは省略できる

参照渡しと値渡し

サブルーチンが親プロシージャーから変数の値を引数として受け取る場合、引数の受け取り方には「参照渡し」と「値渡し」の2種類があります。「参照渡し」は親プロシージャーの変数の値を変更できる状態で受け取ります。「値渡し」はサブルーチンが変数のコピーを受け取るため、親プロシージャーの変数の値は変更できません。

参照▶変数……P.147

参照渡し

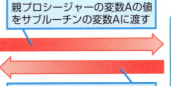
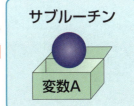

親プロシージャーの変数Aの値をサブルーチンの変数Aに渡す

サブルーチンで変更した変数Aの値が親プロシージャーの変数Aに戻される

値渡し

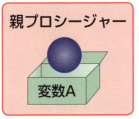
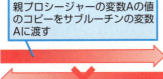

親プロシージャーの変数Aの値のコピーをサブルーチンの変数Aに渡す

サブルーチンで変更した変数Aの値は親プロシージャーの変数Aに戻されない

2-2 プロシージャー

● 参照渡し

参照渡しは、親プロシージャーの変数の値を書き換えられる状態でサブルーチンが受け取ります。サブルーチンで処理した結果、受け取ったときと異なる値が変数に格納された場合、サブルーチンの実行後に親プロシージャーの変数の値が書き変えられます。参照渡しにするには、サブルーチンで「ByRef」キーワードを付けるか、省略します。

サンプル：2-2_003.xlsm

```
1  Sub 処理1()
2      Dim rText As String
3      rText = "できる大事典"
4      参照渡しサブルーチン rText
5      MsgBox rText
6  End Sub
```

1 「処理1」というマクロを記述する
2 変数rTextを文字型で宣言する
3 変数rTextに「できる大事典」を代入する
4 「参照渡しサブルーチン」プロシージャーを、変数rTextを引数にして呼び出す
5 変数rTextの値をメッセージ表示する
6 マクロの記述を終了する

```
1  Sub 参照渡しサブルーチン(ByRef r As String)
2      r = "参照渡し"
3  End Sub
```

1 参照渡しで引数rを文字型で宣言して「参照渡しサブルーチン」というマクロを記述する
2 変数rに「参照渡し」を代入する
3 マクロの記述を終了する

「処理1」マクロを実行する

参照渡しであるため、親プロシージャーの変数rTextの値が「参照渡し」に書き変わった

● **値渡し**

値渡しは、変数のコピーをサブルーチンが受け取ります。サブルーチンで処理した結果、変数を受け取ったときと異なる値が格納されたとしても、親プロシージャーの変数の値には影響がありません。値渡しにするには、サブルーチンで「ByVal」キーワードを付けて引数を宣言します。

サンプル 2-2_003.xlsm

```
1  Sub 処理2()
2      Dim vText As String
3      vText = "できる大事典"
4      値渡しサブルーチン vText
5      MsgBox vText
6  End Sub
```

1 「処理2」というマクロを記述する
2 変数vTextを文字列型で宣言する
3 変数vTextに「できる大事典」を代入する
4 「値渡しサブルーチン」プロシージャーを、変数vTextを引数にして呼び出す
5 変数vTextの値をメッセージ表示する
6 マクロの記述を終了する

```
1  Sub 値渡しサブルーチン(ByVal v As String)
2      v = "値渡し"
3  End Sub
```

1 値渡しで引数vを文字列型で宣言して「値渡しサブルーチン」というマクロを記述する
2 変数vに「値渡し」を代入する
3 マクロの記述を終了する

「処理2」マクロを実行する

値渡しであるため、親プロシージャーの変数vTextの値が「できる大事典」のまま書き変わらない

省略できる引数や、数が可変な引数を指定する

引数を指定する際には、Optionalキーワードを使うと省略可能な引数として、またParamArrayキーワードを使うと数が可変な引数として指定できます。

参照▶省略可能な引数を設定するには……P.885
参照▶データ個数が不定の引数を設定するには……P.887

2-3 イベントプロシージャー

イベントプロシージャー

VBAでは、ある操作をきっかけとして自動的に実行されるプロシージャーのことを「イベントプロシージャー」といいます。自動実行のきっかけとなる操作のことを「イベント」といい、イベントは「ブックを開いたとき」、「ブックを印刷しようとしたとき」、「ボタンをクリックしたとき」などといった操作があったときに発生します。イベントは、ワークシートやブック、ユーザーフォームなどのActiveXコントロールなどのオブジェクトに対して発生します。イベントを利用して特定の処理を実行したい場合には、イベントプロシージャーを作成します。

参照▶コントロールの使用……P.689

ブックを開いた

ボタンをクリックした

↓ イベント発生（Open イベント）

↓ イベント発生（Click イベント）

ブックを開いた日時のメッセージを表示する

フォームの内容をワークシートに書き出す

イベントプロシージャーの作成場所

イベントプロシージャーは、ブック、ワークシート、ユーザーフォームなどの、イベントが発生する対象となるオブジェクトモジュールに記述します。

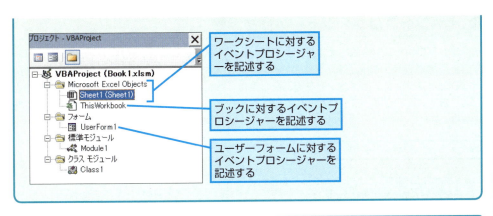

イベントプロシージャーを作成するには

イベントプロシージャーは、イベントの対象となるオブジェクトのコードウィンドウに記述します。たとえば、ブックに対するイベントプロシージャーはThisWorkbookモジュールのコードウィンドウに記述します。また、イベントプロシージャーの名前は、対象となるオブジェクト名とイベントを組み合わせて「オブジェクト名_イベント名」とします。ユーザーが自由に付けることはできません。

● イベントプロシージャーの構造

イベントプロシージャーは次のような構造になっています。ここでは、コードウィンドウ上でのイベントプロシージャーの構造を確認します。

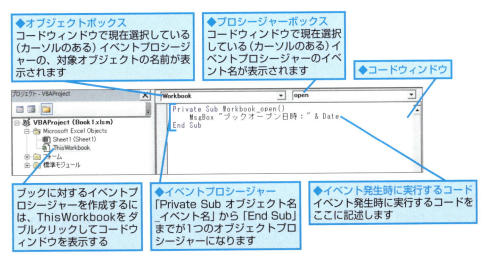

モジュールとは

モジュールとは、プロシージャーを記述するためのシートです。ブックやワークシートのイベントプロシージャーは、[Microsoft Excel Objects]のなかのそれぞれのオブジェクトに対応したモジュールに作成し、ユーザーフォームのイベントプロシージャーは、[フォーム]のなかのモジュールに作成します。なお、マクロ記録で作成されるプロシージャーは、[標準モジュール]のなかのモジュールに作成されます。

2-3 イベントプロシージャー

● イベントプロシージャーの作成手順

イベントプロシージャーは、オブジェクトモジュールに作成します。通常のプロシージャーを作成する標準モジュールとは異なるので、注意してください。オブジェクトモジュールでは、選択したオブジェクトとイベントを組み合わせたイベントプロシージャーを作成し、処理を記述します。ここでは、ブックが閉じる前に実行されるイベントプロシージャーの作成手順を説明します。

サンプル 2-3_001.xlsm

◆イベントプロシージャーの構文

```
Private Sub オブジェクト名_イベント名(引数)
    イベント発生時に実行する処理
End Sub
```

ここでは例として、ブックを閉じる前に実行するマクロを作成する

イベントプロシージャーを作成するブックを開き、VBEを起動しておく

参照▶ VBAを使用してマクロを作成するには……P.85

イベントプロシージャーを作成するオブジェクトモジュールを選択する

❶[ThisWorkbook]をダブルクリック

◆オブジェクトボックス

◆プロシージャーボックス

オブジェクトのコードウィンドウが表示された

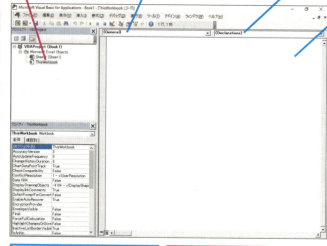

[オブジェクトボックス]で対象となるオブジェクトを選択する

❷▼をクリックして[Workbook]を選択

HINT Privateキーワードの意味

イベントプロシージャーの「Sub」の前に「Private」キーワードが付加されます。このキーワードが付いたプロシージャーは、そのプロシージャーが保存されているモジュールのみで有効で、ほかのモジュールから呼び出すことはできません。

自動的に「Workbook_Open」イベントプロシージャーが作成される

不要であれば、「Workbook_Open」イベントプロシージャーは削除してもよい

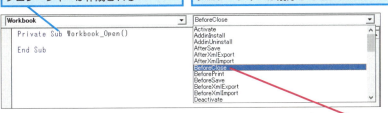

[プロシージャーボックス]でイベントを選択する

❸ ▼ をクリックして[BeforeClose]を選択

選択したオブジェクトとイベントを組み合わせたイベントプロシージャーが作成される

❹ イベント発生時に実行する処理を記述

ここでは、「ブックを上書き保存する」というコードを記述する

Excelに切り替えてブックを表示する

❺ [ウィンドウを閉じる]をクリック

自動的にブックが上書き保存されて閉じる

「Me」の意味

「Me」とは、処理対象となっているオブジェクトであるワークブック自身を意味しています。

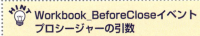 Workbook_BeforeCloseイベントプロシージャーの引数

Workbook_BeforeCloseイベントプロシージャーを作成すると、自動的にブール型の引数Cancelが設定されます。このCancelにTrueを設定すると、イベントを取り消すという動作をし、この場合はブックを閉じる処理を取り消します。そのために、条件によってブックを閉じる処理をやめさせたい場合に引数のCancelを使用します。

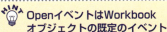 OpenイベントはWorkbookオブジェクトの既定のイベント

オブジェクトボックスで[Workbook]を選択すると自動的に[Open]が選択され、Workbook_Openイベントプロシージャーが作成されます。これは、Workbookオブジェクトの既定のイベントがOpen（開くとき）であるためです。このイベントで実行する処理がないのであれば、「Private Sub」から「End Sub」までを選択し、Deleteキーで削除しておきましょう。

参照 イベントプロシージャーの引数の使い方……P.115

ワークシートのイベントの種類

ワークシートのイベントプロシージャーは、処理を実行したいワークシートのオブジェクトモジュールのコードウィンドウで目的のイベントを選択して作成します。

ワークシートのイベントの種類

イベントの種類	発生するタイミング
Activate	シートがアクティブになったとき
BeforeDoubleClick	シートをダブルクリックしたとき
BeforeRightClick	シートを右クリックしたとき
Calculate	シートが再計算されたとき
Change	シートのセルの値が変更されたとき
Deactivate	シートがアクティブでなくなったとき
FollowHyperlink	シート上のハイパーリンクをクリックしたとき
PivotTableUpdate	シート上のピボットテーブルが更新されたとき
SelectionChange	シートで選択範囲が変更されたとき

> **HINT ワークシートのイベントプロシージャーの記述場所**
>
> ワークシートのイベントプロシージャーを記述するときは、処理を実行したいワークシートのコードウィンドウを表示します。例えば次の例のように[週報]シートで処理を実行したい場合は、プロジェクトエクスプローラーで[週報]をダブルクリックして[週報]シートのコードウィンドウを表示します。

● シートがアクティブになったときに処理を実行する

指定したシートがアクティブになったときに処理を実行するには、「Worksheet_Activate」イベントプロシージャーを作成します。ここでは、[週報]シートがアクティブになったときに、今日の日付が入力されている行のセルを選択するイベントプロシージャーの例を示します。該当するセルがない場合にはメッセージを表示します。

サンプル 2-3_002.xlsm

```
1  Private Sub Worksheet_Activate()
2      Dim myRange As Range
3      Set myRange = Range("A3:A7").Find(Date)
4      If myRange Is Nothing Then
5          MsgBox "日付を修正してください"
6      Else
7          myRange.Offset(0, 2).Select
7      End If
8      Set myRange = Nothing
9  End Sub
```

1 「シートがアクティブになったとき」に実行するマクロを記述する
2 Range型の変数myRangeを宣言する
3 セル範囲A3〜A7で今日の日付が入力されているセルを検索し、見つかったセルを変数myRangeに格納する
4 変数myRangeがなにもない場合は(Ifステートメントの開始)
5 「日付を修正してください」とメッセージを表示する
6 そうでない場合は、変数myRangeのセルの2つ右のセルを選択する
7 Ifステートメントを終了する
8 変数myRangeを解放する
9 マクロの記述を終了する

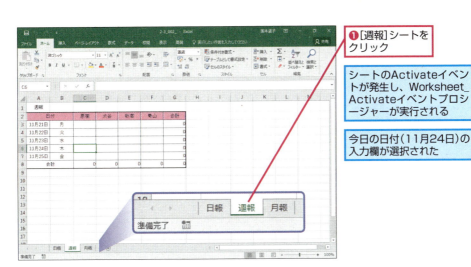

ブックのイベントの種類

ブックのイベントの種類には次のようなものがあります。ブックのイベントプロシージャーは、ThisWorkbookモジュールのコードウィンドウで目的のイベントを選択して作成します。

ブックのイベントの種類

イベントの種類	発生するタイミング
Activate	ブックがアクティブになったとき
AddinInstall	ブックがアドインとして組み込まれたとき
AddinUninstall	ブックのアドインとして組み込みが解除されたとき
AfterXmlExport	XML をエクスポートしたあと
AfterXmlImport	XML をインポートしたあと
BeforeClose	ブックを閉じる操作をしたとき
BeforePrint	ブックを印刷する操作をしたとき
BeforeSave	ブックを保存する操作をしたとき
BeforeXmlExport	XML をエクスポートする前
BeforeXmlImport	XML をインポートする前
Deactivate	ブックがアクティブでなくなったとき
NewSheet	新しいシートをブックに作成したとき
Open	ブックを開いたとき
PivotTableCloseConnection	ピボットテーブルレポートへの接続が閉じたとき
PivotTableOpenConnection	ピボットテーブルレポートへの接続が開いたとき
RowsetComplete	OLAP ピボットテーブルで行セットアクションを起動するか、レコードセットを詳細表示したとき
SheetActivate	ブック内のシートがアクティブになったとき
SheetBeforeDoubleClick	ブック内のシート上でダブルクリックしたとき
SheetBeforeRightClick	ブック内のシート上で右クリックしたとき
SheetCalculate	ブック内のシートで再計算されたとき

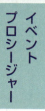

イベントの種類	発生するタイミング
SheetChange	ブック内のワークシートのセルが変更されたとき
SheetDeactivate	ブック内のシートがアクティブでなくなったとき
SheetFollowHyperlink	ブック内のシート上にあるハイパーリンクをクリックしたとき
SheetPivotTableUpdate	ブック内のピボットテーブルレポートが更新されたとき
SheetSelectionChange	ブック内のワークシートで選択範囲を変更したとき
Sync	ブックがサーバー上のブックと同期されたとき
WindowActivate	ブックウィンドウがアクティブになったとき
WindowDeactivate	ブックウィンドウがアクティブでなくなったとき
WindowResize	ブックウィンドウの大きさが変更になったとき

HINT ブックとワークシートで共通のイベント

ブックのSheetActivateイベントとワークシートのActivateイベントのように、イベントのなかにはブックとワークシートの両方に共通のものがあります。ブックのイベントは、ブック内の全シートを処理の対象とするのに対し、ワークシートのイベントは個々のワークシートが処理の対象になります。全シートで共通して実行したい場合は、ブックのイベント、1つのワークシートでのみ実行したい場合はワークシートのイベントを使用します。なお、両方使用した場合は、シートのイベントプロシージャー、ブックのイベントプロシージャーの順で実行されます。

● ブックを開いたときに処理を実行する

ブックが開いたときに処理を実行するには、「Workbook_Open」イベントプロシージャーを作成します。ここでは、ブックを開いたときに［日報］シートがアクティブになり、セルB1に今日の日付、セルB2にユーザー名を入力するイベントプロシージャーの例を示します。

サンプル 2-3_003.xlsm

```
1  Private Sub Workbook_Open()
2      Worksheets("日報").Activate
3      Range("B1").Value = Date
4      Range("B2").Value = Application.UserName
5  End Sub
```

1 「ブックが開いたとき」に実行するマクロを記述する
2 ［日報］シートをアクティブにする
3 セルB1に今日の日付を入力する
4 セルB2にExcelのユーザー名を入力する
5 マクロの記述を終了する

HINT ブックのイベントプロシージャーの記述場所

ブックのイベントプロシージャーは、ブックのコードウィンドウに記述します。プロジェクトエクスプローラーで［ThisWorkbook］をダブルクリックして［ThisWorkbook］のコードウィンドウを表示します。

ブックを上書き保存していったん閉じ、再度開く

ブックのOpenイベントが発生し、Workbook_Openイベントプロシージャーが実行される

[日報]シートのセルB1に今日の日付、セルB2にユーザー名が表示された

2-3

イベントプロシージャー

1 マクロの基礎知識

2 VBAの基礎知識

3 プログラミングの基礎知識

4 セルの操作

5 ワークシートの操作

6 Excelファイルの操作

7 高度なファイルの操作

8 ウィンドウの操作

9 データの操作

10 印刷

11 図形の操作

12 グラフの操作

13 コントロールの使用

14 外部アプリケーションの操作

15 VBA関数

16 そのほかの操作

付録

💡HINT

「Workbook_Open」を無効にしてブックを開くには

マクロが有効の状態でブックを開くと、同時に「Workbook_Open」イベントプロシージャーが実行されますが、ブックを開くときに Shift キーを押しながらブックを開くと「Workbook_

Open」イベントプロシージャーは無効となり実行されません。

📖参照 マクロを含むブックの管理……P.67

自動実行マクロ　◀◀◀

「Workbook_Open」イベントプロシージャーは、ブックを開いたときに自動実行されるプロシージャーですが、手動でブックを開くときに加えて、Openメソッドを使ってブックを開くときにも実行されます。また、標準モジュールに「Auto_Open」という名前でSubプロシージャーを作成すると、ブックを手動で開くときに「Auto_Open」プロシージャーが自動実行されます。「Auto_Open」プロシージャーは、Excel 5.0/97で使用されていた自動実行マクロですが、Excel 2000以降でも利用できます。ブックを手動で開いたときだけ処理を実行したい場合は、「Auto_Open」を利用するといい

でしょう。なお、「Auto_Open」をプログラムから実行するには、WorkbookオブジェクトのRunAutoMacrosメソッドで引数にxlAutoOpenを指定するか、Application.Runメソッドを使用します。「Workbook_Open」と「Auto_Open」の両方を作成した場合は、「Workbook_Open」、「Auto_Open」の順に実行されます。なお、ブックを閉じる前に自動実行するプロシージャーには、「Workbook_BeforeClose」イベントプロシージャーと、標準モジュールに作成する「Auto_Close」プロシージャーがあります。

113
できる

2-3 イベントプロシージャー

● ブックにシートを追加したときに処理を実行する

ブックに新規シートを追加したときに処理を実行するには、「Workbook_NewSheet」イベントプロシージャーを作成します。ここでは新規シートを追加したときに、そのシートを右端に移動してシート名をユーザーが指定した名前に設定するイベントプロシージャーを作成します。「Workbook_NewSheet」イベントプロシージャーでは追加した新規シートが引数「Sh」に格納されるので、この引数をプロシージャーのなかで使います。

サンプル 2-3_004.xlsm

```
1  Private Sub Workbook_NewSheet(ByVal Sh As Object)
2      Dim sName As String
3      On Error Resume Next
4      Sh.Move after:=Sheets(Sheets.Count)
5      sName = InputBox("シート名を指定してください")
6      Sh.Name = sName
7  End Sub
```

1 「ブックに新規シートを追加したとき」に実行するマクロを記述する
2 文字列型の変数sNameを宣言する
3 エラーが発生してもそのまま次のステートメントを実行する
4 追加したシートを右端に移動する
5 変数sNameにインプットボックスに入力された文字列を格納する
6 追加したシートのシート名を変数sNameに格納された文字列に設定する
7 マクロの記述を終了する

新規シートを追加する → ブックのNewSheetイベントが発生し、Workbook_NewSheetイベントプロシージャーが実行される → 新規シートが右端に追加される

インプットダイアログボックスが表示される
❶「11月24日」と入力
❷[OK]をクリック

追加したシートのシート名が指定した名前に設定された

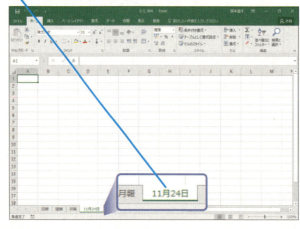

> **HINT**
> **On Error Resume Nextの意味**
>
> On Error Resume Nextステートメントは、プロシージャー実行中にエラーが発生した場合に、エラーを無視して次の行を実行するように設定するエラー処理用のステートメントです。ここでは、不正なシート名を指定したり、同名シートを指定したりするとエラーが発生するため、エラーが発生してもそれを無視して処理を続行させます。この場合、シート名は既定の名前になります。
>
> 参照▶On Error Resume Nextステートメント……P.213

イベントプロシージャーの引数の使い方

イベントプロシージャーには、引数を持つものが多数あります。前ページでは、「Workbook_NewSheet」イベントプロシージャーの引数「Sh」を使いました。また、「Workbook_SheetActivate」イベントプロシージャーも同様に引数「Sh」を持ち、アクティブになったシートが自動的に格納されます。イベントプロシージャーごとの引数の使用方法はヘルプで調べることができます。ここでは主なイベントプロシージャーを例に引数の使い方を紹介します。

● ワークシート内のセルの内容が変更されたときに処理を実行する

ワークシート内でセルの内容が変更されたときに処理を実行するには「Worksheet_Change」イベントプロシージャーを作成します。引数にRange型のオブジェクト変数Targetを持ち、変数Targetには変更のあったセルが格納されます。この変数Targetを使って、変更のあったセルについて処理を記述することができます。この例では、内容が変更されたセル（Target）にコメントを追加します。 サンプル 2-3_005.xlsm

```
1  Private Sub Worksheet_Change(ByVal Target As Range)
2      If Target.Value <> "" Then
3          Target.AddComment Date & Chr(10) & Application.UserName
4      End If
5  End Sub
```

1 「シート内のセルの内容が変更されたとき」に実行するマクロを記述する
2 変更されたセルの値が空白でない場合(Ifステートメントの開始)
3 変更されたセルに日付とユーザー名を表示するコメントを挿入する
4 Ifステートメントを終了する
5 マクロの記述を終了する

● ブックを閉じる前に処理を実行する

ブックを閉じる前に処理を実行するには「Workbook_BeforeClose」イベントプロシージャーを作成します。引数にBoolean型の変数Cancelを持ち、Trueの場合はブックを閉じる操作を取り消し、False（既定値）の場合は、そのままブックを閉じます。引数Cancelを使って、そのままブックを閉じるか、閉じるのをやめるかといった処理が記述できます。この例では、ブックを閉じる前にブックが保存済みかどうか確認し、保存されていない場合はブックを閉じる操作を取りやめます。 サンプル 2-3_006.xlsm

```
1  Private Sub Workbook_BeforeClose(Cancel As Boolean)
2      If Me.Saved = False Then
3          MsgBox "ブックが保存されていません"
4          Cancel = True
5      End If
6  End Sub
```

1 「ブックを閉じる前」に実行するマクロを記述する
2 このブックが保存されていない場合は(Ifステートメントの開始)
3 「ブックが保存されていません」とメッセージを表示する
4 CancelにTrueを代入し、ブックを閉じる処理を取り消す
5 Ifステートメントを終了する
6 マクロの記述を終了する

2-3
イベントプロシージャー

1 マクロの基礎知識
2 VBAの基礎知識
3 プログラミングの基礎知識
4 セルの操作
5 ワークシートの操作
6 Excelファイルの操作
7 高度なファイルの操作
8 ウィンドウの操作
9 データの操作
10 印刷
11 図形の操作
12 グラフの操作
13 コントロールの使用
14 外部アプリケーションの操作
15 VBA関数
16 そのほかの操作
付録

115
できる

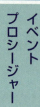

イベントを発生させなくするには

イベントはユーザーの操作だけでなく、プロシージャー内の処理によっても発生します。プロシージャー実行中にイベントが発生しないようにしたい場合は、ApplicationオブジェクトのEnableEventsプロパティにFalseを代入します。

● シート上の［印刷］ボタンをクリックしたときだけ印刷を実行する

シート上に配置した［印刷］ボタンをクリックしたときだけ印刷が実行できるようにするには、まず「Workbook_BeforePrint」イベントプロシージャーで印刷を取り消す処理を記述します。そして、［印刷］ボタンをクリックしたときに実行するマクロで、EnableEventsプロパティにFalseを設定することで、限定的にBeforePrintイベントの発生を止めます。これで［印刷］ボタンをクリックした場合に限って印刷を実行させることができます。　サンプル 2-3_007.xlsm

［ファイル］タブの［印刷］（Excel 2007では、［Officeボタン］-［印刷］）をクリックしても、メッセージが表示され印刷を実行できない

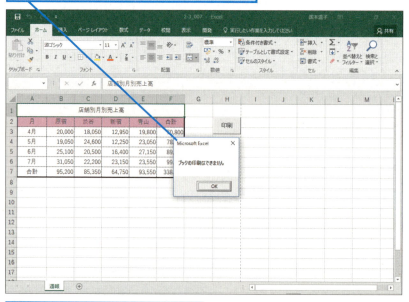

印刷を実行するとBeforePrintイベントに記述されているマクロが実行される

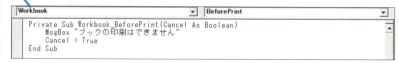

```
1  Private Sub Workbook_BeforePrint(Cancel As Boolean)
2      MsgBox "ブックの印刷はできません"
3      Cancel = True
4  End Sub
```

1	「ブックを印刷する操作をしたとき」に実行するマクロを記述する
2	「ブックの印刷はできません」というメッセージを表示する
3	CancelにTrueを代入し、ブックを印刷する処理を取り消す
4	マクロの記述を終了する

シート上にある［印刷］ボタンをクリックしたときだけ印刷を実行できるようにしたい

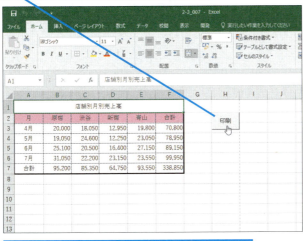

イベント発生を停止したら、必ずイベント発生停止を解除する

ApplicationオブジェクトのEnableEventsプロパティは、Falseに設定するとイベントの発生が停止されますが、そのあとのすべてのイベント発生が停止になり、ほかのイベントプロシージャーが実行できなくなります。イベント発生を停止した状態で実行する処理のあとには必ず、EnableEventsプロパティにTrueを代入して、イベント発生停止を解除してください。

［印刷］ボタンに登録するマクロを次のようにすれば、イベントは発生せず印刷ができるようになる

イベントの発生を一時的に中止する

```
Sub 印刷実行()
    Application.EnableEvents = False
    ActiveSheet.PrintOut
    Application.EnableEvents = True
End Sub
```

```
1  Sub 印刷実行()
2      Application.EnableEvents = False
3      ActiveSheet.PrintOut
4      Application.EnableEvents = True
5  End Sub
```

1	「印刷実行」マクロを記述する
2	イベント発生を停止する
3	アクティブシートを印刷する
4	イベント発生停止を解除する
5	マクロの記述を終了する

2-4 Visual Basic Editorの基礎

VBEとは

VBEとは「Visual Basic Editor」のことで、VBAを使ってプログラミングするためのアプリケーションです。VBEはExcelに付属しているアプリケーションで、Excelが起動中にのみ起動して利用することができます。VBEには、効率的にプログラミングするための数多くの機能があり、プログラミング初心者でも利用しやすくなっています。また、用語や文法などわからないことはVisual Basicのヘルプを利用して調べることができます。

▶VBEの画面構成

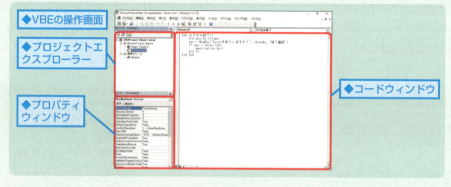

◆VBEの操作画面
◆プロジェクトエクスプローラー
◆プロパティウィンドウ
◆コードウィンドウ

▶Visual Basicのヘルプ

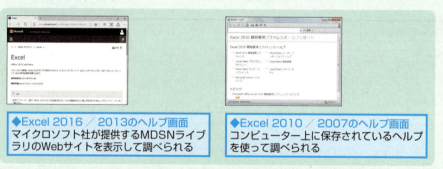

◆Excel 2016／2013のヘルプ画面
マイクロソフト社が提供するMDSNライブラリのWebサイトを表示して調べられる

◆Excel 2010／2007のヘルプ画面
コンピューター上に保存されているヘルプを使って調べられる

VBEを起動するには

VBAを使ってプロシージャーを作成したり、マクロの記録機能で作成したマクロを確認したりするには、VBEを起動します。

❶[開発]タブ-[コード]グループ-[Visual Basic]をクリック

参照▶ [開発]タブを表示するには……P.40

Visual Basic Editorが
起動した

[開発] タブが表示されていない場合

[開発] タブが表示されていない場合は、[ファイル] タブの [オプション] をクリックして表示される [Excelのオプション] ダイアログボックスの [リボンのユーザー設定] で [開発] にチェックマークを付けます。Excel 2007では、[Officeボタン] - [Excelのオプション] ボタンをクリックして [Excelのオプション] ダイアログボックスを表示し、[基本設定] で、[[開発] タブをリボンに表示する] にチェックマークを付けます。

参照▶[開発] タブを表示するには……P.40

VBEの画面構成

VBEでは複数のウィンドウを表示して作業を行います。基本的なウィンドウには、[プロジェクトエクスプローラー] や [プロパティウィンドウ]、[コードウィンドウ] があり、以下のように表示されます。ここでは、これらのウィンドウの使い方を確認しましょう。

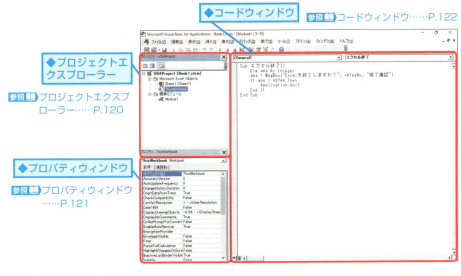

◆コードウィンドウ　参照▶コードウィンドウ……P.122
◆プロジェクトエクスプローラー　参照▶プロジェクトエクスプローラー……P.120
◆プロパティウィンドウ　参照▶プロパティウィンドウ……P.121

VBEで表示されるウィンドウ

VBEで表示されるウィンドウには、使用可能なオブジェクトやメソッド、定数などを一覧表示する [オブジェクトブラウザー]、コードの検証時に利用する [イミディエイトウィンドウ]、変数や式などの値を表示する [ウォッチウィンドウ] や [ローカルウィンドウ] などがあります。それぞれ、必要に応じて表示と非表示を切り替えながら作業ができます。

参照▶オブジェクトブラウザーを表示する……P.160
参照▶イミディエイトウィンドウ……P.230
参照▶ローカルウィンドウ……P.228
参照▶ウォッチウィンドウ……P.226

2-4 ● プロジェクトエクスプローラー

ショートカットキー Ctrl + R

VBEでは、ブックに含まれるすべてのモジュールやそれに関連する項目を「プロジェクト」として管理しています。「プロジェクトエクスプローラー」には、プロジェクトとプロジェクトに格納されているモジュールなどの項目が階層構造で表示されています。通常、VBEの左上に表示されていますが、表示されていない場合は、［表示］メニューの［プロジェクトエクスプローラー］をクリックして表示します。

プロジェクトエクスプローラーにはプロジェクト名やオブジェクトが表示される

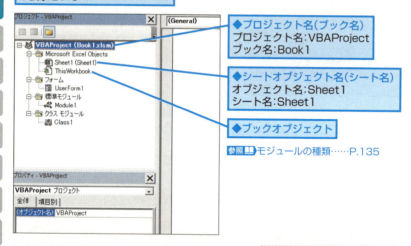

◆プロジェクト名（ブック名）
プロジェクト名：VBAProject
ブック名：Book1

◆シートオブジェクト名（シート名）
オブジェクト名：Sheet1
シート名：Sheet1

◆ブックオブジェクト

参照 モジュールの種類……P.135

HINT プロジェクト名

ブックのプロジェクト名は、既定で「VBAProject」ですが、わかりやすい名前に変更することも可能です。変更するには、［ツール］メニューの［VBAProjectのプロパティ］をクリックして、［プロジェクトプロパティ］ダイアログボックスを表示します。続いて［全般］タブの［プロジェクト名］で新しい名前を入力し、［OK］ボタンをクリックします。別ブックにあるプロジェクトの参照設定を行う場合に変更することがあります。

参照 ほかのブックのプロシージャを呼び出す……P.101

HINT フォーム

フォームは、ユーザーと対話するためのオリジナルのダイアログボックスを作成するときに使用します。

参照 ユーザーフォームの作成……P.690

HINT ボタンを使ってプロジェクトエクスプローラーを表示するには

［標準］ツールバーの［プロジェクトエクスプローラー］ボタン（ ）をクリックしても、プロジェクトエクスプローラーを表示することができます。

プロジェクトエクスプローラーの操作ボタン

ボタン	ボタン名	機能
	コードの表示	プロジェクトエクスプローラーで選択されているモジュールのコードウィンドウを表示する
	オブジェクトの表示	プロジェクトエクスプローラーで選択されているモジュールのオブジェクトを表示する。［標準モジュール］や［クラスモジュール］では使用できない
	フォルダーの切り替え	プロジェクトエクスプローラーの項目の表示方法を変更する。オン（既定値）のときには［Micorsoft Excel Objects］［標準モジュール］などモジュールの分類ごとに表示される。オフのときには項目が昇順に表示される

● プロパティウィンドウ

ショートカットキー　F4

「プロパティウィンドウ」には、プロジェクトエクスプローラーで選択されているモジュールや、ユーザーフォーム上で選択されているコントロールなどのオブジェクトのプロパティの一覧が表示されます。ここで、VBAで使用するオブジェクト名の指定など、プロパティの初期設定ができます。プロパティウィンドウは通常VBE画面の左下に表示されますが、表示されていない場合は［表示］メニューの［プロパティウィンドウ］をクリックします。

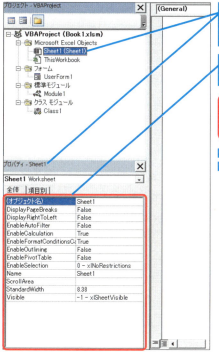

プロパティウィンドウには、選択しているオブジェクトのプロパティ一覧が表示される

プロパティの値を入力することでオブジェクトの設定を変更できる

注意 プロパティの内容がわからない場合は、ヘルプで調べることができます。あらかじめ確認してから変更するようにしましょう

参照▶ ヘルプを利用するには……P.131
参照▶ ユーザーフォームの作成……P.690

> **HINT**
> **オブジェクト名とは**
> オブジェクト名は、VBAでユーザーフォームやコントロールなどのオブジェクトを扱う場合に使用する名前です。オブジェクト名は必要に応じて変更することが可能です。

> **HINT**
> **ボタンを使ってプロパティウィンドウを表示するには**
> ［標準］ツールバーの［プロパティウィンドウ］ボタン（ 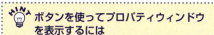 ）をクリックしても、プロパティウィンドウを表示することができます。

プロパティウィンドウの表示を切り替える

◆全体表示

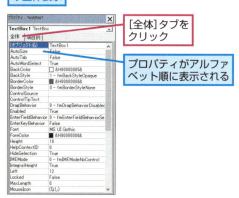

［全体］タブをクリック

プロパティがアルファベット順に表示される

◆項目別表示

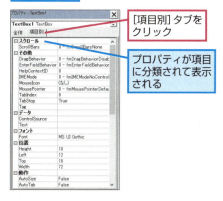

［項目別］タブをクリック

プロパティが項目に分類されて表示される

2-4 Visual Basic Editorの基礎

● コードウィンドウ　　　　　　　　　　　　　　ショートカットキー　F7

「コードウィンドウ」は、プロシージャーを記述するためのウィンドウで、モジュール単位で用意されています。コードウィンドウのプロシージャーボックスには、現在選択されている（カーソルのある）標準モジュールのプロシージャー名が表示されます。コードウィンドウを表示するには、プロジェクトエクスプローラーで表示したいモジュールをダブルクリックするか、モジュールを選択し、［コードの表示］ボタン（ ■ ）をクリックします。

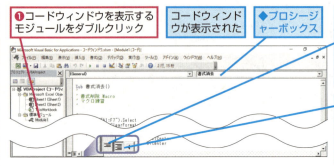

❶コードウィンドウを表示するモジュールをダブルクリック

コードウィンドウが表示された

◆プロシージャーボックス

◆［モジュール全体を連続表示］ボタン
コードウィンドウに記述されているすべてのマクロ（プロシージャー）を表示する

◆［プロシージャーの表示］ボタン
選択しているマクロ（プロシージャー）のみ表示する

HINT ［標準モジュール］が表示されていないときは

Excelを起動した直後のVBEでは、［標準モジュール］は作成されていませんが、マクロの記録機能でマクロを作成すると自動的に［標準モジュール］が作成されます。また、［挿入］メニューの［標準モジュール］をクリックすると［標準モジュール］が作成され、Moduleオブジェクトが表示されます。

HINT マクロを選択するには

マクロを選択するには、コードウィンドウで選択したいマクロの行をクリックしてカーソルを表示するか、プロシージャーボックスの▼をクリックして、一覧からマクロ名をクリックします。コードウィンドウ内に多くのマクロがある場合は、プロシージャーボックスで選択すると効率的です。

コードウィンドウで使用できるショートカットキー ◀◀◀

コードウィンドウで使用できるショートカットキーには、次のようなものがあります。コードの記述や編集時の参考にしてください。

キー	内容
Shift キー	選択開始位置でクリックし、選択終了位置で Shift キーを押して任意の範囲を選択
Tab キー	インデントの入力
Ctrl + ↓ キー	次のプロシージャーを選択
Ctrl + ↑ キー	前のプロシージャーを選択
Ctrl + Page Down キー	1画面分下へスクロール
Ctrl + Page Up キー	1画面分上へスクロール
Ctrl + Home キー	モジュールの先頭へカーソルを移動
Ctrl + End キー	モジュールの末尾へカーソルを移動
Ctrl + → キー	右の単語へカーソルを移動

キー	内容
Ctrl + ← キー	左の単語へカーソルを移動
Home キー	行頭へカーソルを移動
End キー	行末へカーソルを移動
Ctrl + Z キー	操作を元に戻す
Ctrl + C キー	選択範囲をコピー
Ctrl + X キー	選択範囲を切り取り
Ctrl + V キー	貼り付け
Ctrl + A キー	すべて選択
Ctrl + Y キー	カーソルのある行を削除
Ctrl + Delete キー	単語単位で削除
Ctrl + space キー	入力候補の表示

ウィンドウサイズを変更するには

プロジェクトエクスプローラーやプロパティウィンドウのサイズは自由に変更することができます。標準の設定では、2つのウィンドウがドッキングして1つにまとまっていますが、境界をドラッグしてウィンドウのサイズを調整することができます。

● ウィンドウの境界を変更する

ドッキングしているウィンドウの境界を変更するには、ドッキングしているウィンドウの境界線をドラッグします。

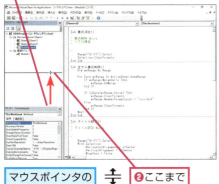
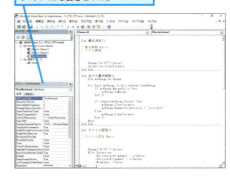

● ウィンドウの幅を変更する

ウィンドウの幅を変更するには、ウィンドウの左右の境界線をドラッグします。

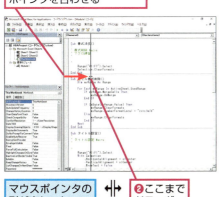
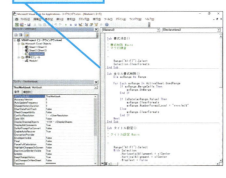

ウィンドウの表示と非表示を切り替えるには

ウィンドウの表示と非表示は、簡単に切り替えることができます。使用しないウィンドウを非表示にしておき、必要なときだけ表示すれば、作業領域を広く使うことができます。

● ウィンドウを非表示にする

ウィンドウを非表示にするには、[閉じる]ボタンをクリックします。

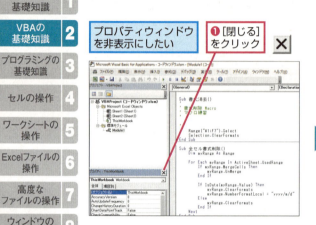

プロパティウィンドウを非表示にしたい
❶[閉じる]をクリック

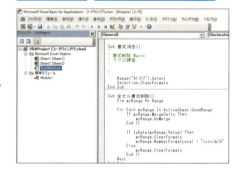

プロパティウィンドウが非表示になった
そのほかのウィンドウも[閉じる]ボタンを使って非表示にできる

● ウィンドウを表示する

ウィンドウを再表示するには、[表示]メニューで表示したいウィンドウをクリックします。

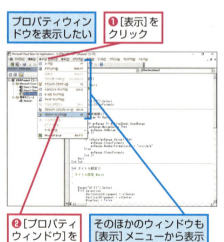

プロパティウィンドウを表示したい
❶[表示]をクリック
❷[プロパティウィンドウ]をクリック
そのほかのウィンドウも[表示]メニューから表示することができる

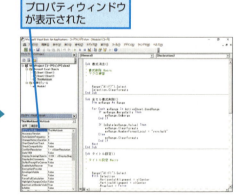

プロパティウィンドウが表示された

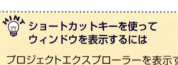

ショートカットキーを使ってウィンドウを表示するには

プロジェクトエクスプローラーを表示するには Ctrl + R キー、プロパティウィンドウを表示するには F4 キーを押します。

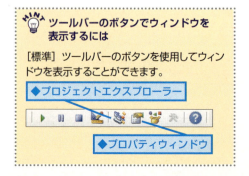

ツールバーのボタンでウィンドウを表示するには

[標準]ツールバーのボタンを使用してウィンドウを表示することができます。

◆プロジェクトエクスプローラー

◆プロパティウィンドウ

ウィンドウの表示を切り替えるには

コードウィンドウ以外のウィンドウは、ほかのウィンドウとドッキング（連結して表示）したり、切り離して独立したウィンドウとして表示したりできます。

● ウィンドウのドッキングを解除する

VBEの初期設定では、プロジェクトエクスプローラーとプロパティウィンドウは、ドッキングした状態で表示されますが、ドッキングを解除してウィンドウを切り離し、任意の位置に配置することが可能です。

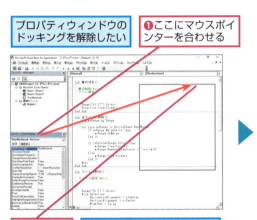

プロパティウィンドウのドッキングを解除したい

❶ ここにマウスポインターを合わせる

❷ ここまでドラッグ

ウィンドウの枠が太い灰色線で表示される場所でマウスのボタンをはなす

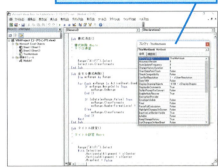

プロパティウィンドウが独立したウィンドウとして表示された

● ウィンドウをドッキングする

独立したウィンドウを再度ドッキングするときは、ドッキングするウィンドウのタイトルバーをダブルクリックします。なお、ウィンドウを右クリックして表示されるショートカットメニューで［ドッキング可能］にチェックマークが付いている状態のときドッキングが可能です。

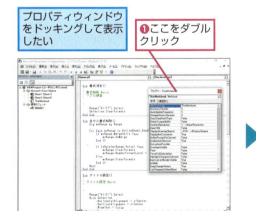

プロパティウィンドウをドッキングして表示したい

❶ ここをダブルクリック

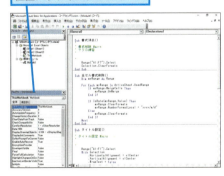

プロパティウィンドウが元の位置にドッキングされた

125

2-4 Visual Basic Editorの基礎

HINT ウィンドウがドッキング可能かどうか確認するには

ウィンドウがドッキング可能かどうかはウィンドウの右上に表示されるボタンで確認できます。ドッキング可能な場合は ✕ ［閉じる］ボタンが表示されます。ドッキング可能でない場合は、（［最小化］、［最大化］、［閉じる］）ボタンか、ウィンドウが最大化しているときの（［最小化］、［ウィンドウを元のサイズに戻す］、［閉じる］）ボタンが表示されます。

ドッキング可能かどうかは、タイトルバーに表示されているボタンで確認できる

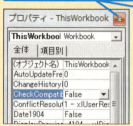
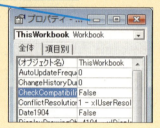

HINT ドラッグして任意の位置にドッキングする

ドッキングしたいウィンドウのタイトル部分をドラッグして、ウィンドウの枠が細い灰色線で表示される場所でマウスのボタンをはなすと、任意の位置にドッキングすることができます。

プロパティウィンドウをドラッグでドッキングして表示したい

ここまでドラッグ ／ 細い灰色の線になるところへドラッグする

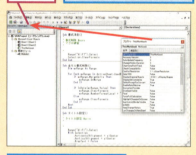

プロパティウィンドウがドッキングされた

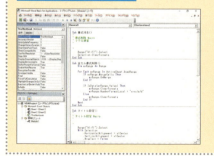

HINT ウィンドウのドッキング設定を変更するには

ウィンドウのドッキング設定は、［ツール］メニューの［オプション］をクリックし、［オプション］ダイアログボックスの［ドッキング］タブで確認と変更が行えます。チェックマークが付いている場合はウィンドウを表示するときにドッキングした状態で開き、チェックマークが付いていない場合は、ウィンドウが独立した状態で表示されます。

参照▶ VBEの作業環境をカスタマイズするには……P.128

❶［ツール］-［オプション］をクリック

［オプション］ダイアログボックスが表示された

❷［ドッキング］タブをクリック

ウィンドウを開いたときのドッキングの状態を設定できる

コードウィンドウを分割して表示するには

コードウィンドウは、上下2つに分割して表示することができます。ウィンドウの分割は、ほかのプロシージャを参照したり、長いプロシージャの前後の部分を参照したりするのに役立ちます。

● コードウィンドウを分割する

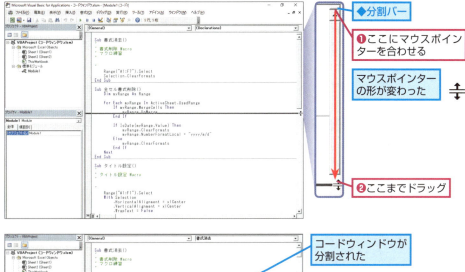

● コードウィンドウの分割を解除する

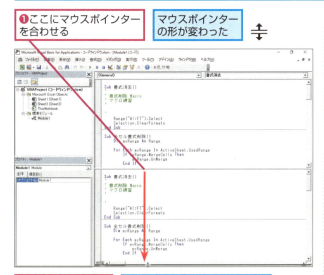

> **ダブルクリックで分割を解除する**
>
> 分割バーをダブルクリックしても分割を解除することができます。この場合、下の部分の表示が残ります。

> **分割バーを上にドラッグすることもできる**
>
> 分割バーを下にドラッグして分割を解除すると、上の部分の表示が残ります。また、分割バーを上にドラッグして分割を解除すると、下の部分の表示が残ります。

VBEの作業環境をカスタマイズするには

VBEの作業環境をカスタマイズするには、[オプション] ダイアログボックスで設定します。入力補助機能、コードウィンドウに表示される文字やサイズ、ウィンドウの設定など、作業しやすいように設定を変更することができます。

ここではコードウィンドウの文字サイズを変更する

❶[ツール]をクリック

❷[オプション]をクリック

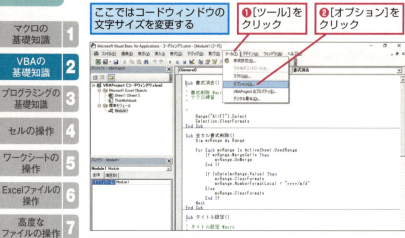

[オプション]ダイアログボックスが表示された

❸[エディターの設定]タブをクリック

❹▼をクリック

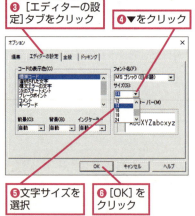

❺文字サイズを選択

❻[OK]をクリック

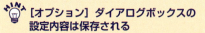

HINT [オプション] ダイアログボックスの設定内容は保存される

[オプション] ダイアログボックスで設定を変更すると、変更内容が保存されます。そのため、以降はカスタマイズした環境で常時作業できるようになります。一時的に変更したいのであれば、最初の設定をメモなどに書きとめて戻せるようにしておきましょう。

コードウィンドウの文字サイズが変更された

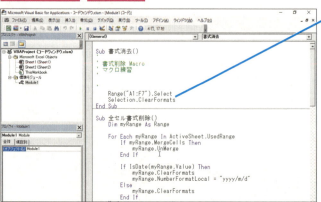

● ［編集］タブの設定

［編集］タブでは、効率的にコードを入力するための補助機能やコードウィンドウ内のプロシージャーの表示方法などを設定できます。

参照▶入力を補助する機能を使うには……P.144
参照▶自動クイックヒント……P.144
参照▶自動メンバー表示……P.145
参照▶変数の宣言を強制する……P.148

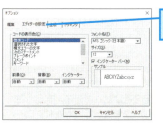

◆［編集］タブ

● ［エディターの設定］タブの設定

［エディターの設定］タブではコードウィンドウ上の文字色、フォント、サイズやインジケーターバーの表示と非表示の設定ができます。

参照▶マクロの編集……P.47
参照▶ブレークポイントを設定する……P.219

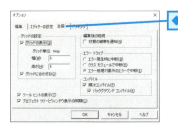

◆［エディターの設定］タブ

● ［全般］タブの設定

［全般］タブでは、ユーザーフォームのグリッド、エラー発生時の動作、コンパイルなどの設定ができます。

参照▶ユーザーフォームの作成……P.690

◆［全般］タブ

HINT コンパイルとは

VBAでのコード入力は、文字列で記述しますが、プロシージャーを実行する場合は、そのコードをコンピュータが理解できるように機械語に変換します。この変換処理のことをコンパイルといいます。

● ［ドッキング］タブの設定

ウィンドウを最初に表示するときにドッキングされた状態にするのか、独立したウィンドウで表示するのかを設定します。チェックマークが付いている場合は、ドッキングされた状態で表示されます。

参照▶プロジェクトエクスプローラー……P.120
参照▶ウォッチウィンドウ……P.226
参照▶ローカルウィンドウ……P.228
参照▶イミディエイトウィンドウ……P.230

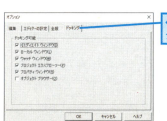

◆［ドッキング］タブ

2-4

Visual Basic Editorの基礎

VBEを終了するには

VBEはExcelに付属しているアプリケーションです。そのため、VBEを終了してもExcelは終了しません。またExcelを終了すると、VBEも同時に終了します。

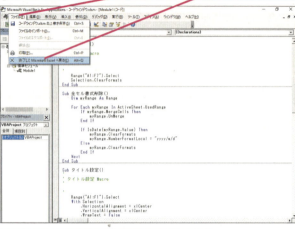

VBEを終了してExcelに戻りたい
❶[ファイル]をクリック
❷[終了してMicrosoft Excelへ戻る]をクリック

HINT [閉じる]ボタンで終了できる

タイトルバーの[閉じる]ボタン（ ✕ ）をクリックしてもVBEを終了することができます。

VBEが終了して、Excelの画面が表示された

HINT マクロはブックに保存される

VBEで記述したマクロは、Excelのブックに保存されます。そのため、VBEの終了時に保存しなくてもコードが消えることはありません。Excelでブックを保存したときに、コードも同時に保存されます。

HINT VBEを終了しないでExcelに切り替えるには

VBEを起動したままExcelに切り替えるには、[標準]ツールバーの[表示Microsoft Excel]ボタン（ ）をクリックします。

HINT VBEで保存するには

VBEの[標準]ツールバーにある[（ブック名）の上書き保存]ボタン（ 💾 ）をクリックするとマクロを含んだブックを保存することができます。このとき、VBEの内容だけでなく、Excelのブックの内容も同時に保存されます。なお、保存のファイル形式が[Excelマクロ有効ブック]となっていない場合は、次のようなメッセージが表示されます。ここで[はい]ボタンをクリックすると、マクロなしブックとして、VBEの内容が削除された状態で保存されてしまうので注意してください。

[Excelマクロ有効ブック]形式で保存するには、[いいえ]をクリックする

参照▶マクロを含むブックの管理……P.67

ヘルプを利用するには

コードの意味や用語、文法など、VBAでわからないことを調べたいときは、ヘルプを使用します。ヘルプ画面を表示して、目次やキーワードを使って調べることができます。

● ヘルプ画面を表示する（Excel 2016 ／ 2013）

Excel 2016 ／ 2013では、マイクロソフト社のMSDNライブラリ（マイクロソフト社の製品や技術を解説したドキュメントを提供するWebサイト）に接続してVBAのヘルプを調べます。そのため、ヘルプを使用する場合はインターネットに接続されている必要があります。ここでは、WorksheetオブジェクトのRangeプロパティを調べる手順を例に説明します。

❶ ［ヘルプ］メニューの［Microsoft Visual Basic for Applicationsヘルプ］をクリック

MSDNライブラリのExcelページが表示された

◆階層リスト
MSDNライブラリ内の現在の階層が表示される

◆目次
現在の階層に対応する目次が表示される

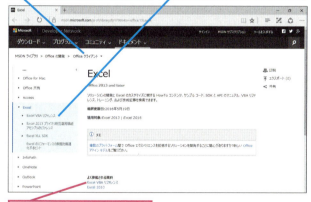

❷ ［Excel VBAリファレンス］をクリック

Excel VBAリファレンスページが表示された

❸ ［オブジェクトモデル］をクリック

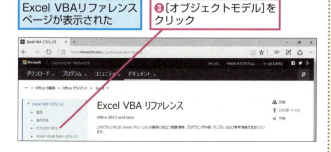

HINT [MSDNホームページ] を選択した場合

［ヘルプ］メニューで［MSDNホームページ］を選択すると、MSDN（Microsoft Developer Network）のトップページが表示されます。MSDNは、マイクロソフト社が開発者向けに技術情報を提供しているサイトで、MSDNライブラリはこの中に含まれています。

HINT ツールバーのボタンから表示するには

ヘルプは、［標準］ツールバーの［Microsoft Visual Basic for Applicationsヘルプ］ボタン（?）をクリックしても表示することができます。

◆［Microsoft Visual Basic for Applicationsヘルプ］ボタン

HINT ライブラリのページで用語を検索する

MSDNライブラリの画面右上にある🔎をクリックしてカーソルを表示し、用語を入力して Enter キーを押すと、その用語に関するドキュメントが検索されます。この場合はMSDNライブラリ全体が検索対象となります。

| Excelのオブジェクト一覧が表示された | ❹目次をスクロールし、調べたいオブジェクト（ここではWorksheetオブジェクト）をクリック |

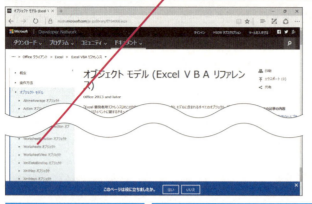

> **HINT VBAの言語仕様を調べる**
>
> 手順②の画面で［Office共有］をクリックし、表示される画面で［Office VBA 言語リファレンス］をクリックすると、［Office VBA 言語リファレンス］ページが表示されます。目次からOffice全般に共通するVBAの言語仕様を調べることができます。

| オブジェクトに関するヘルプページが表示された | オブジェクトのプロパティ、メソッド、イベントの一覧が表示される |

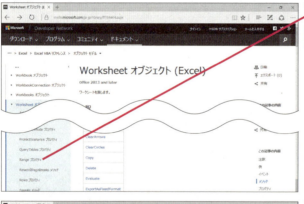

❺目次をスクロールし、調べたい項目（ここではRangeプロパティ）をクリック

クリックした項目に関するヘルプページが表示された

● ヘルプ画面を表示する（Excel 2010 ／ 2007）

Excel 2010 ／ 2007では、コンピューターに保存されている開発用リファレンスヘルプを使うことができます。目次をクリックして調べたり、検索ボックスに用語を直接入力して検索したりできます。Excel 2007では、［ヘルプ］メニューの［Microsoft Visual Basicヘルプ］をクリックして表示します。

◆Excel 2010の
ヘルプウィンドウ

検索ボックスに調べたい
用語を入力して検索する

目次をクリックして、
段階的に調べる

◆Excel 2007の
ヘルプウィンドウ

● 入力しているコードからヘルプを表示する

コードウィンドウに入力されているプロパティやメソッドなどの用語の上でクリックしてカーソルを表示し、F1キーを押すと、該当する用語についてのヘルプを直接表示することができます。他人が作成したコードを調べたり、マクロ記録によって作成されたコードの内容を調べたりするときに役立ちます。

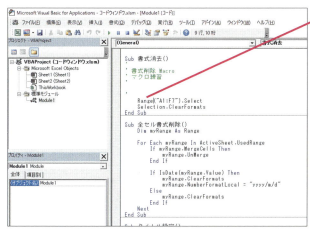

❶調べたい用語（ここでは
Range）でクリックして
カーソルを移動する

❷ F1 キーを押す

定した用語のヘルプ
ページが表示される

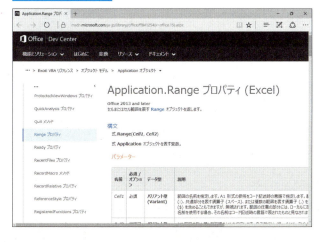

該当する用語の候補が複数ある場合

該当する用語の候補が複数ある場合は、下のような画面が表示されます。調べたい方の項目を選択し［ヘルプ］ボタンをクリックすると、選択した項目に関するヘルプページが表示されます。

2-5 モジュール

モジュールとは

モジュールとは、プロシージャーを記述するためのシートです。ExcelにおけるVBAのモジュールは、シートやブックのイベントプロシージャーを記述するためのモジュールや、ユーザーフォームに関するプロシージャーを記述するためのモジュールなど、いくつかの種類に分類できます。これらのモジュールは、プロジェクトによって取りまとめられます。

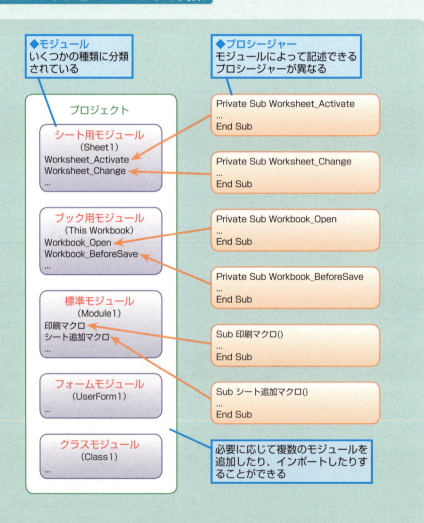

Excelブックとプロジェクトの関係

モジュールの種類

モジュールはプロシージャーを記述するためのシートであり、「プロジェクト」によって取りまとめと管理が行われます。作成されているプロジェクトの内容は、プロジェクトエクスプローラーに表示されます。プロジェクト内に作成されるモジュールには、次の4種類のものがあります。

プロジェクトエクスプローラーでプロジェクトとモジュールが確認できる

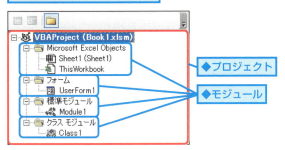

[参照設定] が表示される場合

ほかのブックのマクロを呼び出して使用する場合に、ブックへの参照設定を行っていると、プロジェクトエクスプローラーに[参照設定]という項目が表示されます。

参照 ▶ ほかのブックのプロシージャーを呼び出す……P.101

モジュール	内容
Microsoft Excel Objects	Excelのシートやブックに対応したモジュールの集まり。シートやブックのイベントに対応したイベントプロシージャーを、オブジェクトごとに記述する
フォーム	ユーザーフォームのデザインやユーザーフォームに関連したプロシージャーを記述する
標準モジュール	マクロ記録機能で作成されるプロシージャーが記述される。イベントに関係なく、呼び出して実行することができるプロシージャーを記述する
クラスモジュール	クラスを定義するためのモジュール。ユーザーが独自に作成するオブジェクト、それに対応するプロパティやメソッドを作成するためのプロシージャーを記述する

参照 ▶ イベントプロシージャー……P.106
参照 ▶ ユーザーフォームの作成……P.690

クラスとは

クラスとは、オブジェクトの設計図です。たとえば、[ボタン]というオブジェクトの大きさ、色、形などの属性（プロパティ）や、実行できる動作（メソッド）を定義してオブジェクトの概要を作成します。このようなオブジェクトについての情報に基づいて、実際のオブジェクトが作成されます。こうして作成されたオブジェクトでは、形状や動きを制御することができます。

モジュールを追加または削除するには

プロジェクトに作成するモジュールのなかで、「標準モジュール」「フォーム」「クラスモジュール」は必要に応じて手動で追加することができます。「Microsoft Excel Objects」では、Excelでシートを追加、削除すると、自動的に対応するモジュールが追加、削除されます。

● モジュールを追加する

モジュールは必要に応じて追加することができます。たとえば、印刷関連のマクロをまとめたり、集計関連のマクロをまとめたりするなど、複数のモジュールを使って、マクロの内容に応じて分類や整理をすることができます。

2-5 モジュール

❶プロジェクトエクスプローラーでモジュールを追加するブックを選択

ここでは標準モジュールを追加する

❷[挿入]をクリック　❸[標準モジュール]をクリック

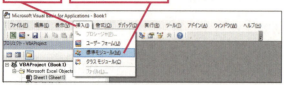

標準モジュール[Module1]が追加された

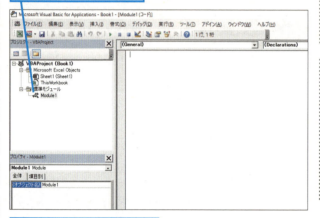

同様にしてほかのモジュールを追加することもできる

● モジュールを削除する

不要になったモジュールや間違えて追加してしまったモジュールは削除することができます。モジュールを削除するときには、モジュールをファイルとして残す（エクスポートする）かどうかを選択できます。

❶削除したいモジュールをクリック

❷[ファイル]をクリック　❸[(モジュール名)の解放]をクリック

> **HINT モジュール名を変更するには**
> モジュールを追加すると、自動的に「Module1」のような名前が付けられますが、モジュール内に記述されているプロシージャーの内容に応じたわかりやすい名前に変更できます。モジュール名を変更するには、プロジェクトエクスプローラーで名前を変更したいモジュールをクリックして選択し、プロパティウィンドウの［オブジェクト名］に変更したい名前を入力します。

> **HINT ツールバーを使ってモジュールを追加するには**
> ツールバーを使ってモジュールを追加するには、［標準］ツールバーの［ユーザーフォームの挿入］ボタン（　）の▼をクリックして一覧から追加したいモジュールを選択します。

> **HINT ショートカットメニューからモジュールを削除するには**
> 削除するモジュールを右クリックして、ショートカットメニューから［(モジュール名)の解放］をクリックしてもモジュールを削除することができます。

注意のメッセージが表示された　ここではエクスポートしないで削除する

参照▶モジュールをエクスポートする……P.137

❹[いいえ]をクリック

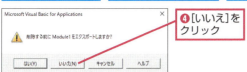

選択したモジュールが削除された

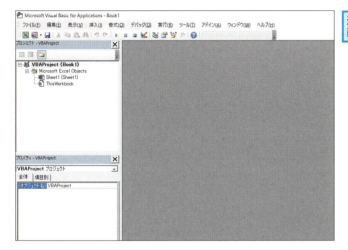

モジュールをエクスポートまたはインポートするには

モジュールのエクスポートとは、ブック内のモジュールを独立したファイルとして保存することです。また、インポートとは、保存されているモジュールファイルをブック内に取り込むことです。モジュールをほかのブックでも使用できるようにしたり、モジュールのバックアップとして使用したりできます。

● モジュールをエクスポートする

ショートカットキー Ctrl + E

モジュールをエクスポートして独立したファイルとして保存します。モジュールをエクスポートしてもブック内のモジュールは削除されません。

❶エクスポートしたいモジュールをクリック

❷[ファイル]メニューをクリック

❸[ファイルのエクスポート]をクリック

HINT ショートカットメニューからエクスポートするには

エクスポートしたいモジュールで右クリックして、ショートカットメニューの［ファイルのエクスポート］をクリックしてもモジュールをエクスポートすることができます。

[ファイルのエクスポート]ダイアログボックスが表示された

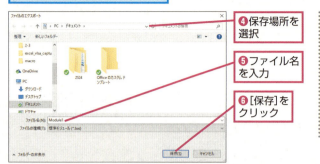

❹ 保存場所を選択
❺ ファイル名を入力
❻ [保存]をクリック

モジュールファイルのファイル形式

モジュールファイルのファイル形式は、標準モジュールは「.bas」、フォームモジュールは「.frm」、クラスモジュールは「.cls」になります。

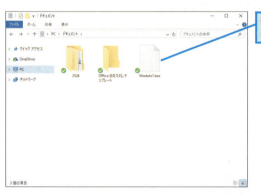

モジュールが独立したファイルとして保存された

● モジュールをインポートする　　ショートカットキー Ctrl + M

ファイルとして保存されているモジュールをブックに取り込むには、モジュールをインポートします。インポートすると、モジュールファイルをコピーしてブック内に取り込みます。インポート元のモジュールファイルはそのまま残ります。　　参照▶モジュールをエクスポートする……P.137

❶ [ファイル]をクリック
❷ [ファイルのインポート]をクリック

テキストファイルで保存されているコードを取り込むには

テキストファイルにコードを保存している場合は、[挿入]メニューの[ファイル]をクリックして、表示される[テキストファイルの読み込み]ダイアログボックスで、コードが保存されているテキストファイルを選択し、[OK]ボタンをクリックします。現在開いているモジュールのコードウィンドウにテキストファイルの内容が取り込まれます。

複数のブックを開いているときは

複数のブックを開いているときは、プロジェクトエクスプローラーでモジュールをインポートしたいプロジェクト（ブック）をクリックして選択してから、[ファイル]メニューの[ファイルのインポート]をクリックしてください。

ショートカットメニューからモジュールをインポートするには

プロジェクトエクスプローラー内で右クリックし、ショートカットメニューの[ファイルのインポート]をクリックしてもモジュールをインポートすることができます。

[ファイルのインポート]ダイアログボックスが表示された

❸モジュールの保存されている場所を選択

❹インポートするモジュールをクリック

❺[開く]をクリック

選択したモジュールがブックに取り込まれ、プロジェクトエクスプローラーに表示された

取り込んだモジュールのコードウィンドウを表示して中身を確認する

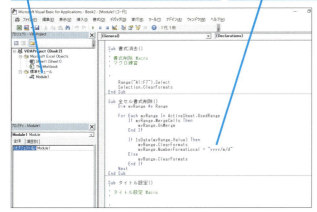

> **HINT**
> **インポートしたモジュールの名前を変更するには**
>
> モジュールをインポートすると、モジュール名は自動的に「Module1」のように設定されます。プロパティウィンドウの[オブジェクト名]でモジュール名を適切なものに変更することができます。

コードを印刷するには

モジュールに記述されているプロシージャーの内容を印刷することができます。プロジェクトのすべてのモジュールを印刷したり、選択したモジュールだけを印刷したり、モジュール内の選択しているプロシージャーだけを印刷することができます。また、ユーザーフォームのデザイン画面を印刷することもできます。

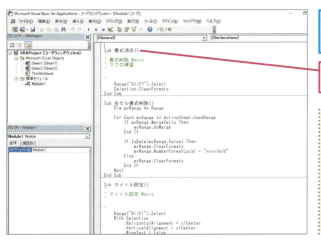

ここでは、モジュール内のすべてのプロシージャーをまとめて印刷する

❶印刷したいモジュールのコードウィンドウを表示

> **HINT**
> **プロシージャー単位で印刷するには**
>
> プロシージャー単位で印刷するには、印刷したいプロシージャーをドラッグして選択し、[印刷]ダイアログボックスで[選択範囲]を選択します。

2-5 モジュール

❷[ファイル]をクリック

❸[印刷]をクリック

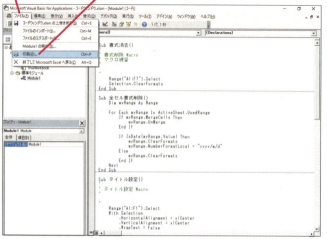

[印刷]ダイアログボックスが表示された

❹[カレントモジュール]をクリック

❺[コード]にチェックマークを付ける

❻[OK]をクリック

モジュール内のすべてのプロシージャーが印刷された

HINT プロジェクト内のすべてのモジュールを印刷するには

プロジェクト内のすべてのモジュールを印刷するには、[印刷]ダイアログボックスの[印刷範囲の選択]で[カレントプロジェクト]を選択します。

HINT フォームのデザイン画面を印刷するには

フォームのデザイン画面を印刷するには、フォームモジュールを選択し、[印刷]ダイアログボックスの[印刷対象]で[フォーム]にチェックマークを付けます。

第 **3** 章
プログラミングの基礎知識

3-1. プロシージャーの作成・・・・・・・・・・・・・・・・・142
3-2. 変数・・・・・・・・・・・・・・・・・・・・・・・・・・・・・・・147
3-3. 定数・・・・・・・・・・・・・・・・・・・・・・・・・・・・・・・157
3-4. 配列・・・・・・・・・・・・・・・・・・・・・・・・・・・・・・・164
3-5. 演算子・・・・・・・・・・・・・・・・・・・・・・・・・・・・・174
3-6. 関数・・・・・・・・・・・・・・・・・・・・・・・・・・・・・・・178
3-7. 制御構造・・・・・・・・・・・・・・・・・・・・・・・・・・・181
3-8. メッセージの表示・・・・・・・・・・・・・・・・・・・197
3-9. エラー処理・・・・・・・・・・・・・・・・・・・・・・・・・207
3-10. デバッグ・・・・・・・・・・・・・・・・・・・・・・・・・・・218

3-1 プロシージャーの作成

プロシージャーの作成

VBAでコードを記述してプロシージャーを作成するには、VBEを起動し、コードウィンドウを表示して、直接コードを記述します。VBEには、自動インデントや自動クイックヒント、自動メンバー表示といった入力支援機能が用意されており、間違いなく効率的に入力するのに大変役立ちます。

◆自動インデント
改行すると、前の行と同じ開始位置にカーソルが表示される

◆自動クイックヒント
入力中のプロパティやメソッドなどの書式や引数が表示される

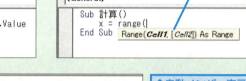

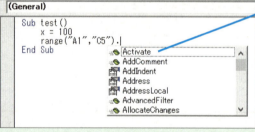

◆自動メンバー表示
入力したオブジェクト使用できるプロパティやメソッドなどを一覧から選択できる

VBEでプロシージャーを作成するには

VBEで直接コードを入力する場合には、入力確定時に自動的にキーワードの大文字や小文字が修正されたり、End Subステートメントが自動で入力されたりするといった入力補助機能が自動的に実行されるため、スムーズにコードを入力できます。

❶[Module1]をダブルクリック
モジュール名は異なる場合もある
コードウィンドウが表示された

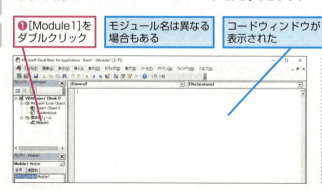

HINT 標準モジュールが表示されない場合は

標準モジュールが表示されない場合は、[挿入]メニューの[標準モジュール]をクリックして標準モジュールを新規に追加します。

3-1 プロシージャーの作成

❷「sub」と入力

❸「sub」のうしろに半角スペースを空けてプロシージャー名を入力

❹ Enter キーを押す

```
(General)
    sub test
```

「sub」が「Sub」に自動的に変更された

プロシージャー名のうしろに「()」が自動的に入力された

```
(General)
    Sub test()
    End Sub
```

1行空けて「End Sub」が自動的に入力された

❺ Tab キーを押す

半角4文字分字下げした位置にカーソルが表示される

```
(General)
    Sub test()
        |
    End Sub
```

VBEを使ってプロシージャーが作成された

「Sub」と「End Sub」の間に、処理する内容を記述する

HINT 字下げしながらコードを記述する

コードを記述するときは、適度な字下げや空白行を入れておくと、あとでコードを編集するときに読みやすくなります。Tab キーを押すと、初期設定では半角4文字分字下げされます。字下げの文字数を変更するには、[ツール] メニューの [オプション] をクリックして [オプション] ダイアログボックスを表示し、[編集] タブの [タブ間隔] で変更できます。

HINT プロシージャー名の名前付け規則

プロシージャー名の名前付け規則は、変数の名前付け規則と同じです。くわしくは、150ページの「名前付け規則」のHINTを参照してください。

参照▶ 名前付け規則……P.150

HINT プロシージャー名のうしろにある「()」

プロシージャー名を入力して Enter キーを押すと、自動的にプロシージャー名のうしろに()が表示されます。これは、プロシージャーを実行するために必要な値がある場合に、その値を引数として指定するためにあります。

HINT メニューからSubプロシージャーを作成する

[挿入] メニューの [プロシージャー] をクリックして表示される [プロシージャーの追加] ダイアログボックスを使って、Subプロシージャーを作成することができます。ここでは、プロシージャーの種類や適応範囲を選択することができます。

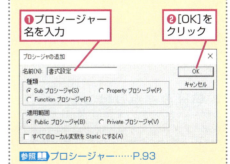

❶プロシージャー名を入力

❷[OK]をクリック

参照▶ プロシージャー……P.93

プロシージャーの適用範囲

Subステートメントの前に「Private」キーワードを付加して「Private Sub プロシージャー名()」とすると、そのプロシージャーは、同じモジュール内でのみ呼び出しができるようになります。イベントプロシージャーでは自動的にPrivateキーワードが付加されますが、標準モジュールにあるプロシージャーでもPrivateを付けることができます。その場合、Excelから[開発]タブの[マクロの表示]をクリックして[マクロ]ダイアログボックスを表示したときにマクロ名が表示されなくなります。また、「Public」キーワードを付加すると、すべてのモジュールから呼び出し可能になりますが、キーワードをなにも付加しない場合は「Public」とみなされていますので、「Sub プロシージャー名()」と、「Public Sub プロシージャー名()」は同じ意味になります。

3-1 プロシージャーの作成

入力を補助する機能を使うには

VBEでは、入力を間違いなく効率的に行うための入力補助機能として、自動インデントや自動クイックヒント、自動メンバー表示が用意されています。ここでは、それぞれがどのような機能なのかを説明します。

● 自動インデント

自動インデントは、1行めで Tab キーを押して字下げを設定すると、2行め以降の行で前の行と同じ位置にカーソルが表示される機能です。毎回 Tab キーを押して字下げしなくても前の行と同じ位置に行頭を揃えることができます。

サンプル 3-1_001.xlsm

マクロを含んだブックを開いてマクロをVBEで表示しておく

❶ Tab キーを押す
半角で4文字分字下げされた

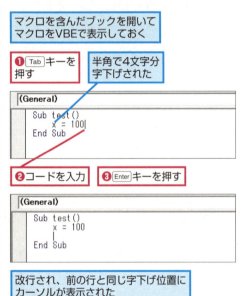

❷ コードを入力
❸ Enter キーを押す

改行され、前の行と同じ字下げ位置にカーソルが表示された

HINT 自動インデントを無効にするには

自動インデントを無効にするには、[ツール]メニューの[オプション]をクリックして、[オプション]ダイアログボックスを表示し、[編集]タブにある[自動インデント]のチェックマークをはずします。

[自動インデント]をクリックしてチェックマークをはずす

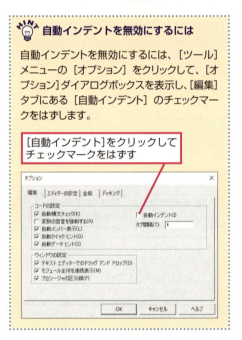

● 自動クイックヒント

自動クイックヒントとは、関数やプロパティ、メソッドなどを入力したときに自動的にその構文がポップヒントで表示される機能です。関数やプロパティなど入力し、「(」を入力したときや、スペースを入力したときに表示されます。入力中のコードの構文が表示され、設定中の引数名が太字で表示されるため、設定の間違いを防ぐことができます。

サンプル 3-1_001.xlsm

ここではRangeプロパティを入力する
❶「range」と入力
❷ rangeに続けて「(」を入力

Rangeプロパティの自動クイックヒント(ポップヒント)が表示された

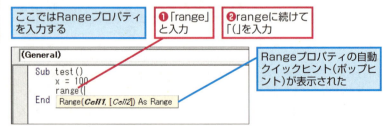

144

3-1 プロシージャーの作成

Rangeプロパティの引数を入力する

❸「"A1"」と入力

❹ "A1"に続けて「,」を入力

```
(General)
    Sub test()
        x = 100
        range("A1",|
    End   Range(Cell1, [Cell2]) As Range
```

自動クイックヒントを消すには
表示されている自動クイックヒントを消したい場合は、[Esc]キーを押します。

1つめの引数の入力が終わると、次の引数の部分が太字で表示される

自動クイックヒントを再び表示するには
自動クイックヒントは、[Esc]キーを押すだけでなく、カーソルを移動しても消えてしまいます。一度非表示になった自動クイックヒントを再び表示するには、クイックヒントを表示したいプロパティやメソッドなどのキーワードの上で右クリックし、ショートカットメニューから[クイックヒント]を選択します。または、[Ctrl]+[I]キーを押しても表示することができます。

❺続けて「"C5"」と入力

❻ "C5"に続けて「)」を入力

```
(General)
    Sub test()
        x = 100
        range("A1","C5")|
    End Sub
```

Rangeプロパティの引数を入力できた

引数の入力が終わるとクイックヒントは自動的に消える

自動クイックヒントを無効にするには
自動クイックヒントを無効にして表示されないようにするには、[ツール]メニューの[オプション]をクリックして、[オプション]ダイアログボックスを表示し、[編集]タブの[自動クイックヒント]のチェックマークをはずします。

● 自動メンバー表示

自動メンバー表示とは、あるオブジェクトのメンバーとなるプロパティやメソッドの一覧、プロパティ、関数などで使用できる定数の一覧を表示し、そのなかから選択することで入力できる機能です。プロパティやメソッドなどの正しい名称を覚えていなくても、一覧から選択できるため、誤入力を防ぐことができます。自動メンバー表示は、オブジェクトのうしろに「.（ピリオド）」を入力したときや、関数の引数を入力したときなどに表示されます。

サンプル 3-1_001.xlsm

ここでは、RangeオブジェクトのNameプロパティを入力する

Rangeオブジェクトを入力しておく

❶Rangeオブジェクトに続けて「.」を入力

Rangeオブジェクトに対して使用できるプロパティやメソッドの一覧が表示された

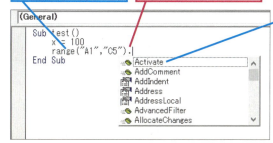

サイドバー
1 マクロの基礎知識
2 VBAの基礎知識
3 プログラミングの基礎知識
4 セルの操作
5 ワークシートの操作
6 Excelファイルの操作
7 高度なファイルの操作
8 ウィンドウの操作
9 データの操作
10 印刷
11 図形の操作
12 グラフの操作
13 コントロールの使用
14 外部アプリケーションの操作
15 VBA関数
16 そのほかの操作
付録

3-1 プロシージャーの作成

入力したいプロパティまたはメソッドの頭文字を入力する

❷「n」を入力

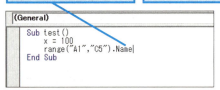

一覧が自動的にスクロールして「N」ではじまる項目が表示された

❸[Name]が選択されていることを確認する

❹ [Tab]キーを押す

選択した項目が入力された　　メンバー表示の一覧は自動的に消える

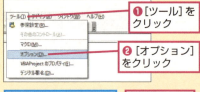

自動メンバー表示を使ってNameプロパティが入力された

HINT 一覧のなかの項目を選択するには

自動メンバー表示により一覧が表示されたとき、目的の項目を選択するには、[↓]キーか[↑]キーを押して目的の項目を選択し、[Tab]キーを押します。あるいは、[.]（ピリオド）を押すと、選択している項目が入力されると同時に「.」も入力されます。続けてコードを入力する場合に便利です。また、[Enter]キーを押すと、選択している項目が入力されると同時に改行され、カーソルが次の行に移動します。

HINT 自動メンバー表示を消したい場合は

表示されている自動メンバー表示を消したい場合は、[Esc]キーを押します。

HINT 自動メンバー表示を再表示するには

いったん非表示にした自動メンバー表示を再度表示するには、表示したい位置で右クリックし、ショートカットメニューから［入力候補］を選択します。あるいは、キーボードから[Ctrl]+[space]キーを押します。

❶ここを右クリック　　ショートカットメニューが表示された

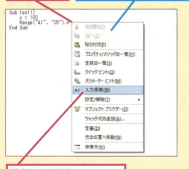

❷[入力候補]をクリック

自動メンバー表示が再度表示された

HINT 自動メンバー表示が表示されないようにするには

自動メンバー表示が表示されないように設定するには、［ツール］メニューの［オプション］をクリックして［オプション］ダイアログボックスを表示し、［編集］タブの［自動メンバー表示］のチェックマークをはずします。

❶[ツール]をクリック

❷[オプション]をクリック

[オプション]ダイアログボックスが表示された

❸[編集]タブをクリック

❹[自動メンバー表示]をクリックしてチェックマークをはずす

❺[OK]をクリック

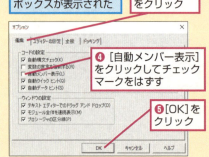

146

3-2 変数

変数とは

変数とは、プログラムの実行中に使用する値を、一時的に格納するための「入れ物」です。実際には、パソコンのメモリに領域を確保して、計算結果や値を格納したり、参照したりします。変数の値は、プログラム実行中に自由に出し入れできます。通常は、プロシージャー内で格納するデータ型を指定して変数を宣言し、使用します。また、変数は、宣言した場所に応じて、その変数を使用できる範囲が異なります。

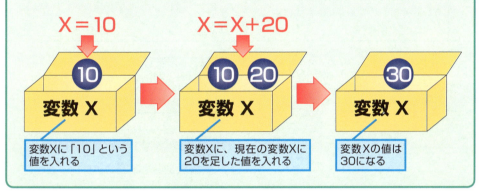

変数を使うには

変数には自由に値を格納したり、参照したりできるので、変数を活用することでコードの記述が楽になり、汎用的なプロシージャーの作成も可能になります。変数はプロシージャー内で自由に記述して使用することができますが、使用することを宣言した変数以外は使えないようにすることもできます。ここでは、変数の宣言の仕方、名前付け規則について説明します。

● 変数を宣言する

変数をプロシージャー内で自由に使用すると、あとで編集する場合にどのような変数が使われているかわからなくなることがあるため、通常は最初に変数を宣言してから使用します。変数を宣言するにはDimステートメントを使用します。

サンプル 3-2_001.xlsm

3-2 変数

▶ 変数を宣言する

Dim 変数名

▶ 変数に値を格納する

変数名 = 格納する値

```
1  Sub 変数宣言()
2      Dim jikyu
3      jikyu = Range( "B1" ).Value
4      Range( "B2" ).Value = jikyu + 150
5  End Sub
```

1	[変数宣言]というマクロを記述する
2	「jikyu」という変数を宣言する
3	変数jikyuにセルB1の値を格納する
4	変数jikyuに150を加えた値をセルB2に表示する
5	マクロの記述を終了する

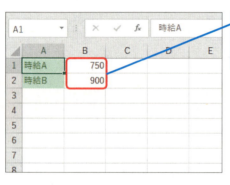

[変数宣言]マクロを実行すると、セルB1の値が変数jikyuに代入され、セルB2には変数を使った計算結果が表示される

> **HINT 複数の変数を同時に宣言するには**
>
> 複数の変数を同時に宣言するには、「Dim 変数名1, 変数名2, 変数名3,……」のように「,（カンマ）」で区切って指定します。

● 変数の宣言を強制する

プログラムのなかで、変数を宣言しないと使えないようにするには、Option Explicitステートメントをモジュールの先頭部分の宣言セクションに記述します。Option Explicitステートメントを記述すると、そのモジュール内では変数の宣言が必須となります。宣言していない変数名を使用するとエラーになるため、変数名の入力ミスのチェックにも役立ちます。

サンプル 3-2_002.xlsm

▶変数の宣言を強制する
Option Explicit

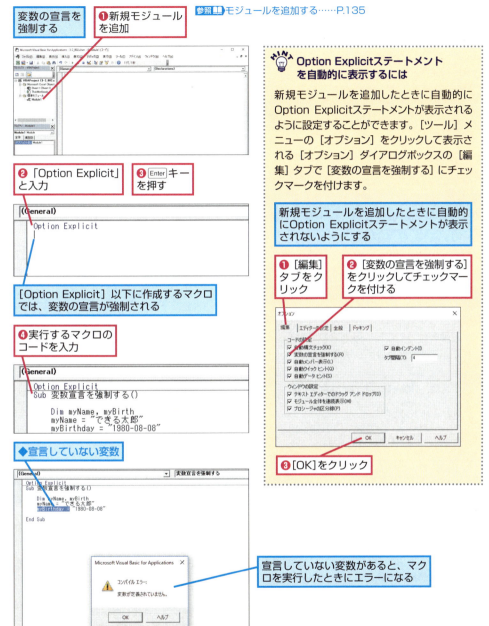

変数の宣言を強制する

❶新規モジュールを追加

参照▶モジュールを追加する……P.135

❷「Option Explicit」と入力

❸ Enter キーを押す

[Option Explicit]以下に作成するマクロでは、変数の宣言が強制される

❹実行するマクロのコードを入力

◆宣言していない変数

宣言していない変数があると、マクロを実行したときにエラーになる

HINT Option Explicitステートメントを自動的に表示するには

新規モジュールを追加したときに自動的にOption Explicitステートメントが表示されるように設定することができます。[ツール]メニューの[オプション]をクリックして表示される[オプション]ダイアログボックスの[編集]タブで[変数の宣言を強制する]にチェックマークを付けます。

新規モジュールを追加したときに自動的にOption Explicitステートメントが表示されないようにする

❶[編集]タブをクリック

❷[変数の宣言を強制する]をクリックしてチェックマークを付ける

❸[OK]をクリック

● 名前付け規則

VBAで変数名、プロシージャー名などに名前を付けるときには、次のような名前付け規則に従って命名する必要があります。規則に従ってわかりやすい名前を付けるようにしましょう。

❶変数名には、英数字、漢字、ひらがな、カタカナ、「_（アンダスコア）」を使用する
変数名に日本語を使うこともできますが、一般的には半角アルファベットを使用します。また、先頭に数字を使うことはできません。

❷変数名にスペースや記号は使えない
変数名にスペース、「.（ピリオド）」、「!（感嘆符）」、「@」、「&」、「$」、「#」などの記号は使用できません。

❸変数名は、半角255文字以内
変数名の長さは半角255文字以内で指定します。

❹VBAの関数名、ステートメント名、メソッド名などと同じ名前を使わない
VBAで使用する関数名、ステートメント名、メソッド名など、すでに用法が決められている名前と同じ名前の変数を使うことはできません。

❺同じ適用範囲内で、同じ変数名は使えない
変数を利用できる範囲が共通する場合は、その範囲で同じ名前の変数を使うことはできません。

参照📖変数の適用範囲……P.155

❻変数名の大文字と小文字は区別されない
変数を宣言したときに使用した大文字と小文字は、コードウィンドウの表示では区別されますが、処理を行うときには区別されません。したがって、変数名の大文字と小文字を厳密に一致させて記述する必要はありません。

> **💡HINT 定数、引数も同じ名前付け規則に従う**
>
> 変数の名前付け規則は、モジュール内の変数名、プロシージャー名だけでなく、定数名、引数に名前を付ける場合も適用されます。
>
> 参照📖定数……P.157
> 参照📖SubプロシージャーとFunctionプロシージャーとは……P.98

変数のデータ型を指定するには

プログラムのなかで使用する変数に格納する値の種類を指定するには、変数の宣言時にデータ型を指定します。データ型には、数値や文字列、日付、オブジェクト参照などの種類があり、変数で使用する値の種類に合わせて指定できます。データ型を指定すると、変数に間違った種類のデータが格納できなくなり、エラー防止に役立ちます。データ型を指定するには、Asキーワードを使用します。

▶データ型を指定して変数を宣言する
Dim 変数名 As データ型

◆Asキーワード

> **💡HINT データ型を指定しないで変数を宣言した場合のデータ型**
>
> 変数を宣言するときにデータ型を指定しない場合、その変数のデータ型は自動的にバリアント型とみなされます。バリアント型は、すべての種類の値を格納できますが、使用されるメモリ領域が大きくなり、処理速度が下がることがあります。無駄なメモリ消費を防ぐためにも、変数宣言時にはデータ型も同時に指定したほうがいいでしょう。

複数の変数のデータ型を同時に指定するときの注意点

複数の変数を1行で指定する場合、「Dim A,B As String」と入力すると、変数「B」はString型になりますが、変数「A」はバリアント型になります。同じデータ型を使用する場合でも、「Dim A As String, B As String」のように、変数ごとにデータ型を必ず指定してください。

● よく使うデータ型の一覧

データ型は、種類によって使用するメモリ領域の大きさや、利用できる値の範囲に違いがあります。どのようなデータを変数に格納するかによって、データ型を使い分けてください。また、次のページから主なデータ型の使用例を紹介します。それぞれのデータ型の特徴や使用方法を確認してください。

主なデータ型の一覧

データ型	型宣言文字	使用メモリ	値の範囲
バイト型（Byte）	なし	1バイト	0～255までの正の整数値を保存する
ブール型（Boolean）	なし	2バイト	True または False を保存する
整数型（Integer）	%	2バイト	－32,768～32,767 の整数値を保存する
長整数型（Long）	&	4バイト	整数型（Integer）では保存できないような大きな桁の整数値を保存する －2,147,483,648～2,147,483,647
単精度浮動小数点数型（Single）	!	4バイト	小数点を含む数値を保存する －3.402823E38～－1.401298E-45（負の値） 1.401298E-45～3.402823E38（正の値）
倍精度浮動小数点数型（Double）	#	8バイト	Single よりも大きな桁の小数点を含む数値を保存する －1.79769313486231E308～－4.94065645841247E-324（負の値） 4.94065645841247E-324～1.79769313486232E308（正の値）
通貨型（Currency）	@	8バイト	15桁の整数部分と4桁の小数部分の数値を保存する －922,337,203,685,477.5808～922,337,203,685,477.5807
日付型（Date）	なし	8バイト	日付と時刻を保存する 西暦100年1月1日～西暦9999年12月31日 参照▶日付型の変数を使用する……P.152
オブジェクト型（Object）	なし	4バイト	オブジェクトを参照するデータ型 参照▶オブジェクト型の変数を使用する……P.154
文字列型（String）	$	10バイト＋文字列の長さ	文字列を保存する 0～2GB 参照▶文字列型、数値型の変数を使用する……P.152
バリアント型（Variant）	なし	数値：16バイト 文字：22バイト＋文字列の長さ	あらゆる種類の値を保存する 参照▶バリアント型の変数を使用する……P.153
ユーザー定義型	なし	要素に依存	それぞれの要素の範囲は、そのデータ型の範囲と同じである

このほかのデータ型

データ型はこのほかに、10進型、LongLong型、LongPtr型があります。詳細は、ヘルプを参照してください。

● 文字列型、数値データ型の変数を使用する

文字列型の変数には、文字列や数値が格納できます。文字列を格納する場合は、文字列の前後を「"（ダブルクォーテーション）」で囲みます。数値は「"」で囲む必要はありませんが、計算対象としない文字列として扱う数値を格納します。また、整数型のような数値データ型には計算対象とする数値を格納します。指定するデータ型によって格納できる数値の範囲が異なることに注意してください。

サンプル 3-2_003.xlsm

```
1  Sub 文字列型数値型の使用例()
2      Dim myName As String, myAge As Integer
3      myName = "できる太郎"
4      myAge = 26
5      MsgBox "名前:" & myName & ",年齢:" & myAge
6  End Sub
```

1	[文字列型数値型の使用例]というマクロを記述する
2	文字列型の変数myNameと整数型の変数myAgeを宣言する
3	変数myNameに「できる太郎」を格納する
4	変数myAgeに26を格納する
5	myNameとmyAgeをメッセージで表示する
6	マクロの記述を終了する

[文字列型数値型の使用例]マクロを実行すると、それぞれの変数の値が表示される

Microsoft Excel ✕

名前：できる太郎,年齢：26

OK

HINT 数値データ型の種類

数値データ型とは、組み込みの数値型でバイト型、ブール型、整数型、長整数型、通貨型、単精度浮動小数点数型、倍精度浮動小数点数型、日付型などの種類があります。

● 日付型の変数を使用する

日付型の変数に日付データを格納するには、日付と認識できる文字列か、日付リテラル形式の文字列を指定します。日付リテラルとは、コード内で日付型の値を記述する方法で、日付を「#」で囲みます。

サンプル 3-2_004.xlsm

▶日付と認識できる文字列で指定する
myDate = "平成29年10月19日"

▶日付リテラルで日付と時刻を指定する
myDate = #10/19/2017#
myDate = #1:15:30 PM#

日付型変数に「2017年10月19日」、「13時15分30秒」という値を格納する

```
1  Sub 日付型の使用例()
2      Dim myDate As Date, myTime As Date
3      myDate ="平成29年10月19日"
4      myTime = #1:15:30 PM#
5      MsgBox "日付:" & myDate & "時刻:" & myTime
6  End Sub
```

1	[日付型の使用例]というマクロを記述する
2	日付型の変数myDateとmyTimeを宣言する
3	変数myDateに「平成29年10月19日」という値を格納する
4	変数myTimeに「午後1時15分30秒」という値を格納する
5	myDateとmyTimeをメッセージで表示する
6	マクロの記述を終了する

[日付型の使用例]マクロを実行すると、それぞれの変数の値が表示される

日付リテラルの指定について

日付リテラルで日付を指定する場合、入力時は「#2017/10/19#」、「#13:15:30#」などと入力することができますが、自動的に「#10/19/2017#」、「#1:15:30 PM#」に変更されます。

● バリアント型の変数を使用する

バリアント型の変数には、すべてのデータ型の値を格納できます。バリアント型の変数に値が格納されると、その値によって内部的に型変換が行われます。変換された形式のことを「内部処理形式」といいます。たとえば、バリアント型の変数に文字列を格納すると、内部処理形式には文字列型が使用されます。変数のデータ型を確認するには、TypeName関数を使用します。

サンプル 3-2_005.xlsm

参照▶オブジェクトや変数の種類を調べるには……P.870

```
1  Sub バリアント型の内部処理形式()
2      Dim dekiru As Variant
3      dekiru = "できる大事典"
4      MsgBox dekiru & "のデータ型:" & TypeName(dekiru)
5      dekiru = 50000
6      MsgBox dekiru & "のデータ型:" & TypeName(dekiru)
7  End Sub
```

1	[バリアント型の内部処理形式]というマクロを記述する
2	バリアント型の変数dekiruを宣言する
3	変数dekiruに「できる大事典」という値を格納する
4	変数dekiruの値と変数dekiruの内部処理形式をメッセージで表示する
5	変数dekiruに「50000」という値を格納する
6	変数dekiruの値と変数dekiruの内部処理形式をメッセージで表示する
7	マクロの記述を終了する

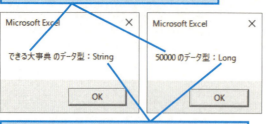

[バリアント型の内部処理形式] マクロを実行すると、変数の値とデータ型が表示される

変数に格納されているデータに対応したデータ型で処理されていることがわかる

> **型宣言文字とは**
>
> 変数のデータ型は、通常Asキーワードを使って宣言しますが、「型宣言文字」を使用してデータ型を宣言することもできます。型宣言文字を使って文字列型変数「Moji」を宣言するには、「Dim Moji $」のように変数名のうしろに型宣言文字を付加してデータ型を指定します。
>
> 参照▶よく使うデータ型の一覧……P.151

● オブジェクト型の変数を使用する

オブジェクト型の変数には、ワークシートやセルなどのオブジェクトを格納します。オブジェクト型の変数の宣言方法は「固有オブジェクト型」と「総称オブジェクト型」の2つの方法があります。総称オブジェクト型の場合、すべてのオブジェクトを格納することができます。固有オブジェクト型の場合は、使用するオブジェクトのタイプを直接指定します。固有オブジェクト型で指定すると、そのオブジェクトに対応した自動メンバーが表示され、処理速度も速くなります。オブジェクトのタイプがわかっている場合は、固有オブジェクト型で指定してください。また、オブジェクト型の変数に値を格納する場合は、Setステートメントを使用します。

サンプル▶3-2_006.xlsm

▶固有オブジェクト型として指定する
Dim 変数名 As Worksheet
Dim 変数名 As Range

「Worksheet」「Range」などの具体的なオブジェクトを指定して宣言する。変数には指定したオブジェクトだけが格納できる

▶総称オブジェクト型として指定する
Dim 変数名 As Object

オブジェクトの種類を指定せずに宣言する場合は、Objectキーワードを使用する

▶オブジェクト型の変数に値を格納する
Set 変数名 = 格納するオブジェクト

```
1  Sub オブジェクト変数の使用()
2      Dim mySheet As Worksheet
3      Set mySheet = Worksheets(1)
4      mySheet.Name = "Data"
5      Set mySheet = Nothing
6  End Sub
```

1 [オブジェクト変数の使用]というマクロを記述する
2 Worksheet型のオブジェクト変数mySheetを宣言する
3 変数mySheetに1つめのワークシートを格納する
4 変数mySheetに格納されているワークシートの名前を「Data」に設定する
5 変数mySheetの参照を解除する
6 マクロの記述を終了する

［オブジェクト変数の使用］マクロを実行すると、1つめのワークシートが変数に格納され、Nameプロパティが「Data」に変更される

HINT オブジェクト変数に格納された参照を解除する

オブジェクト変数に格納された参照を解除するには、オブジェクト変数にNothingを代入します。参照を解除すると、使用していたメモリ領域が解放されます。オブジェクト変数の使用が終了したらオブジェクト変数への参照を解除するようにするといいでしょう。

変数の適用範囲

変数は、宣言した場所によって使用できる範囲が異なります。これを「適用範囲（スコープ）」といいます。「プロシージャーレベル変数」は、プロシージャー内で宣言する変数で、そのプロシージャー内でのみ使用できます。「モジュールレベル変数」は、モジュールの先頭にある宣言セクションで宣言する変数で、そのモジュールに含まれるすべてのプロシージャーで使用できます。

変数の適用範囲と有効期間

プロシージャーの種類	宣言する場所	適用範囲	有効期間
モジュールレベル変数	宣言セクション	モジュール内のすべてのプロシージャーで使用できる	モジュールを閉じるまで値が保持される
プロシージャーレベル変数	プロシージャー内	変数を宣言したプロシージャー内でのみ使用できる	プロシージャー実行中のみ値が保持される

◆モジュール

```
Dim Module1 As Integer

Sub プロシージャー1()
    Dim Proc1 As Integer
    Proc1 = 100
    Module1 = 100
End Sub

Sub プロシージャー2()
    Dim Proc2 As Integer
    Proc2 = 200
    Module1 = Module1 + 200
End Sub
```

◆モジュールレベル変数
→Module1

◆プロシージャーレベル変数
→Proc1

［プロシージャー1］実行後、プロシージャーレベルの変数Proc1は初期化され、値が0になります。一方、モジュールレベルの変数Module1は100がそのまま保持されます。

［プロシージャー1］に続いて［プロシージャー2］が実行されると、実行後プロシージャーレベルの変数Proc2は0になります。モジュールレベルの変数Module1は、［プロシージャー1］実行後に維持されていた値100に、［プロシージャー2］で200が加えられ、［プロシージャー2］終了時点での値は300となります。

3-2 変数

宣言セクションとは

宣言セクションとは、モジュールの先頭から最初のプロシージャまでの領域です。モジュールの先頭にカーソルがあるときには、コードウィンドウの［プロシージャ］ボックスに［(Declarations)］と表示されます。モジュールレベル変数を宣言する場合は、この領域に記述します。なお、［プロシージャ］ボックスで［(Declarations)］を選択すると、カーソルがモジュールの先頭に移動します。

◆宣言セクション　　　　　　　　　　　　　　◆［プロシージャ］ボックス

プロシージャレベル変数の値を保持するには

プロシージャレベル変数は、プロシージャ終了時に変数の値が初期化されます。プロシージャが終了しても変数の値を保持したいときには、Staticステートメントを使って変数を宣言してください。変数宣言時にDimの代わりにStaticを使って、「Static myMoji As String」のように記述します。Staticを使って宣言した変数の値は、プロシージャを含むモジュールが終了するまで保持されます。たとえば、次のマクロを実行すると、実行の度に変数iの数値がカウントアップされます。3-2_007.xlsm

複数のモジュールで同じ変数を使用するには

複数のモジュールで同じ変数を使用するには、宣言セクションで「Public 変数名 As データ型」のようにPublicステートメントを使って変数を宣言します。

Privateステートメントを使って変数を宣言する

宣言セクションでPrivateステートメントを使って「Private 変数名 As データ型」のように変数を宣言できます。これは宣言セクションでDimステートメントを使って宣言した場合と同じく、モジュールレベル変数の宣言として扱われます。

Staticステートメントを使って変数を宣言する

3-3 定数

定数とは

定数とは、特定の値を格納するための入れ物です。変数と異なり、プログラム実行中に定数の値を変更することはできません。桁数の多い数値や文字列などをコードのなかで毎回入力するのが面倒な場合や、消費税率などのように変更する可能性のある数値をプログラムで使用する場合に使用します。定数としてわかりやすい名前で値を格納しておけば、値を入力する代わりに定数が使用でき、コードの編集や入力に役立ちます。定数には、自由に設定できる「ユーザー定義定数」とVBAで用意されている「組み込み定数」があります。組み込み定数は関数やプロパティなどの引数や設定値として使用されます。

ユーザー定義定数を使う

◆通常のマクロの記述

```
Sub 換算値計算()
  Dim A As Double
  Dim B As Double
  B=A * 0.356
End Sub
```

◆ユーザー定義定数を使ったマクロの記述

```
Sub 換算値計算()
  Dim A As Double
  Dim B As Double
  Const Kansan As Double=0.356
  B=A * Kansan
End Sub
```

ユーザー定義定数を宣言する

定義したユーザー定義定数を使う

組み込み定数を確認する

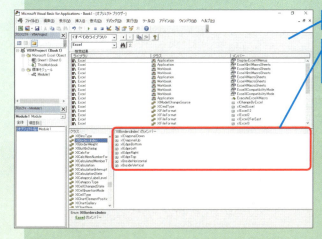

◆オブジェクトブラウザー

オブジェクトブラウザーを使って組み込み定数を確認する

3-3 定数

ユーザー定義の定数を宣言するには

ユーザー定義の定数を宣言するには、Constステートメントを使用します。定数の宣言時に、格納する値も合わせて指定します。宣言セクションまたはプロシージャー内に記述し、適用範囲も変数と同じです。　参照▶変数の適用範囲……P.155

▶ユーザー定義の定数を宣言する

Const 定数名 As データ型 = 格納する値

● モジュールレベルのユーザー定義定数を宣言する

モジュール内のすべてのプロシージャーで使用できるユーザー定義の定数を指定するには、モジュールの先頭にある宣言セクションでConstステートメントを使って定数を宣言します。

サンプル▶3-3_001.xlsm

VBEを起動して新規モジュールを追加しておく

参照▶VBAを使用してマクロを作成するには……P.85

ここでは、消費税の税率の値を定数「sTax」に格納する

「1.08」という値を持つ定数「sTax」を作成する

❶宣言セクションにカーソルを移動

```
(General)                              (Declarations)
    Const sTax As Double = 1.08
```

❷「const sTax as double=1.08」と入力

❸ Enter キーを押す

モジュールレベルの定数「sTax」が作成された

◆宣言セクション　❹マクロのコードを入力

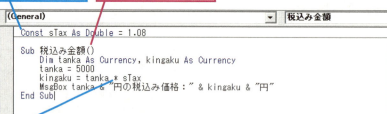

```
(General)                              税込み金額
    Const sTax As Double = 1.08

    Sub 税込み金額()
        Dim tanka As Currency, kingaku As Currency
        tanka = 5000
        kingaku = tanka * sTax
        MsgBox tanka & "円の税込み価格：" & kingaku & "円"
    End Sub
```

作成した定数を使って、「変数tanka×1.08」という計算が行われる

```
1  Const sTax As Double = 1.08
2  Sub 税込み金額()
3      Dim tanka As Currency, kingaku As Currency
4      tanka = 5000
5      kingaku = tanka * sTax
6      MsgBox tanka & "円の税込み価格:" & kingaku & "円"
7  End Sub
```

1 モジュールレベルの定数「sTax」を倍精度浮動小数点数型で宣言し、1.08を代入する
2 [税込み金額]というマクロを記述する
3 通貨型の変数tankaと変数kingakuを宣言する
4 変数tankaに「5000」を格納する
5 変数kingakuに、tankaに定数sTaxの値1.08を掛けた結果を格納する
6 変数tankaと変数kingakuの値をメッセージで表示する
7 マクロの記述を終了する

[税込み金額]マクロを実行すると、定数sTaxの値で計算された結果が表示される

HINT すべてのモジュールで同じ定数を使用するには

ユーザー定義の定数の適用範囲は、変数の適用範囲と同じです。すべてのモジュールのすべてのプロシージャーで同じ定数を使用できるようにするには、宣言セクションでPublicキーワードを付加して「Public Const 定数名 As データ型 = 値」のように記述します。

参照▶プロシージャーの適用範囲……P.143

組み込み定数を使用するには

組み込み定数は、VBAであらかじめ用意されている定数のことで、プロパティの設定値や関数の引数の値などを指定するために使用します。プロパティや関数のコード入力中に自動メンバー表示で定数の一覧が表示されることがあります。また、オブジェクトブラウザーを使用して、組み込み定数の一覧を表示することもできます。

参照▶自動メンバー表示……P.145

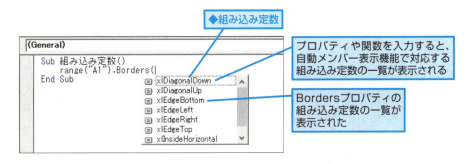

◆組み込み定数

プロパティや関数を入力すると、自動メンバー表示機能で対応する組み込み定数の一覧が表示される

Bordersプロパティの組み込み定数の一覧が表示された

● オブジェクトブラウザーを表示する

ショートカットキー　F2

オブジェクトブラウザーにはVBAで使用できる組み込み定数を表示するだけでなく、オブジェクトやプロパティ、メソッド、イベントの一覧も表示することができます。オブジェクトブラウザーに表示される内容は、オブジェクトライブラリというファイルの内容になります。

VBEを起動しておく

❶ [表示]をクリック　❷ [オブジェクトブラウザー] をクリック

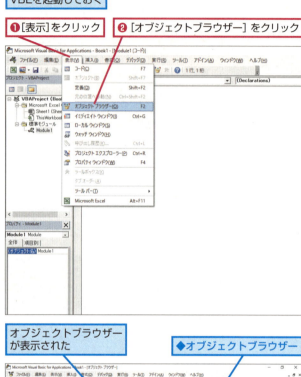

> **HINT ショートカットキーを使用してオブジェクトブラウザーを表示する**
>
> オブジェクトブラウザーは、キーボードの F2 キーを押しても表示することができます。

オブジェクトブラウザーが表示された　◆オブジェクトブラウザー

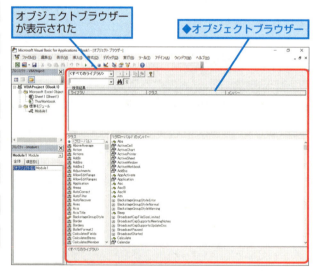

> **HINT オブジェクトブラウザーを表示したときの画面**
>
> オブジェクトブラウザーを表示したときは、[検索結果] ボックスにはなにも表示されていません。[検索文字列] ボックスに検索したい用語を入力し、検索を実行したときに [検索結果] ボックスにその結果が表示されます。
>
> ❶「color」と入力　❷ [検索] をクリック
>
>
>
> 一覧に検索結果が表示された

オブジェクトブラウザーの項目

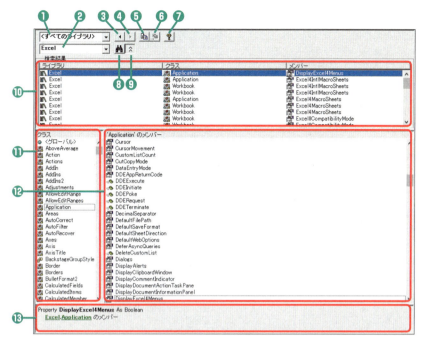

項目	機能
❶ [プロジェクト / ライブラリ] ボックス	現在のプロジェクトが参照しているライブラリを表示する。参照したいライブラリを選択できる
❷ [検索文字列] ボックス	オブジェクトブラウザーで検索したい文字列を入力する
❸ [前に戻る] ボタン	クラスやメンバーの一覧で、直前に選択していた項目を表示する
❹ [次に進む] ボタン	[前に戻る] ボタンで戻る前に表示していた項目を再表示する
❺ [クリップボードへコピー] ボタン	メンバー一覧や説明に表示されている文字列のうち、選択している項目をクリップボードにコピーする
❻ [定義の表示] ボタン	クラスまたは、メンバー一覧で選択している項目が定義されているコードウィンドウを表示する
❼ [ヘルプ] ボタン	クラスまたは、メンバー一覧で、選択中の項目のヘルプを表示する。キーボードの F1 キーを押しても同様にヘルプが表示できる
❽ [検索] ボタン	[検索文字列] ボックスに入力された文字列で検索を実行する。検索結果は、[検索結果] ペインに表示される
❾ [検索結果の表示] [検索結果の非表示] ボタン	[検索結果] ペインの表示と非表示とを切り替える
❿ [検索結果] ペイン	検索文字列を含む項目に一致するライブラリ、クラス、メンバーを表示する
⓫ [クラス] ペイン	[プロジェクト / ライブラリ] ボックスで選択されたライブラリやプロジェクトの使用可能なクラス (Class) や列挙型 (Enum) をすべて表示する。組み込み定数のセットは、列挙型になる
⓬ [メンバー一覧] ペイン	[クラス] ペインで選択したクラスの構成要素を、グループごとにアルファベット順で表示する
⓭ [説明] ペイン	選択されているメンバーの定義を表示する

161

HINT オブジェクトブラウザーで参照できる内容

オブジェクトブラウザーで表示できるオブジェクトライブラリの内容は、[プロジェクト/ライブラリ]ボックスで確認、選択することができます。VBAで参照するオブジェクトライブラリを追加するには、[ツール]メニューの[参照設定]をクリックして、[参照設定]ダイアログボックスで参照したいオブジェクトライブラリにチェックマークを付けます。なお、初期設定ではあらかじめ4つのオブジェクトライブラリが選択されています。

参照したいオブジェクトライブラリにチェックマークを付ける

● 組み込み定数を調べる

オブジェクトブラウザーで組み込み定数の一覧を表示するには、組み込み定数の列挙型を指定して検索します。ここでは、Bordersプロパティの引数で指定するXlBordersIndex列挙型の定数一覧を表示します。　　　　参照▶オブジェクトブラウザーを表示する……P.160

VBEを起動して、オブジェクトブラウザーを表示しておく

[クラス]ペインで組み込み定数の一覧を表示したい列挙型を選択する

[XlBordersIndex]をクリック

選択した[XlBordersIndex]列挙型の定数が表示された

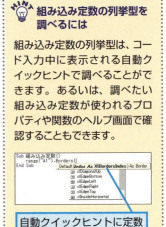

HINT 組み込み定数の列挙型を調べるには

組み込み定数の列挙型は、コード入力中に表示される自動クイックヒントで調べることができます。あるいは、調べたい組み込み定数が使われるプロパティや関数のヘルプ画面で確認することもできます。

自動クイックヒントに定数の列挙型が表示される

HINT 参照するライブラリを指定する

オブジェクトライブラリを表示した直後は、使用できるすべてのライブラリのオブジェクトを参照できます。参照するライブラリの種類がわかっている場合は、あらかじめ[プロジェクト/ライブラリ]ボックスで選択しておくことで、表示する項目を絞り込んでおくことができます。

[プロジェクト/ライブラリ]をクリック

表示項目を一覧から絞り込める

[検索文字列] ボックスを使用して定数を検索する

[検索文字列] ボックスに「XlBordersIndex」と入力して [検索] ボタンをクリックすると、指定したライブラリのなかからXlBordersIndexが検索され、XlBordersIndex列挙型に含まれる組み込み定数が表示されます。

オブジェクトブラウザーを表示しておく

❶「XlBordersIndex」と入力　　❷[検索]をクリック

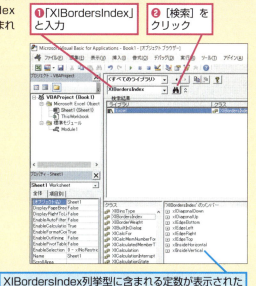

XlBordersIndex列挙型に含まれる定数が表示された

オブジェクトのメンバーであるプロパティやメソッドの一覧を表示する ◀◀◀

オブジェクトブラウザーでは定数だけでなく、オブジェクトのメンバーであるプロパティやメソッドの一覧を表示することもできます。たとえば、[クラス] ペインで [Workbook] を選択すると、Workbookオブジェクトのメンバーであるプロパティ（📄）、メソッド（🔧）、イベント（⚡）の一覧が表示されます。表示されたメンバーの1つをクリックすると、そのメンバーの詳細がオブジェクトブラウザーの下部に表示され、書式やデータ型などの内容を確認することができます。このとき、[ヘルプ] ボタンをクリックすると、ヘルプ画面が別ウィンドウで表示されます。

❶[クラス]ペインの「Workbook」をクリック

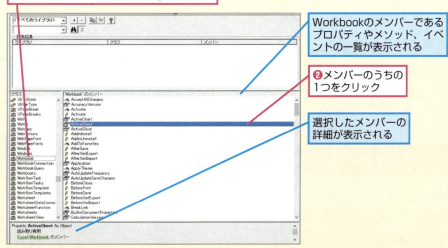

Workbookのメンバーであるプロパティやメソッド、イベントの一覧が表示される

❷メンバーのうちの1つをクリック

選択したメンバーの詳細が表示される

3-4 配列

配列とは

同じデータ型の要素の集まりのことを「配列」といい、配列を格納する変数のことを「配列変数」といいます。「配列変数」は単に「配列」と表すこともあります。配列変数は、1つの変数をいくつかに区切って複数のデータを格納できるようにしています。たとえば、5つの支店を扱う場合、変数では5つの変数を用意しなければなりませんが、配列変数を使用すると、1つの配列変数で5つの支店をまとめて扱えるため、よりシンプルなコードで扱えるようになります。

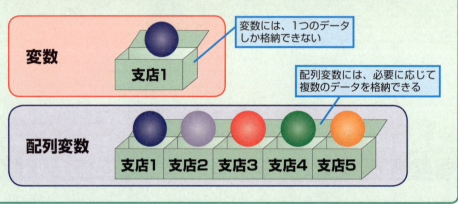

配列変数を使うには

配列変数を使うには、配列変数に格納する要素数と、配列変数に格納された各要素に対応するインデックス番号について注意する必要があります。配列変数に格納された各要素には0からはじまるインデックス番号が振られます。各要素は「shiten(0)」のように「変数名（インデックス番号）」で表します。ここでは、配列変数の宣言と要素の格納方法、インデックス番号の下限値、上限値の設定方法について説明します。

● 配列変数の宣言と要素の格納

配列変数を宣言するには、変数名のうしろの「()」内に配列の要素数を表す数を記述します。「()」内の数字のことをインデックス番号といいます。インデックス番号は最小値（下限値）を0とするため、配列変数を宣言するときは、要素数から1を引いた数を「()」内に記述します。この数がインデックス番号の上限値になります。

サンプル 3-4_001.xlsm

▶配列変数を宣言する
Dim 変数名(上限値) As データ型

▶配列変数にデータを格納する
変数名(インデックス番号) = 格納する値

```
1  Sub 配列変数の宣言1()
2      Dim shiten(2) As String
3      shiten(0) = "東京"
4      shiten(1) = "大阪"
5      shiten(2) = "福岡"
6  End Sub
```

1 [配列変数の宣言1]というマクロを記述する
2 文字列型の配列変数shitenを要素数3にして宣言する
3 配列変数の1番めの要素に「東京」を格納する
4 配列変数の2番めの要素に「大阪」を格納する
5 配列変数の3番めの要素に「福岡」を格納する
6 マクロの記述を終了する

 配列変数のデータ型をバリアント型にするといろいろなデータが格納できる

バリアント型は、あらゆるデータが格納できるデータ型です。配列変数を宣言するときにデータ型をバリアント型にすると、文字列だけでなく、数値、日付などいろいろなデータが格納できるようになります。

 「配列」は「配列変数」を意味することもある

「配列」は同じデータ型の要素の集まりで、その要素を格納する変数を「配列変数」といいます。「配列」と「配列変数」は厳密には意味が異なりますが、「配列変数」が単に「配列」と表されることもあります。

● 配列のインデックス番号の下限値を変更する

配列のインデックス番号の最小値である下限値は、初期設定では「0」になります。そのため、配列変数の宣言時に指定する上限値は配列の要素数から1を引かなければならず、少々わかりづらいことがあります。Option Baseステートメントを使用すると、インデックス番号の下限値を1に変更することができます。Option Baseステートメントはモジュールの宣言セクションに記述します。設定できる下限値の値は「0」か「1」のいずれかです。Option Baseステートメントで下限値を1に変更すると、そのモジュール内のすべての配列変数の下限値が1になります。Option Baseステートメントを記述しない場合は、下限値は「0」になります。

サンプル 3-4_002.xlsm
参照 宣言セクションとは……P.156

▶配列変数の下限値を変更する（宣言セクションに記述）
Option Base 下限値（0または1）

```
1  Option Base 1                              （宣言セクション）
```

```
1  Sub 配列変数の宣言2()
2      Dim shiten(3) As String
3      shiten(1) = "東京"
4      shiten(2) = "大阪"
5      shiten(3) = "福岡"
6  End Sub
```

1	配列変数の下限値を1にする

1	[配列変数の宣言2]というマクロを記述する
2	文字列型の配列変数shitenを要素数3にして宣言する
3	配列変数の1番めの要素に「東京」を格納する
4	配列変数の2番めの要素に「大阪」を格納する
5	配列変数の3番めの要素に「福岡」を格納する
6	マクロの記述を終了する

● 配列変数のインデックス番号の下限値と上限値を指定する

Toキーワードを使用すると、配列変数ごとに下限値と上限値が指定できます。そのため、セルの行番号や列番号に対応した値に設定することが可能です。この場合、Option Baseステートメントの設定に関係なく、設定した下限値が有効になります。 サンプル 3-4_003.xlsm

▶配列変数の下限値、上限値を設定する

Dim 変数名(下限値 To 上限値)　As データ型

```
1  Sub 配列変数の宣言3()
2      Dim shiten(2 To 4) As String
3      shiten(2) = Range("A2").Value
4      shiten(3) = Range("A3").Value
5      shiten(4) = Range("A4").Value
6  End Sub
```

1	[配列変数の宣言3]というマクロを記述する
2	文字列型の配列変数shitenを下限値が2、上限値が4（要素数は3）にして宣言する
3	配列変数の1番めの要素にセルA2の値を格納する
4	配列変数の2番めの要素にセルA3の値を格納する
5	配列変数の3番めの要素にセルA4の値を格納する
6	マクロの記述を終了する

● Array関数で配列変数に値を格納する

配列変数に値を格納するには、「shiten(0)="東京"」のように要素ごとに格納しますが、Array関数を使用すると配列の各要素を一度に格納できます。Array関数は、引数に指定した要素を配列にして返す関数です。バリアント型の値を返すため、変数のデータ型はVariantにする必要があります。また、Array関数を使った配列の下限値はOption Baseステートメントの設定に関係なく、常に0になります。 サンプル 3-4_004.xlsm

▶配列変数の宣言と値の格納（Array関数を使う場合）

Dim 変数名 As Variant
　⋮
変数名 = Array(要素1, 要素2, 要素3,…)

```
1  Sub 配列変数の宣言4()
2      Dim shiten As Variant
3      shiten = Array("東京","大阪","福岡")
4  End Sub
```

1	[配列変数の宣言4]というマクロを記述する
2	バリアント型の変数shitenを宣言する
3	3つの要素(東京、大阪、福岡)を持つ配列を作成し、変数shitenに格納する
4	マクロの記述を終了する

▶ 動的配列を使うには

動的配列とは、宣言時に要素数を指定せず、プロシージャーのなかで要素数を設定できる変数のことです。プロシージャー実行中に配列の要素の数に変動がある場合に動的配列を使用します。一方、要素数がはじめから決まっている配列を「静的配列」といい、宣言時に要素数も一緒に指定します。ここでは、動的配列の宣言方法、要素数の設定方法、インデックス番号の下限値、上限値の求め方を説明します。

● 動的配列を定義する

動的配列変数を宣言するには、配列変数の宣言ステートメントで配列変数のうしろに「()」だけを記述しておきます。プロシージャーのなかで要素数がわかった段階で、ReDimステートメントを使って配列変数に上限値を設定します。 サンプル 3-4_005.xlsm

▶動的配列の構文
Dim 変数名() As データ型
　⋮
ReDim 変数名(上限値)

```
 1  Sub 動的配列()
 2      Dim shohin() As String
 3      Dim cnt As Integer, i As Integer
 4      cnt = Range("A1").CurrentRegion.Rows.Count - 1
 5      ReDim shohin(cnt - 1)
 6      For i = 0 To cnt - 1
 7          shohin(i) = Cells(i + 2, "A").Value
 8          Debug.Print shohin(i)
 9      Next i
10  End Sub
```

3-4 配列

1 マクロの基礎知識
2 VBAの基礎知識
3 プログラミングの基礎知識
4 セルの操作
5 ワークシートの操作
6 Excelファイルの操作
7 高度なファイルの操作
8 ウィンドウの操作
9 データの操作
10 印刷
11 図形の操作
12 グラフの操作
13 コントロールの使用
14 外部アプリケーションの操作
15 VBA関数
16 そのほかの操作
付録

3-4 配列

1　［動的配列］というマクロを記述する
2　文字列型の配列変数shohinについて要素数を指定しないで宣言する
3　整数型の変数cnt、変数iを宣言する
4　セルA1を含む表の行数から1を引いた値を変数cntに代入する（商品数の取得）
5　配列変数shohinの上限値を商品数（変数cntの値）から1を引いた値に設定する
6　変数iが0から上限値（cnt-1）になるまで以下の処理をくり返す
7　配列変数shohin(i)に「i+2行め、A列」のセルのデータを格納する
8　配列変数shohin(i)の値をイミディエイトウィンドウに書き出す
9　変数iに1を足して7行めに戻る
10　マクロの記述を終了する

セルA1を含む表の行数から商品数を取得して、それぞれの商品名を配列変数に格納する

配列変数に格納された商品名がイミディエイトウィンドウに書き出された

HINT 「Debug.Print」の意味

「Debug.Print 値」と記述し、指定した値を［イミディエイト］ウィンドウに表示します。イミディエイトウィンドウを表示するには、［表示］メニューの［イミディエイトウィンドウ］をクリックします。

参照 イミディエイトウィンドウ……P.230

● 配列の下限値と上限値を調べる

動的配列を使用しているために要素数に変動がある場合や、Option Baseによって下限値が変更されている場合、Toキーワードを使って下限値と上限値を指定していたりする場合には、配列の処理を行ううえで正確な要素数を確認する必要があります。これには、下限値を正確に取得するLBound関数、上限値を正確に取得するUBound関数を使用します。

サンプル 3-4_006.xlsm

▶LBound関数の構文
LBound(下限値を調べる配列変数)

▶UBound関数の構文
UBound(上限値を調べる配列変数)

マクロの基礎知識　1
VBAの基礎知識　2
プログラミングの基礎知識　3
セルの操作　4
ワークシートの操作　5
Excelファイルの操作　6
高度なファイルの操作　7
ウィンドウの操作　8
データの操作　9
印　刷　10
図形の操作　11
グラフの操作　12
コントロールの使用　13
外部アプリケーションの操作　14
VBA関数　15
そのほかの操作　16
付　録

```
1  Sub 配列の下限値上限値を調べる()
2      Dim hairetu() As String, cnt As Integer
3      cnt = Range("A1").CurrentRegion.Rows.Count - 1
4      ReDim hairetu(cnt - 1)
5      MsgBox "下限値:" & LBound(hairetu) & Chr(10) & _
             "上限値:" & UBound(hairetu)
6  End Sub             注)「 _（行継続文字）」の部分は、次の行と続けて入力することもできます→95ページ参照
```

1 [配列の下限値上限値を調べる]というマクロを記述する
2 文字列型の配列変数hairetuを要素を指定しないで宣言し、整数型の変数cntを宣言する
3 セルA1を含む表の行数から1を引いた値を変数cntに格納する（商品数の取得）
4 配列変数の上限値を設定する（上限値は要素数-1）
5 配列変数の下限値と上限値をメッセージで表示する
6 マクロの記述を終了する

[配列の下限値上限値を調べる]マクロを実行すると、配列変数の下限値と上限値がメッセージで表示される

HINT 配列の要素数を求めるには

変数の要素数を求めるには、UBound関数、LBound関数を使用して、次の式で求められます。

$$\underline{UBound(配列変数)}-\underline{LBound(配列変数)}+1$$
　　　　上限値　　　　　　　下限値

HINT 2次元配列の下限値、上限値を求めるには

LBound関数、UBound関数で2次元配列の下限値、上限値を求めるには、「LBound(変数名, 次元数)」「UBound(変数名, 次元数)」の書式になり、第2引数で次元数を指定します。行数の下限値と上限値を求めるには次元数に1を指定し、列数の下限値と上限値を求めるには次元数に2を指定します。たとえば、2次元配列Hairetuで「UBound(Hairetu,1)」とした場合は、Hairetuの行数の上限値が戻ります。
参照 ▶ 2次元配列を宣言するには……P.171

● 配列の値を残したまま要素数を変更する

動的配列では、ReDimステートメントを使用することで配列の要素数を何回でも変更できますが、ReDimステートメントで要素数を設定し、そのあとReDimステートメントで要素数を変更すると、すでに格納されていた配列の値が消えてしまいます。格納されている値を残したまま配列の要素数を再設定するには、ReDimステートメントにPreserveキーワードを付加します。

サンプル 3-4_007.xlsm

Preserveキーワードを使わずに再設定した場合

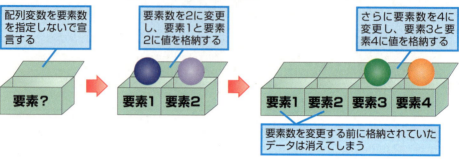

```
1  Sub 配列の要素数変更()
2      Dim hairetu() As String
3      ReDim hairetu(1)
4      hairetu(0) = "レモングラス" : hairetu(1) = "カモミール"
5      ReDim Preserve hairetu(3)
6      hairetu(2) = "タイム" : hairetu(3) = "ラベンダー"
7  End Sub
```

1 [配列の要素数変更]というマクロを記述する
2 文字列型の配列変数hairetuについて要素数を指定しないで宣言する
3 配列変数hairetuの要素数を2に設定する
4 配列変数hairetuの1番めの要素に「レモングラス」、2番めの要素に「カモミール」を格納する
5 配列変数hairetuの配列の値を保持したまま要素数を4に変更する
6 配列変数hairetuの3番めの要素に「タイム」、4番めの要素に「ラベンダー」を格納する
7 マクロの記述を終了する

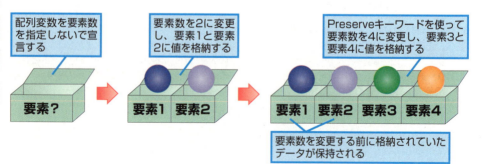

2次元配列を宣言するには

2次元配列とは、行と列からなる配列のことをいい、Excelの表のようなデータを扱う場合に使用します。2次元配列を宣言するには、行と列の上限値を「,（カンマ）」で区切って指定します。

サンプル 3-4_008.xlsm

▶2次元配列の変数を宣言する

Dim 変数名(行数, 列数) As データ型

▶2次元配列にデータを格納する

変数名(行のインデックス番号, 列のインデックス番号)= 格納する値

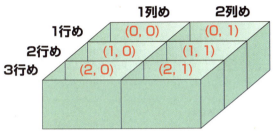

```
1   Sub 二次元配列()
2       Dim hairetu(2, 1) As String
3       hairetu(0, 0) = "できるExcel"
4       hairetu(0, 1) = "初級"
5       hairetu(1, 0) = "できるExcel関数"
6       hairetu(1, 1) = "初中級"
7       hairetu(2, 0) = "できるExcelマクロVBA"
8       hairetu(2, 1) = "初中級"
9       Range("A2:B4").Value = hairetu
10  End Sub
```

1	[二次元配列]というマクロを記述する
2	文字列型の2次元配列変数hairetu（3行×2列）を宣言する
3	2次元配列変数hairetuの1行、1列めに「できるExcel」を格納する
4	2次元配列変数hairetuの1行、2列めに「初級」を格納する
5	2次元配列変数hairetuの2行、1列めに「できるExcel関数」を格納する
6	2次元配列変数hairetuの2行、2列めに「初中級」を格納する
7	2次元配列変数hairetuの3行、1列めに「できるExcelマクロVBA」を格納する
8	2次元配列変数hairetuの3行、2列めに「初中級」を格納する
9	セル範囲A2からB4に2次元配列変数hairetuの値を表示する
10	マクロの記述を終了する

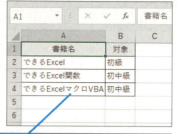

2次元配列hairetuのそれぞれの要素に格納されたデータが、セル範囲A2～B4に表示された

HINT Toキーワードを使用して2次元配列の下限、上限を設定するには

2次元配列の宣言時に、行数、列数でToキーワードを使用すると、それぞれの下限、上限を設定することができます。たとえば、「Dim hairetu(2 To 4, 3 To 8) As Integer」のように記述します。セル範囲の行番号や列番号に対応させたい場合に便利です。

HINT バリアント型の変数にセルの値をまとめて格納するには

セルに入力されている値を配列変数にまとめて格納するには、配列変数のデータ型をバリアント型にして宣言します。たとえばセル範囲A2～B4の値を配列変数hairetuに格納するVBAのコードは次のようになります。LBound関数、UBound関数の第2引数で次元数を指定して行数と列数の下限値、上限値をそれぞれ取得し、メッセージを表示しています。なお、バリアント型の変数はより多くのメモリを消費するため、大きなデータを扱う場合には処理が遅くなります。

サンプル 3-4_009.xlsm

参照 配列の下限値と上限値を調べる……P.168

セル範囲A2～B4の値をまとめて格納するには、変数のデータ型にVariantを使用する

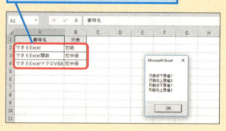

```
Sub セル範囲の値を二次元配列に格納()
    Dim hairetu As Variant
    hairetu = Range("A2:B4").Value
    MsgBox "行数の下限値" & LBound(hairetu, 1) & Chr(10) & _
           "行数の上限値" & UBound(hairetu, 1) & Chr(10) & _
           "列数の下限値" & LBound(hairetu, 2) & Chr(10) & _
           "列数の上限値" & UBound(hairetu, 2)
End Sub
```

配列を初期化するには

Eraseステートメントを使用すると、配列に格納されている値をまとめて消去することができます。動的配列の場合は値の消去と同時にメモリの解放も行いますが、静的配列の場合は値の初期化のみでメモリは解放されません。なお、静的配列のデータ型に応じて、実行結果が以下の表のように異なります。

▶配列の値を初期化する

Erase 配列変数

配列の型	Erase ステートメントの実行結果
静的数値配列	要素はすべて 0 に設定される
静的文字列配列（可変長）	要素はすべて長さ 0 の文字列（""）に設定される
静的文字列配列（固定長）	要素はすべて 0 に設定される
静的バリアント型配列	要素はすべて Empty 値に設定される
ユーザー定義型配列	各要素は、別個の変数として設定される
オブジェクト配列	要素はすべて Nothing に設定される

HINT メモリの解放とは

メモリの解放とは、変数を使用したときに確保されていたメモリ領域を解放し、自由に使用できるようにすることです。

HINT 「Empty値」と「Nothing」の違い

Empty値は、バリアント型の変数で使用できる値で、値が格納されていない状態を意味します。Empty値は、文字列としては長さ0の文字列、数値としては0と評価されます。また、Nothingは、オブジェクト型の変数に対して使用する値で、オブジェクトへの参照を解除します。

3-4

配列

1 マクロの
基礎知識

2 VBAの
基礎知識

3 プログラミングの
基礎知識

4 セルの操作

5 ワークシートの
操作

6 Excelファイルの
操作

7 高度な
ファイルの操作

8 ウィンドウの
操作

9 データの操作

10 印 刷

11 図形の操作

12 グラフの操作

13 コントロールの
使用

14 外部アプリケーション
の操作

15 VBA関数

16 そのほかの操作

付 録

3-5

演算子

3-5 演算子

サイドバー（左）:
- マクロの基礎知識 **1**
- VBAの基礎知識 **2**
- プログラミングの基礎知識 **3**
- セルの操作 **4**
- ワークシートの操作 **5**
- Excelファイルの操作 **6**
- 高度なファイルの操作 **7**
- ウィンドウの操作 **8**
- データの操作 **9**
- 印刷 **10**
- 図形の操作 **11**
- グラフの操作 **12**
- コントロールの使用 **13**
- 外部アプリケーションの操作 **14**
- VBA関数 **15**
- そのほかの操作 **16**
- 付録

演算子

プログラムのなかで計算やデータの比較、文字列連結などの処理を行う場合、演算子と呼ばれる記号を使います。演算子には、算術演算子や比較演算子、文字列連結演算子、論理演算子、代入演算子の5種類があります。

VBAで使用できる演算子

演算子の種類	内容
算術演算子	足し算、引き算、掛け算、割り算などの演算を行うときに使用する 参照📖 算術演算子……P.174
比較演算子	値と値の大きさを比較するときに使用する 参照📖 比較演算子……P.175
文字列連結演算子	文字列と文字列を連結するときに使用する 参照📖 文字列連結演算子……P.176
論理演算子	「または」や「かつ」のように、複数の条件を指定するときに使用する 参照📖 論理演算子……P.176
代入演算子	右辺の値を左辺に代入するときに使用する 参照📖 代入演算子……P.177

算術演算子

算術演算子は、加算、減算、乗算、除算などの単純な計算を行うときに使用します。

算術演算子の一覧

演算子	意味	使用例	結果
+	足し算	5 + 2	7
−	引き算	5 − 2	3
*	掛け算	5 * 2	10
/	割り算	5 / 2	2.5
^	べき乗	5 ^ 2	25
¥	割り算の整数値の答え	5 ¥ 2	2
Mod	割り算の余り	5 Mod 2	1

> **HINT 算術演算子の優先順位**
>
> 算術演算子の優先順位は、べき乗（^）、掛け算（*）と割り算（/）、整数除算（¥）、剰余（Mod）、加算（+）と減算（-）の順になりますが、演算式を（）で囲むと（）内の演算が優先されます。

174
できる

比較演算子

比較演算子は、2つの値を比較します。「AとBが等しい」とか、「Cが10以上」のように比較して、正しければTrue、正しくなければFalseが返ります。Ifステートメントのような条件分岐の処理のなかで条件式を設定する場合などに使用されます。

参照▶制御構造……P.181

比較演算子の一覧

演算子	意味	使用例	結果
<	より小さい	5 < 2	False
<=	以下	5 <= 2	False
>	より大きい	5 > 2	True
>=	以上	5 >= 2	True
=	等しい	5 = 2	False
<>	等しくない	5 <> 2	True
Like	パターンマッチング	" 紫水晶 " Like "* 水晶 "	True
Is	オブジェクト比較	Worksheets("Sheet1") Is Worksheets(2)	False

HINT Is演算子

Is演算子はオブジェクト比較をする演算子で、2つのオブジェクトが同じオブジェクトを参照しているかどうかでTrueまたはFalseを返します。たとえば、Range型オブジェクト変数myRangeに対して「myRange Is Nothing」とした場合、myRangeにセルが格納されている場合はFalseとなりますが、セルが格納されていない場合はTrueが返ります。

HINT Like演算子で利用できるワイルドカード

Like演算子は、2つの文字を比較し、文字列がある文字パターンと一致するかどうかでTrueまたはFalseを返します。たとえば「"8月12日" Like "8月*"」のように、ワイルドカードを使った文字パターンで文字列を比較できます。ワイルドカードには、以下の表のようなものがあります。

ワイルドカード	意味	例
*	0 文字以上の任意の文字列	"*E*" → E を含む文字列
?	任意の 1 文字	"E????" → E ではじまる 5 文字の文字列
#	任意の 1 数字	"#E" → 1 文字めが数字で、なおかつ E で終わる文字列
[ ]	[ ] 内に指定した 1 文字	[VBA] → V、B、A のいずれか 1 文字
[!]	[ ] 内に指定した文字以外の 1 文字	[!VBA] → V、B、A 以外の 1 文字
[-]	[ ] 内に指定した範囲の 1 文字	[A-E] → A から E までの 1 文字

HINT 代入演算子の「=」と比較演算子の「=」

「=」はその使用方法によって意味合いが変わってきます。たとえば、Ifステートメントなどで条件式を設定する場合「X=Y」とすると「XとYが等しい」という意味の比較演算子になり、TrueまたはFalseの結果が返ります。しかし、単独で「X=Y」とした場合は「XにYを代入する」という意味の代入演算子になります。使用している場所によって「=」の機能が異なることに気をつけてください。

参照▶代入演算子……P.177

文字列連結演算子

文字列連結演算子は文字列と文字列を連結して一連の文字列にするために使用します。変数に格納された文字列と文字列をつなげて、メッセージ文を使用する場合などによく使用されます。なお、「+」は加算を意味する算術演算子としても使用されるため、わかりづらくなります。実際に使用する場合は、「&」を使用したほうがいいでしょう。

文字列連結演算子の一覧

演算子	意味	使用例	結果
&	文字列の連結	"Excel" & "VBA"	ExcelVBA
+	文字列の連結	"Excel" + "VBA"	ExcelVBA

論理演算子

論理演算子は、「AかつB」、「AまたはB」のような複数の条件を組み合わせます。条件を満たす場合はTrue、満たさない場合はFalseが返ります。論理演算子は、条件分岐を行う場合の条件式で複数の条件を組み合わせる場合などに使用されます。

論理演算子の一覧

演算子	意味と書式	例(性別＝男性、所属＝営業の場合)	結果
And	条件1を満たし、条件2を満たす(論理積) 書式：条件1 And 条件2	条件1：性別＝男性 条件2：所属＝営業 ↓ 性別＝"男性" And 所属＝"営業"	男性なので条件1を満たし、営業なので条件2も満たす ↓ True
Or	条件1を満たすか、または条件2を満たす(論理和) 書式：条件1 Or 条件2	条件1：性別＝女性 条件2：所属＝営業 ↓ 性別＝"女性" Or 所属＝"営業"	男性なので条件1は満たさないが、営業なので条件2を満たす ↓ True
Not	条件でない(論理否定) 書式：Not 条件	条件：性別＝男性 ↓ Not 性別＝"男性"	男性なので満たさない ↓ False

演算子	意味と書式	例（性別＝男性、所属＝営業の場合）	結果
Eqv	条件1を満たし、かつ条件2を満たす または、 条件1を満たさない、かつ条件2を満たさない （論理等価演算） 書式：条件1 Eqv 条件2	条件1：性別＝男性 条件2：所属＝総務 ↓ 性別＝"男性" Eqv 所属＝"総務"	男性なので条件1を満たすが、営業なので条件2を満たさない ↓ False
		条件1：性別＝女性 条件2：所属＝総務 ↓ 性別＝"女性" Eqv 所属＝"総務"	男性なので条件1を満たさないが、営業なので条件2を満たさない ↓ True
Imp	条件1を満たさない、 または 条件2を満たす （論理包含演算） 書式：条件1 Imp 条件2	条件1：性別＝女性 条件2：所属＝営業 ↓ 性別＝"女性" Imp 所属＝"営業"	男性なので条件1を満たさないが、営業なので条件2を満たす ↓ True
Xor	条件1を満たし、かつ条件2を満たさない または、 条件2を満たし、かつ条件1を満たさない （排他的論理和） 書式：条件1 Xor 条件2	条件1：性別＝男性 条件2：所属＝経理 ↓ 性別＝"男性" Xor 所属＝"経理"	男性なので条件1を満たすが、営業なので条件2は満たさない ↓ True

HINT Not演算子の利用方法

Not演算子は、条件式として「Not オブジェクト変数 Is Nothing」のように記述し、「オブジェクト変数がNothingでない場合」、すなわち「オブジェクト変数にオブジェクトが格納されている場合」という条件式に使用されます。また、TrueまたはFalseの値を持つプロパティで「プロパティ＝ Not プロパティ」のように記述し、プロシージャーを実行するたびにTrueとFalseを交互に切り替える使い方も可能です。たとえば、「Rows(1).Visible=Not Rows(1).Visible」と記述すると、実行するごとに1行めの表示・非表示が切り替わります。

代入演算子

代入演算子は「＝」を使用し、右辺の値を左辺に代入するという意味を持ちます。代入演算子の「＝」は、プロパティの値を設定したり、変数に値を代入したりするときに使用します。

代入演算子の一覧

演算子	意味	使用例	結果
＝	右辺を左辺に代入する	X＝X＋1	変数Xに1を加えた値を変数Xに代入する

3-6 関数

関数

VBAには、プログラミングに使用できる多くの関数が用意されています。これをVBA関数といいます。また、VBAではExcelのワークシート関数も使用することができます。VBA関数にはないSUM関数やLOOKUP関数などの機能を利用すれば、コードだけで記述すると複雑になる処理を、とても簡単に記述できるようになります。VBA関数とワークシート関数の関数のなかには、名前が同じでも機能が異なっていたり、機能は同じであるものの名前が違っていたりするものがあるため、使用には注意が必要です。ここでは、VBA関数とワークシート関数との違いと、VBAでワークシート関数を使用する方法を説明します。

年、月、日を組み合わせて日付データを作成する

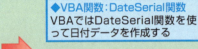

◆VBA関数：DateSerial関数
VBAではDateSerial関数を使って日付データを作成する

VBAではVBA関数の「DateSerial」を使用して日付データを作成する

◆ワークシート関数：DATE関数
ExcelではDATE関数を使って日付データを作成する

Excelではワークシート関数の「DATE」を使用して日付データを作成する

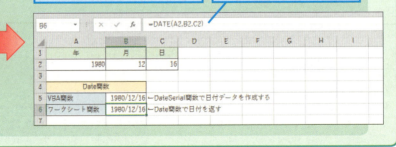

VBA関数とワークシート関数

VBAには、日付時刻関数や文字列関数、データ変換関数などのいろいろな種類の関数が用意されており、これらの関数を使用して計算や処理を行うことができます。VBA関数のなかには、ワークシート関数と同じ名前で同じ機能を持つもの、名前が同じでも異なる機能を持つものの両方があります。ワークシート関数に慣れていると、VBA関数を使用するときにワークシート関数との機能の違いや書式の違いに戸惑うことがあります。ここでは、VBA関数とワークシート関数との違いを表に示します。2つの違いを確認しましょう。

参照▶VBA関数……P.815

VBA関数とワークシート関数の比較

項目	例
同じ名前で機能が違う関数	DATE 関数 ワークシート関数：DATE（年，月，日）で指定した日付を表すシリアル値を返す VBA 関数：現在のシステム日付を返す
違う名前で機能が同じ関数	乱数を発生させる関数 ワークシート関数：RAND 関数 VBA 関数：Rnd 関数
ワークシート関数にしかない関数	SUM 関数、MAX 関数、AVERAGE 関数、VLOOKUP 関数など
VBA 関数にしかない関数	IsArray 関数、CInt 関数など

💡HINT 同じ名前で一部機能が異なる関数もある

VBA関数とワークシート関数で同じ名前で、機能が一部異なる関数もありますので注意してください。たとえば、ROUND関数はワークシート関数やVBA関数ともに四捨五入をする関数ですが、返る結果が異なる場合があります。VBA関数のRound関数は、銀行型の丸め処理を行うため、「.5」の結果が偶数になるように処理されます。たとえば、「0.5」は「0」、「2.5」は「2」が返ります。ワークシート関数と同じ名前のVBA関数を使用する場合は、両方の機能の違いに注意してください。

▶ ワークシート関数をVBAで使うには

VBAでワークシート関数を使用するには、ApplicationオブジェクトのWorksheetFunctionプロパティを使用します。WorksheetFunctionプロパティのメンバーとしてワークシート関数の一部が用意されています。すべてのワークシート関数が使用できるわけではないことに注意してください。

サンプル 3-6_001.xlsm

参照 メッセージ文を複数行にして表示するには……P.200

▶VBAでワークシート関数を使う場合の記述

Application.WorksheetFunction.ワークシート関数名(引数)

※「Application」は省略することもできる

```
1  Sub ワークシート関数の使用例()
2      Dim myMin As Long, myMax As Long
3      myMin=Application.WorksheetFunction.Min(Range("B3:E6"))
4      myMax=Application.WorksheetFunction.Max(Range("B3:E6"))
5      MsgBox "最小値:" & myMin & vbLf & "最大値:" & myMax
6  End Sub
```

1 ［ワークシート関数の使用例］というマクロを記述する
2 長整数型の変数myMin、myMaxを宣言する
3 変数myMinにセル範囲B3 〜 E6のなかの最小値を格納する
4 変数myMaxにセル範囲B3 〜 E6のなかの最大値を格納する
5 変数myMinと変数myMaxの値をメッセージに表示する
6 マクロの記述を終了する

3-6

関数

1 マクロの基礎知識
2 VBAの基礎知識
3 プログラミングの基礎知識
4 セルの操作
5 ワークシートの操作
6 Excelファイルの操作
7 高度なファイルの操作
8 ウィンドウの操作
9 データの操作
10 印刷
11 図形の操作
12 グラフの操作
13 コントロールの使用
14 外部アプリケーションの操作
15 VBA関数
16 そのほかの操作

付録

179
できる

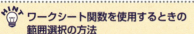

ワークシート関数のMIN関数とMAX関数を使って最小値と最大値が表示された

ワークシート関数を使用するときの範囲選択の方法

ワークシート関数をVBAで使用する場合、セル範囲を指定するには、Rangeオブジェクトで指定します。たとえば、ワークシートでは「SUM(B3:E6)」と指定しますが、VBAでは「SUM(Range("B3:E6"))」のように記述します。

参照▶セルを参照するには①……P.234

VBAで使用できるワークシート関数を調べるには

コードウィンドウで「Application.WorksheetFunction.」まで入力すると自動メンバー表示が表示され、使用できるワークシート関数の一覧が表示されます。また、ヘルプ画面で「ワークシート関数一覧」をキーワードにして検索すると、関連するトピックスを表示することができます。

参照▶ヘルプを利用するには……P.131

角カッコ（[]）またはEvaluateメソッドを使用してワークシート関数を使用する

VBAでワークシート関数を使用する場合、WorksheetFunctionプロパティを使用する代わりに、角カッコ（[]）やApplicationオブジェクトのEvaluateメソッドを使う方法があります。ワークシート関数DATEDIFをVBAで使用するには、以下のように記述します。Evaluateメソッドは、引数が文字列であるため、関数全体を「"」で囲み、関数のなかの文字列の引数は2つの「"」で囲みます。

DATEDIF関数はWorksheetFunctionプロパティで使用できない関数ですが、この方法を使うとVBAでも使用できるようになります。以下の例はどれも同じ結果を返します。なお、VBA関数には、DATEDIF関数に似たDateDiff関数がありますが、時間間隔の数え方や書式が異なります。

参照▶イミディエイトウィンドウ……P.230

ワークシート関数であるDATEDIF関数とTODAY関数を使って誕生日と今日の日付から年齢を求め、イミディエイトウィンドウに表示する

WorksheetFunctionでは使用できないDATEDIFやTODAYが使える

```
Sub 年齢計算()
    Debug.Print Application.Evaluate("DATEDIF(""1972/1/7"",TODAY(),""Y"")")
    Debug.Print Application.Evaluate("DATEDIF(A1,TODAY(),""Y"")")
    Debug.Print [DATEDIF("1972/1/7",TODAY(),"Y")]
    Debug.Print [DATEDIF(A1,TODAY(),"Y")]
End Sub
```

セルの参照もそのまま指定できる（セルA1の値：1972/1/7）

Evaluateメソッドは、引数を文字列として指定する

イミディエイト
44
44
44
44

いずれも同じ結果が返る

3-7 制御構造

制御構造とは

条件を満たす場合と満たさない場合で異なる処理を実行したり、条件を満たすまで同じ処理をくり返し実行したりするなどの、コードの実行方法を制御するしくみを「制御構造」といいます。くり返しや条件分岐などの制御構造は、マクロの記録機能にはないため、VBAで直接記述する必要があります。これらをマスターすると、応用性のある柔軟な処理ができるようになります。ここでは、条件分岐やくり返し処理、オブジェクトの省略について説明します。

条件分岐

条件分岐は、設定した条件を満たす（True）か満たさない（False）かによって異なる処理を実行します。プロパティの値やセルの値に応じて異なる処理をするなど、さまざまな場合に応じた処理を実行したい場合に使用できます。

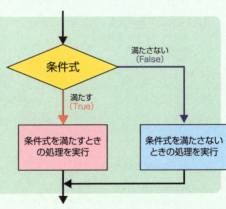

くり返し処理

くり返し処理では、設定した条件を満たすまで同じ処理をくり返したり、指定した回数だけ処理をくり返したりすることができます。くり返しには、変数がある値になる、セルの値が空欄になる、同じ種類のオブジェクトすべてに対して処理を行う、などの条件で使用できます。

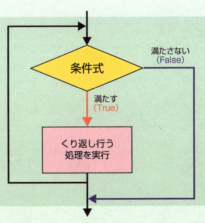

操作対象となるオブジェクトの省略

1つのオブジェクトに対して、いくつかのプロパティの値を設定するような場合に、Withステートメントを使用すると、同じオブジェクトの記述を省略することができます。くり返し同じオブジェクトを記述する手間がはぶけます。

3-7 制御構造

条件によって処理を振り分けるには

条件によって処理を振り分けるには、If…Then…ElseステートメントやSelect Caseステートメントを使用します。If… Then…Elseステートメントにはいくつかの設定パターンがあります。

● 1つの条件を満たしたときだけ処理を実行する

1つの条件を満たしたときだけ処理を実行するには、次のように記述します。条件式がTrueの場合だけ処理が実行されます。条件式がFalseの場合は、If…Then…Elseステートメントを終了して、次の処理に進みます。

サンプル 3-7_001.xlsm

If 条件式 Then 処理

または

If 条件式 Then
　　処理
End If

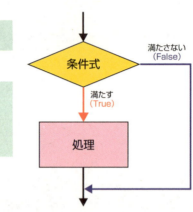

```
1  Sub 1つの条件で条件分岐1()
2      If Range("B7").Value < 150 Then
3          Range("B7").Font.Color = RGB(255, 0, 0)
4      End If
5  End Sub
```

1 [1つの条件で条件分岐1]というマクロを記述する
2 セルB7の値が150未満の場合は(If…Then…Elseステートメントの開始)
3 セルB7の文字の色を赤に設定する
4 If…Then…Elseステートメントを終了する
5 マクロの記述を終了する

セルB7の値が150未満の場合、セルB7の文字色を赤にする

● 1つの条件を満たしたときと満たさなかったときで処理を振り分ける

1つの条件を満たしたときと、満たさなかったときで異なる処理を実行するには、次のようにElseを組み合わせて記述します。条件式がTrueの場合は処理1を実行し、条件式がFalseの場合は処理2を実行します。

サンプル 3-7_002.xlsm

```
If 条件式 Then 処理1 Else 処理2
```
または
```
If 条件式 Then
    処理1
Else
    処理2
End If
```

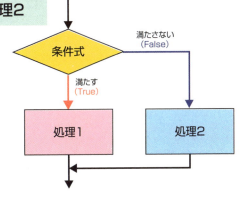

```
1  Sub 1つの条件で条件分岐2()
2      If Range("B7").Value >= 180 Then
3          Range("B9").Value = "進級"
4      Else
5          Range("B9").Value = "追試"
6      End If
7  End Sub
```

1	[1つの条件で条件分岐2]というマクロを記述する
2	セルB7の値が180以上の場合は(If…Then…Elseステートメントの開始)
3	セルB9に「進級」と表示する
4	それ以外の場合は
5	セルB9に「追試」と表示する
6	If…Then…Elseステートメントを終了する
7	マクロの記述を終了する

合計点が180点以上のときはセルB9に「進級」と表示し、そうでない場合は「追試」と表示する

💡 複合条件を設定するには

「AかつBの場合」とか「AまたはBの場合」のように複数の条件を組み合わせる場合は、AND演算子、OR演算子を使って条件を結びつけます。たとえば、「英語が50点以上かつ数学が50点以上の場合」であれば、「Range("B4") >= 50 And Range("B5") >= 50」と記述し、「英語が50点以上または数学が50点以上の場合」であれば、「Range("B4") >= 50 Or Range("B5")>= 50」と条件式を記述します。

参照🔖 論理演算子……P.176

💡 条件式設定のコツ（「=True」の省略）

If…Then…Elseステートメントでは、指定した条件式がTrueかFalseかによって実行する処理を振り分けます。条件式が「If Worksheets(1).Visible=True Then」（1つめのシートが表示されている場合）のように条件式が「=True」で記述できるものは、この部分を省略し、「If Worksheets(1).Visible Then」とできます。また、「If Worksheets(1).Visible=False Then」（1つめのシートが非表示の場合）は、Not演算子を使用して「If Not Worksheets(1).Visible Then」とできます。

参照🔖 論理演算子……P.176

3-7 制御構造

● 複数の条件で処理を振り分ける

ElseIfキーワードを使用すると、複数の条件判断ができるようになります。最初の条件を満たさなかったときにElseIfで指定した別の条件判断を行い、それも満たさなかったら、次のElseIfで指定した条件判断をする、というように、必要なだけ条件分岐を使用することができます。最後にElseキーワードを使った処理はすべての条件を満たさなかったときの処理を記述しますが、省略することもできます。

サンプル 3-7_003.xlsm

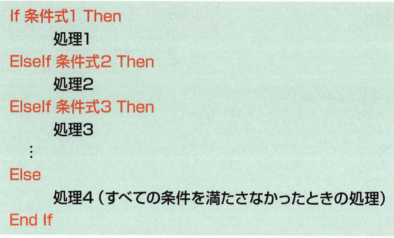

```
If 条件式1 Then
        処理1
ElseIf 条件式2 Then
        処理2
ElseIf 条件式3 Then
        処理3
     ：
Else
        処理4（すべての条件を満たさなかったときの処理）
End If
```

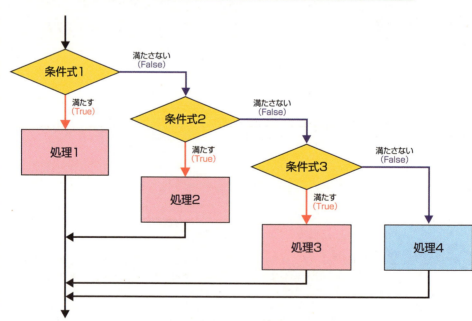

```
1   Sub 複数の条件で条件分岐1()
2       If Range("B7").Value >= 270 Then
3           Range("B9").Value = "この調子"
4       ElseIf Range("B7").Value >= 210 Then
5           Range("B9").Value = "よく復習しよう"
6       ElseIf Range("B7").Value >= 165 Then
7           Range("B9").Value = "苦手分野克服"
8       Else
9           Range("B9").Value = "補習に出てください"
10      End If
11  End Sub
```

1	[複数の条件で条件分岐1]というマクロを記述する
2	もしセルB7の値が270以上の場合は(Ifステートメントの開始)
3	セルB9に「この調子」と表示する
4	もしセルB7の値が210以上の場合は
5	セルB9に「よく復習しよう」と表示する
6	もしセルB7の値が165以上の場合は
7	セルB9に「苦手分野克服」と表示する
8	いずれの条件も満たさない場合は
9	セルB9に「補習に出てください」と表示する
10	Ifステートメントを終了する
11	マクロの記述を終了する

セルB7の値が165より小さい場合は「補習に出てください」と表示される

● 1つの対象に対して複数の条件で処理を振り分ける

Select Caseステートメントは、1つの条件判断の対象に対して複数の条件を設定して判断処理を行います。処理の流れはElseIfキーワードのあるIfステートメントと同じですが、ElseIfは条件判断の対象が同じである必要はありません。Select Caseステートメントでは、条件判断の対象は常に1つという点が異なります。また、Case Elseキーワードは省略できます。

サンプル 3-7_004.xlsm

```
Select Case 条件判断の対象
    Case 条件式1
        対象が条件式1を満たすときの処理
    Case 条件式2
        対象が条件式2を満たすときの処理
        ⋮
    Case Else
        対象がすべての条件を満たさないときの処理
End Select
```

3-7 制御構造

```
1  Sub 複数の条件で条件分岐2()
2      Select Case Range("B7").Value
3          Case Is >= 270
4              Range("B9").Value = "この調子"
5          Case Is >= 210
6              Range("B9").Value = "よく復習しよう"
7          Case Is >= 165
8              Range("B9").Value = "苦手分野克服"
9          Case Else
10             Range("B9").Value = "補習に出てください"
11     End Select
12 End Sub
```

1 [複数の条件で条件分岐2]というマクロを記述する
2 セルB7の値について以下の処理を行う(Select Caseステートメントの開始)
3 セルB7の値が270以上の場合は
4 セルB9に「この調子」と表示する
5 セルB7の値が210以上の場合は
6 セルB9に「よく復習しよう」と表示する
7 セルB7の値が165以上の場合は
8 セルB9に「苦手分野克服」と表示する
9 いずれの条件も満たさない場合は
10 セルB9に「補習に出てください」と表示する
11 Select Caseステートメントを終了する
12 マクロの記述を終了する

セルB7の値が270以上の場合は「この調子」と表示する

HINT Case節の条件設定方法

Select CaseステートメントのCase節で条件式の設定方法は右表のようになります。比較演算子を使用する場合は、Is演算子をCaseのうしろに記述してから比較演算子を記述しますが、入力時にIsを省略しても条件式を確定し改行すると、自動で入力されます。

参照 Is演算子……P.175

条件	書き方
5のとき	Case 5
5以上のとき	Case Is >= 5
5より大きいとき	Case Is > 5
10以下のとき	Case Is <=10
10より小さいとき	Case Is < 10
5以上10以下のとき	Case 5 To 10
5または10のとき	Case 5, 10

処理をくり返し実行するには

条件を満たすまで処理をくり返したり、指定した回数処理をくり返したりするなど、くり返し同じ処理を実行するステートメントには、Do…Loopステートメント、For…Nextステートメント、For Each…Nextステートメントがあります。ここではそれぞれの使い方を説明します。

● 条件を満たす間処理をくり返す

Do While…Loopステートメントは、条件が満たされる間、処理をくり返し実行します。条件が満たされなくなった時点で、くり返し処理を終了し、Do While…Loopステートメントの次の処理に移ります。

サンプル 3-7_005.xlsm

▶Do While…Loopステートメントの構文

```
Do While 条件式
    くり返し実行する処理
Loop
```

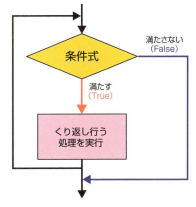

```
1  Sub 条件を満たす間処理をくり返す()
2      Dim i As Integer
3      i = 1
4      Do While Cells(i + 3, "B").Value <> ""
5          Cells(i + 3, "A").Value = i
6          i = i + 1
7      Loop
8  End Sub
```

1	[条件を満たす間処理をくり返す]というマクロを記述する
2	整数型の変数iを宣言する
3	変数iに1を代入する
4	B列のi+3行めのセル値が空白でない間、以下の処理をくり返す
5	A列のi+3行めのセルに変数iの値を設定する
6	変数iに1を足す
7	4行めに戻る
8	マクロの記述を終了する

「B列のセルが空白でない」という条件を満たす間、回数がカウントされて入力される

187

3-7 制御構造

● 条件を満たさない間処理をくり返す

Do Until…Loopステートメントは、条件を満たさない間、処理をくり返します。条件を満たした時点でくり返し処理を終了し、Do Until…Loopステートメントの次の処理に移ります。

サンプル 3-7_006.xlsm

▶Do Until…Loopステートメントの構文

Do Until 条件式
　　くり返し実行する処理
Loop

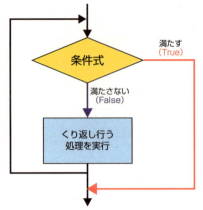

```
1  Sub 条件を満たさない間処理をくり返す()
2      Dim i As Integer, cnt As Integer
3      i = 4
4      Do Until Cells(i, "A").Value = ""
5          Cells(i, "C").Value = Cells(i, "B").Value + cnt
6          cnt = Cells(i, "C").Value
7          i = i + 1
8      Loop
9  End Sub
```

1 [条件を満たさない間処理をくり返す]というマクロを記述する
2 整数型の変数i、変数cntを宣言する
3 変数iに4を格納する
4 A列のi行めのセルが空白でない間(空白になるまで)以下の処理をくり返す
5 B列のi行めのセルの値に変数cntの値を足して、C列のi行めのセルに表示する
6 変数cntにC列のi行めの値を格納する
7 変数iに1を足す
8 4行めに戻る
9 マクロの記述を終了する

「A列のセルが空白」という条件が満たされない間、B列の値の累計をC列に入力する

● 少なくとも1回は処理を実行する

Do While…LoopステートメントやDo Until…Loopステートメントは、最初に条件判断をします。そのため、最初の値と条件の内容によっては、処理が一度も実行されない場合もあります。少なくとも1回は処理をしたい場合には、最後に条件判断をするDo…Loop Whileステートメント、Do…Loop Untilステートメントを使用します。

▶Do…Loop Whileステートメントの構文　　▶Do…Loop Untilステートメントの構文

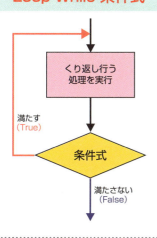 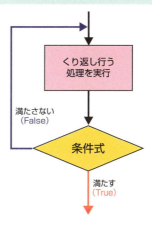

常に条件を満たしている場合のくり返し処理に対処するには

Do…Loopステートメントは、条件を満たす間処理をくり返し実行します。そのため、常に条件を満たしていると、くり返し処理が終わりません。処理がなかなか終了しない場合は、[Esc]キーを押すか、[Ctrl]+[Break]キーを押して強制的に処理を中断させ、条件の修正を行ってください。また、最大で何回くり返すかを指定しておく方法もあります。以下の例は、B列のセルの値が空白の間A列に連番を入力しますが、Ifステートメントを使って変数iの値が100になったら処理を終了させています。

サンプル 3-7_007.xlsm
参照 条件によって処理を振り分けるには……P.182
参照 処理の途中でくり返し処理やマクロを終了するには……P.194

```
Sub 条件を満たす間処理をくり返す()
    Dim i
    i = 1
    Do While Cells(i, 2).Value = ""
        Cells(i, 1).Value = i
        If i = 100 Then Exit Do
        i = i + 1
    Loop
End Sub
```

Ifステートメントを使って100回くり返したら、処理を中止する

3-7 制御構造

● 指定した回数だけ同じ処理をくり返す

For…Nextステートメントは、指定した開始値から終了値まで処理をくり返します。「表の1行めから10行めまで」というように、くり返す回数がわかっている場合に指定します。以下の書式で「Step 加算値」で加算値が1の場合は省略が可能です。また、Nextのうしろの「カウンタ変数」も省略できます。

サンプル⾴ 3-7_008.xlsm

▶For…Nextステートメントの構文

> **Dim** カウンタ変数
> **For** カウンタ変数 = 初期値 **To** 最終値 (**Step** 加算値)
> 　くり返し実行する処理
> **Next** (カウンタ変数)

```
1  Sub 指定した回数処理をくり返す()
2      Dim i As Integer, cnt As Integer
3      cnt = Worksheets.Count
4      For i = 1 To cnt
5          Worksheets(i).Name = i & "回"
6      Next i
7  End Sub
```

1 [指定した回数処理をくり返す]というマクロを記述する
2 整数型の変数iと変数cntを宣言する
3 変数cntにワークシートの枚数を格納する
4 変数iが1からcntの値になるまで、以下の処理をくり返す
5 i番めのワークシートのシート名を「i回」にする
6 iに加算値1を足して、4行めに戻る
7 マクロの記述を終了する

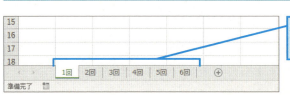

ワークシートの枚数を数えて、ワークシートの名前を「1回」から順に設定する

HINT 加算値に設定する値

加算値に2を設定すると、値は2ずつ増加します。「For i = 1 To 15 Step 2」とすると、変数iは「1,3,5,7,9,11,13,15」と変化するため、たとえば奇数行だけ処理を実行するときに使用できます。また、加算値に負の値を設定することも可能です。「For 15 To 1 Step -2」とすると、変数iは「15,13,11,9,7,5,3,1」と変化します。表の下の行から上の行に向かって処理をしたい場合などに使用できます。

190

● くり返し処理をネストする

ワークシートの表のような2次元配列の各要素について処理をしたい場合は、行方向のループと列方向のループを組み合わせます。この場合、For…Nextステートメントのなかに、さらに別のFor…Nextステートメントを記述します。このような入れ子の処理のことを「ネスト」といいます。以下の例は、ネストを利用して25マス計算を実行しています。

サンプル 3-7_009.xlsm

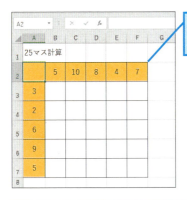

表の1行めと1列めの数字を足し合わせた25マス計算を実行する

```
1  Sub くり返しのネスト()
2      Dim i As Integer, j As Integer
3      For i = 3 To 7
4          For j = 2 To 6
5              Cells(i, j).Value = Cells(i, 1).Value + Cells(2, j).Value
6          Next j
7      Next i
8  End Sub
```

1 [くり返しのネスト]というマクロを記述する
2 整数型の変数iと変数jを宣言する
3 変数iが3から7になるまで以下の処理をくり返す(表の行数のくり返し)
4 変数jが2から6になるまで以下の処理をくり返す(表の列数のくり返し)
5 1列i行めの値とj列2行めの値を足してi行めのj列のセルに表示する
6 変数jに1を足して4行めに戻る
7 変数iに1を足して3行めに戻る
8 マクロの記述を終了する

3-7 制御構造

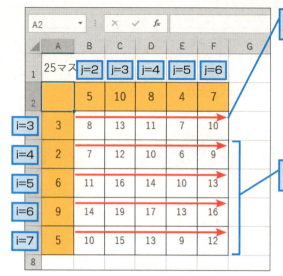

● 同じ種類のオブジェクトすべてに同じ処理を実行する

ブック内のすべてのワークシートや、指定したセル範囲の1つひとつのセルなどのように、同じ種類のオブジェクトの集合であるコレクションの各要素に同じ処理をくり返すには、For Each…Nextステートメントを使用します。オブジェクト型の変数を宣言し、オブジェクト型変数にコレクション内の各メンバーを格納しながら処理を実行します。なお、Nextのうしろのオブジェクト変数は省略可能です。

サンプル 3-7_010.xlsm

▶For Each…Nextステートメントの構文

```
Dim オブジェクト変数
For Each オブジェクト変数 In コレクション
    くり返し実行する処理
Next (オブジェクト変数)
```

```
1  Sub セル範囲の各セルに対して処理を行う()
2      Dim myRange As Range
3      For Each myRange In Range("C5:E14")
4          If myRange.Value >= 90 Then
5              myRange.Interior.ColorIndex = 38
6          Else
7              myRange.Interior.ColorIndex = xlNone
8          End If
9      Next
10 End Sub
```

1 ［セル範囲の各セルに対して処理を行う］というマクロを記述する
2 Range型の変数myRangeを宣言する
3 セル範囲C5〜E14の各セルを、変数myRangeに順番に格納して以下の処理をくり返す
4 変数myRangeの値が90以上の場合は（Ifステートメントの開始）
5 変数myRangeのセルの色をピンク色に設定する
6 それ以外の場合は
7 変数myRangeのセルの色をなしにする
8 Ifステートメントを終了する
9 変数myRangeに次のセルを格納して4行めに戻る
10 マクロの記述を終了する

セル範囲の各セルについて、値が90以上の場合はセルの色をピンクに設定する

HINT 配列に対しても使用できる

For Each…Nextステートメントは、配列に対して実行することもできます。以下の例は、Array関数によって作成されたHairetuの各要素をイミディエイトウィンドウに書き出します。

サンプル 3-7_011.xlsx
参照 Array関数で配列変数に値を格納する……P.166

```
Sub 配列に対する処理()
    Dim myHairetu As Variant, Hairetu As Variant
    Hairetu = Array("Paris", "London", "NewYork", "Roma", "Berlin")
    For Each myHairetu In Hairetu
        Debug.Print myHairetu
    Next
End Sub
```

イミディエイト
Paris
London
NewYork
Roma
Berlin

指定した配列に対して、順番に処理を実行する

3-7

制御構造

処理の途中でくり返し処理やマクロを終了するには

Exitステートメントを使用すると、処理の途中でくり返し処理を抜けたり、プロシージャーの実行を途中で終了したりすることができます。通常は、Ifステートメントで終了条件を設定し、条件を満たしたときにExitステートメントを使って処理を終了させます。 サンプル書 3-7_012.xlsm

主なExitステートメントの種類

ステートメント	機能
Exit Do	Do…Loop ステートメントの途中で終了する
Exit For	For…Next ステートメントまたは、For Each…Next ステートメントの途中で終了する
Exit Sub	Sub プロシージャーの途中で終了する
Exit Function	Function プロシージャーの途中で終了する

```
1  Sub くり返し処理の途中終了()
2      Dim i As Integer
3      i = 4
4      Do While Cells(i, "A").Value <> ""
5          If Cells(i, "C").Value >= 160 Then
6              MsgBox Cells(i, "A") & "回目で合格ライン達成！！"
7              Exit Do
8          End If
9          i = i + 1
10     Loop
11 End Sub
```

1　[くり返し処理の途中終了]というマクロを記述する
2　整数型の変数iを宣言する
3　変数iに4を格納する
4　A列のi行めの値が空白でない間、以下の処理をくり返す
5　C列のi行めの値が160以上の場合は(Ifステートメントの開始)
6　セルA列のi行めの値と「回目で合格ライン達成！！」という文字列を連結して表示する
7　Do While…Loopステートメントを途中で終了する
8　Ifステートメントを終了する
9　変数iに1を足す
10　4行めに戻る
11　マクロの記述を終了する

サイドバー:
- マクロの基礎知識 1
- VBAの基礎知識 2
- プログラミングの基礎知識 3
- セルの操作 4
- ワークシートの操作 5
- Excelファイルの操作 6
- 高度なファイルの操作 7
- ウィンドウの操作 8
- データの操作 9
- 印刷 10
- 図形の操作 11
- グラフの操作 12
- コントロールの使用 13
- 外部アプリケーションの操作 14
- VBA関数 15
- そのほかの操作 16
- 付録

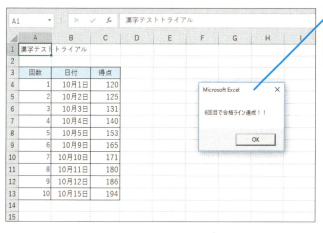

「得点」列に160以上の値があった場合は、くり返し処理を中断してメッセージを表示する

オブジェクト名の記述を省略するには

Withステートメントを使用すると、1つのオブジェクトに対していくつかのプロパティの値を設定したり、メソッドを実行したりする場合に、同じオブジェクトの記述を省略することができます。オブジェクトが省略できるため、コードが簡潔になり、読みやすくなります。

サンプル目 3-7_013.xlsm

▶Withステートメントの構文

With 省略する対象オブジェクト
　　　.オブジェクトに対する処理
End With

```
Sub コードの省略()
    Range("A1:C1").Font.Bold = True
    Range("A1:C1").Font.Size = 18
    Range("A1:C1").Merge
End Sub
```

Withステートメントでコードの記述を省略する

```
Sub コードの省略()
    With Range("A1:C1")
        .Font.Bold = True
        .Font.Size = 18
        .Merge
    End With
End Sub
```

3-7 制御構造

```
1  Sub コードの省略()
2      With Range("A1:C1")
3          .Font.Bold = True
4          .Font.Size = 18
5          .Merge
6      End With
7  End Sub
```

1 ［コードの省略］というマクロを記述する
2 セル範囲A1～C1について以下の処理を行う（Withステートメントの開始）
3 文字を太字にする
4 文字サイズを18ポイントにする
5 セルを結合する
6 Withステートメントを終了する
7 マクロの記述を終了する

「Range("A1:C1")」を省略してもセル範囲のプロパティを設定できる

HINT Withステートメントをネストする

サンプルプロシージャでは、Withステートメントでまとめたなかに、「Font」が連続して記述されています。このような場合、Withステートメントをネストして、さらに「Font」を省略することもできます。

3-8 メッセージの表示

メッセージの表示

VBAにはユーザーと対話するためのメッセージの表示機能があります。ブックを閉じる場合やシートを削除する場合など、プログラムで処理を実行する前に確認のメッセージを表示してユーザーに処理の選択を求めたり、入力欄のあるダイアログボックスを表示してユーザーに入力を求めたりすることが可能です。メッセージを活用すれば、ユーザーにとってより使いやすいプログラムを作成できます。

MsgBox関数

ユーザーに対するメッセージとボタンを表示したダイアログボックスを表示します。ユーザーはボタンをクリックして実行する処理を選択することができます。

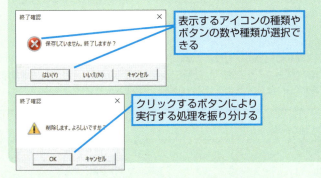

表示するアイコンの種類やボタンの数や種類が選択できる

クリックするボタンにより実行する処理を振り分ける

InputBox関数、InputBoxメソッド

メッセージと入力欄を表示したダイアログボックスを表示します。ユーザーに対して入力を求めることができます。

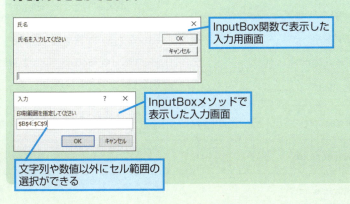

InputBox関数で表示した入力用画面

InputBoxメソッドで表示した入力画面

文字列や数値以外にセル範囲の選択ができる

3-8 メッセージの表示

MsgBox関数でメッセージを表示するには

MsgBox(Prompt, Buttons, Title, Helpfile, Context)

▶解説

MsgBox関数は、警告や注意などのアイコン、[はい]や[OK]ボタンなどを表示したメッセージを表示します。クリックしたボタンによって一定の戻り値が返るため、戻り値を使って条件分岐をして、処理を振り分けることができます。

参照▶ ボタンの戻り値……P.202

▶設定する項目

Prompt……………… ダイアログボックスに表示するメッセージ文となる文字列を指定します。

Buttons…………… ボタンの種類やアイコンの種類、標準ボタン、メッセージボックスがモーダルかどうかなどを定数または値を使って指定します。定数を複数指定する場合は、定数の合計値（既定値は0）を設定します（省略可）。

Title……………… タイトルバーに表示する文字列を指定します（省略可）。

Helpfile…………… ヘルプファイルを指定します（省略可）。

Context…………… 表示するヘルプの内容に対応したコンテキスト番号を指定します（省略可）。

エラーを防ぐには

クリックしたボタンによって異なる戻り値が返りますが、[OK]ボタンだけを配置したメッセージを表示し、戻り値を使用しない場合は、引数を（）で囲む必要はありません。戻り値を使用する場合は、引数を（）で囲み、戻り値により実行する処理を記述する必要があります。

引数Buttonsで設定できる定数の一覧

定数の種類	定数	値	内容	
ボタンの種類を指定する定数	vbOKOnly	0	[OK] ボタンを表示する	
	vbOKCancel	1	[OK]、[キャンセル] ボタンを表示する	
	vbAbortRetryIgnore	2	[中止]、[再試行]、[無視] ボタンを表示する	
	vbYesNoCancel	3	[はい]、[いいえ]、[キャンセル] ボタンを表示する	
	vbYesNo	4	[はい]、[いいえ] ボタンを表示する	
	vbRetryCancel	5	[再試行]、[キャンセル] ボタンを表示する	
アイコンの種類を指定する定数	vbCritical	16	警告メッセージアイコンを表示する	
	vbQuestion	32	問い合わせメッセージアイコンを表示する	
	vbExclamation	48	注意メッセージアイコンを表示する	
	vbInformation	64	情報メッセージアイコンを表示する	

サイドバー（左）

3-8
メッセージの表示

1 マクロの基礎知識
2 VBAの基礎知識
3 プログラミングの基礎知識
4 セルの操作
5 ワークシートの操作
6 Excelファイルの操作
7 高度なファイルの操作
8 ウィンドウの操作
9 データの操作
10 印刷
11 図形の操作
12 グラフの操作
13 コントロールの使用
14 外部アプリケーションの操作
15 VBA関数
16 そのほかの操作
付録

198
できる

定数の種類	定数	値	内容
標準ボタンを指定する定数	vbDefaultButton1	0	第1ボタンを既定で選択されているボタンにする
	vbDefaultButton2	256	第2ボタンを既定で選択されているボタンにする
	vbDefaultButton3	512	第3ボタンを既定で選択されているボタンにする
	vbDefaultButton4	768	第4ボタンを既定で選択されているボタンにする
メッセージボックスの状態を指定する定数	vbApplicationModal	0	アプリケーションモーダルに設定し、メッセージボックスに応答するまで、Excelのほかの操作はできない
	vbSystemModal	4096	システムモーダルに設定し、メッセージボックスに応答するまで、すべてのアプリケーションの操作はできない
その他の定数	vbMsgBoxHelpButton	16384	ヘルプボタンを追加する
	VbMsgBoxSetForeground	65536	最前面のウィンドウとして表示する
	vbMsgBoxRight	524288	テキストを右寄せで表示する
	vbMsgBoxRtlReading	1048576	テキストを右から左の方向で表示する

HINT 「モーダル」とは

モーダルとは、表示されたメッセージボックスで、ボタンをクリックするまでにほかの操作の制限方法を指定するものです。アプリケーションモーダルとシステムモーダルがあります。

HINT 「標準ボタン」について

標準ボタンとは、メッセージボックス表示時に、最初から選択状態になっているボタンのことです。Enter キーを押すと、標準ボタンをクリックしたときと同じ扱いになります。

HINT 引数Buttonsで複数の定数を指定する場合

引数Buttonsでは、表示するボタンの種類やアイコンの種類などを指定するための引数が用意されています。複数の定数を指定する場合は、定数を「vbOkCancel+vbQuestion」のようにつなげて指定するか、それぞれの定数の値の合計値「33」を指定します。

HINT ヘルプファイルとコンテキスト番号

ヘルプファイルは、メッセージボックスに表示された［ヘルプ］ボタンがクリックされたときに表示するヘルプファイルの名前で、ヘルプファイルのパスを指定します。コンテキスト番号とは、ヘルプファイルを開くときに表示する番号で、表示するヘルプの内容に対応した番号を指定します。

3-8 メッセージの表示

● メッセージだけを表示する

ユーザーに処理を選択させる必要がなく、単にメッセージだけを表示する場合は、MsgBox関数で第1引数のPromptだけを指定します。引数Promptには、計算結果や変数の値、文字列などの表示する文字を表す文字列式を設定します。半角で約1024文字まで指定できます。

サンプル 3-8_001.xlsm

```
1  Sub  メッセージのみ表示()
2       MsgBox "現在の日時:" & Now
3  End Sub
```

1 [メッセージのみ表示]というマクロを記述する
2 「現在の日時:」という文字列と現在の日時を連結して表示する
3 マクロの記述を終了する

「現在の日時:」という文字列と、Now関数で取得した現在の日時を連結し、メッセージで表示する

参照▶現在の日付／時刻を取得するには……P.817

HINT メッセージ文を複数行にして表示するには

メッセージボックスのテキストを複数行に分けて表示するには、Chr関数を、「Chr(10)」(ラインフィード)、「Chr(13)」(キャリッジリターン)、「Chr(13)+Chr(10)」(キャリッジリターンとラインフィードの組み合わせ)といった形で使用します。
改行したい位置にいずれかの関数を挿入します。あるいは、VBAの組み込み定数「vbLf」(ラインフィード)、「vbCr」(キャリッジリターン)、「vbCrLf」(キャリッジリターンとラインフィードの組み合わせ)を利用することもできます。

参照▶ASCIIコードに対応する文字を取得するには……P.836

```
Sub メッセージを複数行で表示1()
    MsgBox "現在の日時" & Chr(10) & Now
End Sub

Sub メッセージを複数行で表示2()
    MsgBox "現在の日時" & vbLf & Now
End Sub
```

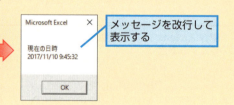

メッセージを改行して表示する

● クリックしたボタンで処理を振り分ける

[はい]ボタンや[いいえ]ボタンなどのメッセージボックスに表示したボタンをクリックすると、クリックしたボタンに応じた整数型の戻り値が返ります。この戻り値を変数に格納し、Ifステートメントやselect Caseステートメントで使用すれば、実行する処理を振り分けることができます。戻り値を使用する場合は、引数を()で囲みます。

サンプル 3-8_002.xlsm

参照▶印刷を実行するには……P.593
参照▶印刷プレビューを表示するには……P.595

▶MsgBoxの関数の戻り値を変数に格納する

変数 = MsgBox(引数)

```
1  Sub ボタンによる処理の振り分け()
2      Dim ans As Integer
3      ans = MsgBox("プレビューを表示してから印刷しますか？", _
           vbInformation + vbYesNoCancel, "印刷確認")
4      Select Case ans
5          Case vbYes
6              ActiveSheet.PrintPreview
7          Case vbNo
8              ActiveSheet.PrintOut
9          Case Else
10             MsgBox "処理をキャンセルします"
11     End Select
12 End Sub
```
注)「 _ （行継続文字）」の部分は、次の行と続けて入力することもできます→95ページ参照

1　[ボタンによる処理の振り分け]というマクロを記述する
2　MsgBox関数の戻り値を格納する変数ansを整数型で宣言する
3　MsgBox関数で、メッセージ文や表示するアイコン、ボタン、タイトルをそれぞれ設定してメッセージを表示し、クリックされたボタンの戻り値を変数ansに格納する
4　変数ansの値によって処理を振り分ける（Select Caseステートメントの開始）
5　変数ansの値が「vbYes」の場合は
6　アクティブシートの印刷プレビューを表示する
7　変数ansの値が「vbNo」の場合は
8　アクティブシートを印刷する
9　それ以外の場合は
10　「処理をキャンセルします」とメッセージを表示する
11　Select Caseステートメントを終了する
12　マクロの記述を終了する

メッセージを「プレビューを表示してから印刷しますか？」、タイトルを「印刷確認」、[はい]、[いいえ]、[キャンセル]のボタンを表示し、インフォメーションアイコンを指定する

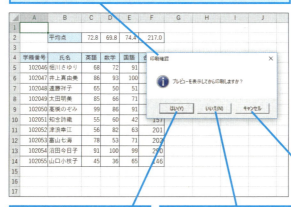

[はい]をクリックしたときは印刷プレビューを表示する

[いいえ]をクリックしたときは印刷を実行する

[キャンセル]をクリックしたときに処理を終了する

ボタンの戻り値

定数	値	ボタン
vbOK	1	[OK] ボタン
vbCancel	2	[キャンセル] ボタン
vbAbort	3	[中止] ボタン
vbRetry	4	[再試行] ボタン
vbIgnore	5	[無視] ボタン
vbYes	6	[はい] ボタン
vbNo	7	[いいえ] ボタン

> **HINT MsgBox関数の引数を「()」で囲む場合と囲まない場合**
>
> MsgBox関数で、ボタンによる戻り値を使用しない場合は、引数を「()」で囲む必要はありません。たとえば、メッセージを表示し、[OK] ボタンだけ表示する場合は、戻り値を利用することはありません。しかし、ボタンを複数配置し、ボタンによる戻り値により処理を振り分ける場合は、引数を「()」で囲みます。これは、ほかのプロパティやメソッドでも同様です。戻り値を取得する場合は、引数を「()」で囲んでください。

InputBox関数でメッセージを表示するには

InputBox(Prompt, Title, Default, Xpos, Ypos, Helpfile, Context)

▶**解説**

InputBox関数は、メッセージテキストとデータを入力するための入力欄を表示します。[OK] ボタンをクリックすると、入力された値が文字列型で返ります。[キャンセル] ボタンをクリックすると、戻り値は空の文字列（""）になります。

▶**設定する項目**

Prompt·················· メッセージとして表示する文字列を指定します。

Title························ タイトルバーに表示する文字列を指定します（省略可）。

Default·················· テキストボックスにはじめから表示しておく文字列を指定します（省略可）。

Xpos ····················· 画面の左端からダイアログボックスの左端までの距離（単位：Twip）を指定します。省略した場合、画面中央に表示されます（省略可）。

Ypos ····················· 画面の上端からダイアログボックスの上端までの距離（単位：Twip）を指定します。省略した場合、画面の上端から約1/3の位置に表示されます（省略可）。

Helpfile·················· ヘルプファイルを指定します（省略可）。

Context ················· 表示するヘルプの内容に対応したコンテキストID番号を指定します（省略可）。

エラーを防ぐには

テキストボックスに入力された値は文字列として返ります。そのため、数値などほかのデータ型のデータが必要な場合は、戻り値として返された値が適切なデータかどうかを別途チェックする必要があります。また、[キャンセル] ボタンがクリックされたときには、長さ0の文字列（""）が返ります。必要に応じてその場合の処理コードを記述します。

3-8 メッセージの表示

> **HINT 「Twip単位」とは**
> Twipとは「Twentieth of a Point」の略で、1Twipは1/20ポイントになります。1ポイントは1/72インチであるので、1Twip＝1/20×1/72＝1/1440インチになります。

サンプル 3-8_003.xlsm

```
1  Sub 入力されたデータを利用する()
2      Dim myName As String
3      myName = InputBox("お名前を入力してください", _
                          "氏名", "<非公開>")
4      Range("B2").Value = myName
5  End Sub
```
注）「 _ （行継続文字）」の部分は、次の行と続けて入力することもできます→95ページ参照

1 ［入力されたデータを利用する］というマクロを記述する
2 文字列型の変数myNameを宣言する
3 メッセージ、タイトル、既定値を指定してインプットボックスを表示し、入力されたデータを変数myNameに格納する
4 セルB2に変数myNameに格納された値を入力する
5 マクロの記述を終了する

InputBox関数で、指定したタイトル、メッセージ、既定値を使ってダイアログボックスを表示する

InputBoxメソッドでメッセージを表示するには

オブジェクト.InputBox(Prompt, Title, Default, Left, Top, HelpFile, HelpContextId, Type)

▶解説

InputBoxメソッドを使うと、入力できるデータを指定してユーザーからデータを受け取ることができます。［OK］ボタンをクリックすると、戻り値に入力されたデータが返り、［キャンセル］ボタンをクリックすると、戻り値にFalseが返ります。

▶設定する項目

オブジェクト ………… Applicationオブジェクトを指定します。
Prompt …………… メッセージとして表示する文字列を指定します。
Title ……………… タイトルバーに表示する文字列を指定します。省略した場合は「入力」と表示されます（省略可）。
Default …………… テキストボックスにはじめから表示しておく文字列を指定します（省略可）。
Left ………………… 画面の左上隅を基準として、ダイアログボックスのX座標をポイント単位で指定します（省略可）。

Top ……………………… 画面の左上隅を基準として、ダイアログボックスのY座標をポイント単位で指定します（省略可）。
HelpFile ……………… ヘルプファイルを指定します（省略可）。
HelpContextId …… 表示するヘルプの内容に対応したコンテキストID番号を指定します（省略可）。
Type …………………… 戻り値のデータの型を、データの型を表す値を使用して指定します。省略した場合は文字列になります。複数の型を指定する場合は、値の合計値を指定します。

値	データの型
0	数式
1	数値
2	文字列（テキスト）
4	論理値（True または False）
8	セル参照（Range オブジェクト）
16	「#N/A」などのエラー値
64	数値配列

エラーを防ぐには

表示されたダイアログボックスで［キャンセル］ボタンをクリックするとFalseが返ります。必要に応じて、Falseが返された場合の処理を記述しておきます。また、記述時にApplicationを省略することはできず、省略した場合はInputBox関数とみなされます。

指定したデータ以外のデータを入力した場合

引数Typeで指定した型以外の型のデータを入力したり、未入力の状態で［OK］ボタンをクリックしたりすると、エラーメッセージが表示されます。エラーメッセージで［OK］ボタンをクリックすると、再度入力用ダイアログボックスが表示され、再入力ができます。

ポイント単位とは

ポイント単位とは、文字サイズを表す単位の1つで、1ポイント＝1/72インチで約0.35ミリになります。

InputBoxメソッドとInputBox関数の違い

InputBox関数は文字列を返しますが、InputBoxメソッドは文字列に限らずいろいろなデータ形式で戻り値を返すことができます。［キャンセル］ボタンをクリックしたときも、InputBox関数は空の文字列「""」を返しますが、InputBoxメソッドはFalseを返します。さらに、InputBox関数で表示されているダイアログボックスは、閉じるまではExcelのほかの操作ができませんが、InputBoxメソッドの場合は、表示されたダイアログボックスを表示したままセルを選択するなど、ほかの操作が可能です。InputBox関数とInputBoxメソッドの違いを理解し、用途に応じて使い分けましょう。

参照 InputBoxメソッドで
メッセージを表示するには……P.203

```
1  Sub 数値データ入力()
2      Dim kazu As Variant
3      kazu=Application.InputBox(prompt:="数量を指定してください", _
           Title:="数量入力", Default:=1, Type:=1)
4      If TypeName(kazu) = "Boolean" Then
5          Exit Sub
6      Else
7          Range("B4").Value = kazu
8      End If
9  End Sub
```
注）「 _ （行継続文字）」の部分は、次の行と続けて入力することもできます→95ページ参照

1. [数値データ入力]というマクロを記述する
2. InputBoxメソッドの戻り値を格納するための変数kazuをバリアント型で宣言する
3. InputBoxメソッドでメッセージ、タイトル、既定値、データの型を指定してメッセージを表示し、入力された数値を変数kazuに格納する
4. 変数kazuに格納されたデータの型が「Boolean」の場合(Ifステートメントの開始)
5. 処理を終了する
6. それ以外の場合は
7. セルB4に変数kazuの値を表示する
8. Ifステートメントの終了
9. マクロの記述を終了する

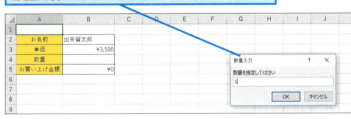

InputBoxメソッドで、指定したタイトル、メッセージ、既定値を使ってダイアログボックスを表示する

HINT [キャンセル]ボタンがクリックされた場合の処理

[キャンセル]ボタンがクリックされると戻り値にFalseが返ります。Falseはブール型(Boolean)のデータであるため、手順4では、戻り値をTypeName関数でデータのタイプが「Boolean」かどうかを調べています。ここでは、データタイプが「Boolean」の場合は[キャンセル]ボタンがクリックされていると判断して処理を終了し、そうでない場合は戻り値をセルに表示しています。

参照▶オブジェクトや変数の種類を調べるには……P.870

3-8 メッセージの表示

サンプル 3-8_005.xlsm

```
1  Sub セル範囲印刷()
2      Dim myRange As Range
3      Set myRange = Application.InputBox _
           (Prompt:="印刷セル範囲をドラッグしてください", Type:=8)
4      myRange.PrintOut Preview:=True
5  End Sub
```
注)「_ (行継続文字)」の部分は、次の行と続けて入力することもできます→95ページ参照

1. [セル範囲印刷]というマクロを記述する
2. Range型の変数myRangeを宣言する
3. InputBoxメソッドでメッセージやデータの型を指定してメッセージを表示し、取得したセル範囲を変数myRangeに格納する
4. 変数myRangeに格納されたセル範囲を印刷プレビューで表示してから印刷する
5. マクロの記述を終了する

InputBoxメソッドを使用して印刷範囲を取得する

メッセージを「印刷セル範囲をドラッグしてください」、タイトルを「入力」、データの形式を「セル参照」とした入力用ダイアログボックスを表示する

入力されたセル参照を印刷範囲に設定して、印刷プレビューを表示する

 [キャンセル]ボタンをクリックするとエラーが発生する

inputBoxメソッドの引数Typeを8にすると、Rangeオブジェクト型の値が返ります。そのため、変数myRangeはRangeオブジェクト型にして、Setステートメントで値を格納しています。このとき、[キャンセル]ボタンをクリックすると、戻り値がFalseのBoolean型となるため、エラーが発生します。エラーが発生してしまった場合は、[終了]ボタンをクリックして処理を終了してください。エラーが発生した場合のエラー番号とその対処方法については「エラー番号とエラー内容」を参照してください。

表示されたダイアログボックスで[キャンセル]ボタンをクリックするとエラーになる

参照 実行時エラー……P.210
参照 エラー番号とエラー内容……P.216

3-9 エラー処理

エラー処理

プログラミングする際に処理が正常に動作するように考えてコードを記述しても、思わぬ見落としやユーザーによる予期しない操作によってエラーが発生し、処理が途中で止まってしまうことがあります。エラーが発生しないように、あらゆる可能性を考えてコードを記述しなければならないのはもちろんですが、それでもエラーが発生する可能性を完全になくすのは難しいことです。そのため、プログラム実行中に発生しうるエラーの種類を理解し、エラーが発生した場合に対処するためのエラー処理方法を理解しておくことも必要です。

エラーの種類

種類	内容
コンパイルエラー	プログラムの文法が間違っているときに発生するエラー
実行時エラー	プログラムを実行したときに、変数に格納するデータ型が間違っている場合など、実行不可能な演算や処理を行ったときに発生するエラー
論理エラー	コンパイルエラーも実行時エラーも発生せず動作が中断することはないが、意図したとおりに動作しない（予想外の結果になる）エラー

エラー処理のステートメント

ステートメント	内容
On Error GoTo ステートメント	エラーが発生したときに実行する処理を指定する
On Error Resume Next ステートメント	エラーが発生しても、エラーを無視してそのまま処理を続ける
On Error GoTo 0 ステートメント	エラーが発生したときの処理を無効にする。エラーが発生したら、エラーメッセージが表示され、処理が中断されるようになる
Resume ステートメント	エラーが発生したときに実行する処理を実行後、エラーが発生した行に戻る
Resume Next ステートメント	エラーが発生したときに実行する処理を実行後、エラーが発生した行の次の行に戻る

エラー番号とエラー内容

実行時エラーには、エラー番号とエラー内容が割り当てられている

◆エラー番号(Err.Number)

◆エラー内容(Err.Description)

3-9 エラー処理

エラーの種類

VBAのエラーには、コンパイルエラーや実行時エラー、論理エラーの3種類があります。これらのエラーについての概要を理解し、その対処方法を知っておくことは、プログラミングの重要なテクニックです。ここでは、エラーの種類について確認しましょう。

● コンパイルエラー

コンパイルエラーは、VBAの文法が間違っている場合に発生する構文エラーのことです。既定では、自動構文チェック機能が働いているため、コード入力中にエラーメッセージが表示されることや、プログラムの実行時にコード内の構文がチェックされ、エラーメッセージが表示されることがあります。

プログラム記述中に発生するコンパイルエラー

プログラム記述中にコンパイルエラーが発生した場合、エラーメッセージが表示され、エラーが発生したステートメントが赤色になります。これは、自動構文チェックがオンのときに表示されます。

自動構文チェックをオフにするには……P.210

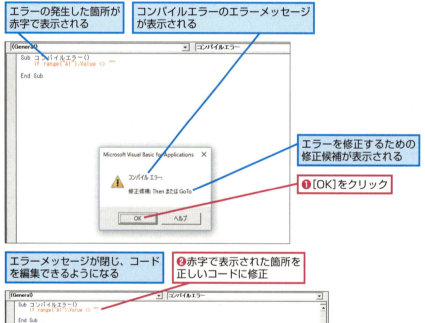

エラーの発生した箇所が赤字で表示される

コンパイルエラーのエラーメッセージが表示される

エラーを修正するための修正候補が表示される

❶[OK]をクリック

エラーメッセージが閉じ、コードを編集できるようになる

❷赤字で表示された箇所を正しいコードに修正

コードの修正が終わったら続けてコードを入力していく

プログラム実行時に発生するコンパイルエラー

プログラムを実行するときに、コード内の構文がチェックされて構文エラーが見つかると処理を中断しエラーメッセージが表示され、問題のある箇所が反転表示されます。

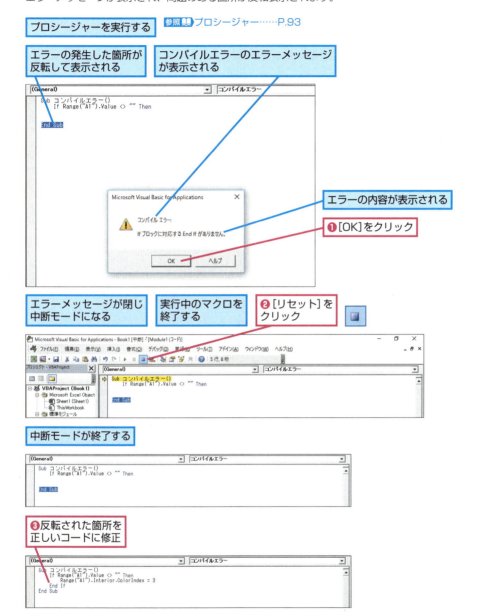

エラーについてのヒントを表示する

表示されたエラーメッセージで［ヘルプ］ボタンをクリックすると、エラーについてのヘルプ画面が表示され、エラーの原因や修正に役立つ情報が得られます。

「中断モード」とは

中断モードとは、プロシージャーの実行が中断されている状態をいい、VBEで中断している行が黄色で表示されます。中断モードのときにはコードを修正することができます。

参照▶中断モードでエラーを探すには……P.218

3-9 エラー処理

> **HINT 自動構文チェックをオフにするには**
>
> 自動構文チェックは既定でオンになっているため、ステートメントの途中でEnterキーを押して改行するだけでもコンパイルエラーのメッセージが表示されます。コンパイルエラーのメッセージがわずらわしく思われる場合は、自動構文チェックをオフにします。自動構文チェックをオフにするには、[ツール] メニューの [オプション] をクリックして [オプション] ダイアログボックスを表示し、[編集] タブで [自動構文チェック] のチェックマークをはずします。なお、ステートメントを複数行で記述したい場合は、先に改行位置に行継続文字（ _ ）を挿入すればエラーは発生しません。
>
> 参照▶1ステートメントを複数行に分割する……P.95

● 実行時エラー

実行時エラーは、プログラム実行中に変数に格納するデータ型が間違っている場合や、間違ったオブジェクト名が指定されていて処理ができなくなった場合などに発生します。実行時エラーが発生すると、処理が中断してエラーメッセージが表示されます。

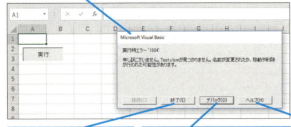

プログラム実行時にエラーメッセージが表示された

[終了] をクリックすると、プログラムの実行が終了する

[デバッグ] をクリックすると、VBEが中断モードで起動し、プログラムの修正ができる

[ヘルプ] をクリックすると、ヘルプウィンドウが表示され、エラー情報が確認できる

参照▶中断モードでエラーを探すには……P.218

参照▶ヘルプを利用するには……P.131

● 論理エラー

論理エラーは、コンパイルエラーや実行時エラーによって処理が中断することはありませんが、意図したとおりの結果が得られないエラーのことをいいます。どの部分が間違っているのかを見つけることが難しく、修正に一番時間がかかります。このエラーに対処するためには、VBEに用意されているデバッグ機能を使用して細かくコードを分析する必要があります。

参照▶デバッグ……P.218

エラー処理コードを記述するには

3-9

エラー処理

実行時エラーが発生すると、処理が途中で中断され、エラーメッセージが表示されてしまいます。コード実行中にエラーが発生しても、処理を中断することなくプログラムを終了させるためには、エラー処理コードを記述しておきます。ここでは、エラー処理コードの記述方法について説明します。

● On Error GoToステートメント

On Error GoToステートメントは、エラーが発生したときに指定した行ラベルに処理を移します。On Error GoToステートメントは、エラーが発生する可能性のあるコードよりも前に記述し、エラーが発生した場合に移動する場所を行ラベルで指定しておきます。行ラベル以降には、エラー処理のコードを記述しておきます。

▶On Error GoToステートメントの構文

Sub プロシージャー名()
　　On Error GoTo 行ラベル ── エラーが発生した場合、行ラベルに処理を分岐（エラートラップを有効にする）
　　通常実行する処理 ── エラーが発生しなかった場合の処理
　　Exit Sub ── エラーが発生しなかった場合、ここで処理を終了
行ラベル: ── 行ラベルのうしろに「:」を入力
　　エラーが発生した場合の処理 ── エラーが発生した場合の処理（エラー処理ルーチンを記述する）
End Sub

💡 「行ラベル」とは

プログラムのなかで特定の行を認識させるための文字列で、プログラムの処理を移行するための位置を示す場合に使用します。「On Error GoTo 行ラベル」で、処理移行先の位置を示します。実際に移行先となる行の行頭に「行ラベル:」と記述します。行ラベルのうしろに「:（コロン）」を付けることで行ラベルとして認識されます。行ラベルの長さは半角40文字以内で、大文字小文字の区別はありません。また、同一モジュール内で同じ行ラベルを使用することはできません。

💡 「エラートラップ」とは

エラートラップとは、処理実行中にエラーが発生したとき、エラーが発生した場合に実行する処理に移行させるしくみのことをいいます。

💡 「エラー処理ルーチン」とは

エラー処理ルーチンとは、エラーが発生した場合に実行する処理のことをいいます。通常、エラー処理ルーチンはプロシージャーの最後に記述します。エラーが発生しなかった場合にエラー処理ルーチンが実行されないようにするため、エラー処理ルーチンの直前にExit Subステートメントを記述して処理を終了するようにしておく必要があります。

📖参照 処理の途中でくり返し処理やマクロを終了するには……P.194

---

1 マクロの基礎知識
2 VBAの基礎知識
3 プログラミングの基礎知識
4 セルの操作
5 ワークシートの操作
6 Excelファイルの操作
7 高度なファイルの操作
8 ウィンドウの操作
9 データの操作
10 印刷
11 図形の操作
12 グラフの操作
13 コントロールの使用
14 外部アプリケーションの操作
15 VBA関数
16 そのほかの操作
付録

211
できる

3-9 エラー処理

エラーが発生した場合、メッセージを表示して終了する

203ページに示した、InputBoxメソッドを使ってセル範囲（Rangeオブジェクト）を取得するプロシージャーでは、［キャンセル］ボタンをクリックするとエラーが発生します。ここでは、［キャンセル］ボタンがクリックされたときに発生するエラーに対応するためにOn Error GoToステートメントを使用して、エラー発生時に行ラベル「errHandler」にジャンプし、エラー処理ルーチンに処理を移動します。

サンプル 3-9_001.xlsm

```
1  Sub セル範囲印刷_エラー処理()
2      Dim myRange As Range
3      On Error GoTo errHandler
4      Set myRange = Application.InputBox _
           (Prompt:="印刷セル範囲をドラッグしてください", Type:=8)
5      myRange.PrintOut Preview:=True
6      Exit Sub
7  errHandler:
8      MsgBox "処理を終了します"
9  End Sub
```

1 ［セル範囲印刷_エラー処理］というマクロを記述する
2 Range型の変数myRangeを宣言する
3 エラーが発生したら、行ラベルerrHandlerへ処理を移動する
4 InputBoxメソッドでメッセージとデータの型を指定してメッセージを表示し、取得したセル範囲を変数myRangeに格納する
5 変数myRangeに格納されたセル範囲を印刷プレビューで表示してから印刷する
6 処理を終了する（5行めまで正常に実行された場合、エラー処理ルーチンを実行しないため）
7 行ラベルerrHandler（エラーが発生した場合の移動先）
8 「処理を終了します」とメッセージを表示する
9 マクロの記述を終了する

マクロの実行中にエラーが発生した場合はメッセージを表示する

● On Error Resume Nextステートメント

On Error Resume Nextステートメントは、エラーが発生しても、そのエラーを無視して処理を続行します。処理が中断することはないのですが、エラーを無視するためプログラムが正常に動作しなくなる可能性があります。そのため、できるだけ対応するエラー処理コードを記述すべきです。On Error Resume Nextステートメントは、エラーを無視してもかまわない程度の、簡単な処理を実行する場合などに適しています。

エラーを無視して処理を続行する

1つうしろのシートのシート名をメッセージ表示するマクロで、いちばん最後のシートで実行するとエラーが発生します。ここでは、On Error Resume Next ステートメントを使用し、エラーを無視します。

サンプル 3-9_002.xlsm

On Error Resume Nextステートメントを使わない場合は、エラーメッセージが表示される

```
1  Sub エラーを無視して処理を続行()
2      On Error Resume Next
3      ActiveSheet.Next.Activate
4      MsgBox ActiveSheet.Name
5  End Sub
```

1 [エラーを無視して処理を実行]というマクロを記述する
2 エラーが発生してもそのまま次のステートメントを実行する
3 アクティブシートの次のシートを選択する
4 アクティブシートのシート名をメッセージに表示する
5 マクロの記述を終了する

● On Error GoTo 0ステートメント

On Error GoTo 0ステートメントは、エラートラップを無効にするステートメントです。このステートメントが記述された行以降のステートメントでエラーが発生した場合には、エラー処理は行われずに処理が中断され、エラーメッセージが表示されるようになります。

参照 On Error GoToステートメント……P.211
参照 「エラー処理ルーチン」とは……P.211

3-9 エラー処理

エラートラップを無効にする

ここでは、アクティブシートにある1つめの埋め込みグラフを選択し、そのグラフを、セルA1の値をシート名にした新規グラフシートに移動します。2行めのOn Error GoToステートメントでエラートラップを有効にし、埋め込みグラフがない場合に発生するエラーをエラー処理ルーチンで処理します。4行めのOn Error GoTo 0ステートメントでエラートラップを無効にしているので、埋め込みグラフをグラフシートに移動する場合に同じシート名が存在するとエラーが発生し、処理が中断します。

3-9_003.xlsm

エラートラップが有効

マクロを実行中にエラーが発生した場合は指定したエラー処理が実行される

エラートラップが無効

マクロを実行中にエラーが発生した場合はエラーメッセージが表示され、処理が終了する

```
1  Sub エラートラップを無効にする()
2      On Error GoTo errHandler
3      ActiveSheet.ChartObjects(1).Select
4      On Error GoTo 0
5      ActiveChart.Location Where:=xlLocationAsNewSheet, _
                            Name:=Range("A1").Value
6      Exit Sub
7  errHandler:
8      MsgBox "処理を終了します"
9  End Sub
```

注)「_（行継続文字）」の部分は、次の行と続けて入力することもできます→95ページ参照

1 [エラートラップを無効にする]というマクロを記述する
2 エラーが発生したら行ラベルerrHandlerへ移動する(エラートラップを有効にする)
3 アクティブシートの1つめの埋め込みグラフを選択する
4 エラートラップを無効にする
5 セルA1の値をシート名にした新規グラフシートに選択しているグラフを移動する
6 処理を終了する(5行めまで正常に実行された場合、エラー処理ルーチンを実行しないため)
7 行ラベルerrHandler（エラーが発生したときの移動先）
8 「処理を終了します」というメッセージを表示する
9 マクロの記述を終了する

● ResumeステートメントとResume Nextステートメント

Resumeステートメントは、エラー処理ルーチンを実行してからエラーが発生した行に戻って処理を再開するときに使用します。Resumeステートメント、Resume Nextステートメント、Resume 行ラベルがあり、それぞれ次のような機能があります。

参照🕮On Error GoToステートメント……P.211
参照🕮「エラー処理ルーチン」とは……P.211

Resumeステートメントの種類

種類	項目
Resume	エラーが発生した行から処理を再実行する
Resume Next	エラーが発生した行の次の行から処理を再実行する
Resume 行ラベル	指定した行ラベルへ戻って処理を再実行する

エラー処理後、エラーが発生した行に戻って処理を再開する

アクティブシートの1つめの埋め込みグラフを選択し、グラフの種類を横棒グラフに設定します。埋め込みグラフがなくてエラーが発生した場合は、On Error GoTo ステートメントで行ラベル errHandler に移動します。エラー処理実行後、Resume ステートメントでエラーが発生した行に戻り、処理を再開します。

サンプル🖥 3-9_004.xlsm

```
1  Sub エラー処理後に処理再開()
2      On Error GoTo errHandler
3      ActiveSheet.ChartObjects(1).Chart.ChartType = xlBarClustered
4      Exit Sub
5  errHandler:
6      MsgBox "埋め込みグラフがありません。グラフを作成します"
7      ActiveSheet.ChartObjects.Add(0, 95, 490, 215) _
           .Chart.SetSourceData Range("A1:F5")
8      Resume
9  End Sub          注)「 _ (行継続文字)」の部分は、次の行と続けて入力することもできます→95ページ参照
```

1 [エラー処理後に処理再開]というマクロを記述する
2 エラーが発生したら、行ラベルerrHandlerへ移動する
3 アクティブシートの1つめの埋め込みグラフのグラフの種類を横棒グラフに変更する
4 マクロの処理を終了する（3行めまで正常に実行された場合、エラー処理ルーチンを実行しないため）
5 行ラベルerrHandler（エラーが発生したときの移動先）
6 「埋め込みグラフがありません。グラフを作成します」というメッセージを表示する
7 アクティブシートにセル範囲A1〜F5をデータ範囲として埋め込みグラフを作成する
8 エラーが発生した行に戻って、処理を再開する
9 マクロの記述を終了する

3-9

エラー処理

1	マクロの基礎知識
2	VBAの基礎知識
3	**プログラミングの基礎知識**
4	セルの操作
5	ワークシートの操作
6	Excelファイルの操作
7	高度なファイルの操作
8	ウィンドウの操作
9	データの操作
10	印刷
11	図形の操作
12	グラフの操作
13	コントロールの使用
14	外部アプリケーションの操作
15	VBA関数
16	そのほかの操作
	付録

215

3-9

エラー処理

エラー番号とエラー内容

プログラム実行中に発生した実行時エラーには、そのエラー番号とエラー内容が割り当てられており、実行時エラーのエラーメッセージのダイアログボックスに表示されます。このエラー番号とエラー内容をエラー処理コードに利用することができます。エラー番号はErrオブジェクトのNumberプロパティ、エラー内容はErrオブジェクトのDescriptionプロパティでそれぞれ取得できます。

実行時エラーのときに表示されるエラーメッセージ

エラー番号：Err.Number　　エラー内容：Err.Description

Microsoft Visual Basic

実行時エラー '9':

インデックスが有効範囲にありません。

継続(C)　　終了(E)　　デバッグ(D)　　ヘルプ(H)

> **HINT エラー番号の一覧を確認するには**
>
> エラー番号の一覧は、ヘルプ画面で「トラップできるエラー」または「Trappable Errors」というキーワードで検索してください。

● エラー番号とエラー内容を表示して処理を終了する

エラー処理ルーチンで、発生したエラー番号とエラー内容をメッセージで表示して終了させることができます。実行時エラーと同じ内容のメッセージですが、この場合は、中断モードにすることなく処理を終わらせることができます。

サンプル 3-9_005.xlsm

```
1  Sub エラー番号と内容を表示して終了する()
2      On Error GoTo errHandler
3      ActiveSheet.ChartObjects(1).Chart.ChartType = xlBarClustered
4      Exit Sub
5  errHandler:
6      MsgBox Err.Number & ":" & Err.Description
7  End Sub
```

1 [エラー番号と内容を表示して終了する]というマクロを記述する
2 エラーが発生したら、行ラベルerrHandlerへ移動する
3 アクティブシートの1つめの埋め込みグラフの種類を横棒グラフに変更する
4 マクロの処理を終了する（3行めまで正常に実行された場合、エラー処理ルーチンを実行しないため）
5 行ラベルerrHandler（エラーが発生したときの移動先）
6 エラー番号とエラー内容をメッセージで表示する
7 マクロの記述を終了する

---

1 マクロの基礎知識
2 VBAの基礎知識
3 プログラミングの基礎知識
4 セルの操作
5 ワークシートの操作
6 Excelファイルの操作
7 高度なファイルの操作
8 ウィンドウの操作
9 データの操作
10 印刷
11 図形の操作
12 グラフの操作
13 コントロールの使用
14 外部アプリケーションの操作
15 VBA関数
16 そのほかの操作

付録

216

できる

● エラーの種類で処理を振り分ける

発生する可能性のあるエラーがわかっている場合は、そのエラーのエラー番号によって処理を振り分けるコードを記述しておくことが可能です。ここでは、アクティブブックにグラフシートがない場合に発生するエラー番号9、ファイル保存するためのドライブ（ここではUSBメモリをHドライブとしています）が用意できていない場合に発生するエラー番号68、およびそれ以外で発生したエラーのそれぞれの場合でエラー処理を振り分けます。　サンプル 3-9_006.xlsm

> **注意** 使用しているパソコンによってドライブの構成が異なります。そのため、USBメモリが必ずしもHドライブになるとは限りません

```
1  Sub エラーの種類で処理を振り分ける()
2      On Error GoTo errHandler
3      Charts("青山店").PrintPreview
4      ChDrive "H"
5      ActiveWorkbook.SaveCopyAs "売上グラフ.xlsm"
6      Exit Sub
7  errHandler:
8      Select Case Err.Number
9          Case 9
10             MsgBox "グラフシートがありません"
11         Case 68
12             MsgBox "ディスクが用意されていません"
13         Case Else
14             MsgBox "エラーが発生しました"
15     End Select
16 End Sub
```

1　[エラーの種類で処理を振り分ける]というマクロを記述する
2　エラーが発生したら、行ラベルerrHandlerに移動する
3　グラフシート「青山店」の印刷プレビューを表示する
4　ドライブをHドライブ(USBメモリ)に変更する
5　アクティブブックのバックアップを「売上グラフ.xlsm」という名前で保存する
6　マクロの処理を終了する（5行めまで正常に実行された場合、エラー処理ルーチンを実行しないため）
7　行ラベルerrHandler（エラーが発生したときの移動先）
8　エラー番号の値について以下の処理を行う(Select Caseステートメントの開始)
9　エラー番号が9の場合は
10　「グラフシートがありません」というメッセージを表示する
11　エラー番号が68の場合は
12　「ディスクが用意されていません」というメッセージを表示する
13　それ以外の場合は
14　「エラーが発生しました」というメッセージを表示する
15　Select Caseステートメントを終了する
16　マクロの記述を終了する

3-10 デバッグ

デバッグとは

プログラムのなかのエラーのことをバグ（害虫）といいます。そのプログラムのエラーには、コンパイルエラーや実行時エラー、論理エラーがあります。これらのバグを取り除くことをデバッグといいます。VBEには、デバッグのためのさまざまな機能が用意されています。デバッグ機能を利用するには、［デバッグ］ツールバーを使用すると便利です。

◆［デバッグ］ツールバー

［デバッグ］ツールバーを使ってデバッグを行うことができる

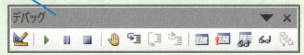

VBEのデバッグ機能

機能	内容
ステップモード	ステートメントを1行ずつ実行して、1行ごとに変数の値の変化や、動作の確認をする
ウォッチウィンドウ	特定の変数や式、プロパティの値を中断モードで確認することができる
ローカルウィンドウ	実行中のプロシージャーにあるすべての変数の値を一覧で表示し、中断モードで値の確認をすることができる
イミディエイトウィンドウ	変数の値の変化を書き出したり、VBAのステートメントの実行などができ、コードのテストや確認ができる

中断モードでエラーを探すには

実行時エラーが発生して表示されたエラーメッセージで、［デバッグ］ボタンをクリックすると、VBE画面が中断モードで表示されます。中断モードとは、プロシージャーの実行途中で処理が一時停止している状態をいいます。このとき、VBE画面にはエラーの原因となっているステートメントが黄色く反転した状態で表示されます。そのため、エラーの原因をつきとめるのに役立ちます。

サンプル：3-10_001.xlsm
参照▶実行時エラー……P.210

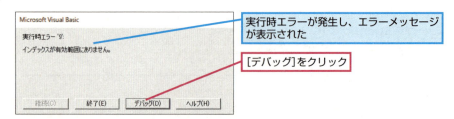

実行時エラーが発生し、エラーメッセージが表示された

［デバッグ］をクリック

中断モードになり自動的に
VBEが起動した

タイトルバーに[中断]と
表示される

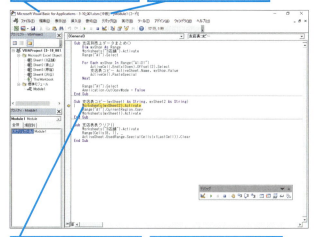

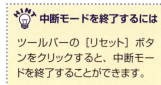

中断モードを終了するには

ツールバーの[リセット]ボタンをクリックすると、中断モードを終了することができます。

◆[リセット]ボタン

エラーの原因となった行が
黄色く反転して表示される

エラーが指摘された箇所を
修正する

● ブレークポイントを設定する　　　ショートカットキー F9

実行時エラーが発生した場合は、エラーの原因となった場所が黄色く反転するため、問題箇所を簡単に特定できますが、論理エラーの場合は実行時エラーが発生しないので、プロシージャーの内容を詳細に確認しなければなりません。論理エラーを探す方法としては、プロシージャー内で問題のありそうな箇所でいったん処理を中断し、そのあと1行ずつ実行しながら内容を確認する方法があります。特定の箇所で処理を中断して中断モードにするには「ブレークポイント」を設定します。

参照▶論理エラー……P.210

「ActiveCell.End(xlDown).Offset(2).Select」
の行で処理を中断したい

◆余白インジケータバー

❶処理を中断したい行の余白インジケータバー
をクリック

ツールバーでブレークポイントを設定および解除する

ブレークポイントを設定したい行にカーソルを移動し、[編集]ツールバーか[デバッグ]ツールバーの[ブレークポイントの設定/解除]ボタン（　）をクリックすると、ブレークポイントの設定と解除を切り替えることができます。ツールバーは[表示]メニューの[ツールバー]-[編集]または[デバッグ]をクリックして表示することができます。

◆[編集]ツールバー

◆[デバッグ]ツールバー

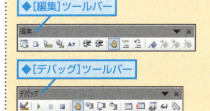

デバッグ

ブレークポイントが設定された

ブレークポイントが設定された行の余白インジケータには赤い丸が表示され、行が赤く反転して表示される

ブレークポイントを設定した状態でマクロを実行する

カーソルが実行するプロシージャー内にあることを確認する

❷ [Sub/ユーザーフォームの実行]をクリック

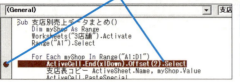

マクロが実行される

ブレークポイントを設定したステートメントを実行する直前に処理が中断され、中断モードになる

参照▶ステップモードでマクロを実行するには……P.220

HINT ブレークポイントを解除するには

ブレークポイントが設定されている余白インジケータバーの赤丸をクリックすると、ブレークポイントを解除することができます。

HINT ショートカットキーでブレークポイントを設定または解除する

ブレークポイントを設定したい行にカーソルを移動し、F9キーを押すごとにブレークポイントの設定と解除を切り替えることができます。

HINT すべてのブレークポイントを一度に解除する

複数個所に設定されているブレークポイントを一度に解除するには、[デバッグ] メニューの [すべてのブレークポイントの解除] をクリックします。また、Ctrl + Shift + F9 キーを押しても、同様にすべてのブレークポイントを一度に解除することができます。

ステップモードでマクロを実行するには

中断モードのときは、これから実行する行が黄色で反転表示されます。1行ずつ処理を実行すれば、ステートメントによる処理の様子を確認でき、バグを見つけやすくなります。1行ずつステートメントを実行する作業状態をステップモードといいます。ステップモードには、ステップインやステップオーバー、ステップアウト、カーソルの前まで実行の4種類があります。

サンプル▶3-10_002.xlsx
参照▶中断モードでエラーを探すには……P.218

● ステップイン

ショートカットキー F8

ステップインは、処理を1行ずつ実行します。プロシージャー内で、ほかのプロシージャーを呼び出している場合は、呼び出されたプロシージャーでも1行ずつ処理を実行します。ステップインで処理を実行するには、中断モードで［デバッグ］ツールバーの［ステップイン］ボタン（ ）をクリックします。

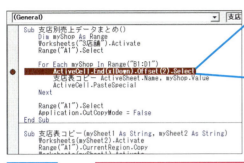

処理を中断したい行にブレークポイントを設定しておく

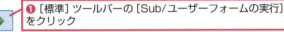
参照 ブレークポイントを設定する……P.219

この行以降の処理を1行ずつ実行して動作を確認する

マクロを実行する

❶ ［標準］ツールバーの［Sub/ユーザーフォームの実行］をクリック

ブレークポイントを設定した行を実行する直前で処理が中断された

中断している行（黄色く表示されている行）の処理を実行する

❷ ［デバッグ］ツールバーの［ステップイン］をクリック

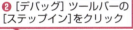

中断している行の処理が実行され、次に実行する行の直前で処理が中断された

中断している行（黄色く表示されている行）の処理を実行する

❸ ［デバッグ］ツールバーの［ステップイン］をクリック

HINT ［デバッグ］ツールバーを表示するには

［デバッグ］ツールバーを表示するには、［表示］メニューの［ツールバー］-［デバッグ］をクリックします。

HINT ショートカットキーでステップインを実行するには

キーボードから F8 キーを押すと、ステップインで1行ずつ処理を実行することができます。キー操作に慣れている場合は便利です。
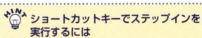

HINT プロシージャーの実行状況を確認するには

VBE画面を全画面で表示していると、せっかくステップインで処理をしていてもExcelでの処理の様子を確認することができません。ステップモードで動作確認をする場合は、VBEとExcelの両方のウィンドウを並べて表示しておくと実行状況が確認できます。ウィンドウを並べて表示するには、VBEとExcelのウィンドウ以外を非表示にしてから、タスクバーを右クリックし、ショートカットメニューの［ウィンドウを左右に並べて表示］をクリックします。

3-10 デバッグ

ここではサブルーチンを呼び出しているため、次に実行する行はサブルーチンの1行めになる

続けて中断している行の処理を1行分だけ実行する

サブルーチンを呼び出した場合は、サブルーチン内の処理も1行ずつ実行される

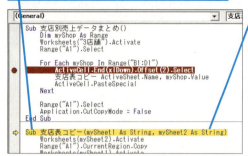

❹ [デバッグ] ツールバーの [ステップイン] をクリック

> **HINT** ステップインの途中から処理を一度に実行するには
>
> ステップインで1行ずつ実行し、コードの修正ができたら、[標準] ツールバーの [継続] ボタン（▶）をクリックします。なお、[継続] ボタンは、中断モードのときは [中断] ボタンと表示されますが、中断モードではないときは [Sub/ユーザーフォームの実行] ボタンと表示されます。プロシージャーの実行中かそうでないかによってボタンの表記が異なるので注意してください。

中断している行の処理が実行され、次に実行する行の直前で処理が中断された

● ステップオーバー

ショートカットキー Shift + F8

ステップインは、サブルーチンを呼び出した場合、そのままサブルーチンで1行ずつ処理を実行します。サブルーチンを1行ずつ実行する必要がない場合は、ステップオーバーを使用します。ステップオーバーは、サブルーチンをまとめて実行します。ステップオーバーは、[デバッグ] ツールバーの [ステップオーバー] ボタン（⚏）をクリックして実行します。

処理を中断したい行にブレークポイントを設定しておく

この行以降の処理を1行ずつ実行して動作を確認する

参照▶ブレークポイントを設定する……P.219

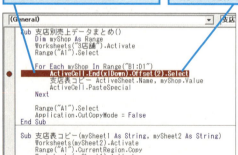

> **HINT** ステップインとステップオーバーの違い
>
> ステップインとステップオーバーは、サブルーチンの処理方法だけが異なります。ステップインでは、サブルーチンも1行ずつ実行しますが、ステップオーバーはサブルーチンをまとめて実行します。

3-10 デバッグ

マクロを実行する

❶ [標準] ツールバーの [Sub/ユーザーフォームの実行] をクリック

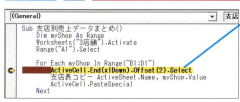

ブレークポイントを設定した行を実行する直前で処理が中断された

中断している行（黄色く表示されている行）の処理を実行する

❷ [デバッグ] ツールバーの [ステップオーバー] をクリック

参照▶ [デバッグ] ツールバーを表示するには……P.221

中断している行の処理が実行され、次に実行する行の直前で処理が中断された

次に実行する行はサブルーチン「支店表コピー」となる

❸ [デバッグ] ツールバーの [ステップオーバー] をクリック

呼び出したサブルーチン「支店表コピー」を実行し、次に実行するステートメントが黄色く反転する

呼び出したサブルーチンは1行ずつではなくまとめて実行される

中断している行の処理が実行され、次に実行する行の直前で処理が中断された

❹ [デバッグ] ツールバーの [ステップオーバー] をクリック

ActiveCell.PasteSpecialが実行された

中断している行の処理が実行され、次に実行する行の直前で処理が中断された

> **HINT**
> **ショートカットキーでステップオーバーを実行するには**
> キーボードの Shift + F8 キーを押してもステップオーバーを実行することができます。

Excelを表示すると、サブルーチン「支店表コピー」が実行されて、貼り付けが実行されたことが確認できる

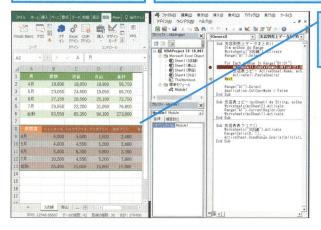

1 マクロの基礎知識
2 VBAの基礎知識
3 プログラミングの基礎知識
4 セルの操作
5 ワークシートの操作
6 Excelファイルの操作
7 高度なファイルの操作
8 ウィンドウの操作
9 データの操作
10 印刷
11 図形の操作
12 グラフの操作
13 コントロールの使用
14 外部アプリケーションの操作
15 VBA関数
16 そのほかの操作

付録

223

3-10 デバッグ

● ステップアウト

ステップアウトは、中断モードのとき、プロシージャの残りの行をまとめて実行します。たとえば、サブルーチン内の行をステップインで実行しているときに、サブルーチンの残りのステートメントをまとめて実行し、親プロシージャに戻って次に実行する行で中断したいときに利用できます。なお、親プロシージャ内でステップアウトを実行すると、親プロシージャの最後まで実行します。

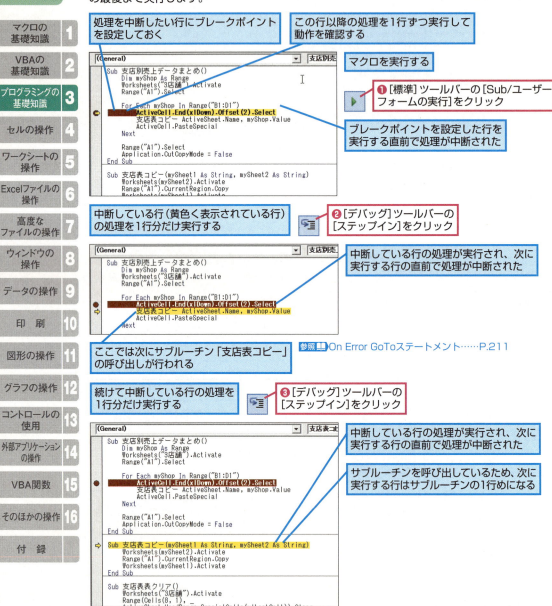

❹[デバッグ]ツールバーの[ステップアウト]をクリック

参照▶[デバッグ]ツールバーを表示するには……P.221

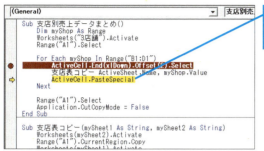

サブルーチンの処理がまとめて実行され、親プロシージャーの次に実行する行で処理が中断する

● カーソル行の前まで実行

プロシージャー内のある行にカーソルを表示し、[デバッグ]メニューの[カーソル行の前まで実行]をクリックすると、カーソルが表示されている行で処理を中断し、その行が黄色く反転します。ブレークポイントを設定しないで、一時的にカーソルがある行までまとめて処理を実行したい場合に使用することができます。

この範囲の処理を実行したい

❶処理を中断したい行をクリックしてカーソルを表示

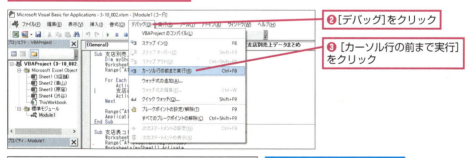

❷[デバッグ]をクリック

❸[カーソル行の前まで実行]をクリック

カーソルのある行まで処理が実行され中断モードになる

225

3-10 ウォッチウィンドウ

ウォッチウィンドウでは、中断モードのときに指定した変数や式、プロパティの値などを確認することができます。エラーの原因を調べる場合や動作確認をする場合に、変数や式、プロパティをウォッチ式に追加し、処理の途中でどのような値になっているのかを一覧で確認したり、特定の値になったら処理を中断したりすることができます。

サンプル 3-10_002.xlsx

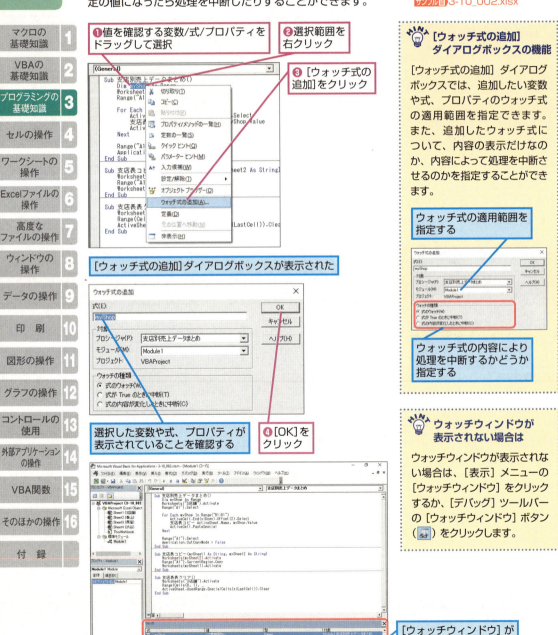

[ウォッチ式の追加]ダイアログボックスの機能

[ウォッチ式の追加]ダイアログボックスでは、追加したい変数や式、プロパティのウォッチ式の適用範囲を指定できます。また、追加したウォッチ式について、内容の表示だけなのか、内容によって処理を中断させるのかを指定することができます。

ウォッチ式の適用範囲を指定する

ウォッチ式の内容により処理を中断するかどうか指定する

ウォッチウィンドウが表示されない場合は

ウォッチウィンドウが表示されない場合は、[表示]メニューの[ウォッチウィンドウ]をクリックするか、[デバッグ]ツールバーの[ウォッチウィンドウ]ボタン（ ）をクリックします。

3-10 デバッグ

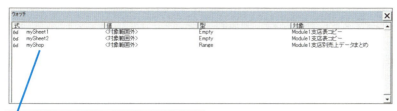

同じようにして、確認したい変数/式/プロパティなどをウォッチ式に追加する

ここでは、ExcelとVBEの画面を並べて処理の確認がしやすいようにしている

❺ [デバッグ]ツールバーの[ステップイン]をクリックして1行ずつ処理を実行

ウォッチ式を削除するには

ウォッチ式を削除するには、[ウォッチ]ウィンドウ内で削除したい式をクリックして選択し、Deleteキーを押します。

ポップヒントで変数の値を確認する

ウォッチ式で追加していなくても、中断モードのときに変数や式、プロパティにマウスポインタを合わせると、ポップヒントで値が表示されます。一時的に値を確認することができて便利です。

中断モードの状態で、確認したい変数、式、プロパティにカーソルを合わせる

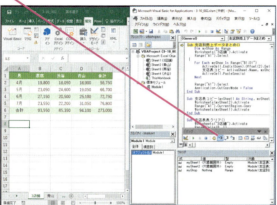

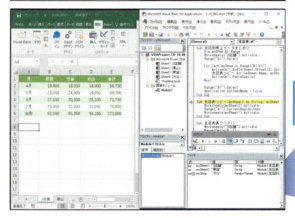

ウォッチ式に追加した変数があるステートメントを実行すると、[ウォッチウィンドウ]に格納された値が表示される

ウォッチウィンドウに表示される内容

ウォッチウィンドウには、式や値、型、対象の4つの内容が表示されます。

項目	内容
式	追加した変数やプロパティ、式が表示される
値	ウォッチ式の現在の値が表示される
型	ウォッチ式のデータ型が表示される
対象	ウォッチ式の適用範囲が表示される

3-10 デバッグ

HINT! [クイックウォッチ] ダイアログボックスで確認するには

中断モードの状態で、値を確認したい変数やプロパティをクリック、あるいはドラッグして選択し、[デバッグ] ツールバーの [クイックウォッチ] ボタン（ 👁 ）をクリックすると、[クイックウォッチ] ダイアログボックスが表示され、値を確認することができます。ウォッチウィンドウに追加していない状態で値の確認ができるうえ、[追加] ボタンをクリックしてウォッチウィンドウに追加することもできます。

❶ 値を確認したい変数やプロパティを選択
❷ [デバッグ]ツールバーの[クイックウォッチ]をクリック

[クイックウォッチ]ダイアログボックスが表示された

選択した変数やプロパティの値が表示される

ローカルウィンドウ

ウォッチウィンドウでは、変数や式、プロパティで式として追加したものだけの値が確認できますが、ローカルウィンドウを表示すると、中断モードのときにプロシージャー内で使用しているすべての変数の値が表示されます。すべての変数の状態を確認したいときに便利です。

サンプル 3-10_003.xlsm

[ローカルウィンドウ] を表示する
[デバッグ]ツールバーを表示しておく

参照▶ [デバッグ] ツールバーを表示するには……P.221

❶ [デバッグ]ツールバーの[ローカルウィンドウ]をクリック

HINT! メニューからローカルウィンドウを表示するには

ローカルウィンドウは、[表示] メニューの [ローカルウィンドウ] をクリックしても表示することができます。

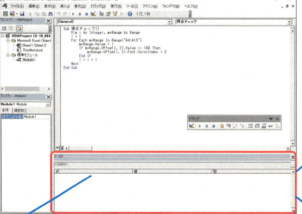

ローカルウィンドウが表示された

◆ローカルウィンドウ

表示した直後はなにも表示されない

228

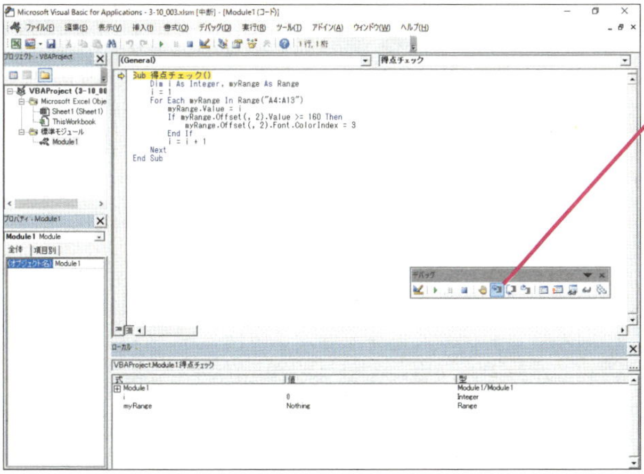

3-10

デバッグ

❷プロシージャー内をクリックしてカーソルを表示

❸[デバッグ]ツールバーの[ステップイン]をクリックして1行ずつ処理を実行

ローカルウィンドウに、プロシージャー内で使用している変数が一覧で表示される

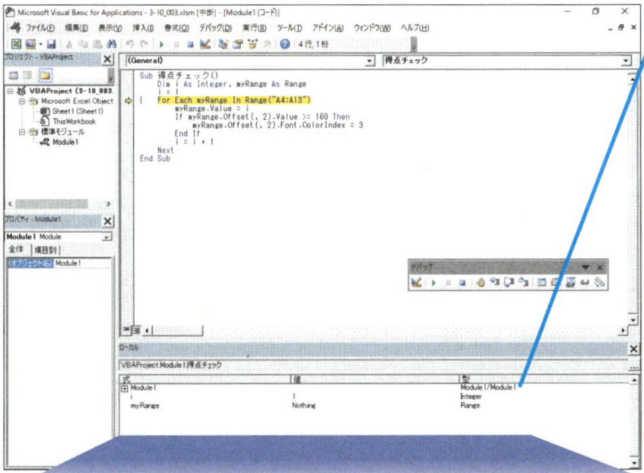

さらに1行ずつ実行すると、ローカルウィンドウの変数の値が変化する

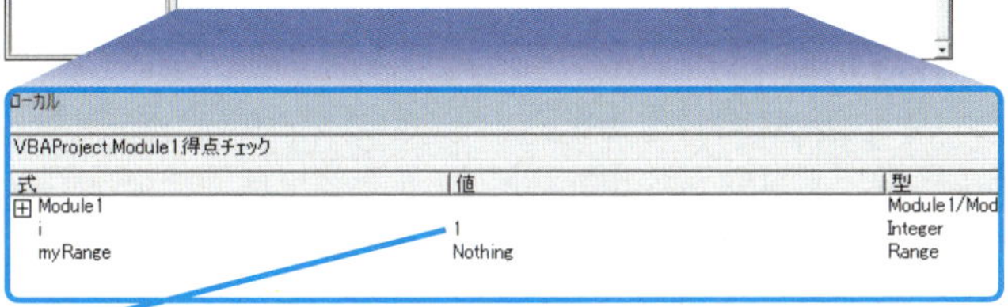

変数の値が変化したことが確認できる

💡 **オブジェクト変数や配列変数の詳細を確認するには**

オブジェクト変数や配列変数の場合は、ローカルウィンドウに表示される変数の左に（田）や（日）が表示されます。（田）をクリックすると展

開され、くわしい内容を表示することができます。

サンプル 3-10_004.xlsx
参照 配列……P.164

項目を展開して、オブジェクト変数や配列のくわしい情報を表示する

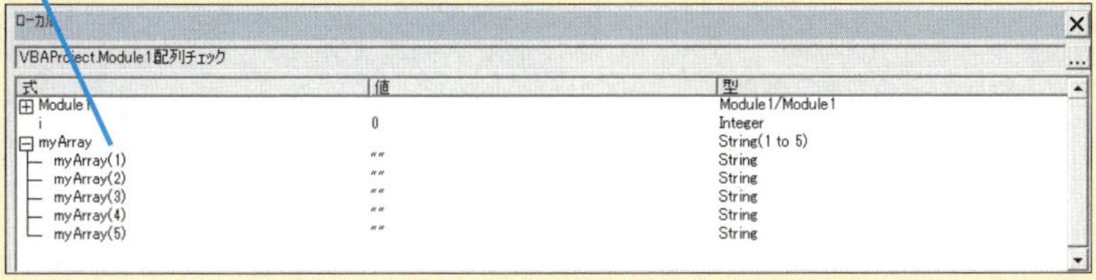

---

1 マクロの基礎知識

2 VBAの基礎知識

3 プログラミングの基礎知識

4 セルの操作

5 ワークシートの操作

6 Excelファイルの操作

7 高度なファイルの操作

8 ウィンドウの操作

9 データの操作

10 印　刷

11 図形の操作

12 グラフの操作

13 コントロールの使用

14 外部アプリケーションの操作

15 VBA関数

16 そのほかの操作

付　録

229
できる

3-10 デバッグ

イミディエイトウィンドウ

イミディエイトウィンドウでは、プロシージャー実行中に変数やプロパティの値を書き出したり、ステートメントを直接実行したり、計算結果を表示させたりすることができます。エラー箇所の調査や、コードの検証に非常に役に立ちます。

● 変数の値の変化をイミディエイトウィンドウに書き出す

ウォッチウィンドウやローカルウィンドウでは、中断モードでその時点の変数の値を確認できますが、プロシージャーが終了すると消えてしまいます。イミディエイトウィンドウに書き出すと、変数の値の変化を履歴として残すことができ、動作確認や問題点の特定に役立てることができます。イミディエイトウィンドウに変数の値を書き出すには、「Debug.Print 変数名」と記述します。変数名のところに、プロパティや式を記述するとその値がイミディエイトウィンドウに書き出されます。

▶変数の値を書き出す

Debug.Print 変数名

サンプル 3-10_005.xlsm

```
1  Sub 変数の値を書き出す()
2      Dim i As Integer, myArray(1 To 5) As String
3      For i = 1 To 5
4          myArray(i) = Cells(i + 3, 2).Value
5          Debug.Print i & ":" & myArray(i)
6      Next
7  End Sub
```

1 [変数の値を書き出す]というマクロを記述する
2 整数型の変数iと文字列型の配列変数myArray（下限値1、上限値5）を宣言する
3 変数iに1から5まで順番に代入し、以下の処理をくり返す
4 配列変数myArray(i)に2列め、i+3行めのセルの値を格納する
5 変数iの値と配列変数myArray(i)の値をイミディエイトウィンドウに書き出す
6 変数iに1を足して3行めに戻る
7 マクロの記述を終了する

値の変化を書き出したい変数のコードを入力しておく

[イミディエイトウィンドウ]を表示する

❶[デバッグ]ツールバーの[イミディエイトウィンドウ]をクリック

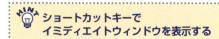

> **ショートカットキーでイミディエイトウィンドウを表示する**
>
> ショートカットキーを使ってイミディエイトウィンドウを表示するには、Ctrl+Gキーを押します。キーボード操作に慣れている場合は、こちらが便利です。

> **イミディエイトウィンドウが表示されなくても値は書き出される**
>
> イミディエイトウィンドウが表示されていない状態で、「Debug.Print …」のコードを含むプロシージャーを実行しても、値はイミディエイトウィンドウに書き出しされます。プロシージャー実行後にイミディエイトウィンドウを表示すると、書き出された内容が表示されます。

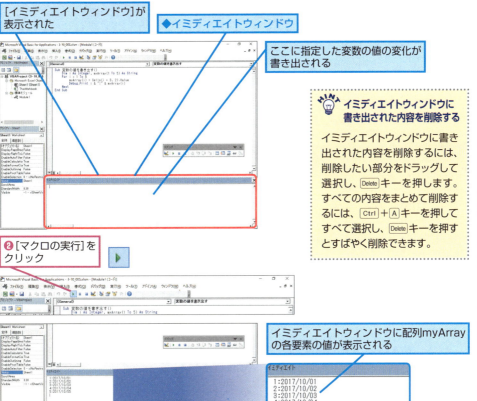

● VBAのステートメントを実行する

イミディエイトウィンドウ内で、実行したいVBAのステートメントを直接入力し、実行することができます。ステートメントの動作確認に役立ちます。

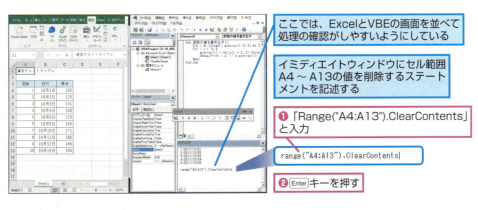

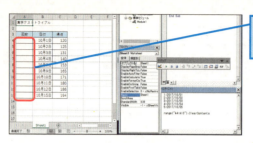

入力したステートメントが実行され、セル範囲A4〜A13の内容が消去された

● イミディエイトウィンドウに計算結果を表示する

イミディエイトウィンドウに計算式を入力して、計算結果を求めることができます。Functionプロシージャーの戻り値をテストしたいときや、仮の計算を行いたいときなどに利用すると便利です。計算結果を表示するには、Printメソッドを使用します。

参照▶ Functionプロシージャーの構成……P.98

▶計算を実行して結果を表示する
Print 計算式

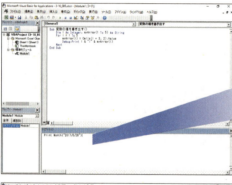

指定した日付から月だけを取り出した結果を表示する

❶「Print Month("2017/8/28")」と入力

```
Print Month("2017/8/28")
```

❷ Enter キーを押す

入力した式が計算され、指定された日付の月だけが取り出されて表示された

```
Print Month("2017/8/28")
8
```

「Print」の代わりに「?」を使用することもできる

Printメソッドの代わりに「?（疑問符）」使用して「? 計算式」と記述することもできます。たとえば、「Print Month("2017/8/28")」は「? Month("2017/8/28")」のように記述できます。

［呼び出し履歴］ダイアログボックスを使用するには

［呼び出し履歴］ダイアログボックスでは、中断モードのときに、実行中でまだ終了していないプロシージャーの一覧が表示されます。そのため、プロシージャーからほかのプロシージャーを呼び出している場合、どのプロシージャーが実行中なのかが確認できます。［呼び出し履歴］ダイアログボックスを表示するには、［デバッグ］ツールバーの［呼び出し履歴］ボタン（ ）をクリックします。

第4章
セルの操作

4- 1．セルの参照‥‥‥‥‥‥‥‥‥‥‥‥‥234
4- 2．セルの選択‥‥‥‥‥‥‥‥‥‥‥‥‥242
4- 3．いろいろなセルの参照‥‥‥‥‥‥‥‥246
4- 4．行と列の参照‥‥‥‥‥‥‥‥‥‥‥‥262
4- 5．名前の定義と削除‥‥‥‥‥‥‥‥‥‥268
4- 6．セルの値の取得と設定‥‥‥‥‥‥‥‥273
4- 7．セルの編集‥‥‥‥‥‥‥‥‥‥‥‥‥282
4- 8．行や列の編集‥‥‥‥‥‥‥‥‥‥‥‥301
4- 9．セルの表示形式‥‥‥‥‥‥‥‥‥‥‥309
4-10．セルの文字の配置‥‥‥‥‥‥‥‥‥‥314
4-11．セルの書式設定‥‥‥‥‥‥‥‥‥‥‥322
4-12．セルの罫線の設定‥‥‥‥‥‥‥‥‥‥335
4-13．セルの背景色の設定‥‥‥‥‥‥‥‥‥341
4-14．セルのスタイルの設定‥‥‥‥‥‥‥‥352
4-15．ふりがなの設定‥‥‥‥‥‥‥‥‥‥‥356
4-16．ハイパーリンクの設定‥‥‥‥‥‥‥‥360
4-17．条件付き書式の設定‥‥‥‥‥‥‥‥‥365
4-18．スパークライン‥‥‥‥‥‥‥‥‥‥‥381

4-1 セルの参照

セルの参照

Excelでの処理は、セルの操作が中心になります。同様にVBAでもセルの参照や設定などのセルの操作が処理の大半を占めます。VBAでセルを参照するには、Rangeオブジェクトを使います。Rangeオブジェクトのプロパティやメソッドを使ってワークシート上のセルに対して操作します。Rangeオブジェクトを取得するには、RangeプロパティまたはCellsプロパティを使用します。また、現在選択しているセルを参照するには、SelectionプロパティやActiveCellプロパティを使います。

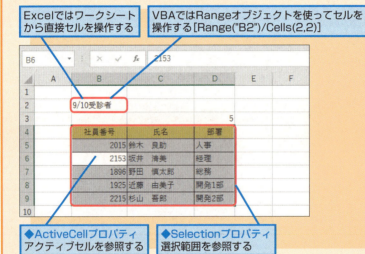

Excelではワークシートから直接セルを操作する

VBAではRangeオブジェクトを使ってセルを操作する [Range("B2")/Cells(2,2)]

◆ActiveCellプロパティ
アクティブセルを参照する

◆Selectionプロパティ
選択範囲を参照する

セルを参照するには①

オブジェクト.**Range**(セル指定) ─────────── 取得
オブジェクト.**Range**(先頭セル, 終端セル) ───── 取得

▶解説

Rangeプロパティは、1つのセルやセル範囲を参照するRangeオブジェクトを取得します。セル指定は「"（ダブルクォーテーション）」で囲み、"A1"のように記述します。たとえば、Range("A1")と記述するとセルA1を参照するRangeオブジェクトを取得します。また、先頭セルと終端セルの2つの引数を指定すると、セル範囲を参照するRangeオブジェクトを取得します。

▶設定する項目

オブジェクト ………… Applicationオブジェクト、Worksheetオブジェクト、Rangeオブジェクトを指定します。省略したときは、アクティブシートが対象になります（省略可）。

セル指定 ················· 単一のセルまたはセル範囲を表すA1形式の文字列で指定します。

先頭セル ················· セル範囲の左上端セルをA1形式の文字列で指定します。

終端セル ················· セル範囲の右下端セルをA1形式の文字列で指定します。

参照📖「A1形式」「R1C1形式」とは……P.279

エラーを防ぐには

オブジェクトを省略した場合に、アクティブシートがワークシートではなく、グラフシートなどである場合には、Rangeオブジェクトが取得できず、エラーになります。対象となるワークシートをオブジェクトとして指定するか、目的のワークシートをアクティブにしておく必要があります。

使用例 単一セルとセル範囲を参照する

ここでは、Range("A1")でセルA1を参照するRangeオブジェクトを取得し、Fontプロパティでフォントを表すFontオブジェクトを取得して、Sizeプロパティで文字サイズを設定しています。また、Range("A3","C3")でセル範囲A3～C3を参照するRangeオブジェクトを取得し、HorizontalAlignmentプロパティで水平方向の配置を設定しています。

サンプル📄4-1_001.xlsm

参照📖文字のフォントサイズを設定するには……P.325
参照📖セル内の文字の横位置と縦位置を指定するには……P.314

```
1  Sub 単一セルとセル範囲を参照する()
2      Range("A1").Font.Size = 18
3      Range("A3", "C3").HorizontalAlignment = xlCenter
4  End Sub
```

1 [単一セルとセル範囲を参照する]というマクロを記述する
2 セルA1の文字サイズを18ポイントに設定する
3 セルA3～C3を水平方向に中央揃えする
4 マクロの記述を終了する

セルA1を参照してフォントサイズを変更したい

セルA3～C3を参照して中央揃えにしたい

HINT VBAでセルを操作するには

Excelの通常使用時にセルを操作するには、まずセルを選択し、次にセルに設定します。マクロの記録機能を使ってマクロを作成すると、セルを選択してから設定するという内容として記録されます。しかしVBAでセルを操作する場合には、セルを参照するだけでよく、選択する必要はありません。そのため、サンプルではセルやセル範囲を選択せずに直接設定を行っています。

❶VBEを起動し、コードを入力

参照📖VBAを使用してマクロを作成するには……P.85

```
(General)                              単一セルとセル範囲を参照する
Sub 単一セルとセル範囲を参照する()
    Range("A1").Font.Size = 18
    Range("A3", "C3").HorizontalAlignment = xlCenter
End Sub
```

❷入力したマクロを実行

参照📖マクロを実行するには……P.53

4-1
セルの参照

1 マクロの基礎知識
2 VBAの基礎知識
3 プログラミングの基礎知識
4 セルの操作
5 ワークシートの操作
6 Excelファイルの操作
7 高度なファイルの操作
8 ウィンドウの操作
9 データの操作
10 印刷
11 図形の操作
12 グラフの操作
13 コントロールの使用
14 外部アプリケーションの操作
15 VBA関数
16 そのほかの操作
付録

235
できる

4-1 セルの参照

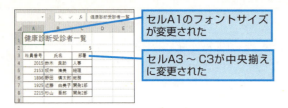

セルA1のフォントサイズが変更された

セルA3～C3が中央揃えに変更された

HINT セルの参照方法

Rangeプロパティを使ってセルやセル範囲を参照する方法を次の表にまとめます。

参照するセル	指定例	内容
単一のセル	Range("A1")	セル A1 を参照
離れた単一のセル	Range("A1, E1")	セル A1 と E1 を参照
セル範囲	Range("A1:E1")	セル A1 ～ E1 を参照
	Range("A1", "E1")	
離れたセル範囲	Range("A1:C1,A5:C5")	セル A1 ～ C1 とセル A5 ～ C5 を参照（離れたセル範囲を参照するには、Union メソッドを使用する方法もある） 参照▶複数のセル範囲をまとめるには……P.256
列全体	Range("A:C")	列 A ～列 C を参照
行全体	Range("1:3")	行 1 ～行 3 を参照
名前付きセル範囲	Range(" 成績 ")	名前付きセル範囲「成績」を参照

HINT 「Range("A1:E1")」と「Range("A1", "E1")」の使い分け

セルA1 ～ E1を参照するには、「Range("A1:E1")」のように「"（ダブルクォーテーション）」で囲まれた文字列のなかで「:（コロン）」を使ってセル範囲を指定する方法と、「Range("A1","E5")」のように先頭セルと終端セルを「,（カンマ）」で区切って別々に指定する方法があります。前者は、Excelでのセル指定と同じ形式なのでわかりやすいですが、マクロのなかでセル範囲の変更ができません。一方後者は、始点と終点を別々に設定しているのでCellsプロパティと組み合わせてセル範囲の変更が可能です。プログラムでのセル範囲の使用方法により使い分けます。

参照▶セルを参照するには②……P.237

HINT [ ] を使ってセルを参照する

[ ] を使ってもセルを参照することができます。Rangeプロパティのように指定するセルを「"」で囲む必要がないので、簡単にセル参照がしたい場合に便利です。

セル A3 を参照	[A3]
セル範囲 A3 ～ E3 を参照	[A3:E3]
名前付きセル範囲「成績」を参照	[成績]
列 A から列 E を参照	[A:E]

HINT Rangeオブジェクトに対してRangeプロパティを使用した場合

Rangeオブジェクトに対してRangeプロパティを使用すると、指定したセル範囲のなかのセルを相対的に参照します。たとえば、Range("B1:D10").Range("A1")とした場合、セルB1 ～ D10のなかで、A1（1列1行め）に相当するセルB1を参照します。

> ## セルを参照するには②

オブジェクト.**Cells**(行番号, 列番号) ──────── 取得

▶解説
Cellsプロパティは、単一セルまたは全セルを参照するRangeオブジェクトを取得します。行番号と列番号を数値で指定できるので、その数値を変えることで参照するセルを自由に変更することができます。Cellsだけの場合は全セルを参照します。

▶設定する項目
オブジェクト ‥‥‥‥‥ Applicationオブジェクト、Worksheetオブジェクト、Rangeオブジェクトを指定します。省略したときは、アクティブシートが対象になります（省略可）。

行番号 ‥‥‥‥‥‥‥‥ 行を上から数えた数を指定します（省略可）。

列番号 ‥‥‥‥‥‥‥‥ 列を左から数えた数、または列のアルファベットを指定します。アルファベットで指定する場合は「"A"」のように「"（ダブルクォーテーション）」で囲みます（省略可）。

エラーを防ぐには
Cellsプロパティは、セルの指定方法が「Cells(行番号、列番号)」となり、行、列の順に指定します。通常、セルの指定は「A1」のように、列、行の順であるため、指定順が逆になるので気をつけてください。また、Cellsだけにすると全セルが対象となり、対象が大きくなるので処理に時間がかかることがあります。

使用例　単一セルを参照する

Cellsプロパティを使って単一セルを参照します。ワークシートの指定を省略するとアクティブシートが対象となりますが、Rangeオブジェクト（セル範囲）を指定すると、そのセル範囲のなかの相対的なセルを参照します。　　　　　　　　　　　サンプル 4-1_002.xlsm

```
1  Sub 単一セルを参照する()
2      Cells(1, 1).Font.Color = RGB(0, 0, 255)
3      Range("A3:C8").Cells(1, 1).Value = "NO"
4  End Sub
```

1 [単一セルを参照する]というマクロを記述する
2 1行1列めのセル(セルA1)の文字色を青にする
3 セル範囲A3 ～ C8のなかの1行1列めのセル(セルA3)に「NO」と入力する
4 マクロの記述を終了する

4-1

セルの参照

1 マクロの基礎知識
2 VBAの基礎知識
3 プログラミングの基礎知識
4 セルの操作
5 ワークシートの操作
6 Excelファイルの操作
7 高度なファイルの操作
8 ウィンドウの操作
9 データの操作
10 印刷
11 図形の操作
12 グラフの操作
13 コントロールの使用
14 外部アプリケーションの操作
15 VBA関数
16 そのほかの操作
付録

237
できる

4-1 セルの参照

セルA1の文字色を青にしたい

セルA3～C8のうちの1行1列めのセルに文字列を入力したい

❶ VBEを起動し、コードを入力

参照▶ VBAを使用してマクロを作成するには……P.85

```
Sub 単一セルを参照する()
    Cells(1, 1).Font.Color = RGB(0, 0, 255)
    Range("A3:C8").Cells(1, 1).Value = "NO"
End Sub
```

❷ 入力したマクロを実行

参照▶ マクロを実行するには……P.53

文字色が青になった

文字列「NO」が入力された

HINT ワークシートの列番号の表示を数値にする

Cellsプロパティでは、列番号を数値で指定できますが、ワークシートに表示される列番号はアルファベットであるため、左から何列めであるか数えなければなりません。数えるのが大変な場合は、ワークシートの列番号を数値表示に切り替えます。Excelの［ファイル］タブの［オプション］をクリックして表示される［Excelのオプション］ダイアログボックスの［数式］で、［R1C1参照形式を使用する］にチェックマークを付けて［OK］ボタンをクリックします。Excel 2007では［Officeボタン］の［Excelのオプション］をクリックして［Excelのオプション］ダイアログボックスを表示します。

❶ ［数式］をクリック

❷ ［R1C1参照形式を使用する］をクリックしてチェックマークを付ける

❸ ［OK］をクリック

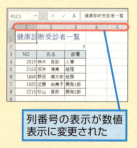

列番号の表示が数値表示に変更された

参照▶「A1形式」「R1C1形式」とは……P.279

使用例　インデックス番号を使ってセルを参照する

Cellsプロパティでは、引数にインデックス番号を使ってセルの参照ができます。ワークシートのセルA1、B1、C1の順番に1、2、3と番号が振られ、1行めの右端までいったら2行めのA2から続きの番号が振られます。また、セル範囲を対象にすることもできます。ここでは、セル範囲A3～C8のなかでセルのインデックス番号を使って最初のセルと最後のセルを参照します。

サンプル 4-1_003.xlsm

参照▶オブジェクト名の記述を省略するには……P.195

```
1  Sub インデックス番号を使ってセルを参照する()
2      With Range("A3:C8")
3          .Cells(1).Interior.Color = RGB(255, 0, 0)
4          .Cells(.Cells.Count).Interior.Color = RGB(0, 255, 0)
5      End With
6  End Sub
```

1 [インデックス番号を使ってセルを参照する]というマクロを記述する
2 セル範囲A3～C8について以下の処理を行う(Withステートメントの開始)
3 最初のセル(左上)の色を赤に設定する
4 最後のセル(右下)の色を緑に設定する
5 Withステートメントを終了する
6 マクロの記述を終了する

インデックス番号を使ってセルの書式を変更したい

❶VBEを起動し、コードを入力

参照▶VBAを使用してマクロを作成するには……P.85

❷入力したマクロを実行

参照▶マクロを実行するには……P.53

セルの数を数えるには

セルの数を数えるにはCountプロパティを使用します。セル範囲のセルの数を数えるには、「Range("A3:C8").Cells.Count」または、「Range("A3:C8").Count」で取得できます。しかし、全セルを対象にして「Cells.Count」とするとエラーになります。その理由は、Countプロパティは長整数型の値を返しますが、ワークシート内の全セルの数が長整数型の最大値（2,147,483,647）を超えるためです。エラーにならないようにセルの数を数えるには、CountLargeプロパティを使用し「Cells.CountLarge」とします。

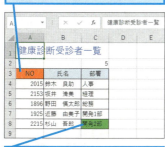

最初のセルの色が赤に設定された

最後のセルの色が緑に設定された

4-1

セルの参照

💡 **HINT　RangeプロパティとCellsプロパティを組み合わせる**

RangeプロパティとCellsプロパティを組み合わせてセル範囲を参照することができます。たとえば、セルA1 ～ E5を参照するには「Range(Cells(1,1), Cells(5,5))」のように

記述できます。Cellsプロパティの引数に変数を使用すると、変数の値を変更することでいろいろなセル範囲が参照できるようになります。

マクロの基礎知識	1
VBAの基礎知識	2
プログラミングの基礎知識	3
セルの操作	4
ワークシートの操作	5
Excelファイルの操作	6
高度なファイルの操作	7
ウィンドウの操作	8
データの操作	9
印　刷	10
図形の操作	11
グラフの操作	12
コントロールの使用	13
外部アプリケーションの操作	14
VBA関数	15
そのほかの操作	16
付　録	

選択しているセルを参照するには

オブジェクト.Selection ─────────────── 取得
オブジェクト.ActiveCell ─────────────── 取得

▶解説

Selectionプロパティは、アクティブウィンドウまたは指定したウィンドウで現在選択されているセルまたはセル範囲を参照するRangeオブジェクトを取得し、ActiveCellプロパティは、アクティブウィンドウまたは指定したウィンドウのアクティブセルを参照するRangeオブジェクトを取得します。アクティブセルは、現在の作業対象となっているセルを指します。これらは、現在選択しているセルやセル範囲に対して処理を行いたい場合に使用します。

▶設定する項目

オブジェクト ‥‥‥‥‥ Applicationオブジェクト、Windowオブジェクトを指定します。省略したときは、アクティブウィンドウが対象となります（省略可）。

エラーを防ぐには

ActiveCellプロパティは、アクティブウィンドウがワークシートでない場合はエラーになります。またSelectionプロパティは、選択されているオブジェクトの種類によって返る値が異なります。セルが選択されていればセルを参照しますが、セル以外の図形などが選択されていれば、選択されている図形を返します。なお、なにも選択していないときはNothingが返ります。

使用例　選択した範囲とアクティブセルを参照する

アクティブウィンドウのセル範囲A3 ～ C8を選択し、選択範囲に罫線を設定し、アクティブセルに文字を入力します。

サンプル画 4-1_004.xlsm
参照具 ワークシートを参照するには……P.382
参照具 セル範囲のアドレスを取得するには……P.257

```
1  Sub 選択されているセルとアクティブセルを参照()
2      Range("A3:C8").Select
3      Selection.Borders.LineStyle = xlContinuous
4      ActiveCell.Value = "NO"
5  End Sub
```

240
できる

1	［選択されているセルとアクティブセルを参照］というマクロを記述する
2	セル範囲A3～C8を選択する
3	選択されているセル範囲に格子の罫線を設定する
4	アクティブセルに「NO」と入力する
5	マクロの記述を終了する

表部分のセルを選択し、罫線を設定して、アクティブセルに文字を入力する

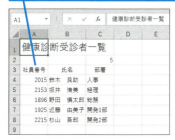

❶VBEを起動し、コードを入力

参照▶VBAを使用してマクロを作成するには……P.85

❷入力したマクロを実行

参照▶マクロを実行するには……P.53

セルA3～C8が選択され、罫線が設定された

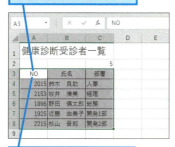

アクティブセルのセルA3に文字列が入力された

HINT アクティブセルのある場所を調べるには

現在のアクティブセルがどこのシートを対象としているかを確認するには、Parentプロパティを使います。たとえば「MsgBox ActiveCell.Parent.Name」とすると、アクティブセルのあるシート名がメッセージで表示されます。

HINT 選択しているセルとアクティブセルの表示の違い

セルを選択すると、選択したセル範囲に色が付いて表示されます。選択範囲のなかで色の付いていないセルがアクティブセルです。Selectionプロパティでは、選択範囲が参照されますが、ActiveCellプロパティでは、選択範囲のなかのセルに色が付いていないアクティブセルを参照します。

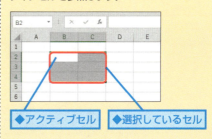

◆アクティブセル　◆選択しているセル

4-1 セルの参照

1 マクロの基礎知識
2 VBAの基礎知識
3 プログラミングの基礎知識
4 セルの操作
5 ワークシートの操作
6 Excelファイルの操作
7 高度なファイルの操作
8 ウィンドウの操作
9 データの操作
10 印刷
11 図形の操作
12 グラフの操作
13 コントロールの使用
14 外部アプリケーションの操作
15 VBA関数
16 そのほかの操作
付録

241

4-2 セルの選択

セルの選択

VBAでセルを選択するには、通常はSelectメソッドを使用しますが、ほかにもActivateメソッド、Gotoメソッドなどが使用できます。これらの動作の違いを理解すると、より効率的にセル選択ができるようになります。

セルを選択するための主なメソッド

Select メソッド	セルやセル範囲を選択する
Activate メソッド	セルをアクティブにする
Goto メソッド	セルやセル範囲へジャンプする

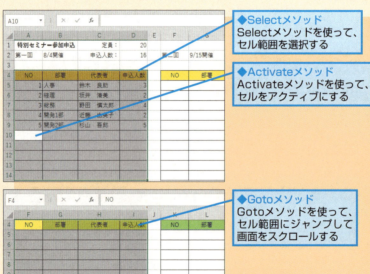

◆Selectメソッド
Selectメソッドを使って、セル範囲を選択する

◆Activateメソッド
Activateメソッドを使って、セルをアクティブにする

◆Gotoメソッド
Gotoメソッドを使って、セル範囲にジャンプして画面をスクロールする

セルを選択するには

オブジェクト.**Select**
オブジェクト.**Activate**

▶解説

Selectメソッドは単一のセルまたはセル範囲を選択します。Activateメソッドは単一のセルをアクティブにします。

▶設定する項目

オブジェクト ………Rangeオブジェクトを指定します。

エラーを防ぐには

ワークシートを指定していないときは、アクティブシートが対象となります。ワークシートを指定した場合は、そのワークシートがアクティブになっていないとエラーになるので、あらかじめワークシートをアクティブにしてからセルを選択してください。

使用例　ワークシートを指定してセルを選択する

Selectメソッドでセル範囲を選択し、Activateメソッドで特定のセルをアクティブにします。アクティブにするセルが選択しているセル範囲内の場合は、選択は解除されません。ワークシートを指定する場合は、そのワークシートをアクティブにしておく必要があるため、ワークシートに対してActivateメソッドを使用しています。

サンプル 4-2_001.xlsm

参照 ワークシートをアクティブにするには……P.393

```
1  Sub ワークシートを指定してセルを選択する()
2      Worksheets("第一回").Activate
3      Range("A4:D14").Select
4      Range("A10").Activate
5  End Sub
```

1 [ワークシートを指定してセルを選択する]というマクロを記述する
2 ワークシート「第一回」をアクティブにする
3 セル範囲A4 〜 D14を選択する
4 セルA10をアクティブにする
5 マクロの記述を終了する

4-2
セルの選択

1 マクロの基礎知識
2 VBAの基礎知識
3 プログラミングの基礎知識
4 セルの操作
5 ワークシートの操作
6 Excelファイルの操作
7 高度なファイルの操作
8 ウィンドウの操作
9 データの操作
10 印刷
11 図形の操作
12 グラフの操作
13 コントロールの使用
14 外部アプリケーションの操作
15 VBA関数
16 そのほかの操作
付録

243

4-2 セルの選択

ワークシート「第一回」シートをアクティブにしたい

セルA4～D14を選択し、セルA10をアクティブにしたい

セルを選択するときの注意

たとえばワークシート「Data」のセルA1を選択するときに「Worksheets("Data").Range("A1").Select」とした場合、[Data]シートがアクティブであれば選択できますが、ほかのシートがアクティブの場合はエラーになります。この場合は、使用例のように「Worksheets("Data").Activate」と記述してからセルを選択すると確実に目的のセルが選択できます。

❶ VBEを起動し、コードを入力

参照▶ VBAを使用してマクロを作成するには……P.85

```
Sub ワークシートを指定してセルを選択する()
    Worksheets("第一回").Activate
    Range("A4:D14").Select
    Range("A10").Activate
End Sub
```

❷ 入力したマクロを実行

参照▶ マクロを実行するには……P.53

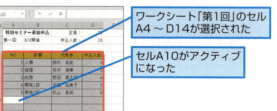

ワークシート「第1回」のセルA4～D14が選択された

セルA10がアクティブになった

指定したセルにジャンプするには

オブジェクト.Goto(Reference, Scroll)

▶解説

Gotoメソッドは、ブック内の指定したセル範囲を選択します。指定したブックやワークシートがアクティブでない場合は、選択する際にアクティブになります。また、選択したセル範囲が画面の左上になるようにスクロールできるため、画面の切り替えに使用でき、入力に便利です。

▶設定する項目

オブジェクト ………… Applicationオブジェクトを指定します。

Reference ………… 移動先セル範囲を指定します。省略した場合は、直前にGotoメソッドで移動したセル範囲になります（省略可）。

Scroll ………… Trueの場合、移動先のセルが画面の左上端になるようにスクロールします。Falseまたは省略した場合、スクロールしません（省略可）。

> **エラーを防ぐには**
>
> Gotoメソッドは、Applicationオブジェクトに続けて記述します。Applicationを省略すると、プロシージャー内の指定した行に処理を移動するGoToステートメントと認識されてしまい、エラーになります。
>
> 参照▶On Error GoToステートメント……P.211

使用例　指定したワークシートのセルを選択する

1つめのワークシートのセルF4〜I14を選択し、セルF4が左上端にくるようにスクロールします。Gotoメソッドは、指定したワークシートがアクティブでない場合は、指定したワークシートをアクティブにしてセルを選択します。

サンプル▶4-2_002.xlsm

```
1  Sub 指定したワークシートのセルにジャンプする()
2      Application.Goto _
           Reference:=Worksheets(1).Range("F4:I14"), _
           Scroll:=True
3  End Sub
```
注)「_(行継続文字)」の部分は、次の行と続けて入力することもできます→95ページ参照

1 ［指定したワークシートのセルにジャンプする］というマクロを記述する
2 1つめのワークシートのセルF4〜I14にジャンプし、画面をスクロールする
3 マクロの記述を終了する

❶VBEを起動し、コードを入力

参照▶VBAを使用してマクロを作成するには……P.85

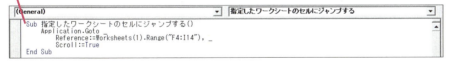

❷入力したマクロを実行　　参照▶マクロを実行するには……P.53

2番めの表を選択し、表の左上に合わせて画面をスクロールさせたい

2番めの表が選択された

セルF4が左上になるようにワークシートがスクロールされた

4-3

いろいろなセルの参照

いろいろなセルの参照

VBAでは、セルや表を操作して処理を実行します。アクティブセルの1つ下のセルを選択したり、頻繁にサイズが変更される表の全体を選択したりするなど、明確にセル番号を指定できない場合があります。また、結合セルなど、なんらかの特徴を持つセルについて操作したい場合もあります。VBAでは、このようなセルやワークシートを参照および選択するための、汎用的に利用できるプロパティやメソッドが多数用意されています。

セルを参照するための主なメソッドやプロパティ

CurrentRegion プロパティ	アクティブセル領域
Offset プロパティ	現在のセルに対して相対的な位置指定
End プロパティ	表の端のセル参照
UsedRange プロパティ	使用されたセル範囲参照
Resize プロパティ	セル範囲のサイズ変更
MergeArea プロパティ	結合されたセル参照
Address プロパティ	参照セルのアドレス取得
SpecialCells メソッド	空白セル、可視セル、条件付きセルなど特別なセル参照
Union メソッド	複数のセル範囲をまとめて参照
Intersect メソッド	複数のセル範囲の重複範囲を参照

◆CurrentRegionプロパティ
アクティブセル領域を参照する

◆Endプロパティ
領域の上端、下端、左端、右端のセルを参照する

◆Offsetプロパティ
セルに対する相対位置を参照する

◆MergeAreaプロパティ
結合セルを参照する

サイドバー目次

1 マクロの基礎知識
2 VBAの基礎知識
3 プログラミングの基礎知識
4 セルの操作
5 ワークシートの操作
6 Excelファイルの操作
7 高度なファイルの操作
8 ウィンドウの操作
9 データの操作
10 印刷
11 図形の操作
12 グラフの操作
13 コントロールの使用
14 外部アプリケーションの操作
15 VBA関数
16 そのほかの操作
付録

表全体を選択するには

オブジェクト.**CurrentRegion** ────────── 取得

▶解説

CurrentRegionプロパティは、指定したセルを含むアクティブセル領域を参照します。アクティブセル領域とは、空白行、空白列で囲まれた領域のことで、キーボード操作の Ctrl + * キーに相当します。参照したいセル範囲全体をセルで指定する必要がないため、行数や列数に変動のある表を参照したい場合などに便利です。

▶設定する項目

オブジェクト ………… Rangeオブジェクトを指定します。

エラーを防ぐには

保護されたワークシートでは、CurrentRegionプロパティを使うことはできません。また、空白行、空白列に囲まれた領域である必要があるため、表の隣のセルに文字が入力されていると、そのセルを含む行および列も参照範囲に含まれてしまいます。

使用例 表全体を選択する

セルB2を含む表の表全体を選択します。指定するセルは、セルB2である必要はなく、表のなかのどのセルでもかまいませんが、表の見出し部分など表のサイズが変更になっても常に表のなかにあるセルを指定するといいでしょう。

サンプル 4-3_001.xlsm

```
1  Sub 表全体を選択する()
2      Range("B2").CurrentRegion.Select
3  End Sub
```

1	[表全体を選択する]というマクロを記述する
2	セルB2を含むアクティブセル領域を選択する
3	マクロの記述を終了する

セルB2を含む表の範囲を選択したい

❶VBEを起動し、コードを入力

参照 VBAを使用してマクロを作成するには……P.85

```
(General)                         表全体を選択する
Sub 表全体を選択する()
    Range("B2").CurrentRegion.Select
End Sub
```

❷入力したマクロを実行   参照 マクロを実行するには……P.53

4-3
いろいろな
セルの参照

1 マクロの基礎知識
2 VBAの基礎知識
3 プログラミングの基礎知識
4 セルの操作
5 ワークシートの操作
6 Excelファイルの操作
7 高度なファイルの操作
8 ウィンドウの操作
9 データの操作
10 印刷
11 図形の操作
12 グラフの操作
13 コントロールの使用
14 外部アプリケーションの操作
15 VBA関数
16 そのほかの操作
付録

247
できる

表全体が選択された

4-3
いろいろなセルの参照

相対的にセルを参照するには

オブジェクト.**Offset**(行方向の移動数, 列方向の移動数) 取得

▶解説

Offsetプロパティは、セル範囲から指定した行数と列数分だけ移動したセル範囲を参照します。たとえば、アクティブセルから3行下で2列右のセルを選択したい場合など、指定したセルに対して相対的な位置を参照したい場合に利用できます。

▶設定する項目

オブジェクト ‥‥‥‥‥ Rangeオブジェクトを指定します。

行方向の移動数‥‥‥‥ 行方向の移動数を指定します。正の数は下方向、負の数は上方向に移動し、省略の場合は「0」になります（省略可）。

列方向の移動数‥‥‥‥ 列方向の移動数を指定します。正の数は右方向、負の数は左方向に移動し、省略の場合は「0」になります（省略可）。

エラーを防ぐには

指定したセルがワークシートの上端、下端、右端、左端にある場合は、それより上、下、右、左には移動できないためエラーになることがあります。エラーになっても強制終了しないようにエラー処理コードを記述しておくといいでしょう。 参照🔖エラー処理コードを記述するには‥‥‥‥P.211

使用例 　表にデータを追加する

セルB9 ～ E9にデータを入力します。データを入力するためにValueプロパティを使用します。

サンプル📄4-3_002.xlsm

参照🔖セルの値を取得および設定するには‥‥‥‥P.274

```
1  Sub 表にデータを追加する()
2      With Range("B9")
3          .Value = .Offset(-1, 0).Value + 1
4          .Offset(0, 1).Value = "田中　誠司"
5          .Offset(0, 2).Value = 82
6          .Offset(0, 3).Value = 91
7      End With
8  End Sub
```

マクロの基礎知識 **1**

VBAの基礎知識 **2**

プログラミングの基礎知識 **3**

セルの操作 **4**

ワークシートの操作 **5**

Excelファイルの操作 **6**

高度なファイルの操作 **7**

ウィンドウの操作 **8**

データの操作 **9**

印刷 **10**

図形の操作 **11**

グラフの操作 **12**

コントロールの使用 **13**

外部アプリケーションの操作 **14**

VBA関数 **15**

そのほかの操作 **16**

付録

248
できる

1. ［表にデータを追加する］というマクロを記述する
2. セルB9について以下の処理を行う（Withステートメントの開始）
3. セルB9の1つ上のセル（セルB8）の値に1を足してセルB9に入力する
4. セルB9の1つ右のセル（セルC9）に「田中　誠司」と入力する
5. セルB9の2つ右のセル（セルD9）に「82」と入力する
6. セルB9の3つ右のセル（セルE9）に「91」と入力する
7. Withステートメントを終了する
8. マクロの記述を終了する

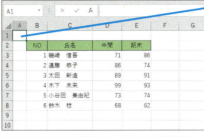

表の末尾に項目を追加したい

❶VBEを起動し、コードを入力

参照▶VBAを使用してマクロを作成するには……P.85

❷入力したマクロを実行

参照▶マクロを実行するには……P.53

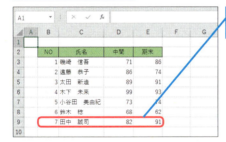

表の末尾に指定されたデータが入力された

行、列を移動しない場合の Offsetプロパティの引数の指定方法

行、列を移動しない場合でOffsetを指定する場合には、行または列を省略することができます。たとえば、セルA1の1行下のセルを参照する場合は「Range("A1").Offset(1)」、1列右のセルを参照する場合は「Range("A1").Offset(,1)」のように記述できます。

4-3　いろいろなセルの参照

データが入力されている終端セルを参照するには

オブジェクト.End(方向) ──────────────── 取得

▶解説

Endプロパティは、指定したセルが含まれるデータが入力されている領域の終端のセルを取得します。表の上端、下端、左端、右端のセルを簡単に取得できます。これは、キー操作の [End]+[↑]キー、[End]+[↓]キー、[End]+[←]キー、[End]+[→]キーに相当します。データが増加していくデータベースの新規入力行にセルを移動するときなどに利用できます。

▶設定する項目

オブジェクト ‥‥‥‥‥ Rangeオブジェクトを指定します。終端セルを取得するための基準となるセルを指定します。

方向‥‥‥‥‥‥‥‥‥‥ 移動する方向をXlDirection列挙型の定数を使用して指定します。

XlDirection列挙型の定数

定数	方向	定数	方向
xlDown	下端	xlToLeft	左端
xlUp	上端	xlToRight	右端

エラーを防ぐには

表の終端セルを取得したい場合、基準となるセルと終端セルとの間に空白セルがあると、終端セルが取得できず、空白セルの1つ手前のデータが入力されているセルが取得されます。Endプロパティはできるだけ連続したデータが入力されている表で使用するようにしてください。

使用例　新規入力行を選択する

セルB2からはじまる表で、1行めが見出し、2行め以降がデータ入力行である場合、見出しであるセルB2の下の行にデータが入力されていないときに、Endプロパティを使用すると、ワークシートの下端を参照してしまいます。そのため、セルB2の1つ下のセルが空白かどうか確認し、空白の場合は1つ下のセルを選択し、空白でない場合は、Endプロパティを使ってデータが入力されている表の1つ下の新規入力行を選択します。

サンプル 4-3_003.xlsm

参照 相対的にセルを参照するには……P.248

```
1  Sub 新規入力行を選択する()
2      If Range("B2").Offset(1).Value = "" Then
3          Range("B2").Offset(1).Select
4      Else
5          Range("B2").End(xlDown).Offset(1).Select
6      End If
7  End Sub
```

1 ［新規入力行を選択する］というマクロを記述する
2 セルB2の1つ下のセルが空白の場合(Ifステートメントの開始)
3 セルB2の1つ下のセルを選択する
4 それ以外の場合は
5 セルB2を基準とした終端セルの1つ下のセルを選択する
6 Ifステートメントを終了する
7 マクロの記述を終了する

表の最後の行の次の行を選択したい

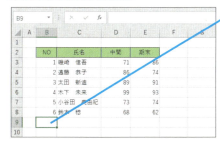

❶VBEを起動し、コードを入力

参照▶VBAを使用してマクロを作成するには……P.85

```
Sub 新規入力行を選択する()
    If Range("B2").Offset(1).Value = "" Then
        Range("B2").Offset(1).Select
    Else
        Range("B2").End(xlDown).Offset(1).Select
    End If
End Sub
```

❷入力したマクロを実行

参照▶マクロを実行するには……P.53

表の最後の行の先頭列が選択された

基準のセルから終端セルまでの間に空白セルがある場合

基準となるセルと終端セルまでの間に空白セルがある場合はEndプロパティを使用しても終端セルが選択できません。そのような場合は、Endプロパティではなく、CurrentRegionプロパティを使ってアクティブセル領域を参照し、その領域の1列めで、領域より1つ下のセルを選択することで新規入力行を選択することができます。

```
Sub 新規入力行を選択する2()
    With Range("B2").CurrentRegion
        .Cells(.Rows.Count + 1, 1).Select
    End With
End Sub
```

サンプル▶4-3_004.xlsx

参照▶表全体を選択するには……P.247

4-3

いろいろなセルの参照

セル範囲のサイズを変更するには

オブジェクト.**Resize**(RowSize, ColumnSize) ── 取得

▶解説

Resizeプロパティは、セル範囲から指定した行数、列数分のセル範囲にサイズを変更したセル範囲を取得します。選択している表の見出しを除いたデータの部分を参照する場合や、合計行、合計列を除いた部分を参照し直したい場合などに利用できます。

▶設定する項目

オブジェクト ‥‥‥‥‥ Rangeオブジェクトを指定します。

RowSize ‥‥‥‥‥‥‥ 新しい範囲の行数を指定します。省略したときは、変更する前と同じ行数になります（省略可）。

ColumnSize ‥‥‥‥‥ 新しい範囲の列数を指定します。省略したときは、変更する前と同じ列数になります（省略可）。

エラーを防ぐには

Resizeプロパティは、現在参照している範囲の左上端のセルを基準として、参照する行数と列数を変更します。参照範囲の1列めや1行めを参照範囲からはぶきたい場合は、Offsetプロパティを使って参照範囲の左上端セルを移動します。　　　　　参照 相対的にセルを参照するには……P.248

使用例　表のデータ部分を選択する

セルB2を含む表で、1行めの見出しを除いて2行め以降にあるデータ部分だけを選択します。ここでは、B2を含むアクティブセル領域をRange型のオブジェクト変数に格納してセルを操作しています。セル範囲のデータ部分の行数は表の行数から1を引いた数で取得できるため、「セル範囲.Rows.Count-1」で取得できます。　　　　　　　　　　　サンプル 4-3_005.xlsm

参照 Countプロパティで行数、列数を取得する……P.266

```
1  Sub 表のデータ部分を選択する()
2      Dim myRange As Range
3      Set myRange = Range("B2").CurrentRegion
4      myRange.Offset(1).Resize(myRange.Rows.Count- 1).Select
5      Set myRange = Nothing
6  End Sub
```

1 ［表のデータ部分を選択する］というマクロを記述する
2 Range型の変数myRangeを宣言する
3 変数myRangeにセルB2を含むアクティブセル領域を格納する
4 変数myRangeに格納されているセル範囲を1行分下げて、1行減らした範囲に変更し、選択する
5 変数myRangeへの参照を解除する
6 マクロの記述を終了する

- 1 マクロの基礎知識
- 2 VBAの基礎知識
- 3 プログラミングの基礎知識
- 4 セルの操作
- 5 ワークシートの操作
- 6 Excelファイルの操作
- 7 高度なファイルの操作
- 8 ウィンドウの操作
- 9 データの操作
- 10 印刷
- 11 図形の操作
- 12 グラフの操作
- 13 コントロールの使用
- 14 外部アプリケーションの操作
- 15 VBA関数
- 16 そのほかの操作

付録

252
できる

❶VBEを起動し、コードを入力

参照▶VBAを使用してマクロを作成するには……P.85

```
Sub 表のデータ部分を選択する()
    Dim myRange As Range
    Set myRange = Range("B2").CurrentRegion
    myRange.Offset(1).Resize(myRange.Rows.Count - 1).Select
    Set myRange = Nothing
End Sub
```

❷入力したマクロを実行

参照▶マクロを実行するには……P.53

表の見出し行を除いた部分を選択したい

表の見出し行以外の部分が選択された

HINT Resizeプロパティで表の1行め、1列めを参照する

Resizeプロパティで「セル範囲.Resize(1)」とすると、セル範囲の1行めだけが参照できます。同様に「セル範囲.Resize(,1)」とするとセル範囲の1列めだけが参照できます。これを利用して表全体の書式設定、表の列見出し、行見出しの書式設定をするなど表の体裁を整えることができます。

サンプル 4-3_006.xlsx

表全体(A1～C6)に格子状の罫線を引く

表の1列めのセルの色を水色に設定する

```
Sub 表書式設定()
    With Range("A1:C6")
        .Borders.LineStyle = xlContinuous
        .Resize(, 1).Interior.ColorIndex = 20
        .Resize(1).Interior.ColorIndex = 37
    End With
End Sub
```

表の1行めのセルの色を薄い青色に設定する

列見出し、行見出しのみを参照してセルの背景色を変更した

4-3

いろいろなセルの参照

結合しているセルを参照するには

オブジェクト.MergeArea ——————————— 取得

▶解説

MergeAreaプロパティは、指定したセルが含まれる結合セル範囲を取得します。指定したセルが結合セル範囲にない場合は、指定したセルをそのまま返します。結合セルにデータを入力する場合や、内容を削除する場合にMergeAreaプロパティで結合セルを参照します。

▶設定する項目

オブジェクト ……… Rangeオブジェクトを指定します。単一セルのみ指定できます。

エラーを防ぐには

オブジェクトに指定するセルは1つだけです。セル範囲や複数のセルを指定することはできません。

使用例 結合セルに連番を入力する

セルB2からはじまる表の1列めの結合セルに連番を入力します。表の1列めはセルが結合されているため、変数myRangeに結合セルを格納し、結合セルに対してデータの入力をします。

サンプル 4-3_007.xlsm

```
1  Sub 結合セルに連番を入力する()
2      Dim i As Integer, myRow As Integer, myRange As Range
3      myRow = Range("B2").CurrentRegion.Rows.Count + 1
4      Set myRange = Range("B3")
5      i = 1
6      Do While myRange.Row <= myRow
7          myRange.Value = i
8          Set myRange = myRange.Offset(1).MergeArea
9          i = i + 1
10     Loop
11     Set myRange = Nothing
12 End Sub
```

1	[結合セルに連番を入力する]というマクロを記述する
2	整数型の変数iとmyRow、Range型の変数myRangeを宣言する
3	変数myRowにセルB2を含む表の行数に1を加算した数を格納する（表の一番下の行番号を取得）
4	変数myRangeにセルB3（表のデータ部分の一番上のセル）を格納する
5	変数iに1を格納する
6	変数myRangeの行番号が変数myRow以下の間、以下の処理を繰り返す
7	変数myRangeに変数iの値を入力する
8	変数myRangeの1つ下の結合セルを変数myRangeに格納する
9	変数iに1を足す
10	6行目に戻る
11	変数myRangeへの参照を解除する
12	マクロの記述を終了する

---

1 マクロの基礎知識
2 VBAの基礎知識
3 プログラミングの基礎知識
4 セルの操作
5 ワークシートの操作
6 Excelファイルの操作
7 高度なファイルの操作
8 ウィンドウの操作
9 データの操作
10 印刷
11 図形の操作
12 グラフの操作
13 コントロールの使用
14 外部アプリケーションの操作
15 VBA関数
16 そのほかの操作

付録

254
できる

4-3 いろいろなセルの参照

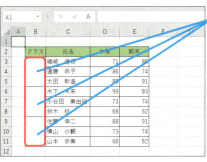

結合セル単位で連番を振りたい

❶VBEを起動し、コードを入力

参照▶VBAを使用してマクロを作成するには……P.85

```
Sub 結合セルに連番を入力する()
    Dim i As Integer, myRow As Integer, myRange As Range
    myRow = Range("B2").CurrentRegion.Rows.Count + 1
    Set myRange = Range("B3")
    i = 1
    Do While myRange.Row <= myRow
        myRange.Value = i
        Set myRange = myRange.Offset(1).MergeArea
        i = i + 1
    Loop
    Set myRange = Nothing
End Sub
```

❷入力したマクロを実行 参照▶マクロを実行するには……P.53

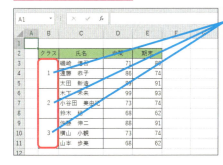

結合セルに連番が入力された

HINT 結合セルにデータを入力、削除するときの注意点

結合セルにデータを入力、削除する場合は、MergeAreaプロパティを使って結合セルを参照して処理します。オブジェクトに指定したセルが結合セルの先頭セル（左上のセル）の場合、MergeAreaプロパティを使用しなくても値を入力することはできますが、先頭セルでない場合は、MergeAreaを使用しないと値の入力はできません。また、結合セルに入力されている値を削除するときは、MergeAreaプロパティを使用しないとエラーになります。

MergeAreaプロパティを使わずに結合セルの内容を消去しようとするとエラーが発生する

Microsoft Visual Basic
実行時エラー '1004':
この操作は結合したセルには行えません。

HINT セル範囲を結合、結合解除するには

指定したセル範囲を結合するにはMergeメソッド、結合解除するにはUnMergeメソッド、またはMergeCellsプロパティを使用します。
参照▶セルを結合するには……P.294

4-3 いろいろなセルの参照

複数のセル範囲をまとめるには

オブジェクト.Union(セル範囲1, セル範囲2, …, セル範囲n)

▶解説

Unionメソッドは、指定した2つ以上でn個までのセル範囲の集合を返します。Unionメソッドを使うと、複数の範囲をまとめて扱うことができます。現在の選択範囲に別の範囲を追加して選択したい場合などに利用できます。

▶設定する項目

オブジェクト‥‥‥‥‥ Applicationオブジェクトを指定します。
セル範囲‥‥‥‥‥‥‥ まとめたいセル範囲を「,(カンマ)」で区切って指定します。

[エラーを防ぐには]

Unionメソッドの引数は、セル範囲1つだけ指定した場合はエラーになります。必ず2つ以上のセル範囲を指定してください。

使用例　複数のセル範囲にまとめて罫線を設定する

セルB2を含むアクティブセル領域とセルB7を含むアクティブセル領域にまとめて格子の罫線を設定します。

サンプル 4-3_008.xlsm

```
1  Sub 複数のセル範囲にまとめて罫線を設定する()
2      Application.Union(Range("B2").CurrentRegion, _
           Range("B7").CurrentRegion) _
           .Borders.LineStyle = xlContinuous
3  End Sub
```
注）「_（行継続文字）」の部分は、次の行と続けて入力することもできます→95ページ参照

1 [複数のセル範囲にまとめて罫線を設定する]というマクロを記述する
2 セルB2を含む表とセルB7を含む表に格子の罫線を設定する
3 マクロの記述を終了する

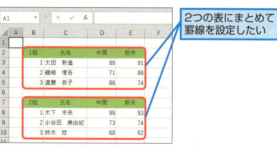

❶VBEを起動し、コードを入力

参照▶VBAを使用してマクロを作成するには……P.83

❷入力したマクロを実行　　参照▶マクロを実行するには……P.53

2つの表に一度に罫線が設定された

HINT 複数のセル範囲で重複する部分だけを選択するには

Unionメソッドは、複数のセル範囲をまとめますが、Intersectメソッドは、複数のセル範囲で重複する部分だけを参照します。構文は、「Application.Intersect(セル範囲1, セル範囲2,…,セル範囲n)」のようになります。たとえば、セルA1〜D5とセルC4〜E7の範囲で重なる部分を選択するには、「Application.Intersect(Range("A1:D5"), Range("C4:F7")).Select」と記述します。重なる部分がなかった場合は、Nothingが返ります。

4-3 いろいろなセルの参照

1 マクロの基礎知識
2 VBAの基礎知識
3 プログラミングの基礎知識
4 セルの操作
5 ワークシートの操作
6 Excelファイルの操作
7 高度なファイルの操作
8 ウィンドウの操作
9 データの操作
10 印刷
11 図形の操作
12 グラフの操作
13 コントロールの使用
14 外部アプリケーションの操作
15 VBA関数
16 そのほかの操作
付録

セル範囲のアドレスを取得するには

オブジェクト.Address(RowAbsolute, ColumnAbsolute, ReferenceStyle, External, RelativeTo) ── 取得

▶解説

Addressプロパティは、指定したセル範囲のアドレスを取得します。引数を省略すると、絶対参照でアドレスを取得します。また、引数の指定方法により、相対参照や外部参照でアドレスを取得することもできます。

▶設定する項目

オブジェクト ……… Rangeオブジェクトを指定します。アドレスを取得したいセル、またはセル範囲を指定します。

RowAbsolute ……… Trueまたは省略すると行を絶対参照で取得し、Falseにすると相対参照で取得します（省略可）。

ColumnAbsolute … Trueまたは省略すると列を絶対参照で取得し、Falseにすると相対参照で取得します（省略可）。

ReferenceStyle … XlReferenceStyle列挙型の定数を使用して、参照形式を指定します（省略可）。xlA1(既定値)のときA1形式の参照、xlR1C1のときR1C1形式の参照になります。

External ……………… Trueにすると外部参照になり、Falseまたは省略するとローカル参照になります（省略可）。

RelativeTo ………… 引数RowAbsoluteと引数ColumnAbsoluteがFalseで、引数ReferenceStyleがxlR1C1の場合、相対参照の開始となるセルを指定します（省略可）。

エラーを防ぐには

指定したセルのアドレスをR1C1形式の相対参照で表示したい場合は、相対参照を開始するための基準となるセルを指定する必要があります。そのため、引数RowAbsolute、ColumnAbsoluteがFalseで、引数ReferenceStyleがxlR1C1の場合は、必ず引数RelativeToで開始セルを指定します。

参照 「A1形式」「R1C1形式」とは……P.279

257
できる

4-3 いろいろなセルの参照

使用例 目的のセルのアドレスを取得する

セルC5～C13のなかで、セルC2に入力されている名前を探し、見つかった場合はそのセルを選択してアドレスをメッセージとして表示します。ここではデータを検索するためにFindメソッドを使用します。

サンプル 4-3_009.xlsm
参照▶データを検索するには……P.541

```
1  Sub 目的のセルのアドレスを取得する()
2      Dim myRange As Range, myName As String
3      myName = Range("C2").Value
4      Set myRange = Range("C5:C13").Find(what:=myName)
5      If Not myRange Is Nothing Then
6          myRange.Select
7          MsgBox myName & "さんはセル「" & myRange.Address _
               & "」にあります"
8      End If
9  End Sub
```
注)「_(行継続文字)」の部分は、次の行と続けて入力することもできます→95ページ参照

1 [目的のセルのアドレスを取得する]というマクロを記述する
2 Range型の変数myRangeと文字列型の変数myNameを宣言する
3 変数myNameにセルC2の値を格納する
4 セルC5～C13のなかで変数myNameと同じ値を検索し、最初に見つかったセルを変数myRangeに格納する
5 変数myRangeの値がNothingでない場合は(見つかった場合)(Ifステートメントの開始)
6 変数myRangeのセルを選択する
7 変数myNameの値と変数myRangeのアドレスをメッセージで表示する
8 Ifステートメントを終了する
9 マクロの記述を終了する

セルC2に入力されている名前を表で検索して、セル番号を表示したい

❶VBEを起動し、コードを入力

参照▶VBAを使用してマクロを作成するには……P.85

❷入力したマクロを実行   参照▶マクロを実行するには……P.53

見つかったセルが選択され、セル番号がメッセージで表示された

ダイアログボックスを閉じるには[OK]をクリックする

4-3

いろいろなセルの参照

1 マクロの基礎知識
2 VBAの基礎知識
3 プログラミングの基礎知識
4 セルの操作
5 ワークシートの操作
6 Excelファイルの操作
7 高度なファイルの操作
8 ウィンドウの操作
9 データの操作
10 印刷
11 図形の操作
12 グラフの操作
13 コントロールの使用
14 外部アプリケーションの操作
15 VBA関数
16 そのほかの操作
付録

特定のセルを参照するには

オブジェクト.**SpecialCells**(Type, Value)

▶解説

SpecialCellsメソッドは、指定したセル範囲のなかで条件を満たすすべてのセルを取得します。引数を指定することで、空白のセルや可視セル、計算式が設定されているセルなど、さまざまなセルを参照できます。指定できる設定内容は、[選択オプション]ダイアログボックスの項目に該当します。このダイアログボックスは、[ホーム]タブの[編集]グループにある[検索と選択]ボタンの[条件を選択してジャンプ]をクリックすると表示されます。

▶設定する項目

オブジェクト……… Rangeオブジェクトを指定します.

Type……………… 取得するセルの種類をXlCellType列挙型の定数で指定します。

XlCellType列挙型の定数

定数	内容
xlCellTypeAllFormatConditions	条件付き書式が設定されているセル
xlCellTypeAllValidation	入力規則が設定されているセル
xlCellTypeBlanks	空の文字列
xlCellTypeComments	コメントが含まれているセル
xlCellTypeConstants	定数が含まれているセル
xlCellTypeFormulas	数式が含まれているセル
xlCellTypeLastCell	使われたセル範囲内の最後のセル
xlCellTypeSameFormatConditions	同じ条件付き書式が設定されているセル
xlCellTypeSameValidation	同じ入力規則が設定されているセル
xlCellTypeVisible	すべての可視セル

Value………………… 引数TypeにxlCellTypeConstants(定数)またはxlCellTypeFormulas(数式)を指定した場合、引数ValueにXlSpecialCellsValue列挙型の定数を指定して、特定の種類の定数や数式を含むセルだけを取得することができます。省略した場合は、すべての定数および数式が対象になります(省略可)。

259
できる

4-3 いろいろなセルの参照

XlSpecialCellsValue列挙型の定数

定数	内容	定数	内容
xlErrors	エラー値	xlNumbers	数値
xlLogical	論理値	xlTextValues	文字

エラーを防ぐには

SpecialCellsメソッドで指定した種類のセルに該当するセルがあることが前提となるため、セル範囲に指定した種類のセルがない場合は、エラーになります。

使用例　空白セルに0をまとめて入力する

セルD3～E11のなかで空白セルに0を入力します。　　　サンプル■ 4-3_010.xlsm

```
1  Sub 空白セルに0をまとめて入力する()
2      Range("D3:E11").SpecialCells(xlCellTypeBlanks).Value = 0
3  End Sub
```

1 [空白セルに0をまとめて入力する]というマクロを記述する
2 セルD3～E11のなかで空白セルに「0」を入力する
3 マクロの記述を終了する

空白のセルに「0」を入力したい

❶VBEを起動し、コードを入力

参照▶ VBAを使用してマクロを作成するには……P.85

❷入力したマクロを実行　　参照▶ マクロを実行するには……P.53

空白セルに数字「0」が入力された

HINT セル範囲のなかから、数式ではない数値と文字列を参照するには

セル範囲のなかから数式ではない数値や文字列を参照するには、引数TypeでxlCellTypeConstantsを指定し、引数Valueで数値はxlNumbers、文字はxlTextValuesを指定します。数値と文字列の両方を参照する場合は、「xlNumbers + xlTextValues」のように定数を「+」でつなげます。

サンプル 4-3_011.xlsx

セルB3〜F11のなかで数式以外の数値と文字の値を削除したい

```
Sub データ部分の文字と数値を削除する()
    Range("B3:F11").SpecialCells _
        (xlCellTypeConstants, xlTextValues + xlNumbers) _
        .ClearContents
End Sub
```

数式を除く数値と文字列が削除された

4-3 いろいろなセルの参照

261

4-4 行と列の参照

行と列の参照

表のなかの最初や最後の行番号や列番号を調べたり、表全体の行数、列数からレコード数や項目数を取得したり、表の行や列を削除、挿入したりするなど、ワークシート上の表のなかで行単位あるいは、列単位の操作をすることがあります。VBAでは、RowプロパティやColumnプロパティで行番号、列番号を取得し、RowsプロパティやColumnsプロパティで行や列を参照します。また、特定のセルに対して、そのセルを含む行全体や列全体を参照するには、EntireRowプロパティやEntireColumnプロパティを使用します。

Rowsプロパティ：行を参照する

◆表のなかの行を参照する
Range("B2:F11").Rows("4:6")

Columnsプロパティ：列を参照する

◆表のなかの列を参照する
Range("B2:F11").Columns("C:D")

◆ワークシートのなかの行を参照する
Rows("13:15")

◆ワークシートの列を参照する
Columns("H:I")

EntireRowプロパティ：指定したセル範囲を含む行全体を参照する

◆表を含む行全体を参照する
Range("B2:F11").EntireRow

EntireColumプロパティ：指定したセル範囲を含む列全体を参照する

◆表を含む列全体を参照する
Range("B2:F11").EntireColumn

行番号や列番号を取得するには

4-4

行と列の参照

オブジェクト.**Row** ────────────────── 取得
オブジェクト.**Column** ───────────────── 取得

▶解説
Rowプロパティは指定したセルの行番号、Columnプロパティは指定したセルの列番号をそれぞれ長整数型の数値で返します。セル範囲を指定した場合は、最小の行番号または列番号を返します。

▶設定する項目
オブジェクト ‥‥‥‥‥Rangeオブジェクトを指定します。

エラーを防ぐには
RowプロパティやColumnプロパティは、指定したセル範囲の先頭の行番号と列番号しか取得できないため、最後の行番号と列番号を取得するには、別途コードを記述する必要があります。

使用例　表の最後のセルの行番号と列番号を取得する

表の最後のセルを取得するには、表のセル範囲に対して、Cellsプロパティでインデックス番号に表のセルの数を指定することで取得できます。取得したセルのRowプロパティ、Columnプロパティの値を求めると、最後のセルの行番号と列番号が取得できます。　サンプル 4-4_001.xlsm

参照 セルを参照するには②……P.237

```
1  Sub 表の最後のセルの行列番号を取得する()
2      Dim myRange As Range, cnt As Integer
3      Set myRange = Range("B2").CurrentRegion
4      cnt = myRange.Count
5      MsgBox "表の最後のセル:" & myRange.Cells(cnt).Address & vbLf & _
              "セルの行番号 :" & myRange.Cells(cnt).Row & vbLf & _
              "セルの列番号 :" & myRange.Cells(cnt).Column
6      Set myRange = Nothing
7  End Sub                 注)「_ (行継続文字)」の部分は、次の行と続けて入力することもできます→95ページ参照
```

1 [表の最後のセルの行列番号を取得する]というマクロを記述する
2 Range型の変数myRangeと整数型の変数cntを宣言する
3 変数myRangeにセルB2を含むアクティブセル領域を格納する
4 変数cntに変数myRangeのセル範囲のセルの数を格納する
5 「myRange.Cells(cnt)」でセル範囲の最後のセルを取得し、そのアドレスと行番号、列番号をメッセージで表示する
6 変数myRangeへの参照を解除する
7 マクロの記述を終了する

1	マクロの基礎知識
2	VBAの基礎知識
3	プログラミングの基礎知識
4	セルの操作
5	ワークシートの操作
6	Excelファイルの操作
7	高度なファイルの操作
8	ウィンドウの操作
9	データの操作
10	印刷
11	図形の操作
12	グラフの操作
13	コントロールの使用
14	外部アプリケーションの操作
15	VBA関数
16	そのほかの操作
	付録

263
できる

4-4 行と列の参照

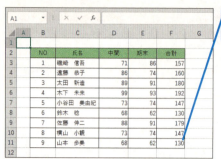

表の最後のセルの行番号と列番号を取得したい

❶VBEを起動し、コードを入力

参照▶VBAを使用してマクロを作成するには……P.85

❷入力したマクロを実行

参照▶マクロを実行するには……P.53

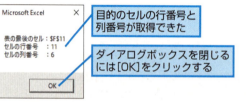

目的のセルの行番号と列番号が取得できた

ダイアログボックスを閉じるには[OK]をクリックする

行または列を参照するには

オブジェクト.**Rows**(行数) ──────────── 取得
オブジェクト.**Columns**(列数) ──────────── 取得

▶解説

RowsプロパティやColumnsプロパティは指定したオブジェクトの行と列を参照します。引数に行数や列数を指定して、指定した行または列のみを参照することができ、引数を省略すると、全行と全列を参照します。

▶設定する項目

オブジェクト………… ApplicationオブジェクトやWorksheetオブジェクト、Rangeオブジェクトを指定します。オブジェクトを省略すると、アクティブシートの行または列が対象となります（省略可）。

行数………………… 行番号を指定します。1行の場合はインデックス番号を指定し、複数行の場合は参照したい行番号を「：(コロン)」でつなげて全体を「"（ダブルクォーテーション）」で囲みます（省略可）。

列数………………… 列番号を指定します。1列の場合はインデックス番号を指定するか、列番号を表すアルファベットを「"」で囲んで指定します。複数列の場合は参照したい列番号のアルファベットを「：」でつなげて全体を「"」で囲みます（省略可）。

4-4 行と列の参照

> **エラーを防ぐには**
>
> 「1行めと5行め」や「A列とE列」といったように、参照する行や列が連続していない場合は、RowsプロパティやColumnsプロパティを使って、「Rows("1,5")」や「Columns("A,E")」のように記述することはできません。その場合はRangeプロパティで「Range("1:1,5:5")」や「Range("A:A,E:E")」のように指定します。

使用例　表の行列見出しと合計列に色を設定する

セルB2を含む表の行見出しとなる1列めと合計列、列見出しとなる1行めに色を設定します。オブジェクトにセル範囲を対象とすると、セル範囲のなかの行や列が参照されます。また、オブジェクトを省略するとアクティブシートが対象になります。

サンプル 4-4_002.xlsm

```vba
1  Sub 表の行列見出しと合計列に色を付ける()
2      With Range("B2").CurrentRegion
3          .Columns(1).Interior.Color = RGB(255, 204, 153)
4          .Columns(.Columns.Count).Interior.Color = RGB(255, 204, 153)
5          .Rows(1).Interior.Color = RGB(255, 153, 204)
6      End With
7      Rows(1).Insert
8  End Sub
```

1　[表の行列見出しと合計列に色を付ける]というマクロを記述する
2　セルB2を含むアクティブセル領域に対して以下の処理を行う(Withステートメントの開始)
3　1列めの背景色にRGB(255,204,153)のRGB値の色を設定する
4　最後の列の背景色にRGB(255,204,153)のRGB値の色を設定する
5　1行めの背景色にRGB(255,153,204)のRGB値の色を設定する
6　Withステートメントを終了する
7　アクティブシートの1行めに行を挿入する
8　マクロの記述を終了する

表の行列見出しと合計列に色を設定したい

❶VBEを起動し、コードを入力

参照▶ VBAを使用してマクロを作成するには……P.85

❷入力したマクロを実行

参照▶ マクロを実行するには……P.53

4-4 行と列の参照

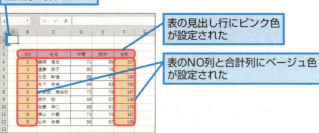

- 空白行が挿入された
- 表の見出し行にピンク色が設定された
- 表のNO列と合計列にベージュ色が設定された

HINT Countプロパティで行数、列数を取得する

Countプロパティは、指定したコレクションの要素数を長整数型の数値で返します。表の行数、列数を取得するには、「セル範囲.Rows.Count」、「セル範囲.Columns.Count」と記述します。単に「Rows.Count」、「Columns.Count」とするとワークシート全体の行数、列数を返します。なお、要素数が長整数型の数値の範囲を超える場合は、CountLargeプロパティを使用します。CountLargeプロパティは、バリアント型の値を返すため、Countプロパティより多くの要素数に対応することができます。

HINT 行および列の参照方法

Rowsプロパティ、Columnsプロパティを使って行および列を参照する方法は次表のようになります。列を指定する場合にアルファベットを使用すると、対象がワークシートの場合は、そのまま列番号に対応しますが、セル範囲が対象となる場合は、そのセル範囲に対して相対的な列になります。たとえば「Range("B2:E5").Columns("A")」とした場合は、セルB2～E5のなかのA列ということで表のなかの1列めであるセルB2～B5が参照されます。

参照する行や列	指定例	内容
単一の行	Rows(1)	1行めを参照
単一の列	Colums(3) Columns("C")	3列めを参照 C列を参照
連続する複数行	Rows("1:5")	1行めから5行め
連続する複数列	Colums("1:5") Columns("A:E")	1列めから5列め A列からE列
全行	Rows	すべての行
全列	Columns	すべての列

▶ 指定したセル範囲の行全体または列全体を参照するには

オブジェクト.**EntireRow** ──────────────── 取得
オブジェクト.**EntireColumn** ──────────────── 取得

▶解説

EntireRowプロパティ、EntireColumnプロパティは、それぞれ指定したセルやセル範囲の行全体、列全体を参照します。特定のセルを含む行全体や列全体に対して処理を実行したい場合に利用でき

ます。

▶設定する項目

オブジェクト……… Rangeオブジェクトを指定します。

|エラーを防ぐには|

ワークシート以外のシートで実行するとエラーになります。対象をワークシートにしてから実行してください。

使用例　指定したセルを含む行および列全体を操作する

セルF2を含む列全体に新しい列を挿入し、セルB8～B11を含む行全体を削除します。

サンプル 4-4_003.xlsm

```
1  Sub 指定したセルを含む行列の挿入と削除()
2      Range("F2").EntireColumn.Insert
3      Range("B8:B11").EntireRow.Delete
4  End Sub
```

1 [指定したセルを含む行列の挿入と削除]というマクロを記述する
2 セルF2を含む列全体に列を挿入する
3 セルB8～B11を含む行全体を削除する
4 マクロの記述を終了する

セルF2を含む列に列を挿入し、セルB8～B11を含む行を削除する

❶VBEを起動し、コードを入力

参照▶VBAを使用してマクロを作成するには……P.85

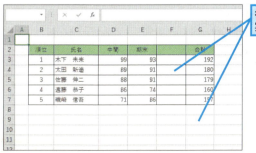

❷入力したマクロを実行　参照▶マクロを実行するには……P.53

行の削除と列の挿入が実行された

4-4 行と列の参照

267

4-5 名前の定義と削除

名前の定義と削除

Excelでは特定のセル範囲に名前を付け、その名前を使ってセルを参照できます。たとえば、グラフ範囲の指定や関数の引数などでセル範囲を参照するときなどに利用します。VBAで名前を定義したり参照したりするには、Nameオブジェクトを使用します。Nameオブジェクトは、ブックのNamesコレクションのメンバーです。セル範囲に付けられる名前には「Print_Area」などあらかじめ組み込まれている名前やユーザーが任意で定義する名前などがあります。ここでは、名前を定義する方法や、名前を参照する方法、名前を削除する方法を説明します。

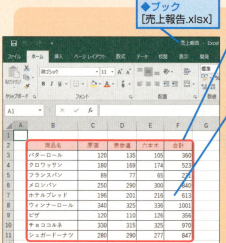

◆ブック
[売上報告.xlsx]

◆名前の定義
セルB2～F12に「売上表」と名前を付ける

Range("B2:F12").Name="売上表"

◆名前の参照
ブック[売上報告.xlsx]のセル範囲に付いている名前「売上表」を参照する

Workbooks("売上報告.xlsx").Names("売上表")

セル範囲に名前を定義するには

オブジェクト.Name ——————————— 取得
オブジェクト.Name = 設定値 ——————— 設定

▶解説
Nameプロパティは、定義されている名前の取得と設定をします。セル範囲に名前を付けることにより、セル範囲の指定が簡単にできるようになります。

▶設定する項目
オブジェクト………… Rangeオブジェクトを指定します。
設定値………………… セル範囲に定義する名前を指定します。

4-5 名前の定義と削除

> **エラーを防ぐには**
> セル範囲に名前を定義するために作成されたNameオブジェクトは、ブックのNamesコレクションに追加されます。Nameプロパティを使って名前を参照する場合は、ApplicationまたはWorkbookオブジェクトのNamesプロパティを使って、名前を参照します。

使用例　セル範囲に名前を付ける

セルB2を含む表全体に「店舗別売上」と名前を付けます。付けた名前を使ってセル範囲を選択します。

サンプル 4-5_001.xlsm

```
1  Sub 名前を定義する()
2      Range("B2").CurrentRegion.Name = "店舗別売上"
3      Range("店舗別売上").Select
4  End Sub
```

1 [名前を定義する]というマクロを記述する
2 セルB2を含む表全体に「店舗別売上」という名前を付ける
3 セル範囲「店舗別売上」を選択する
4 マクロの記述を終了する

セルB2を含む表全体に「店舗別売上」という名前を付ける

❶VBEを起動し、コードを入力

参照▶VBAを使用してマクロを作成するには……P.85

❷入力したマクロを実行　参照▶マクロを実行するには……P.53

指定した範囲に「店舗別売上」という名前が付けられた

「店舗別売上」のセル範囲が選択された

269

4-5
名前の定義と削除

マクロの基礎知識 1

VBAの基礎知識 2

プログラミングの基礎知識 3

セルの操作 4

ワークシートの操作 5

Excelファイルの操作 6

高度なファイルの操作 7

ウィンドウの操作 8

データの操作 9

印刷 10

図形の操作 11

グラフの操作 12

コントロールの使用 13

外部アプリケーションの操作 14

VBA関数 15

そのほかの操作 16

付録

💡HINT Addメソッドを使って名前を付ける

NamesコレクションのAddメソッドを使ってセル範囲に名前を定義することができます。書式は、「Workbookオブジェクト.Names.Add Name:=範囲名, RefersTo:=セル範囲」になります。使用例をAddメソッドで書き換えると、「ActiveWorkbook.Names.Add Name:="店舗別売上", RefersTo:=Range("B2").CurrentRegion」となります。

🔖サンプル 4-5_002.xlsx

💡HINT Nameプロパティの取得する値について

Nameプロパティは名前の取得と設定をします。設定をすると、Nameオブジェクトが作成されます。一方、取得する場合はNameオブジェクトを取得するのではなく、名前を取得します。例えば、1つめのNameオブジェクトの名前を取得するには、Nameプロパティを使って「Names(1).Name」と記述します。

▶ セル範囲に付いている名前を参照するには

オブジェクト.Names(インデックス) ──────── 取得

▶解説

セルやセル範囲に付いている名前はNameオブジェクトとして扱います。定義されているNameオブジェクトを参照するには、Namesプロパティを使用します。

▶設定する項目

オブジェクト ………… Applicationオブジェクト、Workbookオブジェクトを指定します。Applicationオブジェクトまたは省略した場合は、アクティブブックのNamesコレクションが対象となりますが、Workbookオブジェクトの場合は、指定したブックにあるNamesコレクションが対象となります。

インデックス ………… 定義されている名前のインデックス番号または名前を指定します。

エラーを防ぐには

セル範囲に付けた名前は、NameオブジェクトとしてブックのNamesコレクションに追加されます。Nameオブジェクトを参照する場合は、ApplicationまたはWorkbookオブジェクトのNamesプロパティを使用してください。

4-5 名前の定義と削除

使用例　セル範囲に付いている名前の編集と削除

Namesプロパティを使用して定義されている名前「店舗別売上」を参照し、この名前を「売上表」とし、セルB2を含む表全体にセル範囲を定義し直します。次に、定義されている名前「商品マスタ」を削除します。名前の変更はNameプロパティ、セル範囲の変更は、RefersToプロパティで指定します。また、Nameオブジェクトを削除するときは、Deleteメソッドを使用します。

サンプル 4-5_003.xlsm

```
1  Sub セル範囲に付いている名前の編集と削除()
2      With ActiveWorkbook.Names("店舗別売上")
3          .Name = "売上表"
4          .RefersTo = "=Sheet1!" & Range("B2").CurrentRegion.Address
5      End With
6      ActiveWorkbook.Names("商品マスタ").Delete
7  End Sub
```

1	[セル範囲に付いている名前の編集と削除]というマクロを記述する
2	アクティブブックに定義されている名前「店舗別売上」について次の処理を行う（Withステートメントの開始）
3	名前を「売上表」に設定する
4	範囲を[Sheet1]シートのセルB2を含むアクティブセル領域に設定する
5	Withステートメントを終了する
6	アクティブブックに定義されている名前「商品マスタ」を削除する
7	マクロの記述を終了する

「店舗別売上」の名前を「売上表」に変更し、セルB2を含む表全体にセル範囲を定義し直して、セル範囲名「商品マスタ」を削除したい

❶VBEを起動し、コードを入力　　参照▶VBAを使用してマクロを作成するには……P.85

❷入力したマクロを実行　　参照▶マクロを実行するには……P.53

4-5 名前の定義と削除

名前:売上表

[商品マスタ]が削除されている

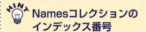

HINT Namesコレクションのインデックス番号

Namesコレクションの追加されたNameオブジェクトに付けられるインデックス番号は追加した順番ではありません。[数式]タブの[定義された名前]グループにある[名前の管理]ボタンをクリックして表示される[名前の管理]ダイアログボックスで、上から順番に1、2、3……とインデックス番号が割り当てられています。

HINT ブック内に定義されているすべての名前を削除する

ブック内に定義されているすべての名前を削除するには、次のように記述します。

```
Sub 定義されているすべての名前の削除()
    Dim myName As Name
    For Each myName In ActiveWorkbook.Names
        myName.Delete
    Next
End Sub
```

セル範囲の名前がすべて削除される

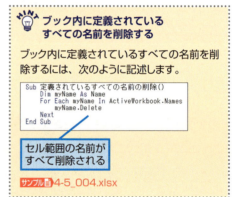

サンプル 4-5_004.xlsx

4-6 セルの値の取得と設定

セルの値の取得と設定

VBAでワークシート上のセルの値を設定もしくは取得する場合と、セルに数式を取得もしくは設定する場合では、使用するプロパティが異なります。値の取得や設定にはValueプロパティやTextプロパティ、数式の取得や設定にはFormulaプロパティやFormulaR1C1プロパティを使用します。また、セルに値を効率的に入力するオートフィル機能をVBAで行うには、AutoFillメソッドを使用します。ここでは、セルに値や数式を設定する方法と取得する方法について説明します。

値の取得と設定

◆値の設定
セルC3に「出来留　太郎」と入力する
Range("C3").Value="出来留　太郎"

◆値の取得
セルD5にセルF13の値を取得して入力する
Range("D5").Value=Range("F13").Value

計算式の取得と設定

◆計算式の設定
セルE6に計算式「=B6+C6+D6」を設定する
・A1形式
Range("E6").Formula="=B6+C6+D6"
・R1C1形式
Range("E6").FormulaR1C1="=RC[-3]+ RC[-2]+ RC[-2]"

参照 「A1形式」「R1C1形式」とは……P.279

オートフィル

◆セルに連続データを入力する（オートフィル）
セルC2の値を基準にしてセルF2まで連続データを入力する
Range("C2").AutoFill Range("C2:F2")

4-6

セルの値の取得と設定

セルの値を取得および設定するには

オブジェクト.**Value**(データタイプ) ──────── 取得
オブジェクト.**Value**(データタイプ) = 設定値 ──── 設定

▶解説

Valueプロパティは、セルに入力されている値を取得および設定します。Valueプロパティは、書式を含まない値のみを取得します。引数のデータタイプを指定すれば、セル範囲の値をXML形式またはXMLスプレッドシート形式で取得することもできます。また、Valueプロパティは、Rangeオブジェクトの既定のプロパティです。「Range("A1")=20」と「Range("A1").Value = 20」は同じ意味になります。

▶設定する項目

オブジェクト ‥‥‥‥‥ Rangeオブジェクトを指定します。

データタイプ ‥‥‥‥‥ 取得するデータのタイプを指定します。XlRangeValueDataType列挙型の定数を使って指定します（省略可）。

XlRangeValueDataType列挙型の定数

名前	内容
xlRangeValueDefault（既定値）	指定した Range オブジェクトの値が空のとき、Empty 値が返る。また、複数のセルが含まれているとき、値の配列が返る
xlRangeValueMSPersistXML	指定した XML 形式の Range オブジェクトのレコードセットの表示が返る
xlRangeValueXMLSpreadsheet	指定した XML スプレッドシート形式の Range オブジェクトの値、書式設定、数式、名前が返る

設定値 ‥‥‥‥‥‥‥‥ セルに入力したい値を指定します。

エラーを防ぐには

セルに数式が入力されている場合、Valueプロパティは数式ではなく、表示されている数式の結果を値として取得します。数式を取得するには、Formulaプロパティを使用します。

使用例 セルの値の取得と設定

セルC3に「安藤　久美子」、セルF3に「7月21日」、セルD5にセルF13の値をそれぞれ設定します。セルF13には数式が設定されていますが、Valueプロパティは値を取得するのでセルD5には、結果の数値が入力されます。なお、文字列を入力する場合は、文字列の前後を「"（ダブルクォーテーション)」で囲みます。

サンプル 4-6_001.xlsm

```
1  Sub セルの値の取得と設定()
2      Range("C3").Value = "安藤　久美子"
3      Range("F3").Value = "7月21日"
4      Range("D5").Value = Range("F13").Value
5  End Sub
```

サイドメニュー

1 マクロの基礎知識
2 VBAの基礎知識
3 プログラミングの基礎知識
4 セルの操作
5 ワークシートの操作
6 Excelファイルの操作
7 高度なファイルの操作
8 ウィンドウの操作
9 データの操作
10 印刷
11 図形の操作
12 グラフの操作
13 コントロールの使用
14 外部アプリケーションの操作
15 VBA関数
16 そのほかの操作
付録

274
できる

1 [セルの値の取得と設定] というマクロを記述する
2 セルC3に「安藤　久美子」と入力する
3 セルF3に「7月21日」と入力する
4 セルD5にセルF13の値を入力する
5 マクロの記述を終了する

セルC3に名前、F3に日付、D5に合計金額を入力したい

❶VBEを起動し、コードを入力

❷入力したマクロを実行

参照▶ VBAを使用してマクロを作成するには……P.85
参照▶ マクロを実行するには……P.53

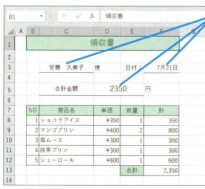

名前、日付、合計金額が入力された

HINT セルに入力された値の自動認識と表示形式

Excelでは、セルに文字列として「7月21日」と入力すると、自動的に日付と認識されます。表示は「7月21日」となっていても、数式バーには「2017/7/21」と表示されているため、自動的に日付データに変換され、日付の表示形式が設定されていることがわかります。同様に、"5"のように数値を文字列として入力した場合でも、数値として認識されます。VBAでは、NumberFormatプロパティなどを使用して表示形式を設定することができます。

参照▶ セルの表示形式……P.309

4-6 セルの値の取得と設定

HINT Textプロパティでセルの値を取得する

Textプロパティはセルの値を文字列で取得します。取得のみで設定はできません。Valueプロパティは、セルに入力されている値を取得しますが、Textプロパティはセルに表示されている値をそのまま取得します。

サンプル 4-6_002.xlsx

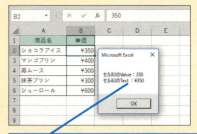

Valueプロパティではセルの値が数値として取得され、Textプロパティではセルに表示されている文字が取得される

セルの数式を取得または設定するには

オブジェクト.**Formula** ─────────────── 取得
オブジェクト.**Formula** = 設定値1 ──────── 設定
オブジェクト.**FormulaR1C1** ───────────── 取得
オブジェクト.**FormulaR1C1** = 設定値2 ──── 設定

▶解説
Formulaプロパティは、セルの数式をA1形式の表記形式で取得または設定します。FormulaR1C1プロパティは、セルの数式をR1C1形式の表記形式で取得または設定します。なお、セルの値が空のときには、空の文字列「""」が返ります。

▶設定する項目
オブジェクト………… Rangeオブジェクトを指定します。
設定値1…………… 数式をA1形式で指定します。A1形式は「"=A1+B1"」の形式で設定する方法です。
設定値2…………… 数式をR1C1形式で指定します。R1C1形式は、「"=RC[-2]+RC[-1]"」の形式で設定する方法です。　参照▶「A1形式」「R1C1形式」とは……P.279

▶エラーを防ぐには
FormulaプロパティやFormulaR1C1プロパティを使って、セルに数式を入力する場合は、数式は「=」から記述し、数式全体を「"」で囲みます。「=」を記述しないと数式とはみなされず、文字列としてセルに表示されてしまいます。

使用例 A1形式で数式を入力する

セルにA1形式で数式を取得して設定します。A1形式の数式は、ワークシートの数式バーに表示される計算式を記述し、前後に「"」を付けて指定します。数式のなかで文字列を引数として使用する場合は、2つの「"」で囲みます。

サンプル 4-6_003.xlsm

```
1  数式入力A1形式()
2      Range("E6").Formula = "=B6+C6+D6"
3      Range("C3").Formula = Range("E6").Formula
4      Range("D3").Formula = "=IF(C3>=210,""合格"",""不合格"")"
5  End Sub
```

1 ［数式入力A1形式］というマクロを記述する
2 セルE6に「=B6+C6+D6」という数式を入力する
3 セルC3にセルE6の数式を入力する
4 セルD3に「=IF(C3>=210,"合格","不合格")」という数式を入力する
5 マクロの記述を終了する

セルC3、D3、E6にA1形式の数式を入力したい

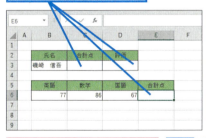

❶VBEを起動し、コードを入力

参照▶VBAを使用してマクロを作成するには……P.85

❷入力したマクロを実行

参照▶マクロを実行するには……P.53

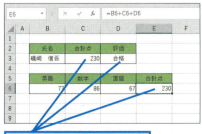

セルC3、D3、E6に数式が入力され、計算が実行された

> **HINT**
> **数式のなかの文字列は2つの「"」で囲む**
>
> 使用例のIf関数のように数式のなかに文字列が含まれている場合、「"=IF(C3>=210,"合格","不合格")"」のように記述するとエラーになります。数式のなかで文字列を指定する場合は、式のなかにある文字列の前後を2つの「"」で囲み、「"=IF(C3>=210,""合格"",""不合格"")"」と記述することで、エラーにならない正しい数式をセルに入力できます。

4-6 セルの値の取得と設定

使用例　R1C1形式で数式を入力する

R1C1形式では、基準のセルからの相対参照で数式を取得および設定します。相対参照であるため、セルF3の数式をセルF4〜F11に設定しても正しいセル参照で式が入力されます。数式のなかで「RC[-2]」というのは、数式の入力されたセルに対して、同じ行の2つ左のセルという意味になります。

サンプル 4-6_004.xlsm

```
1  Sub 数式入力R1C1形式()
2      Range("F3").FormulaR1C1 = "=SUM(RC[-2]:RC[-1])"
3      Range("F4:F11").FormulaR1C1 = Range("F3").FormulaR1C1
4      Range("G3:G11").FormulaR1C1 = "=IF(RC[-1]>140,""○"",""×"")"
5  End Sub
```

1 [数式入力R1C1形式]というマクロを記述する
2 セルF3に「2つ左のセルから1つ左のセル」までを合計範囲とするSUM関数を入力する
3 セルF4〜F11にセルF3の相対参照の数式を入力する
4 セルG3〜G11に「=IF(RC[-1]>140,""○"",""×"")」という数式を入力する
5 マクロの記述を終了する

❶VBEを起動し、コードを入力

参照▶ VBAを使用してマクロを作成するには……P.85

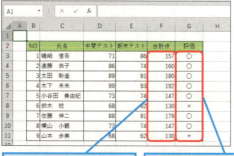

❷入力したマクロを実行

参照▶ マクロを実行するには……P.53

セルF3に入力した式がセルF4〜F11にも入力された

セルG3〜G11に式が入力された

「A1形式」「R1C1形式」とは

A1形式は、列番号のアルファベットと行番号を組み合わせてセルを表示する形式です。「A1」や「E5」のように記述できるので読みやすいという特徴があります。R1C1形式は、基準となるセルから相対的な位置でセルを参照します。書式は「R [行の移動数] C [列の移動数]」となります。行の場合、下方向の移動は正の数、上方向の移動は負の数で指定し、列の場合は、右方向の移動は正の数、左方向の移動は負の数で指定します。移動しない場合は[]は省略します。たとえば、「2行下で1行左」は「R[2]C[-1]」、「2つ上の行」は「R[-2]C」となります。このように相対的な位置でセルを指定するため、複数のセルにまとめて同じ式を入力してもそれぞれのセルに対応した数式が入力できます。

セルに連続データを入力するには

オブジェクト.**AutoFill**(Destination, Type)

▶解説

セルに連続データを入力するには、AutoFillメソッドを使います。AutoFillメソッドは、Excelでのオートフィルにあたります。引数Typeを使用して、指定したセル範囲に対して、連続データの入力、値のコピー、書式のコピーなど、さまざまなデータの入力が行えます。

▶設定する項目

オブジェクト ………… Rangeオブジェクトを指定します。オートフィルの基準となるセルを指定します。

Destination ………… オートフィルでのデータの書き込み先となるRangeオブジェクトを指定します。

Type ………………… セルに連続して入力するデータをXlAutoFillType列挙型の定数を使用して指定します。省略した場合、基準となるセル範囲のデータに合わせて適切な種類のデータが入力されます。

XlAutoFillType列挙型の定数

定数	内容
xlFillDefault（既定値）	標準のオートフィル
xlFillSeries	連続データ
xlFillCopy	コピー
xlFillFormats	書式のみコピー
xlFillValues	書式なしコピー
xlFillYears	年単位
xlFillMonths	月単位
xlFillDays	日単位
xlFillWeekdays	週日単位
xlLinearTrend	加算
xlGrowthTrend	乗算

4-6 セルの値の取得と設定

1 マクロの基礎知識
2 VBAの基礎知識
3 プログラミングの基礎知識
4 セルの操作
5 ワークシートの操作
6 Excelファイルの操作
7 高度なファイルの操作
8 ウィンドウの操作
9 データの操作
10 印刷
11 図形の操作
12 グラフの操作
13 コントロールの使用
14 外部アプリケーションの操作
15 VBA関数
16 そのほかの操作
付録

279
できる

エラーを防ぐには

引数Destinationには、入力先のセル範囲だけを指定するとエラーになります。必ず、基準となるセルまたはセル範囲を含めて指定します。

使用例　連続データを入力する

セルB3に日付の表示形式を設定し、最初の日付を入力して、そのセルを基準としてオートフィルをセルB14まで設定します。ここでは、月単位で連続データが入力されるように引数xlFillMonthsを指定しています。同様にセルC2に「担当1」と入力し、セルF2まで標準のオートフィルを実行します。

サンプル 4-6_005.xlsm

```
1  Sub 連続データの入力()
2      Range("B3").NumberFormatLocal = "mm/dd(aaa)"
3      Range("B3").Value = "1/15"
4      Range("B3").AutoFill Range("B3:B14"), xlFillMonths
5      Range("C2").Value = "担当1"
6      Range("C2").AutoFill Range("C2:F2")
7  End Sub
```

1　[連続データの入力]というマクロを記述する
2　セルB3に日付の表示形式「mm/dd(aaa)」を設定する
3　セルB3に「1/15」と入力する
4　セルB3を基準としてセルB14まで月単位でオートフィルを実行する
5　セルC2に「担当1」と入力する
6　セルC2を基準としてセルF2まで標準でオートフィルを実行する
7　マクロの記述を終了する

4-6 セルの値の取得と設定

オートフィルを使って行見出しと列見出しを作成したい

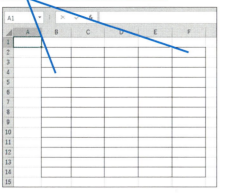

❶VBEを起動し、コードを入力　参照▶VBAを使用してマクロを作成するには……P.85

```
Sub 連続データの入力()
    Range("B3").NumberFormatLocal = "mm/dd(aaa)"
    Range("B3").Value = "1/15"
    Range("B3").AutoFill Range("B3:B14"), xlFillMonths
    Range("C2").Value = "担当1"
    Range("C2").AutoFill Range("C2:F2")
End Sub
```

❷入力したマクロを実行　参照▶マクロを実行するには……P.53

セルB3に入力した日付を基準に、オートフィルでセルB14まで入力できた

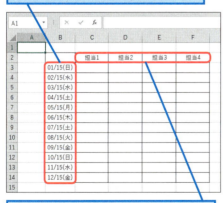

セルC2に入力した文字列を基準に、オートフィルでセルF2まで入力できた

> **HINT 数値を連続データで入力するには**
>
> 数値を連続データで入力するには、引数TypeにxlFillSeriesを指定します。たとえば、セルB3からセルB12に1からの連続データを入力するには次のように記述します。
>
> ```
> Sub 数値の連続データ入力()
>     Range("B3").Value = 1
>     Range("B3").AutoFill Range("B3:B12"), xlFillSeries
> End Sub
> ```
>
> サンプル▶4-6_006.xlsm

281

4-7 セルの編集

セルの編集

VBAでは、セルに対して挿入や削除、コピー、移動などの編集操作を行う、さまざまなメソッドやプロパティが用意されています。メソッドやプロパティに指定する引数によって処理の方法も変わってくるため、引数の使い分けも合わせて理解することで、セルの編集が効率的に行えるようになります。

◆セルの削除
Deleteメソッドでセルを削除する

◆セルの挿入
Insertメソッドでセルを挿入する

◆セルの切り取り/コピー
Cut/Copyメソッドでセルを切り取り/コピーする

◆セルの貼り付け
Pasteメソッドでセルを貼り付ける

◆セルのクリア
Clear/ClearContents/ClearFormats/ClearCommentメソッドでセルをクリアする

◆コメントの挿入
AddCommentメソッドでコメントを挿入する

◆コメントの削除
ClearCommentメソッドでコメントを削除する

◆セルの結合
Mergeメソッドでセルを結合する

◆セルの結合/結合解除
MergeCellsプロパティでセルを結合/結合解除する

セルを挿入するには

オブジェクト.Insert(Shift, CopyOrigin)

▶解説

Insertメソッドは、指定したセル範囲にセルを挿入します。挿入する場所にあるセルを右方向または下方向に移動します。また、挿入後のセルに隣接したセルの書式を適用する方向を指定することができます。

▶設定する項目

オブジェクト ………… Rangeオブジェクトを指定します。

Shift …………………… セルを挿入後、元の位置にあったセルを移動する方向をXlInsertShiftDirection列挙型の定数を使って指定します。省略した場合は、Excelによって自動的に移動されます（省略可）。xlShiftToRightのとき右方向にシフトし、xlShiftDownのとき下方向にシフトします。

CopyOrigin ………… 挿入後のセルに、隣接するどのセルの書式を適用するかをXlInsertFormatOrigin列挙型の定数を使って指定します。省略した場合は、Excelによって自動的に適用されます（省略可）。xlFormatFromLeftOrAboveのとき隣接した左または上のセルの書式を適用し、xlFormatFromRightOrBelowのとき隣接した右または下のセルの書式を適用します。

エラーを防ぐには

セルの挿入を行うと、挿入後表内のセル位置がずれます。セルのずれを見込んだうえで、次のセルに対する処理を行うようにしてください。

セルを削除するには

オブジェクト.Delete(Shift)

▶解説
Deleteメソッドは、指定したセル範囲のセルを削除します。セルを削除すると、セルが左方向または上方向に詰められます。

▶設定する項目
オブジェクト………… Rangeオブジェクトを指定します。
Shift………………… 削除後にセルを移動する方向をXlDeleteShiftDirection列挙型の定数を使って指定します。省略した場合は、Excelが自動で判断して移動します（省略可）。xlShiftToLeftのとき左方向にシフトし、xlShiftUpのとき上方向にシフトします。

エラーを防ぐには
セルの削除を行うと、削除後に表内のセル位置がずれます。セルのずれを見込んだうえで、次のセルに対する処理を行うようにしてください。

使用例　セルの挿入と削除

表内のA6～F6のセルを削除し、削除後にセルを上方向にシフトします。次にセルB2を含む列に列を挿入し、挿入したセルに右側のセルの書式を適用します。　　サンプル■4-7_001.xlsm

```
1  Sub セルの挿入と削除()
2      Range("A6:F6").Delete Shift:=xlUp
3      Range("B2").EntireColumn.Insert _
           CopyOrigin:=xlFormatFromRightOrBelow
4  End Sub
```
注）「_（行継続文字）」の部分は、次の行と続けて入力することもできます→95ページ参照

1　[セルの挿入と削除]というマクロを記述する
2　セルA6～F6を削除し、削除後にセルを上方向に移動する
3　セルB2に列全体を挿入し、挿入したセルに右側のセルの書式を適用する
4　マクロの記述を終了する

❶VBEを起動し、コードを入力　　参照▣VBAを使用してマクロを作成するには……P.85

(General)　　　　　　　　　　　　　　　▼　│セルの挿入と削除　　　　　　　　　　　▼

```
Sub セルの挿入と削除()
    Range("A6:F6").Delete Shift:=xlUp
    Range("B2").EntireColumn.Insert
        CopyOrigin:=xlFormatFromRightOrBelow
End Sub
```

❷入力したマクロを実行　　参照▣マクロを実行するには……P.53

B列にセルが挿入され、右側の
セルの書式が適用された

7月の行が削除され、上方向
に行が詰められた

4-7

セルの編集

セルの書式やデータを消去するには

オブジェクト.Clear
オブジェクト.ClearContents
オブジェクト.ClearFormats
オブジェクト.ClearComments

▶解説

Clearメソッドはセルに設定されている書式とデータを消去し、ClearContentsメソッドはデータ
だけを消去します。ClearFormatsメソッドは書式だけを消去し、ClearCommentsメソッドはセ
ルのコメントを消去します。消去したい内容によって異なるメソッドを指定します。

▶設定する項目

オブジェクト……… Rangeオブジェクトを指定します。

エラーを防ぐには

ClearメソッドとClearFormatsメソッドを使うと、セルに設定されているすべての書式が消去さ
れてしまいます。たとえば日付データに対して書式を消去すると、日付連番で表示されてしまいま
す。消去したい書式と残したい書式がある場合は、書式を個別に消去するか、消去したあとで再設
定してください。

1 マクロの基礎知識
2 VBAの基礎知識
3 プログラミングの基礎知識
4 セルの操作
5 ワークシートの操作
6 Excelファイルの操作
7 高度なファイルの操作
8 ウィンドウの操作
9 データの操作
10 印刷
11 図形の操作
12 グラフの操作
13 コントロールの使用
14 外部アプリケーションの操作
15 VBA関数
16 そのほかの操作
付録

285

4-7 セルの編集

使用例 セルの書式やデータを消去する

指定したセルやセル範囲のデータや書式を消去します。消去する内容によって、使用するメソッドを使い分けて指定します。

サンプル 4-7_002.xlsm

```
1  Sub データや書式の消去()
2      Range("B9").CurrentRegion.Clear
3      Range("E3").ClearComments
4      Range("A1").MergeArea.ClearFormats
5  End Sub
```

1 [データや書式の消去]というマクロを記述する
2 セルB9を含むアクティブセル領域のすべてを消去する
3 セルE3のコメントを消去する
4 セルA1を含む結合セルの書式を消去する
5 マクロの記述を終了する

- 結合セルの書式を消去する
- セルE3のコメントを消去する
- セルB9を含むアクティブセル領域すべてを消去する

❶VBEを起動し、コードを入力

参照▶ VBAを使用してマクロを作成するには……P.85

❷入力したマクロを実行

参照▶ マクロを実行するには……P.53

- 結合セルの書式が解除された
- セルE3のコメントが消去された

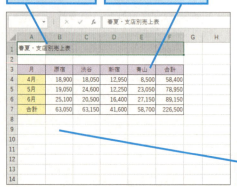

- セルB9を含むアクティブセル領域すべてが消去された

セルを移動するには

オブジェクト.Cut(Destination)

▶解説

Cutメソッドは、指定したセルを切り取り、クリップボードに保管します。引数Destinationを指定すると、クリップボードを経由しないで指定したセルに貼り付けることができます。クリップボードに保管されたセルのデータは、Pasteメソッドを使って貼り付けます。

▶設定する項目

オブジェクト ‥‥‥‥ Rangeオブジェクトを指定します。移動したいセル範囲を指定してください。
Destination ‥‥‥‥ セルの貼り付け先のセルを指定します。引数を省略した場合、セルはクリップボードに保管されます（省略可）。

エラーを防ぐには

引数を省略した場合は、切り取ったセルはクリップボードに保管されます。Pasteメソッドを使用して貼り付けないと、セルのデータは移動できません。また、切り取るセル範囲は連続した1つのセル範囲を指定します。離れたセル範囲を指定するとエラーになります。

使用例　表全体を移動する

クリップボードを経由せずに、セルA9が左上端になるようにセルA3を含む表全体を移動します。　　　　　　　　　　　　　　　　　　　　　　　　　　　　　　サンプル 4-7_003.xlsm

```
1  Sub　表全体の移動()
2      Range("A3").CurrentRegion.Cut Destination:=Range("A9")
3  End Sub
```

1 ［表全体の移動］というマクロを記述する
2 セルA3を含むアクティブセル領域を切り取り、セルA9を先頭として貼り付ける
3 マクロの記述を終了する

セルA3を含む表を、セルA9を左上として移動する

4-7

セルの編集

❶VBEを起動し、コードを入力　　参照📖VBAを使用してマクロを作成するには……P.85

```
(General)                                    表全体の移動
Sub 表全体の移動()
    Range("A3").CurrentRegion.Cut Destination:=Range("A9")
End Sub
```

❷入力したマクロを実行　　参照📖マクロを実行するには……P.53

	A	B	C	D	E	F	G	H
1	春夏・支店別売上表							
2								
3								
4								
5								
6								
7								
8								
9	月	原宿	渋谷	新宿	青山	合計		
10	4月	18,900	18,050	12,950	8,500	58,400		
11	5月	19,050	24,600	12,250	23,050	78,950		
12	6月	25,100	20,500	16,400	27,150	89,150		
13	合計	63,050	63,150	41,600	58,700	226,500		
14								

セルA3を含む表が移動した

側面インデックス

- マクロの基礎知識 1
- VBAの基礎知識 2
- プログラミングの基礎知識 3
- セルの操作 4
- ワークシートの操作 5
- Excelファイルの操作 6
- 高度なファイルの操作 7
- ウィンドウの操作 8
- データの操作 9
- 印刷 10
- 図形の操作 11
- グラフの操作 12
- コントロールの使用 13
- 外部アプリケーションの操作 14
- VBA関数 15
- そのほかの操作 16
- 付録

▶ セルをコピーするには

オブジェクト.**Copy**(Destination)

▶解説

Copyメソッドは、指定したセルをコピーしてクリップボードに保管します。引数Destinationを指定すると、クリップボードを経由せずに指定したセルに貼り付けることができます。

▶設定する項目

オブジェクト ……… Rangeオブジェクトを指定します。コピーしたいセル範囲を指定してください。

Destination ……… コピーしたセルの貼り付け先のセルを指定します。引数を省略すると、クリップボードに保存されます（省略可）。

エラーを防ぐには

引数を省略した場合は、コピーしたセルはクリップボードに保管されます。Pasteメソッドなどを使用して貼り付けないと、セルのデータはコピーできません。

288
できる

使用例　表全体をコピーする

セルA3を含む表全体を、クリップボードを経由せずに、セルA9が左上端になるようにコピーします。

サンプル 4-7_004.xlsm

```
1  Sub 表全体のコピー()
2      Range("A3").CurrentRegion.Copy Destination:=Range("A9")
3  End Sub
```

1 [表全体のコピー]というマクロを記述する
2 セルA3を含むアクティブセル領域をコピーし、セルA9を先頭として貼り付ける
3 マクロの記述を終了する

セルA3を含む表を、セルA9に貼り付けたい

❶VBEを起動し、コードを入力

参照▶VBAを使用してマクロを作成するには……P.85

❷入力したマクロを実行

参照▶マクロを実行するには……P.53

表がセルA9に貼り付けられた

文字や書式だけを貼り付けるには

Copyメソッドでクリップボードに格納したデータは、PasteSpecialメソッドを使用すると文字や書式、列幅など内容を指定して貼り付けることができます。

参照▶貼り付ける内容を指定して貼り付けるには……P.292

4-7

セルの編集

クリップボードのデータを貼り付けるには

オブジェクト.**Paste**(Destination, Link)

▶解説

CutメソッドやCopyメソッドでクリップボードに保管したデータを、指定した場所に貼り付けるには、Pasteメソッドを使います。現在の選択範囲にデータを貼り付けますが、引数Destinationを指定することにより、貼り付け先のセルを指定することができます。

▶設定する項目

オブジェクト･･････････ Worksheetオブジェクトを指定します。

Destination ･････････ 貼り付け先のセルを指定します。省略した場合は、現在の選択範囲に貼り付けられます。この引数を指定した場合、引数Linkは指定できません（省略可）。

Link ･･････････････ Trueの場合、貼り付けたデータと元データをリンクします。Falseまたは省略した場合はリンクしません。この引数を指定した場合、引数Destinationは指定できません（省略可）。

エラーを防ぐには

RangeオブジェクトはPasteメソッドを持たないため、「Range("A1").Paste」と記述するとエラーになります。Rangeオブジェクトを使いたい場合は、PasteSpecialメソッドを使います。

参照📖文字や書式だけを貼り付けるには……P.289

使用例 コピーしたクリップボードのデータを貼り付ける

クリップボードに保管されているデータを貼り付けます。セルA3を含む表全体をコピーし、セルA9に貼り付けます。次にセルA15にリンク貼り付けします。　サンプル目4-7_005.xlsm

参照📖セルをコピーするには……P.288

```
1  Sub クリップボードのデータ貼り付け()
2      Range("A3").CurrentRegion.Copy
3      ActiveSheet.Paste Destination:=Range("A9")
4      Range("A15").Select
5      ActiveSheet.Paste Link:=True
6  End Sub
```

1	[クリップボードのデータ貼り付け]というマクロを記述する
2	セルA3を含むアクティブセル領域をクリップボードにコピーする
3	現在のシートのセルA9に貼り付ける
4	セルA15を選択する
5	現在のシートにリンク貼り付けする
6	マクロの記述を終了する

マクロの基礎知識 **1**

VBAの基礎知識 **2**

プログラミングの基礎知識 **3**

セルの操作 **4**

ワークシートの操作 **5**

Excelファイルの操作 **6**

高度なファイルの操作 **7**

ウィンドウの操作 **8**

データの操作 **9**

印刷 **10**

図形の操作 **11**

グラフの操作 **12**

コントロールの使用 **13**

外部アプリケーションの操作 **14**

VBA関数 **15**

そのほかの操作 **16**

付録

4-7 セルの編集

表をセルA9にコピーしたい

表をセルA15にリンク貼り付けしたい

❶VBEを起動し、コードを入力

参照▶ VBAを使用してマクロを作成するには……P.85

❷入力したマクロを実行　参照▶ マクロを実行するには……P.53

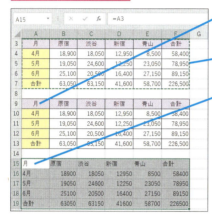

表がセルA9に貼り付けられた

コピー元のセル範囲はまわりが点滅した状態になる

表がセルA15にリンク貼り付けされ、選択された状態となる

リンク貼り付けする場合は、貼り付け先のセルを先に選択しておく

Pasteメソッドで引数LinkをTrueにするとリンク貼り付けができます。このとき引数Destinationは指定できなくなるため、あらかじめ貼り付け先のセルを選択しておく必要があります。また、リンク貼り付けでは書式が貼り付けられません。リンク貼り付けを行うと、そのセル範囲が選択されるので、次の行に「Selection.PasteSpecial xlPasteFormats」と記述して書式だけを貼り付けると、体裁を整えることができます。

参照▶ 貼り付ける内容を指定して貼り付けるには……P.292

コピーした表を図としてリンク貼り付けを行う

「Worksheetオブジェクト.Pictures.PasteLink:=True」と記述するとクリップボードの内容を図としてリンク貼り付けを行うことができます。リンク貼り付けをすると、コピー元の表とリンクした状態になり、元の表の内容を変更すると貼り付けた画像も更新されます。引数Linkを省略するとリンクしていない図として貼り付けられます。図として貼り付けを行うと、表の列幅などのレイアウトが異なる、複数のシートに分かれて作成されている表を1つのシートにまとめることができるため、印刷する場合に便利です。

CutCopyModeプロパティをFalseにしてコピーモードを解除する

クリップボードにコピーしたデータが格納されているときには、コピー元のセル範囲の周囲が点滅した状態になります。この状態をコピーモードといいます。この状態のときは続けて貼り付けることが可能です。コピーモードを解除するには、「Application.CutCopyMode=False」と入力します。

貼り付ける内容を指定して貼り付けるには

オブジェクト.PasteSpecial(Paste, Operation, SkipBlanks, Transpose)

▶解説

PasteSpecialメソッドは、クリップボードに保管されているデータを、指定したセル範囲に内容を指定して貼り付けます。貼り付ける内容には、値だけ、書式だけ、数式だけのように指定することができます。[ホーム] タブの [クリップボード] グループにある [貼り付け] ボタンの▼をクリックし、[形式を選択して貼り付け] を選択すると表示される [形式を選択して貼り付け] ダイアログボックスの項目に対応しています。

▶設定する項目

オブジェクト ‥‥‥‥‥ Rangeオブジェクトを指定します。クリップボードのデータを貼り付けたいセルを指定します。

Paste ‥‥‥‥‥‥‥‥ 貼り付ける内容をXlPasteType列挙型の定数を使用して指定します（省略可）。

XlPasteType列挙型の定数

定数	内容
xlPasteAll（既定値）	すべて
xlPasteFormulas	数式
xlPasteValues	値
xlPasteFormats	書式
xlPasteComments	コメント
xlPasteValidation	入力規則
xlPasteAllUsingSourceTheme	コピー元のテーマを使用してすべて
xlPasteAllExceptBorders	罫線を除くすべて
xlPasteColumnWidths	列幅
xlPasteFormulasAndNumberFormats	数式と数値の書式
xlPasteValuesAndNumberFormats	値と数値の書式

Operation ‥‥‥‥‥‥ 貼り付ける際の演算内容をXlPasteSpecialOperation列挙型の定数を使用して指定します（省略可）。

XlPasteSpecialOperation列挙型の定数

定数	内容
xlPasteSpecialOperationNone（既定値）	演算をしない
xlPasteSpecialOperationAdd	加算
xlPasteSpecialOperationSubtract	減算
xlPasteSpecialOperationMultiply	乗算
xlPasteSpecialOperationDivide	除算

SkipBlanks…………Trueの場合、空白セルを貼り付けの対象にしません。Falseまたは省略した場合、空白セルも貼り付けの対象になります（省略可）。

Transpose…………Trueの場合、行と列を入れ替えて貼り付けます。Falseまたは省略時は入れ替えません（省略可）。

エラーを防ぐには

Cutメソッドでクリップボードに保管したデータを、PasteSpecialメソッドで貼り付けることはできません。Pasteメソッドを使用して貼り付けてください。

使用例　表に設定されている書式だけを貼り付ける

セルA3を含む表をクリップボードにコピーして、セルA9を先頭にして書式だけを貼り付けます。最後に、CutCopyModeプロパティにFalseを代入してコピーモードを解除しています。

サンプル 4-7_006.xlsm

参照 セルをコピーするには……P.288

参照 CutCopyModeプロパティをFalseにしてコピーモードを解除する……P.291

```
1  Sub 形式を選択して貼り付ける()
2      Range("A3").CurrentRegion.Copy
3      Range("A9").PasteSpecial Paste:=xlPasteFormats
4      Application.CutCopyMode = False
5  End Sub
```

1 ［形式を選択して貼り付ける］というマクロを記述する
2 セルA3を含むアクティブセル領域をクリップボードにコピーする
3 セルA9が左上端にくるようにして、コピーした表の書式のみを貼り付ける
4 コピーモードを解除する
5 マクロの記述を終了する

4-7
セルの編集

1 マクロの基礎知識
2 VBAの基礎知識
3 プログラミングの基礎知識
4 セルの操作
5 ワークシートの操作
6 Excelファイルの操作
7 高度なファイルの操作
8 ウィンドウの操作
9 データの操作
10 印刷
11 図形の操作
12 グラフの操作
13 コントロールの使用
14 外部アプリケーションの操作
15 VBA関数
16 そのほかの操作
付録

293
できる

セルA3を含む表の書式だけ
をコピーしたい

❶VBEを起動し、コードを入力

参照▶ VBAを使用してマクロを作成するには……P.85

```
Sub 形式を選択して貼り付ける()
    Range("A3").CurrentRegion.Copy
    Range("A9").PasteSpecial Paste:=xlPasteFormats
    Application.CutCopyMode = False
End Sub
```

❷入力したマクロを実行

参照▶ マクロを実行するには……P.53

表の書式だけが
コピーされた

セルを結合するには

オブジェクト.Merge(Across)

▶解説

Mergeメソッドは、指定した範囲のセルを結合します。表のなかで連続した複数のセルの内容が同じ場合は、セルを結合すると見やすくなります。

▶設定する項目

オブジェクト……… Rangeオブジェクトを指定します。結合したいセル範囲を指定します。

Across …………… Trueの場合、指定したセル範囲を行単位で結合します。Falseまたは省略した場合は、指定したすべてのセル範囲を結合します。

▶エラーを防ぐには

セルを結合する場合、指定した範囲の左上端にあるセルに入力されている値が結合後のセルに表示されます。指定した範囲のほかのセルに入力されている値は削除されるので、注意してください。

使用例　セルを結合する

セルA3～A6を結合します。セルを結合するとき、先頭セル以外にデータが入力されていると削除確認のダイアログボックスが表示されます。

サンプル■4-7_007.xlsm

```
1  Sub セルの結合()
2      Range("A3:A6").Merge
3  End Sub
```

1　[セルの結合]というマクロを記述する
2　セルA3～A6を結合する
3　マクロの記述を終了する

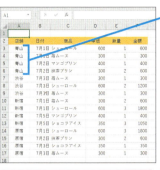

セルA3～A6を結合する

HINT　セルの結合を解除するには

セルの結合を解除するには、UnMergeメソッドを使用します。書式は、「セル範囲.UnMerge」になります。たとえば、セルA3を含む結合セルの結合を解除するには、「Range("A3").MergeArea.UnMerge」と記述します。

❶VBEを起動し、コードを入力

参照▶VBAを使用してマクロを作成するには……P.85

❷入力したマクロを実行　　参照▶マクロを実行するには……P.53

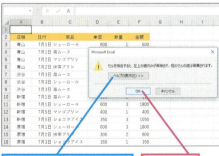

削除を確認するダイアログボックスが表示された　　❸[OK]をクリック

HINT　確認のダイアログボックスを非表示にするには

セルを結合するときに複数のセルに値が入力されている場合、確認のダイアログボックスが表示され、処理がいったん停止します。ここで[OK]ボタンをクリックするとセルの結合が実行されますが、[キャンセル]ボタンをクリックするとエラーになってしまいます。このダイアログボックスが表示されないようにするには、Mergeメソッドを使用するコードの上の行で、「Appplication.DisplayAlerts = False」と入力します。また、最後に「Application.DisplayAlerts = True」と入力して設定を元に戻しておきます。

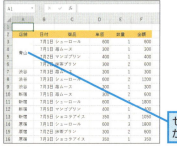

セルA3～A6が結合された

4-7

セルの編集

使用例 同じ内容のセルを結合する

A列のセルのなかで内容が同じセル同士をまとめて結合します。カウンタ変数とDo Untilステートメントを組み合わせて同じ値を持つセルの結合をくり返しています。また、削除確認のメッセージが表示されないようにDisplayAlertsプロパティを使用しています。

サンプル 4-7_008.xlsm

参照 処理をくり返し実行するには……P.187

```
1  Sub 同じ内容のセルを結合する()
2      Dim i As Integer, j As Integer
3      Application.DisplayAlerts = False
4      i = 3
5      Do Until Range("A" & i).Value = ""
6          j = 1
7          Do While Range("A" & i).Value = Range("A" & i).Offset(j).Value
8              j = j + 1
9          Loop
10         Range("A" & i, "A" & i + j - 1).Merge
11         i = i + j
12     Loop
13     Application.DisplayAlerts = True
14 End Sub
```

1	[同じ内容のセルを結合する]というマクロを記述する
2	整数型の変数iとjを宣言する
3	Excelの警告メッセージを表示しない設定にする
4	変数iに3を代入する
5	「A列i行め」のセルの値が空白になるまで以下の処理をくり返す(Do Untilステートメントの開始)
6	変数jに1を代入する
7	「A列i行め」のセルと「そのj行下」のセルの値が等しい間以下の処理をくり返す(Do Whileステートメントの開始)
8	変数jに現在の変数jに1を足した値を代入する
9	7行目に戻る
10	「A列i行め」から「A列i+j-1行め」の範囲のセルを結合する
11	変数iに現在の変数iに変数jの値を足した値を代入する
12	5行目に戻る
13	Excelの警告メッセージを表示する設定にする
14	マクロの記述を終了する

4-7 セルの編集

HINT MergeCellsプロパティでセルの結合と結合解除が行える

MergeCellsプロパティを使用しても、セルの結合と結合解除が行えます。書式は「セル範囲.MergeCells = True」で結合し、「セル範囲.MergeCells = False」で結合が解除できます。また、MergeCellsプロパティは値を取得することもできるため、指定したセル範囲が結合しているかどうかを調べることも可能です。

参照▶ セルの結合を解除するには……P.295

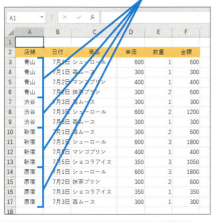

A列の同じ内容のセルを結合したい

❶ VBEを起動し、コードを入力

参照▶ VBAを使用してマクロを作成するには……P.85

```
Sub 同じ内容のセルを結合する()
    Dim i As Integer, j As Integer
    Application.DisplayAlerts = False
    i = 3
    Do Until Range("A" & i).Value = ""
        j = 1
        Do While Range("A" & i).Value = Range("A" & i).Offset(j).Value
            j = j + 1
        Loop
        Range("A" & i, "A" & i + j - 1).Merge
        i = i + j
    Loop
    Application.DisplayAlerts = True
End Sub
```

❷ 入力したマクロを実行

参照▶ マクロを実行するには……P.53

A列の同じ内容のセルが結合された

削除を確認するダイアログボックスは表示されない

HINT Rangeプロパティと変数を使ってセルを参照する

Rangeプロパティと変数を組み合わせてセルを参照することができます。例えば、A列のセルで行番号を変数iで表す場合、「Range("A" & i)」と記述できます。くり返しの処理の中で、変数iに1ずつ加算すれば、1つずつ順番に下のセルを参照することができます。行番号は数字で表しますので、行方向にセルを順番に参照する場合は、Cellsプロパティを使うより、Rangeプロパティと変数でセルを参照した方が理解しやすいかもしれません。

4-7

セルの編集

セルにコメントを挿入するには

オブジェクト.**AddComment**(Text)

▶解説

AddCommetメソッドは、指定したセルにコメントを追加し、Commentオブジェクトを返します。引数Textでコメントに表示する文字列の指定ができますが、挿入したあと、CommentオブジェクトのTextメソッドを使用して文字列の指定もできます。

▶設定する項目

オブジェクト ‥‥‥‥ Range オブジェクトを指定します。コメントを挿入したいセルを指定します。

Text ‥‥‥‥‥‥‥‥‥ コメントに表示する文字列を指定します（省略可）。

エラーを防ぐには

すでにコメントが挿入されているセルに対してAddCommentメソッドを実行するとエラーになります。コメントがあるかどうか確認するためのコードを記述するか、エラー処理コードを記述しておく必要があります。

使用例 **セルにコメントを挿入する**

セルB1に現在の年月が入力されたコメントを挿入し、セルB9にコメントの挿入と同時に文字列や表示、オートシェイプの設定をしています。コメント挿入済みの場合はエラーになるため、エラー処理コードを記述しています。

サンプル 4-7_009.xlsm

参照 エラー処理コードを記述するには……P.211

```
1  Sub コメントの挿入()
2      On Error GoTo errHandler
3      Range("B1").AddComment Text:=Format(Date, "yyyy/mm") & "現在"
4      With Range("B9").AddComment
5          .Text "ヒット商品"
6          .Visible = True
7          .Shape.AutoShapeType = msoShapeVerticalScroll
8      End With
9      Exit Sub
10 errHandler:
11     MsgBox "コメントが挿入されています。処理を終了します。"
12 End Sub
```

- マクロの基礎知識 1
- VBAの基礎知識 2
- プログラミングの基礎知識 3
- セルの操作 4
- ワークシートの操作 5
- Excelファイルの操作 6
- 高度なファイルの操作 7
- ウィンドウの操作 8
- データの操作 9
- 印刷 10
- 図形の操作 11
- グラフの操作 12
- コントロールの使用 13
- 外部アプリケーションの操作 14
- VBA関数 15
- そのほかの操作 16
- 付録

298
できる

1. ［コメントの挿入］というマクロを記述する
2. エラーが発生した場合、行ラベルerrHandlerに処理を移動する
3. セルB1に「西暦4桁/月2桁現在」の文字列が表示されるようにコメントを挿入する
4. セルB9にコメントを挿入し、次の処理を行う（Withステートメントの開始）
5. コメントに「ヒット商品」と文字列を設定する
6. コメントが常に表示されるようにする
7. コメントの形をオートシェイプの「縦巻き」に設定する
8. Withステートメントを終了する
9. 処理を終了する
10. 行ラベルerrHandler（エラーが発生したときの移動先）
11. 「コメントが挿入されています。処理を終了します。」とメッセージを表示する
12. マクロの記述を終了する

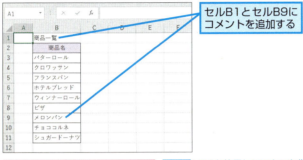

セルB1とセルB9にコメントを追加する

❶VBEを起動し、コードを入力

参照▶VBAを使用してマクロを作成するには……P.85

❷入力したマクロを実行　　参照▶マクロを実行するには……P.53

コメントが追加された　　セルB1にマウスポインターを合わせるとコメントが表示される

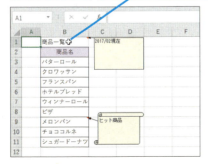

4-7

セルの編集

1 マクロの基礎知識
2 VBAの基礎知識
3 プログラミングの基礎知識
4 セルの操作
5 ワークシートの操作
6 Excelファイルの操作
7 高度なファイルの操作
8 ウィンドウの操作
9 データの操作
10 印刷
11 図形の操作
12 グラフの操作
13 コントロールの使用
14 外部アプリケーションの操作
15 VBA関数
16 そのほかの操作
付録

HINT コメントの内容を編集するには

セルに追加したコメントの内容を編集するには、セルに設定されているCommentオブジェクトを参照します。使用例では、AddCommentでコメントの挿入時に作成されたCommentオブジェクトをそのまま参照してコメントに対する編集を行っていますが、コメント挿入後にComment オブジェクトを参照するには、Commentプロパティを使用します。書式は「セル.Comment」となります。たとえば、セルB1に設定されているCommentオブジェクトを参照するには「Range("B1").Comment」と記述します。

HINT Commentオブジェクトの主なメソッドとプロパティ

Commentオブジェクトの持つメソッドやプロパティを使用すると、コメントに対する操作が行えます。主なものに次のようなメソッドやプロパティがあります。

メソッド	内容	プロパティ	内容
Text	コメントの文字列を指定	Shape	コメントの図形を表す Shape オブジェクトを参照
Delete	コメントを削除	Visible	コメントの表示／非表示

HINT セルにコメントが挿入されているかどうか調べるには

TypeName関数を使用するとセルにコメントが挿入されているかどうかを調べることができます。セルB1にコメントが挿入されている場合にTypeName関数を使用し「TypeName(Range("B1").Comment)」とすると「"Comment"」が返ります。コメントが設定されていない場合は「"Nothing"」が返ります。これを利用してコメントが設定されている場合に処理を終了するには「If TypeName(Range("B1").Comment)= "Comment" Then Exit Sub」と記述できます。

参照 オブジェクトや変数の種類を調べるには……P.870

HINT コメントを削除するには

セルに挿入されているコメントを削除するには、ClearCommentsメソッドを使います。あるいは、セルのCommentオブジェクトを参照して、Deleteメソッドでも削除できます。

参照 セルの書式やデータを消去するには……P.285

300 できる

4-8 行や列の編集

行や列の編集

Excelでは、セルの高さや幅の変更を、行や列単位で行います。またセルの表示や非表示も行、列単位です。このように、ワークシートの編集操作には、セルを対象とするものだけでなく、行や列を対象として編集するものもあります。VBAでは、行の高さはRowHeightプロパティ、列幅はColumnWidthプロパティを使って取得や設定を行います。セル範囲の高さや幅はHeightプロパティ、Widthプロパティで取得できます。また、行や列の表示と非表示の設定にはHiddenプロパティを使用します。

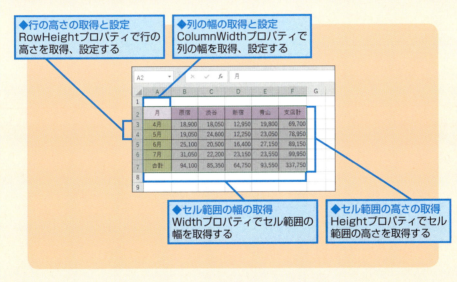

◆行の高さの取得と設定
RowHeightプロパティで行の高さを取得、設定する

◆列の幅の取得と設定
ColumnWidthプロパティで列の幅を取得、設定する

◆セル範囲の幅の取得
Widthプロパティでセル範囲の幅を取得する

◆セル範囲の高さの取得
Heightプロパティでセル範囲の高さを取得する

◆行の表示と非表示
Hiddenプロパティで行の表示と非表示を設定する

◆列の表示と非表示
Hiddenプロパティで列の表示と非表示を設定する

4-8

行や列の編集

行や列の表示と非表示を切り替えるには

オブジェクト.Hidden ───────────────── 取得
オブジェクト.Hidden = 設定値 ───────────── 設定

▶解説

Hiddenプロパティは、行や列の表示、非表示を切り替えます。たとえば、印刷には必要のない部分を非表示にするなど、一時的に表示したくない場合などに利用できます。

▶設定する項目

オブジェクト ‥‥‥‥‥ Rangeオブジェクトを指定します。表示と非表示を切り替えたい行や列を指定します。

設定値 ‥‥‥‥‥‥‥‥ Trueの場合は行や列が非表示になり、Falseの場合は表示されます。

エラーを防ぐには

Hiddenプロパティは、行または列単位で動作するので、オブジェクトには、RowsプロパティやColumnsプロパティなどを使用して行や列を参照するオブジェクトを指定する必要があります。

参照 行または列を参照するには……P.264

使用例 行列の表示と非表示の切り替え

セル範囲B3～E6の表のデータ部分が非表示になるように行、列のHiddenプロパティを切り替えます。HiddenプロパティがTrueまたはFalseの値を持つことを利用して、Not演算子を使用し、実行するたびにTrueとFalseが入れ替わるようにしています。 サンプル 4-8_001.xlsm

```
1  Sub 行列の表示非表示()
2      With Range("B3:E6")
3          .Rows.Hidden = Not .Rows.Hidden
4          .Columns.Hidden = Not .Columns.Hidden
5      End With
6  End Sub
```

1 [行列の表示非表示]というマクロを記述する
2 セルB3～E6について以下の処理を行う(Withステートメントの開始)
3 セルB3～E6までの行が表示の場合は非表示にし、非表示の場合は表示する
4 セルB3～E6までの列が表示の場合は非表示にし、非表示の場合は表示する
5 Withステートメントを終了する
6 マクロの記述を終了する

セクションメニュー(左サイド)
1 マクロの基礎知識
2 VBAの基礎知識
3 プログラミングの基礎知識
4 セルの操作
5 ワークシートの操作
6 Excelファイルの操作
7 高度なファイルの操作
8 ウィンドウの操作
9 データの操作
10 印刷
11 図形の操作
12 グラフの操作
13 コントロールの使用
14 外部アプリケーションの操作
15 VBA関数
16 そのほかの操作
付録

302

4-8 行や列の編集

セル範囲B3～E6について、行と列の両方を非表示にする

❶VBEを起動し、コードを入力

参照▶ VBAを使用してマクロを作成するには……P.85

```
Sub 行列の表示非表示()
    With Range("B3:E6")
        .Rows.Hidden = Not .Rows.Hidden
        .Columns.Hidden = Not .Columns.Hidden
    End With
End Sub
```

❷入力したマクロを実行

参照▶ マクロを実行するには……P.53

表のB～E列、3～6行めが非表示になった

この状態で同じマクロを実行すると、B～E列、3～6行めが再表示される

行の高さを取得または設定するには

オブジェクト.**RowHeight** ──────── 取得
オブジェクト.**RowHeight** = 設定値 ──────── 設定

▶解説

RowHeightプロパティは、指定したセル範囲の行の高さを取得または設定します。複数の行をまとめて同じ高さに設定したり、指定したセルの行の高さを取得してほかのセルの行の高さに設定したりできます。使用する単位はポイント（1/72インチ：約0.35ミリ）です。

▶設定する項目

オブジェクト……………Rangeオブジェクトを指定します。行の高さを取得または設定するセル範囲を指定します。

設定値………………………行の高さをポイント単位で指定します。

[エラーを防ぐには]

指定したセル範囲のすべての行が同じ高さでない場合は、行の高さを取得できないため、Nullが返ります。行の高さを取得するときは、1行ずつ取得するようにします。

303

4-8

行や列の編集

列の幅を取得または設定するには

オブジェクト.ColumnWidth ——————————— 取得
オブジェクト.ColumnWidth = 設定値——————— 設定

▶解説

ColumnWidthプロパティは、指定したセル範囲の列の幅を取得または設定します。指定した範囲の列の幅を取得して、ほかの列に設定したり、複数の列をまとめて同じ幅に揃えたりできます。単位は、標準フォントの1文字分の幅を1とします。また、プロポーショナルフォントの場合は、数字の0の幅が1になります。

▶設定する項目

オブジェクト……… Rangeオブジェクトを指定します。列の幅を取得または設定するセル範囲を指定します。

設定値……………… 列の幅を標準フォントの1文字分の幅を1とする単位で指定します。

エラーを防ぐには

指定したセル範囲のすべての列の幅が同じでない場合は、列幅を取得できないため、Nullが返ります。列の幅を取得するときは、1列ずつ調べるようにします。

使用例　行の高さと列の幅を変更する

セルA2の行の高さを取得し、セルA7の行の高さに設定します。次にセル範囲B2からE2の列の幅をそれぞれ8文字分に設定します。

サンプル 4-8_002.xlsm

```
1  Sub 行の高さと列の幅を変更する()
2      Range("A7").RowHeight = Range("A2").RowHeight
3      Range("B2:E2").ColumnWidth = 8
4  End Sub
```

1 [行の高さと列の幅を変更する]というマクロを記述する
2 セルA7の行の高さをセルA2の行の高さに設定する
3 セルB2 〜 E2の列幅を8文字分に設定する
4 マクロの記述を終了する

B列〜 E列の列幅を変更したい

	A	B	C	D	E	F	G
1							
2	月	原宿	渋谷	新宿	青山	支店計	
3	4月	18,900	18,050	12,950	19,800	69,700	
4	5月	19,050	24,600	12,250	23,050	78,950	
5	6月	25,100	20,500	16,400	27,150	89,150	
6	7月	31,050	22,200	23,150	23,550	99,950	
7	合計	94,100	85,350	64,750	93,550	337,750	
8							

7行めのセルの高さを
2行めと同じにしたい

❶VBEを起動し、コードを入力　参照▶VBAを使用してマクロを作成するには……P.85

```
Sub 行の高さと列の幅を変更する()
    Range("A7").RowHeight = Range("A2").RowHeight
    Range("B2:E2").ColumnWidth = 8
End Sub
```

❷入力したマクロを実行　参照▶マクロを実行するには……P.53

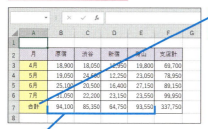

7行めのセルの高さが2行めと同じになった

B列～E列の幅が変更された

HINT 行や列を参照して行の高さや列の幅を変更する

使用例では、セル範囲を指定して行の高さや列の幅を取得および設定していますが、Rowsプロパティ、Columnsプロパティを使って行や列を参照したり、行の高さや列の幅を取得、設定したりすることもできます。たとえば、2行めの高さを7行めに設定するには、「Rows(7).RowHeight = Rows(2).RowHeight」と記述できます。

HINT 行の高さや列の幅を標準の高さや幅に変更するには

行の高さを標準の高さに変更するには、UseStandardHeightプロパティにTrueを設定します。また列の幅を標準の幅に戻すには、UseStandardWidthプロパティにTrueを設定します。たとえば、セルA2～A7までの行高を標準の高さにするには、「Range("A2:A7").UseStandardHeight = True」とします。または、ワークシートの標準行の高さを取得、設定するStandardHeightプロパティを使用して「Range("A2:A7").RowHeight = ActiveSheet.StandardHeight」とすることもできます。

行の高さや列の幅を自動調整するには

オブジェクト.AutoFit

▶解説

AutoFitメソッドは、列の幅や行の高さを、セルに表示されている文字列に合わせて調節します。行の場合は指定した行内で使用している一番大きいフォントサイズに合わせて自動調節され、列の場合は列内に入力されている一番長い文字列の幅に合わせて自動調節されます。

▶設定する項目

オブジェクト　………Rangeオブジェクトを指定します。高さや幅を調整したい行または列を指定します。

エラーを防ぐには

行、列を参照していないオブジェクトの場合は、エラーになります。オブジェクトには、RowsプロパティやColumnsプロパティなどを使用して行や列を参照するオブジェクトを指定してください。

4-8 行や列の編集

使用例　行の高さと列の幅を自動調整する

アクティブシートの2〜7行めの高さをそれぞれの行に入力されている文字サイズに合わせて自動調整します。セルA2〜F7の表の各列に表示されている文字幅に合わせて列の幅を自動調整します。これにより、セルA1にはタイトルが入力されていますが、調整対象に指定していないため、セルA2からの表のサイズに合わせて列幅が調整されます。

サンプル 4-8_003.xlsm

```
1  Sub 行高と列幅を自動調整する()
2      Rows("2:7").AutoFit
3      Range("A2:F7").Columns.AutoFit
4  End Sub
```

1 [行高と列幅を自動調整する]というマクロを記述する
2 アクティブシートの2〜7行めの行の高さを自動調整する
3 セルA2〜F7に入力されている内容に合わせて列の幅を自動調整する
4 マクロの記述を終了する

表のセルの幅と高さを自動調整で変更したい　　セルA2〜F7の各列の文字長に合わせて自動調整したい

❶VBEを起動し、コードを入力

参照▶VBAを使用してマクロを作成するには……P.85

❷入力したマクロを実行

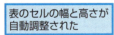

参照▶マクロを実行するには……P.53

表のセルの幅と高さが自動調整された

範囲に含まれないセルA1は自動調整の対象にならなかった

セル範囲の高さと幅を取得するには

オブジェクト.**Height** ──────────────────────── 取得
オブジェクト.**Width** ──────────────────────── 取得

▶解説
Heightプロパティは指定したセル範囲の高さを取得し、Widthプロパティは指定したセル範囲の幅を取得します。1つのセルを指定した場合は、そのセルを含む行の高さと列の幅を取得できます。またセル範囲を指定した場合は、そのセル範囲の各行の高さの合計と、各列の幅の合計を取得できます。どちらも使用する単位はポイントです。

▶設定する項目
オブジェクト ………… Rangeオブジェクトを指定します。高さや幅を取得したいセル範囲を指定します。

エラーを防ぐには
Heightプロパティ、Widthプロパティともに取得のみで値を設定することができません。高さや幅を設定するには、RowHeightプロパティ、ColumnWithプロパティを使って、行、列単位で設定してください。　　　　　　　　　　　　　参照📖列の幅を取得または設定するには……P.304

使用例　　セル範囲の高さと幅を取得する

セルA2〜F7の表の高さと幅を取得し、メッセージに表示します。メッセージ文を途中で改行するために、ここでは定数vbCrLfを使用しています。　　　　　　サンプル📁4-8_004.xlsm

参照📖MsgBox関数でメッセージを表示するには……P.198

```
1  Sub  セル範囲の高さと幅を取得する()
2      MsgBox "セル範囲の高さ:" & Range("A2:F7").Height & vbCrLf & _
              "セル範囲の幅  :" & Range("A2:F7").Width
3  End Sub
```
注)「_ (行継続文字)」の部分は、次の行と続けて入力することもできます→95ページ参照

1 [セル範囲の高さと幅を取得する]というマクロを記述する
2 セルA2〜F7のセル範囲の高さと幅を取得してメッセージに表示する
3 マクロの記述を終了する

4-8

行や列の編集

1 マクロの基礎知識
2 VBAの基礎知識
3 プログラミングの基礎知識
4 セルの操作
5 ワークシートの操作
6 Excelファイルの操作
7 高度なファイルの操作
8 ウィンドウの操作
9 データの操作
10 印　刷
11 図形の操作
12 グラフの操作
13 コントロールの使用
14 外部アプリケーションの操作
15 VBA関数
16 そのほかの操作
付　録

307
できる

4-8 行や列の編集

セルA2～F7のセル範囲の高さと幅を取得したい

❶ VBEを起動し、コードを入力

参照▶ VBAを使用してマクロを作成するには……P.85

```
Sub セル範囲の高さと幅を取得する()
    MsgBox "セル範囲の高さ：" & Range("A2:F7").Height & vbCrLf & _
           "セル範囲の幅　：" & Range("A2:F7").Width
End Sub
```

❷ 入力したマクロを実行

参照▶ マクロを実行するには……P.53

セル範囲の高さと幅がポイント単位でメッセージに表示された

セル範囲の高さ：103.5
セル範囲の幅：342.75

ダイアログボックスを閉じるには[OK]をクリックする

 取得した値を図形のサイズや埋め込みグラフのサイズに利用する

HeithtプロパティやWidthプロパティを使用して取得したセル範囲の高さや幅は、図形や埋め込みグラフをセル範囲に合わせて作成したいときに役立ちます。

参照▶ 図形を作成するには……P.636
参照▶ 埋め込みグラフを作成するには……P.669

4-9 セルの表示形式

セルの表示形式

セルに入力されているデータの表示形式は、[セルの書式設定] ダイアログボックスの [表示形式] タブで設定します。このダイアログボックスは、[ホーム] タブの [数値] グループにあるダイアログボックス起動ツールをクリックして表示します。VBAでデータの表示形式を変更するには、NumberFormatプロパティまたはNumberFormatLocalプロパティを使用します。

◆[セルの書式設定]ダイアログボックスの[表示形式]タブ

[分類] で [ユーザー定義] を選択したときに表示される書式の一覧をNumberFormatプロパティ、NumberFormatLocalプロパティを使って設定できる

NumberFormatプロパティとNumberFormatLocalプロパティを使用して表示形式を設定するには、下のように4つのセクションに分けて設定します。それぞれのセクションを「;（セミコロン）」で区切り、左から順に正の数、負の数、ゼロの値、文字列の表示形式を設定します。

◆セクション

正の数 ; 負の数 ; ゼロの値 ; 文字列

例　#,##0 ; [赤]#,##0 ; 0.0 ; @　と指定すると

値	123456	-7890	0	できる
↓	↓	↓	↓	↓
表示	123,456	7,890	0.0	できる

表示形式は、書式記号を使用して設定します。書式記号を使用して、数値、日付と時刻、通貨、パーセンテージ、指数、文字列などのさまざまな値に表示形式を設定できます。

参照▶主な書式記号の一覧……P.312

4-9

セルの表示形式

セルの表示形式を設定するには

オブジェクト.**NumberFormat** ──────────── 取得
オブジェクト.**NumberFormat** = 表示形式 ──── 設定
オブジェクト.**NumberFormatLocal** ────────── 取得
オブジェクト.**NumberFormatLocal** = 表示形式 ── 設定

▶**解説**

NumberFormatプロパティ、NumberFormatLocalプロパティは、指定したセルの表示形式を設定します。取得と設定ができるため、取得した表示形式を別のセルに設定することができます。NumberFormatLocalプロパティは、コードを実行するときの言語（日本語）で表示形式を設定します。　　　参照🔰NumberFormatプロパティとNumberFormatLocalプロパティの違い……P.311

▶**設定する項目**

オブジェクト ………… Rangeオブジェクトを指定します。表示形式を設定したいセル範囲を指定します。

表示形式 ……………… セルに設定する表示形式を、定義済み書式または、書式記号を使って文字列で指定します。［セルの書式設定］ダイアログボックスの［表示形式］タブの［分類］ボックスで［ユーザー定義］を選択したときに表示される一覧と同じように指定できます。　　　　　　　　参照🔰表示形式の設定方法……P.311

　エラーを防ぐには

表示形式を取得する場合、指定したセル範囲のセルに異なる表示形式が設定されていると、「Null」が返ります。そのため、表示形式を取得するときは、単一のセルを指定してください。また、表示形式の設定に使用する文字列は、NumberFormatまたはNumberFormatLocalプロパティと、Format関数では異なるので、混同しないようにしてください。

使用例　セルの表示形式を変更する

セルに入力されているデータの表示形式を変更します。ここでは、NumberFormatLocalプロパティを使っていろいろな設定例を示します。　　　　　　　　　　　サンプル📗4-9_001.xlsm

```
1  Sub 表示形式の取得と設定()
2      Range("C3").NumberFormatLocal = "@ 様"
3      Range("F3").NumberFormatLocal = "ge/mm/dd"
4      Range("B9:B13").NumberFormatLocal = Range("F3").NumberFormatLocal
5      Range("F9:F14").NumberFormatLocal = "¥#,##0;[赤]-¥#,##0"
6  End Sub
```

1	［表示形式の取得と設定］というマクロを記述する
2	セルC3の表示形式を「@　様」に設定する
3	セルF3の表示形式を「ge/mm/dd」に設定する
4	セルF3の表示形式を取得して、セルB9～B13の表示形式に設定する
5	セルF9～F14の表示形式を「¥#,##0;[赤]- ¥#,##0」に設定する
6	マクロの記述を終了する

サイドバー（左メニュー）:

- マクロの基礎知識 **1**
- VBAの基礎知識 **2**
- プログラミングの基礎知識 **3**
- セルの操作 **4**
- ワークシートの操作 **5**
- Excelファイルの操作 **6**
- 高度なファイルの操作 **7**
- ウィンドウの操作 **8**
- データの操作 **9**
- 印刷 **10**
- 図形の操作 **11**
- グラフの操作 **12**
- コントロールの使用 **13**
- 外部アプリケーションの操作 **14**
- VBA関数 **15**
- そのほかの操作 **16**
- 付録

4-9 セルの表示形式

セルF3とセルB9～B13の表示形式を「H29/08/15」のように設定する

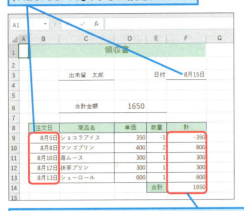

セルF9～F14の表示形式を、正の数は「¥1,650」、負の数は赤字で「-¥350」のように設定する

❶VBEを起動し、コードを入力

参照▶VBAを使用してマクロを作成するには……P.85

```
Sub 表示形式の取得と設定()
    Range("C3").NumberFormatLocal = "@ 様"
    Range("F3").NumberFormatLocal = "ge/mm/dd"
    Range("B9:B13").NumberFormatLocal = Range("F3").NumberFormatLocal
    Range("F9:F14").NumberFormatLocal = "¥#,##0;[赤]-¥#,##0"
End Sub
```

❷入力したマクロを実行

参照▶マクロを実行するには……P.53

指定した日付の表示形式に設定された

指定した通貨の表示形式に設定された

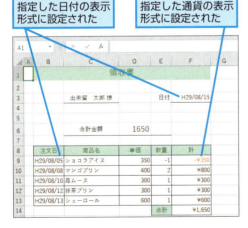

HINT 表示形式の設定方法

表示形式の設定方法は、309ページで解説したように4つのセクションに分けて設定しますが、4つのセクションのうち必要なものだけを設定することもできます。2つのセクションで設定したり、1つのセクションで設定したりすることもできます。2つのセクションを指定すると、左から「正の数とゼロ」/「負の数」の表示形式になり、1つだけ設定すると、すべての数値にその表示形式が設定されます。負の数とゼロの値の表示形式を省略して、正の数と文字列のみを設定する場合は、省略するセクションのうしろのセミコロンだけを入力します。必要に応じてセクション別に表示形式を設定してください。

参照▶セルの表示形式……P.309
参照▶日付の書式記号……P.312

HINT 表示形式を元に戻すには

表示形式を元に戻すには、表示形式を標準にします。NumberFormatLocalプロパティに「"G/標準"」と設定するか、NumberFormatプロパティに「"General"」と設定します。ただし、日付が入力されているセルの表示形式を標準に変更すると、日付の表示形式が解除されて「日付連番」という数値になってしまうので注意してください。

HINT スタイルを使用して表示形式を設定する

Excelにあらかじめ用意されている書式のセットであるスタイルのなかに「パーセント」や「通貨」など表示形式を設定するものがあります。これらを使っても表示形式を設定することができます。たとえば、セルD6に通貨のスタイルを設定するには、「Range("D6").Style="通貨"」と記述します。

参照▶セルにスタイルを設定するには……P.352

HINT NumberFormtプロパティとNumberFormatLocalプロパティの違い

NumberFormatプロパティは、書式を「"#,##0;[red]-#,##0"」や「"General"」のように、英語で表記しますが、NumberFormatLocalプロパティは、コード実行時の言語の文字列（日本語）で設定できます。たとえば、「"#,##0;[赤]-#,##0"」や「G/標準」のように記述できます。

1 マクロの基礎知識
2 VBAの基礎知識
3 プログラミングの基礎知識
4 セルの操作
5 ワークシートの操作
6 Excelファイルの操作
7 高度なファイルの操作
8 ウィンドウの操作
9 データの操作
10 印刷
11 図形の操作
12 グラフの操作
13 コントロールの使用
14 外部アプリケーションの操作
15 VBA関数
16 そのほかの操作
付録

主な書式記号の一覧

NumberFormatプロパティとNumberFormatLocalプロパティに設定する表示形式で使用する書式記号には、数値、日付／時刻、文字列のそれぞれについて、使用する記号が用意されています。

● 数値の書式記号

数値では、「#」と「0」で数字の1桁を表し、「,」で桁区切り、「.」で小数点を表します。

数値の書式記号

書式記号	内容	表示形式	数値	表示結果
#	1桁を表す	##.##	123.456	123.46
		##	0	表示なし
0	1桁を表す	0000.0	123.456	0123.5
		00	0	00
,	3桁ごとの桁区切り、または1000単位の省略	#,##0	55555555	55,555,555
		#,##0,		55,556
.	小数点	0.0	12.34	12.3
%	パーセント	0.0%	0.2345	23.5%
?	小数点位置を揃える	???.???	123.45 12.456	123.45 12.456

> **HINT 「#」と「0」の違い**
>
> 「#」と「0」はどちらも数字の1桁を表しますが、「#」の場合は表示形式で指定した桁数よりも実際の桁数が少ない場合はそのまま表示されますが、「0」の場合は桁数が少ない分だけ0が補われます。また、表示形式より桁数が多い場合は、ともに、整数の場合はそのままの数値が表示され、小数点以下の場合は、指定した桁数に合わせて四捨五入された値が表示されます。

● 日付の書式記号

日付の表示形式は、「y」、「m」、「d」などの記号を組み合わせて設定します。

日付の書式記号

書式記号	内容	表示結果（日付：1996/1/3）
yy yyyy	西暦	96 1996
g gg ggg	和号	H 平 平成
e ee	和暦	8 08

書式記号	内容	表示結果（日付：1996/1/3）
m mm mmm mmmm	月	1 01 Jan January
d dd	日	3 03
ddd dddd aaa aaaa	曜日	Wed Wednesday 水 水曜日

● 時刻の書式記号

時刻の表示形式は、「h」「m」「s」の記号を使用して設定します。

時刻の書式記号

書式記号	内容	表示結果（時刻：16時5分30秒）
h	時（24時間）	16
hh		16
m	分（hやsと共に使用）	16:5（h:mとした場合）
mm		16:05（hh:mmとした場合）
s	秒	16:5:30（h:m:sとした場合）
ss		16:05:30（hh:mm:ssとした場合）
h AM/PM	時 AM/PM（12時間）	4 PM
h:mm AM/PM	時：分 AM/PM（12時間）	4:05 PM
h:mm:ss A/P	時：分：秒 A/P（12時間）	4:05:30 P

 日付の書式記号に、文字列を組み合わせるには

「m"月"」のように、書式記号と「"」で囲んだ文字列を組み合わせると、「9月」のように文字列を追加して表示することができます。

 経過時間を表すには[]で囲む

「28:45」のように経過時間を表示したい場合は、「[hh]:mm」のように記述します。分の経過時間であれば、「[mm]:ss」、秒の経過時間であれば「[ss]」と記述します。

● 文字、そのほかの書式記号

文字の書式記号は「@」で、セルに入力された文字をそのまま表示します。また、色、条件の書式記号には次のようなものがあります。

文字、そのほかの書式記号

書式記号	内容	使用例	表示結果
@	入力した文字	@" 様 "	出来留太郎様
[色]	文字色（黒、赤、青、緑、黄、紫、水、白）	[緑]0.0;[赤]－0.0	1.5 → 1.5 －1.5 → －1.5
[条件式]	条件付き表示書式	[>90] #"OK！";#	95 → 950K！ 60 → 60

 書式記号と固定文字列を組み合わせる場合

「@"様"」のように、書式記号とそのまま表示したい文字（固定文字列）を組み合わせて表示形式を設定する場合、コードのなかでは、"@""様"""のように固定文字列の前後を2つの「"」（ダブルクォーテーション）」で囲みます。しかし、使用例のように「Range("C3").Number FormatLocal = "@　様"」と「""」で囲まなくてもExcelが自動で修正するため、表示形式を設定することもできます。しかし、正しく認識させるためには、できるだけ「""」で囲むほうがいいでしょう。

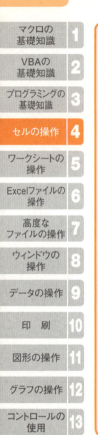

4-10 セルの文字の配置

セルの文字の配置

セルのなかの文字の配置は、[セルの書式設定] ダイアログボックスの [配置] タブで設定します。このダイアログボックスは、[ホーム] タブの [配置] グループにあるダイアログボックス起動ツールをクリックして開きます。

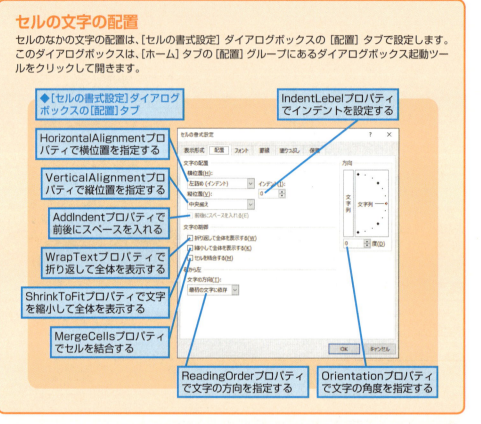

◆[セルの書式設定] ダイアログボックスの [配置] タブ

- HorizontalAlignmentプロパティで横位置を指定する
- VerticalAlignmentプロパティで縦位置を指定する
- AddIndentプロパティで前後にスペースを入れる
- WrapTextプロパティで折り返して全体を表示する
- ShrinkToFitプロパティで文字を縮小して全体を表示する
- MergeCellsプロパティでセルを結合する
- IndentLebelプロパティでインデントを設定する
- ReadingOrderプロパティで文字の方向を指定する
- Orientationプロパティで文字の角度を指定する

セル内の文字の横位置と縦位置を指定するには

オブジェクト.**HorizontalAlignment** ── 取得
オブジェクト.**HorizontalAlignment** = 設定値1 ── 設定
オブジェクト.**VerticalAlignment** ── 取得
オブジェクト.**VerticalAlignment** = 設定値2 ── 設定

▶解説

HorizontalAlignmentプロパティは、セル内の文字の横方向の配置を取得または設定し、VerticalAlignmentプロパティは、セル内の文字の縦方向の配置を取得または設定します。横方向の配置の設定には中央揃え、左詰め、右詰めなどがあり、縦方向の配置には、上詰めなどがあります。

314

［セルの書式設定］ダイアログボックスの［配置］タブにある［横位置］と［縦位置］で表示される一覧に該当する値を定数で指定します。

▶設定する項目

オブジェクト‥‥‥‥Rangeオブジェクトを指定します。横方向または縦方向の配置を変更したいセルを指定します。

設定値1‥‥‥‥‥‥横方向の配置を定数で指定します。

定数	内容
xlGeneral（既定値）	標準
xlLeft	左詰め
xlCenter	中央揃え
xlRight	右詰め
xlFill	くり返し
xlJustify	両端揃え
xlCenterAcrossSelection	選択範囲内で中央
xlDistributed	均等割り付け

設定値2‥‥‥‥‥‥縦方向の配置を定数で指定します。

定数	内容
xlTop	上詰め
xlCenter	中央揃え
xlBottom	下詰め
xlJustify	両端揃え
xlDistributed	均等割り付け

エラーを防ぐには

横方向、縦方向の配置で設定する内容によっては、IndentLevelプロパティやOrientationプロパティなど、ほかのプロパティの設定が無効になるものがあります。無効になるプロパティは、［セルの書式設定］ダイアログボックスの［配置］タブで、［横位置］または［縦位置］を選択したときに、ほかの項目が選択不可能になるかどうかで確認できます。

参照 セル内の文字列の角度を変更するには‥‥‥‥P.318
参照 セル内の配置を設定するそのほかのプロパティ‥‥‥‥P.320

4-10
セルの文字の配置

1 マクロの基礎知識
2 VBAの基礎知識
3 プログラミングの基礎知識
4 セルの操作
5 ワークシートの操作
6 Excelファイルの操作
7 高度なファイルの操作
8 ウィンドウの操作
9 データの操作
10 印刷
11 図形の操作
12 グラフの操作
13 コントロールの使用
14 外部アプリケーションの操作
15 VBA関数
16 そのほかの操作
付録

4-10 セルの文字の配置

使用例 文字の横方向と縦方向の配置を変更する

セルB1からF10の表に入力されている文字列の横方向と縦方向の配置を変更します。

サンプル■4-10_001.xlsm

```
1  Sub 文字の横方向と縦方向の配置変更()
2      Range("B2:B10").VerticalAlignment = xlDistributed
3      Range("C2:F10").VerticalAlignment = xlBottom
4      Range("B1:F1").HorizontalAlignment = xlCenter
5      Range("C2:C10").HorizontalAlignment = xlDistributed
6  End Sub
```

1	[文字の横方向と縦方向の配置変更]というマクロを記述する
2	セルB2 〜 B10の縦方向の配置を均等割り付けにする
3	セルC2 〜 F10の縦方向の配置を下詰めにする
4	セルB1 〜 F1の横方向の配置を中央揃えにする
5	セルC2 〜 C10の横方向の配置を均等割り付けにする
6	マクロの記述を終了する

セルの横方向および縦方向の配置を変更したい

❶VBEを起動し、コードを入力

参照■VBAを使用してマクロを作成するには……P.85

❷入力したマクロを実行

参照■マクロを実行するには……P.53

セル内の横方向、縦方向の配置が変更された

HINT 横方向の「標準」の配置とは

横方向を「標準」の配置にするには設定値をxlGeneralにします。このとき、文字列のときは左詰め、数値のときは右詰めになり、データによって自動的に配置される状態になります。

HINT 均等割り付けで文字の前後にスペースを入れるには

縦方向または横方向で、設定値をxlDistributedにすると、セルいっぱいに文字が均等割り付けされます。AddIndentプロパティを使用すると均等割り付けの文字列の前後にスペースを挿入することができます。書式は、「セル範囲.AddIndent = True/False」で、Trueのときにスペースが挿入されます。

参照■セル内の配置を設定するそのほかのプロパティ……P.320

セルの結合と結合解除を行うには

オブジェクト.MergeCells ―――――――――――――― 取得
オブジェクト.MergeCells = 設定値 ―――――――――― 設定

▶解説

MergeCellsプロパティはTrueまたはFalseの値を取得します。MergeCellsプロパティに値を代入することで、セルの結合および結合解除を行うことができます。また、MergeCellsプロパティの値を取得することで、指定したセルが結合セルかどうかを確認することができます。

参照 セルを結合するには……P.294

▶設定する項目

オブジェクト ……… Rangeオブジェクトを指定します。
設定値 ……………… Trueの場合、指定したセル範囲を結合します。Falseの場合、指定した結合セルの結合を解除します。

エラーを防ぐには

MergeCellsプロパティの値を取得するときに、指定したセル範囲に結合セルと結合セルでないセルが含まれている場合、「Null」が返ります。値の取得をするときは、単一セルを指定したほうがいいでしょう。

使用例 セル範囲の結合と結合解除をする

セルD1 ～ E1を結合し、セルD1の文字列を中央揃えします。セルB3 ～ B11のセルの結合を解除します。結合するセル範囲の複数のセルに値が入力されている場合は、結合後のセルには指定したセル範囲の左上端にあるセルのデータが表示され、ほかのデータは削除されます。このとき、Excelの警告メッセージが表示されるため、ここでは、DisplayAlertsプロパティを使用してメッセージを非表示にしています。

サンプル 4-10_002.xlsm

```
1  Sub セルの結合と解除()
2      Application.DisplayAlerts = False
3      Range("D1:E1").MergeCells = True
4      Range("D1").HorizontalAlignment = xlCenter
5      Range("B3:B11").MergeCells = False
6      Application.DisplayAlerts = True
7  End Sub
```

1 [セルの結合と解除]というマクロを記述する
2 Excelの警告のメッセージを表示しない設定にする
3 セルD1 ～ E1を結合する
4 セルD1の文字列を中央揃えする
5 セルB3 ～ B11のセル結合を解除する
6 Excelの警告のメッセージが表示される設定にする
7 マクロの記述を終了する

4-10
セルの文字の配置

1 マクロの基礎知識
2 VBAの基礎知識
3 プログラミングの基礎知識
4 セルの操作
5 ワークシートの操作
6 Excelファイルの操作
7 高度なファイルの操作
8 ウィンドウの操作
9 データの操作
10 印刷
11 図形の操作
12 グラフの操作
13 コントロールの使用
14 外部アプリケーションの操作
15 VBA関数
16 そのほかの操作
付録

317
できる

4-10 セルの文字の配置

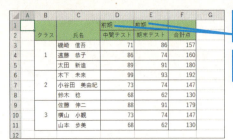

❶VBEを起動し、コードを入力

参照▶ VBAを使用してマクロを作成するには……P.85

❷入力したマクロを実行

参照▶ マクロを実行するには……P.53

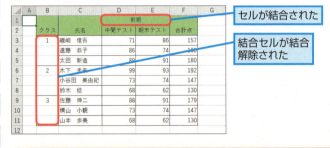

セル内の文字列の角度を変更するには

オブジェクト.**Orientation** ──────────── 取得

オブジェクト.**Orientation** = 設定値 ──────── 設定

▶解説

Orientationプロパティは、セル内の文字列の角度の変更と設定に使用します。文字列を縦書きにする場合もOrientaionプロパティを使用します。

▶設定する項目

オブジェクト………… Rangeオブジェクトを指定します。文字列の角度を変更したいセルを指定します。

設定値………………… 設定したい角度を「-90 〜 90」の範囲の数値または定数で設定します。縦書きにするには「xlVertical」を指定します。通常の表示に戻すには、「xlHorizontal」または「0」を指定します。

定数	内容
xlDownward	-90 度の角度
xlHorizontal	水平、0 度
xlUpward	90 度の角度
xlVertical	垂直

4-10 セルの文字の配置

> **エラーを防ぐには**
> -90〜90の範囲を超える角度を指定するとエラーになります。範囲を超えない数値を整数で指定してください。

使用例　表の見出しの角度を変更する

セルB3〜B11の文字列を縦書きに設定し、セルB2〜G2の文字列の角度を45度に設定します。

サンプル 4-10_003.xlsm

```
1  Sub 文字の角度を変更する()
2      Range("B3:B11").Orientation = xlVertical
3      Range("B2:G2").Orientation = 45
4  End Sub
```

1 [文字の角度を変更する]というマクロを記述する
2 セルB3〜B11の文字列を縦書きにする
3 セルB2〜G2の文字列を45度にする
4 マクロの記述を終了する

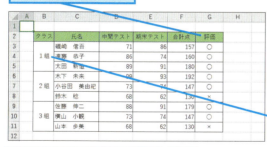

セルB2〜G2の文字列の角度を45度に設定する

結合セルB3〜B11の文字列を縦書きに設定する

❶VBEを起動し、コードを入力

参照▶ VBAを使用してマクロを作成するには……P.85

❷入力したマクロを実行

参照▶ マクロを実行するには……P.53

文字列の角度が45度に設定された

文字が縦書きに設定された

319

4-10 セルの文字の配置

HINT 文字列の角度の設定

Orientationプロパティで設定できる角度は下図のようになります。-90度と90度では文字の向きが逆になります。

HINT 文字を右から左に表示するには

ReadingOrderプロパティを使用すると、文字列を右から左に表示するように設定できますが、日本語環境では右から左に設定することはできません。右から左に表示する言語には、アラビア語、ペルシャ語、ウルドゥー語などの言語があります。くわしくはヘルプを参照してください。

参照▶ ヘルプを利用するには……P.131

セル内の配置を設定するそのほかのプロパティ

▶解説

セル内の文字の配置を設定するプロパティには、HorizontalAlignmentプロパティ、VerticalAlignmentプロパティ、MergeCellsプロパティ、Orientationプロパティのほかに、次のようなものがあります。

プロパティ	内容
IndentLevel	セル内の文字をインデントする。設定するインデントの幅について、全角1文字を1として、0から15までの整数で指定する
AddIndent	文字の前後にスペースを入れる。水平、垂直位置が均等割り付けのときに使用でき、Trueで前後にスペースを挿入し、Falseで解除する
WrapText	セルの列幅に合わせて文字列を折り返して全体を表示する。Trueで折り返しを設定し、Falseで解除する
ShrinkToFit	セルの列幅に合わせてセル内の文字を縮小して全体を表示する。Trueで縮小し、Falseで解除する

参照▶ セル内の文字の横位置と縦位置を指定するには……P.314

使用例 表の各列の文字列の配置を変更する

セルB2～E6の表の各列の文字列の配置を変更します。文字列の長さに応じて字下げ、均等割り付けの文字の前後へのスペースの挿入、文字の縮小と折り返しを設定します。

サンプル 4-10_004.xlsm

```
1  Sub 配置を設定する()
2      Range("B2:B6").HorizontalAlignment = xlDistributed
3      Range("B2:B6").AddIndent = True
4      Range("C2:C6").IndentLevel = 1
5      Range("D2:D6").ShrinkToFit = True
6      Range("E2:E6").WrapText = True
7  End Sub
```

4-10 セルの文字の配置

1	[配置を設定する]というマクロを記述する
2	セルB2～B6の文字列を横方向に均等割り付けする
3	セルB2～B6の文字列をの前後にスペースを挿入する
4	セルC2～C6の文字列を1文字分字下げする
5	セルD2～D6の文字列を縮小して全体を表示する
6	セルE2～E6の文字列をセル幅で折り返して全体を表示する
7	マクロの記述を終了する

- セルB2～B6は均等割り付けにして前後にスペースを挿入する
- セルC2～C6は1文字分の字下げを行う
- セルD2～D6は文字を縮小して全体を表示する
- セルE2～E6はセル幅で折り返して全体を表示する

❶VBEを起動し、コードを入力

参照▶VBAを使用してマクロを作成するには……P.85

```
Sub 配置を設定する()
    Range("B2:B6").HorizontalAlignment = xlDistributed
    Range("B2:B6").AddIndent = True
    Range("C2:C6").IndentLevel = 1
    Range("D2:D6").ShrinkToFit = True
    Range("E2:E6").WrapText = True
End Sub
```

❷入力したマクロを実行　　参照▶マクロを実行するには……P.53

各セルに目的の配置が設定された

💡 セル幅に収まらない文字列を下のセルに表示するには

WrapTextプロパティは、セル幅に収まらない文字列をセルのなかで折り返して表示するため、行の高さが自動的に広がります。Justifyメソッドを使用すると、セル幅に収まらない文字列を下のセルに割り当てて表示します。このとき確認メッセージが表示され、[OK]ボタンをクリックすると処理が実行されます。文字列を折り返して全体を表示したいものの、行の高さを変更したくない場合に便利です。なお、確認メッセージを非表示にして実行する場合はDisplayAlertプロパティを使用します。

サンプル▶4-10_005.xlsm

❶Range("A2").Justifyメソッドを実行する

データを上書きしてよいか、確認のメッセージが表示された

❷[OK]をクリック

セルに収まらない文字列が下のセルに上書きされた

4-11 セルの書式設定

セルの書式設定

VBAでセルの文字列に対して設定を行うには、フォントの属性全体を表すFontオブジェクトを使います。Fontオブジェクトを使って設定する内容は、[セルの書式設定]ダイアログボックスの[フォント]タブの内容に対応しています。このダイアログボックスは、[ホーム]タブの[フォント]グループにあるダイアログボックス起動ツールをクリックして開きます。
VBAで配置の設定を行うには、以下のようなプロパティを使います。

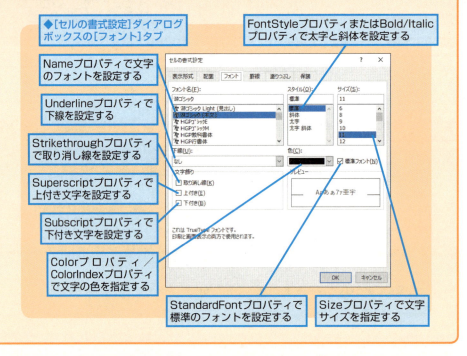

文字のフォントを設定するには

オブジェクト.Name ──────────────── 取得
オブジェクト.Name = 設定値 ──────────── 設定

▶解説

FontオブジェクトのNameプロパティは、「游ゴシック」や「游明朝」のようなフォント名の取得および設定に使用します。フォント名を設定すると、入力されているデータのフォントを変更できます。[セルの書式設定]ダイアログボックスの[フォント]タブにある[フォント名]の一覧に表示されているフォント名を指定できます。

▶設定する項目

オブジェクト‥‥‥‥Fontオブジェクトを指定します。

設定値‥‥‥‥‥‥‥‥ フォント名を表す文字列を指定します。

エラーを防ぐには

フォント名を指定する場合は、フォント名を正しく指定してください。半角や全角の違いやスペースなども正確に指定しないと正しく設定できません。また、日本語の文字列に「Century」のような欧文フォントを指定しても無効になりますが、日本語とアルファベットが混在している場合はアルファベットだけに書式が適用されます。

使用例　データの表示フォントを変更する

セルA1とセルA3 〜 A6のフォントを「HGP教科書体」にし、セルB2 〜 F7のフォントを「Times New Roman」にして、セルF2のフォントをセルA7に設定します。　サンプル 4-11_001.xlsm

```
1  Sub フォント名の取得と設定()
2      Range("A1,A3:A6").Font.Name = "HGP教科書体"
3      Range("B2:F7").Font.Name = "Times New Roman"
4      Range("A7").Font.Name = Range("F2").Font.Name
5  End Sub
```

1 [フォント名の取得と設定]というマクロを記述する
2 セルA1とA3 〜 A6のフォント名を「HGP教科書体」に設定する
3 セルB2 〜 F7のフォント名を「Times New Roman」に設定する
4 セルF2のフォント名をセルA7に設定する
5 マクロの記述を終了する

	A	B	C	D	E	F	G
1	支店別来客数						
2		NewYork	Paris	Tokyo	London	Total	
3	第1四半期	250	200	150	220	820	
4	第2四半期	300	250	120	240	910	
5	第3四半期	350	280	180	290	1,100	
6	第4四半期	300	350	130	310	1,090	
7	Total	1,200	1,080	580	1,060	3,920	
8							

セルA1、A3 〜 A6のフォントを「HGP教科書体」に設定したい

セルB2 〜 F7のフォントを「Times New Roman」に設定したい

セルF2と同じフォントをセルA7に設定したい

❶VBEを起動し、コードを入力

参照 VBAを使用してマクロを作成するには‥‥‥P.85

```
(General)                                    フォント名の取得と設定
Sub フォント名の取得と設定()
    Range("A1,A3:A6").Font.Name = "HGP教科書体"
    Range("B2:F7").Font.Name = "Times New Roman"
    Range("A7").Font.Name = Range("F2").Font.Name
End Sub
```

❷入力したマクロを実行

参照 マクロを実行するには‥‥‥P.53

	A	B	C	D	E	F	G
1	支店別来客数						
2		NewYork	Paris	Tokyo	London	Total	
3	第1四半期	250	200	150	220	820	
4	第2四半期	300	250	120	240	910	
5	第3四半期	350	280	180	290	1,100	
6	第4四半期	300	350	130	310	1,090	
7	Total	1,200	1,080	580	1,060	3,920	
8							

セル内のフォントが変更された

4-11

セルの書式設定

1 マクロの基礎知識
2 VBAの基礎知識
3 プログラミングの基礎知識
4 セルの操作
5 ワークシートの操作
6 Excelファイルの操作
7 高度なファイルの操作
8 ウィンドウの操作
9 データの操作
10 印刷
11 図形の操作
12 グラフの操作
13 コントロールの使用
14 外部アプリケーションの操作
15 VBA関数
16 そのほかの操作
付録

4-11

セルの書式設定

> **HINT 標準フォントを取得および設定するには**
>
> ApplicationオブジェクトのStandardFondプロパティは、ワークシートの標準フォント名の取得と設定ができます。セル内のフォント名を変更したあと、標準の状態に戻したい場合は、「セル範囲.Font.Name = Application.Standard Font」とします。また、StandardFontにフォント名を設置すると、標準フォント名を変更することができます。設定変更は、再起動後に有効になります。

テーマのフォントを設定するには

オブジェクト.ThemeFont ―――――――――― 取得
オブジェクト.ThemeFont = 設定値 ―――――― 設定

▶解説

ThemeFontプロパティは、ブックに適用されているテーマのフォントの取得と設定に使用します。ブックのテーマを変更したときに、テーマに合わせて表示するフォントを変更したい場合に使用します。

▶設定する項目

オブジェクト ………… Fontオブジェクトを指定します。

設定値 ………………… XITemeFont列挙型の定数を使って設定する見出しフォント、本文フォントを指定します。

XIThemeFont列挙型の定数

定数	内容
xlThemeFontMajor	テーマの見出しフォント
xlThemeFontMinor	テーマの本文フォント
xlThemeFontNone	テーマのフォントを使用しない

エラーを防ぐには

Nameプロパティでフォント名を設定したセルでは、ブックのテーマを設定または変更しても、テーマのフォントは変更されません。テーマに合わせて表示するフォントも変更したい場合は、ThemeFontプロパティで設定してください。

使用例 データの表示フォントをテーマに合わせる

テーマ「パーセル」が設定されているブックで、セルA1のフォント名をテーマのフォントの見出し、セルA2〜F7のフォント名をテーマのフォントの本文に設定します。ここでは、それぞれのセルには現在「MS Pゴシック」が設定されています。

サンプル 4-11_002.xlsm

```
1  Sub テーマのフォントに変更する()
2      Range("A1").Font.ThemeFont = xlThemeFontMajor
3      Range("A2:F7").Font.ThemeFont = xlThemeFontMinor
4  End Sub
```

サイドバー:
1 マクロの基礎知識
2 VBAの基礎知識
3 プログラミングの基礎知識
4 セルの操作
5 ワークシートの操作
6 Excelファイルの操作
7 高度なファイルの操作
8 ウィンドウの操作
9 データの操作
10 印刷
11 図形の操作
12 グラフの操作
13 コントロールの使用
14 外部アプリケーションの操作
15 VBA関数
16 そのほかの操作
付録

1 [テーマのフォントに変更する]というマクロを記述する
2 セルA1のフォント名をテーマのフォントの見出しフォントに設定する
3 セルA2～F7のフォント名をテーマのフォントの本文フォントに設定する
4 マクロの記述を終了する

MS Pゴシックで表示されているフォントを
テーマフォントに変更する

❶VBEを起動し、コードを入力　参照▶ VBAを使用してマクロを作成するには……P.85

❷入力したマクロを実行　参照▶ マクロを実行するには……P.53

テーマに合わせて表示される
フォントが変更された

テーマを変更すると、それに合わせて
フォントが変更される

❸[ページレイアウト]タブ-[テーマ]
グループ-[テーマ]をクリック

❹[クォータブル]を
クリック

テーマに合わせてフォント
が変更された

文字のフォントサイズを設定するには

オブジェクト.Size　　　　　　　　　　　　　　　　　　　　　　　取得
オブジェクト.Size = 設定値　　　　　　　　　　　　　　　　　　　設定

▶解説
セルに入力されているデータのフォントサイズを取得または設定するには、Sizeプロパティを使います。セル内の文字のサイズをポイント単位で変更できます。

▶設定する項目
オブジェクト　………　Fontオブジェクトを指定します。
設定値　………………　フォントサイズを表す数値を指定します。単位はポイント（1/72インチ：約0.35ミリ）です。

4-11 セルの書式設定

> **エラーを防ぐには**
> フォントサイズを大きくすると、セル幅に収まらず、文字列の表示が途中で途切れてしまうことがあります。必要に応じて列幅を変更し、文字が表示されるように設定してください。

使用例　データのフォントサイズを変更する

セルA1のフォントサイズを18ポイント、セルB2～F2のフォントサイズをセルB2の現在のフォントサイズより2ポイント大きくし、セルB3～F7のフォントサイズを標準のフォントサイズより2ポイント小さくします。標準のフォントサイズはStandardFontSizeプロパティで取得できます。

サンプル 4-11_003.xlsm

参照▶標準フォントサイズを取得または設定するには……P.326

```
1  Sub フォントサイズの変更()
2      Range("A1").Font.Size = 18
3      Range("B2:F2").Font.Size = Range("B2").Font.Size + 2
4      Range("B3:F7").Font.Size = Application.StandardFontSize - 2
5  End Sub
```

1　[フォントサイズの変更]というマクロを記述する
2　セルA1のフォントサイズを18ポイントに設定する
3　セルB2～F2のフォントサイズを現在のセルB2のフォントサイズより2ポイント大きいサイズに変更する
4　セルB3～F7のフォントサイズを標準のフォントサイズより2ポイント小さいサイズに変更する
5　マクロの記述を終了する

セル内の文字のフォントサイズを変更したい

❶VBEを起動し、コードを入力

❷入力したマクロを実行

参照▶VBAを使用してマクロを作成するには……P.85
参照▶マクロを実行するには……P.53

セル内の文字のフォントサイズが変更された

> **HINT 標準フォントサイズを取得または設定するには**
> 標準のフォントサイズを取得するには、ApplicationオブジェクトのStandardFontSizeプロパティを使用します。Excelの既定値では、標準のフォントサイズは「11」ポイントです。StandardFontSizeプロパティは設定することもできるため、標準のフォントサイズをVBAのコードで変更することも可能です。

文字に太字、斜体、下線を設定するには

オブジェクト.Bold ——————————————————————————— `取得`
オブジェクト.Bold = 設定値 ——————————————————— `設定`
オブジェクト.Italic ——————————————————————————— `取得`
オブジェクト.Italic = 設定値 ——————————————————— `設定`
オブジェクト.Underline ——————————————————————— `取得`
オブジェクト.Underline = 設定値 ————————————— `設定`

▶解説

セルに入力された文字を太字にするにはBoldプロパティ、斜体にするにはItalicプロパティ、下線を設定するにはUnderlineプロパティを使います。それぞれTrueとFalseの値をとり、Trueの場合は文字に太字や斜体、下線を設定します。Falseの場合は設定を解除します。

▶設定する項目

オブジェクト‥‥‥‥‥Fontオブジェクトを指定します。

設定値‥‥‥‥‥‥‥‥Trueを指定すると、文字に太字や斜体、下線を設定します。Falseを指定すると、設定を解除します。なお、下線の場合は、設定値にXlUnderlineStyle列挙型の定数を使用して、下線の種類を指定できます。

XlUnderlineStyle列挙型の定数

定数	内容
xlUnderlineStyleNone	下線なし
xlUnderlineStyleSingle	下線
xlUnderlineStyleDouble	二重下線
xlUnderlineStyleSingleAccounting	下線（会計）
xlUnderlineStyleDoubleAccounting	二重下線（会計）

`エラーを防ぐには`

UnderLineプロパティにTrueを指定すると、一本線の下線が設定されます。下線の種類を指定する場合は、定数を使用して設定してください。

使用例　文字に太字と斜体を設定して下線を付ける

セルA1の文字を太字、セルB3 ～ F3の文字を斜体に変更し、セルD1に二重下線（会計）を設定します。 `サンプル`4-11_004.xlsm

---

4-11

セルの書式設定

1 マクロの基礎知識
2 VBAの基礎知識
3 プログラミングの基礎知識
4 セルの操作
5 ワークシートの操作
6 Excelファイルの操作
7 高度なファイルの操作
8 ウィンドウの操作
9 データの操作
10 印刷
11 図形の操作
12 グラフの操作
13 コントロールの使用
14 外部アプリケーションの操作
15 VBA関数
16 そのほかの操作
付録

327
できる

4-11

セルの書式設定

サイドナビ:
1. マクロの基礎知識
2. VBAの基礎知識
3. プログラミングの基礎知識
4. セルの操作
5. ワークシートの操作
6. Excelファイルの操作
7. 高度なファイルの操作
8. ウィンドウの操作
9. データの操作
10. 印刷
11. 図形の操作
12. グラフの操作
13. コントロールの使用
14. 外部アプリケーションの操作
15. VBA関数
16. そのほかの操作
付録

```
1  Sub 太字斜体下線の設定()
2      Range("A1").Font.Bold = True
3      Range("B3:F3").Font.Italic = True
4      Range("D1").Font.Underline = xlUnderlineStyleDoubleAccounting
5  End Sub
```

1 ［太字斜体下線の設定］というマクロを記述する
2 セルA1に太字を設定する
3 セルB3〜F3に斜体を設定する
4 セルD1に二重下線（会計）を設定する
5 マクロの記述を終了する

セルに太字、斜体、二重下線を設定したい

❶VBEを起動し、コードを入力

参照 VBAを使用してマクロを作成するには……P.85

```
(General)                              太字斜体下線の設定
Sub 太字斜体下線の設定()
    Range("A1").Font.Bold = True
    Range("B3:F3").Font.Italic = True
    Range("D1").Font.Underline = xlUnderlineStyleDoubleAccounting
End Sub
```

❷入力したマクロを実行

参照 マクロを実行するには……P.53

セルに太字、斜体、下線が設定された

HINT FontStyleプロパティでスタイルを設定するには

FontStyleプロパティを使うと、太字や斜体の設定を文字列で指定することができます。設定値は「"標準"」「"太字"」「"斜体"」「"太字 斜体"」の4種類です。たとえば、セルA1に太字を設定するには「Range("A1").Font.FontStyle = "太字"」とします。この設定値は、［セルの書式設定］ダイアログボックスの［フォント］タブの［スタイル］の設定に対応しています。

セルの文字色をRGB値で設定するには

オブジェクト.**Color** ―――――――――――――― 取得
オブジェクト.**Color** = RGB値―――――――――― 設定

▶解説

Colorプロパティは、RGB値に対応する色を取得、設定します。RGB値とは、RGB関数によって作成された値です。

328
できる

▶設定する項目

オブジェクト‥‥‥‥Fontオブジェクトを指定します。

RGB値‥‥‥‥‥‥‥‥RGB関数によって作成された値を指定します。

エラーを防ぐには

Colorプロパティで設定した色は、ブックのテーマの変更に左右されず常に設定した色が表示されます。

RGB関数でRGB値を取得するには

RGB(赤の割合, 緑の割合, 青の割合)

▶解説

RGB関数は、赤、緑、青の割合で色を作成します。セルの文字や背景、図形などに色を指定するときにそれぞれのオブジェクトのColorプロパティに、RGB関数で取得したRGB値を設定して使用します。

▶設定する項目

赤の割合‥‥‥‥‥‥0 ～ 255の整数で赤の割合を指定します。

緑の割合‥‥‥‥‥‥0 ～ 255の整数で緑の割合を指定します。

青の割合‥‥‥‥‥‥0 ～ 255の整数で青の割合を指定します。

エラーを防ぐには

RGB関数で文字色を指定するとき、設定したい色の設定値がわからない場合は、[色の設定] ダイアログボックスの [ユーザー設定] タブで設定値を確認し、赤、緑、青の割合を調べてください。

参照■RGB関数の赤、緑、青の割合を調べるには‥‥‥P.331

使用例 **文字色をRGB値で設定する**

セルA1の文字色、セルB2 ～ F2の文字色、セルA3 ～ A7の文字色をそれぞれRGB関数で取得した値に設定します。

サンプル■4-11_005.xlsm

```
1  Sub 文字色をRGB値で設定()
2      Range("A1").Font.Color = RGB(0, 0, 255)
3      Range("B2:F2").Font.Color = RGB(255, 0, 0)
4      Range("A3:A7").Font.Color = RGB(0, 128, 128)
5  End Sub
```

1 [文字色をRGB値で設定]というマクロを記述する

2 セルA1の文字色にRGB(0,0,255) (青)のRGB値の色を設定する

3 セルB2 ～ F2の文字色にRGB(255,0,0) (赤)のRGB値の色を設定する

4 セルA3 ～ A7の文字色にRGB(0,128,128) (青緑)のRGB値の色を設定する

5 マクロの記述を終了する

4-11

セルの書式設定

1 マクロの
基礎知識

2 VBAの
基礎知識

3 プログラミングの
基礎知識

4 セルの操作

5 ワークシートの
操作

6 Excelファイルの
操作

7 高度な
ファイルの操作

8 ウィンドウの
操作

9 データの操作

10 印　刷

11 図形の操作

12 グラフの操作

13 コントロールの
使用

14 外部アプリケーション
の操作

15 VBA関数

16 そのほかの操作

付　録

329
できる

4-11 セルの書式設定

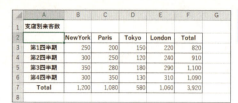

表のタイトル、列見出し、行見出しに色を設定したい

❶ VBEを起動し、コードを入力

参照▶ VBAを使用してマクロを作成するには……P.85

```
Sub 文字色をRGB値で設定()
    Range("A1").Font.Color = RGB(0, 0, 255)
    Range("B2:F2").Font.Color = RGB(255, 0, 0)
    Range("A3:A7").Font.Color = RGB(0, 128, 128)
End Sub
```

❷ 入力したマクロを実行

参照▶ マクロを実行するには……P.53

表タイトルに青、行見出しに赤、列見出しに青緑の色が設定された

色の定数を使用して色を指定する

VBAには色の定数としてColorConstantsの定数があります。これをColorプロパティに設定しても色の指定ができます。全部で次に示す8種類があります。

定数	内容	定数	内容
vbBlack	黒	vbBlue	青
vbRed	赤	vbMagenta	マゼンタ
vbGreen	緑	vbCyan	シアン
vbYellow	黄	vbWhite	白

カラーパレットのテーマの色を設定するには

カラーパレットのテーマの色を設定するには、ThemeColorプロパティとTintAndShadeプロパティを組み合わせて設定します。くわしくは、345ページの「セルにテーマの色を設定するには」を参照してください。

カラーパレットの標準の色をRGB値で設定するには

[ホーム]タブの[フォント]グループにある[フォントの色]の▼をクリックすると表示されるカラーパレットの[標準の色]に表示される色をRGB値で設定するには、次の表に示した割合を使用します。

[ホーム]タブ-[フォント]グループ-[フォントの色]の▼をクリック

ここに表示されている色をRGB値で設定したい

標準の色		R	G	B
	濃い赤	192	0	0
	赤	255	0	0
	オレンジ	255	192	0
	黄	255	255	0
	薄い緑	146	208	80
	緑	0	176	80
	薄い青	0	176	240
	青	0	112	192
	濃い青	0	32	96
	紫	112	48	160

標準の色は、R、G、Bの割合を使用してRGB関数で指定できる

💡 RGB関数の赤、緑、青の割合を調べるには

RGB関数の赤、緑、青の割合を調べるには、［色の設定］ダイアログボックスの［ユーザー設定］タブを使用します。［色の設定］ダイアログボックスを開くには、［ホーム］タブの［フォント］グループにある［塗りつぶしの色］または［フォントの色］ボタンの▼をクリックし、［その他の色］をクリックします。

- クリックで色が指定できる
- ドラッグで明暗が変更できる
- 赤、緑、青の割合を調べられる

セルの文字色をインデックス番号で設定するには

オブジェクト.**ColorIndex** ──────── 取得
オブジェクト.**ColorIndex** = 設定値 ──────── 設定

▶解説

ColorIndexプロパティは、色のインデックス番号に対応した色の取得または設定に使用します。色のインデックス番号はExcel 2003／2002のカラーパレットに対応しています。Excel 2007以降では、Excel 2003／2002と同じカラーパレットはありませんが、ColorIndexをそのまま使用することができます。

▶設定する項目

オブジェクト ………… Fontオブジェクトを指定します。

設定値 ………………… 色のインデックス番号1～56を指定するか、XlColorIndex列挙型の定数を使って、設定したい色を指定します。

XlColorIndex列挙型の定数

定数	内容
xlColorIndexAutomatic	色を自動的に設定
xlColorIndexNone	なし

［エラーを防ぐには］

文字色は色なしに設定することはできないため、定数xlColorIndexNoneに設定しても無効になります。文字を非表示にしたい場合は、セルの色と同じ色に設定してください。

使用例　文字色をインデックス番号で設定する

セルA1の文字色、セルB2～F2の文字色、セルA3～A7の文字色をそれぞれインデックス番号で設定します。

サンプル 4-11_006.xlsm

4-11 セルの書式設定

```
1  Sub 文字色をインデックス番号で設定()
2      Range("A1").Font.ColorIndex = 5
3      Range("B2:F2").Font.ColorIndex = 3
4      Range("A3:A7").Font.ColorIndex = 31
5  End Sub
```

1 ［文字色をインデックス番号で設定］というマクロを記述する
2 セルA1の文字色をインデックス番号5（青）に設定する
3 セルB2～F2の文字色をインデックス番号3（赤）に設定する
4 セルA3～A7の文字色をインデックス番号31（青緑）に設定する
5 マクロの記述を終了する

各セルの文字にインデックス番号で文字色を設定する

❶VBEを起動し、コードを入力

参照▶VBAを使用してマクロを作成するには……P.85

❷入力したマクロを実行

参照▶マクロを実行するには……P.53

セルの文字の色が変更された

HINT 色のインデックス番号に対応する色

色のインデックス番号に対応する色は、下表のとおりです。

番号	色	番号	色	番号	色	番号	色	番号	色	番号	色
1		11		21		31		41		51	
2		12		22		32		42		52	
3		13		23		33		43		53	
4		14		24		34		44		54	
5		15		25		35		45		55	
6		16		26		36		46		56	
7		17		27		37		47			
8		18		28		38		48			
9		19		29		39		49			
10		20		30		40		50			

文字飾りを設定するには

4-11

セルの書式設定

オブジェクト.**Strikethrough** ──────────── 取得
オブジェクト.**Strikethrough** = 設定値 ──────── 設定
オブジェクト.**Superscript**──────────── 取得
オブジェクト.**Superscript** = 設定値──────── 設定
オブジェクト.**Subscript** ──────────── 取得
オブジェクト.**Subscript** = 設定値 ──────── 設定

▶解説

Strikethroughプロパティは取り消し線を設定し、Superscriptプロパティは文字を上付き文字に設定し、Subscriptプロパティは文字を下付き文字に設定します。いずれのプロパティもTrueまたはFalseの値をとり、取得と設定が行えます。

▶設定する項目

オブジェクト ‥‥‥‥‥Fontオブジェクトを指定します。

設定値‥‥‥‥‥‥‥‥Trueの場合は、取り消し線、上付き、下付きに設定し、Falseの場合は設定を解除します。

エラーを防ぐには

文字を上付きまたは下付きに設定すると、フォントサイズが自動的に小さくなって表示されます。

使用例　文字に上付き文字、下付き文字、取り消し線を設定する

セルB1の文字列の3文字めを上付き文字、セルB2の2文字めを下付き文字に設定し、セルB3の文字列に取り消し線を設定します。　　　サンプル 4-11_007.xlsm

```
1  Sub 上付き下付き取り消し線の設定()
2      Range("B1").Characters(Start:=3, Length:=1) _
          .Font.Superscript = True
3      Range("B2").Characters(Start:=2, Length:=1) _
          .Font.Subscript = True
4      Range("B3").Font.Strikethrough = True
5  End Sub
```
注)「_ (行継続文字)」の部分は、次の行と続けて入力することもできます→95ページ参照

1 [上付き下付き取り消し線の設定]というマクロを記述する
2 セルB1の3文字めから1文字分を上付き文字に設定する
3 セルB2の2文字めから1文字分を下付き文字に設定する
4 セルB3の文字に取り消し線を設定する
5 マクロの記述を終了する

1 マクロの基礎知識
2 VBAの基礎知識
3 プログラミングの基礎知識
4 セルの操作
5 ワークシートの操作
6 Excelファイルの操作
7 高度なファイルの操作
8 ウィンドウの操作
9 データの操作
10 印刷
11 図形の操作
12 グラフの操作
13 コントロールの使用
14 外部アプリケーションの操作
15 VBA関数
16 そのほかの操作
付録

333
できる

4-11 セルの書式設定

B列のセルの文字に文字飾りを設定したい

❶VBEを起動し、コードを入力

参照▶VBAを使用してマクロを作成するには……P.85

```
Sub 上付き下付き取り消し線の設定()
    Range("B1").Characters(Start:=3, Length:=1) _
        .Font.Superscript = True
    Range("B2").Characters(Start:=2, Length:=1) _
        .Font.Subscript = True
    Range("B3").Font.Strikethrough = True
End Sub
```

❷入力したマクロを実行

参照▶マクロを実行するには……P.53

文字飾りが設定された

HINT 文字単位でフォントを変更するには

使用例にあるように、セルのなかの文字の一部だけ上付き、下付きにしたい場合は、文字範囲を表すCharactersオブジェクトを参照して、文字単位でフォントを取得します。Charactersオブジェクトは、Charactersプロパティを使って、「Rangeオブジェクト.Characters(開始位置, 長さ)」のように記述できます。セルのなかの「開始位置」にある文字から「長さ」分の文字を取得します。

4-12 セルの罫線の設定

セルの罫線の設定

VBAで罫線を扱うには、Borderオブジェクトを使用します。Borderオブジェクトの持つ各種プロパティで、線のスタイルや太さ、色などを指定して、さまざまな罫線を設定することができます。

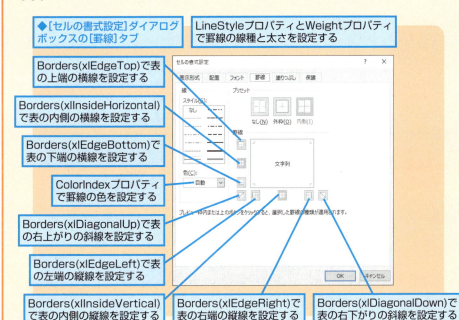

◆[セルの書式設定]ダイアログボックスの[罫線]タブ

LineStyleプロパティとWeightプロパティで罫線の線種と太さを設定する

Borders(xlEdgeTop)で表の上端の横線を設定する

Borders(xlInsideHorizontal)で表の内側の横線を設定する

Borders(xlEdgeBottom)で表の下端の横線を設定する

ColorIndexプロパティで罫線の色を設定する

Borders(xlDiagonalUp)で表の右上がりの斜線を設定する

Borders(xlEdgeLeft)で表の左端の縦線を設定する

Borders(xlInsideVertical)で表の内側の縦線を設定する

Borders(xlEdgeRight)で表の右端の縦線を設定する

Borders(xlDiagonalDown)で表の右下がりの斜線を設定する

セルの罫線を参照するには

オブジェクト.Borders(罫線の位置) ── 取得

▶解説

Bordersプロパティは、セルの上下左右に設定されている罫線を表すBorderオブジェクトを取得します。罫線の太さや種類、色などを指定するには、まずBordersプロパティで対象とする罫線の位置を取得する必要があります。ここでは、罫線の位置を参照する方法を説明します。

▶設定する項目

オブジェクト……Rangeオブジェクトを指定します。

罫線の位置……参照する罫線の位置をXlBordersIndex列挙型の定数を使って指定します。

XlBordersIndex列挙型の定数

定数	内容
xlEdgeTop	上端の横線
xlEdgeBottom	下端の横線
xlEdgeLeft	左端の縦線
xlEdgeRight	右端の縦線
xlInsideHorizontal	内側の横線
xlInsideVertical	内側の縦線
xlDiagonalDown	右下がりの斜線
xlDiagonalUp	右上がりの斜線

エラーを防ぐには

右下がりの斜線と右上がりの斜線は、単一セルの左上から右下方向、左下から右上方向へ罫線が引かれます。複数のセルを指定した場合には、それぞれのセルに斜線が引かれます。複数のセルをまたがって斜線を引くことはできません。その場合は図形の直線を設定します。

参照▶直線を作成するには……P.631

使用例　格子の罫線と斜線を引く

セルB2～E5に格子の罫線を細実線で設定し、セルB2に右下がりの斜線を細実線で設定します。

サンプル▶4-12_001.xlsm

参照▶罫線の種類を指定するには……P.338

```
1  Sub 格子の罫線と斜線を引く()
2      Range("B2:E5").Borders.LineStyle = xlContinuous
3      Range("B2").Borders(xlDiagonalDown).LineStyle = xlContinuous
4  End Sub
```

1　[格子の罫線と斜線を引く]というマクロを記述する
2　セルB2～E5の各セルの上下左右に細実線の罫線を設定する
3　セルB2に細実線の右下がりの斜線を設定する
4　マクロの記述を終了する

セルB2～E5の範囲に罫線を引きたい

セルB2には右下がりの斜線を引きたい

❶VBEを起動し、コードを入力　　参照▶VBAを使用してマクロを作成するには……P.85

```
Sub 格子の罫線と斜線を引く()
    Range("B2:E5").Borders.LineStyle = xlContinuous
    Range("B2").Borders(xlDiagonalDown).LineStyle = xlContinuous
End Sub
```
(General) / 格子の罫線と斜線を引く

❷入力したマクロを実行　　参照▶マクロを実行するには……P.53

表に罫線が引かれた

Borders コレクションでセルの上下左右の罫線をまとめて参照する

Bordersプロパティで引数を省略してBordersのみにした場合、Bordersコレクションを参照します。Bordersコレクションは、指定したセル範囲の各セルの上下左右の罫線を参照します。そのため、使用例のようにBordersで格子の罫線を設定することができます。

罫線の線種、太さ、色をまとめて設定するには

オブジェクト.BorderAround(LineStyle, Weight, ColorIndex, Color)

▶解説

BorderAroundメソッドは、セル範囲の周囲に、線種や太さ、色を一度に指定して罫線を設定します。表の周囲だけに罫線を引く場合に便利です。

▶設定する項目

オブジェクト　　　Rangeオブジェクトを指定します。
LineStyle　　　線の種類をXlLineStyle列挙型の定数を使って指定します（省略可）。
Weight　　　線の太さをXlBorderWeight列挙型の定数を使って指定します（省略可）。
ColorIndex　　　線の色をXlColorIndex列挙型の定数と色のインデックス番号を使って指定します（省略可）。
Color　　　線の色をRGB値を使って指定します（省略可）。

▶エラーを防ぐには

引数ColorIndexと引数Colorは両方を同時に設定することはできません。また、引数LineStyleと引数Weightも両方を同時に設定しても、一方が無効になることがあります。

4-12 セルの罫線の設定

使用例　セル範囲の周囲に書式を指定して罫線を引く

セルB2を含む表の周囲に、RGB値がRGB(255,0,255)の、二重線の罫線を設定します。

サンプル 4-12_002.xlsm

参照 RGB関数でRGB値を取得するには……P.329

```
1  Sub 書式を指定して罫線を引く()
2      Range("B2").CurrentRegion.BorderAround _
           LineStyle:=xlDouble, Color:=RGB(255, 0, 255)
3  End Sub
```
注）「_（行継続文字）」の部分は、次の行と続けて入力することもできます→95ページ参照

1　［書式を指定して罫線を引く］というマクロを記述する
2　セルB2を含むアクティブセル領域の周囲に2重線、RGB(255,0,255)のRGB値の色で罫線を設定する
3　マクロの記述を終了する

表の周囲にRGB(255,0,255)の二重線の罫線を引く

❶VBEを起動し、コードを入力

参照 VBAを使用してマクロを作成するには……P.85

❷入力したマクロを実行

参照 マクロを実行するには……P.53

罫線が引かれた

罫線の種類を指定するには

オブジェクト.**LineStyle** ──────────────── 取得
オブジェクト.**LineStyle** = 罫線の種類 ──────── 設定

▶解説

LineStyleプロパティは、罫線の種類の指定に使用します。罫線の種類は全部で8種類あります。

▶設定する項目

オブジェクト………Borderオブジェクト、Bordersコレクションを指定します。
罫線の種類…………罫線の種類をXlLineStyle列挙型の定数を使って指定します。

XlLineStyle列挙型の定数

定数	内容	例
xlContinuous	細実線	
xlDash	破線	
xlDashDot	一点鎖線	
xlDashDotDot	二点鎖線	
xlDot	点線	
xlDouble	二重線	
xlSlantDashDot	斜め破線	
xlLineStyleNone	なし	

エラーを防ぐには

LineStyleプロパティとWeightプロパティの両方を同時に設定すると、線種と太さの組み合わせにより、一方の設定が無効になることがあります。組み合わせが有効かどうかを事前に確認するようにしましょう。

参照 罫線の太さを設定するには……P.339

罫線の太さを設定するには

オブジェクト.Weight ——— 取得
オブジェクト.Weight = 罫線の太さ ——— 設定

▶解説

Weightプロパティは、罫線の太さを設定します。罫線の太さは4種類あり、線種を設定するLineStyleプロパティと組み合わていろいろな罫線を引くことができます。

▶設定する項目

オブジェクト ………… Borderオブジェクト、Bordersコレクションを指定します。

罫線の種類 ………… 罫線の太さを、XlBorderWeight列挙型の定数を使って指定します。

XlBorderWeight列挙型の定数

定数	内容	定数	内容
xlHairline	極細	xlMedium	中
xlThin	細	xlThick	太

エラーを防ぐには

LineStyleプロパティとWeightプロパティの両方を同時に設定すると、線種と太さの組み合わせにより、一方の設定が無効になることがあります。事前に組み合わせが有効かどうか確認するようにしましょう。

参照 罫線の種類を指定するには……P.338

4-12 セルの罫線の設定

1 マクロの基礎知識
2 VBAの基礎知識
3 プログラミングの基礎知識
4 セルの操作
5 ワークシートの操作
6 Excelファイルの操作
7 高度なファイルの操作
8 ウィンドウの操作
9 データの操作
10 印刷
11 図形の操作
12 グラフの操作
13 コントロールの使用
14 外部アプリケーションの操作
15 VBA関数
16 そのほかの操作
付録

4-12 セルの罫線の設定

使用例　線種と太さを指定して表の罫線を引く

セルB2 ～ E5の表に罫線を引きます。表に細実線で格子の罫線を設定し、周囲の線を太線にします。表の1行めの下罫線と1列めの右罫線を2重にします。

サンプル 4-12_003.xlsm

```
1  Sub 線種と太さを指定する()
2      With Range("B2:E5")
3          .Borders.LineStyle = xlContinuous
4          .BorderAround Weight:=xlThick
5          .Rows(1).Borders(xlEdgeBottom).LineStyle = xlDouble
6          .Columns(1).Borders(xlEdgeRight).LineStyle = xlDouble
7      End With
8  End Sub
```

1 ［線種と太さを指定する］というマクロを記述する
2 セルB2 ～ E5について以下の処理を行う(Withステートメントの開始)
3 セルB2 ～ E5に格子の罫線を細実線で設定する
4 セルB2 ～ E5の周囲の線種を太線に設定する
5 セルB2 ～ E5の1行めの下罫線に二重線を設定する
6 セルB2 ～ E5の1列めの右罫線に二重線を設定する
7 Withステートメントを終了する
8 マクロの記述を終了する

セルB2 ～ E5の表に罫線を設定したい

罫線に色を設定するには

罫線に色を設定するには、BorderオブジェクトのColorプロパティ、ColorIndexプロパティ、ThemeColorプロパティを使用します。

❶VBEを起動し、コードを入力

参照▶VBAを使用してマクロを作成するには……P.85

❷入力したマクロを実行

参照▶マクロを実行するには……P.53

さまざまな種類の線種、太さの罫線が引かれた

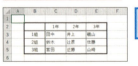

罫線を消去するには

罫線を消去するには、LineStyleプロパティにxlLineStyleNoneを指定します。たとえば、アクティブシートにあるすべての罫線を削除するには、「Cells.Borders.LineStyle = xlLineStyleNone」と記述します。なお、この記述では斜線は削除されないため、斜線を削除するためには「Cells.Borders(xlDiagonalDown).LineStyle = xlLineStyleNone」または「Cells.Borders(xlDiagonalUp).LineStyle = xlLineStyleNone」を別途記述する必要があります。

4-13 セルの背景色の設定

セルの背景色の設定

セルの背景色に色を付けたり、網かけを適用したりするには、RangeオブジェクトのInteriorプロパティを使って、セルの内部を表すInteriorオブジェクトを参照します。Interiorオブジェクトの各種プロパティを使用して色や網かけ、テーマカラーなどの設定を行うことができます。セルの背景色は、[セルの書式設定]ダイアログボックスの[塗りつぶし]タブの設定画面に対応しています。

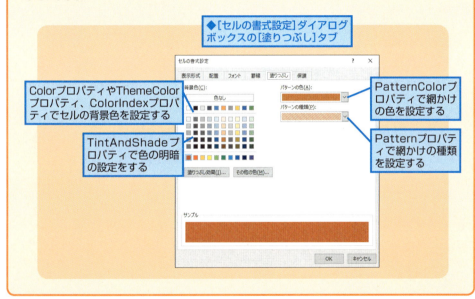

◆[セルの書式設定]ダイアログボックスの[塗りつぶし]タブ

- ColorプロパティやThemeColorプロパティ、ColorIndexプロパティでセルの背景色を設定する
- TintAndShadeプロパティで色の明暗の設定をする
- PatternColorプロパティで網かけの色を設定する
- Patternプロパティで網かけの種類を設定する

セルの背景色をRGB値で設定するには

オブジェクト.Color ──────────── 取得
オブジェクト.Color = RGB値 ──────── 設定

▶解説

Colorプロパティは、RGB値に対応する色を取得、設定します。RGB値とは、RGB関数によって作成された値です。　　参照▶RGB関数でRGB値を取得するには……P.329

▶設定する項目

オブジェクト ……… Interiorオブジェクトを指定します。

RGB値 ……………… RGB関数によって作成された値を指定します。

341

エラーを防ぐには

Colorプロパティで設定した色は、ブックのテーマの変更に左右されず常に設定した色が表示されます。

セルの背景色をインデックス番号で設定するには

オブジェクト.ColorIndex ―――――――――――――――― `取得`
オブジェクト.ColorIndex = 設定値 ―――――――――――――― `設定`

▶**解説**

ColorIndexプロパティは、色のインデックス番号に対応した色を取得および設定します。

参照📘色のインデックス番号に対応する色……P.332

▶**設定する項目**

オブジェクト ………… Interiorオブジェクトを指定します。

設定値 ………………… 色のインデックス番号1 ～ 56を指定するか、XlColorIndex列挙型の定数を使って、設定したい色を指定します。

XlColorIndex列挙型の定数

定数	内容
xlColorIndexAutomatic	色を自動的に設定
xlColorIndexNone	なし

エラーを防ぐには

ColorIndexプロパティでセルに背景色を設定すると、セルは指定した色で塗りつぶされます。色の模様や濃淡を指定することはできません。色の模様はPatternプロパティ、濃淡はTintAndShadeプロパティを使って設定します。

参照📘セルに網かけを設定するには……P.348
参照📘セルにテーマの色を設定するには……P.345

使用例 **RGB値と色のインデックス番号でセルの背景色を設定する**

RGB値と色のインデックス番号を使ってセルの背景色を設定します。セルの色をなしにするには、ColorIndexプロパティにXlColorIndexNoneを指定します。 `サンプル📁4-13_001.xlsm`

参照📘RGB関数の赤、緑、青の割合を調べるには……P.331

```
1  Sub RGB値と色のインデックス番号で色設定()
2      Range("A1:F1").Interior.ColorIndex = xlColorIndexNone
3      Range("B3:F7").Interior.ColorIndex = 35
4      Range("A2:F2").Interior.Color = RGB(146, 208, 80)
5      Range("A3:A7").Interior.Color = RGB(153, 204, 255)
6  End Sub
```

1. [RGB値と色のインデックス番号で色設定]というマクロを記述する
2. セルA1～F1の背景色をなしにする
3. セルB3～F7の背景色を色のインデックス番号35にする
4. セルA2～F2の背景色をRGB(146, 208, 80)のRGB値の色に設定する
5. セルA3～A7の背景色をRGB(153, 204, 255)のRGB値の色に設定する
6. マクロの記述を終了する

表のセルの背景色を変更したい

❶VBEを起動し、コードを入力

参照▶VBAを使用してマクロを作成するには……P.85

```
Sub セルの色の取得と設定()
    Range("A1:F1").Interior.ColorIndex = xlColorIndexNone
    Range("B3:F7").Interior.ColorIndex = 35
    Range("A2:F2").Interior.Color = RGB(146, 208, 80)
    Range("A3:A7").Interior.Color = RGB(153, 204, 255)
End Sub
```

❷入力したマクロを実行

参照▶マクロを実行するには……P.53

表のセルの背景色が変更された

色に濃淡を付けるには

オブジェクト.TintAndShade ── 取得
オブジェクト.TintAndShade = 設定値 ── 設定

▶解説

TintAndShadeプロパティは、色の明るさを設定します。1つの色でも色の明暗を指定することで、濃淡のあるいろいろな色が設定できるようになります。

▶設定する項目

オブジェクト………Interiorオブジェクトを指定します。
設定値……………0を中間値として、－1から1の範囲で小数点を使って設定できます。－1が最も暗く、1が最も明るくなります。中間値は、色の明暗を設定していない状態になります。

▶エラーを防ぐには

TintAndShadeプロパティに-1より小さい値や、1より大きい値を設定することができません。その場合は、エラーが発生します。

343

4-13 セルの背景色の設定

使用例 セルの背景色に濃淡を付ける

セルA2〜F7の表全体に1つのRGB値で背景色を設定し、セルA2〜F2の1行めの行見出しの部分を少し暗くして、セルB3〜F7のデータの部分を明るくします。色の濃淡を付けるだけで、同系色のまとまりのある表にすることができます。

サンプル 4-13_002.xlsm

```
1  Sub 色の濃淡を設定する()
2      Range("A2:F7").Interior.Color = RGB(255, 192, 0)
3      Range("A2:F2").Interior.TintAndShade = -0.1
4      Range("B3:F7").Interior.TintAndShade = 0.8
5  End Sub
```

1 [色の濃淡を設定する]というマクロを記述する
2 セルA2〜F7の背景色をRGB(255, 192, 0)のRGB値の色に設定する
3 セルA2〜F2の背景色を現在の色より少し暗く(-0.1)する
4 セルB3〜F7の背景色を現在の色より明るく(0.8)する
5 マクロの記述を終了する

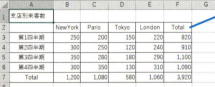

表全体に同じRGB値の色を使い、濃淡で見出しとデータとを色分けしたい

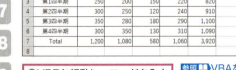

❶VBEを起動し、コードを入力

参照▶ VBAを使用してマクロを作成するには……P.85

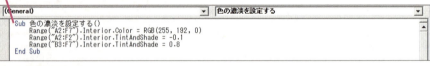

❷入力したマクロを実行　　参照▶ マクロを実行するには……P.53

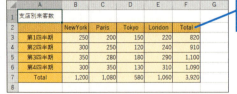

見出しには濃いオレンジ、データには薄いオレンジが設定された

HINT TintAndShadeプロパティの色見本

TintAndShadeプロパティは、0を中間色として、1に近づくにつれて明るくなり、-1に近づくにつれて暗くなります。単精度浮動小数点(Single)の値を持つため、小数点以下の数値で指定することができます。

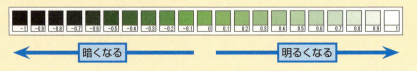

暗くなる　　　　　明るくなる

セルにテーマの色を設定するには

オブジェクト.ThemeColor ――――――――――― 取得
オブジェクト.ThemeColor = 設定値 ――――――― 設定

▶解説

ThemeColorプロパティは、指定したオブジェクトにテーマカラーの色を設定します。ThemeColorプロパティで色を設定すると、ブックに適用されているテーマが変更された場合に、変更されたテーマに合わせて色が自動的に変更されます。

▶設定する項目

オブジェクト……… Interiorオブジェクトを指定します。

設定値……………… テーマカラーの基本色となるXlThemeColor列挙型の定数を指定します。[ホーム] タブの [フォント] グループにある [塗りつぶし] ボタンの▼をクリックしたときに表示されるカラーパレットにある [テーマの色] の、1行めに表示されている基本色の配置に左から順番に対応しています。定数によって表示される色は、設定されているテーマや、Excelのバージョンによって異なります。下表はExcel 2016の場合の色になります。

XlThemeColor列挙型の定数

定数	値	内容（テーマカラー：Office の場合）
xlThemeColorDark1	1	背景1（白）
xlThemeColorLight1	2	テキスト1（黒）
xlThemeColorDark2	3	背景2（薄い灰色）
xlThemeColorLight2	4	テキスト2（ブルーグレー）
xlThemeColorAccent1	5	アクセント1（青）
xlThemeColorAccent2	6	アクセント2（オレンジ）
xlThemeColorAccent3	7	アクセント3（灰色）
xlThemeColorAccent4	8	アクセント4（ゴールド）
xlThemeColorAccent5	9	アクセント5（青）
xlThemeColorAccent6	10	アクセント6（緑）

▶エラーを防ぐには

InteriorオブジェクトにThemeColorプロパティで色を設定すると、テーマによって文字が見づらくなることがあります。Styleプロパティを使ってセルにテーマのスタイルを設定すると、セルの色に対応して文字の色が変更されます。

カラーパレットの［テーマの色］の設定方法

［ホーム］タブの［フォント］グループにある［塗りつぶし］ボタンの▼をクリックしたときに表示されるカラーパレットの［テーマの色］の1行目がテーマカラーの基本色となり、ThemeColorプロパティの値は、この基本色の配置に対応しています。テーマによって配色が変わりますが、カラーパレット上の配置と定数の対応は変わりません。また、2行め以降は、ThemeColorプロパティとTintAndShadeプロパティの組み合わせの色になっています。これは、テーマカラーにマウスポインターを合わせたときに表示されるポップヒントで確認できます。たとえば、「白＋基本色60％」であれば、TintAndShadeプロパティは正の数で、TintAndShade = 0.6となります。「黒＋基本色25％」であれば、TintAndShadeプロパティは負の数で、TintAndShade=-0.25になります。

◆アクセント2
ThemeColor = xlThemeColorAccent2

◆アクセント2
ThemeColor = xlThemeColorAccent2
◆白＋基本色60％
TintAndShade = 0.6
（白の場合は、正の数になる）

◆アクセント2
ThemeColor = xlThemeColorAccent2
◆黒＋基本色25％
TintAndShade = -0.25
（黒の場合は、負の数になる）

使用例　表にテーマの色を設定する

セルA2～F7の表全体にテーマの色［アクセント6］を設定し、2行め以降のセルの色を明るくします。ここでは、OffsetプロパティとResizeプロパティを使用して表の2行め以降の部分を取得しています。

サンプル 4-13_003.xlsm

参照▶相対的にセルを参照するには……P.248
参照▶セル範囲のサイズを変更するには……P.252

```
1  Sub 表にテーマの色を設定する()
2      With Range("A2:F7")
3          .Interior.ThemeColor = xlThemeColorAccent6
4          .Offset(1).Resize(.Rows.Count - 1). _
               Interior.TintAndShade = 0.8
5      End With
6  End Sub
```
注）「_（行継続文字）」の部分は、次の行と続けて入力することもできます→95ページ参照

1　［表にテーマの色を設定する］というマクロを記述する
2　セルA2～F7について以下の処理を実行する(Withステートメントの開始)
3　セルA2～F7の背景色にテーマカラーの「アクセント6」を設定する
4　セルA2～F7の2行め以降の部分の背景色を明るくする(0.8)
5　Withステートメントを終了する
6　マクロの記述を終了する

4-13 セルの背景色の設定

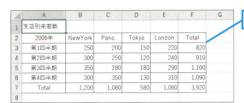

表にテーマの色を設定したい

❶ VBEを起動し、コードを入力

参照▶ VBAを使用してマクロを作成するには……P.85

```
Sub 表にテーマの色を設定する()
    With Range("A2:F7")
        .Interior.ThemeColor = xlThemeColorAccent6
        .Offset(1).Resize(.Rows.Count - 1). _
            Interior.TintAndShade = 0.8
    End With
End Sub
```

❷ 入力したマクロを実行

参照▶ マクロを実行するには……P.53

テーマの色が表に設定された

テーマを変更すると色が変化することを確認する

❸ [ページレイアウト]タブ-[テーマ]グループ-[テーマ]をクリック

❹ [メトロポリタン]をクリック

表の色が変更された

347

4-13

セルの背景色の設定

セルに網かけを設定するには

オブジェクト.**Pattern** ──────────────── 取得
オブジェクト.**Pattern** = 設定値1 ─────────── 設定
オブジェクト.**PatternColor** ──────────── 取得
オブジェクト.**PatternColor** = RGB値─────── 設定
オブジェクト.**PatternColorIndex** ─────── 取得
オブジェクト.**PatternColorIndex** = 設定値2── 設定

▶解説

Patternプロパティは、セルに網かけを設定します。網かけはセルの背景色の上に重ね合わせるように設定することができます。PatternColorプロパティでは、網かけの色をRGB値で設定し、PatternColorIndexプロパティでは、インデックス番号で設定します。

▶設定する項目

オブジェクト ‥‥‥‥‥Interiorオブジェクトを指定します。

設定値1 ‥‥‥‥‥‥‥網かけのパターンをXlPattern列挙型の定数で指定します。

定数	内容	パターン
xlPatternSolid	塗りつぶし	
xlPatternGray75	75%灰色	
xlPatternGray50	50%灰色	
xlPatternGray25	25%灰色	
xlPatternGray16	12.5%灰色	
xlPatternGray8	6.25%灰色	
xlPatternHorizontal	横　縞	
xlPatternVertical	縦　縞	
xlPatternDown	右下がり斜線 縞	
xlPatternUp	左下がり斜線 縞	
xlPatternChecker	左下がり斜線 格子	
xlPatternSemiGray75	極太線 左下がり斜線 格子	
xlPatternLightHorizontal	実線　横　縞	
xlPatternLightVertical	実線　縦　縞	
xlPatternLightDown	実線　右下がり斜線 縞	
xlPatternLightUp	実線　左下がり斜線 縞	
xlPatternGrid	実線　横　格子	

サイドバー目次

1 マクロの基礎知識
2 VBAの基礎知識
3 プログラミングの基礎知識
4 セルの操作
5 ワークシートの操作
6 Excelファイルの操作
7 高度なファイルの操作
8 ウィンドウの操作
9 データの操作
10 印刷
11 図形の操作
12 グラフの操作
13 コントロールの使用
14 外部アプリケーションの操作
15 VBA関数
16 そのほかの操作
付録

xlPatternCrissCross	実線　左下がり斜線　格子	
xlPatternLinearGradient	直線のグラデーション	
xlPatternRectangularGradient	角からのグラデーション	
xlPatternNone	網かけ解除	

RGB値……………………RGB関数で得られるRGB値で指定します。
設定値2…………………色のインデックス番号で指定します。

参照▶色のインデックス番号に対応する色……P.332

エラーを防ぐには

xlPatternLinerGradient、xlPatternRectangularGradientを指定する場合は、グラデーションの色や角度を別途指定する必要があります。

使用例　セルに網かけを設定する

セルA2〜F2に左下がり斜線縦の網かけを設定し、網かけの色をRGB(0,255,0)にします。

サンプル▶4-13_004.xlsm

```
1  Sub 網かけ設定()
2      With Range("A2:F2").Interior
3          .Pattern = xlPatternUp
4          .PatternColor = RGB(0, 255, 0)
5      End With
6  End Sub
```

1　[網かけ設定]というマクロを記述する
2　セルA2〜F2の背景色について以下の処理を実行する(Withステートメントの開始)
3　網かけを「実線 左下がり斜線 縞」に設定する
4　網かけの色をRGB(0,255,0)のRGB値に設定する
5　Withステートメントを終了する
6　マクロの記述を終了する

❶VBEを起動し、コードを入力

参照▶VBAを使用してマクロを作成するには……P.85

❷入力したマクロを実行

参照▶マクロを実行するには……P.53

4-13 セルの背景色の設定

1　マクロの基礎知識
2　VBAの基礎知識
3　プログラミングの基礎知識
4　セルの操作
5　ワークシートの操作
6　Excelファイルの操作
7　高度なファイルの操作
8　ウィンドウの操作
9　データの操作
10　印刷
11　図形の操作
12　グラフの操作
13　コントロールの使用
14　外部アプリケーションの操作
15　VBA関数
16　そのほかの操作
付　録

4-13

セルの背景色の設定

網かけが設定された

	A	B	C	D	E	F	G
1	支店別来客数						
2		NewYork	Paris	Tokyo	London	Total	
3	第1四半期	250	200	150	220	820	
4	第2四半期	300	250	120	240	910	
5	第3四半期	350	280	180	290	1,100	
6	第4四半期	300	350	130	310	1,090	
7	Total	1,200	1,080	580	1,060	3,920	
8							

HINT 網かけに濃淡を付けるには

網かけに濃淡を付けるには、PatternTint AndShadeプロパティを使用します。設定値は、TintAndShadeと同じになります。

参照 色に濃淡を付けるには……P.343

使用例 セルにグラデーションを設定する

PatternプロパティにxlPatternLinearGradientまたはxlPatternRectangularGradientを使用すると、セルにグラデーションを設定することができます。これらの定数を指定すると、LinearGadientオブジェクトまたはRectangularGradientオブジェクトを参照して、色や角度などのグラデーションの詳細を設定できるようになります。ここでは、xlPatternLinearGradientによる直線のグラデーションの例を紹介します。

サンプル 4-13_005.xlsm

```
1  Sub グラデーション設定()
2      With Range("A3:F7").Interior
3          .Pattern = xlPatternLinearGradient
4          .Gradient.ColorStops.Clear
5          .Gradient.Degree = 90
6          .Gradient.ColorStops.Add(0).Color = Range("A2").Interior.Color
7          .Gradient.ColorStops.Add(1).Color = RGB(255, 255, 255)
8      End With
9  End Sub
```

1	[グラデーション設定]というマクロを記述する
2	セルA3〜F7について以下の処理を実行する(Withステートメントの開始)
3	セルA3〜F7に直線のグラデーションを設定する
4	グラデーションの色をリセットする
5	グラデーションの角度を90度に設定する
6	グラデーションの開始の色をセルA2の背景色の色に設定する
7	グラデーションの終了の色を白に設定する
8	Withステートメントを終了する
9	マクロの記述を終了する

マクロの基礎知識 **1**

VBAの基礎知識 **2**

プログラミングの基礎知識 **3**

セルの操作 **4**

ワークシートの操作 **5**

Excelファイルの操作 **6**

高度なファイルの操作 **7**

ウィンドウの操作 **8**

データの操作 **9**

印刷 **10**

図形の操作 **11**

グラフの操作 **12**

コントロールの使用 **13**

外部アプリケーションの操作 **14**

VBA関数 **15**

そのほかの操作 **16**

付録

350
できる

4-13 セルの背景色の設定

セルA2の背景色を用いたグラデーションをセルA3〜F7に設定したい

❶VBEを起動し、コードを入力　参照▶VBAを使用してマクロを作成するには……P.85

```
Sub グラデーション設定()
    With Range("A3:F7").Interior
        .Pattern = xlPatternLinearGradient
        .Gradient.ColorStops.Clear
        .Gradient.Degree = 90
        .Gradient.ColorStops.Add(0).Color = Range("A2").Interior.Color
        .Gradient.ColorStops.Add(1).Color = RGB(255, 255, 255)
    End With
End Sub
```

❷入力したマクロを実行　参照▶マクロを実行するには……P.53

グラデーションが設定された

HINT 角度の設定

PatternプロパティにxlLinearGradientを指定して直線のグラデーションの設定をすると、LinearGradientオブジェクトのDegreeプロパティでグラデーションの角度を0〜360の範囲で設定することができます。

◆Degreeプロパティの設定例

HINT グラデーションの色の設定

LinearGradientオブジェクトのグラデーションの色は、ColorStopsプロパティで、設定します。ColorStopsプロパティのClearメソッドで今までの色設定をリセットし、Addメソッドでグラデーションの色を開始位置の色と終了位置の色の2色を追加します。1色にする場合はどちらかを白（RGB(255,255,255)）にします。Addメソッドの引数には、0〜1までのDouble型の数値が設定でき、0を開始位置、1を終了位置として色を指定します。そのため、Add(0.5)とすると中間点に色の追加ができます。

HINT LinearGradientオブジェクトとRectangularGradientオブジェクト

PatternプロパティにxlPatternLinearGradientを設定すると、InteriorオブジェクトのGradientプロパティでLinearGradientオブジェクトが参照でき、同様にxlPatternRectangularGradientを設定すると、RectangularGradientオブジェクトが参照できます。グラデーションの色や角度などの設定をするときは、これらのオブジェクトの各種プロパティを使います。それぞれのプロパティについてはヘルプを参照してください。

4-14 セルのスタイルの設定

セルのスタイルの設定

セルのスタイルとは、セルに表示形式やフォント、配置、罫線、塗りつぶし、保護などの書式をいくつか組み合わせて、名前を付けて登録したものです。指定したセル範囲にスタイルを適用すれば、一度に複数の書式が設定できます。登録されているスタイルは、［ホーム］タブの［スタイル］グループにある［セルのスタイル］ボタンをクリックすると表示される一覧で確認できます。VBAでスタイルをセルに設定するにはStyleプロパティを使用します。また、ユーザー定義のスタイルを追加するには、StylesコレクションのAddメソッドを使用します。

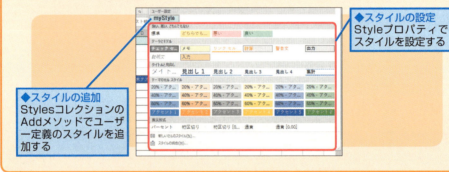

◆スタイルの追加
StylesコレクションのAddメソッドでユーザー定義のスタイルを追加する

◆スタイルの設定
Styleプロパティでスタイルを設定する

セルにスタイルを設定するには

オブジェクト.Style ── 取得
オブジェクト.Style = 設定値 ── 設定

▶解説

Styleプロパティは、セルにスタイルを設定します。スタイルを使うと複数の書式を一度に設定できます。いろいろなパターンのスタイルがあらかじめ用意されています。

▶設定する項目

オブジェクト ………… Rangeオブジェクトを指定します。

設定値 ………………… スタイル名を文字列で指定します。スタイル名は、スタイル一覧に表示されているスタイルにマウスポインターを合わせたときに表示されるポップヒントで確認できます。

▶エラーを防ぐには

スタイルを設定する場合には、スタイル名を正確に入力してください。半角全角の違いでもエラーになるので気をつけてください。なお、英数記号とスペースはすべて半角にし、ひらがなやカタカナ、漢字はすべて全角を使用します。

使用例　セルにスタイルを設定して書式を一度に設定する

既定で用意されているスタイルを使用して、指定したセル範囲に一度にいろいろな書式を設定します。ここでは、セルA1にスタイル「タイトル」、セルB3～C4にスタイル「集計」、セルA6～E6にスタイル「アクセント5」を設定します。

サンプル 4-14_001.xlsm

```
1  Sub セルにスタイル設定()
2      Range("A1").Style = "タイトル"
3      Range("B3:C4").Style = "集計"
4      Range("A6:E6").Style = "アクセント 5"
5  End Sub
```

1. ［セルにスタイル設定］というマクロを記述する
2. セルA1にスタイル「タイトル」を設定する
3. セルB3～C4にスタイル「集計」を設定する
4. セルA6～E6にスタイル「アクセント 5」を設定する
5. マクロの記述を終了する

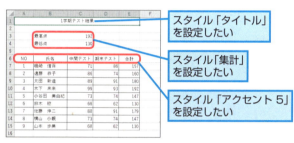

スタイル「タイトル」を設定したい
スタイル「集計」を設定したい
スタイル「アクセント 5」を設定したい

❶VBEを起動し、コードを入力

参照▶VBAを使用してマクロを作成するには……P.85

❷入力したマクロを実行

参照▶マクロを実行するには……P.53

スタイルが適用された

HINT 標準スタイルとは

標準スタイルとは、新規ブックの既定のスタイルで、新規ブックの各セルに設定されています。ほかのスタイルを設定したあと、標準スタイルに戻すには、「Rangeオブジェクト.Style ="標準"」のように記述します。

HINT 設定されているスタイル名を確認するには

指定したセルに設定されているスタイル名を日本語で確認するには、NameLocalプロパティを使用します。「MsgBox ActiveCell.Style.NameLocal」と記述すると、アクティブセルのスタイル名をメッセージで確認できます。

4-14

セルのスタイルの設定

ユーザー定義のスタイルを追加するには

オブジェクト.**Add**(Name, BasedOn)

▶解説

ブックにユーザー定義のスタイルを登録することができます。スタイルを登録するには、StylesコレクションのAddメソッドを使います。Addメソッドは、引数Nameで指定された名前で新規のStyleオブジェクトを返します。

▶設定する項目

オブジェクト･･･････Stylesコレクションを指定します。

Name･･･････････追加するスタイル名を指定します。

BasedOn･･････追加するスタイルの元となるスタイルを持つセルを指定します。省略した場合は、標準スタイルを元とします（省略可）。

エラーを防ぐには

すでに同じ名前のスタイル名がブックに登録されている場合はエラーになり、登録することができません。また、登録したスタイルを削除すると、そのスタイルが設定されているセルのスタイルが解除されます。

使用例 現在のブックにユーザー定義のスタイルを登録する

アクティブブックに「myStyle」という名前で、フォントや背景色の書式を設定したスタイルを追加し、セルA1に設定します。同名スタイルがある場合は、エラーになるため、エラー処理を追加しています。

サンプル 4-14_002.xlsm

参照 On Error GoToステートメント……P.211

```
1  Sub ユーザー定義スタイルの追加()
2      On Error GoTo errHandler
3      With ActiveWorkbook.Styles.Add(Name:="myStyle")
4          .HorizontalAlignment = xlHAlignCenter
5          .Font.Name = "HGPコ"シックE"
6          .Font.Size = 16
7          .Interior.ColorIndex = 34
8      End With
9      Range("A1").MergeArea.Style = "myStyle"
10     Exit Sub
11 errHandler:
12     MsgBox Err.Description
13 End Sub
```

1 [ユーザー定義スタイルの追加]というマクロを記述する

2 エラーが発生したら行ラベルerrHandlerに処理を移動する

3 アクティブブックに「myStyle」というスタイルを追加し、そのスタイルに次の書式を登録する（Withステートメントの開始）

4 配置を中央揃えに設定する

354
できる

4-14 セルのスタイルの設定

5 フォント名を「HGPゴシックE」に設定する
6 フォントサイズを16ポイントに設定する
7 背景色をインデックス番号34に設定する
8 Withステートメントを終了する
9 セルA1を含む結合セルにスタイル「myStyle」を設定する
10 マクロの処理を終了する（9行めまで正常に実行された場合、エラー処理ルーチンを実行しないため）
11 行ラベルerrHandler（エラーが発生したときの移動先）
12 エラー内容をメッセージで表示する
13 マクロの記述を終了する

ユーザー設定のスタイルを作成して、見出しに適用したい

❶VBEを起動し、コードを入力

参照▶VBAを使用してマクロを作成するには……P.85

❷入力したマクロを実行　　参照▶マクロを実行するには……P.53

ユーザー定義のスタイル「myStyle」が追加された

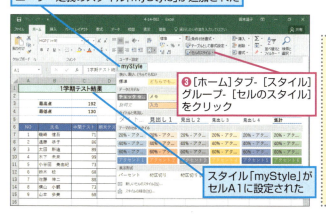

❸［ホーム］タブ-［スタイル］グループ-［セルのスタイル］をクリック

スタイル「myStyle」がセルA1に設定された

HINT 追加したスタイルを削除するには

スタイルを削除するには、Deleteメソッドを使用します。アクティブブックのスタイル「myStyle」を削除するには、「ActiveWorkbook.Styles("myStyle").Delete」と記述します。

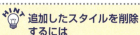4-14_002.xlsm

HINT スタイルを参照するには

追加したスタイルはブックのStylesコレクションに登録されます。スタイルを編集したり、削除したりする場合は、スタイルを参照する必要があります。スタイルを参照するには「Styles(スタイル名)」で参照します。たとえば、アクティブブックのスタイル「myStyle」を参照するには、「ActiveWorkbook.Styles("myStyle")」と記述します。

4-15 ふりがなの設定

ふりがなの設定

Excelのワークシート上で入力した文字列には、自動的にふりがなが設定されます。このふりがなは、漢字の氏名が入力されている列を対象に並べ替えを実行した場合に、50音順での並べ替えに利用されます。しかし、テキストファイルなどほかのアプリケーションで作成したデータをExcelのワークシートに取り込んだ場合は、ふりがなが設定されていないため、50音順で並べ替えることはできません。VBAでは、ふりがなのないデータに対して、GetPhoneticメソッドでふりがなを取得し、SetPhoneticメソッドでふりがなを設定することができます。

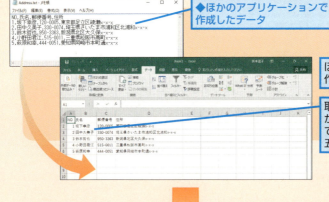

◆ほかのアプリケーションで作成したデータ

◆ほかのアプリケーションで作成したデータを取り込む

取り込んだデータにはふりがなが設定されていないので、氏名で並べ替えても五十音順にならない

◆ふりがなデータの取得
GetPhoneticメソッドを使って、ふりがなのデータを取得する

◆ふりがなデータの設定
SetPhoneticメソッドを使って、氏名のセルにふりがなのデータを設定する

データにはふりがなデータが設定されたので、氏名で並べ替えると正しく五十音順になる

ふりがな候補を取得するには

4-15

ふりがなの設定

オブジェクト.**GetPhonetic**(Text)

▶解説
GetPhoneticメソッドは、セルに入力されている文字列のふりがなを取得します。表にふりがな列を追加して、氏名などのふりがなをまとめて入力したい場合に利用できます。

▶設定する項目
オブジェクト ………… Applicationオブジェクトを指定します。
Text …………………… ふりがなを取得したい文字列を指定します。

エラーを防ぐには
GetPhoneticメソッドで取得したふりがなは正しい読みではない場合があるので、ふりがなを取得したあとは、読みが正しいかどうかを確認してください。

使用例　セルのデータのふりがなを取得する

ふりがなが設定されていない表で、[氏名]列のデータを元にふりがなを取得し、[フリガナ]列に表示します。変数iを使用して、B列にある氏名のセルをCells(i, 2)で取得し、C列のふりがなのセルをCells(i, 3)で参照しています。ここでは、値を取得するValueプロパティを省略して記述していますが、セルの既定のプロパティであるため、正しく値が取得されることも確認できます。

サンプル 4-15_001.xlsm

```
1  Sub ふりがな取得()
2      Dim i As Integer
3      i = 2
4      Do Until Cells(i, 2) = ""
5          Cells(i, 3) = Application.GetPhonetic(Cells(i, 2))
6          i = i + 1
7      Loop
8  End Sub
```

1 [ふりがな取得]というマクロを記述する
2 整数型の変数iを宣言する
3 変数iに2を格納する(処理の開始行がデータのある2行めからであるため)
4 B列のi行めのセルの値が空欄になるまで以下の処理をくり返す(Do Untilステートメントの開始)
5 C列のi行めのセルに、B列のi行めのセルのふりがなを表示する
6 変数iに1を足す
7 4行めに戻る
8 マクロの記述を終了する

---

1 マクロの基礎知識
2 VBAの基礎知識
3 プログラミングの基礎知識
4 セルの操作
5 ワークシートの操作
6 Excelファイルの操作
7 高度なファイルの操作
8 ウィンドウの操作
9 データの操作
10 印刷
11 図形の操作
12 グラフの操作
13 コントロールの使用
14 外部アプリケーションの操作
15 VBA関数
16 そのほかの操作
付録

357
できる

4-15 ふりがなの設定

氏名のふりがな候補を取得してC列に表示したい

❶VBEを起動し、コードを入力

参照▶VBAを使用してマクロを作成するには……P.85

```
Sub ふりがな取得()
    Dim i As Integer
    i = 2
    Do Until Cells(i, 2) = ""
        Cells(i, 3) = Application.GetPhonetic(Cells(i, 2))
        i = i + 1
    Loop
End Sub
```

❷入力したマクロを実行

参照▶マクロを実行するには……P.53

氏名のふりがな候補が表示された

HINT ふりがなをひらがなや半角カタカナで表示するには

既定では、ふりがなは全角カタカナで表示されます。ふりがなをひらがなや半角カタカナで表示したい場合は、StrConv関数を使って文字種を変更します。例えば、使用例の6行目のコードを「Cells(i, 3) = StrConv(Application.GetPhonetic(Cells(i, 2)), vbHiragana)」とすると、ひらがなで表示できます。

サンプル▶4-15_001.xlsm
参照▶文字の種類を変換するには……P.839

ふりがなを設定するには

オブジェクト.SetPhonetic

▶解説

SetPhoneticメソッドは、指定したセルの文字列にふりがなを設定します。ほかのアプリケーションから取り込んだデータに、一度にふりがなを設定したい場合に利用できます。

▶設定する項目

オブジェクト……… Rangeオブジェクトを指定します。

エラーを防ぐには

SetPhoneticメソッドでは、セルに自動的にふりがなが設定されるため、正しい読みでふりがなが設定されない場合があります。ふりがなを設定したあとは、ふりがなが正しいかどうかを確認してください。

358

4-15 ふりがなの設定

使用例 ふりがなを設定し表示する

セルB2～B6にふりがなを設定し、ふりがなを表示します。　　サンプル 4-15_002.xlsm

```
1  Sub ふりがなの設定と表示()
2      Range("B2:B6").SetPhonetic
3      Range("B2:B6").Phonetics.Visible = True
4  End Sub
```

1 [ふりがなの設定と表示]というマクロを記述する
2 セルB2～B6にふりがなを設定する
3 セルB2～B6のふりがなを表示する
4 マクロの記述を終了する

氏名にふりがなを設定し、設定したふりがなをセルに表示したい

❶ VBEを起動し、コードを入力

参照 ▶ VBAを使用してマクロを作成するには……P.85

❷ 入力したマクロを実行

参照 ▶ マクロを実行するには……P.53

氏名のふりがながセルに表示された

HINT セルに設定されているふりがなを取得するには

セルに設定されているふりがなを参照するには、指定したセル範囲にあるふりがなの集まりであるPhoneticsコレクションを使用します。個々のふりがなは、Phonetics(インデックス番号)で取得できます。たとえば、セルB2の「坂下幸彦」に設定されている1つめのふりがなを取得するには「Range("B2").Phonetics(1).Text」となり「サカシタ」が返ります。

4-16 ハイパーリンクの設定

ハイパーリンクの設定

ハイパーリンクとは、リンク先が設定されている文字列や図形のことです。ハイパーリンクをクリックすると、設定されているリンク先にジャンプすることができます。リンク先には、ブック内のシート、ファイル、Webページ、メールアドレスを指定することができます。VBAでハイパーリンクを設定するには、HyperlinksコレクションのAddメソッドを使います。また、ハイパーリンクを参照するにはHyperlinkオブジェクトを使います。ここでは、VBAからセルにハイパーリンクを設定、実行、削除する方法を説明します。

ハイパーリンクの設定

HyperlinksコレクションのAddメソッドでハイパーリンクを設定する

ハイパーリンクの実行

HyperlinkオブジェクトのFollowメソッドでハイパーリンクを実行する

ハイパーリンクの削除

HyperlinkオブジェクトのDeleteメソッドでハイパーリンクを削除する

ハイパーリンクを設定するには

オブジェクト.Add(Anchor, Address, SubAddress, ScreenTip, TextToDisplay)

▶解説

ワークシート上のセルにハイパーリンクを設定するには、HyperlinksコレクションにAddメソッドを使用してHyperLinkオブジェクトを追加します。引数Addressや引数SubAddressの設定方法によって、ファイルやWebページ、ブック内の別の場所、電子メールアドレスへのハイパーリンクを設定することができます。

▶設定する項目

オブジェクト ………… Hyperlinksコレクションを指定します。

Anchor ……………… オブジェクト型の値を使用して、ハイパーリンクの設定先を指定します。セルに設定する場合はRangeオブジェクトを指定します。

Address …………… URLやファイルのパスなど、ハイパーリンクのアドレスを文字列で指定します。

SubAddress ……… ハイパーリンクのサブアドレスを指定します。指定したWebページ内のブックマークや、指定したワークシート内のセルなどのジャンプ先を指定します（省略可）。

ScreenTip ………… ハイパーリンク上にマウスを合わせたときに表示されるポップヒントを指定します（省略可）。

TextToDisplay ….. セルに表示される文字列を指定します（省略可）。

エラーを防ぐには

リンク先にするアドレスが間違っている場合や、変更されている場合は正しく動作しません。リンク先を確認してから設定するようにしてください。

使用例 ブック内の各シートにリンクしたハイパーリンクを設定する

1つめのシートを目次用として、各シートにジャンプするためのハイパーリンクを設定します。ブック内の各シートにハイパーリンクを設定する場合は、引数Addressは「""」にし、引数SubAddressでリンク先のシート名とセル番地を「シート名!セル番地」で指定するか、セルに範囲名が付いていれば「"名前"」のよう指定します。

サンプル 4-16_001.xlsm

```
1  Sub ブック内ハイパーリンク作成()
2      Dim i As Integer
3      For i = 2 To Worksheets.Count
4          ActiveSheet.Hyperlinks.Add _
               Anchor:=Cells(i, 2), Address:="", _
               SubAddress:=Worksheets(i).Name & "!A1", _
               ScreenTip:=Worksheets(i).Name, _
               TextToDisplay:=Worksheets(i).Name
5      Next i
6  End Sub
```
注）「_（行継続文字）」の部分は、次の行と続けて入力することもできます→95ページ参照

1 ［ブック内ハイパーリンク作成］というマクロを記述する
2 整数型の変数iを宣言する
3 変数iが2からブック内のシートの数になるまで以下の処理をくり返す（For〜Nextステートメントの開始）
4 アクティブシートの2列めのi行めのセルに、i番めのシートのセルA1をリンク先とし、ハイパーリンクにマウスポインターを合わせたときに表示するポップヒントの文字列と、セルに表示する文字列をi番めのシートの名前に設定してハイパーリンクを追加する
5 変数iに1を足して3行めに戻る
6 マクロの記述を終了する

4-16 ハイパーリンクの設定

各シートに切り替えるための
ハイパーリンクを作成したい

❶VBEを起動し、コードを入力

参照▶VBAを使用してマクロを作成するには……P.85

```
Sub ブック内ハイパーリンク作成()
    Dim i As Integer
    For i = 2 To Worksheets.Count
        ActiveSheet.Hyperlinks.Add _
            Anchor:=Cells(i, 2), Address:="", _
            SubAddress:=Worksheets(i).Name & "!A1", _
            ScreenTip:=Worksheets(i).Name, _
            TextToDisplay:=Worksheets(i).Name
    Next i
End Sub
```

❷入力したマクロを実行

参照▶マクロを実行するには……P.53

各シートへのハイパー
リンクが作成された

リンクをクリックするとそのシートが
表示される

別ファイルをリンク先にする場合

別ファイルをリンク先にしてハイパーリンクを設定するには、引数Addressに「Address:="C:¥Data¥案内状.docx"」のようにファイル名をドライブ名から指定します。ファイルのなかの特定の場所を表示したい場合は、引数SubAddressにブックマークまたはセルを指定します。

Webページをリンク先にする場合

Webページをリンク先にするには、引数Addressに「Address:="http://dekiru.impress.co.jp"」のように指定します。

メールアドレスをリンク先にする場合

メールアドレスをリンク先に設定するには、引数Addressに「Address:="mailto:メールアドレス"」のようにメールアドレスに「mailto:」を付加して指定します。

図形にハイパーリンクを設定するには

図形にハイパーリンクを設定するには、設定したい図形を引数Anchorに指定します。次の例は、アクティブシートにある1つめの図形にWebページへのハイパーリンクを設定しています。

サンプル 4-16_002.xlsm

```
Sub 図形にハイパーリンク設定()
    ActiveSheet.Hyperlinks.Add anchor:=ActiveSheet.Shapes(1), _
        Address:="http://dekiru.impress.co.jp"
End Sub
```

指定したフォルダー内のすべてのブックのハイパーリンクを作成するには

フォルダー内のすべてのブックへのハイパーリンクをシート上に作成するには、次のように記述します。各部署から提出されたブックの一覧を作成したいときに、フォルダー内の一覧の作成と同時にハイパーリンクが設定されるので、ブックを開くのに便利です。なお、次のコードを実行するには、FSOへの参照設定が事前に必要です。

サンプル 4-16_003.xlsm

```
Sub フォルダ内全ブックのハイパーリンク追加()
    Dim i As Integer, myFSO As New FileSystemObject
    Dim myFiles As Files, myFile As File
    
    Set myFiles = myFSO.GetFolder(ThisWorkbook.Path & "¥支店報告").Files
    i = 2
    For Each myFile In myFiles
        ActiveSheet.Hyperlinks.Add Anchor:=Cells(i, 2), _
            Address:=myFile.Path, _
            TextToDisplay:=myFile.Name
        i = i + 1
    Next
    Set myFiles = Nothing: Set myFile = Nothing
End Sub
```

参照▶ファイルシステムオブジェクトを
使用するには……P.493

ハイパーリンクを実行するには

オブジェクト.**Follow**(NewWindow, ExtraInfo, Method, HeaderInfo)

▶解説

Followメソッドは、指定したハイパーリンクを実行します。特定のシートやファイル、Webページを開くときに、セルにハイパーリンクが設定されている場合は、Followメソッドでハイパーリンクを実行し、目的のウィンドウを表示することができます。

▶設定する項目

オブジェクト ………… Hyperlinkオブジェクトを指定します。

NewWindow ……… Trueの場合は、リンク先を新しいウィンドウで表示します。省略した場合は、Falseが指定されます（省略可）。

ExtraInfo …………… HTTPの追加情報を指定します（省略可）。

Method ……………… MsoExtraInfoMethod列挙型の定数を使用して引数ExtraInfoの接続方法を指定します（省略可）。

MsoExtraInfoMethod列挙型の定数

定数	内容
msoMethodGet	ExtraInfo は、アドレスに付加される文字列（String）
msoMethodPost	ExtraInfo は、文字列（String）またはバイト配列として保存される

HeaderInfo ………… 接続のために使用するユーザー名やパスワードなどのHTTP要求のヘッダー情報を指定する文字列を指定します。省略すると、空の文字列が指定されます（省略可）。

エラーを防ぐには

通常はハイパーリンクをクリックすると、ワークシート上に表示されているハイパーリンクの文字列は紫色に変わりますが、Followメソッドでハイパーリンクを実行した場合は、文字列の色は変わりません。

使用例　ハイパーリンクを実行する

セルB2に設定されているハイパーリンクを実行します。ハイパーリンクオブジェクトはHyperlinks(インデックス番号)で参照します。セルB1には1つのハイパーリンクが設定されているため、「Hyperlinks(1)」で参照できます。また、リンク先が変更になっている場合や、インターネットに接続されていない場合はエラーになるため、ここでは、エラー処理コードを追加しています。

サンプル 4-16_004.xlsm

参照 On Error GoToステートメント……P.211

4-16

ハイパーリンクの設定

1 マクロの基礎知識
2 VBAの基礎知識
3 プログラミングの基礎知識
4 セルの操作
5 ワークシートの操作
6 Excelファイルの操作
7 高度なファイルの操作
8 ウィンドウの操作
9 データの操作
10 印刷
11 図形の操作
12 グラフの操作
13 コントロールの使用
14 外部アプリケーションの操作
15 VBA関数
16 そのほかの操作
付録

363
できる

4-16 ハイパーリンクの設定

```
1  Sub ハイパーリンクの実行()
2      On Error GoTo errHandler
3      Range("B2").Hyperlinks(1).Follow
4      Exit Sub
5  errHandler:
6      MsgBox Err.Description
7  End Sub
```

1 ［ハイパーリンクの実行］というマクロを記述する
2 エラーが発生した場合、行ラベルerrHanderに処理を移動する
3 セルB2に設定されているハイパーリンクを実行する
4 マクロの処理を終了する（3行めまで正常に実行された場合、エラー処理ルーチンを実行しないため）
5 行ラベルerrHander（エラーが発生したときの移動先）
6 エラー内容をメッセージで表示する
7 マクロの記述を終了する

セルに設定されているハイパーリンクのリンク先を表示したい

❶VBEを起動し、コードを入力

参照▶VBAを使用してマクロを作成するには……P.85

❷入力したマクロを実行

参照▶マクロを実行するには……P.53

Microsoft Edgeが起動し、リンクに指定されていたWebページが表示された

HINT ハイパーリンクを使用しないで直接Webページを開くには

WorkbookオブジェクトのFollowHyperlinkメソッドを使用すると、セルにハイパーリンクが設定されていなくても、直接リンク先を開くことができます。書式は、「Workbookオブジェクト.FollowHyperlink(Address, SubAddress, NewWindow, ExtraInfo, Method, HeaderInfo)」となります。たとえば、「ActiveWorkbook.FollowHyperlink Address:="http://dekiru.impress.co.jp"」とすると、引数Addressで指定したWebページを表示します。

HINT ハイパーリンクを削除するには

ハイパーリンクを削除するには、HyperLinkオブジェクトのDeleteメソッドを使用します。アクティブシートに設定されているすべてのハイパーリンクを削除するには、HyperLinksコレクションに対してDeleteメソッドを使い、「ActiveSheet.Hyperlinks.Delete」と記述します。ハイパーリンクを削除すると、セルに表示されているハイパーリンク文字列の書式は削除されますが、文字列はそのまま残ります。

サンプル▶4-16_005.xlsm

4-17 条件付き書式の設定

セルの条件付きの書式設定

セルの条件付き書式では、文字色、背景色、罫線など書式の設定だけでなく、データバー、カラースケール、アイコンセットなど、より視覚的な設定もできます。VBAでは、FormatConditionオブジェクトを使用して条件付き書式を操作します。ここでは、FormatConditionオブジェクトを使用した条件の設定方法、条件を満たしたときの書式の指定方法、データバー、カラースケール、アイコンセットの設定方法を説明します。

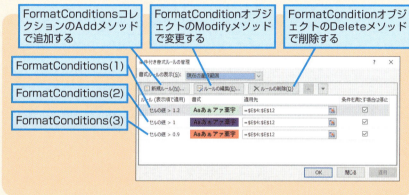

条件付き書式を設定するには

オブジェクト.Add(Type, Operator, Formula1, Formula2)

▶解説

条件付き書式を設定するには、Rangeオブジェクトに含まれる条件付き書式の集まりであるFormatConditionsコレクションのAddメソッドを使用して、FormatConditionオブジェクトを作成します。Addメソッドは、作成したFormatConditionオブジェクトを返します。作成されたFormatConditionオブジェクトに対して、Fontプロパティ、Interiorプロパティ、Borderプロパティなどのプロパティを使って、設定する書式を別途指定してください。

参照 ヘルプを利用するには……P.131

▶設定する項目

オブジェクト……… FormatConditionsコレクションを指定します。

Type………………… 条件付き書式の種類をXlFormatConditionType列挙型の定数で指定します。

XlFormatConditionType列挙型の定数

名前	値	内容
xlCellValue	1	セルの値
xlExpression	2	演算
xlColorScale	3	カラースケール
xlDatabar	4	データバー
xlTop10	5	上位の10の値
XlIconSet	6	アイコンセット
xlUniqueValues	8	一意の値
xlTextString	9	テキスト文字列
xlBlanksCondition	10	空白の条件
xlTimePeriod	11	期間
xlAboveAverageCondition	12	平均以上の条件
xlNoBlanksCondition	13	空白の条件なし
xlErrorsCondition	16	エラー条件
xlNoErrorsCondition	17	エラー条件なし

Operator……………… 条件付き書式の演算子をXlFormatConditionOperator列挙型の定数で指定します。引数TypeがxlExpressionの場合は、この設定は無視されます（省略可）。

XlFormatConditionOperator列挙型の定数

定数	値	内容
xlBetween	1	範囲内
xlNotBetween	2	範囲外
xlEqual	3	等しい
xlNotEqual	4	等しくない
xlGreater	5	次の値より大きい
xlLess	6	次の値より小さい
xlGreaterEqual	7	以上
xlLessEqual	8	以下

Formula1…………… 条件となる値を指定します。数値、文字列、セル参照、数式を使って指定できます（省略可）。

Formula2…………… 引数OperatorがxlBetweenまたは、xlNotBetweenのときに2つめの条件となる値を指定します（省略可）。

エラーを防ぐには

条件付き書式は、指定したセル範囲に複数設定できます。条件付き書式を設定するプロシージャを実行すると、実行するたびに条件付き書式が追加されます。

参照 不要な条件付き書式を削除しておく……P.368

使用例 セルの値が100%よりも大きいときにセルに書式を設定する

セルE4～E12の値が1より大きい（100%より大きい）場合に、文字の色を太字、セルの背景色を薄い緑色に設定する条件付き書式を設定します。Addメソッドによって作成されたFormatConditionオブジェクトに対し、書式の設定を行います。セルの値を基準にする場合は、引数TypeをxlCellValueにします。

サンプル 4-17_001.xlsm

```
1  Sub セルの値によって色を付ける条件付き書式の設定()
2      With Range("E4:E12").FormatConditions.Add _
           (Type:=xlCellValue,Operator:=xlGreater, Formula1:=1)
3          .Font.Bold = True
4          .Interior.Color = RGB(204, 255, 204)
5      End With
6  End Sub
```
注）「_（行継続文字）」の部分は、次の行と続けて入力することもできます→95ページ参照

1. ［セルの値によって色を付ける条件付き書式の設定］というマクロを記述する
2. セルE4～E12に「セルの値が1より大きい場合」という条件付き書式を作成し、その条件付き書式に対し、以下の処理を行う(Withステートメントの開始)
3. 条件付き書式の文字を太字にする
4. 条件付き書式のセルの色をRGB(204,255,204)のRGB値の色に設定する
5. Withステートメントを終了する
6. マクロの記述を終了する

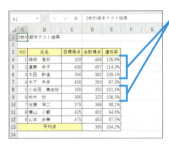

達成率が100%を超えるセルの背景色を変更する条件付き書式を設定して、セルE4～E12に適用したい

❶VBEを起動し、コードを入力

参照▶VBAを使用してマクロを作成するには……P.85

❷入力したマクロを実行

参照▶マクロを実行するには……P.53

条件付き書式が作成され、セルに適用された

不要な条件付き書式を削除しておく

条件付き書式を追加すると、すでに設定されている条件付き書式に加えて新しく条件付き書式が追加されます。複数の条件付き書式を設定するのでなければ、不要な条件付き書式を削除してから設定し直します。使用例で、指定したセル範囲にすでに条件付き書式が設定されているかどうかをCountプロパティで調べ、0でなかった場合（条件付き書式が設定されている場合）は、その条件付き書式をDeleteメソッドで削除するには、次のようになります。

サンプル 4-17_002.xlsm

参照 セルを削除するには……P.284
参照 Countプロパティで行数、列数を取得する……P.266

```
Sub セルの値によって色を付ける条件付き書式の設定2()
    If Range("E4:E12").FormatConditions.Count <> 0 Then
        Range("E4:E12").FormatConditions.Delete
    End If
    With Range("E4:E12").FormatConditions.Add _
        (Type:=xlCellValue, Operator:=xlGreater, Formula1:=1)
        .Font.Bold = True
        .Interior.Color = RGB(204, 255, 204)
    End With
End Sub
```

条件付き書式を削除するには

指定したセル範囲に設定されている条件付き書式を削除するには、「セル範囲.FormatConditions.Delete」と記述します。ワークシート全体に設定されている条件付き書式を削除するには、「Cells.FormatConditions.Delete」と記述します。

サンプル 4-17_001.xlsm

 条件付き書式は、通常の書式の上に設定される

条件付き書式は、RangeオブジェクトのInteriorプロパティやFontプロパティなどで設定されている書式の上に設定されます。そのため、条件付き書式によりセルに直接設定されていた書式は変更または削除されません。条件付き書式により変更または削除されたように見えても、条件付き書式を削除すると、再び元の書式が表示されます。

既存の条件付き書式を変更するには

既存の条件付き書式を変更するには、Modifyメソッドを使用します。書式は、「FormatConditionオブジェクト.Modify (Type, Operator, Formula1, Formula2)」となり、引数はAddメソッドと同じです。たとえば、セルE4～E12に設定されている1つめの条件付き書式を90％以上という条件に変更するには、次のように記述します。

サンプル 4-17_002.xlsm

```
Sub 条件付き書式の変更()
    Range("E4:E12").FormatConditions(1).Modify _
        Type:=xlCellValue, Operator:=xlGreaterEqual, Formula1:=0.9
End Sub
```

条件付き書式の優先順位を変更する

条件付き書式を複数設定する場合、先に設定したものが優先順位が高くなります。あとから追加した条件付き書式の優先順位を1番にしたい場合は、「FormatConditionオブジェクト.SetFirstPriority」とし、優先順位を最後にしたい場合は、「FormatConditionオブジェクト.SetLastPriority」とします。なお、条件を満たした場合に、それ以降の条件付き書式を適用しないようにするには、「FormatConditionオブジェクト.StopIfTrue= True」と指定します。条件付き書式を参照するには、FormatConditions(インデックス番号)となり、[条件付き書式ルールの管理]ダイアログボックスの上から順に1、2、3となり、この順番が優先順位となります。1つめの条件付き書式を参照するには、「セル範囲.FormatConditions(1)」で取得でき、最後の条件付き書式を参照するには、「セル範囲.FormatConditions(セル範囲.FormatConditions.Count)」で取得できます。

SetFirstPriorityメソッドで優先順位を一番にできる

SetLastPriorityメソッドで優先順位を一番低くできる

StopIfTrueプロパティをTrueにすると、条件を満たす場合は、以降の条件付き書式の適用をしない

4-17 条件付き書式の設定

使用例　指定した文字列を含む場合に書式を設定する

セルB4～B12で「田」を含む場合にセルに色を付ける条件付き書式を設定します。文字列を条件に指定する場合は、引数TypeをxlTextStringにし、指定する文字を引数String、条件の判断方法をTextOperatorで指定します。引数Stringで指定した文字列を含む場合は引数TextOperatorをxlContainsにします。

サンプル 4-17_003.xlsm

```
1  Sub 指定した文字を含む場合の条件付き書式の設定()
2      With Range("B4:B12").FormatConditions.Add _
           (Type:=xlTextString, String:="田", TextOperator:=xlContains)
3          .Interior.Color = RGB(255, 204, 153)
4      End With
5  End Sub
```

注）「_（行継続文字）」の部分は、次の行と続けて入力することもできます→95ページ参照

1. ［指定した文字を含む場合の条件付き書式の設定］というマクロを記述する
2. セルB4～B12に文字列「田」を含む場合という条件付き書式を追加し、その条件付き書式について以下の処理を行う（Withステートメントの開始）
3. セルB4～B12に設定された条件付き書式の背景色をRGB(255,204,153)のRGB値の色に設定する
4. Withステートメントを終了する
5. マクロの記述を終了する

「田」を含むセルの色を変更する条件付き書式を設定したい

条件を満たすセルの色を変更する条件付き書式が設定され、適用された

引数TextOperatorの設定値

文字列を条件とする場合、引数TextOperatorで、引数Stringに対する条件の判断方法をXlContainsOperator列挙型の定数で指定します。定数は次のようになります。

定数	内容
xlContains	を含む
xlDoesNotContain	を含まない
xlBeginsWith	ではじまる
xlEndsWith	で終わる

使用例 指定した期間の場合に書式を設定する

セルA2～A15で、期間が今日（2017/9/12とする）から7日前までのセルに色を付ける条件付き書式を設定します。引数TypeをxlTimePeriodにし、引数DateOperatorをxlLast7Daysとして前7日間という条件になります。ここでは、セルの色をテーマカラーのアクセント2にし、明るさを0.6にしています。

サンプル 4-17_004.xlsm

```
1  Sub 指定した期間の場合に条件付き書式を設定()
2      With Range("A2:A15").FormatConditions.Add _
           (Type:=xlTimePeriod, DateOperator:=xlLast7Days)
3          .Interior.ThemeColor = xlThemeColorAccent2
4          .Interior.TintAndShade = 0.6
5      End With
6  End Sub
```
注）「_（行継続文字）」の部分は、次の行と続けて入力することもできます→95ページ参照

1 ［指定した期間の場合に条件付き書式を設定］というマクロを記述する
2 セルA2～A15に「今日から7日前までの日付の場合」という条件付き書式を追加し、その条件付き書式について以下の処理を行う（Withステートメントの開始）
3 セルA2～A15に設定された条件付き書式の背景色をテーマの色［アクセント2］に設定する
4 セルA2～A15に設定された条件付き書式の明るさを0.6に設定する
5 Withステートメントを終了する
6 マクロの記述を終了する

今日（9月12日）から過去7日分の日付が記入されたセルの色が赤に設定された

引数DateOperatorの設定値

引数TypeでxlTimePeriod（期間）を指定した場合、引数DateOperatorで期間をXlTimePeriods列挙型の定数で指定します。定数の値は次のようになります。

定数	内容
xlYesterday	昨日
xlToday	今日
xlTomorrow	明日
xlLast7Days	過去7日間
xlLastWeek	先週
xlThisWeek	今週
xlNextWeek	来週
xlLastMonth	先月
xlThisMonth	今月
xlNextMonth	来月

上位／下位ルールで条件付き書式を設定するには

オブジェクト.AddTop10

▶解説

AddTop10メソッドは、指定したセル範囲のなかで上位または下位の何位まで、あるいは何パーセントまで、といった条件を満たす値が入力されているセルに書式を設定する条件付き書式を作成します。AddTop10メソッドによって、条件付き書式のオブジェクトの1つであるTop10オブジェクトが返ります。このオブジェクトに対して設定する条件の詳細や書式を指定します。なお、AddTop10メソッドは、Addメソッドで引数xlTop10を指定した場合と同じになります。

▶設定する項目

オブジェクト ………FormatConditionsコレクションを指定します。

エラーを防ぐには

条件付き書式は、指定したセル範囲に複数設定することができます。条件付き書式を設定するプロシージャーを実行すると、実行するたびに条件付き書式が追加されていきます。不要な条件付き書式が追加されないように、既存の条件付き書式をいったん削除してから追加するようにするといいでしょう。 **参照** 不要な条件付き書式を削除しておく……P.368

使用例 セル範囲で上位3位までに書式を設定する

セルE4～E12のなかで上位（大きい順で）3位までの値を持つセルの背景色を変更します。AddTop10メソッドで、条件付き書式のオブジェクトの1つであるTop10オブジェクトを作成します。Top10オブジェクトのTopBottomプロパティで上位を表すxlTop10Topを指定し、Rankプロパティで3を指定すると、上位3位までという条件になります。 **サンプル** 4-17_005.xlsm

```
1  Sub 上位3位までに書式を設定()
2      With Range("E4:E12").FormatConditions.AddTop10
3          .TopBottom = xlTop10Top
4          .Rank = 3
5          .Interior.Color = RGB(255, 204, 255)
6      End With
7  End Sub
```

1 ［上位3位までに書式を設定］というマクロを記述する
2 セルE4～E12に上位／下位ルールを指定する条件付き書式を作成し、その条件付き書式について以下の処理を実行する（Withステートメントの開始）
3 ルールを上位からに設定する
4 ランク数を3に設定する
5 条件付き書式のセルの色をRGB(255,204,255)のRGB値の色に設定する
6 Withステートメントを終了する
7 マクロの記述を終了する

4-17

条件付き書式の設定

1 マクロの基礎知識
2 VBAの基礎知識
3 プログラミングの基礎知識
4 セルの操作
5 ワークシートの操作
6 Excelファイルの操作
7 高度なファイルの操作
8 ウィンドウの操作
9 データの操作
10 印刷
11 図形の操作
12 グラフの操作
13 コントロールの使用
14 外部アプリケーションの操作
15 VBA関数
16 そのほかの操作
付録

4-17

条件付き書式の設定

上位3位までのセルに色が設定される
条件付き書式が作成され、適用された

サイドバー

- マクロの基礎知識 **1**
- VBAの基礎知識 **2**
- プログラミングの基礎知識 **3**
- セルの操作 **4**
- ワークシートの操作 **5**
- Excelファイルの操作 **6**
- 高度なファイルの操作 **7**
- ウィンドウの操作 **8**
- データの操作 **9**
- 印刷 **10**
- 図形の操作 **11**
- グラフの操作 **12**
- コントロールの使用 **13**
- 外部アプリケーションの操作 **14**
- VBA関数 **15**
- そのほかの操作 **16**
- 付録

HINT 上位／下位のルールの設定方法

AddTop10メソッドまたはAdd(xlTop10)にして、条件付き書式を作成すると、Top10オブジェクトが返ります。このオブジェクトの3つのプロパティを使用して上位と下位のルールを設定できます。たとえば、上位50パーセントの場合にセルに色を付ける場合は、次のようなコードになります。

サンプル 4-17_006.xlsm

プロパティ	設定値
TopBottom	xlTop10Bottom：下位からの順位 xlTop10Top：上位からの順位
Rank	ランクの数またはパーセントを長整数型の数値で指定
Percent	Rankの値をパーセントの値にするかどうかを指定。Trueの場合、パーセントにし、Falseまたは省略時はランクの数になる

```
Sub 上位50パーセントに書式を設定()
    With Range("E4:E12").FormatConditions.AddTop10
        .TopBottom = xlTop10Top
        .Rank = 50
        .Percent = True
        .Interior.Color = RGB(255, 204, 255)
    End With
End Sub
```

- 上位からの順位に設定する
- ランク数を50に設定する
- ランクの値をパーセントに設定する

平均以上／以下のルールで条件付き書式を設定するには

オブジェクト.AddAboveAverage

▶解説

AddAboveAverageメソッドは、指定したセル範囲のなかで平均より上、あるいは平均より下、といった条件を満たす値が入力されているセルに書式を設定する条件付き書式を作成します。AddAboveAverageメソッドによって条件付き書式のオブジェクトの1つであるAboveAverageオブジェクトが返ります。このオブジェクトに対して設定する条件の詳細や書式を指定します。なお、AddAboveAverageメソッドは、Addメソッドで引数xlAboveAverageConditionを指定した場合と同じになります。

▶設定する項目

オブジェクト ………… FormatConditionsコレクションを指定します。

エラーを防ぐには

条件付き書式は、指定したセル範囲に複数設定することができます。条件付き書式を設定するプロシージャーを実行すると、実行するたびに条件付き書式が追加されていきます。不要な条件付き書式が追加されないように、既存の条件付き書式をいったん削除してから追加するようにするといいでしょう。

参照 不要な条件付き書式を削除しておく……P.368

---

372 できる

使用例　セル範囲で平均値以上の場合に書式を設定する

セルD4～D12のなかで平均点以上の値を持つセルの背景色を変更するには、AddAboveAverageメソッドを使用し、作成される条件付き書式のオブジェクトの1つであるAboveAverageオブジェクトを使用します。このオブジェクトのAboveBelowプロパティで平均値以上を表すxlAboveAverageを指定すると、平均点以上という条件になります。

サンプル 4-17_007.xlsm

```
1  Sub 平均点以上の場合書式を設定()
2      With Range("D4:D12").FormatConditions.AddAboveAverage
3          .AboveBelow = xlAboveAverage
4          .Interior.Color = RGB(255, 105, 105)
5      End With
6  End Sub
```

1　[平均点以上の場合書式を設定]というマクロを記述する
2　セルD4～D12に平均以上／以下のルールを指定する条件付き書式を作成し、その条件付き書式について以下の処理を実行する（Withステートメントの開始）
3　ルールを平均値以上に設定する
4　条件付き書式のセルの色をRGB(255,105,105)のRGB値の色に設定する
5　Withステートメントを終了する
6　マクロの記述を終了する

平均を上回る得点に対してセルの色を設定する条件付き書式が作成され、適用された

HINT　AboveBelowプロパティの設定値

AddAboveAverageメソッドまたは、Add(xlAboveAverageCondition)で作成されたAboveAverageオブジェクトのAboveBelowプロパティで標準既定のルールを指定します。XlAboveBelow列挙型の定数で指定します。

定数	内容
xlBelowAverage	平均より下
xlAboveAverage	平均より上
xlEqualAboveAverage	平均以上
xlEqualBelowAverage	平均以下
xlAboveStdDev	標準偏差より上
xlBelowStdDev	標準偏差より下

4-17

条件付き書式の設定

データバーを表示する条件付き書式を設定するには

オブジェクト.AddDatabar

▶解説

AddDatabarメソッドは、指定したセル範囲のなかの値を元に、そのデータの大きさによって長さの異なるデータバーを表示する条件付き書式を作成します。AddDatabarメソッドによって条件付き書式のオブジェクトの1つであるDataBarオブジェクトが返ります。このオブジェクトに対して設定するデータバーの設定や書式を指定します。なお、AddDatabarメソッドは、Addメソッドで引数xlDatabarを指定した場合と同じになります。

▶設定する項目

オブジェクト ‥‥‥‥‥ FormatConditionsコレクションを指定します。

エラーを防ぐには

条件付き書式は、指定したセル範囲に複数設定することができます。条件付き書式を設定するプロシージャーを実行すると、実行するたびに条件付き書式が追加されていきます。不要な条件付き書式が追加されないように、既存の条件付き書式をいったん削除してから追加するようにするといいでしょう。 　参照🔖不要な条件付き書式を削除しておく‥‥‥P.368

使用例 セル範囲にデータバーを表示する

セルE4～E13にデータバーを表示するには、AddDatabarメソッドを使用します。データバーの色を変更するには、DataBarオブジェクトのBarColorプロパティでFormatColorオブジェクトを参照し、ColorプロパティやTintAndShadeプロパティなどで色の設定ができます。

サンプル📄4-17_008.xlsm

```
1  Sub データバーを表示する条件付き書式の設定()
2      With Range("E4:E13").FormatConditions.AddDatabar
3          .BarColor.Color = RGB(102, 255, 102)
4      End With
5  End Sub
```

1 ［データバーを表示する条件付き書式の設定］というマクロを記述する
2 セルE4～E13にデータバーを表示する条件付き書式を作成し、その条件付き書式について以下の処理を実行する（Withステートメントの開始）
3 データバーの色をRGB(102,255,102)のRGB値の色に設定する
4 Withステートメントを終了する
5 マクロの記述を終了する

| 達成率を視覚的に表すデータバーが追加された

 値を非表示にし、データバーだけを表示するには
DataBarオブジェクトのShowValueプロパティをFalseにすると、データバーが表示されているセルの値を非表示にし、データバーだけを表示して、グラフのように見せることができます。なお、既定値はTrueとなり、通常はデータバーとともに値も表示されます。

▶ カラースケールを表示する条件付き書式を設定するには

オブジェクト.**AddColorScale**(ColorScaleType)

▶解説
AddColorScaleメソッドは、指定したセル範囲の値を元に、そのデータの大きさによって2色または3色の色合いのなかで表示する色合いを変更する条件付き書式を作成します。AddColorScaleメソッドは、条件付き書式のオブジェクトの1つであるColorScaleオブジェクトを返します。このオブジェクトに対してカラースケールを設定します。

▶設定する項目
オブジェクト………FormatConditionsコレクションを指定します。
ColorScaleType…カラースケールの色を指定します。2色の場合は「2」、3色の場合は「3」になります。

エラーを防ぐには
条件付き書式は、指定したセル範囲に複数設定することができます。条件付き書式を設定するプロシージャーを実行すると、実行するたびに条件付き書式が追加されていきます。不要な条件付き書式が追加されないように、既存の条件付き書式をいったん削除してから追加するようにするといいでしょう。

参照▶不要な条件付き書式を削除しておく……P.368

4-17

条件付き書式の設定

使用例 セル範囲に2色のカラースケールを表示する

セルD4 〜 D12に2色のカラースケールを表示します。AddColorScaleメソッドで引数を2に設定してカラースケールを作成します。ここでは、AddColorScaleメソッドで作成されるColorScaleオブジェクトを変数myCSに格納して、各種設定を行います。カラースケールの最小、最大のしきい値の条件をColorScaleCriteria(1)、ColorScaleCriteria(2)で設定します。Typeプロパティでしきい値の種類、FormatColorプロパティで色の設定をします。

サンプル 4-17_009.xlsm

```
1  Sub カラースケール2色()
2      Dim myCS As ColorScale
3      Set myCS = Range("D4:D12").FormatConditions.AddColorScale(2)
4      With myCS.ColorScaleCriteria(1)
5          .Type = xlConditionValueLowestValue
6          .FormatColor.Color = RGB(255, 255, 102)
7      End With
8      With myCS.ColorScaleCriteria(2)
9          .Type = xlConditionValueHighestValue
10         .FormatColor.Color = RGB(255, 102, 255)
11     End With
12 End Sub
```

1 [カラースケール2色]というマクロを記述する
2 ColorScale型の変数myCSを宣言する
3 セルD4 〜 D12に2色のカラースケールを表示する条件付き書式を設定し、作成されたColorScaleオブジェクトを変数myCSに格納する
4 変数myCSに格納されたColorScaleオブジェクトの1つめのしきい値の条件について以下の処理を実行する(Withステートメントの開始)
5 ルールの種類を最小値の値に設定する
6 カラースケールの色をRGB(255, 255, 102)に対応するRGB値の色(薄い黄色)に設定する
7 Withステートメントを終了する
8 変数myCSに格納されたColorScaleオブジェクトの2つめのしきい値の条件について以下の処理を実行する(Withステートメントの開始)
9 ルールの種類を最大値の値に設定する
10 カラースケールの色をRGB(255, 102, 255)に対応するRGB値の色(ピンク色)に設定する
11 Withステートメントを終了する
12 マクロの記述を終了する

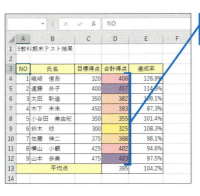

合計得点に応じたカラースケールが表示された

しきい値を設定する場合のTypeプロパティの設定値
（XlConditionValueType列挙型の定数）

定数	内容
xlConditionValueLowestValue	値の一覧の最低値
xlConditionValueHighestValue	値の一覧の最高値
xlConditionValueNumber	数字
xlConditionValuePercent	パーセンテージ
xlConditionValuePercentile	百分位
xlConditionValueFormula	数式
xlConditionValueNone	条件値なし

カラースケールを3色にするには

カラースケールを3色にするには、AddColorScaleメソッドで引数を3にしてColorScaleオブジェクトを作成し、しきい値の条件を最小、中間、最大の3つをそれぞれColorScaleCriteria(1)、ColorScaleCriteria(2)、ColorScaleCriteria(3)で設定します。最小を薄い黄色（RGB(255, 255, 102)）、中間を水色(RGB(102, 255, 255))、最大をピンク(RGB(255, 102, 255))に指定してカラースケールを表示するには、次のようになります。

サンプル 4-17_010.xlsm

カラースケールのしきい値の条件を設定するには

カラースケールの最大、最小などのしきい値の条件を設定するには、AddColorScaleメソッドで作成されるColorScaleオブジェクトのColorScaleCriteriaプロパティを使って、ColorScaleCriteria(1)、ColorScaleCriteria(2)と記述し、最小、最大のカラースケールのしきい値の条件を表すオブジェクトを取得します。これらのオブジェクトに対して、TypeプロパティやFormatColorプロパティを使用してしきい値の種類や色の設定ができます。

4-17

条件付き書式の設定

- マクロの基礎知識 **1**
- VBAの基礎知識 **2**
- プログラミングの基礎知識 **3**
- セルの操作 **4**
- ワークシートの操作 **5**
- Excelファイルの操作 **6**
- 高度なファイルの操作 **7**
- ウィンドウの操作 **8**
- データの操作 **9**
- 印刷 **10**
- 図形の操作 **11**
- グラフの操作 **12**
- コントロールの使用 **13**
- 外部アプリケーションの操作 **14**
- VBA関数 **15**
- そのほかの操作 **16**
- 付録

▶ アイコンセットを表示する条件付き書式を設定するには

オブジェクト.AddIconsetCondition

▶解説

AddIconsetConditionメソッドは、指定したセル範囲の値を元に、そのデータの大きさによって異なるアイコンを表示する条件付き書式を作成します。AddIconsetConditionメソッドによって条件付き書式のオブジェクトの1つであるIconSetConditionオブジェクトが返ります。このオブジェクトを使用してアイコンセットの種類やしきい値などの設定をします。

▶設定する項目

オブジェクト ‥‥‥‥ FormatConditionsコレクションを指定します。

エラーを防ぐには

条件付き書式は、指定したセル範囲に複数設定することができます。条件付き書式を設定するプロシージャーを実行すると、実行するたびに条件付き書式が追加されていきます。不要な条件付き書式が追加されないように、既存の条件付き書式をいったん削除してから追加するようにするといいでしょう。 参照 不要な条件付き書式を削除しておく……P.368

使用例 セル範囲にアイコンセットを表示する

セルE4 ～ E12に「3つの記号」のアイコンセットを表示します。ここでは、2つめのアイコンのしきい値を0.95以上にし、3つめのアイコンのしきい値を1以上に設定します。アイコンは、IconSetConditionオブジェクトのIconSetプロパティで指定します。アイコンの種類を「3つの信号」にするには、ブックのIconSetsプロパティで定数xl3Symbolを指定します。また、しきい値はIconCriteria(2)で2つめのアイコン、IconCriteria(3)で3つめのアイコンの設定をします。 サンプル 4-17_011.xlsm

378
できる

```
1   Sub アイコンセット表示()
2       Dim myISC As IconSetCondition
3       Set myISC = Range("E4:E12"). FormatConditions.AddIconSetCondition
4       With myISC
5           .IconSet = ActiveWorkbook.IconSets(xl3Symbols)
6           .IconCriteria(2).Type = xlConditionValueNumber
7           .IconCriteria(2).Value = 0.95
8           .IconCriteria(2).Operator = xlGreaterEqual
9           .IconCriteria(3).Type = xlConditionValueNumber
10          .IconCriteria(3).Value = 1
11          .IconCriteria(3).Operator = xlGreaterEqual
12      End With
13      Set myISC = Nothing
14  End Sub
```

1. [アイコンセット表示]というマクロを記述する
2. IconSetCondition型の変数myISCを宣言する
3. セルE4～E12にアイコンセットを表示する条件付き書式を作成し、作成されたIconSet Conditionオブジェクトを変数myISCに格納する
4. 変数myISCに格納されたIconSetConditionオブジェクトについて以下の処理を実行する（Withステートメントの開始）
5. アイコンの種類を「3つの信号」に設定する
6. 2つめのアイコンのしきい値の種類を数値に設定する
7. 2つめのアイコンのしきい値を0.95に設定する
8. 2つめのアイコンの演算子を「以上」に設定する
9. 3つめのアイコンのしきい値の種類を数値に設定する
10. 3つめのアイコンのしきい値を1に設定する
11. 3つめのアイコンの演算子を「以上」に設定する
12. Withステートメントを終了する
13. 変数myISCを解放する
14. マクロの記述を終了する

しきい値にしたがって、達成率に応じたアイコンが表示された

HINT アイコンセットの種類

アイコンセットには、次のような組み込みのものが用意されています。アイコンセットはブックのIconSetsコレクションの1つであるため、指定する場合は、「Workbookオブジェクト.IconSets(定数)」のように記述します。アイコンセットのなかの各アイコンは、右からIconCriteria(1)、2番めをIconCriteria(2)……というように取得し、それぞれのしきい値などの設定をします。

アイコンセット	定数	内容
⬆ ➡ ⬇	xl3Arrows	3 つの矢印（色分け）
⬆ ➡ ⬇	xl3ArrowsGray	3 つの矢印（灰色）
▶ ▶ ▶	xl3Flags	3 つのフラグ
● ● ●	xl3TrafficLights1 （既定値）	3 つの信号（枠なし）
■ ■ ■	xl3TrafficLights2	3 つの信号（枠あり）
● ▲ ◆	xl3Signs	3 つの図形
✓ ! ✕	xl3Symbols	3 つの記号（丸囲み）
✔ ! ✖	xl3Symbols2	3 つの記号（丸囲みなし）
▲ ━ ▼	xl3Triangles	3 種類の三角形
★ ⯪ ☆	xl3Stars	3 種類の星
⬆ ⬈ ⬊ ⬇	xl4Arrows	4 つの矢印（色分け）
⬆ ⬈ ⬊ ⬇	xl4ArrowsGray	4 つの矢印（灰色）
● ● ● ●	xl4RedToBlack	赤と黒の丸
▁▃▅ ▁▃▅▇	xl4CRV	4 つの評価
● ● ● ●	xl4TrafficLights	4 つの信号
⬆ ⬈ ➡ ⬊ ⬇	xl5Arrows	5 つの矢印（色分け）
⬆ ⬈ ➡ ⬊ ⬇	xl5ArrowsGray	5 つの矢印（灰色）
▁▃▅▇ ▁▃▅▇▉	xl5CRV	5 つの評価
● ◐ ◑ ◔ ○	xl5Quarters	白黒の丸
▪ ▪ ▪ ▪ ▪	xl5Boxes	5 種類のボックス

4-18 スパークライン

スパークライン

Excel 2010で追加されたスパークラインの機能を使えば、簡易的なグラフをセル内に表示できます。折れ線、縦棒、勝敗の3種類のスパークラインを設定し、数値の変化をひと目で確認することができます。VBAでスパークラインを操作するには、セル範囲に設定されたスパークラインのグループであるSparklineGroupオブジェクトを使用します。スパークラインのメインの色を設定するには、FormatColorオブジェクトを使用し、マーカー、頂点（山）、頂点（谷）、始点、終点など、スパークライン上のデータのポイントに対する設定を行うには、SparkPointsオブジェクトを使用します。ここではこれらのオブジェクトを使って、スパークラインの様々な設定方法を紹介します。

	A	B	C	D	E	F	G	H
1		4月	5月	6月	7月	総計	各月動向	
2	シューロール	1,050	600	900	800	3,350		
3	ショコラアイス	850	650	720	980	3,200		
4	マンゴプリン	800	720	1,000	900	3,420		
5	抹茶プリン	790	1,100	500	700	3,090		
6	苺ムース	650	700	850	780	2,980		
7	総計	4,140	3,770	3,970	4,160	16,040		
8								

◆SparklineGroupオブジェクト
スパークラインのグループ

◆FormatColorオブジェクト
スパークライングループの系列のメインの色

	A	B	C	D	E	F	G	H
1		4月	5月	6月	7月	総計	各月動向	
2	シューロール	1,050	600	900	800	3350		
3	ショコラアイス	850	650	720	980	3,200		
4	マンゴプリン	800	720	1,000	900	3,420		
5	抹茶プリン	790	1,100	500	700	3,090		
6	苺ムース	650	700	850	780	2,980		
7	総計	4,140	3,770	3,970	4,160	16,040		
8								

◆SparkPointsオブジェクト
スパークライン上のデータのポイントの設定を表す

◆SparkColorオブジェクト
スパークライン上のデータの始点、終点、頂点（山）、頂点（谷）、負のポイント、マーカーといったポイントの表示／非表示、色の設定を表す

スパークラインを設定するには

オブジェクト.Add(Type, SourceData)

▶解説

指定した範囲にスパークラインを設定するには、Rangeオブジェクトに含まれるスパークラインの集まりであるSparklineGroupsコレクションのAddメソッドを使います。Addメソッドにより、新しいSparklineGroupオブジェクトが作成され、SparklineGroupオブジェクトが返ります。

4-18

スパークライン

▶設定する項目

オブジェクト·········· SparklineGroupsコレクションを指定します。

Type·················· スパークラインの種類をXlSparkType列挙型の定数で指定します。

SourceData········· スパークラインの作成に使用する範囲を指定します。

XlSparkType列挙型の定数

定数	値	内容
xlSparkLine	1	折れ線スパークライン
xlSparkColumn	2	縦棒スパークライン
xlSparkColumnStacked100	3	勝敗スパークライン

エラーを防ぐには

スパークラインは、Excel 2010以降の機能です。Excel 2007で設定することはできません。

使用例 折れ線スパークラインを設定する

セルB2 ～ E7にある月別売上のデータをもとに、セルG2 ～ G7に折れ線スパークラインを設定します。

サンプル 4-18_001.xlsm

```
1  Sub 折れ線スパークラインの設定()
2      Range("G2:G7").SparklineGroups.Add _
           Type:=xlSparkLine, SourceData:="B2:E7"
3  End Sub
```
注)「_(行継続文字)」の部分は、次の行と続けて入力することもできます→95ページ参照

1 [折れ線スパークラインの設定]というマクロを記述する
2 セルB2からE7を元データとし、セルG2 ～ G7に折れ線スパークラインを作成する
3 マクロの記述を終了する

折れ線スパークラインを設定したい

❶VBEを起動し、コードを入力

参照 VBAを使用してマクロを作成するには……P.85

```
(General)                                    折れ線スパークラインの設定
Sub 折れ線スパークラインの設定()
    Range("G2:G7").SparklineGroups.Add
        Type:=xlSparkLine, SourceData:="B2:E7"
End Sub
```

❷入力したマクロを実行

参照 マクロを実行するには……P.53

折れ線スパークラインが設定された

サイドバー(左)

- マクロの基礎知識 1
- VBAの基礎知識 2
- プログラミングの基礎知識 3
- セルの操作 4
- ワークシートの操作 5
- Excelファイルの操作 6
- 高度なファイルの操作 7
- ウィンドウの操作 8
- データの操作 9
- 印刷 10
- 図形の操作 11
- グラフの操作 12
- コントロールの使用 13
- 外部アプリケーションの操作 14
- VBA関数 15
- そのほかの操作 16
- 付録

382
できる

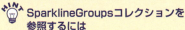

SparklineGroupsコレクションを参照するには

SparklineGroupsコレクションを参照するには、RangeオブジェクトのSparklineGroupsプロパティを使います。Rangeオブジェクトには、スパークラインを表示するセル範囲を指定します。例えば、セルG2～G7にスパークラインを表示したい場合は、「Range("G2:G7").SparklineGroups」と記述して参照します。

スパークラインを削除するには

スパークラインを削除するには、SparklineGroupsコレクションのClearGroupsメソッドを使います。例えば、セルG2を含むスパークライングループ内のすべてのスパークラインを削除するには以下のように記述します。なお、指定したセルにあるスパークラインだけを削除するには、Clearメソッドを使い、「Range("G2").SparklineGroups.Clear」と記述します。

 4-18_001.xlsm

```
Sub スパークライングループの削除()
    Range("G2").SparklineGroups.ClearGroups
End Sub
```

スパークラインの色を設定するには

オブジェクト.SeriesColor　　　　　　　　　

▶解説

スパークラインの色を設定するには、スパークライングループの系列のメインの色を表すFormatColorオブジェクトを使います。FormatColorオブジェクトは、SparklineGroupオブジェクトのSeriesColorプロパティで取得できます。FormatColorオブジェクトのColorプロパティ、ColorIndexプロパティ、ThemeColorプロパティで設定する色を指定します。

▶設定する項目

オブジェクト ………… SparklineGroupオブジェクトを指定します。

エラーを防ぐには

FormatColorオブジェクトで指定できるのは、スパークライン全体の色です。棒グラフで最大値のグラフだけ色を変えたい場合など、個別に変更したい場合は、SparkPointsオブジェクトを使います。

4-18

スパークライン

スパークラインのデータの各ポイントに対して設定するには

オブジェクト.**Points**————————————— 取得

▶解説

SparklineGroupオブジェクトのPointsプロパティは、スパークライン上のデータのポイントに対する設定を表すSparkPointsオブジェクト取得します。SparkPointsオブジェクトは、マーカー、頂点（山／谷）、始点、終点、負のポイントといったポイントに対してさまざまな設定を行うときに使用します。また、それぞれのポイントに対する設定は、MarkersプロパティやHighpointプロパティなどを使ってSparkColorオブジェクトを取得し、Visibleプロパティで表示／非表示、Colorプロパティを使って色の設定をします。

参照🔧 SparkColorオブジェクトを取得するプロパティと対応するメニュー……P.387

▶設定する項目

オブジェクト ………… SparklineGroupオブジェクトを指定します。

エラーを防ぐには

SparkPointsオブジェクトから直接マーカーの表示や色の設定はできません。SparkPointsオブジェクトのMarkersプロパティなどのプロパティを使ってSparkColorオブジェクトを取得し、そのSparkColorオブジェクトに対して表示／非表示や色の設定を行います。

使用例 色を指定して縦棒スパークラインを設定する

セルB2〜E7にある月別売上のデータをもとに、セルG2〜G7に縦棒スパークラインを設定し、色を緑にして、データの最大値（頂点（山））を強調表示します。縦棒スパークラインの系列の色を変更するために、SparklineGroupオブジェクトのSeriesColorプロパティでFormatColorオブジェクトを取得し、ColorIndexプロパティで色を指定しています。データの最大値となるポイント（頂点（山））を表示するには、SparkPointsオブジェクトのHighpointプロパティを使ってSparkColorオブジェクトを取得し、VisibleプロパティをTrueに設定すると表示されます。色を指定しない場合は、既定値の赤で表示されます。 サンプル📄4-18_002.xlsm

```
1  Sub 色を指定した縦棒スパークラインの設定()
2      Dim mySG As SparklineGroup
3      Set mySG = Range("G2:G7").SparklineGroups.Add( _
           Type:=xlSparkColumn, SourceData:="B2:E7")
4      mySG.SeriesColor.ColorIndex = 10
5      mySG.Points.Highpoint.Visible = True
6  End Sub
```
注)「_（行継続文字)」の部分は、次の行と続けて入力することもできます→95ページ参照

1 ［色を指定した縦棒スパークラインの設定］というマクロを記述する
2 SparklineGroup型の変数mySGを宣言する
3 セルB2〜E7を元データとし、セルG2〜G7に縦棒グラフの形式でスパークラインを作成し、作成したスパークラインを変数mySGに代入する
4 系列の色を「10」（緑）にする
5 ［頂点(山)］を表示する
6 マクロの記述を終了する

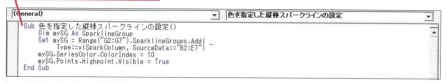

❶ VBEを起動し、コードを入力　　参照▶ VBAを使用してマクロを作成するには……P.85

```
Sub 色を指定した縦棒スパークラインの設定()
    Dim mySG As SparklineGroup
    Set mySG = Range("G2:G7").SparklineGroups.Add( _
        Type:=xlSparkColumn, SourceData:="B2:E7")
    mySG.SeriesColor.ColorIndex = 10
    mySG.Points.Highpoint.Visible = True
End Sub
```

❷ 入力したマクロを実行　　参照▶ マクロを実行するには……P.53

縦棒スパークラインが設定された

使用例　マーカーを表示し色を指定して折れ線スパークラインを表示する

セルB2～E7にある月別売上のデータをもとに、セルG2～G7に折れ線スパークラインを設定し、マーカーの色を青に指定して表示します。折れ線スパークラインのマーカーを表示するために、SparkPointsオブジェクトのMarkersプロパティでSparkColorオブジェクトを取得し、VisibleプロパティでTrue、Colorプロパティで青色を設定しています。

サンプル 4-18_003.xlsm

```
1  Sub マーカーを表示し色を指定した折れ線スパークラインの設定()
2      Dim mySG As SparklineGroup
3      Set mySG = Range("G2:G7").SparklineGroups.Add( _
           Type:=xlSparkLine, SourceData:="B2:E7")
4      mySG.Points.Markers.Visible = True
5      mySG.Points.Markers.Color.Color = RGB(0, 0, 255)
6  End Sub
```
注）「_（行継続文字）」の部分は、次の行と続けて入力することもできます→95ページ参照

1 ［マーカーを表示し色を指定した折れ線スパークラインの設定］というマクロを記述する
2 SparklineGroup型の変数mySGを宣言する
3 セルB2からE7を元データとし、セルG2～G7に折れ線グラフの形式でスパークラインを作成して、作成したスパークラインを変数mySGに代入する
4 マーカーを表示する
5 マーカーの色を青色に設定する
6 マクロの記述を終了する

4-18

スパークライン

	マクロの 基礎知識	1
VBAの 基礎知識	2
プログラミングの 基礎知識	3
セルの操作	**4**
ワークシートの 操作	5
Excelファイルの 操作	6
高度な ファイルの操作	7
ウィンドウの 操作	8
データの操作	9
印　刷	10
図形の操作	11
グラフの操作	12
コントロールの 使用	13
外部アプリケーション の操作	14
VBA関数	15
そのほかの操作	16
付　録	

折れ線スパークラインを設定したい

	A	B	C	D	E	F	G	H
1		4月	5月	6月	7月	総計	各月動向	
2	シューロール	1,050	600	900	800	3,350		
3	ショコラアイス	850	650	720	980	3,200		
4	マンゴプリン	800	720	1,000	900	3,420		
5	抹茶プリン	790	1,100	500	700	3,090		
6	苺ムース	650	700	850	780	2,980		
7	総計	4,140	3,770	3,970	4,160	16,040		
8								

マーカーを表示し、青色に設定したい

❶VBEを起動し、コードを入力

参照 VBAを使用してマクロを作成するには……P.85

(General) ／ マーカーを表示し色を指定した折れ線スパークラインの設定

```
Sub マーカーを表示し色を指定した折れ線スパークラインの設定()
    Dim mySG As SparklineGroup
    Set mySG = Range("G2:G7").SparklineGroups.Add( _
        Type:=xlSparkLine, SourceData:="B2:E7")
    mySG.Points.Markers.Visible = True
    mySG.Points.Markers.Color.Color = RGB(0, 0, 255)
End Sub
```

❷入力したマクロを実行　**参照** マクロを実行するには……P.53

折れ線スパークラインが設定された

	A	B	C	D	E	F	G	H
1		4月	5月	6月	7月	総計	各月動向	
2	シューロール	1,050	600	900	800	3,350		
3	ショコラアイス	850	650	720	980	3,200		
4	マンゴプリン	800	720	1,000	900	3,420		
5	抹茶プリン	790	1,100	500	700	3,090		
6	苺ムース	650	700	850	780	2,980		
7	総計	4,140	3,770	3,970	4,160	16,040		
8								

青のマーカーが表示された

💡 HINT **マーカーなどのポイントの色を指定する方法**

マーカーに色を設定する場合、使用例の5行めのように「SparklineGroupオブジェクト.Points.Markers.Color.Color = RGB関数」の形式で設定します。Markersプロパティの次にあるColorプロパティでは、スパークラインの水平軸またはポイントのマーカーの色を設定するためのFormatColorオブジェクトを取得しています。2つめのColorプロパティで実際の色を指定します。なお、2つめのColorプロパティの代わりにColorIndexプロパティやThemeColorプロパティを使ったり、TintAndShadeプロパティを使って明暗を指定したりできます。

SparkColorオブジェクトを取得するプロパティと対応するメニュー

スパークラインのデータの頂点（山／谷）や始点／終点、負のポイント、マーカーの表示／非表示、色は、SparkColorオブジェクトに対して設定します。それぞれのポイントに対するSparkColorオブジェクトは右表のプロパティを使って取得できます。SparkColorオブジェクトは、以下のExcelのメニューに対応しています。

SparkPointsオブジェクトのプロパティ

プロパティ	内容
Highpoint	頂点（山）
Lowpoint	頂点（谷）
Negative	負のポイント
Firstpoint	始点
Lastpoint	終点
Markers	マーカー

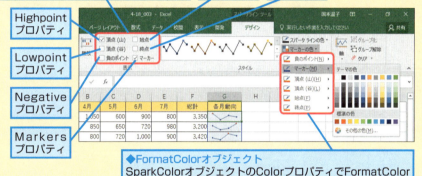

◆SparkColorオブジェクト
SparkPointsオブジェクトの各プロパティでSparkColorオブジェクトを取得し、Visibleプロパティで表示／非表示を設定

◆FormatColorオブジェクト
SparkColorオブジェクトのColorプロパティでFormatColorオブジェクトを取得し、Colorプロパティなどで色を設定

使用例　負のポイントを表示し、色を指定して勝敗スパークラインを設定する

セルB2〜E5にある試合の勝敗結果をもとに、セルF2〜F5に勝敗スパークラインを設定し、負のポイントの色を薄緑色に指定して表示します。負のポイントの表示／非表示と色はSparkPointsオブジェクトのNegativeプロパティを使い、データの負の点に対する色と表示設定を表すSparkColorオブジェクトを取得して、表示／非表示や色の設定をします。

サンプル 4-18_004.xlsm

```
1  Sub 負のポイントを薄緑色にして勝敗スパークラインを設定()
2      Dim mySG As SparklineGroup
3      Set mySG = Range("F2:F5").SparklineGroups.Add( _
           Type:=xlSparkColumnStacked100, SourceData:="B2:E5")
4      mySG.Points.Negative.Visible = True
5      mySG.Points.Negative.Color.ColorIndex = 43
6  End Sub
```
注）「_（行継続文字）」の部分は、次の行と続けて入力することもできます→95ページ参照

4-18 スパークライン

1. ［負のポイントを薄緑色にして勝敗スパークラインを設定］というマクロを記述する
2. SparklineGroup型の変数mySGを宣言する
3. セルB2からE5を元データとし、セルF2～F5に勝敗スパークラインを作成し、作成したスパークラインを変数mySGに代入する
4. 負のポイントを表示する
5. 負のポイントの色を薄緑色に設定する
6. マクロの記述を終了する

勝敗スパークラインを設定したい

負のポイントを表示し、薄緑色に設定したい

❶VBEを起動し、コードを入力

参照▶ VBAを使用してマクロを作成するには……P.85

❷入力したマクロを実行

参照▶ マクロを実行するには……P.53

勝敗スパークラインが設定された

負のポイントが薄緑色で表示された

勝敗スパークラインとは

勝敗スパークラインは、正の値を勝ちとしてセルの半分より上に四角形を表示し、負の値を負けとしてセルの半分より下に四角形を表示します。数値の大きさを比較するものではなく、正か負かを表します。例えば、勝敗の状況、気温がマイナスになった日の状況、株価の変動などをひと目で表すことができます。

第 **5** 章
ワークシートの操作

5- 1. ワークシートの参照・・・・・・・・・・・・・・・・・・・390
5- 2. ワークシートの編集・・・・・・・・・・・・・・・・・・・396
5- 3. ワークシートの保護・・・・・・・・・・・・・・・・・・・408

5-1 ワークシートの参照

ワークシートの参照

VBAでワークシートの追加や削除、コピー、移動などの操作を行う場合は、Worksheetオブジェクトで対象となるワークシートを参照します。ワークシートを参照するには、WorksheetsプロパティやActivesheetプロパティを使用します。ブックのワークシートには、左から順番に1、2、3……とインデックス番号が振られています。ワークシートを参照するには、このインデックス番号やワークシート名を指定します。また、複数のワークシートを同時に参照するプロパティや、指定したワークシートの前やあとのワークシートを参照するプロパティもあります。ここでは、ワークシートの参照方法と選択方法について説明します。

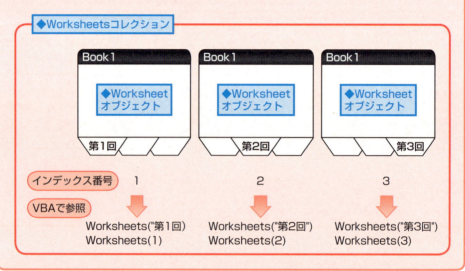

ワークシートを参照するには

オブジェクト.Worksheets(Index) ── 取得

▶解説

ワークシートを参照するには、Worksheetsプロパティを使用し、引数にシート名やインデックス番号を指定して、各ワークシートを参照します。

▶設定する項目

オブジェクト………… ApplicationオブジェクトまたはWorkbookオブジェクトを指定します。Applicationオブジェクトを指定した場合、または省略した場合は、作業中ブックのワークシートが対象になります。Workbookオブジェクトを指定した場合は、指定したブックのワークシートが対象となります（省略可）。

Index·················· インデックス番号、またはワークシート名を指定します。

エラーを防ぐには

ワークシートのインデックス番号は、常に左のワークシートから1、2、3……の順になります。そのため、シートの追加や削除、コピー、移動などの操作をすると、インデックス番号が振り直されます。ワークシートをインデックス番号で指定する場合は、その点を注意してください。特定のワークシートを参照したい場合は、ワークシート名を使用して参照したほうが確実です。

▶ 作業中のシートを参照するには

Activesheet ——————————————————— 取得

▶解説

Activesheetプロパティは、作業中のシートであるアクティブシートを参照します。アクティブシートとは、作業中のブックや指定したウィンドウ、または指定したブックにおいて、一番手前に表示されているシートのことをいいます。

▶設定する項目

オブジェクト ·········· Applicationオブジェクト、Windowオブジェクト、Workbookオブジェクトを指定します。省略した場合は、現在作業中であるアクティブブックのアクティブシートが対象となります（省略可）。

エラーを防ぐには

1つのブックを複数のウィンドウで表示している場合、対象とするウィンドウによってActivesheetプロパティが異なるシートを参照することがあります。

使用例 ワークシートを参照する

左から2つめのワークシートを選択し、アクティブになったシートのシート名をセルA2の値に設定します。

`サンプル自` 5-1_001.xlsm

```
1  Sub シートの参照()
2      Worksheets(2).Select
3      ActiveSheet.Name = Range("A2").Value
4  End Sub
```

1 [シートの参照]というマクロを記述する
2 左から2つめのシートを選択する
3 アクティブシートのシート名をセルA2の値に設定する
4 マクロの記述を終了する

5-1
参照 ワークシートの

1 マクロの基礎知識
2 VBAの基礎知識
3 プログラミングの基礎知識
4 セルの操作
5 ワークシートの操作
6 Excelファイルの操作
7 高度なファイルの操作
8 ウィンドウの操作
9 データの操作
10 印刷
11 図形の操作
12 グラフの操作
13 コントロールの使用
14 外部アプリケーションの操作
15 VBA関数
16 そのほかの操作
付録

391
できる

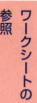

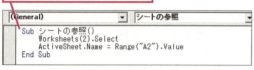

左から2つめのシートを選択し、シートの名前を変更する

❶VBEを起動し、コードを入力　　参照▶VBAを使用してマクロを作成するには……P.85

```
Sub シートの参照()
    Worksheets(2).Select
    ActiveSheet.Name = Range("A2").Value
End Sub
```

❷入力したマクロを実行　　参照▶マクロを実行するには……P.53

2つめのワークシートがアクティブになり、名前が変更された

💡 Sheetsコレクションでワークシートを参照する

Sheetsコレクションは、ブック内のすべてのシートの集まりを表します。Sheetsコレクションには、ワークシートだけでなく、グラフシートなどほかの種類のシートも含まれます。Sheets(2)とすると、ブック内の左から2番目のシートを参照できます。ブック内にワークシートしか含まれない場合は、SheetsプロパティとWorksheetsプロパティのどちらを使用しても同じ結果になります。なお、グラフシートの集まりは、Chartsコレクションになります。Worksheetsコレクション、Chartsコレクションともに、Sheetsコレクションに含まれます。

ワークシートを選択するには

オブジェクト.Select(Replace)

▶解説

Selectメソッドは、ワークシートを選択します。引数Replaceで、現在選択しているシートの選択を解除するかどうか指定できるため、複数のシートを同時に選択して「作業グループ」にすることができます。

▶設定する項目

オブジェクト……… Worksheetsコレクションまたは、Worksheetオブジェクトを指定します。

Replace …………… Trueまたは省略した場合は、現在選択しているシートの選択を解除して指定したシートを選択します。Falseの場合は、現在選択しているシートに加えて、指定したシートも選択します（省略可）。

▶エラーを防ぐには

単一のシートを選択した場合は、そのシートがアクティブシートになります。引数ReplaceでFalseを指定してシートを選択した場合、選択したシートはアクティブにならず、元々アクティブだったシートがそのままアクティブシートになります。

ワークシートをアクティブにするには

オブジェクト.Activate

▶解説

Activateメソッドは、指定したワークシートをアクティブシート（一番手前に表示されている作業対象のシート）にします。複数のシートを選択している場合は、Activateメソッドを使うと、選択を解除せずにアクティブにするシートを切り替えることができます。

▶設定する項目

オブジェクト ………… Worksheetオブジェクトを指定します。

エラーを防ぐには

選択されていないワークシートに対してActivateメソッドを使用すると、前の選択は解除され、指定したワークシートが選択されてアクティブシートになります。複数のワークシートが選択されている場合、選択されているワークシートのいずれかのワークシートに対してActivateメソッドを使うと、選択は解除されず、指定されたワークシートがアクティブになります。すべてのワークシートが選択されている場合は、アクティブシート以外のワークシートに対してActivateメソッドを使うと、複数シートの選択が解除され、指定したワークシートだけが選択されてアクティブになります。

使用例　ワークシートを選択する

［第1回］シートを選択し、その選択を解除しないで［第3回］シートを選択します。これにより、複数のシートを選択できます。続けて、［第3回］シートをアクティブにし、前面に表示します。選択されているワークシートのなかでアクティブシートを切り替えているため、［第1回］シートの選択は解除されません。

サンプル 5-1_002.xlsm

```
1  Sub 複数のワークシートの選択()
2      Worksheets("第1回").Select
3      Worksheets("第3回").Select Replace:=False
4      Worksheets("第3回").Activate
5  End Sub
```

1　［複数のワークシートの選択］というマクロを記述する
2　［第1回］シートを選択する
3　［第1回］シートの選択を解除しないで、［第3回］シートを選択する
4　［第3回］シートをアクティブにする
5　マクロの記述を終了する

[第1回]シートは選択したままで、[第3回]シートを選択してアクティブにする

❶VBEを起動し、コードを入力

参照▶VBAを使用してマクロを作成するには……P.85

❷入力したマクロを実行

参照▶マクロを実行するには……P.53

[第1回]シートと[第3回]シートが選択された

[第3回]シートがアクティブになった

複数のワークシートを一度に選択する

Array関数を使用し、複数のシートを参照させてSelectメソッドを使用すると、一度に複数のシートを選択することができます。たとえば、[第1回]シートと[第3回]シートを同時に選択するには、「Worksheets(Array("第1回", "第3回")).Select」と記述するか、インデックス番号を使用して、「Worksheets(Array(1, 3)).Select」と記述します。また、ブック内のすべてのワークシートを選択するには、Worksheetsコレクションに対してSelectメソッドを使用し、「Worksheets.Select」と記述します。

参照▶Array関数で配列変数に値を格納する……P.166

選択とアクティブの違い

シートの選択は、単一シートだけでなく、複数のシートの選択が可能ですが、アクティブにできるシートは常に単一シートです。シートをアクティブにすると、指定したシートが最前面に表示されて作業対象となります。なお、単一のシートをSelectメソッドで選択した場合は、Activateメソッドと同じ動作になり、アクティブシートになります。

選択されているシートを参照するには

オブジェクト.SelectedSheets ──────────── 取得

▶解説

SelectedSheetsプロパティは、指定したウィンドウで選択しているすべてのシートを参照します。選択している複数のシートに対して削除やコピーといった処理を実行したい場合などに利用できます。

▶設定する項目

オブジェクト………Windowオブジェクトを指定します。

▶エラーを防ぐには

SelectedSheetsプロパティを使用する場合は、必ずWindowオブジェクトを指定してください。Workbookオブジェクトを指定することはできません。

使用例 選択されている複数のシートを削除する

左から1つめと2つめのシートを選択し、選択しているシートを削除します。シート削除時に、削除の確認メッセージが表示されないようにDisplayAlertsプロパティをFalseに設定し、削除後にTrueに戻しています。

サンプル 5-1_003.xlsm

参照▶Array関数で配列に値を格納する……P.166
参照▶ワークシートを削除するには……P.398

```
1  Sub 選択シートの参照()
2      Worksheets(Array(1,2)).Select
3      Application.DisplayAlerts = False
4      ActiveWindow.SelectedSheets.Delete
5      Application.DisplayAlerts = True
6  End Sub
```

1 ［選択シートの参照］というマクロを記述する
2 左から1つめと2つめのシートを選択する
3 Excelの警告メッセージが表示されないようにする
4 選択しているシートを削除する
5 Excelの警告メッセージが表示されるようにする
6 マクロの記述を終了する

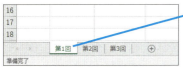

❶VBEを起動し、コードを入力

参照▶VBAを使用してマクロを作成するには……P.85

❷入力したマクロを実行

参照▶マクロを実行するには……P.53

左から1つめと2つめのワークシートが削除された

削除されるときに警告のメッセージが表示されない

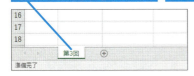

前後のシートを参照するには

指定したシートの前（左側）やあと（右側）にあるシートを参照するには、それぞれPreviousプロパティとNextプロパティを使います。たとえば、アクティブシートの前にあるシートのシート名を取得するには、「ActiveSheet.Previous.Name」と記述します。なお、Rangeオブジェクトを指定して「ActiveCell.Previous」とするとアクティブセルの1つ前のセル、「ActiveCell.Next」とすると、アクティブセルの1つ次のセルを参照します。

5-2 ワークシートの編集

ワークシートの編集

ワークシート単位での操作には、追加、削除、移動、コピーといったものがあります。また、ワークシート名を取得したり、設定したりすることもワークシートを操作するうえで必要となります。ここでは、VBAでワークシートを編集するのに必要なプロパティやメソッドを説明します。

◆シートの追加
Addメソッドを使って、シートを追加する

参照▶ワークシートを追加するには……P.397

◆シートの削除
Deleteメソッドを使って、シートを削除する

参照▶ワークシートを削除するには……P.398

◆シートの移動
Moveメソッドを使って、シートを移動する

参照▶ワークシートを移動またはコピーするには……P.400

◆シートのコピー
Copyメソッドを使って、シートをコピーする

参照▶ワークシートを移動またはコピーするには……P.400

◆シート名の変更
Nameプロパティを使って、シート名を変更する

参照▶ワークシート名を変更するには……P.403

ワークシートを追加するには

オブジェクト.**Add**(Before, After, Count)

▶解説

Addメソッドは、新しくワークシートを追加し、追加したワークシートオブジェクトを返します。追加する場所や枚数を指定することができます。Addメソッドでワークシートが追加されると、そのワークシートがアクティブになります。引数BeforeやAfterを省略すると、アクティブシートの前にワークシートが追加されます。

▶設定する項目

オブジェクト ‥‥‥‥‥ Worksheetsコレクションを指定します。

Before ‥‥‥‥‥‥‥‥ 指定したワークシートの前（左側）に、ワークシートを新規追加します（省略可）。

After ‥‥‥‥‥‥‥‥‥ 指定したワークシートのうしろ（右側）に、ワークシートを新規追加します（省略可）。

Count ‥‥‥‥‥‥‥‥ 追加するワークシートの数を指定します。省略時は1になります（省略可）。

エラーを防ぐには

ワークシートを追加するには、Worksheetsコレクションに対してAddメソッドで追加します。Worksheetオブジェクトに対してはAddメソッドを使うことはできません。なお、Sheetsコレクションに対してAddメソッドを使用してもワークシートを追加することができます。

参照🔖 ワークシート名を変更するには……P.403

使用例 ブックの末尾に新しいワークシートを3枚追加する

ブックの末尾に新しいワークシートを3枚追加します。ブック内にあるワークシートの最後ということになるため、Worksheets.Countでシート数を取得し、Worksheets(Worksheets.Count)で末尾（右端）にあるシートを参照しています。 サンプル🔖 5-2_001.xlsm

参照🔖 ワークシートの数を数えるには……P.406

```
1  Sub ワークシートを末尾に追加()
2      Worksheets.Add After:=Worksheets(Worksheets.Count), Count:=3
3  End Sub
```

1 [ワークシートを末尾に追加]というマクロを記述する
2 末尾（一番右側）にあるシートのうしろに、新規ワークシートを3枚追加する
3 マクロの記述を終了する

5-2
ワークシートの編集

1 マクロの基礎知識
2 VBAの基礎知識
3 プログラミングの基礎知識
4 セルの操作
5 ワークシートの操作
6 Excelファイルの操作
7 高度なファイルの操作
8 ウィンドウの操作
9 データの操作
10 印刷
11 図形の操作
12 グラフの操作
13 コントロールの使用
14 外部アプリケーションの操作
15 VBA関数
16 そのほかの操作
付録

5-2 ワークシートの編集

ブックの末尾に新しいシートを3枚追加する

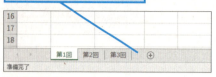

❶ VBEを起動し、コードを入力　　参照▶ VBAを使用してマクロを作成するには……P.85

❷ 入力したマクロを実行　　参照▶ マクロを実行するには……P.53

ワークシートが末尾に3つ追加された

追加したワークシートには自動的に名前が付けられる

> **HINT ワークシートの追加と同時にシート名を指定する**
>
> Addメソッドにより、追加したワークシートオブジェクトが返ります。これを利用して、Nameプロパティを使用してワークシート名を付けることができます。たとえば、「Worksheets.Add.Name="追加"」と記述すると、アクティブシートの前に新規ワークシートが追加され、シート名が「追加」となります。

ワークシートを削除するには

オブジェクト.Delete

▶解説

Deleteメソッドは、指定したワークシートを削除します。複数のワークシートを指定して、まとめて削除することもできます。

▶設定する項目

オブジェクト………Worksheetオブジェクトを指定します。

▶エラーを防ぐには

指定したワークシート名が存在しない場合はエラーになります。また、削除したワークシートを復元させることはできません。ワークシートを削除すると、ワークシートのインデックス番号が振り直されます。インデックス番号でワークシートを指定している場合には、参照しているワークシートがずれることがあるので注意してください。

使用例 指定したワークシートを削除する

ここでは［第1回］シートを削除します。ワークシート削除時に表示される確認ダイアログボックスが表示されます。［削除］ボタンをクリックするとワークシートの削除が実行されます。

サンプル 5-2_002.xlsm

```
1  Sub ワークシートの削除()
2      Worksheets("第1回").Delete
3  End Sub
```

1 ［ワークシートの削除］というマクロを記述する
2 ［第1回］シートを削除する
3 マクロの記述を終了する

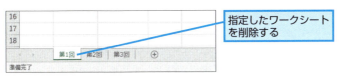

指定したワークシートを削除する

❶VBEを起動し、コードを入力

参照▶VBAを使用してマクロを作成するには……P.85

❷入力したマクロを実行

参照▶マクロを実行するには……P.53

削除を確認するダイアログボックスが表示される

❸［削除］をクリック

指定したワークシートが削除された

HINT 削除の確認ダイアログボックスを非表示にするには

Deleteメソッドを使用してワークシートを削除しようとすると、削除確認のダイアログボックスが表示されます。［削除］ボタンをクリックしたときにワークシートが削除され、［キャンセル］ボタンをクリックするとワークシートは削除されません。このダイアログボックスを非表示にしてワークシートを削除するには、ApplicationオブジェクトのDisplayAlertsプロパティにFalseを設定します。

```
Sub ワークシートの削除()
    Application.DisplayAlerts = False
    Worksheets("第1回").Delete
    Application.DisplayAlerts = True
End Sub
```

サンプル 5-2_003.xlsm

5-2

編集
ワークシートの

ワークシートを移動またはコピーするには

オブジェクト.Move(Before, After)
オブジェクト.Copy(Before, After)

▶解説

指定したワークシートを移動するにはMoveメソッドを使用し、コピーするにはCopyメソッドを使用します。移動またはコピーしたシートがアクティブになります。また、ワークシートの移動先、コピー先は、引数Beforeまたは引数Afterで指定します。これらの引数を省略した場合は、新規ブックが作成され、そこに移動またはコピーされます。

▶設定する項目

オブジェクト ‥‥‥‥ Worksheetオブジェクトまたは、Sheetsコレクション、Worksheetsコレクションを指定します。

Before ‥‥‥‥‥‥‥ 指定したワークシートの前に移動またはコピーします（省略可）。

After ‥‥‥‥‥‥‥‥ 指定したワークシートのうしろに移動またはコピーします（省略可）。

> エラーを防ぐには

引数Beforeと引数Afterを同時に指定することはできません。

使用例　ワークシートを別ブックに移動する

［第1回］シートを、コードを実行しているブックと同じ場所に保存されているブック［セミナー .xlsx］の先頭に移動します。既存の別ブックに移動する場合は、あらかじめブックを開いておきます。また、コードを実行しているブックは、ThisWorkbook、保存場所はPathプロパティで取得しています。

サンプル 5-2_004.xlsm ／セミナー .xlsx

参照 ブックを参照するには‥‥‥‥P.418

参照 ブックの保存場所を調べるには‥‥‥‥P.450

```
1  Sub ワークシートを別ブックに移動()
2      Dim myBook As String
3      myBook = "セミナー .xlsx"
4      Workbooks.Open Filename:=ThisWorkbook.Path & "¥" & myBook
5      ThisWorkbook.Activate
6      Worksheets("第1回").Move Before:=Workbooks(myBook).Worksheets(1)
7  End Sub
```

マクロの
基礎知識　**1**

VBAの
基礎知識　**2**

プログラミングの
基礎知識　**3**

セルの操作　**4**

ワークシートの
操作　**5**

Excelファイルの
操作　**6**

高度な
ファイルの操作　**7**

ウィンドウの
操作　**8**

データの操作　**9**

印　刷　**10**

図形の操作　**11**

グラフの操作　**12**

コントロールの
使用　**13**

外部アプリケーション
の操作　**14**

VBA関数　**15**

そのほかの操作　**16**

付　録

400
できる

1 [ワークシートを別ブックに移動]というマクロを記述する
2 文字列型の変数myBookを宣言する
3 変数myBookに開くブックの名前として「セミナー.xlsx」を格納する
4 コードを実行しているブックと同じ場所にあるブック[セミナー.xlsx]を開く
5 コードを実行しているブックをアクティブにする
6 [第1回]シートをブック[セミナー.xlsx]の先頭に移動する
7 マクロの記述を終了する

[第1回]シートを[セミナー.xlsx]ブックに移動する

❶VBEを起動し、コードを入力

参照▶VBAを使用してマクロを作成するには……P.85

❷入力したマクロを実行

参照▶マクロを実行するには……P.53

[第1回]シートは、別のブックに移動したためなくなっている

ブック[セミナー.xlsx]の先頭に[第1回]シートが移動した

HINT 移動またはコピー先に同じシート名があった場合

別ブックにシートを移動またはコピーする際に、同じ名前のシートがすでに存在している場合には、[第1回(2)]のようにシート名のうしろに自動的に番号が付けられます。事前に同じシート名が存在するかどうかを確認してから移動またはコピーするか、重複する可能性のない別の名前を使用するといいでしょう。

参照▶同じシート名があるかどうか確認するには……P.404

5-2 ワークシートの編集

使用例　ワークシートをコピーする

[原本]シートを、同じブックの別のシートとしてコピーします。使用例の[原本]シートは右端にあるため、その前にコピーし、常に[原本]シートが右端になるようにします。コピーしたシートはアクティブになるため、アクティブシートのシート名を「第○回」となるように指定します。「○」の部分はワークシートの数から1を引いた値を使用します。

サンプル 5-2_005.xlsm

```
1  Sub ワークシートのコピー
2      Worksheets("原本").Copy Before:=Worksheets("原本")
3      ActiveSheet.Name = "第" & Worksheets.Count - 1 & "回"
4  End Sub
```

1 [ワークシートのコピー]というマクロを記述する
2 [原本]シートをコピーし、[原本]シートの前に挿入する
3 コピーしてアクティブになったシートのシート名を「第○回」(「○」はワークシートの数から1を引いた数)となるように設定する
4 マクロの記述を終了する

[原本]シートを[第○回]シートとしてコピーする

❶VBEを起動し、コードを入力

参照 ▶ VBAを使用してマクロを作成するには……P.85

❷入力したマクロを実行

参照 ▶ マクロを実行するには……P.53

[原本]シートの内容が[第4回]シートとしてコピーされた

[原本]シートは一番右に位置したままである

HINT 複数のシートをまとめて移動またはコピーするには

複数のシートをまとめて移動またはコピーするには、Array関数を使って「Worksheets(Array("第1回","第2回")).Copy」のように記述して複数のシートを指定します。全シートであれば、「Worksheets.Copy」のようにWorksheetsコレクションを指定します。

参照 ▶ Array関数で配列変数に値を格納する……P.166

ワークシート名を変更するには

オブジェクト.**Name** ―――――――――――――――― 取得

オブジェクト.**Name** = 設定値 ―――――――――― 設定

▶解説

ワークシートのシート名を取得または設定するには、Nameプロパティを使用します。ワークシート名を変更すると、シート見出しタブにその名前が表示されます。

▶設定する項目

オブジェクト ‥‥‥‥Worksheetオブジェクトを指定します。

設定値‥‥‥‥‥‥‥‥‥ワークシート名を文字列で指定します。

エラーを防ぐには

ワークシート名は31文字以内で指定し、空白を使用することはできません。また、すでにあるシート名と同じ名前を付けることはできません。ワークシート名を指定する際、「：（コロン）」、「¥（円記号）」、「／（スラッシュ）」、「？（疑問符）」、「＊（アスタリスク）」、「［（左角かっこ）」、「］（右角かっこ）」を使うことはできません。

使用例 ワークシート名を変更する

アクティブシートのシート名を、現在のシート名にセルB2に表示されている日付を「mmdd」の表示形式にして連結した名前（例：第1回_0804）に変更します。日付の表示形式は、Format関数を使用して指定します。

サンプル 5-2_006.xlsm

参照 セルの表示形式を変更する‥‥‥‥P.310

```
1  Sub ワークシート名の変更()
2      ActiveSheet.Name = ActiveSheet.Name & "_" & _
           Format(Range("B2").Value, "mmdd")
3  End Sub    注)「_（行継続文字）」の部分は、次の行と続けて入力することもできます→95ページ参照
```

1 [ワークシート名の変更]というマクロを記述する
2 アクティブシートのシート名を、現在のアクティブシートの名前にセルB2の日付を「0804」という形式にして連結した名前に変更する
3 マクロの記述を終了する

5-2

編集 ワークシートの

1 マクロの基礎知識
2 VBAの基礎知識
3 プログラミングの基礎知識
4 セルの操作
5 ワークシートの操作
6 Excelファイルの操作
7 高度なファイルの操作
8 ウィンドウの操作
9 データの操作
10 印刷
11 図形の操作
12 グラフの操作
13 コントロールの使用
14 外部アプリケーションの操作
15 VBA関数
16 そのほかの操作

付録

403

できる

5-2 ワークシートの編集

ブックのワークシート名を変更する

❶VBEを起動し、コードを入力

参照▶VBAを使用してマクロを作成するには……P.85

❷入力したマクロを実行　参照▶マクロを実行するには……P.53

現在のシート名にセルB2の日付が連結された

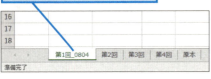

HINT 同じシート名があるかどうか確認するには

ブック内のシートに同じ名前を付けることはできません。シート名を設定するときに設定したいシート名がすでに存在するかどうかを確認するには、For Eachステートメントを使用して次のように記述することができます。ここでは、変数myWSNameに格納した文字列と同じシート名が存在した場合は、メッセージを表示して処理を終了し、存在しなかった場合は、[原本]シートを[原本]シートの前にコピーし、そのシートのシート名を変数myWSNameの値（第4回）に設定しています。

サンプル 5-2_007.xlsm

```
Sub 同名シートの確認()
    Dim myWSName As String, myWorksheet As Worksheet
    myWSName = "第4回"
    For Each myWorksheet In Worksheets
        If myWorksheet.Name = myWSName Then
            MsgBox myWSName & "と同名シートがあります"
            Exit Sub
        End If
    Next
    Worksheets("原本").Copy Before:=Worksheets("原本")
    ActiveSheet.Name = myWSName
End Sub
```

参照▶同じ種類のオブジェクトすべてに同じ処理を実行する……P.192

HINT 指定したシートだけ残してほかのシートを削除するには

ブック内にある指定したシートだけ残して、ほかのシートを削除したい場合は、For Eachステートメントを使用してシート名を確認しながら削除を行います。たとえば、[原本]シートだけ残してほかのシートを削除したい場合は、次のように記述することができます。

サンプル 5-2_007.xlsm

```
Sub 原本シートだけ残してシート削除()
    Dim myWorksheet As Worksheet
    For Each myWorksheet In Worksheets
        If myWorksheet.Name <> "原本" Then
            Application.DisplayAlerts = False
            myWorksheet.Delete
            Application.DisplayAlerts = True
        End If
    Next
End Sub
```

参照▶同じ種類のオブジェクトすべてに同じ処理を実行する……P.192

シート見出しの色を変更するには

オブジェクト.Color ―――――――――――――――――― 取得
オブジェクト.Color = RGB値―――――――――――――― 設定

▶解説

シート見出しの色を取得または設定するには、ワークシートのシート見出しを表すTabオブジェクトに対してColorプロパティを使用します。設定するときは、RGB関数を使ってRGB値を指定します。また、ColorIndexプロパティやThemeColorプロパティを使用して色を指定することもできます。

参照▶RGB関数でRGB値を取得するには……P.329
参照▶色のインデックス番号に対応する色……P.332
参照▶セルにテーマの色を設定するには……P.345

▶設定する項目

オブジェクト ………… Tabオブジェクトを指定します。

RGB値………………… RGB関数によって作成された値を指定します。

エラーを防ぐには

アクティブシートのシート見出しの色を変更しても、シート見出しが選択されているため変更結果がわかりづらいですが、別のシートをアクティブにすれば、変更結果が確認できます。

使用例　今日の日付を過ぎたシート見出しの色を変更する

今日の日付（システム日付）を過ぎたシート見出しの色を変更します。各シートのセルB2に入力されている日付と今日の日付を比較して、今日の日付のほうが大きい場合、その日付が過ぎたことがわかります。これを利用して日付が過ぎたシートのシート見出しの色を赤に変更します。ここでは、今日の日付が「2017/9/18」として処理しています。　サンプル 5-2_008.xlsm

参照▶同じ種類のオブジェクトすべてに同じ処理を実行する……P.192
参照▶RGB関数でRGB値を取得するには……P.329

```
1  Sub シート見出しの色を変更する()
2      Dim myWS As Worksheet
3      For Each myWS In Worksheets
4          If myWS.Range("B2").Value < Date Then
5              myWS.Tab.Color = RGB(255, 0, 0)
6          End If
7      Next
8  End Sub
```

5-2

ワークシートの編集

1　マクロの基礎知識
2　VBAの基礎知識
3　プログラミングの基礎知識
4　セルの操作
5　ワークシートの操作
6　Excelファイルの操作
7　高度なファイルの操作
8　ウィンドウの操作
9　データの操作
10　印刷
11　図形の操作
12　グラフの操作
13　コントロールの使用
14　外部アプリケーションの操作
15　VBA関数
16　そのほかの操作
　付録

405
できる

1. [シート見出しの色を変更する]というマクロを記述する
2. Worksheet型の変数myWSを宣言する
3. 変数myWSにブック内のワークシートを1つずつ順番に格納し次の処理を実行する（For Eachステートメントの開始）
4. 変数myWSに格納されたシートのセルB2の値が今日の日付よりも小さい場合（Ifステートメントの開始）
5. 変数myWSに格納されたシートのシート見出しの色を赤に設定する
6. Ifステートメントを終了する
7. 次のシートを変数myWSに格納して3行目に戻る
8. マクロの記述を終了する

セルB2の日付が今日のシステム日付を過ぎていた場合は、シート見出しの色を赤にする

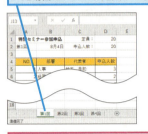

HINT シート見出しの色の設定を解除するには

シート見出しの色の設定を解除するには、ColorIndexプロパティで、xlColorIndexNoneまたはxlNoneを指定します。たとえば、アクティブシートのシート見出しの色の設定を解除するには、「ActiveSheet.Tab.ColorIndex = xlNone」と記述できます。

❶VBEを起動し、コードを入力

参照 VBAを使用してマクロを作成するには……P.85

❷入力したマクロを実行　　参照 マクロを実行するには……P.53

シート見出しの色が変更された

ワークシートの数を数えるには

オブジェクト.Count　　　　取得

▶解説

選択しているシートの数や、指定したシートの数を数えるにはCountプロパティを使用します。右端にあるシートのインデックス番号を取得したり、シートの数だけ処理をくり返したりする場合などによく利用されます。なお、Countプロパティは、非表示になっているシートも数えます。

▶設定する項目

オブジェクト……Worksheetsコレクションまたは、複数のシートを参照しているWorksheetオブジェクトを指定します。

5-2 ワークシートの編集

> **エラーを防ぐには**
>
> 単一のWorksheetオブジェクトに対してCountプロパティを使用することはできません。Worksheetsコレクションまたは、「Worksheets(Array(1,3))」のように複数のシートを参照しているWorksheetオブジェクトを指定します。

使用例　ワークシートの枚数を数える

ブック内にあるワークシートの枚数を数え、取得したワークシートの数をメッセージで表示します。

サンプル 5-2_009.xlsm

```
1  Sub ワークシートの数を数える()
2      MsgBox "ブック内のワークシートの数:" & Worksheets.Count
3  End Sub
```

1. [ワークシートの数を数える]というマクロを記述する
2. ブック内のすべてのワークシートの数を取得し、メッセージで表示する
3. マクロの記述を終了する

ブックに含まれるワークシートの数を確認する

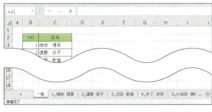

> **HINT 全シート数やグラフシート数を数えるには**
>
> ワークシートだけでなく、グラフシートなどほかのシートも含めたすべてのシートの数を取得するには、Sheetsコレクションを対象にし「Sheets.Count」とします。また、グラフシートの数を数える場合は、Chartsコレクションを対象にし「Charts.Count」とします。

❶VBEを起動し、コードを入力

参照▶ VBAを使用してマクロを作成するには……P.93

❷入力したマクロを実行　**参照▶** マクロを実行するには……P.54

ワークシート上の数が表示された

❸[OK]をクリック

> **HINT 表示されているシートのみ数えるには**
>
> Countプロパティは非表示のシートの数も数えます。表示されているシートのみ数えるには、シートの表示／非表示を取得、設定するVisibleプロパティを使って、次のように記述できます。
>
> ```
> Sub 表示されているシートのみ数える()
>     Dim cnt As Integer, myWS As Worksheet
>     For Each myWS In Worksheets
>         If myWS.Visible = True Then
>             cnt = cnt + 1
>         End If
>     Next
>     MsgBox "表示されているワークシートの数" & cnt
> End Sub
> ```
>
> **サンプル** 5-2_010.xlsm
>
> **参照▶** ワークシートの表示と非表示を切り替えるには……P.409

5-3 ワークシートの保護

ワークシートの保護

ワークシートに作成されている表やデータが誤って消去されたり、変更されたりしないようにするには、ワークシートを保護する必要があります。Excelにはワークシート内のセルが変更されないようにするためのシートの保護という機能があり、VBAから操作することもできます。ほかに、シートを非表示にして隠すことや、スクロールできる範囲を制限してほかの部分が操作できないように設定することもできます。ここでは、これらの設定方法について説明します。

シートの表示と非表示

Visibleプロパティで表示と非表示を切り替える。

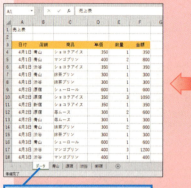

特定のワークシートを表示する　　特定のワークシートを非表示にする

ワークシートの保護

ProtectメソッドとUnprotectメソッドで、ワークシートの保護と保護解除を切り替える。

スクロール領域の制限

ScrollAreaプロパティでスクロール可能な領域を制限する。

指定した範囲以外の部分へのスクロールやセル選択が制限できる

ワークシートの表示と非表示を切り替えるには

オブジェクト.Visible ——————————————————— 取得
オブジェクト.Visible = 設定値 ——————————— 設定

▶解説

ワークシートの表示と非表示は、Visibleプロパティを使って切り替えることができます。TrueまたはFalseの値、および定数を使って、表示と非表示の設定を切り替えます。また、値を取得すれば、指定したワークシートの表示の状態を調べることもできます。

▶設定する項目

オブジェクト ………… Worksheetオブジェクト指定します。

設定値 ………………… TrueかFalse、またはXlSheetVisibility列挙型の定数を指定します。Trueの場合は、ワークシートを表示し、Falseの場合は、ワークシートを非表示にします。なお、XlSheetVisibility列挙型の定数の内容は下表のとおりです。

XlSheetVisibility列挙型の定数

定数	内容
xlSheetHidden	シートを非表示にするが、手動で再表示できる
xlSheetVeryHidden	シートを非表示にし、手動で再表示できない
xlSheetVisible	シートを表示する

エラーを防ぐには

設定値をFalseまたはxlSheetHiddenにすると、ワークシートは非表示になりますが、Excelのメニューからシートを再表示することができます。xlSheetVeryHiddenを指定すると、ワークシートを非表示にすると同時にメニューから再表示することができなくなります。再表示するには、VBAからTrueまたはxlSheetVisibleを指定します。

5-3

保護 ワークシートの

1 マクロの基礎知識
2 VBAの基礎知識
3 プログラミングの基礎知識
4 セルの操作
5 ワークシートの操作
6 Excelファイルの操作
7 高度なファイルの操作
8 ウィンドウの操作
9 データの操作
10 印刷
11 図形の操作
12 グラフの操作
13 コントロールの使用
14 外部アプリケーションの操作
15 VBA関数
16 そのほかの操作
付録

409
できる

使用例 ワークシートの表示と非表示を切り替える

［データ］シートの表示と非表示を切り替えます。Visibleプロパティは、TrueまたはFalseの値を持つので、Not演算子を使うことで現在と反対の設定に切り替えられます。次のように記述すると、プロシージャーの実行ごとにVisibleプロパティのTrueとFalseの設定を入れ替えることができ、表示と非表示が切り替わります。

サンプル 5-3_001.xlsm

```
1  Sub シートの表示非表示()
2      With Worksheets("データ")
3          .Visible = Not .Visible
4      End With
5  End Sub
```

1 ［シートの表示非表示］というマクロを記述する
2 ［データ］シートについて次の処理を実行する（Withステートメントの開始）
3 Visibleプロパティの値を現在のVisibleプロパティの値と反対の設定にする
4 Withステートメントを終了する
5 マクロの記述を終了する

［データ］シートの表示と非表示を切り替えたい

❶VBEを起動し、コードを入力　参照▶VBAを使用してマクロを作成するには……P.85

❷入力したマクロを実行　参照▶マクロを実行するには……P.53

［データ］シートが非表示になった　再度マクロを実行すると［データ］シートが再表示される

HINT シートを手動で再表示するには

ワークシートのVisibleプロパティをFalseまたはxlSheetHiddenに指定した場合にシートを手動で再表示するには、［ホーム］タブの［セル］グループにある［書式］ボタンをクリックし、一覧から［非表示/再表示］-［シートの再表示］をクリックして、［再表示］ダイアログボックスを表示します。再表示したいワークシートを選択し、［OK］ボタンをクリックします。

［再表示］ダイアログボックスからシートを再表示できる

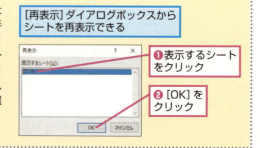

❶表示するシートをクリック
❷［OK］をクリック

HINT シート見出しを非表示にするには

シートを直接非表示にするのではなく、シート見出しを非表示にすることで、ほかのシートに切り替えにくくすることができます。シート見出しを非表示にするには、Windowオブジェクトの DisplayWorkbookTabsプロパティを使用します。TrueまたはFalseの値を持つので、Visibleプロパティと同様に表示と非表示の切り替えが簡単に行えます。たとえば、次のマクロは、実行するごとにアクティブウィンドウのシート見出しの表示と非表示を切り替えます。なお、シート見出しが非表示のときにシートを切り替えるには、[Ctrl]＋[Page Up]キーまたは、[Ctrl]＋[Page Down]キーを押します。

サンプル 5-3_002.xlsm

コードを実行する

```
Sub シート見出しの表示非表示()
    With ActiveWindow
        .DisplayWorkbookTabs = Not .DisplayWorkbookTabs
    End With
End Sub
```

シート見出しが非表示になり、見出しのクリックによるシートの切り替えができなくなった

24	4月5日	渋谷	マンゴプリン	400
25	4月5日	青山	マンゴプリン	400
26	4月5日	渋谷	葛ムース	300

準備完了

シートを保護するには

オブジェクト.**Protect**(Password, DrawingObjects, Contents, Scenarios, UserInterfaceOnly, AllowFormattingCells, AllowFormattingColumns, AllowFormattingRows, AllowInsertingColumns, AllowInsertingRows, AllowInsertingHyperlinks, AllowDeletingColumns, AllowDeletingRows, AllowSorting, AllowFiltering, AllowUsingPivotTables)

▶解説

Protectメソッドはワークシートを保護します。パスワードを指定すると、ワークシートの保護を解除するときに指定したパスワードが必要になります。

▶設定する項目

オブジェクト ········· Worksheetオブジェクトを指定します。

Password ············· パスワード文字列を指定します。パスワードは255文字以内で指定し、大文字、小文字は区別されます。省略した場合にはパスワードなしで保護を解除でき、指定した場合には保護を解除するためにパスワードが必要になります（省略可）。

DrawingObjects ··· Trueの場合、描画オブジェクトを保護します。省略した場合はTrueが指定されます（省略可）。

Contents ··············· Trueの場合、ワークシートではロックされているセルを保護し、グラフシートではグラフ全体を保護します。省略した場合はTrueが指定されます（省略可）。

Scenarios ············· Trueの場合、シナリオを保護します。省略した場合はTrueが指定されます（省略可）。

UserInterfaceOnly ··· Trueの場合、画面上からの変更は保護されますが、マクロからの変更は保護されません。省略した場合はFalseが指定され、画面、マクロ両方から変更できなくなります（省略可）。

5-3 ワークシートの保護

1 マクロの基礎知識
2 VBAの基礎知識
3 プログラミングの基礎知識
4 セルの操作
5 ワークシートの操作
6 Excelファイルの操作
7 高度なファイルの操作
8 ウィンドウの操作
9 データの操作
10 印刷
11 図形の操作
12 グラフの操作
13 コントロールの使用
14 外部アプリケーションの操作
15 VBA関数
16 そのほかの操作
付録

411
できる

AllowFormattingCells … Trueの場合、セルの書式変更ができます。省略した場合はFalseが指定されます（省略可）。

AllowFormattingColumns … Trueの場合、列の書式変更ができます。省略した場合はFalseが指定されます（省略可）。

AllowFormattingRows … Trueの場合、行の書式変更ができます。省略した場合はFalseが指定されます（省略可）。

AllowInsertingColumns … Trueの場合、列の挿入ができます。省略した場合はFalseが指定されます。[[省略可]

AllowInsertingRows … Trueの場合、行の挿入ができます。省略した場合はFalseが指定されます（省略可）。

AllowInsertingHyperlinks … Trueの場合、ハイパーリンクの挿入ができます。省略した場合はFalseが指定されます（省略可）。

AllowDeletingColumns … Trueの場合、列の削除ができます。省略した場合はFalseが指定されます（省略可）。

AllowDeletingRows … Trueの場合、行の削除ができます。省略した場合はFalseが指定されます（省略可）。

AllowSorting ……… Trueの場合、並べ替えを実行できます。省略した場合はFalseが指定されます（省略可）。

AllowFiltering ……… Trueの場合、フィルタを設定できます。フィルタ条件の変更はできますが、オートフィルタの有効／無効は切り替えられません。省略した場合はFalseが指定されます（省略可）。

AllowUsingPivotTables … Trueの場合、ピボットテーブルレポートを使用できます。省略した場合はFalseが指定されます（省略可）。

エラーを防ぐには

ワークシートを保護すると、セルへの入力や編集ができなくなりますが、ロックを解除しているセルに対しては入力および編集が可能です。また、引数Password以外の引数を指定することで、いくつかの編集を可能にしてワークシートを保護することができます。

使用例　一部のセルへの入力を可能にしてワークシートを保護する

セルB4 〜 F7への入力を可能にし、パスワードを「dekiru」にしてワークシートを保護します。

サンプル 5-3_003.xlsm

```
1  Sub 一部のセルを入力可能にしてシート保護()
2      Range("B4:F7").Locked = False
3      ActiveSheet.Protect Password:="dekiru"
4  End Sub
```

1 [一部のセルを入力可能にしてシート保護]というマクロを記述する
2 セルB4 〜 F7のセルのロックを解除する
3 パスワードを「dekiru」に指定してアクティブシートを保護する
4 マクロの記述を終了する

5-3 ワークシートの保護

セルB4～F7への入力を可能にして、それ以外のセルについては、パスワードを設定してワークシートを保護したい

❶VBEを起動し、コードを入力

参照▶VBAを使用してマクロを作成するには……P.85

```
Sub 一部のセルを入力可能にしてシート保護()
    Range("B4:F7").Locked = False
    ActiveSheet.Protect Password:="dekiru"
End Sub
```

❷入力したマクロを実行

参照▶マクロを実行するには……P.53

セルB4～F7以外のセルが保護された

セルB4～F7は値を変更できる

❸セルA4をダブルクリック

保護されていることを示すダイアログボックスが表示された

❹[OK]をクリック

HINT セルのロックを解除してシート保護時に入力できるセルを指定する

セルのロックを解除しておくと、ワークシートを保護してもそのセルへの入力や編集は可能です。セルへのロックを解除するにはRangeオブジェクトのLockedプロパティをFalseにします。なお、ワークシートが保護されている状態で、Lockedプロパティを設定しようとするとエラーになるので、ワークシートを保護する前にLockedプロパティの設定をします。

サンプル▶5-3_004.xlsm

HINT セルの選択を不可にする

ワークシートを保護した場合、編集できないセルであってもセルの選択は可能です。ワークシート保護時に、WorksheetオブジェクトのEnableSelectionプロパティをxlUnlockedCellsに設定すると、ロックを解除しているセル（LockedプロパティがFalseのセル）のみ選択でき、ほかのセルを選択できなくなります。なお、xlNoSelectionにすると、すべてのセルの選択ができなくなり、xlNoRestrictionsにすると、すべてのセルの選択が可能になります。たとえば、使用例の3行めの次に「ActiveSheet.EnableSelection = xlUnlockedCells」と記述すれば、セルB4～F7以外のセルの選択ができなくなります。

HINT ワークシートが保護されているかどうかを確認するには

ワークシートが保護されているかどうか確認するには、WorksheetオブジェクトのProtectContentsプロパティを使用します。Trueの場合は、ワークシートが保護されており、Falseの場合は保護されていません。次の例は、使用例でシート保護を事前に確認し、保護されているときはメッセージを表示して、処理を終了しています。

```
Sub 事前にシート保護を確認する()
    If ActiveSheet.ProtectContents Then
        MsgBox "シートは保護されています"
        Exit Sub
    End If
    Range("B4:F7").Locked = False
    ActiveSheet.Protect Password:="dekiru"
End Sub
```

サンプル▶5-3_005.xlsm

ワークシートの保護を解除するには

オブジェクト.**Unprotect**(Password)

▶解説

Unprotectメソッドは、指定したワークシートの保護を解除します。ワークシートの保護を解除すると、ワークシート内の全セルの編集が可能になります。

▶設定する項目

オブジェクト ··········· Worksheetオブジェクトを指定します。

Password ············· ワークシートを保護するときにパスワードを指定した場合は、そのパスワードを指定します。保護時にパスワードを指定しなかった場合や、パスワード入力用のダイアログボックスを表示したい場合は省略します（省略可）。

エラーを防ぐには

引数Passwordで指定したパスワードが間違っている場合は、エラーが発生します。正しいパスワードを指定するようにしてください。また、引数Passwordを省略して［シート保護の解除］ダイアログボックスにパスワードを入力させる場合、間違ったパスワードを入力するとエラーになるので、エラー処理コードを追加しておくといいでしょう。

使用例　パスワードを入力してシートの保護を解除する

パスワードが設定されているワークシートの保護を解除する場合に、ユーザーにパスワードを入力させるためのダイアログボックスを表示するには、引数Passwordを省略します。表示される［シート保護の解除］ダイアログボックスで、間違ったパスワードを入力するとエラーになるため、エラー処理コードを追加しています。

サンプル 5-3_006.xlsm

参照 エラー処理コードを記述するには……P.211

```
1  Sub パスワードを入力してシート保護解除()
2      On Error GoTo errHandler
3      ActiveSheet.Unprotect
4      Exit Sub
5  errHandler:
6      MsgBox "パスワードが違います"
7  End Sub
```

1　［パスワードを入力してシート保護解除］というマクロを記述する
2　エラーが発生した場合、行ラベルerrHandlerに処理を移動する
3　アクティブシートの保護を解除する
4　処理を終了する（3行めまで正常に実行された場合、エラー処理ルーチンを実行しないため）
5　行ラベルerrHandler（エラーが発生した場合の移動先）
6　「パスワードが違います」というメッセージを表示する
7　マクロの記述を終了する

5-3
保護
ワークシートの

- マクロの基礎知識 **1**
- VBAの基礎知識 **2**
- プログラミングの基礎知識 **3**
- セルの操作 **4**
- ワークシートの操作 **5**
- Excelファイルの操作 **6**
- 高度なファイルの操作 **7**
- ウィンドウの操作 **8**
- データの操作 **9**
- 印刷 **10**
- 図形の操作 **11**
- グラフの操作 **12**
- コントロールの使用 **13**
- 外部アプリケーションの操作 **14**
- VBA関数 **15**
- そのほかの操作 **16**
- 付録

5-3 ワークシートの保護

シートが保護されているため、内容を編集しようとするとメッセージが表示される

ワークシートの保護を解除する

❶VBEを起動し、コードを入力　　参照▶VBAを使用してマクロを作成するには……P.85

❷入力したマクロを実行　　参照▶マクロを実行するには……P.53

[シート保護の解除]ダイアログボックスが表示された

❸パスワード「dekiru」を入力して[OK]をクリック

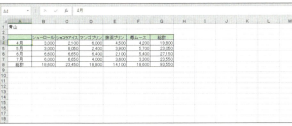

シートの保護が解除された

HINT コードのなかでパスワードを指定してシート保護を解除する

コードのなかでパスワードを指定してシート保護を解除するには、「Activesheet.Unprotect Password:="dekiru"」のように記述します。

サンプル▶5-3_007.xlsm

スクロールできる範囲を限定するには

```
オブジェクト.ScrollArea                         取得
オブジェクト.ScrollArea = 設定値                 設定
```

▶解説

ScrollAreaプロパティは、スクロールが可能なセル範囲を設定します。このプロパティでセル範囲を指定すると、領域以外への画面のスクロールができなくなり、その領域以外のセルを選択することもできなくなります。入力に必要のないセルの選択や、不要な場所への画面スクロールを防ぐことができます。

▶設定する項目

オブジェクト　………Worksheetオブジェクトを指定します。

設定値……………… スクロールを可能とする範囲をA1形式の文字列（例:"A1:C5"）で指定します。空の文字列（""）を指定すると、設定が解除され全セルの選択とスクロールが可能になります。

> **エラーを防ぐには**
> スクロール可能領域を指定する場合は、ウィンドウ単位ではなくシート単位となります。シートごとに設定してください。

使用例　表以外の部分へのスクロールを制限する

アクティブシートのセルA3～G8の表の部分だけをスクロール領域としてワークシートのほかの部分へのスクロールを制限します。スクロールを制限すると、指定したセル範囲以外のセルを選択することもできなくなります。

　　　サンプル 5-3_008.xlsm

```
1  Sub スクロール範囲を制限する()
2      ActiveSheet.ScrollArea = "A3:G8"
3  End Sub
```

1　［スクロール範囲を制限する］というマクロを記述する
2　アクティブシートのスクロール領域をセルA3～G8に設定する
3　マクロの記述を終了する

表以外のセルの選択やスクロールを実行できなくしたい

❶VBEを起動し、コードを入力
　　参照 VBAを使用してマクロを作成するには……P.85

❷入力したマクロを実行
　　参照 マクロを実行するには……P.53

表（セルA3～G8）以外のセルの選択やスクロールができなくなった

> **HINT スクロール領域の制限を解除するには**
> スクロール領域の制限を解除するには、ScrollAreaプロパティに空の文字列""を指定します。アクティブシートのスクロール領域の制限を解除する場合は、「ActiveSheet.ScrollArea = ""」と記述します。
> サンプル 5-3_009.xlsm

> **HINT Rangeオブジェクトを使用してスクロール領域を制限するには**
> ScrollAreaの設定値は、A1形式の文字列で指定します。アクティブセル領域を指定したい場合など、Rangeオブジェクトを使用してスクロール領域を指定したい場合は、Addressプロパティを使用します。たとえば、セルA3を含むアクティブセル領域をスクロール領域とするには、次のように記述します。
>
> ```
> Sub スクロール範囲を制限する2()
>     ActiveSheet.ScrollArea = Range("A3").CurrentRegion.Address
> End Sub
> ```
>
> サンプル 5-3_010.xlsm
> 参照 セル範囲のアドレスを取得するには……P.257

第6章
Excelファイルの操作

6-1．ブックの参照・・・・・・・・・・・・・・・・・・・・・・・・・・・・418
6-2．ブックの作成と表示・・・・・・・・・・・・・・・・・・・422
6-3．ブックの保存と終了・・・・・・・・・・・・・・・・・430
6-4．ブックの操作・・・・・・・・・・・・・・・・・・・・・・・・・・446

6-1 ブックの参照

ブックの参照

Excel上で複数のブックを開いているときは、それぞれのブックを個別に指定するためにブックを参照します。VBAでブックを参照するには、Workbookオブジェクトを使います。Workbooksコレクションを使用すれば、開いているすべてのブックが参照できます。各ブックを参照するにはWorkbooksプロパティを使用し、インデックス番号またはブック名でブックを指定します。ここでは、ブックの参照方法を確認しましょう。

ブックを参照するには

オブジェクト.Workbooks(Index) ──── 取得

▶解説

Workbooksプロパティは、開いているブックを参照します。引数Indexを指定して単一のワークシートを参照します。引数を省略した場合は、開いているすべてのブックを参照します。

▶設定する項目

オブジェクト………Applicationオブジェクトを指定します。通常は省略します（省略可）。

Index……………インデックス番号または、ブック名を表す文字列を指定します。インデックス番号は、ブックを開いた順に自動的に1、2、3……と付けられます。

エラーを防ぐには

ブックをインデックス番号で取得する場合、開いた順に指定してください。個人用マクロブックは、非表示の状態でExcel起動と同時に開きます。そのため、個人用マクロブック（[PERSONAL.xlsb]）を作成している場合は、常にこのブックがWorkbooks(1)となります

参照■ 個人用マクロブック……P.63

アクティブブックを参照するには

オブジェクト.**ActiveWorkbook** ——————— 取得
オブジェクト.**ThisWorkbook** ——————— 取得

▶解説

ActiveWorkbookプロパティは、現在作業対象となっているブック（アクティブブック）、アクティブウィンドウで最前面に表示されているWorkbookオブジェクトを参照します。また、ThisWorkbookプロパティは、現在実行中のVBAコードが記述されているブックを参照します。アクティブブックにVBAコードが記述されている場合は、ActiveWorkbook、ThisWorkbookともに同じブックを参照します。

▶設定する項目

オブジェクト ……… Applicationオブジェクトを指定します。通常は省略します（省略可）。

エラーを防ぐには

ActiveWorkbookプロパティでは、ウィンドウが1つも開かれていない場合や、情報ウィンドウやクリップボードウィンドウがアクティブのときは、Nothingが返ります。また、アドインの内部からアドインブック自体を参照したい場合は、ActiveWorkbookプロパティではなく、ThisWorkbookプロパティを使います。 参照■ アドインの利用……P.932

使用例 ブックを開いて参照する

コードを実行しているブックと同じ場所に保存されているブック［青山.xlsx］と［渋谷.xlsx］を開き、アクティブブックの保存先と最後に開いたブックの名前を取得してメッセージを表示します。アクティブブックの保存先を取得するには、WorkbookオブジェクトのPathプロパティを使用し、「ActiveWorkbook.Path」と記述します。 サンプル■ 6-1_001.xlsm ／青山.xlsx ／渋谷.xlsx

---

6-1

ブックの参照

1 マクロの基礎知識
2 VBAの基礎知識
3 プログラミングの基礎知識
4 セルの操作
5 ワークシートの操作
6 Excelファイルの操作
7 高度なファイルの操作
8 ウィンドウの操作
9 データの操作
10 印刷
11 図形の操作
12 グラフの操作
13 コントロールの使用
14 外部アプリケーションの操作
15 VBA関数
16 そのほかの操作
付録

419
できる

6-1 ブックの参照

```
1  Sub ブックを開いて参照する()
2      Workbooks.Open ThisWorkbook.Path & "¥青山.xlsx"
3      Workbooks.Open ThisWorkbook.Path & "¥渋谷.xlsx"
4      MsgBox "アクティブブックの保存先:" & ActiveWorkbook.Path & vbLf & _
             "最後に開いたブックの名前:" & Workbooks(Workbooks.Count).Name
5  End Sub         注)「 _ (行継続文字)」の部分は、次の行と続けて入力することもできます→95ページ参照
```

1　[ブックを開いて参照する]というマクロを記述する
2　コードを実行しているブックの保存先にあるブック[青山.xlsx]を開く
3　コードを実行しているブックの保存先にあるブック[渋谷.xlsx]を開く
4　アクティブブックの保存先と最後に開いたブックの名前をメッセージで表示する
5　マクロの記述を終了する

2つのブックを開いて、ブックの情報を表示させたい

❶VBEを起動し、コードを入力

❷入力したマクロを実行

参照▶ VBAを使用してマクロを作成するには……P.85
参照▶ マクロを実行するには……P.53

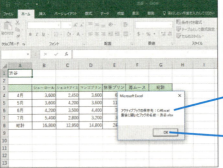

ブックが開いて表示された

アクティブブックの保存先と最後に開いたブックの名前が表示された

ダイアログボックスを閉じるには[OK]をクリックする

ブックをアクティブにするには

オブジェクト.Activate

▶解説

Activateメソッドは、指定したブックをアクティブにします。同じブックを表示しているウィンドウが複数ある場合は、最初に表示したウィンドウをアクティブにします。

▶設定する項目

オブジェクト……… Workbookオブジェクトを指定します。

エラーを防ぐには

指定したブックが開いていない場合はエラーになります。また、WorkbookオブジェクトはSelectメソッドを持たないため、ブックを選択する場合は、Activateメソッドを使用します。

使用例 指定したブックをアクティブにする

ブック[渋谷.xlsx]をアクティブにします。このマクロを実行する場合は、あらかじめブック[渋谷.xlsx]を開いてから実行します。ブック[渋谷.xlsx]が開いていない場合は、エラー処理ルーチンが実行され、メッセージが表示されます。

サンプル 6-1_002.xlsm ／ 渋谷.xlsx

参照▶エラー処理コードを記述するには……P.211

```
1  Sub ブックをアクティブにする()
2      On Error GoTo errHandler
3      Workbooks("渋谷.xlsx").Activate
4      Exit Sub
5  errHandler:
6      MsgBox "ブックが開いていません"
7  End Sub
```

1	[ブックをアクティブにする]というマクロを記述する
2	エラーが発生した場合、行ラベルerrHandlerに処理を移動する
3	ブック[渋谷.xlsx]をアクティブにする
4	処理を終了する(3行目まで正常に実行した場合にエラー処理ルーチンを実行しないため)
5	行ラベルerrHandler（エラーが発生したときの移動先）
6	「ブックが開いていません」というメッセージを表示する
7	マクロの記述を終了する

[渋谷.xlsx]ブックを開いておく　　新しいブックを作成する

❶VBEを起動し、コードを入力

❷入力したマクロを実行

参照▶VBAを使用してマクロを作成するには……P.85
参照▶マクロを実行するには……P.53

ブック[渋谷.xlsx]がアクティブになった

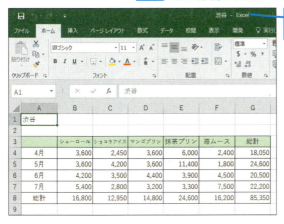

6-2 ブックの作成と表示

ブックの作成と表示

Excelでは、ブックを新規に作成したり、保存されているブックを開き、そのブック内のワークシートやセルに対して処理をしたりします。ここでは、VBAでブックを新規作成する方法と既存のブックを開く方法を説明します。

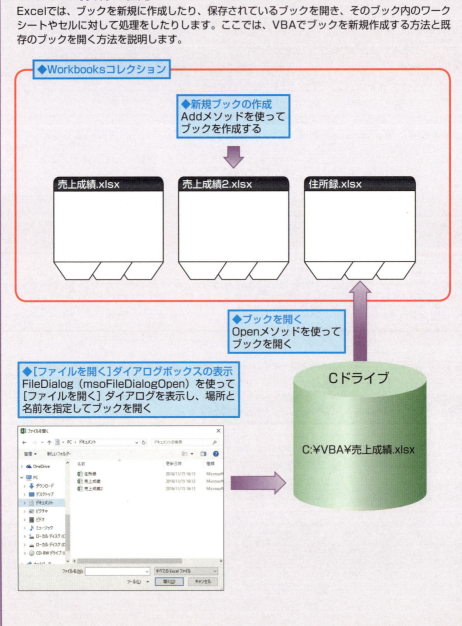

新規ブックを作成するには

オブジェクト.**Add**(Template)

▶解説
新規ブックを作成するには、WorkbooksコレクションのAddメソッドを使用します。Addメソッドは、新規ブックを作成し、新規ブックを表すWorkbookオブジェクトを返します。また、作成されたブックはアクティブになります。

▶設定する項目
オブジェクト‥‥‥‥‥‥ Workbooksコレクションを指定します。

Template‥‥‥‥‥‥‥‥ 作成するブックのシートの種類をXlWBATemplate列挙型の定数で指定することができます。保存済みのブック名を指定すると、そのブックをテンプレートとする新規ブックが作成されます。定数を指定した場合は、指定した種類のシートを1枚含むブックが作成されます。省略した場合、初期設定ではExcel 2016 ／ 2013で1枚、Excel 2010 ／ 2007では3枚のワークシートを持つブックが作成されます（省略可）。

XlWBATemplate列挙型の定数

定数	内容
xlWBATChart	グラフシート
xlWBATWorksheet	ワークシート
xlWBATExcel4IntlMacroSheet	Excel4 インターナショナルマクロシート
xlWBATExcel4MacroSheet	Excel4 マクロシート

エラーを防ぐには
オブジェクトに、Workbookオブジェクトを指定するとエラーになります。必ずWorkbooksコレクションを指定してください。

使用例　5枚のシートを持つ新規ブックを作成する

新規ブックには、既定ではExcel 2016 ／ 2013で1枚、Excel 2010 ／ 2007では3枚のシートが含まれています。ApplicationオブジェクトのSheetsInNewWorkbookプロパティを使うと、新規ブック作成時のシート枚数の取得と設定が行えます。ここでは、これを利用して、現在のシート枚数の設定数を変数nsに格納しておき、シートの枚数を5枚に変更してブックを新規作成します。新規ブックを作成したら、シート枚数を最初の状態に戻します。 サンプル 6-2_001.xlsm

```
1  Sub シートが5枚の新規ブックを作成する()
2      Dim ns As Integer
3      ns = Application.SheetsInNewWorkbook
4      Application.SheetsInNewWorkbook = 5
5      Workbooks.Add
6      Application.SheetsInNewWorkbook = ns
7  End Sub
```

1	［シートが5枚の新規ブックを作成する］というマクロを記述する
2	整数型の変数nsを宣言する
3	変数nsに現在の新規ブックが持つシート枚数の設定を格納する
4	新規ブックのシート枚数を5枚に設定する
5	新規ブックを追加する
6	新規ブックのシート枚数を変数nsの値に設定し、最初の状態に戻す
7	マクロの記述を終了する

5枚のワークシートを持つ新規ブックを作成したい

❶VBEを起動し、コードを入力

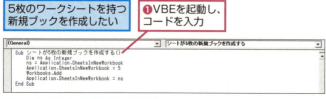

❷入力したマクロを実行

参照▶VBAを使用してマクロを作成するには……P.85
参照▶マクロを実行するには……P.53

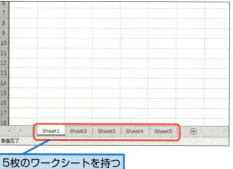

5枚のワークシートを持つ新規ブックが作成された

HINT 新規ブックの既定のシート数を変更するには

使用例のように、ApplicationオブジェクトのSheetInNewWorkbookプロパティを使用すると、新規ブックの既定のシート数の取得と設定ができます。このプロパティにシート数を指定すると、以降に作成する新規ブックのシート枚数が変更になります。使用例では、一時的に変更することにして、現在のシート枚数を先に取得しておき、シート枚数を変更してからブックを作成し、最後にシート枚数を最初の状態に戻しています。

保存してあるブックを開くには

オブジェクト.**Open**(FileName, UpdateLinks, ReadOnly, Format, Password, WriteResPassword, IgnoreReadOnlyRecommended, Origin, Delimiter, Editable, Notify, Converter, AddToMru, Local, CorruptLoad, OpenConflictDocument)

▶解説

保存してあるブックを開くには、WorkbooksコレクションのOpenメソッドを使用します。多くの引数を持ち、これらの引数で値を設定することで、ファイルを開く方法を指定することができます。ここでは、引数FileNameのみ解説します。ほかの引数については426ページのHINTを参照してください。

参照▶Openメソッドのそのほかの引数……P.426

▶設定する項目

オブジェクト………Workbooksコレクションを指定します。

FileName……… 開くブック名を、保存先を表す文字列で指定します。パスを省略し、ブック名のみを指定した場合は、カレントフォルダーにあるブックが対象になります。

エラーを防ぐには
指定したブックが見つからない場合や、同じ名前のブックが開いている場合はエラーになります。また、Workbookオブジェクトに対してOpenメソッドを使用するとエラーになります。必ずWorkbooksコレクションを指定してください。

使用例 カレントフォルダーにあるブックを開く

ここでは、カレントフォルダーを [C:¥dekiru] に変更して、そこに保存されているブック [Data.xlsx] を開きます。カレントフォルダーにあるブックを開くため、引数Filenameでパスを指定する必要がありません。カレントドライブの変更はChDriveステートメント、カレントフォルダーの変更はChDirステートメントを使用しています。

サンプル 6-2_002.xlsm / Data.xlsx

参照▶ファイル／フォルダー／ドライブの操作……P.472

```
1  Sub カレントフォルダーにあるブックを開く()
2      ChDrive "C"
3      ChDir "C:¥dekiru"
4      Workbooks.Open "Data.xlsx"
5  End Sub
```

1 [カレントフォルダーにあるブックを開く]というマクロを記述する
2 カレントドライブをCドライブに変更する
3 カレントフォルダーを[C:¥dekiru]に変更する
4 カレントフォルダーにあるブック[Data.xlsx]を開く
5 マクロの記述を終了する

注意 Cドライブに[dekiru]フォルダーがない場合はエラーが発生します

あらかじめCドライブに[dekiru]フォルダーを作成し、Data.xlsxを保存しておく

ブック[C:¥dekiru¥Data.xlsx]を開きたい

❶VBEを起動し、コードを入力

❷入力したマクロを実行

参照▶VBAを使用してマクロを作成するには……P.85
参照▶マクロを実行するには……P.53

指定されたブックが開いた

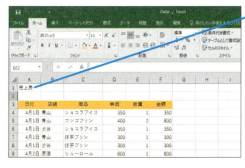

カレントフォルダーとは

カレントフォルダーとは、ブックを開くときや保存するときに既定で参照する場所のことです。Windows 10の既定では、ユーザーの[ドキュメント]フォルダーがカレントフォルダーですが、[名前を付けて保存]ダイアログボックスでブックの保存先を変更するとカレントフォルダーも変更されます。VBAでは、ChDirステートメントでカレントフォルダーの変更ができ、CurDir関数でカレントフォルダーの確認ができます。

参照▶ファイル／フォルダー／ドライブの操作……P.472

カレントフォルダーをマクロ実行前の状態に戻す

使用例ではChDirステートメントでカレントフォルダーを変更していますが、ファイルを開いたあともカレントフォルダーは変更されたままになります。ファイルを開いたあと、カレントフォルダーをマクロ実行前の状態に戻すには、CurDir関数を使って変更前のカレントフォルダーを取得して変数に格納しておき、ファイルを開いたあとに、ChDirステートメントで変更前の状態に戻します。

サンプル▶6-2_002.xlsm

参照▶ファイル／フォルダー／ドライブの操作……P.472

このマクロを実行するとマクロ実行前のカレントフォルダーに戻せる

```
Sub カレントフォルダーにあるブックを開く2()
    Dim myDir As String
    myDir = CurDir
    
    ChDir "c:\dekiru"
    Workbooks.Open "Data.xlsx"
    ChDir myDir
End Sub
```

Openメソッドのそのほかの引数

引数FileName以外のOpenメソッドの引数は次のようになります（これらは省略可能です）。

■UpdateLinks
ブック内のリンクの更新方法を指定。1のとき、リンクの更新方法をユーザーが指定。2のとき、ブックを開くときリンクを更新しない。3のとき、ブックを開くときリンクを常に更新する。

■ReadOnly
Trueの場合、ブックを読み取り専用モードで開く。

■Format
テキストファイルを開く場合の区切り文字を指定。1は「タブ」、2は「カンマ」、3は「スペース」、4は「セミコロン」、5は「なし」、6は「カスタム文字」（引数Delimiterで指定）。

■Password
パスワードで保護されたブックを開く場合のパスワードを指定する。

■WriteResPassword
書き込み保護されたブックに書き込みを可能な状態で開く場合のパスワードを指定する。

■IgnoreReadOnlyRecommended
Trueの場合、読み取り専用を推奨するメッセージを非表示にする。

■Origin
テキストファイルを開く場合、そのファイル形式を指定する。

■Delimiter
引数Formatが6の場合の区切り文字を指定する。

■Editable
Excel 4.0のアドインをウィンドウに表示する場合と、Excelテンプレートを編集用に開く場合にTrueを指定する。既定値はFalse。

■Notify
開くファイルが「読み取り／書き込みモード」で開けない場合で、ファイルを通知リストに追加する場合に、Trueを指定する。

■Converter
ファイルを開くときに最初に使用するファイルコンバーターのインデックス番号を指定する。

■AddToMru
最近使用したファイルの一覧にブックを追加するには、Trueを指定する。

■Local
ファイルの言語設定をExcelに合わせる場合はTrueを、VBAに合わせる場合はFalse（既定値）を指定する。

■CorruptLoad
読み込み方法を指定する。使用できる定数は、xlNormalLoad（標準の読み込み）、xlRepairFile（ブックの修復）、xlExtractData（ブックのデータの回復）。

6-2

ブックの作成と表示

［ファイルを開く］ダイアログボックスを表示するには

オブジェクト.**FileDialog**(msoFileDialogOpen) —— 取得

▶解説

ApplicationオブジェクトのFileDialogプロパティで引数をmsoFileDialogOpenに指定すると、
［ファイルを開く］ダイアログボックスを表すFileDialogオブジェクトを取得します。この
FileDialogオブジェクトのプロパティやメソッドを使用して、［ファイルを開く］ダイアログボッ
クスの設定や表示、指定たファイルを開くなどの操作ができます。

▶設定する項目

オブジェクト ………… Applicationオブジェクトを指定します。

msoFileDialogOpen … ［ファイルを開く］ダイアログボックスを表示するための定数です。この定数
をそのまま使用します。

エラーを防ぐには

FileDialogプロパティでは、FileDialogオブジェクトを取得するだけなので、［ファイルを開く］
ダイアログボックスを表示したり、指定したファイルを開いたりするには、FileDialogオブジェク
トのShowメソッドやExecuteメソッドを使用します。

参照 FileDialogプロパティで指定できる定数……P.442

使用例　［ファイルを開く］ダイアログボックスを表示してファイルを開く

［ファイルを開く］ダイアログボックスを表示して、指定したファイルを開きます。
Application.FileDialog(msoFileDialogOpen)によって取得されたFileDialogオブジェクト
に対して、AllowMultiSelectプロパティで複数選択を不可、FilterIndexプロパティでファイ
ルの種類を「すべてのExcelファイル」、InitialFileNameプロパティで既定のパスを
［C:¥dekiru］に指定します。この設定でダイアログボックスを開き、選択されたファイルを開
きます。

サンプル 6-2_003.xlsm

```
1  Sub ファイルを選択して開く()
2      With Application.FileDialog(msoFileDialogOpen)
3          .AllowMultiSelect = False
4          .FilterIndex = 2
5          .InitialFileName = "C:¥dekiru"
6          If .Show = -1 Then .Execute
7      End With
8  End Sub
```

1　マクロの基礎知識

2　VBAの基礎知識

3　プログラミングの基礎知識

4　セルの操作

5　ワークシートの操作

6　Excelファイルの操作

7　高度なファイルの操作

8　ウィンドウの操作

9　データの操作

10　印刷

11　図形の操作

12　グラフの操作

13　コントロールの使用

14　外部アプリケーションの操作

15　VBA関数

16　そのほかの操作

付録

427
できる

1	[ファイルを選択して開く]というマクロを記述する
2	[ファイルを開く]ダイアログボックスを表すFileDialogオブジェクトに対して以下の処理を実行する(Withステートメントの開始)
3	ファイルの複数選択を不可にする
4	ファイルの種類を「2」(すべてのExcelファイル)にする
5	既定のパスを[C:¥dekiru]にする
6	[ファイルを開く]ダイアログボックスを表示し、[開く]ボタンがクリックされたら、選択されたファイルを開く
7	Withステートメントの終了
8	マクロの記述を終了する

注意 Cドライブに[dekiru]フォルダーがない場合はエラーが発生します

[ファイルを開く]ダイアログボックスで指定されたブックを開きたい

❶VBEを起動し、コードを入力

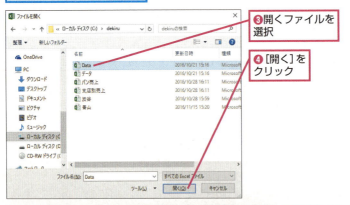

❷入力したマクロを実行

参照▶VBAを使用してマクロを作成するには……P.85
参照▶マクロを実行するには……P.53

[ファイルを開く]ダイアログボックスが表示された

❸開くファイルを選択

❹[開く]をクリック

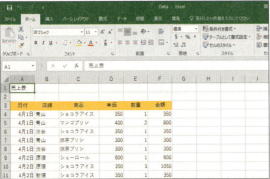

ダイアログボックスで指定したブックが開いた

● FileDialogオブジェクトのプロパティとメソッド

FileDialogオブジェクトには、次のようなプロパティやメソッドがあります。これらを使用してダイアログボックスの設定と表示などの処理を指定します。

FileDialogオブジェクトのプロパティ

プロパティ	内容
AllowMultiSelect	True の場合は複数ファイルの選択が可能、False の場合は複数ファイルの選択が不可となる。値の取得と設定ができる
ButtonName	ダイアログボックスの［アクション］ボタンに表示する文字列を指定する。取得と設定ができる
DialogType	FileDialog オブジェクトが表示するダイアログボックスの種類を、MsoFileDialogType 列挙型の定数で取得する
FilterIndex	既定で表示するファイルの種類を数値で指定する。［ファイルの種類］リストの上から順番に 1、2、3……となる。既定値は 1（すべてのファイル）。［すべての Excel ファイル］を表示するには、2 を指定する
Filters	FileDialogFilters コレクションを取得する。Add メソッドを使用して新しくフィルターを作成することができる
InitialFileName	既定のパスやファイル名を指定する。値の取得と設定ができる
InitialView	ファイルやフォルダーの表示方法を MsoFileDialogView 列挙型の定数で設定する。値の取得と設定ができる
SelectedItems	ユーザーが選択したファイルのパスの一覧を取得する
Title	表示するダイアログボックスのタイトルバーに表示するタイトル。値の取得と設定ができる

FileDialogオブジェクトのメソッド

メソッド	内容
Show	ファイルのダイアログボックスを表示し、［アクション］ボタン（［開く］ボタンや［保存］ボタン）をクリックすると− 1、［キャンセル］ボタンをクリックすると 0 を返す。Show メソッドでダイアログボックスが表示されると、ボタンをクリックしてダイアログボックスを閉じるまで処理が中断される
Execute	指定したファイルの表示やファイルの保存を実行する

💡 VBAで使用できるいろいろなダイアログボックス

Applicationオブジェクトの Dialogsプロパティを使用すると、Excelに組み込まれているダイアログボックスを表す Dialogオブジェクトを取得することができます。XlBuiltInDialog列挙型の定数を使って、ファイルに関するものだけでなく、印刷、書式設定など200以上のダイアログボックスが表示できるため、ユーザーになんらかの選択をさせたい場合に利用できます。詳細はExcelのヘルプを参照してください。

定数	ダイアログボックス	定数	ダイアログボックス
xlDialogOpen	ファイルを開く	xlDialogPasteSpecial	形式を選択して貼り付け
xlDialogSaveAs	名前を付けて保存	xlDialogFormulaFind	検索
xlDialogPageSetup	ページ設定（ページ）	xlDialogNew	新規作成（標準）
xlDialogPrint	印刷	xlDialogSortSpecial	並べ替え
xlDialogPrinterSetup	プリンターの設定	xlDialogEditColor	色の編集

6-2

ブックの作成と表示

1 マクロの基礎知識
2 VBAの基礎知識
3 プログラミングの基礎知識
4 セルの操作
5 ワークシートの操作
6 Excelファイルの操作
7 高度なファイルの操作
8 ウィンドウの操作
9 データの操作
10 印刷
11 図形の操作
12 グラフの操作
13 コントロールの使用
14 外部アプリケーションの操作
15 VBA関数
16 そのほかの操作

付録

6-3 ブックの保存と終了

ブックの保存と終了

Excelでのブック保存には、「上書き保存」と「名前を付けて保存」の2つの保存方法があります。VBAでは、上書き保存はSaveメソッド、名前を付けて保存はSaveAsメソッドを使用します。また、[名前を付けて保存]ダイアログボックスの表示や、バックアップファイルの作成、ブックが保存済みかどうかの確認、ブックにマクロが含まれているかどうかの確認などを行うことができ、ブックの保存について細かく制御することが可能です。ブックを閉じるにはCloseメソッド、Excelを終了するにはQuitメソッドを使用します。

◆Workbooksコレクション

売上成績.xlsx　売上成績2.xlsx　住所録.xlsx

◆上書き保存
Saveメソッドを使ってブックを上書き保存する

◆[名前を付けて保存]ダイアログボックスの表示
FileDialog (msoFileDialogSaveAs)を使って[名前を付けて保存]ダイアログボックスを表示する

Cドライブ

C:¥VBA¥売上成績.xlsx
C:¥VBA¥売上成績2.xlsx
C:¥VBA¥住所録2.xlsx

◆名前を付けて保存
SaveAsメソッドを使ってブックを別名で保存する

ブックを上書き保存するには

オブジェクト.**Save**

▶解説

Saveメソッドは、ブックを上書き保存します。すでに保存済みのブックはそのまま上書き保存されますが、まだ保存していないブックの場合は、カレントフォルダーにブック作成時に自動的に付けられた「Book1.xlsx」のような仮のブック名で保存されます。

参照 **▣** カレントフォルダーとは……P.426

▶設定する項目

オブジェクト ……… Workbookオブジェクトを指定します。

[エラーを防ぐには]

新規ブックに対してSaveメソッドを使用して上書き保存すると、カレントフォルダーに仮の名前で保存されるため、新規ブックに対しては、SaveAsメソッドを使用して場所とブック名を指定して保存するようにしたほうがいいでしょう。

使用例 ブックを開いて上書き保存する

フォルダー[C:¥dekiru]にあるブック[青山.xlsx]を開き、セルG2にユーザー名を入力して上書き保存します。 サンプル**▣**6-3_001.xlsm／青山.xlsx

参照 **▣** 保存してあるブックを開くには……P.424

```
1  Sub ブックを開いて上書き保存する()
2      Workbooks.Open Filename:="C:¥dekiru¥青山.xlsx"
3      Range("G2").Value = "担当:" & Application.UserName
4      ActiveWorkbook.Save
5  End Sub
```

1 [ブックを開いて上書き保存する]というマクロを記述する
2 Cドライブの[dekiru]フォルダーにあるブック[青山.xlsx]を開く
3 セルG2に「担当:(ユーザー名)」を入力する
4 アクティブブックを上書き保存する
5 マクロの記述を終了する

開いたブックに保存者名を入力して、上書き保存したい	❶VBEを起動し、コードを入力

```
(General)                                    ブックを開いて上書き保存する
Sub ブックを開いて上書き保存する()
    Workbooks.Open Filename:="C:¥dekiru¥青山.xlsx"
    Range("G2").Value = "担当:" & Application.UserName
    ActiveWorkbook.Save
End Sub
```

❷入力したマクロを実行 参照 **▣** VBAを使用してマクロを作成するには……P.85

参照 **▣** マクロを実行するには……P.53

サイドバー(縦書き)

6-3 ブックの保存と終了

1 マクロの基礎知識
2 VBAの基礎知識
3 プログラミングの基礎知識
4 セルの操作
5 ワークシートの操作
6 Excelファイルの操作
7 高度なファイルの操作
8 ウィンドウの操作
9 データの操作
10 印刷
11 図形の操作
12 グラフの操作
13 コントロールの使用
14 外部アプリケーションの操作
15 VBA関数
16 そのほかの操作
付録

431
できる

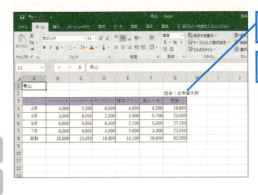

ブックが表示され、セルG2に
ユーザー名が表示された

表示されたブックが
上書き保存された

HINT!
**開いているすべてのブックを
上書き保存する**

開いているすべてのブックを上書き保存するには、For Eachステートメントを使用して、Workbook型のオブジェクト変数を使用して、1つずつSaveメソッドで上書き保存します。

サンプル 6-3_001.xlsm

参照 同じ種類のオブジェクトすべてに
同じ処理を実行する……P.192

このマクロを実行すると開いている
すべてのブックを上書き保存できる

```
Sub 開いている全ブックを上書き保存する()
    Dim myWBook As Workbook
    For Each myWBook In Workbooks
        myWBook.Save
    Next
End Sub
```

▶ 名前を付けてブックを保存するには

オブジェクト.SaveAs(FileName, FileFormat, Password, WriteResPassword, ReadOnlyRecommended, CreateBackup, AccessMode, ConflictResolution, AddToMru, TextcodePage, TextVisualLayout, Local)

▶解説

SaveAsメソッドは、指定したオブジェクトを名前を付けて保存します。新規ブックを保存したり、保存場所やブック名を変更して保存したりする場合に使用します。

▶設定する項目

オブジェクト ……… Workbookオブジェクト、Worksheetオブジェクト、Chartオブジェクトを指定します。

FileName ……… ファイル名を指定します。パスから記述して保存場所を指定することができます。パスを省略しファイル名だけを指定すると、カレントフォルダーに保存されます（省略可）。

FileFormat ……… 保存時のファイル形式をXlFileFormat列挙型の定数で指定します。保存済みのファイルの場合、前回指定した形式が既定となります。新規ブックの場合、Excelブック（.xlsx）が既定のファイル形式になります（省略可）。

参照 XlFileFormat列挙型の定数……P.436

Password ············· 読み取りパスワードを指定します（省略可）。

WriteResPassword ··· 書き込みパスワードを指定します（省略可）。

ReadOnlyRecommended··· Trueの場合、読み取り専用の推奨をオンにします（省略可）。

CreateBackup ······ Trueの場合、バックアップファイルを作成します（省略可）。

AccessMode ········ ファイルへのアクセス方法をXlSaveAsAccessMode列挙型の定数で指定します（省略可）。

XlSaveAsAccessMode列挙型の定数

定数	内容
xlExclusive	排他モード
xlNoChange（既定値）	アクセスモードを変更しない
xlShared	共有モード

ConflictResolution··· ブックを共有している場合の変更内容の更新方法を、XlSaveConflictResolution列挙型の定数で指定します（省略可）。

XlSaveConflictResolution列挙型の定数

定数	内容
xlUserResolution（既定値）	［変更箇所のコンフリクト］ダイアログボックスを表示
xlLocalSessionChanges	自動的にローカルユーザーの変更を反映
xlOtherSessionChanges	ほかのユーザーの変更を反映

AddToMru ············· Trueの場合、最近使用したブックの一覧にブックを追加します。既定値はFalse（省略可）。

Local····················· Trueの場合、Excelの言語設定に合わせた形式で保存し、Falseの場合、VBAの言語設定に合わせた形式で保存します。既定値はFalse（省略可）。

▍エラーを防ぐには

保存用に指定したブック名と同じ名前のブックがすでに開いている場合はエラーになります。また、ブックの保存場所に同じ名前のブックがすでに保存されている場合は、上書きを確認するダイアログボックスが表示されますが、このとき、［いいえ］ボタンか［キャンセル］ボタンをクリックするとエラーになります。あらかじめエラー処理コードを記述しておくか、保存前に同名ファイルの存在を確認するといいでしょう。 **参照■**エラー処理コードを記述するには······P.211

使用例　新規ブックに名前を付けて保存する

新規ブックを作成し、指定したフォルダー［C:¥dekiru］に今日の日付を元に「yymmdd」（例：161115）の形式の名前を付けてブックを保存します。ブック名を指定する場合に拡張子を省略すると、通常のExcelブックとして保存されます。 **サンプル■**6-3_002.xlsm

参照■新規ブックを作成するには······P.423

6-**3**

ブックの保存と終了

1	マクロの基礎知識
2	VBAの基礎知識
3	プログラミングの基礎知識
4	セルの操作
5	ワークシートの操作
6	Excelファイルの操作
7	高度なファイルの操作
8	ウィンドウの操作
9	データの操作
10	印刷
11	図形の操作
12	グラフの操作
13	コントロールの使用
14	外部アプリケーションの操作
15	VBA関数
16	そのほかの操作
	付録

433

できる

6-3 ブックの保存と終了

```
1  Sub 新規ブックを名前を付けて保存()
2      Dim myPath As String
3      myPath = "C:\dekiru\"
4      Workbooks.Add
5      ActiveWorkbook.SaveAs myPath & Format(Date, "yymmdd")
6  End Sub
```

1 ［新規ブックを名前を付けて保存］というマクロを記述する
2 文字列型の変数myPathを宣言する
3 変数myPathに［C:\dekiru \］を格納する
4 新規ブックを追加する
5 アクティブブックを変数myPathの場所に通常のExcelのブック形式で保存する。ファイル名は、今日の日付を元にした、「yymmdd」（例：161115）の形式にする
6 マクロの記述を終了する

新規ブックを作成して、名前を付けて保存したい

❶VBEを起動し、コードを入力

❷入力したマクロを実行

参照▶ VBAを使用してマクロを作成するには……P.85
参照▶ マクロを実行するには……P.53

新規ブックに今日の日付を元にした名前が付けられて保存された

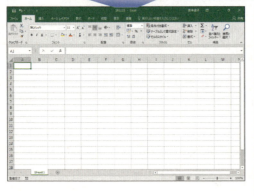

HINT 保存場所に同名のブックがすでにあるときは

使用例のマクロを実行し、同名のブックがある場合は、上書きを確認するダイアログボックスが表示されます。ここで、［はい］ボタンをクリックすれば上書きされますが、［いいえ］や［キャンセル］ボタンをクリックするとエラーになります。DisplayAlertsプロパティにFalseを代入すると、上書きを確認するダイアログボックスが表示されなくなり、同名でもブックが自動的に上書き保存されるようになります。

サンプル 6-3_002.xlsm

このマクロを実行すると上書きを確認するダイアログを表示せずブックを保存できる

```
Sub 新規ブックを名前を付けて保存2()
    Dim myPath As String
    myPath = "C:\dekiru\"
    Workbooks.Add
    Application.DisplayAlerts = False
    ActiveWorkbook.SaveAs myPath & Format(Date, "yymmdd")
    Application.DisplayAlerts = True
End Sub
```

使用例　同名ブックの存在を確認してから保存する

ブックを保存するときに、保存場所に同名ブックがすでに保存されているかどうかを確認してから、新規ブックを追加し、指定する場所と名前で保存します。同名ブックが保存されているかどうかは、Dir関数を使用して検索します。

サンプル 6-3_003.xlsm

参照▶ファイル／フォルダー／ドライブの操作……P.472

```
1  Sub 同名ブックの存在を確認してから保存()
2      Dim myBName As String
3      myBName = Format(Date, "yymmdd") & ".xlsx"
4      If Dir("C:\dekiru\" & myBName) <> "" Then
5          MsgBox "同名ブックが保存されています"
6      Else
7          Workbooks.Add
8          ActiveWorkbook.SaveAs Filename:="C:\dekiru\" & myBName
9      End If
10 End Sub
```

1	［同名ブックの存在を確認してから保存］というマクロを記述する
2	文字列型の変数myBNameを宣言する
3	変数myBNameに保存ブック名として今日の日付を元に「yymmdd.xlsx」（例：161115.xlsx）の形式の文字列を格納
4	［C:\dekiru\］に変数myBNameと同じブックが存在する場合(Ifステートメントの開始)
5	「同名ブックが保存されています」というメッセージを表示する
6	それ以外の場合(同名ブックが存在しなかったら)
7	ブックを追加する
8	アクティブブックを［C:\dekiru\］に変数myBNameという名前で保存する
9	Ifステートメントを終了する
10	マクロの記述を終了する

> 使用するファイル名と同じ名前のファイルが存在しない場合新規ブックを作成して、作成したブックに名前を付けて保存する

❶VBEを起動し、コードを入力

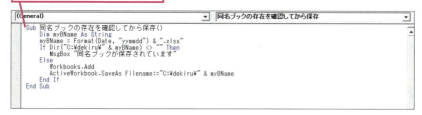

❷入力したマクロを実行

参照▶VBAを使用してマクロを作成するには……P.85
参照▶マクロを実行するには……P.53

6-3 ブックの保存と終了

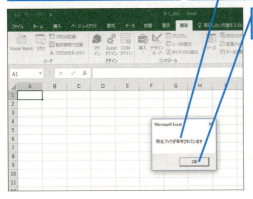

「yymmdd」形式の日付を使った同名のファイルの有無が確認された

同名ファイルがない場合はファイルが保存され、ある場合はメッセージが表示される

メッセージを閉じるには[OK]をクリックする

> **HINT 同名ブックが開いているかどうか調べるには**
>
> ブックを保存するときに、同名ブックが開いているとエラーになります。同名ブックが開いているかどうか確認するには、449ページの使用例「指定したブックが開いているか調べる」を参照してください。
>
> 参照▶指定したブックが開いているか調べる……P.449

XlFileFormat列挙型の主な定数

定数	内容
xlWorkbookDefault	ブックの既定
xlWorkbookNormal	ブックの標準
xlOpenXMLWorkbook	Excel ブック（.xlsx）
xlOpenXMLWorkbookMacroEnabled	Excel マクロ有効ブック（.xlsm）
xlExcel12	Excel バイナリブック（.xlsb）
xlExcel8	Excel 97-2003 ブック（.xls）
xlWebArchive	単一ファイル Web ページ（.mht）
xlHtml	Web ページ（.htm）
xlOpenXMLTemplate	Excel テンプレート（xltx）
xlOpenXMLTemplate	マクロ有効テンプレート（.xltm）
xlTemplate ／ xlTemplate8	Excel 97-2003 テンプレート（.xlt）
xlTextMac ／ xlTextMSDOS ／ xlTextWindows	テキスト（タブ区切り）(.txt)
xlUnicodeText	Unicode テキスト (.txt)
xlXMLSpreadsheet	XML スプレッドシート 2003(.xml)
xlExcel5	Microsoft Excel 5.0/95 ブック（.xls）
xlCSV	CSV(カンマ区切り)（.csv）
xlTextPrinter	テキスト（スペース区切り）(.prn)
xlDIF	DIF(.dif)
xlSYLK	SYLK(.slk)
xlOpenXMLAddIn	Excel アドイン（.xlam）
xlAddIn8	Excel 97-2003 アドイン（.xla）

ブックにマクロが含まれているかどうか確認するには

オブジェクト.**HasVBProject** ――――――――――――― 取得

▶解説

HasVBProjectプロパティは、指定したブックがマクロを含む場合はTrue、含まない場合はFalse
を返します。Excel 2007から通常のブックとマクロを含んでいるブックは異なるファイル形式で
保存する必要がありますが、HasVBProjectプロパティを使用すれば、ブックがマクロを含むかど
うかを保存前に確認することができます。

▶設定する項目

オブジェクト ……… Workbookオブジェクトを指定します。

エラーを防ぐには

HasVBProjectプロパティは、Excel 2007から新規追加されたプロパティです。Excel 2003
以前のバージョンでは動作しません。

使用例 マクロの有無を調べてからブックを保存する

アクティブブックがマクロを含んでいる場合、マクロ有効ブックとして保存するかどうかをメッ
セージで確認します。[はい] ボタンがクリックされたとき、指定したフォルダーに「売上マク
ロあり」という名前でマクロ有効ブックとして保存し、[いいえ] ボタンをクリックすると保存
を取り消します。元々マクロを含んでいない場合は、指定したフォルダーに「売上マクロなし」
という名前で通常のExcelブックとして保存します。

サンプル 6-3_004.xlsm

```
1  Sub マクロの有無を確認後保存する()
2      Dim ans As Integer
3      If ActiveWorkbook.HasVBProject Then
4          ans = MsgBox("ブックはマクロを含んでいます。" & vbLf & _
               "マクロ有効ブックとして保存しますか？", vbYesNo, _
               "保存の確認")
5          If ans = vbYes Then
6              ActiveWorkbook.SaveAs "C:¥dekiru¥売上マクロあり", _
                   FileFormat:=xlOpenXMLWorkbookMacroEnabled
7              Exit Sub
8          Else
9              MsgBox "ブックの保存を取り消します"
10             Exit Sub
11         End If
12     End If
13     ActiveWorkbook.SaveAs "C:¥dekiru¥売上マクロなし", _
           FileFormat:=xlOpenXMLWorkbook
14 End Sub
```

注)「 _ (行継続文字)」の部分は、次の行と続けて入力することもできます→95ページ参照

6-3 終了 ブックの保存と

1 マクロの基礎知識
2 VBAの基礎知識
3 プログラミングの基礎知識
4 セルの操作
5 ワークシートの操作
6 Excelファイルの操作
7 高度なファイルの操作
8 ウィンドウの操作
9 データの操作
10 印刷
11 図形の操作
12 グラフの操作
13 コントロールの使用
14 外部アプリケーションの操作
15 VBA関数
16 そのほかの操作
付録

6-3 ブックの保存と終了

1	［マクロの有無を確認後保存する］というマクロを記述する
2	整数型の変数ansを宣言する
3	アクティブブックにマクロが含まれている場合(Ifステートメントの開始)
4	「ブックはマクロを含んでいます。マクロ有効ブックとして保存しますか？」というメッセージ（［保存の確認］メッセージ）を表示し、クリックされたボタンの戻り値を変数ansに格納する
5	変数ansの値がvbYesの場合（［はい］ボタンがクリックされた場合）（Ifステートメントの開始）
6	アクティブブックを [C:¥dekiru] に「売上マクロあり」という名前でマクロ有効ブックとして保存する
7	処理を終了する
8	それ以外の場合（［いいえ］ボタンがクリックされた場合）
9	「ブックの保存を取り消します」というメッセージを表示する
10	処理を終了する
11	Ifステートメントを終了する
12	Ifステートメントを終了する
13	（アクティブブックにマクロが含まれていない場合）アクティブブックを [C:¥dekiru] に「売上マクロなし」という名前で通常のExcelブックとして保存する
14	マクロの記述を終了する

アクティブブックにマクロが含まれているか確認して、マクロ有効ブックか通常のブックの形式のどちらかで保存したい

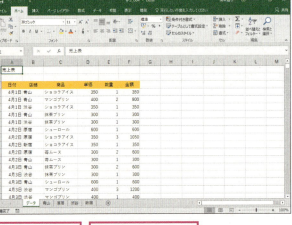

❶ VBEを起動し、コードを入力
❷ マクロを含むブックをアクティブにする

```
Sub マクロの有無を確認後保存する()
    Dim ans As Integer
    If ActiveWorkbook.HasVBProject Then
        ans = MsgBox("ブックはマクロを含んでいます。" & vbLf & _
            "マクロ有効ブックとして保存しますか?", vbYesNo, _
            "保存の確認")
        If ans = vbYes Then
            ActiveWorkbook.SaveAs "C:¥dekiru¥売上マクロあり", _
                FileFormat:=xlOpenXMLWorkbookMacroEnabled
            Exit Sub
        Else
            MsgBox "ブックの保存を取り消します"
            Exit Sub
        End If
    End If
    ActiveWorkbook.SaveAs "C:¥dekiru¥売上マクロなし", _
        FileFormat:=xlOpenXMLWorkbook
End Sub
```

❸ 入力したマクロを実行

参照▶ VBAを使用してマクロを作成するには……P.85
参照▶ マクロを実行するには……P.53

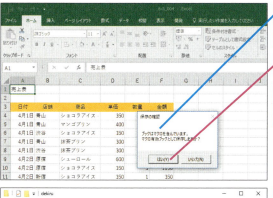

- アクティブブックにマクロが含まれているので、メッセージが表示された
- ❹[はい]をクリック
- [いいえ]をクリックすると、メッセージが表示されてファイルは保存されない

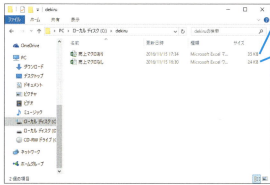

- [はい]をクリックするとマクロ有効ブックとして保存される
- マクロを含んでいなかった場合、メッセージが表示されず、Excelの通常ブックとして保存される

変更が保存されているかどうか確認するには

オブジェクト.**Saved** ──── 取得
オブジェクト.**Saved** = 設定値 ──── 設定

▶解説

Savedプロパティは、ブックを最後に保存してから変更されている場合はTrue、変更されていない場合はFalseを返します。また、値の設定ができるため、Savedプロパティの値をTrueにすることで、ブックが変更されていないことにできます。保存の必要のない、一時的に使用しているブックを保存しないで閉じたい場合などに利用できます。

▶設定する項目

オブジェクト ……… Workbookオブジェクトを指定します。
設定値 …………… Trueに指定すると、ブックの保存のあと変更されていないことになります。Falseを指定すると、ブックの保存のあと変更されたことになります。

エラーを防ぐには

SavedプロパティにTrueを設定しても、変更内容が保存された扱いになるだけで、実際にはファイルは保存されていないことに注意してください。変更を保存するには、SaveメソッドやSaveAsメソッドを使用します。

6-3 ブックの保存と終了

使用例　ブックが変更されているかどうか確認する

アクティブブックが最後に保存されてから変更されているかどうかを確認します。変更がない場合と変更があった場合で異なるメッセージを表示します。

サンプル 6-3_005.xlsm

```
1  Sub ブックの変更の有無を確認する()
2      If ActiveWorkbook.Saved = True Then
3          MsgBox "ブックは変更されていません"
4      Else
5          MsgBox "ブックの変更が保存されていません"
6      End If
7  End Sub
```

1	[ブックの変更の有無を確認する]というマクロを記述する
2	アクティブブックに変更がない場合(Ifステートメントの開始)
3	「ブックは変更されていません」というメッセージを表示する
4	それ以外の場合(変更がある場合)
5	「ブックの変更が保存されていません」というメッセージを表示する
6	Ifステートメントを終了する
7	マクロの記述を終了する

ブックが保存されているかどうかを確認したい

❶VBEを起動し、コードを入力

❷入力したマクロを実行

参照▶VBAを使用してマクロを作成するには……P.85
参照▶マクロを実行するには……P.53

「ブックの変更が保存されていません」というメッセージが表示された

[OK]をクリックしてメッセージを閉じる

HINT 変更を保存しないでブックを閉じるには

ブックに変更があったとしてもその変更を保存しないで閉じるには、SavedプロパティにTrueを設定します。たとえば、アクティブブックの変更を保存しないで閉じるときは次のように記述できます。

サンプル 6-3_005.xlsm

参照▶ブックを閉じるには……P.443

```
Sub 変更を保存しないで閉じる()
    ActiveWorkbook.Saved = True
    ActiveWorkbook.Close
End Sub
```

6-3

［名前を付けて保存］ダイアログボックスを表示するには

オブジェクト.**FileDialog**(msoFileDialogSaveAs)

▶解説

ApplicationオブジェクトのFileDialogプロパティで引数をmsoFileDialogSaveAsに指定すると、［名前を付けて保存］ダイアログボックスを表すFileDialogオブジェクトを取得します。このFileDialogオブジェクトのプロパティやメソッドを使用して、［名前を付けて保存］ダイアログボックスの設定や表示、指定したファイルを保存するなどの操作ができます。

▶設定する項目

オブジェクト ‥‥‥‥‥ Applicationオブジェクトを指定します。

msoFileDialogSaveAs ‥‥［名前を付けて保存］ダイアログボックスを表示するための定数です。この定数をそのまま使用します。

エラーを防ぐには

FileDialogプロパティでは、FileDialogオブジェクトを取得するだけなので、［名前を付けて保存］ダイアログボックスを表示したり、指定したファイルを保存したりするには、FileDialogオブジェクトのShowメソッドやExecuteメソッドを使用します。

参照 FileDialogオブジェクトのプロパティとメソッド……P.429

使用例 ［名前を付けて保存］ダイアログボックスを表示してブックを保存する

［名前を付けて保存］ダイアログボックスを表示して、保存先とブック名を指定してアクティブブックを保存します。ここでは、アクティブブックがマクロを含んでいるかどうか確認し、マクロを含んでいる場合はファイルの種類を［Excelマクロ有効ブック］、含んでいない場合は［Excelブック］にしてダイアログボックスを表示します。 サンプル 6-3_006.xlsm

参照 FileDialogオブジェクトのプロパティとメソッド……P.429

```
1  Sub ダイアログボックスを使ってブックを保存()
2      With Application.FileDialog(msoFileDialogSaveAs)
3          If ActiveWorkbook.HasVBProject Then
4              .FilterIndex = 2
5          Else
6              .FilterIndex = 1
7          End If
8          If .Show = -1 Then .Execute
9      End With
10 End Sub
```

ブックの保存と終了

1 マクロの基礎知識

2 VBAの基礎知識

3 プログラミングの基礎知識

4 セルの操作

5 ワークシートの操作

6 Excelファイルの操作

7 高度なファイルの操作

8 ウィンドウの操作

9 データの操作

10 印刷

11 図形の操作

12 グラフの操作

13 コントロールの使用

14 外部アプリケーションの操作

15 VBA関数

16 そのほかの操作

付録

441

1	［ダイアログボックスを使ってブックを保存］というマクロを記述する
2	［名前を付けて保存］ダイアログボックスを表すFileDialogオブジェクトに対して以下の処理を実行する。（Withステートメントの開始）
3	アクティブブックがマクロを含んでいる場合(Ifステートメントの開始)
4	ファイルの種類を「2」（Excelマクロ有効ブック）にする
5	それ以外の場合（マクロを含んでいない場合）
6	ファイルの種類を「1」（Excelブック）にする
7	Ifステートメントを終了する
8	［名前を付けて保存］ダイアログボックスを表示し、［保存］ボタンがクリックされたら、保存を実行する
9	Withステートメントを終了する
10	マクロの記述を終了する

HINT FilterIndexプロパティの指定方法

FilterIndexプロパティには、ダイアログボックスの［ファイルの種類］で表示する種類を番号で指定します。［ファイルの種類］の一覧の上から順番に1、2、3……と番号が振られています。［Excelブック］にするには「1」、［Excelマクロ有効ブック］にするには「2」を指定します。

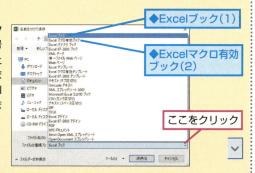

HINT FileDialogプロパティで指定できる定数

FileDialogプロパティは、ファイルに関するダイアログボックスに対応する定数を持ちます。msoFileDialogFilePickerやmsoFileDialog FolderPickerは、ユーザーにファイルやフォルダーを選択させたい場合に利用できます。

定数	値	内容
msoFileDialogOpen	1	［開く］ダイアログボックス
msoFileDialogSaveAs	2	［名前を付けて保存］ダイアログボックス
msoFileDialogFilePicker	3	ファイルの選択ダイアログボックス
msoFileDialogFolderPicker	4	フォルダーの選択ダイアログボックス

ブックを閉じるには

オブジェクト.**Close**(SaveChanges, Filename, RouteWorkbook)

▶解説

Closeメソッドは、指定したブックを閉じます。引数をすべて省略すると、ブックに変更がない場合はそのまま閉じますが、変更がある場合は、保存を確認するメッセージが表示されます。引数を指定すると、ブックの変更を保存する設定や、保存時のファイル名の指定、回覧の設定などができます。

▶設定する項目

オブジェクト･･･････ WorkbooksコレクションまたはWorkbookオブジェクトを指定します。Workbooksコレクションでは、開いているすべてのブックが対象となり、Workbookオブジェクトでは、単一のブックが対象になります。

SaveChanges ･･････ ブックに変更がある場合に、変更を保存するかどうかをTrueまたはFalseで指定します。変更がない場合、Trueに設定してもそのまま閉じます（省略可）。

値	内容
True	**既存ブック**：引数 FileName が指定されている場合、引数 FileName でブックを保存（既存のブックは変更されない）。引数 FileName が指定されていない場合、変更を上書き保存 **新規ブック**：引数 FileName が指定されている場合、引数 FileName でブックを保存。引数 FileName が指定されていない場合、[名前を付けて保存] ダイアログボックスが表示される
False	変更を保存しないで閉じる
省略	変更したファイルを保存するかどうかを確認するメッセージが表示される

FileName ･････････ 引数SaveChangesがTrueの場合、指定したファイル名でファイルを保存します（省略可）。

RouteWorkbook ･･･ ブックに回覧の設定がされている場合に有効になります。Trueの場合はブックを次の宛先に送信し、Falseの場合はブックを送信しません。省略するとブックの送信を確認するメッセージが表示されます（省略可）。

[エラーを防ぐには]

Workbooksコレクションをオブジェクトにした場合、引数は指定できません。「Workbooks.Close」と記述するとすべてのブックが閉じられ、変更がある場合は保存を確認するメッセージボックスが表示されます。

6-3

終了 ブックの保存と

マクロの基礎知識	1
VBAの基礎知識	2
プログラミングの基礎知識	3
セルの操作	4
ワークシートの操作	5
Excelファイルの操作	6
高度なファイルの操作	7
ウィンドウの操作	8
データの操作	9
印刷	10
図形の操作	11
グラフの操作	12
コントロールの使用	13
外部アプリケーションの操作	14
VBA関数	15
そのほかの操作	16
付録	

使用例 変更を保存してブックを閉じる

アクティブブックを閉じます。変更がある場合は、変更を上書き保存して閉じます。

サンプル 6-3_007.xlsm

```
1  Sub 変更を保存してブックを閉じる()
2      ActiveWorkbook.Close SaveChanges:=True
3  End Sub
```

1 [変更を保存してブックを閉じる]というマクロを記述する
2 アクティブブックを、変更を上書き保存して閉じる
3 マクロの記述を終了する

アクティブブックを閉じたい

❶VBEを起動し、コードを入力

```
(General)                                    変更を保存してブックを閉じる

Sub 変更を保存してブックを閉じる()
    ActiveWorkbook.Close SaveChanges:=True
End Sub
```

❷入力したマクロを実行

参照 VBAを使用してマクロを作成するには……P.85

参照 マクロを実行するには……P.53

変更が上書き保存され、ブックが閉じた

Excelを終了するには

オブジェクト.Quit

▶解説

QuitメソッドはExcelを終了します。開いているブックの変更が保存されていない場合は、変更を保存するかどうかを確認するメッセージが表示されます。

▶設定する項目

オブジェクト ………… Applicationオブジェクトを指定します。

エラーを防ぐには

Quitメソッドを使用してExcelを終了する場合、開いているブックの変更が保存されていない場合は、変更の保存を確認するメッセージが表示されます。確認のメッセージを表示したくない場合は、DisplayAlertsプロパティにFalseを設定するか、ブックのSavedプロパティにTrueを指定すれば、変更を保存せずに終了することができます。変更を保存したい場合は、SaveメソッドまたはSaveAsメソッドでブックを保存してから、QuitメソッドでExcelを終了してください。

使用例　ブックを保存しないでExcelを終了する

ブックを保存しないでExcelを終了します。ここではFor Eachステートメントを使用して、開いているすべてのブックに対してSavedプロパティをTrueにし、保存済みの設定にしてから、QuitメソッドでExcelを終了します。これで保存確認のメッセージを表示しないで終了することができます。

サンプル 6-3_008.xlsm

参照▶同じ種類のオブジェクトすべてに同じ処理を実行する……P.192
参照▶変更が保存されているかどうか確認するには……P.439

```
1  Sub ブックを保存しないで終了()
2      Dim myWBook As Workbook
3      For Each myWBook In Workbooks
4          myWBook.Saved = True
5      Next
6      Application.Quit
7  End Sub
```

1 ［ブックを保存しないで終了］というマクロを記述する
2 Workbook型のオブジェクト変数myWBookを宣言する
3 開いているブックを変数myWBookに順番に格納して、以下の処理をくり返す
4 ブックを保存済みの設定にする
5 変数myWBookに次の開いているブックを格納し、4行めに戻る
6 Excelを終了する
7 マクロの記述を終了する

開いているブックをすべて保存せずにExcelを終了したい

HINT ブックをすべて上書き保存してExcelを終了するには

開いているブックをすべて上書き保存してExcelを終了する場合は、使用例の4行めを「myWBook.Save」と書き換えてください。

参照▶ブックを上書き保存するには……P.431

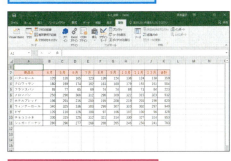

❶VBEを起動し、コードを入力

❷入力したマクロを実行

参照▶VBAを使用してマクロを作成するには……P.85
参照▶マクロを実行するには……P.53

すべてのブックが保存されずにExcelが終了した

6-4 ブックの操作

ブックの操作

「新規作成」「開く」「閉じる」「保存」といったブックに関する基本的な操作以外に、VBAにはブックを対象とするいくつかの操作があります。ここでは、「ブックのコピー作成」「ブック名の取得」「ブック保存場所の取得」「ブック保護」など、ブックに対する情報の取得や機能の設定方法を説明します。

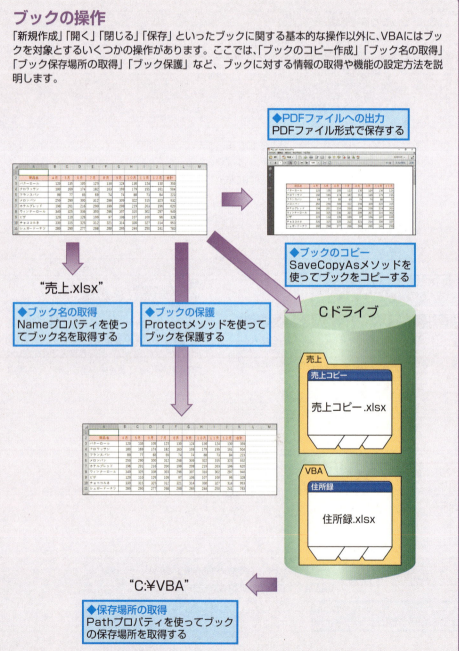

ブックのコピーを保存するには

オブジェクト.**SaveCopyAs**(Filename)

▶解説

SaveCopyAsメソッドは、指定したブックのコピーを保存します。VBAを使ってバックアップファイルを作成しておきたい場合などに利用できます。

▶設定する項目

オブジェクト ………… Workbookオブジェクトを指定します。

エラーを防ぐには

SaveCopyAsメソッドで保存する場合のファイル名には、コピー元のブックと同じ拡張子を正しく指定します。正しく指定されていなくてもエラーにはならず、ファイルは作成されますが、保存したブックを開くことができません。また、すでに保存場所に同名ファイルがある場合にはファイルが上書きされます。上書きしたくない場合は、保存前にあらかじめ同名ファイルがあるかどうか調べるなどして、別の名前を付けるようにします。

使用例 　開いたブックのバックアップを作成する

コードを実行しているブックと同じ場所に保存されているブック［売上.xlsx］を開き、このブックのコピーを［C:¥dekiru¥BK］に保存します。ファイル名は、［売上1127.xlsx］のように、元のブック名のうしろに今日の日付を「mmdd」の形式で付加したものとします。

サンプル 6-4_001.xlsm／売上.xlsx

```
1  Sub ブックのバックアップを作成する()
2      Workbooks.Open ThisWorkbook.Path & "¥売上.xlsx"
3      ActiveWorkbook.SaveCopyAs _
           Filename:="c:¥dekiru¥BK¥売上" & Format(Date, "mmdd") & ".xlsx"
4  End Sub
```
注)「 _（行継続文字）」の部分は、次の行と続けて入力することもできます→95ページ参照

1. ［ブックのバックアップを作成する］というマクロを記述する
2. コードを実行しているブックと同じ場所にある［売上.xlsx］を開く
3. アクティブブックのコピーを［C:¥dekiru¥BK］に［売上mmdd.xlsx］（例:売上1127.xlsx)という名前で保存する
4. マクロの記述を終了する

| 指定したファイルを開き、バックアップとしてコピーを保存したい | あらかじめCドライブに［dekiru］-［BK］フォルダーを作成しておく |

❶VBEを起動し、コードを入力

```
(General)                              ブックのバックアップを作成する
    Sub ブックのバックアップを作成する()
        Workbooks.Open ThisWorkbook.Path & "¥売上.xlsx"
        ActiveWorkbook.SaveCopyAs _
            Filename:="c:¥dekiru¥BK¥売上" & Format(Date, "mmdd") & ".xlsx"
    End Sub
```

❷入力したマクロを実行

参照 VBAを使用してマクロを作成するには……P.85

参照 マクロを実行するには……P.53

6-4
ブックの操作

1 マクロの基礎知識
2 VBAの基礎知識
3 プログラミングの基礎知識
4 セルの操作
5 ワークシートの操作
6 Excelファイルの操作
7 高度なファイルの操作
8 ウィンドウの操作
9 データの操作
10 印刷
11 図形の操作
12 グラフの操作
13 コントロールの使用
14 外部アプリケーションの操作
15 VBA関数
16 そのほかの操作
　付録

447
できる

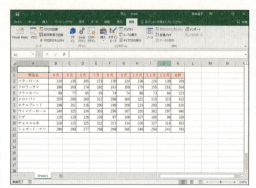

コードを実行しているブックと同じ場所にある指定したファイルが開いた

参照▶ アクティブブックを参照するには……P.419
参照▶ カレントフォルダーとは……P.426

バックアップファイルが保存された

[C:¥dekiru¥BK] フォルダーにバックアップファイルが作成された

操作前にフォルダーを作成しておかないとバックアップファイルを保存できない

> **変更した元のブックは別途保存する必要がある**
>
> SaveCopyAsメソッドでは、ブックのコピーだけが保存されます。変更を加えた元のブックは、Saveメソッドなどで別途保存する必要があります。

ブック名を調べるには

オブジェクト.Name　　　　　　　　　　　　　　　　　取得

▶解説

ブックの名前を調べるには、Nameプロパティを使用します。ブックが開いているかどうかを確認する場合によく使用されます。Nameプロパティは、保存済みのブックでは拡張子まで取得しますが、新規ブックで未保存のブックでは拡張子がない状態で取得されます。

▶設定する項目

オブジェクト………Workbookオブジェクトを指定します。

エラーを防ぐには

WorkbookオブジェクトのNameプロパティは取得のみ可能で、設定はできません。ブック名を設定する場合は、SaveAsメソッドを使ってファイルに保存する必要があります。

使用例 指定したブックが開いているか調べる

ブックを保存しようとしたり、開こうとしたとき、同名ファイルがすでに開かれているとエラーになり、保存したり開いたりすることができません。ここでは、ブック［売上.xlsx］が開いているかどうかチェックし、同名ブックが開いている場合はメッセージを表示し、開いていない場合は、フォルダー［C:¥dekiru］の該当するブックを開きます。

サンプル 6-4_002.xlsm ／ 売上.xlsx

参照▶ 同じ種類のオブジェクトすべてに同じ処理を実行する……P.192

```
1  Sub 指定したブックが開いているか調べる()
2      Dim myBN As String, myWB As Workbook
3      myBN= "売上.xlsx"
4      For Each myWB In Workbooks
5          If myWB.Name = myBN Then
6              MsgBox myBN & "は開いています"
7              Exit Sub
8          End If
9      Next
10     Workbooks.Open "C:¥dekiru¥"& myBN
11 End Sub
```

1	［指定したブックが開いているか調べる］というマクロを記述する
2	文字列型の変数myBNとWorkbook型の変数myWBを宣言する
3	変数myBNに「売上.xlsx」を格納する
4	変数myWBに開いているブックを順番に格納しながら次の処理をくり返す
5	変数myWBに格納されているブックの名前が変数myBNと同じ場合(Ifステートメントの開始)
6	「変数myBN（売上.xlsx）は開いています」というメッセージを表示する
7	処理を終了する
8	Ifステートメントを終了する
9	変数myWBに次の開いているブックを格納し4行めに戻る
10	フォルダー［C:¥dekiru］にある変数myBNのブック(売上.xlsx)を開く
11	マクロの記述を終了する

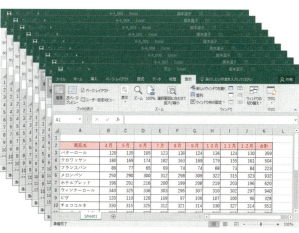

多数のブックを開いている状態で、指定したファイルが開かれているかどうかを確認したい

6-4 ブックの操作

❶VBEを起動し、コードを入力

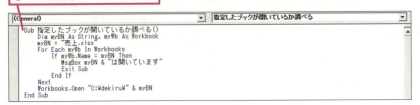

❷入力したマクロを実行

参照▶VBAを使用してマクロを作成するには……P.85
参照▶マクロを実行するには……P.53

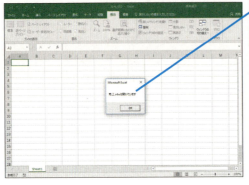

指定したブックが開いているので、「(ファイル名)は開いています」というメッセージが表示された

HINT パスを含めた名前を取得するには

Nameプロパティでは、指定したブックの名前のみを取得しますが、FullNameプロパティを使用すると、ブックの保存場所からブック名までのパスも含めて取得することができます。たとえば、Cドライブの[dekiru]フォルダーに保存されているブック[原宿.xlsx]のFullNameプロパティの値は、「C:¥dekiru¥原宿.xlsx」となります。なお、保存されていない新規ブックの場合は、「Book1」のように仮の名前だけが返ります。

HINT コードを実行しているブック以外のブックをすべて閉じるには

ブックを複数開いて作業しているときに、コードを実行しているブックは閉じず、ほかのブックをすべて閉じたい場合は、For Eachステートメントで1つずつブックの名前とコードを実行しているブックの名前「ThisWorkbook.Name」を比較し、名前が違う場合にブックを閉じるようにします。これは、次のように記述できます。

サンプル▶6-4_003.xlsm

参照▶同じ種類のオブジェクトすべてに同じ処理を実行する……P.192

このマクロを実行するとコードの実行中以外のブックを上書き保存してすべて閉じることができる

```
Sub コードを実行しているブック以外のブックを閉じる()
    Dim myWb As Workbook
    For Each myWb In Workbooks
        If Not myWb.Name = ThisWorkbook.Name Then
            myWb.Close savechanges:=True
        End If
    Next
End Sub
```

ブックの保存場所を調べるには

オブジェクト.Path   取得

▶解説

Pathプロパティは、指定したブックの保存場所の絶対パスを文字列で返します。ブックの保存場所を確認する場合や、保存場所として指定する場合などに利用します。

▶設定する項目

オブジェクト………Workbookオブジェクトを指定します。

> **エラーを防ぐには**
>
> Pathプロパティが返すパスは、パスの最後の「¥（円記号）」とブック名を含みません。そのため、取得したパスをブックの保存先とする場合は、Pathの戻り値とブック名の間に「¥」を記述してください。なお、未保存のブックの場合は、空の文字列「""」が返ります。

使用例　ブックの保存先を調べ、同じ場所に新規ブックを保存する

ブック［売上.xlsx］をアクティブにしたあとで、このブックの保存場所を調べます。続いて新規ブックを追加して、同じ場所に「商品別売上.xlsx」という名前を付けて保存します。

サンプル 6-4_004.xlsm／売上.xlsx

```
1  Sub 新規ブックをアクティブブックと同じ場所に保存する()
2      Dim myPath As String
3      myPath = ActiveWorkbook.Path
4      Workbooks.Add.SaveAs Filename:=myPath & "¥商品別売上.xlsx"
5  End Sub
```

1 ［新規ブックをアクティブブックと同じ場所に保存する］というマクロを記述する
2 文字列型の変数myPathを宣言する
3 変数myPathにアクティブブックの保存場所のパスを格納する
4 新規ブックを作成し、アクティブブックの保存場所に「商品別売上.xlsx」という名前で保存する
5 マクロの記述を終了する

売上.xlsxファイルと同じ場所に、指定した名前の新規ブックを作成したい

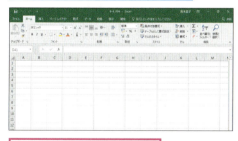

> **絶対パスとは**
>
> 絶対パスとは、ファイルが保存されている場所をドライブ名から順に示したもののことをいいます。たとえば、Cドライブの［dekiru］フォルダーにあるブック［売上.xlsx］の絶対パスは、「C:¥dekiru¥売上.xlsx」になります。

❶VBEを起動し、コードを入力

❷ [C:¥dekiru] にある [売上.xlsx] ファイルを開く

❸ [売上] ブックをアクティブにしたまま、手順1で入力したマクロを実行

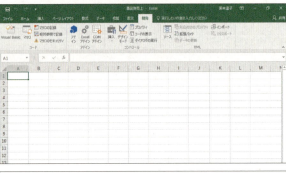

参照▶VBAを使用してマクロを作成するには……P.85

参照▶マクロを実行するには……P.53

新規ブックが作成された

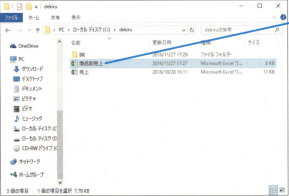

[売上.xlsx] ファイルと同じ場所に、[商品別売上.xlsx] という名前で保存された

HINT 同じ名前のファイルが存在する場合

すでに同じ名前でファイルが保存されている場合は、保存を確認するメッセージが表示されます。

参照▶同名ブックの存在を確認してから保存する……P.435

ブックを保護するには

オブジェクト.Protect(Password, Structure, Windows)

▶解説

Protectメソッドは、指定したブックを保護します。引数の指定方法によってブック内のシートの移動、コピー、追加、削除などのシート構成の変更を禁止したり、ウィンドウのサイズ変更などの操作を禁止したりすることができます。またブック保護を解除するためのパスワードを指定することもできます。

▶設定する項目

オブジェクト………Workbookオブジェクトを指定します。

Password .... ブックの保護を解除するために必要となるパスワードを指定します。省略した場合は、パスワードなしでブック保護を解除します（省略可）。
Structure .... Trueの場合、シートの移動、削除、非表示などのシートの操作を禁止し、ブックの構造を保護します（省略可）。
Windows .... Trueの場合、ウィンドウを開いたときのサイズや位置、ウィンドウの移動やサイズ変更などウィンドウを保護します（省略可）。

エラーを防ぐには

引数を省略してProtectメソッドを実行すると、ブックは保護されますが、再度実行するとブック保護が解除されてしまいます。再度実行してもブック保護が解除されないようにするには、いずれかの引数を指定するようにしてください。

使用例　ブックを保護する

アクティブブックのシート構成を保護し、パスワードを「dekiru」に指定してブックを保護します。ブックが保護されると、シート見出しを右クリックしたときに表示されるショートカットメニューの項目の使用が制限されます。　サンプル 6-4_005.xlsm

```
1  Sub ブックを保護する()
2      ActiveWorkbook.Protect Password:="dekiru", _
           Structure:=True
3  End Sub
```
注）「 _ （行継続文字）」の部分は、次の行と続けて入力することもできます→95ページ参照

1 ［ブックを保護する］というマクロを記述する
2 シート構成を保護する設定で、パスワードを「dekiru」に指定してアクティブブックを保護する
3 マクロの記述を終了する

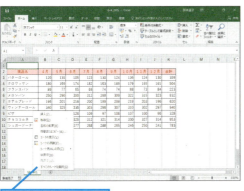

表示しているブックを保護したい

シートの削除や挿入を行えないようにする

HINT　ブックの保護を解除するには

ブックの保護を解除するには、Unprotectメソッドを使用します。書式は、「Workbook.Unprotect(Password)」になります。パスワードを設定している場合には、パスワードを省略するとエラーになります。正しいパスワードを指定するか、エラー処理コードを記述してください。
サンプル 6-4_005.xlsm

❶VBEを起動し、コードを入力
参照 VBAを使用してマクロを作成するには……P.85

❷入力したマクロを実行
参照 マクロを実行するには……P.53

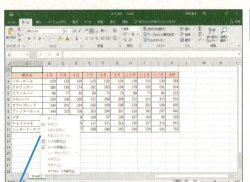

ブックを保護する設定に変わった

シートの挿入や削除などの操作ができなくなった

ブックのプロパティを取得するには

オブジェクト.**BuiltinDocumentProperties**(Index)

▶解説

BuiltinDocumentPropertiesプロパティは、ブックのタイトル、作成者、印刷日時など、指定したブックの組み込みのプロパティを表すDocumentPropertiesコレクションを返します。プロパティの各要素を取得するには、引数Indexでインデックス番号またはプロパティ名を指定します。値の取得と設定ができます。

▶設定する項目

オブジェクト………Workbookオブジェクトを指定します。
Index………………プロパティ名または、インデックス番号を指定します。

エラーを防ぐには

印刷したことがないブックには、[印刷日時]プロパティの値は設定されていません。そのため[印刷日時]プロパティに対して、BuiltinDocumentPropertiesプロパティで値を取得しようとするとエラーになります。このように、値が設定されていないプロパティに対して値を取得しようとするとエラーが発生するので、エラー処理コードを記述しておくといいでしょう。

使用例 ブックのプロパティを取得、設定する

アクティブブックのプロパティの作成者に「出来留太郎」を設定し、作成者、更新日時、印刷日時を取得してメッセージで表示します。プロパティに値が設定されていない場合にエラーになるため、On Error Resume Nextステートメントで、エラーが発生してもそのまま処理を続行するようにしています。

サンプル 6-4_006.xlsm

参照 エラー処理コードを記述するには……P.211

```
1  Sub ブックのプロパティを取得設定する()
2      Dim myAuthor, myLSTime, myLPDate
3      On Error Resume Next
4      ActiveWorkbook.BuiltinDocumentProperties("Author") = "出来留太郎"
5      myAuthor=ActiveWorkbook.BuiltinDocumentProperties("Author")
6      myLSTime = ActiveWorkbook.BuiltinDocumentProperties("Last Save Time")
7      myLPDate = ActiveWorkbook.BuiltinDocumentProperties("Last Print Date")
8      MsgBox     "作成者:" & myAuthor & vbLf & "更新日時:" & _
                  myLSTime & vbLf & "印刷日時:" & myLPDate
9  End Sub          注)「 _ (行継続文字)」の部分は、次の行と続けて入力することもできます→95ページ参照
```

1	[ブックのプロパティを取得設定する]というマクロを記述する
2	バリアント型の変数myAuthor、myLSTime、myLPDateを宣言する
3	エラーが発生した場合、エラーを無視して次の行のコードを実行する
4	アクティブブックの作成者に「出来留太郎」を設定する
5	変数myAuthorにアクティブブックの作成者を格納する
6	変数myLSTimeにアクティブブックの更新日時を格納する
7	変数myLPDateにアクティブブックの印刷日時を格納する
8	作成者、更新日時、印刷日時をメッセージに表示する
9	マクロの記述を終了する

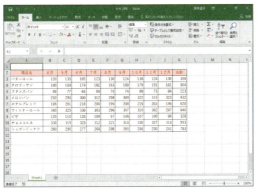

ブックの作成者などの情報を表示したい

❶VBEを起動し、コードを入力

参照▶ VBAを使用してマクロを作成するには……P.85

❷入力したマクロを実行

参照▶ マクロを実行するには……P.53

アクティブブックの作成者に「出来留太郎」が設定された

ブックの作成者などの情報が取得され、表示された

このブックは印刷されていないため、[印刷日時]には空白が返される

6-4

ブックの操作

1 マクロの基礎知識
2 VBAの基礎知識
3 プログラミングの基礎知識
4 セルの操作
5 ワークシートの操作
6 Excelファイルの操作
7 高度なファイルの操作
8 ウィンドウの操作
9 データの操作
10 印刷
11 図形の操作
12 グラフの操作
13 コントロールの使用
14 外部アプリケーションの操作
15 VBA関数
16 そのほかの操作

付録

BultinDocumentPropertiesの主なプロパティ名とインデックス番号

プロパティ名	インデックス番号	内容
Title	1	タイトル
Subject	2	サブタイトル
Author	3	作成者
Keywords	4	キーワード
Comments	5	コメント
Template	6	テンプレート
Last Author	7	最終保存者
Revision Number	8	改訂番号
Application Name	9	アプリケーション名
Last Print Date	10	印刷日時
Creation Date	11	作成日時
Last Save Time	12	更新日時
Total Editing Time	13	編集時間

ブックをPDF形式で保存する

オブジェクト.ExportAsFixedFormat(Type, Filename, Quality, IncludeDocProperties, IgnorePrintAreas, From, To, OpenAfterPublish, FixedFormatExtClassPtr)

▶解説

ExportAsFixedFormatメソッドを使用すると、ブックをPDF形式またはXPS形式で保存できます。引数の値によって、保存方法の詳細を指定できます。

▶設定する項目

オブジェクト‥‥‥‥Workbookオブジェクト、Sheetオブジェクト、Chartオブジェクト、Rangeオブジェクトを指定します。

Type‥‥‥‥‥‥‥xlTypePDFを指定するとPDF形式、xlTypeXPSを指定するとXPS形式で保存されます。

Filename‥‥‥‥‥ファイル名を指定します（省略可）。

Quality‥‥‥‥‥‥出力品質を指定します。xlQualityStandardを指定すると［標準（オンライン発行及び印刷）］（既定値）、xlQualityMinimumを指定すると［最小サイズ（オンライン発行）］で最適化されて保存されます（省略可）。

456
できる

IncludeDocProperties… ブックが持つドキュメントプロパティ情報を、作成するPDFに含めたい場合はTrue、含めたくない場合はFalseを指定する（省略可）。

IgnorePrintAreas… ブック内に印刷範囲の指定があるとき、印刷範囲を無視して全体を出力する場合はTrue、印刷範囲で指定された範囲のみ出力する場合はFalseを指定します（省略可）。

From… 出力範囲の開始ページのページ番号を指定します。省略した場合は、先頭のページから保存されます（省略可）。

To… 出力範囲の終了ページのページ番号を指定します。省略した場合は最後のページまで保存されます（省略可）。

OpenAfterPublish… 保存後にファイルを開くときはTrueを指定します。Falseを指定すると、保存後にファイルが開きません（省略可）。

FixedFormatExtClassPtr… FixedFormatExtクラスへのポインターです（省略可）。

エラーを防ぐには

保存対象は、ブック全体、シート、セル範囲、グラフのいずれかです。保存する内容に応じて、オブジェクトを指定してください。保存場所に同名ファイルがある場合は、上書き保存されます。また、Excel 2007で実行する場合は、あらかじめPDF／XPF保存用のアドインをインストールしておく必要があります。

使用例 ブックをPDF形式で保存する

アクティブブックの内容を、コードを実行しているファイルと同じ場所に「4-6月予定表.pdf」という名前のPDFファイル形式で保存し、保存後にそのファイルを開いて表示します。ブック内のすべてのシートを対象とするため、[4月] シートから [6月] シートにある表が、すべてPDFファイルに出力されます。

サンプル 6-4_007.xlsm

```
1  Sub ブックをPDFファイルとして保存()
2      ActiveWorkbook.ExportAsFixedFormat Type:=xlTypePDF, _
           Filename:=ThisWorkbook.Path & "\4-6月予定表.pdf", _
           OpenAfterPublish:=True
3  End Sub
```
注)「_（行継続文字）」の部分は、次の行と続けて入力することもできます→95ページ参照

1 [ブックをPDFファイルとして保存]というマクロを記述する
2 アクティブブックの内容を、ファイルの種類としてPDF形式を指定し、コードを実行しているファイルと同じ場所に「4-6月予定表.pdf」という名前で保存し、保存後ファイルを開く
3 マクロの記述を終了する

6-4
ブックの操作

1 マクロの基礎知識
2 VBAの基礎知識
3 プログラミングの基礎知識
4 セルの操作
5 ワークシートの操作
6 Excelファイルの操作
7 高度なファイルの操作
8 ウィンドウの操作
9 データの操作
10 印刷
11 図形の操作
12 グラフの操作
13 コントロールの使用
14 外部アプリケーションの操作
15 VBA関数
16 そのほかの操作
付録

457

6-4 ブック全体をPDF形式のファイルで保存したい

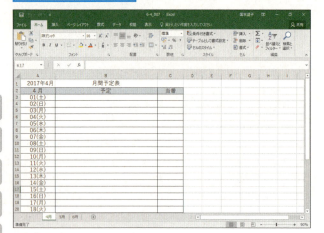

❶ VBEを起動し、コードを入力

参照▶ VBAを使用してマクロを作成するには……P.85

❷ 入力したマクロを実行

参照▶ マクロを実行するには……P.53

ブック内にあるすべてのシートがPDF形式で保存された

HINT 指定したセル範囲をPDFファイルに保存する

指定したセル範囲をPDFファイルとして保存する場合は、Rangeオブジェクトを指定します。たとえば、セルA1～C17の内容を、コードを実行しているファイルと同じフォルダーに「4月前半予定表.pdf」という名前のPDFファイルとして保存するには、次のように記述します。

サンプル 6-4_008.xlsm

```
Sub セル範囲をPDFファイルに保存()
    Range("A1:C17").ExportAsFixedFormat Type:=xlTypePDF, _
        Filename:=ThisWorkbook.Path & "¥4月前半予定表.pdf"
End Sub
```

第**7**章

高度なファイルの操作

7- 1．テキストファイルの操作・・・・・・・・・・・・・・・460
7- 2．ファイル／フォルダー／ドライブの操作・・・472
7- 3．ファイルシステムオブジェクト・・・・・・・・・493

7-1 テキストファイルの操作

テキストファイルを操作する

Excel VBAには、テキストファイルを操作するためのメソッドやステートメントが用意されています。これらを使用すると、外部アプリケーションや会社の基幹システムなどから書き出したテキストファイルを活用するVBAプログラムを作成できます。

テキストファイルを開く

さまざまな形式のテキストファイルを新しいブックで開くことができます。

データの区切り文字を指定できる

テキストファイルが新しいブックで開かれる

OpenTextメソッドを実行

テキストファイルとの読み書きを行う

テキストファイルをパソコン内部に開いて、テキストファイルとの読み書きを行うことができます。

Input #ステートメントやLineInput #ステートメントで読み込み

Openメソッドでテキストファイルをパソコン内部に開く

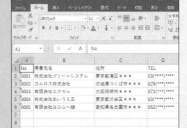

Write #ステートメントやPrint #ステートメントで書き込み

7-1

テキストファイルを開くには

オブジェクト.**OpenText**(FileName, Origin, StartRow, DataType, TextQualifier, ConsecutiveDelimiter, Tab, Semicolon, Comma, Space, Other, OtherChar, FieldInfo, TextVisualLayout, DecimalSeparator, ThousandsSeparator, TrailingMinusNumbers, Local)

▶解説

新しいブックでテキストファイルを開くにはOpenTextメソッドを使用します。タブや「.(カンマ)」などの区切り文字でデータが区切られている場合、列ごとにデータの形式を変換したり、読み込まない列を指定したりできます。なお、開いたテキストファイルの内容は、1枚のワークシートを含む新しいブックに読み込まれます。

▶設定する項目

オブジェクト ………… Workbooksコレクションを指定します。

FileName …………… 開きたいテキストファイルの名前を含むパスを「"（ダブルクオーテーション)」で囲んで指定します。ファイル名だけを指定した場合は、カレントフォルダー内のファイルが対象となります。

Origin ……………… テキストファイルを作成した機種をXlPlatform列挙型の定数、またはコードページ番号を表す整数値で指定します。省略した場合は、テキストファイルウィザードに設定されている［元のファイル］の値が指定されます（省略可）。

XlPlatform列挙型の定数

定数	説明
xlMacintosh	マッキントッシュ
xlWindows	ウィンドウズ
xlMSDOS	MS-DOS

StartRow …………… 読み込みを開始する行位置を指定します。省略した場合は「1」が指定されます（省略可）。

DataType …………… テキストファイルのファイル形式をXlTextParsingType列挙型の定数で指定します。省略した場合はxlDelimitedが指定されます（省略可）。

XlTextParsingType列挙型の定数

定数	説明
xlDelimited	タブや「.(カンマ)」などの区切り文字でデータが区切られているファイル形式
xlFixedWidth	固定された各列の文字数によって区切り位置を判断する固定長フィールド形式

TextQualifier ……… データの引用符をXlTextQualifier列挙型の定数で指定します。省略した場合はxlTextQualifierDoubleQuoteが指定されます（省略可）。

テキストファイルの操作

1 マクロの基礎知識
2 VBAの基礎知識
3 プログラミングの基礎知識
4 セルの操作
5 ワークシートの操作
6 Excelファイルの操作
7 高度なファイルの操作
8 ウィンドウの操作
9 データの操作
10 印刷
11 図形の操作
12 グラフの操作
13 コントロールの使用
14 外部アプリケーションの操作
15 VBA関数
16 そのほかの操作
付録

461
できる

XlTextQualifier列挙型の定数

定数	説明
xlTextQualifierDoubleQuote	引用符が「"（ダブルクオーテーション）」
xlTextQualifierSingleQuote	引用符が「'（シングルクオーテーション）」
xlTextQualifierNone	引用符なし

ConsecutiveDelimiter⋯ 連続した区切り文字を1文字として扱う場合にTrueを指定します。省略した場合はFalseが指定されます（省略可）。

Tab⋯⋯⋯⋯⋯⋯⋯⋯ 区切り文字が「タブ」の場合にTrueを指定します。引数DataTypeがxlDelimitedのときのみ有効です。省略した場合はFalseが指定されます（省略可）。

Semicolon⋯⋯⋯⋯⋯ 区切り文字が「セミコロン」の場合にTrueを指定します。引数DataTypeがxlDelimitedのときのみ有効です。省略した場合はFalseが指定されます（省略可）。

Comma⋯⋯⋯⋯⋯⋯ 区切り文字が「カンマ」の場合にTrueを指定します。引数DataTypeがxlDelimitedのときのみ有効です。省略した場合はFalseが指定されます（省略可）。

Space⋯⋯⋯⋯⋯⋯⋯ 区切り文字が「スペース」の場合にTrueを指定します。引数DataTypeがxlDelimitedのときのみ有効です。省略した場合はFalseが指定されます（省略可）。

Other⋯⋯⋯⋯⋯⋯⋯ 区切り文字がタブ、セミコロン、カンマ、スペース以外の場合にTrueを指定し、区切り文字を引数OtherCharで指定します。引数DataTypeがxlDelimitedのときのみ有効です。省略した場合はFalseが指定されます（省略可）。

OtherChar⋯⋯⋯⋯ 引数OtherがTrueの場合に区切り文字を指定します。複数の文字を指定した場合は先頭の文字だけが指定されます（省略可）。

FieldInfo⋯⋯⋯⋯⋯ データを読み込むときに変換するデータ形式や固定長フィールド形式の区切り位置を配列で指定します。配列はArray関数を使用して記述します。省略した場合は、各列のデータが標準形式で読み込まれます。開くテキストファイルが固定長フィールド形式の場合は省略できません（省略可）。

参照📖Array関数の使い方⋯⋯P.464

TextVisualLayout⋯ テキストの視覚的な配置を指定します（省略可）。

DecimalSeparator⋯ 数値の小数点の記号を指定します。省略した場合は、[形式のオプション] ダイアログボックスの設定値が指定されます（省略可）。

ThousandsSeparator⋯ 数値の桁区切り記号を指定します。省略した場合は、[形式のオプション] ダイアログボックスの設定値が指定されます（省略可）。

TrailingMinusNumbers⋯ 末尾に負の符号が付いているデータを、負の数として扱いたい場合にTrue、文字列として扱いたい場合にFalseを指定します。省略した場合はFalseが指定されます（省略可）。

Local⋯⋯⋯⋯⋯⋯⋯ [形式のオプション] ダイアログボックスの設定値を使用する場合にTrueを指定します。省略した場合はFalseが指定されます（省略可）。

エラーを防ぐには

Array関数を使用して引数FieldInfoを指定するとき、「FieldInfo:=Array(Array(1,2),Array(4,9))」のように標準形式以外の列だけを指定すると、データを正常に読み込むことができません。したがって、標準形式で読み込む列も含めてすべての列について記述します。

参照📖Array関数で配列変数に値を格納する⋯⋯P.166

7-1

使用例　新しいブックでテキストファイルを開いて列単位でデータ形式を変換する

「,（カンマ）」で区切られたテキストファイル「得意先.txt」を開きます。1列めの「No」のデータを標準形式で読み込むと数値になってしまうため、文字列に変換します。さらに、5列めの「Fax」のデータを読み込まないようにします。これらの設定は、引数FieldInfoにArray関数を使用して記述します。なお、それぞれのデータが「'（シングルクオーテーション）」で囲まれているので、引数TextQualifierにxlTextQualifierSingleQuoteを指定しています。

サンプル：7-1_001.xlsm ／ 得意先.txt

参照▶Array関数で配列変数に値を格納する……P.166

```
1  Sub データ形式を変換()
2      Workbooks.OpenText Filename:="C:\データ\得意先.txt", _
           DataType:=xlDelimited, _
           TextQualifier:=xlTextQualifierSingleQuote, _
           Comma:=True, FieldInfo:=Array(Array(1, 2), _
           Array(2, 1), Array(3, 1), Array(4, 1), Array(5, 9))
3  End Sub
```

注「_（行継続文字）」の部分は、次の行と続けて入力することもできます→95ページ参照

1. [データ形式を変換]というマクロを記述する
2. Cドライブの[データ]フォルダーに保存されている[得意先.txt]ファイルを、ファイル形式を区切り文字形式、引用符を「'（シングルクオーテーション）」、区切り文字をカンマに設定し、1列めは文字列形式に変換、2～4列め標準形式のまま、5列めは読み込まない設定で開く
3. マクロの記述を終了する

注意 Cドライブの[データ]フォルダーに[得意先.txt]がない場合はエラーが発生します

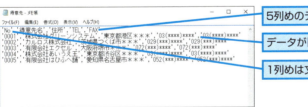

5列めのデータは読み込まない
データが「,（カンマ）」で区切られている
1列めは文字列形式で読み込む

❶VBEを起動し、コードを入力

参照▶VBAを使用してマクロを作成するには……P.85

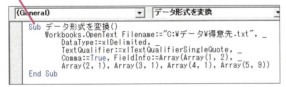

❷入力したマクロを実行

参照▶マクロを実行するには……P.53

テキストファイルのデータが開いた

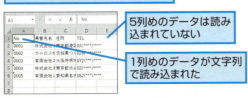

5列めのデータは読み込まれていない

1列めのデータが文字列で読み込まれた

7-1 テキストファイルの操作

Array関数の使い方

データを読み込むときに変換するデータ形式は、Array関数を使用して「Array(列番号,変換する形式)」という形で記述し、これらのArray関数を要素とするArray関数を記述します。したがって、引数FieldInfoに記述するArray関数は「Array(Array(1,1列めを変換する形式),Array(2,2列めを変換する形式)……」という形になります。変換する形式はXlColumnDataType列挙型の定数で指定します。変換する必要がない場合は「1(標準形式)」を指定します。「9(スキップ列)」を指定すると、その列は読み込まれません。固定長フィールド形式のテキストファイルを開くときは、列番号を指定していたArray関数の1番めの引数に、データの開始位置を指定します。したがって、「Array(Array(1番めのデータの開始位置,1番めのデータを変換する形式),Array(2番めのデータの開始位置,2番めのデータを変換する形式)……」という形になります。

XlColumnDataType列挙型の定数

定数	数値	変換する形式
xlGeneralFormat	1	標準
xlTextFormat	2	文字列
xlMDYFormat	3	MDY(月日年)形式の日付
xlDMYFormat	4	DMY(日月年)形式の日付
xlYMDFormat	5	YMD(年月日)形式の日付
xlMYDFormat	6	MYD(月年日)形式の日付
xlDYMFormat	7	DYM(日年月)形式の日付
xlYDMFormat	8	YDM(年日月)形式の日付
xlSkipColumn	9	スキップ列
xlEMDFormat	10	EMD(台湾年月日)形式の日付

固定長フィールド形式とは

固定長フィールド形式は、データの文字数を固定することによって各列の開始位置を判別するファイル形式です。1列めの開始位置は0文字め、2バイトデータは2文字分で計算します。

複数の区切り文字で区切られたテキストファイルを開くには

複数の区切り文字を1文字として扱う場合は、引数ConsecutiveDelimiterにTrueを指定します。たとえば、「,(カンマ)」とタブで区切られたテキストファイルを開く場合は、OpenTextメソッドの引数DataTypeにxlDelimitedを指定して引数Commaと引数TabにTrueを指定し、「,(カンマ)」とタブが連続しているので、引数ConsecutiveDelimiterにTrueを指定します。

固定長フィールド形式のテキストファイルを開くには

固定長フィールド形式のテキストファイルを開くには、OpenTextメソッドの引数DataTypeにxlFixedWidthを指定し、引数FieldInfoに各列のデータの開始位置と変換する形式をArray関数を使用して指定します。次のサンプルでは、Cドライブの[データ]フォルダーに保存した[仕入先.txt]ファイルを、1列めを文字列形式、2～3列めを標準形式で開いています。1列めが4文字、2列めが30文字、3列めが40文字で固定されているので、たとえば、3列めは34文字めから読み込んでいます。

サンプル 7-1_002.xlsm／仕入先.txt

```
Sub 固定長フィールド形式()
    Workbooks.OpenText Filename:="C:¥データ¥仕入先.txt", _
        DataType:=xlFixedWidth, FieldInfo:=Array(Array(0, 2), _
        Array(4, 1), Array(34, 1))
End Sub
```

参照 固定長フィールド形式とは……P.464
参照 Array関数で配列変数に値を格納する……P.166

テキストファイルをパソコン内部で開くには

Open Pathname For Mode As #Filenumber

▶解説

新しいブックを開かずにテキストファイルをパソコン内部で開くには、Openステートメントを使用します。テキストファイルの内容を入出力するためにパソコン内部で開くため、その内容が画面に表示されることはありません。開いたテキストファイルは、Closeステートメントで閉じるまでの間、引数Filenumberに指定したファイル番号を使用して参照します。なお、本書では主要な引数のみを紹介しています。そのほかの引数についてはヘルプを参照してください。

参照📖パソコン内部に開いたテキストファイルを閉じるには……P.466

参照📖ヘルプを利用するには……P.131

▶設定する項目

Pathname………… 開きたいテキストファイルの名前を含むパスを「"（ダブルクオーテーション)」で囲んで指定します。ファイル名だけを指定した場合は、カレントフォルダーのファイルが対象となります。なお、指定したファイルが存在しない場合、引数ModeにInput以外のモードが指定されていると、指定したファイルが新規作成されます。

Mode………………… ファイルを開くときのモードを、以下のキーワードで指定します。

キーワード	モード
Input	シーケンシャル入力モード
Output	シーケンシャル出力モード
Append	追加モード
Binary	バイナリモード
Random	ランダムアクセスモード（既定値）

Filenumber………… 開いたファイルに番号を割り当てます。1～511の値を指定します。

エラーを防ぐには

引数Filenumberで、すでに使用しているファイル番号を指定するとエラーになります。このエラーを防ぐ方法として、FreeFile関数でファイル番号を取得する方法があります。また、シーケンシャル出力モード、追加モードの場合、開いているファイルを異なるファイル番号で同時に開こうとするとエラーが発生します。これらのモードで再度ファイルを開くときは、開いているファイルをCloseステートメントで閉じてから開いてください。なお、シーケンシャル入力モード、バイナリモード、ランダムアクセスモードの場合、1つのファイルを異なるファイル番号で開くことができます。

参照📖FreeFile関数の使い方……P.468

7-1
テキストファイルの操作

1 マクロの基礎知識
2 VBAの基礎知識
3 プログラミングの基礎知識
4 セルの操作
5 ワークシートの操作
6 Excelファイルの操作
7 高度なファイルの操作
8 ウィンドウの操作
9 データの操作
10 印刷
11 図形の操作
12 グラフの操作
13 コントロールの使用
14 外部アプリケーションの操作
15 VBA関数
16 そのほかの操作
付録

465
できる

7-1

テキストファイルの操作

マクロの基礎知識 `1`

VBAの基礎知識 `2`

プログラミングの基礎知識 `3`

セルの操作 `4`

ワークシートの操作 `5`

Excelファイルの操作 `6`

高度なファイルの操作 `7`

ウィンドウの操作 `8`

データの操作 `9`

印刷 `10`

図形の操作 `11`

グラフの操作 `12`

コントロールの使用 `13`

外部アプリケーションの操作 `14`

VBA関数 `15`

そのほかの操作 `16`

付録

▶ カンマ区切り単位でテキストファイルを読み込むには

Input #Filenumber, Varlist, …

▶解説

Input #ステートメントは、Openステートメントによって、シーケンシャル入力モード（Input）で開かれたテキストファイルのデータを、「,（カンマ）」で区切られた単位で変数に格納するステートメントです。データ内の「"（ダブルクォーテーション）」は無視されます。

参照📖 シーケンシャル入力モードとは……P.468

▶設定する項目

Filenumber…………Openステートメントで割り当てたファイル番号（Openステートメントの引数FileNumberの値）を指定します。

Varlist………………テキストファイルの内容を格納する変数を指定します。複数指定する場合は、「,（カンマ）」で区切って指定し、テキストファイル内のデータ項目の個数および順番と一致させます。

エラーを防ぐには

ファイルの末尾を越えて次のデータを読み込もうとするとエラーが発生します。このエラーを防ぐために、EOF関数を使用して、ファイルの末尾に達したらファイル内容の読み込みを終了させます。また、Input #ステートメントで読み込んだデータをテキストファイルに書き込むときはWrite #ステートメントを使用します。

参照📖 EOF関数の使い方……P.468
参照📖 カンマ区切りでテキストファイルに書き込むには……P.469

▶ パソコン内部に開いたテキストファイルを閉じるには

Close #Filenumber

▶解説

Openステートメントで開いたファイルを閉じるには、Close #ステートメントを使用します。Close #ステートメントを実行すると、ファイルに割り当てられていたファイル番号は解放されます。

参照📖 テキストファイルをパソコン内部で開くには……P.465

▶設定する項目

Filenumber…………Openステートメントで割り当てたファイル番号（Openステートメントの引数FileNumberの値）を指定します。複数指定する場合は「,（カンマ）」で区切って指定します。省略すると開いているすべてのファイルを閉じます（省略可）。

エラーを防ぐには

引数Filenumberに開いていないファイル番号を指定しても、エラーは発生しません。したがって、間違ったファイル番号を指定してしまった場合、ファイルが閉じられていないことに気づかないため、再度そのファイルを開くときにエラーが発生してしまいます。ファイル番号は間違いのないように指定しましょう。

参照📖 テキストファイルをパソコン内部で開くには……P.465

| | 使用例 | 新しいブックを開かずにテキストファイルの内容を読み込む |

新しいブックを開かずに［商品マスタ.txt］ファイルの内容を読み込み、読み込んだデータを［商品マスタ］シートに表示します。データ項目は4つあるので、4つの要素を持つ配列変数myInputWordを用意します。Openステートメントを使用してテキストファイルをパソコン内部に開き、Input #ステートメントを使用して、データを「,（カンマ）」で区切られた単位で配列変数myInputWordに格納します。

サンプル 7-1_003.xlsm／商品マスタ.txt

参照 配列変数の宣言と要素の格納……P.164

```vba
1  Sub ブックを開かないテキストファイル読み込み()
2      Dim myFileNo As Integer
3      Dim myInputWord(3) As String
4      Dim i As Integer, j As Integer
5      Worksheets("商品マスタ").Activate
6      myFileNo = FreeFile
7      Open "C:\データ\商品マスタ.txt" For Input As #myFileNo
8      i = 1
9      Do Until EOF(myFileNo)
10         Input #myFileNo, myInputWord(0), myInputWord(1), _
               myInputWord(2), myInputWord(3)
11         For j = 0 To 3
12             Cells(i, j + 1).Value = myInputWord(j)
13         Next j
14         i = i + 1
15     Loop
16     Close #myFileNo
17 End Sub
```

注)「_（行継続文字）」の部分は、次の行と続けて入力することもできます→95ページ参照

1 ［ブックを開かないテキストファイル読み込み]というマクロを記述する
2 整数型の変数myFileNoを宣言する
3 文字列型の配列変数myInputWordを宣言する
4 整数型の変数 i 、 j を宣言する
5 ［商品マスタ]シートをアクティブにする
6 使用可能なファイル番号を取得して、変数myFileNoに格納する
7 Cドライブの［データ］フォルダーにある［商品マスタ.txt]ファイルを、シーケンシャル入力モードでパソコン内部に開き、ファイル番号として変数myFileNoに格納した値を指定する
8 変数 i に1を格納する
9 EOF関数がTrueを返すまで、以下の処理をくり返す（Do Untilステートメントの開始）
10 変数myFileNoに格納したファイル番号のテキストファイル内のデータを配列変数myInputWord(0) ～ (3)に格納する
11 変数jが0から3になるまで以下の処理をくり返す（Forステートメントの開始）
12 i 行め、 j +1列めのセルに配列変数myInputWordのj番めの要素に格納した値を表示する
13 変数 j に1を足して12行めに戻る
14 変数 i に1を足す
15 9行めに戻る
16 ファイルを閉じて、変数myFileNoに格納されているファイル番号を解放する
17 マクロの記述を終了する

7-1
テキストファイルの操作

1 マクロの基礎知識
2 VBAの基礎知識
3 プログラミングの基礎知識
4 セルの操作
5 ワークシートの操作
6 Excelファイルの操作
7 高度なファイルの操作
8 ウィンドウの操作
9 データの操作
10 印刷
11 図形の操作
12 グラフの操作
13 コントロールの使用
14 外部アプリケーションの操作
15 VBA関数
16 そのほかの操作
付録

467
できる

7-1 テキストファイルの操作

注意 Cドライブの[データ]フォルダーに[商品マスタ.txt]がない場合はエラーが発生します

テキストファイル「商品マスタ.txt」のデータを読み込む

読み込んだデータを「商品マスタ」シートのセルに表示する

HINT シーケンシャル入力モードとは

シーケンシャル入力モードとは、テキストファイルの内容をファイルの先頭から順番に読み込むモードです。

❶VBEを起動し、コードを入力

参照▶VBAを使用してマクロを作成するには……P.85

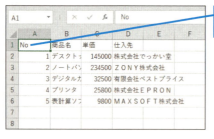

```
Sub ブックを開かないテキストファイル読み込み()
    Dim myFileNo As Integer
    Dim myInputWord(3) As String
    Dim i As Integer, j As Integer
    Worksheets("商品マスタ").Activate
    myFileNo = FreeFile
    Open "C:\データ\商品マスタ.txt" For Input As #myFileNo
    i = 1
    Do Until EOF(myFileNo)
        Input #myFileNo, myInputWord(0), myInputWord(1), _
            myInputWord(2), myInputWord(3)
        For j = 0 To 3
            Cells(i, j + 1).Value = myInputWord(j)
        Next j
        i = i + 1
    Loop
    Close #myFileNo
End Sub
```

❷入力したマクロを実行　参照▶マクロを実行するには……P.53

テキストファイルのデータが表示された

HINT FreeFile関数の使い方

FreeFile関数は、現在使用できるファイル番号を返す関数です。たとえば、使用できるファイル番号を変数のFileNoに格納するには「FileNo = FreeFile」と記述します。FreeFile関数を使用すれば、ファイル番号の重複を意識する必要がありません。

HINT EOF関数の使い方

EOF関数は、シーケンシャル入力モード（Input）またはランダムアクセスモード（Random）で開いたファイルの読み込み位置がファイルの末尾に達している場合にTrueを返す関数です。引数「FileNumber」に、現在開いているファイルのファイル番号を指定します。ループ処理でファイル内のデータを読み込むとき、ループを抜ける条件でEOF関数を使用すれば、ファイルの末尾を越えて次のデータを読み込もうとしたときに発生するエラーを防ぐことができます。

7-1

テキストファイルの操作

HINT 行単位でテキストファイルを読み込むには

Openステートメントによって、シーケンシャル入力モード（Input）で開かれたテキストファイルのデータを行単位で読み込むには、Line Input #ステートメントを使用します。改行で区切られた文章データなどを読み込みときに便利です。1番めの引数Filenumberには、Openステートメントで割り当てたファイル番号（Openステートメントの引数FileNumberの値）を指定し、2番めの引数Varnameには、テキストファイルの内容を格納する変数を指定します。行単位とは、行の終わりを示すキャリッジリターン(Chr(13))、または改行コード(Chr(13) + Chr(10))で区切られた単位です。キャリッジリターンと改行コードは読み込まれません。
次のサンプルでは、Cドライブの［データ］フォルダーに保存した［Excel講習予定.txt］ファイルをシーケンシャル入力モードで開き、データを変数myLineTextに行単位で格納して、そ

```
Sub 行単位のテキストファイル読み込み()
    Dim myLineText As String
    Dim myFileNo As Integer
    Dim i As Integer
    Worksheets("Excel講習").Activate
    myFileNo = FreeFile
    Open "C:\データ\Excel講習予定.txt" For Input As #myFileNo
    i = 1
    Do Until EOF(myFileNo)
        Line Input #myFileNo, myLineText
        Cells(i, 1).Value = myLineText
        i = i + 1
    Loop
    Close #myFileNo
End Sub
```

の内容をセルに表示しています。
なお、ファイルの末尾を越えて次のデータを読み込もうとするとエラーが発生します。このエラーを防ぐために、EOF関数を使用して、ファイルの末尾に達したらファイル内容の読み込みを終了するようにします。また、Line Input #ステートメントで読み込んだデータをテキストファイルに書き込むときは、Print #ステートメントを使用してください。

サンプル 7-1_004.xlsm ／ Excel講習予定.txt
参照 EOF関数の使い方……P.468

カンマ区切りでテキストファイルに書き込むには

Write #Filenumber, Outputlist, …

▶解説

Write #ステートメントは、Openステートメントによってシーケンシャル出力モード（Output）または追加モード（Append）で開かれたテキストファイルにデータを書き込むステートメントです。書き込まれたデータは「"（ダブルクォーテーション）」で囲まれ、データ間には「,（カンマ）」が挿入されます。そして、引数Outputlistに指定した最後のデータが書き込まれたあとに改行文字が挿入されます。

参照 テキストファイルをパソコン内部で開くには……P.465
参照 パソコン内部に開いたテキストファイルを閉じるには……P.466
参照 シーケンシャル出力モードとは……P.470
参照 追加モードとは……P.471

▶設定する項目

Filenumber…………Openステートメントで割り当てたファイル番号（Openステートメントの引数FileNumberの値）を指定します。

Outputlist…………テキストファイルに書き込むデータを指定します。複数指定する場合は、「,（カンマ）」で区切って指定します。省略して引数Filenumberのあとに引数Outputlistとの区切りを表す「,（カンマ）」だけを記述するとテキストファイルに空白行が書き込まれます（省略可）。

エラーを防ぐには

テキストファイルをシーケンシャル出力モード（Output）で開いた場合、テキストファイルに書き込むデータが上書きされるので注意が必要です。上書きしないで、テキストファイルの末尾にデータを追記したい場合は、テキストファイルを追加モード（Append）で開きます。また、Write #ステートメントで書き込んだデータを読み込むときはInput #ステートメントを使用します。

---

1 マクロの基礎知識
2 VBAの基礎知識
3 プログラミングの基礎知識
4 セルの操作
5 ワークシートの操作
6 Excelファイルの操作
7 高度なファイルの操作
8 ウィンドウの操作
9 データの操作
10 印刷
11 図形の操作
12 グラフの操作
13 コントロールの使用
14 外部アプリケーションの操作
15 VBA関数
16 そのほかの操作
付録

469
できる

7-1 テキストファイルの操作

使用例　ワークシートの内容をテキストファイルに書き込む

［得意先］シートの内容を［得意先BK.txt］ファイルに書き込みます。Openステートメントを使用してテキストファイルをパソコン内部に開き、Write #ステートメントの引数Outputlistに、セルに入力されているデータを指定して、テキストファイルに書き込んでいます。テキストファイルはシーケンシャル出力モードで開くので、書き込む内容が上書きされます。

サンプル 7-1_005.xlsm／得意先BK.txt

```
1  Sub テキストファイルへ書き込み()
2      Dim myFileNo As Integer
3      Dim myLastRow As Long
4      Dim i As Long
5      Worksheets("得意先").Activate
6      myLastRow = Range("A1").CurrentRegion.Rows.Count
7      myFileNo = FreeFile
8      Open "C:\データ\得意先BK.txt" For Output As #myFileNo
9      For i = 1 To myLastRow
10         Write #myFileNo, Cells(i, 1).Value, _
                Cells(i, 2).Value, Cells(i, 3).Value, _
                Cells(i, 4).Value, Cells(i, 5).Value
11     Next i
12     Close #myFileNo
13 End Sub
```

注）「_（行継続文字）」の部分は、次の行と続けて入力することもできます→95ページ参照

1. ［テキストファイルへ書き込み］というマクロを記述する
2. 整数型の変数myFileNoを宣言する
3. 長整数型の変数myLastRowを宣言する
4. 長整数型の変数 i を宣言する
5. ［得意先］シートをアクティブにする
6. セルA1を含むアクティブセル領域を参照し、アクティブセル領域の全行数を取得して、変数myLastRowに格納する
7. 使用可能なファイル番号を取得して、変数myFileNoに格納する
8. Cドライブの［データ］フォルダーにある［得意先BK.txt］ファイルをパソコン内部にシーケンシャル出力モードで開き、ファイル番号として変数myFileNoに格納した値を指定する
9. 変数iが1から変数myLastRowに格納した値になるまで、以下の処理をくり返す（Forステートメントの開始）
10. 変数myFileNoに格納したファイル番号のテキストファイルに、i行め、1〜5列めのセルのデータを書き込む
11. 変数iに1を足して10行めに戻る
12. ファイルを閉じて、変数myFileNoに格納されているファイル番号を解放する
13. マクロの記述を終了する

注意 Cドライブに［データ］フォルダーがない場合はエラーが発生します。［データ］フォルダーに［得意先BK.txt］がある場合はファイルが上書きされます

 シーケンシャル出力モードとは

シーケンシャル出力モードとは、テキストファイルの先頭から順番にデータを書き込むモードです。データが上書きされるため、テキストファイルに保存されていた内容は消去されます。

7-1 テキストファイルの操作

あらかじめCドライブに[データ]という
フォルダーを作成し、[得意先BK.txt]
を保存しておく

[得意先]シートに入力されている
データを、テキストファイル[得意先
BK.txt]に書き込む

❶VBEを起動し、コードを入力

参照▶ VBAを使用してマクロを作成するには……P.85

```
Sub テキストファイルへ書き込み()
    Dim myFileNo As Integer
    Dim myLastRow As Long
    Dim i As Long
    Worksheets("得意先").Activate
    myLastRow = Range("A1").CurrentRegion.Rows.Count
    myFileNo = FreeFile
    Open "C:\データ\得意先BK.txt" For Output As #myFileNo
    For i = 1 To myLastRow
        Write #myFileNo, Cells(i, 1).Value, _
            Cells(i, 2).Value, Cells(i, 3).Value, _
            Cells(i, 4).Value, Cells(i, 5).Value
    Next i
    Close #myFileNo
End Sub
```

❷入力したマクロを実行

参照▶ マクロを実行するには……P.53

テキストファイルにデータが書き込まれた

💡 追加モードとは

追加モードとは、テキストファイルの末尾からデータを書き込むモードです。テキストファイル末尾からデータが追記されるため、テキストファイルに保存されていた内容は消去されずに残されます。

💡 指定したテキストファイルが存在しない場合

Openステートメントを使用して、シーケンシャル出力モード（Output）、または追加モード（Append）でテキストファイルを開くとき、指定したテキストファイルが存在しない場合は、指定したファイル名でテキストファイルが新規作成されます。

💡 行単位でテキストファイルに書き込むには

データを行単位でテキストファイルに書き込むには、Print #ステートメントを使用します。Print #ステートメントは、Openステートメントによってシーケンシャル出力モード（Output）または追加モード（Append）で開かれたテキストファイルに、行単位でデータと改行文字を書き込むステートメントです。1番めの引数Filenumberには、Openステートメントで割り当てたファイル番号（Openステートメントの引数Filenumberの値）を指定し、2番めの引数Outputlistには、テキストファイルに書き込むデータを指定します。書き込んだデータに区切り文字や「"（ダブルクォーテーション）」は挿入されません。次のサンプルでは、Print #ステートメントの引数Outputlistに、[Excel講習]シートのセルに入力されているデータを指定して、行単位で[パソコン講習履歴.txt]ファイルに書き込んでいます。テキストファイルは追加モードで開くので、書き込む内容がファイルの末尾に追記されます。

サンプル 7-1_006.xlsm／パソコン講習履歴.txt

```
Sub 行単位でテキストファイルに書き込み()
    Dim myFileNo As Integer
    Dim myLastRow As Long
    Dim i As Long
    Worksheets("Excel講習").Activate
    myLastRow = Range("A1").CurrentRegion.Rows.Count
    myFileNo = FreeFile
    Open "C:\データ\パソコン講習履歴.txt" For Append As #myFileNo
    For i = 1 To myLastRow
        Print #myFileNo, Cells(i, 1).Value
    Next i
    Close #myFileNo
End Sub
```

なお、引数Outputlistの設定を省略して引数Filenumberのあとに引数Outputlistとの区切りを表す「,（カンマ）」だけを指定すると、テキストファイルに空白行が書き込まれます。また、テキストファイルをシーケンシャル出力モード（Output）で開いた場合、テキストファイルに書き込むデータが上書きされるので注意が必要です。Print #ステートメントで書き込んだデータを読み込むときは、Line Input #ステートメントまたはInput #ステートメントを使用してください。

7-2 ファイル／フォルダー／ドライブの操作

ファイル／フォルダー／ドライブを操作する

Excel VBAでは、ファイルやフォルダー、ドライブを操作する関数やステートメントが、主にFileSystemモジュールとして提供されています。手作業で行っていたファイル操作などを自動化できる便利な関数やステートメントを紹介します。

ファイルの操作

FileCopyステートメントでファイルをコピーしたり、Nameステートメントでファイル名を変更しながら別フォルダーへ移動したりすることができます。ファイルを削除するときは、Killステートメントを使用します。

ファイル名を変更して別フォルダーへ移動できる

フォルダーの操作

MkDirステートメントでフォルダーを作成したり、RmDirステートメントでフォルダーを削除したりすることができます。フォルダーをコピーするときは、7-3で紹介するファイルシステムオブジェクトを使用します。

フォルダーを削除できる

ドライブの操作

ChDriveステートメントでカレントドライブを変更したり、CurDir関数でドライブのカレントフォルダーを変更したりすることができます。

カレントドライブを変更できる

ファイルをコピーするには

FileCopy Source, Destination

▶解説
ファイルをコピーするには、FileCopyステートメントを使用します。コピー後のファイル名や保存先を指定できるので、バックアップ用途などに利用するといいでしょう。

▶設定する項目
Source ·················· コピー元のファイル名を指定します。パスを含めて指定できます。ファイル名のみ指定した場合は、カレントフォルダーのファイルが操作の対象となります。

Destination ········· コピー先のファイル名を指定します。パスを含めて指定できます。コピー元と異なるファイル名を指定すれば別名でファイルをコピーでき、コピー元と異なるパスを指定すれば、別のフォルダーにファイルをコピーできます。ファイル名のみ指定した場合は、カレントフォルダーにファイルがコピーされます。コピー先のフォルダー内に同じ名前のファイルが存在する場合は上書きされます。

エラーを防ぐには
開いているファイルに対してFileCopyステートメントを実行するとエラーが発生します。コピーするファイルが開いていないことを確認してください。

使用例　ファイル名を変更して別のフォルダーにコピーする

Cドライブの［データ］フォルダーにある［住所録マスタ.xlsx］を「住所録コピー .xlsx」というファイル名で、Cドライブの［バックアップ］フォルダーにコピーします。

サンプル 7-2_001.xlsm／住所録マスタ.xlsm

```
1  Sub ファイルコピー ()
2      FileCopy Source:="C:¥データ¥住所録マスタ.xlsx", _
                Destination:="C:¥バックアップ¥住所録コピー .xlsx"
3  End Sub          注)「_ (行継続文字)」の部分は、次の行と続けて入力することもできます→95ページ参照
```

1　[ファイルコピー]というマクロを記述する
2　Cドライブの [データ] フォルダーにある [住所録マスタ.xlsx] を、「住所録コピー .xlsx」というファイル名で、Cドライブの[バックアップ]フォルダーにコピーする
3　マクロの記述を終了する

> **注意** Cドライブの [データ] フォルダーに [住所録マスタ.xlsx] がない場合や、Cドライブに [バックアップ] フォルダーがない場合はエラーが発生します

7-2

ファイル／フォルダ
ー／ドライブの操作

1　マクロの基礎知識
2　VBAの基礎知識
3　プログラミングの基礎知識
4　セルの操作
5　ワークシートの操作
6　Excelファイルの操作
7　高度なファイルの操作
8　ウィンドウの操作
9　データの操作
10　印刷
11　図形の操作
12　グラフの操作
13　コントロールの使用
14　外部アプリケーションの操作
15　VBA関数
16　そのほかの操作
　　付録

473
できる

Cドライブの[データ]フォルダーに[住所録マスタ.xlsx]がある

❶VBEを起動し、コードを入力

参照▶VBAを使用してマクロを作成するには……P.85

❷入力したマクロを実行

参照▶マクロを実行するには……P.53

Cドライブの[バックアップ]フォルダーに[住所録コピー.xlsx]というファイル名でコピーされた

HINT フォルダーをコピーするには

フォルダーをコピーする関数やステートメントはFileSystemモジュールに含まれていません。フォルダーをコピーするには、FileSystemObjectオブジェクトのCopyFolderメソッドや、FolderオブジェクトのCopyメソッドを使用してください。

参照▶FSOでフォルダーをコピーする……P.503

ファイル名やフォルダー名を変更するには

Name Oldpathname As Newpathname

▶解説

ファイル名やフォルダー名を変更するには、Nameステートメントを使用します。変更後の名前を指定するときに別なパスを指定できるため、ファイルやフォルダーを移動したいときにも使用します。

▶設定する項目

Oldpathname……… 変更前のファイル名／フォルダー名を指定します。パスを含めて指定できます。ファイル名／フォルダー名にワイルドカード文字は指定できません。ファイル名のみ指定した場合は、カレントフォルダーのファイル／フォルダーが操作の対象となります。

Newpathname…… 変更後のファイル名／フォルダー名を指定します。パスを含めて指定できます。ファイル名のみ指定した場合は、カレントフォルダーのファイル／フォルダーが操作の対象となります。変更前と異なるパスを指定すれば、ファイル／フォルダーを別フォルダーに移動できます。変更前と異なるパス、変更前と同じファイル名を指定すると、ファイルの単純な移動になります。

エラーを防ぐには

開いているファイル、または開いているファイルを格納しているフォルダーに対してNameステートメントを実行するとエラーが発生します。名前を変更したいファイルが開いていないことを確認してください。また、すでに存在しているファイルの名前を引数Newpathnameに指定するとエラーが発生します。

参照▶ ファイルやフォルダーを検索するには……P.480

使用例　ファイル名を変更して別フォルダーへ移動する

Cドライブの［準備データ］フォルダーにある［レクリエーション日程（案）.xlsx］の名前を「レクリエーション日程.xlsx」という名前に変更し、［配布データ］フォルダーへ移動します。

サンプル▶ 7-2_002.xlsm ／レクリエーション日程（案）.xlsx

```
1  Sub ファイル名を変更して移動()
2      Name "C:\準備データ\レクリエーション日程（案）.xlsx" _
          As "C:\配布データ\レクリエーション日程.xlsx"
3  End Sub
```
注)「_（行継続文字）」の部分は、次の行と続けて入力することもできます→95ページ参照

1 ［ファイル名を変更して移動］というマクロを記述する
2 Cドライブの［準備データ］フォルダーにある［レクリエーション日程（案）.xlsx］を、「レクリエーション日程.xlsx」という名前に変更して、［配布データ］フォルダーに移動する
3 マクロの記述を終了する

注意 Cドライブの［準備データ］フォルダーに［レクリエーション日程（案）.xlsx］がない場合や、Cドライブに［配布データ］フォルダーがない場合はエラーが発生します

Cドライブの［準備データ］フォルダーに［レクリエーション日程（案）.xlsx］というファイルがある

❶VBEを起動し、コードを入力　　参照▶ VBAを使用してマクロを作成するには……P.85

❷入力したマクロを実行　　参照▶ マクロを実行するには……P.53

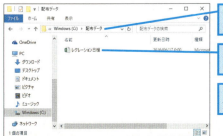

［配布データ］フォルダーに移動された

「レクリエーション日程.xlsx」という名前に変更された

［準備データ］フォルダー内のファイルがなくなっているのを確認しておく

7-2 ファイルを削除するには

Kill PathName

▶解説

ファイルを削除するには、Killステートメントを使用します。削除したファイルは、ディスクから完全に消去されます。

▶設定する項目

PathName ………… 削除するファイル名を指定します。パスを含めて指定できます。ファイル名のみ指定した場合は、カレントフォルダーのファイルが削除の対象となります。ファイル名には、ワイルドカード（「*」や「?」）を使用できます。

参照▶Like演算子で利用できるワイルドカード……P.175

エラーを防ぐには

開いているファイルをKillステートメントで削除しようとするとエラーが発生します。削除するファイルが開いていないことを確認してください。

使用例　フォルダー内のファイルをまとめて削除する

Cドライブの[バックアップ]フォルダーにある[在庫データ_0430.xlsx][在庫データ_0531.xlsx][在庫データ_0630.xlsx][在庫データ_0731.xlsx][在庫データ_0831.xlsx]の5つのファイルをまとめて削除します。削除するファイル名は、任意の文字列を表すワイルドカード「*」を用いて、「在庫データ_*.xlsx」と指定しています。

サンプル▶ 7-2_003.xlsm ／在庫データ_0430.xlsx ／在庫データ_0531.xlsx ／在庫データ_0630.xlsx ／在庫データ_0731.xlsx ／在庫データ_0831.xlsx

```
1  Sub ファイル削除()
2      Kill PathName:="C:\バックアップ\在庫データ_*.xlsx"
3  End Sub
```

1　[ファイル削除]というマクロを記述する
2　Cドライブの[バックアップ]フォルダー内にある「在庫データ_」と名前が付いたファイルをすべて削除する
3　マクロの記述を終了する

注意 Cドライブの[バックアップ]フォルダーに削除対象のファイルがない場合はエラーが発生します

Cドライブの[バックアップ]フォルダーに「在庫データ_」と名前が付いたファイルがある

❶VBEを起動し、コードを入力　　参照▶VBAを使用してマクロを作成するには……P.85

```
Sub ファイル削除()
    Kill PathName:="C:¥バックアップ¥在庫データ_*.xlsx"
End Sub
```

❷入力したマクロを実行　　参照▶マクロを実行するには……P.53

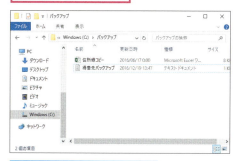

「在庫データ_」と名前が付いたファイルが削除された

隠しファイルを削除するには

Killステートメントを使用して、隠しファイルの属性が設定されているファイルを削除しようとするとエラーが発生します。隠しファイルを削除する場合は、FileSystemObjectオブジェクトのDeleteFileメソッド、またはFileオブジェクトのDeleteメソッドを使用してください。

参照▶FSOでファイルを削除する……P.498

新規フォルダーを作成するには

MkDir Path

▶解説

新規フォルダーを作成するには、MkDirステートメントを使用します。複数のフォルダーをまとめて作成するときなどに利用すると便利です。

▶設定する項目

PathName ……… 新しく作成するフォルダーの名前を指定します。パスを含めて指定できます。フォルダー名だけを指定した場合は、カレントフォルダーに新規フォルダーが作成されます。ドライブ名を省略すると、カレントドライブに新規フォルダーが作成されます。

エラーを防ぐには

フォルダー名に、「?」「/」「:」「*」「?」「"」「<」「>」「｜」の文字は使用できません。また、すでに存在しているフォルダー名を指定するとエラーが発生します。

参照▶ファイルやフォルダーを検索するには……P.480

使用例　Cドライブに新規フォルダーを作成する

Cドライブの［データ］フォルダー内に「写真ライブラリ1」「写真ライブラリ2」「写真ライブラリ3」「写真ライブラリ4」「写真ライブラリ5」という名前の5つのフォルダーをまとめて作成します。フォルダー名の連番は、For ～ Nextステートメントのループカウンターを使用して設定しています。

サンプル▶7-2_004.xlsm

7-2 ファイル/フォルダー/ドライブの操作

```
1  Sub 新規フォルダー作成()
2      Dim i As Integer
3      For i = 1 To 5
4          MkDir Path:="C:¥データ¥写真ライブラリ" & i
5      Next i
6  End Sub
```

1 [新規フォルダー作成]というマクロを記述する
2 整数型の変数iを宣言する
3 変数iが1から5になるまで以下の処理をくり返す(Forステートメントの開始)
4 「写真ライブラリ」という文字列にループカウンター（変数「i」）の数値を連結したフォルダー名で、Cドライブの[データ]フォルダー内に新規フォルダーを作成する
5 変数iに1を足して4行めに戻る
6 マクロの記述を終了する

注意 Cドライブに[データ]フォルダーがない場合はエラーが発生します

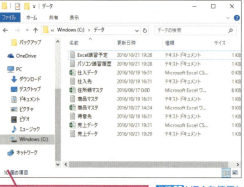

[データ]フォルダー内に新規フォルダーを作りたい

❶VBEを起動し、コードを入力

参照▶VBAを使用してマクロを作成するには……P.85

❷入力したマクロを実行

参照▶マクロを実行するには……P.53

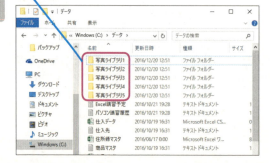

「写真ライブラリ」という名前に連番を付けた5つのフォルダーが作成された

478

フォルダーを削除するには

RmDir Path

▶解説
フォルダーを削除するには、RmDirステートメントを使用します。

▶設定する項目
Path……………… 削除するフォルダーの名前を指定します。パスを含めて指定できます。フォルダー名だけを指定した場合は、カレントフォルダー内のフォルダーが削除されます。ドライブ名を省略すると、カレントドライブ内のフォルダーが削除されます。

エラーを防ぐには
RmDirステートメントで削除したいフォルダー内にファイルが保存されていると、エラーが発生します。ファイルが保存されているフォルダーを削除する場合は、Killステートメントを使用してフォルダー内のすべてのファイルを削除してから、RmDirステートメントを実行してください。また、存在しないフォルダーを削除しようとするとエラーが発生します。削除対象のフォルダーが存在していることを確認してください。

使用例　ファイルが保存されているフォルダーを削除する

Cドライブの[データ]フォルダーにある[写真データ]フォルダーを削除します。[写真データ]フォルダーにファイルが保存されているため、Killステートメントですべてのファイルを削除してからフォルダーを削除します。すべてのファイルを指定するには、ワイルドカード文字を使用して「*.*」と記述します。

サンプル 7-2_005.xlsm

```
1  Sub フォルダー削除()
2      Kill PathName:="C:¥データ¥写真データ¥*.*"
3      RmDir Path:="C:¥データ¥写真データ"
4  End Sub
```

1 [フォルダー削除]というマクロを記述する
2 Cドライブの[データ]フォルダーにある[写真データ]フォルダー内のすべてのファイルを削除する
3 Cドライブの[データ]フォルダーにある[写真データ]フォルダーを削除する
4 マクロの記述を終了する

> 注意 [写真データ]フォルダーにファイルが存在しない場合はエラーが発生します

[データ]フォルダーに[写真データ]フォルダーがあり、その中にもいくつかファイルが保存されている

7-2 ファイル／フォルダー／ドライブの操作

❶VBEを起動し、コードを入力

参照▶VBAを使用してマクロを作成するには……P.85

```
Sub フォルダー削除()
    Kill PathName:="C:¥データ¥写真データ¥*.*"
    RmDir Path:="C:¥データ¥写真データ"
End Sub
```

❷入力したマクロを実行

参照▶マクロを実行するには……P.53

> **HINT**
> **格納されているファイルごと一括でフォルダーを削除するには**
> FileSystemObjectオブジェクトのDeleteFolderメソッドや、FolderオブジェクトのDeleteメソッドを使用すると、フォルダーの中にファイルが格納されていても、ファイルごと一括でフォルダーを削除できます。
> 参照▶FSOでフォルダーを削除する……P.498

［写真データ］フォルダーが、中に入っているファイルごと削除された

ファイルやフォルダーを検索するには

Dir(PathName, Attributes) ──────────── 取得

▶解説

Dir関数は、引数PathNameに指定されたファイル名と一致するファイルを検索して、見つかった場合に、そのファイル名を文字列で返します。ファイルが見つからなかった場合は、「""」（長さ0の文字列）」を返します。ワイルドカードを使用した検索で検索結果が複数ある場合に、2つめ以降の検索結果のファイル名を取得するときは、引数PathNameの指定を省略してください。

▶設定する項目

PathName……… 検索したいファイル名／フォルダー名を指定します。ワイルドカードを使用できます。パスを含めて指定した場合はパスが示す場所を検索します。ファイル名／フォルダー名だけを指定した場合は、カレントフォルダー内を検索します。2回め以降の検索で指定を省略すると、「""」（長さ0の文字列）」を返す（検索するファイルが見つからなくなる）まで、最初の指定で検索が実行されます。

参照▶Like演算子で利用できるワイルドカード……P.175

Attributes……… 検索条件となるファイルの属性値をVbFileAttribute列挙型の定数を使用して指定します。フォルダーを検索するときはvbDirectoryを指定してください。省略した場合はvbNormalが指定されて、ファイルを検索します。

参照▶VbFileAttribute列挙型の定数……P.487

▶ エラーを防ぐには

拡張子については前方一致で検索が実行されます。そのため、ワイルドカードを使用し、3文字の拡張子を条件として検索を実行すると、その3文字で始まる4文字の拡張子のファイルも含めて検索されます。たとえば、引数PathNameに指定した検索条件が「*.xls」の場合、拡張子が「.xls」「.xlsx」「.xlsm」のファイルが検索結果として返されます。そのため、Dir関数が返した文字列の末尾3文字をRight関数で取り出してチェックするなど、3文字の拡張子のファイル検索では工夫が必要です。

480

使用例　ファイル名を検索する

セルA2に入力されたファイル名をCドライブの［データ］フォルダー内で検索して、検索結果をメッセージで表示します。

サンプル 7-2_006.xlsm

```
1  Sub ファイル名検索()
2      Dim myResult As String
3      myResult = Dir("C:\データ\" & Range("A2").Value)
4      If myResult <> "" Then
5          MsgBox "ファイルが見つかりました。" & vbCrLf & _
                  "検索結果:" & myResult
6      Else
7          MsgBox "ファイルは見つかりませんでした。"
8      End If
9  End Sub
```
注）「_（行継続文字）」の部分は、次の行と続けて入力することもできます→95ページ参照

1 ［ファイル名検索］というマクロを記述する
2 文字列型の変数myResultを宣言する
3 セルA2の値（検索するファイル名）をCドライブの［データ］フォルダー内で検索して、検索結果を変数myResultに格納する
4 変数myResultが「""（長さ0の文字列）」でない（検索結果があった）場合は（Ifステートメントの開始）
5 「ファイルが見つかりました。」という文字列、「検索結果：」という文字列と変数myResult（検索結果のファイル名）を、改行文字で改行してメッセージで表示する
6 それ以外の場合
7 「ファイルは見つかりませんでした。」というメッセージを表示する
8 Ifステートメントを終了する
9 マクロの記述を終了する

❶セルA2に、検索したいファイル名を入力

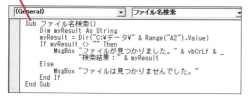

❷VBEを起動し、コードを入力

参照 VBAを使用してマクロを作成するには……P.85

7-2 ファイル/フォルダー/ドライブの操作

❸入力したマクロを実行

同名のファイルが存在したので、ファイル名とともにメッセージが表示された

❹セルA2の内容を書き換える　❺マクロを実行

参照▶マクロを実行するには……P.53

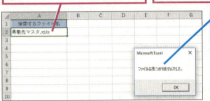

同名のファイルが見つからないとメッセージが表示された

HINT! Dir関数を使用してファイル一覧を作成するには

Dir関数でファイルを検索すると、検索結果として見つかったファイル名を文字列で返します。また、引数PathNameでワイルドカードを使用すると複数の検索結果を取得でき、引数PathNameの指定を省略すると、「""（長さ0の文字列）」を返す（検索するファイルが見つからなくなる）まで、2つめ以降の検索結果のファイル名を取得できます。これらの性質を利用すると、特定のフォルダー内に格納されているファイル一覧を作成できます。たとえば、Cドライブの［在庫データ］フォルダー内に格納されているファイル一覧を作成するには、次のように記述します。2つめ以降の検索を、Dir関数が「""（長さ0の文字列）」を返すまでDo...Loopステートメントで実行している点がポイントです。

```
Sub ファイル一覧作成()
    Dim myFileName As String, i As Integer
    myFileName = Dir("C:¥在庫データ¥*.xlsx")
    i = 2
    Do Until myFileName = ""
        Cells(i, 1).Value = myFileName
        myFileName = Dir()
        i = i + 1
    Loop
End Sub
```

サンプル 7-2_007.xlsm

ファイルサイズを調べるには

FileLen(PathName) ────────── 取得

▶解説

ファイルサイズを調べるには、FileLen関数を使用します。バイト単位でファイルサイズを取得できるので、正確なファイルサイズを調べるのに向いています。

▶設定する項目

PathName………… ファイルサイズを調べるファイル名を指定します。パスを含めて指定できます。ファイル名のみ指定した場合は、カレントフォルダーのファイルが操作の対象となります。

エラーを防ぐには

FileLen関数は長整数型の値で返すので、戻り値を代入する変数は長整数型（Long）で宣言してください。また、すでに開いているファイルのサイズを調べた場合、FileLen関数はファイルが開かれる前のファイルサイズを返します。

7-2 ファイル/フォルダー/ドライブの操作

使用例 ファイルサイズを調べる

Cドライブの［データ］フォルダーにある「住所録マスタ.xlsx」のファイルサイズを調べてセルA2に表示します。

サンプル 7-2_008.xlsm

```
1  Sub ファイルサイズ取得()
2      Dim myFileSize As Long
3      myFileSize = FileLen("C:\データ\住所録マスタ.xlsx")
4      Range("A2").Value = myFileSize
5  End Sub
```

1 ［ファイルサイズ取得］というマクロを記述する
2 長整数型の変数myFileSizeを宣言する
3 Cドライブの［データ］フォルダーにある［住所録マスタ.xlsx］のファイルサイズを取得して、変数「myFileSize」に格納する
4 変数「myFileSize」に格納したファイルサイズをセルA2に表示する
5 マクロの記述を終了する

❶VBEを起動し、コードを入力 　参照 VBAを使用してマクロを作成するには……P.85

❷入力したマクロを実行 　参照 マクロを実行するには……P.53

セルA2にファイルサイズが表示された

HINT フォルダーのサイズを取得するには

フォルダーのサイズを取得する関数やステートメントはFileSystemモジュールに含まれていません。フォルダーのサイズを取得するには、FolderオブジェクトのSizeプロパティを使用してください。

参照 フォルダー内のすべてのフォルダーの情報一覧を作成する……P.506

ファイルの作成日時または更新日時を調べるには

FileDateTime(PathName) ─── 取得

▶解説

ファイルの更新日時を調べるには、FileDateTime関数を使用します。FileDateTime関数は、引数PathNameに指定されたファイルの更新日時を日付型の値で返します。引数PathNameにフォルダーを指定すれば、フォルダーの更新日時を調べることも可能です。

▶設定する項目

PathName ………… 作成日時や更新日時を調べるファイル名／フォルダー名を指定します。パスを含めて指定できます。ファイル名／フォルダー名のみ指定した場合は、カレントフォルダーのファイル／フォルダーが操作の対象となります。

エラーを防ぐには

引数PathNameに存在しないファイルやフォルダーを指定するとエラーが発生します。

参照 ファイルやフォルダーを検索するには……P.480

使用例 ファイルの更新日時を調べる

［ファイルを開く］ダイアログボックスを表示し、選択されたファイルの更新日時をセルA2に表示します。このとき、セルA2の表示形式として［yyyy/m/d h:mm］が自動的に設定されます。

サンプル 7-2_009.xlsm

```
1  Sub ファイルの更新日時()
2      Dim myFilePath As String
3      myFilePath = Application.GetOpenFilename()
4      Range("A2").Value = FileDateTime(myFilePath)
5  End Sub
```

1 ［ファイルの更新日時］というマクロを記述する
2 文字列型の変数myFilePathを宣言する
3 ［ファイルを開く］ダイアログボックスを表示し、選択されたファイルのファイルパスを変数myFilePathに格納する
4 変数myFilePathに格納したファイルパスに保存されているファイルの更新日時を取得して、セルA2に表示する
5 マクロの記述を終了する

❶VBEを起動し、コードを入力   参照▶ VBAを使用してマクロを作成するには……P.85

❷入力したマクロを実行   参照▶ マクロを実行するには……P.53

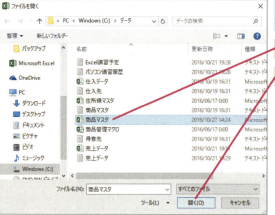

［ファイルを開く］ダイアログボックスが表示された

❸ファイルをクリックして選択

❹［開く］をクリック

セルA2に更新日時が表示された

ファイルやフォルダーの属性を調べるには

GetAttr(PathName) ——————————————— 取得

▶解説

読み取り専用ファイルや隠しファイルといったファイルの属性を調べるには、GetAttr関数を使用します。GetAttr関数は、引数PathNameに指定されたファイル／フォルダーの属性を、VbFileAttribute列挙型の定数の値で返します。　　参照 VbFileAttribute列挙型の定数……P.487

▶設定する項目

PathName ………… 属性を調べたいファイル名／フォルダー名を指定します。パスを含めて指定できます。ファイル名／フォルダー名のみ指定した場合は、カレントフォルダーのファイル／フォルダーが操作の対象となります。

エラーを防ぐには

引数PathNameに存在しないファイルを指定するとエラーが発生します。

使用例　ファイルの属性を調べる

[ファイルを開く] ダイアログボックスを表示し、選択されたファイルの属性をセルA2に表示します。表示されるのは、ファイルの属性を表す整数値です。ファイルに複数の属性が設定されている場合は、その合計値が表示されます。　　サンプル 7-2_010.xlsm

```
1  Sub ファイル属性()
2      Dim myFilePath As String
3      myFilePath = Application.GetOpenFilename()
4      Range("A2").Value = GetAttr(myFilePath)
5  End Sub
```

1　[ファイル属性]というマクロを記述する
2　文字列型の変数myFilePathを宣言する
3　[ファイルを開く] ダイアログボックスを表示し、選択されたファイルのファイルパスを変数myFilePathに格納する
4　変数myFilePathに格納したファイルパスに保存されているファイルの属性を取得して、セルA2に表示する
5　マクロの記述を終了する

❶VBEを起動し、コードを入力　　参照 VBAを使用してマクロを作成するには……P.85

```
(General)                          ファイル属性
Sub ファイル属性()
    Dim myFilePath As String
    myFilePath = Application.GetOpenFilename()
    Range("A2").Value = GetAttr(myFilePath)
End Sub
```

7-2 ファイル／フォルダー／ドライブの操作

1 マクロの基礎知識
2 VBAの基礎知識
3 プログラミングの基礎知識
4 セルの操作
5 ワークシートの操作
6 Excelファイルの操作
7 高度なファイルの操作
8 ウィンドウの操作
9 データの操作
10 印刷
11 図形の操作
12 グラフの操作
13 コントロールの使用
14 外部アプリケーションの操作
15 VBA関数
16 そのほかの操作
付録

485
できる

7-2 ファイル／フォルダー／ドライブの操作

❷入力したマクロを実行　参照▶マクロを実行するには……P.53

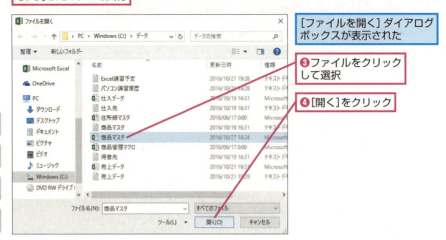

[ファイルを開く]ダイアログボックスが表示された

❸ファイルをクリックして選択

❹[開く]をクリック

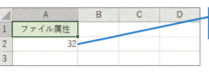

セルA2に選択したファイルの属性値の合計が表示される

HINT 合計値で属性を判別できる理由

ファイル／フォルダーが複数の属性を持っている場合、GetAttr関数はVbFileAttribute列挙型の定数の値の合計値を返します。そして、その合計値は、VbFileAttribute列挙型の定数の値をどのように組み合わせても重複しません。たとえば合計値が「7」の場合、ファイルの属性値の組み合せで「7」になるのは「1+2+4」だけです。したがって、この場合、設定されているファイルの属性は、「読み取り専用ファイル」「隠しファイル」「システムファイル」の3つであることがわかります。なお、フォルダーの属性を調べた場合、フォルダーを表すvbDirectoryの「16」が合計値に必ず含まれます。

参照▶VbFileAttribute列挙型の定数……P.487

HINT 複数の属性が設定されているファイルから特定の属性だけ設定を解除するには

複数の属性がファイルに設定されている場合、GetAttr関数は設定値の合計を返します。その中から特定の属性だけ設定を解除したい場合、設定されている属性の組み合わせがファイルによって違う場合もあるため、設定の中に特定の属性が含まれているかどうか判断し、かつ設定を残す属性の組み合わせも考慮する必要があります。このような場合は、GetAttr関数と比較演算子を併用するといいでしょう。たとえば、複数の属性が設定されているファイルから「読み取り専用」の属性だけを解除したい場合は、次のように記述します。

サンプル 7-2_011.xlsm

```
Sub 複数の属性()
    Dim myPath As String
    myPath = "C:\データ\重要データ.txt"
    If GetAttr(myPath) And vbReadOnly Then
        SetAttr myPath, GetAttr(myPath) Xor vbReadOnly
    End If
End Sub
```

複数の属性の設定の中に読み取り専用の属性が含まれているかどうかを判断するには、GetAttr関数とAnd演算子を併用して「GetAttr(パス) And vbReadOnly」のように記述します。また、複数の属性の設定から読み取り専用の属性だけを解除したい場合は、読み取り専用の属性以外を設定すればいいので、SetAttrステートメントの引数Attributesに「GetAttr(パス) Xor vbReadOnly」のように記述します。

ファイルやフォルダーの属性を設定するには

SetAttr PathName, Attributes

▶解説

ファイルやフォルダーの属性を設定するには、SetAttrステートメントを使用します。複数のファイルやフォルダーに対して属性をまとめて設定する場合などに便利なステートメントです。

▶設定する項目

PathName ············· 属性を設定したいファイル名をパスを含めて指定します。ファイル名のみ指定した場合は、カレントフォルダーのファイルが操作の対象となります。

Attributes ············· 設定する属性値をVbFileAttribute列挙型の定数を使用して指定します。複数の属性を設定する場合は、設定したい定数を「+」で連結して記述するか、定数の値の合計値を記述します。たとえば、読み取り専用ファイルと隠しファイルの属性を設定したい場合は「vbReadOnly + vbHidden」、もしくは「3」と記述します。なお、フォルダーに設定できる属性は「vbHidden」「vbSystem」「vbArchive」です。通常のフォルダーの設定に戻したい場合は「vbNormal」を指定してください。

VbFileAttribute列挙型の主な定数

定数	属性の種類	値
vbNormal	通常ファイル	0
vbReadOnly	読み取り専用ファイル	1
vbHidden	隠しファイル	2
vbSystem	システムファイル	4
vbDirectory	フォルダー	16
vbArchive	アーカイブ属性	32

エラーを防ぐには

開いているファイルの属性をSetAttrステートメントで設定しようとするとエラーが発生します。属性を設定するファイルが開いていないことを確認してください。

使用例 ファイルの属性を設定する

［データ］フォルダーにある［住所録マスタ.xlsx］の属性を読み取り専用に設定します。

サンプル 7-2_012.xlsm ／ 住所録マスタ.xlsm

```
1  Sub ファイル属性の変更()
2      SetAttr PathName:="C:¥データ¥住所録マスタ.xlsx", _
             Attributes:=vbReadOnly
3  End Sub
```
注)「_（行継続文字）」の部分は、次の行と続けて入力することもできます→95ページ参照

1 ［ファイル属性の変更］というマクロを記述する
2 Cドライブの［データ］フォルダーにある［住所録マスタ.xlsx］の属性を読み取り専用に設定する
3 マクロの記述を終了する

7-2
ファイル／フォルダー／ドライブの操作

1 マクロの基礎知識
2 VBAの基礎知識
3 プログラミングの基礎知識
4 セルの操作
5 ワークシートの操作
6 Excelファイルの操作
7 高度なファイルの操作
8 ウィンドウの操作
9 データの操作
10 印刷
11 図形の操作
12 グラフの操作
13 コントロールの使用
14 外部アプリケーションの操作
15 VBA関数
16 そのほかの操作
付録

487
できる

7-2 ファイル／フォルダー／ドライブの操作

注意 Cドライブの［データ］フォルダーに［住所録マスタ.xlsx］がない場合はエラーが発生します

［住所録マスタのプロパティ］で属性を確認しておく

❶ VBEを起動し、コードを入力

参照 VBAを使用してマクロを作成するには……P.85

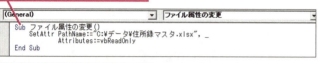

❷ 入力したマクロを実行

参照 マクロを実行するには……P.53

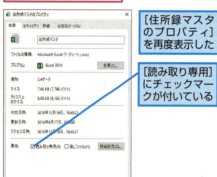

［住所録マスタのプロパティ］を再度表示した

［読み取り専用］にチェックマークが付いている

HINT アーカイブ属性とは

アーカイブ属性とは、新規作成したファイルや修正を加えたファイルに付加される属性のことです。データをバックアップするときに参照され、この属性が付加されているデータがバックアップの対象となります。アーカイブ属性が消去されるのは、すべてのファイルをバックアップする「通常バックアップ」、またはアーカイブ属性が付加されたファイルのうち、変更されたファイルだけをバックアップする「増分バックアップ」を実行したときです。

HINT ファイルの属性の確認・設定方法

ファイルの属性を確認するには、ファイルのアイコンを右クリックし、ショートカットメニューの［プロパティ］をクリックして表示される［(ファイル名) のプロパティ］ダイアログボックスの［全般］タブを表示して、［属性］を確認します。アーカイブ属性は、［詳細設定］ボタンをクリックし、表示された［属性の詳細］ダイアログボックスの［ファイルの属性］を確認します。属性を設定するには、各属性をクリックしてチェックマークを付けます。

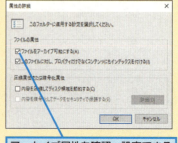

アーカイブ属性を確認、設定できる

488

▶ ドライブのカレントフォルダーのパスを取得するには

CurDir(Drive) 　　　　　　　　　　　　　　取得

▶解説

「カレントフォルダー」とは、現在、作業対象になっているフォルダーのことです。特定のドライブのカレントフォルダーを調べるには、CurDir関数を使用します。CurDir関数は、引数Driveに指定されたドライブのカレントフォルダーのフォルダーパスを文字列型の値で返します。

▶設定する項目

Drive………………… カレントフォルダーを調べたいドライブ名を指定します。省略すると、カレントドライブが操作の対象となります。

エラーを防ぐには

装備されていないドライブを指定するとエラーが発生します。指定したいドライブが存在するかどうかを確認しておいてください。

使用例　Cドライブのカレントフォルダーを調べる

Cドライブのカレントフォルダーを調べて、セルA2に表示します。　サンプル 7-2_013.xlsm

```
1  Sub カレントパス取得()
2      Range("A2").Value = CurDir("C")
3  End Sub
```

1	［カレントパス取得］というマクロを記述する
2	Cドライブのカレントフォルダーをセル A2 に表示する
3	マクロの記述を終了する

❶VBEを起動し、コードを入力　　参照 VBAを使用してマクロを作成するには……P.85

❷入力したマクロを実行　　参照 マクロを実行するには……P.53

セルA2にCドライブのカレントフォルダーが表示された

7-2

ファイル／フォルダー／ドライブの操作

カレントフォルダーを変更するには

ChDir Path

▶解説

「カレントフォルダー」とは、現在作業対象になっているフォルダーのことで、［ファイルを開く］ダイアログボックスや［名前を付けて保存］ダイアログボックスを開いたときに表示されます。カレントフォルダーを変更するには、ChDirステートメントを使用します。

▶設定する項目

Path ⋯⋯⋯⋯⋯⋯⋯ 変更後のカレントフォルダー名を指定します。ドライブ名やパスを含めて指定できます。フォルダー名だけを指定した場合は、カレントフォルダー内のフォルダーがカレントフォルダーに設定されます。ドライブ名を省略すると、カレントドライブ内のカレントフォルダーを設定します。

参照📖別ドライブのフォルダーをカレントフォルダーに設定するには⋯⋯P.491

エラーを防ぐには

存在しないフォルダーをカレントフィルダーに指定するとエラーが発生します。Dir関数を使用して、フォルダーが存在するかどうかを確認してから設定してください。

参照📖ファイルやフォルダーを検索するには⋯⋯P.480

使用例 カレントフォルダーを［データ］フォルダーに変更する

カレントフォルダーをCドライブの［データ］フォルダーに変更します。カレントフォルダーが変更できたかどうかについては、カレントドライブのカレントフォルダーのパスをCurDir関数で取得し、メッセージで表示して確認します。

サンプル📄7-2_014.xlsm

```
1  Sub カレントフォルダー変更()
2      MsgBox "変更前:" & CurDir()
3      ChDir Path:="C:\データ"
4      MsgBox "変更後:" & CurDir()
5  End Sub
```

1 ［カレントフォルダー変更］というマクロを記述する
2 「変更前:」という文字列と、カレントドライブのカレントフォルダーのパスをメッセージで表示する
3 カレントフォルダーをCドライブの「データ」フォルダーに設定する
4 「変更後:」という文字列と、カレントドライブのカレントフォルダーのパスをメッセージで表示する
5 マクロの記述を終了する

注意 Cドライブに［データ］フォルダーが存在しない場合はエラーが発生します

マクロの基礎知識 1
VBAの基礎知識 2
プログラミングの基礎知識 3
セルの操作 4
ワークシートの操作 5
Excelファイルの操作 6
高度なファイルの操作 7
ウィンドウの操作 8
データの操作 9
印刷 10
図形の操作 11
グラフの操作 12
コントロールの使用 13
外部アプリケーションの操作 14
VBA関数 15
そのほかの操作 16
付録

490
できる

❶VBEを起動し、コードを入力　参照▶VBAを使用してマクロを作成するには……P.85

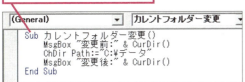

❷入力したマクロを実行　参照▶マクロを実行するには……P.53

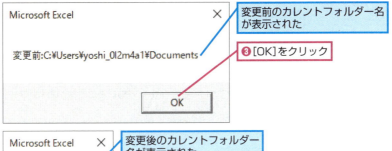

変更前のカレントフォルダー名が表示された

❸[OK]をクリック

変更後のカレントフォルダー名が表示された

HINT 別ドライブのフォルダーをカレントフォルダーに設定するには

カレントドライブとは違うドライブ内のフォルダーを指定したい場合は、ChDriveステートメントを使用して、カレントドライブを変更してからカレントフォルダーを変更してください。

参照▶カレントドライブを変更するには……P.491

カレントドライブを変更するには

ChDrive Drive

▶解説

「カレントドライブ」とは、現在、作業対象になっているドライブのことです。カレントドライブを変更するには、ChDriveステートメントを使用します。

▶設定する項目

Drive……………変更後のドライブ名を指定します。「""（長さ0の文字列）」を指定した場合、カレントドライブは変更されません。2文字以上の文字列を指定した場合は、最初の1文字だけがカレントドライブ名として認識されます。

エラーを防ぐには

装備されていないドライブを指定するとエラーが発生します。指定したいドライブが存在するかどうかを確認しておいてください。また、CD／DVDドライブやメモリーカードなどを指定する場合、ドライブにメディアがセットされていないとエラーが発生します。メディアをセットしてからプロシージャーを実行してください。

491

使用例 カレントドライブをDドライブに変更する

カレントドライブをDドライブに変更します。カレントドライブが変更できたかどうかについては、カレントドライブのカレントフォルダーのパスをCurDir関数で取得し、その結果からカレントドライブ名を取り出してメッセージで表示して確認します。

サンプル 7-2_015.xlsm

参照▶ ドライブのカレントフォルダーのパスを取得するには……P.489

```
1  Sub カレントドライブ変更()
2      MsgBox "変更前:" & Left(CurDir(), 1)
3      ChDrive Drive:="D"
4      MsgBox "変更後:" & Left(CurDir(), 1)
5  End Sub
```

1. ［カレントドライブ変更］というマクロを記述する
2. 「変更前:」という文字列と、カレントドライブのカレントフォルダーのパスの左端から1文字分取り出した文字列をメッセージで表示する
3. カレントドライブをDドライブに変更する
4. 「変更後:」という文字列と、カレントドライブのカレントフォルダーのパスの左端から1文字分取り出した文字列をメッセージで表示する
5. マクロの記述を終了する

注意 Dドライブが存在しない場合はエラーが発生します。マクロを実行するパソコンの環境に合わせて、引数Driveに指定するドライブ名を変更してください

❶VBEを起動し、コードを入力

参照▶ VBAを使用してマクロを作成するには……P.85

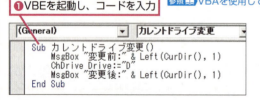

❷入力したマクロを実行

参照▶ マクロを実行するには……P.53

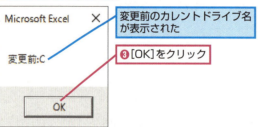

変更前のカレントドライブ名が表示された

❸［OK］をクリック

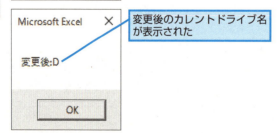

変更後のカレントドライブ名が表示された

7-3 ファイルシステムオブジェクト

ファイルシステムオブジェクトとは

ファイルシステムオブジェクト（FileSystemObject：以下FSO）は、ファイルやフォルダー、ドライブを操作するためのオブジェクトです。FSOを使用すると、ファイルやフォルダーを処理するプログラムを「オブジェクト変数.メソッド」「オブジェクト変数.プロパティ」といったVBAの基本構文で記述できます。FileCopyステートメントやDir関数などと比べてわかりやすいコードを記述できます。ファイルのコピーといった基本的な操作は、FSOの最上位オブジェクトであるFileSystemObjectオブジェクトのメソッドで実行できますが、FileSystemObjectオブジェクトの下位オブジェクトであるFileオブジェクトやFolderオブジェクトなどを使用すると、より詳細な操作が可能です。また、複数のファイルをFilesコレクション、複数のフォルダーをFoldersコレクションなどとしてまとめて扱うこともでき、ファイル一覧やフォルダー一覧を作成するときなどにも活用できます。

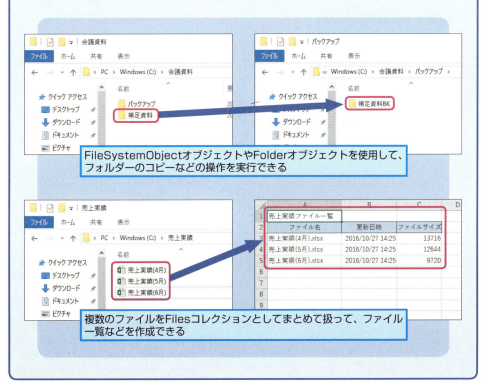

FileSystemObjectオブジェクトやFolderオブジェクトを使用して、フォルダーのコピーなどの操作を実行できる

複数のファイルをFilesコレクションとしてまとめて扱って、ファイル一覧などを作成できる

7-3 ファイルシステムオブジェクト

ファイルシステムオブジェクトを使用するには

ファイルシステムオブジェクトを使用するには、その準備方法とファイルシステムオブジェクトの階層構造を理解する必要があります。

● ファイルシステムオブジェクトを使用する準備をする

FSOのオブジェクトをExcel VBAで使用するには、その準備として［Microsoft Scripting Runtime］への参照設定を行います。この参照設定は、FSOを使用するブックごとに設定する必要があります。

Visual Basic Editorの画面を表示しておく　参照▶VBEを起動する……P.48

❶［ツール］をクリック
❷［参照設定］をクリック

［参照設定］ダイアログボックスが表示された

❸ ここを下にドラッグしてスクロール

❹［Microsoft Scripting Runtime］をクリックしてチェックマークを付ける
❺［OK］をクリック

> **HINT ［Microsoft Scripting Runtime］とは**
>
> ［Microsoft Scripting Runtime］は、FSOを構成するオブジェクトが定義されている外部のライブラリファイル（scrrun.dll）です。

> **HINT 参照設定とは**
>
> 参照設定とは、外部のライブラリファイルを参照できるように設定する操作です。参照設定を行うことでライブラリファイルで定義されている外部オブジェクトを効率的に使用できるようになります。また、外部オブジェクトに関するステートメントのチェックがプログラム実行前に行われるため、参照設定を行わずに外部オブジェクトを使用するときと比べて、マクロの実行速度が速くなります。さらに、外部オブジェクトについても自動メンバー表示や自動クイックヒント表示など、プログラミングを支援する機能が使用できるようになるため、効率的にプログラムを作成できます。
>
> 参照▶参照設定を行わずにFSOを使用するには……P.495

[Microsoft Scripting Runtime]
の参照設定を行うことができた

注意[Microsoft Scripting Runtime]
への参照設定は、FSOを使用するブックごとに設定する必要があります

HINT 参照設定を行わずにFSOを使用するには

参照設定を行わずにFSOを使用するには、以下のようにCreateObject関数を使用してFileSystemObjectオブジェクトのインスタンスを生成します。ブックごとに参照設定を行う必要がないため、プロシージャーを手軽に作成できます。インスタンスを格納する変数はObject型で宣言してください。

```
Dim myFSO As Object
Set myFSO = CreateObject("Scripting.FileSystemObject")
```

この方法の場合、外部オブジェクトに関するステートメントのチェックがプログラム実行時に行われるため、参照設定を行って外部オブジェクトを使用するときと比べて、マクロの実行速度が遅くなります。また、外部オブジェクトについて、自動メンバー表示や自動クイックヒント表示などのプログラミングの支援機能が使用できないため、作業効率が下がります。
参照📖参照設定とは……P.494

● ファイルシステムオブジェクトの構成

FSOは、次のようなコレクションとオブジェクトから構成されています。最上位のオブジェクトはFileSystemObjectオブジェクトです。そのほかのオブジェクトは、すべてFileSystemObjectオブジェクトの下位オブジェクトとして扱い、複数のオブジェクトはコレクションとして扱います。

FileSystemObjectオブジェクト
FSOの最上位オブジェクト。ドライブ、フォルダー、ファイルを取得したり操作したりするメソッドなどを持つ

Drivesコレクション
Driveオブジェクトの集合体

Driveオブジェクト
ドライブの詳細な情報を取得するプロパティやドライブを操作するメソッドを持つ

Foldersコレクション
Folderオブジェクトの集合体

Folderオブジェクト
フォルダーの詳細な情報を取得するプロパティやフォルダーを操作するメソッドを持つ

Filesコレクション
Fileオブジェクトの集合体

Fileオブジェクト
ファイルの詳細な情報を取得するプロパティやファイルを操作するメソッドを持つ

TextStreamオブジェクト
テキストファイルを操作するためのメソッドやプロパティを持つ

7-3
ファイルシステムオブジェクト

1 マクロの基礎知識
2 VBAの基礎知識
3 プログラミングの基礎知識
4 セルの操作
5 ワークシートの操作
6 Excelファイルの操作
7 高度なファイルの操作
8 ウィンドウの操作
9 データの操作
10 印刷
11 図形の操作
12 グラフの操作
13 コントロールの使用
14 外部アプリケーションの操作
15 VBA関数
16 そのほかの操作
付録

495
できる

7-3 ファイルシステムオブジェクト

● ファイルシステムオブジェクトの使用方法

ファイルやフォルダーなどの基本操作（作成やコピーなど）を実行するには、FSOの最上位オブジェクト「FileSystemObjectオブジェクト」を使用します。FileSystemObjectオブジェクトを使用するには、そのインスタンス（オブジェクトの複製）を生成して、FileSystemObjectオブジェクトのプロパティやメソッドを「オブジェクト変数.プロパティ」「オブジェクト変数.メソッド」といったVBAの基本構文で記述します。

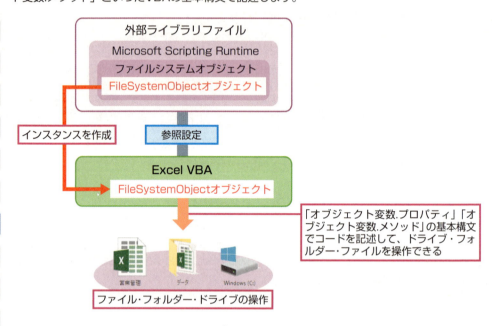

● 下位オブジェクトの使用方法

FileSystemObjectオブジェクトの下位オブジェクト（FileオブジェクトやFolderオブジェクトなど）のプロパティやメソッドを使用すると、FileSystemObjectオブジェクトより詳細な操作をファイルやフォルダーなどに対して実行できます。下位オブジェクトのプロパティやメソッドを実行するには、FileSystemObjectオブジェクトのGetFileメソッドやGetFolderメソッドなどを使用して下位オブジェクトを取得し、「オブジェクト変数.プロパティ」「オブジェクト変数.メソッド」といったVBAの基本構文でコードを記述します。

参照▶フォルダーを取得するには……P.503
参照▶ファイルを取得するには……P.497

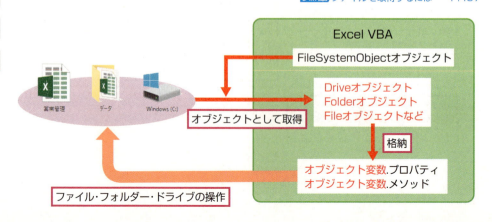

FileSystemObjectオブジェクトのインスタンスを生成するには

Dim オブジェクト変数名 As New FileSystemObject

▶解説

参照設定を行った場合、FileSystemObjectオブジェクトのインスタンス（オブジェクトの複製）を生成するには、DimステートメントでNewキーワードを使用してオブジェクト変数を宣言します。宣言したオブジェクト変数が最初に参照されたときにインスタンスが自動生成されて、オブジェクト変数に格納されます。

▶設定する項目

オブジェクト変数名 ‥任意の名前を指定します。

┌ エラーを防ぐには ┐

Newキーワードを使用して、FileSystemObjectオブジェクトのインスタンスを生成するには、[Microsoft Scripting Runtime] への参照設定が行われている必要があります。

参照 ファイルシステムオブジェクトを使用するには……P.494

ファイルを取得するには

オブジェクト.GetFile(FilePath)

▶解説

FileSystemObjectオブジェクトのGetFileメソッドを使用すると、ファイルをFSOのFileオブジェクトとして取得できます。Fileオブジェクトのプロパティを使用してファイルの様々な情報を取得したり、Fileオブジェクトのメソッドを使用してファイルを操作したりすることができるようになります。

▶設定する項目

オブジェクト‥‥‥‥‥ FileSystemObjectオブジェクトを指定します。

FilePath‥‥‥‥‥‥ Fileオブジェクトとして取得したいファイルの名前を指定します。パスを含めて指定できます。ファイル名のみ指定した場合は、カレントフォルダーのファイルが対象となります。

┌ エラーを防ぐには ┐

指定したファイルが存在しない場合、エラーが発生します。実行する前に、ファイルが存在することを確認しておきましょう。また、Newキーワードを使用してFileSystemObject オブジェクトのインスタンスを生成するには、[Microsoft Scripting Runtime] への参照設定が行われている必要があります。

7-3
ファイルシステムオブジェクト

1 マクロの基礎知識
2 VBAの基礎知識
3 プログラミングの基礎知識
4 セルの操作
5 ワークシートの操作
6 Excelファイルの操作
7 高度なファイルの操作
8 ウィンドウの操作
9 データの操作
10 印 刷
11 図形の操作
12 グラフの操作
13 コントロールの使用
14 外部アプリケーションの操作
15 VBA関数
16 そのほかの操作
付 録

497
できる

7-3 ファイルシステムオブジェクト

使用例　FSOでファイルを削除する

Cドライブの[在庫データ]フォルダーにある[最新在庫データ_5月.xlsx]を削除します。削除対象のExcelブックをFSOのFileオブジェクトとして取得し、FileオブジェクトのDeleteメソッドを使用して削除しています。

サンプル 7-3_001.xlsm

参照▶FSOでファイルを削除するには……P.499

```
1  Sub ファイル削除()
2      Dim myFSO As New FileSystemObject
3      Dim myFile As File
4      Set myFile = myFSO.GetFile("C:¥在庫データ¥最新在庫データ_5月.xlsx")
5      myFile.Delete
6  End Sub
```

1　[ファイル削除]というマクロを記述する
2　FileSystemObject型のオブジェクト変数myFSOを宣言する
3　File型のオブジェクト変数myFileを宣言する
4　Cドライブ内の[在庫データ]フォルダーにある[最新在庫データ_5月.xlsx]ファイルをFileオブジェクトとして取得して変数myFileに格納する
5　変数myFileに格納したファイルを削除する
6　マクロの記述を終了する

[在庫データ]フォルダーに保存されている[最新在庫データ_5月.xlsx]ファイルを削除したい

❶VBEを起動し、コードを入力

参照▶VBAを使用してマクロを作成するには……P.85

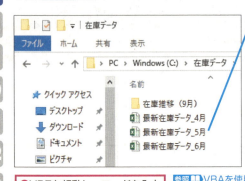

❷入力したマクロを実行

参照▶マクロを実行するには……P.53

ファイルが削除された

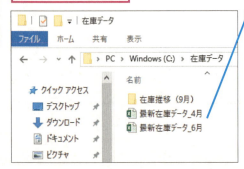

HINT DeleteFileメソッド・Deleteメソッドと Killステートメントとの違い

Killステートメントでファイルを削除する場合、隠しファイルの属性が設定されているファイルを削除できません。隠しファイルを削除したい場合は、FileオブジェクトのDeleteメソッド、またはFileSystemObjectオブジェクトのDeleteFileメソッドを使用してください。

7-3 ファイルシステムオブジェクト

💡 FSOでファイルを削除するには

FSOでファイルを削除するには、Fileオブジェクトの Deleteメソッドを使用します。FileSystemObjectオブジェクトのGetFileメソッドなどで取得した、削除したいファイルを表すFileオブジェクトに対して実行します。また、FileSystemObjectオブジェクトのDeleteFileメソッドを使用してファイルを削除することもできます。削除したいファイルのファイルパスを引数FileSpecに指定します。たとえば、Cドライブの［在庫データ］フォルダーにある［最新在庫データ_5月.xlsx］を削除するには、次のように記述します。

サンプル 7-3_002.xlsm

```
Sub FSOファイル削除()
    Dim myFSO As New FileSystemObject
    myFSO.DeleteFile FileSpec:="C:¥在庫データ¥最新在庫データ_5月.xlsx"
End Sub
```

なお、FileオブジェクトのDeleteメソッドとFileSystemObjectオブジェクトのDeleteFileメソッドは、引数ForceにTrueを指定すると読み取り専用ファイルも削除できます。

💡 FSOでファイルをコピーするには

FSOでファイルをコピーするには、FileSystemObjectオブジェクトのCopyFileメソッドを使用します。引数Sourceにコピー元のファイルパス、引数Destinationにコピー後のファイルパスを指定します。たとえば、Cドライブの［会議資料］フォルダー内にある［補足資料.xlsx］を、［会議資料］フォルダー内の［バックアップ］フォルダーに［補足資料BK.xlsx］というファイル名でコピーするには、次のように記述します。なお、同じ名前でファイルをコピーする場合、引数Destinationのファイルパスは、コピー先のフォルダー名まで指定して末尾に「¥」を付けてください。

サンプル 7-3_003.xlsm

```
Sub FSOファイルコピー()
    Dim myFSO As New FileSystemObject
    myFSO.CopyFile Source:="C:¥会議資料¥補足資料.xlsx", _
        Destination:="C:¥会議資料¥バックアップ¥補足資料BK.xlsx"
End Sub
```

コピーしたいファイルをFileオブジェクトとして取得した場合は、FileオブジェクトのCopyメソッドでコピーします。引数Destinationにコピー後のファイルパスを指定してください。
7-3_003.xlsmと同じ処理をCopyメソッドで実行する場合は、次のように記述します。

サンプル 7-3_004.xlsm

```
Sub ファイルコピー()
    Dim myFSO As New FileSystemObject
    Dim myFile As File
    Set myFile = myFSO.GetFile("C:¥会議資料¥補足資料.xlsx")
    myFile.Copy Destination:="C:¥会議資料¥バックアップ¥補足資料BK.xlsx"
End Sub
```

なお、FileSystemObjectオブジェクトのCopyFileメソッドとFileオブジェクトのCopyメソッドは、引数OverWriteFilesを省略またはTrueを指定すると、コピー先に同名のファイルが存在した場合に上書きします。

💡 FSOでファイルを移動するには

FSOでファイルを移動するには、FileSystemObjectオブジェクトのMoveFileメソッドを使用します。引数Sourceに移動元のファイルパス、引数Destinationに移動先のファイルパスを指定します。たとえば、Cドライブの［見積データ］フォルダー内にある［御見積書_0910.xlsx］を、［見積データ］フォルダー内の［提出済］フォルダーに移動するには、次のように記述します。引数Destinationに移動先のフォルダーのみを指定する場合、パスの末尾に「¥」を付けてください。

サンプル 7-3_005.xlsm

```
Sub FSOファイル移動()
    Dim myFSO As New FileSystemObject
    myFSO.MoveFile Source:="C:¥見積データ¥御見積書_0910.xlsx", _
        Destination:="C:¥見積データ¥提出済¥"
End Sub
```

移動したいファイルをFileオブジェクトとして取得した場合は、FileオブジェクトのMoveメソッドで移動します。引数Destinationに移動先のファイルパスを指定してください。
7-3_005.xlsmと同じ処理をMoveメソッドで実行する場合は、次のように記述します。

サンプル 7-3_006.xlsm

```
Sub ファイル移動()
    Dim myFSO As New FileSystemObject
    Dim myFile As File
    Set myFile = myFSO.GetFile("C:¥見積データ¥御見積書_0910.xlsx")
    myFile.Move Destination:="C:¥見積データ¥提出済¥"
End Sub
```

7-3 ファイルシステムオブジェクト

💡HINT FSOでファイルの存在を確認するには

FSOでファイルの存在を確認するには、FileSystemObjectオブジェクトのFileExistsメソッドを使用します。引数FileSpecに存在を確認したいファイルのファイルパスを指定します。FileExistsメソッドは、指定されたファイルが存在する場合にTrue、存在しない場合にFalseを返します。たとえば、InputBox関数によって入力されたファイル名をCドライブ内の[データ]

フォルダー内で検索し、その結果をメッセージで表示するには、次のように記述します。

サンプル📄7-3_007.xlsm

```
Sub ファイル存在確認()
    Dim myFSO As New FileSystemObject
    Dim myFileName As String
    Dim myResult As Boolean
    myFileName = InputBox("拡張子を含めてファイル名を入力してください。")
    myResult = myFSO.FileExists("C:\データ\" & myFileName)
    If myResult = True Then
        MsgBox "同じ名前のファイルが存在します。"
    Else
        MsgBox "同じ名前のファイルは存在しません。"
    End If
End Sub
```

💡HINT FSOでファイルの名前と拡張子を別々に取得するには

FileSystemObjectオブジェクトのGetBaseNameメソッドを使用すると、引数Pathに指定されたファイルから、拡張子を除いたファイル名だけを取得できます。また、FileSystemObjectオブジェクトのGetExtensionNameメソッドを使用すると、引数Pathに指定されたファイルから拡張子だけを取得できます。たとえば、[ファイルを開く]ダイアログボックスを表示し、

選択されたファイルからファイルの名前と拡張子を別々に取得してメッセージで表示するには、次のように記述します。

サンプル📄7-3_008.xlsm

```
Sub ファイル名拡張子取得()
    Dim myFSO As New FileSystemObject
    Dim myFilePath As String
    myFilePath = Application.GetOpenFilename
    MsgBox myFSO.GetBaseName(myFilePath)
    MsgBox myFSO.GetExtensionName(myFilePath)
End Sub
```

▶ フォルダー内のすべてのファイルを取得するには

オブジェクト.Files　　　　　　　　　　　　　取得

▶解説

フォルダー内のすべてのファイル（Filesコレクション）を取得するには、FolderオブジェクトのFilesプロパティを使用します。取得したいファイルを含むフォルダー（Folderオブジェクト）を取得するにはFileSystemObjectオブジェクトのGetFolderメソッドを使用し、取得したFolderオブジェクトを対象にしてFilesプロパティを使用します。　　📖参照 フォルダーを取得するには……P.503

▶設定する項目

オブジェクト ……… FileSystemObjectオブジェクトのGetFolderメソッドで取得したFolderオブジェクトを指定します。

エラーを防ぐには

Newキーワードを使用して、FileSystemObjectオブジェクトのインスタンスを生成するには、[Microsoft Scripting Runtime]への参照設定が行われている必要があります。
　　　　　　　　　　　📖参照 ファイルシステムオブジェクトを使用するには……P.494

使用例　フォルダー内のすべてのファイルの情報一覧を作成する

Cドライブの[売上実績]フォルダー内のすべてのファイルについて、ファイル名や更新日時、ファイルサイズを取得してセルに表示します。それぞれの情報は、FileオブジェクトのNameプロパティ、DateLastModifiedプロパティ、Sizeプロパティで取得します。

サンプル📄7-3_009.xlsm ／売上実績（4月）.xlsx ～売上実績（8月）.xlsx

📖参照 Fileオブジェクトの主なプロパティ……P.502

```vb
1   Sub 全ファイル情報一覧()
2       Dim myFSO As New FileSystemObject
3       Dim myFolder As Folder
4       Dim myFiles As Files
5       Dim myFile As File
6       Dim i As Integer
7       Set myFolder = myFSO.GetFolder("C:¥売上実績")
8       Set myFiles = myFolder.Files
9       i = 3
10      For Each myFile In myFiles
11          Cells(i, 1).Value = myFile.Name
12          Cells(i, 2).Value = myFile.DateLastModified
13          Cells(i, 3).Value = myFile.Size
14          i = i + 1
15      Next
16  End Sub
```

1 [全ファイル情報一覧]というマクロを記述する
2 FileSystemObject型の変数myFSOを宣言する
3 Folder型の変数myFolderを宣言する
4 Files型の変数myFilesを宣言する
5 File型の変数myFileを宣言する
6 整数型の変数iを宣言する
7 変数myFolderに、Cドライブ内の[売上実績]フォルダーを格納する
8 変数myFilesに、変数myFolderに格納したフォルダー内のすべてのファイルを格納する
9 変数iに3を格納する
10 変数myFileに変数myFilesに格納したそれぞれのファイルを順番に格納して以下の処理を行う（Forステートメントの開始）
11 i行め、1列めのセルに、変数myFileに格納したファイルのファイル名を表示する
12 i行め、2列めのセルに、変数myFileに格納したファイルの更新日時を表示する
13 i行め、3列めのセルに、変数myFileに格納したファイルのファイルサイズを入力する
14 変数iに1を足す
15 11行めに戻る
16 マクロの記述を終了する

Cドライブの[売上実績]フォルダーにあるファイルの情報一覧を作成する

ファイルの情報を取得する関数

Dir関数を使用して、フォルダー内のすべてのファイル名を取得することもできます。また、FileDateTime関数でファイルの更新日時、FileLen関数でファイルサイズを取得できます。しかし、これらの方法より「オブジェクト.プロパティ」の構文で記述できるFSOのほうが、読みやすくてわかりやすいコードを記述できます。

参照▶Dir関数を使用してファイル一覧を作成するには……P.482

参照▶ファイル／フォルダー／ドライブの操作……P.472

7-3 ファイルシステムオブジェクト

セルA3を先頭に、ファイル名、更新日時、ファイルサイズをそれぞれのセルに表示する

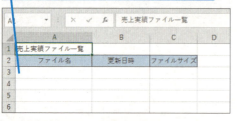

❶VBEを起動し、コードを入力　参照▶ VBAを使用してマクロを作成するには……P.85

```
Sub 全ファイル情報一覧()
    Dim myFSO As New FileSystemObject
    Dim myFolder As Folder
    Dim myFiles As Files
    Dim myFile As File
    Dim i As Integer
    Set myFolder = myFSO.GetFolder("C:¥売上実績")
    Set myFiles = myFolder.Files
    i = 3
    For Each myFile In myFiles
        Cells(i, 1).Value = myFile.Name
        Cells(i, 2).Value = myFile.DateLastModified
        Cells(i, 3).Value = myFile.Size
        i = i + 1
    Next
End Sub
```

❷入力したマクロを実行　参照▶ マクロを実行するには……P.53

各ファイルの情報がセルに表示された

	A	B	C	D
1	売上実績ファイル一覧			
2	ファイル名	更新日時	ファイルサイズ	
3	売上実績(4月).xlsx	2016/10/27 14:25	13716	
4	売上実績(5月).xlsx	2016/10/27 14:25	12644	
5	売上実績(6月).xlsx	2016/10/27 14:25	9720	
6				

Fileオブジェクトの主なプロパティ

プロパティ	内容
Attributes プロパティ	ファイルの属性を取得、設定する
DateCreated プロパティ	ファイルの作成日時を取得する
DateLastAccessed プロパティ	最後にアクセスされた日時を取得する
DateLastModified プロパティ	最後に更新された日時を取得する
Drive プロパティ	指定したファイルが保存されているドライブ（Drive オブジェクト）を取得する
Name プロパティ	ファイル名を取得または設定する
ParentFolder プロパティ	指定したファイルが保存されているフォルダー（Folder オブジェクト）を取得する
Path プロパティ	ファイルのパスを取得する
Size プロパティ	ファイルの容量を取得する
Type プロパティ	ファイルの種類を表す文字列を取得する

フォルダーを取得するには

オブジェクト.**GetFolder**(FolderPath) —————— 取得

▶解説

FileSystemObjectオブジェクトのGetFolderメソッドを使用すると、フォルダーをFSOの
Folderオブジェクトとして取得できます。Folderオブジェクトのプロパティを使用してフォルダー
の様々な情報を取得したり、Folderオブジェクトのメソッドを使用してフォルダーを操作したりす
ることができるようになります。

▶設定する項目

オブジェクト ………… FileSystemObjectオブジェクトを指定します。

FolderPath …………Folderオブジェクトとして取得したいフォルダーの名前を指定します。パスを
含めて指定できます。フォルダー名のみ指定した場合は、カレントフォルダー
のフォルダーが対象となります。

エラーを防ぐには

指定したフォルダーが存在しない場合、エラーが発生します。実行する前に、フォルダーが存在す
ることを確認しておきましょう。また、Newキーワードを使用してFileSystemObjectオブジェク
トのインスタンスを生成するには、[Microsoft Scripting Runtime] への参照設定が行われてい
る必要があります。 参照📖ファイルシステムオブジェクトを使用するには……P.494

使用例 FSOでフォルダーをコピーする

Cドライブの [会議資料] フォルダーにある [補足資料] フォルダーを、Cドライブの [会議資
料] フォルダー内にある [バックアップ] フォルダー内に [補足資料BK] というフォルダー名
でコピーします。コピー対象のフォルダーをFSOのFolderオブジェクトとして取得し、Folder
オブジェクトのCopyメソッドを使用してコピーしています。 サンプル📗7-3_010.xlsm

```
1  Sub フォルダーコピー()
2      Dim myFSO As New FileSystemObject
3      Dim myFolder As Folder
4      Set myFolder = myFSO.GetFolder("C:¥会議資料¥補足資料")
5      myFolder.Copy Destination:="C:¥会議資料¥バックアップ¥補足資料BK"
6  End Sub
```

1 [フォルダーコピー]というマクロを記述する
2 FileSystemObject型のオブジェクト変数myFSOを宣言する
3 Folder型のオブジェクト変数myFolderを宣言する
4 Cドライブ内の [会議資料] フォルダー内にある [補足資料] フォルダーをFolderオブジェクトと
　して取得して変数myFolderに格納する
5 変数myFolderに格納したフォルダーを、Cドライブ内の [会議資料] フォルダー内にある [バッ
　クアップ]フォルダー内に、[補足資料BK]という名前でコピーする
6 マクロの記述を終了する

7-3
ファイルシステム
オブジェクト

1 マクロの
　基礎知識
2 VBAの
　基礎知識
3 プログラミングの
　基礎知識
4 セルの操作
5 ワークシートの
　操作
6 Excelファイルの
　操作
7 高度な
　ファイルの操作
8 ウィンドウの
　操作
9 データの操作
10 印刷
11 図形の操作
12 グラフの操作
13 コントロールの
　使用
14 外部アプリケーション
　の操作
15 VBA関数
16 そのほかの操作
　付録

503
できる

[会議資料] フォルダー内にある [補足資料] フォルダーを [バックアップ] フォルダーに別名でコピーしたい

❶VBEを起動し、コードを入力

参照▶ VBAを使用してマクロを作成するには……P.85

❷入力したマクロを実行

参照▶ マクロを実行するには……P.53

[バックアップ] フォルダーに別名でコピーされた

HINT FSOでフォルダーをコピーするには

FSOでフォルダーをコピーするには、FolderオブジェクトのCopyメソッドを使用します。FileSystemObjectオブジェクトのGetFolderメソッドなどで取得した、コピーしたいフォルダーを表すFolderオブジェクトに対して実行します。引数Destinationにコピー先のパスを指定してください。また、FileSystemObjectオブジェクトのCopyFolderメソッドを使用してフォルダーをコピーすることもできます。引数Sourceにコピー元のフォルダーパス、引数Destinationにコピー後のフォルダーパスを指定します。たとえば、Cドライブの [会議資料] フォルダー内にある [補足資料] フォルダーを、[会議資料] フォルダー内の [バックアップ] フォルダー内に [補足資料BK] という名前でコピーするには、次のように記述します。なお、同じ名前でフォルダーをコピーする場合、引数Destinationのフォルダーパスは、コピー先のフォルダー名まで指定して末尾に「¥」を付けてください。

サンプル 7-3_011.xlsm

```
Sub FSOフォルダーコピー()
    Dim myFSO As New FileSystemObject
    myFSO.CopyFolder Source:="C:¥会議資料¥補足資料", _
        Destination:="C:¥会議資料¥バックアップ¥補足資料BK"
End Sub
```

FolderオブジェクトのCopyメソッドとFileSystemObjectオブジェクトのCopyFolderメソッドは、コピー先に同じ名前のフォルダーがあった場合に上書きします。

HINT FSOでフォルダーを作成するには

FSOでフォルダーを作成するには、FileSystemObjectオブジェクトのCreateFolderメソッドを使用します。引数Pathに作成するフォルダーのパスを指定します。たとえば、Cドライブの [データ] フォルダー内に [決算関連] という名前のフォルダーを作成するには、次のように記述します。

サンプル 7-3_012.xlsm

```
Sub フォルダー作成()
    Dim FSO As New FileSystemObject
    FSO.CreateFolder Path:="C:¥データ¥決算関連"
End Sub
```

FSOでフォルダーを移動するには

FSOでフォルダーを移動するには、File SystemObjectオブジェクトのMoveFolderメソッドを使用します。引数Sourceに移動元のフォルダーパス、引数Destinationに移動先のフォルダーパスを指定します。移動するフォルダー内に格納されているファイルも一緒に移動されます。たとえば、Cドライブの[見積データ]フォルダー内にある[御見積書(9月分)]フォルダーを、[見積データ]フォルダー内の[提出済]フォルダーに移動するには、次のように記述します。引数Destinationに移動先のフォルダーのみを指定する場合、パスの末尾に「¥」を付けてください。

サンプル 7-3_013.xlsm

```
Sub FSOフォルダー移動()
    Dim myFSO As New FileSystemObject
    myFSO.MoveFolder Source:="C:¥見積データ¥御見積書(9月分)", _
        Destination:="C:¥見積データ¥提出済¥"
End Sub
```

移動したいフォルダーをFolderオブジェクトとして取得した場合は、FolderオブジェクトのMoveメソッドで移動します。引数Destinationに移動先のフォルダーパスを指定してください。**サンプル** 7-3_013.xlsmと同じ処理をMoveメソッドで実行する場合は、次のように記述します。

サンプル 7-3_014.xlsm

```
Sub フォルダー移動()
    Dim myFSO As New FileSystemObject
    Dim myFolder As Folder
    Set myFolder = myFSO.GetFolder("C:¥見積データ¥御見積書(9月分)")
    myFolder.Move Destination:="C:¥見積データ¥提出済¥"
End Sub
```

FSOでフォルダーを削除するには

FSOでフォルダーを削除するには、File SystemObjectオブジェクトのDeleteFolderメソッドを使用します。引数DeleteFolderに削除したいフォルダーのパスを指定します。削除するフォルダー内に格納されているファイルも一緒に削除されます。Killステートメントでファイルを削除してからフォルダーを削除する必要があるRmDirステートメントと比べて、簡潔なコードで処理できます。たとえば、Cドライブの[在庫データ]フォルダー内にある[在庫推移(9月)]フォルダーを削除するには、次のように記述します。

サンプル 7-3_015.xlsm

```
Sub FSOフォルダー削除()
    Dim myFSO As New FileSystemObject
    myFSO.DeleteFolder FolderSpec:="C:¥在庫データ¥在庫推移(9月)"
End Sub
```

削除したいフォルダーをFolderオブジェクトとして取得した場合は、FolderオブジェクトのDeleteメソッドで削除します。**サンプル** 7-3_015.xlsmと同じ処理をDeleteメソッドで実行する場合は、次のように記述します。

サンプル 7-3_016.xlsm

```
Sub フォルダー削除()
    Dim myFSO As New FileSystemObject
    Dim myFolder As Folder
    Set myFolder = myFSO.GetFolder("C:¥在庫データ¥在庫推移(9月)")
    myFolder.Delete
End Sub
```

なお、FileSystemObjectオブジェクトのDeleteFolderメソッドとFolderオブジェクトのDeleteメソッドは、引数ForceにTrueを指定すると読み取り専用フォルダーも削除できます。

FSOでフォルダーの存在を確認するには

FSOでフォルダーの存在を確認するには、FileSystemObjectオブジェクトのFolderExistsメソッドを使用します。引数FolderSpecに存在を確認したいフォルダーのパスを指定します。FolderExistsメソッドは、指定されたフォルダーが存在する場合にTrue、存在しない場合にFalseを返します。たとえば、Cドライブ内で[売上実績]フォルダーがあるかどう

かを確認し、その結果をメッセージで表示するには、次のように記述します。

サンプル 7-3_017.xlsm

```
Sub フォルダー存在確認()
    Dim myFSO As New FileSystemObject
    Dim myResult As Boolean
    myResult = myFSO.FolderExists("C:¥データ¥売上実績")
    If myResult = True Then
        MsgBox "同じ名前のフォルダーが存在します。"
    Else
        MsgBox "同じ名前のフォルダーは存在しません。"
    End If
End Sub
```

7-3
ファイルシステムオブジェクト

1 マクロの基礎知識
2 VBAの基礎知識
3 プログラミングの基礎知識
4 セルの操作
5 ワークシートの操作
6 Excelファイルの操作
7 高度なファイルの操作
8 ウィンドウの操作
9 データの操作
10 印刷
11 図形の操作
12 グラフの操作
13 コントロールの使用
14 外部アプリケーションの操作
15 VBA関数
16 そのほかの操作
付録

7-3

ファイルシステムオブジェクト

マクロの基礎知識 **1**
VBAの基礎知識 **2**
プログラミングの基礎知識 **3**
セルの操作 **4**
ワークシートの操作 **5**
Excelファイルの操作 **6**
高度なファイルの操作 **7**
ウィンドウの操作 **8**
データの操作 **9**
印刷 **10**
図形の操作 **11**
グラフの操作 **12**
コントロールの使用 **13**
外部アプリケーションの操作 **14**
VBA関数 **15**
そのほかの操作 **16**
付録

すべてのフォルダーを取得するには

オブジェクト.**SubFolders** ―――――――――――― 取得

▶解説

フォルダー内にあるすべてのフォルダー（Foldersコレクション）を取得するには、Folderオブジェクトの SubFolders プロパティを使用します。取得したいフォルダーを含むフォルダー（Folderオブジェクト）を対象にして実行します。SubFolders プロパティで取得した Folders コレクションには、隠しファイル属性やシステムファイル属性が設定されているフォルダーも含まれています。

▶設定する項目

オブジェクト‥‥‥‥‥ FileSystemObject オブジェクトの GetFolder メソッドで取得した Folder オブジェクトを指定します。

[エラーを防ぐには]

New キーワードを使用して、FileSystemObject オブジェクトのインスタンスを生成するには、[Microsoft Scripting Runtime] への参照設定が行われている必要があります。
参照📖 ファイルシステムオブジェクトを使用するには……P.494

使用例 フォルダー内のすべてのフォルダーの情報一覧を作成する

Cドライブの［営業管理］フォルダーに保存されているフォルダーの一覧を作成します。GetFolder メソッドを使用してCドライブの［営業管理］フォルダーを取得し、さらに SubFolder プロパティを使用して［営業管理］フォルダーに保存されているフォルダーを取得しています。フォルダー名は Name プロパティ、作成日時は DateCreated プロパティ、フォルダーサイズは Size プロパティで取得しています。
サンプル🔊7-3_018.xlsm
参照📖 Folderオブジェクトの主なプロパティ……P.508

```
1  Sub フォルダー一覧作成()
2      Dim myFSO As New FileSystemObject
3      Dim myFolders As Folders
4      Dim myFolder As Folder
5      Dim i As Integer
6      Set myFolders = myFSO.GetFolder("C:¥データ¥営業管理").SubFolders
7      i = 3
8      For Each myFolder In myFolders
9          Cells(i, 1).Value = myFolder.Name
10         Cells(i, 2).Value = myFolder.DateCreated
11         Cells(i, 3).Value = myFolder.Size
12         i = i + 1
13     Next
14 End Sub
```

1 ［フォルダー一覧作成］というマクロを記述する
2 FileSystemObject型の変数myFSOを生成する
3 Folders型の変数myFoldersを宣言する

4	Folder型の変数myFolderを宣言する
5	整数型の変数iを宣言する
6	FileSystemObjectオブジェクトのGetFolderメソッドで、Cドライブの[営業管理]フォルダーを取得し、SubFoldersプロパティで[営業管理]フォルダー直下に保存されているフォルダーをFoldersコレクションとして取得して、変数myFoldersに格納する
7	変数iに3を格納する
8	変数myFolderに、変数myFoldersに格納したそれぞれのフォルダーを順番に格納して、以下の処理をくり返す(Forステートメントの開始)
9	i行め、1列めのセルに、オブジェクト変数myFolderに格納したフォルダーのフォルダー名を入力する
10	i行め、2列めのセルに、オブジェクト変数myFolderに格納したフォルダーの作成日時を入力する
11	i行め、3列めのセルに、オブジェクト変数myFolderに格納したフォルダーのフォルダーサイズを入力する
12	変数iに1を足す
13	9行めに戻る
14	マクロの記述を終了する

Cドライブの[営業管理]フォルダー内のすべてのフォルダーを取得する

取得したフォルダーの一覧をセルに表示する

 特定のドライブのルートフォルダーを参照するには

特定のドライブのルートフォルダーを参照するには、「ドライブ名:¥」と記述します。たとえば、Cドライブのルートフォルダーを参照するときは「C:¥」と記述します。CドライブのルートフォルダーをFSOのFolderオブジェクトとして取得するとき、FileSystemObjectオブジェクトのGetFolderメソッドの引数FolderPathは、「myFSO.GetFolder("C:¥")」といった記述になります。

❶VBEを起動し、コードを入力

参照▶VBAを使用してマクロを作成するには……P.85

❷入力したマクロを実行 参照▶マクロを実行するには……P.53

フォルダー名と作成日時、フォルダーサイズが表示された

Foderオブジェクトの主なプロパティ

プロパティ	内容
Attributes プロパティ	フォルダーの属性を取得・設定する
DateCreated プロパティ	フォルダーの作成日時を取得する
DateLastAccessed プロパティ	最後にアクセスされた日時を取得する
DateLastModified プロパティ	最後に更新された日時を取得する
Drive プロパティ	指定したフォルダーが保存されているドライブ（Drive オブジェクト）を取得する
Files プロパティ	フォルダー内のすべてのファイルを取得する
IsRootFolder プロパティ	ルートフォルダーかどうかを調べる
Name プロパティ	フォルダー名を取得、設定する
ParentFolder プロパティ	指定したフォルダーが保存されているフォルダー（Folder オブジェクト）を取得する
Path プロパティ	フォルダーのパスを取得する
Size プロパティ	フォルダー内のファイルおよびサブフォルダーの合計容量を取得する
SubFolders プロパティ	フォルダー内のすべてのフォルダーを取得する

▶ ドライブを取得するには

オブジェクト.**GetDrive**(DriveSpec) ——————— 取得

▶解説

FileSystemObjectオブジェクトのGetDriveメソッドを使用すると、ドライブをFSOのDriveオブジェクトとして取得できます。Driveオブジェクトのプロパティを使用してドライブの様々な情報を取得できるようになります。

▶設定する項目

オブジェクト ………FileSystemObjectオブジェクトを指定します。

DriveSpec…………Driveオブジェクトとして取得したいドライブの名前を指定します。

[エラーを防ぐには]

指定したドライブが存在しない場合、エラーが発生します。実行する前に、ドライブが存在することを確認しておきましょう。また、Newキーワードを使用してFileSystemObjectオブジェクトのインスタンスを生成するには、[Microsoft Scripting Runtime] への参照設定が行われている必要があります。

参照📖ファイルシステムオブジェクトを使用する準備をする……P.494

使用例 ドライブの使用容量を調べる

Cドライブの使用容量を調べます。ドライブの使用容量は、TotalSizeプロパティで取得したドライブの総容量から、FreeSpaceプロパティで取得したドライブの空き容量を引いて算出します。

サンプル📄7-3_019.xlsm

```
1   Sub ドライブ使用容量()
2       Dim myFSO As New FileSystemObject
3       Dim myDrive As Drive
4       Set myDrive = myFSO.GetDrive("C")
5       With myDrive
6           Range("B1").Value = .TotalSize - .FreeSpace
7       End With
8   End Sub
```

1 ［ドライブ使用容量］というマクロを記述する
2 FileSystemObject型の変数myFSOを宣言する
3 Drive型の変数myDriveを宣言する
4 CドライブをDriveオブジェクトとして取得して、変数myDriveに格納する
5 変数myDriveについて以下の処理を行う（Withステートメントの開始）
6 セルB1に、変数myDriveに格納したCドライブの総容量から空き容量を引いた値を表示する
7 Withステートメントを終了する
8 マクロの記述を終了する

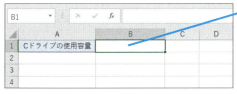

Cドライブの使用容量を
セルB1に表示する

❶VBEを起動し、コードを入力

参照▶VBAを使用してマクロを作成するには……P.85

❷入力したマクロを実行

参照▶マクロを実行するには……P.53

Cドライブの使用容量が
セルB1に表示された

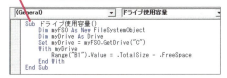

ドライブの空き容量を調べるには

ドライブの空き容量を調べるには、Drive オブジェクトのFreeSpace プロパティを使用します。FreeSpace プロパティが返すドライブの空き容量はバイト単位です。また、DriveオブジェクトのAvailableSpaceプロパティを使用してドライブの空き容量を調べることもできます。通常、FreeSpace プロパティとAvailableSpaceプロパティは同じ値を返しますが、OS がディスククォータ機能を持っている場合に違う値を返す場合があります。ディスククォータ機能とは、パソコンを複数のユーザーが使用する場合に、各ユーザーの使用可能なディスク容量の上限を設定できる機能です。

ドライブの総容量を調べるには

ドライブの総容量を調べるには、Drive オブジェクトのTotalSizeプロパティを使用します。TotalSize プロパティが返すドライブの総容量はバイト単位です。

7-3 ファイルシステムオブジェクト

HINT ドライブの存在を確認するには

ドライブの存在を確認するには、FileSystemObjectオブジェクトのDriveExistsメソッドを使用します。引数DriveSpecに存在を確認したいドライブの名前を指定します。DriveExistsメソッドは、指定されたドライブが存在する場合にTrue、存在しない場合にFalseを返します。たとえば、Cドライブが存在するかどうかを確認し、その結果をメッセージで表示するには、次のように記述します。

サンプル 7-3_020.xlsm

```
Sub ドライブ存在確認()
    Dim myFSO As New FileSystemObject
    Dim myResult As Boolean
    myResult = myFSO.DriveExists("C")
    If myResult = True Then
        MsgBox "指定ドライブは存在します。"
    Else
        MsgBox "指定ドライブは存在しません。"
    End If
End Sub
```

Driveオブジェクトの主なプロパティ

プロパティ	内容
AvailableSpace プロパティ	使用可能なディスク容量を取得する
DriveLetter プロパティ	ドライブの名前を取得する
DriveType プロパティ	ドライブの種類を取得する。DriveType プロパティは、ドライブの種類を表す DriveTypeConst 列挙型の定数を返す

DriveTypeConst列挙型の定数

定数	値	ドライブの種類
UnknownType	0	不明
Removable	1	リムーバブルディスク
Fixed	2	ハードディスク
Remote	3	ネットワークドライブ
CDRom	4	CD-ROM
RamDisk	5	RAM ディスク

プロパティ	内容
FreeSpace プロパティ	使用可能なディスク容量を取得する
IsReady プロパティ	ドライブの準備ができているかどうかを調べる
RootFolder プロパティ	ルートフォルダーを取得する。RootFolder プロパティは、ルートフォルダーを表す Folder オブジェクトを返す
TotalSize プロパティ	ドライブの総容量を取得する

サイドバーメニュー

- マクロの基礎知識 1
- VBAの基礎知識 2
- プログラミングの基礎知識 3
- セルの操作 4
- ワークシートの操作 5
- Excelファイルの操作 6
- 高度なファイルの操作 7
- ウィンドウの操作 8
- データの操作 9
- 印刷 10
- 図形の操作 11
- グラフの操作 12
- コントロールの使用 13
- 外部アプリケーションの操作 14
- VBA関数 15
- そのほかの操作 16
- 付録

第8章

ウィンドウの操作

8-1. ウィンドウの操作 ・・・・・・・・・・・・・・・・・・・・・・512
8-2. ウィンドウ表示の設定 ・・・・・・・・・・・・・・・・・526

8-1 ウィンドウの操作

ウィンドウの操作

Excel VBAでは、ウィンドウをWindowオブジェクトとして扱います。Windowsプロパティや ActiveWindowプロパティなどを使用してWindowオブジェクトを参照し、ウィンドウの整列、 コピー、分割、ウィンドウ枠の固定など、ウィンドウに関するさまざまな操作を実行できます。

◆ウィンドウの参照
WindowsプロパティやActiveWindow プロパティを使用して、操作するウィン ドウを参照する

◆ウィンドウの整列
Arrangeメソッドを使用 してウィンドウを整列する

◆ウィンドウのコピーを開く
NewWindowメソッドを使用して ウィンドウのコピーを開く

◆ウィンドウの分割
SplitRowプロパティやSplitColumnプロ パティを使用してウィンドウを分割する

◆ウィンドウ枠の固定
FreezePanesプロパティを使用 してウィンドウ枠を固定する

サイドバー目次:
1. マクロの基礎知識
2. VBAの基礎知識
3. プログラミングの基礎知識
4. セルの操作
5. ワークシートの操作
6. Excelファイルの操作
7. 高度なファイルの操作
8. ウィンドウの操作
9. データの操作
10. 印刷
11. 図形の操作
12. グラフの操作
13. コントロールの使用
14. 外部アプリケーションの操作
15. VBA関数
16. そのほかの操作

付録

ウィンドウを参照するには

オブジェクト.**Windows**(Index) ────────── 取得

▶解説

ウィンドウを参照するには、Windowsプロパティを使用してWindowオブジェクトを取得します。引数Indexには、参照したいウィンドウ名、またはウィンドウのインデックス番号を指定します。オブジェクトにApplicationオブジェクトを指定した場合、Excel 2016／2013ではデスクトップ上のアプリケーションウィンドウ、Excel 2010／2007ではアプリケーションウィンドウの使用可能領域内のブックウィンドウが参照の対象となります。オブジェクトにWorkbookオブジェクトを指定した場合、ブック内で開いているウィンドウのコピーなどが参照の対象となります。

参照📖ウィンドウの構成とバージョンによる違い……P.515

▶設定する項目

オブジェクト‥‥‥‥ApplicationオブジェクトまたはWorkbookオブジェクトを指定します。Applicationオブジェクトの記述は省略できますが、Workbookオブジェクトの記述は省略できません（省略可）。

Index‥‥‥‥‥‥‥‥参照したいウィンドウ名（ウィンドウのタイトルバーに表示されている文字列）、またはインデックス番号を指定します。省略した場合は、対象オブジェクト内で開いているすべてのウィンドウ（Windowsコレクション）を参照します（省略可）。

[エラーを防ぐには]

開いていないウィンドウを参照しようとするとエラーが発生するので、参照したいウィンドウが開いているかどうかを確認しておく必要があります。また、拡張子の表示設定も動作に影響を与えるので注意が必要です。

参照📖ウィンドウ名を指定するときの注意点……P.516

ウィンドウをアクティブにするには

オブジェクト.**Activate**

▶解説

ウィンドウをアクティブにするには、Activateメソッドを使用します。Excel 2016／2013の場合はデスクトップ上のアプリケーションウィンドウ、Excel 2010／2007の場合はアプリケーションウィンドウの使用可能領域内のブックウィンドウが操作の対象となります。

参照📖ウィンドウの構成とバージョンによる違い……P.515

▶設定する項目

オブジェクト‥‥‥‥アクティブにしたいWindowオブジェクトを指定します。

[エラーを防ぐには]

Windowオブジェクトは、Select メソッドを使用して選択することができません。Windowオブジェクトを選択するには、Activateメソッドを利用します。

8-1
操作 ウィンドウの

1 マクロの基礎知識
2 VBAの基礎知識
3 プログラミングの基礎知識
4 セルの操作
5 ワークシートの操作
6 Excelファイルの操作
7 高度なファイルの操作
8 ウィンドウの操作
9 データの操作
10 印　刷
11 図形の操作
12 グラフの操作
13 コントロールの使用
14 外部アプリケーションの操作
15 VBA関数
16 そのほかの操作
付　録

513
できる

8-1 ウィンドウの操作

使用例　指定したウィンドウをアクティブにする

開いている複数のウィンドウのなかから、「2007年7月売上実績」という名前のウィンドウをアクティブにします。アクティブにしたいウィンドウはWindowsプロパティで参照し、Activateメソッドを使用してアクティブにします。拡張子が表示されている場合に備えて、ウィンドウ名に拡張子を含めて指定しています。

サンプル 8-1_001.xlsm ／ 2017年7月売上実績.xlsx ～ 2017年9月売上実績.xlsx

```
1  Sub ウィンドウアクティブ()
2      Windows("2017年7月売上実績.xlsx").Activate
3  End Sub
```

1 [ウィンドウアクティブ]というマクロを記述する
2 「2017年7月売上実績.xlsx」という名前のウィンドウをアクティブにする
3 マクロの記述を終了する

このウィンドウをアクティブにしたい

❶VBEを起動し、コードを入力

❷入力したマクロを実行

参照▶VBAを使用してマクロを作成するには……P.85
参照▶マクロを実行するには……P.53

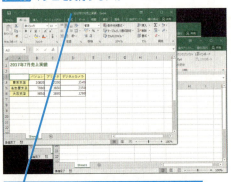

指定したウィンドウがアクティブになった

HINT ウィンドウ名を確認するには

引数Indexに指定するウィンドウ名とは、ウィンドウのタイトルバーに表示されている文字列のことです。通常は、Excelブックのファイル名が表示されていますが、Captionプロパティを使用して変更されている場合もあります。ウィンドウのサイズによって、ウィンドウ名の一部が表示されていない場合は、ウィンドウを最大化してウィンドウ名を確認できます。また、[表示]タブの[ウィンドウ]グループにある[ウィンドウの切り替え]ボタンをクリックして表示されるメニューでもウィンドウ名を確認することができます。

参照▶ウィンドウ名を指定するときの注意点……P.516
参照▶ウィンドウのタイトルを設定するには……P.529

HINT ウィンドウの構成とバージョンによる違い

Excel 2010 ／ 2007は、アプリケーションウィンドウ（Excel全体のウィンドウ）とブックウィンドウ（1つのExcelブック）から構成されています。1つのアプリケーションウィンドウの使用可能領域内に複数のブックウィンドウを開くことができ、ブックウィンドウはこの領域内で操作します。ブックウィンドウを最大化で表示すると、1つのExcelブックが1つのアプリケーションウィンドウで表示されます。

Excel 2010 ／ 2007

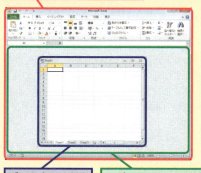

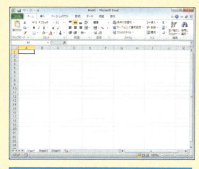

ブックウィンドウを最大化で表示すると、1つのExcelブックが1つのアプリケーションウィンドウで表示される

Excel 2016 ／ 2013ではシングルドキュメントインターフェース（SDI）が採用されているため、1つのExcelブックが1つのアプリケーションウィンドウで表示されます。そのため、複数のブックを開くと複数のアプリケーションウィンドウが表示されます。アプリケーションウィンドウの使用可能領域は存在しません。

Excel 2016 ／ 2013

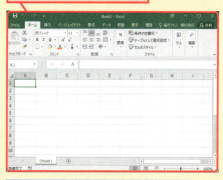

1つのExcelブックが1つのアプリケーションウィンドウで表示される

8-1 ウィンドウの操作

 ウィンドウ名を指定するときの注意点

［フォルダーオプション］ダイアログボックスの［表示］タブで、［登録されている拡張子は表示しない］のチェックマークをはずしている場合は、ファイル名に［.xlsx］などの拡張子が表示されるので、ウィンドウのタイトルバーにも拡張子が表示されます。したがって、ウィンドウ名を指定するときには、拡張子を含めて指定する必要があります。また、拡張子を表示する設定になっていても、新規作成したブックでまだ一度も保存していない場合や、Captionプロパティに拡張子を含んでいない文字列を設定した場合などは、タイトルバーに拡張子が表示されていないので、拡張子を含めずにウィンドウ名を指定します。なお、［フォルダーオプション］ダイアログボックスの表示設定で、［登録されている拡張子は表示しない］にチェックマークを付けている場合、ウィンドウのタイトルバーに拡張子は表示されませんが、拡張子を含めてウィンドウ名を指定しても問題ありません。なお、［フォルダーオプション］ダイアログボックスを表示するには、任意のフォルダーを開いたあと、Windows 10／8.1の場合は［表示］タブ-［オプション］をクリック、Windows 7の場合は［整理］-［フォルダーと検索のオプション］をクリックしてください。

参照 ウィンドウのタイトルを設定するには……P.529

 WindowsコレクションとWindowオブジェクト

WindowオブジェクトはWindowsコレクションのメンバーです。開いているすべてのウィンドウを参照する場合はWindowsコレクションを参照し、それぞれのウィンドウを参照する場合はWindowオブジェクトを参照します。Windowsコレクションを参照するには、Windowsプロパティの引数Indexを省略します。Applicationオブジェクトを対象にした場合、Excel 2016／2013ではデスクトップ上で開いているすべてのアプリケーションウィンドウ、Excel 2010／2007ではアプリケーションウィンドウの使用可能領域内で開いているすべてのブックウィンドウを参照します。Workbookオブジェクトを対象にした場合は、指定したブック（Workbookオブジェクト）内で開いているすべてのウィンドウ（ウィンドウのコピーなど）を参照します。

参照 ウィンドウの構成とバージョンによる違い……P.515

ウィンドウのインデックス番号

アクティブウィンドウのインデックス番号は、常に「1」になります。したがって、アクティブウィンドウが変更されるたびに、それぞれのウィンドウのインデックス番号も変更されます。

アクティブウィンドウを参照するには

オブジェクト.ActiveWindow　　　　取得

▶解説

アクティブウィンドウ（最前面に表示されているWindowオブジェクト）を参照するには、ActiveWindowプロパティを使用します。Excel 2016／2013の場合はデスクトップ上のアプリケーションウィンドウ、Excel 2010／2007の場合はアプリケーションウィンドウの使用可能領域内のブックウィンドウが操作の対象となります。開いているウィンドウがないときはNothingを返します。

参照 ウィンドウの構成とバージョンによる違い……P.515

▶設定する項目

オブジェクト………Applicationオブジェクトを指定します（省略可）。

【エラーを防ぐには】
オブジェクトにWorkbookオブジェクトを指定するとエラーが発生します。

使用例 アクティブウィンドウを参照する

開いている複数のウィンドウのなかからアクティブウィンドウを参照して、アクティブウィンドウのウィンドウ名をメッセージで表示します。ウィンドウ名は、Captionプロパティで取得します。

サンプル🔗 8-1_002.xlsm ／ 2017年7月売上実績.xlsx ～ 2017年9月売上実績.xlsx

参照🔗 ウィンドウのタイトルを設定するには……P.529
参照🔗 MsgBox関数でメッセージを表示するには……P.198

```
1  Sub アクティブウィンドウ参照()
2      MsgBox "アクティブウィンドウ:" & ActiveWindow.Caption
3  End Sub
```

1 [アクティブウィンドウ参照]というマクロを記述する
2 アクティブウィンドウのウィンドウ名をメッセージで表示する
3 マクロの記述を終了する

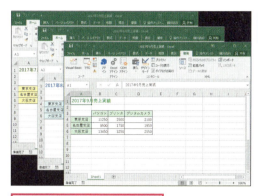

アクティブウィンドウを参照してウィンドウの名前を表示させたい

Captionプロパティが返す文字列

通常、Captionプロパティが返す文字列には拡張子が含まれていますが、新規作成したブックでまだ一度も保存していない場合や、Captionプロパティに拡張子を含んでいない文字列を設定した場合などは、拡張子を含んでいない文字列を返します。

❶VBEを起動し、コードを入力

❷入力したマクロを実行

参照🔗 VBAを使用してマクロを作成するには……P.85
参照🔗 マクロを実行するには……P.53

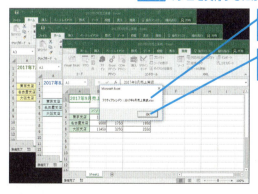

ウィンドウの名前が表示された

ダイアログボックスを閉じるには[OK]をクリックする

8-1

操作 ウィンドウの

マクロの基礎知識 **1**
VBAの基礎知識 **2**
プログラミングの基礎知識 **3**
セルの操作 **4**
ワークシートの操作 **5**
Excelファイルの操作 **6**
高度なファイルの操作 **7**
ウィンドウの操作 **8**
データの操作 **9**
印刷 **10**
図形の操作 **11**
グラフの操作 **12**
コントロールの使用 **13**
外部アプリケーションの操作 **14**
VBA関数 **15**
そのほかの操作 **16**
付録

ウィンドウを整列するには

オブジェクト.**Arrange**(ArrangeStyle, ActiveWorkbook, SyncHorizontal, SyncVertical)

▶解説

ウィンドウを整列するには、Arrangeメソッドを使用します。Arrangeメソッドは、[表示]タブの[ウィンドウ]グループにある[整列]ボタンと同じ操作を実行します。Excel 2016 / 2013の場合は、デスクトップ上のアプリケーションウィンドウが整列の対象となり、デスクトップの画面内で整列されます。Excel 2010 / 2007の場合は、アプリケーションウィンドウの使用可能領域内のブックウィンドウが整列の対象となり、アプリケーションウィンドウ内で整列されます。また、アクティブウィンドウとそのウィンドウのコピーを整列した場合には、画面のスクロールを同期させることができます。 参照🔍ウィンドウの構成とバージョンによる違い……P.515

▶設定する項目

オブジェクト……… Windowsコレクションを指定します。

ArrangeStyle……… 整列する方法をXlArrangeStyle列挙型の定数で指定します。省略した場合は、xlArrangeStyleTiledが指定されます（省略可）。

XlArrangeStyle列挙型の定数

定数	内容
xlArrangeStyleTiled	並べて表示
xlArrangeStyleHorizontal	上下に並べて表示
xlArrangeStyleVertical	左右に並べて表示
xlArrangeStyleCascade	重ねて表示

ActiveWorkbook… アクティブウィンドウとそのウィンドウのコピーを整列する場合はTrue、開いているすべてのウィンドウを整列する場合はFalseを指定します。省略した場合は、Falseが指定されます（省略可）。

SyncHorizontal… 整列したウィンドウの横スクロールを同期させる場合にTrueを指定します。引数ActiveWorkbookにTrueを指定した場合のみ有効です。省略した場合は、Falseが指定されます（省略可）。
参照🔍ウィンドウのコピーを開いてスクロールを同期させる……P.520

SyncVertical……… 整列したウィンドウの縦スクロールを同期させる場合にTrueを指定します。引数ActiveWorkbookにTrueを指定した場合のみ有効です。省略した場合は、Falseが指定されます（省略可）。

エラーを防ぐには

最小化表示にしているウィンドウは整列されません。整列させたいウィンドウは、通常表示、または最大化表示にしておきましょう。また、最小化表示にしているウィンドウがある場合に引数ActiveWorkbookを省略すると、正しく動作しない場合があります。

518
できる

使用例　ウィンドウを並べて表示する

現在開いているすべてのウィンドウを左右に並べて表示します。Applicationオブジェクトを対象としてWindowsコレクションを参照し、Arrangeメソッドの引数ActiveWorkbookを省略しているので、すべてのウィンドウが整列の対象になります。

サンプル🔗 8-1_003.xlsm ／ 2017年7月売上実績.xlsx ～ 2017年9月売上実績.xlsx

参照▶ WindowsコレクションとWindowオブジェクト……P.516

```
1  Sub ウィンドウ整列()
2      Application.Windows.Arrange _
           ArrangeStyle:=xlArrangeStyleVertical
3  End Sub
```
注）「_」（行継続文字）の部分は、次の行と続けて入力することもできます→95ページ参照

1 ［ウィンドウ整列］というマクロを記述する
2 現在開いているすべてのウィンドウを、整列する方法を「左右に並べて表示」に指定して整列させる
3 マクロの記述を終了する

ウィンドウを左右に並べて整列させたい

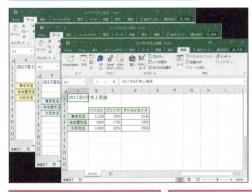

❶VBEを起動し、コードを入力　❷入力したマクロを実行

参照▶ VBAを使用してマクロを作成するには……P.85
参照▶ マクロを実行するには……P.53

ウィンドウが左右に整列して並べられた

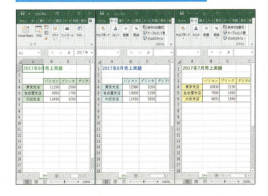

8-1 ウィンドウの操作

8-1

操作 ウィンドウの

マクロの
基礎知識 **1**

VBAの
基礎知識 **2**

プログラミングの
基礎知識 **3**

セルの操作 **4**

ワークシートの
操作 **5**

Excelファイルの
操作 **6**

高度な
ファイルの操作 **7**

ウィンドウの
操作 **8**

データの操作 **9**

印　刷 **10**

図形の操作 **11**

グラフの操作 **12**

コントロールの
使用 **13**

外部アプリケーション
の操作 **14**

VBA関数 **15**

そのほかの操作 **16**

付　録

ウィンドウのコピーを開くには

オブジェクト.NewWindow

▶解説

ウィンドウのコピーを開くには、NewWindowメソッドを使用します。NewWindowメソッドを
実行すると、オブジェクトに指定したWindowオブジェクトやWorkbookオブジェクトのウィンド
ウのコピーを開きます。なお、開いたウィンドウのコピーは、［表示］タブの［ウィンドウ］グルー
プにある［新しいウィンドウを開く］ボタンをクリックして開いたウィンドウのコピーと同じもの
です。

▶設定する項目

オブジェクト ‥‥‥‥‥ Windowオブジェクト、またはWorkbookオブジェクトを指定します。

エラーを防ぐには

開いていないWindowオブジェクトやWorkbookオブジェクトを指定するとエラーが発生するの
で、参照したいウィンドウやブックが開いているかどうかを確認しておく必要があります。また、
ウィンドウを参照する場合、拡張子の表示設定も動作に影響を与えるので注意が必要です。

参照📖ウィンドウ名を指定するときの注意点‥‥‥‥P.516

使用例 **ウィンドウのコピーを開いてスクロールを同期させる**

アクティブウィンドウのコピーを開いて左右に並べて表示し、縦方向のスクロールを同期させ
ます。コピーしたウィンドウと元のウィンドウは、Arrangeメソッドを使用して整列し、引数
SyncVerticalを使用して縦方向のスクロールを同期させます。

サンプル📗8-1_004.xlsm ／ 2017年7月売上実績.xlsx ～ 2017年9月売上実績.xlsx

参照📖ウィンドウを整列するには‥‥‥‥P.518

```
1  Sub ウィンドウコピー ()
2      ActiveWindow.NewWindow
3      Windows.Arrange _
           ArrangeStyle:=xlArrangeStyleVertical, _
           ActiveWorkbook:=True, SyncVertical:=True
4  End Sub
```
注)「_（行継続文字）」の部分は、次の行と続けて入力することもできます→95ページ参照

1 ［ウィンドウコピー］というマクロを記述する
2 アクティブウィンドウのコピーを開く
3 ウィンドウのコピーと元のウィンドウを左右に並べて表示し、これらのウィンドウの縦方向のス
　クロールを同期させる。この設定を有効にするために、引数ActiveWorkbookをTrueに設定する
4 マクロの記述を終了する

520
できる

8-1 ウィンドウの操作

アクティブウィンドウのコピーを開いて、左右に並べて表示し、スクロールを同期させたい

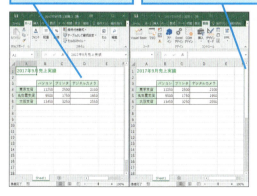

❶VBEを起動し、コードを入力

```
Sub ウィンドウコピー()
    ActiveWindow.NewWindow
    Windows.Arrange _
        ArrangeStyle:=xlArrangeStyleVertical, _
        ActiveWorkbook:=True, SyncVertical:=True
End Sub
```

❷入力したマクロを実行

> 参照 ▶ VBAを使用してマクロを作成するには……P.85
> 参照 ▶ マクロを実行するには……P.53

アクティブウィンドウのコピーが開いて、左右に整列された

右のウィンドウのスクロールバーを操作すると、左のウィンドウも一緒に動作する

HINT アクティブウィンドウとそのウィンドウのコピーの設定

Arrangeメソッドの引数ActiveWorkbookにTrueを設定すると、アクティブウィンドウとそのウィンドウのコピーが整列されます。この設定は、[表示] タブの [ウィンドウ] グループにある [整列] ボタンの [作業中のブックのウィンドウを整列する] の設定に該当します。また、Arrangeメソッドの引数SyncHorizontalと引数SyncVerticalの設定は、アクティブウィンドウとそのウィンドウのコピーのスクロールを同期させるための設定で、引数ActiveWorkbookにTrueを設定した場合にのみ有効です。

HINT アクティブウィンドウとそのほかのウィンドウのスクロールを同期させるには

アクティブウィンドウとそのほかのウィンドウのスクロールを同期させるには、CompareSideBySideWithメソッドを使用します。同期させたいウィンドウ名を引数WindowNameに指定します。たとえば、アクティブウィンドウと [Book2] のスクロールを同期させるには、次のように記述します。2つのウィンドウのどちらかが最大化、または最小化されていると並べて表示されないため、WindowsコレクションのResetPositionsSideBySideメソッドを使用して、2つのウィンドウの表示位置を並べて比較する状態にリセットしてから、左右に並べて表示する整列方法をArrangeメソッドで指定しています。実行するときは、「8-1_005.xlsm」をアクティブにしてから実行してください。

サンプル 8-1_005.xlsm

このマクロを実行するとウィンドウのスクロールを同期できる

```
Sub ウィンドウ並べて比較()
    With Windows
        .CompareSideBySideWith "Book2.xlsx"
        .ResetPositionsSideBySide
        .Arrange ArrangeStyle:=xlArrangeStyleVertical
    End With
End Sub
```

HINT ウィンドウのコピーの利用例

NewWindowメソッドで開いたウィンドウのコピーは、元のウィンドウと並べて表示することで、同じブック内にある別なワークシートを同時に表示したり、同じワークシートの別な場所を同時に表示したりすることができます。また、ウィンドウのスクロールを同期させると、データを比較しやすくなります。

521

ウィンドウを分割するには

オブジェクト.**SplitRow** ———————————— 取得
オブジェクト.**SplitRow** = 設定値 ———————— 設定
オブジェクト.**SplitColumn**———————————— 取得
オブジェクト.**SplitColumn** = 設定値 ———— 設定

▶解説

ウィンドウを上下に分割するにはSplitRowプロパティ、左右に分割するにはSplitColumnプロパティを使用します。また、それぞれのプロパティで、現在の上下の分割位置および左右の分割位置を取得できます。分割されていない場合は「0」を返します。

▶設定する項目

オブジェクト ‥‥‥‥‥ Windowオブジェクトを指定します。

設定値‥‥‥‥‥‥‥‥‥ 分割した左上のエリアに表示したい行数をSplitRowプロパティ、列数をSplitColumnプロパティに設定します。長整数型（Long）の数値で指定してください。

エラーを防ぐには

ディスプレイに表示されているセル範囲内でウィンドウを分割できます。したがって、表示範囲が狭いディスプレイで実行したとき、ウィンドウが分割されない場合があります。

使用例　ウィンドウを分割する

左上のエリアに3行4列分だけ表示されるようにウィンドウを分割します。 サンプル 8-1_006.xlsm

```
1  Sub ウィンドウ分割()
2      With ActiveWindow
3          .SplitRow = 3
4          .SplitColumn = 4
5      End With
6  End Sub
```

1 [ウィンドウ分割]というマクロを記述する
2 アクティブウィンドウについて以下の処理を行う（Withステートメントの開始）
3 左上のエリアに3行分表示されるように設定する
4 左上のエリアに4列分表示されるように設定する
5 Withステートメントを終了する
6 マクロの記述を終了する

8-1 ウィンドウの操作

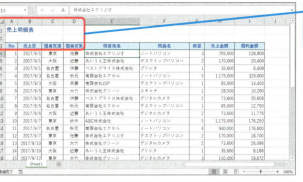

左上のエリアに3行4列分だけ表示されるようにウィンドウを分割したい

❶VBEを起動し、コードを入力

参照▶ VBAを使用してマクロを作成するには……P.85

```
Sub ウィンドウ分割()
    With ActiveWindow
        .SplitRow = 3
        .SplitColumn = 4
    End With
End Sub
```

❷入力したマクロを実行

参照▶ マクロを実行するには……P.53

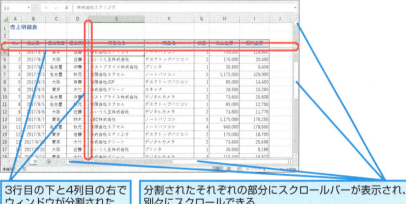

3行目の下と4列目の右でウィンドウが分割された

分割されたそれぞれの部分にスクロールバーが表示され、別々にスクロールできる

 分割したウィンドウ枠を固定するには

ウィンドウが分割された状態で、WindowオブジェクトのFreezePanesプロパティにTrueを設定すると、分割された位置でウィンドウ枠が固定されます。

参照▶ ウィンドウ枠を固定するには……P.524

 分割されたウィンドウの状態を解除するには

分割されたウィンドウの状態を解除するには、WindowオブジェクトのSplitプロパティにFalseを設定します。また、SplitプロパティにTrueを設定すると、アクティブセルを基準にしてウィンドウを分割できます。たとえば、アクティブセルを基準にウィンドウを分割してメッセージを表示し、メッセージを閉じたあとに分割されたウィンドウの状態を解除するには、次のように記述します。

サンプル▶ 8-1_007.xlsm

```
Sub ウィンドウ分割解除()
    ActiveWindow.Split = True
    MsgBox "ウィンドウを分割しました。"
    ActiveWindow.Split = False
End Sub
```

ウィンドウ枠を固定するには

オブジェクト.FreezePanes ―――――――――――――――― 取得
オブジェクト.FreezePanes = 設定値 ―――――――――― 設定

▶解説

ウィンドウ枠を固定するにはFreezePanesプロパティを使用します。FreezePanesプロパティに
Trueを設定すると、現在選択されているセルの左上の位置でウィンドウ枠が固定されます。ウィン
ドウ枠の固定を解除するにはFalseを設定します。また、FreezePanesプロパティの値を取得して、
ウィンドウ枠が固定されているかどうかを確認できます。

▶設定する項目

オブジェクト ‥‥‥‥‥ Windowオブジェクトを指定します。

設定値‥‥‥‥‥‥‥‥‥‥ ウィンドウ枠を固定するにはTrue、固定を解除するにはFalseを設定します。

エラーを防ぐには

すでにウィンドウ枠が固定されているウィンドウで、別のセルを選択してウィンドウ枠を固定しよ
うとしても設定できません。この場合、ウィンドウ枠の固定を解除してから、別のセル位置でウィ
ンドウ枠の固定を設定します。　　　　　　　　　　参照📖ウィンドウ枠を固定する‥‥‥P.524

使用例　ウィンドウ枠を固定する

セルE4の左上の位置でウィンドウ枠を固定します。ここでは、基準となるセルE4を選択して
からActiveWindowプロパティでアクティブウィンドウを参照し、ウィンドウ枠を固定してい
ます。なお、すでにウィンドウ枠が固定されていると正しく設定できないため、あらかじめ設
定を解除してからウィンドウ枠を固定しています。　　　　　サンプル📗8-1_008.xlsm

```
1  Sub ウィンドウ枠の固定()
2      With ActiveWindow
3          If .FreezePanes = True Then
4              .FreezePanes = False
5          End If
6          Range("E4").Select
7          .FreezePanes = True
8      End With
9  End Sub
```

8-1 ウィンドウの操作

1. [ウィンドウ枠の固定]というマクロを記述する
2. アクティブウィンドウについて以下の処理を行う（Withステートメントの開始）
3. ウィンドウ枠が固定されていた場合（Ifステートメントの開始）
4. ウィンドウ枠の固定を解除する
5. Ifステートメントを終了する
6. セルE4を選択する
7. ウィンドウ枠を固定する
8. Withステートメントを終了する
9. マクロの記述を終了する

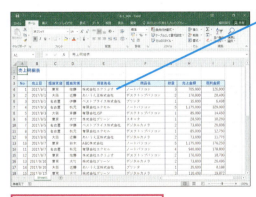

セルE4を基準にウィンドウ枠を固定したい

もし、ウィンドウ枠が固定されていた場合は、ウィンドウ枠の固定を解除する

❶VBEを起動し、コードを入力

❷入力したマクロを実行

参照▶VBAを使用してマクロを作成するには……P.85

参照▶マクロを実行するには……P.53

ウィンドウ枠が固定された

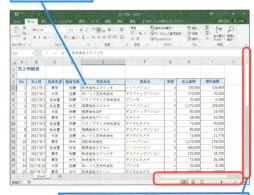

スクロールバーを操作すると、E列から右、4行めから下だけがスクロールする

HINT ウィンドウ枠が固定されている位置を取得するには

本来、FreezePanesプロパティは、分割されているウィンドウ枠を固定するプロパティです。したがって、ウィンドウ枠が固定されている行位置を取得するには、上下分割位置を取得できるSplitRowプロパティ、ウィンドウ枠が固定されている列位置を取得するには、左右分割位置を取得できるSplitColumnプロパティを使用します。

参照▶ウィンドウを分割するには……P.522

HINT 表示画面の上端行と左端列を設定するには

表示画面の上端行を設定するにはWindowオブジェクトのScrollRowプロパティ、左端列を設定するにはWindowオブジェクトのScrollColumnプロパティを使用します。それぞれのプロパティで、現在設定されている表示画面の上端行と左端列を取得することもできます。ScrollColumnプロパティで取得・設定する値は、A列を「1」とした数値です。たとえば、表示画面の上端行を10行め、左端列を2列めに設定するには、次のように記述します。

サンプル▶8-1_009.xlsm

```
Sub 表示位置の設定()
    With ActiveWindow
        .ScrollRow = 10
        .ScrollColumn = 2
    End With
End Sub
```

なお、ウィンドウ枠が固定されている場合は固定された行の下側および列の右側のエリア、ウィンドウが分割されている場合は左上のウィンドウ枠が設定の対象となります。

8-2 ウィンドウ表示の設定

ウィンドウ表示の設定

Excel VBAでは、ウィンドウの最大化と最小化をはじめ、ウィンドウのタイトルやワークシートの枠線といった、画面を構成する要素の表示状態を設定することができます。そのほか、ウィンドウの表示倍率やビューを変更することも可能です。

◆ウィンドウの最小化
WindowStateプロパティを使用してウィンドウを最小化する

◆ウィンドウタイトルの設定
Captionプロパティを使用してウィンドウのタイトルを設定する

◆枠線を非表示に設定
DisplayGridlinesプロパティを使用して枠線を非表示に設定する

◆表示倍率の変更
Zoomプロパティを使用して表示倍率を設定する

参照▶ウィンドウの画面表示を設定するプロパティ……P.537

ウィンドウの表示を最大化または最小化するには

オブジェクト.WindowState ———————————— `取得`
オブジェクト.WindowState = 設定値 ————————— `設定`

▶解説

ウィンドウの表示を最大化または最小化するには、WindowStateプロパティを使用します。Excel 2010 ／ 2007では、オブジェクトにWindowオブジェクトを指定した場合はブックウィンドウ、Applicationオブジェクトを指定した場合はアプリケーションウィンドウの表示が操作されます。Excel 2016 ／ 2013では、シングルドキュメントインターフェース（SDI）が採用されているため、Windowオブジェクト、Applicationオブジェクトともにアプリケーションウィンドウの表示が操作されます。 参照🔎ウィンドウの構成とバージョンによる違い……P.515

▶設定する項目

オブジェクト ………… Windowオブジェクト、またはApplicationオブジェクトを指定します。

設定値………………… ウィンドウの表示状態をXlWindowState列挙型の定数で指定します。

XlWindowState列挙型の定数

定数	内容
xlMaximized	最大化
xlMinimized	最小化
xlNormal	標準サイズ

エラーを防ぐには

表示を設定したいWindowオブジェクトのEnableResizeプロパティにFalseが設定されているとエラーが発生します。

使用例 アクティブウィンドウの表示を最小化する

アクティブウィンドウの表示を最小化します。アクティブウィンドウの表示状態をWindowStateプロパティで取得し、最大化されている場合だけウィンドウの表示状態を変更しています。 サンプル📗8-2_001.xlsm

参照🔎1つの条件を満たしたときだけ処理を実行する……P.182

```
1  Sub ウィンドウ最小化()
2      With ActiveWindow
3          If .WindowState = xlMaximized Then
4              .WindowState = xlMinimized
5          End If
6      End With
7  End Sub
```

8-2
ウィンドウ表示の設定

1 マクロの基礎知識
2 VBAの基礎知識
3 プログラミングの基礎知識
4 セルの操作
5 ワークシートの操作
6 Excelファイルの操作
7 高度なファイルの操作
8 ウィンドウの操作
9 データの操作
10 印刷
11 図形の操作
12 グラフの操作
13 コントロールの使用
14 外部アプリケーションの操作
15 VBA関数
16 そのほかの操作
付録

527
できる

8-2 ウィンドウ表示の設定

1　[ウィンドウ最小化]というマクロを記述する
2　アクティブウィンドウについて以下の処理を行う（Withステートメントの開始）
3　ウィンドウの表示状態が最大化の場合（Ifステートメントの開始）
4　ウィンドウの表示を最小化する
5　Ifステートメントを終了する
6　Withステートメントを終了する
7　マクロの記述を終了する

最大化されているアクティブウィンドウを最小化したい

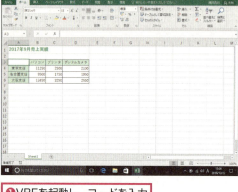

❶VBEを起動し、コードを入力

❷入力したマクロを実行

参照▶VBAを使用してマクロを作成するには……P.85
参照▶マクロを実行するには……P.53

ウィンドウが最小化された

HINT ウィンドウを非表示に設定するには

ウィンドウの表示と非表示を切り替えるには、WindowオブジェクトのVisibleプロパティを使用します。VisibleプロパティにFalseを設定するとウィンドウが非表示に設定され、Trueを設定するとウィンドウが表示されます。たとえば、アクティブウィンドウを非表示に設定するには、次のように記述します。

ウィンドウを再表示するには、[ウィンドウ再表示]プロシージャーを実行してください。Excelを操作してウィンドウを再表示する場合は、[表示]タブの[ウィンドウ]グループにある[再表示]ボタンをクリックし、表示された[ウィンドウの再表示]ダイアログボックスで再表示したいウィンドウを選択して[OK]ボタンをクリックしてください。

サンプル 8-2_011.xlsm

```
Sub ウィンドウ非表示()
    ActiveWindow.Visible = False
End Sub

Sub ウィンドウ再表示()
    Windows("8-2_011.xlsm").Visible = True
End Sub
```

▶ ウィンドウのタイトルを設定するには

オブジェクト.Caption ——————————— 取得
オブジェクト.Caption = 設定値 ——————— 設定

▶解説

ウィンドウのタイトルを設定するには、WindowsオブジェクトのCaptionプロパティを使用します。ウィンドウのタイトルとは、ウィンドウのタイトルバーに表示されているウィンドウ名です。既定値ではブック名が表示されています。また、Captionプロパティを使用して、ウィンドウのタイトルを取得することもできます。通常、Captionプロパティが返す文字列には拡張子が含まれていますが、新規作成したブックを一度も保存していない場合や、Captionプロパティに拡張子を含んでいない文字列を設定した場合などは、拡張子を含んでいない文字列を返します。

参照 WindowオブジェクトのCaptionプロパティで設定されるタイトル……P.530
参照 アプリケーションウィンドウのタイトルを変更するには……P.531

▶設定する項目

オブジェクト……… Windowオブジェクトを指定します。

設定値………………… ウィンドウ名（文字列）をバリアント型（Variant）の値で設定します。

エラーを防ぐには

Captionプロパティを使用してウィンドウのタイトルを変更しても、ブック名は変更されません。また、設定したウィンドウのタイトルは保存されません。

8-2
ウィンドウ表示の設定

1 マクロの基礎知識
2 VBAの基礎知識
3 プログラミングの基礎知識
4 セルの操作
5 ワークシートの操作
6 Excelファイルの操作
7 高度なファイルの操作
8 ウィンドウの操作
9 データの操作
10 印刷
11 図形の操作
12 グラフの操作
13 コントロールの使用
14 外部アプリケーションの操作
15 VBA関数
16 そのほかの操作
付録

529
できる

使用例 ウィンドウのタイトルを設定する

ウィンドウのタイトルに、[売上集計表]シートのセルA1に入力されている値を設定します。

サンプル 8-2_002.xlsm

```
1  Sub ウィンドウタイトル設定()
2      ActiveWindow.Caption = Worksheets("売上集計表").Range("A1").Value
3  End Sub
```

1 [ウィンドウタイトル設定]というマクロを記述する
2 アクティブウィンドウのタイトルに、[売上集計表]シートのセルA1の値を設定する
3 マクロの記述を終了する

ウィンドウのタイトルを変更したい

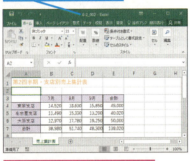

❶VBEを起動し、コードを入力

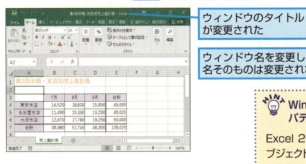

❷入力したマクロを実行

参照▶ VBAを使用してマクロを作成するには……P.85
参照▶ マクロを実行するには……P.53

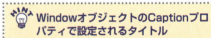

ウィンドウのタイトルが変更された

ウィンドウ名を変更しても、ブック名そのものは変更されない

HINT WindowオブジェクトのCaptionプロパティで設定されるタイトル

Excel 2010／2007の場合、WindowオブジェクトのCaptionプロパティはブックウィンドウのタイトルを設定します。最大化されたブックウィンドウのタイトルバーでは、「-」の左側に表示されます。Excel 2016／2013の場合、WindowオブジェクトのCaptionプロパティは、アプリケーションウィンドウのタイトルバーに表示されているタイトルのうち、「-」の左側の部分を設定します。

参照▶ ウィンドウの構成とバージョンによる違い……P.515

HINT アプリケーションウィンドウのタイトルを変更するには

アプリケーションウィンドウのタイトルバーには、既定値として、Excel 2016 / 2013の場合は「Excel」、Excel 2010 / 2007の場合は「Microsoft Excel」が設定されています。このタイトルを変更するには、ApplicationオブジェクトのCaptionプロパティを使用します。Excel 2010 / 2007でブックウィンドウを最大化した場合、設定したタイトルはタイトルバーの「-」の右側に表示されます。Excel 2016 / 2013の場合は、アプリケーションウィンドウのタイトルバーに表示されているタイトルのうち、「-」の右側の部分が設定されます。たとえば、アプリケーションウィンドウのタイトルを「エクセル」という文字列に変更するには、次のように記述します。なお、設定したタイトルは保存されません。

サンプル 8-2_003.xlsm

このマクロを実行するとアプリケーションウィンドウのタイトルを変更できる

```
Sub アプリケーションウィンドウタイトル変更()
    Application.Caption = "エクセル"
End Sub
```

アプリケーションウィンドウのタイトルが「エクセル」に変更された

枠線の表示を設定するには

オブジェクト.DisplayGridlines ──── 取得
オブジェクト.DisplayGridlines = 設定値 ──── 設定

▶解説

ワークシートに表示されている枠線の表示を設定するには、DisplayGridlinesプロパティを使用します。Falseを設定すると枠線が非表示になり、Trueを設定すると表示されます。

参照 ウィンドウの画面表示を設定するプロパティ……P.537

▶設定する項目

オブジェクト………… Windowオブジェクトを指定します。
設定値………………… 枠線を非表示にするにはFalse、表示するにはTrueを設定します。

[エラーを防ぐには]

開いていないウィンドウを参照しようとするとエラーが発生するので、参照したいウィンドウが開いているかどうかを確認しておく必要があります。また、拡張子の表示設定も動作に影響を与えるので注意が必要です。

参照 ウィンドウ名を指定するときの注意点……P.516

8-2 ウィンドウ表示の設定

使用例　枠線を非表示に設定する

アクティブウィンドウに表示されているワークシートの枠線を非表示に設定します。

サンプル 8-2_004.xlsm

```
1  Sub 枠線非表示()
2      ActiveWindow.DisplayGridlines = False
3  End Sub
```

1　[枠線非表示]というマクロを記述する
2　アクティブウィンドウに表示されているワークシートの枠線を非表示に設定する
3　マクロの記述を終了する

枠線を非表示にしたい

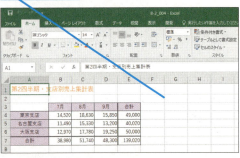

❶VBEを起動し、コードを入力

参照 ▶ VBAを使用してマクロを作成するには……P.85

❷入力したマクロを実行

参照 ▶ マクロを実行するには……P.53

枠線が非表示になった

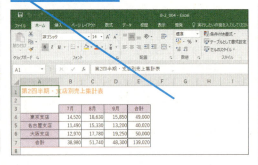

HINT 枠線の表示と非表示を切り替える

Not演算子を使用すると、枠線の表示と非表示を切り替えるプロシージャーを作成できます。右辺のDisplayGridlinesプロパティで現在の枠線の設定を取得し、Not演算子で逆の設定値に変換して、左辺のDisplayGridlinesプロパティに設定しています。これで、現在の設定がTrueならFalse、現在の設定がFalseならTrueに設定されます。

サンプル 8-2_005.xlsm

このマクロを実行すると枠線の表示と非表示を切り替えられる

```
Sub 枠線表示の切り替え()
    With ActiveWindow
        .DisplayGridlines = Not .DisplayGridlines
    End With
End Sub
```

参照 ▶ Not演算子の利用方法……P.177

ウィンドウの表示倍率を変更するには

8-2
ウィンドウ表示の設定

オブジェクト.**Zoom** ―――――――――――――――――――――――― 取得
オブジェクト.**Zoom** = 設定値 ―――――――――――――――― 設定

▶解説

ウィンドウの表示倍率を変更するには、Zoomプロパティを使用します。表示倍率をパーセント単位で設定したり、選択されているセル範囲をズームして、画面いっぱいに拡大表示したりすることができます。

▶設定する項目

オブジェクト ‥‥‥‥‥ Windowオブジェクトを指定します。

設定値‥‥‥‥‥‥‥‥‥ 表示倍率を設定する場合は、パーセント単位の数値を10 ～ 400の範囲で設定します。選択されているセル範囲をズームして拡大表示する場合はTrueを設定します。Falseを設定すると100パーセントの表示に戻ります。

エラーを防ぐには

Zoomプロパティに10 ～ 400の範囲外の数値を設定するとエラーが発生します。また、Zoomプロパティを使用して表示倍率を設定できるのは、アクティブなワークシートのみです。ほかのワークシートの表示倍率を設定したい場合は、あらかじめそのワークシートをアクティブにしておく必要があります。

使用例　選択範囲に合わせて拡大表示する

［売上集計表］シートのセル範囲A1 ～ E7をズームして、画面いっぱいに拡大表示します。選択したセル範囲をズームして拡大表示するため、ZoomプロパティにTrueを設定します。

サンプル 8-2_006.xlsm

```
1  Sub 選択範囲の拡大表示()
2      Worksheets("売上集計表").Activate
3      Range("A1:E7").Select
4      ActiveWindow.Zoom = True
5  End Sub
```

1　［選択範囲の拡大表示］というマクロを記述する
2　［売上集計表］シートをアクティブにする
3　セルA1 ～ E7を選択する
4　選択範囲に合わせて画面を拡大表示する
5　マクロの記述を終了する

1　マクロの基礎知識
2　VBAの基礎知識
3　プログラミングの基礎知識
4　セルの操作
5　ワークシートの操作
6　Excelファイルの操作
7　高度なファイルの操作
8　ウィンドウの操作
9　データの操作
10　印刷
11　図形の操作
12　グラフの操作
13　コントロールの使用
14　外部アプリケーションの操作
15　VBA関数
16　そのほかの操作
付録

533
できる

8-2 ウィンドウ表示の設定

セルA1～E7を拡大表示したい

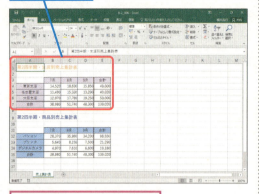

❶ VBEを起動し、コードを入力

❷ 入力したマクロを実行

参照▶ VBAを使用してマクロを作成するには……P.85

参照▶ マクロを実行するには……P.53

選択したセル範囲に合わせて表示倍率が変更された

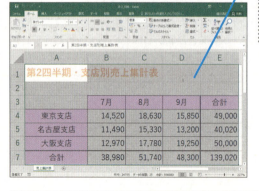

HINT ウィンドウのサイズを設定するには

ウィンドウのサイズを設定するには、ウィンドウの幅をWidthプロパティ、ウィンドウの高さをHeightプロパティに設定します。設定する数値の単位はポイントです。たとえば、アクティブウィンドウの幅を550ポイント、高さを400ポイントに設定するには、次のように記述します。ウィンドウを最大化または最小化して表示している状態で、Widthプロパティやheightプロパティの値を設定するとエラーが発生するため、ウィンドウを通常表示に設定してからウィンドウのサイズを設定しています。

サンプル 8-2_009.xlsm

```
Sub ウィンドウサイズ設定()
    With ActiveWindow
        .WindowState = xlNormal
        .Width = 550
        .Height = 400
    End With
End Sub
```

なお、Excel 2010／2007の場合、Windowオブジェクトに対して設定するとブックウィンドウのサイズ、Applicationオブジェクトに対して設定するとアプリケーションウィンドウのサイズが設定されます。Excel 2016／2013の場合、Windowオブジェクト、Applicationオブジェクトともに、アプリケーションウィンドウのサイズの設定となります。

参照▶ ウィンドウの構成とバージョンによる違い……P.515

HINT ウィンドウの表示位置を設定するには

ウィンドウの表示位置を設定するには、ウィンドウの上端の位置をTopプロパティ、ウィンドウの左端の位置をLeftプロパティに指定します。設定する数値の単位はポイントです。Excel 2010／2007の場合はアプリケーションウィンドウの使用可能領域内におけるブックウィンドウの表示位置、Excel 2016／2013の場合はデスクトップの表示領域内におけるアプリケーションウィンドウの表示位置を設定します。たとえば、アクティブウィンドウを表示位置を上から50ポイント、左から100ポイントに設定するには、次のように記述します。ウィンドウを最大化して表示している状態で、TopプロパティやLeftプロパティの値を設定するとエラーが発生するため、ウィンドウを通常表示に設定してからウィンドウの表示位置を設定しています。

サンプル 8-2_010.xlsm

```
Sub ウィンドウ表示位置()
    With ActiveWindow
        .WindowState = xlNormal
        .Top = 50
        .Left = 100
    End With
End Sub
```

改ページプレビューに切り替えるには

8-2

オブジェクト.**View** ―――――――――――――――――― 取得
オブジェクト.**View** = 設定値 ―――――――――――――― 設定

▶解説

ウィンドウの表示モードを切り替えるには、WindowオブジェクトのViewプロパティを使用します。Viewプロパティを使用することで、プロシージャーの処理内容に合わせて、自動的にウィンドウの表示モードを設定できます。Viewプロパティの設定値を取得して、現在のウィンドウの表示モードを調べることも可能です。

▶設定する項目

オブジェクト ‥‥‥‥‥ Windowオブジェクトを指定します。

設定値‥‥‥‥‥‥‥‥‥ ウィンドウの表示モードをXlWindowView列挙型の定数で指定します。

Viewプロパティの設定値（XlWindowView列挙型の定数）

定数	値	表示モードの種類
xlNormalView	1	標準
xlPageBreakPreview	2	改ページプレビュー
xlPageLayoutView	3	ページレイアウトビュー

エラーを防ぐには

切り替えた表示モードは保存されません。切り替えた表示モードを保存したい場合は、WorkbookオブジェクトのSaveメソッドなどでブックを保存してください。

使用例　改ページプレビューに切り替える

アクティブウィンドウの表示モードを改ページプレビューに切り替えます。　サンプル 8-2_007

```
1  Sub プレビュー切り替え()
2      ActiveWindow.View = xlPageBreakPreview
3  End Sub
```

1 [プレビュー切り替え]というマクロを記述する
2 アクティブウィンドウの表示モードを改ページプレビューに切り替える
3 マクロの記述を終了する

8-2 ウィンドウ表示の設定

1 マクロの基礎知識
2 VBAの基礎知識
3 プログラミングの基礎知識
4 セルの操作
5 ワークシートの操作
6 Excelファイルの操作
7 高度なファイルの操作
8 ウィンドウの操作
9 データの操作
10 印刷
11 図形の操作
12 グラフの操作
13 コントロールの使用
14 外部アプリケーションの操作
15 VBA関数
16 そのほかの操作
付録

535
できる

8-2 ウィンドウ表示の設定

表示モードを改ページプレビューにしたい

❶ VBEを起動し、コードを入力

```
Sub プレビュー切り替え()
    ActiveWindow.View = xlPageBreakPreview
End Sub
```

参照▶ VBAを使用してマクロを作成するには……P.85

❷ 入力したマクロを実行

参照▶ マクロを実行するには……P.53

改ページプレビューで表示された

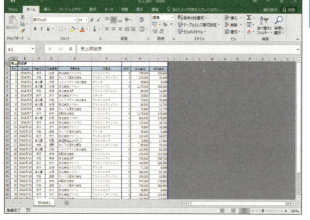

ウィンドウの画面表示を設定するプロパティ

ウィンドウの画面を構成する各要素の表示状態を設定するプロパティを一覧でまとめて紹介します。どのプロパティも値の取得と設定が可能で、表示する場合にTrue、非表示にする場合にFalseを設定します。なお、非表示に設定したあと、ブックを閉じるときに保存しても、再度開くとステータスバーだけ再表示されます。また、非表示に設定したあと、ブックを閉じるときに保存しなかったり、別なブックを開いたりしても、数式バーだけ非表示のままとなります。各要素の表示状態を設定するプロシージャーは、ブックのWorkbook_Openイベントプロシージャーや Workbook_BeforeCloseイベントプロシージャーなどを使用して作成するといいでしょう。

参照▶ウィンドウの構成要素の表示状態を確実に設定するには……P.538
参照▶ブックを閉じる前に処理を実行する……P.115

表示状態を設定する要素	プロパティ	対象オブジェクト
①数式バー	DisplayFormulaBar プロパティ	Application オブジェクト
②行列番号の見出し	DisplayHeadings プロパティ	Window オブジェクト
③枠線 参照▶枠線の表示を設定するには……P.531	DisplayGridlines プロパティ	Window オブジェクト
④垂直スクロールバー	DisplayVerticalScrollBar プロパティ	Window オブジェクト
⑤水平スクロールバー	DisplayHorizontalScrollBar プロパティ	Window オブジェクト
⑥シート見出し	DisplayWorkbookTabs プロパティ	Window オブジェクト
⑦ステータスバー	DisplayStatusBar プロパティ	Application オブジェクト

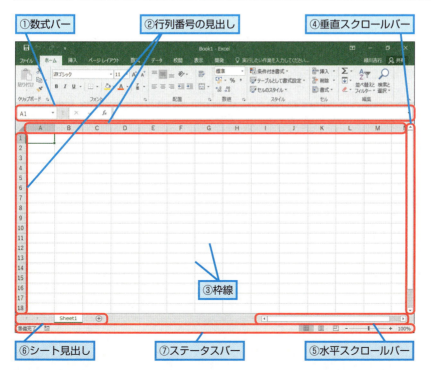

HINT ウィンドウの構成要素の表示状態を確実に設定するには

ウィンドウの構成要素を確実に非表示に設定するには、Workbook_Openイベントプロシージャーを使用して、ブックを開くときに非表示に設定します。また、ウィンドウの構成要素を確実に表示する設定に戻すには、Workbook_BeforeCloseイベントプロシージャーを使用して、ブックを閉じるときに表示する設定に戻します。

なお、ウィンドウの構成要素を合わせてリボンも非表示に設定し、ウィンドウのタイトルを[Microsoft Excel]から別の文字列に変更すれば、Excelで作成したプログラムではないように見せることもできます。

サンプル 8-2_008.xlsm

```
Private Sub Workbook_BeforeClose(Cancel As Boolean)
    With Application
        .DisplayFormulaBar = True
        .DisplayStatusBar = True
    End With
    With ActiveWindow
        .DisplayHeadings = True
        .DisplayGridlines = True
        .DisplayVerticalScrollBar = True
        .DisplayHorizontalScrollBar = True
        .DisplayWorkbookTabs = True
    End With
End Sub

Private Sub Workbook_Open()
    With Application
        .DisplayFormulaBar = False
        .DisplayStatusBar = False
    End With
    With ActiveWindow
        .DisplayHeadings = False
        .DisplayGridlines = False
        .DisplayVerticalScrollBar = False
        .DisplayHorizontalScrollBar = False
        .DisplayWorkbookTabs = False
    End With
End Sub
```

参照 ブックを開いたときに処理を実行する ……P.112

参照 ブックを閉じる前に処理を実行する ……P.115

参照 リボンを非表示に設定する…… P.538

参照 アプリケーションウィンドウのタイトルを変更するには……P.531

HINT リボンを非表示に設定する

Excel 4.0のマクロ関数であるSHOW.TOOLBAR関数を使用すると、Excel VBAからリボンを非表示に設定できます。SHOW.TOOLBAR関数は、Excelのツールバーの表示・非表示を設定するマクロ関数で、1つめの引数に表示・非表示に設定したいツールバーの名前、2つめの引数にTrue（表示に設定）かFalse（非表示に設定）を指定します。このSHOW.TOOLBAR関数をExcel VBAで実行するには、ApplicationオブジェクトのExecuteExcel4Macroメソッドを使用します。実行したいマクロ

関数を「"（ダブルクォーテーション）」で囲んで引数Stringに指定します。なお、SHOW.TOOLBAR関数が「"ダブルクォーテーション）」で囲まれているため、SHOW.TOOLBAR関数の1つめの引数でツールバー名を囲む「"（ダブルクォーテーション）」は2つ重ねて記述してください。たとえば、リボンを表示に設定したり、非表示に設定したりするには、次のように記述します。リボンを表すツールバー名は「Ribbon」です。

サンプル 8-2_009.xlsm

```
Sub リボン非表示()
    Application.ExecuteExcel4Macro
        String:="SHOW.TOOLBAR(""Ribbon"",False)"
End Sub

Sub リボン再表示()
    Application.ExecuteExcel4Macro
        String:="SHOW.TOOLBAR(""Ribbon"",True)"
End Sub
```

538

第 **9** 章

データの操作

9 - 1 . データの操作・・・・・・・・・・・・・・・・・・・・・・・・540
9 - 2 . テーブルを
　　　使ったデータの操作・・・・・・・・・・・・・・・・・・560
9 - 3 . アウトラインの操作・・・・・・・・・・・・・・・・・569
9 - 4 . ピボットテーブルの操作・・・・・・・・・・・・・578

9-1 データの操作

データの操作

Excelでデータを操作する機能には、検索、置換、並べ替え、抽出などがあります。これらの機能をVBAで実行する場合、検索にはFindメソッド、FindNextメソッド、置換には、Replaceメソッド、並べ替えはSortメソッド、Sortオブジェクト、抽出にはAutoFilterメソッドやAdvancedFilterメソッドなどを使用します。ここでは、これらのメソッドの使い方を説明します。

◆検索
Findメソッド、FindNextメソッド

- 最初の検索にはFindメソッドを使用する
- 同じ条件で続けて検索するにはFindNextメソッドを使用する

◆置換
Replaceメソッド

- データの置換にはReplaceメソッドを使用する

◆並べ替え
Sortメソッド、Sortオブジェクト

- データの並べ替えをするにはSortメソッドやSortオブジェクトを使用する
- Sortオブジェクトを使用すると色やアイコンを基準に並べ替えられる

9-1

データの操作

◆抽出
AutoFilterメソッド、AdvancedFilterメソッド

オートフィルタで抽出するには、
AutoFilterメソッドを使用する

	NO	氏名	性別	中間テスト	期末テスト	合計点	評価
4	3	太田 新造	男	89	91	180	A
5	4	木下 未来	男	99	93	192	A
9	8	横山 小観	男	92	99	191	A

フィルタオプションの設定で抽出するには、
AdvancedFilterメソッドを使用する

	NO	氏名	性別	中間テスト	期末テスト	合計点	評価
2			女			>=150	
5	NO	氏名	性別	中間テスト	期末テスト	合計点	評価
8	2	遠藤 恭子	女	86	74	160	B
9	4	木下 未来	女	99	93	192	A

▶ **データを検索するには**

オブジェクト.Find(What, After, LookIn, LookAt, SearchOrder, SearchDirection, MatchCase, MatchByte, SearchFormat)

▶解説

Findメソッドは、セル範囲のなかから指定した値を検索し、その値が最初に見つかったRangeオブジェクトを返し、見つからなかった場合はNothingを返します。Findメソッドで指定する引数は、［検索と置換］ダイアログボックスの設定内容に対応しています。［検索と置換］ダイアログボックスは、［ホーム］タブの［編集］グループにある［検索と選択］-［検索］をクリックすると表示されます。

▶設定する項目

オブジェクト ………… Rangeオブジェクトを指定します。

What ………………… 検索する値をバリアント型のデータで指定します。

After ………………… 検索範囲内の単一セルを指定します。指定したセルの次のセルから検索が開始され、指定したセルは最後に検索されます。省略時は、検索範囲の左上端セルから検索が開始されます（省略可）。

LookIn ……………… 検索対象をXlFindLookIn列挙型の定数から指定します。xlFormulasは数式、xlValuesは値、xlCommentsはコメントを検索対象とします（省略可）。

LookAt ……………… 検索内容を引数Whatで指定した内容と完全に一致させるかどうかをXlLookAt列挙型の定数で指定します。xlWholeは完全に同じもの、xlPartは部分的に一致するものを検索します（省略可）。

SearchOrder ……… 検索方向をXlSearchOrder列挙型の定数で指定します。xlByRowsは行方向、xlByColumnsは列方向を検索方向とします（省略可）。

SearchDirection ·· 検索方向をXlSearchDirection列挙型の定数から指定します。省略またはxlNextの場合、行方向は左から右、列方向は上から下へと検索ます。また、xlPreviousの場合、行方向は右から左、列方向は下から上へと検索します（省略可）。

---

1 マクロの基礎知識
2 VBAの基礎知識
3 プログラミングの基礎知識
4 セルの操作
5 ワークシートの操作
6 Excelファイルの操作
7 高度なファイルの操作
8 ウィンドウの操作
9 データの操作
10 印刷
11 図形の操作
12 グラフの操作
13 コントロールの使用
14 外部アプリケーションの操作
15 VBA関数
16 そのほかの操作
付録

541

MatchCase ………… 大文字と小文字の区別をする場合はTrue、区別しない場合はFalseに指定します（省略可）。

MatchByte ………… 全角と半角を区別する場合はTrue、区別しない場合はFalseに指定します（省略可）。

SearchFormat …… 検索するセルの書式を指定します（省略可）。

エラーを防ぐには

引数LookIn、LookAt、SearchOrder、MatchCase、MatchByteの設定は、Findメソッドを実行するたびに保存され、［検索と置換］ダイアログボックスに反映されます。これらの引数を省略すると、［検索と置換］ダイアログボックスに保存されている内容で検索が実行されます。正確に処理を実行するためには、引数を省略しないほうがいいでしょう。

使用例　データを検索する

セルC13に入力されている評価と同じ評価を持つデータを表のセルF2〜F10のなかで検索し、最初に見つかったセルに該当する名前をセルC16に表示します。同じ評価が見つからなかった場合は、「該当者がいません」とメッセージを表示します。ここでは、セルF2〜F10には計算式が設定されているため、引数LookInをxlValuesにして値で検索するようにしています。

サンプル 9-1_001.xlsm

```
1  Sub データ検索()
2      Dim myRange As Range
3      Set myRange = Range("F2:F10").Find(What:=Range("C13").Value, _
           LookIn:=xlValues)
4      If Not myRange Is Nothing Then
5          Cells(16, "C").Value = myRange.Offset(, -4).Value
6      Else
7          MsgBox "該当者がいません"
8      End If
9  End Sub
```
注)「 _ （行継続文字）」の部分は、次の行と続けて入力することもできます→95ページ参照

1 ［データ検索］というマクロを記述する
2 Range型の変数myRangeを宣言する
3 セルF2〜F10の範囲でセルC13と同じ値を持つセルを検索し、見つかったセルを変数myRangeに格納する
4 変数myRangeの値がNothingでない場合（見つかった場合）（Ifステートメントの開始）
5 見つかったセルの4つ左にあるセルの値をセルC16に表示する
6 それ以外の場合（見つかった場合）
7 「該当者がいません」とメッセージを表示する
8 Ifステートメントを終了する
9 マクロの記述を終了する

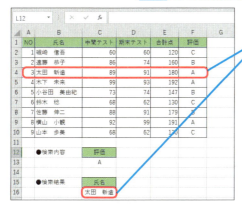

❶VBEを起動し、コードを入力

```
Sub データ検索()
    Dim myRange As Range
    Set myRange = Range("F2:F10").Find(What:=Range("C13").Value, LookIn:=xlValues)
    If Not myRange Is Nothing Then
        Cells(16, "C").Value = myRange.Offset(, -4).Value
    Else
        MsgBox "該当者がいません"
    End If
End Sub
```

❷入力したマクロを実行

参照▶ VBAを使用してマクロを作成するには……P.85
参照▶ マクロを実行するには……P.53

指定した検索条件に最初に一致した生徒の氏名が表示された

同じ検索条件で続けて検索するには

オブジェクト.FindNext(After)

▶解説

FindNextメソッドは、Findメソッドで設定した検索条件で引き続き検索を実行します。引数Afterで指定したセルの次のセルから検索を再開し、検索内容の含まれているセルをRangeオブジェクトで返します。

▶設定する項目

オブジェクト………Rangeオブジェクトを指定します。

After………………検索範囲内の単一セルを指定します。指定したセルの次のセルから検索が開始され、指定したセルは最後に検索されます。省略時は、検索範囲の左上端セルから検索が開始されます（省略可）。

9-1 データの操作

エラーを防ぐには

指定した検索範囲を検索し終わると、検索範囲の開始位置から検索が実行されます。重複して検索されないように、Findメソッドで検索して最初に見つかったRangeオブジェクトを変数に格納しておき、このRangeオブジェクトが再び検索されたときに検索処理が終了するようにコードを記述しておく必要があります。

使用例　同じ検索条件で続けて検索する

セルC13に入力されている評価と同じ評価を持つセルを表のセルF2～F10のなかで検索し、最初に見つかったセルに該当する名前をセルC16に表示します。同じ条件で検索を実行し、見つかったセルに該当する名前をセルC16の下に順番に表示します。 **サンプル 9-1_002.xlsm**

```
1  Sub 同じ条件でデータ検索()
2      Dim myRange As Range, srcRange As Range,_
           myAddress As String, i As Integer
3      Set srcRange = Range("F2:F10")
4      Set myRange = srcRange.Find(What:=Range("C13").Value, _
           LookIn:=xlValues)
5      If Not myRange Is Nothing Then
6          myAddress = myRange.Address
7          i = 16
8          Do
9              Cells(i, "C").Value = myRange.Offset(, -4).Value
10             Set myRange = srcRange.FindNext(After:=myRange)
11             i = i + 1
12         Loop Until myRange.Address = myAddress
13     Else
14         MsgBox "該当者がいません"
15     End If
16 End Sub
```

注)「 _(行継続文字)」の部分は、次の行と続けて入力することもできます→95ページ参照

1　[同じ条件でデータ検索]というマクロを記述する
2　Range型の変数myRange、srcRange、文字列型の変数myAddress、整数型の変数iを宣言する
3　変数srcRangeに検索範囲であるセルF2～F10を格納する
4　指定したセル範囲変数srcRangeに格納した検索画面のなかでセルC13と同じ値を持つセルを検索し、最初に見つかったセルを変数myRangeに格納する
5　変数myRangeがNothingでなかった場合(見つかった場合)(Ifステートメントの開始)
6　変数myAddressに見つかったセルのアドレスを格納する
7　変数iに16を格納する(値を書き出す最初のセルが16行めであるため)
8　以下の処理をくり返す(Doステートメントの開始)
9　見つかったセルの4つ左のセルの値を行めC列めにあるセルに表示する
10　同じ条件で変数myRangeの次のセルから検索を開始し、見つかったセルを変数myRangeに格納する
11　変数iに1を加える
12　最初に見つかったセルと同じセル位置情報を持つセルが見つかるまで、上の処理をくり返す
13　それ以外の場合(見つからなかった場合)

14	「該当者がいません」とメッセージを表示する
15	Ifステートメントを終了する
16	マクロの記述を終了する

指定した評価に一致する生徒を検索して氏名の一覧を作成したい

❶VBEを起動し、コードを入力

```
Sub 同じ条件でデータ検索()
    Dim myRange As Range, srcRange As Range, _
        myAddress As String, i As Integer
    Set srcRange = Range("F2:F10")
    Set myRange = srcRange.Find(What:=Range("C13").Value, _
        LookIn:=xlValues)
    If Not myRange Is Nothing Then
        myAddress = myRange.Address
        i = 16
        Do
            Cells(i, "C").Value = myRange.Offset(, -4).Value
            Set myRange = srcRange.FindNext(After:=myRange)
            i = i + 1
        Loop Until myRange.Address = myAddress
    Else
        MsgBox "該当者がいません"
    End If
End Sub
```

❷入力したマクロを実行

参照▶ VBAを使用してマクロを作成するには……P.85
参照▶ マクロを実行するには……P.53

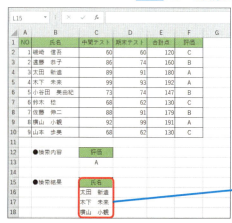

評価の一致した生徒の氏名がすべて表示された

9-1

データの操作

データを置換するには

オブジェクト.Replace(What, Replacement, LookAt, SearchOrder, MatchCase, MatchByte, SearchFormat, ReplaceFormat)

▶解説

Replaceメソッドは、セル範囲のなかから指定した内容を別の内容に置換します。引数の内容は、[検索と置換] ダイアログボックスの設定内容に対応しています。[検索と置換] ダイアログボックスは、[ホーム] タブの [編集] グループにある [検索と選択] - [置換] をクリックすると表示されます。

▶設定する項目

オブジェクト ‥‥‥‥‥ Rangeオブジェクトを指定します

What ‥‥‥‥‥‥‥‥‥ 検索する文字列をバリアント型のデータで指定します。

Replacement ‥‥‥‥ 置換する文字列をバリアント型のデータで指定します。

LookAt ‥‥‥‥‥‥‥ 検索内容を引数Whatで指定した内容と完全に一致させるかどうかをXlLookAt列挙型の定数で指定します。xlWholeは完全に同じもの、xlPartは部分的に一致するものを検索します（省略可）。

SearchOrder ‥‥‥‥ 検索方向をXlSearchOrder列挙型の定数で指定します。xlByRowsは行方向、xlByColumnsは列方向を検索方向とします（省略可）。

MatchCase ‥‥‥‥‥ 大文字と小文字の区別をする場合はTrue、区別しない場合はFalseを指定します（省略可）。

MatchByte ‥‥‥‥‥ 全角と半角を区別する場合はTrue、区別しない場合はFalseを指定します（省略可）。

SearchFormat ‥‥‥ 検索するセルの書式を指定します（省略可）。

ReplaceFormat ‥‥ 置換するセルの書式を指定します（省略可）。

エラーを防ぐには

引数LookAt、SearchOrder、MatchCase、MatchByteの設定は、Replaceメソッドを実行するたびに保存され、[検索と置換] ダイアログボックスに反映されます。これらの引数を省略すると、[検索と置換] ダイアログボックスに保存されている内容で検索が実行されます。正確に処理を実行するためには、引数を省略しないほうがいいでしょう。

使用例 データを置換する

セルF2～F10で「A」を「優」、「B」を「良」、「C」を「可」に置換します。ここでは、セルF2～F10には数式が入力されているため、数式のなかの「A」「B」「C」をそれぞれ「優」「良」「可」に置き換えます。そのために、引数LookAtをxlPartにして部分一致にしています。

サンプル 9-1_003.xlsm

```
1  Sub データを置換する()
2      With Range("F2:F10")
3          .Replace What:="A", Replacement:="優", Lookat:=xlPart
4          .Replace What:="B", Replacement:="良", Lookat:=xlPart
5          .Replace What:="C", Replacement:="可", Lookat:=xlPart
6      End With
7  End Sub
```

1 [データを置換する]というマクロを記述する
2 セルF2～F10について次の処理を行う(Withステートメントの開始)
3 文字列「A」を「優」に置換する
4 文字列「B」を「良」に置換する
5 文字列「C」を「可」に置換する
6 Withステートメントを終了する
7 マクロの記述を終了する

「A」「B」「C」をそれぞれ「優」「良」「可」に置換したい

❶VBEを起動し、コードを入力

❷入力したマクロを実行

参照▶VBAを使用してマクロを作成するには……P.85
参照▶マクロを実行するには……P.53

数式が書き換えられてセルの表示内容が変わった

9-1

データの操作

HINT 数式による値はReplaceメソッドの検索対象とならない

Replaceメソッドの検索対象となるのは「数式」のみで、数式による値は検索対象にはなりません。セルに文字列が入力されていれば、表示されている文字列がそのまま検索対象となりますが、使用例のように数式が入力されている場合には、表示されている値は検索対象となりません。使用例では、計算式のなかの文字列を置換していますが、計算式ではなく値として置き換えたい場合は、数式を文字列に変換する処理が必要となります。「Range("F2:F10").Value=Range("F2:F10").Value」という行をReplaceメソッドの前に記述すれば、セルF2～F10の値（計算結果）を、そのままF2～F10に文字列として設定することができます。

データを並べ替えるには①

オブジェクト.Sort(Key1, Order1, Key2, Type, Order2, Key3, Order3, Header, OrderCustom, MatchCase, Orientation, SortMethod, DataOption1, DataOption2, DataOption3)

▶解説

データを並べ替えるには、RangeオブジェクトのSortメソッドを使用します。引数Key1、Key2、Key3を指定して、一度に3つの列を基準に並べ替えが実行できます。

参照 データを並べ替えるには②……P.551
参照 ヘルプを利用するには……P.131

▶設定する項目

オブジェクト……… 並べ替えるセル範囲をRangeオブジェクトで指定します。単一のセルを指定した場合は、そのセルを含むアクティブセル領域が対象となります。

Key1………………… 最優先で並べ替える列を、Rangeオブジェクト、フィールド名、セル範囲で指定します（省略可）。

Order1……………… 引数Key1で指定した列の並べ替え順をXlSortOrder列挙型の定数で指定します。xlDescendingで降順、xlAscending（既定値）で昇順になります（省略可）。

Key2………………… 2番めに優先して並べ替える列を、Rangeオブジェクト、フィールド名、セル範囲で指定します（省略可）。

Type………………… ピボットテーブルレポートを並び替える場合のみに使用する引数で、XlSortType列挙型の定数で指定します（省略可）。

Order2……………… 引数Key2で指定した列の並べ替え順をXlSortOrder列挙型の定数で指定します（省略可）。

Key3………………… 3番めに優先して並べ替える列を、Rangeオブジェクト、フィールド名、セル範囲で指定します（省略可）。

Order3……………… 引数Key3で指定した列の並べ替え順をXlSortOrder列挙型の定数で指定します（省略可）。

Header……………… 指定範囲の1行めを見出しとするかどうかをXlYesNoGuess列挙型の定数で指定します。xlGuessは1行めを見出しとするかどうかをExcelが判断し、

xlNo（既定値）は1行めを見出しとせず指定範囲全体を並べ替えます。xlYes は1行めを見出しとし、先頭行を除いた範囲を並べ替えます（省略可）。

OrderCustom ……… ユーザー設定リストのリスト内の順番を整数で指定します（省略可）。

MatchCase ……… 大文字、小文字の区別をする場合はTrue、区別しない場合はFalseを指定します（省略可）。

Orientation ……… 並べ替えの単位をXlSortOrientation列挙型の定数で指定します。xlSortRows（既定値）は行単位、xlSortColumnsは列単位になります（省略可）。

SortMethod ……… 並べ替え方法をXlSortMethod列挙型の定数で指定します。xlPinYin（既定値）はふりがな順に並べ替え、xlStrokeは各文字の総画数で並べ替えます（省略可）。

DataOption1 ……… Key1で指定した列のテキストの並べ替え方法をXlSortDataOption列挙型の定数で指定します（省略可）。

DataOption2 ……… Key2で指定した列のテキストの並べ替え方法をXlSortDataOption列挙型の定数で指定します（省略可）。

DataOption3 ……… Key3で指定した列のテキストの並べ替え方法をXlSortDataOption列挙型の定数で指定します（省略可）。

XlSortDataOption列挙型の定数

定数	並べ替え方法
xlSortTextAsNumbers	テキストを数値データとして並べ替える
xlSortNormal［既定値］	数値データとテキストデータを別々に並べ替える

エラーを防ぐには

引数Header、Order1、Order2、Order3、Orientationの設定は、Sortメソッドを使用するたびに保存されます。次にSortメソッドを使うときにこれらの引数を省略した場合、前回の設定内容が適用されます。正確に並べ替えを実行するためには、これらの引数を省略しないで設定するほうがいいでしょう。なお、Sortメソッドでは、値の並べ替えしかできません。Sortオブジェクトを使用すると、色やアイコンで並べ替えることができます。

9-1

データの操作

使用例 Sortメソッドを使ってデータを並べ替える

セルA1を含むアクティブセル領域で、先頭行を見出し行とし、C列の性別で昇順、F列の合計点で降順に並べ替えを実行します。

サンプル 9-1_004.xlsm

```
1  Sub データ並べ替え1()
2      Range("A1").Sort Key1:=Range("C2"), Order1:=xlAscending, _
           Key2:=Range("F2"), Order2:=xlDescending, Header:=xlYes
3  End Sub
```
注)「 _ (行継続文字)」の部分は、次の行と続けて入力することもできます→95ページ参照

1　[データ並べ替え1]というマクロを記述する
2　セルA1を含むアクティブセル領域をセルC2の列を昇順で最優先、セルF2の列を降順で2番めに優先させ、1行めを見出し行として並べ替えを実行する
3　マクロの記述を終了する

C列、F列の順で行を並べ替えたい

	A	B	C	D	E	F	G
1	NO	氏名	性別	中間テスト	期末テスト	合計点	評価
2	1	磯崎 信吾	男	60	60	120	C
3	2	遠藤 恭子	女	86	74	160	B
4	3	太田 新造	男	89	91	180	A
5	4	木下 未来	女	99	93	192	A
6	5	小谷田 美由紀	女	73	74	147	B
7	6	鈴木 稔	男	68	62	130	C
8	7	佐藤 伸二	男	88	91	179	B
9	8	横山 小観	男	92	99	191	A
10	9	山本 歩美	女	68	62	130	C
11							
12							

HINT 並べ替えの列にふりがなの情報がない場合は

引数SortMethodを省略した場合、既定ではふりがな情報を元に並べ替えを実行します。しかし、ほかのソフトウェアのデータを取り込んだときなど、ふりがな情報を持っていないデータの場合は、漢字の音読み順に並べ替えが実行されます。

❶VBEを起動し、コードを入力

```
(General)                        データ並べ替え1
    Sub データ並べ替え1()
        Range("A1").Sort Key1:=Range("C2"), Order1:=xlAscending, _
            Key2:=Range("F2"), Order2:=xlDescending, Header:=xlYes
    End Sub
```

❷入力したマクロを実行

参照 VBAを使用してマクロを作成するには……P.85
参照 マクロを実行するには……P.53

1行めは見出し行に指定したのでソートの対象ではない

	A	B	C	D	E	F	G
1	NO	氏名	性別	中間テスト	期末テスト	合計点	評価
2	8	横山 小観	男	92	99	191	A
3	3	太田 新造	男	89	91	180	A
4	7	佐藤 伸二	男	88	91	179	B
5	6	鈴木 稔	男	68	62	130	C
6	1	磯崎 信吾	男	60	60	120	C
7	4	木下 未来	女	99	93	192	A
8	2	遠藤 恭子	女	86	74	160	B
9	5	小谷田 美由紀	女	73	74	147	B
10	9	山本 歩美	女	68	62	130	C
11							
12							

並べ替えが実行された

マクロの基礎知識 1
VBAの基礎知識 2
プログラミングの基礎知識 3
セルの操作 4
ワークシートの操作 5
Excelファイルの操作 6
高度なファイルの操作 7
ウィンドウの操作 8
データの操作 9
印刷 10
図形の操作 11
グラフの操作 12
コントロールの使用 13
外部アプリケーションの操作 14
VBA関数 15
そのほかの操作 16
付録

550
できる

データを並べ替えるには②

オブジェクト.Sort ——————————————— 取得

▶解説

Sortオブジェクトを使うと、値だけでなく、セルや文字の色、アイコンを基準にして並べ替えが行えるほか、並べ替えの基準を最大64まで指定可能です。Sortオブジェクトは、Sortプロパティで取得でき、各種メソッドやプロパティを使って、並べ替えの設定を行うことができます。

▶設定する項目

オブジェクト ‥‥‥‥‥Worksheetオブジェクト、ListObjectオブジェクト、AutoFilterオブジェクト、QueryTableオブジェクトを指定します。

Sortオブジェクトの主なメソッドとプロパティ

メソッド	内容
Apply	並べ替えを実行する
SetRange	並べ替えるセル範囲を設定する

プロパティ	内容
Header	最初の行にヘッダーを含むかどうかを XlYesNoGuess 列挙型の定数を使って取得、設定する
MatchCase	True の場合は大文字と小文字を区別し、False の場合は区別しない
Orientation	並べ替えの方向を XlSortOrientation 列挙型の定数を使って取得、設定する
SortFields	並べ替えフィールドの集まりを表す SortFields コレクションを取得する
SortMethod	日本語の並べ替えの方法を XlSortMethod 列挙型の定数で取得、設定する

エラーを防ぐには

ワークシート上の表を並べ替えるときは、通常、オブジェクトにWorksheetオブジェクトを指定しますが、表がテーブルに変換されている場合は、オブジェクトにListObjectを指定してください。

参照 データを並べ替えるには①……P.548

9-1

データの操作

並べ替えフィールドを追加するには

オブジェクト.**Add**(Key, SortOn, Order, CustomOrder, DataOption)

マクロの基礎知識 **1**

VBAの基礎知識 **2**

プログラミングの基礎知識 **3**

セルの操作 **4**

ワークシートの操作 **5**

Excelファイルの操作 **6**

高度なファイルの操作 **7**

ウィンドウの操作 **8**

データの操作 **9**

印刷 **10**

図形の操作 **11**

グラフの操作 **12**

コントロールの使用 **13**

外部アプリケーションの操作 **14**

VBA関数 **15**

そのほかの操作 **16**

付録

▶解説

Sortオブジェクトを使って並べ替えを実行するには、SortFieldsコレクションのAddメソッドを使って、SortFieldオブジェクトを追加する必要があります。SortFieldオブジェクトは、1つの並べ替えフィールド、並べ替え方法などの情報を持ちます。Addメソッドは、SortFieldオブジェクトを作成し、作成したSortFieldオブジェクトを返します。先に追加されたSortFieldオブジェクトは、後に追加されたものよりも並べ替えの優先順位が高くなります。SortFieldsコレクションにはSortFieldオブジェクトを64個まで追加できます。

▶設定する項目

オブジェクト……… SortFieldsコレクションを指定します。SortFieldsコレクションは、SortオブジェクトのSortFieldsプロパティで取得できます。

Key……………… 並べ替えの基準とするフィールド（列）のセルをRangeオブジェクトで指定します。

SortOn………… 並べ替えの基準をXlSortOn列挙型の定数で指定します（省略可）。

XlSortOn列挙型の定数

メソッド	内容
xlSortOnValues（既定値）	値
xlSortOnCellColor	セルの色
xlSortOnFontColor	フォントの色
xlSortOnIcon	セルのアイコン

Order…………… 並べ替えの順序をXlSortOrder列挙型の定数で指定します。xlDescendingで降順、xlAscendingで昇順となります。省略時はxlAscendingとみなされます（省略可）。

CustomOrder…… ユーザー定義の並べ替えの順番を文字列で指定するか、［ユーザー設定リスト］ダイアログボックスのリストの上からの順番を数値で指定します（省略可）。

DataOption……… テキストを並べ替える方法をXlSortDataOption列挙型の定数で指定します。xlSortNormalまたは省略すると数値とテキストを別々に並べ替え、xlSortTextAsNumberにするとテキストを数値データとして並べ替えます（省略可）。

エラーを防ぐには

追加したSortFieldオブジェクトは、並べ替え実行後も保存されています。そのため、次にAddメソッドでSortFieldを追加すると、保存されている並べ替えの次に追加され、優先順位が低くなります。正しく並べ替えを実行するためには、SortFieldsコレクションのClearメソッドで保存されている並べ替えの設定をいったん削除してから、Addメソッドで並べ替えを追加するようにします。

使用例 Sortオブジェクトを使ってデータを並べ替える

550ページの使用例の並べ替えを、Sortオブジェクトを使って実行します。C列の[性別]で昇順、F列の[合計点]で降順に並べ替えます。並べ替えの設定が保存されていると、正しく並べ替えできないので、SortFieldsコレクションのClearメソッドで並べ替えの設定を削除し、Addメソッドで並べ替えフィールドを追加します。先に追加したSortFieldの優先順位が高くなります。

サンプル 9-1_005.xlsm

```vba
1  Sub データ並べ替え2()
2      With ActiveSheet.Sort
3          .SortFields.Clear
4          .SortFields.Add Key:=Range("C2"), _
                SortOn:=xlSortOnValues, Order:=xlAscending
5          .SortFields.Add Key:=Range("F2"), _
                SortOn:=xlSortOnValues, Order:=xlDescending
6          .SetRange Range("A1").CurrentRegion
7          .Header = xlYes
8          .Apply
9      End With
10 End Sub
```

注)「 _ (行継続文字)」の部分は、次の行と続けて入力することもできます→95ページ参照

1　[データ並べ替え2]というマクロを記述する
2　アクティブシートのSortオブジェクトについて以下の処理を行う(Withステートメントの開始)
3　保存されている並べ替えの設定を削除する
4　セルC2を含む列について、値を基準に昇順で並べ替えの設定を追加する
5　セルF2を含む列について、値を基準に降順で並べ替えの設定を追加する
6　並べ替え範囲について、セルA1を含むアクティブセル領域に設定する
7　1行めを見出し行とみなす
8　並べ替えを実行する
9　Withステートメントを終了する
10　マクロの記述を終了する

C列、F列の順で行を並べ替えたい

❶VBEを起動し、コードを入力

9-1

データの操作

❷入力したマクロを実行

参照📖 VBAを使用してマクロを作成するには……P.85
参照📖 マクロを実行するには……P.53

並び替えが実行された

	A	B	C	D	E	F	G	H
1	NO	氏名	性別	中間テスト	期末テスト	合計点	評価	
2	8	横山 小観	男	92	99	191	A	
3	3	太田 新造	男	89	91	180	A	
4	7	佐藤 伸二	男	88	91	179	B	
5	6	鈴木 稔	男	68	62	130	C	
6	1	磯崎 信吾	男	60	60	120	C	
7	4	木下 未来	女	99	93	192	A	
8	2	遠藤 恭子	女	86	74	160	B	
9	5	小谷田 美由紀	女	73	74	147	B	
10	9	山本 歩美	女	68	62	130	C	

💡HINT セルや文字の色を基準に並べ替えるには

セルの色を基準に並べ替えるには、Addメソッドの引数SortOnをxlSortOnCellColorに指定し、文字色の場合はxlSortOnFontColorに指定します。色はSortFieldオブジェクトのSortOnValueプロパティのColorプロパティで指定します。書式は「SortFieldオブジェクト.SortOnValue.Color=RGB関数」のように

なります。たとえば、セルの色を「赤」「黄」の順で並べ替えるには、次のようになります。

サンプル📄 9-1_006.xlsm

```
Sub セル色で並べ替え()
    With ActiveSheet.Sort
        .SortFields.Clear
        .SortFields.Add(Key:=Range("G2"), SortOn:=xlSortOnCellColor, _
            Order:=xlAscending).SortOnValue.Color = RGB(255, 0, 0)
        .SortFields.Add(Key:=Range("G2"), SortOn:=xlSortOnCellColor, _
            Order:=xlAscending).SortOnValue.Color = RGB(255, 255, 0)
        .SetRange Range("A1").CurrentRegion
        .Header = xlYes
        .Apply
    End With
End Sub
```

💡HINT アイコンで並べ替えるには

条件付き書式により、セルにアイコンが表示されている場合に、アイコンの種類順に並べ替えるには、Addメソッドの引数SortOnをxlSortOnIconに指定します。アイコンは、SortFieldオブジェクトのSetIconメソッドで指定します。書式は、「SortFieldsオブジェクト.SetIcon(Icon)」のよ

うになります。引数Iconには、アイコンの種類を指定します。アイコンの種類は、「ActiveWorkbook.IconSets(アイコンの定数).Item(右からの順番)」で指定します。

サンプル📄 9-1_006.xlsm

参照📖 アイコンセットの種類……P.380

```
Sub アイコンで並べ替え()
    With ActiveSheet.Sort
        .SortFields.Clear
        .SortFields.Add(Key:=Range("F2"), SortOn:=xlSortOnIcon, _
            Order:=xlAscending).SetIcon Icon:=ActiveWorkbook.IconSets(xl3Symbols2).Item(3)
        .SortFields.Add(Key:=Range("F2"), SortOn:=xlSortOnIcon, _
            Order:=xlAscending).SetIcon Icon:=ActiveWorkbook.IconSets(xl3Symbols2).Item(2)
        .SetRange Range("A1").CurrentRegion
        .Header = xlYes
        .Apply
    End With
End Sub
```

> アイコンセット[xl3Symbols2]の右から3番めのアイコンで並べ替える

> アイコンセット[xl3Symbols2]の右から2番めのアイコンで並べ替える

💡HINT オリジナルの順番で並べ替えるには

昇順、降順ではなく、オリジナルの順番で並べ替えるには、Addメソッドの引数CustomOrderで、並べ替えの順番を以下の例のように半角のカンマ(,)で区切って文字列で指定します。ユーザー定義の並べ替えを[ユーザー設定リスト]

ダイアログボックスに登録してある場合は、リストの上からの順番で指定することもできます。なお、ユーザー定義の並べ替えを解除するには、引数CustomOrderに0を指定します。

サンプル📄 9-1_007.xlsm

```
Sub ユーザー定義の並べ替え()
    With ActiveSheet.Sort
        .SortFields.Clear
        .SortFields.Add Key:=Range("A4"), _
            CustomOrder:="ケーキ,アイス,クッキー"
        .SetRange Range("A3:F6")
        .Header = xlYes
        .Apply
    End With
End Sub
```

> ケーキ、アイス、クッキーの順で並べ替えたい

サイドメニュー
- マクロの基礎知識 1
- VBAの基礎知識 2
- プログラミングの基礎知識 3
- セルの操作 4
- ワークシートの操作 5
- Excelファイルの操作 6
- 高度なファイルの操作 7
- ウィンドウの操作 8
- **データの操作 9**
- 印刷 10
- 図形の操作 11
- グラフの操作 12
- コントロールの使用 13
- 外部アプリケーションの操作 14
- VBA関数 15
- そのほかの操作 16
- 付録

オートフィルタを操作するには

9-1

データの操作

オブジェクト.**AutoFilter**(Field, Criteria1, Operator, Criteria2, VisibleDropDown)

▶解説

VBAでオートフィルタを操作するには、RangeオブジェクトのAutoFilterメソッドを使用します。引数を指定することで、さまざまな条件でデータを抽出することができます。また、すべての引数を省略すると、オートフィルタが設定されている場合は、オートフィルタが解除され、オートフィルタが設定されていない場合は、オートフィルタのドロップダウン矢印が表示されます。

▶設定する項目

オブジェクト ‥‥‥‥‥ 抽出元となるセル範囲をRangeオブジェクトで指定します。単一セルを指定した場合は、そのセルを含むアクティブセル領域が対象になります。

Field ‥‥‥‥‥‥‥‥‥ 抽出条件の対象となる列番号を指定します。列番号は抽出範囲の左から何列めかを整数で指定します。

Criteria1 ‥‥‥‥‥‥ 1つめの抽出条件となる文字列を指定します。省略時はAllとみなされます。また、引数OperatorをxlTop10Itemsにした場合は、項目数を指定します（省略可）。　　　　　　　　　　　参照📖抽出条件の記述方法……P.557

Operator ‥‥‥‥‥‥ 抽出条件をXlAutoFilterOperator列挙型の定数で指定します。

XlAutoFilterOperator列挙型の定数

名前	説明
xlAnd	AND 条件（Criteria1 かつ Criteria2）
xlOr	OR 条件（Criteria1 または Criteria2）
xlTop10Items	上位から Criteria1 で指定した項目数
xlBottom10Items	下位から Criteria1 で指定した項目数
xlTop10Percent	上位から Criteria1 で指定した割合
xlBottom10Percent	下位から Criteria1 で指定した割合
xlFilterValues	フィルタの値
xlFilterCellColor	セルの色
xlFilterFontColor	フォントの色
xlFilterIcon	フィルタアイコン
xlFilterDynamic	動的フィルタ

Criteria2 ‥‥‥‥‥‥ 2つめの抽出条件となる文字列を指定します。引数Criteria1との関係を引数Operatorで指定して、複合条件を設定します（省略可）。

参照📖抽出条件の記述方法……P.557

VisibleDropDown‥ Trueまたは省略時は、オートフィルタのドロップダウン矢印が表示され、Falseの場合は表示されません。

---

1 マクロの基礎知識
2 VBAの基礎知識
3 プログラミングの基礎知識
4 セルの操作
5 ワークシートの操作
6 Excelファイルの操作
7 高度なファイルの操作
8 ウィンドウの操作
9 データの操作
10 印　刷
11 図形の操作
12 グラフの操作
13 コントロールの使用
14 外部アプリケーションの操作
15 VBA関数
16 そのほかの操作
付　録

555
できる

9-1 データの操作

> **エラーを防ぐには**
> オートフィルタが実行され、データが抽出されている状態で別のオートフィルタを実行すると、現在の抽出状態に対して抽出が実行されます。新たに抽出し直したい場合は、いったんオートフィルタを解除してから実行しましょう。

使用例 オートフィルタで抽出する

セルA1を含むアクティブセル領域に対し、7列めの評価が「A」のデータのみオートフィルタを実行して抽出します。なお、すべてのデータを表示する方法については、559ページのHINT「すべてのデータを表示するには」を参照してください。

サンプル 9-1_008.xlsm

参照▶すべてのデータを表示するには……P.559

```
1  Sub オートフィルタで抽出する()
2      Range("A1").AutoFilter Field:=7, Criteria1:="A"
3  End Sub
```

1. [オートフィルタで抽出する]というマクロを記述する
2. セルA1を含むアクティブセル領域に対し、7列めで抽出条件を「A」としてオートフィルタを実行する
3. マクロの記述を終了する

❶VBEを起動し、コードを入力

❷入力したマクロを実行

参照▶VBAを使用してマクロを作成するには……P.85
参照▶マクロを実行するには……P.53

評価がAのデータだけを表示したい

オートフィルタが設定された

「A」のデータだけが表示された

HINT オートフィルタで抽出したデータ件数を数える

オートフィルタで抽出したデータ件数を数えるには、可視セル（表示されているセル）の数を数えます。可視セルを取得するにはRangeオブジェクトのSpecialCells(xlCellTypeVisible)を使用して、次のように記述します。

サンプル 9-1_009.xlsm

```
Sub オートフィルタで抽出したデータ件数を数える()
    Dim cnt As Integer
    Range("A1").AutoFilter Field:=7, Criterial:="A"
    cnt = Range("A1").CurrentRegion.Columns(1) _
        .SpecialCells(xlCellTypeVisible).Count
    MsgBox "評価「A」の件数：" & cnt - 1
    Range("A1").AutoFilter
End Sub
```

- A1を含む表の1列めの可視セルの数を数えて変数cntに格納
- データ件数は、cntから見出し行分の1を引き、cnt-1となる
- 最後にオートフィルタを解除する

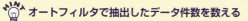

HINT 複数条件を設定するには

同じ列に対して複数条件を設定する場合は、引数Criteria1、Criteria2で条件を指定し、引数OperatorでxlAndまたはxlOrを指定して2つの条件の関係を指定します。

異なる列に対して複数条件を設定する場合は、AutoFilterメソッドを別々に実行します。たとえば性別が男で、合計点が180点以上の場合は右のようになります。

また、Array関数を使用してOr条件を設定することも可能です。たとえば、「AまたはB」は、「Criteria1:=Array("A","B")」と記述することができます。このとき引数OperatorはxlFilterValuesを指定します。Array関数を使用すると条件を3つ以上設定することも可能です。

サンプル 9-1_009.xlsm

- AutoFilterメソッドを別々に実行するとAND条件になる

```
Sub 複数条件2()
    Range("A1").AutoFilter Field:=3, Criteria1:="男"
    Range("A1").AutoFilter Field:=6, Criteria1:=">=180"
End Sub
```

- Array関数を使用してOR条件を設定する。このとき引数OperatorをxlFilterValueにする

```
Sub Array関数を使った複数条件()
    Range("A1").AutoFilter Field:=7, Criteria1:=Array("A", "B"), Operator:=xlFilterValues
End Sub
```

参照 ▶ Array関数で配列変数に値を格納する……P.166

抽出条件の記述方法

抽出条件は、比較演算子やワイルドカードの「*」（複数文字の代用）および「?」（1文字の代用）を使って設定できます。たとえば、「A*」とするとAではじまるもの、「*A」とするとAで終わるもの、「*A*」とするとAを含むものという意味になります。

抽出条件	記述方法
Aと等しい	"=A"
Aと等しくない	"<>A"
Aを含む	"=*A*"
Aを含まない	"<>*A*"
空白セル	"="

抽出条件	記述方法
10より大きい	">10"
10以上	">=10"
10より小さい	"<10"
10以下	"<=10"
空白以外のセル	"<>"

9-1

データの操作

さまざまな条件でデータを抽出するには

オブジェクト.**AdvancedFilter**(Action, CriteriaRange, CopyToRange, Unique)

▶解説

フィルタオプションの設定を使用すれば、さまざまな条件を指定してデータを抽出することができます。フィルタオプションの設定をVBAで操作するには、RangeオブジェクトのAdvancedFilterメソッドを使用します。フィルタオプションの設定では、ワークシート上に作成した条件を元に抽出できるため、いろいろな条件を自由に設定できます。

▶設定する項目

オブジェクト‥‥‥‥‥ 抽出元となるセル範囲をRangeオブジェクトで指定します。単一セルを指定したときは、そのセルを含むアクティブセル領域が対象となります。

Action ‥‥‥‥‥‥‥‥ 抽出先をXlFilterAction列挙型の定数を使って指定します。xlFilterCopyの場合は引数CopyToRangeで指定したセル範囲にデータをコピーして抽出し、xlFilterInPlaceの場合は抽出元の表を折りたたんで表示します。

CriteriaRange‥‥‥‥ ワークシート上に作成した抽出条件範囲を指定します。省略した場合は、抽出条件なしとみなされます(省略可)。

CopyToRange ‥‥‥‥ 引数ActionがxlFilterCopyのときに有効になり、抽出先となるセル範囲を指定します(省略可)。

Unique ‥‥‥‥‥‥‥‥ Trueの場合は重複しているデータは抽出されず、Falseまたは省略の場合は重複しているデータも抽出されます。

エラーを防ぐには

引数ActionでXlFilterCopyを指定した場合は、必ず引数CopyToRangeを指定してください。また、抽出条件範囲は、抽出元範囲が折りたたまれても常に表示されるように、抽出元範囲の上方に作成するとよいでしょう。

使用例　ワークシート上の抽出条件を使用してデータを抽出する

セルA5を含む表を抽出元範囲、セルA1を含む表を条件範囲、抽出先を抽出元範囲内としてフィルタオプションの設定を使用し、抽出を実行します。抽出元範囲はセルA5と単一セルを指定することでアクティブセル領域が対象となります。

サンプル 9-1_010.xlsm

```
1  Sub フィルタオプションの設定で抽出()
2      Range("A5").AdvancedFilter Action:=xlFilterInPlace, _
           CriteriaRange:=Range("A1").CurrentRegion
3  End Sub
```
注)「 _ (行継続文字)」の部分は、次の行と続けて入力することもできます→95ページ参照

1 [フィルタオプションの設定で抽出]というマクロを記述する
2 抽出元範囲をセルA5を含むアクティブセル領域とし、条件範囲にセルA1を含むアクティブセル領域として、抽出先を抽出元範囲内として抽出を実行する
3 マクロの記述を終了する

左サイドバー目次

- マクロの基礎知識 1
- VBAの基礎知識 2
- プログラミングの基礎知識 3
- セルの操作 4
- ワークシートの操作 5
- Excelファイルの操作 6
- 高度なファイルの操作 7
- ウィンドウの操作 8
- データの操作 9
- 印刷 10
- 図形の操作 11
- グラフの操作 12
- コントロールの使用 13
- 外部アプリケーションの操作 14
- VBA関数 15
- そのほかの操作 16
- 付録

9-1 データの操作

ワークシート上に抽出条件を入力してデータを抽出したい

セルA1を含むアクティブセル領域を条件範囲とする

データの抽出先にはセルA5を含むアクティブセル領域を指定する

❶ VBEを起動し、コードを入力

```
Sub フィルタオプションの設定で抽出()
    Range("A5").CurrentRegion.AdvancedFilter Action:=xlFilterInPlace, _
        CriteriaRange:=Range("A1").CurrentRegion
End Sub
```

❷ 入力したマクロを実行

参照▶ VBAを使用してマクロを作成するには……P.85
参照▶ マクロを実行するには……P.53

指定した条件でデータが抽出された

HINT 抽出条件の設定方法

AdvancedFilterメソッドの引数CriteriaRangeにはワークシート上に作成した抽出条件範囲を指定します。抽出条件を設定するには、AND条件の場合は、同じ行に条件式を記述し、OR条件の場合は、異なる行に条件式を記述します。抽出条件範囲を指定するときに空白行を含めてしまうとすべてのデータが表示されてしまうので注意してください。

HINT すべてのデータを表示するには

AdvancedFilterメソッドやAutoFilterメソッドによって抽出が実行されている状態（フィルタモード）のときに、フィルタモードを解除してすべてのデータを表示するには、Worksheetオブジェクトの ShowAllDataメソッドを使用します。フィルタモードでないときにこのメソッドを実行するとエラーになるため、フィルタの実行状態を取得するFilterModeプロパティがTrueである（フィルタモードである）ことを確認してからShowAllDataメソッドを実行します。

サンプル▶ 9-1_011.xlsm

```
Sub フィルタ解除()
    If ActiveSheet.FilterMode Then
        ActiveSheet.ShowAllData
    End If
End Sub
```

抽出が実行されている場合に、抽出を解除し、すべてのデータを表示する

9-2 テーブルを使ったデータの操作

テーブルを使ったデータの操作

1行めが見出し行、2行め以降にデータが入力されている表は、テーブルとして認識させることができます。テーブルとして認識させると、集計行を表示して各列のデータ件数や合計、平均などの値を簡単に表示することができるため、データ集計に便利です。また、テーブルスタイルを使用すると、テーブル全体の見栄えを一度に整えることができます。ここでは、VBAでテーブルを扱う基本的な方法を説明します。

◆表をテーブルに変換
ListObjectsコレクションのAddメソッド

◆テーブルを表に変換
ListObjectオブジェクトのUnListメソッド

◆テーブルスタイルの変更
ListObjectオブジェクトのTableStyleプロパティ

◆集計行の表示と非表示の切り替え
ListObjectオブジェクトのShowTotalsプロパティ

◆集計方法の変更
ListColumnオブジェクトのTotalCalculationプロパティ

テーブルを作成するには

オブジェクト.**Add**(SourceType, Source, LinkSource, XlListObjectHasHeaders,Destination, TableStyleName)

▶解説

ワークシートにテーブルを作成するには、ListObjectsコレクションのAddメソッドを使用します。Addメソッドにより ListObjectオブジェクトが作成され、作成された ListObjectオブジェクトが返ります。すべての引数を省略すると、アクティブシートのアクティブセル領域を対象として作成されます。ListObjectオブジェクトを参照するには、インデックス番号またはテーブル名を指定しListObjects(1)、ListObjects("テーブル1")のように記述します。

▶設定する項目

オブジェクト ………… ListObjectsコレクションを指定します。Worksheetオブジェクトの ListObjectsプロパティで取得できます。

SourceType ……… テーブルの元データの種類をXlListObjectSourceType列挙型の定数で指定します（省略可）。

XlListObjectSoureType列挙型の定数

名前	説明
xlSrcExternal	外部データソース (Microsoft SharePoint Foundation サイト)
xlSrcRange（既定値）	セル範囲
xlSrcXml	XML
xlSrcQuery	クエリ
xlSrcModel	PowerPivot モデル（2016／2013）

Source ……………… 元データを指定します。引数SourceTypeがxlSrcRangeの場合は、元データとなるセル範囲をRangeオブジェクトで指定します。省略した場合は、アクティブセル領域が対象となります。引数SourceTypeがxlSrcExternalの場合は、データソースへの接続を示す配列を指定します。なお、配列の各要素についてはヘルプを参照してください（省略可）。

参照📖 ヘルプを利用するには……P.131

LinkSource ………… 外部データソースをListObjectにリンクするかどうかを指定します。引数SourceTypeがxlSrcExternalの場合は既定値がTrueとなり、xlSrcRangeの場合は無効になります（省略可）。

XlListObjectHasHeaders …‥ 先頭行が見出しかどうかをXlYesNoGuess列挙型の定数で指定します。見出しを持たない場合は、自動的に生成されます（省略可）。

9-2

テーブルを使った
データの操作

1 マクロの基礎知識
2 VBAの基礎知識
3 プログラミングの基礎知識
4 セルの操作
5 ワークシートの操作
6 Excelファイルの操作
7 高度なファイルの操作
8 ウィンドウの操作
9 データの操作
10 印　刷
11 図形の操作
12 グラフの操作
13 コントロールの使用
14 外部アプリケーションの操作
15 VBA関数
16 そのほかの操作
付　録

561
できる

Destination ·········· 新規に作成するListObjectの左上端となる単一セルをRangeオブジェクトで指定します。作成するListObjectと同じワークシート上のセルを指定します。引数SourceTypeがxlSrcExternalの場合は必ず指定し、xlSrcRangeの場合は無視されます。

TableStyleName··· テーブルに設定するスタイル名を指定します。省略した場合は、既定のテーブルスタイルが自動的に設定されます（省略可）。

エラーを防ぐには

テーブルに変換済みの表に対してAddメソッドを実行するとエラーになります。エラーにならないようにするために、エラー処理コードを記述しておくとよいでしょう。

使 用 例　表をテーブルに変換する

セルA1を含むアクティブセル領域を1行めを見出しとしてテーブルに変換し、作成したテーブルに「Table01」と名前を付けます。すでに指定したセル範囲がテーブルの場合はエラーになるため、エラー処理コードを追加しています。表をテーブルに変換すると自動的にテーブルスタイルが設定されます。

サンプル 9-2_001.xlsm

参照 すべてのデータを表示するには……P.559

```
1  Sub テーブル作成()
2      On Error GoTo errHandler
3      ActiveSheet.ListObjects.Add(SourceType:=xlSrcRange, _
           Source:=Range("A1").CurrentRegion, _
           XlListObjectHasHeaders:=xlYes).Name = "Table01"
4  Exit Sub
5  errHandler:
6      MsgBox "テーブルは作成済みです"
7  End Sub          注)「 _ (行継続文字)」の部分は、次の行と続けて入力することもできます→95ページ参照
```

1 [テーブル作成]というマクロを記述する
2 エラーが発生した場合、行ラベルerrHanlerに処理を移動する
3 アクティブシートにセルA1を含むアクティブセル領域を1行めを見出しとしてテーブルに変換し、作成したテーブルの名前を「Table01」に設定する
4 処理を終了する
5 行ラベルerrHandler（エラーが発生したときの移動先）
6 「テーブルは作成済みです」というメッセージを表示する
7 マクロの記述を終了する

表をテーブルに変換したい

	NO	氏名	性別	中間テスト	期末テスト	合計点	評価	
1	NO	氏名	性別	中間テスト	期末テスト	合計点	評価	
2	1	磯崎 信吾	男	60	60	120	C	
3	2	遠藤 恭子	女	86	74	160	B	
4	3	太田 新造	男	89	91	180	A	
5	4	木下 未来	女	99	93	192	A	
6	5	小谷田 美由紀	女	73	74	147	B	
7	6	鈴木 稔	男	68	62	130	C	
8	7	佐藤 伸二	男	88	91	179	B	
9	8	横山 小観	男	92	99	191	A	
10	9	山本 歩美	女	68	62	130	C	

9-2 テーブルを使ったデータの操作

❶VBEを起動し、コードを入力

```
Sub テーブル作成()
    On Error GoTo errHandler
    ActiveSheet.ListObjects.Add(SourceType:=xlSrcRange, _
        Source:=Range("A1").CurrentRegion, _
        XlListObjectHasHeaders:=xlYes).Name = "Table01"
    Exit Sub
errHandler:
    MsgBox "テーブルは作成済みです"
End Sub
```

❷入力したマクロを実行

参照▶VBAを使用してマクロを作成するには……P.85
参照▶マクロを実行するには……P.53

テーブルに変換され、テーブルスタイルが設定された

スタイルを適用しないでテーブルに変換するには

表をテーブルに変換すると、テーブルスタイルが自動的に適用されますが、表の見出しなどに書式が設定されていると、書式が設定されている範囲を除いた部分にテーブルスタイルが適用されてしまいます。テーブルスタイルを設定しない場合は、ListObjectオブジェクトのTableStyleプロパティに「""」を代入します。

サンプル 9-2_002.xlsm

```
Sub テーブル作成()
    On Error GoTo errHandler
    With ActiveSheet.ListObjects.Add(SourceType:=xlSrcRange, _
        Source:=Range("A1").CurrentRegion, XlListObjectHasHeaders:=xlYes)
        .Name = "Table01"
        .TableStyle = ""
    End With
    Exit Sub
errHandler:
    MsgBox "テーブルは作成済みです"
End Sub
```

TableStyleプロパティに「""」を代入する

テーブルスタイルを適用しないでテーブルに変換される

テーブルを範囲に戻すには

作成したテーブルを範囲に戻すには、ListObjectオブジェクトのUnlistメソッドを使用します。指定したListObjectが存在しない場合はエラーになるため、エラー処理コードを追加しておきます。また、テーブルを範囲に戻しても設定されたテーブルスタイルは解除されずそのままセル書式として残ってしまうので、Unlistメソッドの前に「Activesheet.ListObjects(1).TableStyle=""」と記述するとテーブルスタイルを解除することができます。

サンプル 9-2_003.xlsm

参照▶テーブルスタイルを設定するには……P.567

```
Sub 範囲に変換()
    On Error Resume Next
    ActiveSheet.ListObjects(1).TableStyle = ""
    ActiveSheet.ListObjects(1).Unlist
End Sub
```

1つめのテーブルを範囲に戻す

9-2

テーブルを使った
データの操作

マクロの
基礎知識 **1**

VBAの
基礎知識 **2**

プログラミングの
基礎知識 **3**

セルの操作 **4**

ワークシートの
操作 **5**

Excelファイルの
操作 **6**

高度な
ファイルの操作 **7**

ウィンドウの
操作 **8**

データの操作 **9**

印刷 **10**

図形の操作 **11**

グラフの操作 **12**

コントロールの
使用 **13**

外部アプリケーション
の操作 **14**

VBA関数 **15**

そのほかの操作 **16**

付録

集計行を表示するには

オブジェクト.**ShowTotals** ─────────────── 取得
オブジェクト.**ShowTotals** = 設定値 ────────── 設定

▶解説

ListObjectオブジェクトのShowTotalsプロパティは、集計行の表示、非表示を取得および設定することができます。Trueは表示、Falseは非表示になります。なお、集計方法については、ListObjectオブジェクトの列を表すListColumnオブジェクトで指定します。

参照 集計方法を設定するには……P.564

▶設定する項目

オブジェクト……… ListObjectを指定します。

設定値………………… Trueの場合は集計行を表示し、Falseの場合は非表示にします。

エラーを防ぐには

指定したテーブルが存在しない場合はエラーになります。必要に応じてエラー処理コードを追加しておくとよいでしょう。また、集計行を表示したまま、テーブルをUnlistメソッドで範囲に変換すると、集計行も範囲に変換されてしまいます。集計行が不要な場合は、Unlistメソッドを実行する前にShowTotalsプロパティにFalseを指定し、非表示にしておきます。

集計方法を設定するには

オブジェクト.**TotalsCalculation** ─────────── 取得
オブジェクト.**TotalsCalculation** = 設定値 ─────── 設定

▶解説

指定したテーブルの集計行に表示する集計方法を設定するには、ListColumnオブジェクトのTotalsCalculationプロパティを指定します。

▶設定する項目

オブジェクト……… ListColumnオブジェクトを指定します。ListColumnオブジェクトは、ListObjectオブジェクトのListColumnsコレクションのメンバーです。各ListColumnオブジェクトを参照するには、インデックス番号（左からの順番）、列の見出し名を使用して、ListColumns(1)または、ListColumns("評価")のように記述します。

564
できる

設定値 ······················· 集計方法をXlTotalsCalculation列挙型の定数で指定します。

XlTotalsCalculation 列挙型の定数

名前	説明
xlTotalsCalculationNone	計算なし
xlTotalsCalculationSum	合計
xlTotalsCalculationAverage	平均
xlTotalsCalculationCount	空でないセルの数
xlTotalsCalculationCountNums	数値データの数
xlTotalsCalculationMin	最小値
xlTotalsCalculationMax	最大値
xlTotalsCalculationStdDev	標準偏差値
xlTotalsCalculationVar	変数
xlTotalsCalculationCustom	ユーザー設定の計算

エラーを防ぐには

ShowTotalsプロパティをTrueにして集計行を表示すると、既定では右端の列の集計結果だけが表示されます。集計方法は、列に含まれるデータの種類によってExcelにより自動で設定されます。右端列の集計結果が不要な場合は、TotalsCalculationプロパティをxlTotalsCalculationNoneに指定して集計をなしにしておきましょう。

使用例　テーブルに抽出、並べ替え、集計を設定する

セルA1を含むアクティブセル領域にテーブルを作成し、作成したテーブルで男性のみを抽出、合計点を大きい順に並べ替え、集計行を表示して、[合計点]列に平均点を設定します。なお、右端列の[評価]列は既定のままにするため、Excelにより自動的に集計結果が表示されます。

サンプル書 9-2_004.xlsm

```
 1  Sub 抽出と並べ替えと集計を設定()
 2      On Error GoTo errHandler
 3      With ActiveSheet.ListObjects.Add(SourceType:=xlSrcRange, _
                Source:=Range("A1").CurrentRegion)
 4          .Range.AutoFilter Field:=3, Criteria1:="男"
 5          .Range.Sort Key1:=Range("F2"), Order1:=xlDescending
 6          .ShowTotals = True
 7          .ListColumns("合計点").TotalsCalculation = xlTotalsCalculationAverage
 8      End With
 9      Exit Sub
10  errHandler:
11      MsgBox Err.Number & ":" & Err.Description
12  End Sub
```

注)「 _ (行継続文字)」の部分は、次の行と続けて入力することもできます→95ページ参照

9-2 テーブルを使ったデータの操作

1 マクロの基礎知識
2 VBAの基礎知識
3 プログラミングの基礎知識
4 セルの操作
5 ワークシートの操作
6 Excelファイルの操作
7 高度なファイルの操作
8 ウィンドウの操作
9 データの操作
10 印刷
11 図形の操作
12 グラフの操作
13 コントロールの使用
14 外部アプリケーションの操作
15 VBA関数
16 そのほかの操作
付録

565
できる

9-2 テーブルを使ったデータの操作

1	［抽出と並べ替えと集計を設定］というマクロを記述する
2	エラーが発生した場合、行ラベルerrHandlerに処理を移動する（エラートラップを有効にする）
3	アクティブシートのセルA1を含むアクティブセル領域にテーブルを作成し、作成したテーブルに対して次の処理を行う（Withステートメントの開始）
4	3列めで抽出条件を「男」としてオートフィルタを実行する
5	セルF2の列を降順で並べ替える
6	集計行を表示する
7	［合計点］列の集計方法を平均に設定する
8	Withステートメントを終了する
9	処理を終了する（8行めまで正常に実行された場合、エラー処理ルーチンを実行しないため）
10	行ラベルerrHandler（エラーが発生したときの移動先）
11	エラー番号とエラー内容をメッセージで表示する
12	マクロの記述を終了する

テーブルに変換して、抽出と並べ替えを実行したい

	A	B	C	D	E	F	G	H
1	NO	氏名	性別	中間テスト	期末テスト	合計点	評価	
2	1	磯崎 信吾	男	60	60	120	C	
3	2	遠藤 恭子	女	86	74	160	B	
4	3	太田 新造	男	89	91	180	A	
5	4	木下 未来	女	99	93	192	A	
6	5	小谷田 美由紀	女	73	74	147	B	
7	6	鈴木 稔	男	68	62	130	C	
8	7	佐藤 伸二	男	88	91	179	B	
9	8	横山 小観	男	92	99	191	A	
10	9	山本 歩美	女	68	62	130	C	
11								

❶VBEを起動し、コードを入力

```
Sub 抽出と並べ替えと集計を設定()
    On Error GoTo errHandler
    With ActiveSheet.ListObjects.Add(SourceType:=xlSrcRange, _
        Source:=Range("A1").CurrentRegion)
        .Range.AutoFilter Field:=3, Criterial:="男"
        .Range.Sort Key1:=Range("F2"), Order1:=xlDescending
        .ShowTotals = True
        .ListColumns("合計点").TotalsCalculation = xlTotalsCalculationAverage
    End With
    Exit Sub
errHandler:
    MsgBox Err.Number & ":" & Err.Description
End Sub
```

❷入力したマクロを実行

参照 VBAを使用してマクロを作成するには……P.85
参照 マクロを実行するには……P.53

集計行が追加され、［合計点］の平均値、［評価］のデータの個数が表示された

	A	B	C	D	E	F	G	H
1	NO	氏名	性別	中間テス	期末テス	合計点	評価	
2	8	横山 小観	男	92	99	191	A	
4	3	太田 新造	男	89	91	180	A	
7	7	佐藤 伸二	男	88	91	179	B	
8	6	鈴木 稔	男	68	62	130	C	
9	1	磯崎 信吾	男	60	60	120	C	
11	集計					160	5	
12								

「男」のみが抽出され、合計点の順に並べ替えされた

566
できる

9-2 テーブルを使ったデータの操作

> **HINT テーブルを使った抽出と並べ替え**
>
> テーブルに変換した表のセル範囲を対象に抽出や並べ替えを設定するには、ListObjectオブジェクトのRangeプロパティで、ListObjectオブジェクトの適用範囲となるRangeオブジェクトを取得し、Rangeオブジェクトに対してAutoFilterメソッドやSortメソッドを使用します。なお、Sortオブジェクトを使用して並べ替えを行うには、ListObjectオブジェクトのSortプロパティでSortオブジェクトを取得し、並べ替えの設定を行ってください。
>
> 参照▶ オートフィルタを操作するには……P.555
> 参照▶ データを並べ替えるには①……P.548
> 参照▶ データを並べ替えるには②……P.551

テーブルスタイルを設定するには

オブジェクト.TableStyle ── 取得
オブジェクト.TableStyle = 設定値 ── 設定

▶解説

指定したListObjectオブジェクトのTableStyleプロパティは、テーブルのテーブルスタイルを取得、設定することができます。設定する場合は、テーブルスタイルを文字列で指定します。

▶設定する項目

オブジェクト………… ListObjectオブジェクトを指定します。

設定値………………… テーブルスタイル名を文字列で指定します。テーブルスタイルは、淡色はTableStyleLight1 〜 TableStyleLigtht21、中間はTableStyleMedium1 〜 TableStyleMedium28、濃色はTableStyleDark1 〜 TableStyleDark11の範囲で指定します。それぞれの数値は、[デザイン]タブの[テーブルスタイル]で表示されるスタイル一覧にマウスポインターを合わせたときに表示されるスタイルの番号に対応しています。設定値に空の文字列「""」を指定するとテーブルスタイルを解除することができます。

9-2 テーブルを使ったデータの操作

エラーを防ぐには

テーブルに変換する前に表に設定されていた罫線やセルの色などの書式は、適用したテーブルスタイルよりも優先されるため、そのまま表示されます。書式が設定されていないセルについてはテーブルスタイルが適用されます。また、ブックのテーマカラーを変更すると、それに対応してテーブルスタイルも変更されます。テーマカラーに関係なくスタイルを設定したい場合は、直接セル範囲に対して色やフォントの設定をしてください。

使用例　テーブルスタイルを変更する

テーブル［Table01］のテーブルスタイルを［テーブルスタイル（淡色）2］に変更します。

サンプル 9-2_005.xlsm

```
1  Sub テーブルスタイル変更()
2      ActiveSheet.ListObjects("Table01").TableStyle = "TableStyleLight2"
3  End Sub
```

1 ［テーブルスタイル変更］というマクロを記述する
2 アクティブシートのテーブル[Table01]のテーブルスタイルを[テーブルスタイル(淡色) 2]に変更する
3 マクロの記述を終了する

テーブルのスタイルを変更したい

❶VBEを起動し、コードを入力

```
(General)                          テーブルスタイル変更
Sub テーブルスタイル変更()
    ActiveSheet.ListObjects("Table01").TableStyle = "TableStyleLight2"
End Sub
```

❷入力したマクロを実行

参照 VBAを使用してマクロを作成するには……P.85
参照 マクロを実行するには……P.53

テーブルのスタイルが［テーブルスタイル（淡色）2］に変更された

HINT テーブルスタイルを解除する

テーブルスタイルを解除するには、TableStyleプロパティに空の文字列「""」を指定します。たとえば、1つめのテーブルのテーブルスタイルを解除するには、「Activesheet.ListObjects(1).TableStyle=""」と記述します。

サイドメニュー:
マクロの基礎知識 1
VBAの基礎知識 2
プログラミングの基礎知識 3
セルの操作 4
ワークシートの操作 5
Excelファイルの操作 6
高度なファイルの操作 7
ウィンドウの操作 8
データの操作 9
印刷 10
図形の操作 11
グラフの操作 12
コントロールの使用 13
外部アプリケーションの操作 14
VBA関数 15
そのほかの操作 16
付録

568
できる

9-3 アウトラインの操作

アウトラインを操作する

ワークシートの行や列に折り目を付けて折りたためるようにする機能をアウトラインといいます。アウトラインを設定すると、表の詳細部分を非表示にして集計結果だけを表示できるようになります。ここでは、VBAでアウトラインを操作する基本的な方法を説明します。

◆アウトラインの作成
RangeオブジェクトのGroupメソッド

ワークシートの行、列単位で折り目を付ける

◆アウトラインの折りたたみと展開
OutlineオブジェクトのShowLebelsメソッド

ワークシートを指定したレベルで折りたたんだり、展開したりする

9-3 アウトラインの操作

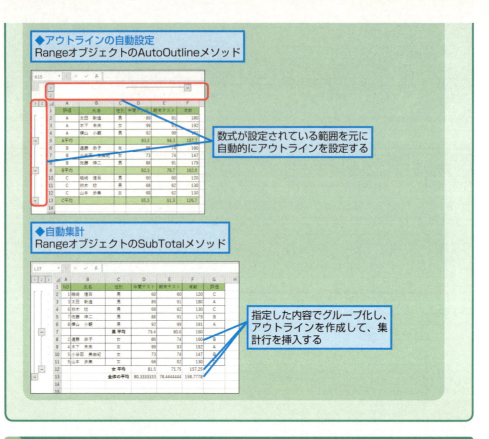

◆アウトラインの自動設定
RangeオブジェクトのAutoOutlineメソッド

数式が設定されている範囲を元に自動的にアウトラインを設定する

◆自動集計
RangeオブジェクトのSubTotalメソッド

指定した内容でグループ化し、アウトラインを作成して、集計行を挿入する

アウトラインを作成するには

オブジェクト.Group

▶解説

ワークシートの任意の範囲にアウトラインを作成するには、RangeオブジェクトのGroupメソッドを使用します。アウトラインは行単位や列単位で作成するので、Rangeオブジェクトには、Rowsプロパティ、Columnsプロパティを使って行や列を参照します。

▶設定する項目

オブジェクト……… Rangeオブジェクトを指定します。列に対しては非表示にしたい列をColumnsプロパティを使って指定し、行に対しては非表示にしたい行をRowsプロパティを使って指定します。

[エラーを防ぐには]

Rangeオブジェクトは、行単位、列単位で指定してください。Range("A1:F4")のようにセル範囲を指定すると正しく設定できません。

使用例 アウトラインを作成しグループ化する

ワークシートの2 ～ 4行目、6 ～ 8行目、10 ～ 12行目とB ～ E列にアウトラインを作成し、A、B、Cの評価単位で行をグループ化し、合計点数で列をグループ化します。 サンプル 9-3_001.xlsm

```
1  Sub アウトラインの作成()
2      Rows("2:4").Group
3      Rows("6:8").Group
4      Rows("10:12").Group
5      Columns("B:E").Group
6  End Sub
```

1 [アウトラインの作成]というマクロを記述する
2 2 ～ 4行目にアウトラインを作成する
3 6 ～ 8行目にアウトラインを作成する
4 10 ～ 12行目にアウトラインを作成する
5 B ～ E列にアウトラインを作成する
6 マクロの記述を終了する

2 ～ 4行、6 ～ 8行、10 ～ 12行とB ～ E列に アウトラインを作成したい

	A	B	C	D	E	F	G
1	評価	氏名	性別	中間テスト	期末テスト	点数	
2	A	太田 新造	男	89	91	180	
3	A	木下 未来	女	99	93	192	
4	A	横山 小観	男	92	99	191	
5	A平均			93.3	94.3	187.7	
6	B	遠藤 恭子	女	86	74	160	
7	B	小谷田 美由紀	女	73	74	147	
8	B	佐藤 伸二	男	88	91	179	
9	B平均			82.3	79.7	162.0	
10	C	磯崎 信吾	男	60	60	120	
11	C	鈴木 稔	男	68	62	130	
12	C	山本 歩美	女	68	62	130	
13	C平均			65.3	61.3	126.7	
14							
15							

❶VBEを起動し、コードを入力   参照 VBAを使用してマクロを作成するには……P.85

```
(General)                          ▼   アウトラインの作成
   Sub アウトラインの作成()
       Rows("2:4").Group
       Rows("6:8").Group
       Rows("10:12").Group
       Columns("B:E").Group
   End Sub
```

9-3

アウトラインの操作

1 マクロの基礎知識
2 VBAの基礎知識
3 プログラミングの基礎知識
4 セルの操作
5 ワークシートの操作
6 Excelファイルの操作
7 高度なファイルの操作
8 ウィンドウの操作
9 データの操作
10 印刷
11 図形の操作
12 グラフの操作
13 コントロールの使用
14 外部アプリケーションの操作
15 VBA関数
16 そのほかの操作
付録

571
できる

❷入力したマクロを実行 　参照▶マクロを実行するには……P.53

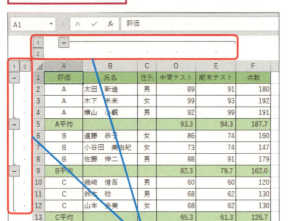

指定行と列にアウトラインが作成された

HINT グループを解除するには

グループを解除する場合は、RangeオブジェクトのUngroupメソッドを使用します。アウトラインが設定されている行や列をRowsプロパティ、Columnsプロパティを使って参照します。列B～E、行2～12に設定されているアウトラインを解除するには、以下のように記述します。

サンプル 9-3_002.xlsm

```
Sub グループ解除()
    Columns("B:E").Ungroup
    Rows("2:12").Ungroup
End Sub
```

アウトラインの折りたたみと展開を行うには

オブジェクト.ShowLevels(RowLevels, ColumnLevels)

▶解説

アウトラインを作成すると、ワークシートにOutlineオブジェクトが作成されます。アウトラインの折りたたみや展開は、OutlineオブジェクトのShowLevelsメソッドを使用します。Outlineオブジェクトは、WorksheetオブジェクトのOutlineプロパティで取得できます。

参照▶アウトラインを作成するには……P.570

▶設定する項目

オブジェクト………Outlineオブジェクトを指定します。
RowLevels…………アウトラインで表示する行レベルを数値で指定します。アウトラインが設定されているレベル数よりも指定した数が大きい場合は、すべて展開されます。省略または0を指定すると、行に関して変化はありません（省略可）。
ColumnLevels……アウトラインで表示する列レベルを数値で指定します。アウトラインが設定されているレベル数よりも指定した数が大きい場合は、すべて展開されます。省略または0を指定すると、列に関して変化はありません（省略可）。

▶エラーを防ぐには

引数RowLevelsと引数ColumnLevelsはどちらか一方を必ず指定してください。両方とも指定しない場合はエラーになります。

使用例　アウトラインの折りたたみと展開をする

アクティブシートの行レベルを「2」、列レベルを「1」に設定します。レベルが小さい方が折りたたみ、大きい方が展開になります。

サンプル●9-3_003.xlsm

参照▶アウトラインを作成しグループ化する…P.571

```
1  Sub アウトラインの折りたたみと展開()
2      ActiveSheet.Outline.ShowLevels RowLevels:=2, _
           ColumnLevels:=1
3  End Sub
```

1 [アウトラインの折りたたみと展開]というマクロを記述する
2 アクティブシートのアウトラインについて、行レベルを「2」、列レベルを「1」に設定する
3 マクロの記述を終了する

行レベルと列レベルを指定してアウトラインの折りたたみと展開を行う

❶VBEを起動し、コードを入力

参照▶VBAを使用してマクロを作成するには……P.85

❷入力したマクロを実行

参照▶マクロを実行するには……P.53

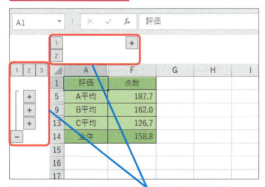

行レベルを「2」にして展開され、列レベルを「1」にして折りたたまれた

573

9-3

アウトラインの操作

アウトラインを自動作成するには

オブジェクト.AutoOutline

▶解説

表の内容に合わせてワークシートにアウトラインを自動作成するには、AutoOutlineメソッドを使います。合計などの数式が設定されている表で、数式の列や行を基準にして自動的にアウトラインを作成することができます。折りたたんだ時に数式が設定された列や行が表示されるようにアウトラインが作成されます。

参照📖アウトラインを作成するには……P.570

▶設定する項目

オブジェクト ……… Rangeオブジェクトを指定します。単一のセルを指定した場合は、ワークシート全体を対象にアウトラインを作成します。

エラーを防ぐには

合計や平均のような数式が設定された行や列が存在しない場合はエラーになります。また、既存のアウトラインは自動的に新しいアウトラインに置き換わります。

使用例 アウトラインを自動作成する

アクティブシートにアウトラインを自動作成します。アクティブシート内にある合計や平均の行や列を基準に自動でアウトラインが作成されます。

サンプル🐭9-3_004.xlsm

参照📖アウトラインを作成しグループ化する…P.571

```
1  Sub アウトラインの自動作成()
2      Range("A1").AutoOutline
3  End Sub
```

1 [アウトラインの自動作成]というマクロを記述する
2 アクティブシートにアウトラインを設定する
3 マクロの記述を終了する

	A	B	C	D	E	F
1	評価	氏名	性別	中間テスト	期末テスト	点数
2	A	太田 新造	男	89	91	180
3	A	木下 未来	女	99	93	192
4	A	横山 小観	男	92	99	191
5	A平均			93.3	94.3	187.7
6	B	遠藤 恭子	女	86	74	160
7	B	小谷田 美由紀	女	73	74	147
8	B	佐藤 伸二	男	88	91	179
9	B平均			82.3	79.7	162.0
10	C	磯崎 信吾	男	60	60	120
11	C	鈴木 稔	男	68	62	130
12	C	山本 歩美	女	68	62	130
13	C平均			65.3	61.3	126.7
14						
15						

アクティブシートに対してアウトラインを自動作成する

574 できる

❶VBEを起動し、コードを入力　参照▶VBAを使用してマクロを作成するには……P.85

```
(General)                    アウトラインの自動作成
    Sub アウトラインの自動作成()
        Range("A1").AutoOutline
    End Sub
```

❷入力したマクロを実行　参照▶マクロを実行するには……P.53

数式の列や行を基準に自動的にアウトラインが設定された

アウトラインを解除するには

アウトラインを自動で解除するには、RangeオブジェクトのClearOutlineメソッドを使います。アクティブシートにあるすべてのアウトラインを一度に解除する場合は次のように記述します。
サンプル 9-3_005.xlsm

```
Sub アウトラインの解除()
    Range("A1").ClearOutline
End Sub
```

表をグループ化して集計を実行するには

オブジェクト.SubTotal(GroupBy, Function, TotalList, Replace, PageBreaks, SummaryBelowData)

▶解説

表をグループ化して集計を実行するには、SubTotalメソッドを使用します。引数GroupByで指定するグループ化の基準となる列の値が切り替わるごとに集計行が挿入され、アウトラインが作成されます。

▶設定する項目

オブジェクト………集計するセル範囲をRangeオブジェクトで指定します。単一セルを指定した場合は、そのセルを含むアクティブセル領域が対象となります。

GroupBy……………グループ化の基準となる列を表の左から数えて1から始まる整数で指定します。

Function……………XlConsolidationFunction列挙型の定数で指定します。

575

XlConsolidationFunction列挙型の主な定数

定数	内容
xlSum	合計
xlCount	個数
xlAverage	平均
xlMax	最大
xlMin	最小
xlProduct	積
xlCountNums	数値の個数

TotalList……………集計を表示する列を配列で指定します。たとえば、2列目と4列目であれば、Array関数を使って「Array(2,4)」と記述します。

Replace……………既存の集計表と置き換える場合はTrue（既定値）を指定します（省略可）。

PageBreaks………グループごとに改ページする場合はTrueを指定し、改ページしない場合はFalse（既定値）を指定します（省略可）。

SummaryBelowData　集計結果を表示する位置を指定します。xlSummaryAboveにすると集計行を詳細行の上位置に表示し、xlSummaryBelowにすると下位置に表示します（省略可）。

> **エラーを防ぐには**
>
> SubTotalメソッドを実行する前に、グループ化の基準となる列で並べ替えを行っておきます。また、SubTotalメソッドは、テーブルに対しては使用できません。通常の表に対して実行してください。

使用例　アウトラインを作成しグループごとに集計する

「性別」列を昇順で並べ替えた後で、性別ごとに集計行を挿入し、「中間テスト」「期末テスト」「点数」のそれぞれの平均で集計します。　　　　　サンプル目 9-3_006.xlsm

```
1  Sub 男女別に集計を実行する()
2      Range("A1").Sort Key1:=Range("C1"), _
       Order1:=xlAscending, Header:=xlYes
3      Range("A1").Subtotal GroupBy:=3, Function:=xlAverage, _
       TotalList:=Array(4, 5, 6), Replace:=True,PageBreaks:=False
4  End Sub
```

1　[男女別に集計を実行する]というマクロを記述する
2　セルA1を含むアクティブセル領域についてC列（[性別]列）を昇順で並べ替える
3　セルA1を含むアクティブセル領域について、3列目（[性別]列）をグループの基準とし、集計方法を「平均値」として4、5、6列目のデータを集計し、既存の集計があったら置き換える設定にして集計を実行する
4　マクロの記述を終了する

9-3 アウトラインの操作

[性別]列を並べ替えて、[中間テスト][期末テスト][点数]の平均値を男女別で集計する

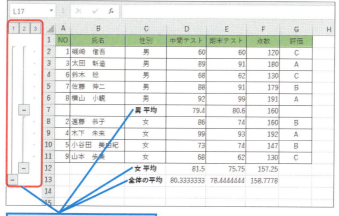

❶VBEを起動し、コードを入力

参照▶VBAを使用してマクロを作成するには……P.85

```
Sub 男女別に集計を実行する()
    Range("A1").Sort Key1:=Range("C1"), _
        Order1:=xlAscending, Header:=xlYes
    Range("A1").Subtotal GroupBy:=3, Function:=xlAverage, _
        TotalList:=Array(4, 5, 6), Replace:=True, PageBreaks:=False
End Sub
```

❷入力したマクロを実行

参照▶マクロを実行するには……P.53

アウトラインが作成され、性別ごとに平均値で集計された

HINT 集計を解除するには

SubTotalメソッドによって作成された集計表を解除し、元の表に戻すには、Rangeオブジェクトの RemoveSubtotal メソッドを使用します。RemoveSubtotalメソッドは、挿入した集計行やアウトラインを削除するだけなので、並べ順を元に戻すには、[NO]列などを基準に並べ替えます。集計が実行されている表で集計行を解除して、[NO]列で昇順に並べ替えて最初の状態に戻すには次のように記述します。

サンプル▶9-3_007.xlsm

```
Sub 集計の解除()
    Range("A1").RemoveSubtotal
    Range("A1").Sort Key1:=Range("A1"), Order1:=xlAscending, Header:=xlYes
End Sub
```

9-4 ピボットテーブルの操作

ピボットテーブルを操作する

ピボットテーブルは、売上表のようなデータを集計・分析するのに便利な機能です。ピボットテーブルをVBAで操作するには、以下のように3つのステップが必要です。ここでは、VBAでピボットテーブルを作成する方法を説明します。

ピボットテーブルの作成の流れ

Step1：ピボットテーブルキャッシュを作成
PivotCachesコレクションのCreateメソッドで、ピボットテーブルの元となるデータをメモリ内に格納します。

Step2：ピボットテーブルの作成
PivotCacheオブジェクトのCreatePivotTableメソッドで、空白のピボットテーブルを作成します。

ピボットテーブル PivotTableオブジェクト

Step3：ピボットテーブルにフィールドを追加する
PivotFieldオブジェクトで、行フィールド、列フィールド、値フィールドを追加して集計表を完成させます。

値フィールド／列フィールド／行フィールド／PivotFieldオブジェクト

ピボットテーブルキャッシュを作成するには

9-4

ピボットテーブルの操作

オブジェクト.**Create**(SourceType, SourceData, Version)

▶解説
ピボットテーブルキャッシュを作成するには、PivotCachesコレクションのCreateメソッドを使います。CreateメソッドによりPivotCacheオブジェクトが作成され、作成されたPivotCacheオブジェクトが返ります。

▶設定する項目
オブジェクト ……… PivotCachesコレクションを指定します。Worksheetオブジェクトの
PivotCachesプロパティで取得できます。

SourceType ……… XlPivotTableSourceType列挙型の定数で元データの種類を指定します。
xlExternalでない場合は、引数SourceDataを指定する必要があります。

XlPivotTableSourceType列挙型の主な定数

定数	内容
xlDatabase	Excel の表
xlExternal	外部のアプリケーションデータ
xlConsolidation	複数のワークシート範囲

SourceData ……… 新しいピボットテーブルキャッシュのデータを指定します。引数SourceType
がxlDatabaseまたはxlConsolidationの場合は、データ元となるセル範囲を
指定します（省略可）。

Version ……………… ピボットテーブルのバージョンをXlPivotTableVersionist列挙型の定数で指
定します。省略した場合は、xlPivotTableVerwion12になります（省略可）。

XlPivotTableVersionist列挙型の主な定数

定数	値	内容
xlPivotTableVersion12	3	Excel 2007
xlPivotTableVersion14	4	Excel 2010
xlPivotTableVersion15	5	Excel 2013

エラーを防ぐには
ピボットテーブルキャッシュを作成しても、画面には何も表示されません。この後、PivotCacheオブジェクトをもとにピボットテーブルを作成する必要があります。また、引数Versionを省略すると、xlPivotTableVerwion12となり、Excel 2007のバージョンとみなされますが、Excel 2016／2013／2010でも動作します。Excel 2016のバージョンを指定したい場合は、定数ではなく「6」と値を指定してください。

---

1 マクロの基礎知識
2 VBAの基礎知識
3 プログラミングの基礎知識
4 セルの操作
5 ワークシートの操作
6 Excelファイルの操作
7 高度なファイルの操作
8 ウィンドウの操作
9 データの操作
10 印刷
11 図形の操作
12 グラフの操作
13 コントロールの使用
14 外部アプリケーションの操作
15 VBA関数
16 そのほかの操作
付録

579
できる

9-4

ピボットテーブルの操作

マクロの基礎知識 **1**

VBAの基礎知識 **2**

プログラミングの基礎知識 **3**

セルの操作 **4**

ワークシートの操作 **5**

Excelファイルの操作 **6**

高度なファイルの操作 **7**

ウィンドウの操作 **8**

データの操作 **9**

印刷 **10**

図形の操作 **11**

グラフの操作 **12**

コントロールの使用 **13**

外部アプリケーションの操作 **14**

VBA関数 **15**

そのほかの操作 **16**

付録

ピボットテーブルを作成するには

オブジェクト.**CreatePivotTable**(TableDestination, TableName)

▶解説

ピボットテーブルを作成するには、PivotCacheオブジェクトのCreatePivotTableメソッドを使います。CreatePivotTableメソッドによりPivotTableオブジェクトが作成され、作成されたPivotTableオブジェクトが返ります。

▶設定する項目

オブジェクト‥‥‥‥‥ PivotCacheオブジェクトを指定します。

TableDestination 作成するピボットテーブルの左上端のセルを指定します。

TableName‥‥‥‥‥ ピボットテーブル名を指定します。省略した場合は、「ピボットテーブル1」のような名前が自動で設定されます（省略可）。

エラーを防ぐには

引数TableDestinationで指定するセル範囲は、ピボットテーブルキャッシュを作成したブック内のセルを指定してください。

フィールドを追加、変更するには

オブジェクト.**Orientation** ───────── 取得
オブジェクト.**Orientation** = 設定値 ───────── 設定

▶解説

ピボットテーブルにフィールドを追加、変更するには、PivotFieldオブジェクトのOrientationプロパティを使います。

▶設定する項目

オブジェクト‥‥‥‥‥ PivotFieldオブジェクトを指定します。PivotFieldオブジェクトは、PivotTableオブジェクトのPivotFieldsメソッドで取得できます。

設定値‥‥‥‥‥‥‥ XlPivotFieldOrientation列挙型の定数で追加先のフィールドを指定します。xlHiddenを指定すると、指定したフィールドをピボットテーブルから削除します。

580

できる

XlPivotTableVersionist列挙型の主な定数

定数	値	内容
xlHidden	0	非表示
xlRowField	1	行
xlColumnField	2	列
xlPageField	3	ページ
xlDataField	4	値

エラーを防ぐには

設定値をxlDataFieldにしたフィールドに対して、Functionプロパティを使って集計方法を指定してください。

参照 集計方法を指定するには……P.581

集計方法を指定するには

オブジェクト.**Function** ―――――――――――――― 取得

オブジェクト.**Function** = 設定値 ―――――――― 設定

▶解説

ピボットテーブルの集計方法を指定するには、値フィールドを示すPivotFieldオブジェクトに対してFunctionプロパティで集計方法を設定します。

▶設定する項目

オブジェクト ………… 値フィールドを参照するPivotFieldオブジェクトを指定します。PivotFieldオブジェクトを参照するには、PivotTableオブジェクトのPivotFieldsメソッドを使います。

参照 ピボットテーブルのフィールドを参照するには……P.583

設定値 ………………… XlConsolidationFunction列挙型の定数でフィールドを指定します。

参照 XlConsolidationFunction列挙型の主な定数……P.576

エラーを防ぐには

Functionプロパティで集計方法を設定できるのは、値フィールドを参照するPivotFieldオブジェクトです。設定するフィールドを間違えないようにしてください。

9-4 ピボットテーブルの操作

1 マクロの基礎知識
2 VBAの基礎知識
3 プログラミングの基礎知識
4 セルの操作
5 ワークシートの操作
6 Excelファイルの操作
7 高度なファイルの操作
8 ウィンドウの操作
9 データの操作
10 印刷
11 図形の操作
12 グラフの操作
13 コントロールの使用
14 外部アプリケーションの操作
15 VBA関数
16 そのほかの操作
付録

9-4

ピボットテーブルの操作

使用例　ピボットテーブルを作成する

セルA1を含むアクティブセル領域のデータから、同じワークシートのセルH5を開始位置、行フィールドを[商品]、列フィールドを[店舗]、値フィールドを[金額]としてピボットテーブルを作成します。また、値フィールドの集計方法を合計、フィールド名を「合計金額」、数値の表示形式を「#,##0」にします。それぞれ、Functionプロパティ、Captionプロパティ、NumberFormatプロパティで設定します。

サンプル：9-4_001.xlsm

```
1  Sub ピボットテーブルの作成()
2      Dim pvCache As PivotCache
3      Dim pvTable As PivotTable
4      Set pvCache = ActiveWorkbook.PivotCaches.Create _
           (SourceType:=xlDatabase, _
           SourceData:=Range("A1").CurrentRegion)
5      Set pvTable = pvCache.CreatePivotTable _
           (TableDestination:=Range("H1"), TableName:="Pivot01")
6      With pvTable
7          .PivotFields("商品").Orientation = xlRowField
8          .PivotFields("店舗").Orientation = xlColumnField
9          With .PivotFields("金額")
10             .Orientation = xlDataField
11             .Function = xlSum
12             .Caption = "合計金額"
13             .NumberFormat = "#,##0"
14         End With
15     End With
16 End Sub
```

1　[ピボットテーブルの作成]というマクロを記述する
2　PivotCache型のオブジェクト変数pvCacheを宣言する
3　PivotTable型のオブジェクト変数pvTableを宣言する
4　アクティブブックに分析するデータの種類をワークシート内のデータとし、セルA1を含むアクティブセル領域を元データとするピボットテーブルキャッシュを作成し、変数pvCacheに代入する。
5　変数pvCacheに代入されたピボットテーブルキャッシュを元に、セルH1を開始位置とし「Pivot01」という名前のピボットテーブルを作成して、変数pvTableに代入する。
6　変数pvTableに代入されたピボットテーブルに対して、以下の処理を行う（Withステートメントの開始）
7　[商品]フィールドを行フィールドに追加する
8　[店舗]フィールドを列フィールドに追加する
9　[金額]フィールドに対して、以下の処理を行う（Withステートメントの開始）
10　値フィールドに追加する
11　集計方法を合計に設定する
12　値のフィールド名を「合計金額」に設定する
13　表示形式を「#,##0」の形式に設定する
14　Withステートメントを終了する
15　Withステートメントを終了する
16　マクロの記述を終了する

9-4 ピボットテーブルの操作

セルA1を含む表を元に商品別、店舗別の売上げを合計するピボットテーブルを作成する

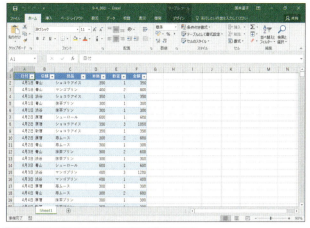

❶VBEを起動し、コードを入力

参照▶VBAを使用してマクロを作成するには……P.85

```
Sub ピボットテーブルの作成()
    Dim pvCache As PivotCache
    Dim pvTable As PivotTable
    Set pvCache = ActiveWorkbook.PivotCaches.Create _
        (SourceType:=xlDatabase, _
        SourceData:=Range("A1").CurrentRegion)
    Set pvTable = pvCache.CreatePivotTable _
        (TableDestination:=Range("H1"), TableName:="Pivot01")
    With pvTable
        .PivotFields("商品").Orientation = xlRowField
        .PivotFields("店舗").Orientation = xlColumnField
        With .PivotFields("金額")
            .Orientation = xlDataField
            .Function = xlSum
            .Caption = "合計金額"
            .NumberFormat = "#,##0"
        End With
    End With
End Sub
```

❷入力したマクロを実行 参照▶マクロを実行するには……P.53

セルH1を開始位置としてピボットテーブルが作成された

HINT ピボットテーブルを参照するには

ピボットテーブルを参照するには、WorksheetオブジェクトのPivotTablesメソッドを使います。書式は「Worksheetオブジェクト.PivotTables(Index)」で、引数Indexにはインデックス番号またはピボットテーブル名を指定します。たとえば、アクティブシートのピボットテーブル「Pivot01」を参照するには、「Activesheet.PivotTables("Pivot01")」と記述します。また、Sheet1シートの1つ目のピボットテーブルを参照するには、「Worksheets("Sheet1").PivotTables(1)」と記述します。

HINT ピボットテーブルのフィールドを参照するには

ピボットテーブルのフィールドを参照するには、PivotTableオブジェクトのPivotFieldsメソッドを使います。書式は「PivotTableオブジェクト.PivotFields(Index)」で、引数Indexにはインデックス番号またはフィールドを指定します。行フィールドや列フィールドでは、追加したときと同じフィールド名で参照できます。たとえば、行フィールドに追加した[商品]フィールドを参照する場合は、「PivotFields("商品")」と記述できます。値フィールドの場合は、ピボットテーブルに表示されている文字列で指定します。たとえば、ピボットテーブルの値フィールドに「合計/金額」と表示されていれば、「PivotFields("合計/金額")」と記述します。Captionプロパティで名前を指定しておけば、その名前を使って参照することができます。

9-4

ピボットテーブルの操作

サイドバー:
- マクロの基礎知識 **1**
- VBAの基礎知識 **2**
- プログラミングの基礎知識 **3**
- セルの操作 **4**
- ワークシートの操作 **5**
- Excelファイルの操作 **6**
- 高度なファイルの操作 **7**
- ウィンドウの操作 **8**
- データの操作 **9**
- 印刷 **10**
- 図形の操作 **11**
- グラフの操作 **12**
- コントロールの使用 **13**
- 外部アプリケーションの操作 **14**
- VBA関数 **15**
- そのほかの操作 **16**
- 付録

💡 HINT ピボットテーブルをクリアするには

ピボットテーブルをクリアするには、PivotTableオブジェクトのClearTableメソッドを使います。これは、ピボットテーブルからすべてのフィールドとフィルターや並べ替えの設定を削除して、空白のピボットテーブルに戻します。なお、ピボットテーブル自体を削除するには、ピボットテーブルが作成されているセル範囲を削除します。

サンプル 9-4_002.xlsm

```
Sub ピボットテーブルのクリア()
    ActiveSheet.PivotTables("Pivot01").ClearTable
End Sub
```

💡 HINT AddDataFieldメソッドを使って値フィールドを追加する

PivotTableオブジェクトのAddDataFieldメソッドを使っても値フィールドをピボットテーブルに追加することができます。AddDataFieldメソッドは値フィールドを追加し、追加したPivotFieldオブジェクトを返します。書式は、「PivotTableオブジェクト.AddDataField(Field, Caption, Function)」で、引数Fieldに追加するフィールド名、引数Captionにピボットテーブルに表示するフィールド名（省略可）、引数Functionに集計方法（省略可）を指定します。

サンプル 9-4_003.xlsm

💡 HINT テーブルが作成済みの場合のエラーを回避する

使用例は、ピボットテーブルが作成されていない状態で実行します。マクロによりすでにピボットテーブルが作成されている状態で実行するとエラーになります。エラーを回避するには、エラー処理コードを記述するか、ピボットテーブルを更新するコードを追加しておくといいでしょう。以下は、アクティブシートにピボットテーブルが1つ作成されている場合は、ピボットテーブルを更新し処理を終了しています。

サンプル 9-4_004.xlsm

参照 ピボットテーブルを更新する……P.587

```
Sub ピボットテーブルの作成2()
Dim pvCache As PivotCache
Dim pvTable As PivotTable

    If ActiveSheet.PivotTables.Count = 1 Then
        ActiveSheet.PivotTables(1).PivotCache.Refresh
        Exit Sub
    End If

    Set pvCache = ActiveWorkbook.PivotCaches.Create _
        (SourceType:=xlDatabase, SourceData:=Range("A1").CurrentRegion)
    Set pvTable = pvCache.CreatePivotTable _
        (TableDestination:=Range("H1"), TableName:="Pivot01")
    With pvTable
        .PivotFields("商品").Orientation = xlRowField
        .PivotFields("店舗").Orientation = xlColumnField
        With .PivotFields("金額")
            .Orientation = xlDataField
            .Function = xlSum
            .Caption = "合計金額"
            .NumberFormat = "#,##0"
        End With
    End With
End Sub
```

ピボットテーブルが作成済みの場合は、ピボットテーブルを更新して処理を終了する

584

できる

使用例 ピボットテーブルのフィールドを変更する

ピボットテーブルのフィールドを変更する場合は、現在のフィールドを削除し、変更したいフィールドを追加します。ここでは、ピボットテーブル［Pivot01］の行エリアにある［商品］フィールドを削除し、［日付］フィールドを追加してフィールドを変更しています。

サンプル 9-4_005.xlsm

```
1  Sub ピボットテーブルのフィールド変更()
2      With ActiveSheet.PivotTables("Pivot01")
3          .PivotFields("商品").Orientation = xlHidden
4          .PivotFields("日付").Orientation = xlRowField
5      End With
6  End Sub
```

1	［ピボットテーブルのフィールドの変更］というマクロを記述する
2	アクティブシートのピボットテーブル[Pivot01]について次の処理を実行する（Withステートメントの開始）
3	［商品］フィールドを削除する
4	［日付］フィールドを行エリアに追加する
5	Withステートメントを終了する
6	マクロの記述を終了する

行フィールドにある［商品］フィールドを削除して［日付］フィールドを追加する

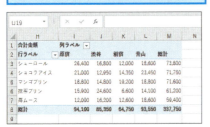

❶VBEを起動し、コードを入力

参照▶VBAを使用してマクロを作成するには……P.85

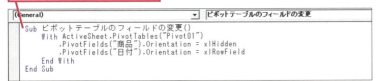

9-4 ピボットテーブルの操作

❷入力したマクロを実行　　参照▶マクロを実行するには……P.53

ピボットテーブルのフィールドが変更された

同じエリアに複数のフィールドを追加する

Orientationプロパティで同じ値を設定すれば、同じエリアに複数のフィールドを追加することができます。たとえば、行エリアに［店舗］フィールドと［商品］フィールドを追加した集計表を作成するには以下のように記述できます。先に追加したフィールドが上の階層になります。

サンプル 9-4_006.xlsm

```
Sub 同じエリアに複数フィールドを追加()
    Dim pvTable As PivotTable
    Set pvTable = ActiveSheet.PivotTables("Pivot01")
    With pvTable
        .PivotFields("店舗").Orientation = xlRowField
        .PivotFields("商品").Orientation = xlRowField
        .AddDataField Field:=pvTable.PivotFields("金額"), _
            Caption:="合計金額", Function:=xlSum
        .PivotFields("合計金額").NumberFormat = "#,##0"
    End With
End Sub
```

ピボットテーブルに表示される行、列ラベルを変更する

ピボットテーブルの行見出し、列見出しは、既定で「行ラベル」「列ラベル」と表示されます。これを別のラベルに変更するには、それぞれ、CompactLayoutRowHeaderプロパティ、CompactLayoutColumnHeaderプロパティを使います。なお、行ラベルや列ラベルを変更しても行フィールド名、列フィールド名は変更されませんので、フィールドを参照する場合はフィールド名をそのまま使用してください。

サンプル 9-4_007.xlsm

```
Sub 行ラベル列ラベルの変更()
    ActiveSheet.PivotTables("Pivot01").CompactLayoutRowHeader = "商品名"
    ActiveSheet.PivotTables("Pivot01").CompactLayoutColumnHeader = "店舗名"
End Sub
```

ピボットテーブルを更新するには

オブジェクト.Refresh

▶解説

ピボットテーブルの元となる表に変更があった場合、ピボットテーブルを更新しないと最新の状態になりません。ピボットテーブルを更新するには、Refreshメソッドを使います。

▶設定する項目

オブジェクト……… PivotCacheオブジェクトを指定します。PivotCacheオブジェクトはPivotTableオブジェクトのPivotCacheメソッドで取得できます。

エラーを防ぐには

ピボットテーブルが作成されていない場合は、エラーになります。ピボットテーブルが作成されている状態で使用してください。

使用例　ピボットテーブルを更新する

アクティブシートの1つ目のピボットテーブルを最新の状態に更新します。ピボットテーブルが作成されていないとエラーになるため、最初にアクティブシート内にピボットテーブルが1つ作成されているかどうかを確認し、作成されている場合に更新します。　サンプル▶9-4_008.xlsm

```
1  Sub ピボットテーブルの更新()
2      If ActiveSheet.PivotTables.Count = 1 Then
3          ActiveSheet.PivotTables(1).PivotCache.Refresh
4      End If
5  End Sub
```

1	[ピボットテーブルの更新]というマクロを記述する
2	アクティブシートのピボットテーブルの数が1つの場合は(Ifステートメントの開始)
3	アクティブシートの1つ目のピボットテーブルを更新する
4	Ifステートメントを終了する
5	マクロの記述を終了する

元データの変更をピボットテーブルに反映する

❶VBEを起動し、コードを入力　参照▶VBAを使用してマクロを作成するには……P.85

❷入力したマクロを実行　参照▶マクロを実行するには……P.53

ピボットテーブルが更新され、最新の状態になった

ピボットテーブルを月単位でグループ化するには

オブジェクト.Group(Start, End, By, Periods)

▶解説

ピボットテーブルにある日付のフィールドを月単位でグループ化するには、Groupメソッドを使います。Groupメソッドでは、引数Periodsの設定方法によって、日付を月単位だけでなく、四半期単位、年単位などグループ化する期間を指定することができます。

▶設定する項目

オブジェクト　………　Rangeオブジェクトを指定します。ピボットテーブル内のグループ化したいフィールド内のいずれかのセルを指定します。

Start　………………　グループ化する最初の値を指定します。Trueまたは省略した場合は、フィールドの最初の値になります。開始日を指定する場合は、DateSerial関数で開始日を指定します。

End　…………………　グループ化する最後の値を指定します。Trueまたは省略した場合は、フィールドの最後の値になります。終了日を指定する場合は、DateSerial関数で終了日を指定します。

By　……………………　数値フィールドの場合は、各グループのサイズを指定します。日付フィールドで引数Periodsで指定する配列の4つ目の要素のみがTrueの場合は、各グループ内の日数を指定します。それ以外の場合は無視され、既定のグループサイズが設定されます。

Periods　……………　日付フィールドの場合に指定します。グループの期間を指定するブール型の配列をArray関数を使って指定します。配列の要素をTrueにすると、対応する期間のグループが作成され、Falseにするとグループは作成されません。月単位でグループ化する場合は、5つ目だけTrueにし、残りをすべてFalseに設定します。

配列の要素	期間
1	秒
2	分
3	時
4	日
5	月
6	四半期
7	年

▶エラーを防ぐには

Rangeオブジェクトは、ピボットテーブル内のグループ化するフィールド内の単一セルを指定してください。セル範囲を指定するとエラーメッセージは表示されませんが、処理されません。

使用例　ピボットテーブルを月単位でグループ化する

［日付］フィールドを月単位でグループ化します。［日付］フィールド内のセルH3に対してGroupメソッドを使い、引数Periodsで、Array関数の第5引数をTrueにすることで月単位でのグループ化を指定しています。

サンプル 9-4_009.xlsm

```
1  Sub ピボットテーブルを月単位でグループ化する()
2      Range("H3").Group _
           Periods:=Array(False, False, False, False, _
                          True, False, False)
3  End Sub
```

1 ［ピボットテーブルを月単位でグループ化する］というマクロを記述する
2 セルH3を含むフィールド（日付フィールド）を月単位でグループ化する
3 マクロの記述を終了する

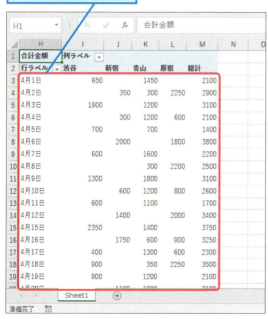

日付フィールドを月単位でグループ化する

❶VBEを起動し、コードを入力　　参照▶VBAを使用してマクロを作成するには……P.85

9-4 ピボットテーブルの操作

❷入力したマクロを実行　参照▶マクロを実行するには……P.53

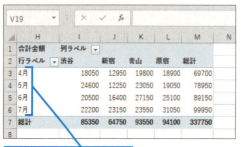

月単位にグループ化された

グループ化を解除するには

グループ化を解除して展開するには、RangeオブジェクトのUngroupメソッドを使います。Rangeオブジェクトには、グループ化されているフィールド内の単一セルを指定します。
サンプル▶9-4_010.xlsm

```
Sub グループ解除()
    Range("H3").Ungroup
End Sub
```

自動で日付をグループ化するには

Excel 2016では、フィールドを自動的にグループ化するPivotFieldオブジェクトのAutoGroupメソッドを使うことができます。[日付]フィールドをAutoGroupメソッドでグループ化するには次のようになります。自動でグループ化すると年、四半期、月単位でグループ化されます。
サンプル▶9-4_011.xlsm

```
Sub 自動グループ化()
    ActiveSheet.PivotTables("Pivot01").PivotFields("日付").AutoGroup
End Sub
```

サンプルコードを実行すると、このようにグループ化される

ピボットグラフを作成する

ピボットグラフは、ピボットテーブルを元にして埋め込みグラフとして作成します。通常の埋め込みオブジェクトを作成する方法と同様にChartObjectsコレクションのAddメソッドを使いデータ範囲にピボットテーブルのセル範囲を指定します。ピボットテーブルのセル範囲は、PivotTableオブジェクトのTableRange1プロパティで取得できます。アクティブシートの1つ目のピボットテーブルを元にセル範囲O1～U12に横棒グラフを作成するには、次のように記述します。
サンプル▶9-4_012.xlsm
参照▶埋め込みグラフを作成するには……P.669

```
Sub ピボットグラフの作成()
    Dim r As Range
    Set r = Range("O1:U12")
    With ActiveSheet.ChartObjects.Add(r.Left, r.Top, r.Width, r.Height)
        .Chart.SetSourceData Source:=ActiveSheet.PivotTables(1).TableRange1
        .Chart.ChartType = xlBarClustered
    End With
End Sub
```

サンプルコードを実行すると、このようにピボットグラフが作成される

第10章
印刷

10- 1．ワークシートの印刷・・・・・・・・・・・・・・・・・・・・・・592
10- 2．印刷の設定・・・・・・・・・・・・・・・・・・・・・・・・・・・599

10-1 ワークシートの印刷

ワークシートを印刷する

Excel VBAでは、ワークシートやグラフシートの印刷を実行するメソッドが用意されていて、[印刷] 画面で行う印刷の設定もすべて行うことができます。よく使用する設定で印刷を実行するプロシージャーを作成しておけば、同じ設定をくり返す必要がないので便利です。そのほかにも、印刷プレビューの表示や改ページの設定を行うことができるので、印刷に関するプロシージャーを柔軟に作成できます。

◆[印刷] 画面

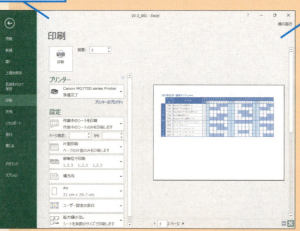

ページ設定や印刷部数など、[印刷] 画面で行う印刷の設定をExcel VBAで行うことができる

◆印刷プレビューの表示　　　　　◆改ページの設定

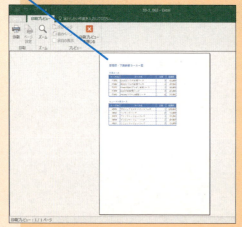

印刷を実行するには

オブジェクト.**PrintOut**(From, To, Copies, Preview, ActivePrinter, PrintToFile, Collate, PrToFileName, IgnorePrintAreas)

▶解説

印刷を実行するには、PrintOutメソッドを使用します。各引数は、[印刷]画面（Excel 2007の場合は［印刷］ダイアログボックス）の設定内容を表し、印刷する対象をオブジェクトに指定します。

▶設定する項目

オブジェクト ‥‥‥‥‥ Workbookオブジェクト、Sheetsコレクション、Worksheetオブジェクト、Worksheetsコレクション、Chartオブジェクト、Chartsコレクション、Rangeオブジェクト、Windowオブジェクトを指定します。

From ‥‥‥‥‥‥‥‥ 印刷を開始するページ番号を指定します。省略した場合、最初のページから印刷します（省略可）。

To ‥‥‥‥‥‥‥‥‥ 印刷を終了するページ番号を指定します。省略した場合、最後のページまで印刷します（省略可）。

Copies ‥‥‥‥‥‥ 印刷部数を指定します。省略した場合、1部印刷します（省略可）。

Preview ‥‥‥‥‥ 印刷する前に印刷プレビューを表示する場合はTrue、表示しない場合はFalseを指定します。省略した場合、Falseが指定されます（省略可）。

ActivePrinter ‥‥ 使用するプリンターの名前を指定します。省略した場合は、現在使用しているプリンターの名前が指定されます（省略可）。現在使用しているプリンターは、［印刷］画面の［プリンター］に表示されています。

PrintToFile ‥‥‥‥ 印刷する内容をファイルに出力する場合にTrueを指定します。出力先のファイル名は、引数PrToFileNameに指定します（省略可）。

Collate ‥‥‥‥‥‥ 部単位で印刷する場合にTrueを指定します。省略した場合は、Falseが指定されます（省略可）。

PrToFileName ‥‥‥ 出力先のファイル名を指定します（引数PrintToFileがTrueの場合のみ指定）。省略するとファイル名を指定するダイアログボックスを表示します（省略可）。

IgnorePrintAreas ‥ 指定したオブジェクトに設定されている印刷範囲を無視して印刷する場合にTrueを指定します（オブジェクトにWorkbookオブジェクト、Sheetsコレクション、Worksheetオブジェクト、Worksheetsコレクションを指定した場合のみ指定可能）。省略した場合は、Falseが指定されます（省略可）。

エラーを防ぐには

引数PreviewにTrueを指定したときに表示された印刷プレビュー画面で、［印刷プレビュー］タブの［プレビュー］グループ内にある［印刷プレビューを閉じる］ボタンがクリックされた場合、印刷は実行されません。印刷プレビューを閉じたあとに印刷を実行したい場合は、PrintPreviewメソッドを使用して印刷プレビューを表示してください。また、引数ActivePrinterには、OSが認識できるプリンターの名前を指定します。OSが認識できるプリンターの名前を調べるには、名前を調べたいプリンターを現在使用しているプリンターとして設定し、VBEのイミディエイトウィンドウに「?Application.ActivePrinter」と入力して[Enter]キーを押してください。

参照 印刷プレビューを表示するには‥‥‥P.595

10-1
ワークシートの印刷

1 マクロの基礎知識
2 VBAの基礎知識
3 プログラミングの基礎知識
4 セルの操作
5 ワークシートの操作
6 Excelファイルの操作
7 高度なファイルの操作
8 ウィンドウの操作
9 データの操作
10 印刷
11 図形の操作
12 グラフの操作
13 コントロールの使用
14 外部アプリケーションの操作
15 VBA関数
16 そのほかの操作

付録

593
できる

使用例　ページを指定してブックの内容を2部ずつ印刷する

ページと部数を指定して印刷します。ここでは、印刷を開始するページを2ページめ、印刷を終了するページを3ページめに指定し、2部ずつ、部単位で印刷します。

サンプル 10-1_001.xlsm

```
1  Sub ページ指定2部印刷()
2      ActiveWorkbook.PrintOut From:=2, To:=3, Copies:=2, _
           Collate:=True
3  End Sub
```

1 [ページ指定2部印刷]というマクロを記述する
2 アクティブブックの2ページめから3ページめを2部ずつ、部単位で印刷する
3 マクロの記述を終了する

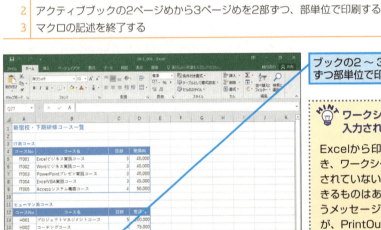

ブックの2～3ページを2部ずつ部単位で印刷したい

HINT ワークシートになにも入力されていない場合

Excelから印刷を実行するとき、ワークシートになにも入力されていない場合は、[印刷できるものはありません。]というメッセージが表示されますが、PrintOutメソッドで印刷を実行すると、メッセージは表示されずに白紙が出力されます。

❶VBEを起動し、コードを入力

参照▶ VBAを使用してマクロを作成するには……P.85

❷入力したマクロを実行　　参照▶ マクロを実行するには……P.53

指定した条件で印刷が実行された

印刷プレビューを表示するには

オブジェクト.**PrintPreview**(EnableChanges)

▶解説
印刷プレビューを表示するには、PrintPreviewメソッドを使用します。引数EnableChangesは、印刷プレビューの画面にある［印刷プレビュー］タブの［印刷］グループにある［ページ設定］と、［プレビュー］グループにある［余白の表示］の有効と無効を設定します。なお、PrintPreviewメソッドのあとに続くステートメントは、印刷プレビューが閉じられるまで実行されません。

▶設定する項目
オブジェクト ‥‥‥‥ Workbookオブジェクト、Sheetsコレクション、Worksheetオブジェクト、Worksheetsコレクション、Chartオブジェクト、Chartsコレクション、Rangeオブジェクト、Windowオブジェクトを指定します。

EnableChanges ‥‥ 印刷プレビューの画面にある［印刷プレビュー］タブの［印刷］グループにある［ページ設定］と、［プレビュー］グループにある［余白の表示］を無効にするにはFalse、有効にするにはTrueを設定します。省略した場合は、Trueが指定されます（省略可）。

エラーを防ぐには
表示された印刷プレビューの画面にある［印刷プレビュー］タブの［印刷］グループにある［印刷］がクリックされると、印刷が実行されてから印刷プレビューが閉じられ、PrintPreviewメソッドのあとに続くステートメントが実行されます。したがって、［印刷プレビュー］タブの［プレビュー］グループにある［印刷プレビューを閉じる］がクリックされることだけを想定して、PrintPreviewメソッドのあとにPrintOutメソッドを実行すると、印刷が2度実行されてしまうので注意が必要です。

参照↴ 印刷を実行するには……P.593

使用例　印刷プレビューを表示する

アクティブシートの印刷プレビューを表示します。印刷プレビューからページ設定を変更したり、余白を表示したりできないように、引数EnableChangesにFalseを設定しています。

サンプル書 10-1_002.xlsm

```
1  Sub 印刷プレビュー表示()
2      ActiveSheet.PrintPreview EnableChanges:=False
3  End Sub
```

1 ［印刷プレビュー表示］というマクロを記述する
2 ［ページ設定］と［余白の表示］を無効にして、アクティブシートの印刷プレビューを表示する
3 マクロの記述を終了する

10-1
ワークシートの
印刷

1 マクロの
基礎知識
2 VBAの
基礎知識
3 プログラミングの
基礎知識
4 セルの操作
5 ワークシートの
操作
6 Excelファイルの
操作
7 高度な
ファイルの操作
8 ウィンドウの
操作
9 データの操作
10 印刷
11 図形の操作
12 グラフの操作
13 コントロールの
使用
14 外部アプリケーション
の操作
15 VBA関数
16 そのほかの操作
付録

595
できる

10-1 ワークシートの印刷

印刷プレビューを表示したい

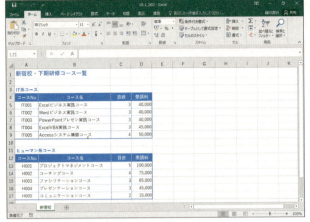

❶ VBEを起動し、コードを入力

参照▶ VBAを使用してマクロを作成するには……P.85

```
Sub 印刷プレビュー表示()
    ActiveSheet.PrintPreview EnableChanges:=False
End Sub
```

❷ 入力したマクロを実行

参照▶ マクロを実行するには……P.53

印刷プレビューが表示された

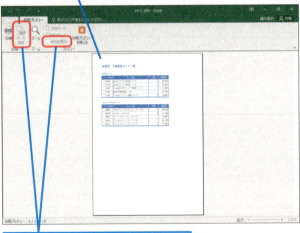

[ページ設定]と[余白の表示]がグレーで表示され、設定を変更できない

> **HINT**
> **ワークシートになにも入力されていない場合**
>
> ワークシートになにも入力されていない状態でPrintPreviewメソッドを実行すると、印刷プレビュー画面は表示されず、ワークシートに改ページが設定されます。

水平な改ページを設定するには

オブジェクト.**Add**(Before)

▶解説
水平な改ページを設定するには、HPageBreaksコレクションのAddメソッドを使用します。HPageBreaksコレクションは、ワークシート内のすべての水平な改ページを表すコレクションで、WorksheetオブジェクトのHPageBreaksプロパティを使用して取得します。水平な改ページが設定される位置は、引数Beforeに指定したセル（Rangeオブジェクト）の上側です。

▶設定する項目
オブジェクト　……… HPageBreaksコレクションを指定します。
Before　……………… 水平な改ページを設定したい位置の下側のセル（Rangeオブジェクト）を指定します。

▶エラーを防ぐには
引数Beforeに1行めのセルや1,048,576行を超えた行のセルを指定するとエラーが発生します。

使用例　水平な改ページを設定する

アクティブシートの10行めと11行めの間に、水平な改ページを設定します。水平な改ページを表すHPageBreaksコレクションをWorksheetオブジェクトのHPageBreaksプロパティで取得し、Addメソッドを使用して水平な改ページを設定します。　サンプル：10-1_003.xlsm

```
1  Sub 水平改ページ()
2      ActiveSheet.HPageBreaks.Add Before:=Range("A11")
3  End Sub
```

1　[水平改ページ]というマクロを記述する
2　アクティブシートのセルA11の上側に水平な改ページを設定する
3　マクロの記述を終了する

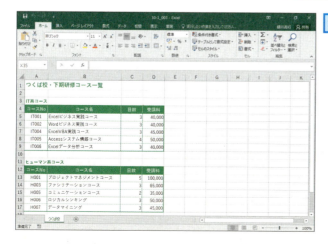
水平な改ページを設定したい

❶VBEを起動し、コードを入力

参照▶VBAを使用してマクロを作成するには……P.85

```
Sub 水平改ページ()
    ActiveSheet.HPageBreaks.Add Before:=Range("A11")
End Sub
```

❷入力したマクロを実行

参照▶マクロを実行するには……P.53

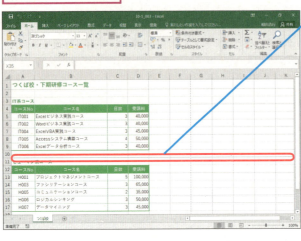

水平な改ページが設定された

すべての改ページを解除するには

すべての改ページを解除するには、WorksheetオブジェクトのResetAllPageBreaksメソッドを使用します。たとえば、アクティブシートに設定した水平・垂直な改ページをすべて解除するには、次のように記述します。

サンプル 10-1_004.xlsm

```
Sub 改ページ解除()
    ActiveSheet.ResetAllPageBreaks
End Sub
```

垂直な改ページを設定するには

垂直な改ページを設定するには、VPageBreaksコレクションのAddメソッドを使用します。VPageBreaksコレクションは、ワークシート内のすべての垂直な改ページを表すコレクションで、WorksheetオブジェクトのVPageBreaksプロパティを使用して取得します。垂直な改ページが設定される位置は、引数Beforeに指定したセル（Rangeオブジェクト）の左側です。たとえば、アクティブシートのE列とF列の間に垂直な改ページを設定したい場合は、次のように記述します。

サンプル 10-1_005.xlsm

```
Sub 垂直改ページ()
    ActiveSheet.VPageBreaks.Add Before:=Range("F1")
End Sub
```

10-2 印刷の設定

印刷の設定

Excelの［ページ設定］ダイアログボックスの項目は、すべてPageSetupオブジェクトのプロパティを使用して設定できます。各項目とプロパティの対応を把握しておけば、Excel VBAで自由自在にページ設定を設定できます。

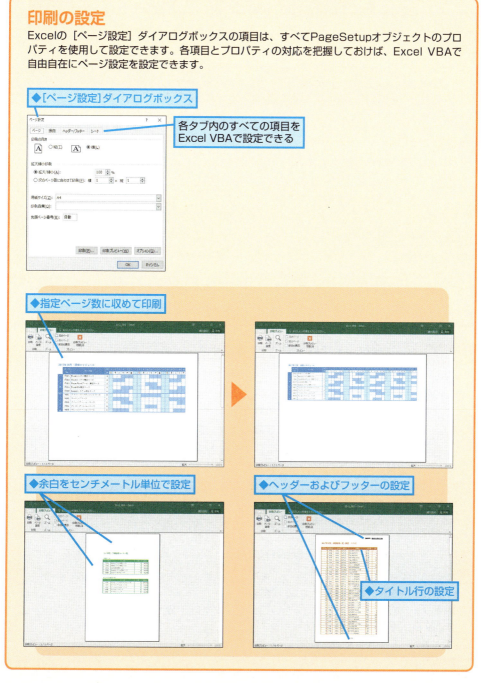

◆［ページ設定］ダイアログボックス

各タブ内のすべての項目をExcel VBAで設定できる

◆指定ページ数に収めて印刷

◆余白をセンチメートル単位で設定

◆ヘッダーおよびフッターの設定

◆タイトル行の設定

10-2 印刷の設定

ページ数に合わせて印刷するには

オブジェクト.**FitToPagesTall** ―――――――――――― 取得
オブジェクト.**FitToPagesTall** = 設定値 ――――――― 設定
オブジェクト.**FitToPagesWide** ――――――――――― 取得
オブジェクト.**FitToPagesWide** = 設定値 ―――――― 設定

▶解説

ページ数に合わせて印刷するには、PageSetupオブジェクトのFitToPagesTallプロパティおよびFitToPagesWideプロパティを使用して、縦方向および横方向に収めるページ数を設定します。これらのプロパティの設定値によって印刷倍率が設定されます。

参照🔲PageSetupオブジェクトとは……P.601

▶設定する項目

オブジェクト……… PageSetupオブジェクトを指定します。

設定値……………… 印刷内容を収めたいページ数を設定します。ページ数を設定しない場合はFalseを設定します。

エラーを防ぐには

Zoomプロパティに印刷倍率が設定されている場合、FitToPagesTallプロパティおよびFitToPagesWideプロパティの設定は無効になります。これらのプロパティに値を設定するときは、ZoomプロパティにFalseを設定します。

参照🔲[ページ]タブの項目を設定するプロパティ……P.602

使用例 指定ページ数に収めて印刷する

アクティブシートの内容を、横1ページに収めて印刷プレビューを表示します。FitToPagesWideプロパティの設定を有効にするため、ZoomプロパティにFalseを設定しています。

サンプル🖳10-2_001.xlsm

参照🔲[ページ]タブの項目を設定するプロパティ……P.602
参照🔲印刷プレビューを表示するには……P.595

```
1  Sub 指定ページ数印刷()
2      With ActiveSheet.PageSetup
3          .Zoom = False
4          .FitToPagesWide = 1
5      End With
6      ActiveSheet.PrintPreview
7  End Sub
```

1 [指定ページ数印刷]というマクロを記述する
2 アクティブシートのページ設定について以下の処理を行う(Withステートメントの開始)
3 Zoomプロパティを無効にする
4 横1ページに収まるように設定する
5 Withステートメントを終了する

サイドバー

- マクロの基礎知識 **1**
- VBAの基礎知識 **2**
- プログラミングの基礎知識 **3**
- セルの操作 **4**
- ワークシートの操作 **5**
- Excelファイルの操作 **6**
- 高度なファイルの操作 **7**
- ウィンドウの操作 **8**
- データの操作 **9**
- 印刷 **10**
- 図形の操作 **11**
- グラフの操作 **12**
- コントロールの使用 **13**
- 外部アプリケーションの操作 **14**
- VBA関数 **15**
- そのほかの操作 **16**
- 付録

600
できる

6 アクティブシートの印刷プレビューを表示する
7 マクロの記述を終了する

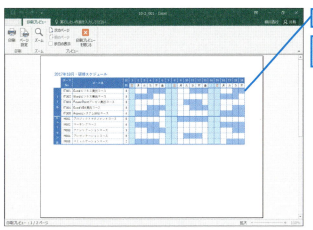

表の右端が途切れている

アクティブシートを横1ページに収まるように印刷したい

❶VBEを起動し、コードを入力　参照▶VBAを使用してマクロを作成するには……P.85

❷入力したマクロを実行　参照▶マクロを実行するには……P.53

アクティブシートの印刷プレビューが表示された

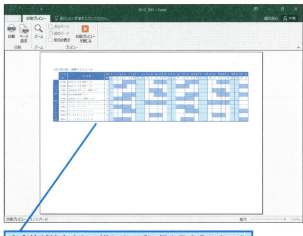

表全体が縮小され、横1ページに収まるようになった

PageSetupオブジェクトとは

PageSetupオブジェクトは印刷のページ設定を表すオブジェクトで、[ページ設定]ダイアログボックス内の項目を設定することができます。PageSetupオブジェクトを取得するには、WorksheetオブジェクトやChartオブジェクトのPageSetupプロパティを使用します。なお、[ページ設定]ダイアログボックスを表示するには、[ページレイアウト]タブの[ページ設定]グループの右下にあるダイアログボックス起動ツールをクリックします。

◆[ページ設定]ダイアログボックス

10-2 印刷の設定

601

10-2

印刷の設定

そのほかのページの設定項目について

［ページ設定］ダイアログボックスの［ページ］タブに表示されている項目を設定する
PageSetupオブジェクトのプロパティを一覧にまとめて紹介します。どのプロパティも値の
取得および設定が可能です。

［ページ］タブの項目を設定するプロパティ

設定項目	プロパティ	設定値
①印刷の向き	Orientation プロパティ	印刷の向きを XlPageOrientation 列挙型の定数で指定する **XlPageOrientation列挙型の定数** | 定数	内容
---	---
xlPortrait	縦に設定
xlLandscape	横に設定	
②拡大／縮小（印刷倍率）	Zoom プロパティ	印刷倍率の値を 10 ～ 400（%）の範囲で設定する ※ Zoom プロパティに False を設定した場合、印刷倍率は FitToPagesTall プロパティや FitToPagesWide プロパティの設定によって決まる 参照📖ページ数に合わせて印刷するには……P.600
③次のページ数に合わせて印刷（横）	FitToPagesWide プロパティ	横方向に収めるページ数を設定する 参照📖ページ数に合わせて印刷するには……P.600
④次のページ数に合わせて印刷（縦）	FitToPagesTall プロパティ	縦方向に収めるページ数を設定する 参照📖ページ数に合わせて印刷するには……P.600
⑤用紙サイズ	PaperSize プロパティ	用紙サイズを XlPaperSize 列挙型の定数で指定する 参照📖主なXlPaperSize列挙型の定数……P.603 ※プリンターがサポートしていない用紙サイズを設定するとエラーが発生する
⑥印刷品質	PrintQuality プロパティ	印刷品質を表す値を設定する。設定する値は、解像度を表す数値や印刷品質を表す定数など、使用しているプリンターによって異なる ※くわしくは VBA のヘルプを参照
⑦先頭ページ番号	FirstPageNumber プロパティ	先頭のページ番号に設定したい数値を設定する ※定数 xlAutomatic を設定すると、自動的に先頭ページが設定される ※設定したページ番号を印刷するには、ヘッダーやフッターに VBA コード「&P」を設定する

602

主なXlPaperSize列挙型の定数

定数	値	内容
xlPaperA3	8	A3（297mm × 420mm）
xlPaperA4	9	A4（210mm × 297mm）
xlPaperB4	12	B4（250mm × 354mm）
xlPaperB5	13	B5（182mm × 257mm）
xlPaperEnvelopeItaly	36	封筒（110mm × 230mm）
xlPaperFanfoldUS	39	米国標準複写紙（14-7/8 × 11 インチ）
xlPaperNote	18	ノート（8-1/2 × 11 インチ）

※すべての XlPaperSize 列挙型の定数の内容をまとめた一覧をサンプルファイルと一緒にダウンロードできます。

上下の余白を設定するには

オブジェクト.**TopMargin** ──────────────── 取得
オブジェクト.**TopMargin** = 設定値 ──────── 設定
オブジェクト.**BottomMargin** ─────────── 取得
オブジェクト.**BottomMargin** = 設定値 ──── 設定

▶解説
上下の余白を設定するには、TopMarginプロパティ、BottomMarginプロパティを使用します。余白の大きさはポイント単位です。

▶設定する項目
オブジェクト……… PageSetupオブジェクトを指定します。

設定値………………… 余白の大きさをポイント単位で設定します。倍精度浮動小数点数型（Double）の値を使用します。

エラーを防ぐには
［ページ設定］ダイアログボックスの［余白］タブに表示されている余白の数値はセンチメートル単位です。この数値をTopMarginプロパティやBottomMarginプロパティに設定する場合は、CentimetersToPointsメソッドでポイント単位に変換する必要があります。また、ページサイズを超える余白を設定すると、エラーが発生します。

参照▶センチメートル単位の値をポイント単位の値に変換するには……P.604

使用例　ページの余白をセンチメートル単位で設定する

アクティブシートの余白をセンチメートル単位で設定します。ここでは、上の余白を5cm、左の余白を5cmに設定します。最後に印刷プレビューを表示して、設定内容を確認します。

サンプル▶10-2_002.xlsm

参照▶センチメートル単位の値をポイント単位の値に変換するには……P.604
参照▶［ページ］タブの項目を設定するプロパティ……P.602
参照▶印刷プレビューを表示するには……P.595

603

10-2

印刷の設定

1 マクロの基礎知識
2 VBAの基礎知識
3 プログラミングの基礎知識
4 セルの操作
5 ワークシートの操作
6 Excelファイルの操作
7 高度なファイルの操作
8 ウィンドウの操作
9 データの操作
10 印刷
11 図形の操作
12 グラフの操作
13 コントロールの使用
14 外部アプリケーションの操作
15 VBA関数
16 そのほかの操作
付録

10-2 印刷の設定

```
1  Sub 余白設定()
2      With ActiveSheet.PageSetup
3          .TopMargin = Application.CentimetersToPoints(5)
4          .LeftMargin = Application.CentimetersToPoints(5)
5      End With
6      ActiveSheet.PrintPreview
7  End Sub
```

1	[余白設定]というマクロを記述する
2	アクティブシートのページ設定について以下の処理を行う（Withステートメントの開始）
3	上の余白を5cmに設定する
4	左の余白を5cmに設定する
5	Withステートメントを終了する
6	アクティブシートの印刷プレビューを表示する
7	マクロの記述を終了する

上余白および左余白を設定したい

❶ VBEを起動し、コードを入力　　参照▶ VBAを使用してマクロを作成するには……P.85

❷ 入力したマクロを実行　　参照▶ マクロを実行するには……P.53

> **HINT センチメートル単位の値をポイント単位の値に変換するには**
>
> センチメートル単位の値をポイント単位の値に変換するには、ApplicationオブジェクトのCentimetersToPointsメソッドを使用します。引数Centimetersに設定したいセンチメートル単位の数値を記述します。たとえば、3cmの値をポイント単位の値に変換するには、「CentimetersToPoints(3)」と記述します。なお、引数Centimetersに指定する値、CentimetersToPointsメソッドが返す値は、ともに倍精度浮動小数点数型（Double）の値です。

> **HINT インチ単位の値をポイント単位の値に変換するには**
>
> インチ単位の値をポイント単位の値に変換するには、ApplicationオブジェクトのInchesToPointsメソッドを使用します。引数Inchesに設定したいインチ単位の数値を記述します。たとえば、1.5インチの値をポイント単位の値に変換するには、「InchesToPoints(1.5)」と記述します。なお、引数Inchesに指定する値、InchesToPointsメソッドが返す値は、ともに倍精度浮動小数点数型（Double）の値です。

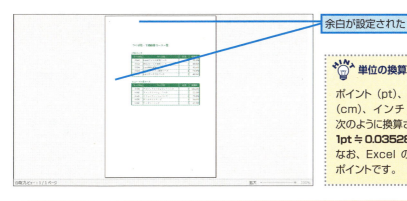

余白が設定された

> **HINT 単位の換算**
>
> ポイント（pt）、センチメートル（cm）、インチ（in）の値は、次のように換算されます。
> **1pt ≒ 0.03528cm ≒ 1/72in**
> なお、Excelの既定の単位はポイントです。

そのほかの余白の設定項目について

［ページ設定］ダイアログボックスの［余白］タブに表示されている項目を設定するPageSetupオブジェクトのプロパティを一覧にまとめて紹介します。どのプロパティも値の取得と設定が可能です。

タブの項目を設定するプロパティ

設定項目	プロパティ	設定値
①上余白	TopMargin プロパティ	上の余白をポイント単位の数値で設定する
②下余白	BottomMargin プロパティ	下の余白をポイント単位の数値で設定する
③左余白	LeftMargin プロパティ	左の余白をポイント単位の数値で設定する
④右余白	RightMargin プロパティ	右の余白をポイント単位の数値で設定する
⑤ヘッダー余白	HeaderMargin プロパティ	ヘッダーの余白をポイント単位の数値で設定する ※ヘッダーの余白とは、用紙の上端からヘッダーまでの距離を表す
⑥フッター余白	FooterMargin プロパティ	フッターの余白をポイント単位の数値で設定する ※フッターの余白とは、用紙の下端からヘッダーまでの距離を表す
⑦ページ中央（水平）	CenterHorizontally プロパティ	印刷位置を水平方向のページ中央に設定する場合にTrueを設定する ※左右の余白の大きさが均等でないと、用紙の中央に印刷されない
⑧ページ中央（垂直）	CenterVertically プロパティ	印刷位置を垂直方向のページ中央に設定する場合にTrueを設定する ※上下の余白の大きさが均等でないと、用紙の中央に印刷されない

※①～⑥のくわしい設定方法については、上下の余白を設定するプロパティの解説を参照してください。
参照▶上下の余白を設定するには……P.603
※⑦⑧で設定した印刷位置は、余白を除いた範囲の中央に設定されます。また、1ページに収まらずにはみ出した範囲も、次ページで中央に配置されます。

10-2

印刷の設定

マクロの基礎知識	1
VBAの基礎知識	2
プログラミングの基礎知識	3
セルの操作	4
ワークシートの操作	5
Excelファイルの操作	6
高度なファイルの操作	7
ウィンドウの操作	8
データの操作	9
印刷	10
図形の操作	11
グラフの操作	12
コントロールの使用	13
外部アプリケーションの操作	14
VBA関数	15
そのほかの操作	16
付録	

左右のヘッダーを設定するには

オブジェクト.**LeftHeader** ―――――――――――― 取得
オブジェクト.**LeftHeader** = 設定値 ――――――― 設定
オブジェクト.**RightHeader**――――――――――― 取得
オブジェクト.**RightHeader** = 設定値―――――― 設定

▶解説

左右のヘッダーを設定するには、LeftHeaderプロパティ、RightHeaderプロパティを使用します。ヘッダーには、作成日時やファイル名、ページ番号などをVBAコードで設定します。また、文字のサイズやスタイルといったヘッダーの書式を書式コードで設定します。

参照 ヘッダーおよびフッターで使用するVBAコード……P.614
参照 ヘッダーおよびフッターで使用する書式コード……P.614
参照 VBAコードと書式コードの記述方法……P.615

▶設定する項目

オブジェクト ………… PageSetupオブジェクトを指定します。

設定値………………… ヘッダーに設定したい内容を、VBAコードや書式コードを使用して記述します。

エラーを防ぐには

フォントを設定するとき、フォントの一覧などに表示されるフォント名を正確に記述する必要があります。特に、半角スペースや全角と半角の違いなどに注意しましょう。

使用例 ヘッダーおよびフッターを設定する

アクティブシートの右側のヘッダーに「作成日時：(現在の日付)-(現在の日時)」、中央のフッターに「(ページ番号)/(総ページ数)」を設定します。ヘッダーのフォントは「MS 明朝」に設定し、「(現在の日付)-(現在の日時)」部分に下線を表示します。設定した結果は、印刷プレビューを表示して確認します。 サンプル 10-2_003.xlsm

参照 ［ヘッダー/フッター］タブの項目を設定するプロパティ……P.613
参照 印刷プレビューを表示するには……P.595

```
1  Sub ヘッダーフッター設定()
2      With ActiveSheet.PageSetup
3          .RightHeader = "&""MS 明朝""作成日時:&U&D-&T"
4          .CenterFooter = "&P/&N"
5      End With
6      ActiveSheet.PrintPreview
7  End Sub
```

606

1 ［ヘッダーフッター設定］というマクロを記述する
2 アクティブシートのページ設定について以下の処理を行う（Withステートメントの開始）
3 右側のヘッダーに「作成日時：(現在の日付)‐(現在の日時)」を設定する（フォントは「ＭＳ 明朝」、現在の日付以降に下線を表示）
4 中央のフッターに「(ページ番号)／(総ページ数)」を設定する
5 Withステートメントを終了する
6 アクティブシートの印刷プレビューを表示する
7 マクロの記述を終了する

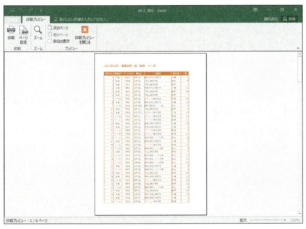

右側のヘッダーと中央のフッターを設定したい

❶VBEを起動し、コードを入力　参照▶VBAを使用してマクロを作成するには……P.85

❷入力したマクロを実行　参照▶マクロを実行するには……P.53

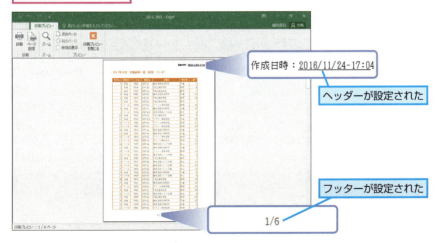

作成日時：2016/11/24-17:04
ヘッダーが設定された

フッターが設定された
1/6

10-2

印刷の設定

偶数ページに別のヘッダーおよびフッターを設定するには

オブジェクト.**OddAndEvenPagesHeaderFooter** ─────── 取得
オブジェクト.**OddAndEvenPagesHeaderFooter** = 設定値── 設定

▶解説

偶数ページに別のヘッダーおよびフッターを設定するには、OddAndEvenPagesHeaderFooter
プロパティにTrueを設定します。ヘッダーおよびフッターの内容を設定するには、まず、
PageSetupオブジェクトのEvenPageプロパティを使用して偶数ページを表すPageオブジェク
トを取得し、PageオブジェクトのLeftHeader プロパティなどを使用して、設定したいヘッダー
およびフッターをHeaderFooterオブジェクトとして取得します。ヘッダーおよびフッターの内容
は、所定のVBAコードと書式コードを使用して、このHeaderFooterオブジェクトのTextプロパ
ティに設定します。

参照📖Pageオブジェクトとは……P.610
参照📖HeaderFooterオブジェクトとは……P.610
参照📖ヘッダーおよびフッターで使用するVBAコード……P.614
参照📖ヘッダーおよびフッターで使用する書式コード……P.614
参照📖VBAコードと書式コードの記述方法……P.615
参照📖先頭ページだけ別のヘッダーおよびフッターを設定するには……P.610

▶設定する項目

オブジェクト ………… PageSetupオブジェクトを指定します。

設定値 ……………… 偶数ページに別のヘッダーおよびフッターを設定する場合にTrueを設定します。

エラーを防ぐには

通常のヘッダーやフッターはPageSetupオブジェクトのLeftHeaderプロパティなどの各プロパ
ティに設定しますが、偶数ページのヘッダーやフッターは、ヘッダーやフッターを表す
HeaderFooterオブジェクトのTextプロパティに設定します。設定するプロパティが大きく違うの
で注意が必要です。

使用例 偶数ページに別のヘッダーとフッターを設定する

アクティブシートの中央のヘッダーに「シート名」、中央のフッターに「(ページ番号) ページ」
を設定し、偶数ページの右側のヘッダーに「作成日:(現在の日付)」を設定します。作成日の「(現
在の日付)」部分を太字に設定しています。中央のフッターには全ページにページ番号を表示し
たいので、偶数ページの中央のフッターにも、奇数ページと同様に「(ページ番号) ページ」を
設定します。設定した結果は、印刷プレビューを表示して確認します。

サンプル📁10-2_004.xlsm

参照📖［ヘッダー /フッター］タブの項目を設定するプロパティ……P.613
参照📖印刷プレビューを表示するには……P.595

サイドバー（左側）:

マクロの基礎知識 1
VBAの基礎知識 2
プログラミングの基礎知識 3
セルの操作 4
ワークシートの操作 5
Excelファイルの操作 6
高度なファイルの操作 7
ウィンドウの操作 8
データの操作 9
印刷 10
図形の操作 11
グラフの操作 12
コントロールの使用 13
外部アプリケーションの操作 14
VBA関数 15
そのほかの操作 16
付録

10-2 印刷の設定

```
1  Sub 偶数ページ別ヘッダーフッター()
2      With ActiveSheet.PageSetup
3          .CenterHeader = "&A"
4          .CenterFooter = "&Pページ"
5          .OddAndEvenPagesHeaderFooter = True
6          .EvenPage.RightHeader.Text = "作成日:&B&D"
7          .EvenPage.CenterFooter.Text = "&Pページ"
8      End With
9      ActiveSheet.PrintPreview
10 End Sub
```

1 [偶数ページ別ヘッダーフッター]というマクロを記述する
2 アクティブシートのページ設定について以下の処理を行う(With ステートメントの開始)
3 中央のヘッダーに「シート名」を設定する
4 中央のフッターに「(ページ番号)ページ」を設定する
5 偶数ページに別のヘッダーおよびフッターを設定する
6 偶数ページの右側のヘッダーの内容に「作成日:(現在の日付)」を設定する(現在の日付部分は太字)
7 偶数ページの中央のフッターに「(ページ番号)ページ」を設定する
8 Withステートメントを終了する
9 アクティブシートの印刷プレビューを表示する
10 マクロの記述を終了する

偶数ページと奇数ページで異なるヘッダーを設定したい

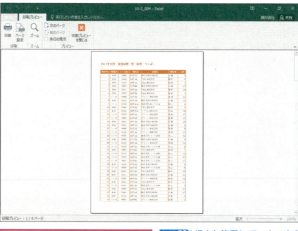

❶VBEを起動し、コードを入力

参照▶ VBAを使用してマクロを作成するには……P.85

❷入力したマクロを実行

参照▶ マクロを実行するには……P.53

10-2 印刷の設定

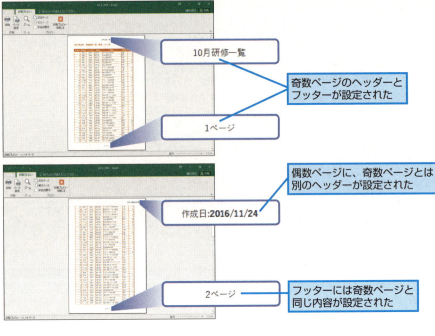

10月研修一覧

奇数ページのヘッダーとフッターが設定された

1ページ

偶数ページに、奇数ページとは別のヘッダーが設定された

作成日:2016/11/24

2ページ

フッターには奇数ページと同じ内容が設定された

HINT Pageオブジェクトとは

Pageオブジェクトは、PageSetupオブジェクトの下位オブジェクトで、印刷対象となる各ページのヘッダーおよびフッターを設定するときに使用します。PageSetupオブジェクトのEvenPageプロパティを使用すると、偶数ページを表すPageオブジェクトを取得でき、FirstPageプロパティを使用すると、先頭ページを表すPageオブジェクトを取得できます。

参照▶HeaderFooterオブジェクトとは……P.610

HINT HeaderFooterオブジェクトとは

HeaderFooterオブジェクトは、Pageオブジェクトの下位オブジェクトで、各種ヘッダーおよびフッターを表します。たとえば、PageオブジェクトのLeftHeaderプロパティを使用すると、左側のヘッダーを表すHeaderFooterオブジェクトを取得できます。HeaderFooterオブジェクトでは、ヘッダーおよびフッターの内容を設定するTextプロパティ、ヘッダーおよびフッターに画像を設定するPictureプロパティを使用できます。

参照▶Pageオブジェクトとは……P.610

HINT 先頭ページだけ別のヘッダーおよびフッターを設定するには

先頭ページだけ別のヘッダーおよびフッターを設定するには、PageSetupオブジェクトのDifferentFirstPageHeaderFooterプロパティにTrueを設定します。ヘッダーおよびフッターの内容を設定するには、まず、PageSetupオブジェクトのFirstPageプロパティを使用して先頭ページを表すPageオブジェクトを取得し、PageオブジェクトのLeftHeaderプロパティなどを使用して、設定するヘッダーやフッターをHeaderFooterオブジェクトとして取得します。ヘッダーやフッターの内容は、このHeaderFooterオブジェクトのTextプロパティに設定します。たとえば、先頭ページだけ、中央のヘッダーに太字・斜体の「社外秘」、中央のフッターに「(現在の日付)作成」を設定し、ほかのページの右側のヘッダーにシート名、中央のフッターにページ番号を設定するには、次のように記述します。

サンプル 10-2_005.xlsm

参照▶Pageオブジェクトとは……P.610
参照▶HeaderFooterオブジェクトとは……P.610

```
Sub 先頭ページ別ヘッダーフッター()
    With ActiveSheet.PageSetup
        .RightHeader = "&A"
        .CenterFooter = "&Pページ"
        .DifferentFirstPageHeaderFooter = True
        .FirstPage.CenterHeader.Text = "&B&I社外秘"
        .FirstPage.CenterFooter.Text = "&D作成"
    End With
    ActiveSheet.PrintPreview
End Sub
```

ヘッダーに画像を設定するには

10-2
印刷の設定

オブジェクト.**LeftHeaderPicture** ―――――― 取得
オブジェクト.**CenterHeaderPicture** ――――― 取得
オブジェクト.**RightHeaderPicture** ―――――― 取得

▶**解説**

ヘッダーに画像を設定するには、LeftHeaderPictureプロパティ、CenterHeaderPictureプロパティ、RightHeaderPictureプロパティを使用します。いずれも、ヘッダーに設定する画像を表すGraphicオブジェクトを取得します。画像ファイルの詳細については、取得したGraphicオブジェクトのプロパティを使用して設定します。設定した画像ファイルを表示するには、PageSetupオブジェクトのLeftHeaderプロパティなど、画像を表示したいヘッダーを設定するプロパティにVBAコード「&G」を設定します。

参照 ヘッダーおよびフッターに設定する画像を表すGraphicオブジェクトを取得するプロパティ……P.614
参照 ヘッダーおよびフッターで使用するVBAコード……P.614
参照 VBAコードと書式コードの記述方法……P.615

▶**設定する項目**

オブジェクト ……… PageSetupオブジェクトを指定します。

Graphicオブジェクトの主なプロパティ

プロパティ	取得・設定内容
Filename プロパティ	画像ファイルのファイルパス
Height プロパティ	画像ファイルの高さ（ポイント単位）
Width プロパティ	画像ファイルの幅（ポイント単位）

エラーを防ぐには

設定したパスに対象の画像ファイルが存在しない場合、エラーが発生します。あらかじめ画像ファイルの保存先を確認しておきましょう。

使用例　ヘッダーに画像を設定する

アクティブシートの右側のヘッダーに、Cドライブの[データ]フォルダーに保存されている画像ファイルを設定します。RightHeaderPictureプロパティで取得したGraphicオブジェクトについて、画像のファイルパスや高さ、幅を設定し、PageSetupオブジェクトのRightHeaderプロパティに「&G」を設定して画像ファイルを表示します。なお、印刷範囲に画像がはみ出てしまわないように、ヘッダーの余白に画像の高さを加えた高さをページの上余白に設定しています。

サンプル 10-2_003.xlsm

参照 ［ヘッダー / フッター］タブの項目を設定するプロパティ……P.613
参照 印刷プレビューを表示するには……P.595

---

1 マクロの基礎知識
2 VBAの基礎知識
3 プログラミングの基礎知識
4 セルの操作
5 ワークシートの操作
6 Excelファイルの操作
7 高度なファイルの操作
8 ウィンドウの操作
9 データの操作
10 印　刷
11 図形の操作
12 グラフの操作
13 コントロールの使用
14 外部アプリケーションの操作
15 VBA関数
16 そのほかの操作
付　録

611
できる

10-2 印刷の設定

```
1  Sub ヘッダー画像設定()
2      With ActiveSheet.PageSetup
3          .RightHeaderPicture.Filename = "C:\データ\パソコンイラスト.bmp"
4          .RightHeaderPicture.Height = 50
5          .RightHeaderPicture.Width = 50
6          .TopMargin = .HeaderMargin + 50
7          .RightHeader = "&G"
8      End With
9      ActiveSheet.PrintPreview
10 End Sub
```

1	[ヘッダー画像設定]というマクロを記述する
2	アクティブシートのページ設定について以下の処理を行う(Withステートメントの開始)
3	右側のヘッダーに設定する画像ファイルのファイル名に、ファイルパスを含む「C:\データ\パソコンイラスト.bmp」を設定する
4	右側のヘッダーに設定する画像ファイルの高さを50ポイントに設定する
5	右側のヘッダーに設定する画像ファイルの幅を50ポイントに設定する
6	ヘッダー余白に50ポイント(画像の高さ)を加えた高さをページの上余白に設定する
7	右側のヘッダーに設定した画像ファイルを表示する
8	Withステートメントを終了する
9	アクティブシートの印刷プレビューを表示する
10	マクロの記述を終了する

右上のヘッダーに画像を設定したい

❶VBEを起動し、コードを入力

参照▶VBAを使用してマクロを作成するには……P.85

Graphicオブジェクトとは

Graphicオブジェクトは、ヘッダーおよびフッターに設定する画像ファイルの各種設定を行うオブジェクトです。Graphicオブジェクトには、FilenameプロパティやHeightプロパティ、Widthプロパティのほか、画像の明るさやコントラスト、サイズなどを調整する、さまざまなプロパティがあります。くわしい内容は、VBAのヘルプを参照してください。

参照▶ヘルプを利用するには……P.131

❷入力したマクロを実行 | 参照▣マクロを実行するには……P.53

ヘッダーに画像が
設定された

そのほかのヘッダーおよびフッターの設定項目について

［ページ設定］ダイアログボックスの［ヘッダー /フッター］タブに表示されている項目を設定するPageSetupオブジェクトのプロパティを一覧にまとめて紹介します。どのプロパティも値の取得および設定が可能です。

［ヘッダー /フッター］タブの項目を設定するプロパティ

設定項目	プロパティ	設定値
①左側のヘッダー	LeftHeader プロパティ	設定したい内容を、VBA コードと書式コードを使用して設定する 参照▣ヘッダーおよびフッターで使用するVBAコード……P.614 参照▣ヘッダーおよびフッターで使用する書式コード……P.614
②中央部のヘッダー	CenterHeader プロパティ	
③右側のヘッダー	RightHeader プロパティ	
④左側のフッター	LeftFooter プロパティ	
⑤中央部のフッター	CenterFooter プロパティ	
⑥右側のフッター	RightFooter プロパティ	
⑦奇数／偶数ページ別指定	OddAndEvenPagesHeaderFooter プロパティ	奇数ページと偶数ページで、異なるヘッダーおよびフッターを設定するときに True を設定する 参照▣偶数ページに別のヘッダーおよびフッターを設定するには……P.608
⑧先頭ページのみ別指定	DifferentFirstPageHeaderFooter プロパティ	先頭ページだけ、異なるヘッダーおよびフッターを設定するときに True を設定する 参照▣先頭ページだけ別のヘッダーおよびフッターを設定するには……P.610
⑨ドキュメントに合わせて拡大／縮小	ScaleWithDocHeaderFooter プロパティ	ヘッダーおよびフッターの文字サイズと印刷の拡大縮小率を、ワークシートの設定に合わせるときに True を設定する
⑩ページ余白に合わせて配置	AlignMarginsHeaderFooter プロパティ	ヘッダーおよびフッターの余白の端を、ワークシートの余白の端に合わせるときに True を設定する

※①〜⑥で画像を設定するときは、設定する画像を表す Graphic オブジェクトを取得して、画像の設定を行う必要があります。

参照▣ヘッダーおよびフッターに設定する画像を表すGraphicオブジェクトを取得するプロパティ……P.614

参照▣ヘッダーに画像を設定するには……P.611

サイドインデックス
- 10-2 印刷の設定
- 1 マクロの基礎知識
- 2 VBAの基礎知識
- 3 プログラミングの基礎知識
- 4 セルの操作
- 5 ワークシートの操作
- 6 Excelファイルの操作
- 7 高度なファイルの操作
- 8 ウィンドウの操作
- 9 データの操作
- 10 印刷
- 11 図形の操作
- 12 グラフの操作
- 13 コントロールの使用
- 14 外部アプリケーションの操作
- 15 VBA関数
- 16 そのほかの操作
- 付録

613

ヘッダーおよびフッターに設定する画像を表すGraphicオブジェクトを取得するプロパティ

画像を設定する位置	プロパティ
①左側のヘッダー	LeftHeaderPicture プロパティ
②中央部のヘッダー	CenterHeaderPicture プロパティ
③右側のヘッダー	RightHeaderPicture プロパティ
④左側のフッター	LeftFooterPicture プロパティ
⑤中央部のフッター	CenterFooterPicture プロパティ
⑥右側のフッター	RightFooterPicture プロパティ

ヘッダーおよびフッターで使用するVBA コード

VBA コード	ヘッダーおよびフッターに設定される内容
&D	現在の日付
&T	現在の時刻
&A	シートの見出し
&F	ファイルの名前
&Z	ファイルパス
&N	ファイルの総ページ数
&P	ページ番号
&P+＜数値＞	ページ番号に指定した＜数値＞を加えた値
&P-＜数値＞	ページ番号から指定した＜数値＞を引いた値
&G	Graphic オブジェクトに設定した画像イメージ
&&	＆（アンパサンド）

ヘッダーおよびフッターで使用する書式コード

書式コード	ヘッダーおよびフッターに設定される内容
&" フォント名 "	フォントの種類
&nn	フォントサイズ ※「nn」には、ポイント数を表す 2 桁の数値を指定
&color	文字の色 ※「color」には、16 進数の色の値を、「K」に続けて「K000000」のように指定
&L	文字配置を左詰めに設定
&C	文字配置を中央揃えに設定
&R	文字配置を右詰めに設定
&I	文字スタイルを斜体に設定
&B	文字スタイルを太字に設定
&U	文字に下線を設定
&E	文字に二重下線を設定
&S	文字に取り消し線を設定
&X	文字を上付き文字に設定
&Y	文字を下付き文字に設定

HINT VBAコードと書式コードの記述方法

VBAコードと書式コードの記述方法は次のとおりです。

■半角英数字で記述し、設定内容の全体を「"（ダブルクオーテーション）」で囲む

■任意の文字列とVBAコードは続けて記述する
（例）「作成日：（現在の日付）」を印刷したい場合→"作成日：&D"

■書式コードは、書式を反映したい先頭の要素の前に記述する
（例）「作成日時：（現在の日付）」の日付の部分に下線を引きたい場合→"作成日時：&U&D"

■数値からはじまる文字列にフォントサイズの設定をするときは、数値の前に半角スペースを入れる
（例）フォントサイズ14ポイントで「2年2組」と印刷したい場合→"&14 2年2組"

■フォントを設定するときは、設定内容の全体の前に「"&""フォント名"」と記述する
（例）「作成日：（現在の日付）」の書体を「MS 明朝」にしたい場合→"&""MS 明朝""作成日：&D"

▶ 印刷範囲を設定するには

オブジェクト.PrintArea ———————————— 取得
オブジェクト.PrintArea = 設定値 ———————— 設定

▶解説

印刷範囲を設定するには、PrintAreaプロパティを使用します。印刷範囲は、A1形式で記述したセル番地を設定し、設定を解除するには、Falseまたは「""（長さ0の文字列）」を設定します。

参照 「A1形式」「R1C1形式」とは……P.279

▶設定する項目

オブジェクト ………… PageSetupオブジェクトを指定します。

設定値 …………………… 印刷範囲に設定したいセル範囲のセル番地をA1形式で記述し、「"（ダブルクオーテーション）」で囲んで設定します。

エラーを防ぐには

セル範囲をRangeプロパティやCellsプロパティを使用して記述すると、Rangeオブジェクトが設定されるのでエラーが発生します。PrintAreaプロパティには、セル番地を表す文字列を設定してください。

使用例 印刷範囲を設定する

アクティブシートの印刷範囲をセルA11～D17に設定します。設定した結果は、印刷プレビューを表示して確認します。 サンプル 10-2_007.xlsm

参照 印刷プレビューを表示するには……P.595

10-2

印刷の設定

1 マクロの基礎知識
2 VBAの基礎知識
3 プログラミングの基礎知識
4 セルの操作
5 ワークシートの操作
6 Excelファイルの操作
7 高度なファイルの操作
8 ウィンドウの操作
9 データの操作
10 印　刷
11 図形の操作
12 グラフの操作
13 コントロールの使用
14 外部アプリケーションの操作
15 VBA関数
16 そのほかの操作
付　録

615
できる

10-2 印刷の設定

```
1  Sub 印刷範囲設定()
2      With ActiveSheet
3          .PageSetup.PrintArea = "A11:D17"
4          .PrintPreview
5      End With
6  End Sub
```

1 [印刷範囲設定]というマクロを記述する
2 アクティブシートについて以下の処理を行う（Withステートメントの開始）
3 印刷範囲をセルA11～D17に設定する
4 印刷プレビューを表示する
5 Withステートメントを終了する
6 マクロの記述を終了する

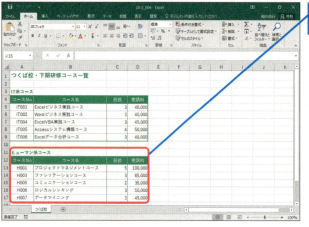

印刷範囲をセルA11～D17に設定したい

❶VBEを起動し、コードを入力

参照▶VBAを使用してマクロを作成するには……P.85

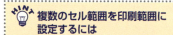

❷入力したマクロを実行　参照▶マクロを実行するには……P.53

HINT 複数のセル範囲を印刷範囲に設定するには

複数のセル範囲を印刷範囲に設定するには、セル範囲を「,（カンマ）」で区切って指定します。この場合、各印刷範囲は改ページされて印刷されます。たとえば、セルA1～D9、セルF1～I9を印刷範囲に設定するには、次のように記述します。

サンプル▶10-2_008.xlsm

```
Sub 複数の印刷範囲()
    ActiveSheet.PageSetup.PrintArea = "A1:D9,F1:I9"
End Sub
```

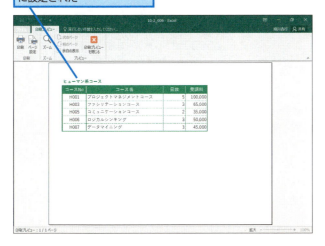

印刷範囲がセルA11～D17に設定された

タイトル行を設定するには

オブジェクト.PrintTitleRows ───── 取得
オブジェクト.PrintTitleRows = 設定値 ───── 設定

▶解説

タイトル行（各ページの上端に印刷したい行）を設定するには、PrintTitleRowsプロパティを使用します。タイトル行は、A1形式で記述した行番号を設定します。設定したい行内の単一セルを指定して、その行全体をタイトル行に設定することもできます。設定を解除するには、Falseまたは「""（長さ0の文字列）」を設定します。

参照▶「A1形式」「R1C1形式」とは……P.279

▶設定する項目

オブジェクト……… PageSetupオブジェクトを指定します。
設定値…………… タイトル行に設定したい行番号をA1形式で記述し、「"（ダブルクオーテーション）」で囲んで設定します。

▶エラーを防ぐには

セル範囲をRangeプロパティやCellsプロパティを使用して記述すると、Rangeオブジェクトが設定されるのでエラーが発生します。PrintAreaプロパティには、セル番地を表す文字列を設定してください。また、「$」を使用して絶対参照で記述しないと、タイトル行が正しく設定されない場合があります。

参照▶絶対参照に切り替えるには……P.46

10-2 印刷の設定

使用例　タイトル行を設定する

アクティブシートのタイトル行を1～3行めに設定します。設定した結果は、印刷プレビューを表示して確認します。

サンプル 10-2_009.xlsm

参照▶印刷プレビューを表示するには……P.595

```
1  Sub タイトル行設定()
2      With ActiveSheet
3          .PageSetup.PrintTitleRows = "$1:$3"
4          .PrintPreview
5      End With
6  End Sub
```

1　[タイトル行設定]というマクロを記述する
2　アクティブシートについて以下の処理を行う（Withステートメントの開始）
3　タイトル行を1～3行めに設定する
4　印刷プレビューを表示する
5　Withステートメントを終了する
6　マクロの記述を終了する

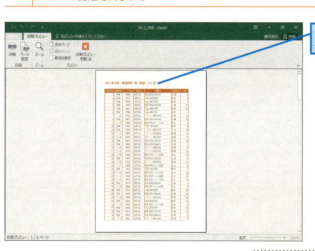

1ページめの先頭だけにタイトル行が表示されている

HINT タイトル列を設定するには

タイトル列（各ページの左端に印刷したい行）を設定するには、PrintTitleColumnsプロパティを使用します。タイトル列は、A1形式で記述した列番号を設定します。設定したい列内の単一セルを指定して、その列全体をタイトル列に設定することもできます。設定を解除するには、Falseまたは「""」（長さ0の文字列）」を設定します。たとえば、アクティブシートのタイトル列をA～D列に設定する場合は、次のように記述します。

サンプル 10-2_010.xlsm

参照▶「A1形式」「R1C1形式」とは……P.279

```
Sub タイトル列設定()
    ActiveSheet.PageSetup.PrintTitleColumns = "$A:$D"
End Sub
```

10-2 印刷の設定

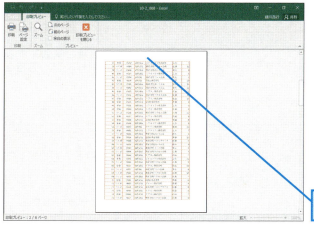

2ページめにはタイトル行が表示されていない

❶VBEを起動し、コードを入力　参照▶VBAを使用してマクロを作成するには……P.85

```
Sub タイトル行設定()
    With ActiveSheet
        .PageSetup.PrintTitleRows = "$1:$3"
        .PrintPreview
    End With
End Sub
```

❷入力したマクロを実行　参照▶マクロを実行するには……P.53

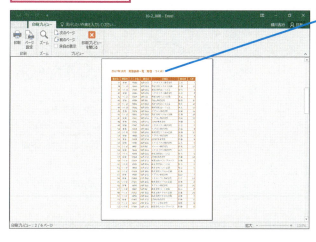

2ページめの先頭にもタイトル行が表示された

619

10-2

印刷の設定

そのほかのシートの設定項目について

［ページ設定］ダイアログボックスの［シート］タブに表示されている項目を設定する
PageSetupオブジェクトのプロパティを一覧にまとめて紹介します。どのプロパティも値の
取得および設定が可能です。

［シート］タブの項目を設定するプロパティ

設定項目	プロパティ	設定値
①印刷範囲	PrintArea プロパティ	印刷範囲に指定したセル範囲のセル番号を A1 形式で設定する 参照📖印刷範囲を設定するには……P.615
②タイトル行	PrintTitleRows プロパティ	タイトル行に設定したい行番号を A1 形式で設定する 参照📖タイトル行を設定するには……P.617
③タイトル列	PrintTitleColumns プロパティ	タイトル列に設定したい列番号を A1 形式で設定する 参照📖タイトル列を設定するには……P.618
④枠線	PrintGridlines プロパティ	セルの枠線を印刷する場合に True を設定する
⑤白黒印刷	BlackAndWhite プロパティ	白黒で印刷する場合に True を設定する
⑥簡易印刷	Draft プロパティ	簡易印刷（セルに入力されているデータだけを印刷）を実行する場合に True を設定する
⑦行列番号	PrintHeadings プロパティ	行列番号を印刷する場合に True を設定する

⑧コメント　PrintComments プロパティ

コメントの印刷方法を XlPrintLocation 列挙型の定数で設定する

XlPrintLocation列挙型の定数

定数	内容
xlPrintNoComments	印刷しない
xlPrintSheetEnd	コメントだけを最終ページにまとめて印刷する
xlPrintInPlace	画面表示のとおりに印刷する

⑨セルのエラー　PrintErrors プロパティ

エラー値の印刷方法を XlPrintErrors 列挙型の定数で設定する

XlPrintErrors列挙型の定数

定数	内容
xlPrintErrorsDisplayed	エラー値を印刷する
xlPrintErrorsBlank	エラー値を印刷しない（空白）
xlPrintErrorsDash	すべてのエラー値を「―（ダッシュ）」に置き換えて印刷する
xlPrintErrorsNA	すべてのエラー値を #N/A エラーに置き換えて印刷する

⑩ページの方向	Order プロパティ	印刷方向を XlOrder 列挙型の定数で指定する

XlOrder列挙型の定数

定数	内容
xlDownThenOver	下方向のページを印刷してから右側のページを印刷する（左から右）
xlOverThenDown	右方向のページを印刷してから下側のページを印刷する（上から下）

印刷される総ページ数を調べるには

オブジェクト.Count — 取得

▶**解説**

印刷される総ページ数を調べるには、PagesコレクションのCountプロパティを使用して、印刷される枚数を取得します。Pagesコレクションは、印刷されるすべてのページを表すコレクションで、PageSetupオブジェクトのPagesプロパティを使用して参照します。

▶**設定する項目**

オブジェクト ………… Pagesコレクションを指定します。

エラーを防ぐには

PageSetupオブジェクトを参照できるのは、WorksheetオブジェクトとChartオブジェクトだけです。Pagesコレクションを参照するPagesプロパティはPageSetupオブジェクトのプロパティなので、WorksheetオブジェクトとChartオブジェクト以外のオブジェクトやコレクションを対象として印刷総ページ数を調べようとするとエラーが発生します。Workbookオブジェクトを印刷対象としてブック全体の印刷総ページ数を調べる場合は、各シートの印刷ページ数の合計を算出します。

参照📖PageSetupオブジェクトとは……P.601
参照📖ブック全体の印刷総ページ数を調べるには……P.622

使用例　印刷される総ページ数を調べる

アクティブシートの印刷を実行する前に、印刷される総ページ数を調べてメッセージで表示します。印刷する前に総ページ数が確認できるので、「用紙が足りなかった」といったトラブルを避けることができます。　サンプル🗎10-2_011.xlsm

```
1  Sub 印刷総ページ数()
2      MsgBox "印刷総ページ数:" & _
                ActiveSheet.PageSetup.Pages.Count & vbCrLf & _
                "印刷用紙を準備してください。"
3      ActiveSheet.PrintOut
4  End Sub
```

10-2
印刷の設定

1 マクロの基礎知識
2 VBAの基礎知識
3 プログラミングの基礎知識
4 セルの操作
5 ワークシートの操作
6 Excelファイルの操作
7 高度なファイルの操作
8 ウィンドウの操作
9 データの操作
10 印　刷
11 図形の操作
12 グラフの操作
13 コントロールの使用
14 外部アプリケーションの操作
15 VBA関数
16 そのほかの操作
付　録

621
できる

10-2 印刷の設定

1. [印刷総ページ数]というマクロを記述する
2. 印刷される総ページ数を取得してメッセージで表示する
3. アクティブシートを印刷する
4. マクロの記述を終了する

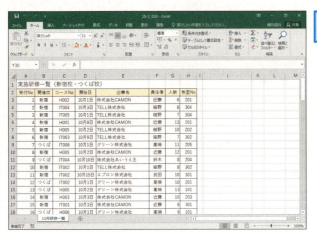

何ページ印刷されるか確認してから印刷を実行したい

参照▶ VBAを使用してマクロを作成するには……P.85

❶VBEを起動し、コードを入力

```
Sub 印刷総ページ数()
    MsgBox "印刷総ページ数：" & _
        ActiveSheet.PageSetup.Pages.Count & vbCrLf & _
        "印刷用紙を準備してください。"
    ActiveSheet.PrintOut
End Sub
```

❷入力したマクロを実行

参照▶ マクロを実行するには……P.53

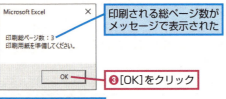

印刷される総ページ数がメッセージで表示された

❸[OK]をクリック

3ページに印刷された

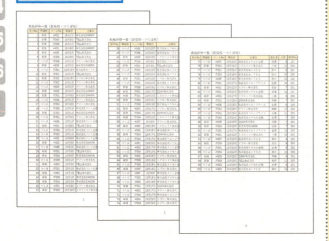

HINT ブック全体の印刷総ページ数を調べるには

ブック全体の印刷総ページ数を調べるには、ブックに含まれるすべてのワークシートについて印刷ページ数を調べて、その合計を算出します。たとえば、アクティブブックの印刷総ページ数をメッセージで表示したあとに、ブック全体を印刷する場合は、次のように記述します。

サンプル 10-2_012.xlsm

```
Sub ブック全体印刷総ページ数()
    Dim myCount As Long
    Dim myWS As Worksheet
    myCount = 0
    For Each myWS In ActiveWorkbook.Worksheets
        myCount = myCount + myWS.PageSetup.Pages.Count
    Next
    MsgBox "印刷総ページ数：" & myCount & vbCrLf & _
        "印刷用紙を準備してください。"
    ActiveWorkbook.PrintOut
End Sub
```

第11章
図形の操作

11-1. 図形の参照・・・・・・・・・・・・・・・・・・・・・・・・・・・・・・624
11-2. 図形の作成・・・・・・・・・・・・・・・・・・・・・・・・・・・・・・631
11-3. 図形の書式設定・・・・・・・・・・・・・・・・・・・・・・・・638
11-4. 図形の操作・・・・・・・・・・・・・・・・・・・・・・・・・・・・・・655

11-1 図形の参照

図形を参照する

ワークシート上に配置できる図形には、画像や図形、SmartArt、埋め込みグラフ、ワードアートなどがあります。VBAでは、ワークシート上に作成されたすべての図形はShapesコレクションとして扱い、各図形をShapeオブジェクトとして扱います。また、複数の図形をまとめて扱いたい場合は、図形の範囲を表すShapeRangeコレクションを使用します。ここでは、これらのコレクションやオブジェクトを使った図形の参照方法について説明します。

Shapesコレクション

ワークシート上にあるすべての図形を表します。すべての図形をまとめて扱う場合などに使用します。

ShapeRangeコレクション

ワークシート上にあるすべての図形、または、選択した図形を含む図形の範囲を表します。複数の図形を指定して扱う場合などに使用します。

Shapeオブジェクト

ワークシート上にある単体の図形を表します。1つの図形を扱う場合などに使用します。

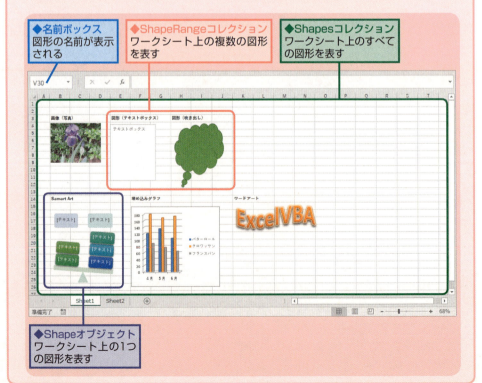

◆名前ボックス
図形の名前が表示される

◆ShapeRangeコレクション
ワークシート上の複数の図形を表す

◆Shapesコレクション
ワークシート上のすべての図形を表す

◆Shapeオブジェクト
ワークシート上の1つの図形を表す

図形を参照するには

オブジェクト.Shapes(Index) ────── 取得

▶解説

ワークシート上の1つの図形を表すShapeオブジェクトを取得するには、Shapesプロパティを使用します。引数にインデックス番号や図形の名前を指定することで特定の図形を参照することができます。Shapesプロパティで引数を省略すると、ワークシート上のすべての図形であるShapesコレクションを参照します。

▶設定する項目

オブジェクト………… WorksheetオブジェクトまたはChartオブジェクトを指定します。
Index………………… インデックス番号または図形の名前を指定します。

【エラーを防ぐには】

図形のインデックス番号は、図形の重なり順に下から1、2、3……と振られます。通常、作成順と重なり順は一致しますが、図形の重なりを変更したり図形を削除したりすると、インデックス番号が振り直されてしまいます。インデックス番号で図形を参照する場合には注意してください。特定の図形を参照する場合はできるだけ図形の名前を使用したほうがいいでしょう。

参照▶特定の図形の参照と選択……P.626

使用例　ワークシート上のすべての図形を削除する

アクティブシートに配置されているすべての図形を削除します。すべての図形を参照するにはShapesプロパティで引数を省略して、Shapesコレクションを参照します。ShapesコレクションはDeleteメソッドを持たないため、ここでは、SelectAllメソッドですべての図形を選択してから、Selectionプロパティで現在選択されているものを参照し、選択されている図形範囲をShapeRangeで取得して、Deleteメソッドで削除します。

サンプル▶11-1_001.xlsm

参照▶図形を参照するには……P.627

```
1  Sub すべての図形を削除する()
2      ActiveSheet.Shapes.SelectAll
3      Selection.ShapeRange.Delete
4  End Sub
```

1　[すべての図形を削除する]というマクロを記述する
2　アクティブシート上のすべての図形を選択する
3　選択されている複数の図形を削除する
4　マクロの記述を終了する

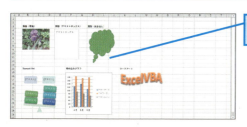

ワークシート上のすべての図形を選択して削除する

11-1 図形の参照

❶VBEを起動し、コードを入力

参照▶ VBAを使用してマクロを作成するには……P.85

❷入力したマクロを実行

参照▶ マクロを実行するには……P.53

ワークシート上のすべての図形が選択され、Deleteメソッドで削除された

使用例　特定の図形の参照と選択

ワークシート上に配置されている図形をインデックス番号で参照し、図形にインデックス番号を表示します。次に、図形［ハート 3］を図形名で参照し、選択します。図形のインデックス番号は重なり順の一番下から順に1、2、3……と付けられていることが確認できます。

サンプル▶ 11-1_002.xlsm

```
1  Sub 図形の参照と選択()
2      Dim i As Integer
3      For i = 1 To ActiveSheet.Shapes.Count
4          ActiveSheet.Shapes(i).TextFrame.Characters.Text = i
5      Next
6      ActiveSheet.Shapes("ハート 3").Select
7  End Sub
```

1 ［図形の参照と選択］というマクロを記述する
2 整数型の変数 i を宣言する
3 変数 i に1からアクティブシート上の図形の数になるまで順番に代入し、以下の処理をくり返す（Forステートメントの開始）
4 インデックス番号 i の図形に文字列 i を表示する
5 変数 i に1を足して4行めに戻る
6 アクティブシートの図形［ハート 3］を選択する
7 マクロの記述を終了する

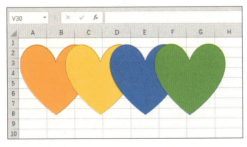

図形にインデックス番号を振りたい

図形を図形の名前で参照する

11-1 図形の参照

❶ VBEを起動し、コードを入力　　参照▶ VBAを使用してマクロを作成するには……P.85

```
Sub 図形の参照と選択()
    Dim i As Integer
    For i = 1 To ActiveSheet.Shapes.Count
        ActiveSheet.Shapes(i).TextFrame.Characters.Text = i
    Next
    ActiveSheet.Shapes("ハート 3").Select
End Sub
```

❷ 入力したマクロを実行　　参照▶ マクロを実行するには……P.53

図形のインデックス番号が表示された

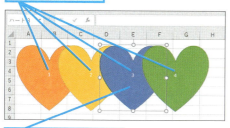

「ハート 3」で参照された図形が選択された

HINT 図形のインデックス番号を取得するには

図形のインデックス番号は、図形の重なり順を調べることで取得できます。図形の重なり順はZOrderPositionプロパティで取得します。たとえば、「MsgBox Selection.ShapeRange.ZOrderPosition」と記述すると、現在選択されている図形のインデックス番号が取得され、メッセージで表示されます。なお、ZOrderPositionプロパティは値の取得のみで設定はできません。図形の重なり順を変更するには、ZOrderメソッドを使用します。

HINT 図形の名前を調べるには

図形の名前は、名前ボックスに表示されます。図形を参照するときは、名前ボックスに表示されている名前をそのまま使用してください。また、「MsgBox Activesheet.Shapes(1).Name」と記述すると、インデックス番号が1の図形の名前をメッセージ表示して調べることができます。Excel 2007では、Nameプロパティで名前ボックスに表示されている日本語の名前がそのまま返されますが、Excel 2016／2013／2010では、名前ボックスには日本語で名前が表示されるものの、Nameプロパティは英語表記の名前を返します。

参照▶ 図形に名前を付けるには……P.629
参照▶ 図形作成時に付けられる既定の名前について……P.630

図形を参照するには

| オブジェクト.**Range**(Index) | 取得 |
| オブジェクト.**ShapeRange** | 取得 |

▶ 解説

複数の図形に対して同時に削除や書式などを設定するときは、図形範囲を表すShapeRangeコレクションに対して操作を行います。ShapeRangeコレクションは、ShapesコレクションのRangeプロパティかShapeRangeプロパティで取得します。Rangeプロパティで複数の図形を参照するには、Array関数を使って目的の図形を配列として指定します。また、ShapeRangeプロパティは、選択されている図形、埋め込みグラフ、OLEオブジェクトなどのように、指定した種類の図形をまとめて参照するときに使用します。

参照▶ Array関数で配列変数に値を格納する……P.166

11-1 図形の参照

▶設定する項目

オブジェクト………… RangeプロパティはShapesコレクションを指定します。ShapeRangeプロパティは、Selectionプロパティで参照している描画オブジェクト、ChartObjectオブジェクト、OLEObjectオブジェクト、ChartObjectsコレクション、OLEObjectsコレクションを指定します。

Index………………… 図形のインデックス番号、名前、配列を指定します。

エラーを防ぐには

ShapesコレクションはShapeRangeプロパティを持ちません。アクティブシート上のすべての図形に対して同じ処理をする場合は、「ActiveSheet.Shapes.SelectAll」ですべての図形を選択しておき、「Selection.ShapeRange」でShapeRangeコレクションを参照して、各種設定を行います。

使用例 複数の図形の枠と塗りつぶしの色を変更する

アクティブシートのすべての図形に対して枠線の色を赤に変更し、図形[弦 2]と[涙形 3]に対して塗りつぶしの色を青色に変更する処理を実行します。すべての図形に対して処理をする場合は、すべての図形を選択し、SelectionにたいしてShapeRangeプロパティでShapeRangeコレクションを取得します。また、[弦 2]と[涙形 3]を指定するには、Array関数で2つの図形を配列にし、それをRangeプロパティの引数にしてShapeRangeコレクションを取得します。

サンプル 11-1_003.xlsm

参照 Array関数で配列変数に値を格納する……P.166

```
1  Sub 複数の図形処理()
2      ActiveSheet.Shapes.SelectAll
3      Selection.ShapeRange.Line.ForeColor.RGB = RGB(255, 0, 0)
4      ActiveSheet.Shapes.Range(Array("弦 2", "涙形 3")). _
           Fill.ForeColor.RGB = RGB(0, 112, 192)
5  End Sub
```
注)「 _ (行継続文字)」の部分は、次の行と続けて入力することもできます→95ページ参照

1 [複数の図形処理]というマクロを記述する
2 アクティブシートの上にあるすべての図形を選択する
3 選択している図形の枠線の色にRGB(255、0,0)のRGB値の色に設定する
4 図形[弦 2]と[涙形 3]の塗りつぶしの色にRGB(0,112,192)のRGB値の色に設定する
5 マクロの記述を終了する

すべての図形の枠線を赤にする

図形[弦 2]と[涙形 3]の塗りつぶしの色を青にする

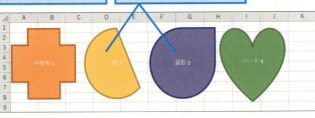

❶VBEを起動し、コードを入力　参照▶VBAを使用してマクロを作成するには……P.85

```
Sub 複数の図形処理()
    ActiveSheet.Shapes.SelectAll
    Selection.ShapeRange.Line.ForeColor.RGB = RGB(255, 0, 0)
    ActiveSheet.Shapes.Range(Array("弦 2", "涙形 3")). _
        Fill.ForeColor.RGB = RGB(0, 112, 192)
End Sub
```

❷入力したマクロを実行　参照▶マクロを実行するには……P.53

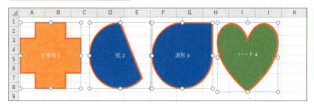

すべての図形が選択され、枠線が赤に設定された

図形[弦 2]と[涙形 3]だけ、塗りつぶしの色が青に設定された

> **HINT**
> **埋め込みグラフだけを選択する**
>
> アクティブシート上にあるすべての埋め込みグラフは、ChartObjectsコレクションで参照できます。アクティブシートにあるすべての埋め込みグラフだけを選択するには、ShapeRangeプロパティを使用して「ActiveSheet.ChartObjects.ShapeRange.Select」と記述します。

図形に名前を付けるには

オブジェクト.Name　　　　　　　　　　　　　　　　取得
オブジェクト.Name = 設定値　　　　　　　　　　　設定

▶解説

図形に対して操作するときに、インデックス番号を指定するだけでなく、名前を使用して図形を指定することもできます。図形の名前は、図形を作成したときに自動的に設定されます。図形を選択すると、名前ボックスに設定された名前が表示されます。Nameプロパティを使用すれば、VBAで名前の取得と設定ができます。VBAで図形を操作しやすくするためにNameプロパティでわかりやすい名前を設定するといいでしょう。なお、Excel 2016／2013／2010とExcel 2007では、図形の既定の名前の設定方法が異なっています。詳細は次ページのコラムを参照してください。

参照▶図形の作成時に付けられる既定の名前について……P.630
参照▶直線の作成と同時に名前や書式を指定する……P.633

▶設定する項目

オブジェクト………Shapeオブジェクト、ShapeRangeコレクションを指定します。
設定値……………図形の名前を文字列で指定します。

> **エラーを防ぐには**
>
> 同じワークシート上にある複数の図形には異なる名前を付けるようにしてください。また、既定の名前で図形を参照する場合、Excel 2016／2013／2010のNameプロパティで取得される名前は、名前ボックスに表示される名前ではなく、英語表記の名前となります。既定の名前で図形を参照する場合には注意が必要です。

11-1 図形の参照

使用例 図形の名前を設定する

図形「十字形 1」の名前を「Shape01」に変更します。

サンプル 11-1_004.xlsm

```
1  Sub 図形の名前を設定する()
2      ActiveSheet.Shapes("十字形 1").Name = "Shape01"
3  End Sub
```

1 [図形の名前を設定する]というマクロを記述する
2 アクティブシートの図形[十字形 1]の名前を「Shape01」に設定する
3 マクロの記述を終了する

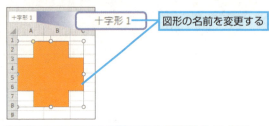

図形の名前を変更する

❶VBEを起動し、コードを入力

参照▶ VBAを使用してマクロを作成するには……P.85

❷入力したマクロを実行

参照▶ マクロを実行するには……P.53

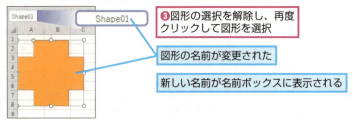

❸図形の選択を解除し、再度クリックして図形を選択

図形の名前が変更された

新しい名前が名前ボックスに表示される

図形作成時に付けられる既定の名前について

Excel 2016/2013/2010では、図形を作成すると、名前ボックスに表示される日本語名と、VBAで使用する英語名（内部名）の2つの名前が設定されます。たとえば、ワークシートに円を作成すると、日本語名で「楕円 1」、英語名で「Oval 1」が設定され、図形を参照するときは「Shapes("楕円 1")」、「Shapes("Oval 1")」の2つの名前を使用することができます。名前を既定のままにしておくと、Nameプロパティは英語名「Oval 1」を取得します。作成した図形にNameプロパティを使って名前を設定すれば、名前ボックスに表示される名前とNameプロパティで取得される名前を同じにすることができます。作成後の図形をVBAで操作する可能性がある場合は、Nameプロパティで名前を設定しておくことをおすすめします。

一方、Excel 2007では、名前ボックスに表示される名前とVBAで使用される内部名の区別がなくなり、名前ボックスに表示されている日本語の名前がそのままVBAでも使用されます。Excel 2007で作成した図形を既定の名前のまま参照する場合には、名前ボックスに表示される名前を使用してください。しかし、既定の名前のままだと「1 つの角を丸めた四角形 1」のように長い名前の場合があるので、Nameプロパティで扱いやすい名前に変更したほうがいいでしょう。

11-2 図形の作成

図形の作成

VBAで図形を作成するには、Shapesコレクションのメソッドを使用します。作成する図形に応じてメソッドを使い分けます。ここでは、直線やテキストボックス、図形の作成方法について説明します。

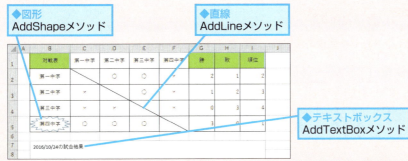

◆図形 AddShapeメソッド
◆直線 AddLineメソッド
◆テキストボックス AddTextBoxメソッド

メソッド	内容
AddCallout	輪郭なしの吹き出しを作成
AddChart AddChart2（2016／2013）	埋め込みグラフを作成
AddConnector	コネクタを作成
AddCurve	ベジェ曲線を作成
AddFormControl	コントロールを作成
AddLabel	ラベルを作成
AddLine	直線を作成
AddOLEObject	OLE オブジェクトを作成

メソッド	内容
AddPicture AddPicture2（2016／2013）	既存の画像ファイルから図を作成
AddPolyline	開いた曲線または閉じた多角形を作成
AddShape	図形を作成
AddSmartArt（2016/2013/2010）	スマートアートの作成
AddTextBox	テキストボックスを作成
AddTextEffect	ワードアートを作成
BuildFreeform	フリーフォームを作成

直線を作成するには

オブジェクト.AddLine(BeginX, BeginY, EndX, EndY)

▶解説

ShapesコレクションのAddLineメソッドを使用すると、ワークシート上に直線を引くことができます。引数BeginX、BeginYで始点、引数EndX、EndYで終点を指定して、作成する直線の長さや位置を設定します。

11-2 図形の作成

▶設定する項目

オブジェクト………Shapesコレクションを指定します。
BeginX……………直線の始点を左端からの位置で指定します。単位はポイントです。
BeginY……………直線の始点を上端からの位置で指定します。単位はポイントです。
EndX………………直線の終点を左端からの位置で指定します。単位はポイントです。
EndY………………直線の終点を上端からの位置で指定します。単位はポイントです。

エラーを防ぐには

AddLineメソッドでは、作成する直線の太さ、色、矢印などの指定はできません。これらの設定は、作成したShapeオブジェクトに対して行います。

使用例　直線を引く

直線を作成し、作成した直線の色を黒、名前を「Line01」に設定します。

サンプル 11-2_001.xlsm

```
1  Sub 直線を引く()
2      With ActiveSheet.Shapes.AddLine(112, 33, 370, 165)
3          .Line.ForeColor.SchemeColor = 8
4          .Name = "Line01"
5      End With
6  End Sub
```

1　[直線を引く]というマクロを記述する
2　アクティブシートに、始点が左から112ポイント、上から33ポイント、終点が左から370ポイント、上から165ポイントの直線を作成し、作成した直線に対して以下の処理を実行する（Withステートメントの開始）
3　直線の線の色を黒に設定する
4　直線の名前を「Line01」に設定する
5　Withステートメントを終了する
6　マクロの記述を終了する

❶VBEを起動し、コードを入力

参照▶ VBAを使用してマクロを作成するには……P.85

❷入力したマクロを実行

参照▶ マクロを実行するには……P.53

11-2 図形の作成

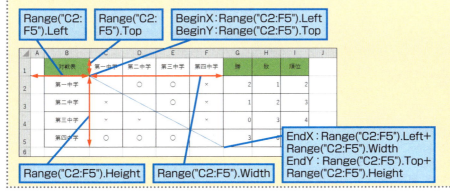

直線が描画された

HINT セルやセル範囲を使用して直線を引く

直線を作成するときは、始点、終点をポイント単位で設定しますので、「100」とか「200」といった数値を直接引数に指定できますが、セルやセル範囲に合わせて作成したほうが正確かつ、わかりやすくなります。使用例をセルC2～F5の左上角を始点、右下角を終点として直線を引くにはセルC2～F5のLeft、Top、Width、Heightプロパティを組み合わせて次のように設定します。

サンプル 11-2_001.xlsm

このマクロを実行するとセル範囲に合わせて直線を引ける

```
Sub 指定範囲に直線を引く()
    Dim myRange As Range
    Set myRange = Range("C2:F5")
    ActiveSheet.Shapes.AddLine myRange.Left, myRange.Top, _
        myRange.Left + myRange.Width, myRange.Top + myRange.Height
    Set myRange = Nothing
End Sub
```

- Range("C2:F5").Left
- Range("C2:F5").Top
- BeginX：Range("C2:F5").Left
- BeginY：Range("C2:F5").Top
- Range("C2:F5").Height
- Range("C2:F5").Width
- EndX：Range("C2:F5").Left + Range("C2:F5").Width
- EndY：Range("C2:F5").Top + Range("C2:F5").Height

HINT 直線の作成と同時に名前や書式を指定する

AddLineメソッドは、作成した図形を表すShapeオブジェクトを返すので、直線の作成と同時に名前や書式を設定することができます。使用例では、AddLineメソッドにより作成したShapeオブジェクトに対して複数の設定をするので、Withステートメントにして、Lineプロパティで線の書式設定、Nameプロパティで名前を設定しています。

参照▶線の書式を設定するには……P.639
参照▶図形に名前を付けるには……P.629

テキストボックスを作成するには

オブジェクト.AddTextbox(Orientation, Left, Top, Width, Height)

▶解説

ShapesコレクションのAddTextboxメソッドは、ワークシート上にテキストボックスを作成し、Shapeオブジェクトを返します。引数Orientationで文字列の向きを指定し、引数Left、Topで開始位置、引数Width、Heightでテキストボックスの大きさを指定します。

▶設定する項目

オブジェクト……… Shapesコレクションを指定します。

Orientation……… テキストボックスの文字列の向きをMsoTextOrientation列挙型の定数のなかから指定します。

MsoTextOrientation列挙型の定数

定数	内容
msoTextOrientationHorizontal	横書き
msoTextOrientationUpward	下から上
msoTextOrientationDownward	上から下
msoTextOrientationVerticalFarEast	縦書き（アジアの言語サポート用）
msoTextOrientationVertical	垂直方向
msoTextOrientationHorizontalRotatedFarEast	水平方向および回転（アジアの言語サポート用）

Left………………… テキストボックスの左端の位置をポイント単位で指定します。

Top………………… テキストボックスの上端の位置をポイント単位で指定します。

Width……………… テキストボックスの幅をポイント単位で指定します。

Height……………… テキストボックスの高さをポイント単位で指定します。

エラーを防ぐには

MsoTextOrientation列挙型の定数のなかには、インストールされている言語や、選択されている言語によって、使用できないものがあるので注意してください。通常、日本語環境では、横書きの場合はmsoTextOrientationHorizontal、縦書きの場合はmsoTextOrientationVerticalFarEastを使用します。

使用例　指定範囲にテキストボックスを作成する

セルB7 ～ I9に横書きのテキストボックスを作成します。セルB7 ～ I9をRange型変数myRangeに格納し、RangeオブジェクトのLeftプロパティ、Topプロパティ、Widthプロパティ、Heightプロパティでテキストボックスの開始位置と大きさを指定します。また、作成したテキストボックスの名前を「TextBox01」、テキストボックス内に「(今日の日付) の試合結果」という文字列を設定します。

サンプル■11-2_002.xlsm

```
1  Sub 指定範囲にテキストボックスを作成する()
2      Dim myRange As Range
3      Set myRange = Range("B7:I9")
4      With ActiveSheet.Shapes.AddTextbox _
           (msoTextOrientationHorizontal, myRange.Left, _
           myRange.Top, myRange.Width, myRange.Height)
5          .Name = "TextBox01"
6          .TextFrame.Characters.Text = Date & "の試合結果"
7      End With
8      Set myRange = Nothing
```

9 End Sub　　　　注)「 _（行継続文字）」の部分は、次の行と続けて入力することもできます→95ページ参照

1 「指定範囲にテキストボックスを作成する」というマクロを記述する
2 Range型オブジェクト変数myRangeを宣言する
3 変数myRangeにセルB7～I9を格納する
4 アクティブシートのセルB7～I9に横書きのテキストボックスを作成し、以下の処理を実行する（Withステートメントの開始）
5 テキストボックスの名前を「TextBox01」に設定する
6 テキストボックスに「（今日の日付）の試合結果」と文字列を設定する
7 Withステートメントの終了
8 変数myRangeへの参照を解放する
9 マクロの記述を終了する

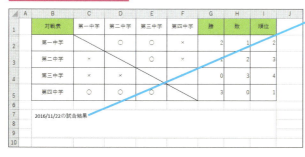

❶VBEを起動し、コードを入力
参照▶ 参照▶ VBAを使用してマクロを作成するには……P.85

```
Sub 指定範囲にテキストボックスを作成する()
    Dim myRange As Range
    Set myRange = Range("B7:I9")
    With ActiveSheet.Shapes.AddTextbox _
        (msoTextOrientationHorizontal, _
        myRange.Left, myRange.Top, myRange.Width, myRange.Height)
        .Name = "TextBox01"
        .TextFrame.Characters.Text = Date & "の試合結果"
    End With
    Set myRange = Nothing
End Sub
```

❷入力したマクロを実行　参照▶ 参照▶ マクロを実行するには……P.53

テキストボックスが作成され、日付を含む文字列が入力された

HINT 図形に文字を表示する

作成した図形に文字を表示するには、「Shapeオブジェクト.TextFrame.Characters.Text="文字列"」の書式で設定します。Shapeオブジェクトのレイアウト枠を表すTextFrameオブジェクトをTextFrameプロパティを使って取得し、文字列を表すCharactersオブジェクトをCharactersメソッドを使って参照して、Textプロパティで文字列を指定します。なお、Shapeオブジェクトを選択しているときは、「Selection.Text="文字列"」とシンプルなコードで文字列を入力することもできます。

11-2

図形の作成

図形を作成するには

オブジェクト.**AddShape**(Type, Left, Top, Width, Height)

▶解説

Shapesコレクションの AddShape メソッドは、ワークシート上に図形を作成し、Shapeオブジェクトを返します。引数Typeを指定して、四角形、星型、ハートなどのさまざま図形を作成することができます。引数Left、Topで開始位置を、引数Width、Heightで大きさを指定します。

▶設定する項目

オブジェクト‥‥‥‥ Shapesコレクションを指定します。

Type‥‥‥‥‥‥‥‥ 作成する図形の種類をMsoAutoShapeType列挙型の定数で指定します。

MsoAutoShapeType列挙型の主な定数

図形	値	定数
□	1	msoShapeRectangle
△	7	msoShapeIsoscelesTriangle
○	9	msoShapeOval
⇨	33	msoShapeRightArrow
✧	93	msoShape8pointStar

※すべてのMsoAutoShapeType列挙型の定数をまとめた一覧をサンプルファイルと一緒にダウンロードできます。

Left‥‥‥‥‥‥‥‥ 図形の左端の位置をポイント単位で指定します。

Top‥‥‥‥‥‥‥‥ 図形の上端の位置をポイント単位で指定します。

Width‥‥‥‥‥‥‥ 図形の幅をポイント単位で指定します。

Height‥‥‥‥‥‥ 図形の高さをポイント単位で指定します。

エラーを防ぐには

AddShapeメソッドは、いろいろな図形を作成することができますが、直線やテキストボックスなどは作成できません。すべての図形を作成できるわけではないことに注意しましょう。作成できる図形は、MsoAutoShapeType列挙型の定数で確認できます。なお、直線やテキストボックスのような図形を作成するにはAddLineやAddTextBoxといった別のメソッドを使用します。

参照📖直線を作成するには‥‥‥‥P.631
参照📖テキストボックスを作成するには‥‥‥‥P.633

使用例 　指定範囲に図形を作成する

セルB5に合わせて図形［星16］を追加します。セル範囲に合わせるためにRange型変数myRangeにセル範囲を格納し、RangeオブジェクトのLeftプロパティ、Topプロパティ、Widthプロパティ、Heightプロパティで図形の始点と大きさを指定します。また、セルの文字を表示するために図形の塗りつぶしを非表示（[塗りつぶしなし]）にします。

サンプル📄11-2_003.xlsm

【左サイドバー】
- マクロの基礎知識 1
- VBAの基礎知識 2
- プログラミングの基礎知識 3
- セルの操作 4
- ワークシートの操作 5
- Excelファイルの操作 6
- 高度なファイルの操作 7
- ウィンドウの操作 8
- データの操作 9
- 印刷 10
- 図形の操作 11
- グラフの操作 12
- コントロールの使用 13
- 外部アプリケーションの操作 14
- VBA関数 15
- そのほかの操作 16
- 付録

11-2 図形の作成

```
1  Sub 指定範囲に図形を作成する()
2    Dim myRange As Range
3    Set myRange = Range("B5")
4    With ActiveSheet.Shapes.AddShape(msoShape16pointStar, _
         myRange.Left, myRange.Top, myRange.Width, myRange.Height)
5      .Line.ForeColor.RGB = RGB(255, 0, 0)
6      .Fill.Visible = False
7    End With
8    Set myRange = Nothing
9  End Sub
```

注)「_ (行継続文字)」の部分は、次の行と続けて入力することもできます→95ページ参照

1. [指定範囲に図形を作成する]というマクロを記述する
2. Range型の変数myRangeを宣言する
3. 変数myRangeにセルB5を格納する
4. アクティブシートにセルB5の左位置、上端位置、幅、高さで図形(星16)を作成し、作成した図形について以下の処理を実行する
5. 図形の枠線の色を赤に設定する
6. 図形の塗りつぶしを非表示([塗りつぶしなし])に設定する
7. Withステートメントの終了
8. 変数myRangeの参照を開放する
9. マクロの記述を終了する

❶ VBEを起動し、コードを入力
参照▶ VBAを使用してマクロを作成するには……P.85

❷ 入力したマクロを実行
参照▶ マクロを実行するには……P.53

セルB5の大きさで図形が描画された

HINT 図形の種類を変更する

作成した図形の種類を変更するには、ShapeオブジェクトまたはShapeRangeコレクションのAutoShapeTypeプロパティを使用します。設定値にはMsoAutoShapeType列挙型の定数を使用します。たとえば、アクティブシートの1つめの図形の種類を[太陽]に変更するには、「ActiveSheet.Shapes(1).AutoShapeType = msoShapeSun」と記述します。

HINT 順位が1位のセルに図形を作成する

使用例で、I列の順位が1位のセルに自動的に図形を作成するには、次のように記述することができます。表のI列の2行めから5行めの間で値が「1」の行を探し、見つかった行のB列のセルに図形を作成します。これで順位が入れ替わっても自動的に1位に図形が作成されるようになります。

サンプル 11-2_004.xlsm

このマクロを実行すると順位が1位のセルに図形を作成できる

```
Sub 順位が1位のセルに図形を作成する()
  Dim myRange As Range, i As Integer
  For i = 2 To 5
    If Cells(i, "I").Value = 1 Then
      Set myRange = Cells(i, "B")
      With ActiveSheet.Shapes.AddShape(msoShape16pointStar, _
           myRange.Left, myRange.Top, myRange.Width, myRange.Height)
        .Line.ForeColor.RGB = RGB(255, 0, 0)
        .Fill.Visible = False
      End With
    End If
  Next
  Set myRange = Nothing
End Sub
```

11-3 図形の書式設定

図形の書式設定

作成した図形は、線の太さや色を変更したり、塗りつぶしの色やグラデーション、テクスチャなどの効果を付けたりして、書式を変更することができます。図形の線を設定するにはLineFormatオブジェクト、塗りつぶしを設定するにはFillFormatオブジェクトを使用して操作します。また、図のスタイルを使用して一度に複数の図形の見栄えを整えることもできます。ここでは、図形に書式を設定する方法を説明します。

線の書式設定（LineFormatオブジェクト）

直線や図形の枠線の書式を設定する

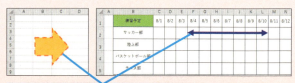

線のスタイルや太さ、矢印、色などの書式が設定できる

塗りつぶしの書式設定（FillFormatオブジェクト）

図形の塗りつぶしに色、グラデーション、テクスチャ、画像などの効果を設定する

塗りつぶしやグラデーションを設定できる

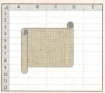 

テクスチャや画像を設定できる

図のスタイル（ShapeStyleプロパティ）

あらかじめ用意されている図のスタイルを使って線や塗りつぶしなどの効果をすばやく設定する

塗りつぶしやグラデーションを設定できる

線の書式を設定するには

オブジェクト.Line　　　　　　　　　　　　　　　取得

▶解説

直線や図形の枠線の書式を設定するには、ShapeオブジェクトまたはShapeRangeコレクションのLineプロパティを使用してLineFormatオブジェクトを取得します。LineFormatオブジェクトは、色、太さ、矢印などの線の書式を設定するためのオブジェクトです。ここでは、LineプロパティでLineFormatオブジェクトを取得し、線の書式設定を確認します。

▶設定する項目

オブジェクト･･･････ Shapeオブジェクト、ShapeRangeコレクションを指定します。

▶エラーを防ぐには

LineFormatオブジェクトは、直線と図形の枠線の両方の書式を設定するためのいくつかのプロパティを持ちますが、矢印のスタイルなどのように図形の枠線では使用できないものもあります。

使用例　枠線の書式を設定する

ワークシートの1つめの図形の枠線の点線のスタイルと色を変更します。点線のスタイルを設定するにはDashStyleプロパティ、色を設定するにはLineFormatオブジェクトのForeColorプロパティを使い、線の色を表すColorFormatオブジェクトを取得して、SchemeColorプロパティで赤色に設定します。

サンプル 11-3_001.xlsm

参照▶ SchemeColorプロパティで指定できる色 ･･････ P.641

```
1  Sub 枠線の書式を設定する()
2      With ActiveSheet.Shapes(1).Line
3          .DashStyle = msoLineDash
4          .ForeColor.SchemeColor = 10
5      End With
6  End Sub
```

1 ［枠線の書式を設定する］というマクロを記述する
2 アクティブシート上にある1つめの図形の枠線について以下の処理を行う（Withステートメントの開始）
3 点線種類を［破線］に設定する
4 線の色を赤に設定する
5 Withステートメントを終了する
6 マクロの記述を終了する

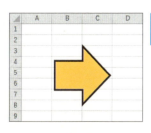

矢印の枠線を、赤い破線にする

11-3 図形の書式設定

❶VBEを起動し、コードを入力

参照▶VBAを使用してマクロを作成するには……P.85

❷入力したマクロを実行

参照▶マクロを実行するには……P.53

枠線の色と種類が変更された

HINT 線に色を設定するには

線に色を設定するには、ColorFormatオブジェクトを操作します。線のColorFormatオブジェクトは、ForeColorプロパティで取得できます。色はRGBプロパティを使ってRGB関数で指定したり、SchemeColorプロパティを使用して色番号で指定できます。また、ObjectThemeColorプロパティでMsoThemeColorIndex列挙型の定数を使ってテーマの色を指定したり、TintAndShadeプロパティで明暗を設定したりすることもできます。

参照▶SchemeColorプロパティで指定できる色……P.641

使用例 指定した範囲に矢印を作成する

InputBoxメソッドで選択されたセル範囲に対して、双方向の矢印を水平に引きます。始点の矢印の形はBeginArrowHeadStyleプロパティ、終点の矢印の形はEndArrowHeadStyleプロパティで、それぞれMsoArrowHeadStyle列挙型の定数を指定します。太さはWeightプロパティ、色はForeColorプロパティでColorFormatオブジェクトを取得してRGBプロパティで設定します。

サンプル▶11-03-002.xlsm

```
1  Sub 矢印を作成する()
2      Dim r As Range
3      Set r = Application.InputBox("矢印を引く範囲を選択", Type:=8)
4      With ActiveSheet.Shapes.AddLine(r.Left, r.Top + r.Height / 2, _
           r.Left + r.Width, r.Top + r.Height / 2).Line
5          .BeginArrowheadStyle = msoArrowheadTriangle
6          .EndArrowheadStyle = msoArrowheadTriangle
7          .Weight = 6
8          .ForeColor.RGB = RGB(0, 0, 128)
9      End With
10 End Sub
```

注)「 _ (行継続文字)」の部分は、次の行と続けて入力することもできます→95ページ参照

1 [矢印を作成する]というマクロを記述する
2 Range型の変数rを選択する
3 入力用のダイアログボックスを表示し、ドラッグで指定されたセル範囲を変数rに格納する
4 アクティブシートに変数rのセル範囲に直線を水平に引き、その直線（LineFormatオブジェクト）について次の処理を実行する(Withステートメントの開始)
5 矢印の始点の形を「msoArrowheadTriangle」に設定する
6 矢印の終点の形を「msoArrowheadTriangle」に設定する
7 太さを6ポイントに設定する
8 線の色をRGB(0,0,128)のRGB値の色に設定する
9 Withステートメントを終了する
10 マクロの記述を終了する

11-3 図形の書式設定

表の選択したセルに水平の矢印を描画する

❶ VBEを起動し、コードを入力　　参照▶ VBAを使用してマクロを作成するには……P.85

```
Sub 矢印を作成する()
    Dim r As Range
    Set r = Application.InputBox("矢印を引く範囲を選択", Type:=8)
    With ActiveSheet.Shapes.AddLine(r.Left, r.Top + r.Height / 2, _
        r.Left + r.Width, r.Top + r.Height / 2).Line
        .BeginArrowheadStyle = msoArrowheadTriangle
        .EndArrowheadStyle = msoArrowheadTriangle
        .Weight = 6
        .ForeColor.RGB = RGB(0, 0, 128)
    End With
End Sub
```

❷ 入力したマクロを実行　　参照▶ マクロを実行するには……P.53

[入力]ダイアログボックスが表示された　　❸ セルF2～L2をドラッグ　　❹ [OK]をクリック

矢印が描画された

HINT SchemeColorプロパティで指定できる色

SchemeColorプロパティで指定できる色は、下表のようになります。なお、SchemeColorプロパティの値は、ColorIndexプロパティのインデックス番号とは異なります。間違えないように注意してください。

参照▶ 色のインデックス番号に対応する色……P.332

色	値	色	値	色	値	色	値	色	値	色	値
	8		60		59		58		56		18		62		63
	16		53		19		17		21		12		54		23
	10		52		50		57		49		48		20		55
	14		51		13		11		15		40		61		22
	45		47		43		42		41		44		46		9
	24		25		26		27		28		29		30		31
	32		33		34		35		36		37		38		39

11-3
図形の書式設定

> **HINT 水平線を引く**
>
> 水平線を引くには、AddLineメソッドの第2引数BeginYと第4引数EndYの値を同じにします。ここでは、指定したセル範囲の上下方向の 中央に水平線を引くため、始点と終点の上からの位置を「r.Top + r.Height / 2」としています。

LineFormatオブジェクトの主なプロパティ

プロパティ	内容	設定値
Style	線のスタイル	MsoLineStyle 列挙型の定数
Weight	線の太さ	ポイント単位
DashStyle	点線のスタイル	MsoLineDashStyle 列挙型の定数
ForeColor	ColorFormat オブジェクトの取得	RGB プロパティ、ObjectThemeColor プロパティ、SchemeColor プロパティで色設定
BeginArrowheadStyle	矢印の始点スタイル	MsoArrowheadStyle 列挙型の定数
EndArrowheadStyle	矢印の終点スタイル	
BeginArrowheadLength	矢印の始点の長さ	MsoArrowheadLength 列挙型の定数
EndArrowheadLength	矢印の終点の長さ	
BeginArrowheadWidth	矢印の始点の幅	MsoArrowheadWidth 列挙型の定数
EndArrowheadWidth	矢印の終点の幅	
Visible	線の表示／非表示	msoTrue/msoFalse

▶ 塗りつぶしの設定をするには

オブジェクト.Fill　　　　　　　　　　　　　　　　　　　取得

▶解説

図形の塗りつぶしの設定をするには、ShapeオブジェクトまたはShapeRangeコレクションのFillプロパティを使用してFillFormatオブジェクトを取得します。FillFormatオブジェクトは、図形の塗りつぶしの書式設定を行うためのオブジェクトで、色、グラデーション、画像、テクスチャなどいろいろな種類の設定が行えます。

▶設定する項目

オブジェクト……… Shapeオブジェクト、ShapeRangeコレクションを指定します。

> **エラーを防ぐには**
>
> Fillプロパティは、直線やコネクタのような図形には設定できません。

使用例　図形に塗りつぶしの色を設定する

アクティブシート上の図形の塗りつぶしの色を赤に設定します。塗りつぶしの色を設定するには、ForeColorプロパティを使ってColorFormatオブジェクトを参照します。ここでは、SchemeColorプロパティを使って塗りつぶしの色を赤色に設定します。 **サンプル** 11-3_003.xlsm

参照 SchemeColorプロパティで指定できる色……P.641

サイドバー目次
- マクロの基礎知識 1
- VBAの基礎知識 2
- プログラミングの基礎知識 3
- セルの操作 4
- ワークシートの操作 5
- Excelファイルの操作 6
- 高度なファイルの操作 7
- ウィンドウの操作 8
- データの操作 9
- 印刷 10
- 図形の操作 11
- グラフの操作 12
- コントロールの使用 13
- 外部アプリケーションの操作 14
- VBA関数 15
- そのほかの操作 16
- 付録

```
1  Sub 塗りつぶしの色を設定()
2      ActiveSheet.Shapes(1).Fill.ForeColor.SchemeColor = 10
3  End Sub
```

1 ［塗りつぶしの色を設定］というマクロを記述する
2 アクティブシート上の1つめの図形の塗りつぶしの色を赤に設定する
3 マクロの記述を終了する

図形の塗りつぶしの色を赤にする

❶VBEを起動し、コードを入力　　参照▶VBAを使用してマクロを作成するには……P.85

❷入力したマクロを実行　　参照▶マクロを実行するには……P.53

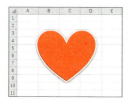

塗りつぶしの色が赤に変更された

グラデーションで塗りつぶすには

オブジェクト.OneColorGradient(GradientStyle, Variant, Degree)
オブジェクト.TwoColorGradient(GradientStyle, Variant)

▶解説
図形をグラデーションで塗りつぶすには、1色のグラデーションで塗りつぶすOneColorGradientメソッドと2色のグラデーションで塗りつぶすTwoColorGradientメソッドが使用できます。1色のグラデーションでは、ForeColorプロパティで指定した色と、明度によって指定した黒から白の間の色が使用されます。2色のグラデーションでは、1つめの色をForeColorプロパティで指定し、2つめの色をBackColorプロパティで指定します。

▶設定する項目
オブジェクト…………FillFormatオブジェクト、ChartFillFormatオブジェクトを指定します。
GradientStyle………グラデーションの種類をMsoGradientStyle列挙型の定数で指定します。

MsoGradientStyleクラスの定数

スタイル	値	定数
	1	msoGradientHorizontal
	2	msoGradientVertical
	3	msoGradientDiagonalUp
	4	msoGradientDiagonalDown
	5	msoGradientFromCorner
	6	msoGradientFromTitle(2003／2002のみ)
	7	msoGradientFromCenter

Variant……………グラデーションのバリエーションを1から4までの整数で指定します。

Degree……………グラデーションの明度を0.0（暗い）～1.0（明るい）の間の単精度浮動小数点型の数値で指定します。

エラーを防ぐには

OneColorGradientメソッド、TwoColorGradientメソッドではグラデーションの設定をしますが、グラデーションの色は設定しません。ForeColorプロパティ、BackColorプロパティで別途指定する必要があります。また、引数GradientStyleでmsoGradientFromCenterを指定した場合は、引数Variantは1または2を指定します。

使用例　グラデーションで塗りつぶす

1つの図形を1色のグラデーションで塗りつぶし、もう1つの図形を2色のグラデーションで塗りつぶします。

サンプル 11-3_004.xlsm

```
1  Sub グラデーションで塗りつぶす()
2      With ActiveSheet.Shapes(1).Fill
3          .OneColorGradient msoGradientHorizontal, 1, 1
4          .ForeColor.RGB = RGB(255, 0, 0)
5      End With
6      With ActiveSheet.Shapes(2).Fill
7          .TwoColorGradient msoGradientHorizontal, 1
8          .ForeColor.RGB = RGB(255, 0, 0)
9          .BackColor.RGB = RGB(255, 255, 0)
10     End With
11 End Sub
```

1　[グラデーションで塗りつぶす]というマクロを記述する
2　アクティブシートのインデックス番号1の図形の塗りつぶし（FillFormatオブジェクト）について次の処理を行う(Withステートメントの開始))
3　1色で下方向のグラデーションを、明度を明るくして設定する
4　ForeColorプロパティで色をRGB（255,0,0）のRGB値の色(赤)に設定する
5　Withステートメントを終了する
6　アクティブシートのインデックス番号2の図形の塗りつぶし（FillFormatオブジェクト）について次の処理を行う(Withステートメントの開始)

7　2色で下方向のグラデーションを設定する
8　ForeColorプロパティで色をRGB（255,0,0）のRGB値の色（赤）に設定する
9　BackColorプロパティで色をRGB（255,255,0）のRGB値の色（黄）に設定する
10　Withステートメントを終了する）
11　マクロの記述を終了する

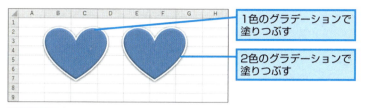

1色のグラデーションで塗りつぶす

2色のグラデーションで塗りつぶす

❶VBEを起動し、コードを入力

参照▶VBAを使用してマクロを作成するには……P.85

❷入力したマクロを実行　　参照▶マクロを実行するには……P.53

赤から白へのグラデーションが設定された

赤から黄色へのグラデーションが設定された

HINT 引数Variantの設定値

引数Variantでは、グラデーションのバリエーションを1から4までの整数で指定します。例えば、ForeColorを赤にして、OneColorGradientメソッドで、引数GradientStyleをmsoGradientHorizontalにした場合、Variantの設定値（1～4）により表示されるグラデーションは次の通りです。

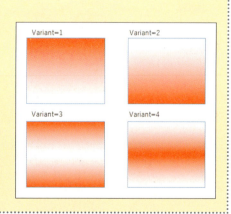

645

既定のグラデーションを設定する

FillFormatオブジェクトのPresetGradientメソッドを使用すると、あらかじめ用意されている既定のグラデーションを図形に設定できます。書式は、「FillFormatオブジェクト.PresetGradient(Style, Variant, PresetGradientType)」となります。引数StyleではMsoGradientStyle列挙型の定数、引数Variantでグラデーションの種類を整数で指定します。引数PresetGradientTypeでは、既定のグラデーションをMsoPresetGradientTypeクラスの定数で指定します。次の例は、2つめと3つめの図形に既定のグラデーションの［夜明け］を設定しています。

サンプル 11-3_005.xlsm

```
Sub 既定のグラデーションを設定()
    With ActiveSheet.Shapes.Range(Array(2, 3))
        .Fill.PresetGradient msoGradientHorizontal, 1, msoGradientDaybreak
    End With
End Sub
```

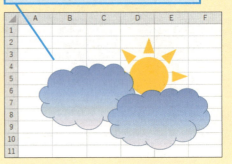

既定のグラデーション［夜明け］(msoGradientDaybreak)を設定できた

スタイル	値	定数	スタイル	値	定数
	1	msoGradientEarlySunset		13	msoGradientWheat
	2	msoGradientLateSunset		14	msoGradientParchment
	3	msoGradientNightfall		15	msoGradientMahogany
	4	msoGradientDaybreak		16	msoGradientRainbow
	5	msoGradientHorizon		17	msoGradientRainbowII
	6	msoGradientDesert		18	msoGradientGold
	7	msoGradientOcean		19	msoGradientGoldII
	8	msoGradientCalmWater		20	msoGradientBrass
	9	msoGradientFire		21	msoGradientChrome
	10	msoGradientFog		22	msoGradientChromeII
	11	msoGradientMoss		23	msoGradientSilver
	12	msoGradientPeacock		24	msoGradientSapphire

図形に透明度を設定する

図形に透明度を設定するには、FillFormatオブジェクトのTransparencyプロパティに0.0（不透明）～1.0（透明）の範囲で倍精度浮動小数点型の数値で指定します。書式は「オブジェクト.Transparency = 設定値」となります。取得と設定が可能です。次の例は、2つめと3つめの図形の透明度を50％に設定しています。

サンプル 11-3_005.xlsm

```
Sub 透明度を設定()
    ActiveSheet.Shapes.Range(Array(2, 3)).Fill. _
        Transparency = 0.5
End Sub
```

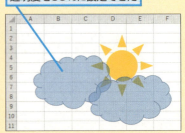

透明度を50％に設定できた

テクスチャで塗りつぶすには

オブジェクト.**PresetTextured**(PresetTexture)

▶解説
FillFormatオブジェクトのPresetTexturedメソッドを使用すると、図形の塗りつぶしにテクスチャを設定することができます。

▶設定する項目
オブジェクト ………… FillFormatオブジェクト、ChartFillFormatオブジェクトを指定します。

PresetTextured … テクスチャの種類をMsoPresetTexture列挙型の定数のなかから指定します。

MsoPresetTexture列挙型の定数

スタイル	値	定数	スタイル	値	定数
	1	msoTexturePapyrus		13	msoTextureNewsprint
	2	msoTextureCanvas		14	msoTextureRecycledPaper
	3	msoTextureDenim		15	msoTextureParchment
	4	msoTextureWovenMat		16	msoTextureStationery
	5	msoTextureWaterDroplets		17	msoTextureBlueTissuePaper
	6	msoTexturePaperBag		18	msoTexturePinkTissuePaper
	7	msoTextureFishFossil		19	msoTexturePurpleMesh
	8	msoTextureSand		20	msoTextureBouquet
	9	msoTextureGreenMarble		21	msoTextureCork
	10	msoTextureWhiteMarble		22	msoTextureWalnut
	11	msoTextureBrownMarble		23	msoTextureOak
	12	msoTextureGranite		24	msoTextureMediumWood

エラーを防ぐには
テクスチャを使用して塗りつぶしの設定をしている場合は、ForeColorプロパティ、BackColorプロパティを指定してもテクスチャには影響せず、色は変更されません。

使用例　テクスチャで塗りつぶす

アクティブシートの1つめの図形に［キャンバス］のテクスチャ効果を設定します。

サンプル書 11-3_006.xlsm

```
1  Sub テクスチャで塗りつぶす()
2      ActiveSheet.Shapes(1).Fill.PresetTextured msoTextureCanvas
3  End Sub
```

1 ［テクスチャで塗りつぶす］というマクロを記述する
2 アクティブシートの1つめの図形の塗りつぶしに［キャンバス］のテクスチャ効果を設定する
3 マクロの記述を終了する

11-3

図形の書式設定

1 マクロの基礎知識
2 VBAの基礎知識
3 プログラミングの基礎知識
4 セルの操作
5 ワークシートの操作
6 Excelファイルの操作
7 高度なファイルの操作
8 ウィンドウの操作
9 データの操作
10 印刷
11 図形の操作
12 グラフの操作
13 コントロールの使用
14 外部アプリケーションの操作
15 VBA関数
16 そのほかの操作
付録

647
できる

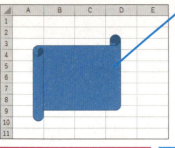

図形に[キャンバス]テクスチャ効果を適用する

❶VBEを起動し、コードを入力　　参照▶VBAを使用してマクロを作成するには……P.85

❷入力したマクロを実行　　参照▶マクロを実行するには……P.53

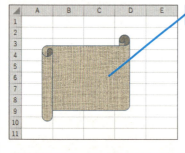

テクスチャが適用された

塗りつぶしに画像を使うには

オブジェクト.**UserPicture**(PictureFile)

▶解説

図形の塗りつぶしにデジタルカメラの写真やイラストなどの画像を設定する場合は、FillFormatオブジェクトのUserPictureメソッドを使います。

▶設定する項目

オブジェクト………… FillFormatオブジェクト、ChartFillFormatオブジェクトを指定します。

PictureFile………… 取り込む画像ファイル名を指定します。

エラーを防ぐには

引数PictureFileで指定したファイルが見つからなかった場合はエラーが発生します。

使用例　画像で塗りつぶす

指定した画像ファイルを図の塗りつぶしに設定します。　サンプル🔰 11-3_007.xlsm

```
1  Sub 画像で塗りつぶし()
2      ActiveSheet.Shapes(1).Fill.UserPicture _
           ThisWorkbook.Path & "\dekiru\jellyfish.jpg"
3  End Sub
```
注)「 _ （行継続文字）」の部分は、次の行と続けて入力することもできます→95ページ参照

1 ［画像で塗りつぶし］というマクロを記述する
2 アクティブシートの1つめの図形の塗りつぶしに、コードを実行しているブックと同じ場所にある［dekiru］フォルダー内の［jellyfish.jpg］を指定する
3 マクロの記述を終了する

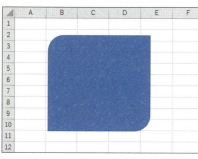

図形の塗りつぶしに図を使用する

❶VBEを起動し、コードを入力

参照🔰VBAを使用してマクロを作成するには……P.85

❷入力したマクロを実行　参照🔰マクロを実行するには……P.53

指定した画像ファイルの内容で図が塗りつぶされた

HINT 画像を並べて塗りつぶす

UserPictureメソッドで画像を取り込むと、図形サイズに合わせて自動的に画像が拡大縮小されて表示されますが、塗りつぶしに使用する画像やイラストを図形内に並べて塗りつぶす場合は、Fillプロパティで取得したFillFormatオブジェクトのUserTexturedメソッドを使用します。書式は、「オブジェクト.UserTextured(PictureFile)」となり、引数PictureFileに画像ファイル名を指定します。このとき、図形に合わせて拡大縮小はされず、元のサイズのままとなります。したがって、図形より画像のほうが小さい場合に、画像がタイル状に並べられます。

11-3 図形の書式設定

画像を調整する

色、明るさ、コントラストなどの設定を変更して画像を調整するには、ShapeオブジェクトのPictureFormatプロパティでPictureFormatオブジェクトを取得し、各種設定を行います。

PictureFormatオブジェクトには次のようなプロパティがあります。

サンプル 11-3_007.xlsm

プロパティ	内容	設定値
ColorType	イメージコントロール	MsoPictureColorType 列挙型の定数
Brightness	明るさ	0.0（暗い）～1.0（明るい）の単精度浮動小数点型の数
Contrast	コントラスト	0.0（最小）～1.0（最大）の単精度浮動小数点型の数

図をグレースケールにし、コントラストを0.5、明度を0.65に調整する

```
Sub 画像の調整()
    With ActiveSheet.Shapes(1).PictureFormat
        .ColorType = msoPictureGrayscale
        .Contrast = 0.5
        .Brightness = 0.65
    End With
End Sub
```

塗りつぶしに網かけを設定する

塗りつぶしに網かけなどのパターンを設定するには、FillプロパティでFillFormatオブジェクトを取得し、そのPatternedメソッドを使用します。書式は「オブジェクト.Patterned(Pattern)」となり、引数PatternにはMsoPatternType列挙型の定数を指定します。網かけの色はForeColorプロパティで指定し、網かけの背景の色はBackColorプロパティで設定します。

サンプル 11-3_008.xlsm

図形に[右下がり対角線（太）]の網かけを付け、網かけの色を赤、背景色をピンクに設定する

```
Sub 網かけで塗りつぶす()
    With ActiveSheet.Shapes(1).Fill
        .Patterned msoPatternWideDownwardDiagonal
        .ForeColor.RGB = RGB(255, 0, 0)
        .BackColor.RGB = RGB(255, 153, 204)
    End With
End Sub
```

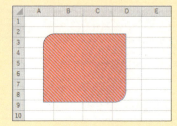

MsoPatternType列挙型の主な定数

図形	値	定数
	1	msoPattern5Percent
	25	msoPatternWideDownwardDiagonal
	35	msoPatternHorizontalBrick
	51	msoPatternCross

※すべてのMsoAutoShapeType列挙型の定数をまとめた一覧をサンプルファイルと一緒にダウンロードできます。

図形に効果を設定するには

図形には、光彩、反射、ぼかし、影、3-D回転といった効果を設定することができます。図形に効果を設定するには、ShapeオブジェクトまたはShape Rangeコレクションの下位のShadowFormatオブジェクト、ThreeDFormatオブジェクト、SoftEdgeFormatオブジェクト、GlowFormatオブジェクト、ReflectionFormatオブジェクトを操作します。それぞれの詳細はオンラインヘルプを参照してください。　サンプル■11-3_009.xlsm

●光彩の設定
光彩を設定するためには、GlowプロパティでGlowFormatオブジェクトを取得し、Radiusプロパティで光彩効果の半径値を単精度浮動小数点型の数値で指定し、Colorプロパティで色を指定します。

[光彩の半径値を20にし、色を濃い赤に設定する]

```
Sub 光彩設定()
    With ActiveSheet.Shapes(1).Glow
        .Radius = 20
        .Color.RGB = RGB(190, 0, 0)
    End With
End Sub
```

●反射の設定
反射を設定するにはReflectionプロパティでReflectionFormatオブジェクトを取得し、Typeプロパティで反射の種類をMsoReflectionType列挙型の定数で指定します。

[反射(中) 4ptオフセット]の反射効果を設定する

```
Sub 反射設定()
    ActiveSheet.Shapes(1).Reflection.Type = msoReflectionType5
End Sub
```

●ぼかしの設定
ぼかしを設定するにはSoftEdgeプロパティでSoftEdgeFormatオブジェクトを取得し、Typeプロパティで反射の種類をMsoSoftEdgeType列挙型の定数で指定します。

[5ポイントのぼかしを設定する]

```
Sub ぼかし設定()
    ActiveSheet.Shapes(1).SoftEdge.Type = msoSoftEdgeType3
End Sub
```

●影の設定
影を設定するにはShadowプロパティでShadowFormatオブジェクトを取得し、Typeプロパティで影の種類をMsoShadowType列挙型の定数で指定します。

[影スタイル6]、透過性を0.7に設定する

```
Sub 影設定()
    With ActiveSheet.Shapes(1).Shadow
        .Type = msoShadow6
        .Transparency = 0.7
    End With
End Sub
```

●3-Dの設定
3-D回転を設定するには、ThreeDプロパティでThreeDFormatオブジェクトを取得し、SetPresetCameraメソッドで3Dのカメラ効果の種類をMsoPresetCamera列挙型の定数で指定します。また、RotationX、RotationY、RotationZプロパティで、それぞれX軸、Y軸、Z軸周りの回転角度を-90～90の角度で指定します。

[等角投影：右上]、X軸周りで45度上向き回転、Y軸周りで35度左向き回転に設定する

```
Sub ThreeD設定()
    With ActiveSheet.Shapes(1).ThreeD
        .SetPresetCamera (msoCameraIsometricRightUp)
        .RotationX = 45
        .RotationY = 35
        .RotationZ = 0
    End With
End Sub
```

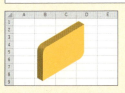

11-3

図形の書式設定

図形にスタイルを設定するには

オブジェクト.**ShapeStyle** ————————————— 取得
オブジェクト.**ShapeStyle** = 設定値 ————————— 設定

▶解説

ShapeオブジェクトやShapeRangeコレクションのShapeStyleプロパティを使用すると、図形に対して塗りつぶしや線の色や影、3 - Dなどの効果があらかじめセットになっている「スタイル」を設定することができます。

▶設定する項目

オブジェクト ‥‥‥‥ ShapeオブジェクトまたはShapeRangeコレクションを指定します。

設定値‥‥‥‥‥‥‥‥ 図形のスタイルをMsoShapeStyleIndex列挙型の定数で指定します。Excel 2016では、定数msoShapeStylePreset1 〜 msoShapeStylePreset77までは図の塗りつぶしと枠線のスタイルを設定し、msoLineStylePreset1〜 msoLineStylePreset42は図の枠線だけにスタイルを設定します。Excel 2013／2010／2007では、msoShapeStylePreset42、msoLineStylePreset21まで使用できます。

参照📖MsoShapeStyleIndex列挙型の定数‥‥‥‥P.653

エラーを防ぐには

msoShapeStylePreset43以降、msoLineStylePreset22以降は、Excel 2016で追加されたものです。Excel 2013以前ではエラーになるので注意してください。また、ブックのテーマを変更すると、配色が自動的に変更になります。配色を変更したくない場合は、塗りつぶしや線のそれぞれにRGBプロパティやSchemeColorプロパティを使って色の設定を行ってください。

使用例　図形にスタイルを設定する

図形にスタイルを設定します。1つめにはmsoShapeStylePreset24を設定し、2つめにはmsoLineStylePreset17を設定します。2つめの図形に設定するスタイルは枠線のみ設定のため、塗りつぶしがなしに設定されます。　サンプル📄11-3_010.xlsm

```
1  Sub 図のスタイルを設定する()
2      ActiveSheet.Shapes(1).ShapeStyle=msoShapeStylePreset24
3      ActiveSheet.Shapes(2).ShapeStyle=msoLineStylePreset17
4  End Sub
```

1 [図のスタイルを設定する]というマクロを記述する
2 アクティブシートの1つめの図形に図のスタイル[パステル-アクセント2]を設定する
3 アクティブシートの2つめの図形に枠線のスタイル[光沢（線）-アクセント2]を設定する
4 マクロの記述を終了する

サイドメニュー：
マクロの基礎知識 1
VBAの基礎知識 2
プログラミングの基礎知識 3
セルの操作 4
ワークシートの操作 5
Excelファイルの操作 6
高度なファイルの操作 7
ウィンドウの操作 8
データの操作 9
印刷 10
図形の操作 11
グラフの操作 12
コントロールの使用 13
外部アプリケーションの操作 14
VBA関数 15
そのほかの操作 16
付録

652
できる

11-3 図形の書式設定

2つの図形に異なるスタイルを設定する

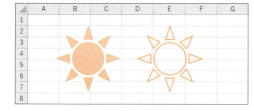

❶VBEを起動し、コードを入力　　参照▶VBAを使用してマクロを作成するには……P.85

```
Sub 図のスタイルを設定する()
    ActiveSheet.Shapes(1).ShapeStyle = msoShapeStylePreset24
    ActiveSheet.Shapes(2).ShapeStyle = msoLineStylePreset17
End Sub
```

❷入力したマクロを実行　　参照▶マクロを実行するには……P.53

図形に異なるスタイルが適用された

HINT MsoShapeStyleIndex列挙型の定数

MsoShapeStyleIndex列挙型の定数は、[描画ツール]-[書式]タブの[図形のスタイル]の一覧と対応しています。Excel 2016では、[標準スタイル]の部分(msoShapeStylePreset43～msoShapeStylePreset77、msoLineStylePreset22～msoLineStylePreset42)が追加されています。Excel 2013／2010／2007でマクロを共通して使用する場合は、[テーマスタイル]の部分のみ使用してください。

- msoShapeStylePreset1～7 (1～7)
- msoShapeStylePreset8～14 (8～14)
- msoShapeStylePreset15～21 (15～21)
- msoShapeStylePreset22～28 (22～28)
- msoShapeStylePreset29～35 (29～35)
- msoShapeStylePreset36～42 (36～42)
- msoShapeStylePreset43～49 (43～49)
- msoShapeStylePreset50～56 (50～56)
- msoShapeStylePreset57～63 (57～63)
- msoShapeStylePreset64～70 (64～70)
- msoShapeStylePreset71～77 (71～77)

※カッコ内の数値は値で指定する場合

図形の書式をコピーするには

図形に設定されている書式をほかの図形にも設定する場合は、書式のコピーと貼り付けを使用します。書式のコピーにはPickUpメソッド、貼り付けにはApplyメソッドを使用します。

サンプル 11-3_011.xlsm

1つめの図形の書式を2つめの図形にコピーする

```
Sub 図の書式をコピーする()
    ActiveSheet.Shapes(1).PickUp
    ActiveSheet.Shapes(2).Apply
End Sub
```

11-4 図形の操作

図形の操作

ワークシート上に作成されている図形の移動やサイズ変更、削除などといった操作も、プロパティやメソッドを使用して行います。また、複数の図形をグループ化すると、複数の図形を1つの図形として扱えるようになります。ここでは、図形を操作する方法について説明します。

図形の移動

Leftプロパティ、Topプロパティを使って図形の位置を変更する

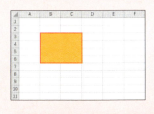 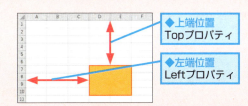

◆上端位置 Topプロパティ
◆左端位置 Leftプロパティ

図形のサイズ変更

Widthプロパティ、Heightプロパティを使って図形の大きさを変更する

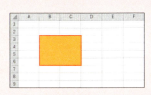 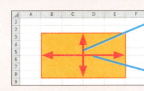 

◆高さ Heightプロパティ
◆幅 Widthプロパティ

図形のサイズ変更

複数の図形をグループ化して、1つの図形として扱う

 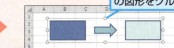

Groupメソッドを使って複数の図形をグループ化する

図形の削除

不要な図形をまとめて削除する

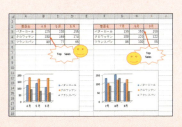 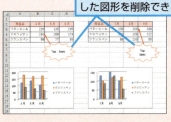

Deleteメソッドを使って指定した図形を削除できる

11-4

図形の操作

マクロの基礎知識	1
VBAの基礎知識	2
プログラミングの基礎知識	3
セルの操作	4
ワークシートの操作	5
Excelファイルの操作	6
高度なファイルの操作	7
ウィンドウの操作	8
データの操作	9
印刷	10
図形の操作	11
グラフの操作	12
コントロールの使用	13
外部アプリケーションの操作	14
VBA関数	15
そのほかの操作	16
付録	

図形を移動するには

オブジェクト.**Left** ───────────────────── 取得
オブジェクト.**Left** = 設定値 ───────────── 設定
オブジェクト.**Top** ───────────────────── 取得
オブジェクト.**Top** = 設定値 ───────────── 設定

▶解説

図形の位置は、Leftプロパティ、Topプロパティで取得、設定できます。Leftプロパティは図形の左端位置、Topプロパティは図形の上端位置になります。

▶設定する項目

オブジェクト‥‥‥‥‥Shapeオブジェクト、ShapeRangeコレクションを指定します。
設定値‥‥‥‥‥‥‥‥‥‥図形の左端位置、上端位置をポイント単位で設定します。

エラーを防ぐには

複数の図形の位置関係を変更しないでまとめて移動する場合は、いったん図形をグループ化してからLeftプロパティ、Topプロパティを指定して位置を変更します。

参照 図形をグループ化するには‥‥‥‥P.659

使用例　セルに合わせて図形を移動する

図形をセルD4に合わせて移動します。図形とセルの位置を合わせるために、セルD4のLeftプロパティの値をShapeオブジェクトのLeftプロパティに設定します。また、セルD4のTopプロパティにセルのD4の高さの半分（Heghtプロパティの1/2）をShapeオブジェクトのTopプロパティに設定することでセルD4の中央に配置します。

サンプル 11-4_001.xlsm

```
1  Sub 図形の移動()
2      With ActiveSheet.Shapes(1)
3          .Left = Range("D4").Left
4          .Top = Range("D4").Top + Range("D4").Height / 2
5      End With
6  End Sub
```

1 [図形の移動]というマクロの記述する
2 アクティブシートの1つめの図形について次の処理を実行する（Withステートメントの開始）
3 図の左端位置をセルD4の左端位置に設定する
4 図の上端位置をセルD4の上端位置とセルD4の高さの1/2を加えた値に設定する
5 Withステートメントの終了
6 マクロの記述を終了する

11-4 図形の操作

赤い矢印をセルD4へ移動させる

❶VBEを起動し、コードを入力　　参照▶VBAを使用してマクロを作成するには……P.85

```
Sub 図形の移動()
    With ActiveSheet.Shapes(1)
        .Left = Range("D4").Left
        .Top = Range("D4").Top + Range("D4").Height / 2
    End With
End Sub
```

❷入力したマクロを実行　　参照▶マクロを実行するには……P.53

矢印がセルD4に合わせて移動した

HINT 図形を現在の位置を基準に移動する

図形を現在の位置を基準に移動する場合、横方向はIncrementLeftメソッド、縦方向はIncrementTopメソッドを使用します。書式はそれぞれ、「IncrementLeft(Increment)」、「IncrementTop(Increment)」となり引数Incrementには移動分をポイント単位で指定し、正の値を指定すると、右または下方向に移動し、負の数を指定すると、左または上方向に移動します。使用例は次のように書き換えることができます。

サンプル 11-4_001.xlsm

図形をセルC3の幅分右に移動し、セルC3の高さ分下に移動する

```
Sub 図形を相対的に移動()
    With ActiveSheet.Shapes(1)
        .IncrementLeft Range("C3").Width
        .IncrementTop Range("C3").Height
    End With
End Sub
```

HINT 図形を現在の位置を基準に移動する

図形の角度を変更し、回転させるには、Rotationプロパティを使用します。たとえば、時計回りに45度回転させたい場合は、「ActiveSheet.Shapes(1).Rotation = 45」と記述します。

サンプル 11-4_002.xlsm

図形を時計回りに45度回転させる

```
Sub 図形を回転させる()
    ActiveSheet.Shapes(1).Rotation = 45
End Sub
```

657

11-4 図形の操作

図形の大きさを変更するには

オブジェクト.**Height** ――――――――――――――― 取得
オブジェクト.**Height** = 設定値 ――――――――――― 設定
オブジェクト.**Width** ――――――――――――――― 取得
オブジェクト.**Width** = 設定値 ――――――――――― 設定

▶解説

図形の大きさは、Heightプロパティ、Widthプロパティで取得、設定できます。Heightプロパティは図形の高さ、Widthプロパティは図形の幅をそれぞれポイント単位で自由に設定することができます。

▶設定する項目

オブジェクト ………… Shapeオブジェクト、ShapeRangeコレクションを指定します。
設定値 ……………… 図形の高さや幅をポイント単位で設定します。

エラーを防ぐには

複数の図形の位置関係を変更しないでまとめて大きさを変更するには、いったん図形をグループ化してからHeightプロパティ、Widthプロパティを指定して大きさを変更します。

参照▶図形をグループ化するには……P.659

使用例　図形の大きさを変更する

2つめの図形の幅を現在の幅の2倍に変更し、3つめの図形の高さを現在の高さの2倍に設定します。

サンプル▶11-4_003.xlsm

```
1  Sub 図形のサイズ変更()
2      ActiveSheet.Shapes(2).Width = ActiveSheet.Shapes(2).Width * 2
3      ActiveSheet.Shapes(3).Height = ActiveSheet.Shapes(3).Height * 2
4  End Sub
```

1 [図形のサイズ変更]というマクロを記述する
2 アクティブシートの2つめの図形の幅を現在の幅の2倍に設定する
3 アクティブシートの3つめの図形の高さを現在の高さの2倍に設定する
4 マクロの記述を終了する

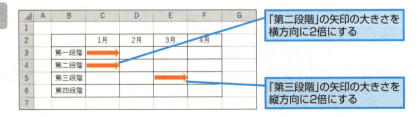

「第二段階」の矢印の大きさを横方向に2倍にする

「第三段階」の矢印の大きさを縦方向に2倍にする

❶VBEを起動し、コードを入力　参照▶VBAを使用してマクロを作成するには……P.85

```
Sub 図形のサイズ変更()
    ActiveSheet.Shapes(2).Width = ActiveSheet.Shapes(2).Width * 2
    ActiveSheet.Shapes(3).Height = ActiveSheet.Shapes(3).Height * 2
End Sub
```

❷入力したマクロを実行　参照▶マクロを実行するには……P.53

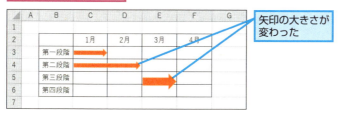

矢印の大きさが変わった

HINT 図形の大きさを相対的に変更する

使用例では、図形の現在の大きさを基準として大きさを変更するために、HeightプロパティやWidthプロパティを使って、現在の値に対する何倍かの値をHeightプロパティ、Widthプロパティに設定しました。ScaleHeightメソッド、ScaleWidthメソッドを使用しても、同様に現在の図形の大きさを基準として変更できます。書式は、「オブジェクト.ScaleHeight(Factor, RelativeToOriginalSize, Scale)」、「オブジェクト.ScaleWidth(Factor, RelativeToOriginalSize, Scale)」となり、引数Factorで比率、引数RelativeToOriginalSizeは、msoFalseで現在のサイズを基準にし、msoTrueでオリジナルの図形のサイズを基準にします。引数Scaleは図形を拡大、縮小するときに固定する部分をMsoScaleFrom列挙型の定数で指定します。使用例をScaleHeightメソッド、ScaleWidthメソッドで書き換えると、次のようになります。

サンプル 11-4_004.xlsm

```
Sub 図形のサイズ変更2()
    ActiveSheet.Shapes(2).ScaleWidth 2, msoFalse
    ActiveSheet.Shapes(3).ScaleHeight 2, msoFalse
End Sub
```

図形をグループ化するには

オブジェクト.Group

▶解説

ワークシート上の複数の図形の位置関係を変更しないで移動したり、サイズを変更したりする場合は、複数の図形をグループ化して操作すると効率的です。Groupメソッドは、指定した複数の図形をグループ化し、Shapeオブジェクトを返します。

▶設定する項目

オブジェクト………ShapeRangeコレクションを指定します。

エラーを防ぐには

Groupメソッドは、少なくとも2つの図形が参照されていないとエラーになります。必ず2つ以上の図形を指定してください。また、グループ化すると図形のインデックス番号が振り直されるため、図形の参照をインデックス番号で行っている場合は注意が必要です。

参照▶図形を参照するには……P.625

11-4 図形の操作

使用例　図形をグループ化する

アクティブシートにあるすべての図形をグループ化し、グループ化した図形の名前を「Group01」に設定します。

サンプル 11-4_005.xlsm

```
1  Sub 図形のグループ化()
2      ActiveSheet.Shapes.SelectAll
3      Selection.ShapeRange.Group.Name = "Group01"
4  End Sub
```

1. ［図形のグループ化］というマクロを記述する
2. アクティブシートにあるすべての図形を選択する
3. 選択した図形をグループ化し、グループ化した図形の名前を「Group01」に設定する
4. マクロの記述を終了する

3つの図形をグループ化する

❶VBEを起動し、コードを入力　　参照▶ VBAを使用してマクロを作成するには……P.85

❷入力したマクロを実行　　参照▶ マクロを実行するには……P.53

3つの図形がグループ化された　　図形をクリックすると3つの図形が1つのグループボックスで囲まれて選択される

名前ボックスには、設定されたグループの名前「Group01」が表示された

HINT グループ解除するには

グループ解除するには、Ungroupメソッドを使用します。たとえば、グループ化されている図形「Group01」を解除するには「Activesheet.Shapes("Group01").Ungroup」と記述します。

HINT グループ化されている図形のなかの特定の図形を参照するには

グループ化されている図形のなかにある特定の図形を参照する場合は、GroupItemsプロパティを使用して取得します。書式は「オブジェクト.GroupItems(Index)」となり、引数Indexには図形の名前またはインデックス番号を指定します。たとえば、「Group01」というグループ化された図形のなかの2つめの図形を選択するには、「Activesheet.Shapes("Group01").GroupItems(2).Select」となります。

サンプル 11-4_006.xlsm

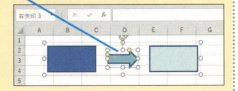

グループ化された図形のなかの2つめの図形が選択された

図形を削除するには

オブジェクト.Delete

▶解説

不要な図形を削除するには、削除するShapeオブジェクトまたはShapeRangeコレクションの
Deleteメソッドを使用します。

▶設定する項目

オブジェクト ‥‥‥‥‥Shapeオブジェクトまたは ShapeRangeコレクションを指定します。

エラーを防ぐには

Shapesコレクションに対してDeleteメソッドは使用できません。SelectAllメソッドですべての
図形を選択してから削除するか、For Eachステートメントを使ってShapeオブジェクトを1つず
つ削除してください。

参照 ワークシート上のすべての図形を削除する‥‥‥‥P.625
参照 同じ種類のオブジェクトすべてに同じ処理を実行する‥‥‥‥P.192

使用例 特定の種類の図形を削除する

ワークシート上の複数の種類の図形のなかで、[スマイル] だけを削除します。指定したShape
オブジェクトが[スマイル]かどうかを調べるには、ShapeオブジェクトのAutoShapeType
プロパティの値がmsoShapeSmileyFaceであるかどうかを確認します。ここでは、For
Eachステートメントを使ってShape型の変数myShapeにワークシート上のShapeオブジェ
クトを1つずつ格納しながら[スマイル]である場合に削除します。 サンプル 11-4_007.xlsm

```
1  Sub 特定の種類の図形削除()
2      Dim myShape As Shape
3      For Each myShape In ActiveSheet.Shapes
4          If myShape.AutoShapeType = msoShapeSmileyFace Then
5              myShape.Delete
6          End If
7      Next
8  End Sub
```

1 [特定の種類の図形削除]というマクロを記述する
2 Shape型の変数myShapeを宣言する
3 変数myShapeにアクティブシート上のShapeオブジェクトを1つずつ格納しながら以下の処理をくり返す(Forステートメントの開始)
4 変数myShapeの図形の種類が[スマイル]の場合(Ifステートメントの開始)
5 変数myShapeに格納されている図形を削除する
6 Ifステートメントの終了
7 次のShapeオブジェクトを格納して、4行めに戻る
8 マクロの記述を終了する

11-4

図形の操作

1 マクロの基礎知識
2 VBAの基礎知識
3 プログラミングの基礎知識
4 セルの操作
5 ワークシートの操作
6 Excelファイルの操作
7 高度なファイルの操作
8 ウィンドウの操作
9 データの操作
10 印刷
11 図形の操作
12 グラフの操作
13 コントロールの使用
14 外部アプリケーションの操作
15 VBA関数
16 そのほかの操作
付録

661
できる

11-4 図形の操作

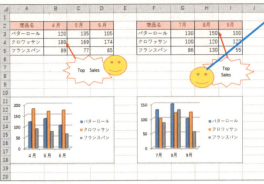

図形オブジェクトのうち[スマイル]だけを削除する

❶VBEを起動し、コードを入力

参照▶ VBAを使用してマクロを作成するには……P.85

❷入力したマクロを実行

参照▶ マクロを実行するには……P.53

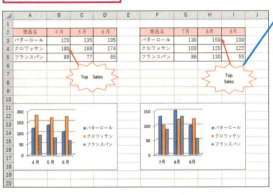

図形「スマイル」だけが削除された

HINT 一時的に非表示にする

図形を削除するのではなく、一時的に非表示にする場合は、Visibleプロパティを使用します。たとえば1つめの図形を非表示にするには、「Activesheet.Shapes(1).Visible=msoFalse」とします。表示する場合はmsoTrueに設定します。

HINT 図形の種類を調べるには

四角形、スマイル、太陽などの図形の種類を調べるには、ShapeオブジェクトまたはShapeRangeコレクションのAutoShapeTypeプロパティを使用し、取得したMsoAutoShapeType列挙型の定数を調べます。たとえば、四角形の場合はmsoShapeRectangleとなります。また、グラフやOLEオブジェクトなどの図形の種類は、Typeプロパティを使用し、MsoShapeType列挙型の定数を使用して調べます。直線の場合はmsoLineとなります。なお、直線や矢印はコネクタとして扱われるため、指定したオブジェクトのConnectorプロパティの値がTrueかFalseかでコネクタかどうかを調べることができます。

第12章
グラフの操作

12-1. グラフの作成・・・・・・・・・・・・・・・・・・・・・・・・・・・・664
12-2. グラフの編集・・・・・・・・・・・・・・・・・・・・・・・・・・・・672

12-1 グラフの作成

グラフの作成

Excelで作成できるグラフには、グラフシートのグラフとワークシート上に作成する埋め込みグラフの2種類があります。VBAでは、グラフシートのグラフは、ブック内のグラフシートの集まりであるChartsコレクションのメンバーであり、Chartオブジェクトとして扱われます。また、ワークシート上の埋め込みグラフは、ワークシート上にあるすべての埋め込みグラフの集まりであるChartObjectsコレクションのメンバーであり、ChartObjectオブジェクトとして扱われます。なお、ChartObjectオブジェクトは埋め込みグラフのグラフ本体であるChartオブジェクトのコンテナ（入れ物）として機能します。

◆Chartsコレクション
ブック内のすべてのグラフシートの集まり

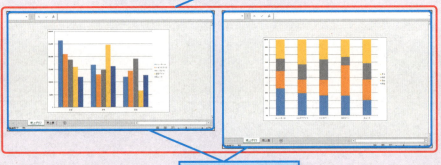

◆Chartオブジェクト
各グラフシートのグラフ

◆ChartObjectsコレクション
ワークシート上のすべての埋め込みグラフ

◆ChartObject
オブジェクト
ワークシート上の
埋め込みグラフ

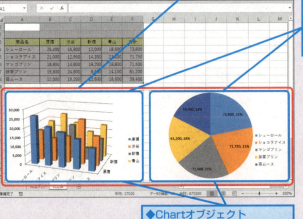

◆Chartオブジェクト
ChartObjectに含まれるグラフ

グラフシートを追加するには

12-1

グラフの作成

オブジェクト.**Add**(Before, After, Count)

▶解説

ブック内にグラフシートを追加するには、ChartsコレクションのAddメソッドを使用します。Addメソッドは、新しくグラフシートを追加し、Chartオブジェクトを返します。引数をすべて省略すると、アクティブシートの前にグラフシートが1枚挿入されます。Chartsコレクションとは、ブック内のすべてのグラフシートの集まりで、1つひとつのグラフシートのグラフがChartオブジェクトになります。

▶設定する項目

オブジェクト ………… Chartsコレクションを指定します。

Before ………………… 指定したシートの前にグラフシートを追加します（省略可）。

After ………………… 指定したシートのあとにグラフシートを追加します（省略可）。

Count ………………… 追加するグラフシートの数を指定します。省略した場合は1になります（省略可）。

エラーを防ぐには

引数Beforeと引数Afterの両方を同時に指定することはできません。どちらか一方を指定します。なお、両方省略した場合は、アクティブシートの前に追加されます。

使用例 グラフシートを挿入する

アクティブシートの前にグラフシート［売上グラフ］を追加し、［売上表］シートのセルA3〜E8をグラフ範囲としてグラフを表示します。Nameプロパティでグラフに名前を付けます。グラフシートの場合は、グラフ名はシート見出しに表示されます。また、グラフ範囲はSetSourceDataメソッドで指定します。グラフの種類を指定しない場合は既定のグラフ（通常は縦棒グラフ）が作成されます。

サンプル 12-1_001.xlsm

参照 グラフのデータ範囲を指定するには……P.667

```
1  Sub グラフシートの追加()
2      With Charts.Add(Before:=ActiveSheet)
3          .Name = "売上グラフ"
4          .SetSourceData Sheets("売上表").Range("A3:E8")
5      End With
6  End Sub
```

1 ［グラフシートの追加］というマクロを記述する

2 アクティブシートの前にグラフシートを1枚追加し、作成されたグラフ（Chartオブジェクト）について以下の処理を行う(Withステートメントの開始)

3 グラフの名前を「売上グラフ」に設定する

4 グラフの作成元データ範囲を［売上表］シートのセルA3〜E8に指定する

5 Withステートメントを終了する

6 マクロの記述を終了する

---

1 マクロの基礎知識

2 VBAの基礎知識

3 プログラミングの基礎知識

4 セルの操作

5 ワークシートの操作

6 Excelファイルの操作

7 高度なファイルの操作

8 ウィンドウの操作

9 データの操作

10 印刷

11 図形の操作

12 グラフの操作

13 コントロールの使用

14 外部アプリケーションの操作

15 VBA関数

16 そのほかの操作

付録

665
できる

12-1 グラフの作成

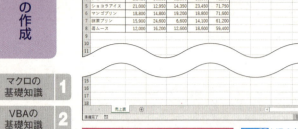

グラフシートを追加する

❶VBEを起動し、コードを入力

参照▶ VBAを使用してマクロを作成するには……P.85

```
Sub グラフシートの追加()
    With Charts.Add(before:=ActiveSheet)
        .Name = "売上グラフ"
        .SetSourceData Sheets("売上表").Range("A3:E8")
    End With
End Sub
```

❷入力したマクロを実行

参照▶ マクロを実行するには……P.53

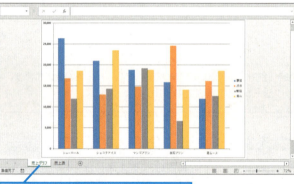

グラフシート［売上グラフ］が追加され、グラフが作成された

> **HINT グラフシートのChartオブジェクトを取得するには**
>
> 作成済みのグラフシートのChartオブジェクトを取得するには、Chartsプロパティを使い、Charts(Index)と記述します。引数Indexには、グラフシートのインデックス番号（グラフシートのなかで左から何番め）またはグラフシートのシート名を指定します。また、グラフシートが選択されているときは、ActiveChartプロパティでChartオブジェクトを取得することもできます。

> **HINT ChartオブジェクトはSheetsコレクションのメンバーでもある**
>
> グラフシートの1つであるChartオブジェクトは、ブック内のすべてのシートの集まりであるSheetsコレクションのメンバーでもあります。そのため、Sheets(Index)でChartオブジェクトを参照することもできます。
>
> 参照▶ ワークシートを参照するには……P.390

グラフのデータ範囲を指定するには

オブジェクト.**SetSourceData**(**Source**, **PlotBy**)

▶解説

グラフのデータ範囲を指定するには、ChartオブジェクトのSetSourceDataメソッドを使用します。データ範囲とデータ系列を同時に指定することもできます。

▶設定する項目

オブジェクト ‥‥‥‥‥ Chartオブジェクトを指定します。

Source ‥‥‥‥‥‥‥ グラフのデータ元となるセル範囲を指定します。

PlotBy ‥‥‥‥‥‥‥ グラフに表示するデータ系列をXlRowCol列挙型の定数で指定します。xlColumnsで列方向、xlRowsで行方向になります。省略した場合は、データ範囲の項目の行数が項目の列数より多い場合は列方向となり、同数または少ない場合は行方向となります（省略可）。

XlRowCol列挙型の定数

定数	内容
xlColumns	列方向
xlRows	行方向

エラーを防ぐには

引数Sourceで指定したセル範囲にデータがない場合、空のグラフが作成されます。

使用例 グラフのデータ範囲を指定する

グラフシート［売上グラフ］のデータ範囲を［売上表］シートのセルA3～D8にし、データ系列を行方向に変更します。 サンプル 12-1_002.xlsm

```
1  Sub グラフのデータ範囲の指定()
2      Charts("売上グラフ").SetSourceData _
           Sheets("売上表").Range("A3:D8"), xlRows
3  End Sub
```
注)「_(行継続文字)」の部分は、次の行と続けて入力することもできます→95ページ参照

1 ［グラフのデータ範囲の指定］というマクロを記述する
2 ［売上グラフ］シートのグラフのデータ範囲を［売上表］シートのセルA3～D8にし、データ系列を行方向に設定する
3 マクロの記述を終了する

12-1 グラフの作成

1 マクロの基礎知識
2 VBAの基礎知識
3 プログラミングの基礎知識
4 セルの操作
5 ワークシートの操作
6 Excelファイルの操作
7 高度なファイルの操作
8 ウィンドウの操作
9 データの操作
10 印刷
11 図形の操作
12 グラフの操作
13 コントロールの使用
14 外部アプリケーションの操作
15 VBA関数
16 そのほかの操作
付録

667
できる

12-1 グラフの作成

グラフのデータ範囲とデータ系列を変更する

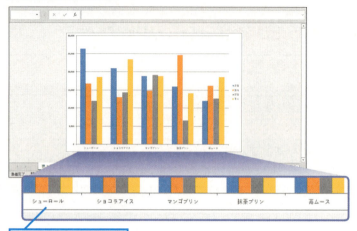

グラフの系列は商品別になっている

❶VBEを起動し、コードを入力

参照▶VBAを使用してマクロを作成するには……P.85

```
Sub グラフのデータ範囲の指定()
    Charts("売上グラフ").SetSourceData _
        Sheets("売上表").Range("A3:D8"), xlRows
End Sub
```

❷入力したマクロを実行

参照▶マクロを実行するには……P.53

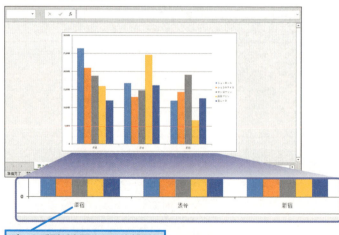

データ系列が変更されて店舗別のグラフになった

注意 Excel 2016とそれ以前ではグラフの既定のスタイルが異なるため、実行結果のグラフの配色や背景色などのスタイルは紙面とは若干異なります

埋め込みグラフを作成するには

12-1

グラフの作成

オブジェクト.**Add**(Left, Top, Width, Height)

▶解説

ワークシートに埋め込みグラフを作成するには、ChartObjectsコレクションのAddメソッドを使用します。Addメソッドは、新しい埋め込みグラフを作成して、ChartObjectオブジェクトを返します。ChartObjectsコレクションはシート内の埋め込みグラフの集まりで、1つひとつの埋め込みグラフがChartObjectオブジェクトになります。ChartObjectオブジェクトは、グラフの外枠となり、グラフの大きさや外観を操作します。なお、埋め込みグラフに含まれるグラフ自体を操作するには、ChartObjectオブジェクトのChartプロパティを使ってChartオブジェクトを取得します。

▶設定する項目

オブジェクト‥‥‥‥ ChartObjectsコレクションを指定します。

Left‥‥‥‥‥‥‥‥‥ 埋め込みグラフの左端位置をポイント単位で指定します。

Top‥‥‥‥‥‥‥‥‥ 埋め込みグラフの上端位置をポイント単位で指定します。

Width‥‥‥‥‥‥‥‥ 埋め込みグラフの幅をポイント単位で指定します。

Height‥‥‥‥‥‥‥ 埋め込みグラフの高さをポイント単位で指定します。

エラーを防ぐには

作成した埋め込みグラフは、図形オブジェクトの1つでもあるため、Shapeオブジェクト、ShapeRangeコレクションとして取得できます。埋め込みグラフの大きさや位置は、Shapeオブジェクトの位置やサイズを変更するのと同じ要領で変更できます。

参照🔲 図形を移動するには‥‥‥‥P.656
参照🔲 図形の大きさを変更するには‥‥‥‥P.658

1	マクロの基礎知識
2	VBAの基礎知識
3	プログラミングの基礎知識
4	セルの操作
5	ワークシートの操作
6	Excelファイルの操作
7	高度なファイルの操作
8	ウィンドウの操作
9	データの操作
10	印刷
11	図形の操作
12	グラフの操作
13	コントロールの使用
14	外部アプリケーションの操作
15	VBA関数
16	そのほかの操作
	付録

使用例 セル範囲に合わせて埋め込みグラフを作成する

埋め込みグラフをセルA10 ～ F25に合わせて作成します。Range型の変数myRangeにセル範囲A10 ～ F25を格納し、変数myRangeのLeft、Top、Width、Heightプロパティの値を埋め込みグラフの左端位置、上端位置、幅、高さに設定します。Addメソッドにより作成されたChartObjectオブジェクトのChartプロパティでグラフ本体であるChartオブジェクトを取得し、グラフのデータ範囲とグラフの種類を設定します。サンプル📗12-1_003.xlsm

```
1  Sub 埋め込みグラフの追加()
2      Dim myRange As Range
3      Set myRange = Range("A10:F25")
4      With ActiveSheet.ChartObjects.Add( _
5          myRange.Left, myRange.Top, myRange.Width, myRange.Height)
6          .Name = "売上G"
7          .Chart.SetSourceData Range("A3:E8")
           .Chart.ChartType = xl3DColumn
8      End With
9  End Sub
```

注)「_（行継続文字）」の部分は、次の行と続けて入力することもできます→95ページ参照

669

できる

12-1 グラフの作成

1. ［埋め込みグラフの追加］というマクロを記述する
2. Range型の変数myRangeを宣言する
3. 変数myRangeにセルA10～F25を格納する
4. アクティブシートに埋め込みグラフをセルA10～F25に作成し、作成したグラフの枠について以下の処理を実行する(Withステートメントの開始)
5. 埋め込みグラフの名前を「売上G」に設定する
6. グラフのデータ範囲をセルA3～E8に設定する
7. グラフの種類を3D縦棒グラフに設定する
8. Withステートメントを終了する
9. マクロの記述を終了する

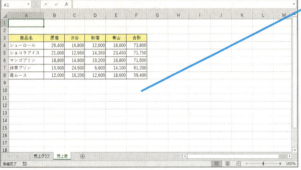

埋め込みグラフを追加する

❶VBEを起動し、コードを入力

参照▶ VBAを使用してマクロを作成するには……P.85

```
Sub 埋め込みグラフの追加()
    Dim myRange As Range
    Set myRange = Range("A10:F25")
    With ActiveSheet.ChartObjects.Add( _
        myRange.Left, myRange.Top, myRange.Width, myRange.Height)
        .Name = "売上G"
        .Chart.SetSourceData Range("A3:E8")
        .Chart.ChartType = xl3DColumn
    End With
End Sub
```

❷入力したマクロを実行

参照▶ マクロを実行するには……P.53

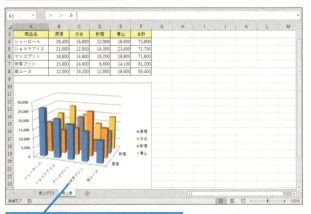

コードで指定したセルA10～F25の範囲に埋め込みグラフが追加された

HINT 埋め込みグラフに名前を付けるには

埋め込みグラフのChartオブジェクトではNameプロパティを使って名前の参照はできますが、設定はできません。埋め込みグラフに名前を付ける場合は、使用例のようにChartObjectオブジェクトに対して設定してください。なお、グラフシートの場合は、「Charts(1).Name="グラフ1"」のようにChartオブジェクトに対して直接名前の設定ができます。埋め込みグラフとグラフシートのグラフとでは扱いが異なるので注意しましょう。

ChartObjectオブジェクトを取得するには

作成済みの埋め込みグラフを参照するには、ChartObjects(Index)と記述し、引数Indexには、埋め込みグラフのインデックス番号（埋め込みグラフの重なり順）またはグラフ名を指定します。たとえば、アクティブシートの1つめの埋め込みグラフを参照するには、「Activesheet.ChartObjects(1)」と記述します。

埋め込みグラフのサイズや位置を変更する

埋め込みグラフの位置やサイズを変更するには、ChartObjectオブジェクトのLeft、Top、Width、Heightプロパティを使用します。また、埋め込みグラフは図形オブジェクトでもあるので、「Activesheet.ChartObjects("売上G").ShapeRange」または「Activesheet.Shapes("売上G")」のように記述すると、ShapeオブジェクトやShapeRangeコレクションのプロパティやメソッドを使用することができます。たとえば、IncrementLeft、IncrementTop、ScaleHeight、ScaleWidthメソッドを使って埋め込みグラフを相対的に移動、サイズ変更ができます。

参照▶図形を現在の位置を基準に移動する……P.657
参照▶図形の大きさを相対的に変更する……P.659

AddChartメソッドで埋め込みグラフを作成する

ShapesコレクションのAddChartメソッドを使って埋め込みグラフが作成できます。書式は、「Worksheetオブジェクト.Shapes.AddChart(Type, Left, Top, Width, Height)」となり、引数Typeでは、XlChartType列挙型の定数でグラフの種類を指定し、引数Left、Top、Width、Heightでグラフの位置とサイズを指定します。引数Typeを省略すると、既定のグラフ（通常は棒グラフ）が作成されます。引数Left、Top、Width、Heightを省略すると既定の場所とサイズで作成されます。たとえば、以下の例はアクティブシートにデータ範囲をセルA3～E8にして、「商品別売上G」という埋め込みグラフを既定のグラフの種類、既定の場所とサイズで作成します。

サンプル 12-1_004.xlsm

> このマクロを実行するとセルA3～E8をデータ範囲にして既定のグラフを既定の場所に作成できる

```
Sub 埋め込みグラフ作成2()
    With ActiveSheet.Shapes.AddChart
        .Name = "商品別売上G"
        .Chart.SetSourceData Range("A3:E8")
    End With
End Sub
```

12-2 グラフの編集

グラフの編集

グラフ作成後にグラフタイトルや軸、凡例などグラフの各要素の設定変更などグラフを編集するには、グラフの各要素のオブジェクトを取得する必要があります。またグラフのスタイルやレイアウトも用意されており、グラフの外観を簡単に設定することができるようになっています。ここでは、グラフの種類変更、グラフ要素の編集、グラフのスタイル、レイアウトなど、グラフの編集について説明します。

グラフの種類変更

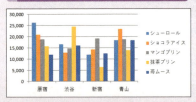

◆ChartTypeプロパティ
グラフの種類が変更できる

グラフ要素のオブジェクト

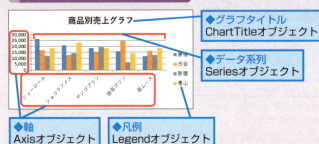

◆グラフタイトル
ChartTitleオブジェクト

◆データ系列
Seriesオブジェクト

◆軸
Axisオブジェクト

◆凡例
Legendオブジェクト

グラフのスタイル

◆ChartStyleプロパティ
グラフの見栄えをすばやく整えられる

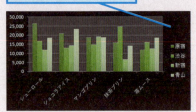

グラフのレイアウト

◆ApplyLayoutメソッド
レイアウトを簡単に設定することができる

12-2 グラフの種類を変更するには

```
オブジェクト.ChartType ────────────── 取得
オブジェクト.ChartType = 設定値 ────── 設定
```

▶解説
グラフの種類を変更するには、ChartオブジェクトのChartTypeプロパティを使用します。ChartTypeプロパティは取得と設定ができるため、指定したグラフの種類を調べることもできます。また、棒グラフと折れ線グラフの組み合わせのように、複数の種類のグラフを持つ複合グラフを作成する場合は、データ系列を表すSeriesオブジェクトを対象にChartTypeプロパティを設定し、指定したデータ系列だけグラフの種類を変更して作成します。

▶設定する項目
オブジェクト………Chartオブジェクト、Seriesオブジェクトを指定します。
設定値……………グラフの種類をXlChartType列挙型の定数を使って指定します。

参照▶XlChartType列挙型の定数……P.687

エラーを防ぐには
グラフの元データがグラフの種類に適していなければ、グラフの種類を変更しても正しいグラフにはなりません。作成するグラフの種類に合わせて元データを用意しましょう。

使用例　グラフの種類を折れ線グラフに変更する

埋め込みグラフの種類をデータマーカー付きの折れ線グラフに変更します。ChartObjectオブジェクトのChartプロパティでChartオブジェクトを取得し、ChartTypeプロパティでグラフの種類を変更します。

サンプル▶12-2_001.xlsm

```
1  Sub グラフの種類を変更する()
2      ActiveSheet.ChartObjects(1).Chart.ChartType = xlLineMarkers
3  End Sub
```

1 [グラフの種類を変更する]というマクロを記述する
2 アクティブシートの1つめの埋め込みグラフの種類をデータマーカー付き折れ線グラフに設定する
3 マクロの記述を終了する

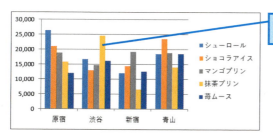

グラフの種類を折れ線グラフに変更する

❶VBEを起動し、コードを入力　参照▶VBAを使用してマクロを作成するには……P.85

❷入力したマクロを実行　参照▶マクロを実行するには……P.53

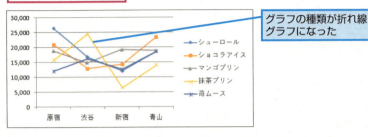

グラフの種類が折れ線グラフになった

使用例　特定のデータ系列だけ折れ線グラフに変更する

棒グラフのなかで、データ系列が［来客数］の系列だけ折れ線グラフに変更して複合グラフを作成します。特定のデータ系列であるSeriesオブジェクトを取得するには、ChartオブジェクトのSeriesCollectionメソッドを使用します。また、そのデータ系列のグラフの軸を第2軸にするには、SeriesオブジェクトのAxisGroupプロパティをxlSecondaryに設定します。

サンプル▶12-2_002.xlsm

参照▶データ系列を取得するには……P.675

```
1  Sub 複合グラフを作成する()
2      With ActiveSheet.ChartObjects("売上G"). _
           Chart.SeriesCollection("来客数")
3          .ChartType = xlLineMarkers
4          .AxisGroup = xlSecondary
5      End With
6  End Sub
```
注）「_（行継続文字）」の部分は、次の行と続けて入力することもできます→95ページ参照

1　［複合グラフを作成する］というマクロを記述する
2　アクティブシートの［売上G］グラフのデータ系列［来客数］について以下の処理を実行する（Withステートメントの開始）
3　グラフの種類をデータマーカー付き折れ線グラフに設定する
4　第2軸に設定する
5　Withステートメントを終了する
6　マクロの記述を終了する

12-2 グラフの編集

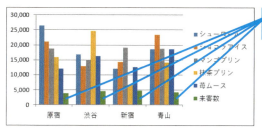

「来客数」だけを折れ線グラフに変更する

❶VBEを起動し、コードを入力

参照▶VBAを使用してマクロを作成するには……P.85

```
Sub 複合グラフを作成する()
    With ActiveSheet.ChartObjects("売上G"). _
        Chart.SeriesCollection("来客数")
        .ChartType = xlLineMarkers
        .AxisGroup = xlSecondary
    End With
End Sub
```

❷入力したマクロを実行

参照▶マクロを実行するには……P.53

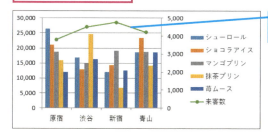

来客数だけが折れ線グラフに変更された

HINT データ系列を取得するには

グラフのデータ系列であるSeriesオブジェクトを取得するには、SeriesCollectionメソッドを使用します。書式は「Chartオブジェクト.SeriesCollection(Index)」となり、引数Indexにデータ系列の名前またはインデックス番号を指定します。省略した場合は、すべてのデータ系列であるSeriesCollectionコレクションが取得されます。

HINT 複合グラフの第1数値軸と第2数値軸

複合グラフを作成したときに、グラフの種類によって数値の単位が異なる場合は、使用例のようにSeriesオブジェクトのAxisGroupプロパティをxlSecondaryに設定して第2軸に設定します。ちなみに、第1数値軸の場合はxlPrimaryとなります。なお、数値軸の目盛やラベルを設定変更するには、Axisオブジェクトを操作します。

参照▶グラフの軸を設定するには……P.678
参照▶目盛軸ラベルを設定するには……P.680

675

12-2

グラフの編集

グラフのタイトルを設定するには

オブジェクト.**HasTitle** ──────────────────── 取得
オブジェクト.**HasTitle** = 設定値 ──────────── 設定
オブジェクト.**ChartTitle** ─────────────── 取得

▶解説

Chartオブジェクトの HasTitle プロパティを使用すると、グラフタイトルの表示、非表示を取得、設定できます。HasTitle プロパティの値が True の場合、グラフタイトルを表す ChartTitle オブジェクトの操作ができるようになります。ChartTitle オブジェクトは ChartTitle プロパティを使って取得し、ChartTitle オブジェクトの各種プロパティを使ってタイトルを設定します。

▶設定する項目

オブジェクト ‥‥‥‥‥ Chartオブジェクトを指定します。

ChartTitleオブジェクトの主なプロパティ

プロパティ	内容	プロパティ	内容
Text	タイトル文字列	Left、Top	左端位置、上端位置（ポイント単位）
Font	フォントの書式	VerticalAlignment	縦位置の配置
Orientation	文字列の角度	HorizontalAlignment	横位置の配置
Border	輪郭の設定	Shadow	影の表示（True／False）

設定値 ‥‥‥‥‥‥‥‥ Trueの場合はタイトルを表示し、Falseの場合はタイトルを非表示にします。

エラーを防ぐには

グラフタイトルの設定をする場合は、HasTitle プロパティを True に設定しておく必要があります。

使用例　グラフにタイトルを設定する

グラフにタイトル「商品別売上グラフ」を表示します。HasTitle プロパティを True に設定してから、ChartTitle プロパティで ChartTitle オブジェクトを取得し、文字列やフォントサイズを設定します。　　　　　　　　　　　　　　サンプル 12-2_003.xlsm

```
1  Sub グラフタイトルの追加()
2      With ActiveSheet.ChartObjects("売上G").Chart
3          .HasTitle = True
4          .ChartTitle.Text = "商品別売上グラフ"
5          .ChartTitle.Font.Size = 16
6      End With
7  End Sub
```

マクロの基礎知識　1
VBAの基礎知識　2
プログラミングの基礎知識　3
セルの操作　4
ワークシートの操作　5
Excelファイルの操作　6
高度なファイルの操作　7
ウィンドウの操作　8
データの操作　9
印刷　10
図形の操作　11
グラフの操作　12
コントロールの使用　13
外部アプリケーションの操作　14
VBA関数　15
そのほかの操作　16
付録

676
できる

1 [グラフタイトルの追加]というマクロを記述する
2 アクティブシートの[売上G]グラフに以下の処理を実行する（Withステートメントの開始）
3 グラフのタイトルを表示する
4 グラフタイトルの文字列を「商品別売上グラフ」に指定する
5 グラフタイトルの文字サイズを16ポイントに設定する
6 Withステートメントを終了する
7 マクロの記述を終了する

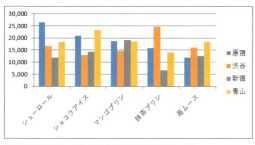

グラフタイトルを追加する

❶VBEを起動し、コードを入力

参照 VBAを使用してマクロを作成するには……P.85

```
Sub グラフタイトルの追加()
    With ActiveSheet.ChartObjects("売上G").Chart
        .HasTitle = True
        .ChartTitle.Text = "商品別売上グラフ"
        .ChartTitle.Font.Size = 16
    End With
End Sub
```

❷入力したマクロを実行

参照 マクロを実行するには……P.53

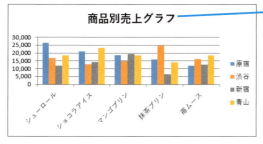

グラフタイトルが追加された

12-2

グラフの編集

グラフの軸を設定するには

オブジェクト.**Axes**(Type, AxisGroup)

▶解説

グラフの数値軸や項目軸に軸ラベルや目盛などの設定をする場合は、グラフの軸の設定を行います。Axesメソッドを使って単一の軸であるAxisオブジェクトを取得し、Axisオブジェクトに対して操作します。引数Typeで項目軸、数値軸などの種類を指定し、引数AxisGroupで主軸、第2軸を指定します。引数を省略するとグラフのすべての軸の集まりを表すAxesコレクションが取得されます。

▶設定する項目

オブジェクト‥‥‥‥Chartオブジェクトを指定します。

Type‥‥‥‥‥‥‥XlAxisType列挙型の定数で軸の種類を指定します（省略可）。

AxisGroup‥‥‥‥XlAxisGroup列挙型の定数で軸のグループを指定します（省略可）。

XlAxisType列挙型の定数

定数	内容
xlCategory	項目軸
xlValue	数値軸
xlSeriesAxis	系列軸 ※ 3-D グラフの時のみ使用可能

XlAxisGroup列挙型の定数

定数	内容
xlPrimary	主軸（下／左側）グループ（既定値）
xlSecondary	第2軸（上／右側）グループ ※ 3-D グラフでは、軸のグループは1つのみ

Axisオブジェクトの主なプロパティ

プロパティ	内容
HasTitle	タイトルの表示／非表示 (True ／ False)
AxisTitle	AxisTitle オブジェクトの取得 (軸ラベル)
HasMajorGridLines	主軸の目盛線の表示／非表示 (True ／ False)
TickLabels	TickLabels オブジェクトの取得 (軸の目盛ラベル)

プロパティ	内容
MaximumScale	数値軸の最大値設定
MinimumScale	数値軸の最小値設定
MajorUnit	目盛間隔

エラーを防ぐには

軸ラベルを設定する場合は、HasTitleプロパティをTrueにしておく必要があります。

12-2 グラフの編集

使用例 グラフの軸ラベルを追加する

数値軸の軸ラベルを追加します。数値軸は「Axes(xlValue)」で取得でき、数値軸の軸ラベルを表示するためにHasTitleプロパティにTrueを設定します。AxisTitleプロパティで軸ラベルを取得し、AxisTitleオブジェクトのTextプロパティで軸ラベルの文字列を設定し、Orientationプロパティで文字列の角度を指定します。

サンプル 12-2_004.xlsm

```
1  Sub 軸ラベルの追加()
2      With ActiveSheet.ChartObjects("売上G").Chart.Axes(xlValue)
3          .HasTitle = True
4          .AxisTitle.Text = "金額"
5          .AxisTitle.Orientation = xlVertical
6      End With
7  End Sub
```

1 [軸ラベルの追加]というマクロを記述する
2 アクティブシートの[売上G]グラフの数値軸について次の処理を行う(Withステートメントの開始)
3 軸ラベルを表示する
4 軸ラベルの文字列を「金額」に指定する
5 軸ラベルの文字方向を縦書きにする
6 Withステートメントを終了する
7 マクロの記述を終了する

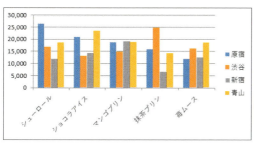

グラフの数値軸に軸ラベルを追加する

❶VBEを起動し、コードを入力

参照▶VBAを使用してマクロを作成するには……P.85

❷入力したマクロを実行

参照▶マクロを実行するには……P.53

679

12-2 グラフの編集

軸ラベルが追加された

AxisTitleオブジェクトで軸ラベルを操作するには

AxisオブジェクトのAxisTitleプロパティは軸ラベルを表すAxisTitleオブジェクトを取得します。AxisTitleオブジェクトは、ChartTitleオブジェクトのプロパティとほぼ同じプロパティを使って軸ラベルの文字列や書式などの設定ができます。

参照▶グラフのタイトルを設定するには……P.676

目盛軸ラベルを設定するには

目盛軸ラベルを設定するには、AxisオブジェクトのTickLabelsプロパティで目盛軸ラベルを表すTickLabelsオブジェクトを取得し、TickLabelsオブジェクトの各種プロパティを使って目盛ラベルの設定を行います。次の例は、数値軸の目盛ラベルの表示形式を千円単位にし、項目軸の目盛軸ラベルの文字列の方向を縦書きに設定しています。

サンプル 12-2_005.xlsm

このマクロを実行すると数値軸の表示形式と目盛軸ラベルの文字方向を設定できる

```
Sub 軸目盛の設定()
    With ActiveSheet.ChartObjects(1).Chart
        .Axes(xlValue).TickLabels.NumberFormat = "#,##0,千円"
        .Axes(xlCategory).TickLabels.Orientation = xlVertical
    End With
End Sub
```

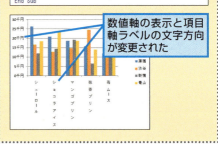

数値軸の表示と項目軸ラベルの文字方向が変更された

グラフの凡例を設定するには

オブジェクト.**HasLegend** ───────────── 取得
オブジェクト.**HasLegend** = 設定値 ───────── 設定
オブジェクト.**Legend** ───────────────── 取得

▶解説

グラフの凡例の表示と非表示は、ChartオブジェクトのHasLegendプロパティで取得および設定できます。Trueの場合は凡例が表示されます。ChartオブジェクトのLegendプロパティを使って凡例を表すLegendオブジェクトを取得し、Legendオブジェクトに対して凡例の書式などの各種設定を行います。

▶設定する項目

オブジェクト ……… Chartオブジェクトを指定します。
設定値 …………… Trueの場合は凡例を表示し、Falseの場合は凡例を表示しません。

エラーを防ぐには

凡例に対して設定する場合は、HasLegendプロパティをTrueに設定する必要があります。

12-2 グラフの編集

使用例　グラフに凡例を表示する

凡例をグラフの右側に表示します。凡例を表示するためにHasLegendプロパティをTrueに設定し、次に凡例の設定をするためにLegendプロパティでLegendオブジェクトを取得して、凡例の表示位置を右に指定します。

サンプル 12-2_006.xlsm

```
1  Sub 凡例の設定()
2      With ActiveSheet.ChartObjects("売上G").Chart
3          .HasLegend = True
4          .Legend.Position = xlLegendPositionRight
5      End With
6  End Sub
```

1 ［凡例の設定］というマクロを記述する
2 アクティブシートの「売上G」グラフについて以下の処理を実行する（Withステートメントの開始）
3 凡例を表示する
4 凡例の表示位置を右側に指定する
5 Withステートメントを終了する
6 マクロの記述を終了する

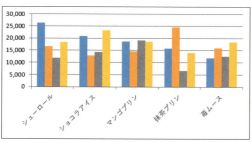
凡例を表示する

❶VBEを起動し、コードを入力
　参照▶ VBAを使用してマクロを作成するには……P.85

❷入力したマクロを実行
　参照▶ マクロを実行するには……P.53

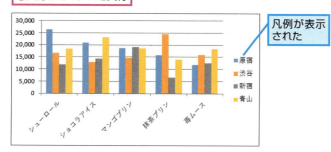
凡例が表示された

12-2 グラフの編集

HINT 凡例の位置や文字サイズを設定するには

凡例を設定するには、Legendオブジェクトのプロパティを使用します。凡例の位置はPositionプロパティを使って、XlLegendPosition列挙型の定数で位置を指定します。また、文字サイズの設定をするには、「Chartオブジェクト.Legend.Font.Size=11」のように記述することができます。

XlLegendPosition列挙型の定数

名前	説明
xlLegendPositionTop	上
xlLegendPositionBottom	下
xlLegendPositionLeft	左
xlLegendPositionRight	右
xlLegendPositionCorner	右上隅

HINT ChartWizardメソッドを使ってグラフの設定を一度に行う

ChartWizardメソッドを使用すると、グラフの種類や凡例、タイトル、軸タイトルなどの各種設定をまとめて行うことができます。書式は、「Chartオブジェクト.ChartWizard(Source, Gallery, Format, PlotBy, CategoryLabels, SeriesLabels, HasLegend, Title, CategoryTitle, ValueTitle, ExtraTitle)」となります。詳細は、オンラインヘルプを参照してください。

サンプル 12-2_007.xlsm

▶ グラフのスタイルを設定するには

オブジェクト.**ChartStyle** ――――――――― 取得
オブジェクト.**ChartStyle** = 設定値 ――――― 設定

▶解説

ChartオブジェクトのChartSytleプロパティを使用すると、あらかじめ用意されているグラフのスタイルをグラフに適用し、見栄えを簡単に整えることができます。

▶設定する項目

オブジェクト ……… Chartオブジェクトを指定します。

設定値 …………… スタイルを1～48までの数値で指定します。Excel 2010／2007の［デザイン］タブの［グラフのスタイル］にある一覧にマウスポインターを合わせたときに表示されるスタイル（下記❶～㊽）に対応しています。

エラーを防ぐには

ブックのテーマを変更すると、スタイルの配色も自動的に変更されます。ブックのテーマに関係なく色を固定する場合は、データ系列（Seriesオブジェクト）に直接色を設定します。

参照▶データ系列に色を指定するには……P.684

使用例　グラフにスタイルを設定する

［売上G］グラフに［スタイル48］のグラフスタイルを設定します。　サンプル▶12-2_008.xlsm

```
1  Sub グラフのスタイル設定()
2      ActiveSheet.ChartObjects("売上G").Chart.ChartStyle = 48
3  End Sub
```

1　[グラフのスタイル設定]というマクロを記述する
2　アクティブシートの[売上G]グラフに[スタイル48]を設定する
3　マクロの記述を終了する

グラフに[スタイル48]を適用する

❶VBEを起動し、コードを入力　　参照▶VBAを使用してマクロを作成するには……P.85

❷入力したマクロを実行　　参照▶マクロを実行するには……P.53

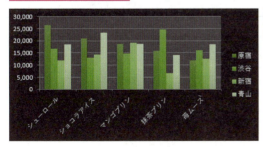

グラフに[スタイル48]が適用された

HINT データ系列に色を指定するには

Seriesオブジェクトに対して色を設定すると、グラフのデータ系列に色を設定することができます。たとえば、1つめのデータ系列の色を赤色にするには次のように記述します。

サンプル 12-2_008.xlsm

```
Sub データ系列に色設定()
    ActiveSheet.ChartObjects("売上G").Chart.SeriesCollection(1).Interior.Color = RGB(255, 0, 0)
End Sub
```

このサンプルを実行すると1つめのデータ系列の色を赤色に設定できる

HINT グラフ要素の書式をリセットするには

ChartオブジェクトのClearToMatchStyleメソッドを使用すると、指定したグラフのグラフ要素に設定されている書式をまとめてリセットすることができます。

▶ グラフのレイアウトを設定するには

オブジェクト.ApplyLayout(Layout)

▶解説

ChartオブジェクトのApplyLayoutメソッドを使用すると、グラフのタイトル、凡例、データラベル、データテーブルなどの要素をセットにしたレイアウトをグラフに適用することができます。すばやくグラフのレイアウトを設定するのに役立ちます。

▶設定する項目

オブジェクト ………… Chartオブジェクトを指定します。

Layout ……………… レイアウトを数値で指定します。グラフを選択し、[デザイン] タブの [グラフのレイアウト] の [クイックレイアウト] アイコンをクリックしたときに表示される一覧（下記❶～⓫）に対応しています（Excel 2010 ／ 2007の場合は、[デザイン] タブの [グラフのレイアウト] の [その他] ボタンをクリック）。

エラーを防ぐには

グラフの種類によって、指定できるレイアウトの数値が異なります。事前に [グラフのレイアウト] の一覧で設定するレイアウトの番号を確認しておきましょう。また、グラフタイトルや軸ラベルを表示するレイアウトの場合は、レイアウト適用後にグラフタイトル、軸ラベルの文字列を別途指定する必要があります。

使用例 グラフのレイアウトを設定する

グラフのレイアウトを［レイアウト 5］に設定し、グラフタイトルを「商品別売上グラフ」、数値軸ラベルを「金額」に指定します。

サンプル 12-2_009.xlsm

```
1  Sub グラフのレイアウト設定()
2      With ActiveSheet.ChartObjects("売上G").Chart
3          .ApplyLayout 5
4          .ChartTitle.Text = "商品別売上グラフ"
5          .Axes(xlValue).AxisTitle.Text = "金額"
6      End With
7  End Sub
```

1	［グラフのレイアウト設定］というマクロを記述する
2	アクティブシートの［売上G］グラフについて以下の処理を実行する（Withステートメントの開始）
3	グラフに［レイアウト 5］を設定する
4	グラフのタイトル文字列を「商品別売上グラフ」に指定する
5	グラフの数値軸の軸ラベルを「金額」に指定する
6	Withステートメントを終了する
7	マクロの記述を終了する

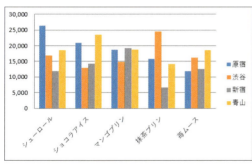

グラフに［レイアウト5］
を設定する

❶VBEを起動し、コードを入力

参照▶ VBAを使用してマクロを作成するには……P.85

❷入力したマクロを実行

参照▶ マクロを実行するには……P.53

12-2 グラフの編集

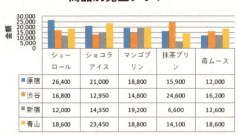

グラフに［レイアウト5］が設定された

グラフタイトルが追加された

軸ラベルが追加された

HINT グラフ要素を設定するSetElementメソッド

Chartオブジェクトには各グラフ要素を追加、設定するメソッドとしてSetElementメソッドが用意されています。書式は、「Chartオブジェクト.SetElement(Element)」となり、引数ElementにはMsoChartElementType列挙型の定数を指定します。なお、MsoChartElementType列挙型の定数の一覧はオブジェクトブラウザーで確認することができます。

参照▶ オブジェクトブラウザーを表示する ……P.160

MsoChartElementType列挙型の主な定数

定数	内容
msoElementChartTitleAboveChart	グラフエリアの上にタイトル表示
msoElementPrimaryCategoryAxisTitleAdjacentToAxis	主横軸ラベルを軸の下に配置
msoElementPrimaryValueAxisTitleVertical	主縦軸ラベルを垂直に配置
msoElementLegendBottom	凡例を下に配置
msoElementDataLabelCenter	データラベルをデータ要素の中央に表示
msoElementDataTableShow	データテーブルの表示

HINT グラフを移動するには

ChartオブジェクトのLocationメソッドを使用すると、既存のグラフをグラフシートまたは、別のワークシートに移動することができます。書式は、「Chartオブジェクト.Location(Where, Name)」となり、引数Whereには、移動先をXlChartLocation列挙型の定数で指定し、引数Nameには移動先のワークシート名またはグラフシート名を指定します。たとえば、埋め込みグラフを新規グラフシート［グラフ］に移動するには次のように記述します。

サンプル▶ 12-2_010.xlsm

```
Sub グラフの移動()
    ActiveSheet.ChartObjects(1).Chart.Location xlLocationAsNewSheet, "グラフ"
End Sub
```

XlChartLocation列挙型の定数

定数	内容
xlLocationAsNewSheet	新しいシートに移動
xlLocationAsObject	既存のシートに埋め込まれる
xlLocationAutomatic	Excelがグラフの場所を制御

XlChartType列挙型の定数

定数	内容
xl3DArea	3-D 面
xl3DAreaStacked	3-D 積み上げ面
xl3DAreaStacked100	100%積み上げ面
xl3DBarClustered	3-D 集合横棒
xl3DBarStacked	3-D 積み上げ横棒
xl3DBarStacked100	3-D 100%積み上げ横棒
xl3DColumn	3-D 縦棒
xl3DColumnClustered	3-D 集合縦棒
xl3DColumnStacked	3-D 積み上げ縦棒
xl3DColumnStacked100	3-D 100%積み上げ縦棒
xl3DLine	3-D 折れ線
xl3DPie	3-D 円
xl3DPieExploded	分割 3-D 円
xlArea	面
xlAreaStacked	積み上げ面
xlAreaStacked100	100%積み上げ面
xlBarClustered	集合横棒
xlBarOfPie	補助縦棒グラフ付き円
xlBarStacked	積み上げ横棒
xlBarStacked100	100%積み上げ横棒
xlBubble	バブル
xlBubble3DEffect	3-D 効果付きバブル
xlColumnClustered	集合縦棒
xlColumnStacked	積み上げ縦棒
xlColumnStacked100	100%積み上げ縦棒
xlConeBarClustered	集合円錐型横棒
xlConeBarStacked	積み上げ円錐型横棒
xlConeBarStacked100	100%積み上げ円錐型横棒
xlConeCol	3-D 円錐型縦棒
xlConeColClustered	集合円錐型縦棒
xlConeColStacked	積み上げ円錐型縦棒
xlConeColStacked100	100%積み上げ円錐型縦棒
xlCylinderBarClustered	集合円柱型横棒
xlCylinderBarStacked	積み上げ円柱型横棒
xlCylinderBarStacked100	100%積み上げ円柱型横棒
xlCylinderCol	3-D 円柱型縦棒
xlCylinderColClustered	集合円柱型縦棒

XlChartType列挙型の定数

定数	内容
xlCylinderColStacked	積み上げ円柱型縦棒
xlCylinderColStacked100	100%積み上げ円柱型縦棒
xlDoughnut	ドーナツ
xlDoughnutExploded	分割ドーナツ
xlLine	折れ線
xlLineMarkers	マーカー付き折れ線
xlLineMarkersStacked	マーカー付き積み上げ折れ線
xlLineMarkersStacked100	マーカー付き100%積み上げ折れ線
xlLineStacked	積み上げ折れ線
xlLineStacked100	100%積み上げ折れ線
xlPie	円
xlPieExploded	分割円
xlPieOfPie	補助円グラフ付き円
xlPyramidBarClustered	集合ピラミッド型横棒
xlPyramidBarStacked	積み上げピラミッド型横棒
xlPyramidBarStacked100	100%積み上げピラミッド型横棒
xlPyramidCol	3-D ピラミッド型縦棒
xlPyramidColClustered	集合ピラミッド型縦棒
xlPyramidColStacked	積み上げピラミッド型縦棒
xlPyramidColStacked100	100%積み上げピラミッド型横棒
xlRadar	レーダー
xlRadarFilled	塗りつぶしレーダー
xlRadarMarkers	データマーカー付きレーダー
xlStockHLC	高値 - 安値 - 終値
xlStockOHLC	始値 - 高値 - 安値 - 終値
xlStockVHLC	出来高 - 高値 - 安値 - 終値
xlStockVOHLC	出来高 - 始値 - 高値 - 安値 - 終値
xlSurface	3-D 表面
xlSurfaceTopView	表面（トップビュー）
xlSurfaceTopViewWireframe	表面（トップビュー - ワイヤーフレーム）
xlSurfaceWireframe	3-D 表面（ワイヤーフレーム）
xlXYScatter	散布図
xlXYScatterLines	折れ線付き散布図
xlXYScatterLinesNoMarkers	折れ線付き散布図（データマーカーなし）
xlXYScatterSmooth	平滑線付き散布図
xlXYScatterSmoothNoMarkers	平滑線付き散布図（データマーカーなし）

第 **13** 章
コントロールの使用

13- 1. ユーザーフォームの作成・・・・・・・・・・・・・・・690
13- 2. ユーザーフォームの操作・・・・・・・・・・・・・・704
13- 3. コマンドボタン・・・・・・・・・・・・・・・・・・・・714
13- 4. テキストボックス・・・・・・・・・・・・・・・・・・718
13- 5. ラベル・・・・・・・・・・・・・・・・・・・・・・・・727
13- 6. イメージ・・・・・・・・・・・・・・・・・・・・・・・729
13- 7. チェックボックス・・・・・・・・・・・・・・・・・・733
13- 8. オプションボタン・・・・・・・・・・・・・・・・・・738
13- 9. フレーム・・・・・・・・・・・・・・・・・・・・・・・741
13- 10. リストボックス・・・・・・・・・・・・・・・・・・・746
13- 11. コンボボックス・・・・・・・・・・・・・・・・・・・758
13- 12. タブストリップ・・・・・・・・・・・・・・・・・・・760
13- 13. マルチページ・・・・・・・・・・・・・・・・・・・・764
13- 14. スクロールバー・・・・・・・・・・・・・・・・・・・766
13- 15. スピンボタン・・・・・・・・・・・・・・・・・・・・771
13- 16. RefEdit ・・・・・・・・・・・・・・・・・・・・・・773
13- 17. InkEdit ・・・・・・・・・・・・・・・・・・・・・・776
13- 18. ワークシートでの利用・・・・・・・・・・・・・・・781

13-1 ユーザーフォームの作成

ユーザーフォームの作成

Excel VBAでは、ユーザーフォームを使用してオリジナルのダイアログボックスを作成することができます。ユーザーフォームにさまざまなコントロールを配置して、ユーザーからの指示を受け取ることができるので、プログラミングの幅を飛躍的に広げることが可能です。本節では、簡単なサンプルをひとつ作成する過程を解説しており、ユーザーフォームの作成から実行までの流れをひと通り学習できます。ユーザーフォームや各コントロールの詳細な使用方法については、13-2以降の節で紹介しています。

ユーザーフォームを作成して実行するまでの流れ

❶ **ユーザーフォームの追加**
プロジェクトにユーザーフォームを追加します。

❷ **コントロールの配置**
作成したユーザーフォームにテキストボックスやコマンドボタン、ラベルなど、必要なコントロールを配置します。

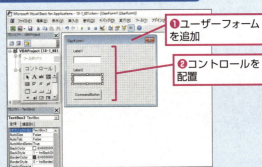
❶ユーザーフォームを追加
❷コントロールを配置

❸ **プロパティの設定**
配置したコントロールの大きさや表示位置、表示する文字列、タブオーダーといった属性（プロパティ）を設定します。

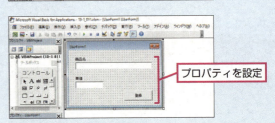
プロパティを設定

❹ **イベントプロシージャーの作成**
コントロールに処理を実行させるきっかけ（イベント）に対応したイベントプロシージャーを作成して、処理の内容を記述します。

処理内容を記述

❺ **ユーザーフォームの実行**
作成したユーザーフォームを使用して処理を実行します。

ユーザーフォームを実行

13-1 ユーザーフォームの作成

ユーザーフォームを作成するには

新しいユーザーフォームを作成するには、VBEで操作します。作成したユーザーフォームは、標準モジュールと同じようにプロジェクトの要素として追加され、プロジェクトエクスプローラーを通じて開いたり、削除したりすることができます。

● **ユーザーフォームを追加する**

ユーザーフォームを追加するには、[挿入]メニューの[ユーザーフォーム]をクリックします。1つのプロジェクトに複数のユーザーフォームを作成することも可能です。ここでは、VBEの画面に切り替えて、ユーザーフォームを1つ追加してみましょう。　サンプル 13-1_001.xlsm

参照▶モジュールを追加または削除するには……P.135
参照▶VBEを使用してマクロを作成するには……P.85

VBEの画面に切り替える

❶ユーザーフォームを追加するプロジェクトを選択
❷[挿入]メニューをクリック
❸[ユーザーフォーム]をクリック

ユーザーフォームが追加された

HINT ユーザーフォームを削除するには

ユーザーフォームを削除するには、[プロジェクトエクスプローラー]内で削除したいユーザーフォームを右クリックし、ショートカットメニューの[(ユーザーフォーム名)の解放]をクリックします。削除する前にエクスポートするかどうかを確認するメッセージが表示されます。エクスポートしないで削除する場合は、[いいえ]ボタンをクリックします。

❶削除したいユーザーフォームを右クリック

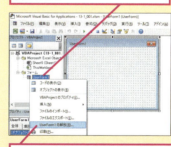

❷[(ユーザーフォーム名)の解放]をクリック

参照▶ユーザーフォームのエクスポート……P.691

HINT ユーザーフォームのエクスポート

作成したユーザーフォームをほかのブックで使用する場合は、ユーザーフォームをエクスポートします。ユーザーフォームをエクスポートすると、2つのファイルが保存されます。それぞれの拡張子は「frm」と「frx」です。エクスポートしたフォームを使用するには、保存されたファイルのうち、拡張子「frm」のファイルをインポートします。

参照▶モジュールをエクスポートまたはインポートするには……P.137

HINT ツールバーからユーザーフォームを追加するには

ツールバーからユーザーフォームを追加するには、[標準]ツールバーの左から2番目のボタンの▼をクリックし、一覧から[ユーザーフォーム]を選択します。このボタンの絵柄が の場合は、ボタンをクリックするだけで、ユーザーフォームを追加できます。

691

13-1 ユーザーフォームの作成

● コントロールを配置する

ユーザーフォームには、コントロールと呼ばれる部品を配置します。コントロールには、ユーザーからの入力を受け取るテキストボックスやコマンドボタン、ユーザーフォームに文字列などを表示するラベルなど、使用目的に応じてさまざまな種類があります。コントロールは、[ツールボックス] から配置します。

サンプル 13-1_002.xlsm

参照▶ [ツールボックス] の主なコントロール……P.693

ここでは例として、テキストボックスとラベル、コマンドボタンをユーザーフォームに配置する

❶ [テキストボックス] をクリック

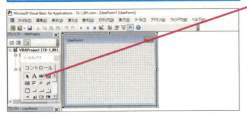

[ツールボックス] が表示されていない場合は

[ツールボックス]が表示されていない場合は、[標準] ツールバーの [ツールボックス] ボタン(🔧)をクリックするか、[表示] メニューの [ツールボックス] をクリックします。

マウスポインターの形が変わった

マウスポインターの形はコントロールによって異なる

ツールボックスで配置したいコントロールを選択して、ユーザーフォーム上にマウスポインターを合わせると、マウスポインターの形が配置するコントロールを表す形に変わります。この形から、どのコントロールを配置しようとしているのかが、ひとめでわかります。

ユーザーフォーム上のコントロールを配置したい場所をクリックする

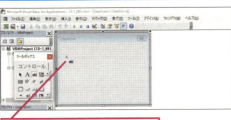

❷ ユーザーフォーム上をクリック

コントロールが配置された

手順1〜2と同様にしてテキストボックスとラベル、コマンドボタンを配置しておく

参照▶ [ツールボックス] の主なコントロール……P.693

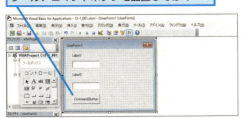

［ツールボックス］の主なコントロール

コントロール名		機能
ラベル	A	文字列の表示　　　　　　　　　　　　　　　　参照🔖ラベル……P.727
テキストボックス	abl	文字列の入力および表示　　　　　　　　参照🔖テキストボックス……P.718
コンボボックス	🔲	文字列の入力、一覧から項目を選択　　　参照🔖コンボボックス……P.758
リストボックス	🔲	一覧から項目を選択　　　　　　　　　　参照🔖リストボックス……P.746
チェックボックス	☑	複数の項目から複数の項目を選択　　　　参照🔖チェックボックス……P.733
オプションボタン	⊙	複数の項目から１つの項目を選択　　　　参照🔖オプションボタン……P.738
フレーム	⌐xyz⌐	コントロールのグループ化　　　　　　　　　　参照🔖フレーム……P.741
コマンドボタン	⌐	ボタンクリックによるコマンド実行　　　参照🔖コマンドボタン……P.714
タブストリップ	⌐	タブによるページ切り替え　　　　　　　参照🔖タブストリップ……P.760
マルチページ	⌐	タブによるページ切り替え（各ページに異なるコントロールを配置できる） 　　　　　　　　　　　　　　　　　　参照🔖マルチページ……P.764
スクロールバー	🔼	スクロール操作による値の増減　　　　　参照🔖スクロールバー……P.766
スピンボタン	🔼	ボタンのクリック操作による値の増減　　　参照🔖スピンボタン……P.771
イメージ	🖼	画像の表示　　　　　　　　　　　　　　　　参照🔖イメージ……P.729
RefEdit	🔳	セル範囲の選択　　　　　　　　　　　　　　参照🔖RefEdit……P.773

コントロールを操作するには

ユーザーフォームに配置したコントロールは、削除やコピーが可能です。不要なコントロールを削除したり、同じコントロールをコピーしたりして、効率的にコントロールを配置しましょう。

● コントロールを選択する

［ツールボックス］の［オブジェクトの選択］ボタン（ � ）をクリックすると、マウスポインターが白い矢印（ ▷ ）に変わります。この状態でコントロールをクリックすると、コントロールを選択できます。複数のコントロールを選択するには、Ctrlキーを押しながらコントロールをクリックするか、選択したいコントロールが配置されている範囲をドラッグします。

サンプル📗13-1_003.xlsm

13-1

ユーザーフォームの作成

1 マクロの基礎知識
2 VBAの基礎知識
3 プログラミングの基礎知識
4 セルの操作
5 ワークシートの操作
6 Excelファイルの操作
7 高度なファイルの操作
8 ウィンドウの操作
9 データの操作
10 印刷
11 図形の操作
12 グラフの操作
13 コントロールの使用
14 外部アプリケーションの操作
15 VBA関数
16 そのほかの操作
付録

693
できる

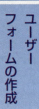

❶ [ツールボックス]の[オブジェクトの選択]をクリック

マウスポインターの形が変わった

❷コントロールをクリック

コントロールが選択された

選択したコントロールには太い網状の枠線とハンドルが表示される

● **コントロールを削除する**

配置したコントロールを削除するには、削除したいコントロールを選択して Delete キーを押します。

サンプル 13-1_004.xlsm

❶コントロールをクリック

❷ Delete キーを押す

コントロールが削除された

● **コントロールをコピーする**

コントロールをコピーするには、コピーしたいコントロールを Ctrl キーを押しながらドラッグします。

サンプル 13-1_005.xlsm

コントロールを選択しておく　　参照▶コントロールを選択する……P.693

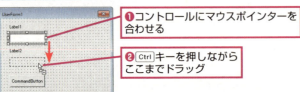

❶コントロールにマウスポインターを合わせる

❷ Ctrl キーを押しながらここまでドラッグ

コントロールがコピーされた

プロパティを設定するには

VBAで使用するオブジェクトと同じように、コントロールにも、サイズや色、表示する文字列などを設定するプロパティがあります。ここでは、コントロールに表示する文字列、コントロールの大きさや表示位置などを［プロパティウィンドウ］やユーザーフォーム上で設定します。

参照▶コントロールの主なプロパティ一覧……P.785

●［プロパティウィンドウ］で設定する

［プロパティウィンドウ］には、選択されているコントロールのプロパティが一覧で表示されています。プロパティを設定するには、設定したい値を一覧に直接入力したり、パレットを使用したりして設定します。ここでは、ラベルに表示する文字列を、ラベルのCaptionプロパティに設定してみましょう。

サンプル▶13-1_006.xlsm

ここでは例として、1つめのラベルに表示する文字列（Captionプロパティ）を設定する

❶ラベルをクリックして選択

ラベルが選択された

❷［Caption］をクリック

❸ここをクリック

カーソルが表示された

表示されていた［Label1］という文字列を削除する

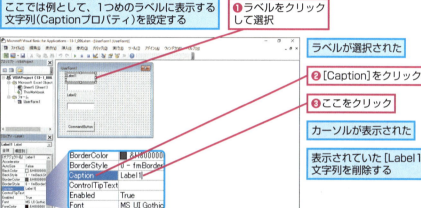

❹ラベルに表示したい文字列を入力

> **プロパティの項目を分類して表示するには**
>
> ［プロパティウィンドウ］で［項目別］タブをクリックすると、プロパティが設定項目別に分類されて表示されます。設定する内容からプロパティを探すことができるので、目的のプロパティを見つけやすくなります。

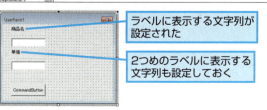

ラベルに表示する文字列が設定された

2つめのラベルに表示する文字列も設定しておく

> **［プロパティウィンドウ］を表示するには**
>
> VBEの画面内に［プロパティウィンドウ］が表示されていない場合は、［表示］メニューの［プロパティウィンドウ］をクリック、または［標準］ツールバーの［プロパティウィンドウ］ボタン（ ）をクリックしてください。

13-1 ユーザーフォームの作成

HINT パレットやコンボボックスからプロパティの値を設定するには

パレットやコンボボックスから値を設定するプロパティの場合、一覧のプロパティ名をクリックすると、設定値のボックスに▼が表示されます。この▼をクリックしてパレットやコンボボックスを表示し、プロパティの内容を設定します。

❶プロパティ名をクリック
設定値のボックスに▼が表示された
❷▼をクリック
❸[パレット]タブをクリック
カラーパレットが表示された

● ユーザーフォーム上で設定する

ラベルやコマンドボタンなどに表示する文字列は、ユーザーフォーム上でコントロールを直接操作して設定することができます。このとき、コントロールが選択されているときと、文字列を入力できるときの枠の表示の違いに注意して設定しましょう。ここでは、コマンドボタンに表示する文字列をユーザーフォーム上から設定します。なお、設定した文字列は、コマンドボタンのCaptionプロパティに設定されます。

サンプル 13-1_007.xlsm

ここでは例として、コマンドボタンに表示する文字列（Captionプロパティ）を設定する

❶コマンドボタンをクリックして選択

❷もう一度コマンドボタンをクリック

コマンドボタンに太い斜線状の枠が表示され、文字列が編集可能になった

❸文字列をドラッグして選択

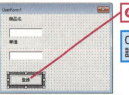

❹新しい文字列を入力

Captionプロパティが設定された

設定が終わったら、ユーザーフォーム上をクリックしてコントロールの選択を解除しておく

HINT ユーザーフォームのCaptionプロパティはユーザーフォーム上で変更できない

ユーザーフォームのタイトルバーに表示されている文字列は、ユーザーフォームのCaptionプロパティで設定します。この値はユーザーフォーム上では変更できないので、[プロパティウィンドウ]で変更します。

参照▶ [プロパティウィンドウ]で設定する……P.695

HINT コントロールの名前を設定するには

コントロールの名前とは、コード内でコントロールを参照するときに使用するオブジェクト名（Nameプロパティの値）のことで、コントロールをユーザーフォーム上に配置した直後は、コントロール名に連番が付いた形で自動的に設定されています。この名前は、[プロパティウィンドウ]の[(オブジェクト名)]で変更します。使用できる文字は、英数字や「_（アンダーバー）」、漢字、ひらがな、カタカナです。先頭に数字や「_（アンダーバー）」を使用することはできません。

HINT コントロールのプロパティをコード内で設定するには

コントロールもオブジェクトの一種です。したがって、コード内でコントロールのプロパティに値を設定するには、プロパティを操作する基本構文と同じように、「オブジェクト名（Nameプロパティの値）.プロパティ = 値」の形式で記述します。たとえば、ユーザーフォームの実行中に、コマンドボタンをクリックしたタイミングで、変数myLabelStringの値をラベルLabel1に表示する場合は、コマンドボタンをクリックしたときに発生するClickイベントプロシージャー内で、ラベルのCaptionプロパティに変数myLabelStringの値を設定します。

サンプル 13-1_008.xlsm

```
Private Sub CommandButton1_Click()
    Dim myLabelString As String
    myLabelString = "コマンドボタンがクリックされました。"
    Label1.Caption = myLabelString
End Sub
```

参照▶ VBAの基本構文……P.91

参照▶ イベント発生時に実行させる処理を記述する……P.701

参照▶ ユーザーフォームを実行するには……P.702

● コントロールの大きさを変更する

コントロールの大きさは、選択したときに表示されるハンドルをドラッグすることで自由に変更できます。ドラッグ中は、変更後の大きさを表す枠線が表示されるので、枠線を目安に大きさを調整できます。ここでは、テキストボックスの大きさをユーザーフォーム上で変更してみましょう。なお、変更後の幅サイズはWidthプロパティ、高さのサイズはHeightプロパティに設定されます。

サンプル 13-1_009.xlsm

参照▶ コントロールを選択する……P.693
参照▶ グリッドの幅や高さを変更するには……P.698

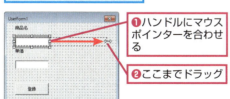

コントロールを選択しておく
①ハンドルにマウスポインターを合わせる
②ここまでドラッグ

大きさが変更された

HINT 複数のコントロールの大きさを揃えるには

複数のコントロールの大きさを揃えるには、対象のコントロールをまとめて選択して、[書式]メニューの[同じサイズに揃える]をクリックし、表示された一覧から揃えたい大きさの項目を選択します。大きさの基準となるコントロールは、白いハンドルが表示されているコントロールです。基準となるコントロールを変更するには、複数のコントロールが選択されている状態で、基準にしたいコントロールをクリックします。

参照▶ コントロールを選択する……P.693
参照▶ グリッドの幅や高さを変更するには……P.698

13-1 ユーザーフォームの作成

● コントロールを移動する

コントロールはドラッグして移動することができます。ドラッグすると移動後の位置を表す枠線が表示されるので、枠線を目安に移動できます。ここでは、コマンドボタンを移動してみましょう。なお、移動後の表示位置は、LeftプロパティとTopプロパティに設定されます。

サンプル 13-1_010.xlsm
参照▶コントロールを選択する……P.693
参照▶コントロールの主なプロパティ一覧……P.785

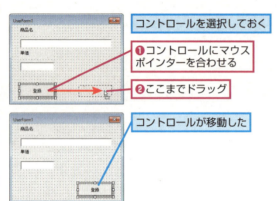

コントロールを選択しておく
❶コントロールにマウスポインターを合わせる
❷ここまでドラッグ
コントロールが移動した

HINT 複数のコントロールの表示位置を揃えるには

複数のコントロールの表示位置を揃えるには、対象のコントロールをまとめて選択して、[書式] メニューの [整列] をクリックし、表示された一覧から揃えたい位置を選択します。表示位置の基準となるコントロールは、白いハンドルが表示されているコントロールです。基準となるコントロールを変更するには、複数のコントロールが選択されている状態で、基準にしたいコントロールをクリックします。

参照▶コントロールを選択する……P.693
参照▶グリッドの幅や高さを変更するには……P.698

HINT グリッドの幅や高さを変更するには

コントロールの大きさや表示位置は、ユーザーフォームに表示されているグリッドに合わせて変更されます。グリッドの幅や高さを変更するには、[ツール] メニューの [オプション] をクリックして [オプション] ダイアログボックスを表示し、[全般] タブの [グリッドの設定] にある [幅] や [高さ] に数値を入力します。なお、[グリッドに合わせる] のチェックマークをはずすと、グリッドの幅や高さに関係なく、自由に大きさや表示位置を変更できます。また、[グリッドの表示] のチェックマークをはずすと、グリッドが非表示になります。

HINT ユーザーフォームの全体的なレイアウトを整える

ユーザーフォーム上にコントロールを配置し、大きさや表示位置がおおまかに決まったら、全体的なレイアウトを調整して、配置バランスの取れたユーザーフォームに仕上げます。大きさや表示位置を微調整したいときは、グリッドの幅や高さの設定を変更します。

サンプル 13-1_011.xlsm
参照▶グリッドの幅や高さを変更するには……P.698

ラベルの大きさや表示位置、全体的な配置バランスを変更した

● タブオーダーを設定する

コントロールがキーボードからの入力を受け付けられる状態をフォーカスといいます。フォーカスは Tab キーを押して移動することができますが、このときの移動する順番を「タブオーダー」といいます。初期設定のタブオーダーは、ユーザーフォームにコントロールを配置した順番になっているので、コントロールの表示位置や大きさが決まったら、操作の順番を考えてタブオーダーを修正します。タブオーダーは［表示］メニューの［タブオーダー］をクリックして表示される［タブオーダー］ダイアログボックスで指定します。　サンプル 13-1_012.xlsm

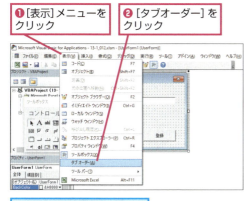

❶［表示］メニューをクリック
❷［タブオーダー］をクリック

［タブオーダー］ダイアログボックスが表示された

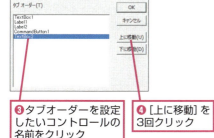

❸タブオーダーを設定したいコントロールの名前をクリック
❹［上に移動］を3回クリック

タブオーダーが修正された

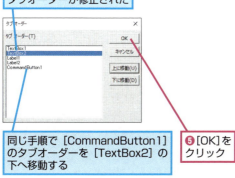

同じ手順で［CommandButton1］のタブオーダーを［TextBox2］の下へ移動する
❺［OK］をクリック

HINT Tab キーでフォーカスを移動しないようにするには

Tab キーでフォーカスを移動しないようにするには、コントロールのTabStopプロパティにFalseを設定します。

❶コントロールをクリック
❷［TabStop］の▼をクリックして［False］を選択
コントロールのフォーカスが Tab キーで移動できなくなった

HINT タブオーダーの順番を設定するプロパティ

タブオーダーの順番を設定するプロパティはTabIndexプロパティです。このプロパティには、タブオーダーの順番に沿って、0から順に数値が設定されます。［プロパティ］ウィンドウでTabIndexプロパティを確認したり設定したりすることができます。

❶コントロールをクリック
［TabIndex］の設定を確認する
❷ここをクリック
数値の確認や設定ができる

13-1 ユーザーフォームの作成

実行したい処理を記述するには

ユーザーフォームにコントロールを配置し、プロパティの設定が終了したら、実行したい処理をコードで記述します。コードは、コントロールに処理を実行させるきっかけを表すイベントに対応したイベントプロシージャーに記述します。イベントプロシージャーを作成するには、画面をユーザーフォームのコードウィンドウに切り替えます。

参照▶イベントプロシージャーを作成するには……P.107

● **イベントプロシージャーを作成する**

ユーザーフォームの画面からイベントプロシージャーを作成するには、実行のきっかけとなるコントロールをダブルクリックします。すると、画面がコードウィンドウに切り替わって、そのコントロールの既定のイベントに対応するイベントプロシージャーが自動的に作成されます。

サンプル▶13-1_013.xlsm

参照▶コントロールの主なイベント一覧……P.785

コマンドボタンをクリックしたときのイベントプロシージャーを作成したい

❶コマンドボタンをダブルクリック

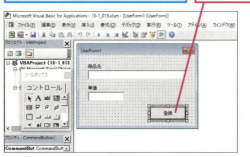

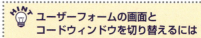

HINT ユーザーフォームの画面とコードウィンドウを切り替えるには

［プロジェクト］ウィンドウの上部に表示されている［コードの表示］ボタン（▣）をクリックすると、コードウィンドウに切り替わります。その右側に表示されている［オブジェクトの表示］ボタン（▣）をクリックすると、ユーザーフォームの画面に切り替わります。

コマンドボタンのイベントプロシージャーが作成された

ここにイベントが表示される

ここに、イベント発生時に実行させる処理を記述する

HINT コマンドボタンのClickイベントプロシージャー

コマンドボタンの既定のイベントはClickイベントです。したがって、ユーザーフォームに配置されているコマンドボタンをダブルクリックすることで、自動的にClickイベントプロシージャーを作成できます。このとき、Clickイベントプロシージャーのプロシージャー名には「コマンドボタンのオブジェクト名_Click」が設定されます。コマンドボタンのオブジェクト名はNameプロパティの値です。なお、コマンドボタンのイベントプロシージャーとして、Clickイベントプロシージャー以外のイベントプロシージャーがすでに作成されている場合は、Clickイベントプロシージャーは自動作成されずに、すでに作成されているイベントプロシージャーが選択されます。この状態からClickイベントプロシージャーを作成したい場合は、コードウィンドウの［オブジェクトボックス］の▼をクリックして、一覧から「Click」を選択してください。

参照▶コントロールの名前を設定するには……P.697
参照▶既定のイベント以外のイベントプロシージャーを作成するには……P.701

HINT コードウィンドウでイベントプロシージャーを作成するには

コードウィンドウの［オブジェクトボックス］の▼をクリックすると、ユーザーフォーム上に配置したコントロールのオブジェクト名が一覧で表示され、ここでオブジェクト名をクリックすると、そのコントロールの既定のイベントに対応するイベントプロシージャーが作成されます。この方法なら、コントロールをダブルクリックするために、ユーザーフォームの画面に切り替える必要がありません。

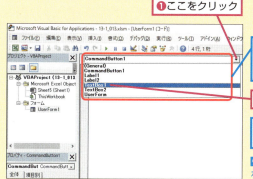

❶ここをクリック

ユーザーフォームに配置されているコントロールのオブジェクト名が一覧で表示された

❷オブジェクト名をクリック

既定のイベントに対応するイベントプロシージャーが作成された

参照▶イベントプロシージャーを作成するには……P.107

HINT 既定のイベント以外のイベントプロシージャーを作成するには

既定のイベント以外のイベントプロシージャーを作成するには、コードウィンドウの［オブジェクトボックス］でイベントプロシージャーを作成したいオブジェクト名を選択したあと、［プロシージャーボックス］で、作成したいイベント名を選択します。［プロシージャーボックス］には、［オブジェクトボックス］で選択したオブジェクトで設定できるイベントが一覧で表示されています。コントロールによって、設定できるイベントの種類が違うので、事前に確認しておくといいでしょう。

❶ここをクリック

［オブジェクトボックス］で選択したオブジェクトで設定できるイベントが表示された

❷イベント名をクリック

クリックしたイベントに対応するイベントプロシージャーが作成された

参照▶イベントプロシージャーを作成するには……P.107
参照▶コントロールの主なイベント一覧……P.785

● イベント発生時に実行させる処理を記述する

イベントプロシージャーが作成できたら、プロシージャーのなかに処理内容を記述します。コードでコントロールを操作するには、VBAでオブジェクトを操作するときと同様に、「プロパティ」「メソッド」の基本構文を使用します。ここでは、ユーザーフォーム（UserForm1）のコマンドボタン（CommandButton1）をクリックしたときに、テキストボックス（TextBox1、TextBox2）に入力されているデータをワークシートに作成されている一覧表の末尾に追記する処理を記述します。

サンプル▶13-1_014.xlsm
参照▶VBAの基本構文……P.91
参照▶コントロールの主なプロパティ一覧……P.785

13-1 ユーザーフォームの作成

```
1  Private Sub CommandButton1_Click()
2      With Range("A1").End(xlDown).Offset(1, 0)
3          .Value = TextBox1.Value
4          .Offset(0, 1).Value = TextBox2.Value
5      End With
6  End Sub
```

1 CommandButton1をクリックしたときに実行されるマクロを記述する
2 セルA1を基準とした下方向の終端セルの1つ下のセルを取得し、以下の処理を行う（Withステートメントの開始）
3 TextBox1の内容を2行めで取得したセルに格納する
4 TextBox2の内容を2行めで取得したセルの1つ右のセルに格納する
5 Withステートメントを終了する
6 マクロの記述を終了する

コードウィンドウに切り替える

参照▶ユーザーフォームの画面とコードウィンドウを切り替えるには……P.700

❶コードを入力

ユーザーフォームを実行するには

ユーザーフォームを実行するには、ユーザーフォームの画面、またはユーザーフォームのコードウィンドウを開いた状態で、VBEの［Sub/ユーザーフォームの実行］ボタンをクリックします。

サンプル▶13-01_15.xlsm

ここではコードウィンドウを開いておく

❶［Sub/ユーザーフォームの実行］をクリック

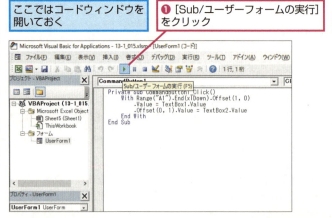

> **HINT**
> ショートカットキーでユーザーフォームを実行する
>
> ユーザーフォームは F5 キーを押して実行することもできます。

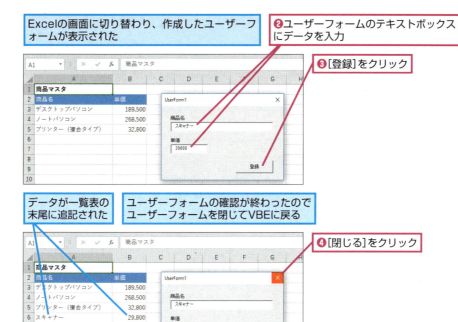

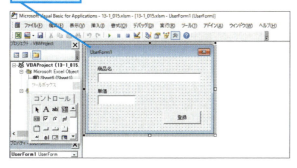

13-2 ユーザーフォームの操作

ユーザーフォームを操作する

ユーザーフォームは、さまざまなコントロールを配置するための土台となるコントロールです。ユーザーとやりとりする画面として、ユーザーフォームの外観を設定し、ユーザーフォームを開いたり、閉じたりすることができます。

タイトルバーに表示されるタイトルを設定できる

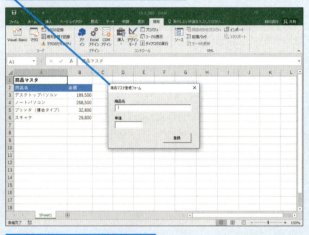

ユーザーフォームの表示位置を設定できる

ユーザーフォームを開いたり閉じたりすることができる

ユーザーフォームを開く直前にマクロを実行できる

タイトルを設定するには

ユーザーフォームのタイトルバーに表示されるタイトルを設定するには、Captionプロパティを使用します。通常は［プロパティウィンドウ］を使用して変更しますが、イベントプロシージャーを使用して、ユーザーフォームの実行中にCaptionプロパティの設定を変更することも可能です。

サンプル 13-2_001.xlsm

ユーザーフォーム（UserForm1）のタイトルを設定する

◆UserForm1

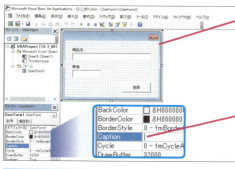

❶ユーザーフォームをクリック

［プロパティウィンドウ］の表示が切り替わった

［Caption］の設定を変更する

❷ここをクリックして［UserForm1］を削除

［Caption］の内容が削除された

❸「商品マスタ登録フォーム」と入力

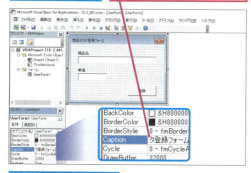

タイトルが設定された

HINT 設定する文字列の長さに注意する

ユーザーフォームの幅に対して、タイトルバーに設定した文字列が長い場合、文字列の一部が表示されないので注意しましょう。この場合、文字列の末尾に「...」が表示されます。

HINT Captionプロパティの既定値

Captionプロパティの既定値は、「コントロールの種類名＋連番」になります。連番は作成した順番に1から採番されます。たとえば、最初に作ったユーザーフォームは「UserForm1」になります。

HINT ユーザーフォームの背景色を設定するには

ユーザーフォームの背景色を設定するには、BackColorプロパティを使用します。［プロパティウィンドウ］のBackColorプロパティの欄をクリックすると▼が表示され、これをクリックすると、背景色に設定できる色が、［パレット］タブや［システム］タブに分類されて表示されます。このなかから、背景色に設定したい色を選択します。

❶BackColorプロパティをクリック

❷ここをクリック

背景色に設定できる色の一覧が表示される

❸背景色に設定したい色を選択

参照 パレットやコンボボックスからプロパティの値を設定するには……P.696

表示位置を設定するには

ユーザーフォームの表示位置を設定するには、StartUpPositionプロパティを使用します。ユーザーフォームを任意の位置に表示したい場合は、StartUpPositionプロパティに「0」を設定し、UserFormオブジェクトのLeftプロパティやTopプロパティを使用して表示位置を設定します。既定値は「1」で、この場合、Excelのアプリケーションウィンドウの位置を基準として、その中央に表示されます。そのほかの設定値については、以下の一覧表を参考にしてください。

サンプル：13-2_002.xlsm

参照▶ウィンドウの画面表示を設定するプロパティ……P.537

StartUpPositionプロパティの設定値

設定値	値	内容
Manual	0	手動
CenterOwner	1	オーナーフォーム（Excelのアプリケーションウィンドウ）の中央
CenterScreen	2	画面（ディスプレイ）の中央
Windows Default	3	Windowsの既定値（画面の左上隅）

ユーザーフォーム（UserForm1）の実行時の表示位置を画面の左上隅に設定する

◆UserForm1

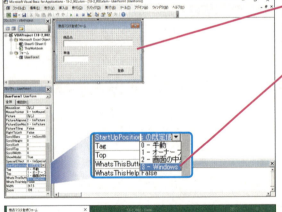

❶ユーザーフォームをクリック

[StartUpPosition]の設定を変更する

❷[StartUpPosition]の▼をクリックして「3-Windowsの既定値」を選択

❸UserForm1を実行

参照▶ユーザーフォームを実行するには……P.702

画面の左上隅にユーザーフォームが表示された

モーダルまたはモードレスに設定するには

ユーザーフォームをモーダルまたはモードレスに設定するには、[プロパティウィンドウ]のShowModalプロパティを使用します。Trueを設定するとユーザーフォームがモーダルダイアログボックスとして表示され、Falseを設定するとモードレスダイアログボックスとして表示されます。なお、ShowModalプロパティは、[プロパティウィンドウ]でのみ設定可能なプロパティです。ユーザーフォームを表示するときに、コードからモーダルまたはモードレスに設定するには、Showメソッドの引数Modalを使用します。

サンプル 13-2_003.xlsm

参照▶ユーザーフォームを表示するには……P.708
参照▶モーダルとは……P.708
参照▶モードレスとは……P.708

ユーザーフォーム（UserForm1）をモードレスに設定する

◆UserForm1

ユーザーフォームはモーダルダイアログボックスとして表示されており、ワークシートのセルを選択できない

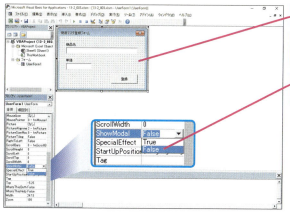

❶ユーザーフォームをクリック

[ShowModal]の設定を変更する

❷[ShowModal]の▼をクリックして[False]を選択

設定内容を確認する　❸UserForm1を実行

参照▶ユーザーフォームを実行するには……P.702

モードレスダイアログボックスとして表示された

ユーザーフォームが表示されていてもワークシートのセルを選択できる

HINT モーダルとは

モーダルとは、ダイアログボックスが表示されているとき、ダイアログボックス以外の操作ができない状態のことです。したがって、モーダルダイアログボックスに設定されたユーザーフォームが表示された場合、そのほかのExcelの機能が操作できなくなります。ユーザーにダイアログボックス以外の操作をさせたくないときに、モーダルに設定します。

HINT モードレスとは

モードレスとは、ダイアログボックスが表示されているとき、ダイアログボックス以外の操作もできる状態のことです。したがって、モードレスダイアログボックスに設定されたユーザーフォームが表示された場合、そのほかのExcelの機能も操作できます。ユーザーフォーム内の操作とExcelの機能を連携させながら操作させたいときに、モードレスに設定します。

ユーザーフォームを表示するには

オブジェクト.Show(Modal)

▶解説

ユーザーフォームを表示するには、Showメソッドを使用します。Showメソッドを使用したステートメントを記述しておけば、VBEに切り替えて［標準］ツールバーの［Sub/ユーザーフォームの実行］ボタンをクリックしなくても、コントロールのイベントプロシージャーやSubプロシージャーのコードからユーザーフォームを表示できます。なお、Showメソッドを実行すると、ユーザーフォームを表示する前に、ユーザーフォームが自動的にメモリに読み込まれます。

▶設定する項目

オブジェクト ………… ユーザーフォームのオブジェクト名を指定します。

Modal ………………… ユーザーフォームの表示状態をFormShowConstants列挙型の定数で指定します。省略した場合は、引数ShowModalプロパティの設定に準じます（省略可）。

FormShowConstants列挙型の定数

設定値	値	内容
vbModal	1	モーダルの状態で表示
vbModeless	0	モードレスの状態で表示

参照▶モーダルまたはモードレスに設定するには……P.707
参照▶モーダルとは……P.708
参照▶モードレスとは……P.708

▶エラーを防ぐには

モーダルのユーザーフォームを表示しているときに、モードレスのユーザーフォームを表示しようとすると、エラーが発生します。また、RefEditが配置されているユーザーフォームを、モードレスの状態に設定して表示すると、閉じることができなくなるので注意が必要です。

参照▶RefEdit……P.773
参照▶モードレスとは……P.708

使用例 ユーザーフォームを表示する

ユーザーフォーム（UserForm1）を表示するマクロを、標準モジュールに作成します。ユーザーフォームはモードレスな状態で表示します。

サンプル 13-02_004.xlsm

```
1  Sub ユーザーフォーム表示()
2      UserForm1.Show vbModeless
3  End Sub
```

1	［ユーザーフォーム表示］というマクロを記述する
2	UserForm1をモードレスな状態で表示する
3	マクロの記述を終了する

フォーム（UserForm1）を表示するためのマクロを作成する

◆UserForm1

❶VBEを起動し、コードを入力

参照 VBAを使用してマクロを作成するには……P.85

❷入力したマクロを実行

参照 マクロを実行するには……P.53

UserForm1が表示された

ヒント ユーザーフォームをメモリに読み込むには

ユーザーフォームを表示しないでメモリに読み込むには、Loadステートメントを使用します。たとえば、ユーザーフォーム（UserForm1）をメモリに読み込むには、次のように記述します。

なお、メモリに読み込んだユーザーフォームを表示するには、Showメソッドを使用して表示します。このとき、ユーザーフォームはすでにメモリに読み込まれているので、ユーザーフォームを表示する処理だけが実行されます。

```
Sub ユーザーフォーム読み込み()
    Load UserForm1
End Sub
```

サンプル 13-02_005.xlsm

13-2

ユーザーフォームの操作

ユーザーフォームを閉じるには

Unload オブジェクト

▶関数

ユーザーフォームを閉じるには、Unloadステートメントを使用します。Unloadステートメントを実行すると、ユーザーフォームを閉じたあとに、ユーザーフォームがメモリから削除されます。

▶設定する項目

オブジェクト ………… ユーザーフォームのオブジェクト名を指定します。

エラーを防ぐには

Unloadステートメントを実行すると、ユーザーフォームはメモリから削除され、確保されていたメモリは解放されます。ユーザーフォームをメモリに残したままユーザーフォームを非表示にしたい場合は、Hideメソッドを使用します。

参照 ▓ ユーザーフォームを非表示にするには……P.711

使用例 ユーザーフォームを閉じる

ユーザーフォーム（UserForm1）上にコマンドボタン（CommandButton2）を配置します。CommandButton2をクリックしたときに確認メッセージを表示して、[OK]ボタンがクリックされたときのみ、ユーザーフォームを閉じます。 サンプル 13-02_006.xlsm

```
1  Private Sub CommandButton2_Click()
2      Dim myBtn As Integer
3      myBtn = MsgBox("登録を終了しますか?", vbQuestion + vbOKCancel)
4      If myBtn = vbOK Then
5          Unload Me
6      End If
7  End Sub
```

1 CommandButton2をクリックしたときに実行するマクロを記述する
2 整数型の変数myBtnを宣言する
3 MsgBox関数で「登録を終了しますか？」というメッセージを表示し、クリックされたボタンの戻り値を変数myBtnに格納する
4 変数myBtnに格納された値がvbOKの場合(Ifステートメントの開始)
5 UserForm1を閉じてメモリから削除する
6 Ifステートメントを終了する
7 マクロの記述を終了する

13-2 ユーザーフォームの操作

コマンドボタン（CommandButton2）を押して、ユーザーフォーム(UserForm1)を閉じる

◆UserForm1
◆CommandButton2

Commandbutton2をクリックしたときに実行されるイベントプロシージャーを記述する

❶CommandButton2をダブルクリック

[コード]ウィンドウが表示された

❷以下のようにコードを入力

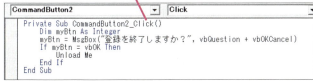

```
Private Sub CommandButton2_Click()
    Dim myBtn As Integer
    myBtn = MsgBox("登録を終了しますか？", vbQuestion + vbOKCancel)
    If myBtn = vbOK Then
        Unload Me
    End If
End Sub
```

❸UserForm1を実行

参照▶ユーザーフォームを実行するには……P.702

❹CommandButton2をクリック

メッセージが表示された

❺[OK]をクリック　ユーザーフォームが閉じた

HINT Meキーワードについて

Meキーワードは、オブジェクトが自分自身を参照するキーワードです。たとえば、ユーザーフォーム（UserForm1）のコードウィンドウ内でMeキーワードを記述すると、MeキーワードはUserForm1を参照します。

HINT ユーザーフォームを非表示にするには

ユーザーフォームを非表示にするには、Hideメソッドを使用します。たとえば、ユーザーフォーム（UserForm1）上のコマンドボタン（CommandButton2）をクリックしたときに、UserForm1を非表示にする場合は、次のように記述します。

```
Private Sub CommandButton2_Click()
    UserForm1.Hide
End Sub
```

なお、Hideメソッドを実行した場合、ユーザーフォームはメモリから削除されません。表示しないユーザーフォームはUnloadステートメントを使用して、メモリから削除しておきましょう。

サンプル 13-02_007.xlsm

13-2 ユーザーフォームを表示する直前の動作を設定するには

Private Sub オブジェクト_Initialize()

▶解説

Initializeイベントは、ユーザーフォームがメモリに読み込まれたあと、画面に表示される直前に発生するイベントです。Initializeイベントが発生したときに実行されるInitializeイベントプロシージャーを使用すると、ユーザーフォームやユーザーフォームに配置されたコントロールなどの初期状態を設定することができます。

▶設定する項目

オブジェクト……… ユーザーフォームのオブジェクト名を指定します。

エラーを防ぐには

メモリに読み込まれているユーザーフォームをHideメソッドで非表示にし、Showメソッドで再び表示した場合、Initializeイベントは発生しないので注意してください。

使用例 ユーザーフォームを表示する直前に初期状態に設定する

ユーザーフォーム（UserForm1）を表示する直前に、2つのテキストボックス（TextBox1、TextBox2）に初期値として「""（長さ0の文字列）」を設定します。　サンプル 13-02_008.xlsm

```
1  Private Sub UserForm_Initialize()
2      TextBox1.Value = ""
3      TextBox2.Value = ""
4  End Sub
```

1 UserForm1を表示する前に実行するマクロを記述する
2 TextBox1の値に「""(長さ0の文字列)」を格納する
3 TextBox2の値に「""(長さ0の文字列)」を格納する
4 マクロの記述を終了する

UserForm1を表示する直前にTextBox1とTextBox2に「""（長さ0の文字列）」を設定する

◆UserForm1
◆TextBox1
◆TextBox2

①UserForm1のコードウィンドウを表示する　②[Initialize]を選択　③以下のようにコードを入力　④UserForm1を実行

```
Private Sub UserForm_Initialize()
    TextBox1.Value = ""
    TextBox2.Value = ""
End Sub
```

注意 既定のイベントではないので「Private Sub ～」以下のイベントを間違えないように注意してください

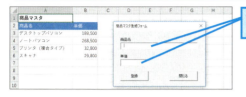

テキストボックスの文字列が「""（長さ0の文字列）」になった

HINT ユーザーフォームを閉じる直前の動作を設定するには

ユーザーフォームを閉じる直前にはQueryCloseイベントが発生します。イベントが発生したときに実行されるQueryCloseイベントプロシージャーを使用すると、ユーザーフォームを閉じる直前の動作を設定することができます。たとえば、[閉じる] ボタン（ × ）をクリックしてユーザーフォームを閉じようとしたときに、メッセージを表示して閉じられないようにするには、次のように記述します。ユーザーフォームのQueryCloseイベントプロシージャーを作成するには、コードウィンドウの [オブジェクト] ボックスでユーザーフォームのオブジェクト名を選択し、[プロシージャー] ボックスで [QueryClose] を選択してください。

なお、QueryCloseイベントプロシージャーの引数CloseModeには、ユーザーフォームを閉じようとした方法によって、VbQueryClose列挙型の定数が格納されています。また、QueryCloseイベントプロシージャー内で引数CancelにTrueを格納すると、ユーザーフォームを閉じる処理がキャンセルされます。

サンプル 13-02_009.xlsm

```
Private Sub UserForm_QueryClose(Cancel As Integer, CloseMode As Integer)
    If CloseMode = vbFormControlMenu Then
        MsgBox "[×] ボタンでは閉じられません。"
        Cancel = True
    End If
End Sub
```

VbQueryClose列挙型の主な定数

定数	値	内容
vbFormControlMenu	0	[閉じる] ボタン（ × ）をクリックしてユーザーフォームを閉じようとした
vbFormCode	1	コードを使用してユーザーフォームを閉じようとした

13-3 コマンドボタン

コマンドボタンを操作する

コマンドボタンは、クリック操作によって処理を実行させるインターフェースを提供するコントロールです。基本的な使用方法については「13-1.ユーザーフォームの作成」で紹介しています。本節では、Enter キーや Esc キーによって実行できるボタンに設定したり、コマンドボタンの無効と有効を切り替えて不意な操作に備えたりするための応用的な設定方法について紹介します。

コマンドボタンの作成

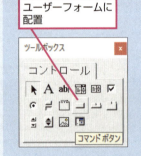

ユーザーフォームに配置

クリックによって処理を実行できる

ボタンの有効と無効を切り替えることができる

参照▶ 実行したい処理を記述するには……P.700

Enter キーや Esc キーで実行できるようにするには

コマンドボタンを、既定のボタンやキャンセルボタンに設定することができます。既定のボタンとは、フォーカスがない状態でも Enter キーを押すことでクリックできるボタンです。コマンドボタンを既定のボタンに設定するには、Default プロパティに True を設定します。一方、キャンセルボタンとは、フォーカスがない状態でも Esc キーを押すことでクリックできるボタンです。コマンドボタンをキャンセルボタンに設定するには、Cancel プロパティに True を設定します。

サンプル 13-3_001.xlsm

2つのコマンドボタン（CommandButton1、CommandButton2）のうち、CommandButton1を既定のボタン、CommandButton2をキャンセルボタンに設定する

◆CommandButton1

◆CommandButton2

既定のボタンを設定する

❶CommandButton1をクリック

[プロパティウィンドウ]の表示が切り替わった

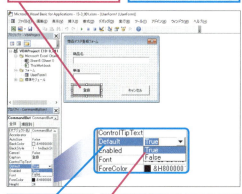

[Default]の設定を変更する

❷[Default]の▼をクリックして[True]を選択

続いてキャンセルボタンを設定する

❸CommandButton2をクリック

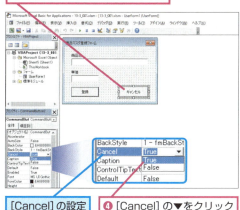

[Cancel]の設定を変更する

❹[Cancel]の▼をクリックして[True]を選択

既定のボタン、キャンセルボタンが設定された

> **HINT** Enterキーによるクリック
>
> 既定のボタンでないコマンドボタンでも、フォーカスがあるときはEnterキーを押すことでクリックすることができます。

> **HINT** アクセスキーを設定するには
>
> アクセスキーとは、メニューやボタン名の末尾にかっこで囲んで表示されているキーのことで、Altキーと組み合わせて押すことで、メニューやボタンを選択したり実行したりすることができます。コントロールにアクセスキーを設定するには、[プロパティウィンドウ]のAcceleratorプロパティにキーを入力します。アクセスキーに設定したキーを表示するには、Captionプロパティに設定した文字列の末尾にかっこで囲んで入力しておきます。
>
> サンプル 13-3_002.xlsm
>
>
>
> アクセスキーが設定されたコマンドボタン

> **HINT** ツールヒントを設定するには
>
> ツールヒントとは、ボタンにマウスポインターを合わせたときに表示される、ボタンの簡単な説明です。コマンドボタンにツールヒントを設定するには、[プロパティウィンドウ]のControlTipTextプロパティにツールヒントとして表示したい文字列を設定します。
>
> サンプル 13-3_003.xlsm
>
>
>
> ◆ツールヒント

> **HINT** 既定のボタンとキャンセルボタンの設定できる個数
>
> ユーザーフォーム内に設定できる既定のボタンとキャンセルボタンの数は、それぞれ1つだけです。コマンドボタンが複数配置されているユーザーフォームで、あるコマンドボタンのDefaultプロパティにTrueを設定すると、ほかのコマンドボタンのDefaultプロパティには自動的にFalseが設定されます。Cancelプロパティも同様に設定されます。

13-3

コマンドボタン

コマンドボタンの有効と無効を切り替えるには

オブジェクト.Enabled ―――――――――――――――― 取得
オブジェクト.Enabled = 設定値 ―――――――――――― 設定

▶解説

コマンドボタンの有効と無効を切り替えるには、Enabledプロパティを使用します。無効に設定されたコマンドボタンは、表示されている文字列がグレーになり、クリックしたり、フォーカスを取得したりすることができなくなります。なお、Enabledプロパティは、[プロパティウィンドウ]とコードから設定できます。

▶設定する項目

オブジェクト‥‥‥‥‥ コマンドボタンのオブジェクト名を指定します。

設定値‥‥‥‥‥‥‥‥ 有効に設定するにはTrue、無効に設定するにはFalseを設定します。

エラーを防ぐには

無効に設定したボタンでも、コードから操作することができます。

使用例 無効のコマンドボタンを有効にする

コマンドボタン（CommandButton1）を、2つのテキストボックス（TextBox1、TextBox2）にデータが入力されている場合に有効に設定します。入力されているかどうかのチェックは、テキストボックスのChangeイベントを使用し、TextBox1、TextBox2の両方のChangeイベントプロシージャに同じマクロを記述します。なお、サンプルでは、ユーザーフォームのInitializeイベントプロシージャを使用し、ユーザーフォームの初期状態としてコマンドボタン（CommandButton1）を無効に設定しています。 サンプル 13-03_004.xlsm

参照 ユーザーフォームの初期状態としてコマンドボタンを無効に設定するには……P.717

```
1  Private Sub TextBox1_Change()
2      If TextBox1.Value <> "" And TextBox2.Value <> "" Then
3          CommandButton1.Enabled = True
4      Else
5          CommandButton1.Enabled = False
6      End If
7  End Sub
```

1 TextBox1が変更されたときに実行するマクロを記述する
2 TextBox1の値が「""（長さ0の文字列）」ではなく、かつTextBox2の値が「""（長さ0の文字列）」ではない場合(Ifステートメントの開始)
3 CommandButton1を有効にする
4 それ以外の場合（TextBox1の値が「""（長さ0の文字列）」、またはTextBox2の値が「""（長さ0の文字列）」の場合は）
5 CommandButton1を無効にする
6 Ifステートメントを終了する
7 マクロの記述を終了する

サイドバーメニュー

1 マクロの基礎知識
2 VBAの基礎知識
3 プログラミングの基礎知識
4 セルの操作
5 ワークシートの操作
6 Excelファイルの操作
7 高度なファイルの操作
8 ウィンドウの操作
9 データの操作
10 印刷
11 図形の操作
12 グラフの操作
13 コントロールの使用
14 外部アプリケーションの操作
15 VBA関数
16 そのほかの操作
付録

716
できる

13-3 コマンドボタン

2つのテキストボックス（TextBox1およびTextBox2）にデータが入力されているかどうかを判断し、両方とも入力されていればCommandButton1を有効にする

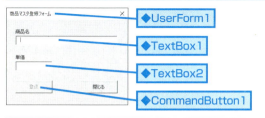

◆UserForm1
◆TextBox1
◆TextBox2
◆CommandButton1

❶UserFrom1のコードウィンドウを表示する　❷以下のようにコードを入力

```
Private Sub TextBox1_Change()
    If TextBox1.Value <> "" And TextBox2.Value <> "" Then
        CommandButton1.Enabled = True
    Else
        CommandButton1.Enabled = False
    End If
End Sub
Private Sub TextBox2_Change()
    If TextBox1.Value <> "" And TextBox2.Value <> "" Then
        CommandButton1.Enabled = True
    Else
        CommandButton1.Enabled = False
    End If
End Sub
```

❸UserFrom1を実行　参照▶ユーザーフォームを実行するには……P.702

CommandButton1が無効になっている

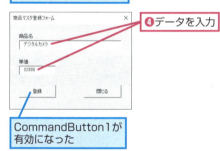

❹データを入力

CommandButton1が有効になった

HINT コントロールの表示と非表示を切り替えるには

コントロールの表示と非表示を切り替えるには、Visibleプロパティを使用します。表示に設定するにはTrue、非表示に設定するにはFalseを設定します。たとえば、コマンドボタン（CommandButton2）をクリックしたときに、コマンドボタン（CommandButton1）を非表示に切り替えるには、次のように記述します。

サンプル 13-3_005.xlsm

```
Private Sub CommandButton2_Click()
    CommandButton1.Visible = False
End Sub
```

HINT ユーザーフォームの初期状態としてコマンドボタンを無効に設定するには

テキストボックスにデータが入力された場合だけコマンドボタンを有効に設定するためには、ユーザーフォームの初期状態として、コマンドボタンをあらかじめ無効に設定しておく必要があります。そのため、使用例のサンプルでは、ユーザーフォームのInitializeイベントプロシージャーで、コマンドボタン（CommandButton1）のEnabledプロパティにFalseを設定しています。

参照▶ユーザーフォームを表示する直前に初期状態に設定する……P.712

```
Private Sub UserForm_Initialize()
    TextBox1.Value = ""
    TextBox2.Value = ""
    CommandButton1.Enabled = False
End Sub
```

13-4 テキストボックス

テキストボックスを操作する

テキストボックスは、文字列を入力したり表示したりするインターフェースを提供するコントロールです。テキストボックスごとに日本語入力モードや入力文字数を設定したり、複数行の文字列を入力できるように設定したりできます。また、入力された文字列の文字コードを取得して、入力内容をチェックすることもできます。

テキストボックスの作成

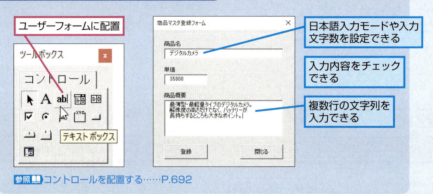

参照 コントロールを配置する……P.692

日本語入力モードを設定するには

テキストボックスの日本語入力モードを設定するには、［プロパティウィンドウ］のIMEModeプロパティにfmIMEMode列挙型の定数を設定します。設定した日本語入力モードには、テキストボックスにフォーカスが移動してカーソルが表示されたときに自動的に切り替わります。

サンプル 13-4_001.xlsm

fmIMEMode列挙型の定数

定数	値	内容
fmIMEModeNoControl	0	日本語入力モードを変更しない（既定値）
fmIMEModeOn	1	IMEをオンにする
fmIMEModeOff	2	IMEをオフ（英語モード）にする
fmIMEModeDisable	3	IMEを無効にする。このモードでは、キーボードやIMEツールバーからIMEをオンにすることはできない
fmIMEModeHiragana	4	ひらがなモードにする
fmIMEModeKatakana	5	全角カタカナモードにする
fmIMEModeKatakanaHalf	6	半角カタカナモードにする
fmIMEModeAlphaFull	7	全角英数モードにする
fmIMEModeAlpha	8	半角英数モードにする

テキストボックス (TextBox1) の日本語入力モードをひらがなモードに設定する

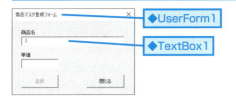

◆UserForm1
◆TextBox1

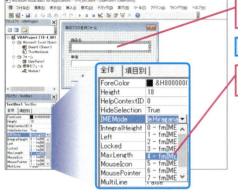

❶ TextBox1を
クリック

[IMEMode]の設定を変更する

❷ [IMEMode]の▼をクリックして
[4-fmIMEModeHiragana]を選択

❸ UserForm1を実行

参照▶ユーザーフォームを実行するには……P.702

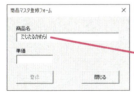

テキストボックス (TextBox1) にカーソルが表示されて日本語入力モードがひらがなモードになった

❹ TextBox1に
データを入力

HINT 「IME」とは

IME（Input Method Editor）は、日本語を入力するためのソフトウェアの総称です。いくつか代表的なIMEがありますが、Windowsにはじめからインストールされているいる IMEは「MS-IME」です。

HINT 入力できる文字数を指定するには

テキストボックスに入力できる文字数を指定するには、MaxLengthプロパティを使用します。[プロパティウィンドウ]とコードから設定でき、コードで設定する場合は、長整数型（Long）の数値を設定します。既定値は、文字数を制限しない「0」が設定されています。下記のサンプルでは、[プロパティウィンドウ]からTextBox1の入力文字を15文字に制限しています。

サンプル 13-4_002.xlsm

HINT パスワードを入力するテキストボックスを作成するには

パスワードを入力するときなど、入力した文字を隠して別な文字を表示させたいときがあります。このようなテキストボックスを作成する場合は、PasswordCharプロパティに入力した文字の代わりに表示させる文字を設定します。設定を解除したいときは、「""（長さ0の文字列）」を設定します。なお、PasswordCharプロパティを設定したテキストボックスに入力できるのは半角文字だけです。

サンプル 13-4_003.xlsm

PasswordCharプロパティに「*」を設定すると、入力した文字の代わりに「*」が表示される

13-4 テキストボックス

複数行を入力できるようにするには

テキストボックスに複数行を入力できるようにするには、MultiLineプロパティにTrueを設定します。入力した文字列はテキストボックスの端で自動的に折り返され、改行するときは Enter キーを押します。

サンプル 13-4_004.xlsm

参照▶ 文字の折り返しを設定するには……P.721
参照▶ Enter キーで改行できるようにするには……P.720

テキストボックス（TextBox3）に複数行の文字を入力できるようにする

◆UserForm1

◆TextBox3

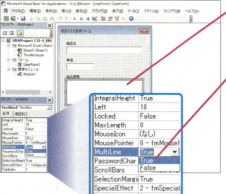

❶TextBox3をクリック

[MultiLine]の設定を変更する

❷[MultiLine]の▼をクリックして[True]を選択

[EnterKeyBehavior]の設定を変更して、Enter キーで改行できるようにする

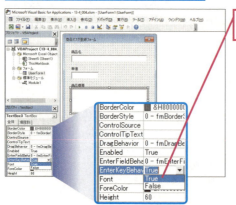

❸[EnterKeyBehavior]の▼をクリックして[True]を選択

> **Enter キーで改行できるようにするには**
>
> 複数行入力可能なテキストボックス内で、Enter キーで改行できるようにするには、EnterKeyBehaviorプロパティにTrueを設定します。なお、EnterKeyBehaviorプロパティの設定は、MultiLineプロパティにTrueが設定されている場合のみ有効です。
>
> 参照▶ 複数行を入力できるようにするには……P.720

❹ UserForm1を実行

参照📖 ユーザーフォームを実行するには……P.702

❺ TextBox3に1行めの文字を入力

❻ Enter キーを押す

❼ 2行め以降も同様に入力

複数行の文字が入力できた

💡HINT 文字の折り返しを設定するには

コントロール内での文字の折り返しを設定するには、WordWrapプロパティを使用します。True（既定値）を設定すると自動的に文字が折り返され、Falseを設定すると折り返されません。なお、WordWrapプロパティの設定は、MultiLineプロパティにTrueが設定されている場合のみ有効です。

参照📖 複数行を入力できるようにするには……P.720

💡HINT テキストボックスにアクセスキー機能を追加するには

テキストボックスはAcceleratorプロパティとCaptionプロパティを持っていないため、アクセスキー機能を設定できません。そこで、テキストボックスと対になるラベルを作成してラベルにアクセスキーを設定し、ラベルのタブオーダーをテキストボックスの直前に設定します。すると、アクセスキーを押したときにラベルはフォーカスを受け付けないため、次のタブオーダーに設定されているテキストボックスにフォーカスが移動し、擬似的なアクセスキー機能が実現できます。サンプルでは、商品概要のテキストボックス（TextBox3）にアクセスキー「G」を設定しています。

サンプル💾 13-4_5.xlsm
参照📖 アクセスキーを設定するには……P.715
参照📖 タブオーダーを設定する……P.699

💡HINT テキストボックスにスクロールバーを表示するには

複数行入力可能なテキストボックスで、サイズ内に収まりきれない文字数が入力されたときにスクロールバーを表示するには、ScrollBarsプロパティを使用します。fmScrollBarsクラスの定数で設定します。

なお、MultiLineプロパティにTrue、WordWrapプロパティにTrueが設定されている場合、文字がテキストボックスの端で自動的に折り返されるので、水平スクロールバーは表示されません。

fmScrollBarsクラスの定数

設定値	値	内容
fmScrollBarsNone	0	スクロールバーを表示しない
fmScrollBarsHorizontal	1	水平スクロールバーを表示する
fmScrollBarsVertical	2	垂直スクロールバーを表示する
fmScrollBarsBoth	3	水平・垂直スクロールバーを表示する

参照📖 複数行を入力できるようにするには……P.720
参照📖 文字の折り返しを設定するには……P.721

💡HINT テキストボックスに入力されたデータの表示位置を設定するには

テキストボックスに入力されたデータの表示位置を設定するには、TextAlignプロパティを使用します。fmTextAlign列挙型の定数を使用して設定します。

fmTextAlign列挙型の定数

定数	値	内容
fmTextAlignLeft	1	文字列をコントロール内の左端に表示
fmTextAlignCenter	2	文字列をコントロール内の中央に表示
fmTextAlignRight	3	文字列をコントロール内の右端に表示

13-4

テキストボックス

1 マクロの基礎知識
2 VBAの基礎知識
3 プログラミングの基礎知識
4 セルの操作
5 ワークシートの操作
6 Excelファイルの操作
7 高度なファイルの操作
8 ウィンドウの操作
9 データの操作
10 印刷
11 図形の操作
12 グラフの操作
13 コントロールの使用
14 外部アプリケーションの操作
15 VBA関数
16 そのほかの操作
付録

721
できる

13-4

テキストボックス

マクロの基礎知識 **1**
VBAの基礎知識 **2**
プログラミングの基礎知識 **3**
セルの操作 **4**
ワークシートの操作 **5**
Excelファイルの操作 **6**
高度なファイルの操作 **7**
ウィンドウの操作 **8**
データの操作 **9**
印刷 **10**
図形の操作 **11**
グラフの操作 **12**
コントロールの使用 **13**
外部アプリケーションの操作 **14**
VBA関数 **15**
そのほかの操作 **16**
付録

テキストボックスの文字列を取得または設定するには

オブジェクト.**Text** ―――――――――――――――― 取得
オブジェクト.**Text** = 設定値 ―――――――――――― 設定
オブジェクト.**Value** ――――――――――――――― 取得
オブジェクト.**Value** = 設定値 ――――――――――― 設定

▶解説

テキストボックスの文字列を取得または設定するには、Textプロパティ、またはValueプロパティを使用します。この2つのプロパティは、ほぼ同じものと考えて問題ありませんが、値を取得するとき、Textプロパティが文字列型（String）、Valueプロパティがバリアント型（Variant）の値を返すところに違いがあります。

▶設定する項目

オブジェクト‥‥‥‥‥ テキストボックスのオブジェクト名を指定します。

設定値‥‥‥‥‥‥‥‥‥ 文字列を指定します。

エラーを防ぐには

設定する文字列は「"（ダブルクオーテーション）」で囲む必要があります。また、Textプロパティ、Valueプロパティともに、どちらかに値を設定すると、もう一方にも同じ値が設定されます。また、テキストボックスに入力された数値同士をそのまま加算すると、数値が数字と認識されてしまうため、加算されずに連結されます。テキストボックスに入力された数値同士を加算したい場合は、Val関数を使用して数値に変換してから加算処理を実行してください。

セルのデータをテキストボックスに表示するには

テキストボックス（TextBox1）に入力された変更Noを取得して商品マスタのNo内を検索し、変更Noが見つかったら、その商品名のデータをテキストボックス（TextBox2）、単価をテキストボックス（TextBox3）に表示します。変更Noが見つからなかったときは、[該当する商品がありません]というメッセージを表示します。

サンプル 13-04_006.xlsm
参照 データを検索するには……P.541

```
1  Private Sub CommandButton1_Click()
2      Dim myNo As String
3      Dim myLastRange As Range, myKekka As Range
4      myNo = TextBox1.Text
5      Set myLastRange = Range("A1").End(xlDown)
6      Set myKekka = Range(Range("A3"), myLastRange). _
           Find(What:=myNo, LookAt:=xlWhole)
7      If myKekka Is Nothing Then
8          MsgBox "該当する商品がありません"
9          TextBox1.SetFocus
10     Else
11         TextBox2.Text = Cells(myKekka.Row, 2).Value
```

722
できる

12	TextBox3.**Text** = Cells(myKekka.Row, 3).Value
13	End If
14	End Sub　　　　　注)「_(行継続文字)」の部分は、次の行と続けて入力することもできます→95ページ参照

1	CommandButton1をクリックしたときに実行するマクロを記述する
2	文字列型の変数myNoを宣言する
3	Range型の変数myLastRangeとRange型の変数myKekkaを宣言する
4	TextBox1の値を取得して変数myNoに格納する
5	変数myLastRangeにセルA1を基準とした下方向の終端セルを格納する
6	セルA3～変数myLastRangeに格納されたセルのセル範囲で、変数myNoと完全に同一なデータが入力されているセルを検索し、その結果を変数myKekkaに格納する
7	オブジェクト変数myKekkaになにもない場合(Ifステートメントの開始)
8	「該当する商品がありません」というメッセージを表示する
9	TextBox1にフォーカスを移動する
10	それ以外の場合
11	TextBox2の値に、変数myFindRow行め、2列めの値を設定する
12	TextBox3の値に、変数myFindRow行め、3列めの値を設定する
13	Ifステートメントを終了する
14	マクロの記述を終了する

[変更No] に入力された番号の商品名と単価を
テキストボックスに表示させたい

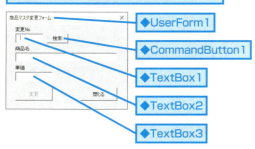

◆UserForm1
◆CommandButton1
◆TextBox1
◆TextBox2
◆TextBox3

CommandButton1をクリックしたときに実行される
イベントプロシージャーを記述する

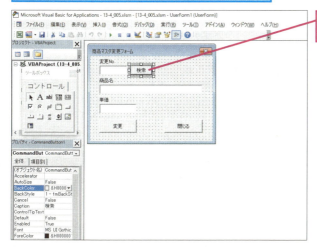

❶CommandButton1を
ダブルクリック

13-4 テキストボックス

[コード]ウィンドウが表示された

❷以下のようにコードを入力

❸UserForm1を実行

参照▶ユーザーフォームを実行するには……P.702

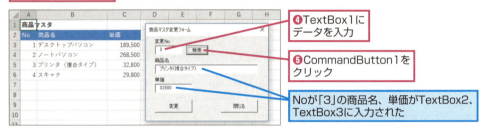

❹TextBox1にデータを入力

❺CommandButton1をクリック

Noが「3」の商品名、単価がTextBox2、TextBox3に入力された

HINT テキストボックスとセルを連動させるには

テキストボックスとセルを連動させるには、ControlSourceプロパティを使用します。たとえば、テキストボックス（TextBox1）とセルA2を連動させるには、TextBox1を選択して、ControlSourceプロパティに「A2」と入力します。これで、セルA2の値がテキストボックスに表示されるようになり、セルA2の値を修正すると、テキストボックスの値も自動的に修正されます。ユーザーフォームをモードレスな状態に設定すると、ユーザーフォームを表示したままセルの値を修正できるので、連動している様子をタイムリーに確認できます。また、テキストボックスの値の修正をセルに反映させるには、テキストボックスから別のコントロールにフォーカスを移動します。

HINT 特定のテキストボックスへフォーカスを移動するには

特定のテキストボックスへフォーカスを移動するには、SetFocusメソッドを使用します。たとえば、コマンドボタン（CommandButton1）をクリックしたときに、テキストボックス（TextBox2）へフォーカスを移動するには、次のように記述します。

サンプル 13-4_007.xlsm

```
Private Sub CommandButton1_Click()
    TextBox2.SetFocus
End Sub
```

HINT テキストボックスに表示するデータの表示書式を設定するには

テキストボックスには、表示するデータの表示書式を設定するプロパティはありません。Format関数を使用してデータの表示書式を設定してからテキストボックスに表示します。たとえば、コマンドボタン（CommandButton1）をクリックしたときに、セルA2の数値データを桁区切りの書式を設定してからテキストボックス（TextBox1）に表示するには、次のように記述します。

サンプル 13-04_008.xlsm

```
Private Sub CommandButton1_Click()
    TextBox1.Value = Format(Range("A2").Value, "#,##0")
End Sub
```

キーを押したときの動作を設定するには

13-4

テキストボックス

Private Sub オブジェクト_KeyPress(ByVal KeyAscii As MSForms.ReturnInteger)

▶解説

キーボードのキーが押されると、KeyDownイベント、KeyPressイベント、KeyUpイベントの順番でイベントが発生します。このうち、KeyPressイベントは、押されたキーの文字コード（ASCIIコード）を返すので、どの文字のキーが押されたのかを判別することができます。返された文字コードは、KeyPressイベントが発生したときに実行されるKeyPressイベントプロシージャーの引数KeyAsciiに格納されています。また、この引数KeyAsciiに「0」を格納すると、キー入力をキャンセルすることができます。

▶設定する項目

オブジェクト……… テキストボックスのオブジェクト名を指定します。

┌─────────┐
│ エラーを防ぐには │
└─────────┘

KeyDownイベント、KeyUpイベントが返すコードは、キーボードの各ボタンに割り振られたキーコードを返します。キーコードは、文字コード（ASCIIコード）と違うコードを返す場合があります。

使 用 例　**数字だけが入力可能なテキストボックスを作成する**

テキストボックス（TextBox1）内でキーが押されたとき、そのキーが数字以外のキーだった場合に、[数字を入力してください。]というメッセージを表示して、キー入力をキャンセルします。なお、テキストボックス（TextBox1）の日本語入力モード（IMEMode）はfmIMEModeDisable（IMEを無効）に設定されています。そのため、半角英数字のみ入力が可能であり、日本語入力モードの設定は変更できません。　　サンプル 13-04_009.xlsm

参照 KeyPressイベントが発生する日本語入力モード……P.726

```
1  Private Sub TextBox1_KeyPress _
       (ByVal KeyAscii As MSForms.ReturnInteger)
2      If KeyAscii < Asc(0) Or KeyAscii > Asc(9) Then
3          MsgBox "数字を入力してください。"
4          KeyAscii = 0
5      End If
6  End Sub
```
注)「_（行継続文字）」の部分は、次の行と続けて入力することもできます→95ページ参照

1	TextBox1でキーが押されたときに実行するマクロを記述する
2	もし押されたキーの文字コードが、「0」の文字コードより小さい、または「9」の文字コードより大きい場合は(Ifステートメントの開始)
3	「数字を入力してください。」というメッセージを表示する
4	キー入力をキャンセルする
5	Ifステートメントを終了する
6	マクロの記述を終了する

---

1 マクロの基礎知識
2 VBAの基礎知識
3 プログラミングの基礎知識
4 セルの操作
5 ワークシートの操作
6 Excelファイルの操作
7 高度なファイルの操作
8 ウィンドウの操作
9 データの操作
10 印　刷
11 図形の操作
12 グラフの操作
13 コントロールの使用
14 外部アプリケーションの操作
15 VBA関数
16 そのほかの操作
付　録

725
できる

13-4 テキストボックス

TextBox1で数字以外を入力できないようにするためのマクロを作成する

◆UserForm1
◆TextBox1

❶[TextBox1]を選択　❷[KeyPress]を選択　❸以下のようにコードを入力

```
Private Sub TextBox1_KeyPress _
    (ByVal KeyAscii As MSForms.ReturnInteger)
    If KeyAscii < Asc(0) Or KeyAscii > Asc(9) Then
        MsgBox "数字を入力してください。"
        KeyAscii = 0
    End If
End Sub
```

注意 既定のイベントではないので「Private Sub ～」以下のイベントを間違えないように注意してください

❹UserFrom1を実行

参照▶ユーザーフォームを実行するには……P.702

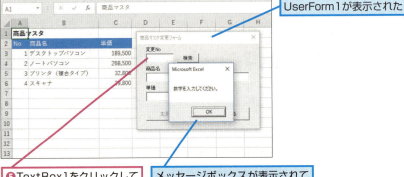

UserForm1が表示された

❺TextBox1をクリックして数字以外のキーを押す

メッセージボックスが表示されて数字以外は入力できない

HINT KeyPressイベントが発生する日本語入力モード

KeyPressイベントを発生させるには、テキストボックスの日本語入力モードを「fmIMEModeOff（IMEをオフ）」「fmIMEModeDisable（IMEを無効）」「fmIMEModeAlpha（半角英数モード）」のいずれかに設定しておく必要があります。しかし、IMEツールバーから操作して、その他の日本語入力モードに切り替えると、KeyPressイベントは発生しなくなります。したがって、「fmIMEModeDisable（IMEを無効）」に設定して、IMEツールバーを操作できないように設定するといいでしょう。

13-5 ラベル

ラベルを操作する

ラベルは、文字列を表示するインターフェースを提供するコントロールです。基本的な使用方法については「13-1.ユーザーフォームの作成」で紹介しています。本節では、ラベルに表示する文字列のフォントの設定を変更する方法などについて紹介します。

ラベルの作成

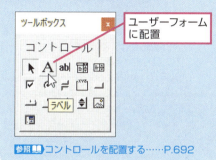

ツールボックス / コントロール
ユーザーフォームに配置
表示するフォントの設定を変更できる

参照▶コントロールを配置する……P.692

ラベルのフォントを設定するには

ラベルのフォントを設定するには、Fontプロパティを使用します。［プロパティウィンドウ］の［Font］をクリックして表示される「...」をクリックすると、［フォント］ダイアログボックスが表示され、フォントの種類やスタイル、サイズ、文字飾りなどを設定できます。

サンプル▶13-5_001.xlsm

参照▶ユーザーフォーム上で設定する……P.696

ラベル（Label1）のCaptionプロパティに設定した文字のフォントを変更する

◆UserForm1
◆Label1

HINT 設定した文字列の長さに合わせてラベルのサイズを設定するには

コードからラベルのCaptionプロパティを設定するとき、設定した文字列が長すぎて、途切れて表示されてしまうことがあります。この場合は、AutoSizeプロパティにTrueを設定して、文字列の長さに合わせてラベルのサイズを自動調整するように設定し、ラベルの右端で文字列が自動的に折り返されないように、WordWrapプロパティにはFalseを設定してください。

参照▶文字の折り返しを設定するには……P.721

13-5 ラベル

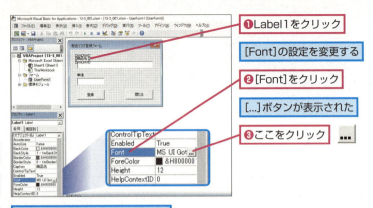

❶ Label1をクリック

[Font]の設定を変更する

❷ [Font]をクリック

[...]ボタンが表示された

❸ ここをクリック

[フォント]ダイアログボックスが表示された

❹ フォント名やスタイル、サイズを設定

❺ [OK]をクリック

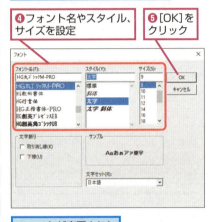

フォントの色を設定するには

フォントに色を設定するには、ForeColorプロパティを使用します。[プロパティウィンドウ]の[ForeColor]の欄をクリックすると▼が表示され、これをクリックすると、フォントに設定できる色が、[パレット]タブや[システム]タブに分類されて表示されるので、このなかから設定したい色を選択します。

参照▶ パレットやコンボボックスから
プロパティの値を設定するには……P.696

ラベルの背景色を設定するには

ラベルの背景色を設定するには、BackColorプロパティを使用します。[プロパティウィンドウ]の[BackColor]の欄をクリックすると▼が表示され、これをクリックすると、ラベルの背景に設定できる色が、[パレット]タブや[システム]タブに分類されて表示されるので、このなかから設定したい色を選択します。

参照▶ パレットやコンボボックスから
プロパティの値を設定するには……P.696

フォントが変更された

ラベルの文字位置を設定するには

ラベルの文字位置は、既定で左端に設定されています。文字位置の設定を変更するには、TextAlignプロパティを使用します。fmTextAlign列挙型の定数を使用して設定します。

fmTextAlign列挙型の定数

設定値	値	内容
fmTextAlignLeft	1	文字列をラベル内の左端に表示
fmTextAlignCenter	2	文字列をラベル内の中央に表示
fmTextAlignRight	3	文字列をラベル内の右端に表示

728

13-6 イメージ

イメージを操作する

イメージは、画像ファイルを表示するインターフェースを提供するコントロールです。会社のロゴを表示したり、視覚的にわかりやすいインターフェースを作成したりすることができます。

イメージの作成

ユーザーフォームに配置

画像を指定して表示することができる

枠内での画像の位置を指定できる

参照▶コントロールを配置する……P.692

表示する画像を設定するには

ユーザーフォーム上に配置した［イメージ］コントロールに画像を設定するには、［プロパティウィンドウ］のPictureプロパティを使用します。Pictureプロパティの項目の「...」をクリックして表示される［ピクチャの読み込み］ダイアログボックスで、画像ファイルを選択します。

サンプル 13-6_001.xlsm ／ ImageSample.gif

イメージ（Image1）に画像を表示する

ここでは「ImageSample」という画像ファイルを読み込む

◆UserForm1

◆Image1

13-6 イメージ

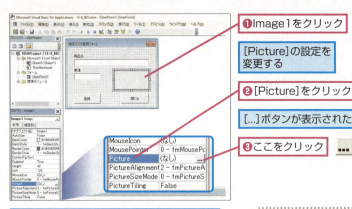

❶ Image1をクリック

[Picture]の設定を変更する

❷ [Picture]をクリック

[...]ボタンが表示された

❸ ここをクリック

[ピクチャの読み込み]ダイアログボックスが表示された

❹ 表示したい画像ファイルを選択

❺ [開く]をクリック

画像が表示された

HINT 設定した画像を削除するには

イメージに設定した画像を削除するには、[プロパティウィンドウ]のPictureプロパティをクリックして、Deleteキーを押します。画像が削除されると、Pictureプロパティの欄には[(なし)]と表示されます。

HINT コードからイメージファイルを設定するには

コードからイメージファイルを設定するには、LoadPicture関数を使用して画像ファイルのパス名をPictureプロパティに設定します。たとえば、コマンドボタン(CommandButton1)をクリックしたときに、イメージ(Image1)にCドライブ内の[data]フォルダーに保存されている「ImageSample.gif」という名前の画像ファイルを設定するには、次のように記述します。

サンプル 13-6_002.xlsm

```
Private Sub CommandButton1_Click()
    Image1.Picture = LoadPicture("C:\data\ImageSample.gif")
End Sub
```

HINT イメージコントロールに表示できる画像ファイル形式

イメージコントロールに表示できる画像ファイルの形式は、ビットマップ形式(.bmp)、GIF形式(.gif)、JPEG形式(.jpg)、メタファイル形式(.wmf、.emf)、アイコン形式(.ico、.cur)などです。

HINT イメージコントロールの外枠を非表示にするには

イメージコントロールの外枠を非表示にするには、[プロパティウィンドウ]のBorderStyleプロパティにfmBorderStyle列挙型の定数fmBorderStyleNoneを設定します。なお、定数fmBorderStyleSingleを設定すると外枠が表示されます。

サンプル 13-6_003.xlsm

外枠が非表示に設定された

730

画像の表示方法を設定するには

イメージコントロールに設定した画像の表示方法を設定するには、表示位置を設定するPictureAlignmentプロパティ、表示サイズを設定するPictureSizeModeプロパティ、画像の並べ方を設定するPictureTilingプロパティを使用します。それぞれの設定値については、732ページの一覧を参照してください。ここでは、イメージ（Image1）の大きさいっぱいに縦横の比率を保ったまま画像を表示できるように表示方法を設定します。

サンプル 13-6_004.xlsm

参照▶PictureAlignmentプロパティの設定値……P.732
参照▶PictureSizeModeプロパティの設定値……P.732

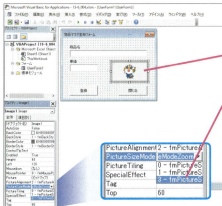

[PictureSizeMode]の設定を変更する

❶Image1をクリック

❷[PictureSizeMode]の▼をクリックして[3-fmPictureSizeModeZoom]を選択

縦横の比率を保ったまま、画像がImage1の大きさいっぱいに表示された

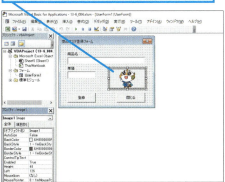

PictureAlignmentプロパティの設定値（fmPictureAlignment列挙型の定数）

定数	値	内容	例
fmPictureAlignmentTopRight	0	左上端に表示する	
fmPictureAlignmentTopRight	1	右上端に表示する	
fmPictureAlignmentCenter（既定値）	2	中央に表示する	
fmPictureAlignmentBottomLeft	3	左下端に表示する	
fmPictureAlignmentBottomRight	4	右下端に表示する	

PictureSizeModeプロパティの設定値（fmPictureSizeMode列挙型の定数）

定数	値	内容	例
fmPictureSizeModeClip（既定値）	0	元の大きさのまま表示する。表示しきれない部分は表示されない	
fmPictureSizeModeStretch	1	コントロールの大きさに合わせて、画像の縦横の比率を変更して表示する	
fmPictureSizeModeZoom	3	コントロールの大きさに合わせて、画像の縦横の比率を変更しないで表示する	

PictureTilingプロパティの設定値

定数	内容	例
True	画像をタイルのように並べて表示する	
False（既定値）	画像を並べずに表示する	

13-7 チェックボックス

チェックボックスを操作する

チェックボックスは、複数の選択肢から、複数の項目を選択できるインターフェースを提供します。また、単独で使用すると、二者択一の項目を作成できます。なお、複数の選択肢から1つの項目を選択する場合は、オプションボタンを使用します。　参照▶オプションボタン……P.738

チェックボックスの作成

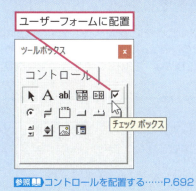
ユーザーフォームに配置

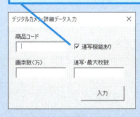
チェックの有無（二者択一）でほかのコントロールの表示を切り替えることができる

その他、複数の選択肢から複数の項目を選択できるインターフェースを提供する

参照▶コントロールを配置する……P.692

チェックボックスの状態を取得または設定するには

オブジェクト.Value ──────────────── 取得
オブジェクト.Value = 設定値 ──────── 設定

▶解説
チェックボックスの状態を取得または設定するには、Valueプロパティを使用します。Trueはチェックマークが付いている状態、Falseはチェックマークがはずされている状態を表します。また、Nullを設定すると、チェックボックスを無効の状態に設定できます。

▶設定する項目
オブジェクト……… チェックボックスのオブジェクト名を指定します。
設定値…………… チェックマークが付いている状態に設定するにはTrue、チェックマークがはずされている状態に設定するにはFalseを設定します。また、Nullを設定して無効の状態に設定できます。

13-7 チェックボックス

チェックボックスのValueプロパティの設定値

設定値	内容	画面表示
True	チェックマークが付いた状態	☑ 手ブレ補正
False	チェックマークがはずされている状態	☐ 手ブレ補正
Null	無効の状態	☑ 手ブレ補正

エラーを防ぐには

ユーザーフォームの実行中、チェックボックスをクリックして状態を変更するとき、無効の状態に変更するには、TripleStateプロパティにTrueが設定されている必要があります。

参照▶TripleState プロパティとは……P.735

使用例 チェックボックスの状態を取得する

コマンドボタン（CommandButton1）をクリックしたときに、テキストボックス（TextBox1）の値と3つのチェックボックス（CheckBox1～3）の状態を取得して、リストの最新行の各セルに入力します。チェックマークが付いている項目には「TRUE」、チェックマークが付いていない項目には「FALSE」が入力されます。

サンプル▶13-07_001.xlsm

参照▶テキストボックスの文字列を取得または設定するには……P.722

```
1  Private Sub CommandButton1_Click()
2      With Range("A1").End(xlDown).Offset(1, 0)
3          .Value = TextBox1.Text
4          .Offset(0, 1).Value = CheckBox1.Value
5          .Offset(0, 2).Value = CheckBox2.Value
6          .Offset(0, 3).Value = CheckBox3.Value
7      End With
8  End Sub
```

1 CommandButton1をクリックしたときに実行するマクロを記述する
2 セルA1を基準とした下方向の終端セルの1つ下のセルを取得し、以下の処理を行う（With ステートメントの開始）
3 TextBox1の内容を2行めで取得したセルに格納する
4 CheckBox1の状態を2行めで取得したセルの1つ右のセルに格納する
5 CheckBox2の状態を2行めで取得したセルの2つ右のセルに格納する
6 CheckBox3の状態を2行めで取得したセルの3つ右のセルに格納する
7 Withステートメントを終了する
8 マクロの記述を終了する

13-7 チェックボックス

テキストボックス（TextBox1）とチェックボックス（CheckBox1～3）の状態をセルに入力する

◆UserForm1
◆TextBox1
◆CheckBox1
◆CheckBox2
◆CommandButton1
◆CheckBox3

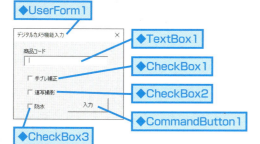

CommandButton1をクリックしたときに実行されるイベントプロシージャーを記述する

❶CommandButton1をダブルクリック

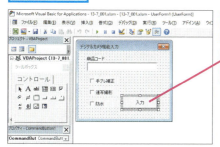

[コード]ウィンドウが表示された　❷以下のようにコードを入力

```
Private Sub CommandButton1_Click()
    With Range("A1").End(xlDown).Offset(1, 0)
        .Value = TextBox1.Text
        .Offset(0, 1).Value = CheckBox1.Value
        .Offset(0, 2).Value = CheckBox2.Value
        .Offset(0, 3).Value = CheckBox3.Value
    End With
End Sub
```

❸UserForm1を実行

参照▶ユーザーフォームを実行するには……P.702

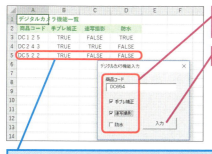

❹ユーザーフォームのTextBox1、CheckBox1～3を入力

❺[入力]をクリック

ユーザーフォームのテキストボックスの内容とチェックボックスの状態がセルに入力された

HINT キーボードからチェックボックスを操作するには

キーボードからチェックボックスを操作するには、Tab キーを使用してチェックボックスにフォーカスを移動してから space キーを押すことで、チェックマークが付いている状態と付いていない状態を切り替えることができます。

HINT TripleStateプロパティとは

TripleStateプロパティは、チェックボックスやオプションボタンの状態に「無効」の状態を加えるプロパティです。ユーザーフォーム上でチェックボックスを操作する場合、通常は、クリックするたびに、チェックマークを付けた状態とチェックマークをはずした状態が交互に切り替わります。このとき、TripleStateプロパティはFalseに設定されています。TripleStateプロパティにTrueを設定すると、チェックボックスに「無効」の状態が加わり、チェックボックスの状態は、チェックマークを付けた状態→チェックマークをはずした状態→無効→チェックマークを付けた状態……という順番で切り替わるようになります。

735

13-7 チェックボックス

値が変更されたときに処理を実行するには

Private Sub オブジェクト_Change( )

▶解説

Changeイベントは、Valueプロパティの値が変更されたときに発生するイベントです。Changeイベントが発生したときに実行されるChangeイベントプロシージャーを使用すると、チェックボックスをクリックして状態が変更されたとき、つまりValueプロパティの値が変更されたときに、その状態に応じた処理を実行することができます。

▶設定する項目

オブジェクト……… チェックボックスのオブジェクト名を指定します。

エラーを防ぐには

コードからValueプロパティの値を変更したときもChangeイベントが発生します。思わぬタイミングでChangeイベントプロシージャーが実行されないように、コードからValueプロパティの値を操作するときは、Changeイベントプロシージャーが作成されていないかどうか確認しましょう。

使用例 チェックボックスの状態に応じて表示と非表示を切り替える

ユーザーフォーム（UserForm1）上のラベル（Label2～3）とテキストボックス（TextBox2～3）のうち、Label3とTextBox3は、チェックボックス（CheckBox1）のチェックが付いているときだけ表示します。

サンプル 13-07_002.xlsm

```
1  Private Sub CheckBox1_Change()
2      Label3.Visible = CheckBox1.Value
3      TextBox3.Visible = CheckBox1.Value
4  End Sub
```

1 CheckBox1の状態を変更したときに実行するマクロを記述する
2 CheckBox1の値を取得して、Label3の表示または非表示を設定する
3 CheckBox1の値を取得して、TextBox3の表示または非表示を設定する
4 マクロの記述を終了する

チェックボックス（CheckBox1）にチェックマークが付いているときだけLabel3とTextBox3が表示されるようにする

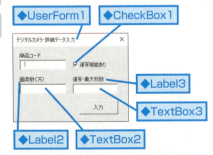

CheckBox1のチェックマークを付けたときに
実行されるイベントプロシージャーを記述する

❶CheckBox1を
ダブルクリック

❷[CheckBox1]
を選択　　❸[Change]
を選択　　❹以下のように
コードを入力

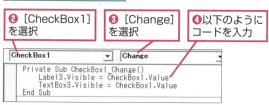

```
Private Sub CheckBox1_Change()
    Label3.Visible = CheckBox1.Value
    TextBox3.Visible = CheckBox1.Value
End Sub
```

注意 既定のイベントではないので「Private Sub ～」以下の
イベントを間違えないように注意してください

❺UserForm1を実行　　参照ユーザーフォームを実行するには……P.702

❻CheckBox1のチェックマーク
をはずす

Label3とTextBox3が
非表示になった

HINT チェックボックスの状態によって表示と非表示が切り替わるしくみ

チェックボックスのValueプロパティの値をそのままラベルやテキストボックスのVisibleプロパティに設定して、ラベルやテキストボックスの表示と非表示を切り替えています。チェックボックスにチェックマークが付いている場合、ValueプロパティはTrueを返すため、VisibleプロパティにTrueが設定されてラベルやテキストボックスが表示されます。同様に、チェックマークが付いていない場合、VisibleプロパティにFalseが設定されるため、ラベルやテキストボックスは非表示になります。

HINT チェックボックスのClickイベントについて

チェックボックスの既定のイベントはClickイベントです。チェックボックスのClickイベントは、チェックボックスがクリックされたときやValueプロパティの値が変更されたときに発生します。しかし、ValueプロパティにNullが設定されているときは、Clickイベントは発生しません。

13-8 オプションボタン

オプションボタンを操作する

オプションボタンは、複数の選択肢から、1つの項目だけを選択できるインターフェースを提供します。なお、複数の選択肢から複数の項目を選択する場合は、チェックボックスを使用します。

参照▶ チェックボックス……P.733

オプションボタンの作成

ユーザーフォームに配置

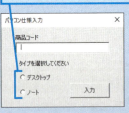
複数の選択肢から1つの項目だけを選択できるインターフェースを提供する

参照▶ コントロールを配置する……P.692

▌オプションボタンの状態を取得または設定するには

オブジェクト.Value ──────────────── 取得
オブジェクト.Value = 設定値 ──────── 設定

▶解説

オプションボタンの状態を取得または設定するには、Valueプロパティを使用します。Trueが選択されている状態、Falseが選択されていない状態を表します。また、Nullを設定すると、オプションボタンを無効の状態に設定できます。

▶設定する項目

オブジェクト………オプションボタンのオブジェクト名を指定します。
設定値………………選択されている状態に設定するにはTrue、選択されていない状態に設定するにはFalseを設定します。また、Nullを設定して無効の状態に設定できます。

[エラーを防ぐには]
TripleStateプロパティにTrueが設定されている場合でも、ユーザーフォームの実行中に、クリック操作でオプションボタンを無効の状態に変更することはできません。無効の状態に設定するには、[プロパティウィンドウ]やコードから設定します。　　参照▶ TripleStateプロパティとは……P.735

13-8 オプションボタン

使用例　オプションボタンの状態を取得する

ユーザーフォーム（UserForm1）に2つのオプションボタン（OptionButton1～2）とコマンドボタン（CommandButton1）を配置し、CommandButton1をクリックしたときに、選択されているオプションボタンの文字列（Captionプロパティの値）をセルに入力します。

サンプル 13-08_001.xlsm

```
 1  Private Sub CommandButton1_Click()
 2      With Range("A1").End(xlDown).Offset(1, 0)
 3          If OptionButton1.Value = True Then
 4              .Offset(0, 1).Value = OptionButton1.Caption
 5          ElseIf OptionButton2.Value = True Then
 6              .Offset(0, 1).Value = OptionButton2.Caption
 7          Else
 8              MsgBox "タイプを選択してください"
 9              Exit Sub
10          End If
11          .Value = TextBox1.Text
12      End With
13  End Sub
```

1	CommandButton1をクリックしたときに実行するマクロを記述する
2	セルA1を基準とした下方向の終端セルの1つ下のセルを取得し、以下の処理を行う（Withステートメントの開始）
3	OptionButton1が選択されている場合（Ifステートメントの開始）
4	OptionButton1の表示文字列を2行めで取得したセルの1つ右のセルに格納する
5	それ以外の場合で、OptionButton2が選択されている場合
6	OptionButton2の表示文字列を2行めで取得したセルの1つ右のセルに格納する
7	それ以外の場合
8	「タイプを選択してください」というメッセージボックスを表示する
9	処理を終了する
10	Ifステートメントを終了する
11	TextBox1の内容を2行めで取得したセルに格納する
12	Withステートメントを終了する
13	マクロの記述を終了する

コマンドボタン（CommandButton1）をクリックすると、テキストボックス（TextBox1）の内容と、2つのオプションボタン（OptionButton1、OptionButton2）のうち、選択されているオプションボタンの文字列をセルに入力する

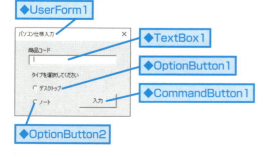

◆UserForm1
◆TextBox1
◆OptionButton1
◆CommandButton1
◆OptionButton2

13-8 オプションボタン

CommandButton1をクリックしたときに実行される
イベントプロシージャーを記述する

❶CommandButton1を
ダブルクリック

[コード]ウィンドウが表示された

❷以下のようにコードを入力

```
Private Sub CommandButton1_Click()
    With Range("A1").End(xlDown).Offset(1, 0)
        If OptionButton1.Value = True Then
            .Offset(0, 1).Value = OptionButton1.Caption
        ElseIf OptionButton2.Value = True Then
            .Offset(0, 1).Value = OptionButton2.Caption
        Else
            MsgBox "タイプを選択してください"
            Exit Sub
        End If
        .Value = TextBox1.Text
    End With
End Sub
```

参照▶ユーザーフォームを実行するには……P.702

❸UserForm1を実行

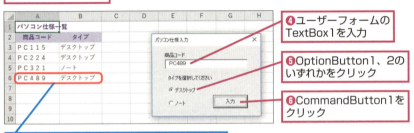

❹ユーザーフォームの
TextBox1を入力

❺OptionButton1、2の
いずれかをクリック

❻CommandButton1を
クリック

ユーザーフォームのテキストボックスの内容と
オプションボタンの文字列がセルに入力された

HINT オプションボタンのグループを設定するには

オプションボタンは、チェックボックスと違って、複数の選択肢から1つだけ選択できるコントロールです。複数のオプションボタンは1組のグループとして認識されて、グループ内から1つだけ選択できるようになりますが、グループが複数ある場合は、それぞれのグループを識別するためのグループ名を設定する必要があります。グループ名は、そのグループに属する各オプションボタンのGroupNameプロパティに、グループ名を表す文字列を設定します。なお、フレームコントロールを使用してグループを設定した場合は、グループ名の設定は必要ありません。

参照▶フレーム……P.741

HINT キーボードからオプションボタンを操作するには

キーボードからオプションボタンを操作するには、Tabキーを使用してオプションボタンにフォーカスを移動してからspaceキーを押すことで、選択されている状態と選択されていない状態を切り替えることができます。

13-9 フレーム

フレームを操作する

フレームは、コントロールをグループ化するインターフェースを提供します。フレームを使用してユーザーフォーム内のコントロールをグループ化することで、より見やすくてわかりやすいインターフェースを作成できます。また、フレームに配置したオプションボタンは、そのフレーム内で1つだけ選択できるようになります。

フレームの作成

ユーザーフォームに配置

オプションボタンを複数のグループに分け、それぞれのグループで1つずつ選択できるようにすることができる

参照▶コントロールを配置する……P.692

フレーム内にオプションボタンを配置するには

フレーム内に複数のオプションボタンを配置すると、オプションボタンが1つのグループとして認識され、フレーム内で1つのオプションボタンだけを選択できるようになります。

サンプル 13-9_001.xlsm

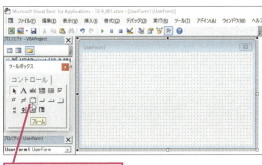

ユーザーフォーム（UserForm1）に、3つの選択肢で構成されるオプションボタンのグループを2つ作成する

最初にフレームを配置する

❶［フレーム］をクリック

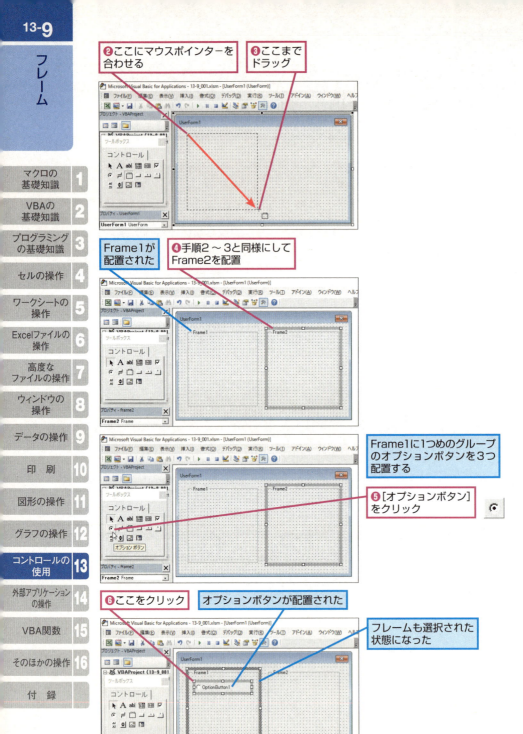

❼残りの2つのオプションボタンを配置

❽手順5～7と同様にしてFrame2にも3つのオプションボタンを配置

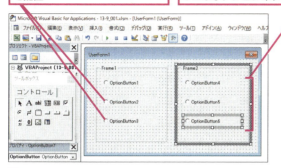

❾UserForm1を実行

参照▶ユーザーフォームを実行するには……P.702

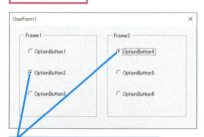

それぞれのグループで1つずつ選択できることを確認する

あとからフレームを配置するには

オプションボタンを配置したあとにフレームを配置する場合は、フレームをユーザーフォーム上の空いているスペースに配置してから、その上にオプションボタンを移動するようにします。すでに配置されているオプションボタンの上にフレームを配置しても、フレーム内にオプションボタンは配置されないので注意が必要です。

フレームに配置されたすべてのコントロールを参照するには

オブジェクト.Controls

▶解説

フレーム内に配置されたすべてのコントロール（Controlsコレクション）を参照するには、Controlsプロパティを使用して参照します。For Each～Nextステートメントを使用すると、Controlsコレクションの各コントロールを1つずつ参照して操作できるので、フレーム内のすべてのコントロールの値を参照することができます。

参照▶同じ種類のオブジェクトすべてに同じ処理を実行する……P.192

▶設定する項目

オブジェクト……… フレームのオブジェクト名を指定します。

[エラーを防ぐには]

コントロールによって使用できるプロパティやメソッドが異なります。そして、使用できないプロパティやメソッドによる処理を実行しようとするとエラーが発生します。異なる種類のコントロールが配置されているフレームを対象に、For Each～Nextステートメントを使用してフレーム内のコントロールを操作するときは、TypeName関数を使用して参照するコントロールの種類を確認します。

参照▶オブジェクトや変数の種類を調べるには……P.870

13-9 フレーム

743

13-9 フレーム

使用例 フレーム内で選択されたオプションボタンを取得する

ユーザーフォーム（UserForm1）上のフレーム（Frame1）内に配置されたオプションボタン（OptionButton1〜3）のうち、選択されているオプションボタンの文字列（Captionプロパティの値）を取得してセルA2に入力します。 サンプル書 13-9_002.xlsm

```
1  Private Sub CommandButton1_Click()
2      Dim myOPButton As Control
3      With Range("A1").End(xlDown).Offset(1, 0)
4          For Each myOPButton In Frame1.Controls
5              If myOPButton.Value = True Then
6                  .Value = TextBox1.Text
7                  .Offset(0, 1).Value = myOPButton.Caption
8                  Exit Sub
9              End If
10         Next myOPButton
11         MsgBox "仕様を選択してください"
12     End With
13 End Sub
```

1	CommandButton1をクリックしたときに実行するマクロを記述する
2	Control型の変数myOPButtonを宣言する
3	セルA1を基準とした下方向の終端セルの1つ下のセルを取得し、以下の処理を行う（Withステートメントの開始）
4	オブジェクト変数myOPButtonにFrame1内のコントロールを順番に格納して以下の処理をくり返す（For Eachステートメントの開始）
5	オブジェクト変数myOPButtonの値がTrueの場合（Ifステートメントの開始）
6	TextBox1の内容を2行めで取得したセルに格納する
7	変数myOPButtonの文字列（Captionプロパティの値）の値を2行めで取得したセルの1つ右のセルに格納する
8	処理を終了する
9	Ifステートメントを終了する
10	変数myOPButtonに次のコントロールを格納して5行めに戻る
11	「仕様を選択してください」というメッセージを表示する
12	Withステートメントを終了する
13	マクロの記述を終了する

13-9 フレーム

フレーム（Frame1）内に配置されているオプションボタン（OptionButton1～3）のうち、選択されているオプションボタンの文字列をセルに入力する

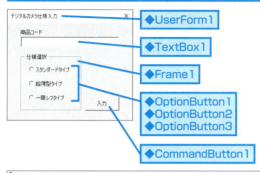

◆UserForm1
◆TextBox1
◆Frame1
◆OptionButton1
◆OptionButton2
◆OptionButton3
◆CommandButton1

CommandButton1をクリックしたときに実行されるイベントプロシージャーを記述する

❶CommandButton1をダブルクリック

[コード]ウィンドウが表示された　❷以下のようにコードを入力

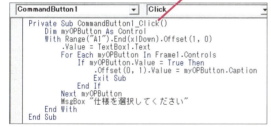

```
Private Sub CommandButton1_Click()
    Dim myOPButton As Control
    With Range("A1").End(xlDown).Offset(1, 0)
        .Value = TextBox1.Text
        For Each myOPButton In Frame1.Controls
            If myOPButton.Value = True Then
                .Offset(0, 1).Value = myOPButton.Caption
                Exit Sub
            End If
        Next myOPButton
        MsgBox "仕様を選択してください"
    End With
End Sub
```

❸UserForm1を実行　参照▶ユーザーフォームを実行するには……P.702

❹TextBox1にテキストを入力

❺OptionButton1～3のいずれかをクリック

❻CommandButton1をクリック

テキストボックスの内容とフレーム内で選択されているオプションボタンの文字列がセルに入力された

13-10 リストボックス

リストボックスを操作する

リストボックスは、リスト形式でデータを表示するインターフェースを提供します。ユーザーによって選択された行位置や列位置のデータを取得することができます。また、複数列の表示や、複数行の選択も可能です。

フレームの作成

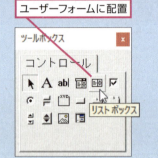

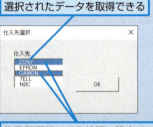

リストに表示するセル範囲を設定するには

リストの項目には、セルに入力されているデータを表示することができます。したがって、設定したセル範囲のデータを操作することで、リストの項目の表示を操作できます。リストの項目として表示するセル範囲を設定するには、[プロパティウィンドウ]のRowSourceプロパティを使用します。セル範囲A2～A6を設定する場合は、RowSourceプロパティに「:(コロン)」を使用して「A2:A6」と記述します。セル範囲に設定されているセル範囲名を使用して設定することも可能です。

サンプル 13-10_001.xlsm

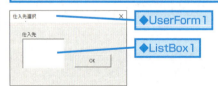

リストボックス（ListBox1）にセル範囲A2～A6のデータが表示されるように設定する

◆UserForm1

◆ListBox1

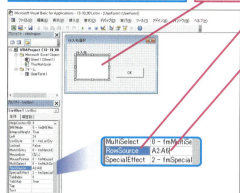

[RowSource]にセル範囲を設定する
❶ ListBox1をクリック
❷ [RowSource]をクリック
❸ [RowSource]に「A2:A6」と入力
❹ Enter キーを押す
VBEの画面上でListBox1にセル範囲A2～A6のデータが表示された

❺ UserForm1を実行

参照▶ユーザーフォームを実行するには……P.702

リストにセル範囲A2～A6のデータが表示された

リストボックスに項目を追加するには

リストボックスに項目を追加するには、設定したセル範囲にデータを追加しますが、セル範囲が広がるため、あわせてRowSourceプロパティの設定も修正する必要があります。このような場合は、データが増えたタイミングでRowSourceプロパティの設定を自動的に更新する仕組みを作成するといいでしょう。たとえば、A列のデータをListBox1に表示している場合、ワークシートのChangeイベントプロシージャーに次のようなコードを記述します。ここでは、A列のセルが変更されたときに、変更されたセルを含むアクティブセル領域を参照して、そのセル番地をAddressプロパティで取得して、ListBox1のRowSourceプロパティに設定しています。変更されたセルは引数「Target」で参照しています。
さらに、ユーザーフォームのInitializeイベントプロシージャーを使用して、次のようにRowSourceプロパティを初期化するといいでしょう。リストボックスに設定する列のアクティブセル領域のセル番地を設定しています。このイベントプロシージャーにより、ユーザーフォームを開くタイミングで、リストボックスに設定するセル範囲を動的に設定できます。

サンプル▶13-10_002.xlsm

```
Private Sub UserForm_Initialize()
    ListBox1.RowSource = Range("A1").CurrentRegion.Address
End Sub
```

サンプル▶13-10_002.xlsm

```
Private Sub Worksheet_Change(ByVal Target As Range)
    If Target.Column = 1 Then
        UserForm1.ListBox1.RowSource = Target.CurrentRegion.Address
    End If
End Sub
```

リストボックスの項目を削除するには

セルに入力されているデータをクリアしただけの場合、残った空白セルが空白行としてリスト内に表示されています。したがって、リストボックスの項目を削除するには、削除する項目が入力されているセルを削除します。

リストボックスに複数列表示するには

リストボックスに複数列表示するには、表示する列数をColumnCountプロパティに設定します。また、表示する各列の幅を設定するには、ColumnWidthsプロパティを使用して設定します。列の幅はポイント単位で指定し、各列の幅を「;（セミコロン）」で区切ります。ここでは、列A～列CのセルA3～C7に入力されているデータを、それぞれ40ポイント、70ポイント、60ポイントの列の幅で表示します。

サンプル 13-10_003.xlsm

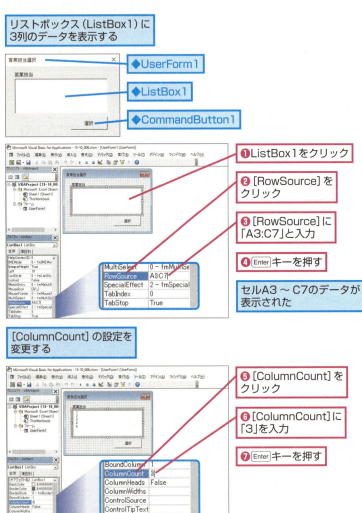

3列分のデータが表示された

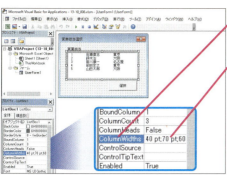

❽ [ColumnWidths]を
クリック

❾ [ColumnWidths]に
「40;70;60」と入力

❿ Enter キーを押す

[ColumnWidths]に[40pt;70pt;60pt]
と表示された

参照▶ユーザーフォームを実行するには……P.702

⓫ UserForm1
を実行

リストにセル範囲A3～C7の
データが指定した列幅で表示
された

HINT 列見出しを表示するには

リストの項目に表示するセル範囲に列見出しが設定されている場合、ColumnHeadsプロパティにTrueを設定して、リストボックスに列見出しを表示することができます。列見出しとして表示される内容は、RowSourceプロパティに設定したセル範囲の1行上のセルのデータです。

サンプル 13-10_004.xlsm

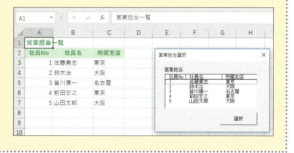

選択されている行位置を取得するには

オブジェクト.**ListIndex** ──────────── 取得
オブジェクト.**ListIndex** = 設定値 ──────── 設定

▶解説

リストボックスで選択されている行位置を取得するには、ListIndexプロパティを使用します。ListIndexプロパティが返す値は、リストの先頭行を「0」として上から順番に数えた行番号です。また、なにも選択されていない場合に「-1」を返すことを利用すると、項目が選択されているかどうかを調べるときにも使用できます。また、ListIndexプロパティに行番号を設定して、特定の行が選択された状態でリストボックスを表示できます。

▶設定する項目

オブジェクト‥‥‥‥‥ リストボックスのオブジェクト名を指定します。

設定値‥‥‥‥‥‥‥‥ リストボックスを表示したときに、選択状態にしておきたい行番号を、リストの先頭行を「0」として上から順番に数えた数値で設定します。また、なにも選択されていない状態に設定する場合は「-1」を設定します。

エラーを防ぐには

複数行選択できるリストボックスで選択されている行を調べるには、ListIndexプロパティではなくSelectedプロパティを使用します。

参照📖複数行を選択できるリストで選択状態を調べるには‥‥‥‥P.753

リストボックスの項目の値を取得するには

オブジェクト.List(pvargIndex, pvargColumn) ──────── 取得
オブジェクト.List(pvargIndex, pvargColumn) = 設定値── 設定

▶解説

リストボックスの項目の値を取得するには、Listプロパティを使用します。引数pvargIndexと引数pvargColumnに、取得したい値の行位置、列位置をそれぞれ指定します。

▶設定する項目

オブジェクト‥‥‥‥‥ リストボックスのオブジェクト名を指定します。

pvargIndex‥‥‥‥‥ 値を取得または設定したい行位置を指定します。ここで指定する値は、リストの先頭行を「0」として上から順番に数えた数値です。

pvargColumn‥‥‥‥ 値を取得または設定したい列位置を指定します。ここで指定する値は、リストの左端列を「0」として左から順番に数えた数値です。

設定値‥‥‥‥‥‥‥‥ リストボックスの項目に追加したい値を設定します。

エラーを防ぐには

引数pvargIndexや引数pvargColumnに設定するのは「0」から数えた数値なので、1行めは「0」、2行めは「1」、といったように「1」を引いた数値で指定します。したがって、最終行や右端列を参照するときに「1」を引かないで見たままの数値を指定すると、エラーが発生します。

使用例　選択されている項目の内容を表示する

リストボックスで選択されている行の2列めの項目をメッセージで表示します。選択されている行位置をListIndexプロパティで取得し、この値をListプロパティの引数pvargIndexに指定します。ここでは、2列めの値を取得するため、引数pvargColumnに「1」を指定しています。なお、リストボックス内の行が選択されていない場合は、選択をうながすメッセージを表示します。

サンプル🔊13-10_005.xlsm

750

```
1  Private Sub CommandButton1_Click()
2      With ListBox1
3          If .ListIndex = -1 Then
4              MsgBox "行位置を選択してください"
5          Else
6              MsgBox .List(.ListIndex, 1)
7          End If
8      End With
9  End Sub
```

1	CommandButton1をクリックしたときに実行するマクロを記述する
2	ListBox1について以下の処理を行う(Withステートメントの開始)
3	リストボックス内が選択されていない場合(Ifステートメントの開始)
4	「行位置を選択してください」というメッセージを表示する
5	それ以外の場合
6	選択されている行の2列めの値をメッセージで表示する
7	Ifステートメントを終了する
8	Withステートメントを終了する
9	マクロの記述を終了する

CommandButton1がクリックされたら、ListBox1で選択されている行の2列めのデータをメッセージで表示する

◆UserForm1
◆ListBox1
◆CommandButton1

CommandButton1をクリックしたときに実行されるイベントプロシージャーを記述する

❶CommandButton1をダブルクリック

[コード]ウィンドウが表示された

❷以下のようにコードを入力

13-10 リストボックス

751

❸UserForm1を実行

参照▶ユーザーフォームを実行するには……P.702

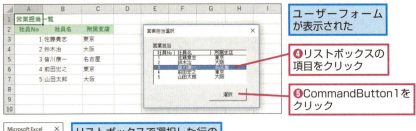

ユーザーフォームが表示された

❹リストボックスの項目をクリック

❺CommandButton1をクリック

リストボックスで選択した行の2列めのデータがメッセージで表示された

複数行を選択できるようにするには

リストボックスで複数行を選択できるようにするには、[プロパティウィンドウ]のMultiSelectプロパティを使用します。fmMultiSelect列挙型の定数で指定します。既定値はfmMultiSelectSingleです。ここでは、リストボックス（ListBox1）の選択方法を、Ctrlキーを押しながら連続していない行を複数選択できるように設定します。

サンプル 13-10_006.xlsm

fmMultiSelect列挙型の定数

設定値	値	内容
fmMultiSelectSingle	0	1行だけ選択できる
fmMultiSelectMulti	1	複数行を選択できる。Ctrlキーを押さずに連続していない行を複数選択できる。行の選択状態を解除するには、選択されている行を再度クリックする
fmMultiSelectExtended	2	複数行を選択できる。Shiftキーを押しながらクリックすると、現在選択されている行からクリックした行までを連続して選択できる。また、Ctrlキーを押しながらクリックすると、連続していない行を複数選択できる

リストボックス（ListBox1）で複数行を選択できるようにする

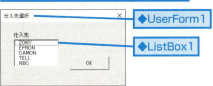

◆UserForm1

◆ListBox1

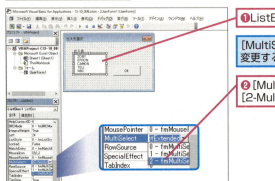

❶ListBox1をクリック

[MultiSelect]の設定を変更する

❷[MultiSelect]の▼をクリックして[2-fmMultiSelectExtended]を選択

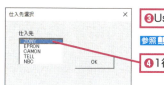

❸UserForm1を実行

参照▶ユーザーフォームを実行するには……P.702

❹1行めをクリックする

1行めが選択された　さらに3行めを選択する

❺[Ctrl]キーを押しながら3行めをクリック

複数の行を選択できた

複数行を選択できるリストで選択状態を調べるには

オブジェクト.**Selected**(pvargIndex) ──── 取得
オブジェクト.**Selected**(pvargIndex) = 設定値 ── 設定

▶解説

複数行を選択できるリストで選択状態を調べるには、Selectedプロパティを使用します。引数pvargIndexに選択されているかどうかを調べたい行番号を指定し、その行が選択されている場合はTrue、選択されていない場合はFalseを返します。

▶設定する項目

オブジェクト ……… リストボックスのオブジェクト名を指定します。

pvargIndex ……… リストボックスの選択状態を取得または設定したい行番号を指定します。リストの先頭行を「0」として上から順番に数えた数値を指定します。

設定値 ……………… 引数pvargIndexで指定した行を選択された状態に設定する場合はTrue、選択されていない状態に設定する場合はFalseを設定します。

　エラーを防ぐには

引数pvargIndexに設定するのは「0」から数えた数値なので、1行めは「0」、2行めは「1」、といったように「1」を引いた数値で指定します。したがって、最終行を参照するときに「1」を引かないで見たままの数値を指定すると、エラーが発生します。

　使 用 例　複数選択された行の値を取得する

複数選択された行の値を取得してメッセージで表示します。リストボックスに設定されているすべての行について、選択されているかどうかを調べて、選択されている場合だけリストボックスの値を取得してメッセージで表示しています。

サンプル 13-10_007.xlsm

参照▶リストボックスに設定されている総行数を取得するには……P.755
参照▶リストボックスの項目の値を取得するには……P.750

13-10 リストボックス

```
1  Private Sub CommandButton1_Click()
2      Dim myListValue As String
3      Dim i As Integer
4      With ListBox1
5          For i = 0 To .ListCount - 1
6              If .Selected(i) = True Then
7                  myListValue = myListValue & .List(i) & vbCrLf
8              End If
9          Next i
10     End With
11     MsgBox myListValue
12 End Sub
```

1 CommandButton1をクリックしたときに実行するマクロを記述する
2 文字列型の変数myListValueを宣言する
3 整数型の変数iを宣言する
4 ListBox1について以下の処理を行う(Withステートメントの開始)
5 変数iが0からリストボックスの総行数から1引いた値になるまで以下の処理をくり返す(Forステートメントの開始)
6 i行めが選択されている場合(Ifステートメントの開始)
7 変数myListValueに、変数myListValueとi行めの値と改行文字を連結した文字列を格納する
8 Ifステートメントを終了する
9 変数iに1を足して6行めに戻る
10 Withステートメントを終了する
11 変数myListValueをメッセージで表示する
12 マクロの記述を終了する

リストボックス(ListBox1)で複数選択されている項目のデータをメッセージで表示する

◆UserForm1
◆ListBox1
◆CommandButton1

CommandButton1をクリックしたときに実行されるイベントプロシージャーを記述する

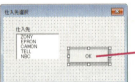

❶CommandButton1をダブルクリック

[コード]ウィンドウが表示された　❷以下のようにコードを入力

❸UserForm1を実行　参照▶ユーザーフォームを実行するには……P.702

❹ListBox1の項目を複数選択
❺CommandButton1をクリック

複数選択した項目のデータがメッセージで表示された

HINT リストボックスに設定されている総行数を取得するには

リストボックスに設定されている総行数を取得するには、ListCountプロパティを使用します。なお、ListCountプロパティが返す値は行数なので、リストボックスの最終行の位置を参照したい場合は「1」を引きます。

リストボックスに項目を追加するには

オブジェクト.**AddItem**(pvargItem, pvargIndex)

▶解説

リストボックスに項目を追加するにはAddItemメソッドを使用します。引数pvargItemに追加する項目を、引数pvargIndexに項目を追加する行番号を指定します。

▶設定する項目

オブジェクト………リストボックスのオブジェクト名を指定します。
pvargItem…………リストボックスに追加したい項目を指定します。
pvargIndex…………引数pvargItemに指定した項目を追加する行番号を指定します。リストの先頭行を「0」として上から数えた数値で指定してください。

[エラーを防ぐには]
RowSourceプロパティを使用してリストボックスとセル範囲を連動させている場合は、AddItemメソッドを使用できません。

リストボックスの項目を削除するには

オブジェクト.**RemoveItem**(pvargIndex)

▶解説

リストボックスの項目を削除するには、RemoveItemメソッドを使用します。引数pvargIndexに削除する項目の行番号を指定します。

▶設定する項目

オブジェクト………リストボックスのオブジェクト名を指定します。
pvargIndex…………リストボックスから削除したい項目の行番号を指定します。リストの先頭行を「0」として上から数えた数値で指定してください。

> **エラーを防ぐには**
>
> RowSourceプロパティを使用してリストボックスとセル範囲を連動させている場合は、RemoveItemメソッドを使用できません。

使用例　2つのリストボックス間で項目をやりとりする

送り側のリストボックス（ListBox1）で選択した項目を受け側のリストボックス（ListBox2）へ移動します。コマンドボタン（CommandButton1）がクリックされたときに、ListBox1上の選択項目をListBox2に追加し、選択項目はListBox1から削除します。

サンプル 13-10_008.xlsm

参照▶リストボックスの初期項目を設定する……P.757
参照▶送り側のリストボックスで選択されている項目を参照するには……P.757

```
1  Private Sub CommandButton1_Click()
2      If ListBox1.ListIndex = -1 Then
3          Exit Sub
4      Else
5          ListBox2.AddItem ListBox1.List(ListBox1.ListIndex, 0)
6          ListBox1.RemoveItem ListBox1.ListIndex
7      End If
8  End Sub
```

1 CommandButton1をクリックしたときに実行するマクロを記述する
2 ListBox1内が選択されていない場合(Ifステートメントの開始)
3 処理を終了する
4 それ以外の場合
5 ListBox1で選択されている行の0列めの値をListBox2に追加する
6 ListBox1で選択されている行番号の項目を削除する
7 Ifステートメントを終了する
8 マクロの記述を終了する

コマンドボタン（CommandButton1）がクリックされたら、左のリストボックス(ListBox1)で選択されている項目を右のリストボックス(ListBox2)へ移動する

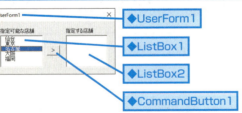

◆UserForm1
◆ListBox1
◆ListBox2
◆CommandButton1

CommandButton1をクリックしたときに実行されるイベントプロシージャーを記述する

❶CommandButton1をダブルクリック

13-10 リストボックス

❶[コード]ウィンドウが表示された　❷以下のようにコードを入力

```
Private Sub CommandButton1_Click()
    If ListBox1.ListIndex = -1 Then
        Exit Sub
    Else
        ListBox2.AddItem ListBox1.List(ListBox1.ListIndex, 0)
        ListBox1.RemoveItem ListBox1.ListIndex
    End If
End Sub
```

❸UserForm1を実行

参照▶ユーザーフォームを実行するには……P.702

❹ListBox1の項目をクリック

❺CommandButton1をクリック

選択した項目が右のリストボックスに移動した

送り側のリストボックスで選択されている項目を参照するには

送り側のリストボックスで選択されている項目を参照するには、リストボックスの項目を取得するListプロパティの引数pvargIndexに、選択されている行番号を取得するListIndexプロパティを指定します。なお、送り側のリストボックスで何も選択されていないときにコマンドボタンをクリックするとエラーが発生します。何も選択されていない場合はListIndexプロパティが「-1」を返すので、この場合にプロシージャーの実行を強制終了してエラーの発生を防ぎます。

参照▶選択されている行位置を取得するには……P.749

参照▶リストボックスの項目の値を取得するには……P.750

リストボックスの初期項目を設定する

リストボックスの初期項目を設定するとき、RowSourceプロパティを使用してリストボックスとセル範囲を連動させると、AddItemメソッドやRemoveItemメソッドが使用できません。AddItemメソッドやRemoveItemメソッドを使用する場合のリストボックスの初期項目は、ユーザーフォームのInitializeイベントプロシージャーなどでAddItemメソッドを使用して設定してください。

サンプル▶13-10_008.xlsm

```
Private Sub UserForm_Initialize()
    With ListBox1
        .AddItem "仙台", 0
        .AddItem "東京", 1
        .AddItem "名古屋", 2
        .AddItem "大阪", 3
        .AddItem "福岡", 4
    End With
End Sub
```

参照▶リストに表示するセル範囲を設定するには……P.746

参照▶リストボックスに項目を追加するには……P.747

参照▶ユーザーフォームを表示する直前の動作を設定するには……P.712

リストボックスのすべての項目を削除するには

リストボックスのすべての項目を削除するには、Clearメソッドを使用します。たとえば、使用例「2つのリストボックス間で項目をやりとりする」のサンプルにおいて、ListBox1とListBox2のやりとりをクリアするには、次のように記述します。CommandButton2をクリックしたときに、ListBox1とListBox2のすべての項目を削除し、ユーザーフォームのInitializeイベントプロシージャーを呼び出してListBox1を初期状態に戻しています。

サンプル▶13-10_009.xlsm

```
Private Sub CommandButton2_Click()
    ListBox1.Clear
    ListBox2.Clear
    UserForm_Initialize
End Sub
```

参照▶ユーザーフォームを表示する直前の動作を設定するには……P.712

参照▶親プロシージャーとサブルーチン……P.100

13-11 コンボボックス

コンボボックスを操作する

コンボボックスは、リストボックスとテキストボックスを組み合わせたようなインターフェース を提供します。一覧で表示されるリストから値を選択したり、コンボボックスに値を直接入力し たりすることができます。リストの操作や設定方法については、リストボックスの解説を参照し てください。

参照▶リストボックス……P.746

コンボボックスの作成

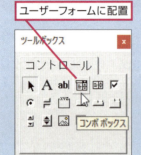
ユーザーフォームに配置

値をリストから選択したり、コンボボックスに 直接入力したりすることができる

参照▶コントロールを配置する……P.692

コンボボックスに直接入力できないようにするには

コンボボックスでは、リストから値を選択する操作とコンボボックスに直接値を入力する操作 が可能ですが、直接入力させずにリストに表示されている値だけを選択させたい場合もあります。コンボボックスに直接入力できないようにするには、[プロパティウィンドウ]のStyleプロパティにfmStyle列挙型の定数fmStyleDropDownListを指定します。

サンプル 13-11_001.xlsm

fmStyle列挙型の定数

定数	値	内容
fmStyleDropDownCombo （既定値）	0	リストから値を選択する操作とコンボボックスに直接値を入力する操作を可能にする
fmStyleDropDownList	2	リストから値を選択する操作のみ可能にする

コンボボックス（ComboBox1）に 値を直接入力できないようにする

◆UserForm1

◆ComboBox1

13-11 コンボボックス

❶ ComboBox1をクリック

[Style]の設定を変更する

❷ [Style]の▼をクリックして[2-fmStyleDropDownList]を選択

❸ UserForm1を実行

参照▶ユーザーフォームを実行するには……P.702

コンボボックスに直接入力できないことを確認する

HINT コンボボックスのリストに表示する値を設定するには

セルに入力されているデータをコンボボックスのリストに表示するには、RowSourceプロパティを使用します。

 参照▶リストに表示するセル範囲を設定するには……P.746

HINT 選択された行の値を取得するには

選択された行の値は、ListIndexプロパティやListプロパティを使用して取得します。くわしくは、リストボックスの解説を参照してください。

 参照▶選択されている行位置を取得するには……P.749

参照▶リストボックスの項目の値を取得するには……P.750

HINT リストに存在する値だけを入力できるようにするには

リストに存在する値だけを入力できるようにするには、MatchFoundプロパティを使用します。MatchFoundプロパティは、コンボボックスに入力された値がリスト内に存在しているかどうかを調べて、存在している場合にTrue、存在していない場合にFalseを返します。たとえば、コマンドボタンをクリックしたときに、入力された値がリストに存在するかどうかをMatchFoundプロパティで確認し、存在しなかった場合にメッセージを表示するには、次のように記述します。

サンプル 13-11_002.xlsm

```
Private Sub CommandButton1_Click()
    With ComboBox1
        If ComboBox1.MatchFound = False Then
            MsgBox "リスト内のデータを入力してください"
            .SetFocus
        End If
    End With
End Sub
```

HINT コンボボックスでオートコンプリート機能を利用する

コンボボックスでオートコンプリート機能を利用するには、MatchEntryプロパティを使用します。MatchEntryプロパティには、fmMatchEntry列挙型の定数を設定します。

たとえば、コンボボックスに入力された1文字目に一致するデータ候補を表示するオートコンプリート機能を設定するには、fmMatchEntryFirstLetterを指定します。

fmMatchEntry列挙型の定数

定数	値	内容
fmMatchEntryFirstLetter	0	入力した文字と1文字目が一致する候補を検索
fmMatchEntryComplete（既定値）	1	入力した文字とすべて一致する項目を検索
fmMatchEntryNone	2	マッチングを行わない

13-12 タブストリップ

タブストリップを操作する

タブストリップは、タブをクリックしてページを切り替えるインターフェースを提供します。タブ内に配置したコントロールは、すべてのページに共通して表示されます。なお、ページごとに異なるコントロールを配置したいときは、マルチページを使用してください。

参照 マルチページ……P.764

タブストリップの作成

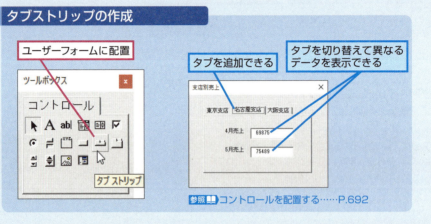

参照 コントロールを配置する……P.692

タブを追加するには

ユーザーフォームにタブストリップを追加した直後は、タブが2つ表示されています。タブを追加したり、タブに表示されている文字列を変更したりするには、ユーザーフォームの画面で設定します。なお、タブストリップを操作するときは、ゆっくりと2回クリックして選択し、タブストリップの枠線が濃い模様になってから操作してください。

サンプル 13-12_001.xlsm

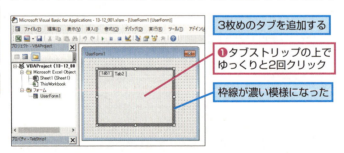

3枚めのタブを追加する

❶タブストリップの上でゆっくりと2回クリック

枠線が濃い模様になった

注意 クリックの間隔が短いと、コードの画面が表示されてしまいます。その場合は、コードの画面右上の[ウィンドウを閉じる]ボタン（×）をクリックして、ユーザーフォームの画面に戻って操作をやり直してください

13-12 タブストリップ

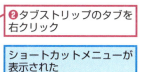

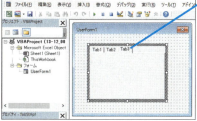

❷タブストリップのタブを右クリック

ショートカットメニューが表示された

❸[新しいページ]をクリック

タブが追加された

 コードからタブを参照するには

コードからタブストリップ内のタブを参照するには、Tabsプロパティを使用します。たとえば、左から2番目のタブを参照するには、「TabStrip1.Tabs(1)」と記述します。Tabsプロパティに続けて記述する丸括弧内には、左端を「0」として左から順番に数えたインデックス番号を記述します。たとえば、CommandButton1をクリックしたときに、TabStrip1の左から2番目のタブの文字列を「東京支店」に変更するには、次のように記述します。

サンプル 13-12_002.xlsm

```
Private Sub CommandButton1_Click()
    TabStrip1.Tabs(1).Caption = "東京支店"
End Sub
```

なお、タブのインデックス番号は、タブが追加されたり削除されたりしたときに振り直されます。

参照▶タブに表示されている文字列を変更するには……P.761

 タブに表示されている文字列を変更するには

タブに表示されている文字列を変更するには、変更したいタブを右クリックしてショートカットメニューの[名前の変更]をクリックし、表示された[名前の変更]ダイアログボックスの[キャプション]に設定したい文字列を入力して[OK]ボタンをクリックします。コードから変更するには、Captionプロパティに文字列を設定します。

 タブの並び順を変更するには

タブの並び順を変更するには、タブ上を右クリックしてショートカットメニューの[移動]をクリックし、表示された[ページの順序]ダイアログボックスで設定します。

 タブを削除するには

タブを削除するには、削除したいタブ上を右クリックして、ショートカットメニューの[ページの削除]をクリックします。

タブを切り替えたときに処理を実行するには

タブストリップでは、タブを切り替えた直後にChangeイベントが発生します。Changeイベントが発生したときに実行されるChangeイベントプロシージャーを使用すると、タブを切り替えたときに実行したい処理を設定することができます。

 タブストリップの初期状態を設定するには

ユーザーフォームを表示した直後のタブストリップの初期状態を設定するには、ユーザーフォームのInitializeイベントプロシージャーを使用して、あらかじめ選択しておくタブのインデックス番号や、タブ内に配置されている各コントロールの初期値を設定します。

参照▶タブのインデックス番号を取得するには……P.762

参照▶ユーザーフォームを表示する直前の動作を設定するには……P.712

13-12

タブストリップ

タブのインデックス番号を取得するには

オブジェクト.Value ——————————————————————— 取得
オブジェクト.Value = 設定値 ——————————————————— 設定

▶解説

タブストリップでは、現在選択されているタブのインデックス番号がValueプロパティに格納されているので、Valueプロパティを参照して選択されているタブを調べることができます。また、Valueプロパティにインデックス番号を設定して、コードからタブを選択することもできます。なお、Valueプロパティで取得・設定する値は、左端を「0」として左から順番に数えたインデックス番号です。

参照 コードからタブを参照するには……P.761

▶設定する項目

オブジェクト ………… タブストリップのオブジェクト名を指定します。

設定値 ………………… タブを選択したいときに、インデックス番号を長整数型（Long）の数値で指定します。

エラーを防ぐには

タブストリップに存在しないタブのインデックス番号を設定すると、エラーが発生します。また、Valueプロパティが返すインデックス番号は、タブが追加されたり、削除されたりすると、左端からの連番で振り直されるので注意が必要です。

使用例　タブを切り替えるごとに表示する値を変える

タブストリップ（TabStrip1）の3つのタブを切り替えるたびに、2つのテキストボックス（TextBox1～2）に表示する内容を変更します。ここでは、タブのインデックス番号に「3」を加えることで、表示したい内容が入力されているセルの行番号と一致させて、該当するセルの値を表示するように設定しています。 サンプル 13-12_003.xlsm

参照 タブを切り替えたときに処理を実行するには……P.761

```
1  Private Sub TabStrip1_Change()
2      Dim myTabIndex As Long
3      myTabIndex = TabStrip1.Value + 3
4      TextBox1.Value = Cells(myTabIndex, 2).Value
5      TextBox2.Value = Cells(myTabIndex, 3).Value
6  End Sub
```

1 TabStrip1のタブを切り替えたときに実行するマクロを記述する
2 長整数型の変数myTabIndexを宣言する
3 変数myTabIndexにTabStrip1で選択されているタブのインデックス番号に3を足した値を格納する
4 TextBox1に変数myTabIndex行め、2列めの値を表示する
5 TextBox2に変数myTabIndex行め、3列めの値を表示する
6 マクロの記述を終了する

13-12 タブストリップ

タブを切り替えるたびに、テキストボックス（TextBox1、TextBox2）に表示する内容を変更する

◆UserForm1
◆TabStrip1
◆TextBox1
◆TextBox2

TextBox1、TextBox2に表示するデータをExcelの[Sheet1]シートに入力しておく

	A	B	C	D
1	支店別売上集計表		（千円）	
2		4月売上	5月売上	
3	東京支店	85,463	91,225	
4	名古屋支店	69,875	75,489	
5	大阪支店	75,422	85,998	

タブを切り替えたときに実行されるイベントプロシージャーを記述する

❶TabStrip1をダブルクリック

[コード]ウィンドウが表示された　❷以下のようにコードを入力

```
Private Sub TabStrip1_Change()
    Dim myTabIndex As Long
    myTabIndex = TabStrip1.Value + 3
    TextBox1.Value = Cells(myTabIndex, 2).Value
    TextBox2.Value = Cells(myTabIndex, 3).Value
End Sub
```

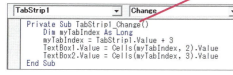

❸UserForm1を実行

参照▶ユーザーフォームを実行するには……P.702

最初はデータがなにも表示されていない

参照▶タブストリップの初期状態を設定するには……P.761

❹タブをクリック

名古屋支店のデータが表示された

タブを切り替えると、それぞれの支店のデータが表示される

13-13 マルチページ

マルチページを操作する

マルチページは、タブをクリックしてページを切り替えるインターフェースを提供します。各ページに異なるコントロールを配置できるので、さまざまな構成のページをまとめることができます。なお、すべてのページに共通したコントロールを表示する場合は、タブストリップを使用すると便利です。

参照▶タブストリップ……P.760

マルチページの作成

参照▶コントロールを配置する……P.692

マルチページを操作するには

マルチページのページを操作する方法は、タブストリップのタブを操作する方法とほぼ同じです。ユーザーフォームの画面上で行うページの操作方法については、タブストリップの解説を参照してください。なお、マルチページを1回クリックすると、枠線が濃い模様になってページを操作できるようになります。続けて枠線部分をクリックすると、枠線が薄い模様になり、[プロパティウィンドウ]からマルチページ全体に関する設定ができるようになります。また、VBAのコードから操作することも可能です。主な操作方法については、タブストリップの解説を参照してください。

参照▶タブストリップ……P.760

> **HINT コードからページを参照するには**
>
> コードからマルチページ内のページを参照するには、Pagesプロパティを使用します。たとえば、左から2番めのページを参照するには、「MultiPage1.Pages(1)」と記述します。Pagesプロパティに続けて記述する括弧内には、左端を「0」として左から順番に数えたインデックス番号を記述します。なお、このインデックス番号は、ページが追加されたり削除されたりしたときに振り直されます。

各ページにコントロールを配置するには

マルチページは、各ページに異なるコントロールを配置できます。各ページにコントロールを配置するには、対象のページをクリックして選択してから、コントロールを配置します。

サンプル 13-13_001.xlsm

マルチページの各ページに異なるコントロールを配置する

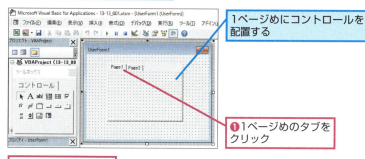

1ページめにコントロールを配置する

❶1ページめのタブをクリック

❷コントロールを配置

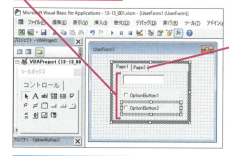

2ページめを表示する

❸2ページめのタブをクリック

2ページめが表示された

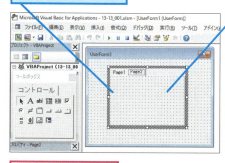

コントロールがなにも配置されていない

❹コントロールを配置

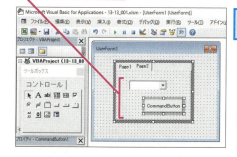

1ページめと異なるコントロールが配置できた

13-14 スクロールバー

スクロールバーを操作する

スクロールバーは、スクロール操作によって、特定の範囲内で値を増減させるインターフェースを提供します。スクロールボックスのドラッグ操作で値を大幅に増減できることから、比較的広い範囲で値を増減させたいときに有効なコントロールといえます。なお、比較的狭い範囲で値を増減させたいときは、スピンボタンを使用すると便利です。　参照▶スピンボタン……P.771

スクロールバーの作成

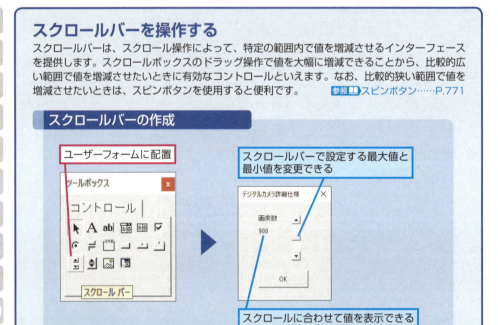

スクロールバーの最大値と最小値を設定するには

スクロールバーの最大値と最小値を設定するには、[プロパティウィンドウ] のMaxプロパティとMinプロパティを使用します。これらの値を設定することで、特定の範囲内で値が増減されるようにスクロールバーを設定できます。なお、コードからMaxプロパティ、Minプロパティを設定する場合は、長整数型（Long）の値を使用して設定します。　サンプル▶13-14_001.xlsm

スクロールバー（ScrollBar1）の
最大値と最小値を設定する

◆UserForm1
◆ScrollBar1

> **HINT** MaxプロパティとMinプロパティに設定できる値の範囲
>
> MaxプロパティとMinプロパティに設定する値は長整数型（Long）の値です。長整数型の値の範囲である-2,147,483,648〜2,147,483,647を超えた値を設定するとエラーが発生するので注意しましょう。
> 参照▶よく使うデータ型の一覧……P.151

766

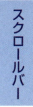
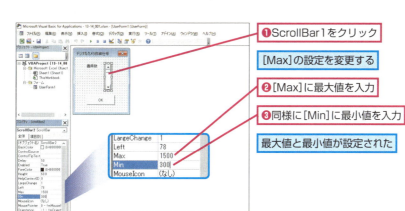

❶ScrollBar1をクリック

[Max]の設定を変更する

❷[Max]に最大値を入力

❸同様に[Min]に最小値を入力

最大値と最小値が設定された

スクロールボックスの点滅を止めるには

スクロールボックス（スクロールバー内でドラッグする部分）は、スクロールバーにフォーカスが移動しているときに点滅します。この点滅を止めるには、スクロールバーコントロールのTabStopプロパティにFalseを設定します。なお、この設定にすると、キーボードからスクロールボックスを操作することができなくなります。

スクロールバーに最大値と最小値が設定されたことを確認するには

スクロールバーには、現在のスクロールバーの位置を表す数値を表示する機能がありません。スクロールバーに最大値と最小値が設定されたことを確認するには、現在のスクロールバーの位置を表すデータをValueプロパティを使用して取得し、ラベルなどに表示させる必要があります。

参照▶スクロールバーの値とラベルの表示を連動させる……P.769

スクロールバーの向きを設定するには

スクロールバーの向きを設定するには、[プロパティウィンドウ]のOrientationプロパティを使用します。設定する値はfmOrientation列挙型の定数で、既定値はfmOrientationAutoです。

サンプル 13-14_002.xlsm

fmOrientation列挙型の定数

設定値	値	内容
fmOrientationAuto（既定値）	-1	コントロールの幅や高さによって、向きを自動的に設定する
fmOrientationVertical	0	縦向きに設定する
fmOrientationHorizontal	1	横向きに設定する

スクロールバー（ScrollBar1）の向きを横向きに設定する

◆UserForm1
◆ScrollBar1

スクロールバー

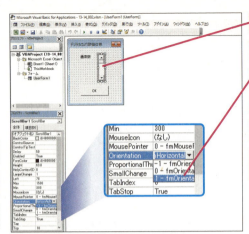

❶ ScrollBar1をクリック

[Orientation]の設定を変更する

❷ [Orientation]の▼をクリックして[1-fmOrientationHorizontal]を選択

ScrollBar1が横向きに変更された

実用的なコントロールになるように大きさと表示位置を調整する

❸ UserForm1、ScrollBar1のサイズと位置を変更

横向きに設定された

HINT スクロールバーの向きとMinプロパティ、Maxプロパティの関係

スクロールバーの向きが縦向きの場合、Minプロパティは上端、Maxプロパティは下端の値を設定します。一方、スクロールバーの向きが横向きの場合、Minプロパティは左端、Maxプロパティは右端の値を設定します。

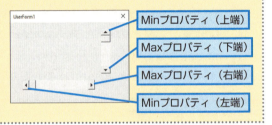

Minプロパティ（上端）
Maxプロパティ（下端）
Maxプロパティ（右端）
Minプロパティ（左端）

スクロールバーの値を取得するには

オブジェクト.Value ──────────── 取得
オブジェクト.Value = 設定値 ──────── 設定

▶解説

スクロールバーの現在の位置の値を取得するには、Valueプロパティを使用します。ユーザーフォーム実行時に、スクロールバーの両端に表示されている矢印ボタン（）をクリックしたり、スクロールボックス部分をクリックしたりすることで、スクロールボックスが移動し、Valueプロパティの値が変更されます。

▶設定する項目

オブジェクト……… スクロールバーのオブジェクト名を指定します。
設定値………………… スクロールボックスの表示位置を設定する場合に、長整数型（Long）の値を使用して設定します。

エラーを防ぐには

Valueプロパティに設定した値が、MinプロパティとMaxプロパティに設定されている範囲を超えているとエラーが発生するので注意が必要です。

使用例　スクロールバーの値とラベルの表示を連動させる

スクロールバー（ScrollBar1）のスクロールボックスをスクロールする操作に合わせて、スクロールバーの値をラベル（Label2）に表示します。スクロールバーのValueプロパティが変更されたときに実行されるChangeイベントプロシージャーを使用して処理を記述します。

サンプル 13-14_003.xlsm

```
1  Private Sub ScrollBar1_Change()
2      Label2.Caption = ScrollBar1.Value
3  End Sub
```

1 ScrollBar1の値が変更されたときに実行するマクロを記述する
2 Label2にScrollBar1の値を表示する
3 マクロの記述を終了する

ScrollBar1の値をLabel2に表示する

◆UserForm1
◆Label2
◆ScrollBar1

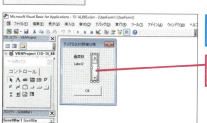

ScrollBar1が操作されたときに実行されるイベントプロシージャーを記述する

❶ScrollBar1をダブルクリック

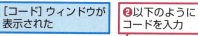
[コード]ウィンドウが表示された

❷以下のようにコードを入力

スクロールバーの既定のイベント

スクロールバーの既定のイベントはChangeイベントです。したがって、スクロールバーをダブルクリックすると、Changeイベントプロシージャーが自動生成されます。

❸UserForm1を実行　　参照▶ユーザーフォームを実行するには……P.702

ユーザーフォームが表示された

❹ScrollBar1をドラッグ

ScrollBar1をドラッグすると、Label2に表示される値が変わる

スクロールさせる幅を設定するには

スクロールバーの両端の矢印ボタン（）をクリックしたときに、スクロールボックスをスクロールさせる幅を設定するには、SmallChangeプロパティを使用します。また、スクロールバー内のスクロールボックス以外の部分をクリックしたときに、スクロールボックスをスクロールさせる幅を設定するには、LargeChangeプロパティを使用します。なお、これらのプロパティの値をコードから設定する場合は、ともに長整数型（Long）の値を使用して設定します。

スクロールバーをキーボードで操作するには

スクロールバーにフォーカスがあるときは、キーボードの方向キー（← ↑ → ↓）を使用してスクロールボックスをスクロールすることができます。

スクロールボックスの大きさを自動的に調整するには

スクロールボックスの大きさを、スクロールする範囲の大きさに合わせて自動的に調整するには、ProportionalThumbプロパティを使用します。Trueを設定すると、スクロールする範囲の大きさに合わせて、スクロールボックスの大きさが調整されます。Falseを設定した場合、スクロールボックスの大きさは常に一定になります。

サンプル▶13-14_004.xlsm

スクロールボックスの大きさが調整される

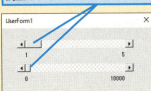

13-15 スピンボタン

スピンボタンを操作する

スピンボタンは、両端のボタンをクリックして、特定の範囲内で値を増減させるインターフェースを提供します。クリック操作によって値を小刻みに増減できることから、比較的狭い範囲で値を増減させたいときに有効なコントロールといえます。なお、比較的広い範囲で値を増減させたいときは、スクロールバーを使用すると便利です。　　参照▶スクロールバー……P.766

スピンボタンの作成

ユーザーフォームに配置

スピンボタンをクリックするごとに値を増減して表示できる

スピンボタンの値を取得するには

オブジェクト.Value ――――――――――――― 取得
オブジェクト.Value = 設定値 ――――――――― 設定

▶解説

スピンボタンの現在の値を取得するには、Valueプロパティを使用します。ユーザーフォーム実行時に、スピンボタンの両端のボタンをクリックすることでValueプロパティの値が変更されます。

▶設定する項目

オブジェクト　……… スピンボタンのオブジェクト名を指定します。
設定値　………………… スピンボタンの値を設定する場合に、長整数型（Long）の値を使用して設定します。

[エラーを防ぐには]
Valueプロパティに設定した値が、MinプロパティとMaxプロパティに設定されている範囲を超えているとエラーが発生するので注意が必要です。

13-15 スピンボタン

使用例　スピンボタンの値とテキストボックスの値を連動させる

スピンボタン（SpinButton1）のボタンがクリックされたときにSpinButton1の値を取得して、テキストボックス（TextBox1）に表示します。スピンボタンのValueプロパティが変更されたときに実行されるChangeイベントプロシージャーを使用して処理を記述します。

サンプル 13-15_001.xlsm

```
1  Private Sub SpinButton1_Change()
2      TextBox1.Value = SpinButton1.Value
3  End Sub
```

1 SpinButton1をクリックしたときに実行するマクロを記述する
2 TextBox1にSpinButton1の値を表示する
3 マクロの記述を終了する

SpinButton1の値をTextBox1に表示する

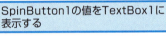

◆UserForm1
◆TextBox1
◆SpinButton1

SpinButton1をクリックしたときに実行されるイベントプロシージャーを記述する

❶SpinButton1をダブルクリック

[コード] ウィンドウが表示された

❷以下のようにコードを入力

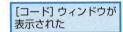
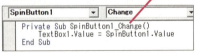

❸UserForm1を実行

参照▶ユーザーフォームを実行するには……P.702

❹SpinButton1をクリック

クリックするごとにTextBox1に表示される値が変わる

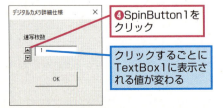

HINT 最小値と最大値を設定するには

スピンボタンで増減できる値の最小値と最大値を設定するには、MinプロパティとMaxプロパティを使用します。Minプロパティ、Maxプロパティともに、設定する値は長整数型（Long）の値です。長整数型の値の範囲である-2,147,483,648〜2,147,483,647を超えた値を設定するとエラーが発生するので注意しましょう。

HINT 値の増減の幅を設定するには

スピンボタンの矢印ボタンをクリックしたときに増減させる値の幅を設定するには、SmallChangeプロパティを使用します。

HINT スピンボタンの既定のイベント

スピンボタンの既定のイベントはChangeイベントです。したがって、スピンボタンをダブルクリックすると、Changeイベントプロシージャーが自動生成されます。

HINT ボタンをクリックしたときに発生するイベント

スピンボタンの上側、または右側のボタンをクリックするとSpinUpイベントが発生し、下側、または左側のボタンをクリックするとSpinDownイベントが発生します。これらのイベントが発生したときに実行されるSpinUpイベントプロシージャーやSpinDownイベントプロシージャーを使用して、ボタンがクリックされたとき実行したい処理を記述することができます。

13-16 RefEdit

RefEditを操作する

RefEditは、選択されたセル範囲のアドレスを簡単に取得できるインターフェースを提供します。RefEditの右側のボタンをクリックすると、ユーザーフォームが折りたたまれ、ワークシート上でセルを選択すると、そのセル範囲のアドレスを取得できます。

RefEditの作成

ユーザーフォームに配置

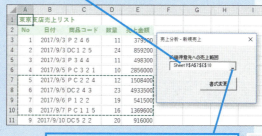

選択したセル範囲のアドレスを表示できる

ここをクリックしてユーザーフォームを折りたたむことができる

RefEditの値を取得するには

オブジェクト.Value ———————————————— 取得
オブジェクト.Value = 設定値 ———————————— 設定

▶解説

RefEditの値を取得するには、Valueプロパティを使用します。RefEditを使用してセル範囲が指定された場合、Valueプロパティを使用して、そのセル範囲のアドレスを取得できます。

▶設定する項目

オブジェクト ……… RefEditのオブジェクト名を指定します。
設定値 …………… RefEditにセル範囲のアドレスを設定します。

エラーを防ぐには

RefEditが配置されているユーザーフォームを、モードレスの状態に設定して表示すると、閉じることができなくなるので注意が必要です。

参照▶ユーザーフォームを表示するには……P.708
参照▶モードレスとは……P.708

13-16 RefEdit

使用例 RefEditで取得したセル範囲の書式を変更する

コマンドボタン（CommandButton1）をクリックすると、RefEdit1を使用して取得したセル範囲の書式が変更されます。なお、変更する書式のうち、フォントの色はRGB関数を使用して変更しています。

サンプル 13-16_001.xlsm

参照 RGB関数でRGB値を取得するには……P.329

```
1  Private Sub CommandButton1_Click()
2      With Range(RefEdit1.Value).Font
3          .Underline = xlUnderlineStyleSingle
4          .Color = RGB(255, 0, 0)
5      End With
6  End Sub
```

1 CommandButton1をクリックしたときに実行するマクロを記述する
2 RefEdit1を使用して取得したセル範囲のフォントについて以下の処理を行う（Withステートメントの開始）
3 下線を設定する
4 フォントの色を赤色に設定する
5 Withステートメントを終了する
6 マクロの記述を終了する

RefEdit1で取得したセル範囲の書式を変更する

◆UserForm1
◆RefEdit1
◆CommandButton1

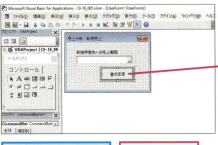

CommandButton1をクリックしたときに実行されるイベントプロシージャーを記述する

❶CommandButton1をダブルクリック

[コード]ウィンドウが表示された

❷以下のようにコードを入力

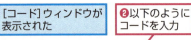

❸UserForm1を実行

参照 ユーザーフォームを実行するには……P.702

ユーザーフォームが表示された

セル範囲を選択する

❹ここをクリック

UserForm1が縮小された

❺セル範囲をドラッグして選択する

ドラッグしたセル範囲のアドレスがRefEdit1に表示された

❻ここをクリック

UserForm1が元に戻った

❼CommandButton1をクリック

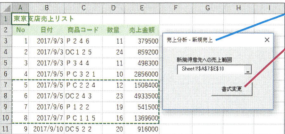

選択したセル範囲の書式が変更された

HINT
ユーザーフォームを自動的に折りたたむ

RefEditにフォーカスがあるときは、RefEditのボタンをクリックしなくても、ワークシート上を直接ドラッグしてセル範囲のアドレスを取得できます。このとき、ユーザーフォームは自動的に折りたたまれ、ワークシート上でのドラッグ操作が終わるとユーザーフォームが元の大きさに戻ります。

13-17 InkEdit

InkEditを操作する

InkEditは、手書きで入力できるインターフェースを提供します。Windowsタブレットなどのデバイスを使用して、ペンや指による手書き入力が可能になります。英数字だけでなく漢字を含む日本語も認識でき、タッチ操作に対応していないデバイスでも、マウス操作による手書き入力が可能です。

InkEditの作成

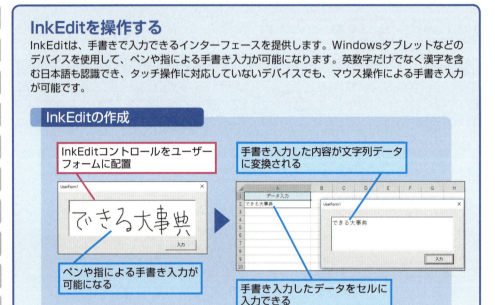

InkEditコントロールをユーザーフォームに配置

手書き入力した内容が文字列データに変換される

ペンや指による手書き入力が可能になる

手書き入力したデータをセルに入力できる

InkEditコントロールをツールボックスに追加する

既定の設定で、InkEditコントロールはツールボックスに表示されていません。VBEの［コントロールの追加］ダイアログボックスで、ツールボックスにInkEditコントロールを追加します。

サンプル 13-17_001.xlsm

ツールボックスにInkEditコントロールを追加する

InkEditコントロールを配置するユーザーフォーム（UserForm1）を作成して選択しておく

❶［ツール］をクリック　❷［その他のコントロール］をクリック

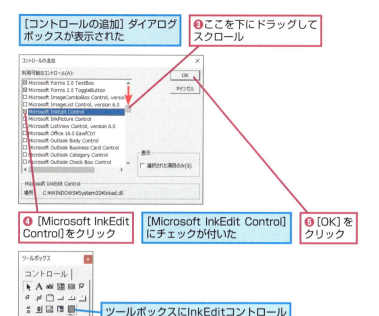

手書き入力した内容の認識開始までの時間を設定する

手書き入力が終了した後、InkEditコントロールが入力内容の認識を開始するまでの時間を設定するには、RecognitionTimeoutプロパティを使用します。認識開始までの時間をミリ秒単位で指定します。既定値は「2000（2秒）」です。ここでは、1.5秒に設定します。

サンプル 13-17_002.xlsm

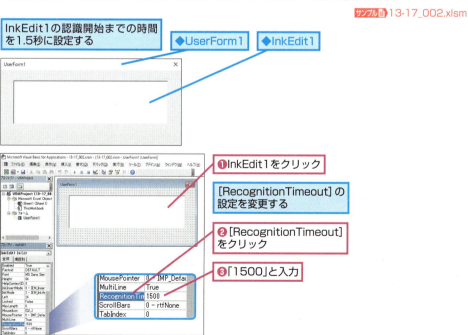

13-17 InkEdit

> **HINT ActiveX コントロールの初期化メッセージ**
>
> InkEditコントロールを配置したユーザーフォームを作成すると、VBEを起動するときにActiveX コントロールの初期化メッセージが表示される場合があります。InkEditコントロールの提供元はMicrosoft社なので［OK］ボタンをクリックしてください。なお、［キャンセル］ボタンをクリックすると、ユーザーフォームに配置したInkEditコントロールのプロパティの設定が初期化されます。
>
>

マウスによる入力を可能にする

既定の設定で、InkEditコントロールは手書き入力のみ可能な状態となっています。マウスによる入力を可能にするには、UseMouseForInputプロパティを使用します。UseMouseForInputプロパティにTrueに設定することでマウスによる入力が可能になります。False（既定値）に設定すると、マウスによる入力が不可となり、ペンや指による手書き入力のみが可能となります。

サンプル 13-17_003.xlsm

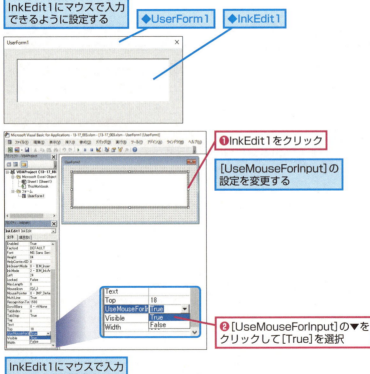

InkEdit1にマウスで入力できるように設定する
◆UserForm1　◆InkEdit1

❶InkEdit1をクリック

［UseMouseForInput］の設定を変更する

❷［UseMouseForInput］の▼をクリックして［True］を選択

InkEdit1にマウスで入力できるように設定された

手書き入力して変換された文字列を取得するには

オブジェクト.**Text** ──────────────── 取得
オブジェクト.**Text** = 設定値 ──────── 設定

▶解説
InkEditコントロールに手書き入力して変換された文字列を取得するには、Textプロパティを使用します。変換結果は文字列型（String）値で取得できます。また、Textプロパティに「""（長さ0の文字列）」を設定することで、手書き入力された内容をクリアできます。

▶設定する項目
オブジェクト………… InkEditコントロールのオブジェクト名を指定します。
設定値………………… InkEditコントロールに表示する文字列を文字列型（String）の値で設定します。「""（長さ0の文字列）」を設定すると、手書き入力された内容をクリアします。

エラーを防ぐには
InkEditコントロールをユーザーフォームに配置したときにInkEditコントロール内に表示されているオブジェクト名は、そのままにしておくとユーザーフォーム実行後もInkEditコントロール内に表示され、Textプロパティで取得した値にも含まれます。InkEditコントロールをユーザーフォームに配置したときにオブジェクト名を削除しておきましょう。

使用例　手書きで入力して変換された文字列をセルに表示する

コマンドボタン（CommandButton1）をクリックすると、InkEditコントロール（InkEdit1）に手書き入力して変換された文字列がセルに表示されます。　サンプル●13-17_004.xlsm

```
1  Private Sub CommandButton1_Click()
2      Range("A2").Value = InkEdit1.Text
3  End Sub
```

1　CommandButton1をクリックしたときに実行するマクロを記述する
2　セルA2にInkEdit1の値を表示する
3　マクロの記述を終了する

CommandButton1をクリックすると、InkEdit1に手書き入力された文字列がセルに表示されるようにする

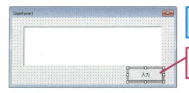

CommandButton1をクリックしたときに実行されるイベントプロシージャーを記述する

❶CommandButton1をダブルクリック

［コード］ウィンドウが表示された　❷以下のようにコードを入力

❸UserForm1を実行

参照▶ユーザーフォームを実行するには……P.702

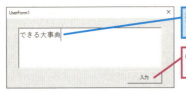

❹ InkEdit1に文字を描く

描いた文字が認識されてテキストに変換される

❺ CommandButton1をクリック

変換されたテキストがセルに表示された

手書き入力した内容の認識と変換を実行するには

InkEditコントロールに手書き入力された内容を認識させて文字列データに変換するには、Recognizeメソッドを使用します。Recognizeメソッドが実行されると、認識と変換が実行されて手書き入力した内容は消去されます。コマンドボタンのClickイベントプロシージャーでRecognizeメソッドを実行するようにソースコードを記述しておけば、InkEditコントロールのRecognitionTimeoutプロパティに設定した認識開始までの時間を待たずに、コマンドボタンをクリックしたタイミングで認識開始と変換を実行できます。たとえば、CommandButton2をクリックしたときに、InkEdit1の認識と変換を実行するには、次のように記述します。

サンプル 13-17_005.xlsm

```
Private Sub CommandButton2_Click()
    InkEdit1.Recognize
End Sub
```

参照 手書き入力した内容の認識開始までの時間を設定する……P.777

手書き入力を何度もやり直す仕組みを作成するには

InkEditコントロールに手書き入力した内容が期待通りに変換されなかったとき、InkEditコントロールに変換した結果が残っているため、その結果をクリアするボタンを作成しておくと便利です。結果をクリアするには、InkEditコントロールのTextプロパティに「""（長さ0の文字列）」を設定します。たとえば、CommandButton3をクリックしたときに、InkEdit1に表示されている変換結果をクリアするには、次のように記述します。

サンプル 13-17_006.xlsm

```
Private Sub CommandButton3_Click()
    InkEdit1.Text = ""
End Sub
```

InkEditコントロールのフォントを変更するには

InkEditコントロールのフォントを変更するには、Fontプロパティを使用します。InkEditコントロールのフォントの設定を変更すると、手書き入力して変換した結果の表示フォントを変更できます。

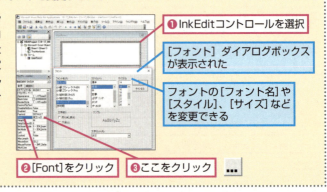

❶ InkEditコントロールを選択

［フォント］ダイアログボックスが表示された

フォントの［フォント名］や［スタイル］、［サイズ］などを変更できる

❷［Font］をクリック　❸ここをクリック

13-18 ワークシートでの利用

ワークシートにコントロールを配置する

コントロールは、ワークシートに配置して使用することもできます。したがって、ワークシートをユーザーフォームのようなインターフェースとして利用することが可能です。ワークシートに配置したコントロールでも、コントロールの持つさまざまなプロパティやメソッド、イベントプロシージャーを使用してプログラムを作成することが可能です。なお、ワークシートに配置できるコントロールは、大きく［フォームコントロール］と［ActiveXコントロール］の2つに大別できますが、ここでは、［ActiveXコントロール］について紹介しています。

参照▶フォームコントロールとは……P.782

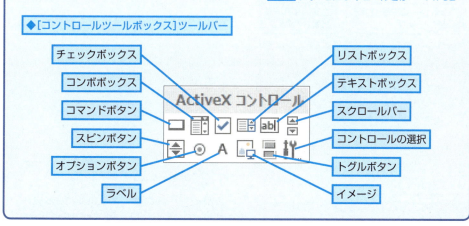

◆［コントロールツールボックス］ツールバー

ワークシート上でコントロールを使用するには

ワークシート上でコントロールを使用する場合も、ユーザーフォームで使用したときと同じような手順で操作します。まず、ワークシートにコントロールを配置して、配置したコントロールのプロパティを設定し、イベントプロシージャーに処理内容を記述します。

● ワークシートにコントロールを配置する

ワークシートにコントロールを配置するには、［開発］タブの［コントロール］グループにある［挿入］ボタンをクリックして、コントロールの一覧を表示します。ここでは、表示された一覧のうち、［ActiveX コントロール］のコントロールを使用します。コントロールを配置する操作方法は、ユーザーフォームでの操作方法とほぼ同じです。なお、コントロールを配置したり、コントロールのプロパティを設定したりするときは、デザインモードで操作を行います。［ActiveX コントロール］の一覧から配置したいコントロールをクリックすると、その直後から自動的にデザインモードに切り替わり、［開発］タブの［コントロール］グループにある［デザインモード］ボタンがクリックされた状態になります。

サンプル 13-18_001.xlsm
参照▶コントロールを配置する……P.692

13-18 ワークシートでの利用

タイトルや項目名はセルを利用して入力しておく

コントロールを配置したいワークシートを表示しておく

[開発]タブを表示しておく

参照▶[開発]タブを表示するには……P.40

❶[開発]タブ-[コントロール]グループ-[挿入]をクリック

[ActiveX コントロール]の一覧が表示された

❷配置したいコントロールをクリック

デザインモードに自動的に切り替わった

マウスポインターの形が変わった

❸コントロールを配置する場所をクリック

コントロールが配置された

❹コントロールの位置とサイズを調整

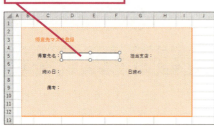

フォームコントロールとは

ワークシートに配置できるコントロールとして、[ActiveXコントロール]のほかに[フォームコントロール]があります。こちらは、プロパティやメソッド、イベントといった概念を持たない古いタイプのコントロールです。作成したマクロを登録して実行できますが、イベントプロシージャーを作成できないため、本書では扱っていません。

❺手順2〜4をくり返して必要なコントロールをすべて配置する

ワークシート上に必要なコントロールがすべて配置された

コントロールの位置を調整するには

配置したコントロールの位置を調整するには、オートシェイプを扱うときと同じように操作します。たとえば、複数のコントロールを左側の位置で揃えるには、Shiftキーを押しながら位置を揃えたいコントロールを選択し、[ページレイアウト]タブの[配置]グループにある[配置]ボタンをクリックして、表示された一覧から[左揃え]をクリックし、表示された一覧から[左揃え]をクリックします。

● コントロールのプロパティを設定する

プロパティの設定は、ワークシートに配置したコントロールでも［プロパティウィンドウ］を使用して設定します。設定方法はユーザーフォームでの設定方法とほぼ同じです。なお、ユーザーフォーム上で設定できるすべてのプロパティを、ワークシート上で設定できるわけではありませんが、主要なプロパティは設定できます。

サンプル 13-18_002.xlsm

❶コントロールをクリック
❷［開発］タブ-［プロパティ］をクリック

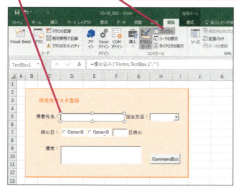

［プロパティウィンドウ］が表示された
ここで主要なプロパティを設定できる

参照▶プロパティを設定するには……P.695

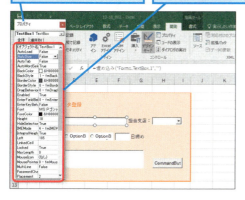

> **HINT**
> **ユーザーフォームの画面の［プロパティウィンドウ］への影響**
>
> ワークシート上で［プロパティウィンドウ］を表示すると、ユーザーフォームの画面で表示されていた［プロパティウィンドウ］が非表示になります。ユーザーフォームの画面で、［プロパティウィンドウ］を再表示するには、［表示］メニューの［プロパティウィンドウ］をクリックするか、F4 キーを押します。

● イベントプロシージャーを作成する

イベントプロシージャーを作成するには、VBEの［コード］ウィンドウを表示します。作成したイベントプロシージャーは、コントロールが配置されているワークシートのオブジェクトモジュールに保存されます。

サンプル 13-18_003.xlsm

❶イベントプロシージャーを作成したいコントロールをダブルクリック

13-18 ワークシートでの利用

［コード］ウィンドウが表示された　❷ここにコードを入力

```
Private Sub CommandButton1_Click()
    With Worksheets("得意先マスタ").Range("A1").End(xlDown).Offset(1, 0)
        .Value = .Offset(-1, 0).Value + 1
        .Offset(0, 1).Value = TextBox1.Value
        .Offset(0, 2).Value = ComboBox1.Value
        If OptionButton1.Value = ture Then
            .Offset(0, 3).Value = "未締め"
        ElseIf OptionButton2.Value = True Then
            .Offset(0, 3).Value = TextBox2.Value & "日"
        End If
        .Offset(0, 4).Value = TextBox3.Value
    End With
End Sub
```

コードを入力し終えたらExcelの画面に戻しておく

> **HINT 別の方法で［コード］ウィンドウを表示するには**
>
> イベントプロシージャーを作成したいコントロールを選択し、［開発］タブの［コントロール］グループにある［コードの表示］ボタンをクリックして［コード］ウィンドウを表示することができます。

● イベントプロシージャーを実行する

作成したイベントプロシージャーを実行するには、デザインモードを解除する必要があります。

サンプル 13-18_004.xlsm

デザインモードを解除する

❶［開発］タブ-［コントロール］グループ-［デザインモード］をクリック

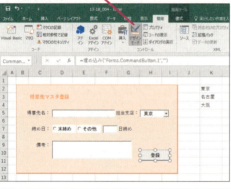

> **HINT デザインモードとは**
>
> デザインモードは、ワークシートに配置したコントロールのプロパティを設定したり、イベントプロシージャーを記述したりするときのモードです。［開発］タブの［コントロール］グループにある［デザインモード］ボタンをクリックするとデザインモードに切り替わり、再度クリックすると、デザインモードが解除されます。

コントロールに表示されていたハンドルが消えた

❷各コントロールにデータを入力

❸イベントプロシージャーを作成したコントロールをクリック

イベントプロシージャーが実行された

> **HINT ワークシートに配置したコントロールを参照するには**
>
> ワークシートに配置したコントロールを「ワークシートのオブジェクトモジュール」から参照する場合は、コントロールのオブジェクト名（コントロールのNameプロパティの値）を記述します。一方、ワークシートに配置したコントロールを「標準モジュール」から参照する場合は、コントロールを配置したワークシートのオブジェクト名から、「ワークシートのオブジェクト名.コントロールのオブジェクト名」といった形式でオブジェクトの階層をたどるように記述してください。

コントロールの主なプロパティー覧

プロパティ名	内容
Accelerator	コントロールのアクセスキーを設定する
BackColor	コントロールの背景色を設定する
BackStyle	コントロールの背景のスタイルを設定する
BorderColor	コントロールの境界線の色を設定する
BorderStyle	コントロールの境界線のスタイルを設定する
Cancel	キャンセルボタンにするかどうかを設定する
Caption	コントロールに表示する文字列を設定する
ControlSource	Value プロパティにリンクさせるセル範囲などを設定する
ControlTipText	マウスポインターをコントロール上に合わせたときに表示する文字列を設定する
Default	既定のボタンにするかどうかを設定する
Enabled	コントロールを有効にするか無効にするかを設定する
ForeColor	コントロールの前景色を設定する
Height	コントロールの高さを設定する
IMEMode	日本語入力モードの状態を設定する
Left	コントロールの左端位置を設定する
Locked	コントロールを編集可能にするかどうかを設定する
MaxLength	入力できる最大文字数を設定する
MultiLine	複数行のテキストの取得と表示を可能にするかどうかを設定する
Name	コントロールの名前を設定する
PasswordChar	入力した文字の代わりに表示する文字を設定する
SpecialEffect	コントロールの表示スタイルを設定する
TabIndex	タブオーダーにおける順番を設定する
TabStop	Tab キーでフォーカスを移動するとき、フォーカスを取得できるかどうかを設定する
Text	テキストボックスでは文字列を設定し、コンボボックスやリストボックスでは、選択されている行を変更する
TextAlign	文字の配置を設定する
Top	コントロールの上端位置を設定する
Value	コントロールの状態や内容を設定する
Visible	コントロールを表示するかどうかを設定する
WordWrap	コントロール内で自動的に文字列を折り返すかどうかを設定する
Width	コントロールの幅を設定する

※コントロールによって、使用できるプロパティやその働きが異なります。詳しくは下記のリファレンスを参照してください。
https://msdn.microsoft.com/ja-jp/library/office/jj692787.aspx

コントロールの主なメソッド一覧

メソッド名	内容
AddItem	リストに項目を追加する
Clear	リストの項目をすべて削除する
Copy	コントロールの内容をクリップボードにコピーする
Cut	選択されている情報を削除してクリップボードに送る
Move	コントロールを移動する
Paste	クリップボードの内容をコントロールに送る
RemoveItem	リストから行を削除する
SetFocus	フォーカスを移動する

※コントロールによって、使用できるメソッドやその働きが異なります。詳しくは下記のリファレンスを参照してください。
https://msdn.microsoft.com/ja-jp/library/office/jj692804.aspx

コントロールの主なイベント一覧

イベント名	内容
AfterUpdate	コントロールのデータが変更されたあとに発生する
BeforeUpdate	コントロールのデータが変更される前（AfterUpdate イベントと Exit イベントの前）に発生する
Change	Value プロパティが変更されたときに発生する
Click	コントロールをクリックしたとき、または複数の値を持つコントロールの値を選択したときに発生する
DblClick	コントロールをダブルクリックしたときに発生する
Enter	同じユーザーフォーム上にある別のコントロールからフォーカスを受け取る前に発生する
Error	コントロールでエラーが検出されたとき、呼び出し元のプログラムにエラー情報を返せない場合に発生する
Exit	同じユーザーフォーム上にある別のコントロールにフォーカスを移す直前に発生する
KeyDown	キーを押したときに発生する
KeyPress	ANSI コードに対応する文字キーを押したときに発生する
KeyUp	キーを離したときに発生する
MouseDown	マウスボタンを押したときに発生する
MouseMove	マウスポインターの位置を変更したときに発生する
MouseUp	マウスボタンを離したときに発生する

※コントロールによって、発生するイベントの種類が異なります。詳しくは下記のリファレンスを参照してください。
https://msdn.microsoft.com/ja-jp/library/office/jj692788.aspx

第 **14** 章

外部アプリケーションの操作

14- 1．データベースの操作・・・・・・・・・・・・・・・・・・・788
14- 2．Word の操作 ・・・・・・・・・・・・・・・・・・・・・・・809

14-1 データベースの操作

外部データベースを操作する

外部データベースを操作するには、ActiveX Data Objects（以下ADO）を使用します。ADOは、Officeアプリケーションと外部データベースを接続したり、外部データベースから取得したレコードを操作したりすることができるプログラミングインターフェースです。外部データベースには、AccessやSQL Server、Oracleなどさまざまな種類がありますが、ADOを使用すると、ほぼ同じコードで各種外部データベースを操作できます。この点が大きな魅力といえるでしょう。

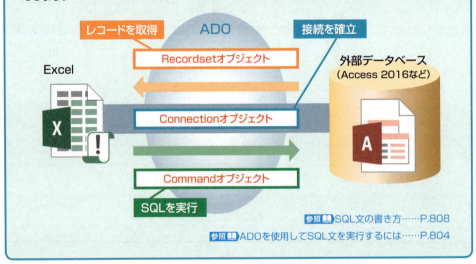

参照▶SQL文の書き方……P.808
参照▶ADOを使用してSQL文を実行するには……P.804

ADOを使用する準備

Excel VBAでADOを使用するには、その準備として、ADOのライブラリファイルへの参照設定を行います。くわしい操作方法については、第7章を参照してください。なお、参照設定は、ADOを使用するブックごとに設定する必要があります。

参照▶ファイルシステムオブジェクトを使用する準備をする……P.494

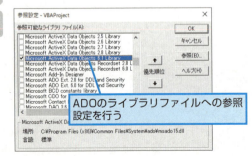

ADOのライブラリファイルへの参照設定を行う

> **HINT** ADOのバージョンについて
>
> ADOにはいくつかのバージョンがあり、そのバージョン番号は、ライブラリファイル名に[Microsoft ActiveX Data Objectsバージョン番号 Library]の形で記載されています。参照設定を行うときは、最新のバージョンを選択してください。Excel 2016／2013／2010／2007に対応したADOの最新バージョン番号は「6.1」です。

14-1 データベースの操作

ADOを使用するには

ADOを使用するには、使用したいオブジェクトのインスタンスを生成する必要があります。まず、ADOを構成する主なオブジェクトについて理解しましょう。

参照▶ADOを使用する準備……P.788

● ADOを構成する主なオブジェクト

ADOは、次のようなコレクションやオブジェクトで構成されています。これらのうち、本書では、主にConnectionオブジェクト、Recordsetオブジェクト、Commandオブジェクトを使用します。

Connectionオブジェクト
データベースと接続する操作を行うオブジェクト

└ **Errorsコレクション**
データベースの操作で発生したエラーが格納されるコレクション

Errorオブジェクト
データベースの操作で発生したエラーの詳細情報が格納されるオブジェクト

Recordsetオブジェクト
データベースから取得したレコードを操作するオブジェクト

Recordオブジェクト
1つのレコードを表すオブジェクト

└ **Fieldsコレクション**
Recordsetオブジェクトのすべてのフィールドオブジェクトが格納されているコレクション

Fieldオブジェクト
レコードのフィールドを表すオブジェクト

Commandオブジェクト
SQLやクエリを実行するオブジェクト

└ **Parametersコレクション**
CommandオブジェクトのすべてのParameterオブジェクトが格納されているコレクション

Parameterオブジェクト
ストアドプロシージャーやパラメータクエリの各パラメータや引数を操作するオブジェクト

> **HINT ADOのコレクションやオブジェクトについて調べるには**
>
> ADOのコレクションやオブジェクトの詳細について調べる場合は、MSDNライブラリの[ADO APIリファレンス](https://msdn.microsoft.com/ja-jp/library/cc408215.aspx)、または[ADO APIリファレンストピック](https://msdn.microsoft.com/ja-jp/library/office/jj249967.aspx)を参照してください。

> **HINT データベースとは**
>
> データベースは、データを蓄積して管理することができるファイルシステムです。データベースでは、データが「テーブル」に蓄積されます。蓄積するデータの各項目を「フィールド」と呼び、複数の項目からなるひと組のデータを「レコード」と呼びます。テーブルに蓄積したレコードの更新、追加、削除といった操作のほか、特定の条件を満たすレコードを抽出できます。

789

● ADOの使用方法

ADOを使用するには、使用したいオブジェクトのインスタンス（オブジェクトの複製）を生成する必要があります。インスタンスを生成するには、DimステートメントでNewキーワードを使用してオブジェクト変数を宣言します。まず、外部データベースを操作するにはExcelと外部データベースを接続する必要があるので、この操作を担当するConnectionオブジェクトのインスタンスを生成します。続いて、外部データベース内のテーブルからレコードを取得してさまざまな操作を実行するために、これらの操作を担当するRecordsetオブジェクトのインスタンスを生成します。この2つのインスタンスを使用すれば、外部データベースに接続して、レコードの抽出、更新、追加、削除といった基本的な操作を実行できます。SQLを使用して外部データベースを操作したい場合は、Recordsetオブジェクトではなく、SQLの実行を担当するCommandオブジェクトのインスタンスを生成します。ConnectionオブジェクトとCommandオブジェクトを使用すれば、外部データベースに接続して、基本的なSQL文（SELECT文、UPDATE文、INSERT文、DELETE文など）を実行できます。

▶Connectionオブジェクトのインスタンスを生成する
Dim オブジェクト変数名 As New ADODB.Connection

▶Recordsetオブジェクトのインスタンスを生成する
Dim オブジェクト変数名 As New ADODB.Recordset

▶Commandオブジェクトのインスタンスを生成する
Dim オブジェクト変数名 As New ADODB.Command

> **インスタンスが生成されるタイミング**
> Newキーワードを使用してオブジェクト変数を宣言した場合、インスタンスは、宣言したオブジェクト変数を最初に参照したときに自動生成されて、オブジェクト変数に格納されます。

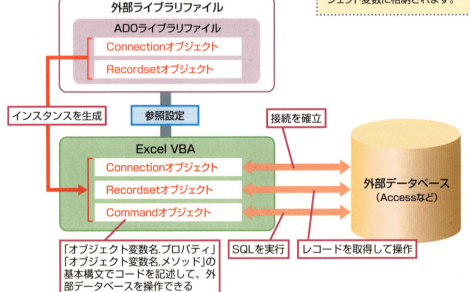

> **SQLとは**
> SQLとは、データベースに対して問い合わせを行う言語のことで、主に、テーブルからレコードやデータを抽出したり、レコードの更新、追加、削除といった操作を実行したりする命令を記述するときに使用します。その他、テーブルを定義したり、主キーやインデックスを設定したりする命令も記述できます。外部データベースの種類によって方言がありますが、ほぼ同じ構文で記述できるので便利です。

14-1

操作 データベースの

ADOを使用して外部データベースに接続するには

オブジェクト.**Open**(ConnectionString, UserID, Password)

▶解説

ADOを使用して外部データベースに接続するには、ConnectionオブジェクトのOpenメソッドを使用します。接続する外部データベースの種類（プロバイダー名）や格納場所（ファイルパス）は、接続文字列として引数ConnectionStringに指定します。また、外部データベース側でユーザー名とパスワードが設定されている場合は、それぞれ引数UserIDと引数Passwordに指定します。Openメソッドが正常に実行されて外部データベースとの接続が確立されると、その接続（オブジェクトに指定したConnectionオブジェクト）を使用して、テーブルのレコードが格納されたRecordsetオブジェクトを開くことができます。

参照🔎ADOを使用して外部データベースのレコードを参照するには……P.793

参照🔎Excelブックに接続するには……P.807

▶設定する項目

オブジェクト……… Connectionオブジェクトを指定します。

ConnectionString… 外部データベースのプロバイダー名や格納場所（ファイルパス）などを指定します。それぞれの情報を「"（ダブルクォーテーション）」で囲んで「"変数名=設定値;"」の形式で記述し、「&」でつなげて指定します（省略可）。

引数ConnectionStringで使用する主な変数名

変数名	変数に設定する内容
Provider	接続する外部データベースの種類（プロバイダー名）を指定
Data Source	接続する外部データベースの格納場所（ファイルパス）を指定

変数Providerに指定する主な外部データベースのプロバイダー名

外部データベース	プロバイダー名
Access 2016 ／ 2013 ／ 2010 ／ 2007	Microsoft.ACE.OLEDB.12.0
Access 2003 ／ 2002	Microsoft.Jet.OLEDB.4.0
SQLServer	SQLOLEDB.1
Oracle	MSDAORA
DB2	IBMDADB2
ODBC 接続	MSDASQL.1

UserID ……………… 外部データベースに接続するときに使用するユーザー名を指定します（省略可）。

Password ………… 外部データベースに接続するときに使用するパスワードを指定します（省略可）。

エラーを防ぐには

1つのConnectionオブジェクトで確立できる接続は1つです。別の接続を確立したい場合は、別のConnectionオブジェクトのインスタンスを生成してOpenメソッドを実行してください。

1 マクロの基礎知識
2 VBAの基礎知識
3 プログラミングの基礎知識
4 セルの操作
5 ワークシートの操作
6 Excelファイルの操作
7 高度なファイルの操作
8 ウィンドウの操作
9 データの操作
10 印刷
11 図形の操作
12 グラフの操作
13 コントロールの使用
14 外部アプリケーションの操作
15 VBA関数
16 そのほかの操作
付録

791

できる

14-1 データベースファイルに接続する

使用例 **Accessで作成されたデータベースファイルに接続する**

Accessで作成したデータベースファイル［人事データ.accdb］にADOを使用して接続します。データベースファイルは、Cドライブの［データ］フォルダーに保存されています。接続が確立されたら確認メッセージを表示し、確認後にCloseメソッドで接続を切断します。

サンプル 14-1_001.xlsm

```
1  Sub データベースファイルに接続()
2      Dim myConn As New ADODB.Connection
3      myConn.Open ConnectionString:= _
           "Provider=Microsoft.ACE.OLEDB.12.0;" & _
           "Data Source=C:¥データ¥人事データ.accdb;"
4      MsgBox "接続を確立しました"
5      myConn.Close: Set myConn = Nothing
6  End Sub
```
注)「_（行継続文字）」の部分は、次の行と続けて入力することもできます→95ページ参照

1 ［データベースファイルに接続］というマクロを記述する
2 ADODBライブラリのConnection型の変数myConnを宣言する
3 Cドライブの[データ]フォルダーに保存されている、Accessで作成したデータベースファイル［人事データ.accdb］に接続して、変数myConnの接続を確立する
4 「接続を確立しました」というメッセージを表示する
5 変数myConnの接続を切断して、変数myConnへの参照を解放する
6 マクロの記述を終了する

データベースファイルに接続したい

❶VBEを起動し、コードを入力　　参照▶VBAを使用してマクロを作成するには……P.85

```
Sub データベースファイルに接続()
    Dim myConn As New ADODB.Connection
    myConn.Open ConnectionString:= _
        "Provider=Microsoft.ACE.OLEDB.12.0;" & _
        "Data Source=C:¥データ¥人事データ.accdb;"
    MsgBox "接続を確立しました"
    myConn.Close: Set myConn = Nothing
End Sub
```

❷入力したマクロを実行　　参照▶マクロを実行するには……P.53

接続が確立され、メッセージが表示された

HINT 外部データベースとの接続を切断する

外部データベースとの接続を切断するには、ConnectionオブジェクトのCloseメソッドを使用します。また、接続を切断したあとは、接続を表すConnection型のオブジェクト変数にNothingを代入して、使用していたメモリ領域を開放します。これらの処理は、外部データベースとのやりとりが終了した時点で行っておきましょう。

ADOを使用して外部データベースのレコードを参照するには

オブジェクト.**Open**(Source, ActiveConnection, CursorType, LockType, Options)

▶解説

ADOを使用して外部データベースのレコードを参照するには、RecordsetオブジェクトのOpenメソッドを使用します。Openメソッドを実行すると、引数Sourceにテーブル名を指定した場合はすべてのレコード、SELECT文や選択クエリ名を指定した場合は抽出されたレコードが格納されたRecordsetオブジェクトが開いて、カーソルがあるレコード（カレントコード）を参照できるようになります。Recordsetオブジェクトが開いた直後、カーソルは先頭レコードの位置にあります。引数ActiveConnectionには、外部データベースとの接続が確立されているConnectionオブジェクトを指定し、引数CursorTypeには、Recordsetオブジェクト内でのレコードの操作目的に合わせたカーソルの種類を指定します。また、複数のユーザーによってデータベースが操作される場合は、引数LockTypeにロックの種類を指定します。

> 参照📖ADOを使用して外部データベースに接続するには……P.791
> 参照📖ADOを使用して特定の条件を満たすレコードを検索するには……P.796
> 参照📖SQL文の書き方……P.808
> 参照📖ADOを使用してSQL文を実行するには……P.804

▶設定する項目

オブジェクト ………… Recordsetオブジェクトを指定します。

Source ……………… 参照したいテーブル名、またはSQLのSELECT文を指定します。クエリ名を指定して実行することもできます。なお、アクションクエリ名を指定した場合は、指定した操作が実行されるだけでRecordsetオブジェクトは開きません。また、パラメータクエリ名を指定した場合も、Recordsetオブジェクトは開きません。（省略可）。

ActiveConnection… 外部データベースへの接続が確立されているConnectionオブジェクトを指定します（省略可）。

CursorType ……… レコードを参照するカーソルの種類をCursorTypeEnum列挙型の定数で指定します。省略した場合は、adOpenForwardOnlyが指定されます（省略可）。

CursorTypeEnum列挙型の定数

定数	値	内容
adOpenStatic	3	静的カーソル。ほかのユーザーによるレコードの追加、変更、削除は表示されない。データを検索したり、レポートを作成したりするときに指定
adOpenDynamic	2	動的カーソル。ほかのユーザーによるレコードの追加、変更、削除を確認できる。すべての動作が許可される
adOpenKeyset	1	キーセットカーソル。ほかのユーザーによって追加されたレコードは表示されず、ほかのユーザーによって削除されたレコードにアクセスできない点以外は、動的カーソルと同じ
adOpenForwardOnly（既定値）	0	前方専用カーソル。レコードを参照する方向がレコードセットの前方（末尾方向）のみである点以外は、静的カーソルと同じ
adOpenUnspecified	-1	カーソルの種類を指定しない

LockType‥‥‥‥‥‥ 複数のユーザーによって同じテーブルが操作されたときのロックの種類を
LockTypeEnum列挙型の定数で指定します。省略した場合は、adLockReadOnly
が指定されます（省略可）。

LockTypeEnum列挙型の定数

定数	値	内容
adLockReadOnly （既定値）	1	読み取り専用。データの更新はできない
adLockPessimistic	2	レコード単位の排他的ロック。編集直後のレコードをロックする
adLockOptimistic	3	レコード単位の共有的ロック。Recordset オブジェクトの Update メソッドを呼び出したときだけレコードをロックする
adLockBatchOptimistic	4	共有的バッチ更新。バッチ更新モード時のみ指定可能
adLockUnspecified※	-1	ロックの種類を指定しない

※ADO のバージョン 6.1 では指定できません。

Options‥‥‥‥‥‥ 引数Sourceに指定した内容の種類をCommandTypeEnum列挙型の定数で
指定します。省略した場合は、adCmdUnknownが指定されます（省略可）。

CommandTypeEnum列挙型の定数

定数	値	内容
adCmdUnspecified	-1	種類を指定しない
adCmdText	1	SQL 文
adCmdTable	2	テーブル名
adCmdStoredProc	4	ストアドプロシージャー名
adCmdUnknown （既定値）	8	不明
adCmdFile	256	保存された Recordset のファイル名
adCmdTableDirect	512	列がすべて返されるテーブル名

エラーを防ぐには

Connectionオブジェクトを閉じたあとに、Recordsetオブジェクトを閉じようとするとエラーが
発生します。Recordsetオブジェクトは、Connectionオブジェクトを閉じる前に閉じてください。
また、引数Optionsの設定が、引数Sourceの種類と一致しない場合、エラーが発生します。

使用例 テーブルのすべてのレコードをワークシートに読み込む

Accessで作成したデータベースファイル［人事データ.accdb］にADOを使用して接続し、［社
員リスト］テーブルのすべてのレコードをワークシートに読み込みます。データベースファイ
ルは、Cドライブの［データ］フォルダーに保存されています。

サンプル 14-1_002.xlsm

参照 Recordsetオブジェクト内のレコードをワークシートにコピーするには‥‥‥P.795

14-1 データベースの操作

```
1  Sub Accessテーブル読込()
2      Dim myConn As New ADODB.Connection
3      Dim myRS As New ADODB.Recordset
4      myConn.Open ConnectionString:= _
           "Provider=Microsoft.ACE.OLEDB.12.0;" & _
           "Data Source=C:¥データ¥人事データ.accdb"
5      myRS.Open Source:="社員リスト", ActiveConnection:=myConn
6      Range("A2").CopyFromRecordset Data:=myRS
7      myRS.Close: Set myRS = Nothing
8      myConn.Close: Set myConn = Nothing
9  End Sub
```
注)「_（行継続文字）」の部分は、次の行と続けて入力することもできます→95ページ参照

1. [Accessテーブル読込]というマクロを記述する
2. ADODBライブラリのConnection型の変数myConnを宣言する
3. ADODBライブラリのRecordset型の変数myRSを宣言する
4. Cドライブの[データ]フォルダーに保存されている、Accessで作成したデータベースファイル[人事データ.accdb]に接続して、変数myConnの接続を確立する
5. 変数myConnの接続を使用して変数myRSを開き、[社員リスト]テーブルを参照して、テーブルに入力されているすべてのデータを変数myRSに格納する
6. セルA2を左上端とするセル範囲に、Recordsetオブジェクト（myRS）に格納されているすべてのレコードをコピーする
7. オブジェクト変数myRSを閉じて、変数myRSへの参照を解放する
8. オブジェクト変数myConnの接続を切断して、変数myConnへの参照を解放する
9. マクロの記述を終了する

[社員リスト]テーブルのすべてのレコードをExcelワークシートに読み込みたい

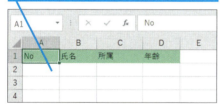

❶ VBEを起動し、コードを入力
参照▶VBAを使用してマクロを作成するには……P.85

❷ 入力したマクロを実行
参照▶マクロを実行するには……P.53

HINT Recordsetオブジェクト内のレコードをワークシートにコピーするには

Recordsetオブジェクトに格納されているすべてのレコードをワークシートにコピーするには、RangeオブジェクトのCopyFromRecordsetメソッドを使用します。引数Dataに指定したRecordsetオブジェクトに格納されているレコードが、Rangeオブジェクトが参照するセルを左上端としたセル範囲にコピーされます。

14-1

操作 **データベースの**

［社員リスト］テーブルのすべてのレコードがワークシートに読み込まれた

	No	氏名	所属	年齢	
	A	B	C	D	E
1	No	氏名	所属	年齢	
2	1	大竹拓郎	東京支店	36	
3	2	伊藤誠	名古屋支店	37	
4	3	平塚脩二	大阪支店	35	
5	4	松本政司	東京支店	27	
6	5	皆川康一	名古屋支店	25	
7	6	小林貴志	大阪支店	24	
8	7	佐藤明美	東京支店	26	

> **HINT**
> **Recordsetオブジェクトを閉じる**
>
> Recordsetオブジェクトを閉じるには、RecordsetオブジェクトのCloseメソッドを使用します。また、Recordsetオブジェクトを閉じたあとは、使用していたRecordset型のオブジェクト変数にNothingを代入してメモリ領域を開放します。これらの処理は、外部データベースとの接続を切断する前に実行してください。

目次サイドバー:
1 マクロの基礎知識
2 VBAの基礎知識
3 プログラミングの基礎知識
4 セルの操作
5 ワークシートの操作
6 Excelファイルの操作
7 高度なファイルの操作
8 ウィンドウの操作
9 データの操作
10 印刷
11 図形の操作
12 グラフの操作
13 コントロールの使用
14 外部アプリケーションの操作
15 VBA関数
16 そのほかの操作
付録

▶ 特定のフィールドのデータを取得または設定するには

オブジェクト.Value ─────────────── 取得
オブジェクト.Value = 設定値 ────────── 設定

▶解説

ADOを使用して特定のフィールドのデータを取得または設定するには、レコードのフィールドを表すFieldオブジェクトのValueプロパティを使用します。データを取得または設定したいフィールド（Filedオブジェクト）を指定するには、RecordsetオブジェクトのFiledsプロパティを使用して「Recordsetオブジェクト.Fields("参照したいフィールド名")」と記述します。なお、Valueプロパティに設定したデータは、カーソルがあるレコード（カレントレコード）の指定フィールドに設定されます。

参照📖 ADOを使用して特定の条件を満たすレコードを検索するには……P.796

▶設定する項目

オブジェクト……… Fieldオブジェクトを指定します。
設定値………………… 特定のフィールドに設定したいデータを指定します。

⬭ エラーを防ぐには

外部データベースのフィールドと設定するデータのデータ型が違うとエラーが発生します。データを設定するときは、外部データベースのフィールドのデータ型に合ったデータを設定してください。

▶ ADOを使用して特定の条件を満たすレコードを検索するには

オブジェクト.Find(**Criteria**, **SearchDirection**)

▶解説

テーブルのレコードが格納されたRecordsetオブジェクト内で、特定の条件を満たすレコードを検索するには、RecordsetオブジェクトのFindメソッドを使用します。引数Criteriaに条件式を指定し、検索する方向を引数SearchDirectionに指定します。条件を満たすレコードが見つかった場合は、そのデータを含むレコードにカーソルが移動します。Recordsetオブジェクト内では、カーソ

ルがあるレコード（カレントレコード）が操作の対象となります。

▶設定する項目

オブジェクト ………… Recordsetオブジェクトを指定します。

Criteria ……………… Recordsetオブジェクト内を検索する条件式を指定します。ひとつのフィールドによる条件式を指定できます。フィールド名はそのまま記述し、条件とする文字列は「'（シングルクォーテーション）」で囲んで記述します。検索条件全体は「"（ダブルクォーテーション）」で囲んでください。なお、複数のフィールドによる条件式を指定できません。その場合は、Filterプロパティを使用してください。

> 参照📖 複数のフィールドによる条件式でレコードを検索するには……P.799

SearchDirection… Recordsetオブジェクト内での検索方向をSearchDirectionEnum列挙型の定数で指定します。

SearchDirectionEnum列挙型の定数

定数	値	内容
adSearchForward （既定値）	1	Recordset オブジェクト内を前方（末尾方向）に向かって検索する。条件を満たすデータが見つからなかった場合は、カーソルは EOF（末尾のレコードより後の位置）に移動する
adSearchBackward	-1	Recordset オブジェクト内を後方（先頭方向）に向かって検索する。条件を満たすデータが見つからなかった場合は、カーソルは BOF（先頭のレコードより前の位置）に移動する

エラーを防ぐには

Findメソッドを実行するとき、どのレコードにもカーソルがない（カレントレコードがない）場合、エラーが発生します。Findメソッドを実行する前にカーソルを操作して、いずれかのレコードにカーソルを移動しておきましょう。

> 参照📖 Recordsetオブジェクト内のカーソルを移動するには……P.803

使用例 特定の条件を満たすレコードのデータをワークシートに読み込む

Accessで作成したデータベースファイル［人事データ.accdb］にADOを使用して接続し、［社員リスト］テーブルから［所属］フィールドが「大阪支店」のレコードを検索して、［氏名］フィールドと［年齢］フィールドのデータをワークシートに読み込みます。条件を満たすレコードが複数ある場合に備えて、Do...Loopステートメントを使用してFindメソッドを実行しています。

サンプル📗 14-1_003.xlsm

```
1  Sub Accessレコード検索()
2      Dim myConn As New ADODB.Connection
3      Dim myRS As New ADODB.Recordset
4      Dim i As Integer
5      myConn.Open ConnectionString:= _
           "Provider=Microsoft.ACE.OLEDB.12.0;" & _
           "Data Source=C:¥データ¥人事データ.accdb"
6      myRS.Open Source:="社員リスト", ActiveConnection:=myConn, _
              CursorType:=adOpenStatic
```

14-1 データベースの操作

サイドバー:
- マクロの基礎知識 1
- VBAの基礎知識 2
- プログラミングの基礎知識 3
- セルの操作 4
- ワークシートの操作 5
- Excelファイルの操作 6
- 高度なファイルの操作 7
- ウィンドウの操作 8
- データの操作 9
- 印刷 10
- 図形の操作 11
- グラフの操作 12
- コントロールの使用 13
- 外部アプリケーションの操作 14
- VBA関数 15
- そのほかの操作 16
- 付録

```
7        With myRS
8            i = 2
9            Do
10               .Find Criteria:="所属 = '大阪支店'", _
                     SearchDirection:=adSearchForward
11               If .EOF = True Then
12                   Exit Do
13               Else
14                   Cells(i, 1).Value = .Fields("氏名").Value
15                   Cells(i, 2).Value = .Fields("年齢").Value
16                   i = i + 1
17                   .MoveNext
18               End If
19           Loop
20       End With
21       myRS.Close: Set myRS = Nothing
22       myConn.Close: Set myConn = Nothing
23   End Sub
```

注)「_（行継続文字）」の部分は、次の行と続けて入力することもできます→95ページ参照

1 [Accessレコード検索]というマクロを記述する
2 ADODBライブラリのConnection型の変数myConnを宣言する
3 ADODBライブラリのRecordset型の変数myRSを宣言する
4 整数型の変数iを宣言する
5 Cドライブの[データ]フォルダーに保存されている、Accessで作成したデータベースファイル[人事データ.accdb]に接続して、変数myConnの接続を確立する
6 変数myConnの接続を使用して変数myRSを開き、[社員リスト]テーブルを参照して、テーブルに入力されているすべてのデータを変数myRSに格納する
7 変数myRSについて以下の処理を行う(Withステートメントの開始)
8 変数iに2を格納する
9 以下の処理をくり返す(Doステートメントの開始)
10 「[所属]フィールドが『大阪支店』と等しい」という条件でレコードを前方(末尾方向)に向かって検索し、見つかったレコードにカーソルを移動する
11 カーソルがRecordsetオブジェクトの末尾に達した場合は(Ifステートメントの開始)
12 Do…Loopステートメントを途中で終了する
13 それ以外の場合
14 i行め、1列めのセルに、カレントレコードの[氏名]フィールドの値を表示する
15 i行め、2列めのセルに、カレントレコードの[年齢]フィールドの値を表示する
16 変数iに1を足す
17 次のレコードにカーソルを移動する
18 Ifステートメントを終了する
19 10行めに戻る
20 Withステートメントを終了する
21 変数myRSを閉じて、変数myRSへの参照を解放する
22 変数myConnの接続を切断して、変数myConnへの参照を解放する
23 マクロの記述を終了する

14-1 データベースの操作

[社員リスト]テーブルの内容

[所属]フィールドが「大阪支店」のレコードを検索して、[氏名]フィールドと[年齢]フィールドのデータをワークシートに読み込みたい

❶VBEを起動し、コードを入力

参照▶VBAを使用してマクロを作成するには……P.85

```
Sub Accessレコード検索()
    Dim myConn As New ADODB.Connection
    Dim myRS As New ADODB.Recordset
    Dim i As Integer
    myConn.Open ConnectionString:= _
        "Provider=Microsoft.ACE.OLEDB.12.0;" & _
        "Data Source=C:¥データ¥人事データ.accdb"
    myRS.Open Source:="社員リスト", ActiveConnection:=myConn, _
        CursorType:=adOpenStatic
    With myRS
        i = 2
        Do
            .Find Criteria:="所属 = '大阪支店'", _
                SearchDirection:=adSearchForward
            If .EOF = True Then
                Exit Do
            Else
                Cells(i, 1).Value = .Fields("氏名").Value
                Cells(i, 2).Value = .Fields("年齢").Value
                i = i + 1
                .MoveNext
            End If
        Loop
    End With
    myRS.Close: Set myRS = Nothing
    myConn.Close: Set myConn = Nothing
End Sub
```

❷入力したマクロを実行

参照▶マクロを実行するには……P.53

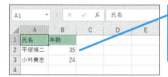

[社員リスト]テーブルのうち、[所属]フィールドが「大阪支店」のレコードで、[氏名]フィールドと[年齢]フィールドのデータがワークシートに読み込まれた

HINT 複数のフィールドによる条件式でレコードを検索するには

複数のフィールドによる条件式でレコードを検索するには、RecordsetオブジェクトのFilterプロパティを使用します。Filterプロパティでは、And演算子やOr演算子を使用して、「フィールド1による条件式 And フィールド2による条件式」といった形式で複数の条件を設定できます。Filterプロパティに条件を設定すると、Recordsetオブジェクト内のレコードが条件を満たすレコードに絞り込まれるので、先頭のレコードからRecordsetオブジェクトの末尾に達するまで、1レコードずつカーソルを移動しながら各フィールドを参照すれば、検索結果を確認できます。たとえば、[所属]フィールドが「名古屋支店」と等しく、かつ[年齢]フィールドが30より大きいレコードを検索して、[氏名]フィールドと[年齢]フィールドの値をセルに表示するには、次のように記述します。

サンプル 14-1_004.xlsm

```
Sub 複数列による条件でレコード検索()
    Dim myConn As New ADODB.Connection
    Dim myRS As New ADODB.Recordset
    Dim i As Long
    myConn.Open ConnectionString:= _
        "Provider=Microsoft.ACE.OLEDB.12.0;" & _
        "Data Source=C:¥データ¥人事データ.accdb"
    myRS.Open Source:="社員リスト", ActiveConnection:=myConn, _
        CursorType:=adOpenStatic
    With myRS
        .Filter = "所属 = '名古屋支店' And 年齢>30"
        i = 2
        Do Until .EOF = True
            Cells(i, 1).Value = .Fields("氏名").Value
            Cells(i, 2).Value = .Fields("年齢").Value
            i = i + 1
            .MoveNext
        Loop
    End With
    myRS.Close: Set myRS = Nothing
    myConn.Close: Set myConn = Nothing
End Sub
```

なお、Filterプロパティで絞り込んだ全レコードと全フィールドの値をセルに表示する場合は、RangeオブジェクトのCopyFromRecordsetメソッドを使用するといいでしょう。

参照▶Recordsetオブジェクト内のレコードをワークシートにコピーするには……P.795

14-1

操作 データベースの

使用例 Accessのテーブルのレコードを更新する

Accessで作成したデータベースファイル［人事データ.accdb］にADOを使用して接続し、［社員リスト］テーブルの［所属］フィールドと［年齢］フィールドのデータを修正してレコードを更新します。更新するレコードは、［氏名］フィールドを条件として、RecordsetオブジェクトのFindメソッドを使用して絞り込みます。なお、条件となるデータやフィールドに設定するデータは、ワークシートに入力されたデータを使用します。 サンプル 14-1_005.xlsm

参照 ADOを使用して特定の条件を満たすレコードを検索するには……P.796

参照 レコードを更新するには……P.801

```
1   Sub Accessデータ更新()
2       Dim myConn As New ADODB.Connection
3       Dim myRS As New ADODB.Recordset
4       myConn.Open ConnectionString:= _
            "Provider=Microsoft.ACE.OLEDB.12.0;" & _
            "Data Source=C:\データ\人事データ.accdb"
5       myRS.Open Source:="社員リスト", ActiveConnection:=myConn, _
            CursorType:=adOpenKeyset, LockType:=adLockPessimistic
6       With myRS
7           .Find Criteria:="氏名 = '" & Range("A2").Value & "'"
8           .Fields("所属").Value = Range("B2").Value
9           .Fields("年齢").Value = Range("C2").Value
10          .Update
11      End With
12      myRS.Close: Set myRS = Nothing
13      myConn.Close: Set myConn = Nothing
14  End Sub
```

注）「_（行継続文字）」の部分は、次の行と続けて入力することもできます→95ページ参照

1 ［Access データ更新］というマクロを記述する
2 ADODBライブラリのConnection型の変数myConnを宣言する
3 ADODBライブラリのRecordset型の変数myRSを宣言する
4 Cドライブの［データ］フォルダーに保存されている、Accessで作成したデータベースファイル［人事データ.accdb］に接続して、変数myConnの接続を確立する
5 変数myConnの接続を使用して変数myRSを開き、［社員リスト］テーブルを参照して、テーブルに入力されているすべてのデータを変数myRSに格納する
6 変数myRSについて以下の処理を行う（Withステートメントの開始）
7 「［氏名］フィールドがセルA2の値と等しい」という条件でデータを検索し、見つかったデータを含むレコードにカーソルを移動する
8 ［所属］フィールドにセルB2の値を設定する
9 ［年齢］フィールドにセルC2の値を設定する
10 カレントレコードを更新する
11 Withステートメントを終了する
12 変数myRSを閉じて、変数myRSへの参照を解放する
13 変数myConnの接続を切断して、変数myConnへの参照を解放する
14 マクロの記述を終了する

マクロの基礎知識 **1**

VBAの基礎知識 **2**

プログラミングの基礎知識 **3**

セルの操作 **4**

ワークシートの操作 **5**

Excelファイルの操作 **6**

高度なファイルの操作 **7**

ウィンドウの操作 **8**

データの操作 **9**

印 刷 **10**

図形の操作 **11**

グラフの操作 **12**

コントロールの使用 **13**

外部アプリケーションの操作 **14**

VBA関数 **15**

そのほかの操作 **16**

付 録

14-1 データベースの操作

コード実行前の[社員リスト]テーブルの内容

[氏名]フィールドでレコードを絞り込んで[所属]フィールドと[年齢]フィールドのデータを修正してレコードを更新したい

❶[氏名]フィールドで検索するデータ、[所属]フィールドと[年齢]フィールドに設定したいデータを入力

❷VBEを起動し、コードを入力

参照▶VBAを使用してマクロを作成するには……P.85

❸入力したマクロを実行

参照▶マクロを実行するには……P.53

[社員リスト]テーブルの該当レコードが更新された

[氏名]フィールドがセルA2の値と一致するレコードについて、[所属]フィールドと[年齢]フィールドのデータが修正されてレコードが更新された

条件式やSQL文でセルのデータを使用するには

条件式やSQL文で、セルに入力されているデータを使用するときは、次のように記述を工夫します。

セルに入力されているデータを条件式で使用したい

"所属部署='東京';"

⬇ 条件式のデータ部分をRangeプロパティの記述に置き換える

"所属部署='"& Range("A2").Value &"';"

その前後部分を分けて「"（ダブルクォーテーション）」で囲む。分けて記述するとき、条件式のデータ部分を囲む「'（シングルクォーテーション）」や「;（セミコロン）」の記述を忘れない

レコードを更新するには

フィールドに値を設定したレコードは、その変更を反映させるために、RecordsetオブジェクトのUpdateメソッドを使用して更新する必要があります。Updateメソッドは、Recordsetオブジェクト内のカーソルがあるレコード（カレントレコード）を更新するメソッドです。なお、Updateメソッドが実行されても、カレントレコードの位置は変わりません。

レコードを更新するときのロックの種類

レコードを更新する場合は、RecordsetオブジェクトのOpenメソッドの引数LockTypeに、「adLockOptimistic」または「adLockPessimistic」を指定します。

14-1

操作 データベースの

使用例 Accessのテーブルのデータを追加する

Accessで作成したデータベースファイル［人事データ.accdb］にADOを使用して接続し、［社員リスト］テーブルに新しいレコードを追加します。各フィールドに入力するデータは、ワークシートに入力されたデータを使用します。 **サンプル** 14-1_006.xlsm

参照 新しいレコードを追加するには……P.803
参照 レコードを更新するには……P.801

```
1  Sub Accessデータ追加()
2      Dim myConn As New ADODB.Connection
3      Dim myRS As New ADODB.Recordset
4      myConn.Open ConnectionString:= _
           "Provider=Microsoft.ACE.OLEDB.12.0;" & _
           "Data Source=C:¥データ¥人事データ.accdb"
5      myRS.Open Source:="社員リスト", ActiveConnection:=myConn, _
           CursorType:=adOpenKeyset, LockType:=adLockPessimistic
6      With myRS
7          .AddNew
8          .Fields("氏名").Value = Range("A2").Value
9          .Fields("所属").Value = Range("B2").Value
10         .Fields("年齢").Value = Range("C2").Value
11         .Update
12     End With
13     myRS.Close: Set myRS = Nothing
14     myConn.Close: Set myConn = Nothing
15 End Sub
```
注)「_（行継続文字）」の部分は、次の行と続けて入力することもできます→95ページ参照

1 ［Access データ追加］というマクロを記述する
2 ADODBライブラリのConnection型の変数myConnを宣言する
3 ADODBライブラリのRecordset型の変数myRSを宣言する
4 Cドライブの［データ］フォルダーに保存されている、Accessで作成したデータベースファイル ［人事データ.accdb］に接続して、変数myConnの接続を確立する
5 変数myConnの接続を使用して変数myRSを開き、［社員リスト］テーブルを参照して、テーブルに入力されているデータを変数myRSに格納する
6 変数myRSについて以下の処理を行う（Withステートメントの開始）
7 新しいレコードを追加して、このレコードにカーソルを移動する
8 ［氏名］フィールドにセルA2の値を設定する
9 ［所属］フィールドにセルB2の値を設定する
10 ［年齢］フィールドにセルC2の値を設定する
11 カレントレコードを更新する
12 Withステートメントを終了する
13 変数myRSを閉じて、変数myRSへの参照を解放する
14 変数myConnの接続を切断して、変数myConnへの参照を解放する
15 マクロの記述を終了する

マクロの基礎知識 **1**
VBAの基礎知識 **2**
プログラミングの基礎知識 **3**
セルの操作 **4**
ワークシートの操作 **5**
Excelファイルの操作 **6**
高度なファイルの操作 **7**
ウィンドウの操作 **8**
データの操作 **9**
印刷 **10**
図形の操作 **11**
グラフの操作 **12**
コントロールの使用 **13**
外部アプリケーションの操作 **14**
VBA関数 **15**
そのほかの操作 **16**
付録

14-1

データベースの操作

コード実行前の[社員リスト]テーブルの内容

[社員リスト]テーブルに新しいレコードを追加したい

❶ [氏名]フィールド、[所属]フィールド、[年齢]フィールドに設定したいデータを各セルに入力

❷ VBEを起動し、コードを入力

参照▶ VBAを使用してマクロを作成するには……P.85

❸ 入力したマクロを実行　参照▶ マクロを実行するには……P.53

[社員リスト]テーブルにレコードが追加された

[社員リスト]テーブルに新しいレコードが追加されて、各フィールドにExcelのセルに入力したデータが設定された

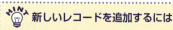 **新しいレコードを追加するには**

更新可能な空白の新しいレコードを追加するには、RecordsetオブジェクトのAddNewメソッドを使用します。新しいレコードが追加されると、追加されたレコードにカーソルが移動します。なお、追加したレコードの各フィールド（Fieldオブジェクト）にデータを設定したあとは、RecordsetオブジェクトのUpdateメソッドを使用して更新処理を実行する必要があります。

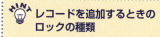 **レコードを追加するときのロックの種類**

レコードを追加する場合は、RecordsetオブジェクトのOpenメソッドの引数LockTypeに、「adLockOptimistic」または「adLockPessimistic」を指定します。

 Recordsetオブジェクト内のカーソルを移動するには

Recordsetオブジェクト内のカーソルを移動するには、表のとおり、Recordsetオブジェクトの各メソッドを使用します。カーソルを移動する場所に応じて使い分けましょう。なお、末尾や先頭の位置を超えたカーソルを移動しようとするとエラーが発生します。移動したカーソルが末尾のレコード位置を超えるとRecordsetオブジェクトのEOFプロパティがTrueになり、先頭のレコード位置を超えるとBOFプロパティがTrueになるので、これらのプロパティの値を利用してエラーを防ぎます。

カーソルを移動する場所	メソッド名
次のレコード	MoveNext メソッド
前のレコード	MovePrevious メソッド
先頭のレコード	MoveFirst メソッド
最後のレコード	MoveLast メソッド

14-1
データベースの操作

左サイドバー:
- マクロの基礎知識 1
- VBAの基礎知識 2
- プログラミングの基礎知識 3
- セルの操作 4
- ワークシートの操作 5
- Excelファイルの操作 6
- 高度なファイルの操作 7
- ウィンドウの操作 8
- データの操作 9
- 印刷 10
- 図形の操作 11
- グラフの操作 12
- コントロールの使用 13
- 外部アプリケーションの操作 14
- VBA関数 15
- そのほかの操作 16
- 付録

💡 HINT レコードを削除するには

レコードを削除するには、RecordsetオブジェクトのDeleteメソッドを使用します。Deleteメソッドは、カーソルがあるレコード（カレントレコード）を削除します。レコードを削除する場合、RecordsetオブジェクトのOpenメソッドの引数LockTypeに、「adLockOptimistic」または「adLockPessimistic」を指定します。なお、レコードは削除されたあとも「削除されたレコード」として存在し、カレントレコードのままです。カーソルを移動しないまま、カレントレコードに対して処理を続けると、エラーが発生するので、MoveNextメソッドなどを使用してカーソルを移動しておきます。たとえば、Accessで作成したデータベースファイル［人事データ.accdb］にADOを使用して接続し、［社員リスト］テーブルの［氏名］フィールドが「伊藤誠」であるレコードを削除するには、次のように記述します。

サンプル 14-1_007.xlsm

```
Sub Accessデータ削除()
    Dim myConn As New ADODB.Connection
    Dim myRS As New ADODB.Recordset
    myConn.Open ConnectionString:=_
        "Provider=Microsoft.ACE.OLEDB.12.0;" & _
        "Data Source=C:¥データ¥人事データ.accdb"
    myRS.Open Source:="社員リスト", ActiveConnection:=myConn, _
        CursorType:=adOpenKeyset, LockType:=adLockPessimistic
    With myRS
        .Find Criteria:="氏名 = '伊藤誠'"
        .Delete
        .MoveNext
    End With
    myRS.Close: Set myRS = Nothing
    myConn.Close: Set myConn = Nothing
End Sub
```

▶ ADOを使用してSQL文を実行するには

オブジェクト.Execute

▶解説

ADOを使用してSQL文を実行するには、CommandオブジェクトのExecuteメソッドを使用します。実行する準備として、外部データベースとの接続が確立されているConnectionオブジェクトを、CommandオブジェクトのActiveConnectionプロパティにに指定し、実行したいSQL文をCommandオブジェクトのCommandTextプロパティに指定します。データを抽出するSELECT文を実行すると、抽出結果が格納されているRecordsetオブジェクトが返されます。更新系のSQL文（INSERT文、UPDATE文、DELETE文）を実行した場合は、戻り値を受け取る必要はありません。

参照📖 SQLとは……P.790
参照📖 SQL文の書き方……P.808

▶設定する項目

オブジェクト ……… Commandオブジェクトを指定します。

⬚ エラーを防ぐには

SQLには、外部データーベースの種類によって方言（SQL文の書き方の違い）があり、あるデータベースで実行できていたSQL文が他のデータベースに対して実行するとエラーになる場合があります。Accessで実行できるSQLの書き方については、MSDNライブラリの［Microsoft Access SQLリファレンス］を参照してください。

（URL：https://msdn.microsoft.com/ja-jp/library/office/dn123881.aspx）

804
できる

使用例 SELECT文を実行してテーブルからデータを取得する

SQLのSELECT文を実行してテーブルからデータを抽出します。Accessで作成したデータベースファイル［人事データ.accdb］に接続し、［社員リスト］テーブルから［所属］フィールドが「東京支店」のレコードに絞り込んで、［氏名］フィールドと［年齢］フィールドのデータをワークシートにコピーします。

サンプル 14-1_008.xlsm

参照 Recordsetオブジェクト内のレコードをワークシートにコピーするには……P.795

```
1  Sub CommandオブジェクトでSELECT文実行()
2      Dim myConn As New ADODB.Connection
3      Dim myRS As New ADODB.Recordset
4      Dim myCmd As New ADODB.Command
5      myConn.Open ConnectionString:= _
           "Provider=Microsoft.ACE.OLEDB.12.0;" & _
           "Data Source=C:¥データ¥人事データ.accdb"
6      With myCmd
7          .ActiveConnection = myConn
8          .CommandText = _
               "SELECT 氏名, 年齢 FROM 社員リスト WHERE 所属='東京支店';"
9          Set myRS = .Execute
10     End With
11     Range("A2").CopyFromRecordset Data:=myRS
12     myRS.Close: Set myRS = Nothing
13     myConn.Close: Set myConn = Nothing
14 End Sub
```

注）「_（行継続文字）」の部分は、次の行と続けて入力することもできます→95ページ参照

1 ［CommandオブジェクトでSELECT文実行］というマクロを記述する
2 ADODBライブラリのConnection型の変数myConnを宣言する
3 ADODBライブラリのRecordset型の変数myRSを宣言する
4 ADODBライブラリのCommand型の変数myCmdを宣言する
5 Cドライブの［データ］フォルダーに保存されている、Accessで作成したデータベースファイル［人事データ.accdb］に接続して、変数myConnの接続を確立する
6 変数myCmdについて以下の処理を行う（Withステートメントの開始）
7 SQL実行に使用する接続として変数myConnの接続を設定する
8 ［社員リスト］テーブルから「所属が『東京支店』」という条件でレコードを絞り込み、絞り込んだレコードから［氏名］フィールドと［年齢］フィールドのデータを抽出するSELECT文を、実行するSQL文として設定する
9 SQL（SELECT文）を実行して、実行結果（Recordsetオブジェクト）を変数myRSに格納する
10 Withステートメントを終了する
11 セルA2を左上端とするセル範囲に、Recordsetオブジェクト（myRS）に格納されているデータをコピーする
12 変数myRSを閉じて、変数myRSへの参照を解放する
13 変数myConnの接続を切断して、変数myConnへの参照を解放する
14 マクロの記述を終了する

14-1

データベースの操作

[社員リスト]テーブルの内容

[所属]フィールドが「東京支店」のレコードを検索して、[氏名]フィールドと[年齢]フィールドのデータをワークシートに読み込みたい

❶VBEを起動し、コードを入力

参照▶VBAを使用してマクロを作成するには……P.85

❷入力したマクロを実行

参照▶マクロを実行するには……P.53

[社員リスト]テーブルのうち、[所属]フィールドが「東京支店」のレコードで、[氏名]フィールドと[年齢]フィールドのデータがワークシートに読み込まれた

HINT Recordsetオブジェクトを使用してSQLを実行するには

RecordsetオブジェクトのOpenメソッドの引数SourceにSELECT文を指定すると、Recordsetオブジェクトを開くタイミングでSELECT文を実行できます。実行結果は、そのままRecordsetオブジェクトに格納されます。たとえば、使用例「SELECT文を実行してテーブルからデータを取得する」で実行したSELECT文を、Recordsetオブジェクトを使用して実行する場合は、次のように記述します。

サンプル▶14-1_009.xlsm

```
Sub RecordsetオブジェクトでSELECT文実行()
    Dim myConn As New ADODB.Connection
    Dim myRS As New ADODB.Recordset
    myConn.Open ConnectionString:= _
        "Provider=Microsoft.ACE.OLEDB.12.0;" & _
        "Data Source=C:¥データ¥人事データ.accdb"
    myRS.Open Source:= _
        "SELECT 氏名, 年齢 FROM 社員リスト WHERE 所属='東京支店';", _
        ActiveConnection:=myConn
    Range("A2").CopyFromRecordset Data:=myRS
    myRS.Close: Set myRS = Nothing
    myConn.Close: Set myConn = Nothing
End Sub
```

参照▶ADOを使用して外部データベースのレコードを参照するには……P.793

参照▶SELECT文を実行してテーブルからデータを取得する……P.805

更新系のSQL文を実行する

CommandオブジェクトのExecuteメソッドを使用して更新系のSQL文（UPDATE文、INSERT文、DELETE文）を実行する場合、SQL文の記述以外は同じコードで実行できます。たとえば、[社員リスト] テーブルに、[氏名] フィールドが「小野瀬勝也」、[所属] フィールドが「名古屋支店」、[年齢] フィールドが「24」であるレコードの追加するINSERT文を実行するには、次のように記述します。

サンプル 14-1_010.xlsm

```
Sub INSERT文実行()
    Dim myConn As New ADODB.Connection
    Dim myCmd As New ADODB.Command
    myConn.Open ConnectionString:= _
        "Provider=Microsoft.ACE.OLEDB.12.0;" & _
        "Data Source=C:\データ\人事データ.accdb"
    With myCmd
        .ActiveConnection = myConn
        .CommandText = "INSERT INTO 社員リスト(氏名, 所属, 年齢) VALUES('小野瀬勝也', '名古屋支店', 24);"
        .Execute
    End With
    Set myCmd = Nothing
    myConn.Close: Set myConn = Nothing
End Sub
```

なお、「14-1_011.xlsm」はUPDATE文を実行するサンプル、「14-1_012.xlsm」はDELETE文を実行するサンプルです。実行しているSQL文については、コラム「SQL文の書き方」で紹介しています。

サンプル 14-1_011.xlsm
サンプル 14-1_012.xlsm
参照 SQLとは……P.790
参照 SQL文の書き方……P.808

Excelブックに接続するには

ADOを使用してExcelブックに接続すると、ワークシートに作成したリストをデータベースのテーブルのように扱うことができます。この場合、リスト範囲が「テーブル」、作成したリストの行が「レコード」、列が「フィールド」に対応します。ブックをパソコン内部で開き、SQLを使用してリストのデータを操作できるので便利です。なお、テーブル名を記述するとき、テーブル名の代わりにセル範囲名を使用するので、リスト範囲にセル範囲名を設定しておく必要があります。セル範囲名を設定するとき、[数式] タブの [名前の管理] ボタンをクリックし、[新規作成] ボタンをクリックして表示される [新しい名前] ダイアログボックスにおいて、[範囲] で [ブック] を指定し、[参照範囲] では、表の見出しを含めたセル範囲を指定してください。Excel 2016 ／ 2013 ／ 2010 ／ 2007で作成したブックに接続するには、接続文字列の変数Providerに「Microsoft.ACE.OLEDB.12.0」を指定し、変数Data Sourceのあとに、接続先のデータベースがExcel 2016 ／ 2013 ／ 2010 ／ 2007で作成したブックであることを

表す「Extended Properties= Excel 12.0;」を記述します。たとえば、Cドライブの [データ] フォルダー内にあるブック [人事データ.xlsx] に接続するには、次のように記述します。

```
Sub ExcelブックへADO接続()
    Dim myConn As New ADODB.Connection
    myConn.Open ConnectionString:= _
        "Provider=Microsoft.ACE.OLEDB.12.0;" & _
        "Data Source=C:\データ\人事データ.xlsx;" & _
        "Extended Properties=Excel 12.0;"
    MsgBox "接続を確立しました"
    myConn.Close: Set myConn = Nothing
End Sub
```

サンプル 14-1_013.xlsm
参照 SQL文の書き方……P.808
参照 ADOを使用してSQL文を実行するには ……P.804

なお、Excel 2003 ／ 2002で作成したブックに接続する場合は、変数Providerに「Microsoft.Jet.OLEDB.4.0」を指定し、変数Data Sourceのあとに、接続先のデータベースがExcel 2003 ／ 2002で作成したブックであることを表す「Extended Properties=Excel 8.0;」を記述します。

サンプル 14-1_014.xlsm

14-1

操作 データベースの

- マクロの基礎知識 **1**
- VBAの基礎知識 **2**
- プログラミングの基礎知識 **3**
- セルの操作 **4**
- ワークシートの操作 **5**
- Excelファイルの操作 **6**
- 高度なファイルの操作 **7**
- ウィンドウの操作 **8**
- データの操作 **9**
- 印刷 **10**
- 図形の操作 **11**
- グラフの操作 **12**
- コントロールの使用 **13**
- 外部アプリケーションの操作 **14**
- VBA関数 **15**
- そのほかの操作 **16**
- 付録

SQL文の書き方　◀◀◀

SQLとは、データベースのデータに対する問い合わせを行う言語のことで、この言語仕様に則って記述されたステートメントをSQL文といいます。指定した条件を満たすレコードから特定のフィールドのデータを抽出したり、レコードの追加、更新、削除といった操作を実行したりすることができます。また、テーブルを定義したり、主キーやインデッ

クスを設定したりすることもできます。SQLは、シンプルな構文なのでわかりやすく、外部データベースの種類が違っても、ほぼ同じ構文でSQL文を記述できるので大変便利です。ここでは、レコードを操作する主なSQL文を紹介します。

参照 ADOを使用してSQL文を実行するには……P.804

●SELECT文（データを抽出する）

SELECT 抽出するフィールド名1, 抽出するフィールド名2, … FROM テーブル名 WHERE レコードを絞り込む条件式;

例：[社員リスト]テーブルから、[所属]フィールドが「東京支店」の社員データの[氏名]フィールドと[年齢]フィールドのデータを抽出する
SELECT 氏名, 年齢 FROM 社員リスト WHERE 所属='東京支店';

●UPDATE文（レコードを更新する）

UPDATE テーブル名 SET 修正するフィールド名1=修正データ1, 修正するフィールド名2=修正データ2, … WHERE 更新するレコードに絞り込む条件式;

例：[社員リスト]テーブルで、[氏名]フィールドが「小林貴志」であるレコードを、[所属]フィールドを「東京支店」、[年齢]フィールドを「25」に修正して更新する
UPDATE 社員リスト SET 所属='東京支店', 年齢=25 WHERE 氏名='小林貴志';

●INSERT文（レコードを追加する）

INSERT INTO テーブル名(フィールド名1, フィールド名2, …) VALUES(入力データ1, 入力データ2, …);

例：[社員リスト]テーブルに、[氏名]フィールドが「小野瀬勝也」、[所属]フィールドが「名古屋支店」、[年齢]フィールドが「24」であるレコードの追加する
INSERT INTO 社員リスト(氏名, 所属, 年齢) VALUES('小野瀬勝也', '名古屋支店', 24);

●DELETE文（レコードを削除する）

DELETE FROM テーブル名 WHERE 削除するレコードに絞り込む条件式;

例：[社員リスト]テーブルで、[氏名]フィールドが「佐藤明美」であるレコードを削除する
DELETE FROM 社員リスト WHERE 氏名='佐藤明美';

SQL文を記述するときは、次の4点に注意しましょう。

●各キーワードは半角スペースで区切る

SQL文を構成する句や指定したいテーブル名などを記述するときは、これらのキーワードを半角スペースで区切って記述します。

●末尾に「;」を記述する

SQLの末尾に「;（セミコロン）」を記述します。
※外部データベースがAccess、Oracleの場合のみ

●文字リテラルは「'」で囲む

条件式に、文字リテラル（実際にやりとりする具体的な文字列）を指定する場合は、その文字列を「'（シングルクオーテーション）」で囲みます。

●数値リテラルは直接記述する

数値リテラル（実際にやりとりする具体的な数値）を指定する場合は、「'」で囲まずに記述します。

14-2 Wordの操作

Wordを操作する

VBAは、Excelだけでなく、WordやAccess、PowerPoint、Outlookといった主要なOfficeアプリケーションにも搭載されています。そして、VBAが参照するライブラリファイルがOfficeアプリケーションごとに用意されているので、ライブラリファイルとの参照設定を行うことで、Excel VBAからほかのOfficeアプリケーションを操作することができます。ここでは、Excel VBAからWordを操作するプログラムの作成方法を紹介します。

ExcelのデータをWord文書に挿入する

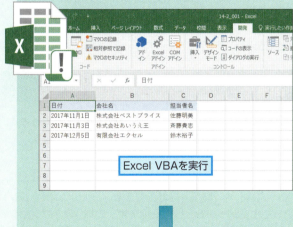

ExcelとWordを連携させるプログラムが作成できる

Excel VBAを実行

Wordを操作する

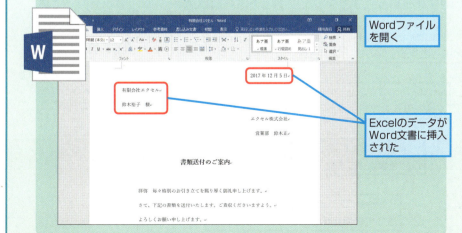

Wordファイルを開く

ExcelのデータがWord文書に挿入された

14-2 Wordを操作する準備

Excel VBAでWordを操作するには、その準備として、Word VBAのライブラリファイルへの参照設定を行います。ライブラリファイルにはバージョン番号があり、ライブラリファイル名に［Microsoft Word バージョン番号 Object Library］の形で記載されています。操作するWordのバージョンに対応したライブラリファイルを選択してください。くわしい操作方法については、第7章を参照してください。なお、参照設定は、Wordを操作するブックごとに設定する必要があります。

参照▶ ファイルシステムオブジェクトを使用する準備をする……P.494
参照▶ 参照設定とは……P.494

［Microsoft Word 16.0 Object Library］への参照設定を行う

Wordのバージョンとライブラリファイルの対応

バージョン	ライブラリファイル
Word 2016	Microsoft Word 16.0 Object Library
Word 2013	Microsoft Word 15.0 Object Library
Word 2010	Microsoft Word 14.0 Object Library
Word 2007	Microsoft Word 12.0 Object Library

Wordを操作するには

Wordを操作するには、使用したいオブジェクトのインスタンスを生成する必要があります。まず、Wordの主なオブジェクトとその階層構造について理解しましょう。

● Wordの主なオブジェクトの階層構造

Word VBAでは、Wordを構成する「文書」や「段落」などの要素を、DocumentオブジェクトやParagraphオブジェクトといったオブジェクトとして扱います。これらのオブジェクトには下図のような階層構造があり、各オブジェクトを参照するには、この階層構造を上から順番にたどって参照します。

参照▶ オブジェクトとコレクション……P.88

Wordを構成する主なオブジェクトとその階層構造

Applicationオブジェクト
Wordを表す最上位のオブジェクト

Documentオブジェクト
文書を表すオブジェクト

Paragraphオブジェクト
段落を表すオブジェクト

Rangeオブジェクト
段落内の特定の部分表すオブジェクト

Word VBAのヘルプを参照するには
Word VBAのヘルプを参照するには、WordのVBEからヘルプを表示してください。

● Wordの操作方法

Wordを操作するには、使用したいオブジェクトのインスタンス（オブジェクトの複製）を生成する必要があります。インスタンスを生成するには、DimステートメントでNewキーワードを使用してオブジェクト変数を宣言します。まず、Wordを表すApplicationオブジェクトのインスタンスと、Wordの文書を表すDocumentオブジェクト型のオブジェクト変数を宣言します。その後、ApplicationオブジェクトのDocumentsプロパティでWord文書をDocumentオブジェクトとして参照し、Word文書内の各要素をDocumentオブジェクトから階層をたどって参照することができるので、Word文書の基本的な操作を実行することができるようになります。たとえば、Word文書の段落内の特定の部分を表すRangeオブジェクトをDocumentオブジェクトから参照するには、Documentオブジェクト→Paragraphオブジェクト→Rangeオブジェクトと階層をたどって参照します。

▶Wordを表すApplicationオブジェクトのインスタンスを生成する
Dim オブジェクト変数名 As New Word.Application

▶Wordの文書を表すDocument型のオブジェクト変数を宣言
Dim オブジェクト変数名 As Word.Document

▶Rangeオブジェクトを参照する方法
Documentオブジェクト.Paragraphs（インデックス番号）.Range

> DocumentオブジェクトのParagraphsプロパティで段落を参照する

> ParagraphオブジェクトのRangeプロパティで段落を参照する

参照 インスタンスが生成されるタイミング……P.790

HINT Word文書を操作する主なプロパティおよびメソッド

プロパティおよびメソッド	内容	指定するオブジェクト
Documents プロパティ	開いている Word 文書を参照する	Application オブジェクト
Quit メソッド	Word を終了する	Application オブジェクト
Add メソッド	新規の Word 文書を開く	Document オブジェクト
Open メソッド	既存の Word 文書を開く。引数 FileName に開きたい Word 文書のパスを指定	Document オブジェクト
SaveAs メソッド	名前を付けて保存する。引数 FileName に、ファイル名を含む保存先のパスを指定	Document オブジェクト
Save メソッド	上書き保存する	Document オブジェクト
Close メソッド	Word 文書を閉じる	Document オブジェクト
Paragraphs プロパティ	Word 文書内の段落を参照する	Document オブジェクト
Range プロパティ	段落内の特定の部分を参照する	Paragraph オブジェクト
InsertBefore メソッド	段落の先頭位置に文字列を挿入する	Range オブジェクト
InsertAfter メソッド	段落の終了位置に文字列を挿入する	Range オブジェクト

※上表のApplicationオブジェクトは、WordライブラリのApplicationオブジェクトを表しています。

14-2

Wordの操作

- マクロの基礎知識 **1**
- VBAの基礎知識 **2**
- プログラミングの基礎知識 **3**
- セルの操作 **4**
- ワークシートの操作 **5**
- Excelファイルの操作 **6**
- 高度なファイルの操作 **7**
- ウィンドウの操作 **8**
- データの操作 **9**
- 印刷 **10**
- 図形の操作 **11**
- グラフの操作 **12**
- コントロールの使用 **13**
- 外部アプリケーションの操作 **14**
- VBA関数 **15**
- そのほかの操作 **16**
- 付録

Word 文書を開くには

オブジェクト.**Open**(FileName)

▶解説

作成済みのWord文書を開くには、DocumentsコレクションのOpenメソッドを使用します。引数FileNameに、開きたいWord文書のファイルパスを指定します。Openメソッドを実行すると、開いたWord文書をDocumentオブジェクトとして取得できます。

参照 📖 Word VBAのヘルプを参照するには……P.810

▶設定する項目

オブジェクト……… Documentsコレクションを指定します。
FileName…………… 開きたいWord文書のファイルパスを「"（ダブルクオーテーション）」で囲んで指定します。ファイル名だけを指定した場合は、カレントフォルダー内のファイルが対象となります。

┌ エラーを防ぐには ┐

Newキーワードを使用してWordを表すApplicationオブジェクトのインスタンスを生成するには、Wordの各バージョンに対応するライブラリファイルへの参照設定が行われている必要があります。

参照 📖 Wordを操作する準備……P.810

Word文書の段落の先頭位置に文字列を挿入するには

オブジェクト.**InsertBefore**(Text)

▶解説

Word文書内の指定された段落の先頭位置に文字列を挿入するには、InsertBeforeメソッドを使用します。挿入する文字列は引数Textに指定します。文字列が挿入されると、段落はその文字数分だけ範囲が拡張されます。

▶設定する項目

オブジェクト……… Word文書の段落内の特定の部分を表すRangeオブジェクトを指定します。
Text………………… 挿入したい文字列を指定します。

┌ エラーを防ぐには ┐

Newキーワードを使用してWordを表すApplicationオブジェクトのインスタンスを生成するには、Wordの各バージョンに対応するライブラリファイルへの参照設定が行われている必要があります。

参照 📖 Wordを操作する準備……P.810

使用例　ExcelのデータをWord文書に挿入する

Cドライブの［Word文書］フォルダーに保存されている「書類送付案内.docx」ファイルを開いてExcelのデータを挿入し、別名を付けて同じフォルダーに保存します。Excelのデータは複数行あるので、その数だけWord文書ファイルが作成されます。なお、Excelのワークシートに入力されている日付は、文字列として入力されています。

サンプル■14-2_001.xlsm

参照■Word文書を操作する主なプロパティおよびメソッド……P.811

```vba
1  Sub Word文書へデータ入力()
2      Dim myWordApp As New Word.Application
3      Dim myWordDoc As Word.Document
4      Dim i As Integer, j As Integer
5      For i = 2 To Range("A1").End(xlDown).Row
6          Set myWordDoc = myWordApp.Documents.Open _
               ("C:\Word文書\書類送付案内.docx")
7          With myWordDoc
8              For j = 1 To 3
9                  .Paragraphs(j).Range.InsertBefore Cells(i, j).Value
10             Next j
11             .SaveAs "C:\Word文書\" & Cells(i, 2).Value & ".docx"
12             .Close
13         End With
14     Next i
15     Set myWordDoc = Nothing
16     myWordApp.Quit: Set myWordApp = Nothing
17 End Sub
```

注）「_（行継続文字）」の部分は、次の行と続けて入力することもできます→95ページ参照

1　［Word文書へデータ入力］というマクロを記述する
2　WordライブラリのApplication型の変数myWordAppを宣言して、Applicationオブジェクトのインスタンスを生成する
3　WordライブラリのDocument型の変数myWordDocを宣言する
4　整数型の変数iと、整数型の変数jを宣言する
5　変数iが2からセルA1を基準とした終端セルの行番号になるまで以下の処理をくり返す
6　Cドライブの［Word文書］フォルダーに保存されている［書類送付案内.docx］ファイルを開いて、変数myWordDocに格納する
7　変数myWordDocに格納されたWord文書ファイルについて以下の処理を行う（Withステートメントの開始）
8　変数jが1から3になるまで以下の処理をくり返す
9　j段落めの先頭位置に、i行めj列めのセルの値を挿入する
10　変数jに1を足して10行めに戻る
11　Cドライブの［Word文書］フォルダーに、i行2列めのセルの値をファイル名に付けて保存する
12　Word文書を閉じる
13　Withステートメントを終了する
14　変数iに1を足して6行めに戻る
15　変数myWordDocへの参照を解放する
16　Wordを終了して、変数myWordAppへの参照を解放する
17　マクロの記述を終了する

14-2 Wordの操作

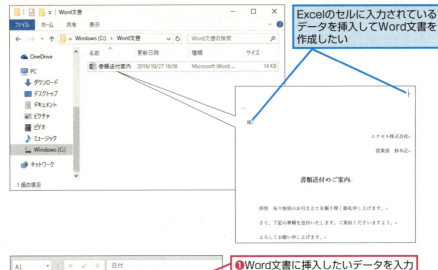

❶ Word文書に挿入したいデータを入力

❷ VBEを起動し、コードを入力

参照▶ VBAを使用してマクロを作成するには……P.85

❸ 入力したマクロを実行

参照▶ マクロを実行するには……P.53

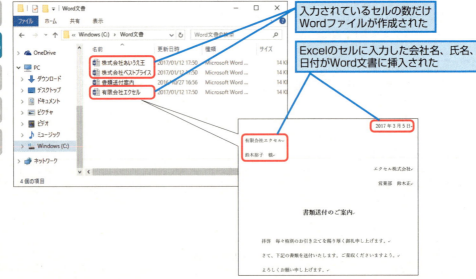

入力されているセルの数だけWordファイルが作成された

Excelのセルに入力した会社名、氏名、日付がWord文書に挿入された

814

第15章
VBA関数

15-1．日付／時刻関数・・・・・・・・・・・・・・・・・・・・・・・・816
15-2．文字列関数・・・・・・・・・・・・・・・・・・・・・・・・・・831
15-3．データ型を操作する関数・・・・・・・・・・・・・・・857
15-4．乱数や配列を扱う関数・・・・・・・・・・・・・・・・873
15-5．ユーザー定義関数・・・・・・・・・・・・・・・・・・・・881

15-1 日付／時刻関数

日付／時刻関数を使用する

VBA関数には、日付／時刻を扱うさまざまな関数が用意されています。これらの関数を使用すると、日付／時刻データの一部分を取り出したり、文字列や数値を日付／時刻データに変換したりすることができます。

日付／時刻データを取得する関数

日付／時刻データを取得する関数には、Date関数、Time関数、Year関数などがあります。パソコンに設定されている現在の日付／時刻データ、「月」「日」「時」「分」などといった部分的なデータを取得することができます。

現在の日付／時刻を取得できる

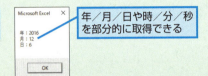

年／月／日や時／分／秒を部分的に取得できる

指定した日付の曜日を取得できる

文字列や数値を日付／時刻データに変換する関数

文字列や数値を日付／時刻データに変換する関数には、DateValue関数、DateSerial関数などがあります。日付を表す文字列を日付データに変換したり、「年」「月」「日」を個別に指定して日付データを求めたりすることができます。

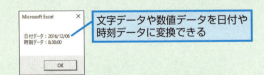

文字データや数値データを日付や時刻データに変換できる

日付／時刻データを計算する関数

日付／時刻データを計算する関数には、DateDiff関数、DateAdd関数などがあります。2つの日付の間隔を計算したり、現在の日付から指定した日数後の日付を求めたりすることができます。

2つの日付の間隔や、時間を加算した日付／時刻データを求めることができる

現在の日付／時刻を取得するには

Date
Time
Now

▶解説

パソコンに設定されている現在の日付を取得するにはDate関数、現在の時刻を合わせて取得するにはTime関数、現在の日付と時刻を取得するにはNow関数を使用します。いずれも、日付や時刻を表すバリアント型（内部処理形式DateのVariant）の値を返します。

エラーを防ぐには

Date関数、Time関数、Now関数を使用して、パソコンに設定されている日付や時刻の値を変更することはできません。

使用例 現在の日付と時刻を表示する

現在の日付をDate関数、現在の時刻をTime関数、現在の日付と時刻をNow関数で取得して、メッセージで表示します。

サンプル 15-1_001.xlsm

```
1  Sub 日付時刻の表示()
2      MsgBox "現在の日付:" & Date & vbCrLf & _
              "現在の時刻:" & Time & vbCrLf & _
              "現在の日時:" & Now
3  End Sub
```
注)「_ (行継続文字)」の部分は、次の行と続けて入力することもできます→ 95ページ参照

1 [日付時刻の表示]というマクロを記述する
2 「現在の日付：」という文字列と現在の日付、「現在の時刻：」という文字列と現在の時刻、「現在の日時：」という文字列と現在の日付と時刻を、改行文字で改行してメッセージで表示する
3 マクロの記述を終了する

現在の日付、時刻、日時を表示したい

❶VBEを起動し、コードを入力

参照 VBAを使用してマクロを作成するには……P.85

```
(General)                    ▼  日付時刻の表示
Sub 日付時刻の表示()
    MsgBox "現在の日付:" & Date & vbCrLf & _
           "現在の時刻:" & Time & vbCrLf & _
           "現在の日時:" & Now
End Sub
```

❷入力したマクロを実行

参照 マクロを実行するには……P.53

15-1

日付／時刻関数

1 マクロの基礎知識
2 VBAの基礎知識
3 プログラミングの基礎知識
4 セルの操作
5 ワークシートの操作
6 Excelファイルの操作
7 高度なファイルの操作
8 ウィンドウの操作
9 データの操作
10 印刷
11 図形の操作
12 グラフの操作
13 コントロールの使用
14 外部アプリケーションの操作
15 VBA関数
16 そのほかの操作
付録

817
できる

15-1 日付／時刻関数

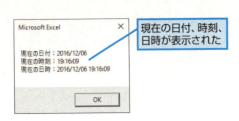

現在の日付、時刻、日時が表示された

HINT 取得した日付と時刻の表示形式

Date関数やTime関数、Now関数で取得した日付や時刻の値をMsgBox関数などで表示した場合、パソコンに設定されている表示形式で表示されます。また、取得した値をワークシートのセルに入力した場合は、セルに設定されている表示形式で表示されます。

参照▶パソコンに設定されている日付や時刻の表示形式を確認および設定するには……P.818

パソコンに設定されている日付や時刻の表示形式を確認および設定するには

パソコンに設定されている日付や時刻の表示形式は、Windowsの設定画面から確認および設定します。Windows 10／8.1の場合は、[スタート]を右クリックして[コントロールパネル]をクリックし、[日付、時刻、または数値の形式の変更]をクリックして表示される[地域]ダイアログボックスの[形式]タブで操作します。Windows 7の場合は、[スタート]ボタン-[コントロールパネル]をクリックし、[時計、言語、および地域]-[日付、時刻または数値の形式の変更]をクリックして表示される[地域と言語]ダイアログボックスの[形式]タブで操作します。

●Windows 10／8.1の場合

❶[地域]ダイアログボックスを開いておく

❷[形式]タブをクリック

日付の書式を確認および設定できる

●Windows 7の場合

❶[地域と言語]ダイアログボックスを開いておく

❷[形式]タブをクリック

日付の書式を確認および設定できる

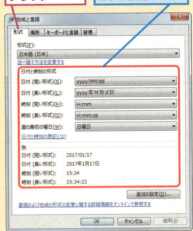

年／月／日を部分的に取得するには

Year(Date)
Month(Date)
Day(Date)

▶解説

パソコンの日付の値から、年／月／日を部分的に取得するには、それぞれ、Year関数、Month関数、Day関数を使用します。これらの関数は、引数Dateに指定した日付から年／月／日を部分的に取得して、バリアント型（内部処理形式IntegerのVariant）の値で返します。日付について、年／月／日に分けて計算したいときなどに使用します。

▶設定する項目

Date........................ 日付を表すバリアント型（Variant）の値や、日付の値を返す数式や文字列式、または、それらを組み合わせた値を指定します。

エラーを防ぐには

Year関数、Month関数、Day関数を使用して、パソコンに設定されている年／月／日の値を変更することはできません。また、引数Dateに指定した値が日付として認識されない場合、エラーが発生します。IsDate関数を使用して、値が日付として認識できるかどうかを調べてから指定しましょう。

参照 日付や時刻として扱えるかどうかを調べる……P.866

使用例　日付データを年／月／日に分けて表示する

現在の日付から年／月／日のデータを部分的に取り出してメッセージで表示します。年はYear関数、月はMonth関数、日はDay関数を使用して取得します。それぞれの引数Dateには、現在の日付を取得するDate関数を指定します。

サンプル 15-1_002.xlsm

```
1  Sub 年月日に分けて表示()
2      MsgBox "年:" & Year(Date) & vbCrLf & _
                "月:" & Month(Date) & vbCrLf & _
                "日:" & Day(Date)
3  End Sub
```
注）「_（行継続文字）」の部分は、次の行と続けて入力することもできます→ 95ページ参照

1 ［年月日に分けて表示］というマクロを記述する
2 「年：」という文字列と現在の日付から取得した年、「月：」という文字列と現在の日付から取得した月、「日：」という文字列と現在の日付から取得した日を、改行文字で改行してメッセージで表示する
3 マクロの記述を終了する

15-1
日付／時刻関数

1 マクロの基礎知識
2 VBAの基礎知識
3 プログラミングの基礎知識
4 セルの操作
5 ワークシートの操作
6 Excelファイルの操作
7 高度なファイルの操作
8 ウィンドウの操作
9 データの操作
10 印刷
11 図形の操作
12 グラフの操作
13 コントロールの使用
14 外部アプリケーションの操作
15 VBA関数
16 そのほかの操作
付録

819
できる

15-1 日付／時刻関数

現在の日付を年月日に分けて表示したい

❶VBEを起動し、コードを入力

参照▶VBAを使用してマクロを作成するには……P.85

❷入力したマクロを実行

参照▶マクロを実行するには……P.53

現在の日付が年月日に分けて分けて表示された

HINT DatePart関数を使用して年／月／日を取得する

DatePart関数を使用して、年／月／日を部分的に取得することもできます。DatePart関数の引数Dateに日付データを指定し、引数Intervalに時間間隔を表す文字列式を使用して、取得したい単位を指定します。たとえば、今日の日付から月を取得してメッセージで表示するには、引数DateにDate関数を指定し、引数Intervalに月単位を表す文字列式「m」を指定して、次のように記述します。

サンプル▶15-1_003.xlsm

```
Sub 月取得()
    MsgBox "月:" & DatePart("m", Date)
End Sub
```

なお、引数Intervalに指定する日付の計算単位を指定する文字列式については、次の解説を参照してください。

参照▶日付や時刻の計算単位を指定する文字列式……P.826

HINT 今日が年初から数えて第何週めかを調べるには

年初から数えて第何週めかを調べるには、DatePart関数を使用します。たとえば、今日が年初から数えて第何週めかをメッセージで表示するには、DatePart関数の引数DateにDate関数を指定し、引数Intervalに週単位を表す文字列式「ww」を指定して、次のように記述します。

サンプル▶15-1_004.xlsm

```
Sub 週取得()
    MsgBox "今日は年初から数えて" & DatePart("ww", Date) & "週目です。"
End Sub
```

なお、引数Intervalに指定する日付の計算単位を指定する文字列式については、次の解説を参照してください。

参照▶日付や時刻の計算単位を指定する文字列式……P.826

時／分／秒を部分的に取得するには

Hour(Time)
Minute(Time)
Second(Time)

▶解説

パソコンの時刻の値から、時／分／秒を部分的に取得するには、それぞれ、Hour関数、Minute関数、Second関数を使用します。これらの関数は、引数Timeに指定した時刻から時／分／秒を部分的に取得して、バリアント型（内部処理形式IntegerのVariant）の値で返します。時刻について、時／分／秒に分けて計算したいときなどに使用します。なお、Hour関数は0 〜 23の範囲の値、Minute関数とSecond関数は0 〜 59の範囲の値を返します。

▶設定する項目

Time·······················時刻を表すバリアント型（Variant）の値や時刻の値を返す数式や文字列式、または、それらを組み合わせた値を指定します。

エラーを防ぐには

Hour関数、Minute関数、Second関数を使用して、パソコンに設定されている時／分／秒の値を変更することはできません。また、引数Timeに指定した値が時刻として認識されない場合、エラーが発生します。IsDate関数を使用して、値が時刻として認識できるかどうかを調べてから指定しましょう。

使用例　時刻データを時／分／秒に分けて表示する

現在の時刻から時／分／秒のデータを部分的に取り出してメッセージで表示します。時はHour関数、分はMinute関数、秒はSecond関数を使用して取得します。それぞれの引数Timeには、現在の時刻を取得するTime関数を指定します。　　　　　　　　　　　　　サンプル書 15-1_005.xlsm

```
1  Sub 時分秒に分けて表示()
2      MsgBox "時:" & Hour(Time) & vbCrLf & _
.          "分:" & Minute(Time) & vbCrLf & _
           "秒:" & Second(Time)
3  End Sub          注)「_(行継続文字)」の部分は、次の行と続けて入力することもできます→ 95ページ参照
```

1　[時分秒に分けて表示]というマクロを記述する
2　「時：」という文字列と現在の時刻から取得した時、「分：」という文字列と現在の時刻から取得した分、「秒：」という文字列と現在の時刻から取得した秒を、改行文字で改行してメッセージで表示する
3　マクロの記述を終了する

15-1

日付／時刻関数

1 マクロの基礎知識
2 VBAの基礎知識
3 プログラミングの基礎知識
4 セルの操作
5 ワークシートの操作
6 Excelファイルの操作
7 高度なファイルの操作
8 ウィンドウの操作
9 データの操作
10 印刷
11 図形の操作
12 グラフの操作
13 コントロールの使用
14 外部アプリケーションの操作
15 VBA関数
16 そのほかの操作
付録

15-1 日付／時刻関数

現在の時刻を時分秒に分けて表示したい

❶VBEを起動し、コードを入力

参照▶VBAを使用してマクロを作成するには……P.85

❷入力したマクロを実行

参照▶マクロを実行するには……P.53

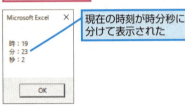

現在の時刻が時分秒に分けて表示された

> **HINT**
> **DatePart関数を使用して時／分／秒を取得する**
>
> DatePart関数を使用して、時／分／秒を部分的に取得することもできます。たとえば、現在の時刻から時を取得してメッセージで表示するには、DatePart関数の引数DateにTime関数を指定し、引数Intervalに時単位を表す文字列式「h」を指定して、次のように記述します。
>
> サンプル▶15-1_006.xlsm
> ```
> Sub 時取得()
>     MsgBox "時：" & DatePart("h", Time)
> End Sub
> ```
> なお、引数Intervalに指定する時刻の計算単位を指定する文字列式については、次の解説を参照してください。
>
> 参照▶日付や時刻の計算単位を指定する文字列式……P.826

曜日を表す整数値を取得するには

Weekday(Date)

▶解説

曜日を表す整数値を取得するには、Weekday関数を使用します。引数Dateに、曜日を調べたい日付を指定します。Weekday関数が返す整数値と曜日名の対応は次のとおりです。

整数値	曜日名
1	日曜
2	月曜
3	火曜
4	水曜

整数値	曜日名
5	木曜
6	金曜
7	土曜

▶設定する項目

Date……………… 曜日を調べたい日付を表す数式、または文字列式を指定します。

エラーを防ぐには
引数Dateに指定した値が日付として認識されない場合、エラーが発生します。IsDate関数を使用して、値が日付として認識できるかどうかを調べてから指定しましょう。

15-1 曜日の整数値を曜日名に変換するには

WeekdayName(Weekday, Abbreviate)

▶解説

曜日を表す整数値を曜日名に変換するには、WeekdayName関数を使用します。引数Weekdayに曜日名に変換したい整数値を指定します。引数AbbreviateにTrueを指定すると、返される文字列が「月曜日」から「月」といったように省略されます。

▶設定する項目

Weekday ……………… 曜日を表す1～7までの整数値を指定します。
Abbreviate ………… 省略された曜日名を取得する場合にTrueを指定します。この引数を省略した場合はFalseが指定されます（省略可）。

エラーを防ぐには

引数Weekdayに1～7以外の整数値を指定すると、エラーが発生します。引数Weekdayには、1～7の整数値を返すWeekday関数を組み合わせるといいでしょう。

使用例　今日の曜日名を表示する

Weekday関数の引数DateにDate関数を指定して今日の曜日を表す整数値を取得し、WeekdayName関数で曜日名を表す文字列に変換してメッセージで表示します。

サンプル 15-1_007.xlsm

```
1  Sub 今日の曜日名を表示()
2      MsgBox WeekdayName(Weekday(Date))
3  End Sub
```

1 ［今日の曜日名を表示］というマクロを記述する
2 今日の曜日を表す整数値を曜日名に変換して、メッセージで表示する
3 マクロの記述を終了する

今日の曜日を曜日名で表示したい

❶VBEを起動し、コードを入力

参照 VBAを使用してマクロを作成するには……P.85

❷入力したマクロを実行

参照 マクロを実行するには……P.53

今日の曜日名が表示された

15-1

日付／時刻関数

年／月／日から日付データを求めるには

DateSerial(Year, Month, Day)

▶解説

年、月、日を個別に指定して日付データを求めるには、DateSerial関数を使用します。DateSerial関数は、引数Year、Month、Dayに指定された整数型の値から、バリアント型（内部処理形式DateのVariant）の日付データを返します。なお、各引数の数値範囲を超えた値を設定した場合、その超過分は繰り上げられます。また、それぞれの引数に数式を指定することも可能です。

▶設定する項目

Year ······················· 年を表す整数型の数値を100 ～ 9999の範囲で指定します。

Month ····················· 月を表す整数型の数値を1 ～ 12の範囲で指定します。

Day ······················· 日を表す整数型の数値を1 ～ 31の範囲で指定します。

エラーを防ぐには

各引数に設定した値が-32,768 ～ 32,767の範囲を超えた場合、エラーが発生します。また、3つの引数で指定した日付が西暦100年1月1日～ 9999年12月31日の範囲内にない場合、エラーが発生します。

使用例 今月末の日付データを求める

今月末の日付をメッセージで表示します。月末日は各月によって違うため、翌月1日（月初日）の1日前の日付を求めることで月末日を算出します。今月の年、今月の月に「1」加えた月（翌月）、1日（月初日）を表す「1」をDateSerial関数に指定して日付を算出し、その日付から「1」を引いて月末日を求めます。 サンプル 15-1_008.xlsm

```
1  Sub 月末日算出()
2      MsgBox DateSerial(Year(Date), Month(Date) + 1, 1) - 1
3  End Sub
```

1 [月末日算出]というマクロを記述する

2 今日の年と、今日の月に1を足した月と、1日（月初日）のデータから日付データを求めて、算出された日付から1を引いた日付をメッセージで表示する

3 マクロの記述を終了する

今月末の日付を表示したい

❶VBEを起動し、コードを入力

参照 VBAを使用してマクロを作成するには……P.85

```
(General)                              月末日算出
    Sub 月末日算出()
        MsgBox DateSerial(Year(Date), Month(Date) + 1, 1) - 1
    End Sub
```

❷入力したマクロを実行

参照 マクロを実行するには……P.53

824
できる

マクロの基礎知識 **1**

VBAの基礎知識 **2**

プログラミングの基礎知識 **3**

セルの操作 **4**

ワークシートの操作 **5**

Excelファイルの操作 **6**

高度なファイルの操作 **7**

ウィンドウの操作 **8**

データの操作 **9**

印刷 **10**

図形の操作 **11**

グラフの操作 **12**

コントロールの使用 **13**

外部アプリケーションの操作 **14**

VBA関数 **15**

そのほかの操作 **16**

付録

今月末の日付が表示された

Microsoft Excel
2017/01/31
OK

HINT

引数Yearに指定する値

引数Yearに、西暦を2桁に省略して0 ～ 99の範囲の数値を指定する場合、0 ～ 29の数値は2000 ～ 2029、30 ～ 99の数値は1939 ～ 1999と認識されます。混乱を避けるためにも、西暦は2桁に省略せずに指定しましょう。

15-1

日付／時刻関数

1 マクロの基礎知識
2 VBAの基礎知識
3 プログラミングの基礎知識
4 セルの操作
5 ワークシートの操作
6 Excelファイルの操作
7 高度なファイルの操作
8 ウィンドウの操作
9 データの操作
10 印刷
11 図形の操作
12 グラフの操作
13 コントロールの使用
14 外部アプリケーションの操作
15 VBA関数
16 そのほかの操作
付録

時／分／秒から時刻データを求めるには

TimeSerial(Hour, Minute, Second)

▶解説

時、分、秒を個別に指定して時刻データを求めるには、TimeSerial関数を使用します。TimeSerial関数は、引数Hour、Minute、Secondに指定された整数型の値から、バリアント型（内部処理形式DateのVariant）の時刻データを返します。なお、各引数の数値範囲を超えた値を設定した場合、その超過分は繰り上げられます。また、それぞれの引数に数式を指定することも可能です。

▶設定する項目

Hour······················時を表す整数型の数値を0 ～ 23の範囲で指定します。

Minute·····················分を表す整数型の数値を0 ～ 59の範囲で指定します。

Second··················秒を表す整数型の数値を0 ～ 59の範囲で指定します。

エラーを防ぐには

各引数に設定した値が-32,768 ～ 32,767の範囲を超えた場合、エラーが発生します。また、3つの引数で指定した時刻が、00:00:00（00:00:00AM）～ 23:59:59（11:59:59PM）の範囲内にない場合、正しく計算されません。

使用例 **現在の時刻から1分後にメッセージを表示する**

現在の時刻から1分後にメッセージを表示します。Hour関数、Minute関数、Second関数の引数TimeにTime関数を指定して現在の時、分、秒を取得し、分の数値に「1」を加算してTimeSerial関数の各引数に指定することで、1分後の時刻を算出しています。マクロを一時停止させるにはWaitメソッドを使用します。 **サンプル** 15-1_009.xlsm

```
1  Sub 時刻計算()
2      Application.Wait TimeSerial(Hour(Time), _
                Minute(Time) + 1, Second(Time))
3      MsgBox "1分が経過しました。"
4  End Sub
```
注)「_（行継続文字）」の部分は、次の行と続けて入力することもできます→ 95ページ参照

1 [時刻計算]というマクロを記述する
2 現在の時刻の時の数値、現在の時刻の分に1を足した数値、現在の時刻の秒の数値から時刻データを求めて、その時刻までマクロの実行を停止する
3 「1分が経過しました。」というメッセージを表示する
4 マクロの記述を終了する

825
できる

15-1 日付/時刻関数

1分が経過したらメッセージを表示させたい

❶ VBEを起動し、コードを入力

参照▶ VBAを使用してマクロを作成するには……P.85

❷ 入力したマクロを実行

参照▶ マクロを実行するには……P.53

1分が経過してメッセージが表示された

▶ 日付や時間の間隔を計算するには

DateDiff(Interval, Date1, Date2)

▶解説

日付や時間の間隔を計算するには、DateDiff関数を使用します。DateDiff関数は、引数Date1と引数Date2に指定された2つの日付や時刻の間隔を、引数Intervalに指定された単位で計算し、その結果をバリアント型（内部処理形式DateのVariant）の値で返します。引数Date1に、引数Date2よりあとの日付や時刻を指定すると、計算結果は負の値になります。

▶設定する項目

Interval ………………… 日付や時刻の間隔を計算する単位を、下表の文字列式で指定します。記述するときは「"（ダブルクォーテーション）」で囲みます。

日付や時刻の計算単位を指定する文字列式

文字列式	計算単位
yyyy	年
m	月
d	日
ww	週
w	週日

文字列式	計算単位
q	四半期
y	年間通算日
h	時
n	分
s	秒

参照▶ 週日単位と週単位の計算の違い……P.828

Date1 ………………… 間隔を計算したい日付や時刻の値を、バリアント型（内部処理形式DateのVariant）の値、または日付リテラルを使用して指定します。

参照▶ 日付リテラルとは……P.828

Date2 ………………… 間隔を計算したい日付や時刻の値を、バリアント型（内部処理形式DateのVariant）の値、または日付リテラルを使用して指定します。

参照▶ 日付リテラルとは……P.828

15-1 日付/時刻関数

> **エラーを防ぐには**
> 引数Intervalの文字列式を「"（ダブルクォーテーション）」で囲まないと、エラーが発生します。

使用例　日付の間隔を計算する

指定した日付から今日までの間隔を、年単位、月単位、日単位で計算して、メッセージで表示します。ここでは、日付リテラルを使用して日付を指定しています。

サンプル 15-1_010.xlsm

参照▶日付リテラルとは……P.828

```
1  Sub 日付間隔の計算()
2      Dim myDate As Date
3      myDate = #2/21/2013#
4      MsgBox myDate & "から今日までの" & vbCrLf & _
          "年数:" & DateDiff("yyyy", myDate, Date) & vbCrLf & _
          "月数:" & DateDiff("m", myDate, Date) & vbCrLf & _
          "日数:" & DateDiff("d", myDate, Date)
5  End Sub
```
注）「_（行継続文字）」の部分は、次の行と続けて入力することもできます→95ページ参照

1 [日付間隔の計算]というマクロを記述する
2 日付型の変数myDateを宣言する
3 変数myDateに「#2/21/2013#」を格納する
4 変数myDateと「から今日までの」という文字列、「年数：」という文字列と変数myDateから今日までの日付間隔を年単位で計算した結果、「月数：」という文字列と変数myDateから今日までの日付間隔を月単位で計算した結果、「日数：」という文字列と変数myDateから今日までの間隔を日単位で計算した結果を、改行文字で改行してメッセージで表示する
5 マクロの記述を終了する

指定した日付から今日までの年数、月数、日数を表示したい

❶VBEを起動し、コードを入力

参照▶VBAを使用してマクロを作成するには……P.85

❷入力したマクロを実行

参照▶マクロを実行するには……P.53

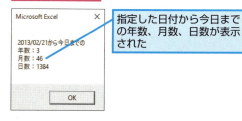

指定した日付から今日までの年数、月数、日数が表示された

827

15-1 日付/時刻関数

> **HINT 週日単位と週単位の計算の違い**
>
> 週日単位の計算の場合、引数Date1と引数Date2の間に「引数Date1の曜日」がいくつあるかを調べます。間隔の計算なので、引数Date1の翌週の曜日を1つめとして計算します。一方、週単位の計算の場合、引数Date1と引数Date2の間に「日曜日」がいくつあるかを計算します。引数Date1が日曜日の場合、間隔の計算なので、引数Date1の次の日曜日を1つめとして計算します。

> **HINT 日付リテラルとは**
>
> 日付を指定するとき、日付型のデータとして確実に認識させるために、日付を月、日、年の順番で記述して「#（シャープ）」で囲みます。これを日付リテラルといいます。文字列を「"（ダブルクォーテーション）」で囲んで、確実に文字列型のデータとして認識されるのと似たしくみです。なお、VBAでは、「#2013/10/9#」と入力した場合、自動的に「#10/9/2013#」のように正しい日付リテラルに修正されます。

時間を加算または減算した日付や時刻を取得するには

DateAdd(Interval, Number, Date)

▶解説

時間を加算または減算した日付や時刻を取得するには、DateAdd関数を使用します。DateAdd関数は、引数Dateに指定された日付や時刻データに、引数Intervalに指定された計算単位で、引数Numberに指定された整数値を加算または減算して、バリアント型（内部処理形式StringのVariant）の値を返します。引数Numberに正の数を指定して加算した場合は将来の日付と時刻データ、負の数を指定して減算した場合は、過去の日付と時刻データを返します。

▶設定する項目

Interval ………… 加算または減算する計算単位を、時間間隔を表す文字列式を使用して指定します。
　　　　　　　　　参照▶日付や時刻の計算単位を指定する文字列式……P.826

Number ………… 日付や時刻に加算または減算する整数値を指定します。小数点を含む数値を指定した場合、小数部分は無視されます。

Date …………… 時間を加算または減算する日付や時刻を、バリアント型（内部処理形式DateのVariant）の値、または日付リテラルを使用して指定します。
　　　　　　　　　参照▶日付リテラルとは……P.828

エラーを防ぐには

引数Intervalの文字列式を「"（ダブルクォーテーション）」で囲まないと、エラーが発生します。計算結果の日付が西暦100年1月1日から9999年12月31日の有効範囲を超えた場合、エラーが発生します。また、引数を指定するときには、加算／減算する単位が「日」なのか「月」なのか、といった点にも注意しましょう。

15-1 日付/時刻関数

使用例 時間を加算した日付を取得する

今日の日付から3週間後の日付をメッセージで表示します。将来の日付データを求めたいので、DateAdd関数の引数Numberに正の数を指定します。　サンプル●15-1_011.xlsm

```
1  Sub 日付加算()
2      MsgBox "今日から3週間後:" & DateAdd("ww", 3, Date)
3  End Sub
```

1	[日付加算]というマクロを記述する
2	「今日から3週間後:」という文字列と、現在の日付に週単位で3を加算した日付データをメッセージで表示する
3	マクロの記述を終了する

今日から3週間後の日付を表示したい

❶VBEを起動し、コードを入力

参照▶VBAを使用してマクロを作成するには……P.85

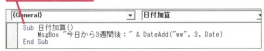

❷入力したマクロを実行

参照▶マクロを実行するには……P.53

今日から3週間後の日付が表示された

経過した秒数を取得するには

Timer

▶解説

Timer関数は、午前0時から経過した秒数を表す単精度浮動小数点数型（Single）の値を返します。Timer関数の値は、当日の23時59分59秒まで秒単位で累積されています。したがって、処理終了時のTimer関数の値から処理開始時のTimer関数の値を減算することで、処理にかかった秒数を算出することができます。

エラーを防ぐには

処理が午前0時を越えた場合、Timer関数は午前0時以降に経過した秒数を「-86,400（1日を秒数に換算してマイナスの符号を付けた数値）」に加算して値を返します。午前0時を越えて経過した秒数を取得する場合は、午前0時の前とあとで、別に計算する必要があります。

15-1

日付／時刻関数

使用例　経過した秒数を取得する

マクロの実行によって計測をはじめ、メッセージボックスの［OK］ボタンをクリックすることで計測を終了して、経過した秒数をメッセージで表示します。経過した秒数は、［OK］ボタンがクリックされた直後のTimer関数の値から、マクロを開始した時点のTimer関数の値を減算した値です。

サンプル 15-1_012.xlsm

```
1  Sub 経過秒数の測定()
2      Dim StartTime As Single
3      StartTime = Timer
4      MsgBox "計測を開始しました。" & vbCrLf & _
              " [OK] をクリックすると計測を終了します。", vbOKOnly
5      MsgBox "経過した秒数:" & Timer - StartTime
6  End Sub
```

1　［経過秒数の測定］というマクロを記述する
2　単精度浮動小数点数型の変数StartTimeを宣言する
3　変数StartTimeにTimer関数の値を格納する
4　「計測を開始しました。」という文字列と「［OK］をクリックすると計測を終了します。」という文字列を、改行文字で改行してメッセージで表示する
5　「経過した秒数：」という文字列と、Timer関数の値から変数StartTimeの値を減算した値を、メッセージで表示する
6　マクロの記述を終了する

> メッセージボックスが表示されてから［OK］をクリックするまでに経過した秒数を表示したい

参照▶VBAを使用してマクロを作成するには……P.85

❶VBEを起動し、コードを入力

参照▶マクロを実行するには……P.53

❷入力したマクロを実行

メッセージボックスが表示された

❸［OK］をクリック

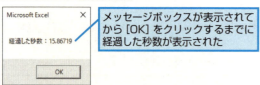

メッセージボックスが表示されてから［OK］をクリックするまでに経過した秒数が表示された

15-2 文字列関数

文字列関数を使用する

VBA関数には、文字列を扱うさまざまな関数が用意されています。これらの関数を使用すれば、文字列の一部分を取り出したり、文字列の表示書式や種類を変換したりすることができます。また、文字列を加工したり、文字列の比較や検索を行ったりすることもできます。

文字列の一部や文字列の情報を取得する関数

文字列の一部や、文字列の長さといった文字列の情報を取得する関数として、Left関数、Mid関数、Right関数、Len関数、Asc関数、Chr関数などがあります。取得した文字列や情報を利用して、別な文字列を作成したり、文字列を加工したりすることができます。

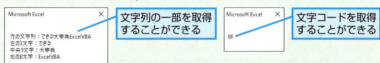

文字列の種類や表示書式を変換する関数

文字列の種類や表示書式を変換する関数として、LCase関数、UCase関数、StrConv関数、Format関数などがあります。外部から取得した文字列データの種類を変換したり、データの内容に合った表示書式に変更したりすることができます。

文字列を編集する関数

文字列を編集する関数には、LTrim関数、RTrim関数、Trim関数、Replace関数、Space関数、String関数などがあります。不必要な空白を削除したり、特定の文字を別な文字に置き換えたりすることができます。

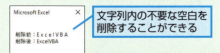

文字列を比較または検索する関数

文字列を比較または検索する関数には、StrComp関数、InStr関数、InStrRev関数などがあります。なかでも、文字を検索するInStr関数やInStrRev関数は、検索した文字の位置から文字列の一部を取り出す場合など、文字列の一部を取得する関数と組み合わせてよく使用します。

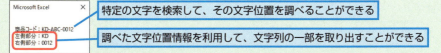

15-2

文字列関数

文字列の左端または右端から一部を取り出すには

Left(String, Length)
Right(String, Length)

▶解説

文字列の左端から文字列の一部を取り出すにはLeft関数、右端から文字列の一部を取り出すにはRight関数を使用します。ともに、引数Stringに取り出し元の文字列を指定し、引数Lengthに取り出したい文字数を指定します。バリアント型(内部処理形式StringのVariant)の値を返します。なお、取り出し元の文字列の文字数以上の文字数を指定した場合は、文字列全体を返します。

▶設定する項目

String ···················· 取り出し元の文字列、または文字列式を指定します。

Length ················· 左端または右端から取り出す文字数をバリアント型（内部処理形式Longの Variant)で指定します。

エラーを防ぐには

引数Lengthに0未満の数値を指定すると、エラーが発生します。

文字列の指定した一部を取り出すには

Mid(String, Start, Length)

▶解説

文字列の指定位置から指定文字数分だけ文字列を取り出すには、Mid関数を使用します。Mid関数は、引数Stringに指定した文字列の先頭の文字位置を1として、引数Startに指定した文字位置から、引数Lengthに指定した文字数を取り出し、バリアント型（内部処理形式StringのVariant）の値を返します。

▶設定する項目

String ···················· 取り出し元の文字列、または文字列式を指定します。

Start ····················· 先頭の文字位置を1として、文字列を取り出す開始文字位置を長整数型（Long）の値で指定します。

Length ················· 取り出す文字数をバリアント型（内部処理形式LongのVariant）の値で指定します。省略した場合は、引数Startに指定した位置以降のすべての文字列を返します（省略可）。

エラーを防ぐには

引数Startに0以下の値が指定された場合、または引数Lengthに0未満の値を指定された場合、エラーが発生します。

マクロの基礎知識 1
VBAの基礎知識 2
プログラミングの基礎知識 3
セルの操作 4
ワークシートの操作 5
Excelファイルの操作 6
高度なファイルの操作 7
ウィンドウの操作 8
データの操作 9
印刷 10
図形の操作 11
グラフの操作 12
コントロールの使用 13
外部アプリケーションの操作 14
VBA関数 15
そのほかの操作 16
付録

15-2 文字列関数

使用例　文字列の一部を表示する

Left関数、Mid関数、Right関数を使用して、文字列の一部を取り出して表示します。

サンプル 15-2_001.xlsm

```
1  Sub 文字列の一部を表示()
2      Dim myString As String
3      myString = "できる大事典ExcelVBA"
4      MsgBox "元の文字列:" & myString & vbCrLf & _
             "左の3文字:" & Left(myString, 3) & vbCrLf & _
             "中央3文字:" & Mid(myString, 4, 3) & vbCrLf & _
             "右の8文字:" & Right(myString, 8)
5  End Sub
```
注)「_（行継続文字）」の部分は、次の行と続けて入力することもできます→ 95ページ参照

1. ［文字列の一部を表示］というマクロを記述する
2. 文字列型の変数myStringを宣言する
3. 変数myStringに「できる大事典ExcelVBA」という文字列を格納する
4. 「元の文字列:」という文字列と変数myString、「左の3文字:」という文字列と変数myStringの左端から3文字分取り出した文字列、「中央3文字:」という文字列と変数myStringの4文字めから3文字分取り出した文字列、「右の8文字:」という文字列と変数myStringの右端から8文字分取り出した文字列を、改行文字で改行してメッセージで表示する
5. マクロの記述を終了する

文字列の一部分だけを取り出して表示したい

❶VBEを起動し、コードを入力

参照▶VBAを使用してマクロを作成するには……P.85

❷入力したマクロを実行

参照▶マクロを実行するには……P.53

文字列の一部が取り出されて表示された

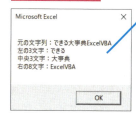

> **HINT** **LeftB関数、MidB関数、RightB関数**
>
> 文字列から取り出す文字数をバイト数で指定する場合は、LeftB関数、MidB関数、RightB関数を使用します。いずれも、半角、全角ともに2バイトとして扱います。たとえば、左から6バイト分の文字列を取り出すには、次のように記述します。
>
> サンプル 15-2_002.xlsm
>
> ```
> Sub バイト数で取り出し()
>     Dim myString As String
>     myString = "できる大事典ExcelVBA"
>     MsgBox "左から6バイト分:" & LeftB(myString, 6)
> End Sub
> ```
>
> なお、ワークシート関数のLeftB関数、MidB関数、RightB関数は、半角文字を1バイト、全角文字を2バイトとして扱います。これらの違いに注意しましょう。

15-2

文字列関数

文字列の長さを調べるには

Len(Expression)

▶解説

文字列の長さを取得するには、Len関数を使用します。Len関数は、引数Expressionに指定した文字列の長さを長整数型（Long）の値で返します。空白文字も1文字分として数えられます。

▶設定する項目

Expression………… 長さを調べたい文字列、または文字列式を指定します。

エラーを防ぐには

半角、全角の区別なく、全ての文字を1文字分として数えられることに注意してください。

文字列のバイト数を調べるには

LenB(Expression)

▶解説

LenB関数は、引数Expressionに指定した文字列のバイト数を返します。半角、全角ともに2バイトで計算され、長整数型（Long）の値を返します。

▶設定する項目

Expression………… バイト数を調べたい文字列、または文字列式を指定します。

エラーを防ぐには

LenB関数は、半角、全角ともに2バイトで計算されますが、Excelのワークシート関数のLenB関数は、半角文字を1バイト、全角文字を2バイトとして計算します。VBA関数とワークシート関数では、算出される結果が異なるので注意が必要です。 参照 ワークシート関数のLenB関数……P.835

使用例 **文字列の長さを表示する**

Len関数で文字列の長さ、LenB関数で文字列のバイト数を調べて、メッセージで表示します。

サンプル 15-2_003.xlsm

```
1  Sub 文字列長さ表示()
2      Dim myString As String
3      myString = "ExcelVBAプログラミング"
4      MsgBox "Lenの戻り値:" & Len(myString) & vbCrLf & _
              "LenBの戻り値:" & LenB(myString)
5  End Sub
```
注)「_（行継続文字）」の部分は、次の行と続けて入力することもできます→ 95ページ参照

サイドバー

- マクロの基礎知識 **1**
- VBAの基礎知識 **2**
- プログラミングの基礎知識 **3**
- セルの操作 **4**
- ワークシートの操作 **5**
- Excelファイルの操作 **6**
- 高度なファイルの操作 **7**
- ウィンドウの操作 **8**
- データの操作 **9**
- 印　刷 **10**
- 図形の操作 **11**
- グラフの操作 **12**
- コントロールの使用 **13**
- 外部アプリケーションの操作 **14**
- VBA関数 **15**
- そのほかの操作 **16**
- 付　録

834

1 [文字列長さ表示]というマクロを記述する
2 文字列型の変数myStringを宣言する
3 変数myStringに「ExcelVBAプログラミング」を格納する
4 「Lenの戻り値:」という文字列と変数myStringの文字数、「LenBの戻り値:」という文字列と変数myStringのバイト数を、改行文字で改行してメッセージで表示する
5 マクロの記述を終了する

文字列の文字数とバイト数を調べて表示したい

❶VBEを起動し、コードを入力

参照▶VBAを使用してマクロを作成するには……P.85

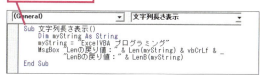

❷入力したマクロを実行

参照▶マクロを実行するには……P.53

Len関数で調べた文字数と、LenB関数で調べたバイト数が表示された

ワークシート関数のLenB関数

VBA関数のLenB関数は、半角文字、全角文字ともに2バイトとして計算されますが、ワークシート関数のLenB関数は、半角を1バイト、全角文字を2バイトとして計算されます。たとえば、使用例「文字列の長さを表示する」の実行結果で、「ExcelVBAプログラミング」のバイト数は32バイトでしたが、ワークシート関数のLenB関数は23バイトを返します。

サンプル▶15-2_004.xlsm

ワークシート関数のLenB関数を利用してカウント

半角文字が1バイト、全角文字が2バイトとしてカウントされた

ASCIIコードとは

ASCII (American Standard Code for Information Interchange) コードは、コンピュータ用の文字コード体系です。英数字や記号のほか、制御文字と呼ばれる文字として表示されない文字も含まれています。Windowsでは、日本語の半角カナ文字を含む、8bit (256文字) で表される拡張ASCIIコードが使用されています。

参照▶ASCIIコード表……P.838

15-2 文字列関数

ASCIIコードに対応する文字を取得するには

Chr(Charcode)

▶解説

ASCIIコードに対応する文字を取得するには、Chr関数を使用します。Chr関数は、引数Charcodeに指定されたASCIIコードに対応する文字や制御文字を返します。指定できるASCIIコードの範囲は0～255です。

参照▶ASCIIコードとは……P.835

▶設定する項目

Charcode ………… 取得したい文字のASCIIコードを長整数型（Long）の値で指定します。

▶エラーを防ぐには

0～31のASCIIコードに対応する文字は表示されません。この範囲には制御文字も含まれています。また、OSが使用している国別に割り当てられた文字セットにより、127以上のASCIIコードで表示される文字が異なる場合があります。

参照▶いろいろな制御文字とConstantsモジュールの定数……P.837

使用例　改行文字を使用する

ASCIIコードを指定して、改行文字を使用します。改行文字は、キャリッジリターン文字とラインフィード文字を連結した制御文字です。キャリッジリターン文字はChr(13)、ラインフィード文字はChr(10)と記述して取得します。

サンプル▶15-2_005.xlsm

```
1  Sub 改行文字()
2      MsgBox "できる大事典" & Chr(13) & Chr(10) & "ExcelVBA"
3  End Sub
```

1　[改行文字]というマクロを記述する
2　「できる大事典」と「ExcelVBA」の間で改行して、メッセージで表示する
3　マクロの記述を終了する

「できる大事典」と「ExcelVBA」の間で改行して表示したい

❶VBEを起動し、コードを入力

参照▶VBAを使用してマクロを作成するには……P.85

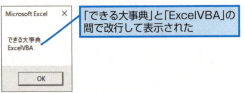

❷入力したマクロを実行　　参照▶マクロを実行するには……P.53

「できる大事典」と「ExcelVBA」の間で改行して表示された

15-2 文字列関数

HINT いろいろな制御文字とConstantsモジュールの定数

Chr関数で取得できる主な制御文字は、下の表のとおりです。これらの制御文字には、対応するConstantsモジュールの定数があります。

Constantsモジュールの定数を使用すると、どのような内容の制御文字を使用しているかがわかるので便利です。

Chr(CharCode)	Constants モジュールの定数	内容
Chr(0)	vbNullChar	NULL 文字
Chr(8)	vbBack	バックスペース文字
Chr(9)	vbTab	タブ文字
Chr(10)	vbLf	ラインフィード文字
Chr(13)	vbCr	キャリッジリターン文字
Chr(13) & Chr(10)	vbCrLf	改行文字

文字に対応するASCIIコードを取得するには

Asc(String)

▶解説

文字に対応するASCIIコードを取得するには、Asc関数を使用します。Asc関数は、引数Stringに指定された文字に対応するASCIIコードを整数型(Integer)の値で返します。取得できるASCIIコードの範囲は0～255です。なお、引数Stringに文字列を指定した場合は、先頭文字のASCIIコードが返されます。

参照 ASCIIコードとは……P.835

▶設定する項目

String ································· ASCIIコードを取得したい文字を指定します。

エラーを防ぐには

引数Stringに文字が含まれていないと、エラーが発生します。引数に指定した内容に文字が含まれていることを確認しましょう。

使用例 ASCIIコードを表示する

指定した文字列の各文字についてASCIIコードを取得して、メッセージで表示します。文字列内の各文字は、Mid関数を使用して取得します。

サンプル 15-2_006.xlsm

```
1  Sub ASCIIコード表示()
2      Dim i As Integer
3      Dim myString As String
4      myString = "VBA"
5      For i = 1 To 3
6          MsgBox Asc(Mid(myString, i, 1))
7      Next i
8  End Sub
```

- 1 マクロの基礎知識
- 2 VBAの基礎知識
- 3 プログラミングの基礎知識
- 4 セルの操作
- 5 ワークシートの操作
- 6 Excelファイルの操作
- 7 高度なファイルの操作
- 8 ウィンドウの操作
- 9 データの操作
- 10 印刷
- 11 図形の操作
- 12 グラフの操作
- 13 コントロールの使用
- 14 外部アプリケーションの操作
- 15 VBA関数
- 16 そのほかの操作
- 付録

837
できる

15-2 文字列関数

1. [ASCIIコード表示]というマクロを記述する
2. 整数型の変数iを宣言する
3. 文字列型の変数myStringを宣言する
4. 変数myStringに「VBA」という文字列を格納する
5. 変数iが1から3になるまで以下の処理を行う(Forステートメントの開始)
6. 変数myStringのi文字めの位置から1文字分取り出した文字のASCIIコードをメッセージで表示する
7. 6行めに戻る
8. マクロの記述を終了する

文字列の各文字について
ASCIIコードを表示したい

参照▶VBAを使用してマクロを作成するには……P.85

❶VBEを起動し、コードを入力

```
Sub ASCIIコード表示()
    Dim i As Integer
    Dim myString As String
    myString = "VBA"
    For i = 1 To 3
        MsgBox Asc(Mid(myString, i, 1))
    Next i
End Sub
```

❷入力したマクロを実行

参照▶マクロを実行するには……P.53

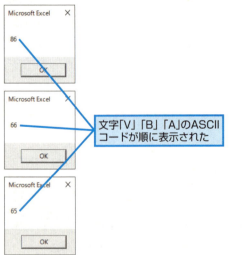

文字「V」「B」「A」のASCIIコードが順に表示された

HINT ASCIIコード表

Excelの[開発者用リファレンスヘルプ]には、0～255の範囲のASCIIコード表が「ASCII文字セット（0-127）」、「ASCII文字セット（128-255）」という項目名で収録されています。

参照▶ヘルプを利用するには……P.131

文字の種類を変換するには

StrConv(String, Conversion, LocaleID)

▶解説

文字の種類を変換するには、StrConv関数を使用します。StrConv関数は、引数Stringに指定した文字列を、引数Conversionに指定した種類に変換し、バリアント型（内部処理形式Stringの Variant）の値で返します。引数Conversionに指定する変換の種類は、矛盾しない限り、複数の種類を「＋」で組み合わせて指定することができます。

▶設定する項目

String ·················· 種類を変換したい文字列を指定します。

Conversion ··········· 変換する種類をVbStrConv列挙型の定数で指定します。

VbStrConv列挙型の定数

定数	値	内容
vbUpperCase	1	大文字に変換
vbLowerCase	2	小文字に変換
vbProperCase	3	先頭の文字を大文字に変換
vbWide*	4	半角文字を全角文字に変換
vbNarrow*	8*	全角文字を半角文字に変換
vbKatakana**	16*	ひらがなをカタカナに変換
vbHiragana**	32**	カタカナをひらがなに変換
vbUnicode	64	文字コードを Unicode に変換
vbFromUnicode	128	文字コードを Unicode からシステム既定の文字コードに変換

* 印········国別情報の設定が中国、韓国、および日本の場合に適用
** 印········国別情報の設定が日本の場合に適用

参照📖国別情報の設定を確認するには······P.841

LocaleID ················ LCID（国別情報識別子）を指定します。システムとは異なるLCIDを指定できます。省略した場合は、システムが使用しているLCIDが指定されます（省略可）。

エラーを防ぐには

国別情報の設定が、日本語、中国、韓国以外の言語が選択されている場合に定数vbWide、vbNarrowを指定したり、日本語以外の言語が選択されている場合に定数vbKatakana、vbHiraganaを指定したりすると、エラーが発生します。

参照📖国別情報の設定を確認するには······P.841

15-2

文字列関数

1 マクロの基礎知識
2 VBAの基礎知識
3 プログラミングの基礎知識
4 セルの操作
5 ワークシートの操作
6 Excelファイルの操作
7 高度なファイルの操作
8 ウィンドウの操作
9 データの操作
10 印刷
11 図形の操作
12 グラフの操作
13 コントロールの使用
14 外部アプリケーションの操作
15 VBA関数
16 そのほかの操作
付録

839
できる

15-2 使用例 文字の種類を変換する

全角ひらがなの文字を半角カタカナの文字に変換して、メッセージで表示します。

サンプル 15-2_007.xlsm

```
1  Sub 文字の種類を変換()
2      Dim myString As String
3      myString = "さとう　たろう"
4      MsgBox "変換前:" & myString & vbCrLf & _
              "変換後:" & StrConv(myString, vbKatakana + vbNarrow)
5  End Sub
```
注)「_ (行継続文字)」の部分は、次の行と続けて入力することもできます→95ページ参照

1 [文字の種類を変換]というマクロを記述する
2 文字列型の変数myStringを宣言する
3 変数myStringに「さとう　たろう」という文字列を格納する
4 「変換前：」という文字列と変数myString、「変換後：」という文字列と変数myStringを半角カタカナに変換した文字列を、改行文字で改行してメッセージで表示する。
5 マクロの記述を終了する

全角ひらがなを半角カタカナに変換したい

❶VBEを起動し、コードを入力

参照▶VBAを使用してマクロを作成するには……P.85

❷入力したマクロを実行

参照▶マクロを実行するには……P.53

全角ひらがなの文字列が半角カナの文字列に変換された

Excel 95 / 5.0のデータを扱うには

Excel 95 / 5.0で作成されたデータをExcel 97以降のバージョンで使用する場合、文字コードの変換が必要です。Excel 95 / 5.0のデータをUnicodeに対応したデータに変換するには、StrConv関数の引数ConversionでvbUnicodeを指定して、各セルに入力されているデータの文字コードを変換します。

HINT 国別情報の設定を確認するには

国別情報の設定を確認するには、Windowsの設定画面から確認します。Windows 10／8.1の場合は、［スタート］を右クリックして［コントロールパネル］をクリックし、［日付、時刻、または数値の形式の変更］をクリックして表示される［地域］ダイアログボックスの［形式］タブで、［形式］で選択されている国を確認します。もし、［Windowsの表示言語と一致させます（推奨）］が選択されている場合は、同じ［形式］タブ内の［言語設定］をクリックして表示される［言語］ダイアログボックスで、［言語の設定の変更］の一覧に表示されている国を確認します。もし、一覧に複数の国が表示されている場合は、一番上に表示されている国を確認してください。Windows 7の場合は、［スタート］ボタン-［コントロールパネル］をクリックし、［時計、言語、および地域］-［日付、時刻または数値の形式の変更］をクリックして表示される［地域と言語］ダイアログボックスの［形式］タブで、［形式］で選択されている国を確認します。

●Windows 10／8.1の場合

❶［地域］ダイアログボックスを開いておく

❷［形式］タブをクリック

［形式］で選択されている国を確認する

❸［Windowsの表示言語と一致させます（推奨）］が選択されている場合は［言語設定］をクリック

［言語］ダイアログボックスが表示された

［言語の設定の変更］の一覧に表示されている国を確認する

●Windows 7の場合

❶［地域と言語］ダイアログボックスを開いておく

❷［形式］タブをクリック

［形式］で選択されている国を確認する

841

15-2

文字列関数

データの表示書式を変換するには

Format(Expression, Format)

▶解説

データの表示書式を変換するには、Format関数を使用します。Format関数は、引数Expression
に指定された数値や文字列、日付、時刻を表す文字列を、引数Formatに指定された表示書式に変
換して、バリアント型（内部処理形式StringのVariant）の値で返します。表示書式は、定義済み
書式や表示書式指定文字を使用して指定します。なお、数値を日付形式に変換するとき、数値はシ
リアル値として認識されます。

参照📘 定義済み書式と表示書式指定文字列……P.889

▶設定する項目

Expression ………… 表示書式を変換したい数値や文字列、日付、時刻を表す文字列を指定します。

Format ………………… 変換後の表示書式を、定義済み書式、または表示書式指定文字を使用して指定
します。省略した場合は、引数Expressionに指定した文字列をそのまま返し
ますが、数値は文字列に変換されます（省略可）。

> ### エラーを防ぐには
>
> 日付や時刻を表す文字列の表示書式を変換する場合、変換結果は［地域］ダイアログボックス
> （Windows 7の場合は［地域と言語］ダイアログボックス）の［形式］タブ内の［日付と時刻の形
> 式］の設定によって異なる場合があります。マクロを実行するパソコンの［日付と時刻の形式］の
> 設定を確認しておきましょう。

使用例 データの表示書式に変換する

データの表示書式を変換して、メッセージで表示します。ここでは、数値の表示書式を通貨に
変換し、シリアル値の表示書式を和暦に変換します。

サンプル📄 15-2_008.xlsm

参照📘 シリアル値とは……P.843

```
1  Sub 表示書式変換()
2      Dim myData As Single
3      myData = 29800
4      MsgBox "元の表示書式:" & myData & vbCrLf & _
              "変換後の表示書式:" & Format(myData, "Currency")
5      myData = 39774
6      MsgBox "元の表示書式:" & myData & vbCrLf & _
              "変換後の表示書式:" & Format(myData, "ggge¥年m¥月d¥日")
7  End Sub          注)「_（行継続文字）」の部分は、次の行と続けて入力することもできます→ 95ページ参照
```

1 ［表示書式変換］というマクロを記述する

2 単精度浮動小数点数型の変数myDataを宣言する

3 変数myDataに29800を格納する

4 「元の表示書式：」という文字列と変数myData、「変換後の表示書式：」という文字列と変数
myDataを通貨の表示に変換した文字列を、改行文字で改行してメッセージで表示する

5 変数myDataに39774を格納する

842
できる

6 「元の表示書式：」という文字列と変数myData、「変換後の表示書式：」という文字列と変数myDataを「平成○年○月○日」という表示に変換した文字列を、改行文字で改行してメッセージで表示する
7 マクロの記述を終了する

数値データの表示書式を通貨、日付に変換して表示したい

❶VBEを起動し、コードを入力

参照▶VBAを使用してマクロを作成するには……P.85

❷入力したマクロを実行

参照▶マクロを実行するには……P.53

数値の表示書式が通貨に変換されて表示された

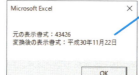

数値の表示書式が年月日に変換されて表示された

HINT 「¥」は省略できる

上の使用例で、日付の表示書式で指定している「ggge¥年m¥月d¥日」は、「¥」を省略して「ggge年m月d日」と指定することもできます。

HINT シリアル値とは

Excelでは、シリアル値という小数点を含む数値で、日付と時刻を管理しています。シリアル値の整数部分が日付を表し、「1900/1/1」を1として、1日ごとに1ずつ加算されています。小数部分が時刻を表し、0:00:00を基点に、24時間で1になるように加算されています（14分24秒で0.01加算される計算になります）。

▶アルファベットの大文字と小文字を変換するには

LCase(String)
UCase(String)

▶解説

アルファベットの大文字を小文字に変換するにはLCase関数、小文字を大文字に変換するにはUCase関数を使用します。ともに、引数Stringに変換したい文字列を指定し、バリアント型（内部処理形式StringのVariant）の値を返します。なお、半角と全角は区別されません。

15-2 文字列関数

▶設定する項目

String ……………… 大文字と小文字を変換したいアルファベットを含む文字列を指定します。

エラーを防ぐには

LCase関数は大文字だけを操作し、小文字には影響を与えません。同様に、UCase関数は小文字だけを操作し、大文字には影響を与えません。

使用例 アルファベットの大文字と小文字を変換する

アルファベットを大文字と小文字を変換して、メッセージで表示します。大文字と小文字が混じっている文字列を、LCase関数を使用してすべて小文字に、UCase関数を使用してすべて大文字に変換しています。

サンプル 15-2_009.xlsm

```
1  Sub アルファベット大文字小文字変換()
2      Dim myString As String
3      myString = "ExcelVBA"
4      MsgBox "元の文字列:" & myString & vbCrLf & _
             "小文字に変換:" & LCase(myString) & vbCrLf & _
             "大文字に変換:" & UCase(myString)
5  End Sub
```
注)「_（行継続文字）」の部分は、次の行と続けて入力することもできます→95ページ参照

1 [アルファベット大文字小文字変換]というマクロを記述する
2 文字列型の変数myStringを宣言する
3 変数myStringに「ExcelVBA」という文字列を格納する
4 「元の文字列:」という文字列と変数myString、「小文字に変換:」という文字列と変数myStringをすべて小文字に変換した文字列、「大文字に変換:」という文字列と変数myStringをすべて大文字に変換した文字列を、改行文字で改行してメッセージで表示する
5 マクロの記述を終了する

アルファベットを小文字、大文字に変換したい

❶VBEを起動し、コードを入力

参照 VBAを使用してマクロを作成するには……P.85

❷入力したマクロを実行

参照 マクロを実行するには……P.53

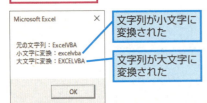

文字列が小文字に変換された

文字列が大文字に変換された

文字列内のスペースを削除するには

LTrim(String)
RTrim(String)
Trim(String)

▶解説

文字列内の先頭にあるスペースを削除するにはLTrim関数、末尾にあるスペースを削除するにはRTrim関数、先頭と末尾のスペースを同時に削除するにはTrim関数を使用します。いずれも、引数Stringに指定された文字列の先頭または末尾のスペースを削除して、バリアント型（内部処理形式StringのVariant）を返します。なお、半角スペース、全角スペースともに削除することができます。

▶設定する項目

String ····················· 先頭と末尾に削除したいスペースを含む文字列を指定します。

エラーを防ぐには

LTrim関数、RTrim関数、Trim関数では、文字列のなかにあるスペースを削除することができません。文字列のなかにあるスペースを削除するには、Replace関数または、Replaceメソッドを使用します。　　　　　　　　　　　　　参照▶文字列内のスペースを削除する……P.847

使用例　文字列の先頭と末尾にあるスペースを削除する

文字列の先頭と末尾にあるスペースを削除します。ここでは、先頭と末尾に半角スペースと全角スペースが混在して含まれている文字列からスペースを削除して、その結果をメッセージで表示します。なお、スペースが削除されたことが確認できるように、[]で囲んで表示します。

サンプル 15-2_010.xlsm

```
1  Sub 空白削除()
2      Dim myString As String
3      myString = "  Excel  "
4      MsgBox "元の文字列:[" & myString & "]" & vbCrLf & _
              "先頭を削除:[" & LTrim(myString) & "]" & vbCrLf & _
              "末尾を削除:[" & RTrim(myString) & "]" & vbCrLf & _
              "先末を削除:[" & Trim(myString) & "]"
5  End Sub
```
注)「_（行継続文字）」の部分は、次の行と続けて入力することもできます→ 95ページ参照

1　[空白削除]というマクロを記述する
2　文字列型の変数myStringを宣言する
3　変数myStringに、半角スペースと全角スペースを含む「　Excel　」という文字列を格納する
4　「元の文字列：[」という文字列と変数myStringと「]」、「先頭を削除：[」という文字列と変数myStringの先頭からスペースを削除した文字列と「]」、「末尾を削除：[」という文字列と変数myStringの末尾からスペースを削除した文字列と「]」、「先末を削除：[」という文字列と変数myStringの先頭と末尾からスペースを削除した文字列と「]」を、改行文字で改行してメッセージで表示する
5　マクロの記述を終了する

15-2

文字列関数

1　マクロの基礎知識
2　VBAの基礎知識
3　プログラミングの基礎知識
4　セルの操作
5　ワークシートの操作
6　Excelファイルの操作
7　高度なファイルの操作
8　ウィンドウの操作
9　データの操作
10　印刷
11　図形の操作
12　グラフの操作
13　コントロールの使用
14　外部アプリケーションの操作
15　VBA関数
16　そのほかの操作
　　付録

845
できる

15-2 文字列関数

文字列の先頭または末尾にあるスペースを削除したい

❶VBEを起動し、コードを入力

参照▶VBAを使用してマクロを作成するには……P.85

❷入力したマクロを実行

参照▶マクロを実行するには……P.53

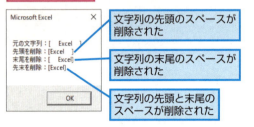

文字列の先頭のスペースが削除された

文字列の末尾のスペースが削除された

文字列の先頭と末尾のスペースが削除された

文字列を別の文字列に置換するには

Replace(Expression, Find, Replace, Start, Count, Compare)

▶解説

文字列を別の文字列に置換するには、Replace関数を使用します。引数Expressionに指定された文字列内で、引数Findに指定された文字列を検索し、見つかった文字列を引数Replaceに指定された文字列に置換します。また、引数Startに検索開始位置を指定した場合、Replace関数が返す置換後の文字列は、指定した検索開始位置から末尾までの文字列です。そのほか、引数の設定によって、次のような文字列が返されます。

引数の設定 Replace	関数が返す文字列
引数 Expression が「""（長さ 0 の文字列）」のとき	「""（長さ 0 の文字列）」
引数 Find が「""（長さ 0 の文字列）」のとき	引数 Expression に指定した文字列
引数 Replace が「""（長さ 0 の文字列）」のとき	引数 Expression に指定した文字列から引数 Find に指定した文字列が削除された文字列
引数 Start の値が引数 Expression の文字数を超えるとき	「""（長さ 0 の文字列）」
引数 Count が 0 のとき	引数 Expression に指定した文字列

▶設定する項目

Expression………… 置換したい文字列を含む文字列を指定します。
Find………………… 置換したい文字列を指定します。
Replace…………… 置換後の文字列を指定します。

Start ················· 引数Expressionに指定した文字列内の検索開始位置を指定します。省略した場合は、「1（文字列の先頭）」が指定されます（省略可）。

Count ················· 置換する個数を指定します。検索して見つかった結果が複数ある場合に、先頭から指定した個数分だけ置換されます。省略した場合は「-1」が指定されて、見つかったすべての文字列を置換します（省略可）。

Compare ············· 文字列を検索するときの比較モードをVbCompareMethod列挙型の定数で指定します。省略した場合は、vbBinaryCompareが指定されます。また、OptionCompareステートメントの設定がある場合は、その設定に従います（省略可）。

VbCompareMethod列挙型の定数

定数	値	内容
vbBinaryCompare	0	バイナリモードで比較
vbTextCompare	1	テキストモードで比較

参照📖 比較モードの違い……P.853

エラーを防ぐには

引数ExpressionがNull値の場合、エラーが発生します。また、引数Startに0以下の数値が設定された場合や、引数Countに−1より小さい数値が設定された場合、エラーが発生します。

使用例　文字列内のスペースを削除する

文字列内のスペースを削除して、その結果をメッセージで表示します。Replace関数の引数Findに半角スペース、引数Replaceに「""（長さ0の文字列）」を指定することで、文字列内のすべての半角スペースを削除しています。

サンプル📄15-2_011.xlsm

```
1  Sub 文字列内のスペース削除()
2      Dim myString As String
3      myString = "Ｅｘｃｅｌ ＶＢＡ"
4      MsgBox "削除前:" & myString & vbCrLf & _
              "削除後:" & Replace(myString, " ", "")
5  End Subb
```
注）「_（行継続文字）」の部分は、次の行と続けて入力することもできます→95ページ参照

1 ［文字列内のスペース削除］というマクロを記述する
2 文字列型の変数myStringを宣言する
3 変数myStringに「Ｅｘｃｅｌ ＶＢＡ」という文字列を格納する
4 「削除前:」という文字列と変数myString、「削除後:」という文字列と変数myString内の半角スペースをすべて削除した結果を、改行文字で改行してメッセージで表示する
5 マクロの記述を終了する

文字列に含まれるすべてのスペースを削除したい

❶VBEを起動し、コードを入力

参照📖 VBAを使用してマクロを作成するには……P.85

```
(General)                          文字列内のスペース削除

  Sub 文字列内のスペース削除()
      Dim myString As String
      myString = "Ｅｘｃｅｌ ＶＢＡ"
      MsgBox "削除前:" & myString & vbCrLf & _
             "削除後:" & Replace(myString, " ", "")
  End Sub
```

15-2
文字列関数

1	マクロの基礎知識
2	VBAの基礎知識
3	プログラミングの基礎知識
4	セルの操作
5	ワークシートの操作
6	Excelファイルの操作
7	高度なファイルの操作
8	ウィンドウの操作
9	データの操作
10	印　刷
11	図形の操作
12	グラフの操作
13	コントロールの使用
14	外部アプリケーションの操作
15	VBA関数
16	そのほかの操作
	付　録

847
できる

15-2 文字列関数

❷入力したマクロを実行

参照▶マクロを実行するには……P.53

文字列に含まれていた半角スペースがすべて削除された

HINT セル内の改行文字を削除するには

不要になったセル内の改行文字をまとめて削除したい場合、Replace関数を使用すると手間なく削除できます。セル内で Alt + Enter キーを押して改行すると、改行位置にvbLf（ラインフィード文字）」が入力されているので、この改行文字をReplace関数を使用して「""（長さ0の文字列）」に置換して改行文字を削除します。たとえば、選択したセル範囲に入力されている改行文字をすべて削除するには、次のように記述します。

```
Sub 改行文字削除()
    Dim objRange As Range, objCurRange As Range
    Set objRange = Selection
    For Each objCurRange In objRange
        objCurRange.Value = Replace(objCurRange.Value, vbLf, "")
    Next objCurRange
End Sub
```

サンプル 15-2_012.xlsm

指定した数だけスペースを追加するには

Space(Number)

▶解説

指定した数だけスペースを追加するには、Space関数を使用します。Space関数は、引数Numberに指定された数のスペースからなるバリアント型（内部処理形式StringのVariant）の文字列を返します。Space関数は、固定長文字列としてデータの文字数を整えるためにスペースを追加する場合などに利用できます。

参照▶固定長文字列とは……P.850

▶設定する項目

Number……………追加するスペースの数を指定します。

エラーを防ぐには

引数Numberに負の数が設定されていると、エラーが発生します。

使用例　固定長フィールド形式のファイルを作成する

セルに入力されている文字列を、文字数が15文字になるようにスペースを追加しながらテキストファイルに書き込んで、固定長フィールド形式のファイルを作成します。各文字列に追加するスペースの数は、そろえたい文字数である15から、Len関数で調べた文字列の長さを引いて算出しています。

サンプル 15-2_013.xlsm

参照▶固定長フィールド形式とは……P.464

15-2 文字列関数

```vb
Sub 固定長ファイル作成()
    Dim myCount As Integer
    Dim i As Integer
    Dim myFileNo As Integer
    myFileNo = FreeFile
    Open "C:\データ\商品マスタ.txt" For Append As #myFileNo
    For i = 2 To 8
        myCount = 15 - Len(Cells(i, 1).Value)
        Print #myFileNo, Cells(i, 1).Value & Space(myCount)
    Next i
    Close #myFileNo
End Sub
```

1 [固定長ファイル作成]というマクロを記述する
2 整数型の変数myCountを宣言する
3 整数型の変数iを宣言する
4 整数型の変数myFileNoを宣言する
5 使用可能なファイル番号を取得して、変数myFileNoに格納する
6 Cドライブ内の[データ]フォルダーに[商品マスタ.txt]ファイルを作成し、パソコン内部の追加モードで開いて、ファイル番号として変数FileNoに格納した値を指定する
7 変数iが2から8になるまで、以下の処理をくり返す(Forステートメントの開始)
8 変数myCountに、15からi行め、1列めのセルの文字列の長さを引いた値を格納する
9 i行め、1列めのセルの文字列に変数myCount分のスペースを追加して、[商品マスタ.txt]ファイルに書き込む
10 変数iに1を足して8行めに戻る
11 ファイルを閉じて、ファイル番号を解放する
12 マクロの記述を終了する

セルに入力されている文字数の異なる文字列を、固定長フィールド形式のファイルとして出力したい

❶VBEを起動し、コードを入力

参照▶VBAを使用してマクロを作成するには……P.85

❷入力したマクロを実行

参照▶マクロを実行するには……P.53

849

15-2 文字列関数

Cドライブの[データ]フォルダーに[商品マスタ.txt]ファイルが作成された

[商品マスタ.txt]をWordで開いておく

❸[ファイル]タブをクリック

❹[オプション]をクリック

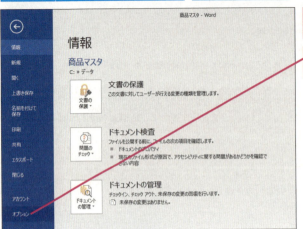

[Wordのオプション]ダイアログボックスが表示された

❺[表示]をクリック

❻[スペース]と[段落記号]をクリックしてチェックマークを付ける

❼[OK]をクリック

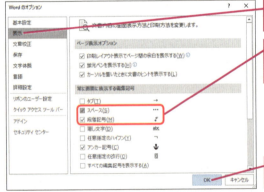

スペース記号と段落記号が表示されて、各行のスペースの数が数えられるようになった

[商品マスタ.txt]ファイルのすべての行が15文字であることが確認できた

> **HINT** 固定長文字列とは
>
> 固定長文字列とは、文字列の長さが決められている文字列のことです。文字が指定の長さに満たない場合、左詰めの場合は文字列の末尾、右詰めの場合は先頭にスペースが追加されます。たとえば、文字の長さが25文字と決められた固定長文字列に、左詰めで15文字の文字列が入力されている場合、末尾に10文字のスペースが追加されます。なお、Space関数を使用すると半角スペースが追加されます。全角スペースを追加したい場合は、String関数を使用してください。
>
> 参照▶文字を指定した数だけ並べて表示するには……P.851

850

文字を指定した数だけ並べて表示するには

15-2

文字列関数

String(Number, Character)

▶解説

指定した文字をくり返して表示するには、String関数を使用します。String関数は、引数Characterに指定された文字を引数Numberに指定した数だけ並べた、バリアント型（内部処理形式StringのVariant）の文字列を返します。なお、引数Characterに文字列を指定した場合は、その先頭の文字が並べられます。

▶設定する項目

Number ················· 並べる文字数を指定します。0を指定すると、「""(長さ0の文字列)」を返します。

Character ············· 並べる文字を指定します。ASCIIコードで文字を指定することも可能です。

参照🔖ASCIIコードとは……P.835

エラーを防ぐには

引数Numberに負の数が指定されていると、エラーが発生します。

使用例 簡易横棒グラフを作成する

「|」を横方向に並べて表示することで、簡易横棒グラフを作成します。並べる数として使用する数値は、グラフにしたい数値を100で割って整数に丸めた数値です。

サンプル🔖15-2_014.xlsm

参照🔖Fix関数とInt関数の違い……P.863

参照🔖数値を四捨五入または切り上げによって整数に丸めるには……P.863

```
1  Sub 簡易横棒グラフ作成()
2      Dim i As Long
3      For i = 3 To 7
4          Cells(i, 3).Value = _
               String(Int(Cells(i, 2).Value / 100), "|")
5      Next i
6  End Sub
```
注)「_（行継続文字）」の部分は、次の行と続けて入力することもできます→ 95ページ参照

1 [簡易横棒グラフ作成]というマクロを記述する
2 長整数型の変数iを宣言する
3 変数iが3から7になるまで、以下の処理をくり返す(Forステートメントの開始)
4 i行め、2列めのセルの値を100で割って整数に丸めた数の分だけ「|」を並べて、i行め、3列めに表示する
5 変数iに1を足して4行めに戻る
6 マクロの記述を終了する

---

1 マクロの基礎知識
2 VBAの基礎知識
3 プログラミングの基礎知識
4 セルの操作
5 ワークシートの操作
6 Excelファイルの操作
7 高度なファイルの操作
8 ウィンドウの操作
9 データの操作
10 印刷
11 図形の操作
12 グラフの操作
13 コントロールの使用
14 外部アプリケーションの操作
15 VBA関数
16 そのほかの操作

付録

851
できる

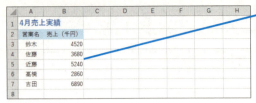

ワークシートに入力した数値を簡易横棒グラフで表現したい

❶VBEを起動し、コードを入力

参照▶VBAを使用してマクロを作成するには……P.85

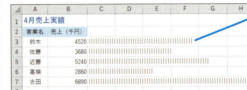

❷入力したマクロを実行

参照▶マクロを実行するには……P.53

数値に対応する数だけ「|」が並べられて入力された

2つの文字列を比較するには

StrComp(String1, String2, Compare)

▶解説

2つの文字列を比較するには、StrComp関数を使用します。StrComp関数は、引数String1、String2に指定された2つの文字列を、引数Compareに指定された比較モードで比較し、その結果として下表の値を返します。

比較した結果	StrComp 関数が返す値
String1 は String2 未満（String1 と String2 は等しくない）	-1
String1 と String2 は等しい	0
String1 は String2 を超える（String1 と String2 は等しくない）	1

参照▶「String1はString2未満」「String1はString2を超える」とは……P.854

▶設定する項目

String1 ………… 比較する文字列を指定します。

String2 ………… 比較するもう一方の文字列を指定します。

Compare ……… 文字列を比較するときの比較モードをVbCompareMethod列挙型の定数で指定します。省略した場合は、vbBinaryCompareが指定されます。また、OptionCompareステートメントの設定がある場合は、その設定に従います（省略可）。

参照▶VbCompareMethod列挙型の定数……P.847

15-2 文字列関数

> **エラーを防ぐには**
> 引数Compareを省略した場合、vbBinaryCompareが指定されますが、OptionCompareステートメントの設定がある場合は、その設定に従います。引数Compareを省略する場合は、OptionCompareステートメントの設定に注意しましょう。

使用例　2つの文字列を比較する

2つの文字列をバイナリモードとテキストモードで比較して、その結果をメッセージで表示します。

サンプル 15-2_015.xlsm

```
1  Sub 文字列比較()
2      Dim myString1 As String
3      Dim myString2 As String
4      myString1 = "ExcelVBA"
5      myString2 = "excelvba"
6      MsgBox "文字列1:" & myString1 & vbCrLf & _
             "文字列2:" & myString2 & vbCrLf & _
             "バイナリ:" & StrComp(myString1, _
                 myString2, vbBinaryCompare) & vbCrLf & _
             "テキスト:" & StrComp(myString1, _
                 myString2, vbTextCompare)
7  End Sub
```
注)「_(行継続文字)」の部分は、次の行と続けて入力することもできます→ 95ページ参照

1 ［文字列比較］というマクロを記述する
2 文字列型の変数myString1を宣言する
3 文字列型の変数myString2を宣言する
4 変数myString1に「ExcelVBA」という文字列を格納する
5 変数myString2に「excelvba」という文字列を格納する
6 「文字列1:」という文字列と変数myString1、「文字列2:」という文字列と変数myString2、「バイナリ:」という文字列と変数myString1と変数myString2をバイナリモードで比較した結果、「テキスト:」という文字列と変数myString1と変数myString2をテキストモードで比較した結果を、改行文字で改行してメッセージで表示する
7 マクロの記述を終了する

2つの文字列をテキストモードとバイナリモードで比較したい

❶VBEを起動し、コードを入力

参照▶VBAを使用してマクロを作成するには……P.85

> **比較モードの違い**
> 比較モードには、バイナリモードとテキストモードがあります。バイナリモードは「大文字と小文字」「全角と半角」「ひらがなとカタカナ」を区別し、テキストモードはそれらを区別しません。したがって、より厳密に文字列を比較したい場合にはバイナリモードを指定します。

15-2 文字列関数

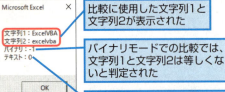

❷入力したマクロを実行

比較に使用した文字列1と文字列2が表示された

バイナリモードでの比較では、文字列1と文字列2は等しくないと判定された

テキストモードでの比較では、文字列1と文字列2は等しいと判定された

参照▶マクロを実行するには……P.53

> 💡 **比較モードの設定をモジュール全体に設定するには**
>
> 比較モードの設定をモジュール全体に設定するには、Option Compareステートメントを使用します。Option Compareステートメントは、モジュールの先頭に記述します。バイナリモードに設定するには「Option Compare Binary」、テキストモードに設定するには、「Option Compare Text」と記述します。

> 💡 **「String1はString2未満」「String1はString2を超える」とは**
>
> StrComp関数で文字列を比較するとき、引数CompareにvbBinaryCompareが指定されている場合は、各文字の文字コード（Unicodeなど）の順番、vbTextCompareが指定されている場合は、各文字の50音やアルファベットの順番を比較することで文字列の違いが判断されています。したがって、「String1はString2未満」とは、「String1の文字コードの順番、もしくは50音やアルファベットの順番がString2より前」、「String1はString2を超える」とは、「String1の文字コードの順番、もしくは50音やアルファベットの順番がString2よりあと」という意味です。どちらにしても、String1とString2が等しくないことを表しています。

▶ 文字を文字列の先頭から検索するには

InStr(Start, String1, String2, Compare)

▶解説

文字を文字列の先頭から検索するには、InStr関数を使用します。InStr関数は、引数String1に指定した文字列のなかから、引数String2に指定した文字を検索して、最初に見つかった文字位置（文字列の先頭からの文字位置）をバリアント型（内部処理形式LongのVariant）の値で返します。検索は、引数Startに指定した文字位置から、文字列の末尾に向かって検索されます。引数の設定および検索結果と、InStr関数が返す値の対応は下表のとおりです。

引数の設定および検索結果	InStr 関数が返す値
引数 String2 が引数 String1 内で見つかったとき	見つかった文字の文字位置
引数 String2 が見つからないとき	0
引数 String1 が 「""（長さ 0 の文字列）」のとき	0
引数 String2 が 「""（長さ 0 の文字列）」のとき	引数 Start に指定した値
引数 Start の値が引数 String1 の文字数を超えるとき	0

▶設定する項目

Start……………… 検索を開始する文字位置を指定します。省略した場合は、文字列の先頭から検索されます（省略可）。

String1 ………… 検索したい文字を含む文字列を指定します（省略可）。

String2 ………… 検索したい文字を指定します（省略可）。

Compare ················ 文字列を検索するときの比較モードをVbCompareMethod列挙型の定数で指定します。省略した場合は、vbBinaryCompareが指定されます（省略可）。

参照📖 VbCompareMethod列挙型の定数······P.847

エラーを防ぐには

引数Start、引数Compareの値がNull値の場合、もしくは引数Startの値が1未満の場合、エラーが発生します。また、引数Compareを指定した場合、引数Startも指定する必要があります。

文字を文字列の末尾から検索するには

InStrRev(StringCheck, StringMatch, Start, Compare)

▶解説

文字を文字列の末尾から検索するには、InStrRev関数を使用します。InStrRev関数は、引数StringCheckに指定した文字列のなかから、引数StringMatchに指定した文字を検索して、最初に見つかった文字位置（文字列の先頭からの文字位置）をバリアント型（内部処理形式Longの Variant）の値で返します。検索は、引数Startに指定した文字位置から、文字列の先頭に向かって検索されます。引数の設定および検索結果と、InStrRev関数が返す値の対応は下表のとおりです。

引数の設定および検索結果	InStrRev 関数が返す値
引数 StringMatch が引数 StringCheck 内で見つかったとき	見つかった文字の文字位置
引数 StringMatch が見つからないとき	0
引数 StringCheck が「""（長さ 0 の文字列）」のとき	0
引数 StringMatch が「""（長さ 0 の文字列）」のとき	引数 Start に指定した値
引数 Start の値が引数 StringCheck の文字数を超えるとき	0

▶設定する項目

StringCheck ········· 検索したい文字を含む文字列を指定します。

StringMatch ········· 検索したい文字を指定します。

Start ····················· 検索を開始する文字位置を指定します。省略した場合は、文字列の末尾から検索されます（省略可）。

Compare ················ 文字列を検索するときの比較モードをVbCompareMethod列挙型の定数で指定します。省略した場合は、vbBinaryCompareが指定されます（省略可）。

参照📖 VbCompareMethod列挙型の定数······P.847

エラーを防ぐには

引数Start、引数Compareの値がNull値の場合、もしくは引数Startの値が0、または−1未満の場合、エラーが発生します。また、引数Compareを指定した場合、引数Startも指定する必要があります。

15-2 文字列関数

使用例 文字列を検索する

3つの部分から構成される商品コードの左側部分と右側部分を取り出して、メッセージで表示します。それぞれの部分は、「-（ハイフン）」で区切られています。左側部分はLeft関数を使用して取り出します。取り出す文字数は、InStr関数を使用して商品コードの先頭から「-」の位置を調べ、その位置から1を引いて算出しています。右側部分はRight関数を使用して取り出します。取り出す文字数は、InStrRev関数を使用して商品コードの末尾から「-」の位置を調べ、Len関数で調べた商品コードの総文字数から「-」の位置を引いて算出しています。

サンプル 15-2_016.xlsm

```
1  Sub 文字列検索()
2      Dim myString As String
3      myString = "KD-ABC-0012"
4      MsgBox "商品コード:" & myString & vbCrLf & _
             "左側部分:" & Left(myString, _
                   InStr(myString, "-") - 1) & vbCrLf & _
             "右側部分:" & Right(myString, _
                   Len(myString) - InStrRev(myString, "-"))
5  End Sub
```
注）「_ （行継続文字）」の部分は、次の行と続けて入力することもできます→95ページ参照

1 ［文字列検索］というマクロを記述する
2 文字列型の変数myStringを宣言する
3 変数myStringに「KD-ABC-0012」という文字列を格納する
4 「商品コード：」という文字列と変数myString、「左側部分：」という文字列と変数myStringの先頭から最初に見つかった「-（ハイフン）」の位置より1文字前までを左側から取り出した文字列、「右側部分：」という文字列と変数myStringの末尾から最初に見つかった「-（ハイフン）」の位置を総文字数から引いた文字数分を右側から取り出した文字列を、改行文字で改行してメッセージで表示する
5 マクロの記述を終了する

1番めのハイフンより前にある文字列と、2番めのハイフンよりうしろにある文字列を取り出して表示したい

❶VBEを起動し、コードを入力

参照▶VBAを使用してマクロを作成するには……P.85

❷入力したマクロを実行

参照▶マクロを実行するには……P.53

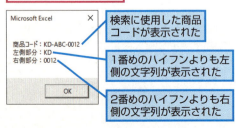

検索に使用した商品コードが表示された

1番めのハイフンよりも左側の文字列が表示された

2番めのハイフンよりも右側の文字列が表示された

HINT ファイルパスからファイル名を取得する

ファイルパスからファイル名を取り出すには、ファイルパス内の最後の「¥」より右側の内容を取り出します。InStrRev関数を使用して最後の「¥」の文字位置を調べ、ファイルパスの総文字数から、その文字位置の数値を引いた数だけ右側から文字列を取得することで、ファイル名を取り出せます。

サンプル 15-2_017.xlsm

```
Sub ファイル名取得()
    Dim myPathStr As String
    myPathStr = "C:¥データ¥商品マスタ.txt"
    MsgBox "ファイル名：" & Right(myPathStr, _
        Len(myPathStr) - InStrRev(myPathStr, "¥"))
End Sub
```

同様に、フォルダーパスから指定されているフォルダー名を取り出すことも可能です。

15-3 データ型を操作する関数

VBA関数を使用してデータ型を操作する

VBA関数で用意されているデータ型を操作する関数は、大きく「データ型を変換する関数」と「データ型について調べる関数」に分類できます。これらの関数を使用すれば、強制的にデータ型を変換したり、データ型の違いによるエラーが発生しないようにデータ型をチェックしたりすることができます。

データ型を変換する関数

データ型を変換する主な関数は、関数名が「C」からはじまります。ここでは、データ型を長整数型に変換するCLng関数や、日付型に変換するCDate関数などを紹介します。そのほかにも、小数点以下を切り捨てるFix関数や、数値を16進数に変換するHex関数についても紹介します。

文字列として入力されている日付を、日付データに変換できる

文字列として入力されているデータを、数値に変換できる

数値を進数表記に変換できる

データ型について調べる関数

データ型について調べる主な関数は、関数名が「Is」からはじまります。ここでは、データを数値データとして扱えるかどうかを調べるIsNumeric関数や、日付／時刻データとして扱えるかどうかを調べるIsDate関数などを紹介します。また、オブジェクトや変数の種類を調べるTypeName関数についても紹介します。

日付／時刻データとして扱えるかどうかを調べることができる

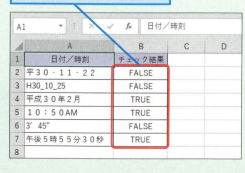

オブジェクトや変数の種類を調べることができる

857

15-3

データ型を操作する関数

データ型を長整数型に変換するには

CLng(Expression)

▶解説

データ型を長整数型に変換するには、CLng関数を使用します。CLng関数は、引数Expressionに指定されたデータを長整数型のデータに変換します。指定したデータに小数が含まれている場合は、整数に丸められます。なお、小数部分が「0.5」の場合は、一番近い偶数に丸められます。したがって、「2.5」は「2」、「-1.5」は「-2」に丸められます。

▶設定する項目

Expression …………長整数型に変換したいデータを指定します。「￥２０，０００」といった数値とみなすことができる文字列も指定できます。

エラーを防ぐには

変換した結果が-2,147,483,648 ～ 2,147,483,647の範囲を超える場合は、エラーが発生します。また、引数Expressionに数値とみなされない文字列を指定した場合、エラーが発生します。

使用例　文字列を長整数型のデータに変換する

文字列「２.５」を、CLng関数を使用して長整数型（Long）のデータに変換して、その結果をメッセージで表示します。この文字列は数値とみなすことができるため、CLng関数で長整数型のデータに変換できます。また、小数部分が「0.5」なので、一番近い偶数「2」に丸められます。

サンプル 15-3_001.xlsm

```
1  Sub 長整数型データ変換()
2      Dim myString As String
3      Dim myLong As Long
4      myString = "2.5"
5      myLong = CLng(myString)
6      MsgBox myLong
7  End Sub
```

1 [長整数型データ変換]というマクロを記述する
2 文字列型の変数myStringを宣言する
3 長整数型の変数myLongを宣言する
4 変数myStringに「２.５」という文字列を格納する
5 変数myStringを長整数型に変換して、その結果を変数myLongに格納する
6 変数myLongをメッセージで表示する
7 マクロの記述を終了する

サイドバー

- マクロの基礎知識 1
- VBAの基礎知識 2
- プログラミングの基礎知識 3
- セルの操作 4
- ワークシートの操作 5
- Excelファイルの操作 6
- 高度なファイルの操作 7
- ウィンドウの操作 8
- データの操作 9
- 印刷 10
- 図形の操作 11
- グラフの操作 12
- コントロールの使用 13
- 外部アプリケーションの操作 14
- VBA関数 15
- そのほかの操作 16
- 付録

文字列「2.5」を長整数型のデータに変換したい

❶VBEを起動し、コードを入力

参照▶VBAを使用してマクロを作成するには……P.85

```
Sub 長整数型データ変換()
    Dim myString As String
    Dim myLong As Long
    myString = "2.5"
    myLong = CLng(myString)
    MsgBox myLong
End Sub
```

❷入力したマクロを実行

参照▶マクロを実行するには……P.53

文字列が長整数型に変換された

Val関数を使用して文字列を数値に変換する

文字列を数値に変換する関数としてVal関数があります。Val関数は、文字列の左端から数字を数値に変換していき、数字以外の文字が見つかった時点で変換を終了して、倍精度浮動小数点数型（Double）の値で返します。数値に変換された内容がなかった場合は0を返します。また、Val関数では全角の数字は数値に変換されないので注意が必要です。たとえば、「100円」という文字列から「100」という数字だけを数値に変換してメッセージで表示するには次のように記述します。

サンプル 15-3_002.xlsm

```
Sub Val関数で数値変換()
    MsgBox Val("100円")
End Sub
```

Val関数の変換例

Val 関数の記述	変換結果	説明
Val("12 34 56")	123456	スペース文字は無視される
Val("123,456")	123	「,（カンマ）」は数字の記号として認識されない
Val("123.456")	123.456	「.（ピリオド）」は数字の記号として認識される
Val("￥3,980")	0	「￥（円記号）」は数字の記号として認識されない（1文字めで変換が終了するのでなにも変換されない）
Val("１２３４５６")	0	全角数字は数字として認識されない
Val("2018/5/5")	2018	最初の「/（スラッシュ）」で変換が終了する
Val("午前10時")	0	1文字めが数字以外なのでなにも変換されない

データ型を日付型に変換するには

CDate(Expression)

▶解説

データ型を日付型に変換するには、CDate関数を使用します。CDate関数は、引数Expressionに指定されたデータを日付型のデータに変換します。指定したデータが数値の場合、その数値はシリアル値としてみなされ、整数部分が日付、小数部分が時刻に変換されます

参照📖 シリアル値とは……P.843

▶設定する項目

Expression …………日付型に変換したいデータを指定します。数値はシリアル値とみなされ、「平成30年10月25日」といった日付を表す文字列も指定することができます。

参照📖 シリアル値とは……P.843

エラーを防ぐには

引数Expressionに、「平成30年10月25日土曜日」のような曜日を含んだ文字列や「平成30年」のような西暦だけを表す文字列を指定すると、エラーが発生します。

使用例 文字列を日付型のデータに変換する

文字列「平成30年2月21日」を、CDate関数を使用して日付型（Date）のデータに変換して、その結果をメッセージで表示します。この文字列は日付とみなすことができるため、CDate関数で日付型のデータに変換できます。

サンプル📁15-3_003.xlsm

```
1  Sub 日付型データ変換()
2      Dim myString As String
3      Dim myDate As Date
4      myString = "平成30年2月21日"
5      myDate = CDate(myString)
6      MsgBox myDate
7  End Sub
```

1 [日付型データ変換]というマクロを記述する
2 文字列型の変数myStringを宣言する
3 日付型の変数myDateを宣言する
4 変数myStringに「平成30年2月21日」という文字列を格納する
5 変数myStringを日付型に変換して、その結果を変数myDateに格納する
6 変数myDateをメッセージで表示する
7 マクロの記述を終了する

15-3 データ型を操作する関数

文字列「平成３０年２月２１日」を日付型のデータに変換したい

❶VBEを起動し、コードを入力

参照▶VBAを使用してマクロを作成するには……P.85

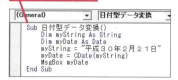

❷入力したマクロを実行

参照▶マクロを実行するには……P.53

文字列が日付型データに変換された

いろいろなデータ型変換関数

データ型を変換する関数は、本書で紹介したCLng関数、CDate関数のほかに9種類あります。データ型変換関数は、演算処理が同じデータ型のデータによる演算になるように、データ型をそろえる場合などに利用します。いずれの関数も、変換したいデータを引数「Expression」に指定します。変換後の値が変換したデータ型の範囲を超える場合、エラーが発生するので注意しましょう。

参照▶よく使うデータ型の一覧……P.151

関数名	変換後のデータ型	主な変換内容	使用例
CByte	バイト型 (Byte)	数値や文字列をバイト型の値に変換する。小数を含む数値は、整数に丸められる。小数部分が「0.5」の場合は、一番近い偶数に丸められる	CByte("13.5") → 14 CByte("42.5") → 42
CBool	ブール型 (Boolean)	数値や文字列をブール型に変換して、TrueまたはFalseを返す。数値の場合、「0」のときはFalse、それ以外のときはTrueを返す。文字列の場合、True、False以外の値を指定するとエラーが発生する	CBool(0) → False CBool(2) → True CBool("True") → True CBool("VBA") → エラー
CInt	整数型 (Integer)	数値や文字列を整数型の値に変換する。小数を含む数値は、整数に丸められる。小数部分が「0.5」の場合は、一番近い偶数に丸められる	CInt(1.5) → 2 CInt(8.5) → 8
CSng	単精度浮動小数点数型 (Single)	数値や文字列を単精度浮動少数点数型の値に変換する	CSng(65 / 3) → 21.66667
CDbl	倍精度浮動小数点数型 (Double)	数値や文字列を倍精度浮動小数点数型の値に変換する	CDbl(65 / 3) → 21.6666666666667
CCur	通貨型 (Currency)	数値や文字列を通貨型の値に変換する。整数部が15桁、小数部分が4桁の固定小数点数になる	CCur(123.456789) → 123.4568
CStr	文字列型 (String)	数値や日付リテラルを文字列型の値に変換する	CStr(55) → 55 CStr(#2/21/2018#) → 2018/02/21

CVar	バリアント型 (Variant)	数値や文字列をバリアント型の値に変換する。数値と文字を連結するときなどに利用する	CVar(12 & "00") → 1200
CDec	10進数 (Decimal)	数値や数値を表す文字列を10進数の値に変換する。10進数による誤差が少ない計算を実行できる。CDec関数はVariant型のデータを返す（Decimal型というデータ型は存在しない）	CDec("１２３.４５") → 123.45

小数点以下を切り捨てるには

Fix(Number)

▶解説

小数点以下を切り捨てるには、Fix関数を使用します。Fix関数は、引数Numberに指定された数値の小数部分を切り捨てて、整数に丸めた数値を返します。

▶設定する項目

Number················· 整数に丸めたい数値を指定します。

エラーを防ぐには

引数Numberに数値以外の値を指定すると、エラーが発生します。また、Fix関数と同じような関数にInt関数がありますが、負の数を整数に丸める方法に違いがあるので注意が必要です。

参照 Fix関数とInt関数の違い……P.863

使用例　小数点以下を切り捨てる

単精度浮動小数点数型（Single）の数値の小数点以下を切り捨てて、メッセージで表示します。

サンプル 15-3_004.xlsm

```
1  Sub 小数点以下切り捨て()
2      Dim myData As Single
3      myData = 34.567
4      MsgBox Fix(myData)
5  End Sub
```

1　[小数点以下切り捨て]というマクロを記述する
2　単精度浮動小数点数型の変数myDataを宣言する
3　変数myDataに34.567を格納する
4　変数myDataの小数点以下を切り捨てた結果をメッセージで表示する
5　マクロの記述を終了する

数値「34.567」の小数点以下を切り捨てて表示したい

❶VBEを起動し、コードを入力

参照▶VBAを使用してマクロを作成するには……P.85

❷入力したマクロを実行

参照▶マクロを実行するには……P.53

「34.567」の整数部分だけが表示された

HINT Fix関数とInt関数の違い

Fix関数と同じような処理を行う関数にInt関数があります。正の数を整数に丸める場合は、Fix関数、Int関数ともに、小数点以下を切り捨てた整数を返しますが、負の数を整数に丸める場合、Fix関数が小数点以下を切り捨てた整数を返すのに対し、Int関数は、指定した負の数以下の最大の整数を返します。たとえば、「Fix(-3.7)」は「-3」を返しますが、「Int(-3.7)」は「-4」を返します。

HINT 数値を四捨五入または切り上げによって整数に丸めるには

VBA関数のRound関数やInt関数を使用した場合、四捨五入または切り上げる小数部分が「5」の場合、一番近い偶数に丸められます。たとえば、「Round(24.5)」は「24」を返します。したがって、VBA関数では、厳密な意味で、数値を四捨五入したり切り上げたりする関数は存在しません。したがって、Excel VBAにおいて、数値を四捨五入によって整数に丸めるにはワークシート関数のRound関数、切り上げによって整数に丸めるにはRoundUp関数を使用します。たとえば、ワークシート関数のRound関数を使用して、四捨五入によって整数に丸めるには、次のように記述します。この場合、「24.5」が四捨五入されて「25」がメッセージで表示されます。

サンプル●15-3_005.xlsm

```
Sub 四捨五入()
    Dim myDate As Single
    myDate = 24.5
    MsgBox Application.WorksheetFunction.Round(myDate, 0)
End Sub
```

参照▶ワークシート関数をVBAで使うには……P.179

15-3

データ型を操作する関数

数値を16進数に変換するには

Hex(Number)

▶解説

数値を16進数に変換するには、Hex関数を使用します。Hex関数は、引数Numberに指定された数値を16進数に変換して、文字列型（String）の値で返します。引数Numberに指定した数値が整数でない場合は、その値に一番近い整数値に丸めた値を返します。

▶設定する項目

Number ················· 16進数に変換したい数値を指定します

エラーを防ぐには

引数Numberに数値以外の値を指定すると、エラーが発生します。

使用例　数値を16進数に変換する

数値を16進数に変換して、メッセージで表示します。小数を含む数値は、その数値に一番近い整数に丸められます。

サンプル 15-3_006.xlsm

```
1  Sub 数値を16進数に変換()
2      Dim myInteger As Integer
3      Dim mySingle As Single
4      myInteger = 309
5      mySingle = 1.73
6      MsgBox myInteger & " → " & Hex(myInteger) & vbCrLf & _
              mySingle & " → " & Hex(mySingle)
7  End Sub
```
注）「_ (行継続文字)」の部分は、次の行と続けて入力することもできます→ 95ページ参照

1. [数値を16進数に変換]というマクロを記述する
2. 整数型の変数myIntegerを宣言する
3. 単精度浮動小数点数型の変数mySingleを宣言する
4. 変数myIntegerに309を格納する
5. 変数mySingleに1.73を格納する
6. 変数myIntegerと文字列「 → 」と変数myIntegerを16進数に変換した値、変数mySingleと文字列「 → 」と変数mySingleを16進数に変換した値（実際は変数mySingleに一番近い整数）を、改行文字で改行してメッセージで表示する
7. マクロの記述を終了する

数値「309」、「1.73」を
16進数に変換したい

❶VBEを起動し、
コードを入力

参照▶ VBAを使用してマクロを作成するには……P.85

❷入力したマクロ
を実行

参照▶ マクロを実行するには……P.53

16進数に変換
された

数値として扱えるかどうかを調べるには

IsNumeric(Expression)

▶解説

データが数値として扱えるかどうかを調べるには、IsNumeric関数を使用します。IsNumeric関数は、引数Expressionに指定されたデータが、数値として扱える場合にTrue、扱えない場合にFalseを返します。

▶設定する項目

Expression ………… 数値として扱えるかどうかを調べたいデータを指定します。

[エラーを防ぐには]

スペースや「.（ピリオド）」が含まれているデータ、日付や時刻データは、数値として扱うことができません。

使用例 数値として扱えるかどうかを調べる

セルに入力されているデータが、数値として扱えるかどうかを調べます。調べた結果は、右側の「チェック結果」の列に表示されます。数値として扱える場合はTrue、扱えない場合はFalseが表示されます。

サンプル▶ 15-3_007.xlsm

```
1  Sub 数値チェック()
2      Dim i As Integer
3      For i = 2 To 7
4          Cells(i, 2).Value = IsNumeric(Cells(i, 1).Value)
5      Next i
6  End Sub
```

1 [数値チェック]というマクロを記述する
2 整数型の変数iを宣言する
3 変数iが2から7になるまで以下の処理をくり返す(Forステートメントの開始)
4 i行め、1列めに入力されているデータが数値データとして扱えるかどうかを調べて、その結果をi行め、2列めのセルに表示する
5 変数iに1を足して4行めに戻る
6 マクロの記述を終了する

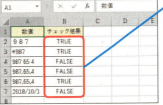

数値データとして扱えるかどうかを確認したい

参照 VBAを使用してマクロを作成するには……P.85

❶VBEを起動し、コードを入力

```
Sub 数値チェック()
    Dim i As Integer
    For i = 2 To 7
        Cells(i, 2).Value = IsNumeric(Cells(i, 1).Value)
    Next i
End Sub
```

参照 マクロを実行するには……P.53

❷入力したマクロを実行

数値データとして扱える値にはTRUE、扱えない値にはFALSEが表示された

日付や時刻として扱えるかどうかを調べるには

IsDate(Expression)

▶解説

データが日付や時刻として扱えるかどうかを調べるには、IsDate関数を使用します。IsDate関数は、引数Expressionに指定されたデータが、日付や時刻として扱える場合にTrue、扱えない場合にFalseを返します。

▶設定する項目

Expression……………日付や時刻として扱えるかどうかを調べたいデータを指定します。

エラーを防ぐには

日付として扱えるデータ範囲は、西暦100年1月1日～西暦9999年12月31日までです。

使用例 日付や時刻として扱えるかどうかを調べる

セルに入力されているデータが、日付や時刻として扱えるかどうかを調べます。調べた結果は、右側の「チェック結果」の列に表示されます。日付や時刻として扱える場合はTrue、扱えない場合はFalseが表示されます。

サンプル 15-3_008.xlsm

```
1  Sub 日付時刻チェック()
2      Dim i As Integer
3      For i = 2 To 7
4          Cells(i, 2).Value = IsDate(Cells(i, 1).Value)
5      Next i
6  End Sub
```

1	[日付時刻チェック]というマクロを記述する
2	整数型の変数iを宣言する
3	変数iが2から7になるまで以下の処理をくり返す(Forステートメントの開始)
4	i行め、1列めに入力されているデータが日付や時刻データとして扱えるかどうかを調べて、その結果をi行め、2列めのセルに表示する
5	変数iに1を足して4行めに戻る
6	マクロの記述を終了する

日付や時刻データとして扱えるかどうかを確認したい

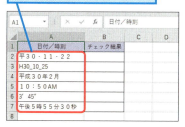

❶VBEを起動し、コードを入力

参照 ▶ VBAを使用してマクロを作成するには……P.85

❷入力したマクロを実行

参照 ▶ マクロを実行するには……P.53

日付や時刻データとして扱える値にはTRUE、扱えない値にはFALSEが表示された

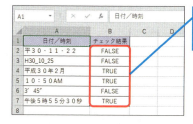

15-3 データ型を操作する関数

配列かどうかを調べるには

IsArray(VarName)

▶解説

変数に格納されている内容が配列かどうかを調べるには、IsArray関数を使用します。IsArray関数は、引数VarNameに指定された変数に格納されている内容が配列の場合にTrue、配列でない場合にFalseを返します。

▶設定する項目

VarName……………… 配列かどうかを調べたい変数を指定します。

エラーを防ぐには

引数VarNameに動的配列変数を指定した場合、変数に配列が格納されていない状態でも配列とみなされTrueが返されます。

参照📖動的配列を定義する……P.167

使用例 配列かどうかを調べる

変数に格納された内容が配列かどうかを調べて、その結果をメッセージで表示します。バリアント型（Variant）の変数に複数のセルの値を格納すると、各セルのデータが配列の形で変数に格納されます。

サンプル📄15-3_009.xlsm

```
1  Sub 配列チェック()
2      Dim myData As Variant
3      myData = Range("A2").Value
4      MsgBox IsArray(myData)
5      myData = Range("A2:A7").Value
6      MsgBox IsArray(myData)
7  End Sub
```

1 [配列チェック]というマクロを記述する
2 バリアント型の変数myDataを宣言する
3 変数myDataにセルA2の値を格納する
4 変数myDataに格納されている値が配列かどうかを調べて、その結果をメッセージで表示する
5 変数myDataにセルA2 ～ A7の値を格納する
6 変数myDataに格納されている値が配列かどうかを調べて、その結果をメッセージで表示する
7 マクロの記述を終了する

サイドバー

- マクロの基礎知識 1
- VBAの基礎知識 2
- プログラミングの基礎知識 3
- セルの操作 4
- ワークシートの操作 5
- Excelファイルの操作 6
- 高度なファイルの操作 7
- ウィンドウの操作 8
- データの操作 9
- 印刷 10
- 図形の操作 11
- グラフの操作 12
- コントロールの使用 13
- 外部アプリケーションの操作 14
- VBA関数 15
- そのほかの操作 16
- 付録

868
できる

15-3 データ型を操作する関数

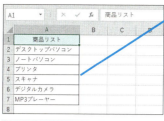

変数myDataに格納する値が入力されている

❶VBEを起動し、コードを入力

参照▶VBAを使用してマクロを作成するには……P.85

❷入力したマクロを実行

参照▶マクロを実行するには……P.53

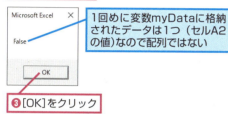

1回めに変数myDataに格納されたデータは1つ（セルA2の値）なので配列ではない

❸[OK]をクリック

2回めに変数myDataに格納されたデータは複数（セル範囲A2～A7の値）なので配列となる

データが特定のデータ型として扱えるかどうかを調べる理由

数値として扱えないデータを使用して計算を実行するとエラーが発生します。このようなエラーを回避するために、計算で使用するデータが数値として扱えるかどうかをIsNumeric関数を使用して事前に調べておきます。同様に、日付／時刻データを使用した計算ではIsDate関数、配列を使用した計算ではIsArray関数を使用して事前にチェックします。

特定のデータ型かどうかを調べる関数

データが特定のデータ型かどうかを調べる関数は、本書で紹介したIsNumeric関数やIsDate関数、IsArray関数のほかに4種類あります。何れの関数も、引数Expressionに指定された変数の内容が特定のデータ型である場合にTrue、特定のデータ型ではない場合にFalseを返します。たとえば、IsNull関数は、引数Expressionに指定された変数の内容がNullの場合にTrue、Nulではない場合にFalseを返します。

構文	機能
IsNull(Expression)	引数 Expression の値が Null かどうかを調べる
IsEmpty(Expression)	引数 Expression の値が Empty かどうかを調べる
IsObject(Expression)	引数 Expression の変数がオブジェクト型の変数かどうかを調べる（※）
IsError(Expression)	引数 Expression の値がエラー値かどうかを調べる

※バリアント型の変数に Nothing が格納されている場合も True を返す

15-3

データ型を操作する関数

オブジェクトや変数の種類を調べるには

TypeName(VarName)

▶解説

オブジェクトや変数の種類を調べるには、TypeName関数を使用します。引数VarNameにバリアント型の変数を指定した場合、TypeName関数は、変数に代入されているデータやオブジェクトの種類を表す文字列を返します。何も代入されていない場合はEmptyを返します。一方、引数VarNameにオブジェクト型の変数を指定した場合、TypeName関数は、変数に代入されているオブジェクトの種類を表す文字列を返します。何も代入されていない場合はNothingを返します。TypeName関数が返す主な文字列とその内容については、下表のとおりです。

変数の種類を表す主な文字列

文字列	内容
Integer	整数型（Integer）
Long	長整数型（Long）
Single	単精度浮動小数点数型 (Single)
Double	倍精度浮動小数点数型 (Double)
Date	日付型（Date）
String	文字列型（String）
Boolean	ブール型（Boolean）
Error	エラー値
Empty	バリアント型変数の初期値
Null	無効な値

オブジェクトの種類を表す主な文字列

文字列	内容
Workbook	ブック
Worksheet	ワークシート
Range	セル
Chart	グラフ
TextBox	テキストボックス（ActiveX コントロール）
Label	ラベル（ActiveX コントロール）
Command Button	コマンドボタン（ActiveX コントロール）
Object	オブジェクト
UnKnown	オブジェクトの種類が不明なオブジェクト
Nothing	オブジェクト変数の初期値

▶設定する項目

VarName……………種類を判別したいオブジェクトや変数を指定します。

<u>エラーを防ぐには</u>

引数VarNameに配列変数を指定した場合、TypeName関数の戻り値に「()」が付けられます。たとえば、文字列型の配列変数の場合、TypeName関数は「String()」を返します。

使用例 オブジェクトや変数の種類を調べる

ここでは、3つの変数を宣言して、TypeName関数で調べたオブジェクトや変数の種類をメッセージで表示します。3つのうち、バリアント型の変数については、なにも格納していないときと文字列を格納したとき、オブジェクト変数については、なにも格納していないときとセルを格納したときに種類を調べています。

サンプル 15-3_010.xlsm

マクロの基礎知識 **1**
VBAの基礎知識 **2**
プログラミングの基礎知識 **3**
セルの操作 **4**
ワークシートの操作 **5**
Excelファイルの操作 **6**
高度なファイルの操作 **7**
ウィンドウの操作 **8**
データの操作 **9**
印刷 **10**
図形の操作 **11**
グラフの操作 **12**
コントロールの使用 **13**
外部アプリケーションの操作 **14**
VBA関数 **15**
そのほかの操作 **16**
付録

870
できる

15-3 データ型を操作する関数

```
1  Sub オブジェクトや変数の種類()
2      Dim myInteger As Integer
3      Dim myVariant As Variant
4      Dim myObject As Object
5      MsgBox TypeName(myInteger)
6      MsgBox TypeName(myVariant)
7      myVariant = "ExcelVBA"
8      MsgBox TypeName(myVariant)
9      MsgBox TypeName(myObject)
10     Set myObject = Range("A1")
11     MsgBox TypeName(myObject)
12 End Sub
```

1 ［オブジェクトや変数の種類］というマクロを記述する
2 整数型の変数myIntegerを宣言する
3 バリアント型の変数myVariantを宣言する
4 オブジェクト型の変数myObjectを宣言する
5 変数myIntegerの種類を調べて、メッセージで表示する
6 なにも格納されていない変数myVariantの種類を調べて、メッセージで表示する
7 変数myVariantに「ExcelVBA」という文字列を格納する
8 変数myVariantの種類を調べて、メッセージで表示する
9 なにも格納されていないオブジェクト変数myObjectの種類を調べて、メッセージで表示する
10 オブジェクト変数myObjectにセルA1を格納する
11 オブジェクト変数myObjectの種類を調べて、メッセージで表示する
12 マクロの記述を終了する

オブジェクトや変数に対するTypeName関数の戻り値を確認したい

参照 ▶ VBAを使用してマクロを作成するには……P.85

❶VBEを起動し、コードを入力

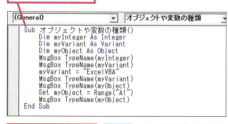

参照 ▶ マクロを実行するには……P.53

❷入力したマクロを実行

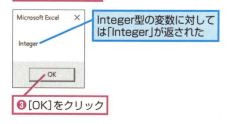

Integer型の変数に対しては「Integer」が返された

❸［OK］をクリック

15-3 データ型を操作する関数

④[OK]をクリック

空のバリアント型の変数に対しては「Empty」が返された

文字列が格納されたバリアント型の変数に対しては「String」が返された

⑤[OK]をクリック

変数myVariantに文字列が代入される

空のオブジェクト型の変数に対しては「Nothing」が返された

Rangeオブジェクトが格納されたオブジェクト型の変数に対しては「Range」が返された

⑥[OK]をクリック

変数myObjectにRangeオブジェクトが格納される

 変数の内部処理形式を調べるには

バリアント型の変数には、すべてのデータ型の値を代入できます。値が代入されると、そのデータ型に合わせて自動的に内部で型変換が実行され、内部処理形式が決定されます。コード上ではバリアント型でも、内部的にデータ型が設定されているわけです。この内部処理形式を調べるには、VarType関数を使用します。VarType関数は、TypeName関数と同様に、バリアント型の変数に格納されている値のデータ型を調べることができますが、TypeName関数との違いは、TypeName関数が変数の種類を表す文字列を返すのに対し、ValType関数は内部処理形式を表す整数値（VbVarType列挙型の定数の値）を返します。なお、配列の場合、ほかのデータ型を表す整数値との合計値が返されます。たとえば、文字列型の配列の場合、「8(vbString)」＋「8192（vbArray）」＝「8200」が返されます。また、バリアント型の配列の場合、格納されたデータの種類に関わらず、常に「12(vbVariant)」+「8192(vbArray)」=「8204」が返されます。

参照▶オブジェクトや変数の種類を
　　　調べるには……P.870

ValType関数が返す主な整数値とその内容

整数値	VbVarType列挙型の定数	内容
0	vbEmpty	バリアント型変数の初期値
1	vbNull	無効な値
2	vbInteger	整数型（Integer）
3	vbLong	長整数型（Long）
4	vbSingle	単精度浮動小数点数型（Single）
5	vbDouble	倍精度浮動小数点数型（Double）
6	vbCurrency	通貨型（Currency）
7	vbDate	日付型（Date）
8	vbString	文字列型（String）
9	vbObject	オブジェクト
10	vbError	エラー値
11	vbBoolean	ブール型（Boolean）
12	vbVariant	バリアント型（Variant）
8192	vbArray	配列

15-4 乱数や配列を扱う関数

VBA関数を使用して乱数や配列を扱う

乱数とは、相互に関連性のない数値の羅列のことで、不規則な数値が必要なプログラムなどで使用されます。配列とは、同じ種類のデータの集まりのことで、配列を使用すると、同じ種類のデータを効率的でわかりやすいコードで処理できます。VBA関数には、乱数や配列を扱うための関数が用意されています。

乱数

Excel VBAで乱数を発生させるには、Rnd関数とRandomizeステートメントを使用します。乱数を扱うことができるようになれば、くじ引きプログラムや簡単なシミュレーションなど、偶然にまかせたような規則性のない数値を扱うプログラムに応用することができます。

乱数を発生させることができる

配列

配列を扱う関数には、Split関数、Join関数、Filter関数などがあります。これらの関数を使用すると、区切り文字で区切られた文字列を分割して配列に格納したり、配列の要素を結合して1つの文字列にしたりすることができます。

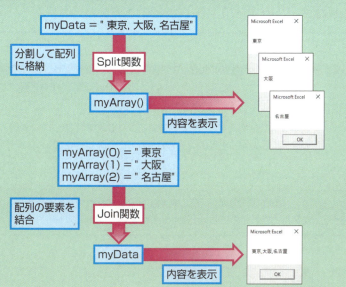

乱数を発生させるには

Rnd(Number)

▶解説

Rnd関数は、0以上1未満の範囲でランダムな数値（乱数）を発生させて、単精度浮動小数点数型（Single）の値で返します。引数Numberに乱数を発生させる方法を指定することができますが、通常は省略して使用します。

▶設定する項目

Number·················· 乱数を発生させる方法を、下表の値で指定します。省略した場合は、乱数系列から次の乱数を返します（省略可）。

引数 Number の値	乱数を発生させる方法
0 未満の数値	常に同じ数値を返す。返す数値は、引数 Number の値によって決まる
0 より大きい数値	乱数系列から次の乱数を返す
0	直前に生成した乱数と同じ値を返す

エラーを防ぐには

ブックを閉じてから、もう一度開いてRnd関数を実行しても、全く同じ乱数が発生します。違う乱数を発生させるためには、Randomizeステートメントを実行して、乱数系列を初期化してください。

参照 乱数系列を初期化するには……P.874

乱数系列を初期化するには

Randomize(Number)

▶解説

Randomizeステートメントは、引数Numberに指定されたシード値を使用して、乱数系列を初期化します。

参照 乱数系列とは……P.875

▶設定する項目

Number·················· 乱数系列を初期化するときに使用するシード値を指定します。省略した場合は、パソコンに設定されているシステム時刻からシード値を取得します（省略可）。

エラーを防ぐには

引数Numberに同じシード値を指定すると、同じ乱数系列が生成されて、同じ順番で乱数が発生します。常に違う乱数を発生させるためには、引数Numberを省略します。

使用例 乱数を発生させる

100から150の範囲で5つの乱数を発生させて、セルに表示します。

サンプル 15-4_001.xlsm

参照▶発生させる乱数の範囲を指定するには……P.875

```
1  Sub 乱数発生()
2      Dim i As Integer
3      Randomize
4      For i = 1 To 5
5          Cells(i, 1).Value = Int((150 - 100 + 1) * Rnd + 100)
6      Next i
7  End Sub
```

注)「_(行継続文字)」の部分は、次の行と続けて入力することもできます→95ページ参照

1 [乱数発生]というマクロを記述する
2 整数型の変数iを宣言する
3 乱数系列を初期化する
4 変数iが1から5になるまで以下の処理をくり返す(Forステートメントの開始)
5 100から150の範囲で発生させた乱数を、i行め、1列めのセルに表示する
6 変数iに1を足して5行めに戻る
7 マクロの記述を終了する

100〜150の範囲で乱数を5つ生成してセルに表示したい

❶VBEを起動し、コードを入力

参照▶VBAを使用してマクロを作成するには……P.85

❷入力したマクロを実行

参照▶マクロを実行するには……P.53

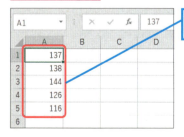

乱数が5つ生成されてセルに表示された

HINT 発生させる乱数の範囲を指定するには

Rnd関数が返す乱数の範囲は0以上1未満ですが、「Int((最大値-最小値+1)*Rnd+最小値)」と記述することで、最大値と最小値の範囲の乱数を発生させることができます。

HINT 乱数系列とは

乱数系列とは、規則性のないランダムな数値の並びのことで、シード値とよばれる値から算出されます。同じシード値からは同じ乱数系列が算出されるので、この場合、同じ順序で乱数が発生します。

15-4

乱数や配列を扱う関数

文字列を区切り文字で分割して配列に格納するには

Split(Expression, Delimiter, Limit, Compare)

▶解説

文字列を区切り文字の位置で分割するには、Split関数を使用します。Split関数は、引数Expressionに指定された文字列を、引数Delimiterに指定された区切り文字の位置で分割して、分割した文字列を格納した1次元配列を返します。引数Expressionに「""（長さ0の文字列）」を指定した場合、Split関数は空の配列を返します。引数Delimiterが「""（長さ0の文字列）」の場合は、引数Expression全体の文字列を格納した配列を返します。Split関数は、「,（カンマ）」などの区切り文字でデータが区切られたCSV形式のテキストファイルを読み込むときに使用すると便利です。

参照🔲カンマ区切り単位でテキストファイルを読み込むには……P.466

▶設定する項目

Expression ………… 区切り文字を含む分割したい文字列を指定します。

Delimiter …………… 分割位置を表す区切り文字を指定します。省略した場合は、スペースが分割位置として識別されます（省略可）。

Limit ………………… Split関数が返す配列の要素数を指定します。省略した場合は「-1」が指定され、すべての要素を含んだ配列を返します（省略可）。

Compare …………… 区切り文字を識別するときの比較モードをVbCompareMethod列挙型の定数で指定します。省略した場合はvbBinaryCompareが指定されます。

参照🔲VbCompareMethod列挙型の定数……P.847

エラーを防ぐには

Split関数が返す配列を、要素数を指定した配列変数に格納することはできません。Split関数が返す配列は、要素数を指定しない動的配列に格納します。 参照🔲動的配列を使うには……P.167

使用例 文字列を区切り文字位置で分割する

区切り文字「,（カンマ）」で区切られている文字列をSplit関数で分割し、返された1次元配列の各要素を1つずつメッセージで表示します。配列のインデックス番号の最大値は、UBound関数を使用して取得しています。 サンプル😀15-4_002.xlsm

参照🔲配列の下限値と上限値を調べる……P.168

```
1  Sub 文字列を区切り文字位置で分割()
2      Dim myData As String
3      Dim myArray() As String
4      Dim i As Integer
5      myData = "東京, 大阪, 名古屋"
6      myArray() = Split(myData, ",")
7      For i = 0 To UBound(myArray())
8          MsgBox myArray(i)
9      Next i
10 End Sub
```

1	［文字列を区切り文字位置で分割］というマクロを記述する
2	文字列型の変数myDataを宣言する
3	文字列型の動的配列変数myArrayを宣言する
4	整数型の変数iを宣言する
5	変数myDataに「東京, 大阪, 名古屋」という文字列を格納する
6	動的配列変数myArrayに変数myDataを「，（カンマ）」で分割して格納する
7	変数iが0から動的配列変数myArrayのインデックス番号の最大値になるまで以下の処理をくり返す（Forステートメントの開始）
8	動的配列変数myArrayのi番めの要素をメッセージで表示する
9	変数iに1を足して8行めに戻る
10	マクロの記述を終了する

文字列「東京, 大阪, 名古屋」をカンマの位置で分割して配列に格納したい

❶VBEを起動し、コードを入力

参照▶VBAを使用してマクロを作成するには……P.85

```
Sub 文字列を区切り文字位置で分割()
    Dim myData As String
    Dim myArray() As String
    Dim i As Integer
    myData = "東京,大阪,名古屋"
    myArray() = Split(myData, ",")
    For i = 0 To UBound(myArray())
        MsgBox myArray(i)
    Next i
End Sub
```

❷入力したマクロを実行

参照▶マクロを実行するには……P.53

配列に格納された文字列が順に表示された

15-4

乱数や配列を扱う関数

マクロの基礎知識 **1**

VBAの基礎知識 **2**

プログラミングの基礎知識 **3**

セルの操作 **4**

ワークシートの操作 **5**

Excelファイルの操作 **6**

高度なファイルの操作 **7**

ウィンドウの操作 **8**

データの操作 **9**

印刷 **10**

図形の操作 **11**

グラフの操作 **12**

コントロールの使用 **13**

外部アプリケーションの操作 **14**

VBA関数 **15**

そのほかの操作 **16**

付録

配列の要素を結合するには

Join(SourceArray, Delimiter)

▶解説

配列に格納されている各要素を結合するには、Join関数を使用します。Join関数は、引数SourceArrayに指定された1次元配列に格納されている各要素を、引数Delimiterで指定された区切り文字で結合した文字列を返します。引数Delimiterに「""(長さ0の文字列)」を指定すると、配列の各要素が区切り文字なしで結合されます。Join関数は、配列の各要素を区切り文字で結合してCSV形式のテキストファイルに書き込むときなどに使用すると便利です。

参照 カンマ区切りでテキストファイルに書き込むには……P.469

▶設定する項目

SourceArray……… 要素を結合したい1次元配列を指定します。

Delimiter …………… 要素を結合する区切り文字を指定します。2文字以上の区切り文字を指定できます。省略した場合は、半角スペースで結合されます(省略可)。

エラーを防ぐには

引数SourceArrayに文字列型またはバリアント型以外の配列変数を指定すると、エラーが発生します。

使用例 配列の要素を結合する

配列変数に格納した各要素を、Join関数を使用して区切り文字「,(カンマ)」で結合し、結合した結果をメッセージで表示します。 **サンプル** 15-4_003.xlsm

```
1  Sub 配列の要素を結合()
2      Dim myArray(2) As String
3      Dim myData As String
4      myArray(0) = "東京"
5      myArray(1) = "大阪"
6      myArray(2) = "名古屋"
7      myData = Join(myArray, ",")
8      MsgBox myData
9  End Sub
```

1 [配列の要素を結合]というマクロを記述する
2 3つの値を持つ文字列型の配列変数myArrayを宣言する
3 文字列型の変数myDataを宣言する
4 配列変数myArrayの1つめの要素に「東京」という文字列を格納する
5 配列変数myArrayの2つめの要素に「大阪」という文字列を格納する
6 配列変数myArrayの3つめの要素に「名古屋」という文字列を格納する
7 配列変数myArrayの各要素を「,(カンマ)」で結合して、変数myDataに格納する
8 変数myDataをメッセージで表示する
9 マクロの記述を終了する

878
できる

配列の各要素を結合して
メッセージで表示したい

❶VBEを起動し、コードを入力

参照▶VBAを使用してマクロを作成するには……P.85

❷入力したマクロを実行　参照▶マクロを実行するには……P.53

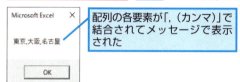

配列の各要素が「,（カンマ）」で結合されてメッセージで表示された

配列から特定の文字列を含む要素を取得するには

Filter(SourceArray, Match, Include, Compare)

▶解説

配列から特定の文字列を含む要素を取得するには、Filter関数を使用します。Filter関数は、引数SourceArrayに指定された配列から、引数Matchに指定された文字列を検索し、その文字列を含む要素を取り出して、配列にして返します。該当する要素がない場合は、空の配列を返します。

▶設定する項目

SourceArray……… 検索先の1次元配列を指定します。

Match……………… 検索する文字列を指定します。

Include…………… 引数Matchに指定した文字列を含む要素を返す場合はTrue、含まない要素を返す場合はFalseを指定します。省略した場合は、Trueが指定されます（省略可）。

Compare…………… 文字列を検索するときの比較モードをVbCompareMethod列挙型の定数で指定します。省略した場合はvbBinaryCompareが指定されます（省略可）。

参照▶VbCompareMethod列挙型の定数……P.847

▶エラーを防ぐには

引数SourceArrayがNull、または1次元配列でない場合、エラーが発生します。

使用例　配列から特定の文字を含む要素を取得する

ワークシート上の「氏名リスト」の内容を配列に格納して、その配列の中から「山」を含む要素を取得します。取得した要素は、Join関数で結合してメッセージで表示します。

サンプル 15-4_004.xlsm

15-4 乱数や配列を扱う関数

```
1  Sub 特定の文字を含む文字列()
2      Dim myArray(4) As String
3      Dim myData() As String
4      Dim i As Integer
5      For i = 0 To 4
6          myArray(i) = Cells(i + 2, 1).Value
7      Next i
8      myData = Filter(myArray, "山")
9      MsgBox Join(myData, ":")
10 End Sub
```

1 [特定の文字を含む文字列]というマクロを記述する
2 5つの要素を持つ文字列型の配列変数myArrayを宣言する
3 文字列型の動的配列変数myDataを宣言する
4 整数型の変数iを宣言する
5 変数iが0から4になるまで以下の処理をくり返す(Forステートメントの開始)
6 i+2行め、1列めのセルの内容を、配列変数myArrayのi番めの要素として格納する
7 変数iに1を足して6行めに戻る
8 配列変数myArrayの要素から「山」を含む要素を取得して、動的配列変数myDataに格納する
9 動的配列変数myDataの各要素を「:（コロン)」で結合して、その結果をメッセージで表示する
10 マクロの記述を終了する

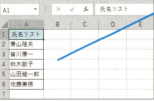

セルに入力した氏名を配列に格納して、「山」が含まれる氏名だけを取り出してメッセージで表示したい

参照▶VBAを使用してマクロを作成するには……P.85

❶VBEを起動し、コードを入力

❷入力したマクロを実行

参照▶マクロを実行するには……P.53

「山」が含まれる氏名が表示された

15-5 ユーザー定義関数

ユーザー定義関数とは

ユーザー定義関数は、Excel VBAで作成できるオリジナル関数です。Excel VBAの制御構文やVBA関数などを使用して自由に処理内容を記述できるため、さまざまな計算処理や文字列操作などを実行できます。また、作成したユーザー定義関数は、既存のワークシート関数と同じようにセルに入力して使用できるので、簡単に実行できるのも大きな魅力です。したがって、既存のワークシート関数では複雑になってしまう処理も、ユーザー定義関数を作成しておけば、簡単に実行できるようになります。ここでは、ユーザー定義関数の作成方法から使用方法までを紹介します。また、省略可能な引数の設定方法などについても紹介しています。ユーザー定義関数は、既存のワークシート関数には用意されていない特別な関数を作成できる応用範囲の広いテクニックです。業務用のオリジナル関数を作成したり、頻度の高い文字列処理を行う関数を作成したりすることで、データ処理の効率化などに役立ててください。

オリジナル関数を作成することができる

「文字列から特定の位置より左側の文字列を取り出す」といった文字列操作も作成できる

複数のセルの値を引数で受け取る関数を作成することができる

データの個数が不定の引数を設定することもできる

ワークシート関数と同じ処理を簡単に実行できる

ワークシート関数を使うと、複雑な数式を入力しなければならない

ユーザー定義関数を使えば、簡単な数式を入力するだけで同じ計算ができる

15-5 関数 ユーザー定義

ユーザー定義関数を作成するには

ユーザー定義関数は、処理結果を返すFunctionプロシージャーを標準モジュールに記述して作成します。Functionプロシージャーのプロシージャー名が、ユーザー定義関数の関数名になります。プロシージャー内には処理内容を記述し、その処理結果をプロシージャー名である関数名に格納して、ユーザー定義関数の戻り値にします。プロシージャー内の処理で使用したいデータは、引数を介して受け取ります。引数を複数指定する場合は、「, (カンマ)」で区切って(引数1 As データ型1, 引数2 As データ型2, …)という形で記述します。ユーザー定義関数の戻り値のデータ型は、引数のあとに記述します。

参照 Functionプロシージャーの構成……P.98

Functionプロシージャーの構文

Function 関数名(引数 **As** データ型、…) **As 戻り値のデータ型**
　　　処理内容
　　　関数名 = 処理結果
End Function

使用例　成績を判定するユーザー定義関数を作成する

実績が入力されているセルの値と目標が入力されているセルの値を比較して、目標以上であれば「目標達成」という文字列、それ以外の場合は「未達成」という文字列を返すユーザー定義関数「Seiseki」を作成します。

サンプル 15-5_001.xlsm

```
1  Function Seiseki(Result As Integer, Target As Integer) As String
2      If Result >= Target Then
3          Seiseki = "目標達成"
4      Else
5          Seiseki = "未達成"
6      End If
7  End Function
```

1　文字列型の結果を返すユーザー定義関数 [Seiseki] を記述し、引数として整数型の「Result」と「Target」を設定する
2　引数Resultの値が引数Targetの値以上の場合(Ifステートメントの開始)
3　Seisekiに「目標達成」という文字列を格納して、Seiseki関数の戻り値とする
4　それ以外の場合
5　Seisekiに「未達成」という文字列を格納して、Seiseki関数の戻り値とする
6　Ifステートメントを終了する
7　ユーザー定義関数の記述を終了する

サイドメニュー
- マクロの基礎知識 **1**
- VBAの基礎知識 **2**
- プログラミングの基礎知識 **3**
- セルの操作 **4**
- ワークシートの操作 **5**
- Excelファイルの操作 **6**
- 高度なファイルの操作 **7**
- ウィンドウの操作 **8**
- データの操作 **9**
- 印刷 **10**
- 図形の操作 **11**
- グラフの操作 **12**
- コントロールの使用 **13**
- 外部アプリケーションの操作 **14**
- VBA関数 **15**
- そのほかの操作 **16**
- 付録

15-5 ユーザー定義関数

目標を達成したかどうかを求めるユーザー定義関数を作成したい

❶VBEを起動する

参照▶ VBAを使用してマクロを作成するには……P.85

標準モジュールに、「Function 関数名(引数 As データ型, 引数 As データ型) As データ型」という型で入力する

❷「Function Seiseki(Result As Integer, Target As Integer) As String」と入力

❸ Enter キーを押す

自動的に「End Function」と入力された

❹コードを入力

計算結果となる値(「目標達成」、「未達成」)を関数名(Seiseki)に格納する

コードの入力が終わったら、セルを選択して関数を入力

❺セルを選択して関数を入力

目標を達成したかどうかが表示された

参照▶ ユーザー定義関数を使用するには……P.884

HINT ユーザー定義関数を作成するときの注意点

Sum関数やAverage関数など、ワークシート関数と同じ名前のユーザー定義関数を作成することはできません。

HINT 作成したユーザー定義関数をテストする

作成したユーザー定義関数が正しく動作するかどうかをテストするには、VBEのイミディエイトウィンドウを使用すると便利です。VBEの[表示]メニューから[イミディエイトウィンドウ]を選択して[イミディエイトウィンドウ]を表示したら、「?関数名(引数に渡す値)」と入力して Enter キーを押します。たとえば、左の使用例では、「?Seiseki(10,8)」と入力して Enter キーを押すと、次の行に関数Seisekiの結果である「目標達成」が表示されます。

```
? Seiseki(10,8)
目標達成
```

HINT ユーザー定義関数で実行できない操作

ユーザー定義関数では、次のようなExcelの操作を実行できません。
・セルの挿入、削除、書式の設定、値の変更
・シートの追加、削除、移動、名前の変更
・計算方法、画面表示の変更

15-5 ユーザー定義関数

ユーザー定義関数を使用するには

ユーザー定義関数を使用するには、ワークシート関数と同じようにユーザー定義関数をセルに入力します。入力する方法には、セルに直接入力する方法と、[関数の挿入] ダイアログボックスを使用して入力する方法があります。[関数の挿入] ダイアログボックスを使用すると、ユーザー定義関数の選択から、引数の指定、関数の入力まで、マウスだけで操作することができます。使用したいユーザー定義関数の関数名が長い場合や引数が多い場合でも、簡単に入力できるので便利です。ここでは、[関数の挿入] ダイアログボックスを使った入力方法を紹介します。なお、ユーザー定義関数は、ユーザー定義関数のコードを記述した標準モジュールが保存されているブックで使用できます。

参照▶ユーザー定義関数を作成するには……P.882

あらかじめユーザー定義関数を作成しておく

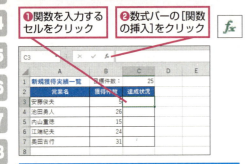

❶関数を入力するセルをクリック
❷数式バーの[関数の挿入]をクリック

[関数の挿入]ダイアログボックスが表示された

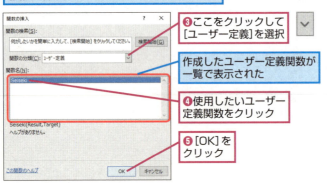

❸ここをクリックして[ユーザー定義]を選択
作成したユーザー定義関数が一覧で表示された
❹使用したいユーザー定義関数をクリック
❺[OK]をクリック

[関数の引数]ダイアログボックスが表示された　**引数を入力する**

❻目的の引数のボックス内をクリック
❼引数に指定するセルをクリック
引数として使用される値が表示された

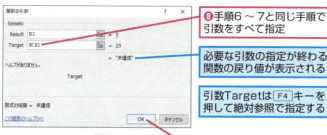

❽手順6～7と同じ手順で引数をすべて指定

必要な引数の指定が終わると、関数の戻り値が表示される

引数TargetはF4キーを押して絶対参照で指定する

❾[OK]をクリック

関数が入力され、計算結果が表示された

💡ヒント ユーザー定義関数をセルに直接入力するには

ユーザー定義関数をセルに直接入力するには、入力するセルを選択してから、「=」に続けてユーザー定義関数を入力します。引数は「()(括弧)」で括って入力し、引数が複数ある場合は、「,(カンマ)」で区切ります。入力したら、Enterキーを押して確定します。

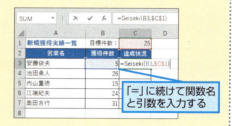

「=」に続けて関数名と引数を入力する

💡ヒント ユーザー定義関数が再計算されるタイミング

ユーザー定義関数が再計算されるタイミングは、引数の値を直接変更したとき、または引数が参照しているセルの値が変更されたときです。したがって、もし、引数が参照していないセルがユーザー定義関数の処理に間接的に関わっていた場合、そのセルの値が変更されても、再計算は実行されません。この場合は、ユーザー定義関数の処理内容の冒頭に「Application. Volatile」と記述します。これで、値を変更したセルが直接引数に指定されていなくても、自動的にユーザー定義関数の再計算が行われるようになります。なお、関連のないセルが変更されても再計算が行われるので、セルにデータを入力するたびに再計算が行われることになり、作業効率が悪くなる場合があります。

省略可能な引数を設定するには

ユーザー定義関数に省略可能な引数を設定するには、引数名の前にOptionalキーワードを記述します。引数を省略したときの値は、引数のデータ型の記述のあとに「=(イコール)」に続けて記述します。なお、複数の引数を設定する場合、Optionalキーワードを付けた引数のあとの引数には、すべてOptionalキーワードを付ける必要があります。したがって、省略可能な引数のあとに省略不可の引数は設定できません。また、ParmArrayキーワードを使用して、配列を受け取る引数を設定した場合、どの引数にもOptionalキーワードを使用することはできません。

15-5 ユーザー定義関数

省略可能な引数の設定

Function プロシージャー名(**Optional** 引数名 **As** データ型 = 省略時の値)…
　　　処理内容
End Function

使用例　文字列を取り出すユーザー定義関数を作成する

セルの文字列から、指定した文字より左側の文字列を返すユーザー定義関数「GetLeftStr」を作成します。引数として、操作対象の文字列を指定する「myTargetStr」、取り出し位置となる文字を指定する「myDelimiter」を設定します。引数myDelimiterは省略可能とし、省略した場合は全角スペースを取り出し位置として指定します。

サンプル 15-5_002.xlsm

```
1  Function GetLeftStr(myTargetStr As String, _
         Optional myDelimiter As String = "　") As String
2    GetLeftStr = Left(myTargetStr, _
         InStr(myTargetStr, myDelimiter) - 1)
3  End Function
```
注)「_（行継続文字）」の部分は、次の行と続けて入力することもできます→ 95ページ参照

1. [GetLeftStr] という文字列型の値を返すユーザー定義関数を記述し、引数として文字列型の「myTargetStr」と、省略可能で既定値が全角スペースである文字列型の「Target」を設定する
2. 引数myTargetStrの文字列の先頭から変数myDelimiterの文字を検索して、その文字位置から1文字前までを取り出して、GetLeftStrに格納する
3. ユーザー定義関数の記述を終了する

指定した文字列から、特定の文字より左側にある文字列を返すユーザー定義関数を作成したい

❶VBEを起動し、ユーザー定義関数を作成

参照▶ユーザー定義関数を作成するには……P.882

❷Excelに切り替える

参照▶Excelの画面に切り替える……P.50

引数を省略せずにユーザー定義関数を入力する

参照▶ユーザー定義関数を使用するには……P.884

❸関数を入力するセルをクリック

❹引数を省略せずに関数を入力

引数myTargetStrに指定した文字列から、引数myDelimiterに指定した文字よりも左側の文字列が表示された

別のワークシートの表に切り替えて、引数myDelimiterを省略してユーザー定義関数を入力する

❺関数を入力するセルをクリック
❻第2引数を省略して関数を入力

引数myTargetStrに指定した文字列から、引数myDelimiterの既定値である全角スペースより左側の文字列が表示された

> **HINT** 省略可能な引数がプロシージャーに渡されたかどうかを調べるには
>
> 省略可能な引数がプロシージャーに渡されたかどうかを調べるには、IsMissing関数を使用します。IsMissing関数は、引数ArgNameに指定された省略可能な引数がプロシージャーに渡されなかった場合にTrue、渡されたときにFalseを返します。なお、省略可能な引数のうち、既定値が設定されている引数やバリアント型以外の引数の場合、引数が省略されても、既定値や初期値が渡されるため、IsMissing関数はFalseを返します。

データ個数が不定の引数を設定するには

ユーザー定義関数に渡されるデータの個数が不定の引数を設定するには、引数名の前にParamArrayキーワードを記述します。ParamArrayキーワードを付けた引数は、バリアント型（Variant）の値を格納する省略可能な動的配列変数として扱うことができます。なお、複数の引数を設定する場合、ParamArrayキーワードを付けた引数は、最後の引数に対してのみ設定することができます。また、省略可能な引数を設定するOptionalキーワードや、値渡しに設定するByValキーワード、参照渡しに設定するByRefキーワードと一緒に使用することはできません。

使用例　複数のセルの値を結合するユーザー定義関数を作成する

引数に指定された複数のセルの値を結合して返すユーザー定義関数「JoinValue」を作成します。引数に指定できるセルの個数を定めずに自由に指定できるようにしたいので、引数myValueにParamArrayキーワードを付けて宣言しています。引数myValueはバリアント型の配列となるので、いろいろなデータ型の値を結合することができます。

サンプル■ 15-5_003.xlsm

```
1  Function JoinValue(ParamArray myValue()) As Variant
2      Dim i As Integer
3      Dim myResult As Variant
4      For i = 0 To UBound(myValue)
5          myResult = myResult & myValue(i)
6      Next i
7      JoinValue = myResult
8  End Function
```

1 ［JoinValue］というバリアント型の値を返すユーザー定義関数を記述し、引数としてバリアント型の動的配列変数「myValue」を設定する
2 整数型の変数iを宣言する
3 バリアント型の変数myResultを宣言する
4 変数iが0から動的配列変数myValueのインデックス番号の最大値になるまで以下の処理をくり返す（Forステートメントの開始）
5 変数myResultと動的配列変数myValueのi番めの要素を結合して、変数myResultに格納する
6 変数iに1を足して5行めに戻る
7 JoinValueに変数myResultを格納する
8 ユーザー定義関数の記述を終了する

15-5 ユーザー定義関数

セルA3〜C3の内容をすべて結合して表示させたい

❶ VBEを起動し、ユーザー定義関数を入力

```
Function JoinValue(ParamArray myValue()) As Variant
    Dim i As Integer
    Dim myResult As Variant
    For i = 0 To UBound(myValue)
        myResult = myResult & myValue(i)
    Next i
    JoinValue = myResult
End Function
```

参照▶ ユーザー定義関数を作成するには……P.882

❷ Excelに切り替える

参照▶ Excelの画面に切り替える……P.50

❸ ユーザー定義関数を入力するセルをクリック

❹ ユーザー定義関数を入力

引数に指定したセルA3、B3、C3の内容が結合されて表示された

参照▶ ユーザー定義関数を使用するには……P.884

表の項目を1列挿入し、引数の設定を増やしてユーザー定義関数を入力する

❺ 列を挿入してデータを入力

❻ 関数を入力するセルをクリック

❼ 引数を増やして関数を入力

引数の数が増えても、同じユーザー定義関数が使用できる

888

15-5

関数 ユーザー定義

定義済み書式と表示書式指定文字列

参照 ▣ データの表示書式を変換するには……P.842

定義済み数値書式

定義済み書式	内容	使用例
General Number	指定した数値を 1000 単位の区切り記号を付けずに返す	Format(10000, "General Number") → "10000"
Currency	通貨記号、小数点以下の桁数、1000 単位の区切り記号などを、[形式のカスタマイズ] ダイアログボックスの [通貨] タブで設定されている書式で返す 参照 ▣ [形式のカスタマイズ] ダイアログボックスを表示するには……P.892	Format(10000,"Currency") → "￥10,000" ([通貨] タブの設定が、通貨記号「￥」、小数点の記号「.」、桁区切りの記号「,」の場合)
Fixed	整数部を最低 1 桁、小数部を最低 2 桁表示する形式で返す。1000 単位の区切り記号は付かない	Format(1234.567,"Fixed") → "1234.57"
Standard	整数部を最低 1 桁、小数部を最低 2 桁表示する形式で返す。1000 単位の区切り記号が付く	Format(1234.567, "Standard") → "1,234.57"
Percent	指定した数値を 100 倍して、小数部を常に 2 桁表示する形式で返す。パーセント記号（%）が右側に付く	Format(0.123456, "Percent") → "12.35% "
Scientific	標準的な科学表記法で表した書式で返す	Format(0.000456, "Scientific") → "4.56E-04"
Yes/No	数値が 0 の場合には No、それ以外の場合には Yes を返す	Format(100, "Yes/No") → "Yes" Format(0, "Yes/No") → "No"
True/False	数値が 0 の場合には偽（False）、それ以外の場合には真（True）を返す	Format(100, "True/False") → "True" Format(0, "True/False") → "False"
On/Off	数値が 0 の場合には Off、それ以外の場合には On を返す	Format(100, "On/Off") → "On" Format(0, "On/Off") → "Off"

数値表示書式指定文字

文字	内容	使用例
0	「0」1 つで、数値の 1 桁を表す。指定された桁位置に値がない場合、その桁には 0 が入る。数値が 0 の場合、0 を表示します。桁が指定した「0」の数より多い場合、すべて表示される	Format(123, "0000") → "0123" Format(123, "00") → "123" Format(0, "0") → "0"
#	「#」1 つで、数値の 1 桁を表す。指定された桁位置に値がない場合、その桁にはなにも入らない。数値が 0 の場合、なにも表示されないが、1 桁めに「0」を指定することで、数値が 0 の場合に 0 を表示させることができる。桁が指定した「#」の数より多い場合、すべて表示される	Format(123, "####") → "123" Format(123, "##") → "123" Format(0, "###") → "" Format(0, "##0") → "0"
.	「0」や「#」と組み合わせて、小数点の位置を指定する。小数部の桁数が指定した桁位置を超える場合、指定の桁位置に合わせて四捨五入される。「.」の左側に「#」だけが指定されている場合、1 未満の数値は小数点記号からはじまる。0 が付くようにするには、「0」を指定する	Format(0.123, "0.0000") → "0.1230" Format(0.456, "0.00") → "0.46" Format(0.456, "#.##") → ".46"

---

1 マクロの基礎知識
2 VBAの基礎知識
3 プログラミングの基礎知識
4 セルの操作
5 ワークシートの操作
6 Excelファイルの操作
7 高度なファイルの操作
8 ウィンドウの操作
9 データの操作
10 印刷
11 図形の操作
12 グラフの操作
13 コントロールの使用
14 外部アプリケーションの操作
15 VBA関数
16 そのほかの操作
付録

889

数値表示書式指定文字

文字	内容	使用例
'	1000 単位の区切り記号を挿入するときに指定する。また、整数部の右端に「,」だけを続けて指定した場合、1つの「,」につき 1000 単位で割った値に変換される。このとき、値は桁位置の指定に応じて丸められる	Format(1000000, "#,##0") → "1,000,000" Format(123456789, "##0,,") → "123"
¥	すぐあとに続く 1 文字をそのまま表示する。円記号「¥」を表示するには、"¥¥" と 2 つ続けて記述する	Format(1234, "#,##0¥k¥g") → "1,234kg" Format(1234, "¥¥#,##0") → "¥1,234"
%	数値を 100 倍して「%」を付ける	Format(0.4567, "0.#% ") → "45.7% "
E − E + e − e +	指数表記で表示するときに指定。「E −」「E +」「e −」「e +」の右側に、「0」や「#」で指数部の桁数を指定する。「E −」や「e −」を使うと、指数が負の場合にマイナス記号が付き、「E +」や「e +」の場合は、指数の正負に合わせてプラス記号かマイナス記号が付く	Format(123456, "0.00E+00") → "1.23E+05" Format(0.0004567, "0.00e+##") → "4.57e-4"
− + $ () スペース	これらの文字はそのまま表示される。これらの文字以外の文字を表示するには、その前に「¥」を付ける	Format(123, "(- $0)") → "(- $123)"

定義済み日付／時刻書式

参照🔲 取得した日付と時刻の表示形式……P.818

定義済み書式	内容	使用例
General Date	［地域］ダイアログボックス（※）の［形式］タブに設定されている形式で日付／時刻を返す。整数部と小数部の両方を含むシリアル値を指定した場合、日付と時刻の両方を表す文字列に変換する。整数部のみの場合は日付を、小数部のみの場合は時刻を表す文字列に変換する	Format(43774.55, "General Date") → "2019/11/05 13:12:00" Format(43774, "General Date") → "2019/11/05" Format(0.55, "General Date") → "13:12:00"
Long Date	［地域］ダイアログボックス（※）の［形式］タブの［時刻（長い形式）］に指定された表示形式で日付を返す	Format(43774, "Long Date") → "2019 年 11 月 5 日"
Short Date	［地域］ダイアログボックス（※）の［形式］タブで［日付（短い形式）］に指定された表示形式で日付を返す	Format(43774, "Short Date") → "2019/11/05"
Medium Date	簡略形式で表した日付を返す	Format(43774, "Medium Date") → "19-11-05"
Long Time	［地域］ダイアログボックス（※）の［形式］タブの［時刻（長い形式）］に設定されている形式で返す	Format(0.55, "Long Time") → "13:12:00"
Medium Time	時間と分を、12 時間制で表した時刻を返す。同時に［形式のカスタマイズ］ダイアログボックスの［時刻］タブで設定されている形式で、午前 (AM)、午後 (PM) も表示する 参照🔲 ［形式のカスタマイズ］ダイアログボックスを表示するには……P.892	Format(0.55, "Medium Time") → "01:12 午後 "
Short Time	［地域］ダイアログボックス（※）の［形式］タブの［時刻（短い形式）］に設定されている形式で返す	Format(0.55, "Short Time") → "13:12"

※ Windows 7 の場合は［地域と言語］ダイアログボックス

日付／時刻表示書式指定文字

文字	内容	使用例
:	時刻の区切り記号「：（コロン）」を挿入するときに指定する	Format(193045, "##:##:##") → "19:30:45"
/	日付の区切り記号「／（スラッシュ）」を挿入するときに指定する	Format(201804, "####/##") "2018/04"
yy	西暦の年を下2桁の数値で返す	Format("2018/4/2", "yy") → "18"
yyyy	西暦の年を4桁の数値で返す	Format("2018/4/2", "yyyy") → "2018"
g gg	年号の頭文字（M、T、S、H）を返す。「gg」とすると、漢字で返す	Format("2018/4/2", "g") → "H" Format("2018/4/2", "gg") → "平"
ggg	年号（明治、大正、昭和、平成）を返す	Format("2018/4/2", "ggg") → "平成"
e ee	年号に基づく和暦の年を返す。「ee」とすると、1桁の場合、先頭に0が付く	Format("2018/4/2", "e") → "30" Format("1990/4/1", "ee") → "02"
m mm	月を表す数値を返す。「mm」とすると、1桁の場合、先頭に0が付く。hやhhの直後に指定した場合、分と解釈される	Format("2018/4/2", "m") → "4" Format("2018/4/2", "mm") → "04"
mmmm mmm	月の名前を英語で返す。「mmm」とすると、省略形（Jan〜Dec）を返す	Format("2018/4/2", "mmmm") → "April" Format("2018/4/2", "mmm") → "Apr"
oooo	月の名前を日本語（1月〜12月）で返す	Format("2018/4/2", "oooo") → "4月"
d dd	日付（1〜31）を返す。「dd」とすると、1桁の場合、先頭に0が付く	Format("2018/4/2", "d") → "2" Format("2018/4/2", "dd") → "02"
aaaa aaa	曜日を日本語で返す。「aaa」とすると、省略形（日〜土）を返す	Format("2018/4/2", "aaaa") → "月曜日" Format("2018/4/2", "aaa") → "月"
dddd ddd	曜日を英語で返す。「ddd」とすると、省略形（Sun〜Sat）を返す	Format("2018/4/2", "dddd") → "Monday" Format("2018/4/2", "ddd") → "Mon"
w	日曜日を1、土曜日を7とした曜日を表す数値を返す	Format("2018/4/2", "w") → "2"
ddddd	年、月、日を［地域］ダイアログボックス（※）の［形式］タブの［時刻（短い形式）］に指定した短い形式で返す	Format("2018/4/2", "ddddd") → "2018/04/02" （短い形式が「yyyy/MM/dd」の場合）
dddddd	年、月、日を［地域］ダイアログボックス（※）の［形式］タブの［時刻（長い形式）］に指定した長い形式で返す	Format("2018/4/2", "dddddd") → "2018年4月2日" （長い形式が「yyyy'年'M'月'd'日'」の場合）
y	1年のうちで何日めに当たるかを1〜366までの数値で返す	Format("2018/4/2", "y") → "92"
ww	1年のうちで何週めに当たるかを表す1〜54までの数値を返す	Format("2018/4/2", "ww") → "14"
q	1年のうちで何番めの四半期にあたるかを表す1〜4までの数値を返す	Format("2018/4/2", "q") → "2"
h hh	時間（0〜23）を返す。「hh」とすると、1桁の場合、先頭に0が付く	Format("9:05:06 AM", "h") → "9" Format("9:05:06 AM", "hh") → "09"
n nn	分（0〜59）を返す。「nn」とすると、1桁の場合、先頭に0が付く	Format("9:05:06 AM", "n") → "5" Format("9:05:06 AM", "nn") → "05"
s ss	秒（0〜59）を返す。「ss」とすると、1桁の場合、先頭に0が付く	Format("9:05:06 AM", "s") → "6" Format("9:05:06 AM", "ss") → "06"

※ Windows 7の場合は［地域と言語］ダイアログボックス

AM/PM am/pm	時刻が正午以前の場合は大文字でAMを返し、正午～午後11時59分の間は大文字でPMを返す。「am/pm」とすると、小文字で返す	Format("9:05:06 AM", " AM/PM ") → "AM" Format("9:05:06 AM", " am/pm ") → "am"
A/P a/p	時刻が正午以前の場合はAを、正午～午後11時59分の間はPを返す。「a/p」とすると小文字で返す	Format("9:05:06 AM", " A/P ") → "A" Format("9:05:06 AM", " a/p ") → "a"
AMPM	時刻が正午以前の場合は［午前の記号］で指定されている文字列、正午～午後11時59分の間は［午後の記号］で指定されている文字列を返す。［午前の記号］や［午後の記号］の指定は、［形式のカスタマイズ］ダイアログボックスの［時刻］タブで行う。AMPMは大文字、小文字のどちらでも指定できる。 参照📖 ［形式のカスタマイズ］ダイアログボックスを表示するには……P.892	Format("9:05:06 AM", " AMPM ") → " 午前 " （［形式のカスタマイズ］ダイアログボックスの［時刻］タブの［午前の記号］が「午前」に設定されている場合）
ttttt	［地域］ダイアログボックス（※）の［時刻（長い形式）］で設定されている形式で時刻を返す	Format("9:05:06 AM", "ttttt") → "9:05:06" （コントロールパネルの設定が「H:mm:ss」の場合）
c	［地域］ダイアログボックス（※）の［日付（短い形式）］と［時刻（長い形式）］の表示書式で、日付、時刻の順で返す。小数部がない場合は日付のみ、整数部がない場合は時刻のみを返す	Format(43774.55, "c") → "2019/11/05 13:12:00"

※ Windows 7の場合は［地域と言語］ダイアログボックス

文字列表示書式指定文字

文字	内容	使用例
@	1つの文字またはスペースを表す。「@（アットマーク）」に対応する位置に文字が存在する場合、その文字が表示される。文字がなければスペースが表示される。文字は右から左の順に埋められる	Format("VBA", "@@@@@") → " VBA"
!	文字を左から右の順に埋めるように指定する	Format("VBA", "!@@@@@") → "VBA "
&	1つの文字を表す。「&（アンパサンド）」に対応する位置に文字が存在する場合、その文字が表示される。文字がなければなにも表示せず、詰められて表示される。文字は右から左に埋められる	Format("VBA", "&&&&&") → "VBA"
<	すべての大文字を小文字に変換する	Format("ExcelVBA", "<&&&&&") → "excelvba"
>	すべての小文字を大文字に変換する	Format("ExcelVBA", ">&&&&&") → "EXCELVBA"

HINT ［形式のカスタマイズ］ダイアログボックスを表示するには

［形式のカスタマイズ］ダイアログボックスを表示するには、Windows 10／8.1の場合、［スタート］を右クリックして［コントロールパネル］をクリックし、［日付、時刻、または数値の形式の変更］をクリックして表示される［地域］ダイアログボックスの［形式］タブで、［追加の設定］ボタンをクリックします。Windows 7の場合は、［スタート］ボタン-［コントロールパネル］をクリックし、［時計、言語、および地域］-［日付、時刻または数値の形式の変更］をクリックして表示される［地域と言語］ダイアログボックスの［形式］タブで、［追加の設定］ボタンをクリックします。

第**16**章
そのほかの操作

16- 1. ツールバーの作成・・・・・・・・・・・・・・・・・・・・・・894
16- 2. XML形式のファイル操作・・・・・・・・・・・・・・・905
16- 3. そのほかの機能・・・・・・・・・・・・・・・・・・・・・・919

16-1 ツールバーの作成

ツールバーの作成

Excel VBAでは、オリジナルのツールバーを作成してドロップダウン形式のメニューを作成したり、セルを右クリックすると表示されるショートカットメニューを作成したりすることができます。作成したメニューにマクロを設定すれば、メニューをクリックしてマクロを実行できるため、マクロ実行のインターフェースとなるオリジナルメニューを作成できます。ここでは、ツールバーやショートカットメニューを作成するときに使用するコマンドバーやコマンドバーコントロールについて解説します。

オリジナルのツールバーを作成できる

オリジナルのショートカットメニューを作成できる

コマンドバーを作成するには

オブジェクト.Add(Name,Position,Temporary)

▶解説

コマンドバー（ツールバー、ショートカットメニュー）を作成するには、CommandBarsコレクションのAddメソッドを使用します。Addメソッドを実行すると、作成したコマンドバー（CommandBarオブジェクト）がCommandBarsコレクションに追加されます。通常はツールバーが作成されますが、引数PositionにmsoBarPopupを指定すると、ショートカットメニューが作成されます。なお、作成したコマンドバーがツールバーの場合、作成したツールバーは非表示に設定されています。表示するには、CommandBarオブジェクトのVisibleプロパティにTrueを設定します。

参照▶コマンドバーとは……P.895
参照▶ショートカットメニューを作成する……P.900

▶設定する項目

オブジェクト………CommandBarsコレクションを指定します。

Name………作成するコマンドバーの名前を設定します。省略した場合は、「ユーザー設定」という文字列と半角スペースに続けて連番が付けられた「ユーザー設定 1」といった名前が自動的に設定されます（省略可）。設定した名前は画面上に表示されることはありませんが、操作したいツールバーをVBAのコードで特定するときなどに使用します。

Position ················· ショートカットメニューを作成する場合、引数Positionにmso BarPopupを設定します。ツールバーを作成する場合は、引数Positionの設定を省略します（省略可）。

Temporary ············ 作成したコマンドバーを、Excel終了時に削除する場合はTrue、削除しない場合はFalseを指定します。Trueを指定することで、作成したコマンドバーは一時的なものになります。省略した場合は、Falseが指定されます（省略可）。

エラーを防ぐには

作成するコマンドバーがツールバーの場合、すでに同じ名前のツールバーが存在するとエラーが発生します。したがって、ツールバーを作成する前に、CommandBarオブジェクトのDeleteメソッドで同じ名前のツールバーを削除して、エラーを防ぎます。なお、同じ名前のツールバーが存在しない場合、削除しようとした時点でエラーが発生するので、このエラーを無視するために、On Error Resume Nextステートメントを記述します。

参照 ResumeステートメントとResume Nextステートメント……P.215

コマンドバーとは ◀◀◀

Excel VBAでは、ツールバー、ショートカットメニューを「コマンドバー」として扱います。コマンドバーはCommandBarオブジェクト、すべてのコマンドバーはCommandBarsコレクションとして操作します。CommandBarオブジェクトやCommandBarsコレクションを参照するには、ApplicationオブジェクトのCommandBarsプロパティを使用してください。作成したコマンドバーには、コマンドバーコントロール（メニューやボタン）を配置できます。なお、作成したツールバーは、[アドイン]タブの[ユーザー設定のツールバー]グループに表示されます。

◆ツールバー

◆ショートカットメニュー

16-1
ツールバーの作成

1 マクロの基礎知識
2 VBAの基礎知識
3 プログラミングの基礎知識
4 セルの操作
5 ワークシートの操作
6 Excelファイルの操作
7 高度なファイルの操作
8 ウィンドウの操作
9 データの操作
10 印刷
11 図形の操作
12 グラフの操作
13 コントロールの使用
14 外部アプリケーションの操作
15 VBA関数
16 そのほかの操作
付録

895
できる

16-1

ツールバーの作成

コマンドバーコントロールを作成するには

オブジェクト.**Add**(Type,Before,Temporary)

▶解説

コマンドバーコントロール（メニュー、ボタンなど）を作成するには、CommandBarControlsコレクションのAddメソッドを使用します。Addメソッドを実行すると、作成したコマンドバーコントロール（CommandBarControlオブジェクト）がCommandBarControlsコレクションに追加されます。引数TypeにmsoControlButtonを指定するとCommandBarButtonオブジェクトが作成され、サブメニューを持たないメニューやボタンになります。また、引数TypeにmsoControlPopupを指定するとCommandBarPopupオブジェクトが作成され、サブメニューを持つメニューになります。なお、オブジェクトに指定するCommandBarControlsコレクションを参照するには、配置したいコマンドバーを表すCommandBarオブジェクトのControlsプロパティを使用します。

参照🔍コマンドバーコントロールとは……P.899
参照🔍メニューとボタンの違い……P.898
参照🔍コマンドバーコントロールの主なプロパティ……P.903

▶設定する項目

オブジェクト………… CommandBarControlsコレクションを指定します。

Type………………… 作成するコマンドバーコントロールの種類をMsoControlType列挙型の定数で指定します。指定できる定数は下表のいずれかです。省略した場合は、msoControlButtonが指定されます（省略可）。

MsoControlType列挙型の主な定数

定数	値	内容
msoControlButton	1	サブメニューを持たないメニュー、ボタン
msoControlPopup	10	サブメニューを持つメニュー

Before……………… コマンドバーに配置する位置を数値で指定します。指定した位置にあるコマンドバーコントロールの直前に配置されます。省略した場合は、コマンドバーの末尾に配置されます（省略可）。

Temporary………… 作成したコマンドバーコントロールを、Excel終了時に削除する場合はTrue、削除しない場合はFalseを指定します。Trueを指定することで、作成したコマンドバーコントロールは一時的なものになります。省略した場合は、Falseが指定されます（省略可）。

エラーを防ぐには

引数Temporaryを省略、またはFalseを指定した場合、Excelを再起動したあとも、作成したコマンドバーコントロールが［アドイン］タブ内に残ります。作成したコマンドバーコントロールをほかのブックで使用しない場合は、引数TemporaryにTrueを指定しましょう。

マクロの基礎知識 1
VBAの基礎知識 2
プログラミングの基礎知識 3
セルの操作 4
ワークシートの操作 5
Excelファイルの操作 6
高度なファイルの操作 7
ウィンドウの操作 8
データの操作 9
印刷 10
図形の操作 11
グラフの操作 12
コントロールの使用 13
外部アプリケーションの操作 14
VBA関数 15
そのほかの操作 16
付録

16-1

ツールバーの作成

| 使用例 | ツールバーを作成する |

「オリジナルツールバー」というツールバーを作成します。「オリジナルツールバー」には、サブメニュー「オリジナルサブメニュー」を持つ、「オリジナルメニュー」というメニューを作成します。「オリジナルサブメニュー」には、ID番号「59」のボタンイメージとメニュー名を表示し、クリックしたときに「ツールバーマクロ」マクロが実行されるように設定します。

サンプル 16-1_001.xlsm

参照 ResumeステートメントとResume Nextステートメント……P.215
参照 コマンドバーコントロールの主なプロパティ……P.903

```
1  Sub ツールバー作成()
2      Dim myToolBar As CommandBar
3      Dim myMainMenu As CommandBarPopup
4      Dim mySubMenu As CommandBarButton
5      On Error Resume Next
6      CommandBars("オリジナルツールバー ").Delete
7      Set myToolBar = Application.CommandBars.Add _
           (Name:="オリジナルツールバー ", Temporary:=True)
8      Set myMainMenu = myToolBar.Controls.Add _
           (Type:=msoControlPopup, Temporary:=True)
9      myMainMenu.Caption = "オリジナルメニュー (&M)"
10     Set mySubMenu = myMainMenu.Controls.Add _
           (Type:=msoControlButton, Temporary:=True)
11     With mySubMenu
12         .Caption = "オリジナルサブメニュー (&S)"
13         .FaceId = 59
14         .Style = msoButtonIconAndCaption
15         .OnAction = "ツールバーマクロ"
16     End With
17     myToolBar.Visible = True
18 End Sub
```
注)「_ (行継続文字)」の部分は、次の行と続けて入力することもできます→95ページ参照

1　[ツールバー作成]というマクロを記述する
2　CommandBar型のオブジェクト変数myToolBarを宣言する
3　CommandBarPopup型のオブジェクト変数myMainMenuを宣言する
4　CommandBarButton型のオブジェクト変数mySubMenuを宣言する
5　エラーが発生した場合、エラーを無視して次の行のコードを実行する
6　ツールバー「オリジナルツールバー」を削除する
7　一時的なツールバー「オリジナルツールバー」を作成して、オブジェクト変数myToolBarに格納する
8　オブジェクト変数myToolBarに格納したツールバーに、サブメニューを持つ一時的なメニューを作成し、オブジェクト変数myMainMenuに格納する
9　オブジェクト変数myMainMenuに格納したメニューの表示名として「オリジナルメニュー」を設定し、アクセスキーは「M」とする
10　オブジェクト変数myMainMenuに格納したメニューに、サブメニューを持たない一時的なメニューを作成し、オブジェクト変数mySubMenuに格納する
11　オブジェクト変数mySubMenuに格納したメニューについて以下の処理を行う(Withステートメントの開始)

1　マクロの基礎知識
2　VBAの基礎知識
3　プログラミングの基礎知識
4　セルの操作
5　ワークシートの操作
6　Excelファイルの操作
7　高度なファイルの操作
8　ウィンドウの操作
9　データの操作
10　印刷
11　図形の操作
12　グラフの操作
13　コントロールの使用
14　外部アプリケーションの操作
15　VBA関数
16　そのほかの操作
付録

897
できる

16-1 ツールバーの作成

12	表示名に「オリジナルサブメニュー」を設定し、アクセスキーは「S」とする
13	ID番号「59」のボタンイメージを設定する
14	メニューの表示方法として、ボタンイメージとメニューの表示名を設定する
15	実行させるマクロとして、「ツールバーマクロ」マクロを設定する
16	Withステートメントを終了する
17	オブジェクト変数myToolBarに格納したツールバー「オリジナルツールバー」を表示する
18	マクロの記述を終了する

```
1  Sub ツールバーマクロ()
2      MsgBox "ツールバーマクロが実行されました。"
3  End Sub
```

1	[ツールバーマクロ]というマクロを記述する
2	「ツールバーマクロが実行されました。」というメッセージを表示する
3	マクロの記述を終了する

ユーザー設定のツールバーを作成し、メニューとサブメニューを追加して、VBAマクロを実行したい

❶VBEを起動し、コードを入力

参照▶ VBA を使用してマクロを作成するには……P.85

```
Sub ツールバー作成()
Dim myToolBar As CommandBar
Dim myMainMenu As CommandBarPopup
Dim mySubMenu As CommandBarButton
On Error Resume Next
CommandBars("オリジナルツールバー").Delete
Set myToolBar = Application.CommandBars.Add _
    (Name:="オリジナルツールバー", Temporary:=True)
Set myMainMenu = myToolBar.Controls.Add _
    (Type:=msoControlPopup, Temporary:=True)
myMainMenu.Caption = "オリジナルメニュー(&M)"
Set mySubMenu = myMainMenu.Controls.Add _
    (Type:=msoControlButton, Temporary:=True)
With mySubMenu
    .Caption = "オリジナルサブメニュー(&S)"
    .FaceId = 59
    .Style = msoButtonIconAndCaption
    .OnAction = "ツールバーマクロ"
End With
myToolBar.Visible = True
End Sub

Sub ツールバーマクロ()
MsgBox "ツールバーマクロが実行されました。"
End Sub
```

❷サブメニューのクリック時に実行する[ツールバーマクロ]マクロを入力

HINT メニューとボタンの違い

メニューとボタンの実体は、ともにCommandBarButtonオブジェクトです。その違いは、Styleプロパティなどの設定にあります。メニューを作成する場合は、CommandBarButtonオブジェクトのCaptionプロパティにメニュー名を設定し、StyleプロパティにmsoButtonCaptionを設定してメニュー名だけを表示します。一方、ボタンを作成する場合は、CommandBarButtonオブジェクトのFaceIdプロパティにボタンイメージを設定し、StyleプロパティにmsoButtonIconを設定してボタンイメージだけを表示します。

HINT 作成したツールバーを[アドイン]タブに表示するには

作成したツールバーは既定で非表示に設定されているため、CommandBarオブジェクトのVisibleプロパティにTrueを設定して表示させる必要があります。

❸ 入力した [ツールバー作成] マクロを実行

[アドイン] タブの [ユーザー設定のツールバー] グループにツールバーが表示された

❹ [オリジナルメニュー] - [オリジナルサブメニュー] をクリック

[ツールバーマクロ] マクロが実行された

メッセージボックスが表示された

[OK] をクリックしてダイアログボックスを閉じておく

> **宣言するオブジェクト変数の数**
>
> メニューを複数作成する場合、オブジェクト変数を複数宣言する必要はありません。オブジェクト変数を1つ宣言しておき、CommandBarControlsコレクションのAddメソッドで作成したメニュー（CommandBarオブジェクト）を、宣言したオブジェクト変数に入れ替えながら、格納したメニューに対してプロパティの設定を行うことができます。

コマンドバーコントロールとは ◀◀◀

Excel VBAでは、コマンドバーに配置されているメニューやボタンなどの要素を「コマンドバーコントロール」として扱います。コマンドバーコントロールはCommandBarControlオブジェクト、すべてのコマンドバーコントロールはCommandBarControlsコレクションとして操作します。CommandBarControlオブジェクトやCommandBarControlsコレクションを参照するには、これらが配置されているコマンドバー（CommandBarオブジェクト）のControlsプロパティを使用します。

また、コマンドバーコントロール（CommandBarControlオブジェクト）は、サブメニューを持たないメニューやサブメニュー、ボタンを表すCommandBarButtonオブジェクト、サブメニューを持つメニューを表すCommandBarPopupオブジェクトなどに分類されます。その他、ドロップダウンリストによる操作方法を提供するコンボボックス（CommandBarComboBoxオブジェクト）などもありますが、本書では扱いません。

◆CommandBarButtonオブジェクト（サブメニューを持たないメニュー）

◆CommandBarPopupオブジェクト（サブメニューを持つメニュー）

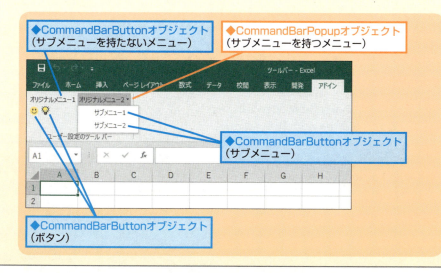

◆CommandBarButtonオブジェクト（サブメニュー）

◆CommandBarButtonオブジェクト（ボタン）

16-1

作成 ツールバーの

- マクロの基礎知識 **1**
- VBAの基礎知識 **2**
- プログラミングの基礎知識 **3**
- セルの操作 **4**
- ワークシートの操作 **5**
- Excelファイルの操作 **6**
- 高度なファイルの操作 **7**
- ウィンドウの操作 **8**
- データの操作 **9**
- 印刷 **10**
- 図形の操作 **11**
- グラフの操作 **12**
- コントロールの使用 **13**
- 外部アプリケーションの操作 **14**
- VBA関数 **15**
- そのほかの操作 **16**
- 付録

▶ ショートカットメニューを表示するには

オブジェクト.**ShowPopup**

▶解説

CommandBarsコレクションのAddメソッドの引数PositionにmsoBarPopupを指定すると、ショートカットメニューが作成されます。作成したショートカットメニューを表示するには、CommandBarオブジェクトのShowPopupメソッドを使用します。ショートカットメニューを作成するコードは、ショートカットメニューを使用したいワークシートのモジュールのBeforeRightClickイベントプロシージャーに記述します。ショートカットメニューをクリックしたときに実行するコードは、標準モジュールに記述してください。

参照▶ イベントプロシージャーを作成するには……P.107
参照▶ コマンドバーを作成するには……P.894

▶設定する項目

オブジェクト……… CommandBarオブジェクトを指定します。

エラーを防ぐには

CommandBarsコレクションのAddメソッドの引数PositionにmsoBarPopupが設定されていない場合、エラーが発生します。Addメソッドの引数を確認しましょう。

使用例 ショートカットメニューを作成する

メニュー「新しいメニュー」を持つ、ショートカットメニュー「オリジナルショートカットメニュー」を作成します。「新しいメニュー」をクリックしたときに実行する「ショートカットメニューマクロ」マクロは、標準モジュールに作成しておきます。 サンプル▶ 16-1_002.xlsm

参照▶ コマンドバーコントロールの主なプロパティ……P.903

```
1  Private Sub Worksheet_BeforeRightClick _
        (ByVal Target As Range, Cancel As Boolean)
2      Dim mySCMenu As CommandBar
3      Dim myMenu As CommandBarButton
4      Set mySCMenu = Application.CommandBars.Add _
            (Name:="オリジナルショートカットメニュー", _
             Position:=msoBarPopup)
5      Set myMenu = mySCMenu.Controls.Add _
            (Type:=msoControlButton)
6      myMenu.Caption = "新しいメニュー"
7      myMenu.OnAction = "ショートカットメニューマクロ"
8      mySCMenu.ShowPopup
9      mySCMenu.Delete
10     Cancel = True
11 End Sub
```

注)「 _ (行継続文字)」の部分は、次の行と続けて入力することもできます→ 95ページ参照

900
できる

1 ワークシートを右クリックしたときに実行するマクロを記述する
2 CommandBar型の変数mySCMenuを宣言する
3 CommandBarButton型の変数myMenuを宣言する
4 「オリジナルショートカットメニュー」という名前のショートカットメニューを作成して、変数mySCMenuに格納する
5 変数mySCMenuに格納したショートカットメニューに、サブメニューを持たないメニューを作成し、変数myMenuに格納する
6 変数myMenuに格納したメニューの表示名として「新しいメニュー」を設定する
7 変数myMenuに格納したメニューをクリックしたときに実行するマクロとして「ショートカットメニューマクロ」を設定する
8 変数mySCMenuに格納したショートカットメニューを表示する
9 変数mySCMenuを削除する
10 既存のショートカットメニューを表示させない
11 マクロの記述を終了する

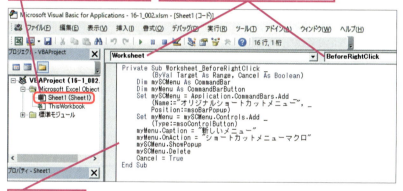

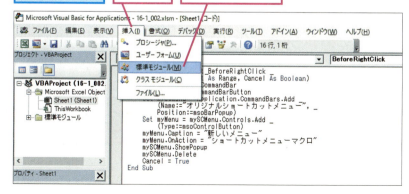

16-1 ツールバーの作成

標準モジュールが追加された

❼ショートカットメニューコマンドのクリック時に実行する[ツールバーマクロ]マクロを入力

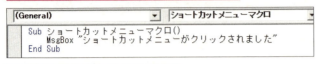

```
Sub ショートカットメニューマクロ()
    MsgBox "ショートカットメニューがクリックされました"
End Sub
```

Excelに戻る　❽セルを右クリック

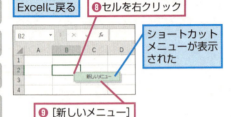

ショートカットメニューが表示された

❾[新しいメニュー]をクリック

[ショートカットメニューマクロ]マクロが実行された

メッセージボックスが表示された

[OK]をクリックしてダイアログボックスを閉じておく

HINT 作成したショートカットメニューを右下方向に表示するには

Windows 10／8.1の場合、Windowsの設定によって、作成したショートカットメニューが、セルを右クリックした位置を基点として左下方向へ表示される場合があります。作成したショートカットメニューを右下方向へ表示するには、[スタート]を右クリックして[コントロールパネル]をクリックし、[ハードウェアとサウンド] - [タブレットPC設定]をクリックして表示された[タブレットPC設定]ダイアログボックスで、[その他]タブの[きき手]で[左きき]を選択してください。

HINT 作成したショートカットメニューの実行過程

作成したショートカットメニューの実行過程は右図のとおりです。右クリックしたあとの左側の流れ図は、既存のショートカットメニューの実行過程を表し、右側の流れ図は、作成したショートカットメニューの実行過程を表しています。作成したショートカットメニューに関する処理は、既存のショートカットメニューが表示される前に実行されている点がポイントです。また、BeforeRightClickイベントプロシージャーの引数CancelにTrueを指定しないと、既存のショートカットメニューが表示されてしまう点にも注意してください。

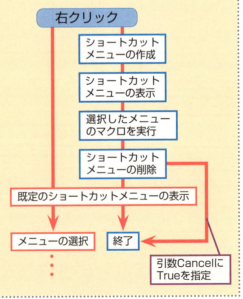

コマンドバーコントロールの主なプロパティ

目的	構文	使用するうえでの注意点
名前を取得および設定する	[取得] **オブジェクト**.Caption [設定] **オブジェクト**.Caption = 設定する名前 参照📖ツールバーを作成する……P.897 参照📖ショートカットメニューを作成する……P.900	名前の最後に「(& 半角英数字)」と記述して、アクセスキーを設定することができる。既定のアクセスキーと同じ半角英数字を指定した場合は、既定のアクセスキーが優先される
ボタンイメージのID番号を取得および設定する	[取得] **オブジェクト**.FaceID [設定] **オブジェクト**.FaceID = ボタンイメージのID番号 参照📖ツールバーを作成する……P.897	オブジェクトには、CommandBarButtonオブジェクトのみ指定できる。設定したボタンイメージを表示するには、CommandBarButtonオブジェクトのStyleプロパティにmsoButtonIcon、またはmsoButtonIconAndCaptionを設定する。ボタンイメージに対応するExcelの機能は設定されない
サブメニューを持たないメニューやボタンの表示方法の設定する	**オブジェクト**.Style = MsoButtonStyle列挙型の定数 **MsoButtonStyle列挙型の定数** | 主な定数	表示方法
---	---
msoButtonCaption	テキストのみ
msoButtonIcon	イメージのみ
msoButtonIconAndCaption	テキストとイメージ | 参照📖ツールバーを作成する……P.897	オブジェクトには、CommandBarButtonオブジェクトを指定する
実行するマクロを設定する	**オブジェクト**.OnAction = 実行するマクロ名 参照📖ツールバーを作成する……P.897 参照📖ショートカットメニューを作成する……P.900	同じフォルダー内にある別のブックのマクロを設定する場合は「"ブック名!マクロ名"」と記述する。異なるフォルダー内にあるブックのマクロを設定する場合は「"パス名¥ブック名!マクロ名"」と記述する。設定されている値を取得することも可能
区切り線を表示する	**オブジェクト**.BeginGroup = 設定値 True：区切り線を表示 False：区切り線を非表示	区切り線は、オブジェクトに指定したコマンドバーコントロールの上側（縦方向に並んでいる場合）もしくは左側（横方向に並んでいる場合）に表示される。設定されている値を取得することも可能
ポップヒントを表示する	**オブジェクト**.TooltipText = ポップヒントに表示する文字列	TooltipTextプロパティに文字列を設定していないときに、ポップヒントとして表示されているのは、Captionプロパティの値。ポップヒントの設定を解除するには「""（長さ0の文字列)」を設定する。設定されている値を取得することも可能

※オブジェクトには、対象のコマンドバーコントロール（CommandBarControlオブジェクト・CommandBarButtonオブジェクト・CommandBarPopupオブジェクト）を指定することができます。

※FaceIdプロパティは、CommandBarButtonオブジェクトのみ指定できます。

16-1 ツールバーの作成

HINT ボタンイメージのID番号を調べる

サンプル「ボタンイメージ.xlsm」でボタンイメージの一覧を作成できます。作成するボタンイメージ一覧の開始IDをセルA2に入力して［作成］ボタンをクリックすると、50個のボタンを配置した3つのツールバーが［アドイン］タブに作成されます。ボタンイメージの一覧はツールバーに作成され、各ボタンにマウスポインターを合わせると、ボタンイメージのID番号（FaceIdプロパティの値）が表示されます。

サンプル ボタンイメージ.xlsm

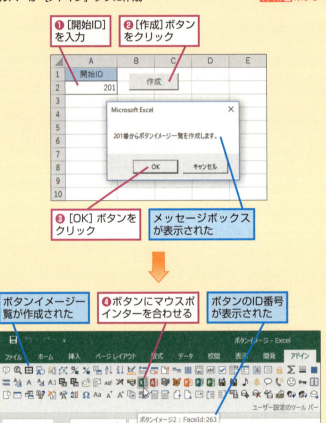

16-2 XML形式のファイル操作

XML形式のファイル操作

Excelを使用してXMLデータを入出力する場合、XMLデータの文書構造やデータ型などを定義したXMLスキーマをブックに追加し、セルやテーブル（リスト）の列にXMLデータの要素を対応付けることによって、XML形式でデータを出力したり、XML形式のデータを読み込んだりすることができるようになります。ここでは、Excel VBAを使用して、これらの操作を自動的に実行する方法を解説しています。

XMLスキーマ　参照▶XMLスキーマとは……P.910

対応付ける

XMLスキーマで定義された構造になっているかチェックされ、定義されたとおりの形で、XMLデータをやりとりできる

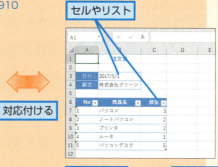

セルやリスト

XMLデータ　読み込む　出力する

参照▶XMLとは……P.909

ブックにXMLスキーマを追加するには

オブジェクト.Add(Schema, RootElementName)

▶解説

ブックにXMLスキーマを追加するには、XmlMapsコレクションのAddメソッドを使用します。Addメソッドは、引数Schemaに指定されたXMLスキーマを開いてブックに追加し、開いたXMLスキーマとブックの対応付けを表すXmlMapオブジェクトを返します。なお、XmlMapsコレクションは、WorkbookオブジェクトのXmlMapsプロパティで参照します。

16-2
XML形式の
ファイル操作

▶設定する項目

オブジェクト········· XmlMapsコレクションを指定します。

Schema ················· ブックに追加したいXMLスキーマを指定します。XMLスキーマが保存されて
いるパスを含めて指定できます。また、URL（Uniform Resource Locator）
の形式で指定できます。

RootElementName··· XMLスキーマで、複数のルート要素が定義されている場合に、ブックに対応
付けたいルート要素を指定します。定義されているルート要素が1つだけの場
合は省略します（省略可）。

エラーを防ぐには

追加するXMLスキーマが正しく記述されていないと、XML解析エラーが発生します。

▶ セルや列にXMLデータの要素を対応付けるには

オブジェクト.**SetValue**(Map, XPath, Selection Namespace, Repeating)

▶解説

セルやテーブルの列にXMLデータの要素を対応付けるには、XPathオブジェクトのSetValueメ
ソッドを使用します。対応付けたい要素を指定するには、XMLスキーマ内における要素の階層位置
（ロケーションパス）を引数XPathに記述します。対応付けたい要素が定義されているXMLスキー
マを指定するには、そのXMLスキーマとブックの対応付けを表すXmlMapオブジェクトを引数
Mapに指定します。

▶設定する項目

オブジェクト·········· セルに対応付ける場合はRangeオブジェクトのXPathプロパティ、テーブルの
列に対応付ける場合はテーブル内の列を表すListColumnオブジェクトの
XPathプロパティを使用して参照したXPathオブジェクトを指定します。

Map ······················· XMLスキーマとブックの対応付けを表すXmlMapオブジェクトを指定します。

XPath ···················· 対応付けたい要素の階層位置（ロケーションパス）を表す文字列を指定します。
仮想的なルート要素を表す「/（スラッシュ）」に続けて、対応付けたい要素ま
での階層をたどる要素名を「/（スラッシュ）」で区切って記述します。

Selection Namespace··· 引数XPathに指定した文字列内で使用している名前空間接頭辞を指定します。
使用していない場合は省略します（省略可）。

Repeating············· テーブルの列に対応付ける場合にTrue、単一のセルに要素を対応付ける場合
にFalseを指定します。

エラーを防ぐには

すでに要素が対応付けられているセルやテーブルの列に対してSetValueメソッドを実行すると、
エラーが発生します。また、対応付ける対象と引数Repeatingの設定に違いがあるとエラーが発生
します。

マクロの基礎知識 **1**
VBAの基礎知識 **2**
プログラミングの基礎知識 **3**
セルの操作 **4**
ワークシートの操作 **5**
Excelファイルの操作 **6**
高度なファイルの操作 **7**
ウィンドウの操作 **8**
データの操作 **9**
印刷 **10**
図形の操作 **11**
グラフの操作 **12**
コントロールの使用 **13**
外部アプリケーションの操作 **14**
VBA関数 **15**
そのほかの操作 **16**
付録

906
できる

16-2

XML形式のファイル操作

使用例　セルやテーブルの列にXMLデータの要素を対応付ける

Cドライブの［スキーマ］フォルダーに保存されているXMLスキーマファイル「order.xsd」で定義されているXMLデータの各要素をアクティブシートのセルやテーブルの列に対応付けます。ここでは、セルB3に要素date、セルB4に要素customer、「注文データ」テーブルの1列めに要素no、2列めに要素name、3列めに要素amountを対応付けて、この対応付けに「orderDataXmlMap」という名前を設定します。

サンプル 16-2_001.xlsm ／ order.xsd

参照 簡単なXMLスキーマの書き方……P.911

参照 XMLスキーマとは……P.910

```
1  Sub XMLスキーマ対応付け()
2      Dim myXMLMap As XmlMap
3      Set myXMLMap = ActiveWorkbook.XmlMaps.Add _
           (Schema:="C:¥スキーマ¥order.xsd")
4      Range("B3").XPath.SetValue Map:=myXMLMap, _
           XPath:="/order/date", Repeating:=False
5      Range("B4").XPath.SetValue Map:=myXMLMap, _
           XPath:="/order/customer", Repeating:=False
6      With ActiveSheet.ListObjects("注文データ")
7          .ListColumns(1).XPath.SetValue Map:=myXMLMap, _
               XPath:="/order/goods/no", Repeating:=True
8          .ListColumns(2).XPath.SetValue Map:=myXMLMap, _
               XPath:="/order/goods/name", Repeating:=True
9          .ListColumns(3).XPath.SetValue Map:=myXMLMap, _
               XPath:="/order/goods/amount", Repeating:=True
10     End With
11     myXMLMap.Name = "orderDataXmlMap"
12 End Sub
```

注)「_（行継続文字）」の部分は、次の行と続けて入力することもできます→95ページ参照

1 ［XMLスキーマ対応付け］というマクロを記述する

2 XmlMap型のオブジェクト変数myXMLMapを宣言する

3 Cドライブの［スキーマ］フォルダーにあるXML スキーマファイル「order.xsd」をアクティブブックに追加して、オブジェクト変数myXMLMapに、XMLスキーマファイル「order.xsd」とブックの対応付けを表すXmlMapオブジェクトを格納する

4 セルB3のロケーションパスに階層「/order/date」を設定して、セルB3と要素dateと対応付ける

5 セルB4のロケーションパスに階層「/order/customer」を設定して、セルB4と要素customerと対応付ける

6 アクティブシートのテーブル［注文データ］について以下の処理を行う(Withステートメントの開始)

7 1列めのロケーションパスに階層「/order/goods/no」を設定して、1列めと要素noと対応付ける

8 2列めのロケーションパスに階層「/order/goods/name」を設定して、2列めと要素nameと対応付ける

9 3列めのロケーションパスに階層「/order/goods/amount」を設定して、3列めと要素amountと対応付ける

10 Withステートメントを終了する

11 オブジェクト変数myXMLMapに格納されたXMLスキーマファイルの対応付けの名前として「orderDataXmlMap」を設定する

12 マクロの記述を終了する

1 マクロの基礎知識
2 VBAの基礎知識
3 プログラミングの基礎知識
4 セルの操作
5 ワークシートの操作
6 Excelファイルの操作
7 高度なファイルの操作
8 ウィンドウの操作
9 データの操作
10 印刷
11 図形の操作
12 グラフの操作
13 コントロールの使用
14 外部アプリケーションの操作
15 VBA関数
16 そのほかの操作
付録

907

16-2 XML形式のファイル操作

アクティブシートのセルとテーブルの列に、XMLデータの要素を対応付けたい

Cドライブの[スキーマ]フォルダーを作成し、XMLスキーマファイル「order.xsd」を格納しておく

❶XMLデータの要素を対応付けたいワークシートを開く

❷[開発]タブをクリック

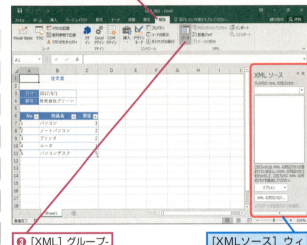

❸[XML]グループ-[ソース]をクリック

[XMLソース]ウィンドウが表示された

XMLデータの要素の対応付けがない

HINT XMLスキーマとブックの対応付けの名前を設定するには

XMLスキーマとブックの対応付けの名前を設定するには、XmlMapオブジェクトのNameプロパティに、設定したい文字列を指定します。

❹VBEを起動し、コードを入力

参照▶ VBAを使用してマクロを作成するには……P.85

```
Sub XMLスキーマ対応付け()
    Dim myXMLMap As XmlMap
    Set myXMLMap = ActiveWorkbook.XmlMaps.Add _
        (Schema:="C:\スキーマ\order.xsd")
    Range("B3").XPath.SetValue Map:=myXMLMap, _
        XPath:="/order/date", Repeating:=False
    Range("B4").XPath.SetValue Map:=myXMLMap, _
        XPath:="/order/customer", Repeating:=False
    With ActiveSheet.ListObjects("注文データ")
        .ListColumns(1).XPath.SetValue Map:=myXMLMap, _
            XPath:="/order/goods/no", Repeating:=True
        .ListColumns(2).XPath.SetValue Map:=myXMLMap, _
            XPath:="/order/goods/name", Repeating:=True
        .ListColumns(3).XPath.SetValue Map:=myXMLMap, _
            XPath:="/order/goods/amount", Repeating:=True
    End With
    myXMLMap.Name = "orderDataXmlMap"
End Sub
```

❺入力したマクロを実行

参照▶ マクロを実行するには……P.53

XMLデータの要素がセルやテーブルの列に対応付けられ、その内容が[XMLソース]ウィンドウに表示された

XMLとは

XML（Extensible Markup Language）とは、データの意味や階層構造を記述するマークアップ言語です。データにタグと呼ばれる情報を付加することでデータの意味を記述し、データを入れ子構造で構成して、データの階層構造を表します。

データの階層構造は、主にXMLスキーマを使用して設計し、その階層構造に従ってXMLデータを作成します。XMLで記述されたファイルはテキスト形式なので汎用性が高く、OSやアプリケーションが違う環境でもデータ交換が可能です。

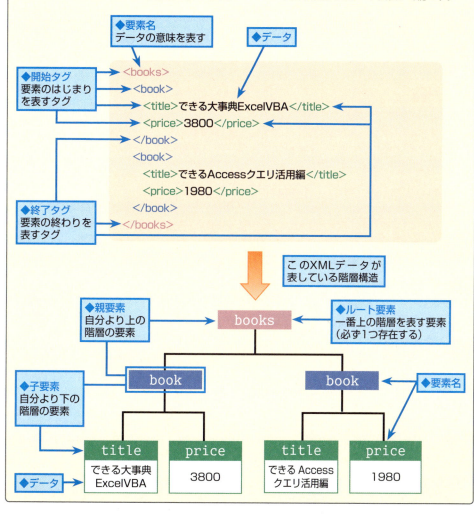

XMLデータの書き方

XMLは、要素と呼ばれる単位で構成され、「タグ」と呼ばれる文字列によってデータの意味を記述し、各データを入れ子構造で記述することによってデータの階層構造を記述します。大文字と小文字が区別されるので注意してください。XMLデータの拡張子は「xml」です。なお、くわしいXMLの仕様については、W3C（英語）のWebページ（http://www.w3.org/TR/xml/）や専門書を参照してください。

●XML宣言

XMLデータであることを表す記述です。XMLデータの先頭に記述します。encoding属性に設定する文字コードは、OSやアプリケーションなどの環境に合わせて記述します。

```
<?xml version="1.0" encoding=
"UTF-8" standalone="yes"?>
```

●要素の書き方

要素は、データを「<要素名>（開始タグ）」と「</要素名>（終了タグ）」ではさんで記述します。

```
<要素名>データ</要素名>
```

●属性の書き方

各要素には、その補足情報を「属性」として記述できます。開始タグの要素名のあとに、空白文字（半角空白・改行・タブのいずれか）に続けて記述します。設定する属性値は、「属性名＝」に続けて「"」（ダブルクォーテーション）」で囲んで記述します。複数の属性を記述する場合は、空白文字で区切ります。

```
<要素名 属性名1="属性値1" 属性名2="属性値2"…>データ</要素名>
```

●子要素を持つ要素の書き方

要素内に入れ子構造で記述する要素を「子要素」と呼びます。子要素は、開始タグと終了タグではさんで、次のように記述します。インデントを入れて記述すると、階層構造がわかりやすくなります。

```
<要素名>
    <子要素名>データ</子要素名>
</要素名>
```

●データや子要素を持たない要素の書き方

データや子要素を持たない要素は、「<要素名></要素名>」という記述を省略して、次のように記述します。

```
<要素名/>
```

データや子要素を持たない要素の属性は、次のように記述してください。

```
<要素名 属性名1="属性値1" 属性名2="属性値2"… />
```

HINT XMLスキーマとは

XMLスキーマは、XMLデータの階層構造や、出現する要素とそのデータ型などを定義するXML形式のファイルです。XMLスキーマの拡張子は「xsd」です。XMLスキーマを読めば、作成するXMLデータの要素とその階層構造を確認できます。また、XMLデータが、XMLスキーマで定義された要素や階層構造で作成されているか、といったチェックを行うときもXMLスキーマが参照されます。

HINT 名前空間接頭辞とは

名前空間接頭辞は、タグの要素名の前に記述される文字列です。名前空間接頭辞を記述することで、どこで決められたタグなのかを識別することができます。たとえば、開始タグを<xsd:タグ名>の形で記述することで、このタグがXMLスキーマのタグであることを表します。

簡単なXMLスキーマの書き方　◀◀◀

使用例「セルやリストにXMLスキーマの要素を対応付ける」で使用するXMLスキーマ「order.xsd」を参考にしながら、簡単なXMLスキーマの書き方を紹介します。なお、くわしいXMLスキーマの仕様については、W3C（英語）のWebページ（http://www.w3.org/TR/xmlschema-0/など）や専門書を参照してください。

●XML宣言と名前空間接頭辞（1・2行め）

XMLスキーマもXML形式のデータなので、1行めにXML宣言を記述します。2行めにXMLスキーマのルート要素であるschema要素を記述します。ここでは、「xsd」がXMLスキーマの名前空間接頭辞であることを宣言しています。

●子要素を持たない要素の書き方（6～7、11～13行め）

XMLデータに出現する要素はelement要素で記述します。要素名はname属性で定義し、要素のデータ型はtype属性で定義します。「xsd:string」は文字列型、「xsd:int」は4バイトの整数型です。

●出現順番が決められた要素を子要素を持つ要素の書き方（8～16、3～19行め）

子要素はcomplexType要素でまとめて、element要素の子要素として記述します。子要素の出現順番を定義する場合はsequence要素でまとめて、complexType要素の子要素として、出現する順番に記述します。

```
<xsd:element>
    <xsd:complexType>
        <xsd:sequence>
            子要素を出現する順番に記述
        </xsd:sequence>
    </xsd:complexType>
</xsd:element>
```

●何度も出現する要素（8行め）

何度も出現する要素にはminOccurs属性で最低出現回数、maxOccurs属性で最高出現回数を記述します。無制限で出現させるときは、maxOccurs属性に「unbounded」を指定します。

```
1  <?xml version="1.0" encoding="UTF-8" ?>
2  <xsd:schema xmlns:xsd="http://www.w3.org/2001/XMLSchema">
3   <xsd:element name="order">
4    <xsd:complexType>
5     <xsd:sequence>
6      <xsd:element name="date" type="xsd:string" />
7      <xsd:element name="customer" type="xsd:string" />
8      <xsd:element name="goods" minOccurs="1" maxOccurs="unbounded">
9       <xsd:complexType>
10       <xsd:sequence>
11        <xsd:element name="no" type="xsd:string" />
12        <xsd:element name="name" type="xsd:string" />
13        <xsd:element name="amount" type="xsd:int" />
14       </xsd:sequence>
15      </xsd:complexType>
16     </xsd:element>
17     </xsd:sequence>
18    </xsd:complexType>
19   </xsd:element>
20  </xsd:schema>
```

※order要素の子要素は、date要素、customer要素、goods要素で、この順番で出現する。このなかのgoods要素の子要素は、no要素、name要素、amount要素で、この順番で出現する。

※goods要素は何度も出現する（最低1回、無制限）。

16-2

XML形式のファイル操作

1　マクロの基礎知識
2　VBAの基礎知識
3　プログラミングの基礎知識
4　セルの操作
5　ワークシートの操作
6　Excelファイルの操作
7　高度なファイルの操作
8　ウィンドウの操作
9　データの操作
10　印刷
11　図形の操作
12　グラフの操作
13　コントロールの使用
14　外部アプリケーションの操作
15　VBA関数
16　そのほかの操作
付録

911
できる

16-2

XML形式の
ファイル操作

マクロの
基礎知識 **1**

VBAの
基礎知識 **2**

プログラミングの
基礎知識 **3**

セルの操作 **4**

ワークシートの
操作 **5**

Excelファイルの
操作 **6**

高度な
ファイルの操作 **7**

ウィンドウの
操作 **8**

データの操作 **9**

印　刷 **10**

図形の操作 **11**

グラフの操作 **12**

コントロールの
使用 **13**

外部アプリケーション
の操作 **14**

VBA関数 **15**

そのほかの操作 **16**

付　録

XML形式でデータを出力するには

オブジェクト.**Export**(Url, Overwrite)

▶解説

XML形式でデータを出力するには、XmlMapオブジェクトのExportメソッドを使用します。オブジェクトには、XMLスキーマとブックの対応付けを表すXmlMapオブジェクトを指定します。XML形式に変換されたデータは、引数Urlに指定されたファイルに出力され、Exportメソッドは、その出力結果をXlXmlExportResult列挙型の定数で返します。

XlXmlExportResult列挙型の定数

定数	値	内容
xlXmlExportSuccess	0	XML 形式で正常に出力された
xlXmlExportValidationFailed	1	データの内容が指定された XML スキーマの定義と一致していない

▶設定する項目

オブジェクト ………… XmlMapオブジェクトを指定します。

Url ………………………… XML形式のデータを出力するファイル名を指定します。パスを含めて指定することができます。

Overwrite …………… 出力先に同じ名前のファイルが存在したとき、上書きする場合はTrue、上書きしない場合はFalseを指定します。省略した場合はFalseが指定されます（省略可）。

エラーを防ぐには

引数OverwriteにFalseを指定、または省略した場合、出力先に同じ名前のファイルが存在していると、エラーが発生します。

使用例 XML形式でデータを出力する

「orderDataXmlMap」という名前で設定されているXMLスキーマとブックの対応付けを使用して、ワークシートに入力されているデータを「orderData.xml」というファイル名でXML形式で出力します。出力先は、Cドライブ内の［XMLデータ］フォルダーです。正常に出力された場合は「正常に出力されました。」というメッセージを表示します。なお、サンプルの「16-2_002.xlsm」は、使用例「セルやテーブルの列にXMLデータの要素を対応付ける」で紹介したコードを実行して、XMLスキーマとブックの対応付けを済ませています。

サンプル 16-2_002.xlsm

参照 セルやテーブルの列にXMLデータの要素を対応付ける……P.907

912
できる

```
1  Sub XML形式で出力()
2      Dim myResult As XlXmlExportResult
3      myResult = ActiveWorkbook.XmlMaps("orderDataXmlMap").Export _
           (URL:="C:\XMLデータ\orderData.xml", Overwrite:=True)
4      If myResult = xlXmlExportSuccess Then
5          MsgBox "正常に出力されました。"
6      ElseIf myResult = xlXmlExportValidationFailed Then
7          MsgBox "データの内容がXMLスキーマの定義と一致していません。"
8      End If
9  End Sub
```

注)「_（行継続文字）」の部分は、次の行と続けて入力することもできます→95ページ参照

1. ［XML形式で出力］というマクロを記述する
2. XlXmlExportResult型の変数myResultを宣言する
3. 「orderDataXmlMap」という名前のXMLスキーマとブックの対応付けを使用して、入力されているデータを、Cドライブの［XMLデータ］フォルダーに「orderData.xml」というファイル名でXML形式で出力し、その結果を変数myResultに格納する
4. もし変数myResultがxlXmlExportSuccessの場合は（Ifステートメントの開始）
5. 「正常に出力されました。」というメッセージを表示する
6. それ以外の場合で、変数myResultがxlXmlExportValidationFailedの場合は
7. 「データの内容がXMLスキーマの定義と一致していません。」というメッセージを表示する
8. Ifステートメントを終了する
9. マクロの記述を終了する

ワークシートの内容を
XML形式で出力したい

セルやテーブルの列とXMLデータの要素との対応付けが済んでいるワークシートを開いておく

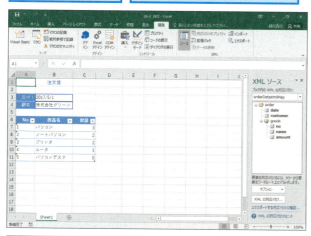

Cドライブに［XMLデータ］フォルダーを作成しておく

16-2 XML形式のファイル操作

❶VBEを起動し、コードを入力

参照▶VBAを使用してマクロを作成するには……P.85

❷入力したマクロを実行

参照▶マクロを実行するには……P.53

メッセージボックスが表示された

XML形式でデータが正常に出力された

Cドライブの[XMLデータ]フォルダーに[orderData.xml]ファイルが作成された

❸ファイルをダブルクリック

Microsoft Edgeが起動して、XMLファイルの内容が表示された

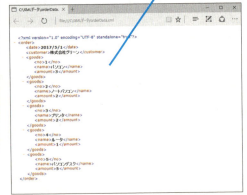

16-2
XML形式のファイル操作

HINT XML形式のデータを文字列型の変数に出力するには

XML形式のデータを文字列型の変数に出力するには、XmlMapオブジェクトのExportXmlメソッドを使用します。引数Dataに出力先の文字列型（String）の変数を指定します。ExportXmlメソッドも、Exportメソッドと同じように、出力結果をXlXmlExportResult列挙型の定数で返します。たとえば、XMLデータを、文字列型の変数myXMLDataに格納するには、次のように記述します。なお、文字列型の変数に格納されたXMLデータの内容を確認するには、「Debug.Print XMLデータを格納した変数名」と記述してイミディエイトウィンドウに出力します。

サンプル 16-2_003.xlsm

```
Sub XML形式で文字列型の変数に出力()
    Dim myResult As XlXmlExportResult
    Dim myXMLData As String
    myResult = ActiveWorkbook.XmlMaps("orderDataXmlMap").ExportXml(Data:=myXMLData)
    If myResult = xlXmlExportSuccess Then
        MsgBox "正常に出力されました。"
    ElseIf myResult = xlXmlExportValidationFailed Then
        MsgBox "データの内容がXMLスキーマの定義と一致していません。"
    End If
    Debug.Print myXMLData
End Sub
```

▶ XML形式のファイルを読み込むには

オブジェクト.Import(Url, Overwrite)

▶解説

XML形式のファイルをブックに読み込むには、XmlMapオブジェクトのImportメソッドを使用します。オブジェクトには、XMLスキーマとブックの対応付けを表すXmlMapオブジェクトを指定します。Importメソッドを実行すると、引数Urlに指定されたXMLファイルが開いて、入力されている各要素のデータが、対応付けられているセルやテーブルの列に読み込まれ、Importメソッドは、その読み込み結果をXlXmlImportResult列挙型の定数で返します。

XlXmlImportResult列挙型の定数

定数	値	内容
xlXmlImportSuccess	0	XML ファイルが正常に読み込まれた
xlXmlImportElementsTruncated	1	ワークシートに対して XML ファイルが大きすぎたため、あふれたデータは切り捨てられた
xlXmlImportValidationFailed	2	XML ファイルの内容が指定された XML スキーマの定義と一致していない

▶設定する項目

オブジェクト ………… XmlMapオブジェクトを指定します。

Url ………………… 読み込むXML形式のファイル名を指定します。パスを含めて指定することができます。

Overwrite ………… 既存のデータを上書きするにはTrue、上書きしない場合はFalseを指定します。省略した場合はFalseが指定されます（省略可）。

エラーを防ぐには

読み込みたいXMLファイルの内容が正しく記述されていないと、XML解析エラーが発生します。

---

1 マクロの基礎知識
2 VBAの基礎知識
3 プログラミングの基礎知識
4 セルの操作
5 ワークシートの操作
6 Excelファイルの操作
7 高度なファイルの操作
8 ウィンドウの操作
9 データの操作
10 印刷
11 図形の操作
12 グラフの操作
13 コントロールの使用
14 外部アプリケーションの操作
15 VBA関数
16 そのほかの操作
付録

915
できる

16-2

XML形式のファイル操作

使用例　XML形式のファイルを読み込む

「orderDataXmlMap」という名前で設定されているXMLスキーマとブックの対応付けを使用して、Cドライブの［XMLデータ］フォルダーに保存されているXMLファイル「inputData.xml」を読み込みます。正常に読み込まれた場合は「XMLファイルが正常に読み込まれました。」というメッセージを表示します。なお、サンプルの「16-2_004.xlsm」は、使用例「セルやテーブルの列にXMLデータの要素を対応付ける」で紹介したコードを実行して、XMLスキーマとブックの対応付けを済ませています。

サンプル 16-2_004.xlsm ／ inputData.xml

参照 セルやテーブルの列にXMLデータの要素を対応付ける……P.907

```
1  Sub XML形式のファイル読み込み()
2      Dim myResult As XlXmlImportResult
3      myResult = ActiveWorkbook.XmlMaps("orderDataXmlMap").Import _
           (URL:="C:¥XMLデータ¥inputData.xml", Overwrite:=True)
4      If myResult = xlXmlImportSuccess Then
5          MsgBox "XMLファイルが正常に読み込まれました。"
6      ElseIf myResult = xlXmlImportValidationFailed Then
7          MsgBox "XMLファイルが大きすぎたため、あふれたデータを切り捨てました。"
8      ElseIf myResult = xlXmlImportElementsTruncated Then
9          MsgBox "データの内容がXMLスキーマの定義と一致していません。"
10     End If
11 End Sub
```
注)「_（行継続文字）」の部分は、次の行と続けて入力することもできます→95ページ参照

1　［XML形式のファイル読み込み］というマクロを記述する
2　XlXmlImportResult型の変数myResultを宣言する
3　「orderDataXmlMap」という名前のXMLスキーマとブックの対応付けを使用して、Cドライブの［XMLデータ］フォルダーに保存されているXMLファイル「inputData.xml」をアクティブブックに読み込み、その結果を変数myResultに格納する
4　もし変数myResultがxlXmlImportSuccessの場合は(Ifステートメントの開始)
5　「XMLファイルが正常に読み込まれました。」というメッセージを表示する
6　それ以外の場合で、変数myResultがxlXmlImportValidationFailedの場合は
7　「XMLファイルが大きすぎたため、あふれたデータを切り捨てました。」というメッセージを表示する
8　それ以外の場合で、変数myResultがxlXmlImportElementsTruncatedの場合は
9　「データの内容がXMLスキーマの定義と一致していません。」というメッセージを表示する
10　Ifステートメントを終了する
11　マクロの記述を終了する

16-2 XML形式のファイル操作

XMLデータの要素とセルやテーブルの列との対応付けが行われたワークシートに、XMLファイルのデータを読み込みたい

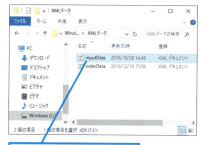

読み込むXMLファイルをCドライブの［XMLデータ］フォルダーに配置しておく

XMLデータの要素とセルやテーブルの列との対応付けが行われたワークシートを開いておく

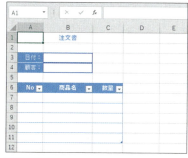

❶ VBEを起動し、コードを入力

参照▶ VBAを使用してマクロを作成するには……P.85

```
Sub XML形式のファイル読み込み()
    Dim myResult As XlXmlImportResult
    myResult = ActiveWorkbook.XmlMaps("orderDataXmlMap").Import _
        (URL:="C:\XMLデータ\inputData.xml", Overwrite:=True)
    If myResult = xlXmlImportSuccess Then
        MsgBox "XMLファイルが正常に読み込まれました。"
    ElseIf myResult = xlXmlImportValidationFailed Then
        MsgBox "XMLファイルが大きすぎたため、あふれたデータを切り捨てました。"
    ElseIf myResult = xlXmlImportElementsTruncated Then
        MsgBox "データの内容がXMLスキーマの定義と一致していません。"
    End If
End Sub
```

❷ 入力したマクロを実行

参照▶ マクロを実行するには……P.53

16-2 XML形式のファイル操作

> 対応付けにしたがってXMLファイルの各要素のデータがセルに入力された

> メッセージが表示された

HINT 文字列型の変数に格納されているXMLデータを読み込むには

文字列型の変数に格納されているXMLデータを読み込むには、XmlMapオブジェクトのImportXmlメソッドを使用します。引数XmlDataに読み込みたいXMLデータが格納されている文字列型（String）の変数を指定します。また、ImportXmlメソッドも、Importメソッドと同じように、読み込み結果をXlXmlImportResultクラスの定数で返します。たとえば、文字型の変数myXMLDataに格納されているXMLデータを読み込むには、次のように記述します。なお、「"（ダブルクォーテーション）」で囲まれた文字列データ内で「"（ダブルクォーテーション）」を使用する場合は、2つ続けて「""」と記述します。

サンプル 16-2_005.xlsm

```
Sub 文字型の変数に格納されたXML形式の読み込み()
    Dim myXMLData As String
    Dim myResult As XlXmlImportResult
    myXMLData = "<?xml version=""1.0"" standalone=""yes""?>" & _
        "<order><date>2017/5/1</date><customer>株式会社グリーン</customer><goods>" & _
        "<no>1</no><name>レーザープリンタ</name><amount>2</amount></goods><goods>" & _
        "<no>2</no><name>コピー用紙</name><amount>10</amount></goods></order>"
    myResult = ActiveWorkbook.XmlMaps("orderDataXmlMap").ImportXml(XmlData:=myXMLData)
    If myResult = xlXmlImportSuccess Then
        MsgBox "XMLファイルが正常に読み込まれました。"
    ElseIf myResult = xlXmlImportValidationFailed Then
        MsgBox "XMLファイルが大きすぎたため、あふれたデータを切り捨てました。"
    ElseIf myResult = xlXmlImportElementsTruncated Then
        MsgBox "データの内容がXMLスキーマの定義と一致していません。"
    End If
End Sub
```

HINT XMLファイルをブラウザーでチェックする

作成したXMLファイルをMicrosoft EdgeやInternet Explorerで開くと、XMLの内容がブラウザー上に表示されます。このとき、XMLの規則を守って記述されているXMLファイル（整形式XMLファイル）の場合は、下図のように内容が表示されます。

タグが表示されない場合はエラーが発生しています。エラー内容を確認するには、ブラウザー上で[F12]キーを押して［F12開発者ツール］を起動して［コンソール］タブを表示してください。Microsoft Edgeの場合は［最新の情報に更新］ボタン、Internet Explorerの場合はブラウザー下部に表示された［ブロックされているコンテンツを許可］ボタンをクリックするとエラー内容が表示されます。

16-3 そのほかの機能

そのほかの機能

Excelアプリケーション全体を表すApplicationオブジェクトのさまざまなプロパティを使用すると、Excelの画面更新を抑止して処理速度を上げたり、Excelの注意メッセージなどを非表示にしたり、ステータスバーにメッセージを表示したりすることができます。また、Applicationオブジェクトのさまざまなメソッドを使用すると、実行中のマクロを一時停止したり、実行時刻を指定してマクロを実行したりすることができます。

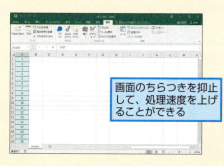

画面のちらつきを抑止して、処理速度を上げることができる

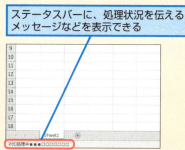

ステータスバーに、処理状況を伝えるメッセージなどを表示できる

画面表示の更新を抑止して処理速度を上げるには

```
オブジェクト.ScreenUpdating = 設定値          設定
オブジェクト.ScreenUpdating                    取得
```

▶解説

マクロでセルの書式を変更する処理などを実行すると、その処理に合わせて画面表示が更新されるので画面がちらつき、処理速度が遅くなります。ApplicationオブジェクトのScreenUpdatingプロパティにFalseを設定すると、画面表示の更新が抑止されるので、その分、処理速度を上げることができます。なお、画面表示を更新する設定に戻すには、ScreenUpdatingプロパティにTrueを設定します。

▶設定する項目

オブジェクト ………… Applicationオブジェクトを指定します。

設定値 ………………… 画面を更新させない場合はFalse、更新させる場合はTrueを設定します。既定値はTrueです。

エラーを防ぐには

ScreenUpdatingプロパティをFalseに設定した場合、マクロの実行が終了すると自動的にTrueの設定に戻りますが、不意なトラブルを防ぐために、Trueに設定するステートメントを明示的に記述しておきましょう。

16-3

そのほかの機能

使用例 画面表示の更新を抑止して処理速度を上げる

セルA1 ～ A1000に行番号を入力して、文字の横位置と背景色、外枠の罫線を設定します。
ここでは、処理に負荷をかけるために、セルを選択したり、行番号を参照させたりしていますが、
画面更新を抑止しているため、処理にかかる時間が短縮されます。

サンプル 16-3_001.xlsm

```vba
Sub 画面更新を抑止()
    Dim i As Long
    Application.ScreenUpdating = False
    For i = 1 To 1000
        Cells(i, 1).Select
        With Selection
            .Value = .Row
            .HorizontalAlignment = xlCenter
            .Interior.ColorIndex = 34
            .Borders(xlEdgeLeft).LineStyle = xlContinuous
            .Borders(xlEdgeTop).LineStyle = xlContinuous
            .Borders(xlEdgeBottom).LineStyle = xlContinuous
            .Borders(xlEdgeRight).LineStyle = xlContinuous
        End With
    Next i
    Application.ScreenUpdating = True
End Sub
```

1 [画面更新を抑止]というマクロを記述する
2 長整数型の変数iを宣言する
3 画面を更新しない設定にする
4 変数iが1から1000になるまで以下の処理をくり返す(Forステートメントの開始)
5 i行め、1列めのセルを選択する
6 選択したセルについて以下の処理を行う(Withステートメントの開始)
7 行番号を入力する
8 横方向の配置を中央揃えにする
9 背景色を薄い水色に設定する
10 左端の辺に細実線を設定する
11 上端の辺に細実線を設定する
12 下端の辺に細実線を設定する
13 右端の辺に細実線を設定する
14 Withステートメントを終了する
15 変数iに1を足して5行めに戻る
16 画面を更新する設定にする
17 マクロの記述を終了する

サイドバー

マクロの基礎知識 1
VBAの基礎知識 2
プログラミングの基礎知識 3
セルの操作 4
ワークシートの操作 5
Excelファイルの操作 6
高度なファイルの操作 7
ウィンドウの操作 8
データの操作 9
印刷 10
図形の操作 11
グラフの操作 12
コントロールの使用 13
外部アプリケーションの操作 14
VBA関数 15
そのほかの操作 16
付録

920
できる

画面の更新を抑制して処理を実行したい

❶ VBEを起動し、コードを入力

参照▶ VBAを使用してマクロを作成するには……P.85

```
Sub 画面更新を抑止()
    Dim i As Long
    Application.ScreenUpdating = False
    For i = 1 To 1000
        Cells(i, 1).Select
        With Selection
            .Value = .Row
            .HorizontalAlignment = xlCenter
            .Interior.ColorIndex = 34
            .Borders(xlEdgeLeft).LineStyle = xlContinuous
            .Borders(xlEdgeTop).LineStyle = xlContinuous
            .Borders(xlEdgeBottom).LineStyle = xlContinuous
            .Borders(xlEdgeRight).LineStyle = xlContinuous
        End With
    Next i
    Application.ScreenUpdating = True
End Sub
```

❷ 入力したマクロを実行

参照▶ マクロを実行するには……P.53

セルへの入力や書式設定は行われるが、画面がちらつくことはない

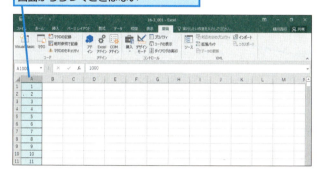

処理速度の違いを確認するには

使用例「画面表示の更新を抑止して処理速度を上げる」の3行めを、「Application.ScreenUpdating = True」に変更してマクロを実行すると、画面表示が更新されて画面がちらつき、処理に時間がかかるので、処理速度の違いを確認できます。

注意や警告のメッセージを非表示にするには

オブジェクト.**DisplayAlerts** = 設定値 ――――― 設定
オブジェクト.**DisplayAlerts** ――――――――― 取得

▶解説

マクロが実行されている間、注意や警告などのメッセージを非表示にするには、ApplicationオブジェクトのDisplayAlertsプロパティにFalseを設定します。設定を元に戻すには、DisplayAlertsプロパティにTrueを設定します。

▶設定する項目

オブジェクト ……… Applicationオブジェクトを指定します。
設定値 …………… 確認や警告のメッセージを非表示にする場合にFalse、表示する場合にTrueを設定します。

エラーを防ぐには

DisplayAlertsプロパティをFalseに設定した場合、マクロの実行が終了すると自動的にTrueの設定に戻りますが、不意なトラブルを防ぐために、Trueに設定するステートメントを明示的に記述しておきましょう。

16-3 そのほかの機能

使用例 注意メッセージを非表示にする

データが入力されているシートや、すべてのデータを削除したあとで上書き保存していないシートを削除しようとすると、注意メッセージが表示されます。この注意メッセージを表示しないで、アクティブシートを削除します。

サンプル 16-3_002.xlsm

```
1  Sub 注意メッセージ非表示()
2      Application.DisplayAlerts = False
3      ActiveSheet.Delete
4      Application.DisplayAlerts = True
5  End Sub
```

1 [注意メッセージ非表示]というマクロを記述する
2 注意メッセージを表示しない設定にする
3 アクティブシートを削除する
4 注意メッセージを表示する設定にする
5 マクロの記述を終了する

通常は、ワークシートの削除時にはメッセージが表示される

注意をうながすメッセージボックスを非表示にしたい

❶VBEを起動し、コードを入力

参照▶VBAを使用してマクロを作成するには……P.85

❷入力したマクロを実行

参照▶マクロを実行するには……P.53

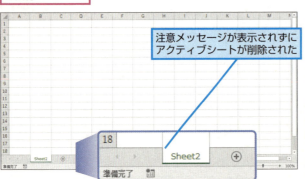

注意メッセージが表示されずにアクティブシートが削除された

HINT Excel 2016における挙動の違い

WorksheetオブジェクトのDeleteメソッドを使用して、データが入力されたワークシートを削除するとき、Excel 2016では、DisplayAlertsプロパティの設定にかかわらず、注意メッセージは表示されないので注意してください（手動で削除するときは表示されます）。

16-3 そのほかの機能

ステータスバーに文字列を表示するには

オブジェクト.StatusBar = 設定値 ────────── 設定
オブジェクト.StatusBar ─────────────── 取得

▶解説

ステータスバーに文字列を表示するには、ApplicationオブジェクトのStatusBarプロパティに表示したい文字列を設定します。Excelの既定の表示に戻すにはFalseを設定します。なお、ステータスバーが非表示の場合、文字列は設定されますが、ステータスバーを表示させることはできません。ステータスバーを表示する場合は、ApplicationオブジェクトのDisplayStatusBarプロパティにTrueを設定します。 参照📖 ウィンドウの画面表示を設定するプロパティ……P.537

▶設定する項目

オブジェクト ………… Applicationオブジェクトを指定します。

設定値………………… ステータスバーに表示したい文字列を設定します。Excelの既定の表示に戻すにはFalseを設定します。

エラーを防ぐには

StatusBarプロパティに設定した文字列は表示されたままになります。Excel既定の表示に戻したい場合はFalseを指定しましょう。

使用例 ステータスバーにメッセージを表示する

ステータスバーに、処理の進捗状況を伝える簡単なプログレスバーを表示します。プログレスバー部分はString関数を使用して作成します。「■」をループカウンタの数値分だけ表示し、全体の文字数からループカウンタの数値を引いた分だけ「□」を表示させることで、処理が繰り返し実行されるごとに「■」の表示文字数が増えて、プログレスバーのように表示されます。なお、ループカウンタが1秒ごとに加算されるように、Waitメソッドを使用してマクロを一時停止させています。 サンプル🈶 16-3_003.xlsm

参照📖 文字を指定した数だけ並べて表示するには……P.851
参照📖 実行中のマクロを一時停止するには……P.925

```
1  Sub ステータスバー()
2      Dim i As Integer
3      For i = 0 To 10
4          Application.StatusBar = "マクロ処理中" & _
               String(i, "■") & String(10 - i, "□")
5          Application.Wait Now + TimeValue("00:00:01")
6      Next i
7      Application.StatusBar = False
8  End Sub
```

注)「_（行継続文字）」の部分は、次の行と続けて入力することもできます→95ページ参照

---

1 マクロの基礎知識
2 VBAの基礎知識
3 プログラミングの基礎知識
4 セルの操作
5 ワークシートの操作
6 Excelファイルの操作
7 高度なファイルの操作
8 ウィンドウの操作
9 データの操作
10 印刷
11 図形の操作
12 グラフの操作
13 コントロールの使用
14 外部アプリケーションの操作
15 VBA関数
16 そのほかの操作
付録

923
できる

16-3 そのほかの機能

1	[ステータスバー]というマクロを記述する
2	整数型の変数iを宣言する
3	変数iが0から10になるまで以下の処理をくり返す（Forステートメントの開始）
4	「マクロ処理中」という文字列と、i個分の「■」を並べた文字列、10-i個分の「□」を並べた文字列を連結して、ステータスバーに表示する
5	マクロの実行を、現在の時刻から1秒間、一時停止する
6	変数iに1を足して4行めに戻る
7	ステータスバーをExcelの既定の表示に戻す
8	マクロの記述を終了する

ステータスバーに処理の進捗状況を表示させたい

❶VBEを起動し、コードを入力

参照▶VBAを使用してマクロを作成するには……P.85

```
Sub ステータスバー()
    Dim i As Integer
    For i = 0 To 10
        Application.StatusBar = "マクロ処理中" & _
            String(i, "■") & String(10 - i, "□")
        Application.Wait Now + TimeValue("00:00:01")
    Next i
    Application.StatusBar = False
End Sub
```

❷入力したマクロを実行

参照▶マクロを実行するには……P.53

ステータスバーに処理の進捗状況を表す文字列が表示される

Excelの既定の表示に戻った

実行中のマクロを一時停止するには

オブジェクト.**Wait**(Time)

▶解説

実行中のマクロを一時停止するには、ApplicationオブジェクトのWaitメソッドを使用します。Waitメソッドは、引数Timeに指定した時刻まで実行中のマクロを一時停止します。Excelの動作も一時停止しますが、バックグラウンドで行われている印刷などの処理は継続されます。

▶設定する項目

オブジェクト ‥‥‥‥‥ Applicationオブジェクトを指定します。

Time‥‥‥‥‥‥‥‥‥‥ 一時停止しているマクロの実行を再開する時刻を指定します。

エラーを防ぐには

引数Timeに、時刻として認識できないデータを指定するとエラーが発生します。データを時刻データに変換するTimeValue関数や、時刻として認識できるかどうかを調べるIsDate関数を使用して、適切なデータを指定しましょう。

参照■年／月／日から日付データを求めるには……P.824

参照■日付や時刻として扱えるかどうかを調べるには……P.866

使用例 実行中のマクロを一時停止する

「5秒間、一時停止します。」というメッセージを表示して、[OK] ボタンがクリックされた場合に、マクロの実行を5秒間、一時停止します。一時停止している間、ステータスバーに「一時停止中」という文字列を表示し、5秒経ったら「マクロの実行を再開しました。」というメッセージを表示します。

サンプル■16-3_004.xlsm

参照■ステータスバーにメッセージを表示する……P.923

```
1  Sub マクロ一時停止()
2      Dim myResult As VbMsgBoxResult
3      myResult = MsgBox("5秒間、一時停止します。", vbOKCancel)
4      If myResult = vbOK Then
5          With Application
6              .StatusBar = "一時停止中"
7              .Wait Now + TimeValue("00:00:05")
8              .StatusBar = False
9          End With
10         MsgBox "マクロの実行を再開しました。"
11     End If
12 End Sub
```

16-3

そのほかの機能

1 マクロの基礎知識

2 VBAの基礎知識

3 プログラミングの基礎知識

4 セルの操作

5 ワークシートの操作

6 Excelファイルの操作

7 高度なファイルの操作

8 ウィンドウの操作

9 データの操作

10 印刷

11 図形の操作

12 グラフの操作

13 コントロールの使用

14 外部アプリケーションの操作

15 VBA関数

16 そのほかの操作

付録

925

16-3 そのほかの機能

1. ［マクロ一時停止］というマクロを記述する
2. VbMsgBoxResult型の変数myResultを宣言する
3. ［OK］ボタンと［キャンセル］ボタンが表示されている「5秒間、一時停止します。」というメッセージを表示して、クリックされたボタンの値を変数myResultに格納する
4. もし、変数myResultの値がvbOKの場合は（Ifステートメントの開始）
5. Excelアプリケーションについて以下の処理を行う（Withステートメントの開始）
6. ステータスバーに「一時停止中」という文字列を表示する
7. マクロの実行を、現在の時刻から5秒間、一時停止する
8. ステータスバーをExcel既定の表示に戻す
9. Withステートメントを終了する
10. 「マクロの実行を再開しました。」というメッセージを表示する
11. Ifステートメントを終了する
12. マクロの記述を終了する

マクロの処理を5秒間だけ一時停止させたい

❶VBEを起動し、コードを入力

参照▶VBAを使用してマクロを作成するには……P.85

❷入力したマクロを実行

参照▶マクロを実行するには……P.53

メッセージが表示された

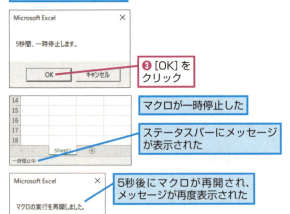

❸［OK］をクリック

マクロが一時停止した

ステータスバーにメッセージが表示された

5秒後にマクロが再開され、メッセージが再度表示された

16-3

実行時刻を指定してマクロを実行するには

そのほかの機能

オブジェクト.**OnTime**(EarliestTime, Procedure, LatestTime, Schedule)

▶解説

実行時刻を指定してマクロを実行するには、ApplicationオブジェクトのOnTimeメソッドを使用します。OnTimeメソッドを実行すると、引数Procedureに指定されたマクロの実行時刻が、引数EarliestTimeに指定された時刻に設定されます。OnTimeメソッドを実行したマクロが終了するとExcelは待機モードに入り、ユーザーは、引数EarliestTimeに指定した時刻になるまで、Excelを通常どおりに操作することが可能です。指定した時刻になっても、なんらかの処理が実行されているためにExcelが待機モードに入れない場合は、引数LatestTimeに指定された最終時刻まで待ち、その時刻を過ぎても待機モードに入れない場合、引数Procedureに指定されたマクロは実行されません。引数LatestTimeを省略した場合は、Excelが待機モードに入ってマクロが実行できる状態になるまで待ちます。

▶設定する項目

オブジェクト ··········· Applicationオブジェクトを指定します。

EarliestTime ········· マクロを実行する時刻を指定します。

Procedure ·············· 実行するマクロの名前を文字列型（String）で指定します。

LatestTime ············ マクロが実行できる状態になるまで待つ最終時刻を指定します。最終時刻までにExcelが待機モードにならない場合、指定したマクロは実行されません。省略した場合は、マクロが実行できる状態になるまで待ちます（省略可）。

Schedule ·············· Falseを指定した場合、引数Procedureに指定したマクロを引数EarliestTimeに指定した時刻に実行することを取り止めます。Trueを指定した場合は、指定された通りに実行します。省略した場合は、Trueが指定されます（省略可）。

エラーを防ぐには

OnTimeメソッドが記述されたマクロを再帰的に呼び出して、一定時間おきに処理を実行する場合、実行を中止するための別なマクロを作成しないと、一定時間おきの実行を中止することができません。

参照▶一定時間おきにマクロを実行する······P.929

参照▶一定時間おきにマクロを実行するのを中止するには······P.930

1 マクロの基礎知識
2 VBAの基礎知識
3 プログラミングの基礎知識
4 セルの操作
5 ワークシートの操作
6 Excelファイルの操作
7 高度なファイルの操作
8 ウィンドウの操作
9 データの操作
10 印刷
11 図形の操作
12 グラフの操作
13 コントロールの使用
14 外部アプリケーションの操作
15 VBA関数
16 そのほかの操作
付録

927

16-3 そのほかの機能

使用例　実行時刻を指定してマクロを実行する

現在の時刻から5秒後に、「テスト」という名前のマクロを実行します。現在の時刻から10秒経ってもExcelが処理中で待機モードに入らない場合は、「テスト」マクロは実行されません。なお、「テスト」マクロには、「指定時刻にマクロを実行しました。」というメッセージを表示するマクロが記述されています。

サンプル 16-3_005.xlsm

```
1  Sub 実行時刻指定()
2      Application.OnTime _
           EarliestTime:=Now + TimeValue("00:00:05"), _
           Procedure:="テスト", _
           LatestTime:=Now + TimeValue("00:00:10")
3  End Sub
```
注）「_（行継続文字）」の部分は、次の行と続けて入力することもできます→95ページ参照

1　[実行時刻指定]というマクロを記述する
2　現在の時刻から5秒後に「テスト」マクロを実行する（10秒経ってもExcelが待機モードに入らない場合は実行しない）
3　マクロの記述を終了する

5秒後に「テスト」マクロを実行させたい

❶ VBEを起動し、「実行時刻指定」マクロと「テスト」マクロを入力

参照 VBAを使用してマクロを作成するには……P.85

❷「実行時刻指定」マクロを実行

参照 マクロを実行するには……P.53

Excelが待機モードに変わった

マクロを実行してから5秒後に「テスト」マクロが実行され、メッセージボックスが表示される

❸[OK]をクリックしてメッセージを閉じる

使用例　一定時間おきにマクロを実行する

メッセージを表示する「テスト」マクロを5秒おきに実行します。「テスト」マクロを実行する
たびに、次の実行時刻を5秒後に設定しているため、一定時間おきにマクロが実行され続けます。
なお、実行時刻を格納する変数myReserveTimeは、5秒おきにマクロを実行するのを中止す
るマクロでも使用するため、モジュールレベル変数として宣言しています。

サンプル 16-3_006.xlsm

参照 変数の適用範囲……P.155
参照 一定時間おきにマクロを実行するには……P.930
参照 一定時間おきにマクロを実行するのを中止するには……P.930

```
1  Private myReserveTime As Date
2  Sub 一定時間おきにマクロ実行()
3      myReserveTime = Now + TimeValue("00:00:05")
4      Application.OnTime EarliestTime:=myReserveTime, _
           Procedure:="一定時間おきにマクロ実行"
5      テスト
6  End Sub
```

注)「_（行継続文字）」の部分は、次の行と続けて入力することもできます→95ページ参照

1　日付型の変数myReserveTimeを、ほかのモジュールから参照することができないモジュールレ
　　ベル変数として宣言する
2　[一定時間おきにマクロ実行]というマクロを記述する
3　変数myReserveTimeに現在の時刻の5秒後の時刻を格納する
4　変数myReserveTimeに格納した時刻に自分自身(「一定時間おきにマクロ実行」マクロ)を実行す
　　るように設定する
5　「テスト」マクロを呼び出す
6　マクロの記述を終了する

```
1  Sub テスト()
2      MsgBox "5秒おきにマクロを実行しています。"
3  End Sub
```

1　[テスト]というマクロを記述する
2　「5秒おきにマクロを実行しています。」というメッセージを表示する
3　マクロの記述を終了する

```
1  Sub 中止()
2      Application.OnTime EarliestTime:=myReserveTime, _
           Procedure:="一定時間おきにマクロ実行", Schedule:=False
3      MsgBox "次のマクロ実行を中止します。"
4  End Sub
```

注)「_（行継続文字）」の部分は、次の行と続けて入力することもできます→95ページ参照

1　[中止]というマクロを記述する
2　変数myReserveTimeに格納した時刻に自分自身(「一定時間おきにマクロ実行」マクロ)を実行し
　　ないように設定する
3　「次のマクロ実行を中止します。」というメッセージを表示する
4　マクロの記述を終了する

16-3

そのほかの機能

1　マクロの基礎知識
2　VBAの基礎知識
3　プログラミングの基礎知識
4　セルの操作
5　ワークシートの操作
6　Excelファイルの操作
7　高度なファイルの操作
8　ウィンドウの操作
9　データの操作
10　印刷
11　図形の操作
12　グラフの操作
13　コントロールの使用
14　外部アプリケーションの操作
15　VBA関数
16　そのほかの操作
　　付録

929
できる

16-3 そのほかの機能

5秒おきに「テスト」マクロを実行させたい

❶ VBEを起動し、モジュールレベル変数myReserveTime、「一定時間おきにマクロ実行」マクロと「テスト」マクロを入力

参照▶VBAを使用してマクロを作成するには……P.85

❷ 一定時間おきにマクロを実行するのを中止するマクロを入力

参照▶一定時間おきにマクロを実行するのを中止するには……P.930

❸ 「一定時間おきにマクロ実行」マクロを実行

参照▶マクロを実行するには……P.53

Excelが待機モードに変わった

メッセージボックスが表示される

❹ [OK]をクリックしてメッセージを閉じる

前にメッセージボックスが表示されてから5秒後にメッセージボックスが表示される

5秒おきにマクロが実行される

💡**一定時間おきにマクロを実行するには**

一定時間おきにマクロを実行するには、OnTimeメソッドを使用して、OnTimeメソッドが記述されている自分自身のマクロの次の実行時刻を設定してから、一定時間おきに実行したいマクロを呼び出します。使用例「一定時間おきにマクロを実行する」では、OnTimeメソッドを使用して、OnTimeメソッドが記述されている「一定時間おきにマクロ実行」マクロの次の実行時刻を設定してから、一定時間おきに実行したい「テスト」マクロを呼び出しています。

💡**一定時間おきにマクロを実行するのを中止するには**

一定時間おきにマクロを実行するのを中止するには、別なマクロを作成して、OnTimeメソッドの引数EarliestTimeに「次に実行する予定だった時刻」、引数Procedureに「実行時刻を設定するOnTimeメソッドが記述されているマクロ名」、引数ScheduleにFalseを指定して実行し、次に予定していたマクロの実行を取り止めます。また、このマクロでも、次に実行する予定だった時刻を参照できるようにするために、モジュールレベル変数を使用して実行時刻を格納しておきます。

付録

付録- 1. アドインの利用・・・・・・・・・・・・・・・・・・・・・・・・・・・932
付録- 2. サンプルファイルのダウンロード・・・・・・・・941

付録-1 アドインの利用

アドインの利用

「アドイン」とは、アプリケーションに追加することができる拡張機能のことです。Excelでは、「ソルバーアドイン」や「分析ツール」などが用意されていて、これらの機能を必要に応じて組み込んだり解除したりすることができるようになっています。Excel VBAを使用すれば、オリジナルのアドインを作成して配布できます。Excel VBAでアドインを作成するには、アドインとして配布するマクロを作成し、そのブックをアドイン形式で保存します。こうして作成したアドインファイルは、既存のアドインと同じように、組み込んだり解除したりすることができるので、作成したマクロを配布する手段として利用できます。

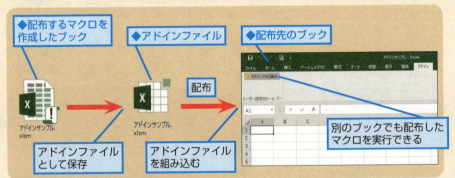

マクロをアドインとして配布する場合、配布先のブックでマクロを実行するためには、メニューが必要です。したがって、配布したいマクロに加えて、メニューを作成するマクロと、アドインを解除したときにメニューを削除するマクロを作成する必要があります。そして、これら3つのマクロを含むブックをアドイン形式で保存します。アドインを組み込んだり解除したりするときに実行されるイベントプロシージャーを使用して作成するので、マクロの作成場所に注意が必要です。

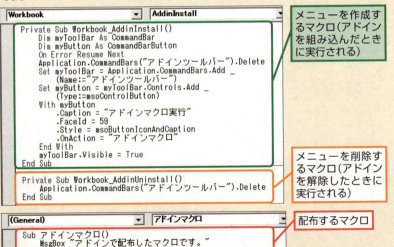

アドインを作成するには

配布したいマクロをアドインファイルとして保存するまでの一連の流れを解説します。ここで作成する「アドインサンプル.xlsm」の完成したサンプルファイルはダウンロードすることができます。動作の確認などにご利用ください。

サンプル アドインサンプル.xlam

● 配布するマクロを作成する

新規ブックを作成して、配布するマクロを作成します。配布するマクロは標準モジュールに記述します。ここでは、メッセージを表示するだけの簡単なマクロを作成します。

```
1  Sub アドインマクロ()
2      MsgBox "アドインで配布したマクロです。"
3  End Sub
```

1 [アドインマクロ]というマクロを記述する
2 「アドインで配布したマクロです。」というメッセージを表示する
3 マクロの記述を終了する

アドインとして配布するマクロを作成したい

ここでは例として、メッセージを表示するだけの簡単なマクロを記述する

VBEを起動して、標準モジュールにコードを入力

参照 VBAを使用してマクロを作成するには……P.85

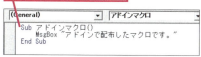

配布するマクロを作成したら、アドインを組み込んだときに実行するマクロを作成する

● メニューを作成するマクロを作成する

配布先のブックに、アドインで配布したマクロを実行するためのメニューを作成するマクロを作成します。メニューを作成するマクロは、ThisWorkbookモジュールのAddinInstallイベントプロシージャーに記述します。AddinInstallイベントプロシージャーは、アドインファイルをブックに組み込んだときに実行されるプロシージャーです。そのため、配布先でブックにアドインを組み込んだときに、アドインを実行するためのメニューが配布先のブックに作成されます。ここでは、「アドインツールバー」という名前のツールバーを作成して、ボタンイメージ（☺）を設定した「アドインマクロ実行」という名前のメニューを配置し、このメニューをクリックしたときに、配布した「アドインマクロ」を実行するように設定します。なお、アドインを実行するためのツールバーは、アドインを解除するまで表示させておきます。したがって、Addメソッドの引数Temporaryの設定を省略して、一時的ではないツールバーとして作成します。また、一時的ではないツールバーを作成した場合、再度同じツールバーを作成しようとすると、同じ名前のツールバーが存在するためにエラーが発生します。そのため、ツールバーを作成する前にCommandBarオブジェクトのDeleteメソッドで同じ名前のツールバーを削除してエラーを防ぎます。同じ名前のツールバーが存在しない場合、削除しようとした時点でエラーが発生するので、このエラーを無視するために、On Error Resume Nextステートメントを記述します。

付録-1 アドインの利用

```
1   Private Sub Workbook_AddinInstall()
2       Dim myToolBar As CommandBar
3       Dim myButton As CommandBarButton
4       On Error Resume Next
5       Application.CommandBars("アドインツールバー").Delete
6       Set myToolBar = Application.CommandBars.Add _
            (Name:="アドインツールバー")
7       Set myButton = myToolBar.Controls.Add _
            (Type:=msoControlButton)
8       With myButton
9           .Caption = "アドインマクロ実行"
10          .FaceId = 59
11          .Style = msoButtonIconAndCaption
12          .OnAction = "アドインマクロ"
13      End With
14      myToolBar.Visible = True
15  End Sub
```

注)「_ (行継続文字)」の部分は、次の行と続けて入力することもできます→95ページ参照

1 アドインファイルをブックに組み込んだときに実行するマクロを記述する
2 CommandBar型のオブジェクト変数myToolBarを宣言する
3 CommandBarButton型のオブジェクト変数myButtonを宣言する
4 エラーが発生した場合、エラーを無視して次の行のコードを実行する
5 ツールバー「アドインツールバー」を削除する
6 ツールバー「アドインツールバー」を作成して、オブジェクト変数myToolBarに格納する
7 オブジェクト変数myToolBarに格納したツールバーに、ボタンを作成し、オブジェクト変数myButtonに格納する
8 オブジェクト変数myButtonについて以下の処理を行う(Withステートメントの開始)
9 表示名に「アドインマクロ実行」を設定する
10 ID番号「59」のボタンイメージを設定する
11 ボタンイメージと名前を表示するように設定する
12 実行させるマクロとして、「アドインマクロ」マクロを設定する
13 Withステートメントを終了する
14 オブジェクト変数myToolBarに格納したツールバーを表示する
15 マクロの記述を終了する

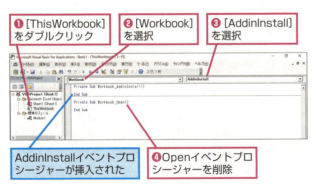

❶[ThisWorkbook]をダブルクリック
❷[Workbook]を選択
❸[AddinInstall]を選択
AddinInstallイベントプロシージャーが挿入された
❹Openイベントプロシージャーを削除

❺コードを入力

続いて、アドインを解除したときに実行するマクロを作成する

● メニューを削除するマクロを作成する

アドインが解除されたら、作成したメニューを削除する必要があります。メニューを削除するマクロは、ThisWorkbookモジュールのAddinUninstallイベントプロシージャーに記述します。AddinUninstallイベントプロシージャーは、アドインを解除したときに実行されるプロシージャーです。そのため、配布先のブックでアドインが解除されたときに、配布先に作成されたメニューが削除されます。ここでは、作成したツールバー「アドインツールバー」を削除するマクロを記述します。

```
1  Private Sub Workbook_AddinUninstall()
2      Application.CommandBars("アドインツールバー ").Delete
3  End Sub
```

1 アドインを解除したときに実行するマクロを記述する
2 ツールバー「アドインツールバー」を削除する
3 マクロの記述を終了する

AddinUninstallイベントプロシージャーを挿入する

参照 イベントプロシージャー……P.106

❶ [ThisWorkbook]をダブルクリック　❷ [Workbook]を選択　❸ [AddinUninstall]を選択

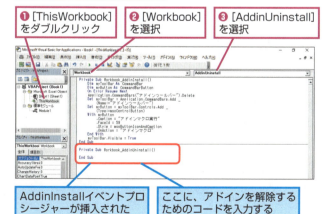

AddinInstallイベントプロシージャーが挿入された

ここに、アドインを解除するためのコードを入力する

付録-1 アドインの利用

1 マクロの基礎知識
2 VBAの基礎知識
3 プログラミングの基礎知識
4 セルの操作
5 ワークシートの操作
6 Excelファイルの操作
7 高度なファイルの操作
8 ウィンドウの操作
9 データの操作
10 印刷
11 図形の操作
12 グラフの操作
13 コントロールの使用
14 外部アプリケーションの操作
15 VBA関数
16 そのほかの操作

付録

935
できる

付録-1 アドインの利用

ここでは例として、追加したアドインツールバーを削除するマクロを記述する

❹コードを入力

```
Private Sub Workbook_AddinUninstall()
    Application.CommandBars("アドインツールバー").Delete
End Sub
```

● ブックをアドイン形式で保存する

配布するマクロ、メニューを作成するマクロ、メニューを削除するマクロを作成したら、プロジェクトにパスワードを設定し、ブックをアドイン形式で保存します。アドインの拡張子は「.xlam」となります。

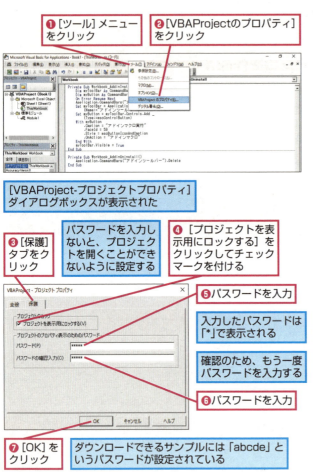

❶[ツール]メニューをクリック
❷[VBAProjectのプロパティ]をクリック

[VBAProject-プロジェクトプロパティ]ダイアログボックスが表示された

❸[保護]タブをクリック
パスワードを入力しないと、プロジェクトを開くことができないように設定する
❹[プロジェクトを表示用にロックする]をクリックしてチェックマークを付ける
❺パスワードを入力
入力したパスワードは「*」で表示される
確認のため、もう一度パスワードを入力する
❻パスワードを入力
❼[OK]をクリック
ダウンロードできるサンプルには「abcde」というパスワードが設定されている
Excelに切り替えておく

参照▶Excelの画面に切り替える……P.50

936

❽[ファイル]タブをクリック　❾[名前を付けて保存]をクリック　❿[参照]をクリック

> **Excel 2007では**
> [Officeボタン]をクリックして[名前を付けて保存]にマウスポインターを合わせ、表示されたメニューから[その他の形式]をクリックします。

[名前を付けて保存]ダイアログボックスが表示された

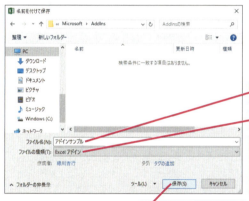

⓫ファイル名を入力

⓬[Excelアドイン]を選択

ファイルの保存先が自動的に「C:￥Users￥ユーザー名￥AppData￥Roaming￥Microsoft￥AddIns」に切り替わった

⓭[保存]をクリック

アドインファイルとして保存された

> **プロジェクトにパスワードを設定する理由**
> アドインファイルとして配布したマクロが、配布先のユーザーによって勝手に書き換えられないようにしたい場合などにパスワードを設定します。

> **アドインファイルのマクロにコードを追記するには**
> アドインファイルとして作成したマクロにコードを追記したい場合などに、アドインファイルをダブルクリックして開くと、アプリケーションウィンドウには何も表示されません。アドインファイルに作成したマクロを表示するには、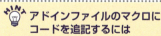キーを押してVBEを起動してください。パスワードを設定している場合は、プロジェクトエクスプローラーに表示されているアドインをダブルクリックし、表示された[VBAProject パスワード]ダイアログボックスにパスワードを入力してください。

> **アドインファイルの保存場所**
> アドインファイルとして保存したファイルは、「C:￥Users￥ユーザー名￥AppData￥Roaming￥Microsoft￥AddIns」に保存されます。保存先を確認するときは、隠しフォルダーを表示する設定にしてください。なお、[Users]フォルダーはエクスプローラー上で「ユーザー」と表示されています。「ユーザー名」はログインしているユーザー名です。

付録-1 アドインの利用

アドインを組み込むには

作成したアドインファイルをブックに組み込みます。組み込んだときにAddinInstallイベントプロシージャーが実行されて、ここでは、配布したマクロを実行するためのメニューが作成されます。

❶[ファイル]タブをクリック
❷[オプション]をクリック

[Excelのオプション]ダイアログボックスが表示された

❸[アドイン]をクリック

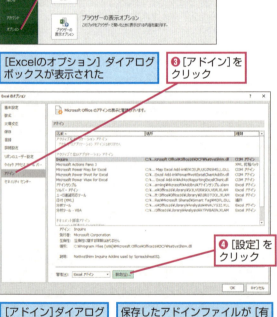

❹[設定]をクリック

[アドイン]ダイアログボックスが表示された

保存したアドインファイルが[有効なアドイン]に表示される

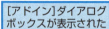

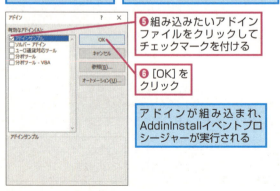

❺組み込みたいアドインファイルをクリックしてチェックマークを付ける
❻[OK]をクリック

アドインが組み込まれ、AddinInstallイベントプロシージャーが実行される

> **Excel 2007では**
> [Officeボタン]をクリックし、メニュー下部にある[Excelのオプション]をクリックします。

> **[アドイン]タブの表示設定について**
> アドインは、[アドイン]タブを表示するように設定してから組み込んでください。設定方法は、[ファイル]タブ-[オプション](Excel 2007の場合は、[Officeボタン]-[Excelのオプション])をクリックして表示される[Excelのオプション]ダイアログボックスで[リボンのユーザー設定]をクリックし、右側に表示されている[リボンのユーザー設定]の一覧にある[アドイン]にチェックを入れて[OK]ボタンをクリックしてください。もし、[アドイン]タブを表示しない設定のままアドインを組み込んだ場合は、アドインを解除して[アドイン]タブを表示するように設定してから再度組み込んでください。アドインを解除するときに実行時エラーが発生した場合は、[終了]ボタンをクリックして操作を続けてください。

> **[アドイン]ダイアログボックスとは**
> [アドイン]ダイアログボックスの[有効なアドイン]の一覧には、[AddIns]フォルダーに保存されたアドインが表示されています。アドインをブックに組み込んだり、解除したりする操作は、この[アドイン]ダイアログボックスから操作します。

[アドイン]タブが表示された

[ユーザー設定のツールバー]グループに配布したマクロを実行するボタンが表示されている

❼[アドインマクロ実行]をクリック

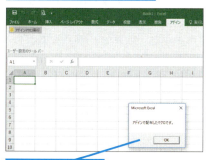

マクロが実行された

アドインを解除するには

アドインを解除するには、[アドイン]ダイアログボックスで、解除したいアドインのチェックマークをはずします。[OK]ボタンをクリックすると、アドインのAddinUninstallイベントプロシージャーが実行されて、ここでは、作成したツールバー[アドインツールバー]が削除されます。

[アドイン]ダイアログボックスを表示しておく

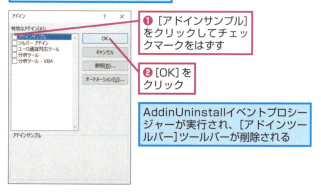

❶[アドインサンプル]をクリックしてチェックマークをはずす

❷[OK]をクリック

AddinUninstallイベントプロシージャーが実行され、[アドインツールバー]ツールバーが削除される

付録-1 アドインの利用

939

付録-1 アドインの利用

[アドイン]タブが表示されなくなった

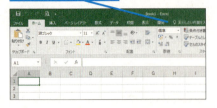

> **HINT** 解除したアドインは必要なときに組み込むことができる
>
> アドインを解除しても、保存したアドインファイルを削除したり、ほかのフォルダーへ移動したりしない限り、[アドイン]ダイアログボックスの[有効なアドイン]の一覧にアドイン名が表示されているので、再度、アドインを組み込むことができます。

メニューからアドインを解除できるようにするには

アドインを解除するメニューを作成しておけば、[アドイン]ダイアログボックスを表示しなくてもアドインを解除できるので、利用する人に親切なアドインファイルを作成することができます。

マクロでアドインを解除するには、AddInsオブジェクトのInstalledプロパティにFalseを設定します。たとえば、アドインファイル「アンインストール付きアドインサンプル」を解除するマクロ「アンインストール」を作成するには、次のように記述します。このマクロは標準モジュールに作成します。

サンプル アンインストール付きアドインサンプル.xlam

```
Sub アンインストール()
    AddIns("アンインストール付きアドインサンプル").Installed = False
End Sub
```

そして、このマクロを実行するためのメニューを作成するコードをAddinInstallイベントプロシージャーに追記します。たとえば、ボタンイメージ（）を設定した「アドインアンインストール」という名前のボタンを配置し、このボタンをクリックしたときに、マクロ「アンインストール」を実行するように設定するには、次のように記述します。

サンプル アンインストール付きアドインサンプル.xlam

```
Private Sub Workbook_AddinInstall()
    Dim myToolBar As CommandBar
    Dim myButton As CommandBarButton
    On Error Resume Next
    Application.CommandBars("アドインツールバー").Delet
    Set myToolBar = Application.CommandBars.Add _
        (Name:="アドインツールバー")
    Set myButton = myToolBar.Controls.Add _
        (Type:=msoControlButton)
    With myButton
        .Caption = "アドインマクロ実行"
        .FaceId = 59
        .Style = msoButtonIconAndCaption
        .OnAction = "アドインマクロ"
    End With
    Set myButton = myToolBar.Controls.Add _
        (Type:=msoControlButton, Temporary:=True)
    With myButton
        .Caption = "アドインアンインストール"
        .FaceId = 214
        .Style = msoButtonIconAndCaption
        .OnAction = "アンインストール"
    End With
    myToolBar.Visible = True
End Sub
```

参照 アドインファイルのマクロにコードを追記するには……P.945

なお、InstalledプロパティにFalseを設定したときに呼び出されるAuto_Remove関数を標準モジュールに作成しておく必要があります。特に処理内容は記述する必要なく、次のようなマクロを作成するだけです。このAuto_Remove関数を作成しておかないと、InstalledプロパティにFalseを設定したときに、エラーが発生します。

サンプル アンインストール付きアドインサンプル.xlam

```
Sub Auto_Remove()
End Sub
```

これで、組み込んだアドインから、アドインを解除できるようになります。

アドインを解除するボタンが追加された

15行目の「End With」の下に8行分追加する

付録-2 サンプルファイルのダウンロード

サンプルファイルのダウンロード

本書で使用しているサンプルファイルは、インプレスのWebページからダウンロードできます。このデータを書籍と併用すれば、よりExcel VBAに関する理解を深められます。

▼ できる大事典 Excel VBA 2016/2013/2010/2007対応のWebページ
http://book.impress.co.jp/books/1116101083

書籍のWebページを表示する
❶Webページの URLを入力
❷［ダウンロード］をクリック

［ダウンロード］の部分が表示された

❸［500091.zip］をクリック

注意 Webページのデザインや内容は変更になる場合があります

付録-2 サンプルファイルのダウンロード

サンプルファイルの操作に関するメッセージバーが表示された

ここではサンプルファイルを保存する

❹[保存]をクリック

サンプルファイルがダウンロードされた

サンプルファイルのダウンロードに関するメッセージバーが表示された

❺[フォルダーを開く]をクリック

[ダウンロード]フォルダーにファイルがダウンロードされた

圧縮ファイルを展開する

❻サンプルファイルを右クリック

❼[すべて展開]をクリック

> **HINT 任意のフォルダーにダウンロードするには**
>
> サンプルファイルを任意のフォルダーにダウンロードするには、手順4で[名前を付けて保存]をクリックします。[名前を付けて保存]ダイアログボックスが表示されるので保存先のフォルダーを選択して、[保存]ボタンをクリックしましょう。

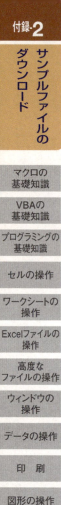

942

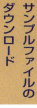

［圧縮（ZIP形式）フォルダーの展開］ダイアログボックスが表示された

ここでは展開先は特に変更しない

［参照］をクリックすると展開先を変更できる

❽［展開］をクリック

サンプルファイルが展開される

❾しばらく待つ

サンプルファイルが展開され、[500091]フォルダーが作成された

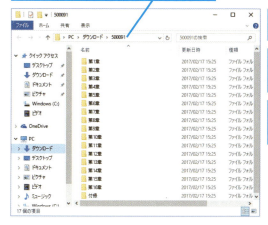

章ごとのフォルダーが表示された

各章のサンプルファイルがフォルダーごとに分類されている

目的の章のフォルダーをダブルクリックしてファイルを使用する

索引

数字

16進数 ——————864

A

A1形式 ——————279
Acceleratorプロパティ ——————715
Access ——————788 ～ 807
Activateメソッド ——— 243, 393, 420, 513
ActiveCellプロパティ ——————240
ActiveSheetプロパティ ——————391
ActiveWindowプロパティ ——————516
ActiveWorkbookプロパティ ——————419
ActiveXコントロール——— 60, 76, 778, 781
AddChartメソッド ——————671
AddColorScaleメソッド ——————375
AddCommentメソッド ——————298
AddDatabarメソッド ——————374
AddDataFieldメソッド ——————584
AddIconsetConditionメソッド ——————378
AddItemメソッド ——————755, 757
AddLineメソッド ——————631
AddNewメソッド ——————803
Addressプロパティ ——— 257, 416, 747
AddShapeメソッド ——————636
AddTextboxメソッド ——————633
AddTop10メソッド ——————371
ADO ——————788 ～ 808
AdvancedFilterメソッド ——————558
Appendキーワード ——————465
ApplyLayoutメソッド ——————684
Applyメソッド ——————654
Arrangeメソッド ——————518, 521
Array関数 ——————166, 464
ASCIIコード ——————835 ～ 838
Asc関数 ——————837
Asキーワード——————150
Auto_Closeマクロ ——————43
Auto_Openマクロ ——————43
AutoFilterメソッド ——————555
AutoFitメソッド ——————305
AutoGroupメソッド ——————590
AutoOutlineメソッド ——————574

AutoShapeTypeプロパティ ——— 637, 662
Axesメソッド ——————678

B

BackColorプロパティ ——643, 650, 705, 728
Binaryキーワード ——————465
Boldプロパティ ——————327
BorderAroundメソッド ——————337
Bordersプロパティ ——————335
BottomMarginプロパティ ——————603
BuiltinDocumentPropertiesプロパティ —454

C

Callステートメント ——————100, 103
Captionプロパティ
——————514 ～ 517, 529, 696, 705, 727
Case Elseキーワード——————185
CBool関数 ——————861
CByte関数 ——————861
CCur関数 ——————861
CDate関数 ——————860
Cellsプロパティ ——————237
CenterHeaderPictureプロパティ ——————611
Changeイベントプロシージャー — 736, 761
ChartStyleプロパティ ——————682
ChartTypeプロパティ ——————673
ChartWizardメソッド ——————682
ChDirステートメント ——————490
ChDriveステートメント ——————491
Chr関数 ——————836
CInt関数 ——————861
Clearメソッド ——————285
ClearOutlineメソッド ——————575
ClearTableメソッド ——————584
CLng関数 ——————858
Close #ステートメント ——————466
Closeメソッド ——— 443, 792, 796, 811
Colorプロパティ ——— 328, 341, 405
ColorIndexプロパティ ——— 53, 331, 342
ColorStopsプロパティ ——————351
Columnプロパティ ——————263
ColumnCountプロパティ ——————748

944
できる

ColumnHeadsプロパティ	749
Columnsプロパティ	264
ColumnWidthsプロパティ	748
ColumnWidthプロパティ	304
Constステートメント	158
ControlSourceプロパティ	724
Controlsプロパティ	743
CopyFileメソッド	499
Copyメソッド	288, 400, 499
Countプロパティ	239, 266, 406, 621
Createメソッド	579
CreatePivotTableメソッド	580
CSng関数	861
CStr関数	861
CurDir関数	426, 489
CurrentRegionプロパティ	247, 251
Cutメソッド	287

D

Date関数	817
DateAdd関数	828
DateDiff関数	826
DatePart関数	820, 822
DateSerial関数	824
Day関数	819
Debug Printメソッド	168, 230
DeleteFileメソッド	477, 498 ～ 499
DeleteFolderメソッド	505
Descriptionプロパティ	216
Dimステートメント	147, 164
Dir関数	480
DisplayAlertsプロパティ	921
DisplayGridlinesプロパティ	531
Do…Loop Until	189
Do…Loop While	189
Do Until…Loop	188
Do While…Loop	187
Draftプロパティ	620
DriveTypeプロパティ	510

E

ElseIfキーワード	184
Empty値	173
Enabledプロパティ	716
EnableEventsプロパティ	116
EnableResizeプロパティ	527

EnableSelectionプロパティ	413
Endプロパティ	250
EnterKeyBehaviorプロパティ	720
EntireColumnプロパティ	266
EntireRowプロパティ	266
EOF関数	468
Eraseステートメント	173
Evaluateメソッド	180
Executeメソッド	804
Exitステートメント	194

F

Fileオブジェクト	495
FileCopyステートメント	473
FileDateTime関数	483
FileDialogオブジェクト	429
FileDialogプロパティ	427, 441
FileExistsメソッド	500
FileLen関数	482
FileNameプロパティ	611
Filesプロパティ	500
Fillプロパティ	642
Filter関数	879
FilterIndexプロパティ	442
FilterModeプロパティ	559
Findメソッド	541, 796
FindNextメソッド	543
FitToPagesTallプロパティ	600
FitToPagesWideプロパティ	600
Fix関数	862
Folderオブジェクト	495
Foldersコレクション	495
FollowHyperlinkメソッド	364
Followメソッド	363
Fontプロパティ	727, 780
FontStyleプロパティ	328
For…Nextステートメント	190
ForeColorプロパティ	
	640, 642 ～ 643, 650, 728
Format関数	842
Formulaプロパティ	276
FormulaR1C1プロパティ	276
FreeFile関数	468
FreezePanesプロパティ	524
FSO	493
Functionプロシージャー	98, 882

Functionプロパティ ————————581

G

GetAttr関数 ————————485
GetDriveメソッド————————508
GetFileメソッド ————————497
GetFolderメソッド————————503
GetPhoneticメソッド ————————357
GoToメソッド————————244
Groupメソッド ———— 570, 588, 659
GroupItemsプロパティ ————————660
GroupNameプロパティ ————————740

H

HasLegendプロパティ ————————680
HasTitleプロパティ ————————676
HasVBProjectプロパティ ————————437
Heightプロパティ
———— 307, 534, 611, 658, 671, 697
Hex関数 ————————864
Hiddenプロパティ ————————302
Hideメソッド ————————711
HorizontalAlignmentプロパティ————314
Hour関数 ————————821

I

If…Then…Elseステートメント————182
IME ————————719
IndentLevelプロパティ ————————315
Initializeイベントプロシージャー ————712
InkEdit ————————776
Inputキーワード ————————465
Input #ステートメント————————466
InputBox関数———— 202, 204
InputBoxメソッド ————————203
Insertメソッド ————————283
InsertBeforeメソッド————————812
InStr関数————————854
Int関数 ————————863
Is演算子————————175
Italicプロパティ ————————327

J

Join関数 ————————878
Justifyメソッド————————321

K

KeyPressイベントプロシージャー————725
Killステートメント ———— 476, 498

L

LargeChangeプロパティ ————————770
LCase関数 ————————843
LCID ————————839
Left関数 ————————832
Leftプロパティ
———— 534, 634, 636, 656, 698, 706
LeftHeaderプロパティ ———— 606, 610, 613
LeftHeaderPictureプロパティ ————611
Legendプロパティ————————680
Len関数 ————————834
LenB関数 ————————834
Like演算子 ————————175
Lineプロパティ ————————639
Line Input #ステートメント ————469
LineStyleプロパティ ————————338
Listプロパティ ————————750
ListIndexプロパティ ————————749
LoadPicture関数 ————————730
Locationメソッド————————686
LTrim関数 ————————845

M

MatchFoundプロパティ ————————759
MaxLengthプロパティ ————————719
Mergeメソッド———— 255, 294
MergeAreaプロパティ————————254
MergeCellsプロパティ ———— 255, 297, 317
Meキーワード ————————109, 711
Microsoft Scripting Runtime ————494
Mid関数 ————————832
Minute関数————————821
MkDirステートメント ————————477
Month関数 ————————819
Moveメソッド ———— 400, 505
MoveFileメソッド————————499
MsgBox関数 ———— 198, 200
MultiLineプロパティ————————720
MultiSelectプロパティ ————————752

946
できる

N

Nameプロパティ ― 268, 322, 403, 448, 502, 508, 627, 629, 670, 697, 908

Name…Asステートメント ―――― 474

NameLocalプロパティ ―――――― 353

NewWindowメソッド ――――――― 520

Nextプロパティ ―――――――――― 395

Nothingキーワード ――――― 155, 173

Not演算子 ―――――――――――― 176

Now関数 ―――――――――――――― 817

NULL文字 ―――――――――――― 837

Numberプロパティ ―――――――― 216

NumberFormatプロパティ ―――310, 312

NumberFormatLocalプロパティ ―310, 312

O

ODBC接続 ―――――――――――― 791

OddAndEvenPagesHeaderFooterプロパティ ―――――――――――――― 608, 613

Offsetプロパティ ――――――――― 248

On Error GoToステートメント ―――― 211

On Error GoTo 0ステートメント ――― 213

On Error Resume Next ――――――― 213

OnTimeメソッド ―――――――――― 927

Openステートメント ―――――――― 465

Openメソッド ―――― 424, 791, 793, 812

OpenTextメソッド ――――――――― 461

Option Baseステートメント ―――― 165

Option Explicitステートメント ―――― 148

Orientationプロパティ ― 318, 580, 602, 767

Outputキーワード ――――――――― 465

P

Pagesプロパティ ――――――――― 764

Parentプロパティ ―――――――――― 241

PasswordCharプロパティ ―――――― 719

Pasteメソッド ―――――――――――― 290

PasteSpecialメソッド ―――――― 289, 292

Pathプロパティ ――――― 450, 502, 508

Patternプロパティ ―――――――――― 348

PatternColorプロパティ ――――――― 348

PatternColorIndexプロパティ ――――― 348

PatternTintAndShadeプロパティ ―――― 350

Pickupメソッド ――――――――――― 654

Pictureプロパティ ――――――――― 729

PivotFieldsメソッド ――――――――― 583

PivotTablesメソッド ―――――――― 583

Preserveキーワード ――――――――― 170

PresetTexturedメソッド ――――――― 647

Previousプロパティ ―――――――――― 395

Printメソッド ――――――――――― 232

PrintAreaプロパティ ―――――― 615, 620

PrintGridlinesプロパティ ―――――― 620

PrintOutメソッド ――――――――――― 593

PrintPreviewメソッド ――――――――― 595

PrintTitleColumnsプロパティ ―― 618, 620

PrintTitleRowsプロパティ ―――― 617, 620

Privateキーワード ―――――――108, 143

Privateステートメント ―――――――― 156

ProportionalThumbプロパティ ――――― 770

Protectメソッド ――――――――411, 452

ProtectContentsプロパティ ――――― 413

Publicキーワード ―――――――――― 159

Publicステートメント ―――――――― 156

Q

QueryCloseイベントプロシージャー――― 713

Quitメソッド ―――――――――444, 811

R

R1C1形式 ――――――――――――― 279

Randomキーワード ―――――――――― 465

Randomizeステートメント ―――――― 874

Rangeプロパティ ――――― 234, 627, 811

ReadingOrderプロパティ ―――――― 320

Recognizeメソッド ―――――――――― 780

ReDimステートメント ――――――167, 170

RefEdit ――――――――――――――― 773

Refreshメソッド ――――――――――― 586

RemoveItemメソッド ―――――――――― 755

Replace関数 ――――――――――――― 846

Replaceメソッド ――――――――――― 546

Resizeプロパティ ―――――――――― 252

Resumeステートメント ―――――――― 215

Resume Nextステートメント ―――――― 215

RGB値 ――――――――――― 328, 341

RGB関数 ―――――――――――――― 329

Right関数 ―――――――――――――― 832

RightHeaderプロパティ ――――― 606, 613

RightHeaderPictureプロパティ ――611, 614

RmDirステートメント ――――――――― 479

Rnd関数 ―――――――――――179, 874

947
できる

Rotationプロパティ————————657
Rowプロパティ————————263
RowHeightプロパティ————————303
Rowsプロパティ————————264
RowSourceプロパティ————746,757
RTrim関数————————845
Runメソッド————————103

S

Saveメソッド————————431, 811
SaveAsメソッド————————432, 811
SaveCopyAsメソッド————————447
Savedプロパティ————————439
ScaleHeightメソッド————————659
ScaleWidthメソッド————————659
SchemeColorプロパティ————————641
ScreenUpdatingプロパティ————————919
ScrollAreaプロパティ————————415
ScrollColumnプロパティ————————525
ScrollRowプロパティ————————525
Second関数————————821
Selectメソッド————————243, 392
Select Caseステートメント————————185
Selectedプロパティ————————753
SelectedSheetsプロパティ————————394
Selectionプロパティ————240, 625, 628
SeriesCollectionメソッド————————675
SetAttrステートメント————————487
SetElementメソッド————————686
SetPhoneticメソッド————————358
SetSourceDataメソッド————————667
SetValueメソッド————————906
Shapeプロパティ————————300
ShapeRangeプロパティ————————627
ShapeStyleプロパティ————————652
Shapesプロパティ————————625
SheetInNewWorkbookプロパティ————424
Showメソッド————————429, 708
ShowAllDataメソッド————————559
ShowLevelsメソッド————————572
ShowModalプロパティ————————707
ShowPopupメソッド————————900
ShowTotalsプロパティ————————564
Sizeプロパティ————325, 483, 502, 508
SmallChangeプロパティ————770, 772
Sortメソッド————————548

Space関数————————848
SpecialCellsメソッド————————259
Split関数————————876
SQL文————————801, 804, 808
StandardFontSizeプロパティ————326
StartUpPositionプロパティ————————706
Staticステートメント————————156
StrComp関数————————852
StrConv関数————————839
Strikethroughプロパティ————————333
String関数————————851
Styleプロパティ————————352
Subプロシージャー————————98
SubFoldersプロパティ————506, 508
Subscriptプロパティ————————333
SubTotalメソッド————————575
Superscriptプロパティ————————333

T

TabIndexプロパティ————————699
TableRange1プロパティ————————590
TableStyleプロパティ————————567
TabStopプロパティ————699, 767
Tabsプロパティ————————761
Textプロパティ————276, 722, 779
Textメソッド————————298
TextStreamオブジェクト————————495
ThemeColorプロパティ————340, 345
ThemeFontプロパティ————————324
ThisWorkbookプロパティ————————419
Time関数————————817
Timer関数————————829
TimeSerial関数————————825
TintAndShadeプロパティ————————343
Toキーワード————————172
Topプロパティ
————534, 634, 636, 656, 698, 706
TopMarginプロパティ————————603
TotalsCalculationプロパティ————————564
Transparencyプロパティ————————646
Trim関数————————845
TripleStateプロパティ————————735
Twip単位————————203
TypeName関数————————300, 870

U

UCase関数	843
Underlineプロパティ	327
Ungroupメソッド	590, 660
Unionメソッド	256
Unloadステートメント	710
UnMergeメソッド	255, 295
Unprotectメソッド	414, 453
Updateメソッド	801
UserPictureメソッド	648
UserTexturedメソッド	649
UseStandardHeightプロパティ	305
UseStandardWidthプロパティ	305

V

Val関数	859
ValType関数	872
Valueプロパティ	
— 274, 722, 733, 738, 762, 768, 771, 773, 796	
VBA関数	178, 815
VBAコード	615
VBE	48, 118, 128
VerticalAlignmentプロパティ	314
Visibleプロパティ	
— 300, 409, 529, 662, 717, 737, 898	

W

Waitメソッド	825, 925
Webページ	362, 364
Weekday関数	822
WeekdayName関数	823
Widthプロパティ	
— 307, 534, 611, 634, 636, 658, 697	
WindowStateプロパティ	527
Windowsプロパティ	513
Windows API	39
Withステートメント	195
WordWrapプロパティ	721
Workbook_Openイベントプロシージャー	
— 43, 109, 113	
Workbooksプロパティ	418
WorksheetFunctionプロパティ	179
Worksheetsプロパティ	390
WrapTextプロパティ	321
Write #ステートメント	469

X

[XLSTART] フォルダー	64
XML	905, 909
[XMLソース] ウィンドウ	908
XMLファイル	915

Y

Year関数	819

Z

Zoomプロパティ	533, 600, 602

ア

アイコンセット	366, 378, 380, 554
アウトライン	569
折りたたみ	572
解除	575
グループ化	571
グループの解除	572
作成	570
自動作成	574
集計行	575
集計の解除	577
展開	572
アクセスキー	715, 721, 785, 903
アクティブシート	391
アクティブセル	45, 240, 395, 416
値の自動認識	275
値渡し	103, 105
アドイン	76, 895, 932, 938
移動	
セル	287
表全体	287
ワークシート	400
イベント	690
イベントプロシージャー	106, 700
イミディエイトウィンドウ	230, 883, 915
色	
RGB値	328, 341
SchemeColorプロパティ	641
インデックス番号	332
カラーパレット	330, 346
罫線	340
シート見出し	405
セルの背景色	341
線	640

949

テーマ......345
濃淡......343
フォント......728
[色の設定] ダイアログボックス......331
印刷......591
印刷範囲......615
インデント......144
ウィンドウ
アクティブウィンドウ......516
アクティブにする......513
インデックス番号......516
コピーを開く......520
最大化／最小化......527
参照......513
整列......518
タイトル......529
名前......514
表示の上端/左端を設定......525
表示倍率......533
プロパティ......534
ウィンドウ枠の固定......524
ウォッチウィンドウ......226
ウォッチ式......226
埋め込みグラフ......669, 686
上書き保存......431
エラー処理......207, 211, 216
演算子......174
オートフィルタ......555
大文字......843
オブジェクトの比較......175
オブジェクトブラウザー......160
オブジェクト変数......229
オブジェクトボックス......107, 701
オブジェクト名の省略......195
[オプション] ダイアログボックス –126, 128
オプションボタン......738

カ

改行文字......837
[開発] タブ......40, 119
改ページ......597
型宣言文字......151, 154
画面表示の更新......919
カラースケール......375
カレントフォルダー......426
関数......178

カンマ区切りファイル......466
キーワード......94
既定のボタン......715
キャリッジリターン文字......837
行
行全体を参照......266
参照......262, 264
高さ......303
表示と非表示の切り替え......302
行継続文字......95
行番号......263
行ラベル......211
均等割り付け......316
クイックアクセスツールバー......57
[クイックウォッチ] ダイアログボックス
......228
区切り文字......426, 461, 464, 862
国別情報......839
組み込み定数......159, 162
グラデーション......351, 643
グラフ
移動......686
グラフシート数......407
作成......664
軸......678
種類の変更......673
スタイル......682
タイトル......676
データ系列......684
データ範囲......667
凡例......680
複合グラフ......675
目盛......680
レイアウト......684
グラフシート......665
くり返し処理......187
途中で終了......194
ネスト......191
クリップボード
データの貼り付け......287, 290
罫線......335
結合セル
削除......255
参照......254
入力......255, 294
[言語] ダイアログボックス......841

検索	541
コードウィンドウ	119, 122
個人用マクロブック	41, 63
固定長フィールド	464, 848
固定長文字列	850
コピー	
セル	288
表全体	289
ワークシート	400
コピーモード	291
コマンドバー	894, 895
コマンドバーコントロール	896, 899
コマンドボタン	714
コメント	47, 94, 96
有無を調べる	300
削除	300
消去	285
セルに追加	298
編集	300
小文字	839, 843
コントロール	690
コピー	694
サイズ	697
削除	694
参照	743
選択	693
名前	697
配置	692
表示／非表示の切り替え	717
プロパティ	695
コンパイルエラー	208
コンボボックス	758

サ

サブルーチン	100
算術演算子	174
参照設定	101, 494, 788, 810
参照渡し	103 〜 104
シーケンシャル出力モード	470
シーケンシャル入力モード	468
システムファイル属性	506
実行時エラー	210
自動クイックヒント	144
自動構文チェック	210
自動実行マクロ	113
自動調整	305

自動メンバー表示	145
集計行	564, 575
集計方法	564, 581
条件付き書式	365
ショートカットキー	43, 56, 122
ショートカットメニュー	895, 900
書式記号	312
書式コード	614
書式設定	322, 365, 638
シリアル値	843
信頼できる場所	74, 79
信頼できる発行元	73
数値表示書式指定文字	889
スクロール	415
スクロールの同期	520
スクロールバー	721, 766
図形	
移動	656
インデックス番号	625, 627
大きさ	658
回転	657
画像	648
既定の名前	630
記録	44
グループ化	659
効果	651
削除	661
作成	636
参照	624
種類の変更	637
書式設定	638
書式のコピー	654
スタイル	652
直線	631
テキストボックス	633
テクスチャ	647
名前	627, 629
塗りつぶし	628, 642
ハイパーリンク	362
枠	628
スコープ	155
スタイル	
グラフ	682
削除	355
図形	652
スタイル名	353

951

追加	354
テーブル	567
表示形式	311
標準スタイル	353
ステートメント	94
ステップアウト	224
ステップイン	221
ステップオーバー	222
ステップモード	220
スピンボタン	771
制御構造	181
セキュリティ	70, 75
[セキュリティセンター]	72
[セキュリティの警告]	68, 70
絶対参照	45

セル
アクティブにする	243
値	273
網かけ	348
移動	287
グラデーションを設定	350
罫線	335
結合	294, 317
コピー	288
削除	284
参照	234, 246
指定セルにジャンプ	244
書式設定	322
書式の消去	285
スタイル	352
選択	242
選択を不可にする	413
相対的に参照	248
挿入	283
データの消去	285
テーマの色	345
特定セルを参照	259
背景色	341
幅に収まらない文字列	321
表示形式	309
文字色	328, 331
文字列の角度	318
文字の配置	314
連続データの入力	279
ロックの解除	413

[セルの書式設定] ダイアログボックス	309, 314, 322, 335, 341

セル範囲
RefEdit	774
アドレスを取得	257
結合／結合解除	255
サイズ変更	252
図形	633
高さと幅	307
名前	269
複数範囲の重複部分	257

宣言セクション	156

選択
新規入力行	250
セル	240
セル選択を不可にする	413
表全体	247
ワークシート	392

相対参照	45

タ

ダイアログボックス	429
非表示にする	295, 399
タイトル行	617
代入演算子	175, 177
タブオーダー	699
タブストリップ	760
タブ文字	837
単位変換	604
[地域] ダイアログボックス	818, 841
[地域と言語] ダイアログボックス	818, 841
チェックボックス	733
置換	546
抽出	555, 565
中断モード	209
追加モード	465, 471
ツールバー	894
ツールヒント	715
ツールボックス	692
定義済み数値書式	889
定義済み日付／時刻書式	890
定数	157

データ
検索	541
消去	285

置換	546
並べ替え	548, 551
表示形式	310
データバー	374
データベース	788
テーブル	561, 567

テーマ

色	345
フォント	324
手書き入力	776

テキストファイル

書き込み	469
カンマ区切り	466, 469
行単位	469, 471
固定長フィールド	464
シーケンシャル出力モード	470
シーケンシャル入力モード	468
閉じる	466
開く	461, 465
読み込み	466, 467, 469
テキストボックス	718
適用範囲	155
テクスチャ	647
デザインモード	781
デジタル署名	74
デバッグ	218
動的配列	167
ドライブ	508

ナ

名前

削除	268, 272
参照	270
定義	268
名前空間接頭辞	911
名前付け規則	143, 150
名前を付けて保存	432

[名前を付けて保存] ダイアログボックス

	441
並べ替え	548, 551
並べ替えフィールド	552
日本語入力モード	718
ネスト	191, 196

ハ

ハイパーリンク	360

配列	164
2次元配列	169, 171
インデックス番号	166
初期化	173

オブジェクトすべてに同じ処理を実行

	192
動的配列	167
配列かどうか調べる	868
配列変数	164
要素数	169
要素を結合	878
配列変数	164, 229
パス	450
パスワード	414, 719
パターンマッチング	175
バックスペース文字	837
貼り付け	290
比較演算子	175, 186
比較モード	853
引数	92
イベントプロシージャー	115
個数が不定	887
省略	885
名前付き引数	100
日付／時刻表示書式指定文字	891
日付リテラル	152, 828
ピボットグラフ	590
ピボットテーブル	578
値フィールドの追加	584
エラー回避	584
行ラベル	586
クリア	584
グループ化	588
更新	586
作成	580
参照	583
集計方法	581
フィールドの参照	583
フィールドの追加／変更	580
列ラベル	586
ピボットテーブルキャッシュ	579

表示形式

値の自動認識	275
セル	309
表示書式	842
標準ボタン	199

953
できる

ファイル
移動 —————————— 474, 499
検索 ——————————————— 480
コピー ——————————————— 473
削除 ——————————————— 476
取得 ——————————————— 497
操作 ——————————————— 460
属性 ——————————————— 485
存在するかどうか調べる —————— 500
ファイルシステムオブジェクト ————— 493
ファイルパス ———————————— 856
ファイル名 ———————— 482, 856
フォームコントロール ———— 52, 60, 782
ActiveXコントロール ———— 60, 781
イメージ ——————————— 729
チェックボックス ————————— 733
フレーム ——————————— 741
リストボックス ————————— 746
フォルダー
削除 ——————————————— 505
取得 ——————————————— 503
すべてのファイルを取得 —————— 500
すべてのフォルダーを取得 ————— 506
属性 ——————————————— 485
フォント
色 ——————————————— 728
設定 ——————————————— 322
テーマのフォント ————————— 324
標準のフォントサイズ ——————— 326
文字単位で変更 ————————— 334
ラベル ——————————— 727
複合グラフ ——————————— 675
複合条件 ——————————— 183
ブック
アクティブにする ——————— 420
イベント ——————————— 111
参照 ——————————————— 418
新規作成 ——————————— 423
閉じる ——————————— 443
パス ——————————————— 450
開く ——————————————— 424
ブック名 ——————————— 448
プロパティ ——————————— 454
保護 ——————————————— 452
保存 ——————— 431, 445, 447
ふりがな ——————————— 357

ブレークポイント ———————— 219
フレーム ——————————— 741
プロシージャー ——————— 93, 142
プロシージャーボックス ———— 107, 701
プロシージャーレベル変数 ————— 155
プロジェクトエクスプローラー ———— 120
プロパティ ——————————— 91
プロパティウィンドウ————— 121, 695
ヘッダー ——————————— 606
ヘルプ ——————————— 131
変数 ——————————————— 147
種類を調べる ————————— 870
宣言 ——————————————— 147
宣言の強制 ——————————— 148
データ型 ——————————— 150
適用範囲 ——————————— 155
内部処理形式 ————————— 872
配列変数 ——————————— 164

マ

マウスポインター ——————— 55
マクロ
管理 ——————————————— 67
記録 ——————————————— 42
削除 ——————————————— 51
作成 ——————————————— 85
実行 ——————————————— 52
実行時刻を指定 ————————— 927
説明 ——————————————— 43
中断 ——————————————— 55
登録 ——————————— 56, 60
編集 ——————————————— 47
保存 —————— 49, 63, 68, 87
有効にする ——————————— 70
[マクロ] ダイアログボックス
——————— 48, 53, 88, 143
マクロの記録 ——————— 41, 63
マクロ有効ブック ——————— 68
マルチページ ——————————— 764
メソッド ——————————— 92, 163
メッセージ
非表示にする ————————— 921
表示 ——————————————— 197
メンバー ——————————— 90, 145
モーダル ——————————— 199, 707
モードレス ——————————— 707

954
できる

文字

　　角度の変更 ······························ 318

　　配置 ······································ 320

モジュール ─────────── 107, 135

モジュールレベル変数 ────── 155

文字列の比較 ─────────── 852

文字列表示書式指定文字 ────── 892

文字列連結演算子 ───────── 176

ヤ

ユーザー定義関数 ──────── 881

ユーザー定義スタイル ────── 354

ユーザーフォーム ─── 39, 690, 704

　　エクスポート ························ 691

　　キーを押したときの動作 ·········· 725

　　削除 ······································ 691

　　作成 ······································ 690

　　実行 ······································ 702

　　タイトル ····························· 705

　　閉じる ································· 710

　　背景色 ································· 705

　　表示 ······························706, 708

余白 ─────────────── 603

読み込み位置 ─────────── 468

ラ

ラインフィード文字 ──────── 837

ラベル ─────────────── 727

乱数 ─────────────── 874

リスト ─────────────── 552

リストボックス ─────── 742, 746

リテラル ──────────── 152

リボン ─────────────── 40

リンク貼り付け ─────────── 290

列

　　参照 ································264, 266

　　幅 ······································ 304

　　表示と非表示の切り替え ·········· 302

　　列全体を参照 ······················ 266

列番号 ─────────── 237, 263

列見出し ────────────── 749

連続データ ───────────── 279

ローカルウィンドウ ──────── 228

論理エラー ───────────── 210

論理演算子 ───────────── 176

ワ

ワークシート

　　アクティブにする ················· 393

　　移動 ······································ 400

　　イベント ····························· 110

　　数を数える ························· 406

　　コピー ································· 400

　　コントロールの配置 ·············· 781

　　再表示 ································· 410

　　削除 ······································ 398

　　参照 ······································ 390

　　スクロール範囲 ················· 415

　　選択 ······································ 392

　　追加 ······································ 397

　　名前 ······························398, 403

　　パスワード ························· 414

　　表示と非表示の切り替え ·········· 409

　　複数ワークシートを選択 ·········· 393

　　保護 ······························408, 411

　　枠線 ······································ 531

ワークシート関数 ──────── 178

ワークシート見出し

　　色 ······································· 405

　　非表示にする ······················ 411

ワイルドカード ─────── 175, 557

本書を読み終えた方へ
できるシリーズのご案内

Excel 関連書籍

できるExcel 2016
Windows 10/8.1/7対応

小舘由典 &
できるシリーズ編集部
定価：本体1,140円＋税

レッスンを読み進めていくだけで、思い通りの表が作れるようになる！関数や数式を使った表計算やグラフ作成、データベースとして使う方法もすぐに分かる。

できるExcelデータベース
大量データの
ビジネス活用に役立つ本
2016/2013/2010/2007対応

早坂清志 &
できるシリーズ編集部
定価：本体1,980円＋税

Excelをデータベースのように使いこなして、大量に蓄積されたデータを有効活用しよう！データ収集や分析に役立つ方法も分かる。

できるExcel マクロ&VBA
作業の効率化&
スピードアップに役立つ本
2016/2013/2010/2007対応

小舘由典 &
できるシリーズ編集部
定価：本体1,580円＋税

マクロとVBAを駆使すれば、毎日のように行っている作業を自動化できる！仕事をスピードアップできるだけでなく、VBAプログラミングの基本も身に付きます。

できるExcel ピボットテーブル
データ集計・分析に役立つ本
2016/2013/2010対応

門脇香奈子 &
できるシリーズ編集部
定価：本体2,300円＋税

大量のデータをあっという間に集計・分析できる「ピボットテーブル」を身に付けよう！「準備編」「基本編」「応用編」の3ステップ解説だから分かりやすい！

できるExcel パーフェクトブック
困った！&便利ワザ
大全
2016/2013/2010/2007対応

きたみあきこ &
できるシリーズ編集部
定価：本体1,680円＋税

仕事で使える実践的なワザを約800本収録。データの入力や計算から関数、グラフ作成、データ分析、印刷のコツなど、幅広い応用力が身に付く。

できるExcel 関数&マクロ
困った！&便利技
パーフェクトブック
2013/2010/2007対応

羽山 博・吉川明広 &
できるシリーズ編集部
定価：本体1,980円＋税

関数とマクロの活用ワザを400以上網羅！思いのままにデータを活用する方法が身に付く。豊富な図解で、基本から詳しく解説しているので、すぐに仕事に生かせる。

※1:当社調べ ※2:大手書店チェーン調べ

Windows、Office 関連書籍

できるWindows 10 改訂2版

法林岳之・一ヶ谷兼乃・
清水理史&
できるシリーズ編集部
定価：本体1,000円+税

刷新された［スタート］メニューやブラウザーなど、Windows 10の最新機能と便利な操作を丁寧に解説。無料の「できるサポート」付きだから安心！

できるWindows 10 パーフェクトブック 困った！&便利ワザ大全

広野忠敏&
できるシリーズ編集部
定価：本体1,480円+税

Windows 10を使いこなす基本操作や活用テクニック、トラブル解決の方法を大ボリュームで解説。常に手元に置いておきたい安心の1冊！

できるWord 2016
Windows 10/8.1/7対応

田中亘&
できるシリーズ編集部
定価：本体1,140円+税

基本的な文書作成はもちろん、写真や図形、表を組み合わせた文書の作り方もマスターできる！はがき印刷やOneDriveを使った文書の共有も網羅。

できるPowerPoint 2016
Windows 10/8.1/7対応

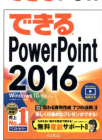

井上香緒里&
できるシリーズ編集部
定価：本体1,140円+税

スライド作成の基本を完全マスター。発表時などに役立つテクニックのほか、「見せる資料作り」のノウハウも分かる。この本があればプレゼンの準備は万端！

できるOutlook 2016
Windows 10/8.1/7対応

山田祥平&
できるシリーズ編集部
定価：本体1,380円+税

すぐにメールを作成・整理できる！「予定表」「タスク」「To Do」なども完全解説！ブラウザーで使えるGmailやOutlook.comの利用方法もよく分かる。

できるAccess 2016
Windows 10/8.1/7対応

広野忠敏&
できるシリーズ編集部
定価：本体1,880円+税

「基本編」「活用編」の2ステップ構成で、データベースをまったく作ったことがない人でも自然にレベルアップしながらデータベースの活用方法を学べる。

読者アンケートにご協力ください！
http://book.impress.co.jp/books/1116101083

このたびは「できるシリーズ」をご購入いただき、ありがとうございます。
本書はWebサイトにおいて皆さまのご意見・ご感想を承っております。
気になったことやお気に召さなかった点、役に立った点など、
皆さまからのご意見・ご感想をお聞かせいただき、
今後の商品企画・制作に生かしていきたいと考えています。
お手数ですが以下の方法で読者アンケートにご回答ください。
ご協力いただいた方には抽選で毎月プレゼントをお送りします！

※プレゼントの内容については、「CLUB Impress」のWebサイト
（http://book.impress.co.jp/）をご確認ください。

> ご意見・ご感想をお聞かせください！

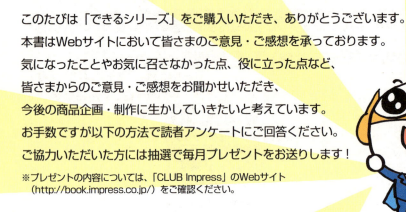

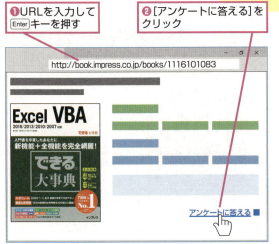

※Webサイトのデザインやレイアウトは変更になる場合があります。

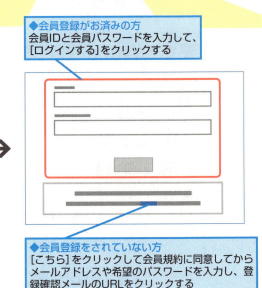

アンケートに初めてお答えいただく際は、「CLUB Impress」（クラブインプレス）にご登録いただく必要があります。読者アンケートに回答いただいた方より、毎月抽選でVISAギフトカード（1万円分）や図書カード（1,000円分）などをプレゼントいたします。なお、当選者の発表は賞品の発送をもって代えさせていただきます。

■著者

国本温子（くにもと あつこ）

テクニカルライター、企業内でワープロ、パソコンなどのOA教育担当後、OffieやVB、VBAなどのインスタラクターや実務経験を経て、フリーのITライターとして書籍の執筆を中心に活動中。主な著書に『できるAccessパーフェクトブック困った！＆便利ワザ大全 2016/2013対応』（共著：インプレス）『今すぐ使えるかんたんExExcelデータベース プロ技BESTセレクション［Excel 2016/2013/2010対応版］』（技術評論社）などがある。

緑川吉行（みどりかわ よしゆき）

Excelを中心とした書籍の企画・執筆・編集に携わった後、プログラマーとしてExcel VBA三昧の日々を過ごす。その後、JavaによるWebアプリケーション開発に携わり、技術系のスキルを磨く。現在は、ITライターとして活動する一方、SEや開発技術の研修講師として活動中。All Aboutにて「エクセル（Excel）の使い方」「Excel VBAの使い方」「アクセス（Access）の使い方」のガイドを担当し、2008年からマイクロソフト社のMVPアワード（Excelカテゴリ）を受賞している。

STAFF

本文オリジナルデザイン	川戸明子
シリーズロゴデザイン	山岡デザイン事務所<yamaoka@mail.yama.co.jp>
カバーデザイン	株式会社ドリームデザイン
DTP制作	株式会社トップスタジオ（野田玲奈、和泉響子、徳田久美、蒙華旅）、町田有美、田中麻衣子
編集	株式会社トップスタジオ（大戸英樹、小川真帆、森下洋子、相原優美）
デザイン制作室	今津幸弘<imazu@impress.co.jp>
	鈴木　薫<suzu-kao@impress.co.jp>
制作担当デスク	柏倉真理子<kasiwa-m@impress.co.jp>
編集	安福　聰<yasufuku@impress.co.jp>
編集長	柳沼俊宏<yaginuma@impress.co.jp>
オリジナルコンセプト	山下憲治

本書は、Excelの操作方法について2017年2月時点での情報を掲載しています。紹介しているハードウェアやソフトウェア、各種サービスの使用方法は用途の一例であり、すべての製品やサービスが本書の手順と同様に動作することを保証するものではありません。

本書の内容に関するご質問は、書名・ISBN（奥付ページに記載）・お名前・電話番号と、該当するページや具体的な質問内容、お使いの動作環境などを明記のうえ、インプレスカスタマーセンターまでメールまたは封書にてお問い合わせください。電話やFAX等でのご質問には対応しておりません。なお、本書発行後に仕様が変更されたハードウェアやソフトウェア、各種サービスの内容等に関するご質問にはお答えできない場合があります。また、以下のご質問にはお答えできませんのでご了承ください。

・書籍に掲載している操作以外のご質問
・書籍で取り上げているハードウェア、ソフトウェア、各種サービス以外のご質問
・ハードウェアやソフトウェア、各種サービス自体の不具合に関するご質問

本書の利用によって生じる直接的、または間接的な被害について、著者ならびに弊社では一切の責任を負いかねます。あらかじめご了承ください。

●落丁・乱丁本はお手数ですがインプレスカスタマーセンターまでお送りください。送料弊社負担にてお取り替えさせていただきます。但し、古書店で購入されたものについてはお取り替えできません。

■読者の窓口

インプレスカスタマーセンター

〒101-0051　東京都千代田区神田神保町一丁目105番地
TEL　03-6837-5016　／　FAX　03-6837-5023
info@impress.co.jp

■書店／販売店のご注文窓口

株式会社インプレス 受注センター

TEL　048-449-8040　／　FAX　048-449-8041

できる大事典 Excel VBA
2016/2013/2010/2007対応

2017年3月21日　初版発行

著　者　国本温子・緑川吉行&できるシリーズ編集部

発行人　土田米一

編集人　高橋隆志

発行所　株式会社インプレス
　　　　〒101-0051　東京都千代田区神田神保町一丁目105番地
　　　　TEL　03-6837-4635（出版営業統括部）
　　　　ホームページ　http://book.impress.co.jp/

本書は著作権法上の保護を受けています。本書の一部あるいは全部について（ソフトウェア及びプログラムを含む）、株式会社インプレスから文書による許諾を得ずに、いかなる方法においても無断で複写、複製することは禁じられています。

Copyright © 2017 Atsuko Kunimoto, Yoshiyuki Midorikawa and Impress Corporation. All rights reserved.

印刷所　株式会社リーブルテック
ISBN978-4-295-00091-4 C3055

Printed in Japan